国家科学技术学术著作出版基金资助出版

华北克拉通前寒武纪重大地质事件与成矿

翟明国　张连昌　陈　斌等　著

科学出版社

北京

内 容 简 介

本书集中反映国家重点基础研究发展计划项目"华北克拉通前寒武纪重大地质事件与成矿"的成果，紧紧围绕"华北克拉通前寒武纪陆壳巨量生长、构造体制转变和环境突变过程中成矿元素巨量聚集的机理和规律"这一主题展开论述。该项目首次在奥陶纪火山岩中发现大于 4.0 Ga 的锆石，揭示华北克拉通初始地壳可能在冥古宙早期已形成；提出太古宙地壳于 2.8~2.7 Ga 大量生长，2.5 Ga 微陆块拼合，建立了华北克拉通的陆壳演化格架，提出华北新太古代大陆巨量增生机制与条带状铁矿的形成机制；揭示古元古代大氧化事件的形成机制与事件序列以及华北克拉通古元古代表生矿产的形成规律；提出古元古代极端变质作用的机制以及早期板块构造体制启动的理论模式；建立了中-新元古代"地球中年期"的概念，厘定了华北克拉通中-新元古代的地幔隆升与大火成岩省事件。在成矿理论方面，提出矿产资源与大陆地壳同步演化以及不可重复的理论框架；建立了华北克拉通重大地质-成矿事件序列，提出前寒武纪四大成矿体系，同时瞄准国家目标，开展优势矿产控矿因素和成矿预测工作。

本书可为前寒武纪地质、矿床地质与矿产勘查等地质专业的科技工作者及学生提供参考，也可供跨学科、跨专业的科技工作者阅读和了解。

审图号：GS（2018）2549 号

图书在版编目（CIP）数据

华北克拉通前寒武纪重大地质事件与成矿／翟明国等著．—北京：科学出版社，2018.11

ISBN 978-7-03-059378-8

Ⅰ.①华… Ⅱ.①翟… Ⅲ.①前寒武纪地质-华北地区 Ⅳ.①P534.1

中国版本图书馆 CIP 数据核字（2018）第 251619 号

责任编辑：王 运 韩 鹏 陈姣姣／责任校对：王 瑞
责任印制：肖 兴／封面设计：黄华斌

科学出版社 出版
北京东黄城根北街 16 号
邮政编码：100717
http://www.sciencep.com

北京汇瑞嘉合文化发展有限公司 印刷
科学出版社发行 各地新华书店经销

*

2018 年 11 月第 一 版 开本：889×1194 1/16
2018 年 11 月第一次印刷 印张：34 1/2
字数：1 050 000

定价：468.00 元
（如有印装质量问题，我社负责调换）

前　　言

前寒武纪占地质历史的85%以上，形成了大陆地壳的主体，蕴藏着丰富的矿产资源，一些重要矿产，如铁、金、铜、铅、锌、铀等的资源量远大于其他地质时代。这些矿产的成因类型独特，与重大地质事件密切相关，具有鲜明的时控性，许多矿产类型仅限于特定地质时代，此后不再出现或极为罕见。前寒武纪最重要的三大地质事件包括陆壳的巨量增生、前板块机制/板块机制的构造转折，以及由缺氧到富氧的地球环境的剧变。研究前寒武纪成矿作用，无论对认知地球早期演化，还是发展成矿理论都具有重大意义。

华北克拉通是全球最古老陆块之一，记录了前寒武纪各阶段全球性重大地质事件，并表现出一些特殊性。与全球其他克拉通相比，华北陆壳生长-稳定化过程具有多阶段特征，太古宙末-古元古代环境剧变记录复杂多样，古元古代与板块体制建立和超大陆演化相关的俯冲碰撞和伸展裂解等地质记录丰富，中-新元古代经历持续伸展并接受巨量裂谷沉积。这些重大地质事件都伴随大规模成矿作用，形成了华北克拉通丰富的矿产资源和独特的优势矿种。

本书是国家重点基础研究发展计划项目"华北克拉通前寒武纪重大地质事件与成矿"的成果。项目紧紧围绕"华北克拉通前寒武纪陆壳巨量生长、构造体制转变和环境突变过程中成矿元素巨量聚集的机理和规律"这一关键科学问题，以早期陆壳的形成—生长—稳定—再造及成矿过程中的重大地质事件为切入点，以华北特色矿产与关键事件的联系为突破口开展工作，在前寒武纪陆壳演化与成矿理论方面取得一系列研究成果。首次在奥陶纪火山岩中发现大于4.0 Ga的锆石，揭示华北克拉通初始地壳可能在冥古宙早期已经形成；提出太古宙地壳于2.8~2.7 Ga大量生长，2.5 Ga微陆块拼合，建立了华北克拉通的陆壳演化格架，提出华北新太古代大陆巨量增生机制与条带状铁矿的形成机制；揭示了古元古代大氧化事件的形成机制与事件序列以及华北克拉通古元古代表生矿产的形成规律；提出古元古代极端变质作用的机制以及早期板块构造体制启动的理论模式；建立了中-新元古代"地球中年期"的概念，厘定了华北克拉通中-新元古代的地幔隆升与大火成岩省事件。在成矿理论方面，提出矿产资源与大陆地壳同步演化以及不可重复的理论框架；建立了华北克拉通重大地质-成矿事件序列，提出前寒武纪四大成矿体系，即与陆壳生长和地壳分异有关的BIF成矿体系，与地球环境突变有关的铁、镁、硼和石墨成矿体系，与早期板块构造（裂谷-俯冲-碰撞）有关的铜、（钛）铁、铅锌成矿体系，与地球"中年期"多期裂谷岩浆-沉积有关的铁铅锌钼、铌铁、稀土成矿体系；解读华北克拉通前寒武纪成矿"暴贫暴富"的原因，并开展全球对比研究。同时瞄准国家目标，开展优势矿产控矿因素和成矿预测工作，为华北前寒武纪找矿突破提供依据和靶区。

本书集中反映国家重点基础研究发展计划项目"华北克拉通前寒武纪重大地质事件与成矿"的研究成果。全书共6篇14章。

第一篇概述大陆地壳的演化历史，以及国家重点基础研究发展计划项目"华北克拉通前寒武纪重大地质事件与成矿"的主要研究成果，本篇共2章，由翟明国负责完成。

第二篇以华北克拉通早期陆壳生长与条带状铁矿为主要内容，重点研究冥古宙地壳物质的发现、古太古代早期陆核的形成、新太古代陆壳巨量生长和早期陆壳多阶段生长模式与克拉通化、太古宙绿岩带与条带状铁矿分布特征、BIF铁矿形成时代与物质来源、BIF铁矿的形成环境与形成机制和BIF铁矿与陆壳生长的关系及控制因素等。本篇共2章，分别由张连昌和万渝生协调统稿。

第三篇以古元古代大氧化事件与成矿响应为主要内容，重点介绍大氧化事件序列重建、华北大氧化事件的确定、表生环境巨量元素富集、菱镁矿"暴富"成矿、苏必利尔型BIF铁矿的特点等。本篇共2章，分别由陈衍景和杨晓勇协调统稿。

第四篇以古元古代活动带和构造体制转折及成矿作用为主要内容，重点介绍胶辽、丰镇、晋豫陕等古元古代活动带特征和构造体制转折机制，以及古元古代活动带岩浆活动年代框架和构造背景，介绍古元古代高压基性麻粒岩、高温-高压泥质麻粒岩、高温-高压变质作用相关的岩浆活动，以及高级变质作用与早期板块构造，以铜矿峪为例的内生成矿作用，和后仙峪硼矿为例的表生成矿作用。本篇共 3 章，分别由陈斌、郭敬辉和牛贺才协调统稿。

第五篇以中-新元古代多期裂解事件与特色成矿为主要内容，重点介绍华北中-新元古代地层与盆地、中-新元古代四期裂谷-岩浆活动事件、地球"中年期"的新概念及其意义，中元古代大规模幔源岩浆活动与稀土成矿事件，燕辽地区基性大火成岩省地质特征、白云鄂博稀土矿地质特征，新元古代辉绿岩床（墙）群的确定及新元古代裂谷事件，以狼山成矿带为例介绍喷流-沉积铜铅锌矿床的研究成果。本篇共 3 章，分别由赵太平、张拴宏和彭澎协调统稿。

第六篇以华北克拉通前寒武纪重大地质事件及成矿系统为主要内容，重点介绍四期前寒武纪重大地质事件与成矿规律，以铁、铜成矿演化规律为例，介绍华北前寒武纪优势矿产远景评价、优势矿产地球物理探查示范等内容。本篇共 2 章，分别由范宏瑞和薛国强协调统稿。

全书最后由翟明国、张连昌、陈斌统编定稿，周艳艳做了大量协助工作。同时，在组稿、编辑及校对过程中，周艳艳、胡波、焦淑娟、佟小雪、彭自栋等做了大量辅助工作。

目 录

前言

第一篇 概论——大陆演化与成矿演化

第一章 关于大陆演化与成矿 ……翟明国 / 3
- 第一节 前寒武纪重大地质事件及其在大陆演化与成矿中的重大意义 …… 3
- 第二节 华北的陆壳演化与重大地质事件 …… 6
- 第三节 华北前寒武纪成矿 …… 7
- 参考文献 …… 8

第二章 华北克拉通前寒武纪研究重要进展 ……翟明国 / 11
- 第一节 华北克拉通早期陆壳生长与条带状铁矿 …… 11
- 第二节 大氧化事件与成矿元素迁移富集 …… 13
- 第三节 古元古代活动带与构造体制转折及其成矿作用 …… 15
- 第四节 中-新元古代多期裂解事件性质及其成矿专属性 …… 18
- 第五节 前寒武纪成矿体系与大陆成矿演化 …… 21
- 参考文献 …… 25

第二篇 华北克拉通早期陆壳生长与条带状铁矿

第三章 华北克拉通早期陆壳多期生长 …… 33
- 第一节 冥古宙地壳物质的发现 ……第五春荣、孙勇 / 33
- 第二节 太古宙早期陆核 ……万渝生 / 39
- 第三节 新太古代陆壳巨量生长 ……万渝生 / 47
- 第四节 早期陆壳多阶段生长模式与克拉通化 ……张成立 / 55
- 参考文献 …… 73

第四章 华北克拉通太古宙条带状铁矿 …… 91
- 第一节 太古宙绿岩带与条带状铁矿分布特征 ……彭澎、张连昌 / 91
- 第二节 BIF 铁矿形成时代与物质来源 ……王长乐、张连昌、佟小雪 / 105
- 第三节 BIF 铁矿的形成环境与形成机制 ……张连昌、王长乐、彭自栋 / 112
- 第四节 BIF 铁矿与陆壳生长的关系及控制因素 ……张连昌、万渝生 / 120
- 参考文献 …… 131

第三篇 古元古代大氧化事件与成矿响应

第五章 全球大氧化事件序列重建 …… 145
- 第一节 大氧化事件序列重建 ……汤好书、陈衍景 / 145
- 第二节 华北大氧化事件的确定 ……陈衍景、汤好书 / 155

参考文献		170
第六章　巨量元素富集与特色成矿		180
第一节　表生环境巨量元素富集	汤好书、陈衍景	180
第二节　菱镁矿"暴富"成矿	陈衍景、汤好书	188
第三节　舞阳古元古代BIF铁矿成因	兰彩云、赵太平	203
第四节　霍邱杂岩地球化学及BIF成矿作用	杨晓勇、刘磊	213
参考文献		226

第四篇　古元古代活动带和构造体制转折及成矿作用

第七章　古元古代活动带和构造体制转折		241
第一节　胶辽活动带	陈斌、李壮	241
第二节　丰镇活动带	张华锋	255
第三节　晋豫活动带	姜玉航、周艳艳、牛贺才	260
第四节　古元古代活动带岩浆活动年代框架和构造背景	张晓晖	271
参考文献		280
第八章　古元古代高级变质作用与早期板块构造	郭敬辉、刘福来、彭澎	296
第一节　高压基性麻粒岩的发现与华北克拉通古元古代碰撞构造研究回顾		296
第二节　高压麻粒岩主要特点、分布与古元古代构造带		298
第三节　超高温（UHT）麻粒岩与孔兹岩带		302
参考文献		306
第九章　古元古代活动带成矿作用		312
第一节　铜矿峪矿床流体成矿作用	赵严、姜玉航、牛贺才	312
第二节　表生成矿作用：后仙峪硼矿	王志强、鄢雪龙、陈斌	323
参考文献		336

第五篇　中-新元古代多期裂解事件与特色成矿

第十章　地球"中年期"和华北四期岩浆事件		345
第一节　地球中年期的新概念及其意义	赵太平、翟明国	345
第二节　华北中-新元古代地层与盆地	赵太平、胡波	347
第三节　华北中-新元古代四期裂谷-岩浆活动事件	彭澎、赵太平	356
第四节　本章小结		367
参考文献		368
第十一章　中元古代中期大规模幔源岩浆活动与稀土成矿事件		379
第一节　燕辽地区基性大火成岩省地质特征	张拴宏、赵越	379
第二节　燕辽基性大火成岩省全球对比及其对超大陆重建的意义	张拴宏、赵越	419
第三节　白云鄂博稀土矿床成因	杨奎锋、范宏瑞	423
参考文献		432
第十二章　新元古代岩浆-裂谷事件与成矿		439
第一节　新元古代岩浆活动	彭澎、张拴宏	439
第二节　新元古代裂谷-沉积记录	胡健民	447

第三节　喷流-沉积铜铅锌矿床···彭润民 / 464
参考文献···472

第六篇　华北克拉通前寒武纪重大地质事件及成矿系统

第十三章　地球演化与成矿演化规律···481
　第一节　前寒武纪重大地质事件与成矿规律··翟明国、赵太平、张连昌 / 481
　第二节　铁、铜成矿演化规律··范宏瑞、杨奎锋 / 493
　参考文献···499
第十四章　华北克拉通前寒武纪优势矿产资源评价与预测···505
　第一节　华北前寒武纪优势矿产远景评价···陈建平 / 505
　第二节　优势矿产瞬变电磁探查示范···薛国强 / 523
　第三节　BIF 型铁矿磁法探查示范···于昌明 / 532
　参考文献···543

第一篇 概论——大陆演化与成矿演化

第一章 关于大陆演化与成矿

地球是一个演化的行星，它像万物一样具有生命，经历着由混沌到成熟、由无序到有序、由年轻到老年的过程，并不可避免地最后死亡，不以人们的意志为转移。它的演化是通过重大地质事件来实现的，集中表现为古太古代大陆地壳的巨量生长和稳定化、太古宙末—古元古代表生环境的突变和大氧化事件、古元古代全球性板块体制建立、显生宙的造山运动和洋陆转换。前寒武纪的重大地质事件是尤为重要的，它们记录了地球90%以上的演化历史。这些重大地质事件的物质载体是大陆，80%以上的陆壳是前寒武纪生成的，其余的约20%的陆壳是在显生宙期间洋陆和壳幔相互作用的产物，其中古老陆壳循环改造的贡献还没有被完全研究清楚。最早的大陆物质的年龄约4.5 Ga，和地球的年龄几乎相当。有经济价值的岩石，就是固体矿产资源，前寒武纪地质时期造就了全球矿产的绝大部分。因此，前寒武纪重大地质事件及成矿作用，无疑是研究大陆演化以及成矿作用的关键性、前沿性和基础性的学科。

第一节 前寒武纪重大地质事件及其在大陆演化与成矿中的重大意义

人们推测地球在形成后的最初 800~600 Ma，曾有一个地壳的演化阶段叫做冥古宙（Hadean）或创成期（Informal），认为地球表面是深达数十千米（Hofmeister，1983）或数百千米（Solmon，1980）的岩浆海，其物质成分相当于地幔与地壳的成分总和，称为硅酸盐海。岩浆海的分异形成地幔和地壳，是一个可能的过程。月球的研究似乎表明这个分异过程可以形成斜长岩地壳和月幔（Binder，1998；Hawke et al.，2003），而月海玄武岩是在之后的陨石撞击导致的月幔熔融形成的。但是在地球上没有发现冥古宙或始太古代甚至古太古代的斜长岩。地球上最古老的陆壳物质是采自西澳大利亚 Yilgarn 地盾 Jack Hills 沉积砾岩的碎屑锆石，它的 SHRIMP 锆石 U-Pb 同位素年龄是 4.404 Ga（Wilde et al.，2001；Iizuka et al.，2006；Nemchin et al.，2006；Harrison，2009）。同位素特征表明锆石来自英云闪长质的岩石中，说明在约 4.4 Ga 之前，地球上已经存在陆壳物质——花岗岩组分的岩石。此外，地质学家还在加拿大克拉通上发现有年龄为 4.065~4.025 Ga 的英云闪长质岩石（Acasta gneiss），这是目前最古老的岩石（Bowring and Williams，1999）。地球上约 3.8 Ga 的奥长花岗岩-英云闪长岩-花岗闪长岩质（TTG）岩石有较多的出露，并且分布在不同的大陆上形成陆核。陆核是如何形成的，至今仍是个疑案。此后，在太古宙和元古宙漫长的演化中，地球上发生了许多惊心动魄的故事，特别是巨量陆壳的形成、构造体制（从前板块构造到板块构造）的转变，以及地球环境（从缺氧到富氧）的剧变三大地质事件（图1.1）。

早期地壳的形成是以大量 TTG 岩石为代表的。3.8 Ga 的陆壳在数量上虽然保留有限，但分布广泛，几乎已经在世界上所有的克拉通都有报道。在西格陵兰还见到有 3.8 Ga 的含条带状铁建造的表壳岩石，表明那时已经有相当规模的沉积岩。3.3 Ga 也是早期陆壳重要的生长期，在不少克拉通都有新生陆壳生长和活化的记录（Zhai，2014）。中太古代晚期—新太古代是大陆地壳形成的主要时期，其高峰值约在 2.7 Ga。以 TTG 岩石为代表的陆壳是如何形成的，是一个有争议和具有挑战性的课题。实验岩石学证明硅酸盐岩浆还分异不出巨量的 TTG 陆壳。目前一些学者试图用先有基性岩地壳，再发生部分熔融来解释 TTG 的成因。由于没有确切的先存洋壳的证据，所以将基性岩地壳叫做初始地壳（juvenile crust），其熔融机制或认为与地幔柱有关，或认为与俯冲或加厚的基性地壳部分熔融有关。到 2.5 Ga 左右，全球的大陆壳已经有与显生宙相当的规模，形成了超级克拉通（Rogers and Santosh，2003）。因此，在地球的演化历史上，全球的克拉通化无疑具有无与伦比的意义，至少形成了壳-幔-核的结构和与现今较为相似的洋陆格局以及岩石圈和软流圈耦合的层圈构造。现代大陆由两个最基本的岩石构造单元组成，即克拉通与造山带。克拉通至少占了陆壳的80%，而造山带中还有相当一部分古老克拉通被消耗并被新生的地壳取代（图1.2）。

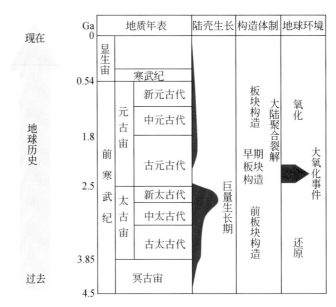

图 1.1 前寒武纪地质简表与重大地质事件示意图

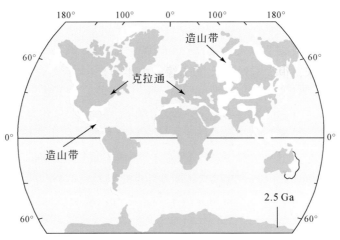

图 1.2 克拉通与造山带分布图

从大陆的形成、生长和稳定化过程可以看出地球的壳幔圈层和洋壳-陆壳的早期演变过程。太古宙克拉通的基本构造是绿岩带-高级区。太古宙绿岩带常见的火山岩组合是超镁铁质的科马提岩、基性的玄武岩和酸性的英安岩和流纹岩构成的双峰式火山岩组合，而现代岩浆弧的特征火山岩组合-安山岩以及洋壳特征的玄武岩-深海沉积岩在太古宙绿岩带火山岩组合中所占比例却很少或无法确定，这是板块构造理论在解释太古宙地壳形成方面所面临的一个挑战。此外，现代板块构造也不能圆满地解释太古宙绿岩带中科马提岩的成因。科马提岩特征与现代大洋岛弧玄武岩（OIB）相比有较高的 MgO 含量（>18%），要求其地幔熔融程度达到 40%~60%，形成温度在 1600 ℃之上。这样高的形成温度在俯冲带环境很难达到。穹窿状的麻粒岩-片麻岩地体（高级区）被向斜状低级变质-未变质的绿岩带围绕。这与显生宙造山带-克拉通的构造格局完全不同。太古宙麻粒岩的变质压力大多在中压变质的范围内（<10.0 GPa），温度大多在 800±50 ℃，位于夕线石稳定区。即使如此，太古宙麻粒岩形成的深度也在 25~30 km。太古宙高级区的岩石大致有三类，即 TTG 片麻岩、辉长岩及变质的表壳岩。表壳岩需要有从地表进入地壳深部的构造机制，但是作为可能是造山带的绿岩带的变质很浅，说明岩石没有进入深部地壳。因此，穹窿状的面状分布的太古宙麻粒岩地体俯冲的模式很难建立。已有重力反转、地幔柱加逆掩断层等多种假说。麻粒岩地体的成因与 TTG 的形成并称为陆壳早期演化的两大疑案。中国科学家率先发现的华北克拉通存在的高

温高压（HT-HP）麻粒岩和高温超高温（HT-UHT）麻粒岩，近年来备受人们的关注，并被视为探讨早前寒武纪大陆演化和早期板块构造的钥匙（翟明国等，1992；Carswell and O'Brien，1993；Zhao et al.，1998；郭敬辉等，1999；Kröner et al.，2000；魏春景等，2001；O'Brien and Rötzler，2003）。它们的变质大致可以分为峰期和中压麻粒岩（角闪岩）退变质期，变质时代为 1.98~1.92 Ga 和 1.87~1.84 Ga。HT-HP 麻粒岩主要是含石榴子石的基性麻粒岩，它们以透镜体或强烈变形的岩墙状出露于片麻岩中。HT-UHT 麻粒岩主要是富铝的变质沉积岩系，俗称孔兹岩系，其中有含假蓝宝石和尖晶石等矿物组合，指示部分岩石的变质温度为 900~1000 ℃。新的研究表明：①两类麻粒岩在变质峰期温度和压力上有很大的重叠区间，都经历了一个近等温—略升温的降压变质；②两类麻粒岩很有可能在峰期和随后的降压变质阶段是同时的或有关联的；③HT-HP 麻粒岩和 HT-UHT 麻粒岩的分布特征是线状或面状分布仍有待进一步查明；④高级变质的麻粒岩代表了华北克拉通的最下部地壳，它们变质的温压体系、岩石的刚性程度、分布特征、岩石组合及抬升速率等与显生宙明显不同。即使是高压麻粒岩，也属于中压变质相系。两种麻粒岩的地温梯度为 16~22 ℃/km，孔兹岩和假蓝宝石麻粒岩的地温梯度为 20~28 ℃/km，远高于显生宙造山带的 6~16 ℃/km，其抬升速率为 0.33~0.5 km/Ma 或 0.33~0.5 mm/a，远低于喜马拉雅造山带的抬升速率（0.03~3 cm/a）和大别山含柯石英榴辉岩的抬升速率（3~5 mm/a）。这些特征的构造意义还需进一步解读。但是它们已经与太古宙绿岩带–高级区有明显的不同，可能代表了早期板块构造，并显示当时的板块体积小、地温梯度高、刚性程度低、俯冲深度小。地球的构造机制可能经历了前板块构造、早期板块构造及现代板块构造机制的多次转折。现代板块构造的正式启动可能发生在新元古代的罗迪尼亚超大陆裂解（南华裂谷）之后。此前从约 1.8 Ga 至约 0.7 Ga，地球处于一个长时期的稳定状态，称为地球的中年期。其特征是有稳定的沉积盖层和脉动式的陆内地幔活动，发育以斜长岩为代表的非造山岩浆活动，缺失造山型岩石和矿床，很少有被动大陆边缘。中年期是地壳与地幔的调整与磨合期，最终导致下地壳与地幔的调整、耦合，实现现代岩石圈结构的确立（翟明国等，2014；Cawood and Hawkesworth，2014）。此后地球进入现代板块构造阶段（Zhai et al.，2015）。

地球早期的表层系统是贫氧的，大气圈与固体圈层的耦合可能与超级克拉通的形成同步。从全球构造来看，2.5~2.35 Ga 是一个静寂期，此后，推测在构造上有全球的超级克拉通裂解。从 >2.2 Ga 的某个时候起，发生了氧的急剧升高，在 2.2~1.9 Ga 时达到与现代相近的富氧状态。大气自由氧含量从 <10^{-13} PAL 增至 15% PAL（PAL = present atmosphere level）（Karhu and Holland，1996），可见充氧量之大、速度之快是空前的。因此，Holland（2002）使用大氧化事件（great oxidation event，GOE）的概念强调这次事件的重要性，即 2.3 Ga 左右大气成分由缺氧变为富氧。水–气系统充氧事件及相关变化表现出短时性、剧烈性和系统性。各大陆出现红层、蒸发岩（石膏、硼酸盐等）、磷块岩和冰碛岩，特别是大量发育苏必利尔型条带状含铁建造（BIF）（Huston and Logan，2004），以及含叠层石的厚层碳酸盐和菱镁矿（Melezhik et al.，1999a，1999b；Tang et al.，2013）。有机碳大量堆埋并形成石墨矿床（陈衍景等，2000）。沉积物出现 Eu 亏损，并形成稀土铁建造，碳酸盐碳同位素普遍正向漂移，以及 S、N、Mo 等同位素显著分馏（Schidlowski，1988）。毫无疑问，GOE 是地球演化历史上最重大的地质事件之一，它是地球环境巨变的里程碑。关于 GOE 起因，有超级地幔柱活动或超级大陆裂解与陨石撞击等认识。大氧化事件在地球上有许多表现，主要包括：①全球性的水体和大气的氧逸度增高；②导致水圈中离子的价态、种类和活度的变化，也势必引起沉积物类型与性质的变化，如海水中二价铁离子的价态改变，形成大量的 BIF 沉积，以及沉积物中稀土元素（REE）形式的改变等；③氧逸度的改变导致温度的改变；④促进生命的形成演化和生物圈的变化等。此外，还有一些问题需要继续研究，如：①同位素示综方法的研究和解析，特别是 C、S、N、Mo、Cr 和 Fe 等（Anbar et al.，2007）；②各种环境变化指标所揭示的不同现象出现的顺序、条件及其内在联系或因果关系；③生命爆发与 GOE 之间的因果关系；④成矿大爆发与 GOE 之间的内在联系，特别是元素在 GOE 期间及其前后的地球化学行为和源运储条件的变化；⑤后期构造热事件中 GOE 现象的变化程度、受变质地层的地质地球化学特征对 GOE 的记忆能力等。总之，GOE 是最近 30 年地球科学研究的重大进展，也是未来研究的重要方向。

第二节　华北的陆壳演化与重大地质事件

华北是世界著名的克拉通之一，它与大多数克拉通有相似的演化历史，但同时又具有某些特点，如较好地记录了多期陆壳生长与活化、较强地记录了新太古代末（约 2.5 Ga）陆壳生长事件和 1.9~1.8 Ga 的造山和高级变质事件，以及中元古代的多期裂谷与岩浆事件等（图 1.3）。

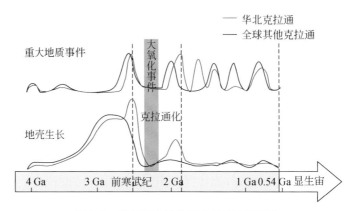

图 1.3　华北与全球的重大地质事件对比

华北有若干古老的陆核，它们以花岗质片麻岩和变质沉积砂岩中 3.8~3.0 Ga 的古老锆石作为指示标志。最近，华北中部、南部和西部的元古宙变质沉积岩和显生宙沉积岩中不断有 3.8~3.7 Ga 的碎屑锆石被报道。因此，推测冥古宙晚期—太古宙早期的古老陆壳岩石在华北可能比原来想象的分布更广。在华北南缘的古生代火山碎屑岩中还发现有约 4.1 Ga 的锆石，带有约 3.9 Ga 的变质环带，是目前在中国发现的最古老的锆石之一（第五春荣等，2010）。根据已有的地质资料，华北克拉通陆壳的 80%~90% 是在早前寒武纪形成的，绝大多数形成于中-新太古代（Zhai and Santosh，2011）。具有 3.0~2.5 Ga Sm-Nd 模式年龄的陆壳岩石约占 78%，其中>3.0 Ga 的约占 15%，<2.5 Ga 的约占 7%，巨量陆壳（~55%）的形成应在 2.9~2.7 Ga。Hf 同位素模式年龄最主要的分布区间在 3.0~2.6 Ga，并且有 2.8 Ga 的峰值，与 Nd 同位素的地质意义相似（Wu et al.，2008）。通过长英质片麻岩和火山岩的研究，全球陆壳的巨量增生在 2.8~2.7 Ga，主要的岩石类型是高钠的长英质片麻岩（TTG），其次是镁铁质-超镁铁质火山岩。此次陆壳增生被推测与超级地幔柱事件有关。华北陆壳的增生与全球一致。太古宙的陆壳增生一般认为是围绕着古老陆核形成微陆块。华北的太古宙微陆块根据不同研究者的划分有 5~10 个，比较明确的 7 个太古宙微陆块是胶辽（JL）、许昌（XCH）、迁怀（QH）、鄂尔多斯（ER）、徐淮（XH）、集宁（JN）和阿拉善（ALS）微陆块。华北克拉通新太古代末（2.55~2.5 Ga）有很强的岩浆活动与地壳的活化。因此，强烈的陆壳增生在新太古代末完成，即完成克拉通化（翟明国，2011）。华北克拉通化标志着现代规模的华北克拉通已基本形成。主要的克拉通化标志是大量陆壳重熔花岗岩形成，侵入绿岩带和高级区，焊接了不同的微陆块及岩石构造单元，并且同期发生了广泛的变质作用；2.504~2.501 Ga 的未变质变形的超镁铁质-碱性岩墙侵入古老的变质岩中（Li et al.，2010）；浅变质的 2.510~2.504 Ga 裂谷型表壳岩作为盖层覆盖在古老的深变质基底之上（Lv et al.，2012）。

在古元古代末期—中元古代早期（1.95~1.80 Ga），华北克拉通内有三套古元古代火山沉积岩系，它们分别分布在吉林-辽宁-山东、山西-河南和晋冀北部-内蒙古中部。岩石总体都可分为含双峰式火山岩-沉积岩的下部岩系和变质泥质岩-蒸发岩（灰岩-白云岩）的上部岩系，火山岩的年龄在 2.20~1.95 Ga，并在 1.9~1.8 Ga 发生了不止一期的变质作用，变质程度可在绿片岩相-角闪岩相，局部与上述的 HT-UHT 岩石不好区分。火山沉积岩系呈线状的褶皱带，局部与基底似有不整合关系。变质作用有顺时针的 P-T 轨迹记录。翟明国（2004）、翟明国和彭澎（2007）等已将它们命名为胶辽活动带、晋豫活动带和丰镇活动带，其火山-沉积岩系分别是辽河群-粉子山群、滹沱群-中条群-吕梁群和二道洼群-上集宁群。古元古代活动带有下面几个特点：具线性展布特征，有复杂褶皱形态；活动带岩石发生变质；有与其相应的花岗岩侵入，以及类似于裂谷-岛弧的成矿作用（Pb-Zn，Cu）。这些特点与现代裂谷-岛弧-碰撞带相似，而不同于太古宙的绿岩带-高级区的构造-变质格局。据此，翟明国（2011）、Zhai 和 Santosh（2011）等已经假设了华北克拉通初始的板块构造，即在太古宙克拉通化之后，又经过 2.5~2.35 Ga 的构造静寂期，华北克拉通发生了一次基底残留洋盆与陆内的拉伸-破裂事件，随后在 1.95~1.90 Ga，经历了一次挤压构造事件，导致裂陷盆地的闭合，形成晋豫、胶辽和丰镇三个活动带，它们在分布状态、变形与变质方面类似于现代陆陆碰撞型造山带（Zhai and Liu，2003；翟明国，2011），造成克拉通中部迁怀陆块，以及北部集宁陆块和东部胶辽陆块等在碰撞及碰撞后基底掀翻，使下地壳岩石抬升。出露地表的下地壳以高级变质杂岩为代表（翟明国，2009）。与活动带相关的变质岩以高压基性麻粒岩和变质泥质岩为代表，基性麻粒岩以透镜体或强烈变形的岩墙状出露于片麻岩中。在紫苏辉石消失全部变为石榴子石-单斜辉石-石英-斜长石组合时，压力比二辉石共存时的更大，局部变为麻粒岩-榴辉岩转换相。孔兹岩是高温（HT）甚至超高温（UHT）富铝的变质沉积岩系，其中有含假蓝宝石和尖晶石等矿物组合，指示部分岩石的变质温度为 900~1000 ℃。这期造山运动就是著名的滹沱运动或吕梁运动。之后，华北进入了地台型陆内演化阶段。

华北克拉通经历古元古代晚期的变质事件（吕梁运动或称中条运动）之后，开始进入地台演化阶段，即从此时起开始了裂谷系的发育与演化（翟明国等，2014；Zhai et al.，2015）。裂谷系可大致分为南、北两个在地表没有完全连接的裂陷槽和北缘、东缘各一个裂谷带。在华北的南部称为熊耳裂陷槽，熊耳群双峰式火山岩最古老的岩浆年龄为 1800~1780 Ma，向上的中-新元古代地层有汝阳群和洛峪群等。华北北部的裂陷槽称为燕辽裂陷槽，主要由长城系、蓟县系和青白口系组成。中-新元古代（1800~540 Ma）的岩浆作用可以分为 4 期：①火山岩分布在长城系的团山子组和大红峪组，锆石 U-Pb 年龄在 1680~1620 Ma，晚于熊耳群火山岩；②非造山侵入岩（斜长岩-奥长环斑花岗岩-斑状花岗岩）的同位素年龄在 1700~1670 Ma；③在原青白口系下马岭组的斑脱岩以及侵入下马岭组的基性岩席中，得到 1320~1300 Ma 的锆石和斜锆石 U-Pb 同位素年龄，在东缘裂谷的沉积岩中也有 1400 Ma 和 1300~1000 Ma 的碎屑锆石；④在华北及朝鲜的中-新元古代地层中，已经识别出约 900 Ma 的基性岩墙。此外，对华北北缘的白云鄂博群、狼山-渣尔泰群和化德群的研究，证实在华北北缘的裂谷系与燕辽裂陷槽具有相同的层序与沉积历史。其中在渣尔泰群中识别出约 820 Ma 的火山岩。值得注意的是，华北克拉通自古元古代末至新元古代，经历了多期裂谷事件，但是期间没有块体拼合构造事件的记录，没有造山带型矿床，反之大量发育与斜长岩-辉长岩有关的钛铁矿和与裂谷有关的 SEDX 型矿床。说明华北在这个地质时期处于"一拉到底"的多期裂谷过程，这对于理解华北中-新元古代演化历史以及该时期全球构造演化具有重要意义。

第三节 华北前寒武纪成矿

前寒武纪占地质历史的 85% 以上，形成了大陆地壳的主体，蕴藏着丰富的矿产资源（图1.4），一些重要矿产，如铁、金、铜、铅、锌和铀等的资源量远大于其他地质时代。这些矿产的成因类型独特，与重大地质事件密切相关，具有鲜明的时控性，许多矿产类型仅限于特定地质时代，此后不再出现或极为罕见（Zhai and Santosh，2013）。例如，BIF 只在早前寒武纪形成，它的形成与贫氧环境下氧化条件的快速升高以及由此引起的细菌活动有关，在中-新太古代和古元古代是居统治地位的矿种，在新元古代雪球事件中有少量重复，之后就再也没有出现过。

根据以上对华北克拉通的讨论，我们将华北克拉通的陆壳巨量增生、构造机制转折和地球环境剧变，以及古生代边缘造山事件和中生代岩石圈减薄再细化为 6 个比较重要的地质事件，它们是新太古代陆壳巨量生长和克拉通化事件、古元古代早期大氧化事件、古元古代裂谷-俯冲-碰撞事件（活动带）、古元古代末—新元古代持续多期裂谷事件、古生代边缘造山事件和中生代克拉通破坏事件。相对应于上述地质事

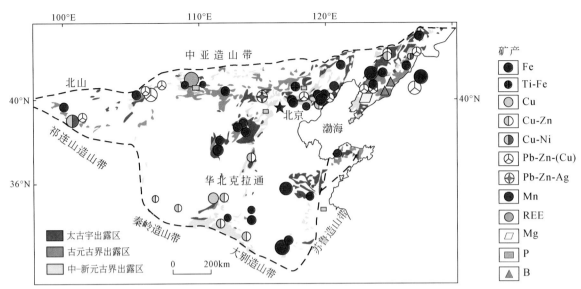

图 1.4 华北克拉通前寒武纪主要矿产分布简图

件，华北有 6 个重要的成矿系统，分别为太古宙 BIF 成矿系统、古元古代活动带型 Cu-Pb-Zn 成矿系统、古元古代大氧化条件下 Mg-B 成矿系统、中元古代 REE-Fe 和 SEDEX 型 Pb-Zn 系统、古生代造山带型 Cu-Mo 成矿系统、中生代陆内 Au 和 Ag-Pb-Zn 成矿系统、中生代陆内 Mo 成矿系统。

我们将前寒武纪重大地质事件与成矿作用概括如下：

（1）前寒武纪最重要的地质事件有陆壳的巨量增生、前板块机制/板块机制的构造转折和由缺氧到富氧的地球环境剧变。

（2）前寒武纪地质演化过程中形成了丰富的矿产资源，是地球最重要的成矿期之一。矿产资源的形成与地质事件有因果关系，即成矿背景受地质构造背景的控制。前寒武纪成矿具有时控性和不可重复性，随着地质时代的演化，矿种也从简单变得更丰富多样。

（3）华北克拉通是全球最古老陆块之一，前寒武纪各阶段全球性重大地质事件几乎都被记录下来，并表现出一些特殊性。与全球其他克拉通相比，华北陆壳生长-稳定化过程具有多阶段特征，太古宙末—古元古代环境剧变记录复杂多样，古元古代与板块机制建立和超大陆演化相关的俯冲碰撞和伸展裂解等地质记录丰富，中-新元古代经历持续伸展并接受巨量裂谷沉积。

（4）华北克拉通重大地质事件都伴随大规模成矿作用，形成了华北克拉通丰富的矿产资源和独特的优势矿种。

（5）华北除了前面所述的"暴富"矿产外，也存在一些"暴贫"的矿产，即在许多克拉通发育而在华北不发育的矿产，如绿岩带型金矿和元古宙砾岩型铀金矿等，推测它们是在华北古元古代强烈陆壳再造事件以及华北中生代岩石圈减薄等后期构造事件中被改造（翟明国，2010）。因为铀、金等成矿温度都较低并且成矿元素易于迁移。而华北克拉通在古元古代末—新元古代的多期裂谷事件以及壳幔的相互作用，很可能是白云鄂博特大型稀土矿床的背景条件。在大氧化事件期间，推测华北处于浅海相-潟湖相，导致苏必利尔型 BIF 不发育，而异常地产出巨量的菱镁矿和石墨矿等（Zhai and Santosh，2013）。

参 考 文 献

陈衍景，刘丛强，陈华勇，张增杰，李超. 2000. 中国北方石墨矿床及赋矿孔达岩系碳同位素特征及有关问题讨论. 岩石学报，16（2）：233～244

第五春荣，孙勇，董增产，王洪亮，陈丹玲，陈亮，张红. 2010. 北秦岭西段冥古宙锆石（4.1～3.9Ga）年代学新进展. 岩石学报，26（4）：1171～1174

郭敬辉，翟明国，李永刚，李江海. 1999. 恒山西段石榴子石角闪岩和麻粒岩的变质作用、PT 轨迹及构造意义. 地质科学，

34 (3): 311~325

魏春景, 张翠光, 张阿利, 伍天洪, 李江海. 2001. 辽西建平杂岩高压麻粒岩相变质作用的 P-T 条件及其地质意义. 岩石学报, 17 (2): 269~282

翟明国. 2004. 华北克拉通 2.1~1.7Ga 地质事件群的分解和构造意义探讨. 岩石学报, 20 (6): 42~53

翟明国. 2009. 华北克拉通两类早前寒武纪麻粒岩 (HT-HP and HT-UHT) 及其相关问题. 岩石学报, 25 (8): 1553~1571

翟明国. 2010. 华北克拉通构造演化与成矿作用. 矿产地质, 39 (1): 24~36

翟明国. 2011. 克拉通化与华北陆块的形成. 中国科学 (D 辑), 41 (8): 1037~1046

翟明国, 彭澎. 2007. 华北克拉通古元古代构造事件. 岩石学报, 23 (11): 2665~2682

翟明国, 郭敬辉, 闫月华, 李永刚, 张毅刚. 1992. 中国华北太古宙高压基性麻粒岩的发现及初步研究. 中国科学 (B 辑), 22 (12): 1325~1330

翟明国, 胡波, 彭澎, 赵太平. 2014. 华北中-新元古代的岩浆作用与多期裂谷事件. 地学前缘, 21 (1): 100~119

Anbar A D, Duan Y, Lyons T W, Arnold G L, Kendall B, Creaser R A, Kaufman A J, Gordon G W, Scott C, Garvin J, Buick R. 2007. A whiff of oxygen before the great oxidation event? Science, 317 (5846): 1903~1906

Binder A B. 1998. Lunar Prospector: overview. Science, 281 (5382): 1475~1476

Bowring S A, Williams I S. 1999. Priscoan (4.00-4.03Ga) orthogneisses from northwestern Canada. Contributions to Mineralogy and Petrology, 134 (1): 3~16

Carswell D A, O'Brien P J. 1993. Thermobarometry and geotectonic significance of high-pressure granulites: examples from the moldanubian zone of the Bohemian Massif in Lower Austria. Journal of Petrology, 34 (3): 427~459

Cawood P A, Hawkesworth C J. 2014. Earth's middle age. Geology, 42 (6): 503~506

Harrison T M. 2009. The Hadean crust: evidence from >4 Ga zircons. Annual Review of Earth and Planetary Science, 37 (1): 479~505

Hawke B R, Peterson C A, Blewett D T, Bussey D B J, Lucey P G, Taylor G J, Spudis P D. 2003. Distribution and modes of occurrence of lunar anorthosite. Journal of Geophysical Research Atmospheres, 108 (E6): 4-1~4-16

Hofmeister A M. 1983. Effect of a Hadean terrestrical magma ocean on crust and mantle evolution. Journal of Geophysics Research, 88: 4963~4983

Holland H D. 2002. Volcanic gases, black smokers, and the great oxidation event. Geochimica et Cosmochimica Acta, 66 (21): 3811~3826

Huston D L, Logan G A. 2004. Barite, BIFs and Bugs: evidence for the evolution of the Earth's early atmosphere. Earth and Planetary Science Letters, 220 (1-2): 41~55

Iizuka T, Horie K, Komiya T, Maruyama S, Hirata T, Hidaka H, Windley B F. 2006. 4.2 Ga zircon xenocryst in an Acasta gneiss from northwestern Canada: Evidence for early continental crust. Geology, 34 (4): 245~248

Karhu J A, Holland H D. 1996. Carbon isotopes and the rise of atmospheric oxygen. Geology, 24 (10): 867~870

Kröner A, O'Brien P J, Li J H, Passchier C W, Wilde S. 2000. Chronology, metamorphism and deformation in the lower crustal Hengshan complex and significance for the evolution of the North China craton, Abstract Volume CD. 31st International Geological-Congress, Rio de Janeiro, Brazil

Li T S, Zhai M G, Peng P, Chen L, Guo J H. 2010. Ca. 2.5 billion year old coeval ultramafic-mafic and syenitic dykes in Eastern Hebei: Implications for cratonization of the North China Craton. Precambrian Research, 180 (3-4): 143~155

Lv B, Zhai M G, Li T S, Peng P. 2012. Ziron U-Pb ages and geochemistry of the Qinglong volcano-sedimentary rock series in Eastern Hebei: Implication for similar to 2500 Ma intra-continental rifting in the North China Craton. Precambrian Research, 208: 145~160

Melezhik V A, Fallick A E, Filippov M M, Larsen O. 1999a. Karelian shungite-an indication of 2.0-Ga-old metamorphosed oil-shale and generation of petroleum: geology, lithology and geochemistry. Earth-Science Reviews, 47 (1-2): 1~40

Melezhik V A, Fallick A E, Medvedev P V, Makarikhin V V. 1999b. Extreme $^{13}C_{carb}$ enrichment in ca. 2.0 Ga magnesite-stromatolites-dolomite- "red beds" association in a global context: a case for the worldwide signal enhanced by a local environment. Earth-Science Reviews, 48 (1-2): 71~120

Nemchin A A, Pidgeon R T, Whitehouse M J. 2006. Re-evaluation of the origin and evolution of >4.2 Ga zircons from the Jack Hills metasedimentary rocks. Earth and Planetary Science Letters, 244 (1-2): 218~233

O'Brien P J, Rötzler J R. 2003. High-pressure granulites: formation, recovery of peak conditions and implications for tectonics.

Journal of Metamorphic Geology, 21 (1): 3~20

Rogers J J W, Santosh M. 2003. Supercontinents in Earth history. Gondwana Research, 6 (3): 357~368

Schidlowski M. 1988. A 3800-million-year isotopic record of life from carbon in sedimentary rocks. Nature, 333 (6171): 313~318

Solmon S C. 1980. Differentiation of crust and cores of the terrestrial planets: lessons for the early Earth? Precambrian Research, 10 (3): 177~194

Tang H S, Chen Y J, Santosh M, Zhong H, Yang T. 2013. REE geochemistry of carbonates from the Guanmenshan Formation, Liaohe Group, NE Sino-Korea Craton: Implication for seawater compositional change during the Great Oxidation Event. Precambrian Research, 227 (1): 316~336

Wilde S A, Valley J W, Peck W H. 2001. Evidence from detrital zircons for the existence of continental crust and oceans on the Earth 4.4 Ga ago. Nature, 409 (6817): 175~178

Wu F Y, Zhang Y B, Yang J H, Xie L W, Yang Y H. 2008. Zircon U-Pb and Hf isotopic constraints on the Early Archean crustal evolution in Anshan of the North China Craton. Precambrian Research, 167 (3-4): 339~362

Zhao G C, Wilde S A, Cawood P A, Lu L Z. 1998. Thermal evolution of the Archaean basement rocks from the eastern part of the North China craton and its bearing on tectonic setting. International Geological Review, 40 (8): 706~721

Zhai M G. 2014. Multi-stage crustal growth and cratonization of the North China Craton. Geoscience Frotiers, 5 (4): 457~469

Zhai M G, Liu W J. 2003. Paleoproterozoic tectonic history of the North China craton: a review. Precambrian Research, 122 (1-4): 183~199

Zhai M G, Santosh M. 2011. The early Precambrian odyssey of North China Craton: A synoptic overview. Gondwana Research, 20 (1): 6~25

Zhai M G, Santosh M. 2013. Metallogeny of the North China Craton: Link with secular changes in the evolving Earth. Gondwana Research, 24 (1): 275~297

Zhai M G, Hu B, Zhao T P, Peng P, Meng Q R. 2015. Late Paleoproterozoic-Neoproterozoic multi-rifting events in the North China Craton and their geological significance: A study advance and review. Tectonophysics, 662: 153~166

第二章 华北克拉通前寒武纪研究重要进展

第一节 华北克拉通早期陆壳生长与条带状铁矿

华北克拉通早期陆壳具有多期生长的特点，有罕见的冥古宙陆壳物质信息，古、中、新太古代地壳都有不同程度的保留。新太古代陆壳具有古老陆壳再造和陆壳增生的双重特征，并在新太古代末期发生微陆块拼合（包括鄂尔多斯微陆块），完成了华北的克拉通化。

（1）进一步确定鞍山地区存在早期长期连续（3.8~3.2 Ga）的太古宙岩浆活动，古老陆壳物质不仅在鞍山而且在整个鞍山-本溪地区存在。它们的 Hf-O 同位素研究表明壳内的物质再循环作用在 3.8 Ga 就已存在（图 2.1 和图 2.2）（Wan et al., 2015）。

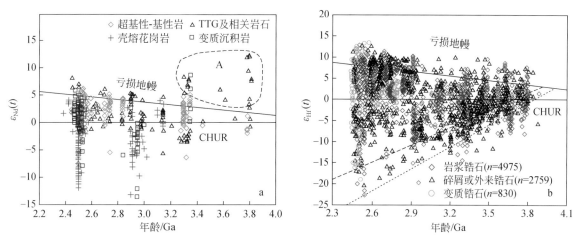

图 2.1 华北克拉通太古宙岩石的 Nd-Hf 同位素组成（据 Wan et al., 2015）
a. 形成年龄-$\varepsilon_{Nd}(t)$ 图解；b. 锆石年龄-$\varepsilon_{Hf}(t)$ 图解

（2）中太古代晚期—新太古代早期 TTG 岩石在越来越多的地区被识别出来（图 2.2）（Wan et al., 2014）。在胶东地区，2.9 Ga 片麻状英云闪长岩和 2.9 Ga 片麻状高硅奥长花岗岩呈构造接触，2.91 Ga 片麻状石英闪长岩包裹于 2.91 Ga 片麻状英云闪长岩中，发生旋转。在豫西南，原下太华岩群的主体为英云闪长岩，形成年龄为约 2.8 Ga。它们普遍显示强烈变质变形，局部遭受深熔作用改造，形成浅色体。新太古代早期（2.75~2.7 Ga）TTG 岩石已在华北克拉通近 10 个地区被识别出来，包括辽南、胶东、昌邑、鲁西、霍邱、恒山、阜平、赞皇、中条和武川。岩石类型主要为英云闪长岩，它们普遍遭受强烈变质变形和深熔作用改造。

（3）统计表明，华北克拉通太古宙变质基底出露的主体岩石形成时代为新太古代晚期（主要为 2.55~2.5 Ga）。岩石 $\varepsilon_{Nd}(t)$ 值和岩浆锆石 $\varepsilon_{Hf}(t)$ 值都存在很大变化，表明有相当多的陆壳物质参与了壳内再循环作用，并且参与壳内再循环陆壳物质的地壳滞留时间不同。华北新太古代末期特色的构造热事件，可能为微陆块通过俯冲碰撞相互聚合过程，具体以地幔添加和壳内再循环形式导致表壳岩形成，随后伴随麻粒岩相变质作用和大规模壳源花岗质熔体的侵入，最终在新太古代完成克拉通化。

（4）早期陆壳的生长导致了地壳物质的分异，特别是绿岩带铁镁质岩石的风化、变质，巨量长英质片麻岩的熔出为 BIF 的形成提供了物质来源。华北克拉通 BIF 的形成与陆壳生长密切同步，新太古代是华北 BIF 形成的峰值。冀东新太古代司家营 BIF 的富硅和富铁单条带的地球化学特征表明，司家营 BIF 的

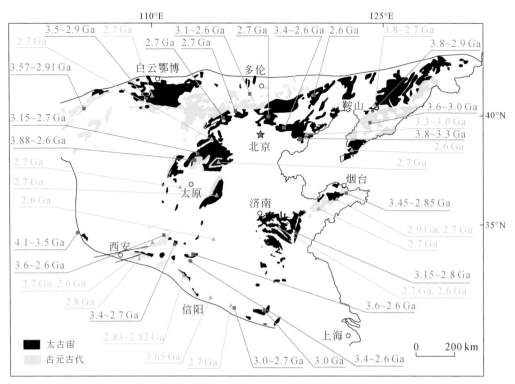

图 2.2 华北克拉通>2.6 Ga 岩石和锆石分布简图 (Wan et al., 2014)
三角形: 岩石年龄; 正方形: 碎屑锆石和外来锆石年龄

Zr、Sc 和 Th 含量极低,表明未受陆源碎屑的污染;铁质与硅质具有低轻稀土元素 (LREE)、高重稀土元素 (HREE)、La 和 Y 正异常的海水 REE 特征,同时具有 Eu 正异常的热液 REE 特征。富硅和富铁条带 Nd 同位素特征明显分为两群,前者具有一致的负 $\varepsilon_{Nd}(t)$ 值,T_{DM} 集中于约 2.9 Ga;后者具有一致的正 $\varepsilon_{Nd}(t)$ 值,T_{DM} 集中于约 2.7 Ga。初始 Nd 同位素值与全铁含量呈正相关。BIF 的 Ge/Si 值可有效判别其硅质来源 (Hamade et al., 2003)。司家营 BIF 的 Ge/Si 值随 Si 含量的升高而降低,接近现代海水的值 (0.07×10^{-5});反之则升高,接近现代热液的值 ($0.8\times10^{-5} \sim 1.4\times10^{-5}$)。进一步通过与国外典型 BIF (如 Hamersley 盆地 BIF 等) 对比研究,发现它们具有相似的变化趋势。综合认为 BIF 的硅质可能主要受控于古老陆壳风化的周围海水。

(5) 华北克拉通 BIF 形成时代与早前寒武纪岩浆活动的时间基本一致 (2.6~2.5 Ga)。华北克拉通大规模陆壳增生发生在新太古代 (2.8~2.5 Ga),二者在时间上存在一致性,暗示陆壳增生可能对 BIF 的形成做出了重要的贡献 (图 2.3)。具体看来,早期强烈地幔添加可能提供大量的成矿物质,这为新太古代晚期 BIF 的沉淀提供了先导条件。成矿物质进入大洋体系的方式多种多样,主要包括:①科马提质-玄武质岩石中的铁质在海水中被直接溶解。②科马提质-玄武质岩石中的铁质在外生风化作用过程中被带入大洋。③与火山作用相伴随的热液系统作用。早期的还原环境,使铁以可溶解的二价铁形式存在,有利于大量的铁质在海洋中储存,同时便于运移。④火山作用和其他岩浆作用与微生物活动引发的海水氧逸度"瞬间"改变,造成铁和硅过饱和海水中条带状硅、铁的沉淀,是太古宙阿尔戈马型 BIF 最基本的成矿控制因素。早期陆壳相对稳定的半深海环境的 pH-Eh 条件,最利于铁矿形成。研究表明,华北克拉通太古宙 BIF 的沉积水环境整体为缺氧,极少数局限盆地的海水已经发生氧化 (张连昌等,2012;Wang et al., 2015)。这在一定程度上揭示了 BIF 的氧化沉淀机制,说明 BIF 的沉淀并非由于上部水体蓝藻细菌释放的自由氧,而是在次氧化-厌氧条件下微生物的作用所致。次氧化条件下,微量需氧的二价铁氧化细菌,利用蓝藻细菌产生的氧气作为电子受体,造成铁的沉淀,反应为 $6Fe^{2+} + 1/2O_2 + CO_2 + 16H_2O \longrightarrow [CH_2O] + 6Fe(OH)_3 + 12H^+$;厌氧条件下,不产氧的光合二价铁氧化细菌,利用光来氧化二价铁

(Kappler et al., 2005; Posth et al., 2008, 2013), 反应为 $4Fe^{2+} + 11H_2O + CO_2 \longrightarrow [CH_2O] + 4Fe(OH)_3 + 8H^+$。

（6）在辽北地区，早期陆壳演化及洋陆块体的相互作用，所形成的古陆块的成熟度比华北其他地区更高，具有了岛弧和弧后盆地的雏形。红透山地区在构造环境上类似于弧后盆地，出现 VMS 型块状硫化物 Cu-Zn 矿床，成为世界上仅有的第二例，也为华北及全球早期构造演化研究提供了研究思路（Zhai and Zhu, 2016）。

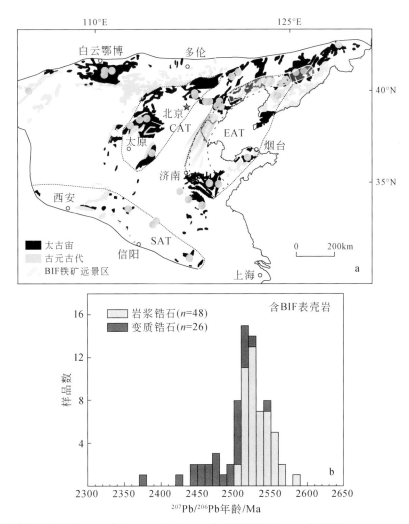

图 2.3 华北克拉通太古宙 BIF 分布（a）和含 BIF 表壳岩的锆石 U-Pb 年龄图（b）（Wan et al., 2016）

第二节 大氧化事件与成矿元素迁移富集

1990 年以来，学者以碳酸盐碳同位素示踪 2.3 Ga 的地层，在世界各大陆 2.33～2.06 Ga 碳酸盐地层中发现了显著的 $\delta^{13}C_{carb}$ 正异常，是地球环境演化史上标志性重大事件。从而提出大氧化事件的概念，掀起国际研究热潮，我国对此事件的研究很弱。本书对全球的大氧化事件进行了总结，并揭示了大氧化事件在华北的记录及成矿特征。

（1）Melezhik（1999b）系统总结了此次事件的 10 条表现或标志，将休伦冰川事件置于大氧化事件之前，苏必尔型 BIF 置于大氧化事件的晚期。考虑到全球性冰川事件缘于 O_2 冷室气体增多和 CH_4、CO_2 等温室气体减少，通过收集、汇编古元古代含冰碛岩沉积建造的地层学与年代学资料，本书认为休伦冰川事件是具全球性的雪球事件，时间为 2.29～2.25 Ga。对比研究还认为，冰碛岩层位在主要的 BIF 层之上，位于红层、蒸发岩和具 $\delta^{13}C$ 正异常的碳酸盐地层之下（Chen and Tang, 2016）。

(2) 提出了"先水圈氧化后气圈充氧"的两阶段大氧化模型：从 2.5 Ga 开始，生物光合作用增强，在 2.5~2.3 Ga（成铁纪），水圈逐步氧化，全球性苏必利尔型 BIF 发育；2.3 Ga 之后，即水圈氧化之后，大气圈快速充氧，CH_4 和 CO_2 减少，全球气候变冷。建立了新的大氧化事件的次级事件谱系，提出了先水圈后大气圈充氧的两阶段氧化模式。还论证了华北在古元古代普遍发育的石墨片麻岩是生物成因，指示了生命繁盛和光合作用强是大氧化事件的重要机制。提出了以约 2.3 Ga 为界的还原性地球表生系统和氧化性地球表生系统的概念（图 2.4）。

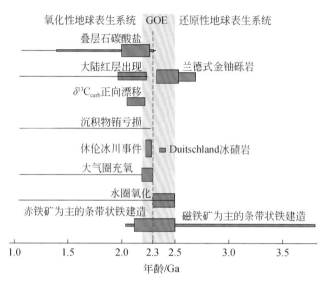

图 2.4 大氧化事件前后的地球表生系统（Tang and Chen，2013）

(3) 发现了华北大氧化期的代表性地层，通过稳定同位素研究，揭示了古元古代冰期的地质记录，提出了稀土元素在氧化条件变化下的分配规律。发现辽北泛河盆地关门山铅锌矿区的辽河群关门山组、辽东地区大石桥菱镁矿带的辽河群大石桥组、胶东莱州菱镁矿区的粉子山群、平度南墅石墨矿区的荆山群、霍邱铁矿区的碳酸盐地层以及五台地区的滹沱群大石岭组均存在碳酸盐碳同位素正异常，且与稀土元素地球化学特征的变化相一致，是全球大氧化事件的响应和记录。其中，辽河群的碳酸盐 $\delta^{13}C_{carb}$ 高达 5‰ 以上（图 2.5）（Tang et al.，2013），证明了 Lomagundi 事件的全球性。

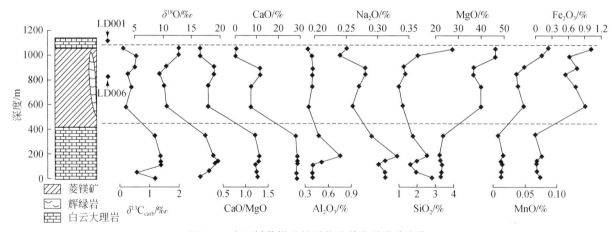

图 2.5 大石桥菱镁矿的层位及其化学成分变化

(4) 论证了海水中的氧逸度改变是苏必利尔型 BIF 形成的控制因素，而 pH 在 1.5~5.5 有利于铁矿的化学沉淀。首次在华北确定了三处苏必利尔型 BIF 铁矿，分别是山西袁家村、舞阳铁山庙和霍邱铁矿的最上部铁矿层。

（5）华北在大氧化期苏必利尔型铁矿相对较少，而碳酸盐型镁矿和石墨异常发育，其原因可能是在该时期华北克拉通所处海水较浅的环境，甚至部分潟湖环境，不利于在中深水环境沉淀的 BIF，而更发育镁和硼等矿产。

第三节　古元古代活动带与构造体制转折及其成矿作用

华北克拉通在经过 2.5~2.35 Ga 约 0.15 Ga 的构造静寂期后，经历了一个裂谷过程。该过程与 Condie 和 Kröner（2008）等假设的新太古代末超级克拉通形成之后的第一次全球规模的裂解事件相对应。在华北的表现是形成三个主要的活动带（图 2.6），分别是胶辽活动带、晋豫活动带和丰镇活动带，主要的地层分别是辽河群-粉子山群、滹沱群-吕梁群-中条群和二道洼群-上集宁群（孙大中和胡维兴，1993；李三忠和刘永江，1998；苗培森等，1999；于津海等，1999；万渝生等，2000；耿元生等，2003）。其中在辽河群中发育厚层的菱镁矿-大理岩岩层，夹有含硼矿的变粒岩。在上集宁群、粉子山群和吕梁群中发育石墨片麻岩。菱镁矿-大理岩的 C 同位素显示了 $\delta^{13}C_{carb}$ 和 $\delta^{18}O_{carb}$ 分别为 0.6‰~1.4‰（平均为 1.2‰，V-PDB 标准）和 16.4‰~19.5‰（平均为 18.2‰，SMOW 标准），与世界正常海相碳酸盐岩地层相比，$\delta^{13}C_{carb}$ 较高，而 $\delta^{18}O_{carb}$ 较低，表明原始沉积物具有类似于大氧化事件 $\delta^{13}C_{carb}$ 正异常，$\delta^{18}O_{carb}$ 及 $\delta^{13}C_{carb}$ 在沉积之后的成岩或变质过程中都有显著降低（汤好书等，2009），依此确定华北克拉通在古元古代曾经历了大氧化事件。上述三个活动带的表壳岩石都是双峰式火山-沉积建造，具有裂谷的岩石组合性质，部分岩石显示了岛弧的特点。岩石在 1.90~1.85 Ga 经历了两期中-低级变质作用（局部麻粒岩相），有相应时代的花岗岩侵入，反映了由裂谷盆地—俯冲—碰撞的构造演化历史。

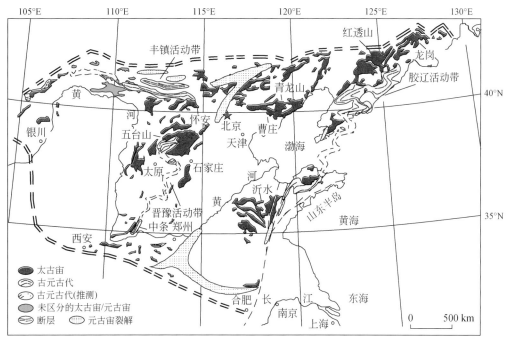

图 2.6　华北克拉通古元古代活动带分布图

（1）值得指出的是，华北克拉通发现了一系列的高压麻粒岩，石榴子石在石英玄武质的变质岩石中形成独立矿物指示变质压力大于 1.0 GPa（翟明国等，1992；郭敬辉等，1993）。因此，俗称的高压麻粒岩是含石榴子石的基性麻粒岩，它们以透镜体或强烈变形的岩墙状出露于片麻岩中。在紫苏辉石消失全部变为石榴子石-单斜辉石-石英-斜长石组合时，压力比二辉石共存的压力更大。但是如果岩石的成分（或局部）不均匀，即 Al 或 Mg+Fe 含量变化，都可能引起斜方辉石并不因压力升高而分解。它们的原岩被认为是辉长质岩墙，以含石榴子石以及普遍具有白眼圈退变质结构为特征，达高压麻粒岩相变质，部分为榴辉岩相变质（翟明国等，1995）。在麻粒岩相的泥质岩中，还发现有超高温变质矿物（郭敬辉等，2006；Santosh et al.，2007）。这些发现被一些学者作为板块构造的证据。翟明国等（1992，1995）曾提出高压麻粒岩在河北—晋北—内蒙古中部—辽南成带分布，代表了阜平古陆块与怀安古陆块的碰撞。Zhao等（1999，2005）假设高压麻粒岩形成一个可与喜马拉雅造山带媲美的华北中部造山带，把华北陆块分成东西两块，并在古元古代末通过陆陆碰撞而形成现代规模的克拉通。此外，Kusky和Li（2003）、Santosh等（2007）也提出了内蒙古-河北古元古代造山模式和华北中部造山带与内蒙古高温麻粒岩带在古元古代相向俯冲碰撞的模式。Liu等（2016）总结了泥质高温麻粒岩的特征，提出它们代表了活动大陆边缘，是构造埋藏与加热的结果，与其上的角闪岩-绿片岩相的表壳岩共同构成造山带的变质组合。越来越多的资料获得后，原有的认识又有许多新的突破。主要有以下几点：①它们的分布面积很广，并不是线状分布，似乎是面状地出现在几乎所有的早前寒武纪岩石出露区（Lu et al.，2017）。即使在被显生宙沉积岩覆盖的鄂尔多斯盆地，钻井样品中也发现了高温泥质麻粒岩（Gou et al.，2016）。②详细的野外地质填图和构造分析，证实在同时出露高压基性麻粒岩与高温泥质麻粒岩的地区，无一例外，二者共同经历了峰期变质之后的变质与变形作用。说明它们在经历高温高压麻粒岩相变质之前已经共生在一起。个别地区（如内蒙古古兴和黄土窑）还能观察到高压基性麻粒岩墙侵入高温麻粒岩中的地质现象（Wang et al.，2016；Zhang H F et al.，2016）。③在两种麻粒岩共生的地区，泥质麻粒岩中大都发现了蓝晶石等矿物作为夕线石的交代残留或在石榴子石中作为包裹体矿物，估算的变质压力与基性高压麻粒岩相同（Wang et al.，2016；Wu et al.，2016；Zou et al.，2017）。④在胶北地区还发现有超镁铁质岩石与高温高压麻粒岩共生（Zhai et al.，2000；刘平华等，2011；Zhou et al.，2017），它们的原岩可能是底侵的镁铁质-超镁铁质岩体，也经历了高温高压麻粒岩相变质。⑤上述所有的麻粒岩都可以识别出三期变质事件，即高压麻粒岩相、中压麻粒岩相和角闪岩相，代表了峰期变质以及两期退变质（图2.7）。在泥质麻粒岩中，还识别了近变质的矿物组合。三期变质作用的时代是≥1.97～1.95 Ga、1.87～1.83 Ga和 ~1.80 Ga（Lu et al.，2017；Wang et al.，2016；Wu et al.，2016；Zhang H F et al.，2016；Zhao et al.，2015；Zou et al.，2017）。⑥虽然高压麻粒岩相的岩石已经属于下地壳深度的变质岩石，但它们都有高的变质温度，属于中压高温变质相系（中压型），地温梯度为16～26 ℃/km，平均为21 ℃/km，大大低于大陆碰撞造山带的温压梯度。⑦这些麻粒岩具有极低的抬升速率，低于0.4 mm/a。不仅大大低于显生宙造山带（3 mm/a～5 cm/a），而且低于沉积盆地的抬升速率（0.3～1 mm/a）（翟明国，2009）。这意味着高压麻粒岩地体在下沉到下地壳深度之后，长期滞留或很缓慢地抬升。也表明高压麻粒岩地体的密度、浮力和黏滞度等与围岩的下地壳岩石十分相似。

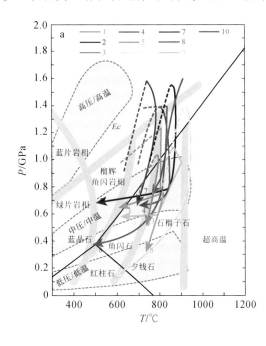
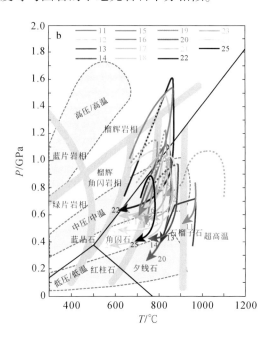

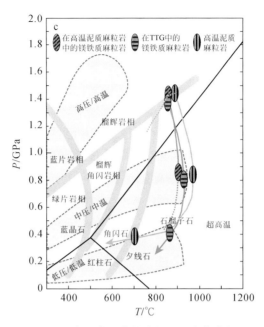

图 2.7 高温高压麻粒岩的 P-T 演化途径

a. 基性麻粒岩和超镁铁质麻粒岩；b、c. 泥质麻粒岩

1. Duan et al., 2015；2. Liu et al., 2013；3. Lu et al., 2013；4. Tam et al., 2012b；5. Wang et al., 2014；6. Wang et al., 2016；7. Zhang D D et al., 2016；8. Liu et al., 2011；9. Wang L J et al., 2011；10. Zhou et al., 2017；11. Guo et al., 2012；12. Santosh et al., 2012；13. Santosh et al., 2009；14. Tam et al., 2012c；15. Lu et al., 2017；16. Tam et al., 2012a；17. Wang F et al., 2011；18. Wu et al., 2016；19. Xiao et al., 2014；20. Yin et al., 2014；21. Yin et al., 2015；22. Zou et al., 2017；23. Cai et al., 2016；24. Cai et al., 2014；25. Guo et al., 2016

(2) 不管如何，高温高压麻粒岩的出现，已经说明早期大陆发生了一个根本的构造体制转变。太古宙的高级区-绿岩带体制转变到活动带体制。在活动带的岩石虽然仍存在于比显生宙高的热体制下，但是已经可以缓慢地、带有一定塑性地俯冲到陆块的下地壳层次，并通过地壳层次的俯冲完成两个陆块之间的拼接。古元古代活动带有下面几个特点：具线性展布特征和复杂褶皱形态；活动带岩石发生变质；有与其相应的花岗岩侵入；类似于裂谷-岛弧的成矿作用（Pb-Zn，Cu）。这些特点与现代裂谷-岛弧-碰撞带相似，而不同于太古宙的绿岩带-高级区的构造-变质格局。据此，翟明国（2011）、Zhai 和 Santosh（2011）等已经假设了华北克拉通初始的板块构造，即在太古宙克拉通化之后，又经过 2.5（2.45）~ 2.35（2.3）Ga 的构造静寂期，华北克拉通发生了一次基底残留洋盆与陆内的拉伸-破裂事件，随后在 1.95~1.90 Ga，经历了一次挤压构造事件，导致了裂陷盆地的闭合，形成晋豫、胶辽和丰镇三个活动带，它们在分布状态、变形与变质方面，类似于现代陆陆碰撞型的造山带（Zhai and Liu，2003；翟明国，2011），造成克拉通中部迁怀陆块，以及北部的集宁陆块和东部的胶辽陆块等在碰撞及碰撞后基底掀翻，使下地壳岩石抬升，出露地表的下地壳由高级变质杂岩代表（翟明国，2009）。古元古代活动带显示了板块构造雏形的特点，在机理上类似，在规模上不同，是早前寒武纪垂直为主的构造机制向板块构造转变的重要阶段。对于古元古代的构造转变，以前的文献也有描述，即古元古代活动带是规模小的现代板块构造俯冲碰撞带（Windley，1995），也被作为与太古宙地壳生长机制不同的元古宙陆壳增生的机制。

(3) 早期构造体制转变期的成矿系统发生改变，主要的矿产是裂谷期形成的铜矿，以及裂谷期沉积的富 Mg 的碳酸盐类，在俯冲碰撞阶段发生变质，形成沉积变质型铜矿（Jiang et al.，2016）。中条山铜矿峪赋矿二长花岗斑岩形成时代为 2190~2180 Ma，与黄铜矿共生的辉钼矿成矿年龄为 2122 ± 12 Ma，比斑岩形成时代晚 60~70 Ma。对于铜矿峪铜矿，有研究认为它们已具有斑岩铜矿的特征（姜玉航等，2013），包括围岩、矿体及流体特征与氧逸度等与斑岩型矿床有相似之处。如果可以确立，则是国际上有关斑岩型铜矿的最早实例。也有研究者认为，铜矿峪斑岩岩浆为 ΔFMQ-0.5（FMQ 为铁橄榄石-磁铁矿-石英氧化还原缓冲矿物），低于常见的斑岩型铜矿岩浆氧逸度（ΔFMQ+1），由此建立了山西中条山铜矿集区为代表的古元古代裂谷-拼合碰撞铜成矿系统。铜成矿元素在裂谷形成演化的过程中（2.2~2.0 Ga），开始在相应的地质作用过程中初步预富集。裂谷发展的初期阶段形成的一套陆源碎屑砾岩、泥质-半泥质沉积岩，可能有铜元素初步富集，形成横岭关型铜矿床的矿胚。裂谷发展的中期阶段形成大规模的双峰式火山活动，可为该区携带大量的铜成矿元素。演化自幔源岩浆的基性火山岩可能是铜矿峪型铜矿床的矿源层，但仍需更多证据佐证。裂谷演化后期形成一个局限性浅海相海盆，该阶段疑似可形成类似于沉积岩层状铜矿床的矿胚。在裂谷碰撞闭合过程中（1.98~1.85 Ga），预富集在沉积岩和火山岩中的铜成矿元素重新溶解活化，几乎就地迁移成矿。形成的铜矿床具有后生变质热液矿床的特征，明显受断裂和裂隙控矿，并且矿化严格受岩性控制。中条山地区横岭关型、铜矿峪型和胡篦型等不同类型矿床，实际上都是在同一成矿体系发生矿化，具有相似的成矿过程。这些不同矿床类型的赋矿岩性的差异，只是表明这些后生变质热液铜矿床的初始矿源层存在差异。

（4）研究还表明，变质流体的加入是对古元古代沉积岩系形成超大型菱镁矿和硼矿的重要原因。此期还形成 Pb-Zn 等矿床，指示"水"参与了深部循环，并引发了金属元素的迁移与聚集，是构造体制转折期成矿作用的重要标志。以辽东地区后仙峪硼矿床为例，硼矿体形成于镁质碳酸盐岩/硅酸盐岩（橄榄岩/蛇纹岩）中，围岩主要是长英质和玄武质火山-沉积岩。赋矿地层为古元古界里尔峪组，从下到上共可分为三个岩石单元，即磁铁矿-微斜长石变粒岩、含电气石黑云母变粒岩和钠长石-微斜长石浅粒岩。硼矿体与蛇纹石化镁橄榄岩密切共生，顶底板通常是电气石岩和电英岩。矿区主要矿石矿物为硼镁石和遂安石，以及少量交代残余的硼镁铁矿。电气石大量出现在后仙峪矿区。通过化学成分、硼同位素研究，获得如下重要信息：①变粒岩与电英岩中的电气石成因不同，后者富 Mg、贫 Na，并相对富集 REE（Eu 异常明显）、V（229~1852 ppm①）和 Sr（208~1191 ppm）等。②变粒岩中电气石的硼同位素比值 $\delta^{11}B$ 变化范围为+1.22‰~+2.63‰，显著低于电英岩中电气石的硼同位素值（+4.51‰~+12.43‰）。前者与正常陆相沉积物和岛弧岩石（$\delta^{11}B$<5‰）一致，而后者则介于陆相沉积物/岛弧岩石与海相碳酸盐/蒸发岩（+10‰~+30‰）之间。③电英岩中电气石普遍具有核-边成分环带，边部（+4.5‰~+7‰）比核部（+7‰~+12.5‰）具有更低的 $\delta^{11}B$ 值。硼矿床的形成与区域变质作用关系密切，成矿物质来自富硼的古元古代火山-沉积岩系，成矿流体是变质流体/循环水，硼元素被变质作用活化、迁移，再与富镁岩系发生交代反应而成矿。

第四节 中-新元古代多期裂解事件性质及其成矿专属性

华北克拉通在滹沱运动之后，进入稳定盖层发育期，是华北克拉通大陆演化的关键阶段，与之前的结晶基底形成和之后显生宙造山运动都具有本质差别，命名为"地球中年期"（翟明国等，2014；Zhai et al.，2015）。这个阶段时间段从 1.78 Ga 延续到 0.75 Ga，华北克拉通长期处于伸展环境，并伴随有周期性陆内岩浆活动，反映了地幔与下地壳之间的耦合调整，最终形成现代规模和状态的岩石圈（图2.8）。

（1）裂谷系可大致分为南、北两个在地表没有完全连接的裂陷槽和北缘、东缘各一个裂谷带。在华北的南部称为熊耳裂陷槽，熊耳群双峰式火山岩最古老的岩浆年龄为 1800~1780 Ma，向上的中-新元古代地层有汝阳群和洛峪群等。华北北部的裂陷槽称为燕辽裂陷槽，主要由长城系、蓟县系、待建系和青白口系组成。蓟县剖面由于长城系下部层位火山岩的缺失，不能构建古元古代末（1800~1600 Ma）的完整层序，熊耳地区是必要的补充剖面。如果按照中国地层委员会的划分标准，从熊耳群到青白口群，厘定了中元古代层序；如果对照国际地层的划分标准，则熊耳群（长城系）属古元古代，蓟县系—青白口系属中元古代。之上的南华系属新元古代，新元古代地层在华北的划分还有进一步工作的必要。西伯利亚的里菲系 2~3 段大致对应于华北的蓟县系—青白口系，4 段对应于南华系，文德的时代应对应于震旦

---

① 1 ppm=10^{-6}。

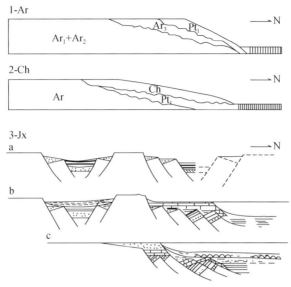

图 2.8 华北克拉通元古宙多期裂谷示意图

系,古元古代末至中元古代早期的沉积在西伯利亚地区很可能都是缺失的。

(2) 发现和证明中-新元古代四期裂谷事件分别对应的岩浆活动是 1.8~1.78 Ga 的基性岩墙群-熊耳群火成岩,1.7~1.67 Ga 的非造山岩浆岩和 1.68~1.62 Ga 的裂谷火山岩,1.32 Ga 的席状岩墙群,0.92~0.89 Ga 的辉绿岩墙(席)和 0.86~0.82 Ga 的裂谷火山岩(Zhao et al.,2002;Peng et al.,2007;Hu et al.,2012)(图 2.9)。与此相对应的裂谷成矿作用是华北的特色成矿,铅-锌、铁、铜、钼等多种矿产发育,特别是具有中国特色的稀土矿。研究还发现了中-新元古代岩浆作用在地壳深部的记录。研究强调 1.8~1.78 Ga 的基性岩墙群-熊耳群火成岩是华北克拉通中元古代演化的起始,最早发育的熊耳裂陷槽早于燕辽裂谷,并识别出一个同时期的固原裂陷槽。熊耳群火山岩是华北中元古代最早的地层岩石,对该期岩浆作用性质的研究,不仅对完善蓟县剖面和长城系之下地层的建立有重要意义,而且对于理解华北结晶基底形成之后的陆壳演化也具有重要意义。

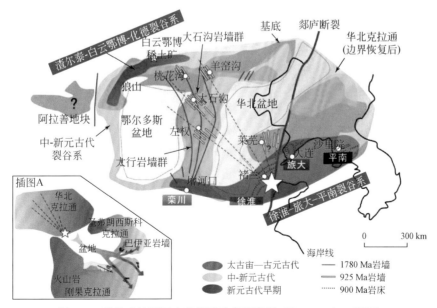

图 2.9 华北克拉通元古宙岩墙分布示意图(Peng et al.,2007)

(3) 1.32 Ga 岩浆事件的厘定与全球规模的裂谷事件的联系引人注目(Hu et al.,2016;Zhang and

Zhao, 2016; Zhang et al., 2017)。燕辽地区侵入中元古代沉积地层内辉绿岩床群长度大于 600 km、出露宽度达 200 km 的区域内，出露面积超过了 12 万 km²，累计厚度为 0.05～1.8 km。通过新的斜锆石 U-Pb 测年，结合前人发表的结果，确定燕辽基性大火成岩省形成于 1.32 Ga 左右。从规模及形成时代等方面确定了燕辽地区大规模辉绿岩床构成了具有全球对比意义的基性大火成岩省，并将其命名为燕辽基性大火成岩省（Yanliao large igneous province）。岩石地球化学研究显示，这些辉绿岩具有相似的拉斑质及板内玄武岩地球化学特征。辉绿岩侵位的最新地层为下马岭组，在长龙山组及景儿峪组等没有辉绿岩床侵入，表明燕辽地区 1.32 Ga 大规模辉绿岩床（燕辽基性大火成岩省）的侵位发生在下马岭组沉积之后，长龙山组及景儿峪组沉积之前。由于下马岭组与上覆长龙山组及景儿峪组之间为平行不整合接触，因此在燕辽基性大火成岩省侵位前发生了区域性抬升，即燕辽基性大火成岩省的形成伴随有前岩浆期区域性抬升。根据中元古代大火成岩省及沉积地层对比，结合古地磁资料，确定燕辽大火成岩省与北澳大利亚代里姆（Derim）基性大火成岩省可能属于一个统一的大火成岩省，只是由于大陆裂解才分离开；提出在哥伦比亚超大陆中存在沿劳伦、西伯利亚、波罗的、华北及澳大利亚等陆块边缘分布的 1.3～1.38 Ga 的全球性裂谷。

（4）位于华北克拉通北缘渣尔泰–白云鄂博–化德裂陷槽内的白云鄂博 Fe-REE-Nb-Th 矿床是世界第一大稀土矿床，其成因及构造背景多年来一直有很大争议。本项研究确定白云鄂博矿区富 REE-Nb-Th 白云岩主体为侵入尖山组（砂岩及板岩为主，少量为灰岩）内的火成碳酸岩岩床，少量为侵入尖山组下部都拉哈拉组及基底变质岩中的火成碳酸岩岩墙（图 2.10）。这些火成碳酸岩明显受地层层位控制，在尖山组顶部不整合面以上的地层层位中未见有火成碳酸岩及 REE-Nb-Th 矿化。白云鄂博矿区三个富 REE-Nb-Th 的火成碳酸岩的斜锆石和一个富 REE-Nb-Th 的火成碳酸岩样品的 LA-ICP-MS U-Th-Pb 及 REE 分析测试结果表明，这些锆石富含 Th、Nb 及 LREE，但 U 含量极低（0.005～14.2 ppm，大部分小于 0.1 ppm），Th/U 值极高（9～11839），这一特征与白云鄂博矿区赋矿火成碳酸岩全岩的地球化学特征极为相似。它们的 $^{208}Pb/^{232}Th$ 年龄为 1301±12 Ma（$N=47$，$MSWD=2.2$），代表了锆石的结晶年龄。锆石中除了含有火成碳酸岩中典型矿物（方解石、白云石、金云母等）外，还含有富 Nb 及 REE 的矿物包体（如含铈烧绿石等），进一步证实这些锆石不但是与火成碳酸岩同期结晶的，也是在主成矿期结晶的。因此，白云鄂博火成碳酸岩及稀土矿化形成于 1.3 Ga 左右，即白云鄂博超大型 REE-Nb-Th 矿床的形成与 1.3 Ga 左右火成碳

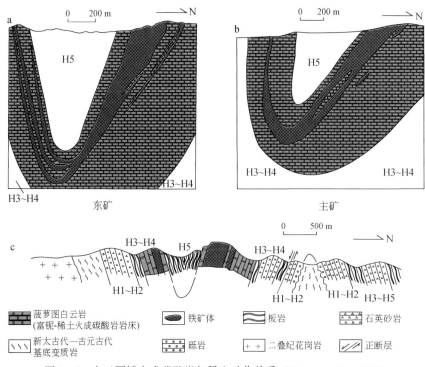

图 2.10 白云鄂博火成碳酸岩与稀土矿化关系（Zhang et al., 2017）

酸岩的侵位有关，与华北克拉通 1.32 Ga 的大火成岩省相关。

（5）中-新元古代多期裂谷旋回中形成的 Pb-Zn-Cu 成矿系统主要形成华北克拉通北缘西段狼山-渣尔泰铜矿集区。矿集区内产出了东升庙、炭窑口、霍各乞、甲生盘等多个大型-超大型矿床。它们的赋矿围岩为中元古界狼山群和渣尔泰群中的砂泥质黑色页岩和碳酸盐岩等。对于这些矿床的成因比较普遍接受的观点是，它们为变质热液叠加改造的 SEDEX 成矿系统。狼山-渣尔泰地区的铜铅锌矿床经历了元古宙同生沉积预富集及显生宙变质热液矿化两个阶段。元古宙期间，该地区裂谷发育，裂谷沉积过程，发生海底热液活动，形成同生沉积的层控 Zn-Pb-Cu 矿化，为矿化的预富集阶段；在早白垩世期间，区内发生陆内造山及区域变质作用，在此过程中同生 Zn-Pb-Cu 硫化物发生再活化，重新就位。在高角闪岩相的变质作用中，元古宙沉积岩中的 Cu-Pb-Zn 被变质流体溶解后经过较长距离搬运，在地壳浅部形成以 Cu 为主的 Cu-Pb-Zn 矿床，即成矿物质再活化后异地就位，表现为后生热液矿床的特征。在绿片岩相的变质作用中，元古宙沉积地层中的 Cu-Pb-Zn 局部溶解再活化后近乎原地再就位，造成成矿元素重新分配再富集，表现为叠加改造矿床的特征。它们的成矿作用可以总结为：①中-新元古代同生沉积期矿化，在裂谷沉积岩系中形成富含微粒 Cu-Pb-Zn 硫化物及块状黄铁矿的层位；②显生宙变质热液矿化，角闪岩相变质区，变质流体萃取元古宙沉积岩中的 Cu-Pb-Zn 后经过较长距离搬运，在地壳浅部形成以 Cu 为主的 Cu-Pb-Zn 矿床，如霍各乞铜矿床；③显生宙变质热液矿化，绿片岩相，元古宙沉积岩中的 Cu-Pb-Zn 经过原地再活化，叠加到发生剪切破裂的块状黄铁矿之上，形成以 Zn 为主的 Zn-Pb-(Cu) 矿床，如东升庙铜矿床和甲生盘铜矿床。

第五节 前寒武纪成矿体系与大陆成矿演化

矿床作为特殊的岩石，不仅对国民经济意义重大，也敏感地记录着地球系统的演化，成为最具代表性的见证者。地球大约形成于 4.6 Ga，而大陆有记录的存在大约为 4.46 Ga，大陆演化是地球演化最动人最重要的部分，几乎是除了混沌不可知的冥古宙时期外所有的地球演化。现在的研究揭示，大陆成矿演化又是大陆演化最动人最重要的部分。

一、华北克拉通前寒武纪大陆演化与成矿演化

重大地质事件代表地球的重大构造活动，必然引起地球的能量、结构和物质重组。最重要的三个前寒武纪重大地质事件为巨量陆壳生长、构造体制转变和地球环境转变。这三个大的地质事件决定了地球的演化和宿命，三者又是互相联系和互为因果的。有了巨量陆壳的生长和稳定化，才形成了洋陆以及地壳与地幔和其他深部圈层和大气圈层的耦合与稳定化。地球圈层和洋陆格局才能引发地球的构造体制从热的和垂直运动为主，演化到"冷"的和以横向构造为主的构造体制的改变。同样，其环境效应就是从贫氧的环境变为富氧的环境，不仅改变了矿物的品种，而且产生了生命并导致生命由低级到高级的演化。矿床是一种特殊的岩石，是大自然提供的研究地球演化的珍贵样品和证据。

像大陆的演化从无序走到有序、从幼年到壮年，并且不可能逆转一样，大陆的成矿演化也具有鲜明的特点。系统总结华北前寒武纪铁、铜、铅-锌等优势矿产成矿体系与成矿模型后发现，前寒武纪铁的成矿作用随时代变化的规律是在早期陆壳演化阶段规模大、类型单一。例如，主要的条带状铁矿，它们规模巨大，反映了大陆壳从硅酸盐岩浆洋（magma ocean）到洋陆分离的过程。硅酸盐岩浆洋的成分相当于地壳和上地幔的总和，陆壳的总体成分相当于安山岩，而且早期陆壳除了其中的科马提岩-玄武岩外，大多是钠质花岗岩，铁镁质与硅铝质的巨大分异是巨量铁矿在早前寒武纪集中爆发的原因。在古元古代，地球出现大规模裂谷与火山活动，一般认为早期的休伦冰期以及相伴而生的大氧化事件是全球性的。古元古代晚期的构造体制转折，早期板块构造启动，引起"水"积极参与到物质循环中。中-新元古代多期裂谷活动陆续出现岩浆型、火山型、沉积型等多种类型。成矿类型明显变多，而成矿规模相对变小。成

矿演化显示出明确的时代专属性（翟明国，2010）。

单一金属矿床的形成可以很好地反映成矿作用演化。例如，铁矿，在太古宙时期，巨量的陆壳增生使得元素发生迁移。在大陆喷发的科马提岩等，在陆壳的生长和稳定化过程通过风化作用，将二价铁离子搬运到海洋中。贫氧的海水不利于铁矿的形成，于是海水中过饱和地溶解着铁和硅。当周期性火山活动以及引起的氧逸度改变，有利于细菌生长和发生光合作用，将会在"瞬间"形成有利于磁铁矿形成的环境，出现富铁和富硅的条带沉淀（Klein，2005；Bekker et al.，2010；Zhang L C et al.，2016）。大氧化事件期间氧化条件改变，是条带状铁矿的集中形成期，铁矿层可为磁铁矿，据 pH 和 Eh 不同，还可形成赤铁矿条带和菱铁矿条带。图 2.11 示意了条带状铁矿形成在浅海的环境中。而在大陆斜坡上，氧逸度更高，较有利于粒状铁矿形成，后者是赤铁矿。但实际在太古宙和古元古代，都没有大量的粒状铁矿形成。例如，华北的"宣龙式"铁矿，是形成在中元古代。到了中元古代，与辉长岩-斜长岩有关的钛-磁铁矿、与裂谷活动有关的各种铁矿包括 Nb-Fe 矿等开始出现。它们的规模比早前寒武纪条带状铁矿要小，但品种和类型丰富多彩。铜的成矿作用在早期陆壳演化阶段罕见 VMS 型，而到了古元古代和中-新元古代，出现沉积型、变质型和火山型，到新元古代之后的现代板块构造阶段，出现巨型斑岩型铜矿，铜矿从早期品种单一和规模小变为品种多和规模大。

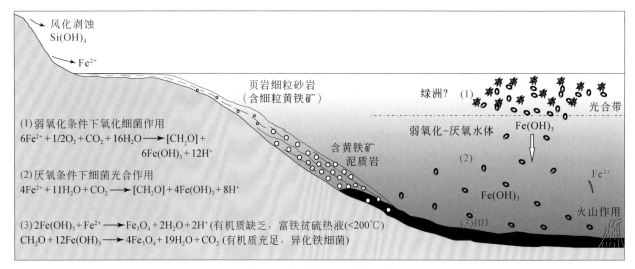

图 2.11　太古宙 BIF 形成环境

二、华北克拉通前寒武纪重大地质事件与成矿系统

华北前寒武纪的陆壳演化经历了四个重大地质事件，它们是太古宙陆壳巨量生长和稳定克拉通形成、大氧化事件和地球环境突变、早期板块构造的起始与古元古代活动带形成、中-新元古代多期裂谷和陆内岩浆活动与超大陆裂解。这些重大事件反映了陆壳形成到稳定、洋陆相互作用增强、壳幔周期活动与圈层成熟耦合、物质深部循环加剧等动力学过程与构造机制的演化。相应的成矿系统是：与陆壳生长和地壳分异有关的 BIF 成矿体系；与地球环境突变有关的铁、镁、硼和石墨成矿体系；与早期板块构造（裂谷—俯冲—碰撞）有关的铜、（钛）铁、铅-锌成矿体系；与地球"中年期"有关的多期裂谷岩浆型铅-锌、铌铁、稀土成矿、钼成矿体系。到了显生宙，华北已进入板块构造体系。南面的秦岭-大别山-苏鲁造山带和北面的中亚造山带从早古生代起多期活动。与此相关的斑岩型铜-钼矿床在南北缘都有发育。华北克拉通中生代的岩石圈减薄，还形成了与基底活化和重熔有关的大规模金的成矿作用（表 2.1）（Zhai and Santosh，2013）。图 2.12 表示的是华北克拉通重大地质事件与成矿作用。重大地质事件控制优势矿种的趋势十分明显，优势矿种的演变和不可重复性也很明确。随着时代演化而发生的地质事件也表示在图中。需要强调的是，地质事件是大陆形成演化中的关键地质过程，它们表现出地球演化不可逆转的过程，

以及动力学机制的调整与转变。与此相应的是地球环境的改变,最终结果——成矿作用,是地球演化的特殊的物质记录,也表现出成矿演化中不可逆转的过程与规律。

表 2.1 华北克拉通六大构造事件与成矿系统及核心控制因素

华北克拉通六大构造事件与成矿系统	核心控制因素
(1) 新太古代地壳增生与稳定化 新太古代 BIF 成矿系统	(1) 太古宙陆壳巨量增生 元素行为与贫氧的地球环境
(2) 古元古代大氧化事件 古元古代 Mg-B 成矿系统	(2) 古元古代地球环境剧变 富氧环境
(3) 元古宙裂谷—俯冲—碰撞事件 元古宙 Cu-Pb-Zn 成矿系统	(3) 元古宙构造体制转变(早期板块构造) 洋陆相互作用–水的参与
(4) 中–新元古代多期裂谷事件 中–新元古代 REE-Fe-Pb-Zn 成矿系统	(4) 中–新元古代持续裂谷 陆内过程与壳幔作用
(5) 古生代克拉通边缘造山作用 古生代 Cu-Mo 成矿系统	(5) 古生代边缘造山过程 现代板块范畴内的斑岩矿床
(6) 中生代去克拉通化 中生代陆内 Au、Ag-Pb-Zn、Mo 成矿系统	(6) 中生代去克拉通化 前寒武纪矿床的再造与破坏、金和铀矿

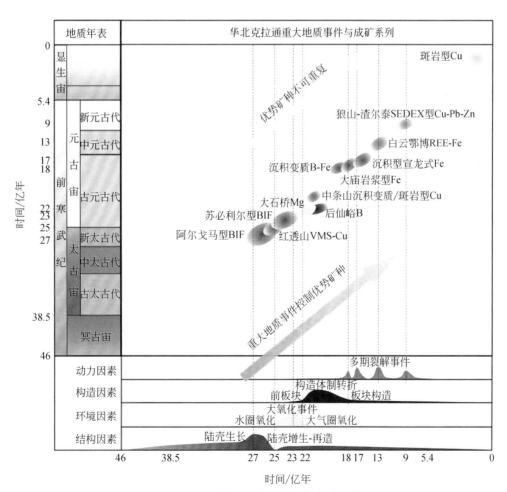

图 2.12 华北克拉通重大地质事件与成矿作用

三、华北克拉通与其他克拉通演化的比较

通过对华北克拉通与其他克拉通的综合比较研究（图2.13），可以发现如下结果。

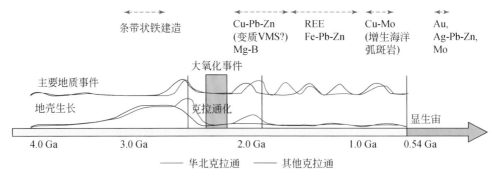

图2.13　华北克拉通大陆生长与重大地质事件与世界上其他主要克拉通的比较

（1）华北克拉通和其他克拉通一样，冥古宙的古老物质记录已有陆续报道，并且证实最早的岩石应该是高钠质的花岗岩（TTG片麻岩）。华北克拉通有3.8 Ga的古陆核。此外，3.3 Ga、2.9~2.7 Ga的陆壳生长、2.5 Ga的克拉通化等记录完整。华北大氧化事件的证据也陆续发现。而滹沱运动（或吕梁运动）是华北极为重要的构造事件，发育三个活动带，并以高温高压麻粒岩相变质作用为标志。近年来，世界各地的研究似乎表明这个事件是全球性的。其直接的研究结果就是导致早期板块构造理论的提出。华北克拉通发育长达1 Ga的中-新元古代多期裂谷事件，并经历了地壳、上地幔与其他圈层的调整与耦合。地球"中年期"被国外一些科学家重视，其可能的内涵和地质意义正在被深入挖掘。华北的成矿规律也与其他克拉通有可比性。

（2）华北克拉通除了共性之外，也表现了本身的特点。它的2.5 Ga地质事件表现非常强，这个时间恰是元古宙与太古宙的界限。翟明国（2010，2011）、Zhai（1996）、Zhai和Liu（2003）、Zhai（2014）多次强调华北太古宙末的克拉通化过程，并认为与其他克拉通一起形成一个超级克拉通，相当于第一个超级大陆（Rogers and Santosh，2003）。华北克拉通2.5 Ga的克拉通化可能记录了更多细节，是研究克拉通化过程的典型地区。华北克拉通早期演化的另一个表现强烈的是古元古代活动带，致使几乎所有的古老岩石都被不同程度地变质叠加和改造。华北在中-新元古代有非常好的沉积盖层发育，但是对于新元古代的冰期记录不完整，震旦（埃迪卡拉）纪地层有很大缺失。华北克拉通面积较小，在古生代受南北造山带的影响较大。此外，中生代期间，华北的岩石圈地幔有巨大的减薄，其主要原因可能是流体交代导致约80 km厚的岩石圈地幔具有了软流圈地幔的性质。由此引起的壳幔作用，导致下地壳"换底"，部分被板底垫托的辉长岩改造，一部分下地壳发生部分熔融，形成大量花岗岩。华北克拉通在构造演化上的特殊性，也在成矿演化上表现出一定程度的特殊性，即前寒武纪部分矿产的"暴富"和"暴贫"，这与华北克拉通在新太古代晚期以及古元古代的再造作用强有关。绿岩带大都经历了高级变质，不利于形成古风化壳，在BIF成矿上表现出无红（风化壳型铁矿）少绿（未变质-低级变质绿岩带）的特点，也不利于绿岩带型金矿的保存和砾岩型铀矿的形成；在古元古代处于相对较浅的海盆-潟湖环境，出现巨大的碳酸盐沉积（如菱镁矿）和含有机质的泥质岩（石墨），但是缺少BIF；中元古代地幔活动强并伴有很强的火成碳酸岩侵入，形成了世上少见的巨大稀土矿床；中生代经历了岩石圈减薄，这是太古宙基底包括绿岩带金矿被活化迁移改造和重新就位形成胶东非造山型金矿的原因。

（3）华北克拉通大陆演化与成矿演化并不是孤立的，是全球演化的代表与缩影，记录的规律性具有全球意义。从一定程度而言，它揭示了行星地球的生命历程。同时，这项研究还包括了应用基础研究的内容，对于矿产资源远景预测评价、成矿规律，以及找矿与勘查都有实际意义。该项研究还有许多没有解决的问题，发现了一些新的学科增长点。例如，冥古宙原始陆壳的形成机制；古元宙大氧化事件的机

理及BIF沉淀过程；地球"中年期"壳幔作用与现代固体圈层建立；元古宙巨量稀土及铅-锌爆发成矿原因等，特别是全球的对比研究尤其重要。我们相信，中国科学家一定会在大陆演化与成矿演化方面取得更大成绩。

参 考 文 献

陈衍景，刘丛强，陈华勇，张增杰，李超. 2000. 中国北方石墨矿床及赋矿孔达岩系碳同位素特征及有关问题讨论. 岩石学报，16（2）：233~244

第五春荣，孙勇，董增产，王洪亮，陈丹玲，陈亮，张红. 2010. 北秦岭西段冥古宙锆石（4.1~3.9Ga）年代学新进展. 岩石学报，26（4）：1171~1174

耿元生，万渝生，杨崇辉. 2003. 吕梁地区古元古代的裂陷型火山作用及其地质意义. 地球学报，24（2）：97~104

郭敬辉，翟明国，张毅刚，李永刚，阎月华，张雯华. 1993. 怀安蔓菁沟早前寒武纪高压麻粒岩混杂岩带地质特征、岩石学和同位素年代学. 岩石学报，9（4）：329~341

郭敬辉，翟明国，李永刚，李江海. 1999. 恒山西段石榴子石角闪岩和麻粒岩的变质作用、PT轨迹及构造意义. 地质科学，34（3）：311~325

郭敬辉，陈意，彭澎，刘富，陈亮，张履桥. 2006. 内蒙古大青山假蓝宝石麻粒岩~1.8 Ga的超高温（UHT）变质作用. 2006年全国岩石学与地球动力学研讨会论文摘要集. 南京：南京大学：215~218

姜玉航，牛贺才，严爽，曾令君，李宁波. 2013. 中条山铜矿峪铜矿成矿机制初探. 矿物学报，S2：390~39

李三忠，刘永江. 1998. 辽河群变质泥质岩中变质重结晶作用和变形作用的关系. 岩石学报，14（3）：351~365

刘平华，刘福来，王舫，刘建辉. 2011. 山东半岛早前寒武纪高级变质基底中超镁铁质岩的成因. 岩石学报，27（4）：922~942

苗培森，张振福，张建中，赵祯祥，续世朝. 1999. 五台地区早元古代地层层序探讨. 中国区域地质，18（4）：405~413

孙大中，胡维兴. 1993. 中条山前寒武纪年代构造格架和年代地壳结构. 北京：地质出版社

汤好书，陈衍景，武广，杨涛. 2009. 辽东辽河群大石桥组碳酸盐岩稀土元素地球化学及其对Lomagundi事件的指示. 岩石学报，25（11）：3075~3093

万渝生，狄元生，刘福来，沈其韩，刘敦一，宋彪. 2000. 华北克拉通及邻区孔慈岩系的时代及对太古宙基底组成的制约. 前寒武纪研究进展，23（4）：221~237

魏春景，张翠光，张阿利，伍天洪，李江海. 2001. 辽西建平杂岩高压麻粒岩相变质作用的P-T条件及其地质意义. 岩石学报，17（2）：269~282

于津海，王赐银，赖鸣远，陈树祥，卢保奇. 1999. 山西古元古代吕梁群变质带的重新划分及地质意义. 高校地质学报，18（4）：66~74

翟明国. 2004. 华北克拉通2.1~1.7Ga地质事件群的分解和构造意义探讨. 岩石学报，20（6）：42~53

翟明国. 2009. 华北克拉通两类早前寒武纪麻粒岩（HT-HP和HT-UHT）及其相关问题. 岩石学报，25（8）：1553~1571

翟明国. 2010. 华北克拉通构造演化与成矿作用. 矿产地质，39（1）：24~36

翟明国. 2011. 克拉通化与华北陆块的形成. 中国科学（D辑），41（8）：1037~1046

翟明国，彭澎. 2007. 华北克拉通古元古代构造事件. 岩石学报，23（11）：2665~2682

翟明国，郭敬辉，闫月华，李永刚，张毅刚. 1992. 中国华北太古宙高压基性麻粒岩的发现及初步研究. 中国科学（B辑），22（12）：1325~1330

翟明国，郭敬辉，李江海，李永刚，闫月华，张雯华. 1995. 华北克拉通太古宙退变榴辉岩的发现及其含义. 科学通报，40（17）：1590~1594

翟明国，胡波，彭澎，赵太平. 2014. 华北中-新元古代的岩浆作用与多期裂谷事件. 地学前缘，21（1）：100~119

张连昌，翟明国，万渝生，郭敬辉，代堰锫，王长乐，刘利. 2012. 华北克拉通前寒武纪BIF铁矿研究：进展与问题. 岩石学报，28（11）：3432~3445

Anbar A D, Duan Y, Lyons T W, Arnold G L, Kendall B, Creaser R A, Kaufman A J, Gordon G W, Scott C, Garvin J, Buick R. 2007. A whiff of oxygen before the great oxidation event? Science, 317 (5846): 1903~1906

Bekker A, Slack J F, Plannavsky N, Krapez B, Hoffman A, Konhauser K O. 2010. Iron formation: the sedimentary product of a complex interplay among mantle, tectonic, oceanic and biospheric processes. Economic Geology, 105 (3): 467~508

Binder A B. 1998. Lunar Prospector: overview. Science, 281 (5382): 1475~1476

Bowring S A, Williams I S. 1999. Priscoan (4.00–4.03Ga) orthogneisses from northwestern Canada. Contributions to Mineralogy and Petrology, 134 (1): 3~16

Cai J, Liu F L, Liu P H, Liu C H, Wang F, Shi J R. 2014. Metamorphic P-T path and tectonic implications of peliticgranulites from the Daqingshan Complex of the Khondalite Belt, North China Craton. Precambrian Research, 241 (1): 161~184

Cai J, Liu F L, Liu P H, Wang F, Liu C H, Shi J R. 2016. Anatectic record and P-T path evolution of metapelites from the Wulashan Complex, Khondalite Belt, North China Craton. Precambrian Research, 303: 10~29

Carswell D A, O'Brien P J. 1993. Thermobarometry and geotectonic significance of high-pressure granulites: examples from the moldanubian zone of the Bohemian Massif in Lower Austria. Journal of Petrology, 34 (3): 427~459

Cawood P A, Hawkesworth C J. 2014. Earth's middle age. Geology, 42 (6): 503~506

Chen Y J, Tang H S. 2016. The great oxidation event and its records in North China Crato. In: Zhai M G, Zhao Y, Zhao T P (eds.). Main Tectonic Events and Metallogeny of the North China. Berlin: Springer-Verlag: 281~303

Condie K C, Kröner A. 2008. When did plate tectonics begin? Evidence from the geologic record. Geological Society of America Special Papers, 440: 281~294

Duan Z Z, Wei C J, Qian J H. 2015. Metamorphic P-T paths and Zircon U-Pb age data for the Paleoproterozoic metabasic dykes of high-pressure granulite facies from Eastern Hebei, North China Craton. Precambrian Research, 271: 295~310

Gou L L, Zhang C L, Brown M, Piccoli P M, Lin H B, Wei X S. 2016. P-T-t evolution of pelitic gneiss from the basement underlying the Northwestern Ordos Basin, North China Craton, and the tectonic implications. Precambrian Research, 276: 67~84

Guo J H, Peng P, Chen Y, Jiao S J, Windley B F. 2012. UHT sapphirine granulite metamorphism at 1.93–1.92 Ga caused by gabbronorite intrusions: Implications for tectonic evolution of the northern margin of the North China Craton. Precambrian Research, 223: 124~142

Hamade T, konhauser K O, Traswell R, Goldsmith S, Morris R C. 2003. Using Ge/Si rations to decouple iron and silica fluxes in Precambrian banded iron formations. Geology, 31: 35~38

Harrison T M. 2009. The Hadean crust: evidence from >4 Ga zircons. Annual Review of Earth and Planetary Science, 37 (1): 479~505

Hawke B R, Peterson C A, Blewett D T, Bussey D B J, Lucey P G, Taylor G J, Spudis P D. 2003. Distribution and modes of occurrence of lunar anorthosite. Journal of Geophysical Research Atmospheres, 108 (E6): 4-1~4-16

Hofmeister A M. 1983. Effect of a Hadean terrestrial magma ocean on crust and mantle evolution. Journal of Geophysics Research, 88: 4963~4983

Holland H D. 2002. Volcanic gases, black smokers, and the great oxidation event. Geochimica et Cosmochimica Acta, 66 (21): 3811~3826

Hu B, Zhai M G, Li T S, Li Z, Peng P, Guo J H, Kusky T M. 2012. Mesoproterozoic magmatic events in the eastern North China Craton and their tectonic implications: Geochronological evidence from detrital zircons in the Shandong Peninsula and North Korea. Gondwana Research, 22 (3-4): 828~842

Hu J M, Li Z H, Gong W B, Hu G H, Dong X P. 2016. Meso-Neoproterozoic stratigraphic and tectonic framework. In: Zhai M G, Zhao Y, Zhao T P (eds.). Main Tectonic Events and Metallogeny of the North China. Berlin: Springer-Verlag: 393~422

Huston D L, Logan G A. 2004. Barite, BIFs and Bugs: evidence for the evolution of the Earth's early atmosphere. Earth and Planetary Science Letters, 220 (1-2): 41~55

Iizuka T, Horie K, Komiya T, Maruyama S, Hirata T, Hidaka H, Windley B F. 2006. 4.2 Ga zircon xenocryst in an Acasta gneiss from northwestern Canada: Evidence for early continental crust. Geology, 34 (4): 245~248

Jiang Y H, Zhao Y, Niu H C. 2016. Paleoproterozoic copper system in the Zhongtiaoshan region, southern margin of the North China Craton: Ore geology, fluid inclusion, and isotopic invertigation. In: Zhai M G, Zhao Y, Zhao T P (eds.). Main Tectonic Events and Metallogeny of the North China. Berlin: Springer-Verlag: 229~250

Kappler A, Pasquero C, Konhauser K O, Newman D K. 2005. Deposition of banded ironformations by anoxygenic phototrophic Fe (II)-oxidizing bacteria. Geology, 33 (11): 865~868

Karhu J A, Holland H D. 1996. Carbon isotopes and the rise of atmospheric oxygen. Geology, 24 (10): 867~870

Klein C. 2005. Some Precambrian banded-iron formations (BIFs) from around the world: Their age, geologic setting, mineralogy, metamorphism, geochemistry, and origin. American Mineralogist, 90: 1473~1499

Kröner A, O'Brien P J, Li J H, Passchier C W, Wilde S. 2000. Chronology, metamorphism and deformation in the lower crustal

Hengshan complex and significance for the evolution of the North China craton, Abstract Volume CD. 31st International Geological-Congress, Rio de Janeiro, Brazil

Kusky T M, Li J H. 2003. Paleoproterozoic tectonic evolution of the North China Craton. Journal of Earth Sciences, 22 (4): 383~397

Li T S, Zhai M G, Peng P, Chen L, Guo J H. 2010. Ca. 2.5 billion year old coeval ultramafic-mafic and syenitic dykes in Eastern Hebei: Implications for cratonization of the North China Craton. Precambrian Research, 180 (3-4): 143~155

Liu F L, Liu P H, Cai J. 2016. Genetic metamorphism and metamorphic evolution of khondalite series within the Paleoproterozoic mobile belts, North China craton. In: Zhai M G, Zhao Y, Zhao T P (eds.). Main Tectonic Events and Metallogeny of the North China. Berlin: Springer-Verlag: 181~228

Liu P H, Liu F L, Wang F, Liu J H. 2011. Genetic characterstcs of the ultramafic rocks from the Early Precambrian high-grade metamorphic basement in Shandong Peninsula, China. Acta Petrologica Sinica, 27 (4): 992~942

Liu P H, Liu F L, Liu C H, Wang F, Liu J H, Yang H, Cai J, Shi J R. 2013. Petrogenesis, P-T-t path, and tectonic significance of high-pressure mafic granulites from the Jiaobei terrane, North China Craton. Precambrian Research, 233 (3): 237~258

Lu J S, Wang G D, Wang H, Chen H X, Wu C M. 2013. Metamorphic P-T-t paths retrieved from the amphibolites, Lushan terrane, Henan Province and reappraisal of the Paleoproterozoic tectonic evolution of the Trans-North China Orogen. Precambrian Research, 238: 61~67

Lu J S, Zhai M G, Lu L S, Wang H Y C, Chen H X, Peng T, Wu C M, Zhao T P. 2017. Metamorphic P-T-t path retrieved from metapelites in the southeastern Taihua metamorphic complex, and the Paleoproterozoic tectonic evolution of the southern North China Craton. Precambrian Research, 134: 352~364

Lv B, Zhai M G, Li T S, Peng P. 2012. Ziron U-Pb ages and geochemistry of the Qinglong volcano-sedimentary rock series in Eastern Hebei: Implication for similar to 2500 Ma intra-continental rifting in the North China Craton. Precambrian Research, 208: 145~160

Melezhik V A, Fallick A E, Filippov M M, Larsen O. 1999a. Karelian shungite-an indication of 2.0-Ga-old metamorphosed oil-shale and generation of petroleum: geology, lithology and geochemistry. Earth-Science Reviews, 47 (1-2): 1~40

Melezhik V A, Fallick A E, Medvedev P V, Makarikhin V V. 1999b. Extreme $^{13}C_{carb}$ enrichment in ca. 2.0 Ga magnesite-stromatolites-dolomite-'red beds' association in a global context: a case for the worldwide signal enhanced by a local environment. Earth-Science Reviews, 48 (1-2): 71~120

Nemchin A A, Pidgeon R T, Whitehouse M J. 2006. Re-evaluation of the origin and evolution of >4.2 Ga zircons from the Jack Hills metasedimentary rocks. Earth and Planetary Science Letters, 244 (1-2): 218~233

O'Brien P J, Rötzler J R. 2003. High-pressure granulites: formation, recovery of peak conditions and implications for tectonics. Journal of Metamorphic Geology, 21 (1): 3~20

Peng P, Zhai M G, Guo J H, Kusky T, Zhao T P. 2007. Nature of mantle source contributions and crystal differentiation in the petrogenesis of the 1.78 Ga mafic dykes in the central North China craton. Gondwana Research, 12 (1): 29~46

Posth N R, Hegler F, Konhauser K O, Kappler A. 2008. Alternating Si and Fedeposition caused by temperature fluctuations in Precambrian oceans. Nat. Nature Geoscience, 1 (10): 703~708

Posth N R, Konhauser K O, Kappler A. 2013. Microbiological processes in banded iron formation deposition. Sedimentology, 60 (7): 1733~1754

Rogers J J W, Santosh M. 2003. Supercontinents in Earth history. Gondwana Research, 6 (3): 357~368

Santosh M, Tsunogaeb T, Li J H, Liu S J. 2007. Discovery of sapphirine-bearing Mg-Al granulites in the North China Craton: Implications for Paleoproterozoic ultrahigh temperature metamorphism. Gondwana Research, 11 (3): 263~285

Santosh M, Sajeev K, Li J H, Liu S J, Itaya T. 2009. Counterclockwise exhumation of a hot orogen: the Paleoproterozoic ultrahigh-temperature granulites in the North China Craton. Lithos, 110 (1): 140~152

Santosh M, Liu S J, Tsunogae T, Li J H. 2012. Paleoproterozoic ultrahigh-temperature granulites in the North China Craton: Implications for tectonic models on extreme crustal metamorphism. Precambrian Research, 223: 77~106

Schidlowski M. 1988. A 3800-million-year isotopic record of life from carbon in sedimentary rocks. Nature, 333 (6171): 313~318

Solmon S C. 1980. Differentiation of crust and cores of the terrestrial planets: lessons for the early Earth? Precambrian Research, 10 (3): 177~194

Tam P Y, Zhao G C, Sun M, Li S Z, Iizuka Y, Ma G S K, Yin C Q, He Y H, Wu M L. 2012a. Metamorphic P-T path and tectonic implications of medium-pressure pelitic granulites from the Jiaobei massif in the Jiao-Liao-Ji Belt, North China Craton. Precambrian Research, 220 (1): 177~191

Tam P Y, Zhao G C, Sun M, Li S Z, Wu M L, Yin C Q. 2012b. Petrology and metamorphic P-T path of high-pressure mafic granulites from the Jiaobei massif in the Jiao-Liao-Ji Belt, North China Craton. Lithos, 155: 94~109

Tam P Y, Zhao G C, Zhou X W, Sun M, Guo J H, Li S Z, Yin C Q, Wu M L, He Y H. 2012c. Metamorphic P-T path and implications of high-pressure pelitic granulites from the Jiaobei massif in the Jiao-Liao-Ji Belt, North China Craton. Gondwana Research, 22 (1): 104~117

Tang H S, Chen Y J. 2013. Global glaciations and atmospheric change at ca. 2.3 Ga. Geosceince Frontiers, 4 (5): 583~596

Tang H S, Chen Y J, Santosh M, Zhong H, Yang T. 2013. REE geochemistry of carbonates from the Guanmenshan Formation, Liaohe Group, NE Sino-Korea Craton: Implication for seawater compositional change during the Great Oxidation Event. Precambrian Research, 227 (1): 316~336

Wan Y S, Xie S W, Yang C H, Kröner A, Ma M Z, Dong C Y. 2014. Early Neoarchean (~2.7 Ga) tectono-thermal event in the North China Craton: A synthesis. Precambrian Research, 247: 45~63

Wan Y S, Liu D Y, Dong C Y, Xie H Q, Kröner A, Ma M Z. 2015. Formation and evolution of Archean continental crust of the North China Craton. In: Zhai M G (ed.). Precambrian Geology of China. Berlin: Springer-Verlag: 59~136

Wan Y S, Liu S J, Kröner A, Dong C Y, Xie H Q, Xie S W, Bai W Q, Ren P, Ma M Z, Liu D Y. 2016. Eastern Ancient Terrane of the North China Craton. Acta Geologica Sinica, 90 (4): 1082~1096

Wang F, Li X P, Chu H, Zhao G C. 2011. Petrology and metamorphism of khondalites from the Jining complex, North China craton. International Geology Review, 53 (2): 212~229

Wang H Z, Zhang H F, Zhai M G, Oliveira E P, Ni Z Y, Zhao L, Wu J L, Cui X H. 2016. Granulite facies metamorphism and crust melting in the Huai'an terrane at similar to 1.95 Ga, North China Craton: New constraints from geology, zircon U-Pb, Lu-Hf isotope and metamorphic conditions of granulites. Precambrian Research, 286: 126~151

Wang L J, Guo J H, Peng P, Liu F. 2011. Metamorphic and geochronological study of garnet-bearing basic granulites from Gushan, the eastern end of the Khondalite Belt in the North China Craton. Acta Petrologica Sinica, 27 (12): 3689~3700

Wang W, Liu X H, Hu J M, Li Z H, Zhao Y, Zhai M G, Liu X C, Clarke G, Zhang S H, Qu H J. 2014. Late Paleoproterozoic medium-P high grade metamorphismof basement rocks beneath the northern margin of the Ordos Basin, NW China: petrology, phase equilibrium modelling and U-Pb geochronology. Precambrian Research, 251 (3): 181~196

Wang C L, Konhauser K O, Zhang L C. 2015. Depositional environment of the Paleoproterozoic Yuanjiacun banded iron formation in Shanxi Province, China. Economic Geology, 110 (6): 1515~1539

Wilde S A, Valley J W, Peck W H. 2001. Evidence from detrital zircons for the existence of continental crust and oceans on the Earth 4.4 Ga ago. Nature, 409 (6817): 175~178

Windley B F. 1995. The Evolving Continents (3th ed.). Chichester: John Wiley & Sons. 377~385, 459~462

Wu F Y, Zhang Y B, Yang J H, Xie L W, Yang Y H. 2008. Zircon U-Pb and Hf isotopic constraints on the Early Archean crustal evolution in Anshan of the North China Craton. Precambrian Research, 167 (3-4): 339~362

Wu J L, Zhang H F, Zhai M G, Guo J H, Liu L, Yang W Q, Wang H Z, Zhao L, Jia X L, Wang W. 2016. Discovery of pelitic high-pressure granulite from Manjinggou of the Huai'an Complex, North China Craton: Metamorphic P-T evolution and geological implications. Precambrian Research, 278: 323~336

Xiao L L, Liu F L, Chen Y. 2014. Metamorphic P-T-t paths of the Zanhuang metamorphic complex: Implications for the Paleoproterozoic evolution of the Trans-North China Orogen. Precambrian Research, 255: 216~235

Yin C Q, Zhao G C, Wei C J, Sun M, Guo J H, Zhou X W. 2014. Metamorphism and partial melting of high-pressure pelitic granulites from the Qianlishan Complex: Constraints on the tectonic evolution of the Khondalite Belt in the North China Craton. Precambrian Research, 242 (3): 172~186

Yin C Q, Zhao G C, Sun M. 2015. High-pressure pelitic granulites from the Helanshan Complex in the Khondalite Belt, North China Craton: Metamorphic P-T path and tectonic implications. American Journal of Science, 315 (9): 846~879

Zhai M G. 1996. Granulites and lower crust of North China Craton. Beijing: Seismological Press

Zhai M G. 2014. Multi-stage crustal growth and cratonization of the North China Craton. Geoscience Frotiers, 5 (4): 457~469

Zhai M G, Liu W J. 2003. Paleoproterozoic tectonic history of the North China craton: a review. Precambrian Research, 122 (1-4):

183~199

Zhai M G, Santosh M. 2011. The early Precambrian odyssey of North China Craton: A synoptic overview. Gondwana Research, 20 (1): 6~25

Zhai M G, Santosh M. 2013. Metallogeny of the North China Craton: Link with secular changes in the evolving Earth. Gondwana Research, 24 (1): 275~297

Zhai M G, Zhu X Y. 2016. Corresponding main metallogenic epochs to key geological events in the North China Craton: an example for secular changes in the evolving Earth. In: Zhai M G, Zhao Y, Zhao T P (eds.). Main Tectonic Events and Metallogeny of the North China. Berlin: Springer-Verlag. 1~26

Zhai M G, Cong B L, Guo J H, Liu W J, Li Y G, Wang Q C. 2000. Sm-Nd geochronology and petrography of garnet pyroxene granulites in the northern Sulu region of China and their geotectonic implication. Lithos, 52 (1-4): 23~33

Zhai M G, Hu B, Zhao T P, Peng P, Meng Q R. 2015. Late Paleoproterozoic-Neoproterozoic multi-rifting events in the North China Craton and their geological significance: A study advance and review. Tectonophysics, 662: 153~166

Zhang D D, Guo J H, Tian Z H, Liu F. 2016. Metamorphism and P-T evolution of high pressure granulite in Chicheng, northern part of the Paleoproterozoic Trans-North China Orogen. Precambrian Research, 280: 76~94

Zhang H F, Wang H Z, Santosh M, Zhai M G. 2016. Zircon U-Pb ages of Paleoproterozoic mafic granulites from the Huai'an terrane, North China Craton (NCC): Implications for timing of cratonization and crustal evolution history. Precambrian Research, 272 (2): 244~263

Zhang L C, Wang C L, Zhu M T, Huang H, Peng Z D. 2016. Formation ages and environments of Early Precambrian banded iron formations in the North China Craton. In: Zhai M G, Zhao Y, Zhao T P (eds.). Main Tectonic Events and Metallogeny of the North China. Berlin: Springer-Verlag. 65~84

Zhang S H, Zhao Y. 2016. Magmatic records of the Late Paleoproterozoic to Neoproterozoic extensional and rifting events in the North China Craton. In: Zhai M G, Zhao Y, Zhao T P (eds.). Main Tectonic Events and Metallogeny of the North China. Berlin: Springer-Verlag. 359~392

Zhang S H, Zhao Y, Liu Y S. 2017. A precise zircon Th-Pb age of carbonatite sills from the world's largest Bayan Obo deposit: Implications for timing and genesis of REE-Nb mineralization. Precambrian Research, 291: 202~219

Zhao G C, Wilde S A, Cawood P A, Lu L Z. 1998. Thermal evolution of the Archaean basement rocks from the eastern part of the North China craton and its bearing on tectonic setting. International Geological Review, 40 (8): 706~721

Zhao G C, Wilde S A, Cawood P A, Wilde S A. 1999. Thermal evolution of two textural types of maficgranulites in the North China craton: evidence for both mantle plume and collisional tectonics. Geological Magazine, 136 (3): 223~240

Zhao G C, Sun M, Wilde S A. 2005. Late Archean to Paleoproterozoic evolution of the North China Craton: Key issues revisited. Precambrian Research, 136 (2): 177~202

Zhao L, Li T S, Peng P, Guo J H, Wang W, Wang H Z, Santosh M, Zhai M G. 2015. Anatomy of zircon growth in high pressure granulites: SIMS U-Pb geochronology and Lu-Hf isotopes from the Jiaobei Terrane, eastern North China Craton. Gondwana Research, 28 (4): 1373~1390

Zhao T P, Zhou M F, Zhai M G, Xia B. 2002. Paleoproterozoic rift-related volcanism of the Xiong'er group, North China craton: implications for the breakup of Columbia. International Geology Review, 44 (4): 336~351

Zhou L G, Zhai M G, Lu J S, Zhao L, Wang H Z, Wu J L, Zou Y, Shan H X, Cui X H. 2017. Paleoproterozoic metamorphism of high-grade granulite facies rocks in the North China Craton: study advances, questions and new issues. Precambrian Research, 303: 520~547

Zou Y, Zhai M G, Santosh M, Zhou L G, Zhao L, Lu J S, Shan H X. 2017. High-pressure pelitic granulites from the Jiao-Liao-Ji Belt, North China Craton: A complete P-T path and its tectonic implications. Journal of Asian Earth Sciences, 134: 103~121

第二篇 华北克拉通早期陆壳生长与条带状铁矿

第三章 华北克拉通早期陆壳多期生长

第一节 冥古宙地壳物质的发现

一、前言

按照2018年的国际年代地层表,冥古宙是指从太阳系形成(4567 Ma)至地球上迄今发现最古老岩石(4030 Ma)形成这一段地质时期。大多数研究者同意将冥古宙和太古宙的界线限定在4000 Ma(Van Kranendonk et al.,2012;Griffin et al.,2014),可是也有研究者提出应以最古老的3850 Ma西格陵兰Isua表壳岩的出现年龄为界线(Moorbath,2005)。考虑到在西澳大利亚Yilgarn克拉通北部Jack Hills地区的石英砾岩中发现迄今地球上最古老的碎屑锆石,测得其U-Pb年龄为4404 Ma,且研究认为是目前已知的最古老地球大陆地壳物质(Wilde et al.,2001),据此为地质标志,冥古宙又可进一步分为朝天纪(又称混沌纪)(Chaotian Era;4567~4404 Ma)和杰克山纪(或称锆石纪)("Jack Hillsian Era"或"Zirconian Era")(Van Kranendonk et al.,2012)。本书采用2018年最新的国际年代地层表划分方案。

冥古宙岩石经历了漫长而复杂的地质作用,致使大量原始的岩石被多次重熔改造或者循环进入地幔,使得现存冥古宙(>4.0 Ga)地质记录在全球范围内非常有限。此外,由于冥古宙大陆地壳的形成和演化涉及地球最初期的状态、性质和壳幔循环等关键科学问题(Harrison et al.,2008;Kemp et al.,2010,2015;Griffin et al.,2014;Reimink et al.,2016),所以任何老于4.0 Ga的矿物或岩石都十分珍稀。近年来,随着研究的深入以及二次离子质谱(SIMS)和激光剥蚀电感耦合等离子体质谱(LA-ICP-MS)的发展和应用,我国在搜寻和研究最古老岩石和锆石方面也取得了重要进展,相继在多处发现了冥古宙碎屑或捕获锆石。例如,在西藏雅鲁藏布江造山带西段的普兰石英岩中发现了年龄为4103 Ma的碎屑锆石(Duo et al.,2007);在广州大明山早寒武世砂岩中发现4107 Ma的碎屑锆石(Xu et al.,2012);在华夏地块武夷山龙泉地区龙泉岩群云母石英片岩中发现年龄为4127 Ma和4148 Ma的两粒碎屑锆石(Xing et al.,2014);在北秦岭造山带西段甘肃张家庄地区草滩沟群火山碎屑岩中发现年龄为4079 Ma和4000 Ma的两颗捕获锆石(Diwu et al.,2013a;Wang et al.,2007;第五春荣等,2010);在河西走廊地区上泥盆统中宁组岩石中发现了年龄为4022 Ma的碎屑锆石(袁伟等,2012)。

华北克拉通是世界上为数不多的存在3.8 Ga岩石的地区(Liu et al.,1992;Song et al.,1996;Wan et al.,2005,2012a)。最近,虽然有报道在华北克拉通的辽宁大石桥菱镁矿中古元古代的云母片岩和鞍山的斜长角闪岩中发现年龄为4087 Ma的碎屑锆石(Li Z et al.,2016)和4172 Ma的捕获锆石(Cui et al.,2013),但是考虑到这些数据是通过LA-ICP-MS和LA-MC-ICP-MS测试方法获得,因此需要采用准确度更高且可准确测定锆石中普通铅含量的SIMS方法进一步核实和验证其年龄数据的真实性和可靠性。

对于北秦岭造山带的构造属性虽然存在诸多争议,但是按照传统经典的地质观点,北秦岭造山带属于早古生代华北克拉通南部的活动大陆边缘(《地球科学大辞典》编辑部,2006),因此在北秦岭构造带西段甘肃张家庄地区发现的这些冥古宙锆石应来自于华北克拉通南部基底,它们是在奥陶纪火山岩喷发过程中被捕获带至地表。鉴于此,本节主要介绍在华北克拉通南部北秦岭造山带西段已发现且经过验证的冥古宙锆石的研究概况,并结合世界上其他经典地区冥古宙早期研究进展来探讨地球形成初期地壳的性质、壳幔分异方式等重要科学问题。

二、北秦岭构造带西段冥古宙锆石研究

(一) 区域地质背景

通常认为早古生代的商丹缝合带是华北克拉通和扬子克拉通俯冲—碰撞—拼合的主缝合带,并以此将秦岭分为南、北两大构造单元。北侧为北秦岭造山带,是早古生代华北克拉通南侧的古活动大陆边缘;南侧为南秦岭造山带,是扬子克拉通北侧的被动大陆边缘(张国伟等,2001)。北秦岭造山带出露的地质单元自北而南可依次划分为新元古界宽坪岩群、下古生界二郎坪岩群和草滩沟群、中元古代晚期—新元古代早期的秦岭杂岩和下古生界丹凤岩群。各个岩石单元之间彼此多为构造关系。

发现冥古宙锆石的草滩沟群位于陕西与甘肃两省交界处的凤县-两当地区,该区地质组成和变质变形复杂、岩浆活动强烈。自北往南,主要出露地层单元依次为石炭系草凉驿组、奥陶系草滩沟群、秦岭杂岩和下古生界丹凤岩群,各岩石单元之间多为断层接触。草滩沟群北与石炭系草凉驿组以断层接触,南和秦岭岩群之间以韧性剪切带相接,东被宝鸡岩基侵吞,向西延入甘肃境内(图3.1)。

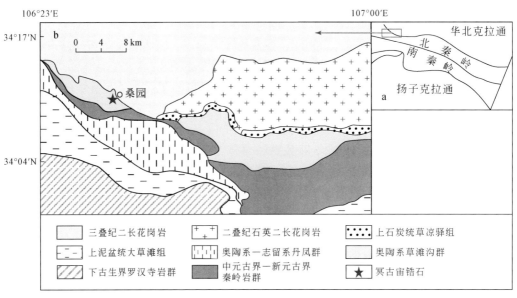

图3.1 秦岭造山带构造简图(a)和北秦岭西段张家庄地区地质简图(b)
(修改自 Diwu et al.,2013a)

陕西区调队(1996)依据原岩建造、岩石组合及生物化石特征,将草滩沟群自下而上分为红花铺组、张家庄组和龙王沟组。红花铺组仅分布于陕西省凤县红花铺杨家岭一带,南北均以断层与张家庄组和草凉驿组接触。岩性为浅变质碎屑岩夹砂质灰岩和少量细碧岩、中酸性火山岩。张家庄组为草滩沟群的主体层位,呈带状分布于甘肃省两当县张家庄-陕西省凤县龙王沟及老厂一带。岩性以中酸性火山碎屑岩、火山熔岩为主,夹少量砂、板岩。龙王沟组为浅变质碎屑岩、沉凝灰质碎屑岩夹安山质火山岩,下与张家庄组呈整合接触,上部断层缺失,以底部大套碎屑岩出现与张家庄组分界。

(二) 岩相学

野外观察和详细的室内岩石薄片研究表明(董增产,2009;第五春荣等,2010),北秦岭草滩沟群张家庄组的火山岩碎屑岩包括正常火山碎屑岩(岩屑晶屑凝灰岩、晶屑凝灰岩、凝灰岩)、向熔岩过渡类型及火山-沉积碎屑岩类(沉凝灰岩),甚少发育火山熔岩。蕴含冥古捕虏锆石的寄主岩石采自甘肃省两当县张家庄乡桑园村南侧河谷中,属于介于火山熔岩和火山碎屑岩之间的火山碎屑熔岩类,命名为熔结凝灰岩(图3.2 a)。岩石呈灰绿色、深灰色,块状构造,具有特殊的熔岩基质胶结火山碎屑物的结构特

征。主要由岩屑、晶屑、浆屑和火山质填隙物组成。岩屑多呈深灰色团块状（1~6 cm）或棱角状（0.5~3 mm），含量不均匀，最高可达60%，有些岩块中不足5%。岩石中晶屑成分较为单一，主要为长石和石英；长石呈现两种不同的形态特征，一类为晶形状，具板状或板条状晶形，另一类呈晶屑状，其外形不规则，呈棱角状、阶梯状或发育参差状断口；亦常见浆屑，呈明显的撕裂状（火焰状）塑性形态，已发生脱玻化，其内部常具霏细结构，且多被压扁、拉长、微显定向构造。岩石中胶结物主要为熔岩基质，具有显微晶质结构，并已明显蚀变，由蚀变形成的纤维状绢云母、绿泥石和长英质微细晶粒构成，并可见他形微细粒状磁铁矿颗粒呈弥散状分布在基质之中（图3.2 b）。根据上述岩相学研究推测，该寄主岩应该是火山爆发时产生的火山碎屑物被熔岩（浆）基质胶结而形成，这类岩石通常产于火山口或火山通道附近，其岩浆在上升以及喷发和成岩过程中可以携带或捕获源区、围岩甚至附近的锆石（第五春荣等，2010）。

 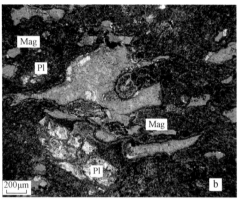

图3.2 奥陶纪熔结凝灰岩野外照片（a）和显微镜下照片（b）（Diwu et al., 2013）
Mag. 磁铁矿；Pl. 斜长石

（三）分析测试结果

较早时期，王洪亮等（2007）报道在北秦岭西段的奥陶纪草滩沟群中获得一粒年龄为4079±5 Ma的冥古宙捕虏锆石（图3.3和图3.4 a），为当时全球第一例在显生宙年轻火山岩中发现冥古宙地壳物质的地区。后第五春荣等（2012）采用二次离子探针质谱（SHRIMP）定年方法对该锆石进行重新测定，获得其$^{207}Pb/^{206}Pb$年龄为4080±9 Ma，与原激光电感耦合等离子质谱定年方法测得的结果在误差范围内完全一致，表明这一冥古宙锆石原测试的数据结果是真实可靠的。此外，测得该锆石核部与边部的年龄分别为4027±12 Ma、3709±15 Ma（图3.3 a）。年龄为3709 Ma锆石边部在CL图像上显示出微弱而稀疏的成分环带，且具有较低的Th（39×10^{-6}）、U（148×10^{-6}）和Th/U值（0.25），推测可能是锆石在形成后遭受变质作用改造所致。后利用Cameca IMS-1280又获得年龄为4027 Ma的分析点和临近位置的$\delta^{18}O$值为6.0‰和6.3‰，对应的$^{176}Hf/^{177}Hf$、$\varepsilon_{Hf}(t)$值和两阶段模式年龄分别为0.280108、-4.6和4449 Ma。而该锆石边部具有较低的氧同位素值，为5.1‰~5.0‰，其$\varepsilon_{Hf}(t)$值以及两阶段模式年龄（T_{DM2}）分别为7.1和4357 Ma（Diwu et al., 2013a）。

此外，第五春荣等（2012）在发现4.1 Ga捕获锆石的原采样点又收集了400~500 kg岩石样品，从中分选出3000多粒锆石，利用LA-ICP-MS锆石微区原位U-Pb同位素测年方法对所有锆石逐一分析，获得$^{207}Pb/^{206}Pb$年龄分别为4007±29 Ma（图3.3和图3.4b）、3908±45 Ma（图3.3和图3.4c）的捕获锆石各一粒。这些新发现进一步证实北秦岭造山带西段存在冥古宙和始太古代的地壳物质。在CL图像上，可以看到年龄为4007 Ma的锆石具有核-边结构（图3.3b），其核部为黑色，表明发光性较差。而此锆石的边部具有较强的CL发光性，年龄相对较轻，为3751±30 Ma；且具有相当低的Th/U值，为0.06，表明其均为变质成因（Belousova et al., 2002; Hoskin and Schaltegger, 2003）。年龄为4007 Ma的锆石核部记录了较低的$\delta^{18}O$值（-0.1‰~0.2‰），其$^{176}Hf/^{177}Hf$值为0.280125，对应的$\varepsilon_{Hf}(t)$和T_{DM2}值分别为-4.4和

4428 Ma，而其边部具有相对核部较高的 $\delta^{18}O$ （3.8‰）和 $^{176}Hf/^{177}Hf$ 值（0.280208）其 $\varepsilon_{Hf}(t)$ 和 T_{DM2} 值为-7.1 和 4384 Ma。年龄为 3909 Ma 锆石的核与边 $\delta^{18}O$ 分别为 5.4‰和 6.6‰，其核部的 $^{176}Hf/^{177}Hf$ 为 0.280321，对应的 $\varepsilon_{Hf}(t)$ 和 T_{DM2} 值分别为 0.2 和 4076 Ma（Diwu et al.，2013a）。

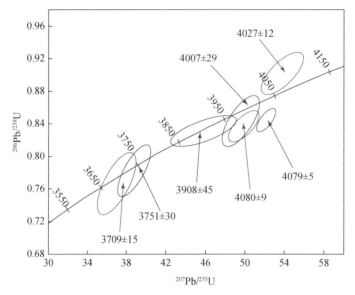

图 3.3　火山碎屑熔岩中冥古宙—始太古代锆石年龄谐和图

红色的圈和数字为 SHRIMP 的年龄测试结果；蓝色的圈和数字为 LA-ICP-MS 的年龄测试结果，年龄单位为 Ma

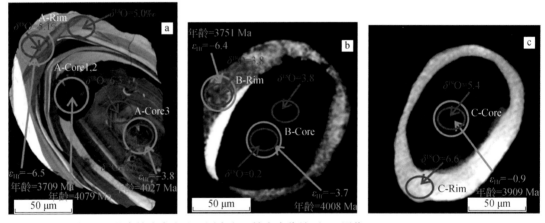

图 3.4　北秦岭张家庄地区冥古宙—始太古代锆石 CL 图像（Diwu et al.，2013a）

三、讨论

（一）华北冥古宙地壳的物质探索

华北克拉通是我国最大和最古老的克拉通，其中以鞍山地区出露 3.8 Ga 的岩石而为国际学术界所关注（Liu D Y et al.，2008，1992；Wan et al.，2005，2012a；Wu et al.，2008；Wang et al.，2015），主要出露在鞍山的白家坟、东山、深沟寺和锅底山地区，岩石类型为变质石英闪长岩和奥长花岗质岩石（Liu D Y et al.，1992；Song et al.，1996；Wan et al.，2005，2012a）。在白家坟年龄为 3.3 Ga 的奥长花岗片麻岩中发现一颗较老的锆石，其内核具有微弱岩浆环带，并获得 3 个年龄，其 $^{207}Pb/^{206}Pb$ 年龄最大为 3887 Ma（有一定放射成因 Pb 丢失），另外两个较谐和分析点的 $^{207}Pb/^{206}Pb$ 年龄加权平均年龄为 3865 Ma（Wu et al.，

2008)。需要指出的是，在鞍山地区这些杂岩受到后期 3.7~3.6 Ga 和 3.3~3.1 Ga 岩浆事件的强烈改造和影响，致使鞍山地区存在年龄老于 3.8 Ga 的岩石可能比较有限（Wu et al., 2008），其多呈包体状位于 3.3 Ga 的条带状片麻岩-混合岩杂岩中，后者又被约 3.1 Ga 奥长花岗岩侵入（Wang et al., 2015）。

早期原位锆石 Hf 同位素分析显示：①鞍山地区晚期的 3.3~3.1 Ga 锆石并未沿着 3.8~3.6 Ga 锆石的演化线，表明这些年轻锆石并非来自于较老的 3.8~3.6 Ga 锆石的分解重置；②所有的分析点均位于球粒陨石演化线附近，并未呈现出明显的富集放射性 Hf 同位素；③锆石 Hf 两阶段模式年龄最老峰值为 3.9 Ga，且所有锆石的模式年龄均小于 4.0 Ga，因此有研究者提出华北克拉通鞍山地区这些 3.8 Ga 古老锆石的寄主岩石可能来自于未发生显著壳幔分异类似于球粒陨石储库岩浆源区（Wu et al., 2008），鞍山地区最古老的岩石形成时间可能仅为 3.8 Ga 左右，目前的数据不支持在该区存在更古老的地壳物质（Wu et al., 2005b, 2008）。

在华北克拉通南缘，广泛出露以涑水杂岩、太华杂岩和登封杂岩为代表的太古宙结晶基底岩石（Diwu et al., 2016）。目前东南部信阳地区的中生代火山岩中发现年龄为 3.6 Ga 左右的麻粒岩捕虏体，且其中锆石均具有负的 $\varepsilon_{Hf}(t)$ 值，对应的 Hf 模式年龄可接近 4.0 Ga，暗示华北克拉通南部相对于东部的鞍山和冀东地区而言可能存在更为古老的地壳物质。而在北秦岭西段奥陶纪火山碎屑岩中发现的这些年龄为 4079 Ma 和 4007 Ma 古老锆石则证实在华北克拉通南部至今依然存在地球形成最初期的地壳物质。

（二）锆石源区

锆石由于具有强物理和化学性质，虽然其可能经过多次的风化剥蚀、沉积循环，以及多期岩浆和变质作用，但是物源区的特征依然能够得以保留。由于寄主岩石的缺失，利用碎屑或者捕获锆石来研究源区岩石的属性虽然存在一定的推测，但是相对而言，捕获锆石更可以用来推测和探讨其寄主岩石下伏基底岩石的组成和性质。如前所述，北秦岭西段张家庄地区奥陶纪火山岩中发现的这些年龄大于 4.0 Ga 的捕获锆石是迄今世界上唯一在显生宙火山岩中发现的冥古宙锆石；此外，鉴于北秦岭造山带为早古生代华北克拉通南部的活动大陆边缘，因此北秦岭西段的这些古老锆石可为研究华北克拉通冥古宙基底性质提供重要的素材。

年龄为 4079 Ma 的锆石核部具有较清晰岩浆锆石的成分环带和稀土元素配分特征，表明其为岩浆成因的捕虏晶体。其核部 $\delta^{18}O$ 值为 6.0‰~6.3‰，接近幔源岩浆分异的最大值，又与 Cavosie 等（2005）所限定的古老"壳源锆石"的氧同位素一致，对应的 $\varepsilon_{Hf}(t)$ 值及两阶段模式年龄分别为 -4.6 和 4449 Ma，这些特征表明在北秦岭造山带发现的 4079 Ma 锆石的寄主岩石为地球形成初期（约 4.4 Ga）地壳物质的衍生物。在全球范围内，冥古宙的岩石仅出露在加拿大西北部的 Acasta 片麻岩中，其中英云闪长质片麻岩的年龄为 4020 Ma，所蕴含锆石具有负的 $\varepsilon_{Hf}(t)$ 值（-2.04~-1.88），推测这些古老岩石来自于一个古老的超基性或者基性岩浆源区（Reimink et al., 2016）。Jack Hills 是全球著名含较多冥古—古太古宙碎屑锆石的地区，研究发现这些古老锆石均具有低于同时期球粒陨石的 $^{176}Hf/^{177}Hf$ 值，推测这些锆石的源区存在更为古老的地壳组分（Kemp et al., 2010；Wilde et al., 2001）。北秦岭西段的这些古老的冥古宙锆石具有与 Jack Hills 锆石类似的 Hf 同位素特征，其 $\varepsilon_{Hf}(t)$ 值最低可达 -4.6，模式年龄显示其源区年龄可至地球形成的最初期（约 4.45 Ga），因此表明北秦岭张家庄是目前世界上除 Jack Hills 之外可以证明在地球形成初期就存在地壳物质的地区。

而年龄为 4007 Ma 的捕获锆石具有较高的 U 含量（797 ppm）和弱的 CL 发光性，并且在球粒陨石标准化的图上其轻稀土相对而言富集且呈平坦的配分模式，表明此锆石经历了一定量的放射性损伤和后期的蚀变。此外，该捕虏晶具有较低的 $\delta^{18}O$ 值（-0.1‰~0.2‰）和较低的 $\varepsilon_{Hf}(t)$ 值（-4.4），表明此锆石结晶自具有新生地壳性质的岩浆源区，且曾经与地表水发生了相互作用（第五春荣等，2010；Diwa et al., 2013a）。

（三）华北克拉通冥古宙地壳的性质

地球在冥古宙时期形成的一定规模初始地壳，称为原始地壳。可是较晚期（4.0~3.8 Ga）陨石大冲击、地质构造事件的强烈破坏、改造以及后期地壳的生长和再循环，致使古老的原始地壳在现今地球上存留的非常稀少。现今对于冥古宙原始地壳性质的探索最主要来自于西澳大利亚 Jack Hills 石英砾岩中的碎屑锆石和加拿大西北部的 Acasta 片麻岩研究。

由于锆石初始 $^{176}Hf/^{177}Hf$ 值与寄主岩浆从地幔源区中抽取年龄和与之匹配的地壳源区 $^{176}Lu/^{177}Hf$ 值有关，所以利用锆石的 Lu-Hf 同位素体系是近年来限定冥古宙地壳组成和性质的有效手段。如果可以估算出锆石的模式年龄，那么依据其 $^{176}Hf/^{177}Hf$ 值与年龄或者或 $\varepsilon_{Hf}(t)$ 值与年龄所限定的数组斜率就可反推出从地幔源区中抽取形成初始地壳 Lu/Hf 值。

鉴于 Jack Hills 年龄为 4.4 Ga 锆石的稀土配分模式特征和在其中发现石英包体，表明其结晶自硅饱和的花岗质岩浆，揭示在 4.4 Ga 之前的冥古宙早期就已经存在以长英质硅酸盐为特征的原始大陆地壳；此外，研究发现 Jack Hills 的冥古宙锆石具有高的氧同位素 $\delta^{18}O$ 值（5‰~7.5‰），指示这些锆石的寄主岩石是由曾经与水发生过相互作用的古老地壳熔融而形成的，表明地球在 4.4 Ga 之前就已经有大洋的存在（Simon et al., 2001）。一些研究者考虑到 Jack Hills 的部分冥古宙锆石具有较高的 $\delta^{18}O$ 值和负的 $\varepsilon_{Hf}(t)$ 值，认为这些冥古宙锆石的原岩是由曾与大洋水发生过水岩作用的古老沉积岩石部分熔融而成，为 S 型花岗岩（Harrison et al., 2005; Harrison et al., 2008; Valley et al., 2005）。Blichert-Toft 和 Albaréde（2008）通过模拟计算指出 Jack Hills 古老碎屑锆石所限定的原始地壳的 Lu/Hf 值为 0.005~0.010，对应的球粒陨石和亏损地幔模式年龄的峰值分别为 ~4.30 Ga 和 4.36 Ga，推测 Jack Hills 锆石原岩来自于 4.30 Ga 与具有类似太古宙 TTG 组成的原始地壳。可是，Blichert-Toft 和 Albaréde（2008）采用整颗锆石溶解方法来获得这些复杂锆石的 Lu-Hf 同位素组成，很可能导致锆石的 U-Pb 年龄与其 $^{176}Hf/^{177}Hf$ 值毫不相干。Kemp 等（2010）对 67 颗年龄为 4.38~3.38 Ga 的 Jack Hills 碎屑锆石同时进行了精细的 Pb-Hf 同位素分析，结果未发现具有正 $\varepsilon_{Hf}(t)$ 值的冥古宙锆石，并获得这些锆石所限定的初始地壳 Lu/Hf 值为 ~0.018，这与早期 Amelin 等（1999）给出的值相近（Lu/Hf 为约 0.022），且获得该地壳从类似球粒陨石的地幔源区分离的时间为 4.47 Ga。显而易见，这些估值（Lu/Hf 为约 0.02）明显高于从地幔中强烈分异而形成的太古宙 TTG 地壳或者平均大陆地壳 Lu/Hf 值（~0.011），因此推测 Jack Hills 冥古宙锆石原岩是由玄武质或者玄武安山质的岩石部分熔融而形成。

在 $\varepsilon_{Hf}(t)$-锆石年龄图解中（图 3.5），除一颗年龄为 3909 Ma 的锆石具有近球粒陨石 $\varepsilon_{Hf}(t)$ 值（0.2）外，其余北秦岭西段草滩沟火山碎屑岩中 4.1~3.7 Ga 的捕获锆石均具有较负的 $\varepsilon_{Hf}(t)$ 值（-4.5~-7.1），其对应的两阶段 Hf 模式年龄为 4449~4357 Ma，推测这些古老锆石均来自于 4.4 Ga 左右的地壳物质。根据近年来对于 Jack Hills 冥古宙—太古宙锆石 Hf 同位素研究表明，在其中并未发现具有富集放射性 Hf 同位素的冥古宙锆石，也就是说并未发现这些古老的锆石具有特别正的 $\varepsilon_{Hf}(t)$ 值，其 $\varepsilon_{Hf}(t)$ 值均低于同时期球粒陨石值（<0），表明在地球形成早期并不存在强烈的亏损地幔以及与之互补的缺少富集放射性 Hf 同位素的大陆地壳，原始地壳应是从具有球粒陨石储库中分离出来，而不是亏损地幔源区（Amelin et al., 1999; Kemp and Hawkesworth, 2014; Kemp et al., 2010）。此外，需要特别注意的是，北秦岭西段这些

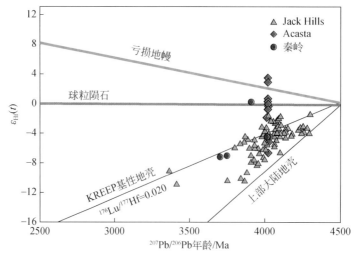

图 3.5　北秦岭张家庄地区冥古宙—始太古代锆石 Hf 同位素组成（修改自 Diwu et al., 2013a）

4.1~3.7 Ga 捕获锆石投点与大多数 Jack Hills 岩浆锆石和采自月球上的阿波罗 14 角砾岩中锆石类似，均落在 $^{176}Lu/^{177}Hf$ 值为 0.020 镁铁质地壳演化线上，揭示华北克拉通南缘北秦岭地区冥古宙锆石的原岩可能并不是由沉积岩部分熔融而成的，而是在地表岩浆海冷却固结而成的镁铁质原始地壳部分熔融产物，且这些镁铁质原始地壳与月球上富含 K、REE 和 P 的玄武质克里普岩具有类似组成。

四、结论

（1）北秦岭西段奥陶纪火山碎屑岩中发现的这些年龄为 4079 Ma 和 4007 Ma 古老锆石确证在华北克拉通南部依然尚存地球形成最初期的地壳物质。北秦岭西段是全球迄今唯一在显生宙火山岩中发现冥古宙锆石的地区。

（2）这些冥古宙—始太古代锆石具有较负 $\varepsilon_{Hf}(t)$ 值和较高的 $\delta^{18}O$ 值，模式年龄显示其源区年龄可至地球形成的最初期（~4.45 Ga），表明北秦岭西段和西澳大利亚 Jack Hills 一样可以证明在地球形成最初期就已经存在地壳。

（3）北秦岭西段这些 4.1~3.7 Ga 捕获锆石与大多数 Jack Hills 具岩浆结构的碎屑锆石和采自月球上的阿波罗 14 角砾岩中锆石具有类似的 Lu-Hf 组成，推测这些古老锆石的寄主岩石均为地表岩浆海冷却固结而成的镁铁质原始地壳部分熔融产物。

第二节　太古宙早期陆核

华北克拉通是欧亚大陆东部规模最大的克拉通之一，面积约为 30 万 km²。其形状大致为一个倒立的三角形，周边被年轻的造山带围绕。可以推测华北克拉通是原规模更大的古老陆块的一个碎片。华北克拉通>3.2 Ga 锆石在许多地区被发现，其中包括冥古宙锆石，但>3.2 Ga 岩石仅在鞍山、冀东和信阳 3 个地区被识别出来（图 3.6）。3.2~2.8 Ga 岩石存在于鞍山-本溪、冀东、胶东和鲁山地区，2.8~2.6 Ga 岩石在华北克拉通 10 余个地区被发现，2.6~2.5 Ga 岩石几乎在所有太古宙基底岩石出露区都存在。本节仅对华北克拉通>3.2 Ga 岩石作一简要介绍。

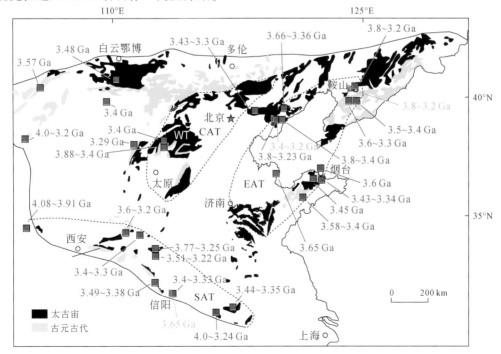

图 3.6　华北克拉通早前寒武纪地质简图（万渝生等，2015；Wan et al., 2015a）
给出了>2.6 Ga 岩石和锆石分布范围。三角：岩石年龄；方框：碎屑锆石和外来锆石年龄
EAT. 东部古陆块；SAT. 南部古陆块；CAT. 中部古陆块

一、鞍山地区

鞍山位于华北克拉通东北部,是华北克拉通迄今唯一发现 3.8 Ga 岩石的地区(Liu et al., 1992, 2008; Song et al., 1996; Wan et al., 2005, 2012a, 2015a; Wang et al., 2015)。3.8 Ga 岩石包括条带状奥长花岗岩、糜棱岩化奥长花岗岩、奥长花岗质片麻岩和变质石英闪长岩。它们空间上与不同类型更年轻岩石在一起,构成白家坟、东山、深沟寺和锅底山杂岩(图3.7)。3.8 Ga 岩石最初发现于白家坟杂岩。在早期研究中,认为白家坟杂岩的所有花岗质岩石都形成于 3.8 Ga(Liu et al., 1992)。进一步研究表明它们形成于 3.8~3.1 Ga 的不同时代,主要由糜棱岩化奥长花岗岩组成,也有黑云片岩、二长花岗质片麻岩、变质石英闪长岩等(图3.8)(Liu et al., 2008; Wu et al., 2008)。杂岩体长约 700 m,宽约 50 m,走向为北西-南东,在南西和北东两侧分别与 3.3~3.1 Ga 陈台沟花岗岩和 3.35 Ga 陈台沟表壳岩构造接触。

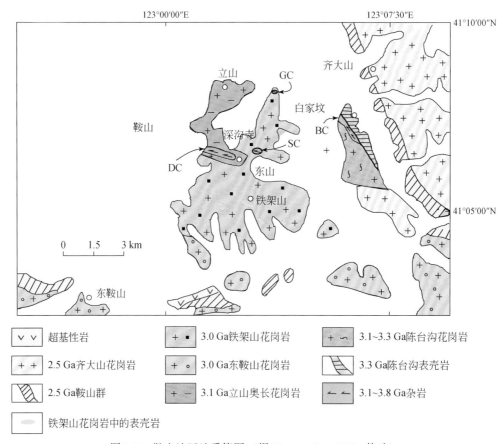

图 3.7 鞍山地区地质简图(据 Wan et al., 2012a 修改)
BC. 白家坟杂岩;DC. 东山杂岩;SC. 深沟寺杂岩;GC. 锅底山杂岩

深沟寺杂岩出露最好的是一呈近南北向的公路边剖面,长度约 50 m(图3.9),也主要由不同时代奥长花岗质岩石组成。8 个样品定年,锆石年龄分布在几个区间,为 3.78 Ga、3.62~3.6 Ga、3.45 Ga、3.33~3.31 Ga 和 3.12 Ga(Wan et al., 2012a)。最老岩石为 3.78 Ga 条带状奥长花岗岩(A0512)。3.45 Ga 奥长花岗质片麻岩在鞍山地区首次发现。除奥长花岗岩外,该杂岩中还存在二长花岗岩、变质基性岩(变质辉长岩),最年轻的伟晶质二长花岗岩脉切割其他所有岩石。

东山杂岩呈北西-南东向分布,存在于 3.14 Ga 立山奥长花岗岩中。见约 3.14 Ga 奥长花岗岩脉切割东山杂岩。该杂岩也是由不同类型 3.8~3.1 Ga 岩石组成,包括条带状奥长花岗岩、奥长花岗质片麻岩、二长花岗质片麻岩、伟晶岩、变质超基性岩、斜长角闪岩和石英闪长质片麻岩。在三个位置发现>3.6 Ga 岩石。最初发现的 3.8 Ga 条带状奥长花岗岩位于一亭子附近(Ch28)(Song et al., 1996),被奥长花岗岩

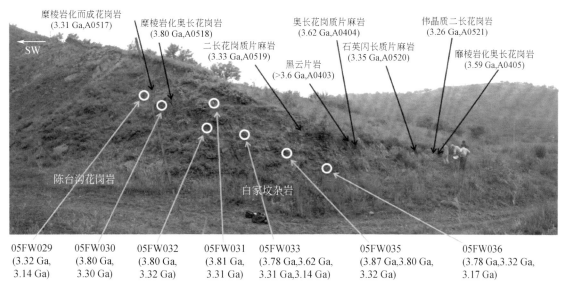

图 3.8 白家坟杂岩剖面 (Liu et al., 2008)

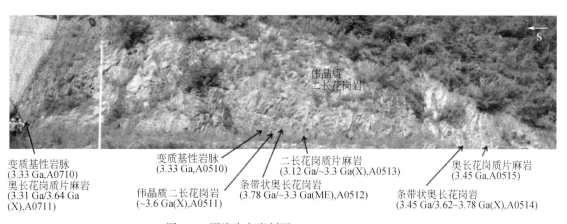

图 3.9 深沟寺杂岩剖面 (Wan et al., 2012a)

脉和伟晶质岩脉切割（图 3.10a）。之后又发现 3.79 Ga 变质石英闪长岩（石英闪长质片麻岩，A9604），以包体形式存在于 3.79 Ga 条带状奥长花岗岩（A0507）中（图 3.10b）（Wan et al., 2005）。石英闪长质片麻岩的存在可作为地幔添加作用的直接证据。石英闪长质片麻岩有 >4.0 Ga 的全岩 Nd 和锆石 Hf 模式年龄，可能表明鞍山地区存在 >4.0 Ga 陆壳物质，鞍山地区陆壳演化也许在 4.0 Ga 以前就已开始（Wan et al., 2005; Liu et al., 2008）。

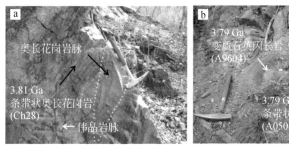

图 3.10 东山杂岩中的始太古代岩石

a. 3.81 Ga 条带状奥长花岗岩（Ch28）被奥长花岗岩脉和伟晶岩脉切割；b. 3.79 Ga 石英闪长质片麻岩（A9604）存在于 3.79 Ga 条带状奥长花岗岩（A0507）中

许多 3.8 Ga 岩石都含有更年轻的锆石（主要为 3.3 Ga 锆石），如条带状奥长花岗岩样品（Ch28）所显示的那样（图 3.11a）。对此存在不同认识，一些学者认为，这些岩石不是形成于 3.8 Ga，而是形成于 3.3 Ga（Wu et al., 2008）。另一些学者认为，它们是不同时代岩浆形成互层状岩石再遭受强烈变形的结果，或者是 3.8 Ga 岩石在 3.3 Ga 遭受变质深熔作用改造的结果，或者是锆石分选时未把存在的后期细小脉体清除干净的缘故（Liu et al., 2008；Nutman et al., 2009；Song et al., 1996；Wan et al., 2005，2012a）。不论如何，地质、岩石学和组成特征表明石英闪长质片麻岩是岩浆成因，虽然它也含有年轻锆石（图 3.11b）。

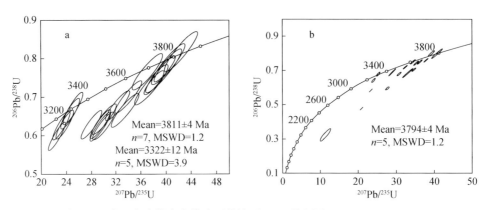

图 3.11　东山杂岩始太古代岩石的锆石 U-Pb 谐和图（Liu et al., 2008）

a. 3.81 Ga 条带状奥长花岗岩（Ch28）；b. 石英闪长质片麻岩（A9604）

Wang 等（2015）在锅底山发现 3.81 Ga 奥长花岗质片麻岩，进一步表明鞍山地区确实存在始太古代岩石。3.81 Ga 奥长花岗质片麻岩规模也很小，与 3.8 Ga 条带状奥长花岗岩空间上共生（图 3.12）。锆石具震荡环带（图 3.13a）。许多锆石的 $^{207}Pb/^{206}Pb$ 年龄为 3.8～3.6 Ga（图 3.13b），被认为是 3.81 Ga 岩浆锆石发生古老铅丢失的缘故，因为它们与 3.81 Ga 岩浆锆石具有相同的 Hf 同位素组成（Wang et al., 2015）。存在少量 3.37～3.34 Ga 锆石，被解释为浅色体带入的结果（Wang et al., 2015）。条带状奥长花岗岩中的许多锆石高 U 而存在强烈铅丢失，只有少数锆石仍保留了岩浆锆石的结构和组成特征，年龄为 3.8 Ga（图 3.13c，d）（Wang et al., 2015）。早期研究已在鞍山地区识别出~3.3 Ga 构造热事件（张家辉等，2013；Liu et al., 2008；Wan et al., 2012a）。

图 3.12　锅底山杂岩中的始太古代奥长花岗质片麻岩和条带状奥长花岗岩接触关系

该露头由 Wang 等（2015）首次发现

四个杂岩都记录了类似的构造岩浆热事件（图 3.14），表明这些十分连续的构造岩浆热事件的影响非常广泛。除这些杂岩外，还有 3.3～2.5 Ga 花岗质岩石在鞍山及邻区大规模分布，包括 3.3～3.1 Ga 陈台

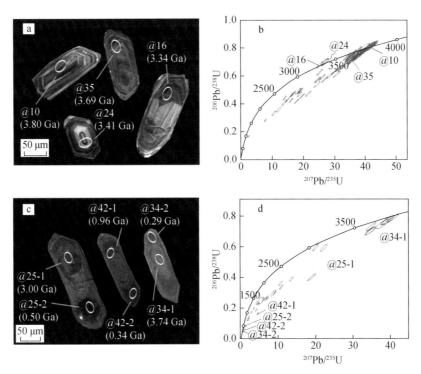

图 3.13　锅底山杂岩始太古代岩石的锆石阴极发光图像和 CAMECA U-Pb 谐和图（Wang et al.，2015）

a 和 b. 3.81 Ga 奥长花岗质片麻岩 [（C209-8（1）]；c 和 d. 3.8 Ga 条带状奥长花岗岩（C209-1）

沟花岗岩、3.14 Ga 立山奥长花岗岩、3.0 Ga 东鞍山花岗岩、3.0 Ga 铁架山花岗岩和 2.5 Ga 齐大山花岗岩（李斌等，2013；万渝生等，1997，1998，2007；伍家善等，1998；Song et al.，1996；Wan et al.，2015b）。

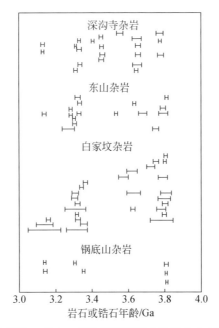

图 3.14　鞍山地区白家坟、东山、深沟寺和锅底山杂岩的太古宙岩浆作用年龄记录

数据来源：Liu et al.，1992，2008；Song et al.，1996；Wan et al.，2005，2012a；Wang et al.，2015；Wu et al.，2008；万渝生（未发表数据）

一些 3.8 Ga 岩浆锆石具有很低的 $\varepsilon_{Hf}(t)$（图 3.15），表明鞍山地区早在 3.8 Ga 就存在壳内再循环作

用。另外，一些 3.8 Ga 岩浆锆石具有异常高的 $\varepsilon_{Hf}(t)$ 值，甚至高达 6.2，高于其他地区同时代锆石的 $\varepsilon_{Hf}(t)$ 值，也高于同时代亏损地幔模式值。这被作为华北克拉通那时存在超亏损地幔的证据（Wang et al.，2015）。从图 3.15 还可以看出，地幔添加和壳内再循环在每一构造岩浆热事件中都起了重要作用，不过，随着时间演化，壳内再循环作用越来越大。

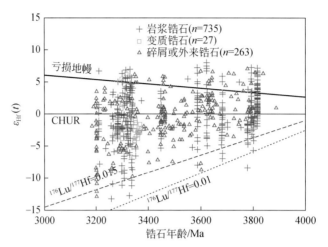

图 3.15 鞍山地区 >3.2 Ga 锆石年龄-$\varepsilon_{Hf}(t)$ 图解

数据来源：万渝生等，2007；Liu et al.，2008；Wang et al.，2015；Wu et al.，2008；万渝生（未发表数据）

二、冀东地区

冀东是华北克拉通发现大量始太古代—古太古代地壳物质的第二个地区。虽然 3.8 Ga 岩石仍未发现，大量 3.88~3.4 Ga 碎屑锆石在黄柏峪地区曹庄岩系的不同类型变质沉积岩中存在（图 3.16）（Liu et al.，1992；Nutman et al.，2011；Wilde et al.，2008；Wu et al.，2005a；Liu S J et al.，2014）。根据斜长角闪岩 Sm-Nd 同位素等时线年龄，曾认为曹庄岩系形成于约 3.5 Ga（Jahn et al.，1987），但之后该等时线被解释为一条混合线（Nutman et al.，2011）。根据最年轻碎屑锆石和变质锆石年龄，曹庄岩系形成时代被限制在 3.4~2.5 Ga。曹庄岩系主要由石英岩、斜长角闪岩、榴云片麻岩、钙硅酸盐岩、大理岩、黑云变粒岩和 BIF 组成。其中，可以确定黑云变粒岩形成时代为新太古代晚期。

大量始太古代碎屑锆石最初发现于铬云母石英岩中（Liu et al.，1992），之后被不断证实（Nutman et al.，2011；Wilde et al.，2008；Wu et al.，2005a）。Liu S J 等（2014）在榴云片麻岩和副变质斜长角闪岩中也发现了大量始太古代碎屑锆石（图 3.17a，图 3.18a）。如果考虑到铬云母、黑云母、白云母、夕线石含量变化，曹庄岩系中可划分出多种不同类型的石英岩。我们对一个白云母-铬云母-夕线石石英岩样品进行了锆石定年，获得类似的结果（图 3.17b，图 3.18b）。此外，还首次在石英岩中获得 2.5 Ga 变质锆石年龄，表明石英岩与该区其他类型太古宙岩石一样也遭受了新太古代晚期构造热事件强烈改造。一些碎屑锆石呈长柱状，磨圆性差，表明它们只经历了短距离搬运。年龄直方图上存在不同年龄峰值，主要位于约 3.82 Ga、约 3.65 Ga、约 3.55 Ga 和约 3.42 Ga（图 3.19a），表明物源区存在多期岩浆作用。大多数锆石的 $\varepsilon_{Hf}(t)$ 值位于球粒陨石和亏损地幔线之间（图 3.19b）。认为这些锆石来自于花岗质岩石，而花岗质岩石形成于 Hf 同位素组成与球粒陨石类似的新生地壳的部分熔融（Wu et al.，2005）。值得注意的是，含大量始太古代碎屑锆石的铬云母石英岩在黄柏峪东 40 km 的卢龙地区也被发现（初航等，2016）。所有这些都表明，包括 3.8 Ga 岩石在内的古老岩石在冀东地区曾广泛存在，进一步深入研究有可能发现它们。

我们曾认为冀东黄柏峪地区存在 3.4 Ga 石英闪长质片麻岩（Wan et al.，2015a），但全岩 Nd 同位素组成似乎表明其形成时代更年轻，对此需开展更多的工作来确定其准确的形成时代。不过，黄柏峪地区

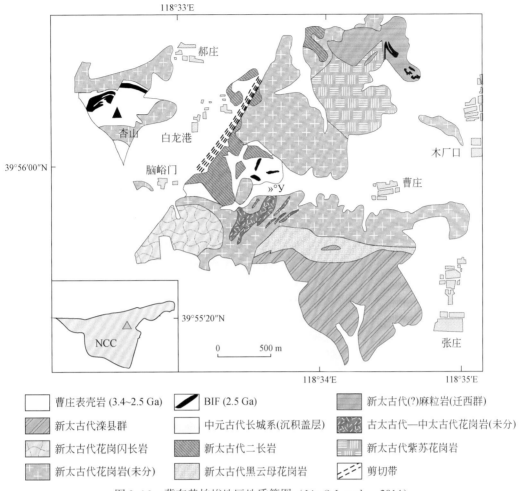

图 3.16 冀东黄柏峪地区地质简图（Liu S J et al., 2014）

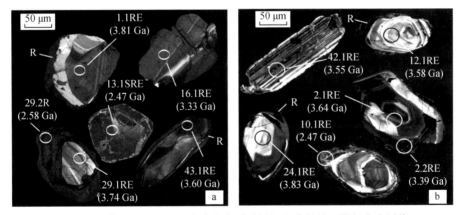

图 3.17 冀东黄柏峪地区太古宙变质碎屑沉积岩的锆石阴极发光图像

a. 榴云片麻岩（J1112）(Liu S J et al., 2014); b. 白云母-铬云母-夕线石石英岩（J1108）(万渝生，未发表数据)。椭圆为 SHRIMP U-Pb 定年位置，给出了年龄。RE 和 R 分别代表重结晶锆石（锆石核）和增生边；SRE 代表强烈重结晶锆石

确实存在 3.3~3.2 Ga 英云闪长质片麻岩（Nutman et al., 2011）。它们都以小的包体形式存在于 2.5 Ga 花岗岩中。

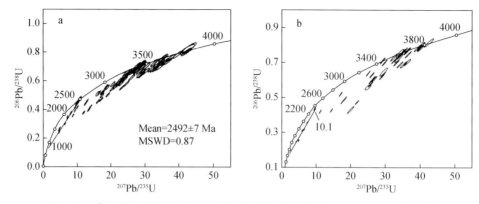

图 3.18 冀东黄柏峪地区太古宙变质碎屑沉积岩的锆石 SHRIMP U-Pb 谐和图

a. 榴云片麻岩（J1112）(Liu S J et al., 2014); b. 白云母–铬云母–夕线石石英岩（J1108）(万渝生, 未发表数据)

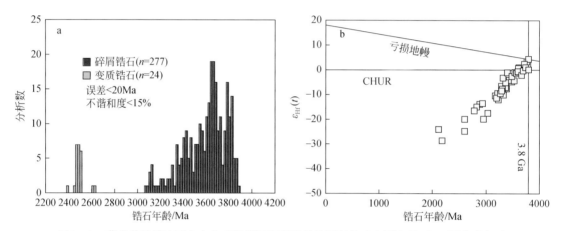

图 3.19 冀东黄柏峪地区太古宙变质碎屑沉积岩的锆石年龄直方图和锆石 Hf 同位素组成

a. 锆石年龄直方图; b. 锆石 Hf 同位素组成。年龄小于 3.4 Ga 与铅丢失有关

数据来源: Liu et al., 1992; Liu S J et al., 2014; Nutman et al., 2011; Wilde et al., 2008; Wu et al., 2005a; 万渝生（未发表数据）

三、信阳地区

信阳位于华北克拉通南缘。Zheng 等（2004）在该区中生代火山岩中发现约 3.65 Ga 长英质麻粒岩包体。两个麻粒岩包体 LA-ICP-MS U-Pb 锆石定年获得类似结果。锆石具岩浆环带，但遭受不同程度重结晶（图 3.20a）。大多数锆石显示强烈铅丢失，但数据点大致分布在同一不一致线上，上交点年龄为 3659±59 Ma（MSWD=70）(图 3.20b)。大的误差和 MSWD 与后期构造热事件和铅丢失影响有关。数据点 XY9951-248 最靠近谐和线，$^{207}Pb/^{206}Pb$ 年龄为 3626 Ma。锆石的 $\varepsilon_{Hf}(t)$ 为负值，两阶段模式年龄为 3.9~4.0 Ga（图 3.20c）。Zheng 等（2004）认为，长英质麻粒岩原岩的母岩来自于约 4.0 Ga 或更早期新生陆壳物质，在 3.7~3.6 Ga 发生再次熔融形成长英质麻粒岩的原岩，在约 1.9 Ga 遭受麻粒岩相变质作用改造。

大于 3.2 Ga 岩石目前仅在鞍山、冀东和信阳地区被发现。鞍山地区 4 个杂岩存在 3.8~3.3 Ga 类似的锆石年龄记录，表明这些年龄的岩石在鞍山地区曾广泛分布，它们在后期地质作用过程中被破坏。大量 3.8~3.3 Ga 碎屑锆石和外来锆石在弓长岭–歪头山及大石桥等地的中太古代—新太古代晚期岩石中存在，表明这些时代的岩石不仅存在于鞍山地区，在鞍山外围也广泛分布（Wan et al., 2015b; Dong et al., 2017）。冀东地区大量 3.8~3.4 Ga 碎屑锆石存在于分布广泛的多种不同类型变质碎屑沉积岩中，它们来自本地区，而不是鞍山地区。尽管两地古老锆石具有类似的年龄分布模式。鞍山和冀东具有相互独立的太古宙早期演化历史。信阳地区中生代火山岩中的 3.65 Ga 麻粒岩包体的锆石具有 4.0~3.9 Ga 的 Hf 模式年龄，表明华北克拉通南缘可能存在冥古宙岩石，该区 4.1~4.0 Ga 锆石的发现（Diwu et al., 2013a）

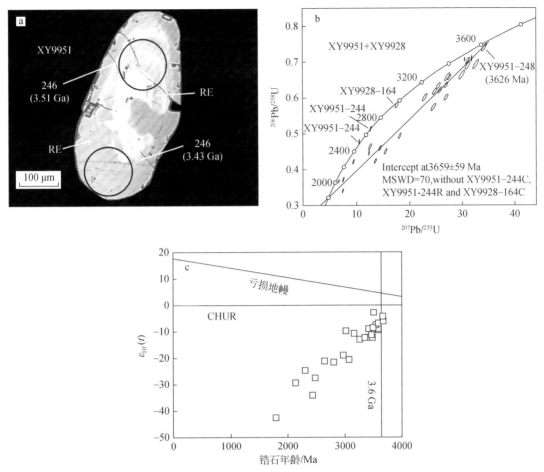

图 3.20　信阳地区中生代火山岩中的麻粒岩包体（XY9951 和 XY9928）的锆石 BSE 图像（a）、
U-Pb 谐和图（b）和 Hf 同位素组成（c）（Zheng et al.，2004）

图 a 中，圆圈代表 LA-ICP-MS U-Pb 定年位置，给出了年龄，RE 代表重结晶锆石。图 b 和 c 中，年龄小于 3.6 Ga 是铅丢失的缘故

也支持了这一认识。

华北克拉通太古宙地质记录表明地球早期陆壳演化具有连续性。证据包括：①鞍山、冀东等许多地区都存在长期地质记录；②变质沉积岩如含有冥古宙、太古宙早期碎屑锆石，也含有更年轻的太古宙碎屑锆石；③许多冥古宙—太古宙早期锆石都遭受重结晶，存在变质增生边；④一些锆石具有很低的 $\varepsilon_{Hf}(t)$ 值和很大的 Hf 模式年龄。

根据现有研究，我们认为华北克拉通多个地区曾经存在始太古代岩石，并很可能存在或曾经存在过冥古宙岩石。由于长期地质作用破坏而难以保存，寻找它们仍是今后相当长一段时间内华北克拉通早前寒武纪地质研究的重要内容。这些古老锆石和岩石主要分布于 Wan 等（2015a，2016a）所划分的东部古陆块中，在南部古陆块也有存在（图 3.6）。

第三节　新太古代陆壳巨量生长

近年来中太古代晚期—新太古代早期 TTG 岩石在越来越多的地区被识别出来，但这一时期的表壳岩仍很少发现，仅见于胶东、鲁西和鲁山地区。在胶东，原认为形成于中太古代的唐家庄岩群的绝大部分为变质 TTG 岩石，所识别出的表壳岩形成时代也不是中太古代，而是新太古代晚期。仅在栖霞地区发现规模较小的 2.9 Ga 黑云变粒岩（图 3.21a）。在鲁山，2.82 Ga 斜长角闪岩（太华杂岩中的太华岩群）存在于同时代的片麻状英云闪长岩中，但规模不大（图 3.21b）。鲁西是华北克拉通识别出新太古代早期表壳岩的少数地区之一，但并非原泰山岩群都形成于新太古代早期。根据新的资料，对鲁西地区表壳岩进行了重新划分，新太古代早期（2.75~2.7 Ga）雁翎关-柳杭岩系包括原雁翎关岩组、柳杭岩组的下段和孟家屯岩组，新太古代晚期（2.55~2.51 Ga）山草峪-济宁岩系包括原山草峪岩组、柳杭岩组的上段和济宁岩群（Wan et al.，2012b）。新太古代早期表壳岩主要由变质基性岩（斜长角闪岩）和变质超基性岩组成。部分变质超基性岩保留了很好的鬣刺结构（图3.21c），许多变质基性岩保留了很好的枕状构造（图3.21d）。在全球范围内，太古宙TTG岩石与同时代表壳岩空间上共生的现象十分普遍；在华北克拉通，新太古代晚期TTG岩石与同时代表壳岩也密切共生。所以，随着研究的深入，我们相信将有越来越多的中太古代晚期—新太古代早期表壳岩被发现。

图3.21 华北克拉通中-新太古代表壳岩的野外照片

a. 胶东地区2.9 Ga黑云变粒岩，存在于2.9 Ga片麻状英云闪长岩中；b. 鲁山地区2.82 Ga下太华群条带状斜长角闪岩；

c. 鲁西地区新太古代早期（2.7~2.75 Ga）雁翎关-柳杭岩系中的变质科马提岩；

d. 鲁西地区新太古代早期（2.7~2.75 Ga）雁翎关-柳杭岩系中的变质枕状玄武岩

中太古代晚期TTG及相关岩石在胶东地区广泛存在（Xie et al.，2014）。2.9 Ga片麻状英云闪长岩和2.9 Ga片麻状高Si奥长花岗岩呈构造接触（图3.22a），2.91 Ga片麻状石英闪长岩包裹于2.91 Ga片麻状英云闪长岩中（图3.22b）。在鲁山，原下太华岩群的主体为英云闪长岩，形成年龄为约2.8 Ga。它们普遍显示强烈变质变形，局部遭受深熔作用改造，形成浅色体（图3.22c）。

迄今为止，新太古代早期（2.75~2.7 Ga）TTG岩石已在华北克拉通十余个地区被识别出来，包括胶东、昌邑、鲁西、霍邱、恒山、阜平、赞皇、中条和武川等（董晓杰等，2012a；路增龙等，2014；马铭株等，2013；王惠初等，2015；Han et al.，2012；Jahn et al.，2008；Kröner et al.，2005a，2005b；Wan et al.，2011，2014；Yang et al.，2013；Zhu et al.，2013）。岩石类型主要为英云闪长岩，它们普遍遭受强烈变质变形和深熔作用改造（图3.23a~d）。一些地区，可见不同类型TTG岩石空间上相互接触（图3.23b）。Nd-Hf同位素组成表明它们主要为地幔添加作用产物。虽然新太古代早期TTG岩石在每一地区所见较少，但这并不意味着它们本身就形成不多，而是后期地质作用改造破坏的结果。例如，在新太古代早期TTG岩石分布最多的鲁西地区，大范围的新太古代晚期壳源花岗岩来自于新太古代早期TTG岩石。新太古代中期（2.7~2.6 Ga）TTG岩石也在一些地区被识别出来（图3.23e，f）。鲁西是华北克拉通新太古代中期TTG岩石分布最广的地区，见不同类型侵入体相互接触（图3.23e）。在鲁西，存

图 3.22 华北克拉通中太古代 TTG 及相关岩石的野外照片

a. 胶东地区 2.9 Ga 片麻状英云闪长岩和 2.9 Ga 片麻状高 Si 奥长花岗岩,两者呈构造接触; b. 胶东地区 2.91 Ga 片麻状石英闪长岩包裹于 2.91 Ga 片麻状英云闪长岩中,两者片麻理方向不一致; c. 鲁山地区 2.8 Ga 片麻状英云闪长岩,发生部分熔融,形成浅色体

在 2.75~2.6 Ga 几乎连续的岩浆作用及强烈的 2.6 Ga 构造热事件(图 3.24)。

虽然约 2.6 Ga 变质作用目前只在鲁西地区被广泛识别出来,这一构造热事件在华北克拉通可能也广泛存在。鉴于:①越来越多的约 2.6 Ga 岩浆岩在其他地区被发现(张瑞英等,2012;Wan et al.,2015a;Zheng et al.,2012);②地球化学组成特征表明它们的一部分为壳源成因;③具变质结构的约 2.6 Ga 外来锆石存在于古生代金伯利岩石中(Zheng et al.,2009);④在 2.6~2.56 Ga 存在一"寂寞期"(Wan et al.,2014),我们认为,可把 2.6 Ga 作为鲁西地区,甚至整个华北克拉通新太古代早期(或早中期)和晚期地质演化阶段划分的时代界线。

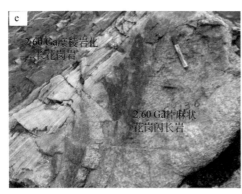

图 3.23 华北克拉通新太古代 TTG 及相关岩石的野外照片

a. 胶东地区 2.72 Ga 片麻状英云闪长岩，发生部分熔融，形成约 2.5 Ga 浅色体；b. 鲁西地区 2.71 Ga 片麻状英云闪长岩和 2.71 Ga 片麻状花岗闪长岩，两者片麻理方向不一致；c. 恒山地区 2.70 Ga TTG 片麻岩，发生皱褶；d. 武川地区 2.70 Ga 片麻状英云闪长岩，发生深熔；e. 鲁西地区 2.60 Ga 片麻状花岗闪长岩和 2.60 Ga 糜棱岩化二长花岗岩；f. 冀东地区 2.60 Ga 片麻状奥长花岗岩

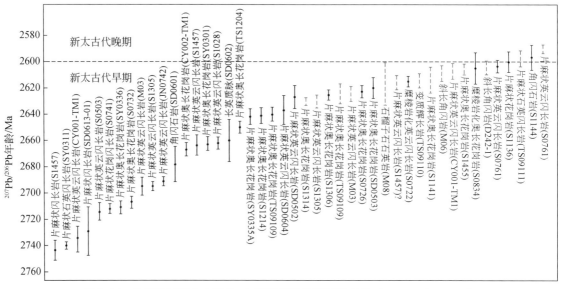

图 3.24 鲁西地区新太古代早-中期岩石的锆石年龄变化（Ren et al., 2016）

黑色实线和红色虚线分别代表岩浆锆石年龄和变质锆石年龄

TTG 岩石是太古宙地质记录的最重要载体。华北克拉通 TTG 岩石类型随时代而变化（图 3.25）。始太古代和古太古代 TTG 岩石分布于奥长花岗岩区。中太古代时期，除奥长花岗岩外，英云闪长岩开始出现。新太古代早期英云闪长岩比例更大，并有花岗闪长岩形成，在新太古代晚期花岗闪长岩比例进一步增大。另外，二长花岗岩和正长花岗岩等壳源花岗岩也显示出时代变化特征，它们在中太古代开始出现，在新太古代晚期大量形成（万渝生等，2007；伍家善等，1998；Wan et al., 2012c, 2015b）。总体上，随时代更新，岩石的富钾程度和富钾岩石所占比例不断增加。与全球其他克拉通类似，显示了地壳成熟度随时代不断增加的演化趋势。

在 Yb-La/Yb 图中，始太古代 TTG 岩石具有低的 La/Yb 值，古太古代 TTG 岩石部分样品具有高的 La/Yb 值。中太古代、新太古代早期和新太古代晚期 TTG 岩石出现更高的 La/Yb 值（图 3.26）。总体上，随时代更新，La/Yb 值变化范围更大，最大 La/Yb 值可达 200 以上。与奥长花岗岩相比，英云闪长岩和花岗闪长岩的 La/Yb 值变化范围更小。研究表明，随时代更新华北克拉通太古宙 TTG 岩石形成压力不断增大，但并非所有 TTG 岩石都形成于高压条件下。这也是其他克拉通太古宙 TTG 岩石具有的普遍特征（Moyen，2011）。随时代演化，形成于高压的太古宙 TTG 岩石不断增多，显示了陆壳厚度不断增大的总体

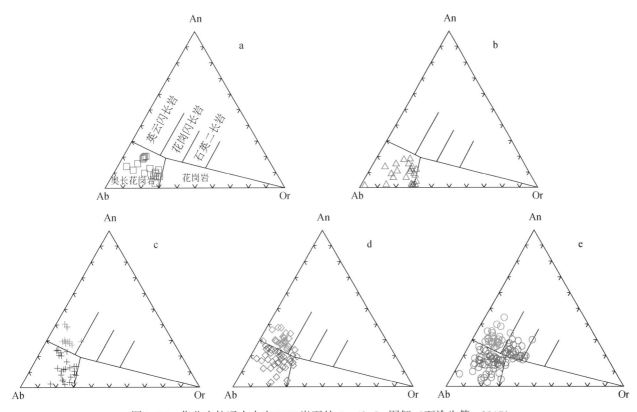

图 3.25　华北克拉通太古宙 TTG 岩石的 An-Ab-Or 图解（万渝生等，2017）
a. 始太古代；b. 古太古代；c. 中太古代；d. 新太古代早期；e. 新太古代晚期；Ab. 钠长石；An. 钙长石；Or. 正长石

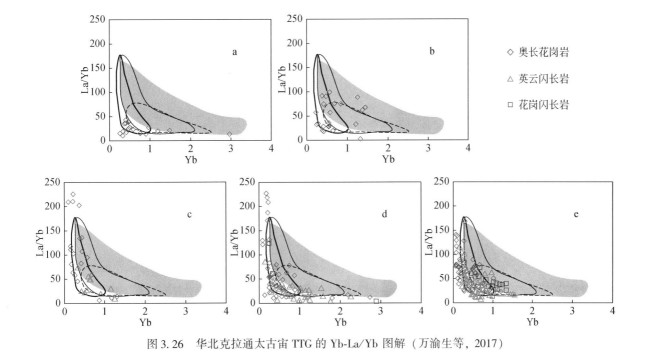

图 3.26　华北克拉通太古宙 TTG 的 Yb-La/Yb 图解（万渝生等，2017）
a. 始太古代；b. 古太古代；c. 中太古代；d. 新太古代早期；e. 新太古代晚期。
原图引自 Moyen (2011)。阴影区为钾质花岗质岩石；黑线为高压 TTG；灰线为中压 TTG；点线为低压 TTG

变化趋势。但是，形成压力条件与构造环境并无直接的联系，板块构造、拆沉作用和板底垫托构造体制都可解释太古宙 TTG 岩石地球化学组成特征所反映的高压特征。

如前所述，>2.6 Ga 岩石和锆石在越来越多地区被发现，但华北克拉通太古宙变质基底出露的主体岩石形成时代为新太古代晚期（主要为2.55~2.5 Ga）。这在华北克拉通早前寒武纪变质基底的锆石年龄直方图中可清楚看出，岩浆锆石年龄在约2.52 Ga 存在一个明显的峰值（图3.27）。尽管定年样品的地理分布不可避免地存在人为性，这一年龄分布仍较客观地反映了华北克拉通早前寒武纪变质基底的真实情况。

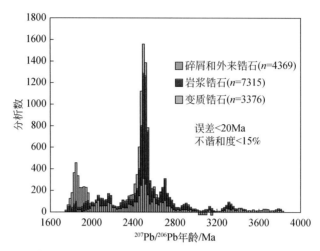

图3.27　华北克拉通早前寒武纪变质基底的锆石年龄直方图（Wan et al.，2015a）

然而，岩浆锆石年龄峰值为约2.52 Ga，仅表明新太古代晚期是华北克拉通所记录到的最重要的岩浆构造热事件时期，导致大量新太古代晚期侵入岩和表壳岩形成，并不意味着新太古代晚期是华北克拉通地幔添加和陆壳增生的最重要时期。因为，岩浆构造热事件也可导致陆壳再循环，壳源花岗岩岩浆锆石年龄记录的是陆壳再循环时代，而不是地幔添加和陆壳增生时代。根据全岩 Nd 同位素的年龄-$\varepsilon_{Nd}(t)$ 图解和锆石 Hf 同位素的年龄-$\varepsilon_{Hf}(t)$ 图解，在每一岩浆构造热事件时期，地幔添加和壳内再循环都起了重要作用，随着时代更新，壳内再循环作用不断增强（图3.28）。特别是，在新太古代晚期，岩石 $\varepsilon_{Nd}(t)$ 值和岩浆锆石 $\varepsilon_{Hf}(t)$ 值都存在很大变化，表明有相当多的陆壳物质参与了壳内再循环作用，参与壳内再循环陆壳物质的地壳滞留时间不同。这种差异具有区域性。例如，鞍山-本溪地区具有很长的演化历史，大面积分布的新太古代晚期壳源花岗岩通常显示非常低的 $\varepsilon_{Nd}(t)$ 和 $\varepsilon_{Hf}(t)$ 值；鲁西地区最早的地幔添加发生在新太古代早期，大面积分布的新太古代晚期壳源花岗岩通常显示正的 $\varepsilon_{Nd}(t)$ 和 $\varepsilon_{Hf}(t)$ 值。

在全岩 Nd 同位素两阶段模式年龄直方图和锆石 Hf 同位素两阶段模式年龄直方图上，华北克拉通太古宙变质基底岩石都显示了约2.8 Ga 的明显峰值（图3.29），表明中太古代晚期—新太古代早期是华北克拉通陆壳增生的最重要时期。有两个问题需进一步讨论。

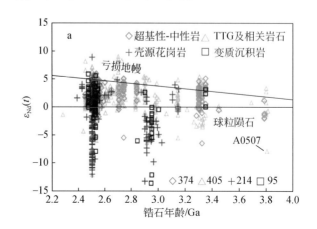

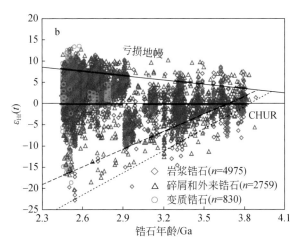

图 3.28 华北克拉通太古宙岩石的 Nd-Hf 同位素组成（Wan et al., 2015a）

a. 年龄-全岩 $\varepsilon_{Nd}(t)$ 图解；b. 年龄-锆石 $\varepsilon_{Hf}(t)$ 图解

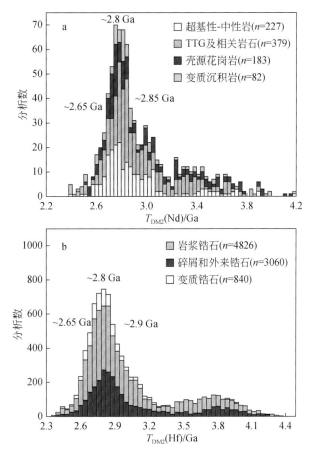

图 3.29 华北克拉通太古宙岩石的 Nd-Hf 模式年龄直方图（Wan et al., 2015a）

a. 全岩 Nd 同位素两阶段模式年龄；b. 锆石 Hf 同位素两阶段模式年龄

（1）早期陆壳物质分布很少，是早期地质历史阶段陆壳物质本身形成就很少还是后期地质作用改造的结果？随着研究的深入，越来越多的早期陆壳物质被识别出来，这一过程将持续下去。但是，与中太古代晚期—新太古代早期相比，更早期陆壳物质分布明显更少。这不仅是华北克拉通太古宙地质特征，全球范围内也是如此（Condie，2000；Condie et al.，2009a）。这一现象可部分地用后期地质作用改造来解释。主要包括两个方面：一是壳内再循环作用导致原有陆壳物质破坏和新的陆壳物质形成。

不过，从 Nd-Hf 同位素组成看，这一作用过程在早期虽存在，似并不强烈。二是板块俯冲或其他作用过程使早期陆壳物质再循环进入地幔。这一过程存在，但可能并不起主导作用，原因是：①在>3.0 Ga 的地球早期演化阶段，板块体制是否起作用，存在很大争论；②部分地幔来源岩浆虽显示陆壳物质参与，但主体来自亏损地幔或正常地幔；③重力不稳定等因素不利于大规模陆壳物质再循环进入地幔。所以，我们认为中太古代晚期—新太古代早期确实是华北克拉通陆壳增生的最重要时期。早期陆壳在大洋中零星分散分布，新太古代早期大规模岩浆事件把它们焊接到一起，2.6 Ga 时形成规模较大、刚性较强的古陆壳。

（2）中太古代晚期—新太古代早期或新太古代晚期为华北克拉通陆壳增生最主要时期？华北克拉通在新太古代晚期无疑存在重要的陆壳增生，证据包括：①新太古代晚期表壳岩广泛分布，变玄武质岩石通常占有相当的比例；②新太古代晚期辉长质–闪长质岩石在华北克拉通广泛分布（Li T S et al., 2010; Ma et al., 2012; Wan et al., 2010）；③壳幔岩浆混合作用被识别出来；④一些新太古代晚期 TTG 岩石具有亏损地幔的 Nd-Hf 同位素组成特征（Diwu et al., 2011; Geng et al., 2012; Liu F et al., 2009; Wang and Liu, 2012; Wan et al., 2015a）。然而，中基性岩浆岩（包括火山岩和侵入岩）只占花岗–绿岩带的很小部分，具亏损地幔同位素组成特征的新太古代晚期 TTG 岩石也相对较少。新太古代晚期岩浆锆石年龄记录有相当大的一部分来自壳源花岗岩。在鲁西，>2.8 Ga 岩石未被识别出来，新太古代晚期壳源花岗岩来自新太古代早期陆壳物质的壳内再循环（Wan et al., 2010, 2011）。在>2.8 Ga 岩石分布的地区，具中太古代晚期—新太古代早期新生陆壳物质 Nd-Hf 同位素组成特征的新太古代晚期花岗岩也许是亏损地幔岩浆与更老陆壳物质混合的产物，然而，如前所述，>2.8 Ga 岩石在华北克拉通较少存在，而 Nd-Hf 同位素两阶段模式年龄峰值分布相对集中，表明这种混合作用不是新太古代晚期花岗质岩石形成的主导作用。

要准确确定华北克拉通陆壳生长速率，目前的资料还不够，仍需开展进一步深入研究，包括新太古代晚期地幔添加和壳内再循环作用的相对强度。但是，可以认为，华北克拉通与全球其他许多克拉通一样，地幔添加的最重要时期是中太古代晚期—新太古代早期，而不是新太古代晚期。它们之间的主要不同之处在于前者新太古代晚期构造热事件十分发育，导致大量中太古代晚期—新太古代早期陆壳物质叠加改造。结合其他资料，图 3.30 给出了华北克拉通陆壳生长速率示意图。要点包括：①华北克拉通最早期陆壳至少在 4.1 Ga 以前就存在，在 3.8 Ga 已有一定规模；②在 2.5 Ga 左右，华北克拉通陆壳的 ~80% 已形成；③中太古代晚期—新太古代早期（2.9~2.7 Ga）比新太古代晚期（2.55~2.5 Ga）陆壳增生规

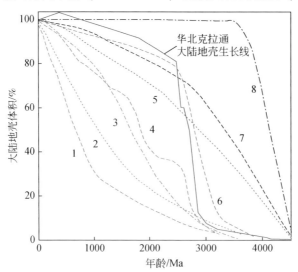

图 3.30 华北克拉通大陆地壳生长线

不同的全球大陆地壳生长线见 Cawood 等（2013）的研究

1. 现在地表岩石年龄分布（Goodwin, 1996）；2. Hurley and Rand, 1969；3. Allégre and Rousseau, 1984；4. Condie and Aster, 2010；5. Belousova et al., 2010；6. Taylor and McLennan, 1985；7. Dhuime et al., 2012；8. Armstrong, 1981

模更大，生长速率也许更快；④与中太古代晚期—新太古代早期相比，新太古代中期（2.7～2.6 Ga）陆壳生长速率相对降低；⑤在 2.6～2.56 Ga，存在一个"寂静期"；⑥古元古代和中生代较太古宙以来的其他时段有更快的陆壳生长速率；⑦华北克拉通遭受中生代以来的破坏。作为对比，图 3.30 中给出了不同的全球大陆地壳生长线。

中太古代晚期—新太古代早期陆壳巨量增生具全球性质，对于地球早期演化具有里程碑意义。陆壳巨量增生意味着地幔物质大量提取，同时也导致地球热状态快速降低。在这前后地球内部和外部环境条件一定发生了剧烈变化或重大转折。在那之后，看来再也没有可与之相比的大规模地幔添加作用发生。大规模陆壳形成使岩石圈厚度增大，陆壳刚性增强，更为稳定，地球内部层圈构造更为清楚，水圈可能也更为发育。使类似于现今板块构造体制的启动成为可能。但是，由于地球那时的热状态仍明显偏高，俯冲/碰撞的形式和规模应有所不同。

另外，新太古代晚期是华北克拉通 BIF 形成的主要时期（万渝生等，2012；张连昌等，2012；Li et al.，2014；Wan et al.，2016b），看来也是全球 BIF 形成的主要时期。中太古代晚期—新太古代早期陆壳巨量增生对其形成至关重要（Wan et al.，2016b）。BIF 形成的两个关键控制因素是成矿物质（Fe）和相对氧化环境。强烈地幔添加提供了大量成矿物质。早期地球表生系统是水体最初发生氧化，而不是陆地，这与造氧生命活动密切相关。大规模地幔添加使地球表面水体温度降低。大量陆壳岩石出露于海平面以上，导致风化作用明显增强，有利于大气 CO_2 浓度降低（吴卫华等，2007），致使温室效应减弱。水体温度降低有利于生命体形成和繁衍，而大规模陆壳增生导致的大陆斜坡、沉积盆地等形成，也有利于生命活动。成矿物质进入大洋体系的方式多种多样，至少包括：①玄武质岩石中的铁质在海水中被直接溶解；②玄武质岩石中的铁质在外生风化作用过程中被带入大洋；③与火山作用相伴随的热液系统作用。只有BIF 大量沉积消耗了大洋中的可溶解二价铁以后，大气中的氧浓度才能明显提升。之后的大氧化事件成为必然事件。

第四节 早期陆壳多阶段生长模式与克拉通化

克拉通是大陆地壳中最稳定的地质单元，其密度低、波速高，有较冷和干的厚度大于 200 km 的岩石圈（Jordan，1978；Pollack，1986；Peslier et al.，2010），是经历了太古宙多期构造岩浆热事件，在太古宙末形成后再无构造-岩浆活动发生的古老大陆（Aulbach et al.，2016）。克拉通地幔中的熔体被高度抽取、强烈亏损 Fe 及 H_2O，致使其低密度、低黏度和低热流，得以长期"漂浮"于软流圈地幔之上不易遭受破坏，因而最大限度地保存了早期陆壳演变的重要信息，成为探讨大陆形成与演化的重要研究对象。

华北克拉通是我国面积最大、时代最古老的陆块，记录并保存了早前寒武纪漫长演化历史过程的信息。其中，在东部鞍山地区发现了形成年龄为 3.8 Ga 的最古老岩石，以及 3.6 Ga、3.3 Ga 和 2.9 Ga 的岩石，但规模有限（Liu et al.，1992；Song et al.，1996；Jahn et al.，2008），表明该克拉通陆核在 3.8 Ga 已形成。此后，陆块断续增长，于新太古代发生陆壳巨量生长，在新太古代末期发生陆壳强烈再造（翟明国，2010，2011）。显然，华北克拉通在新太古代（2.8～2.5 Ga）发生一次大规模陆壳物质生长后（Wu et al.，2005b；翟明国，2010，2011；Wan et al.，2015a），与全球其他典型克拉通不同，在太古宙末（2.55～2.5 Ga）发生陆壳物质再造的强烈岩浆活动（沈其韩 2005；耿元生等，2010），形成 TTG 和大规模壳源花岗岩类，继而又遭受变质变形改造，未像世界其他克拉通一样稳定下来，而是继续发生小规模陆壳生长和地壳进一步分异（翟明国和彭澎，2007），并在古元古代中、晚期相继发生了陆内裂解、俯冲碰撞，于 1.85 Ga 最终形成统一基底的华北克拉通，在 1.80 Ga 进入盖层沉积的稳定地台演化阶段，并陆续出现多期裂谷裂解事件（翟明国，2010，2011；Zhai，2014）。

一、华北克拉通早前寒武纪地质事件及陆壳多阶段生长

(一) 华北克拉通早前寒武纪主要地质事件

华北克拉通是全球少数几个明确存在3.8 Ga的古老陆壳岩石(Liu D Y et al., 2009, 1992; Wu et al., 2005a, 2008; Wan et al., 2015a),并记录了全球前寒武纪重要地质事件的古老陆块之一(Zhai, 2013)。迄今为止,华北克拉通内3.8 Ga的岩石仅发现于鞍山地区白家坟、东山和深沟寺极为有限露头的奥长花岗岩和石英闪长岩中(Wan et al., 2015a),多数露头主要为3.8~3.1 Ga各类片麻岩(Wu et al., 2008; Wan et al., 2015a),部分锆石具4.0 Ga的Hf同位素亏损地幔的模式年龄,暗示可能存在更为古老的陆壳物质(万渝生等,2009)。此外,在河北曹庄和卢龙地区铬云母石英岩也发现大量3.88~3.2 Ga的碎屑锆石(Liu et al., 1992; Wu et al., 2005b; Wilde et al., 2008; 万渝生等,2009; 初航等,2016)。除这些古老岩石外,近年来在克拉通东部鞍山-本溪地区的太古宙绿岩带中又发现了4.17 Ga的捕获锆石(Cui et al., 2013),在其南缘古生代火山岩中也发现具有3.9 Ga变质边的4.1 Ga捕获锆石(第五春荣等,2010)。此外,在西藏、华南、新疆、河西走廊等多个地区都陆续发现4.0~4.1 Ga的碎屑锆石(袁伟等,2012),表明华北克拉通可能早在冥古宙就已有陆壳物质的形成。Diwu等(2013a)对克拉通南缘火山岩捕获的冥古宙古老锆石O和Hf同位素研究确定4.0 Ga代表岩浆结晶年龄,3.8~3.7 Ga代表陆壳再造时代,证明早在始太古代,甚至在4.0 Ga的冥古宙华北克拉通就出现了壳幔分异岩浆活动,鞍山地区约3.8 Ga的花岗质片麻岩则代表了华北克拉通最早形成的TTG物质残留,并成为克拉通中最古老陆核的重要组成部分(翟明国,2011; Wan et al., 2015b)。近年来,华北克拉通古太古代陆壳物质也陆续发现于鞍山地区以外的其他地区,如辽宁大石桥角闪变粒岩中发现3.33~3.30 Ga的继承锆石(沈其韩等,2005),安徽蚌埠及胶东花岗岩中发现3.45~3.40 Ga的继承或捕获锆石(靳克等,2003; Wang et al., 1998); 大青山固阳地区角闪花岗岩中发现3.5 Ga的继承锆石(耿元生,2009),河南焦作地区长英质片麻岩中发现3.4 Ga的碎屑锆石(高林志等,2005; 万渝生等,2009),嵩山石英岩中发现约3.4 Ga的碎屑锆石(第五春荣等,2008),信阳中生代长英质麻粒岩捕虏体中发现3.66 Ga的锆石(Zheng et al., 2004)。最近,在鄂尔多斯盆基底片麻状花岗岩中也获得3.4 Ga的继承锆石(Zhang et al., 2015),表明除鞍山和冀东地区外,在华北东部、北部、南部及中西部的广大地区均存在3.8~3.3 Ga的古老陆壳物质,暗示可能存在多个围绕着古老陆核生长形成的微陆块。翟明国(2011)依据克拉通基底太古宙绿岩带分布及其花岗片麻岩最新研究,对早期前人基底划分5~10微陆块的不同方案重新总结归纳,新划分出胶辽(JL)、许昌(XCH)、迁怀(QH)、鄂尔多斯(ER)、徐淮(XH)、集宁(JN)及阿拉善(ALS)7个太古宙微陆块。Wan等(2015a)和万渝生等(2015)依据古老岩石和古元古代或更古老岩石中获得的>2.6 Ga的碎屑锆石和捕获锆石的分布,将其基底划分出东部、南部和中部3个古老地体。Zhao等(2001a, 2005)综合了地质、岩石组合、岩浆活动及变质作用及P-T-t轨迹特征,在华北克拉通中部识别出一条长达1500 km的近南北向的中部造山带(Trans-North China Orogen),以此将克拉通基底划分为东、西两大陆块,认为该造山带与现今喜马拉雅造山带一样是经大洋俯冲消减、闭合形成的陆陆碰撞造山带。十余年来,基于这些新的基底构造单元划分,围绕华北克拉通不同陆块及构造带做了大量研究,特别是采用LA-ICP-MS及SHRIMP定年技术对不同地区基底各类岩石获得大量高质量的锆石U-Pb年龄,因而有可能详细研究和讨论不同地区或微陆块的重要构造热事件。通常,岩浆锆石年龄代表了重要的构造岩浆热事件,碎屑锆石的年龄既可用来限定地质体的形成年龄,还可揭示早期被剥蚀或强烈改造而未能保存下来地质体的年代学信息。因而,将两类锆石年龄结合能很好地恢复和限定陆块形成演化过程的主要地质事件。基于此,收集华北克拉通近十余年发表的各类国内外文献报道的元古宙及太古宙TTG、花岗岩片麻岩和变沉积岩的锆石U-Pb年龄及对应的Hf同位素数据6200余个,考虑到多数文献Hf同位素选自高谐和度的$^{207}Pb/^{206}Pb$年龄锆石测得,因而采用这些年龄能很好地限定地质历史时期不同构造热事件,将谐和度低于90%的年

龄剔除，最终选择6045个同时获得Hf同位素组成的锆石^{207}Pb/^{206}Pb年龄（包括岩浆锆石2397个、碎屑锆石3356个、变质锆石292个）统计分析。此外，为了讨论问题的方便及了解不同区域的差异，综合前人的基底不同划分方案，将华北克拉通按照东部（相当于Zhao划分的东部陆块）、南部（也称华北陆块南缘，相当于Wan划分的南部地块）、中部带（相当于Zhao划分的中部造山带）及西部（相当于Zhao划分的西部陆块）四个地区分别讨论分析。统计分析结果表明，华北克拉通全区岩浆、碎屑分布特征十分一致，均反映了该克拉通自3.8 Ga以来到古元古代末期的1.85 Ga持续出现多期构造热事件，并以2.9～2.65 Ga（峰期约2.7 Ga）的中太古代晚期到新太古代晚期以及2.6～2.3 Ga的新太古代晚期和古元古代早期（峰期约2.5 Ga）两期构造热事件为主，且约2.5 Ga的岩浆热事件最为强烈。在3.8～3.1 Ga的古太古代—中太古代持续发生小规模构造热事件；2.2～2.0 Ga为另一期规模较大的构造热事件；在1.95～1.75 Ga的古元古代晚期仍有相当规模的构造热事件发生，并伴随发生1.95～1.85 Ga强烈的变质作用（图3.31a），与世界其他克拉通在2.9 Ga前持续出现小规模构造热事件、在2.7 Ga和1.87 Ga出现两峰期事件，2.4～2.2 Ga无构造热事件的岩浆活动静寂期（图3.31b）明显不同。

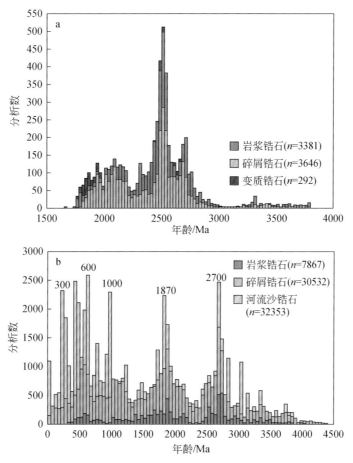

图3.31 华北克拉通（a）与世界花岗岩、碎屑岩和河流沙锆石（b）年龄分布图（数据引自Condie and Aster, 2010）

数据来源：陈斌等，2006；第五春荣等，2010；杜利林等，2003；郭丽爽等，2008；刘富等，2009；宋会侠等，2009；张瑞英等，2012；赵子然等，2009；Bradley et al., 2011；Diwu and Ping, 2007；Diwu et al., 2008；Diwu et al., 2014；Dong et al., 2017；Du et al., 2010；Wu et al., 2005；Huang et al., 2012；Huang et al., 2013；Jiang et al., 2016；Jiang et al., 2010；Li S Z et al., 2010；Liu F et al., 2012；Liu C H et al., 2011；Liu S W et al., 2011；Liu J H et al., 2012, 2013；Liu D Y et al., 2009；Liu P H et al., 2013；Santosh et al., 2015；Wan et al., 2011；Wan et al., 2007；Wang et al., 2017；Wang G D et al., 2014；Xia et al., 2006a, 2006b；Xie et al., 2014；Yang et al., 2008；Yang and Santosh, 2015a, 2005b；Yin et al., 2009；Yu et al., 2013；Zhang H F et al., 2014；Zhang X H et al., 2014；Zheng et al., 2009；Zhou et al., 2014a, 2014b；Geng et al., 2012；Wan et al., 2015a, 2015b

华北克拉通东部地区主要构造热事件发生于 3.8~3.15 Ga、3.05~2.65 Ga、2.63 Ga~2.38 Ga 几个阶段，以约 2.7 Ga 和约 2.5 Ga 两峰期构造热事件最强，>3.2 Ga 的热事件也明显强于其他地区（图 3.32a）。此外，碎屑锆石还记录存在 2.35~2.0 Ga 和 1.95~1.83 Ga 两期构造事件（图 3.32b）；华北克拉通南部地区与东部类似，也出现约 2.7 Ga 和约 2.5 Ga 两期构造热事件，但>3.2 Ga 的热事件明显弱于东部（图 3.32a），仅在碎屑锆石中有所记录（图 3.32b），而 2.35~1.85 Ga 的构造热事件无论是岩浆锆石还是碎屑锆石均有很好的记录，且明显强于东部地区。与东部和南部地区相比，中部带以<2.63 Ga 构造热事件为主，并在 2.5 Ga、2.15 Ga 和 1.78 Ga 出现三个峰期（图 3.32a），在碎屑锆石中也出现 2.7 Ga 和>3.2 Ga 构造热事件的记录（图 3.32b）。相比于其他地区，似乎西部地区>2.5 Ga 构造热事件明显弱，而且>2.5 Ga 碎屑锆石的记录也不多，以 2.55~2.35 Ga 和 2.2~1.75 Ga 两个阶段构造热事件为主（图 3.32）。总体上，华北克拉通不同地区太古宙及古元古代各类岩石的锆石 U-Pb 年龄统计分析揭示，东部和南部地区在大范围内都记录了太古宙—古元古代多期构造热事件，而中西部地区除少量古中太古代外，主要记录了新太古代 2.7 Ga 甚至是 2.5 Ga 以来的构造热事件（图 3.32）。

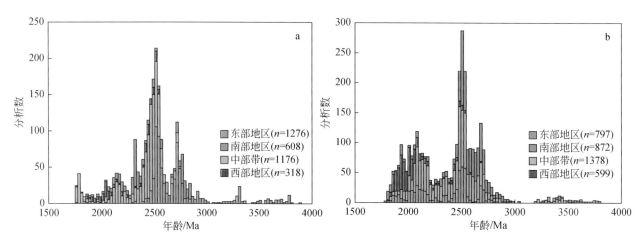

图 3.32 华北克拉通不同地区岩浆锆石（a）及碎屑锆石（b）年龄分布直方图
数据来源同图 3.31

（二）华北克拉通陆壳生长

大陆地壳生长是指从地幔中直接派生出的岩浆形成地壳的过程，当这些幔源派生岩浆在莫霍面之上结晶形成岩石在陆壳中短期滞留（<200 Ma），其放射性同位素未发生演化偏离同期地幔同位素组成即为新生地壳，由这种新生地壳重熔形成的地壳物质也认为可代表新陆壳的形成（Belousova et al., 2010；Hawkesworth, 2010；Kemp and Hawkesworth, 2014）。研究表明，太古宙 TTG 岩石多为新生幔源玄武岩或镁铁质岩部分熔融所形成（Moyen and Martin, 2012），其大量出现就代表了一次陆壳重要增生事件（Kemp and Hawkesworth, 2003）。与其不同，太古宙及其以后大陆地壳中富钾质花岗岩类的大量形成则反映了大陆地壳物质的再造和高度分异，也成为大陆稳定化或克拉通化的重要标志（Johnson et al., 2017）。因此，太古宙 TTG 岩石和各类花岗岩的研究可以有效限定早期大陆地壳的形成、再造及其演化。锆石是火成岩，特别是中酸性岩中最常见的副矿物，因其极强的稳定性和很高的封闭温度不但在大陆地壳的各类岩石中广泛存在，而且当其寄主岩石经历了后期构造热事件，如部分熔融或区域变质作用的改造后，仍能较好地保存其原岩形成过程的重要信息，因而锆石 U-Pb 年龄和 Hf 同位素组成研究能为揭示大陆壳生长与演化提供重要信息和限定。当锆石的 $\varepsilon_{Hf}(t)$ <0，表明它来自于古老地壳，或源区以古老陆壳物质为主；若锆石 $\varepsilon_{Hf}(t)$ >0，则指示来源于亏损地幔，或以亏损地幔物质为主的混合源区（Kröner et al., 2014），尤其当锆石的 $\varepsilon_{Hf}(t)$ 值接近同期参考储库，如亏损地幔时，就表示其寄主岩为新生地壳（Zheng et al., 2006；吴福元等，2007；郑永飞等，2007）。模式年龄是在一定模式假设前提下计算获得，表征样品由其源区分离至今的时间，由于大陆源自初始球粒陨石源演化而来的亏损地幔，因而常用亏损地幔为参考源计算获得锆石Hf模式年龄（Belousova et al., 2010）。然而，由于花岗岩类来自陆壳物质的部分熔融，因此花岗岩类和多数来自花岗质源区沉积岩中的锆石至少经历两阶段演化所形成，由这一假设获得的模式年龄为锆石陆壳Hf模式年龄（T_{DM}^C），代表了由亏损地幔抽取形成新生地壳的时间，亦即地壳生长年龄（第五春荣等，2010）。

全球地壳演化历史研究揭示，早前寒武纪是地壳生长最为重要的时期（Stein and Hofmann, 1994; McCulloch and Bennett, 1994; Condie, 1998, 2000; Belousova et al., 2010; Condie and Aster, 2010），以约4.2 Ga、约3.8 Ga、3.6~3.3 Ga、2.7 Ga、2.5 Ga和1.9~1.8 Ga几个阶段的幕式生长为特征（图3.33）（McCulloch and Bennett, 1994; Condie, 1998, 2000; Condie et al., 2011; Kemp et al., 2006; Condie and Aster, 2010; Martin et al., 2014），现今全球60%~80%的大陆主要于3~2.5 Ga的中太古代中期—新太古代末期快速生长形成（Hawkesworth and Kemp, 2006; Hawkesworth, 2010）。由华北克拉通（第五春荣等，2012）西部及东部现代河流沙碎屑锆石U-Pb年龄和陆壳Hf模式年龄获得的地壳累计生长曲线也揭示了华北克拉通地壳生长呈幕式生长的特点，并在3.0~2.5 Ga快速生长，至新太古代末，华北克拉通现今地壳的60%已基本形成（图3.33）。

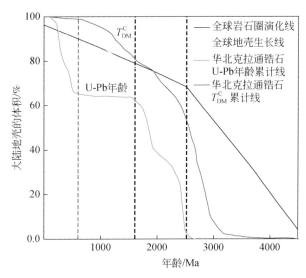

图3.33 华北克拉通大陆地壳生长曲线（第五春荣等，2012）

近年来，随着华北克拉通基底研究的不断深入以及对基底不同岩类的大量SHRIMP、LA-ICP-MS和SIMS锆石U-Pb年龄及其Hf同位素示踪的开展，已积累了大量锆石Hf同位素数据，为详细探讨华北克拉通陆壳生长事件提供了可能。Geng等（2012）、Wang和Liu（2012）首先综合归纳了华北克拉通各类岩石锆石Hf同位素组成特征，提出2.8~2.7 Ga和2.6~2.5 Ga为华北克拉通地壳增生的两个主要时期，2.5 Ga及其之后的2.5~1.7 Ga以陆壳再造为主，同时也伴有少量新生陆壳的形成（Geng et al., 2012）。此外，中部带陆壳物质生长较早期认为的更为复杂，特别是南部地区与中部带主体明显存在差异（Wang and Liu, 2012）。此后，Wan等（2015a）又增加了一些近年来新发表和未发表的锆石Hf同位素数据，并剔除了不谐和度大于15%的碎屑锆石数据，对岩浆和变质锆石采用交点年龄和$^{207}Pb/^{206}Pb$平均加权年龄，由此获得了华北克拉通3.8~3.55 Ga、3.45 Ga、3.35~3.3 Ga、2.9 Ga和2.8~2.5 Ga几个陆壳形成的主要时期，并提出华北克拉通早在3.8 Ga就发生了陆壳再造，此后在3.25~2.9 Ga仍以陆壳再造为主，很少有新生陆壳的形成。在Geng等（2012）、Wang和Liu（2012）及Wan等（2015a）资料研究的基础上，又增补了2015年以来新发表的太古宙—古元古代岩浆以及碎屑锆石Hf同位素数据，剔除$^{207}Pb/^{206}Pb$年龄不谐和度大于10%的锆石Hf同位素数据，$\varepsilon_{Hf}(t)$由单点年龄计算获得，除基性岩外，其他岩类的锆石均采用两阶段模式计算获得锆石陆壳Hf模式年龄。结果表明：华北克拉通岩浆锆石与碎屑锆石的Hf同位素组成十分一致，在3.8~3.55 Ga、3.4~3.15 Ga、2.9~2.65 Ga、2.6~2.45 Ga及2.3~2.0 Ga几个时期无论是岩浆锆石还是碎屑锆石的 $\varepsilon_{Hf}(t)$ >0，并多落在亏损地幔演化线附近（图3.34a），它们的陆壳 Hf 模式年龄也反映3.8～2.0 Ga 持续有新生陆壳的形成，并且在 2.95～2.5 Ga 中太古代晚期—新太古代期间华北克拉通发生一次最为重要的陆壳生长（峰期为约2.8 Ga）（图3.34b），在始太古代的3.8 Ga、3.6 Ga 和古元古代的2.3 Ga 左右还出现一些小的峰期。需要注意的是，许多古太古代及其以后的碎屑锆石均沿4.0 Ga 陆壳演化线上下分布（图3.34a），一些锆石的陆壳 Hf 模式年龄>3.8 Ga，部分出现4.0 Ga 的年龄，暗示早在冥古宙可能就有新生陆壳物质的形成，此后在3.8 Ga 发生了陆壳物质的明显再造（图3.34）。

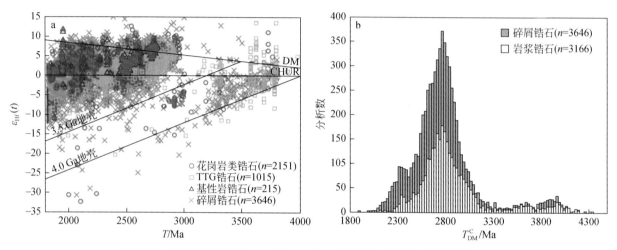

图 3.34　华北克拉通锆石 $\varepsilon_{Hf}(t)$-T（a）及陆壳 Hf 模式年龄直方图（b）

数据来源同图 3.31

华北克拉通>3.0 Ga 的岩石主要为发现于东部鞍山、河北和山东的东部等地的英云闪长岩、花岗片麻岩和少量变质表壳岩，在南部河南焦作变质表壳岩中和信阳地区中生代火山岩麻粒岩包体中也发现了3.4 Ga 的碎屑及捕获锆石（高林志等，2005；Zheng et al.，2004）。其中，3.8 Ga 的岩石有白家坟奥长花岗岩、东山条带状奥长花岗岩和变石英闪长岩，低于3.8 Ga 的太古宙岩石包括3.3 Ga 的陈台沟花岗岩和表壳岩、3.1 Ga 的立山奥长花岗岩、3.0 Ga 的东山花岗岩及3.0 Ga 的铁架山花岗岩等（Wan et al.，2015a）。在鞍山南部的海城-大石桥地区的新太古代表壳岩和花岗质岩石中还发现了3.61 Ga、3.3 Ga、3.1 Ga 和2.8 Ga 的碎屑锆石和继承锆石；河北曹庄古太古代铬云母片岩中存在大量3.85～3.55 Ga 的碎屑锆石，多数锆石源自花岗岩类（刘敦一等，2007），在河南登封地区古元古代变沉积岩中也存在大量3.6～3.2 Ga 的碎屑锆石（Diwu et al.，2008，2013a）。这些古老花岗岩类和碎屑岩中年龄介于3.8～3.6 Ga 和3.3～3.1 Ga 两峰期的锆石 $\varepsilon_{Hf}(t)$ 除部分为负值外，多数锆石为正值，并接近于亏损地幔演化线（图3.35a），它们的陆壳 Hf 模式年龄也集中于3.8～3.3 Ga，全岩 Nd 模式年龄也以2.6～3.2 Ga 为主（Wu et al.，2005a），指示华北克拉通太古宙在3.8～3.6 Ga 和3.3～3.1 Ga 两个时期曾有一定的新生陆壳形成。此外，一些锆石还出现>3.8 Ga 的陆壳 Hf 模式年龄（图3.36a，b），暗示存在冥古宙古老陆壳物质，它们很可能由于后期陆壳强烈的改造而未能保留下来。因此，鞍山地区3.8 Ga 的岩石作为华北克拉通最古老的陆壳物质构成了初始陆核的重要部分（Zhai，2014），此后在3.8～3.3 Ga 围绕该陆核不断有新生陆壳的增生。除鞍山等地外，在河南焦作、信阳及登封地区也发现相当大量的3.6～3.2 Ga 碎屑锆石，指示这些地区有>3.3 Ga 的残余陆壳，表明在克拉通南部地区可能也有古太古代残余陆壳的保留（Diwu et al.，2016）。

3.15～2.9 Ga 华北克拉通仅有小规模陆壳再造岩浆事件的发生，几乎无新生陆壳形成（图3.35）。此后，自2.9 Ga 以来华北克拉通许多地区都有一些岩浆活动的记录，它们的全岩 Sm-Nd 模式年龄和锆石陆壳 Hf 模式年龄主要介于2.9～2.6 Ga，代表华北克拉通形成过程最重要的一期地壳生长期，在2.8～2.70 Ga 达到高潮（Wu et al.，2005a；Geng et al.，2012，Wan et al.，2015a）。十余年来，该时期形成的岩石陆续见有报道，在山东东部发现2.9 Ga 的岩石（Jahn et al.，2008），其地球化学特征及锆石 Hf 同位素特征指示

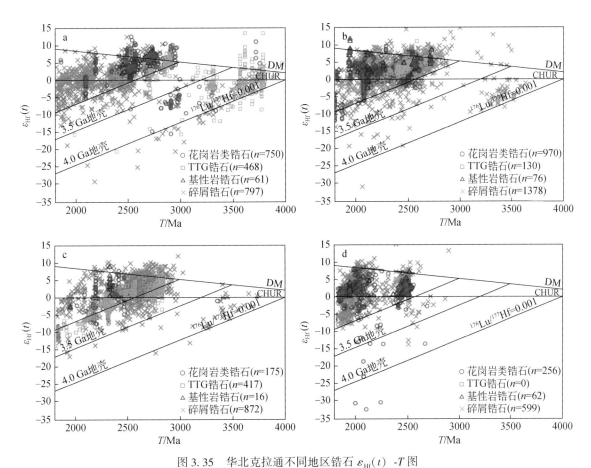

图 3.35 华北克拉通不同地区锆石 $\varepsilon_{Hf}(t)$ -T 图

a. 华北克拉通东部；b. 华北克拉通中部带；c. 华北克拉通南部；d. 华北克拉通西部

数据来源同图 3.31

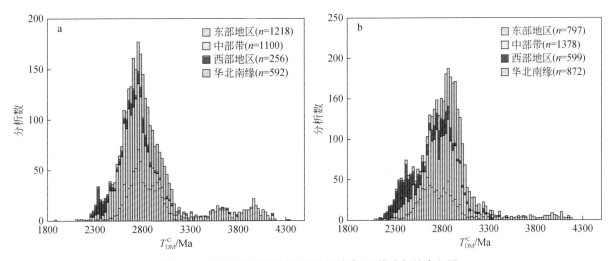

图 3.36 华北克拉通不同地区锆石陆壳 Hf 模式年龄直方图

a. 岩浆锆石；b. 碎屑锆石

数据来源同图 3.31

源自亏损地幔的新生地壳（Xie et al., 2014），在河南鲁山地区确定了 2.85~2.84 Ga 的基性火山岩和 2.83 Ga 的 TTG 片麻岩（Liu D Y et al., 2009）。此外，在胶东确定存在 2.7 Ga 的 TTG 岩石（Jahn et al., 2008；谢士稳等，2015）、鲁西有 2.7 Ga 的 TTG 片麻岩及变基性火山岩（Jahn et al., 1988；杜利林等，2003，2010；陆松年等，2008；Wan et al., 2011）；在西北部阴山和中部阜平、恒山、中条和赞皇，以及南部陕西华阴、河南鲁山等地都广泛存在2.8~2.7 Ga的TTG岩石和花岗质片麻岩（Guan et al.，2002；Kröner et al.，2005a，2005b；董晓杰等，2012a；马铭株等，2013；Yang et al.，2013；Zhu et al.，2013；路增龙等，2014；Kröner et al.，1988；Sun et al.，1994；Diwu and Ping，2007；Liu et al.，2008；Huang et al.，2010；Zhou et al.，2014a，2014b），无论是TTG岩石或花岗质片麻岩还是变基性火山岩，这一阶段的岩石锆石Hf同位素特征均表现为$\varepsilon_{Hf}(t)>0$的正值（图3.35），各个地区的岩浆锆石以及碎屑锆石陆壳Hf模式年龄主要变化于2.9~2.8 Ga（图3.36），指示了大量新生陆壳的形成。此外，华北克拉通许多地区约2.5 Ga及其古元古代片麻状花岗岩中$\varepsilon_{Hf}(t)>0$锆石的陆壳Hf模式年龄也变化于2.9~2.7 Ga（峰期为约2.7 Ga），也指示来自于2.9~2.7 Ga地幔抽取物质的源区，进一步证明2.9~2.7 Ga是华北克拉通一次最重要的陆壳生长期。值得一提的是，与其他地区相比，华北克拉通南部各类岩石的锆石陆壳Hf模式年龄略高，其值为3.0~2.7 Ga（峰期为2.9~2.8 Ga）（图3.36），河南嵩山及安徽霍邱地区的副变质片麻岩锆石Hf同位素研究证明，3.0 Ga该区已有新生陆壳形成（Zhang H F et al.，2014；Liu et al.，2016），因此表明华北克拉通该期陆壳增生有可能首先在南部地区开始。

继华北克拉通约2.7 Ga新生陆壳形成重要事件之后，华北克拉通在2.55~2.5 Ga全区范围发生一次广泛而强烈的构造-热事件（Zhai and Santosh，2011；Zhai，2014），除形成TTG岩石外，还出现大量陆壳重熔形成的二长花岗岩、花岗闪长岩及正长花岗岩类（Wan et al.，2012c；翟明国，2011），这些花岗岩锆石Hf同位素组成变化大，$\varepsilon_{Hf}(t)$出现了负值和正值，主要分布于球粒陨石演化线附近（图3.35），这些岩浆锆石的陆壳Hf模式年龄多高于其形成年龄（图3.36a），揭示是以陆壳物质强烈再造为主的岩浆活动的产物。然而，该期一些TTG片麻岩和闪长岩类的锆石具正的和接近其同期亏损地幔$\varepsilon_{Hf}(t)$值（图3.35），它们的Hf模式年龄与形成年龄相近，表明除陆壳改造外，还有新生地壳的形成（刘富等，2009；Diwu et al.，2011），同期出现的基性岩浆活动（Zhang X H et al.，2014；曹正琦等，2016），也指示继2.7 Ga之后华北克拉通在约2.5 Ga仍有新生地壳的生长。

华北克拉通各类太古宙岩石以及年代学和同位素研究一致揭示，华北克拉通陆壳生长早在约3.8 Ga已经开始，在其后3.0 Ga期间持续发生小规模陆壳增长，并在约3.6 Ga和约3.3 Ga出现两个小的峰期，形成的陆壳在克拉通东部地区以不同规模的残余保留。此后，2.9~2.8 Ga在华北克拉通出现了一次广泛而强烈的陆壳生长事件，并与全球其他许多典型克拉通约2.7 Ga的地壳增生、造山带形成及超级大陆循环在时间上一致（Condie，1998，2000；O'Neill et al.，2007）。新太古代末期的约2.5 Ga，华北克拉通仍有一定规模的陆壳增生作用发生。这些重要陆壳生长事件在现代河流碎屑锆石Hf同位素研究中也有很好的记录，东部地区也显示>3.0 Ga就已有一些小规模陆壳生长，约2.7 Ga是一次最为强烈的陆壳生长事件，在约2.5 Ga仍有一定陆壳生长（图3.37）。河流沙碎屑锆石U-Pb年龄和陆壳Hf模式年龄记录的地壳累计生长曲线揭示，华北克拉通地壳自3.8 Ga以来持续生长，并在2.9~2.5 Ga快速生长，至新太古代末，华北克拉通现今陆壳的60%已基本形成。

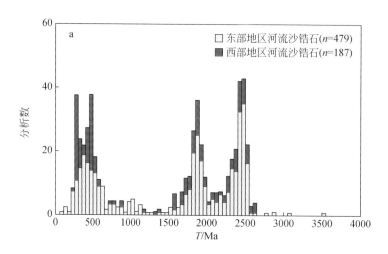

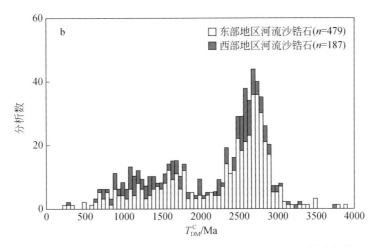

图 3.37 华北克拉通现今河流沙碎屑锆石 U-Pb 年龄（a）和陆壳 Hf 模式年龄（b）直方图
数据来源：Yang et al., 2009；第五春荣等，2012

二、华北克拉通形成与演化过程

稳定的大陆是通过克拉通化形成克拉通的过程而实现的，伴随这一过程大陆中下地壳物质部分熔融产生的熔体向上迁移造成上下陆壳化学组分的层状差异（Rudnick，1995）导致陆壳分异，此过程产生的岩浆随时间演变由富钠向富碱，特别是富钾质岩浆演化（Windley，1993；Pollack，1986；Bonin，1987），形成一系列的花岗岩类岩石，最终形成钾质或碱性花岗岩类。同时，地幔岩浆抽取形成陆壳过程中的地幔脱气以及降温作用使地幔内部降温（Polack，1986），导致岩石圈增厚和高度刚性化而形成稳定的克拉通（Liégeois et al.，2013），并向盖层沉积为主的地台演化阶段转化（Rogers and Greenberg，1981）。另外，陆壳化学组分的分异也导致生热元素的分馏（HPEs；U-Th-K）进入熔体中而迁移，并显著改变了地壳热结构，进而使陆壳向更为稳定的陆块演化（Johnson et al.，2017）。翟明国（2011）将这一过程定义为形成稳定的上下大陆地壳圈层，并与地幔耦合的地质过程，其主要标志可归纳为：①无造山带活动，出现稳定的地台型盖层沉积；②岩墙群侵入；③大量壳熔花岗岩；④地幔岩与地壳中火成岩在时代上和物质成分上的一致和对偶性。

近年来，华北克拉通更多、更深入系统的研究成果表明，该古老陆块是经历了两期克拉通化后才形成的稳定克拉通。翟明国（2010）、Zhai 和 Santosh（2011）提出，新太古代末 2.5 Ga 华北克拉通由 7 个小陆块沿两条新太古代晚期活动带拼合焊接而成，在 2.55～2.5 Ga 广泛发生强烈构造岩浆活动和局部基性岩墙的侵入（Li T S et al.，2010；彭澎，2016），并经历 2.52～2.50 Ga 的变质作用改造，继而出现裂谷火山-沉积盖层沉积（翟明国，2010），是首次克拉通化的结果。此后，华北克拉通并未完全稳定，在 2.5～2.3 Ga 又经历了陆内拉伸-破裂作用（翟明国，2013），此后在 2.3～1.9 Ga 俯冲-汇聚，于 1.95～1.85 Ga 发生陆陆碰撞（翟明国，2010），形成统一基底的克拉通，完成了最后一次克拉通化，形成最终稳定的华北克拉通，在 1.8 Ga 之后进入稳定地台盖层沉积演化阶段。

（一）新太古代末（约 2.5 Ga）克拉通化

大量地质及同位素年代学的研究揭示，华北克拉通在太古宙末期的 2.55～2.5 Ga 在全区范围内发生了一期强烈陆壳再造为主的构造-岩浆活动（耿元生等，2010；翟明国，2011；Wan et al.，2015a），在广大地区均有该期岩浆活动的记录，如东部辽宁（万渝生等，2005；Grant et al.，2009；Wan et al.，2013；Liu et al.，2017；Guo et al.，2017）、河北（耿元生等，2006；Geng et al.，2012；刘树文等，2007；Yang et al.，2008；孙会一等，2010）、鲁西（陆松年等，2008；王世进等，2008，2010；Wang et al.，2013；仍鹏等，2015）和胶北（刘建辉等，2011，Liu J H et al.，2012，2013；Jiang et al.，2016）；中部带怀安（Zhao et al.，2006，2008b；刘富等，2009；Wang J et al.，2010；Liu F et al.，2012；Zhang H F et al.，2012；张华峰等，2015）、恒山（Kröner et al.，2005a；Faure et al.，2007；赵瑞幅等，2011）、五台（Wilde et al.，2004，2005）、阜平（Guan et al.，2002；杨崇辉等，2004）、吕梁（Zhao et al.，2008a）、赞皇（Wang et al.，2017）、中条山（田伟等，2005；郭丽爽等，2008；张瑞英等，2013）；南部嵩山-登封（周艳艳等，2009；万渝生等，2009；Diwu et al.，2011；Zhou et al.，2014a；Huang et al.，2013；Wang and Liu，2012；Deng et al.，2016），以及西部固阳（Zhao et al.，2001a；张维杰等，2000；陶继雄，2003；张永清等，2006）、武川（董晓杰等，2012b；马铭株等，2013）等不同地区都存在 2.55～2.45 Ga 的 TTG 岩石和各类花岗片麻岩类及伴有较强烈的混合岩化作用。这些 TTG 岩石和花岗片麻岩类可进一步划分出 2.55～2.53 Ga、2.51～2.50 Ga 和 2.50～2.45 Ga 三个期次（图 3.38），每一期次都基本以 TTG 岩石、二长闪长岩-花闪长岩-花岗岩和富钾花岗岩共生组合为特征（图 3.39）。其中，TTG 片麻岩主要为英云闪长岩-奥长花岗岩和少量花岗闪长岩，它们均低钾、高钠，呈现无或弱 Eu 异常的轻重稀土较强分馏右倾模式，微量元素相对富集大离子亲石元素（LILE）、贫高场强元素（HFSE），亏损 Nb、Ta、Ti 和 P，Pb 正异常的类似弧岩浆地球化学特征（图 3.40），锆石的 $\varepsilon_{Hf}(t)$ 多为正值，位于球粒陨石演化线之上，且大多接近于同期亏损地幔值（图 3.42a），陆壳 Hf 模式年龄接近或略高于其形成年龄，峰期出现在 2.8～2.6 Ga（图 3.41b），代表了新生地壳。这些 TTG 岩石还出现低铝和高铝两种类型，前者被认为是新太古代新生基性地壳物质低程度部分熔融的产物，后者则是新生基性地壳在相对高压下部分熔融而形成（Zhang H F et al.，2012；张华峰等，2015）。

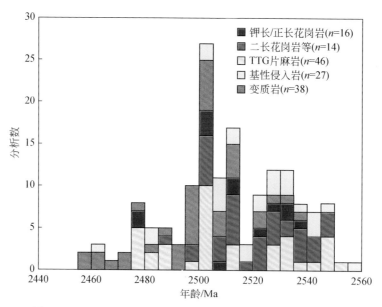

图 3.38　2.55～2.45 Ga 岩浆及变质事件锆石 U-Pb 年龄直方图

数据来源：曹晟，2016；曹正琦等，2016；陈斌等，2006；陈雪等，2015；代堰锫等，2013；郭丽爽等，2008；韩鑫等，2016；李基宏等，2005；刘富等，2009；刘树文等，2010；马铭株等，2013；史志强和石玉若，2016；万渝生等，2009；魏颖等，2013；徐仲元等，2015；杨崇辉等，2009；杨淳等，1997；赵子然等，2009；周艳艳等，2009；Diwu et al.，2011；Grant et al.，2009；Guo et al.，2013；Huang et al.，2013；Jiang et al.，2010，2016；Kröner et al.，1988；Kusky et al.，2001；Li S Z et al.，2010；Liu S W et al.，2011；Liu J H et al.，2013；Peng et al.，2012；Shan et al.，2015；Shen et al.，2004；Shi et al.，2012；Tang et al.，2007；Wan et al.，2012；Wang H Z et al.，2016；Wang et al.，2013；Wang et al.，2009；Wu et al.，2013；Yang et al.，2008；Yang and Santosh，2014；Zaslow and Orloff，2013；Zhang et al.，2011；Zhang H F et al.，2014；Zhao et al.，2000a，2000b；Zhao et al.，2001b；Zhao et al.，2008b；Zhou et al.，2011

由于高铝 TTG 的岩石地球化学与显生宙埃达克岩类似，多被解释为俯冲的洋底高原（Martin et al.，2014）或岩浆底侵加厚下地壳熔融而成（Bédard，2006）；而低铝 TTG 岩石大多是在高地热梯度（20～

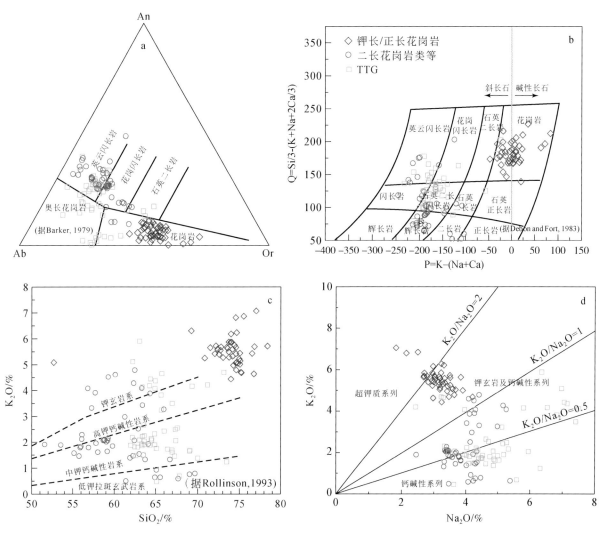

图 3.39 2.55~2.45 Ga 花岗岩类分类图

数据来源：曹正琦等，2016；万渝生等，2009；杨崇辉等，2011b；Diwu et al.，2011；Huang et al.，2013；Jiang et al.，2010，2016；Li S Z et al.，2010；Peng et al.，2012；Shan et al.，2015；Tang et al.，2007；Wan et al.，2012c；Wang et al.，2013；Wang et al.，2009；Xie et al.，2014；Yang et al.，2008；Yang and Santosh，2014；Zaslow and Orloff，2013；Zhang et al.，2011；Zhang X H et al.，2014；Zhao et al.，2008

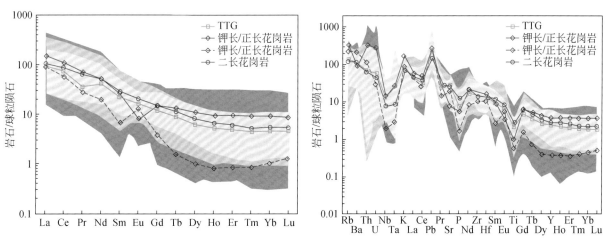

图 3.40 2.55~2.45 Ga 花岗岩类稀土配分及微量元素蛛网图

数据来源同图 3.39

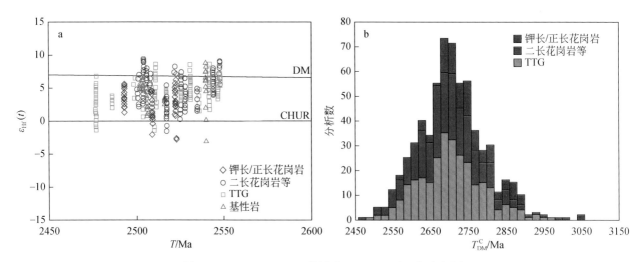

图 3.41 2.55~2.45 Ga 花岗岩 $\varepsilon_{Hf}(t)$-T 和 T_{DM}^C 直方图

数据来源：陈斌等，2006；郭丽爽等，2008；Diwu et al.，2011；Huang et al.，2013；Jiang et al.，2010；Kröner et al.，1988；Li S Z et al.，2010；Liu J H et al.，2013；Wu et al.，2013；Yang et al.，2008；Zaslow and Orloff，2013；Zhang et al.，2011

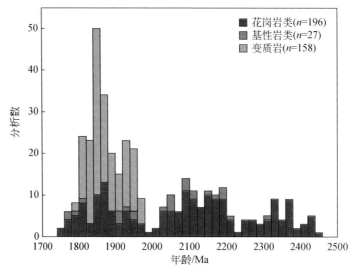

图 3.42 华北克拉通中部带古元古代岩浆岩及变质岩锆石 U-Pb 年龄直方图

数据来源：Chen et al.，2015；Diwu et al.，2014；Du et al.，2010，2013；Faure et al.，2007；Guan et al.，2002；Guan et al.，2001；Guo et al.，2005；Huang et al.，2012，2013；Kröner et al.，2005a，2006；Li S S et al.，2016；Liu C H et al.，2012a；Liu et al.，2006；Liu D Y et al.，2009；Liu S W et al.，2009；Liu F et al.，2012；Liu C H et al.，2014a，2014b；Lu et al.，2013，2014；Peng et al.，2012，2014，2017；Qian et al.，2013，2015；Santosh et al.，2013，2015；Shi et al.，2012；Tang et al.，2015；Trap et al.，2007，2008，2009a，2009b；Wan et al.，2006；Wang J et al.，2010；Wang et al.，2013，2015；Wang et al.，2014；Wang C M et al.，2016；Wilde et al.，1997，2004，2005；Xia et al.，2006a，2006b；Xiao et al.，2013；Yang and Santosh，2015a，2015b；Yu et al.，2013；Zhang et al.，2011；Zhang J et al.，2013；Zhao et al.，2002，2008a，2008b，2010；Zhou et al.，2011；陈斌等，2006；初航等，2012；第五春荣等，2007；杜利林等，2012；耿元生等，2000，2003，2004，2006；郭敬辉等，1993；黄道袤，2013；颉颃强等，2013；劳子强等，1996；李创举等，2012；李基宏等，2005；刘建峰等，2016；刘玄等，2015；罗志波等，2012；苗培森，2001；曲军峰，2012；孙大中和胡维兴，1993；万渝生等，2009；王景丽和张宏福，2011；王凯怡等，2000，2010；王洛娟等，2011；王国栋等，2012；吴昌华等，2000；徐勇航等，2007；闫晓明和黄绍博，2015；杨长秀，2008；杨崇辉等，2011a；于津海等，1997，2004；张瑞英等，2012；赵凤清，2006；赵娇等，2015；赵瑞幅等，2011；赵瑞幅，2012

30 ℃/km)、低压（10～12 kbar①，30～35 km 的深度）环境下基性岩部分熔融所形成（Moyen，2011；Johnson et al.，2017），因而被认为对应于加厚地壳垮塌、大洋台地底部热点（Moyen，2011）。显然，TTG 岩石的成因及形成机制至今还存在多种认识（Martin et al.，2014）。最新研究表明，在更低压力下，当视地热梯度>700 ℃/GPa，温度为 850～900 ℃时玄武岩的部分熔融也能形成组成类似的 TTG 岩石，因而非地壳增厚环境也能形成大量 TTG 岩石，并可能是太古宙 TTG 岩石形成的主要机制（Johnson et al.，2017）。华北在 2.52～2.50 Ga，大范围发生中压麻粒岩相变质作用，峰期温度达 800～850 ℃（耿元生等，2016），指示华北该期岩浆活动期间可能有较高的地温梯度。Zhang H F 等（2012）对怀安地区 TTG 岩石研究获得形成于压力低于 8 kbar 的环境，认为是幔源岩浆侵入导致下地壳熔融而形成。Zhou 等（2014b）的研究也表明，2.5 Ga 的 TTG 岩石形成于地壳拉张减薄环境，是地幔物质上涌和幔源岩浆侵入所带来的热导致浅部地壳物质熔融的结果。结合与花岗岩同期（2.5～2.45 Ga），发生基性岩浆侵入推断，高铝和低铝 TTG 岩石很可能是来自底侵作用导致的下地壳不同深度、不同程度部分熔融的产物。与 TTG 岩石共存的二长花岗岩类钾含量变化较大、相对高钠（图 3.39c，d），具弱 Eu 异常的轻重稀土中等分馏的右倾稀土模式，微量元素显示富集大离子亲石元素、贫高场强元素，亏损 Nb、Ta、Ti 和 P 的特征，$\varepsilon_{Hf}(t)$ 除个别有较低的负值外，多为正值，并位于球粒陨石演化线之上的近于同期亏损地幔值（图 3.42a）；陆壳 Hf 模式年龄接近或略高于其形成年龄（图 3.42b），指示它们为新元古代~2.7 Ga 新生陆壳部分熔融的产物。与这些花岗岩不同，钾长花岗岩明显富钾（图 3.39），稀土总量变化大，它们的稀土组成特征表现为三种类型（Wan et al.，2012a），前两类为轻重稀土中等分馏、具明显富 Eu 异常的右倾稀土模式，另一类为轻重稀土强烈分馏、具明显 Eu 正异常的右倾稀土模式（图 3.40a），但它们的微量元素具有较高的一致性（图 3.40b），锆石 Hf 同位素也基本类似于二长花岗岩类（图 3.41a），主要反映它们为新太古代的~2.75 Ga 新生陆壳物质熔融而成，同时有一些古老陆壳物质参与（图 3.41b），可能是不同地壳物质部分熔融的结果（Wan et al.，2012a）。所有这些同期花岗岩类均以岩体或小岩株切穿不同微陆块和绿岩带及高级区地体，呈面状分布侵入太古宙不同基底岩石中，并经历了 2.52～2.50 Ga 的中压麻粒岩相变质改造，具逆时针 P-T 演化轨迹（耿元生等，2016），明显不同于造山变质作用顺时针 P-T 演化及其线状分布特征，反映非为陆陆碰撞造山作用所能形成。结合区域同期基性岩浆以及 2.52～2.50 Ga 超镁铁质岩墙–碱性正长岩脉侵入活动（Li T S et al.，2010），以及呈面状分布的花岗岩类形成之后很快遭受麻粒岩相变质作用改造分析，新太古代末期（~2.5 Ga）很可能存在地幔柱岩浆活动，这些来自地幔的基性岩浆底侵于下地壳底部，带来大量的热导致先存中下地壳物质发生部分熔融，由于不同岩浆源区陆壳物质成分的差异，可近于同时产生各种成分的花岗质片麻岩（包括 TTG 岩石及钾质花岗岩等），大量热还可能造成中下地壳岩石广泛的区域变质改造。因此，地幔柱底侵的构造热体制很可能是导致华北克拉通在新太古代末—古元古代初发生克拉通化的主要机制（耿元生等，2010）。另外，与花岗岩浆活动同期的超镁铁质–碱性岩脉的出现也表明，太古宙末期华北克拉通岩石圈已达到较大的厚度、稳定性也明显增高（翟明国，2011）。冀东和华北北部广泛发育 2.51～2.50 Ga 的浅变质火山–沉积岩（翟明国，2011），以陆内裂谷双峰式火山–沉积建造为特征，受到晚于区域麻粒岩相高级变质作用之后绿片岩–低角闪岩相变质改造，代表华北新太古代末一期克拉通化之后的首套盖层沉积，也成为华北克拉通首次克拉通化后相对稳定的重要标志。

（二）古元古代克拉通陆内裂谷–俯冲–碰撞造山及 1.85 Ga 克拉通化

如前所述，华北克拉通在太古宙末的 2.55～2.5 Ga 发生了不同微陆块拼合焊接，发生强烈构造–岩浆活动形成大量 TTG 片麻岩和不同类型花岗岩类，同时发生高级变质以及基性岩墙侵入和裂谷型火山–沉积盖层的形成，代表新太古代末全球范围内在中国大陆发生的一次克拉通化过程。然而，此后华北克拉通并未像全球其他克拉通一样，在 2.45～2.2 Ga 期间存在 200～250 Ma 的无岩浆活动的寂静期（Condie et al.，2009a），而是在一些地区发生一定规模的岩浆活动（Diwu et al.，2014），并持续到 1.8 Ga，并在 1.95～

---

① 1 bar = 10^5 Pa。

1.85 Ga 还广泛出现强烈的变质作用,这些岩浆-变质作用在华北中部带有很好的记录和保存。Zhao 和 Guo (2012) 依据中部带北部发育的古元古代高压基性麻粒岩（郭敬辉等，1993，1996；刘树文等，1996；李江海等，1998；阎月华等，1998；郭敬辉和翟明国，2000；耿元生等，2000；魏春景等，2001；Zhao et al., 1999a, 2001a）、恒山白马石退变榴辉岩（翟明国等，1995）、五台群金刚库组基性-超基性岩、大量弧岩浆岩石组合等特征岩石组合认为，它们代表造山带大洋俯冲消减碰撞过程的重要物质记录，同时依据该带中不同构造岩片的多期变形、走滑韧性剪切带和大规模推覆构造（Li S Z et al., 2010）及不同地区发生于约 1.85 Ga 的变质作用均表现为造山带顺时针等温降压 P-T 变质演化轨迹特征提出，2.5 Ga 以来华北中部带持续发生大洋俯冲消减，至古元古代末 1.85 Ga 最终发生东、西两大陆块碰撞造山形成统一的华北克拉通结晶基底（Zhao et al., 1999b, 2000a, 2000b; Zhao and Zhai, 2013）。翟明国（2011）依据古元古代地质事件特征分析提出，约 2.4 Ga 发生陆内伸展裂解，约 2.3 Ga 裂谷形成，至 2.2～1.95 Ga 发生俯冲-碰撞，完成一克拉通内裂谷-俯冲-碰撞的陆内造山作用过程，形成晋豫、胶辽和丰镇陆内凹陷盆地三条古元古代活动带，并在 1.95～1.82 Ga 碰撞拼合，致使基底岩石整体抬升导致麻粒岩相-高角闪岩相的退变质作用和陆壳深熔形成壳熔花岗岩和强烈混合岩化，代表了第二期克拉通化。

华北克拉通古元古代地质演化过程发生的构造-岩浆热事件在东部胶辽吉带、西北部孔兹岩带和中部带中均广泛出现并有很好记录。早期研究认为，胶辽吉带为约 2.2 Ga 形成的裂谷，在 1.9 Ga 闭合而成（Li and Zhao, 2007; Zhao et al., 2012）。Li 等（2014）和 Yuan 等（2015）对该带约 2.1 Ga 的岩浆活动研究后认为，该期研究活动形成于活动陆缘环境；同时，近年来又在该带识别出很多具有顺时针 P-T 演化轨迹的高压麻粒岩（Zhou et al., 2004, 2008; Tam et al., 2011, 2012; Liu P H et al., 2013），因而提出胶辽带为一经历了弧陆碰撞形成的构造带。与胶辽吉带相比，华北克拉通中部带保存了更完整和丰富的古元古代构造-岩浆事件的物质记录，该带构造岩浆事件统计表明，古元古代期间的花岗岩浆事件可以划分为 2.45～2.25 Ga（2.3 Ga）、2.2～2.0 Ga 和 1.95～1.8 Ga 三个期次，并在 1.95～1.82 Ga 还伴有强烈的变质作用（图 3.42）。其中，最早的岩浆活动记录为吕梁地区 2.4 Ga 的盖家庄花岗岩（耿元生等，2006；赵娇等，2015）及小秦岭地区 2.45 Ga 的 TTG 岩石（Diwu et al., 2014）和钾质花岗岩（Zhou et al., 2011）；在怀安（Kröner et al., 2005a）、恒山（Kröner et al., 2005a）、吕梁（Zhao et al., 2008a）、中条（张瑞英等，2012；孙大中和胡维兴，1993）和小秦岭地区（Diwu et al., 2014; Yu et al., 2013）还存在约 2.3 Ga 的花岗岩类。2.2～2.0 Ga 的岩浆活动在中部带广为发育，是古元古代以来最为强烈的一期岩浆活动，在怀安（Zhao et. al., 2008a）、恒山（Kröner et al., 2005a；赵瑞幅等，2011）、五台-阜平（Wilde et al., 2005; Guan et al., 2002; Tang et al., 2015）、吕梁（耿元生等，2000，2003；Zhao et. al., 2008a; Trap et al., 2009a; 杜利林等，2012; Santosh et al., 2015; Yang and Santosh, 2015a, 2015b）、赞皇（杨崇辉等，2011a, Peng et al., 2017）、中条（赵凤清，2006）、小秦岭（Huang et. al., 2012）及鲁山地区（Zhou et al., 2014a, 2014b）都大量存在。1.9～1.8 Ga 的岩浆活动在怀安、五台（王凯怡等，2000；陈斌等，2006；Zhao et al., 2008a; Wang H Z et al., 2016）、吕梁、中条（Zhao et al., 2008a; 耿元生等，2000, 2004, 2006; Trap et al., 2009a; Liu S W et al., 2009）和小秦岭地区也有记录（刘建峰等，2016; Wang C M et al., 2016）。

2.45～2.25 Ga 的花岗岩类，多呈小岩体或岩株产出，岩石强烈变形和变质，以富钾花岗岩为主（图 3.43a～c）。最早的盖家庄花岗岩富钾和铁，属铁质、弱过铝高钾钙碱橄榄玄粗岩系列（赵娇等，2015），它们具弱轻重稀土分馏，强 Eu 负异常的略右倾的稀土模式（图 3.44a），微量元素相对富集大离子亲石元素，亏损 Nb、Ta、Sr 和 Ti，高 Ga/Al（图 3.43e, f），具伸展拉张环境 A 型花岗岩特征（图 3.44b）。在崇礼和鲁山地区也确定存在 2.44～2.4 Ga 的钾质花岗岩，认为是碰撞后伸展拉张构造环境所形成（李创举等，2012；Zhou et al., 2011），在五台和中条地区也发现形成于伸展拉张环境的 2.36 Ga 火山岩（耿元生等，2006）。然而，恒山、小秦岭地区除 2.4～2.35 Ga 富钾花岗岩外，还存在同期具中等或弱 Eu 异常、右倾稀土谱型、微量元素富集大离子亲石元素、贫高场强元素、亏损 Nb、Ta 和 Ti 的 TTG 岩石，它们具弧岩浆地球化学特征（图 3.44a, b），锆石 Hf 同位素多具 $\varepsilon_{Hf}(t)$ 正值，陆壳 Hf 模式年龄为新太古代，

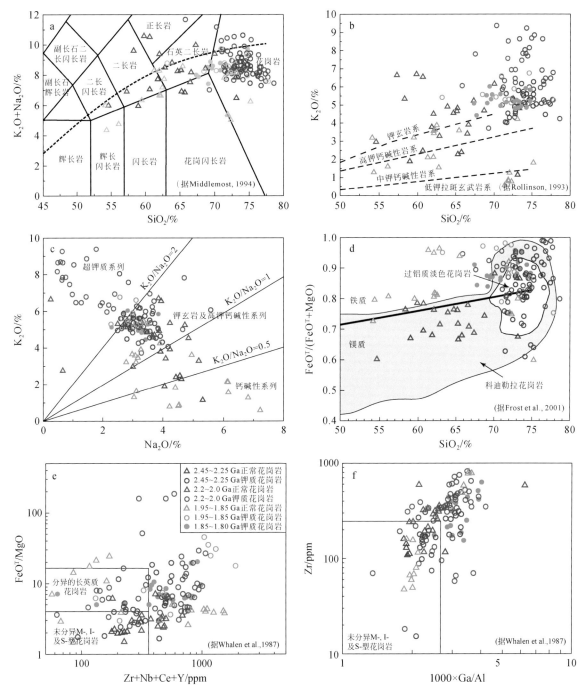

图 3.43 华北克拉通中部带古元古代不同期次花岗岩类分类图

数据来源：第五春荣等，2007；于津海等，2004；Zhou et al.，2011，2014a；Zhang et al.，2011；Zhang J et al.，2013；Yu et al.，2013；赵瑞幅，2012；杜利林等，2012；Du et al.，2013；黄道袤，2013；赵娇等，2015；Li S S et al.，2016；Yang and Santosh，2015a，2015b；Tang et al.，2015；Santosh et al.，2015；Wang C M et al.，2016；Peng et al.，2017

因而被认为形成于大陆活动边缘或岛弧环境（Kröner et al.，2005a；Yu et al.，2013；Diwu et al.，2014）。事实上，该期花岗岩类多以规模不大的小岩体出现于局部地区，并以富钾花岗岩为主，且缺失同期弧岩浆火山岩，因此这些花岗岩类应是伸展拉张环境下，相对较高温度和陆壳中浅部位的新太古代新生陆壳部分熔融所形成（Zhou et al.，2011；赵娇等，2015），同期 TTG 岩石所具有的弧岩浆地球化学特征则很可能是继承了源区新生地壳岩石地球化学特征的结果。

与古元古代早期花岗岩类不同，2.2～2.0 Ga 的花岗岩类，以大岩体广泛出现在中部带不同地区，并受到强烈变形呈片麻状花岗岩产出，指示形成于一挤压的构造环境。这些花岗岩类的岩石成分变化范围大，从

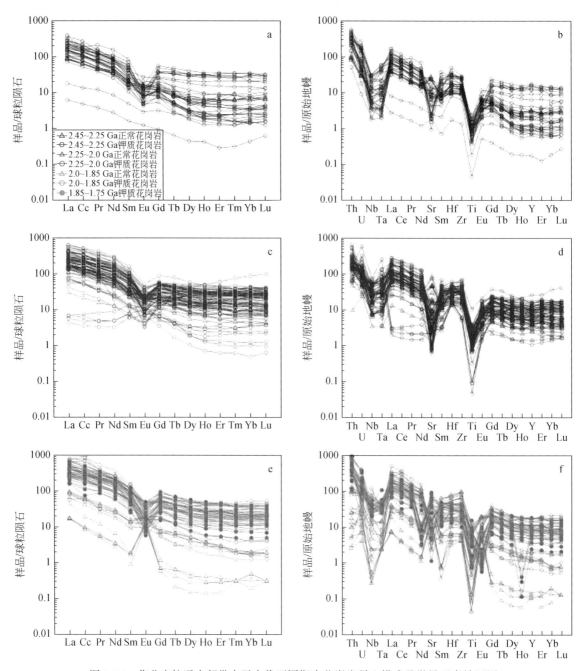

图 3.44 华北克拉通中部带古元古代不同期次花岗岩稀土模式及微量元素蛛网图

数据来源同图 3.43

闪长岩类到花岗闪长岩/二长花岗岩及花岗岩均大量出现,甚至有偏基性的辉石闪长岩出现(图3.43a),属低铁、钙碱性到高钾钙碱性花岗岩类(图3.43c,d),它们具中度 Eu 负异常、轻重稀土中到较高分馏的右倾稀土模式(图3.44c),微量元素富集大离子亲石元素、贫高场强元素,明显亏损 Nb、Ta、Sr 和 Ti,显示弧岩浆作用的地球化学特征。这些岩石的锆石 Hf 同位素除少量为略偏负的 $\varepsilon_{Hf}(t)$ 外,多为正值,部分与同期亏损地幔演化值相当(图3.45),说明主要源自新生陆壳物质和有亏损幔源物质的添加,与岛弧区岩浆活动 Hf 同位素特征十分一致(Kröner et al.,2014)。同时,还出现高硅、富钾花岗岩,它们富碱、高钾和铁,属钾玄岩或超钾质系列岩石(图3.43c,d)。一些富钾花岗岩明显 Eu 负异常、轻重稀土分馏变化较大,具平缓或右倾稀土模式(图3.43a),微量元素富集大离子亲石元素,亏损 Sr、Ti 等元素,显示了高分异或 A 型花岗岩的成因特征(图3.43e,f),因而被认为该期花岗岩浆作用是陆内拉张裂解环境的产物(杨崇辉等,2011a;Du et al.,2013,2016a;Zhou et al.,2014a;Peng et al.,2017)或是与弧有

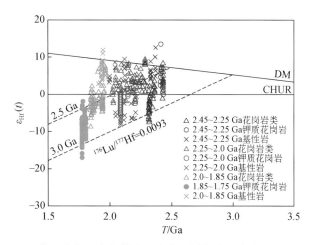

图 3.45　华北克拉通中部带古元古代不同期次花岗岩 $\varepsilon_{Hf}(t)$ -T 图

数据来源：陈斌等，2006；赵瑞幅等，2011；Zhou et al.，2011；Du et al.，2013；颉颃强等，2013；Yu et al.，2013；Zhang J et al.，2013；Diwu et al.，2014；Liu C H et al.，2014b；Wang G D et al.，2014；Zhou et al.，2014a；Santosh et al.，2015；Tang et al.，2015；Yang and Santosh，2015a；赵娇等，2015；Wang C M et al.，2016

关的弧后盆地环境（Wang J et al.，2010），也有认为是岛弧和裂谷两种体制共同制约的结果（杜利林等，2012）。研究表明，A 型花岗岩形成于低压、高温条件下大陆下地壳物质的部分熔融（Douce and Alberto，1997），它们可形成于拉张裂谷或造山后伸展环境（Eby，1992），也可能与挤压、剪切体制下派生的局部拉张环境有关（吴锁平等，2007），形成于裂谷环境的岩浆作用突出表现为以碱性玄武岩或少量拉斑玄武岩及粗面岩（正长岩）和流纹岩（花岗岩）的过碱性岩类的双峰式火山岩和侵入岩组合为特征（邓晋福等，2007）。然而，尽管 2.2~2.0 Ga 中部带有相当大量的高钾花岗岩及一些 A 型花岗岩，但明显缺失基性端元，特别是碱性火山岩或侵入岩的存在。相反，该期岩浆活动以出现成分变化宽、具弧岩浆特征的中基性到酸性钙碱性侵入岩类为主（图 3.43a），并存在同期中、基性岛弧钙碱性火山岩（Liu C H et al.，2012a）及与弧环境有关的基性侵入岩（Wang G D et al.，2014），而且这些岩类的锆石具弧岩浆结晶锆石 Hf 同位素变化大的特征（图 3.45），表明该期岩浆活动主要与弧有关的构造环境相关，可能代表了一种类似于板块构造有关的挤压汇聚构造环境，那些 A 型花岗岩的出现很可能与汇聚有关的局部拉张环境诸如弧后盆地伸展拉张环境的产物。

中部带 1.95~1.8 Ga 的花岗岩类多以小到中等大小的岩体侵入于古元古代及更古老基底岩系中。其中，1.95~1.85 Ga 形成的花岗岩类发育片麻状构造（耿元生等，2006），岩石类型主要为二长花岗岩和花岗岩及少量中性侵入岩，这些花岗岩成分变化较大，钾含量变化大（图 3.43），稀土组成和配分模式也变化多样（图 3.44e），微量元素富集大离子亲石元素、贫高场强元素，亏损 Nb、Ta、Sr 和 Ti 等，部分花岗岩还相对高 Sr/Y 值、轻重稀土强烈分馏、Eu 正异常的右倾稀土模式（图 3.44e），显示了同造山陆壳加厚条件下不同深度源区物质部分熔融形成的多种花岗岩共存的成因特征。这些岩体的锆石 $\varepsilon_{Hf}(t)$ 由早期变化相对较大以正值为主，向晚期负值为主转变（图 3.45），指示它们的源区幔源物质减少、陆壳物质增多的过程，反映了陆块碰撞拼贴造山岩浆作用的结果，这与中部带在 1.95~1.82 Ga 广泛发生具有顺时针 P-T 演化轨迹的变质作用（Wilde et al.，2002；Yin et al.，2009；Xia et al.，2006a，2006b；Zhao et al.，2010；Peng et al.，2014；Wei et al.，2014；Qian et al.，2013，2015，2017）相对应。这一期间的变质作用，在北部怀安-宣化-赤城和恒山等地区表现为高压基性麻粒岩及退变榴辉共生，在赤城地区为高压基性麻粒岩与基性-中酸性火山岩夹少量泥质岩共同经历高压麻粒岩相变质（李江海等，1998；郭敬辉和翟明国，2000；Guo et al.，2005；Zhang et al.，2016）；怀安地区的高压基性麻粒岩以透镜状或条带状发育在 TTG 麻粒岩中，局部出现泥质高压麻粒岩（翟明国等，1992；郭敬辉等，1993，1996；李江海等，1998；郭敬辉和翟明国，2000；Guo et al.，2002，2005；Wang H Z et al.，2016；Wu et al.，2016）；恒山地区无泥质高压麻粒岩，高压基性麻粒岩与退变榴辉岩呈透镜状发育于条带状混合岩中（翟明国等,1995;李江海等,1998;张颖慧等,2013;Wei et al.,2014;Qian et al.,2015,2016,2017)。这些高压基性麻粒岩的峰期变质年龄为1.95~1.9 Ga(Zhao et al.,2002,2005),同时记录1.9~1.8 Ga的中压麻粒岩相和角闪岩相退变质作用(Zhang et al.,2016),经历了峰期后近等温降压和降温降压的顺时针P-T演化过程(耿元生等,2016)(图3.46)。在南部阜平、吕梁、赞皇及中条等地区,至今未发现高压基性麻粒岩,但存在峰期变质年龄为1.95 Ga的泥质麻粒岩,它们同样经历了1.85 Ga角闪岩相退变质作用(蒋宗胜等,2011;路增龙等,2014;Wang G D et al.,2014;Chen et al.,2015),并呈现与北部高压基性麻粒岩一致的顺时针P-T演化轨迹(Zhao et al.,1999a,2000),十分类似于现今造山带(如喜马拉雅碰撞造山带)俯冲–碰撞造山变质演化形成的P-T演化轨迹,但规模较小,可能代表一有限规模的初始板块构造演化过程(翟明国,2011;耿元生等,2016)。因此表明,1.95~1.82 Ga华北克拉通内发生一次俯冲–碰撞造山作用,造成广泛的麻粒岩相变质,同时使得滹沱群、吕梁群、中条群及嵩山群等表壳岩发生绿片岩相到低角闪岩相的变质改造。于1.82~1.8 Ga陆壳抬升,广大范围的麻粒岩相–高级角闪岩相结晶基底岩石随之抬升,发生角闪岩相退变质和混合岩化作用及陆壳物质部分熔融,形成了无变形均一块状花岗岩类,如吕梁地区1.81 Ga的宽坪二长花岗岩(于津海等,1997)、大草坪和芦芽山斑状花岗岩及云中山花岗岩(耿元生等,2004)、北部怀安地区1.82 Ga紫苏花岗岩等。这些花岗岩类高钾、富铁(图13),轻重稀土中等分馏,具明显Eu负异常略右倾的稀土模式(图3.44e),微量元素相对富集Zr、Nb、Ce和Y,高Ga/Al值(图3.43e,f),亏损Sr、Ti等(图3.44f),与高分异或A型花岗岩特征一致,锆石的$\varepsilon_{Hf}(t)$均为负值(图3.45),明显具造山晚期拉张阶段古老陆壳物质部分熔融形成的后造山花岗岩特征(耿元生等,2006)。显然,1.95 Ga以来的变质与花岗岩浆作用一致揭示,1.95~1.85 Ga发生了俯冲–碰撞导致陆壳增厚,发生麻粒岩相变质,1.85 Ga碰撞造山接近尾声,陆壳抬升并伸展拉张,并可能伴有幔源基性岩浆上涌底侵,诱发陆壳部分熔融形成花岗质岩浆,形成以陆壳源物质改造为主、不同程度混有幔源组分的后造山性质花岗岩类。此后,约1.8 Ga加厚陆壳发生垮塌伸展拉张,进一步导致古老陆壳物质部分熔融和角闪岩相退变质及混合岩化作用。这一时期形成的花岗岩的$\varepsilon_{Hf}(t)$均为负值(图3.45),反映它们主要为新太古代或中太古代陆壳物质改造的结果,与该阶段形成的花岗岩多具明显Eu负异常的A型花岗岩特征相吻合,充分证明是在地壳浅部较低压力条件下,古老陆壳物质部分熔融、斜长石作为与熔体平衡的主要残余相岩浆作用的结果。此后,持续的拉张裂解造成华北广大范围出现约1.78 Ga镁铁质岩墙群侵入(Peng et al.,2006,2007,2010;彭澎,2016;翟明国,2011)以及形成斜长岩–奥长环斑花岗岩等非造山岩浆组合,标志着华北克拉通再造及终极克拉通化(翟明国,2011),此后被1.78~1.6 Ga的陆内裂谷盆地形成的熊耳群及长城系沉积地层不整合覆盖,继而进入克拉通盖层发展演化阶段。

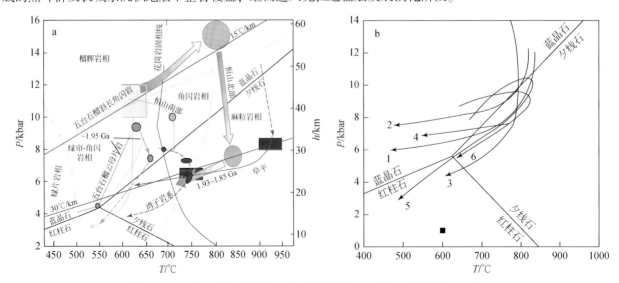

图3.46 华北克拉通中部带古元古代不同地区中高压变质岩的P-T轨迹

a. 据Wei et al.,2014;b. 据耿元生等,2016

三、结论

（1）华北克拉通在始太古代的约 3.8 Ga 已有初始陆核形成，此后在古太古代—中太古代持续小规模生长与增生，于新太古代的 2.8~2.7 Ga 和约 2.5 Ga 发生两次明显的陆壳生长，该克拉通陆壳的 60%~80% 已形成，至此克拉通内微陆块及整个克拉通的雏形基本形成。

（2）华北克拉通经历了两次克拉通化后才最终稳定，新太古代末的 2.55~2.45 Ga，不同微陆块拼合焊接、陆壳强烈再造，大范围出现花岗岩浆活动和幔源岩浆侵入，并发生麻粒岩相变质，为华北克拉通首次克拉通化。此后，该克拉通在古元古代又发生规模有限的陆内裂解-俯冲碰撞演化过程，于约 2.4 Ga 伸展裂解，约 2.3 Ga 裂谷形成，2.2~1.82 Ga 发生陆内俯冲-碰撞造山，1.85 Ga 后陆壳抬升伸展拉张，出现麻粒岩相向角闪岩相转变的退变质，伴随陆壳部分熔融形成壳熔花岗岩和强烈混合岩化，此后镁铁质岩墙侵入，裂陷槽和裂谷形成，标志着最终克拉通化的完成。

参 考 文 献

曹晟.2016.皖北五河-石门山地区结晶基底变质属性及锆石年代学研究.合肥：合肥工业大学

曹正琦，翟文建，蒋幸福，胡正祥，曾佐勋，蔡逸涛，张雄，徐少朋，郭君功.2016.华北克拉通南缘约 2.5 Ga 构造变质事件及意义.地球科学——中国地质大学学报，41（4）：570~585

陈斌，刘树文，耿元生，刘超群.2006.吕梁-五台地区晚太古宙—古元古代花岗质岩石锆石 U-Pb 年代学和 Hf 同位素性质及其地质意义.岩石学报，22（2）：296~304

陈雪，陈岳龙，李大鹏，刘烊，魏娟娟，闫家盼.2015.华北克拉通五台群 LA-ICP-MS 锆石 U-Pb 年龄和 Hf 同位素特征.地质通报，34（5）：861~876

初航，王惠初，魏春景，刘欢，张阔.2012.华北北缘承德地区高压麻粒岩的变质演化历史——锆石年代学和地球化学证据.地球学报，33（6）：977~987

初航，王惠初，荣桂林，常青松，康健丽，靳松，肖志斌.2016.冀东地区含大量始太古代碎屑锆石的太古宙铬云母石英岩再次发现及地质意义.科学通报，61（20）：2299~2308

代堰锫，张连昌，朱明田，王长乐，刘利.2013.鞍山陈台沟 BIF 铁矿与太古代地壳增生：锆石 U-Pb 年龄与 Hf 同位素约束.岩石学报，29（7）：2537~2550

邓晋福，肖庆辉，苏尚国，刘翠，赵国春，吴宗絮，刘勇.2007.火成岩组合与构造环境：讨论.高校地质学报，13（3）：392~402

《地球科学大辞典》编辑部.2006.地球科学大辞典.北京：地质出版社，869~870

第五春荣，孙勇，林慈銮，柳小明，王洪亮.2007.豫西宜阳地区 TTG 质片麻岩锆石 U-Pb 定年和 Hf 同位素地质学.岩石学报，23（2）：253~262

第五春荣，孙勇，袁洪林，王洪亮，钟兴平，柳小明.2008.河南登封地区嵩山石英岩碎屑锆石 U-Pb 年代学、Hf 同位素组成及其地质意义.科学通报，53（16）：1923~1934

第五春荣，孙勇，董增产，王洪亮，陈丹玲，陈亮，张红.2010.北秦岭西段冥古宙锆石（4.1~3.9Ga）代学新进展.岩石学报，26（4）：1171~1174

第五春荣，孙勇，王倩.2012.华北克拉通地壳生长和演化：来自现代河流碎屑锆石 Hf 同位素组成的启示.岩石学报，28（11）：3520~3530

董晓杰，徐仲元，刘正宏，沙茜.2012a.内蒙古大青山北麓 2.7 Ga 花岗质片麻岩的发现及其地质意义.地球科学——中国地质大学学报，37（S1）：45~52

董晓杰，徐仲元，刘正宏，沙茜.2012b.内蒙古中部西乌兰不浪地区太古宙高级变质岩锆石 U-Pb 年代学研究.中国科学（D 辑），（7）：1001~1010

董增产.2009.凤县—两当地区北秦岭构造带地质组成及构造特征.西安：西北大学

杜利林，庄育勋，杨崇辉，万渝生，王新社，王世进，张连峰.2003.山东新泰孟家屯岩组锆石特征及其年代学意义.地质学报，77（3）：359~366

杜利林，杨崇辉，庄育勋，韦汝征，万渝生，任留东，侯可军.2010.鲁西新泰孟家屯 2.7Ga 变质沉积岩与黑云斜长片麻岩

锆石 Hf 同位素特征. 地质学报, 84 (7): 991~1001

杜利林, 杨崇辉, 任留东, 宋会侠, 耿元生, 万渝生. 2012. 吕梁地区 2.2~2.1Ga 岩浆事件及其构造意义. 岩石学报, 28 (9): 2751~2769

高林志, 赵汀, 万渝生, 赵逊, 马寅生, 杨守政. 2005. 河南焦作云台山早前寒武纪变质基底锆石 SHRIMP U-Pb 年龄. 地质通报, 24 (12): 1089~1093

耿元生. 2009. 早前寒武纪地层说明书. 北京: 前寒武纪地层会议

耿元生, 沈其韩. 2000. 冀西北石榴基性麻粒岩中辉石的演化及其地质意义. 岩石学报, 16 (1): 29~38

耿元生, 万渝生, 沈其韩, 李惠民, 张如心. 2000. 吕梁地区早前寒武纪主要地质事件的年代框架. 地质学报, 74 (3): 216~223

耿元生, 万渝生, 杨崇辉. 2003. 吕梁地区古元古代的裂陷型火山作用及其地质意义. 地球学报, 24 (2): 97~104

耿元生, 杨崇辉, 宋彪, 万渝生. 2004. 吕梁地区 18 亿年的后造山花岗岩: 同位素年代和地球化学制约. 高校地质学报, 10 (4): 477~487

耿元生, 杨崇辉, 万渝生. 2006. 吕梁地区古元古代花岗岩浆作用——来自同位素年代学的证据. 岩石学报, 22 (2): 305~314

耿元生, 沈其韩, 任留东. 2010. 华北克拉通晚太古代末—古元古代初的岩浆事件及构造热体制. 岩石学报, 26 (7): 1945~1966

耿元生, 沈其韩, 杜利林, 宋会侠. 2016. 区域变质作用与中国大陆地壳的形成与演化. 岩石学报, 32 (9): 2579~2608

宫江华, 张建新, 于胜尧, 李怀坤, 侯可军. 2012. 西阿拉善地块~2.5 Ga TTG 岩石及地质意义. 科学通报, (28): 2715~2728

郭敬辉, 翟明国. 2000. 华北克拉通桑干地区高压麻粒岩变质作用的 Sm-Nd 年代学. 科学通报, 45 (19): 2055~2061

郭敬辉, 翟明国, 张毅刚, 李永刚, 阎月华, 张雯华. 1993. 怀安蔓箐沟早前寒武纪高压麻粒岩混杂岩带地质特征、岩石学和同位素年代学. 岩石学报, 9 (4): 329~341

郭敬辉, 翟明国, 李江海, 李永刚. 1996. 华北克拉通早前寒武纪桑干构造带的岩石组合特征和构造性质. 岩石学报, 12 (2): 27~41

郭丽爽, 刘树文, 刘玉琳, 田伟, 余盛强, 李秋根, 吕勇军. 2008. 中条山涑水杂岩中 TTG 片麻岩的锆石 Hf 同位素特征及其形成环境. 岩石学报, 24 (1): 139~148

韩鑫, 裴磊, 郑媛媛, 刘俊来. 2016. 华北克拉通北部迁安紫苏花岗岩 LAICPMS 锆石 U-Pb 定年、地球化学及地质意义. 岩石学报, 32 (9): 2823~2838

胡国辉, 胡俊良, 陈伟, 赵太平. 2010. 华北克拉通南缘中条山–嵩山地区 1.78Ga 基性岩墙群的地球化学特征及构造环境. 岩石学报, 26 (5): 1563~1576

黄道袤. 2013. 华北克拉通南缘下汤地区早前寒武纪演化: 地质、地球化学及年代学研究. 北京: 中国地质大学 (北京)

蒋宗胜, 王国栋, 肖玲玲, 第五春荣, 卢俊生, 吴春明. 2011. 河南洛宁太华变质杂岩区早元古代变质作用 P-T-t 轨迹及其大地构造意义. 岩石学报, 27 (12): 3701~3717

颉颃强, 刘敦一, 殷小艳, 周红英, 杨崇辉, 杜利林, 万渝生. 2013. 甘陶河群形成时代和构造环境: 地质、地球化学和锆石 SHRIMP 定年. 科学通报, 58 (1): 75~85

靳克, 许文良, 王清海, 高山, 刘晓春. 2003. 蚌埠淮光"混合花岗闪长岩"的形成时代及源区: 锆石 SHRIMP U-Pb 地质年代学证据. 地球学报, 24 (4): 331~335

劳子强, 王世炎, 张良. 1996. 嵩山区前寒武地质构造特征及演化. 见: 河南地质矿产与文集. 北京: 中国环境科学出版社

李斌, 金巍, 张家辉, 王亚飞, 蔡丽斌, 王庆龙. 2013. 鞍山陈台沟地区太古宙花岗岩组成与构造特征. 世界地质, 32 (2): 191~199

李创举, 包志伟, 赵振华, 乔玉楼. 2012. 张家口地区桑干杂岩中花岗片麻岩的锆石 U-Pb 年龄与 Hf 同位素特征及其对华北克拉通早期演化的制约. 岩石学报, 28 (4): 1057~1072

李基宏, 包志伟, 赵振华, 乔玉楼. 2005. 河北平山弯子群的时代: SHRIMP 锆石年代学证据. 地质论评, 51 (2): 201~207

李江海, 翟明国, 钱祥麟, 郭敬辉, 王关玉, 阎月华, 李永刚. 1998. 华北中北部晚太古代高压麻粒岩的地质产状及其出露的区域构造背景. 岩石学报, 14 (2): 49~62

李永刚, 郭敬辉, 翟明国. 1995. 天镇–怀安地区早前寒武纪钾质花岗岩地球化学特征及构造环境. 华北地质矿产杂志, (2): 223~235

刘敦一, 万渝生, 伍家善, Wilde S A, 董春艳, 周红英, 殷小艳. 2007. 华北克拉通太古宙地壳演化和最古老的岩石. 地质

通报, 26 (9): 1131~1138

刘富, 郭敬辉, 路孝平, 第五春荣. 2009. 华北克拉通 2.5 Ga 地壳生长事件的 Nd-Hf 同位素证据: 以怀安片麻岩地体为例. 科学通报, (17): 2517~2526

刘建辉, 刘福来, 刘平华, 王舫, 丁正江. 2011. 胶北早前寒武纪变质基底多期岩浆-变质热事件: 来自 TTG 片麻岩和花岗质片麻岩中锆石 U-Pb 定年的证据. 岩石学报, 27 (4): 943~960

刘建峰, 李锦轶, 曲军峰, 胡兆初, 郭春丽, 陈军强. 2016. 华北克拉通北缘隆化地区蓝旗镇古元古代石榴石花岗岩的成因及地质意义. 地质学报, 90 (9): 2365~2383

刘树文, 沈其韩, 耿元生. 1996. 冀西北两类石榴基性麻粒岩的变质演化及 Gibbs 方法分析. 岩石学报, 12 (2): 95~109

刘树文, 李江海, 潘元明, 张健, 李秋根, 黄雄南. 2002. 太行山-恒山太古代古老陆块: 年代学和地球化学制约. 自然科学进展, 12 (8): 826~833

刘树文, 吕勇军, 凤永刚, 张臣, 田伟, 闫全人, 柳小明. 2007. 中条山-吕梁山前寒武纪变质杂岩的独居石电子探针定年研究. 地学前缘, 14 (1): 64~74

刘树文, 王伟, 白翔, 张帆, 杨鹏涛, Liu S W, Wang W, Bai X, Zhang F, Yang P T. 2010. 朝阳北部早前寒武纪变质杂岩地质事件序列. 岩石学报, 26 (7): 1993~2004

刘文军, 翟明国. 1998. 胶东莱西地区高压基性麻粒岩的变质作用. 岩石学报, 14 (4): 449~459

刘玄, 范宏瑞, 邱正杰, 杨奎锋, 胡芳芳, 郭双龙, 赵凤春. 2015. 中条山地区绛县群和中条群沉积时限: 夹层斜长角闪岩 SIMS 锆石 U-Pb 年代学证据. 岩石学报, 31 (6): 1564~1572

陆松年, 陈志宏, 相振群. 2008. 泰山世界地质公园古老侵入岩系年代格架. 北京: 地质出版社

路增龙, 宋会侠, 杜利林, 任留东, 耿元生, 杨崇辉. 2014. 华北克拉通阜平杂岩中~2.7Ga TTG 片麻岩的厘定及其地质意义. 岩石学报, 30 (10): 2872~2884

罗志波, 张华锋, 第五春荣, 张红. 2012. 冀西北怀安地区中性辉石麻粒岩的锆石 U-Pb、Lu-Hf 及微量元素组成对区域退变质时代的制约. 岩石学报, 28 (11): 3721~3738

马军, 王仁民. 1995. 宣化-郝城高压麻粒岩带中蓝晶石-正条纹长石组合的发现及地质意义. 岩石学报, 11 (3): 273~278

马铭株, 徐仲元, 张连昌, 董春艳, 董晓杰, 刘守偈, 刘敦一, 万渝生. 2013. 内蒙古武川西乌兰不浪地区早前寒武纪变质基底锆石 SHRIMP 定年及 Hf 同位素组成. 岩石学报, 29 (2): 501~516

毛德宝, 钟长汀. 1999. 承德北部高压基性麻粒岩的同位素年龄及其地质意义. 岩石学报, 15 (4): 524~531

苗培森. 2001. 恒山中深变质岩区构造样式. 武汉: 中国地质大学 (武汉)

彭澎. 2016. 华北陆块前寒武纪岩墙群及相关岩浆岩地质图说明书. 北京: 科学出版社

曲军峰, 李锦轶, 刘建峰. 2012. 冀北单塔子群凤凰嘴杂岩的年代学研究. 岩石学报, 28 (9): 2879~2889

任鹏, 颉颃强, 王世进, 董春艳, 马铭株, 刘敦一, 万渝生. 2015. 鲁西 2.5~2.7Ga 构造岩浆热事件: 泰山黄前水库 TTG 侵入岩的野外地质和锆石 SHRIMP 定年. 地质论评, 61 (5): 1068~1078

陕西区调队. 1996. 1:5 万辛家庄幅地质图说明书. 陕西: 地矿部陕西地勘局

沈其韩, 刘敦一, 王平, 高吉凤, 张荫芳. 1987. 内蒙集宁群变质岩系 U-Pb 和 Rb-Sr 协同位素年龄的讨论. Acta Geoscientica Sinica, 9 (2): 165~178

沈其韩, 耿元生, 宋彪, 万渝生. 2005. 华北和扬子陆块及秦岭-大别造山带地表和深部太古宙基底的新信息. 地质学报, 79 (5): 616~627

史志强, 石玉若. 2016. 北京密云地区沙厂组条带状磁铁石英岩 SHRIMP 锆石 U-Pb 年龄及其地质意义. 地球科学与环境学报, 38 (4): 547~557

宋会侠, 赵子然, 沈其韩, 宋彪. 2009. 山东沂水杂岩岩石化学及锆石 Hf 同位素研究. 岩石学报, 25 (8): 1872~1882

孙大中, 胡维兴. 1993. 中条山前寒武纪年代构造格架和年代地壳结构. 北京: 地质出版社

孙会一, 董春艳, 颉颃强, 王伟, 马铭株, 刘敦一, Nutman A, 万渝生. 2010. 冀东青龙地区新太古代朱杖子群和单塔子群形成时代: 锆石 SHRIMP U-Pb 定年. 地质论评, 56 (6): 888~898

陶继雄. 2003. 内蒙古固阳地区新太古代变质侵入岩特征及与成矿关系. 地质调查与研究, 26 (1): 21~26

田伟, 刘树文, 刘超辉, 余盛强, 李秋根, 王月然. 2005. 中条山涑水杂岩中 TTG 系列岩石的锆石 SHRIMP 年代学及地球化学及其地质意义. 自然科学进展, 15 (12): 1476~1484

万渝生. 1993. 辽宁弓长岭含铁岩系的形成与演化. 北京: 北京科学技术出版社

万渝生, 伍家善, 刘敦一, 宋彪, 张宗清. 1997. 鞍山 3.3Ga 陈台沟花岗岩地球化学和 Nd、Pb 同位素特征. 地球学报, 18 (4): 382~388

万渝生，刘敦一，伍家善，张宗清，宋彪．1998．辽宁鞍山-本溪地区中太古代花岗质岩石的成因——地球化学及 Nd 同位素制约．岩石学报，14（3）：278～288

万渝生，耿元生，沈其韩，张如心．2000．孔兹岩系——山西吕梁地区界河口群的年代学和地球化学．岩石学报，16（1）：49～58

万渝生，宋彪，杨淳，刘敦一．2005．辽宁抚顺-清原地区太古宙岩石 SHRIMP 锆石 U-Pb 年代学及其地质意义．地质学报，79（1）：78～87

万渝生，刘敦一，殷小艳，SA Wilde，谢烈文，杨岳衡，周红英，伍家善．2007．鞍山地区铁架山花岗岩及表壳岩的锆石 SHRIMP 年代学和 Hf 同位素组成．岩石学报，23（2）：241～252

万渝生，刘敦一，王世炎，赵逊，董春艳，周红英，殷小艳，杨长秀，高林志．2009．登封地区早前寒武纪地壳演化——地球化学和锆石 SHRIMP-UPb 年代学制约．地质学报，83（7）：982～999

万渝生，董春艳，颉颃强，王世进，宋明春，徐仲元，王世炎，马铭株，刘敦一．2012．华北克拉通早前寒武纪条带状铁建造形成时代——SHRIMP 锆石 U-Pb 定年．地质学报，86（9）：1447～1478

万渝生，董春艳，颉颃强，刘守偈，马铭株，谢士稳，任鹏，孙会一，刘敦一．2015．华北克拉通太古宙研究若干进展．地球学报，36（6）：685～700

万渝生，董春艳，任鹏，白文倩，颉颃强，刘守偈，谢士稳，刘敦一．2017．华北克拉通太古宙 TTG 岩石的时空分布、组成特征及形成演化．岩石学报，33（5）：1405～1419

王国栋，王浩，陈泓旭，卢俊生，肖玲玲，吴春明．2012．华北中部造山带南缘华山地区太华变质杂岩中锆石 U-Pb 定年．地质学报，86（9）：1541～1551

王国栋，卢俊生，王浩，陈泓旭，肖玲玲，第五春荣，季建清，吴春明．2013．华山太华变质杂岩中 LA-ICP-MS 锆石 U-Pb 定年及角闪石 $^{40}Ar/^{39}Ar$ 定年．岩石学报，29（9）：3099～3114

王洪亮，陈亮，孙勇，柳小明，徐学义，陈隽璐，张红，第五春荣．2007．北秦岭西段奥陶纪火山岩中发现近 4.1 Ga 的捕房锆石．科学通报，52（14）：1685～1693.

王惠初，康健丽，任云伟，初航，陆松年，肖志斌．2015．华北克拉通～2.7 Ga 的 BIF：来自莱州昌邑地区含铁建造的年代学证据．岩石学报，31（10）：2991～3011

王景丽，张宏福．2016．华北克拉通古老麻粒岩纪录的三期构造-岩浆事件．岩石学报，32（3）：682～696

王凯怡，郝杰，Wilde S，Cawood P．2000．山西五台山-恒山地区晚太古-早元古代若干关键地质问题的再认识：单颗粒锆石离子探针质谱年龄提出的地质制约．地质科学，35（2）：175～184

王洛娟，郭敬辉，彭澎，刘富．2011．华北克拉通孔兹岩带东端孤山剖面石榴石基性麻粒岩的变质作用及年代学研究．岩石学报，27（12）：3689～3700

王世进，万喻生，张成基，杨恩秀，宋志勇，王立法，张富中．2008．鲁西地区早前寒武纪地质研究新进展．山东国土资源，24（1）：10～20

王世进，万喻生，王伟，宋志勇，董春艳，王立法，杨恩秀，刘清德．2010．鲁西地区石门山—凤仙山岩体的锆石 SHRIMP U-Pb 定年及形成时代．山东国土资源，26（9）：1～6

王岳军，范蔚茗．2003．赞皇变质穹隆黑云母 $^{40}Ar/^{39}Ar$ 年代学研究及其对构造热事件的约束．岩石学报，19（1）：131～140

魏春景，张翠光，张阿利，伍天洪，李江海．2001．辽西建平杂岩高压麻粒岩相变质作用的 P-T 条件及其地质意义．岩石学报，17（2）：269～282

魏颖，郑建平，苏玉平，马强．2013．怀安麻粒岩锆石 U-Pb 年代学及 Hf 同位素：华北北缘下地壳增生再造过程研究．岩石学报，29（7）：2281～2294

吴昌华，李惠民，钟长汀，左义成．2000．阜平片麻岩和湾子片麻岩的单颗粒锆石 U-Pb 年龄——阜平杂岩并非一统太古宙基底的年代学证据．地质调查与研究，23（3）：129～165

吴福元，李献华，郑永飞，高山．2007．Lu-Hf 同位素体系及其岩石学应用．岩石学报，23（2）：185～220

吴锁平，王梅英，戚开静．2007．A 型花岗岩研究现状及其述评．岩石矿物学杂志，26（1）：57～65

吴卫华，杨杰东，徐士进．2007．青藏高原化学风化和对大气 CO_2 的消耗通量．地质论评，53（4）：515～528

伍家善，耿元生，沈其韩，万渝生，刘敦一，宋彪．1998．中朝古大陆的地质特征及构造演化．北京：地质出版社

谢士稳，王世进，颉颃强，刘守偈，董春艳，马铭株，任鹏，刘敦一．2015．华北克拉通胶东地区～2.7Ga TTG 岩石的成因及地质意义．岩石学报，31（10）：2974～2990

徐勇航，赵太平，彭澎，翟明国，漆亮，罗彦．2007．山西吕梁地区古元古界小两岭组火山岩地球化学特征及其地质意义．岩石学报，23（5）：1123～1132

徐仲元,万渝生,董春艳,马铭株,刘敦一.2015.内蒙古大青山地区新太古代晚期岩浆作用:来自锆石SHRIMP U-Pb定年的证据.岩石学报,31(6):1509~1517

闫晓明,黄绍博.2015.华北陆块北缘东段旧庙地区变质基性岩墙群LA-ICP-MS锆石U-Pb年龄及其地质意义.中国科技纵横,(21):172

阎月华,郭敬辉,刘文军.1998.华北麻粒岩相带变质矿物石榴石及其与单斜辉石平衡共生关系的研究.岩石学报,14(4):66~75

杨长秀.2008.河南鲁山地区早前寒武纪变质岩系的锆石SHRIMP U-Pb年龄、地球化学特征及环境演化.地质通报,27(4):517~533

杨崇辉,杜利林,万渝生,刘增校.2004.河北平山英云闪长质片麻岩锆石SHRIMP年代学.高校地质学报,10(4):514~522

杨崇辉,杜利林,任留东,万渝生,宋会侠,原振雷,王世炎.2009.华北克拉通南缘安沟群的SHRIMP年龄及地层对比.岩石学报,25(8):1853~1862

杨崇辉,杜利林,任留东,宋会侠,万渝生,颉颃强,刘增校.2011a.河北赞皇地区许亭花岗岩的时代及成因:对华北克拉通中部带构造演化的制约.岩石学报,27(4):1003~1016

杨崇辉,杜利林,任留东,宋会侠,万渝生,颉颃强,刘增校.2011b.赞皇杂岩中太古宙末期菅等钾质花岗岩的成因及动力学背景.地学前缘,18(2):62~78

杨淳,宋彪,潘森,张胜祥,陈华国,高爱萍.1997.鲁西蒙山山脉中段早前寒武纪花岗质岩石岩石学和单锆石年龄.地球学报,24(3):20~29

于津海,王德滋,王赐银,李惠民.1997.山西吕梁群及其主变质作用的锆石U-Pb年龄.地质论评,43(4):403~408

于津海,王德滋,王赐银,王丽娟.2004.山西吕梁山中段元古代花岗质岩浆活动和变质作用.高校地质学报,10(4):500~513

袁伟,杨振宇,杨进辉.2012.河西走廊晚泥盆世地层中冥古宙碎屑锆石的发现.岩石学报,28(4):1029~1036

翟明国,彭澎.2007.华北克拉通古元古代构造事件.岩石学报,23(11):2665~2682

翟明国.2009.华北克拉通两类早前寒武纪麻粒岩(HT-HP和HT-UHT)及其相关问题.岩石学报,25(8):1753~1771

翟明国.2010.华北克拉通的形成演化与成矿作用.矿床地质,29(1):24~36

翟明国.2011.克拉通化与华北陆块的形成.中国科学(D辑),41(8):1037~1046

翟明国.2013.华北前寒武纪成矿系统与重大地质事件的联系.岩石学报,29(5):1759~1773

翟明国,郭敬辉,阎月华,韩秀伶,李永刚.1992.中国华北太古宙高压基性麻粒岩的发现及初步研究.中国科学(B辑),22(12):1325~1330

翟明国,郭敬辉,李永刚,闫月华,张雯华,李江海.1995.华北太古宙退变质榴辉岩的发现及其含义.科学通报,40(17):1590~1594

张国伟,张本仁,袁学诚,肖庆辉.2001.秦岭造山带与大陆动力学.北京:科学出版社

张华锋,王浩铮,豆敬兆,张少颖.2015.华北克拉通怀安陆块新太古代低铝和高铝TTG片麻岩的地球化学特征与成因.岩石学报,31(6):1518~1534

张家辉,金巍,郑培玺,王亚飞,李斌,蔡丽斌,王庆龙.2013.鞍山地区营城子古太古代片麻岩杂岩的识别与锆石U-Pb年代学研究.岩石学报,29(2):399~413

张连昌,翟明国,万渝生,郭敬辉,代堰锫,王长乐,刘利.2012.华北克拉通前寒武纪BIF铁矿研究:进展与问题.岩石学报,28(11):3431~3445

张瑞英,张成立,第五春荣,孙勇.2012.中条山前寒武纪花岗岩地球化学、年代学及其地质意义.岩石学报,28(11):3559~3573

张瑞英,张成立,孙勇.2013.华北克拉通~2.5Ga地壳再造事件:来自中条山TTG质片麻岩的证据.岩石学报,29(7):2265~2280

张维杰,李龙,耿明山.2000.内蒙古固阳地区新太古代侵入岩的岩石特征及时代.地球科学,25(3):221~226

张颖慧,魏春景,田伟,周喜文.2013.华北克拉通中部带恒山杂岩变质年龄的重新认识.科学通报,58(34):3589~3596

张永清,张有宽,郑宝军,徐国权,韩建刚,母吉君,张履桥.2006.内蒙古中部小南沟-明星沟地区新太古代TTG岩系及其地质意义.岩石学报,22(11):2762~2768

赵凤清.2006.山西中条山地区古元古代地壳演化的年代学和地球化学制约.北京:中国地质大学(北京)

赵娇,张成立,郭晓俊,刘欣雨,王权.2015.华北吕梁地区2.4Ga A型花岗岩的确定及地质意义.岩石学报,31(6):

1606~1620

赵瑞幅, 郭敬辉, 彭澎, 刘富. 2011. 恒山地区古元古代 2.1Ga 地壳重熔事件: 钾质花岗岩锆石 U-Pb 定年及 Hf-Nd 同位素研究. 岩石学报, 27 (6): 1607~1623

赵瑞幅. 2012. 华北克拉通恒山地区晚太古代 TTG 片麻岩及早元古代钾质花岗岩岩石成因地球化学研究. 北京: 中国科学院研究生院

赵亚曾, 黄汲清. 1931. 秦岭山及四川之地质研究. 地质专报甲种, (9): 43~46

赵子然, 宋会侠, 沈其韩, 宋彪. 2009. 山东沂水杂岩中变基性岩的岩石地球化学特征及锆石 SHRIMP U-Pb 定年. 地质论评, 55 (2): 286~299

郑永飞, 陈仁旭, 张少兵, 唐俊, 赵子福, 吴元保. 2007. 大别山超高压榴辉岩和花岗片麻岩中锆石 Lu-Hf 同位素研究. 岩石学报, 23 (2): 317~330

周喜文, 魏春景, 耿元生, 张立飞. 2004. 胶北栖霞地区泥质高压麻粒岩的发现及其地质意义. 科学通报, 49 (14): 1424~1430

周艳艳, 赵太平, 薛良伟, 王世炎, 高剑峰. 2009. 河南嵩山地区新太古代 TTG 质片麻岩的成因及其地质意义: 来自岩石学、地球化学及同位素年代学的制约. 岩石学报, 25 (2): 331~347

Allègre C J, Rousseau D. 1984. The growth of the continent through geological time studied by Nd isotope analysis of shales. Earth and Planetary Science Letters, 67 (1): 19~34.

Amelin Y, Lee D C, Halliday A N, Pidgeon R T. 1999. Nature of the Earth's earliest crust from hafnium isotopes in single detritalzircons. Nature, 399 (6733): 252~255

Armstrong R L. 1981. Radiogenic isotopes: The case for crustal recycling on a steady-state no-continental growth Earth. Philosophical Transactions of the Royal Society of London, ser. A, Mathematical and Physical Sciences, 301: 443~472

Aulbach S, Massuyeau M, Gaillard F. 2016. Origins of cratonic mantle discontinuities: A view from petrology, geochemistry and thermodynamic models. Lithos, 268~271

Baker F. 1979. Trondhjemite: Definition, environment and hypotheses of origin. In: Barker F (ed.). Trondhjemites, dacites and related rocks. Elsevier, Amsterdam, 1~12

Bekker A, Holland H D, Wang P L, Rumble I D, Stein H J, Hannah J L, Coetzee L L, Beukes N J. 2004. Dating the rise of atmospheric oxygen. Nature, 427 (6970): 117~120

Belousova E A, Griffin W L, O'Reilly S Y, Fisher N I. 2002. Igneous zircon: Trace element composition as an indicator of source rock type. Contributions to Mineralogy and Petrology, 143 (5): 602~622

Belousova E A, Kostitsyn Y A, Griffin W L, Begg G C, O'Reilly S Y, Pearson N J. 2010. The growth of the continental crust: Constraints from zircon Hf-isotope data. Lithos, 119 (3-4): 457~466

Blichert-Toft J, Albarède F. 2008. Hafnium isotopes in Jack Hills zircons and the formation of the Hadean crust. Earth and Planetary Science Letters, 265 (3): 686~702

Bonin B. 1987. From orogenic to anorogenic magmatism: A petrological model for the transition calc-alkaline-alkaline complexes. Revista Brasiliera de Geociencias, 17 (4): 366~371

Bédard J H. 2006. A catalytic delamination-driven model for coupled genesis of Archaean crust and sub-continental lithospheric mantle. Geochimica et Cosmochimica Acta, 70 (5): 1188~1214

Cavosie A J, Valley J W, Wilde S A. 2005. Magmatic delta O-18 in 4400-3900 Ma detrital zircons: A record of the alteration and recycling of crust in the Early Archean. Earth and Planetary Science Letters, 235: 663~681

Cawood, P A, Hawkesworth C J, Dhuime B. 2013. The continental record and the generation of continental crust. Geological Society of America Bulletin, 125 (1-2): 14~32

Chen H X, Wang J, Wang H, Wang G D, Peng T, Shi Y H, Zhang Q, Wu C M. 2015. Metamorphism and geochronology of the Luoning metamorphic terrane, southern terminal of the Palaeoproterozoic Trans-North China Orogen, North China Craton. Precambrian Research, 264: 156~178

Condie K C, Aster R C. 2010. Episodic zircon age spectra of orogenic granitoids: The supercontinent connection and continental growth. Precambrian Research, 180 (3-4): 227~236

Condie K C, Belousova E, Griffin W L, Sircombe K N. 2009a. Granitoid events in space and time: constraints from igneous and detrital zircon age spectra. Gondwana Research, 15 (3-4): 228~242

Condie K C. 1998. Episodic continental growth and supercontinents: A mantle avalanche connection? Earth and Planetary Science

Letters, 163 (1): 97~108

Condie K C, O'Neill C, Aster R C. 2009b. Evidence and implications for a widespread magmatic shutdown for 250: My on Earth. Earth & Planetary Science Letters, 282 (1-4): 294~298

Condie K C, Bickford M E, Aster R C, Belousova E, Scholl DW. 2011. Episodic zircon ages, Hf isotopic composition, and the preservation rate of continental crust. Geological Society of America Bulletin, 123 (5-6): 951~957

Cui P L, Sun J G, Sha D M, Wang X J, Zhang P, Gu A L, Wang Z Y. 2013. Oldest zircon xenocryst (4.17 Ga) from the North China Craton. International Geology Review, 55 (15): 1902~1908

Debon F, Fort P L. 1983. A chemical-mineralogical classification of common plutonic rocks and associations. Transactions of the Royal Society of Edinburgh: Earth Seciences, 73: 135~149

Deng H, Kusky T, Polat A, Wang J P, Wang L, Fu J M, Wang Z S, Yuan Y. 2014. Geochronology, mantle source composition and geodynamic constraints on the origin of Neoarchean mafic dikes in the Zanhuang Complex, Central Orogenic Belt, North China Craton. Lithos, 205 (9): 359~378

Deng H, Kusky T, Polat A, Wang C, Wang L, Li Y X, Wang J P. 2016. A 2.5 Ga fore-arc subduction-accretion complex in the Dengfeng Granite-Greenstone Belt, Southern North China Craton. Precambrian Research, 275: 241~264

Dhuime B, Hawkesworth C J, Cawood P A, Storey C D. 2012. A change in the geodynamics of continental growth 3 billion years ago. Science, 335 (6074): 1334~1336

Diwu C R, Ping L. 2007. Formation history of ArchaeanTTG gneisses in the Taihua complex, Lushan area, central China: In stiu U-Pb age and Hf-isotope analysis of zircons. Geochimet Cosmochim Acta, 71: A226

Diwu C R, Sun Y, Yuan H L, Wang H L, Zhong X P, Liu X M. 2008. U-Pb ages and Hf isotopes for detrital zircons from quartzite in the Paleoproterozoic Songshan Group on the southwestern margin of the North China Craton. Science Bulletin, 53 (18): 2828~2839

Diwu C R, Sun Y, Lin C L, Wang H L. 2010. LA- (MC) -ICPMS U-Pb zircon geochronology and Lu-Hf isotope compositions of the Taihua complex on the southern margin of the North China Craton. Science Bulletin, 55 (23): 2557~2571

Diwu C R, Sun Y, Guo A L, Wang H L, Liu X M. 2011. Crustal growth in the North China Craton at ~2.5 Ga: Evidence from in situ zircon U-Pb ages, Hf isotopes and whole-rock geochemistry of the Dengfeng complex. Gondwana Research, 20 (20): 149~170

Diwu C R, Sun Y, Wilde S A, Wang H L, Dong Z C, Zhang H, Wang Q. 2013a. New evidence for ~4.45 Ga terrestrial crust from zircon xenocrysts in Ordovician ignimbrite in the North Qinling Orogenic Belt, China. Gondwana Research, 23 (4): 1484~1490

Diwu C R, Sun Y, Gao J F, Fan L G. 2013b. Early Precambrian tectonothermal events of the North China Craton: Constraints from in situ detrital zircon U-Pb, Hf and O isotopic compositions in Tietonggou Formation. Science Bulletin, 58 (31): 3760~3770

Diwu C R, Sun Y, Zhao Y, Lai S C. 2014. Early Paleoproterozoic (2.45–2.20Ga) magmatic activity during the period of global magmatic shutdown: Implications for the crustal evolution of the southern North China Craton. Precambrian Research, 255: 627~640

Diwu C R, Zhang C L, Sun Y. 2016. Archean continental crust in the South North China Craton. In: Zhai M G, Zhao Y, Zhao T P (eds.). Precambrian Geology of China. Berlin: Springer-Verlag: 29~44

Dong C Y, Wan Y S, Xie H Q, Nutman A P, Xie S W, Liu S J, Ma M Z, Liu D Y. 2017. The Mesoarchean Tiejiashan-Gongchangling potassic granite in the Anshan-Benxi area, North China Craton: Origin by recycling of Paleo-to Eoarchean crust from U-Pb-Nd-Hf-O isotopic studies. Lithos, 290-291: 116~135

Douce P, Alberto E. 1997. Generation of metaluminous A-type granites by low-pressure melting of calc-alkaline granitoids. Geology, 25 (8): 743~746

Du L L, Yang C H, Guo J H, Wang W, Ren L D. 2010. The age of the base of the paleoproterozoic Hutuo Group in the Wutai Mountains area, North China Craton: SHRIMP zircon U-Pb dating of basaltic andesite. Science Bulletin, 55 (17): 1782~1789

Du L L, Yang C H, Wang W, Ren L D, Wan Y S, Wu J S, Zhao L, Song H X, Geng Y S, Hou K J. 2013. Paleoproterozoic rifting of the North China Craton: Geochemical and zircon Hf isotopic evidence from the 2137 Ma Huangjinshan A-type granite porphyry in the Wutai area. Journal of Asian Earth Sciences, 72 (4): 190~202

Du L L, Yang C H, Wyman D A, Nutman A P, Lu Z L, Song H X, Zhao L, Geng Y S, Ren L D. 2016a. Age and depositional setting of thePaleoproterozoic Gantaohe Group in Zanhuang Complex: Constraints from zircon U-Pb ages and Hf isotopes of sandstones and dacite. Precambrian Research, 286: 59~100

Du L L, Yang C H, Wyman D A, Nutman A P, Lu Z L, Song H X, Xie H Q, Wan Y S, Zhao L, Geng Y S, Ren L D. 2016b. 2090–2070 Ma A-type granitoids in Zanhuang Complex: Further evidence on a Paleoproterozoic rift-related tectonic regime in the Trans-North China Orogen. Lithos, 254-255: 18~35

Duo J, Wen C, Guo J, Fan X, Li X. 2007. 4.1 Ga old detrital zircon in western Tibet of China. Chinese Science Bulletin, 52: 23~26

Eby G N. 1992. Chemical subdivision of the A-type granitoids: Petrogenetic and tectonic implications. Geology, 20 (7): 641~644

Eriksson P G, Altermann W, Hartzer F J. 2006. The transvaal supergroup and its precursors. In: Johnson M R, Anhaeusser C R, Thomas R J (eds.). The Geology of South Africa (pp. 237-260). Johannesburg: Geological Society of South Africa

Faure M, Trap P, Lin W, Monie P, Bruguier O. 2007. Polyorogenic evolution of thePaleoproterozoic Trans-North China Belt. Episodes, 30 (2): 96~107

Frost B R, Barnes C G, Collins W J, Arculus R J, Ellis D J and Frost C D. 2001. A geochemical classification for granitic rocks. Journal of Petrology, 42 (11): 2033~2048

Geng Y S, Liu F L, Yang C H. 2006. Magmatic event at the end of the Archean in eastern Hebei Province and its geological implication. Acta Geologica Sinica, 80 (6): 819~833

Geng Y S, Du L L, Ren L D. 2012. Growth and reworking of the early Precambrian continental crust in the North China Craton: Constraints from zircon Hf isotopes. Gondwana Research, 21 (2-3): 517~529

Goodwin A M. 1996. Principles of Precambrian Geology. London: Academic Press

Grant M L, Wilde S A, Wu F Y, Yang J H. 2009. The application of zircon cathodoluminescence imaging, Th-U-Pb chemistry and U-Pb ages in interpreting discrete magmatic and high-grade metamorphic events in the North China Craton at the Archean/Proterozoic boundary. Chemical Geology, 261 (1-2): 155~171

Griffin W L, Belousova E A, O'Neill C, O'Reilly S Y, Malkovets V, Pearson N J, Spetsius S, Wilde S A. 2014. The world turns over: Hadean-Archean crust-mantle evolution. Lithos, 189 (3): 2~15

Guan H, Sun M, Wilde S A, Zhou X H, Zhai M G. 2002. SHRIMP U-Pb zircon geochronology of the Fuping Complex: Implications for formation and assembly of the North China Craton. Precambrian Research, 113 (1-2): 1~18

Guo J H, Zhai M G. 2001. Sm-Nd age dating of high-pressure granulites and amphi-bolite from Sanggan area, North China Craton. Chinese Scinece Bulletin, 46 (2): 106~111

Guo J H, O'Brien P J, Zhai M G. 2002. High-pressure granulites in the Sanggan area, North China Craton: metamorphic evolution, P-T paths and geotectonic significance. Journal of Metamorphic Geology, 20 (8): 741~756

Guo J H, Sun M, Chen F K, Zhai M G. 2005. Sm-Nd and SHRIMP U-Pb zircongeochronology of high-pressure granulites in the Sanggan area, North China Craton: Timing of Paleoproterozoic continental collision. Journal of Asian Earth Sciences, 24 (5): 629~642

Guo R R, Liu S W, Santosh M, Li Q G, Bai X, Wang W. 2013. Geochemistry, zircon U-Pb geochronology and Lu-Hf isotopes of metavolcanics from eastern Hebei reveal Neoarchean subduction tectonics in the North China Craton. Gondwana Research, 24 (2): 664~686

Guo R, Liu S, Gong E, Wang W, Wang M, Fu J, Qin T. 2017. Arc-generated metavolcanic rocks in the Anshan-Benxi greenstone belt, North China Craton: Constraints from geochemistry and zircon U-Pb-Hf isotopic systematics. Precambrian Research, 303: 228~250

Han B F, Xu Z, Ren R, Li L L, Yang J H, Yang Y H. 2012. Crustal growth and intracrustal recycling in the middle segment of the Trans-North China Orogen, North China Craton: a case study of the Fuping Complex. Geological Magazine, 149 (4): 729~742

Harrison T M, Blichert-Toft J, Müller W, Albarède F, Holden P, Mojzsis SJ. 2005. Heterogeneous Hadean Hafnium: Evidence of Continental Crust at 4.4 to 4.5 Ga. Science, 310: 1947~1950

Harrison T M, Schmitt A K, McCulloch M T, Lovera O M. 2008. Early (≥4.5 Ga) formation of terrestrial crust: Lu-Hf, $\delta^{18}O$, and Ti thermometry results for Hadean zircons. Earth and Planetary Science Letters, 268 (3): 476~486

Hawkesworth C J, Kemp A I S. 2006. Evolution of the continental crust. Nature, 443 (7113): 811~817

Hawkesworth C. 2010. The generation and evolution of the continental crust and lithosphere. Journal of the Geological Society, 167 (2): 229~248

Hoskin P W O, Schaltegger U. 2003. The composition of zircon and igneous and metamorphic petrogenesis. Reviews in Mineralogy and Geochemistry, 53 (1): 27~62

Huang X L, Niu Y L, Xu Y G, Yang Q J, Zhong J W. 2010. Geochemistry of TTG and TTG-like gneisses from Lushan-Taihua complex in the southern North China Craton: Implications for late Archean crustal accretion. Precambrian Research, 182 (1-2): 43~56

Huang X L, Wilde S A, Yang Q J, Zhong J W. 2012. Geochronology and petrogenesis of gray gneisses from the Taihua Complex at Xiong'er in the southern segment of the Trans-North China Orogen: Implications for tectonic transformation in the Early Paleoproterozoic. Lithos, 134-135: 236~252

Huang X L, Wilde S A, Zhong J W. 2013. Episodic crustal growth in the southern segment of the Trans-North China Orogen across the Archean-Proterozoic boundary. Precambrian Research, 233 (3): 337~357

Hurley P M, Rand J R. 1969. Predrift continental nuclei. Science, 164 (3885): 1229~1242

Jahn B M, Auvray B, Cornichet J, Bai Y L, Shen Q H, Liu D Y. 1987. 3.5 Ga Old amphibolites from eastern Hebei province, China: field occurrence, petrography, Sm-Nd isochron age and REE chemistry. Precambrian Research, 34: 311~346

Jahn B M, Auvray B, Shen Q H, Liu D Y, Zhang Z Q, Dong Y J, Ye X J, Zhang Q Z, Cornichet J, Mace J. 1988. Archean crustal evolution in China: The Taishan complex, and evidence for juvenile crustal addition from long-term depleted mantle. Precambrian Research, 38 (4): 381~403

Jahn B M, Liu D, Wan Y, Song B, Wu J. 2008. Archean crustal evolution of the Jiaodong Peninsula, China, as revealed by zircon SHRIMP geochronology, elemental and Nd-isotope geochemistry. American Journal of Science, 308 (3): 232~269

Jiang N, Guo J H, Zhai M G, Zhang S Q. 2010. ~2.7Ga crust growth in the North China Craton. Precambrian Research, 179 (1-4): 37~49

Jiang N, Guo J H, Fan W B, Hu J, Zong K Q, Zhang S Q. 2016. Archean TTGs and sanukitoids from the Jiaobei terrain, North China craton: Insights into crustal growth and mantle metasomatism. Precambrian Research, 281: 656~672

Johnson T E, Brown M, Gardiner N J, Kirkland C L, Smithies R H. 2017. Earth's first stable continents did not form by subduction. Nature, 543 (7644): 239~242

Jordan T H. 1978. Composition and development of the continental tectosphere. Nature, 274 (10): 544~548

Kemp A I S, Hawkesworth C J. 2003. Granitic perspectives on the generation and secular evolution of the continental crust. In: Holland H D, Turekian K K (eds.). Treatise on Geochemistry Pergamon: 349~410

Kemp A I S, Hawkesworth C J, Paterson B A, Kinny P D. 2006. Episodic growth of the Gondwana supercontinent from hafnium and oxygen isotopes in zircon. Nature, 439 (7076): 580~583

Kemp A I S, Wilde S A, Hawkesworth C J, Coath C D, Nemchin A, Pidgeon R T, Vervoort J D, DuFrane S A. 2010. Hadean crustal evolution revisited: New constraints from Pb-Hf isotope systematics of the Jack Hills zircons. Earth and Planetary Science Letters, 296 (1-2): 45~56

Kemp A I S, Hawkesworth C J. 2014. 4.11-Growth and Differentiation of the Continental Crust from Isotope Studies of Accessory Minerals. Treatise on Geochemistry, 100 (6): 379~421

Kemp A I S, Hickman A H, Kirkland C L, Vervoort J D. 2015. Hf isotopes in detrital andinherited zircons of the Pilbara Craton provide no evidence for Hadean continents. Precambrian Research, 261: 112~126

Kröner A, Compston W, Guowei Z, Anlin G, Todt W. 1988. Age and tectonic setting of Late Archean greenstone-gneiss terrain in Henan Province, China, as revealedby single-grain zircon dating. Geology, 16 (3): 211~215

Kröner A, Kovach V, Belousova E, Hegner E, Armstrong R, Dolgopolova A, Seltmann R, Alexeiev D V, Hoffmann J E, Wong J, Tong Y, Wilde S A, Degtyarev K E, Rytsk E. 2014. Reassessment of continental growth during the accretionary history of the Central Asian Orogenic Belt. Gondwana Research, 25 (1): 103~125

Kröner A, Wilde S A, Li J H, Wang K Y. 2005a. Age and evolution of a late Archean to Paleoproterozoic upper to lower crustal section in the Wutaishan/Hengshan/Fuping terrain of northern China. Journal of Asian Earth Sciences, 24 (5): 577~595

Kröner A, Wilde S A, O'Brien P J, Passchier C W, Li J H, Walte N P, Liu D Y. 2005b. Field relationships, geochemistry, zircon ages and evolution of a late archaean to palaeoproterozoic lower crustal section in the hengshan terrain of northern china. Acta Geologica Sinica (English Edition), 79 (5): 605~632

Kröner A, Wilde S A, Zhao G C, O Brien P J, Sun M, Liu D Y, Wan Y S, Liu S W, Guo J H. 2006. Zircon geochronology and metamorphic evolution of mafic dykes in the Hengshan Complex of northern China: Evidence for late Palaeoproterozoic extension and subsequent high-pressure metamorphism in the North China Craton. Precambrian Research, 146 (1-2): 45~67

Kusky T M, LiJ H, Tucker R D. 2001. The Archean Dongwanzi ophiolite complex, North China craton: 2.505-billion-year-old oceanic crust and mantle. Science, 292 (5519): 1142~1145

Kusky T M, Li J H, Santosh M. 2007. The Paleoproterozoic North Hebei Orogen: North China Craton's collisional suture with the Columbia supercontinent. Gondwana Research, 12 (1): 4~28

Li H M, Zhang Z J, Li L X, Zhang Z C, Chen J, Yao T. 2014. Types and general characteristics of the BIF-related iron deposits in China. Ore Geology Reviews, 57 (3): 264~287

Li J H, Kusky T M, Huang X N. 2002. Archean podiform chromitites and mantle tectonites in ophiolitic mélange, North China Craton: a record of early oceanic mantle processes. GSA Today, 12 (7): 4~11

Li S S, Santosh M, Teng X M, He X F. 2016. Paleoproterozoic arc-continent collision in the North China Craton: Evidence from the Zanhuang Complex. Precambrian Research, 286: 281~305

Li S Z, Zhao G C. 2007. SHRIMP U-Pb zircon geochronology of the Liaoji granitoids: Constraints on the evolution of the Paleoproterozoic Jiao-Liao-Ji belt in the Eastern Block of the North China Craton. Precambrian Research, 158 (1-2): 1~16

Li S Z, Zhao G C, Wilde S A, Zhang J, Sun M, Zhang G W, Dai L M. 2010. Deformation history of the Hengshan-Wutai-Fuping Complexes: Implications for the evolution of the Trans-North China Orogen. Gondwana Research, 18 (4): 611~631

Li T S, Zhai M G, Peng P, Chen L, Guo J H. 2010. Ca. 2.5 billion year old coeval ultramafic-mafic and syenitic dykes in Eastern Hebei: Implicaitons for cratonization of the North China Craton. Precambrian Research, 180 (3): 143~155

Li Z, Chen B. 2014. Geochronology and geochemistry of the Paleoproterozoic meta-basalts from the Jiao-Liao-Ji Belt, North China Craton: Implications for petrogenesis and tectonic setting. Precambrian Research, 255: 653~667

Li Z, Chen B, Wei C. 2016. Hadean detrital zircon in the North China Craton. Journal of Mineralogical and Petrological Sciences, 111 (4): 283~291

Liu C H, Zhao G C, Sun M, Wu F Y, Yang J H, Yin C Q, Leung W H. 2011. U-Pb and Hf isotopic study of detrital zircons from the Yejishan Group of the Lüliang Complex: Constraints on the timing of collision between the Eastern and Western Blocks, North China Craton. Sedimentary Geology, 236 (1-2): 129~140

Liu C H, Zhao G C, Sun M, Zhang J, Yin C Q. 2012a. U-Pb geochronology and Hf isotope geochemistry of detrital zircons from the Zhongtiao Complex: Constraints on the tectonic evolution of the Trans-North China Orogen. Precambrian Research, 222-223: 159~172

Liu C H, Zhao G C, Liu F L, SunM, Zhang J, Yin C Q. 2012b. Zircons U-Pb and Lu-Hf isotopic and whole-rock geochemical constraints on the Gantaohe Group in the Zanhuang Complex: Implications for the tectonic evolution of the Trans-North China Orogen. Lithos, 146-147 (1): 80~92

Liu C H, Zhao G C, Liu F L, Shi J R. 2014a. 2.2Ga magnesian andesites, Nb-enriched basalt-andesites, and adakitic rocks in the Lüliang Complex: Evidence for early Paleoproterozoic subduction in the North China Craton. Lithos, 208-209: 104~117

Liu C H, Zhao G C, Liu F L, Shi J R. 2014b. Geochronological and geochemical constraints on the Lüliang Group in the Lüliang Complex: Implications for the tectonic evolution of the Trans-North China Orogen. Lithos, 198-199: 298~315

Liu D Y, Nutman A P, Compston W, Wu J S, Shen Q H. 1992. Remnants of 3800 Ma crust in the Chinese part of the Sino-Korean Craton. Geology, 20 (4): 339~342

Liu D Y, Wilde S A, Wan Y S, Wu J S, Zhou H Y, Dong C Y, Yin X Y. 2008. New U-Pb and Hf isotopic data confirm Anshan as the oldest preserved segment of the North China Craton. American Journal of Science, 308 (3): 200~231

Liu D Y, Wilde S A, Wan Y S, Wang S Y, Valley J W, Kita N, Dong C Y, Xie H Q, Yang C X, Zhang Y X, Gao L Z. 2009. Combined U-Pb, hafnium and oxygen isotope analysis of zircons from meta-igneous rocks in the southern North China Craton reveal multiple events in the Late Mesoarchean-Early Neoarchean. Chemical Geology, 261 (1-2): 140~154

Liu F, Guo J H, Lu X P, Diwu C Y. 2009. Crustal growth at ~2.5 Ga in the North China Craton: evidence from whole-rock Nd and zircon Hf isotopes in the Huai'an gneiss terrane. Chinese Science Bulletin, 54 (24): 4704~4713

Liu F, Guo J H, Peng P, Qian Q. 2012. Zircon U-Pb ages and geochemistry of the Huai'an TTG gneisses terrane: Petrogenesis and implications for ~2.5Ga crustal growth in the North China Craton. Precambrian Research, 212-213: 225~244

Liu J H, Liu F L, Ding Z J, Liu P H. 2012. The zircon Hf isotope characteristics of ~2.5 Ga magmatic event, and implication for the crustal evolution in the Jiaobei terrane, China. Acta Petrologica Sinica, 28 (9): 2697~2704

Liu J H, Liu F L, Ding Z J, Liu C H, Yang H, Liu P H, Wang F, Meng E. 2013. The growth, reworking and metamorphism of early Precambrian crust in the Jiaobei terrane, the North China Craton: Constraints from U-Th-Pb and Lu-Hf isotopic systematics, and REE concentrations of zircon from Archean granitoid gneisses. Precambrian Research, 224: 287~303

Liu L, Yang X Y, Santosh M, Zhao G C, Aulbach S. 2016. U-Pb age and Hf isotopes of detrital zircons from the Southeastern North China Craton: Meso- to Neoarchean episodic crustal growth in a shifting tectonic regime. Gondwana Research, 35: 1~14

Liu P H, Liu F L, Liu C H, Wang F, Liu J H, Yang H, Cai J, Shi J R. 2013. Petrogenesis, P-T-t path, and tectonic significance of high-pressuremafic granulites from the Jiaobei terrane, North China Craton. Precambrian Research, 233 (3): 237~258

Liu S J, Wan Y S, Sun H Y, Nutman A, Xie H Q, Dong C Y, Ma M Z, Du L L, Liu D Y, Jhan B M. 2014. Paleo- to Eoarchean crustal materials in eastern Hebei, North China Craton: New evidence from SHRIMP U-Pb dating and in-situ Hf isotopic studies in detrital zircons of supracrustal rocks. Journal of Asian Earth Sciences, 78: 4~17

Liu S W, Zhao G C, Wilde S A, Shu G M, Sun M, Li Q G, Tian W, Zhang J. 2006. Th-U-Pb monazite geochronology of the Lüliang and Wutai Complexes: Constraints on the tectonothermal evolution of the Trans-North China Orogen. Precambrian Research, 148 (3-4): 205~224

Liu S W, Li Q G, Liu C H, Lv Y J, Zhang F. 2009. Guandishan granitoids of the paleoproterozoic lüliang metamorphic complex in the Trans-North china orogen: SHRIMP zircon ages, petrogenesis and tectonic implications. Acta Geologica Sinica (English Edition), 83 (3): 580~602

Liu S W, Santosh M, Wang W, Bai X, Yang P T. 2011. Zircon U-Pb chronology of the Jianping Complex: Implications for the Precambrian crustal evolution history of the northern margin of North China Craton. Gondwana Research, 20 (1): 48~63

Liu S W, Zhang J, Li Q G, Zhang L F, Wang W, Yang P T. 2012. Geochemistry and U-Pb zircon ages of metamorphic volcanic rocks of the Paleoproterozoic Lüliang Complex andconstraints on the evolution of the Trans-North China Orogen, North China Craton. Precambrian Research, 222-223: 173~190

Liu S W, Wang M J, Wan Y S, Guo R R, Wang W, Wang K, Guo B R, Fu J H, Hu F Y. 2017. A reworked ~3.45 Ga continental microblock of the NorthChina Craton: Constraints from zircon U-Pb-Lu-Hf isotopic systematics of the Archean Beitai-Waitoushan migmatite-syenogranite complex. Precambrian Research, 303: 332~354

Liégeois J P, Abdelsalam M G, Ennih N, Ouabadi A. 2013. Metacraton: Nature, genesis and behavior. Gondwana Research, 23 (1): 220~237

Lu J S, Wang G D, Wang H, Chen H X, Wu C M. 2013. Metamorphic P-T-t paths retrieved from the amphibolites, Lushan terrane, Henan Province and reappraisal of the Paleoproterozoic tectonic evolution of the Trans-North China Orogen. Precambrian Research, 238: 61~77

Lu J S, Wang G D, Wang H, Chen H X, Wu C M. 2014. Palaeoproterozoic metamorphic evolution and geochronology of the Wugang block, southeastern terminal of the Trans-North China Orogen. Precambrian Research, 251: 197~211

Lv B, Zhai M G, Li T S, Peng P. 2012. Zircon U-Pb ages and geochemistry of the Qinglong volcano-sedimentary rock series in Eastern Hebei: Implication for similar to 2500 Ma intra-continental rifting in the North China Craton. Precambrian Research, 208: 145~160

Ma M Z, Wan Y S, Santosh M, Xu Z Y, Xie H Q, Dong C Y, Liu D Y. 2012. Decoding multiple tectonothermal events in zircons from single rock samples: SHRIMP zircon U-Pb data from the late Neoarchean rocks of Daqingshan, North China Craton. Gondwana Research, 22 (3-4): 810~827

Ma X D, Fan H R, Santosh M, Guo J H. 2016. Petrology and geochemistry of the Guyang hornblendite complex in the Yinshan block, North China Craton: Implications for the melting of subduction-modified mantle. Precambrian Research, 273: 38~52

Martin H, Moyen J, Guitreau M, Blichert-Toft J, Le Pennec J. 2014. Why Archaean TTG cannot be generated by MORB melting in subduction zones. Lithos, 198-199: 1~13

McCulloch M T, Bennett V C. 1994. Progressive growth of the Earth's continental crust and depleted mantle: Geochemical constraints. Geochimica et Cosmochimica Acta, 58 (21): 4717~4738

Middlemost E A K. 1994. Naming materials in the magma/igneous rock system. Earth-Science Reviews, 37 (3-4): 215~224

Moorbath S. 2005. Oldest rocks, earliest life, heaviest impacts, and the Hadean-Archaean transition. Applied Geochemistry, 20 (5): 819~824

Moyen J F. 2011. The composite Archaean grey gneisses: petrological significance, and evidence for a non-unique tectonic setting for Archaean crustal growth. Lithos, 123 (1): 21~36

Moyen J F, Martin H. 2012. Forty years of TTG research. Lithos, 148 (148): 312~336

Nutman A P, Wan Y S, Liu D Y. 2009. Integrated field geological and zircon morphology evidence for ca. 3.8 Ga rocks at Anshan: Comment on "Zircon U-Pb and Hf isotopic constraints on the Early Archean crustal evolution in Anshan of the North China Craton" by Wu et al. [Precambrian Research 167 (2008) 339-362]. Precambrian Research, 172 (3-4): 357~360

Nutman A P, Wan Y S, Du L L, Friend C R L, Dong C Y, Xie H Q, Wang W, Sun H Y, Liu D Y. 2011. Multistage late Neoarchaean crustal evolution of the North China Craton, eastern Hebei. Precambrian Research, 189 (1-2): 43~65

O'Neill C, Lenardic A, Moresi L, Torsvik T H, Lee C T A. 2007. Episodic Precambrian subduction. Earth and Planetary Science Letters, 262 (3-4): 552~562

Pehrsson S J, Buchan K L, Eglington B M, Berman R M, Rainbird R H. 2014. Did plate tectonics shutdown in the Palaeoproterozoic? A view from the Siderian geologic record. Gondwana Research, 26 (3-4): 803~815

Peng P, Zhai M G, Guo J H. 2006. 1.80-1.75 Ga mafic dyke swarms in the central North China craton: implications for a plume-related break-up event. In: Hanski E, Mertanen S, Ramo T, Vuollo J (eds.). Dyke Swarma-Time Markers of Crustal Evolution. Taylor: Francis: 99~112

Peng P, Zhai M G, Guo J H, Kusky T. 2007. Nature of mantle source constributions and crystal differentiation in the petrogenesis of the 1.78 Ga mafic dykes in the central North China craton. Gondwana Research, 12 (1): 29~46

Peng P, Zhai M G, Zhang H F. 2010. Geochronological constraints on the paleoproterozoic Evolution of the north china craton: SHRIMP zircon ages of different types of mafic dikes. International Geology Review, 47 (5): 492~508

Peng P, Wang X P, Windley B F, Guo J H, Zhai M G, Li Y. 2014. Spatial distribution of ~1950-1800Ma metamorphic events in the North China Craton: Implications for tectonic subdivision of the craton. Lithos, 202-203: 250~266

Peng P, Yang S Y, Su X D, Wang X P, Zhang J, Wang C. 2017. Petrogenesis of the 2090 Ma Zanhuang ring and sill complexes in North China: A bimodal magmatism related to intra-continental process. Precambrian Research, 303: 153~170.

Peng T P, Fan W M, Peng B X. 2012. Geochronology and geochemistry of late Archean adakitic plutons from the Taishan granite-greenstone Terrain: Implications for tectonic evolution of the eastern North China Craton. Precambrian Research, 208-211 (5): 53~71

Peslier A H, Woodland A B, Bell D R, Lazarov M. 2010. Olivine water contents in the continental lithosphere and the longevity of cratons. Nature, 467 (7311): 78~81

Polat A, Li J, Fryer B, Kusky T, Gagnon J, Zhang S. 2006. Geochemical characteristics of the Neoarchean (2800-2700 Ma) Taishan greenstone belt, North China Craton: Evidence for plume-craton interaction. Chemical Geology, 230 (1): 60~87

Pollack H N. 1986. Cratonization and thermal evolution of the mantle. Earth and Planetary Science Letters, 80 (1): 175~182

Qian J H, Wei C J, Zhou X W, Zhang YH. 2013. Metamorphic P-T paths and New Zircon U-Pb age data for garnet-mica schist from the Wutai Group, North China Craton. Precambrian Research, 233 (3): 282~296

Qian J H, Wei C J, Clarke G L, Zhou X W. 2015. Metamorphic evolution and Zircon ages of Garnet-orthoamphibole rocks in southern Hengshan, North China Craton: Insights into the regional Paleoproterozoic P-T-t history. Precambrian Research, 256: 223~240

Qian J H, Wei C J, Yin C Q. 2017. Paleoproterozoic P-T-t evolution in the Hengshan-Wutai-Fuping area, North China Craton: Evidence from petrological and geochronological data. Precambrian Research, 303: 91~104

Qiao H Z, Yin C Q, Li Q L, He X L, Qian J H, Li W J. 2016. Application of the revised Ti-in-zircon thermometer and SIMS zircon U-Pb dating of high-pressure pelitic granulites from the Qianlishan-Helanshan Complex of the Khondalite Belt, North China Craton. Precambrian Research, 276: 1~13

Reimink J R, Davies J H F L, Chacko T, Stern R A, Heaman L M, Sarkar C, Schaltegger U, Creaser R A, Pearson D G. 2016. No evidence for Hadean continental crust within Earth's oldest evolved rock unit. Nature Geoscience, 9 (10): 777~780

Ren P, Xie H Q, Wang S J, Nutman A P, Dong C Y, Liu S J, Xie S W, Che X C, Song S Y, Ma M Z, Liu D Y, Wan YS. 2016. Ca. 2.6 Ga tectono-thermal event in western Shandong Province, North China Craton: Evidence from SHRIMP zircon U-Pb dating and O isotope analysis. Precambrian Research, 281: 236~252

Rogers J J W, Greenberg J K. 1981. Trace elements in Continental-Margin magmatism: Part III. Alkali granites and their relationship to cratonization. Geological Society of America Bulletin, 92 (1): 318~321

Rollinson H. 1993. Sing geochemical data: Evaluation, presentation, interpretation. New York: Longman Wyllite Harlow. 48~63

Rudnick R L. 1995. Making continental crust. Nature, 378 (6557): 571~578

Santosh M, Liu D Y, Shi Y R, Liu S J. 2013. Paleoproterozoic accretionary orogenesis in the North China Craton: A SHRIMP zircon study. Precambrian Research, 227: 29~54

Santosh M, Yang Q Y, Teng X M, Tang L. 2015. Paleoproterozoic crustal growth in the North China Craton: Evidence from the Lüliang Complex. Precambrian Research, 263: 197~231

Shan H X, Zhai M G, Wang F, Zhou Y Y, Santosh M, Zhu X Y, Zhang H F, Wang W. 2015. Zircon U-Pb ages, geochemistry, and Nd-Hf isotopes of the TTG gneisses from the Jiaobei terrane: Implications for Neoarchean crustal evolution in the North China

Craton. Journal of Asian Earth Sciences, 98 (7): 61~74

Shen Q H, Song B, Xu H F, Geng Y S. 2004. Emplacement and metamorphism ages of the caiyu and dashan igneous bodies, yishui county, shandong province: Zircon SHRIMP chronology. Geological Review, 50 (3): 275~284

Shi Y R, Wilde S A, Zhao X T, Ma Y S, Du L L, Liu D Y. 2012. Late Neoarchean magmatic and subsequent metamorphic events in the northern North China Craton: SHRIMP zircon dating and Hf isotopes of Archean rocks from Yunmengshan Geopark, Miyun, Beijing. Gondwana Research, 21 (4): 785~800

Song B, Nutman A P, Liu D Y, Wu J S. 1996. 3800 to 2500 Ma crustal evolution in the Anshan area of Liaoning Province, northeastern China. Precambrian Research, 78 (79): 79~94

Sun Y, Yu Z P, Kröner A. 1994. Geochemistry and single zircon geochronology of Archaean TTG gneisses in the Taihua high-grade terrain, Lushan area, central China. Journal of Southeast Asian Earth Sciences, 10 (3-4): 227~233

Tam P Y, Zhao G C, Liu F L, Zhou X W, Sun M, Li S Z. 2011. Timing of metamorphism in the Paleoproterozoic Jiao-Liao-Ji Belt: New SHRIMP U-Pb zircon dating of granulites, gneisses and marbles of the Jiaobei massif in the North China Craton. Gondwana Research, 19 (1): 150~162

Tam P Y, Zhao G C, Zhou X W, Sun M, Guo J H, Li S Z, Yin C Q, Wu M L, He Y H. 2012. Metamorphic P-T path and implications of high-pressure pelitic granulites from the Jiaobei massif in the Jiao-Liao-Ji Belt, North China Craton. Gondwana Research, 22 (1): 104~117

Tang J, Zheng Y F, Wu Y B, Gong B, Liu X M. 2007. Geochronology and geochemistry of metamorphic rocks in the Jiaobei terrane: Constraints on its tectonic affinity in the Sulu orogen. Precambrian Research, 152 (1): 48~82

Tang L, Santosh M, Teng X M. 2015. Paleoproterozoic (ca. 2.1-2.0Ga) arc magmatism in the Fuping Complex: Implications for the tectonic evolution of the Trans-North China Orogen. Precambrian Research, 268: 16~32

Tang L, Santosh M, Tsunogae T, Maruoka T. 2016. Paleoproterozoic meta-carbonates from the central segment of the Trans-North China Orogen: Zircon U-Pb geochronology, geochemistry, and carbon and oxygen isotopes. Precambrian Research, 284: 14~29

Taylor S R, McLennan S M. 1985. The Continental Crust: Its Composition and Evolution. Oxford: Blackwell Scientific Publications

Trap P, Faure M, Lin W, Bruguier O, Monié P. 2008. Contrasted tectonic styles for the Paleoproterozoic evolution of the North China Craton. Evidence for a ~ 2.1 Ga thermal and tectonic event in the Fuping Massif. Journal of Structural Geology, 30 (9): 1109~1125

Trap P, Faure M, Lin W, Monié P. 2007. Late Paleoproterozoic (1900–1800 Ma) nappe stacking and polyphase deformation in the Hengshan-Wutaishan area: Implications for the understanding of the Trans-North-China Belt, North China Craton. Precambrian Research, 156 (1): 85~106

Trap P, Faure M, Lin W, Meffre S. 2009a. The Luliang Massif: A key area for the understanding of the Palaeoproterozoic Trans-North China Belt, North China Craton. Geological Society, London, Special Publications, 323 (1): 99~125

Trap P, Faure M, Lin W, Monié P, Meffre S, Melleton J. 2009b. The Zanhuang Massif, the second and eastern suture zone of the Paleoproterozoic Trans-North China Orogen. Precambrian Research, 172 (1-2): 80~98

Valley J W, Lackey J S, Cavosie A J, Clechenko C C, Spicuzza M J, Basei M A S, Bindeman I N, Ferreira V P, Sial A N, King E M, Peck W H, Sinha A K, Wei C S. 2005. 4.4 billion years of crustal maturation: oxygen isotope ratios of magmatic zircon. Contributions to Mineralogy and Petrology, 150 (6): 561~580

Van Kranendonk M J, Contributors Altermann W, Beard B L, Hoffman P F, Johnson C M, Kasting J F, Melezhik V A, Nutman A P, Papineau D, Pirajno F. 2012. Chapter 16-A chronostratigraphic division of the precambrian: possibilities and challenges. The Geologic Time Scale: 299~392

Wan Y S, Liu D Y, Song B, Wu J S, Yang C H, Zhang Z Q, Geng Y S. 2005. Geochemical and Nd isotopic compositions of 3.8 Ga meta-quartz dioritic and trondhjemitic rocks from the Anshan area and their geological significance. Journal of Asian Earth Science, 24 (5): 563~575

Wan Y S, Wilde S A, Liu D Y, Yang C X, Song B, Yin X Y. 2006. Further evidence for ~ 1.85 Ga metamorphism in the Central Zone of the North China Craton: SHRIMP U-Pb dating of zircon from metamorphic rocks in the Lushan area, Henan Province. Gondwana Research, 9 (1-2): 189~197

Wan Y S, Liu D Y, Wang S J, Dong C Y, Yang E X, Wang W, Zhou H Y, Ning Z G, Du L L, Yin X Y, Xie H Q, Ma M Z. 2010. Juvenile magmatism and crustal recycling at the end of the Neoarchean in Western Shandong Province, North China Craton: evidence from SHRIMP zircon dating. American Journal of Science, 310 (10): 1503~1552

Wan Y S, Liu D Y, Wang S J, Yang E X, Wang W, Dong C Y, Zhou H Y, Du L L, Yang Y H, Diwu C R. 2011. ~2.7 Ga juvenile crust formation in the North China Craton (Taishan-Xintai area, western Shandong Province): Further evidence of an understatedevent from zircon U-Pb dating and Hf isotope composition. Precambrian Research, 186 (1-4): 169~180

Wan Y S, Liu D Y, Nutman A, Zhou H Y, Dong C Y, Yin X, Ma M Z. 2012a. Multiple 3.8-3.1 Ga tectono-magmatic events in a newly discovered area of ancient rocks (the Shengousi Complex), Anshan, North China Craton. Journal of Asian Earth Sciences, 54-55 (4): 18~30

Wan Y S, Wang S J, Liu D Y, Wang W, Kröner A, Dong C Y, Yang E X, Zhou H Y, Xie H Q, Ma M Z. 2012b. Redefinition of depositional ages of Neoarchean supracrustal rocks in western Shandong Province, China: SHRIMP U-Pb zircon dating. Gondwana Research, 21 (4): 768~784

Wan Y S, Dong C Y, Liu D Y, Kröner A, Yang C H, Wang W, Du L L, Xie H Q, Ma M Z. 2012c. Zircon ages and geochemistry of late Neoarchean syenogranites in the North China Craton: A review. Precambrian Research, 222-223 (1): 265~289

Wan Y S, Zhang Y H, Williams I S, Liu D Y, Dong C Y, Fan R L, Shi Y R, Ma M Z. 2013. Extreme zircon O isotopic compositions from 3.8 to 2.5Ga magmatic rocks from the Anshan area, North China Craton. Chemical Geology, 352 (5): 108~124

Wan Y S, Xie S W, Yang C H, Kröner A, Ma M Z, Dong C Y, Du L L, Xie H Q, Liu D Y. 2014. Early Neoarchean (~2.7 Ga) tectono-thermal events in the North China Craton: A synthesis. Precambrian Research, 247: 45~63

Wan Y S, Liu D Y, Dong C Y, Xie H Q, Kröner A, Ma M Z, Liu S J, Xie S W, Ren P. 2015a. Formation and evolution of Archean continental crust of the North China Craton. In: Zhai M G (ed.) Precambrian Geology of China. Berlin: Springer-Verlag: 59~136

Wan Y S, Ma M Z, Dong C Y, Xie H Q, Xie S W, Ren P, Liu D Y. 2015b. Widespread late Neoarchean reworking of Meso- to Paleoarchean continental crust in the Anshan-Benxi area, North China Craton, as documented by U-Pb-Nd-Hf-O isotopes. American Journal of Science, 315 (7): 620~670

Wan Y S, Liu S J, Kröner A, Dong C Y, Xie H Q, Xie S W, Bai W Q, Ren P, Ma M Z, Liu D Y. 2016a. Eastern Ancient Terrane of the North China Craton. Acta Geologica Sinica, 90 (4): 1801~1840

Wan Y S, Liu D Y, Xie HQ, Kröner A, Ren P, Liu S J, Xie S W, Dong C Y, Ma M Z. 2016b. Formation ages and environments of Early Precambrian banded iron formation in the North China Craton. In: Zhai M G (ed.) Main tectonic events and metallogeny of the North China Craton. Berlin: Springer-Verlay

Wang A D, Liu Y C. 2012. Neoarchean (2.5-2.8 Ga) crustal growth of the North China Craton revealed by zircon Hf isotope: a synthesis. Geoscience Frontiers, 3 (2): 147~173

Wang C M, Lu Y J, He X Y, Wang Q H, Zhang J. 2016. The Paleoproterozoic diorite dykes in the southern margin of the North China Craton: Insight into rift-related magmatism. Precambrian Research, 277: 26~46

Wang G D, Wang H, Chen H X, Lu J S, Wu C M. 2014. Metamorphic evolution and zircon U-Pb geochronology of the Mts. Huashan amphibolites: Insights into the Palaeoproterozoic amalgamation of the North China Craton. Precambrian Research, 245 (1): 100~114

Wang H L, Chen L, Sun Y, Liu X M, Xu X Y, Chen J L, Zhang H, Diwu C R. 2007. ~4.1 Ga xenocrystal zircon from Ordovician volcanic rocks in western part of North Qinling Orogenic Belt. Chinese Science Bulletin, 52 (21): 3002~3010

Wang H Z, Zhang H F, Zhai M G, Oliveira E P, Ni Z Y, Zhao L, Wu J L, Cui XH. 2016. Granulite facies metamorphism and crust melting in the Huai'an terrane at similar to 1.95Ga, North China Craton: New constraints from geology, zircon U-Pb, Lu-Hf isotope and metamorphic conditions of granulites. Precambrian Research, 286: 126~151

Wang J P, Kusky T, Wang L, Polat A, Wang S J, Deng H, Fu J M, Fu D. 2017. Petrogenesis and geochemistry of circa 2.5Ga granitoids in the Zanhuang Massif: Implications for magmatic source and Neoarchean metamorphism of the North China Craton. Lithos, 268-271: 149~162

Wang J, Wu Y B, Gao S, Peng M, Liu X C, Zhao L S, Zhou L, Hu Z C, Gong H J, Liu Y S. 2010. Zircon U-Pb and trace element data from rocks of the Huai'an Complex: New insights into the late Paleoproterozoic collision between the Eastern and Western Blocks of the North China Craton. Precambrian Research, 178 (1-4): 59~71

Wang L G, Qiu Y M, Mcnaughton N J, Groves D I, Luo Z K, Huang J Z, Miao L C, Liu Y K. 1998. Constraints on crustal evolution and gold metallogeny in the Northwestern Jiaodong Peninsula, China, from SHRIMP U-Pb zircon studies of granitoids. Ore Geology Reviews, 13 (1): 275~291

Wang W, Zhai M G, Wang S J, Santosh M, Du L L, Xie H Q, Lv B, Wan Y S. 2013. Crustal reworking in the North China Craton at ~2.5 Ga: Evidence from zircon U-Pb age, Hf isotope and whole rock geochemistry of the felsic volcano - sedimentary rocks from the western Shandong Province. Geological Journal, 48 (5): 406~428

Wang X, Zhu W B, Ge R F, Luo M, Zhu X Q, Zhang Q L, Wang L S, Ren X M. 2014. Two episodes of Paleoproterozoic metamorphosed mafic dykes in the Lvliang Complex: Implications for the evolution of the Trans-North China Orogen. Precambrian Research, 243 (4): 133~148

Wang Y F, Li X H, Jin W, Zhang J H. 2015. Eoarchean ultra-depleted mantle domains inferred from ca. 3.81 Ga Anshan trondhjemitic gneisses, North China Craton. Precambrian Research, 263: 88~107

Wang Y J, Fan W M, Zhang Y, Guo F. 2003. Structual evolution and $^{40}Ar/^{39}Ar$ dating of the Zanhuang metamorphic damain in the North China Craton: constrains on Paleaproterozoic tectonothermal overprinting. Precambrian Research, 174 (3-4): 273~286

Wang Y J, Zhang Y Z, Zhao G C, Fan W M, Xia X P, Zhang F F, Zhang A M. 2009. Zircon U-Pb geochronological and geochemical constraints on the petrogenesis of the Taishan sanukitoids (Shandong): Implications for Neoarchean subduction in the Eastern Block, North China Craton. Precambrian Research, 174 (3-4): 273~286

Wang Z H, Wild S A, Wan J L. 2010. Tectonic setting and significance of 2.3-2.1 Ga magmatic events in the Trans-North China Orogen. Precambrian Research, 178 (1-4): 27~42

Wei C J, Qian J H, Zhou X W. 2014. Paleoproterozoic crustal evolution of the Hengshan-Wutai-Fuping region, North China Craton. Geoscience Frontiers, 5 (4): 485~497

Whalen J B, Currie K L and Chappell B W. 1987. A-type granites: geochemical characteristics, discrimination and petrogenesis. Contributions to Mineralogy and Petrology, 95 (4): 407~419Wilde S A, Cawood P A, Wang K, Nemchin A, Zhao G C. 2004. Determining Precambrian crustal evolution in China: A case-study from Wutaishan, Shanxi Province, demonstrating the application of precise SHRIMP U-Pb geochronology. Geological Society London Special Publications, 226 (1): 5~25

Wilde S A, Zhao G C. 2005. Archean to Paleoproterozoic evolution of the North China Craton. Journal of Asian Earth Sciences, 24 (5): 519~522

Wilde S A, Cawood P, Wang K Y. 1997. The relationship and timing of granitoid evolution with respect to felsic volcanism in the Wutai Complex, North China Craton. Beijing: Proceedings of the 30th International Geological Congress: 75~87

Wilde S A, Valley J W, Peck W H, Graham C M. 2001. Evidence from detrital zircons for the existence of continental crust and oceans on the Earth 4.4 Ga ago. Nature, 409 (6817): 175~178

Wilde S A, Zhao G C, Sun M. 2002. Development of the North China Craton During the Late Archaean and its Final Amalgamation at 1.8 Ga: Some Speculations on its Position within a Global Palaeoproterozoic Supercontinent. Gondwana Research, 5 (1): 85~94

Wilde S A, Cawood P A, Wang K, Nemchin A, Zhao G C. 2004. Determining Precambrian crustal evolution in China: A case-study from Wutaishan, Shanxi Province, demonstrating the application of precise SHRIMP U-Pb geochronology. Geological Society London Special Publications, 226 (1): 5~25

Wilde S A, Cawood P A, Wang K Y, Nemchin A A. 2005. Granitoid evolution in the Late Archean Wutai Complex, North China Craton. Journal of Asian Earth Science, 24 (5): 597~613

Wilde S A, Valley J W, Kita N T, Cavosie A J, Liu D Y. 2008. SHRIMP U-Pb and CAMECA 1280 oxygen isotope results from ancient detrital zircons in the Caozhuang quartzite, eastern Hebei, North China Craton: Evidence for crustal reworking 3.8 Ga ago. American Journal of Science, 308 (3): 185~199

Windley B F. 1978. The evolving continents. Brittonia, 30 (4): 462

Windley B F. 1993. Proterozoic anorogenic magmatismand its orogenic connections: Fermor Lecture 1991. Journal of the Geological Society, 150 (1): 39~50

Wu F Y, Yang J H, Liu X M, Li T S, Xie L W, Yang Y H. 2005a. Hf isotopes of the 3.8 Ga zircons in eastern Hebei Province, China: Implications for early crustal evolution of the North China Craton. Chinese Science Bulletin, 50: 2473~2480

Wu F Y, Zhao G C, Wilde S A, Sun D Y. 2005b. Nd isotopic constraints on crustal formation in the North China Craton. Journal of Asian Earth Science, 24 (5): 523~545

Wu F Y, Zhang Y B, Yang J H, Xie L W, Yang Y H. 2008. Zircon U-Pb and Hf isotopic constraints on the Early Archean crustal evolution in Anshan of the North China Craton. Precambrian Research, 167 (3-4): 339~362

Wu J L, Zhang H F, Zhai M G, Guo J H, Liu L, Yang W Q, Wang H Z, Zhao L, Jia X L, Wang W. 2016. Discovery of pelitic high-pressure granulite from Manjinggou of the Huai'an Complex, North China Craton: Metamorphic P-T evolution and geological implications. Precambrian Research, 278: 323~336

Wu M L, Zhao G C, Sun M, Li S Z, Bao Z A, Tam P Y, Eizenhöefer PR, He Y H. 2014. Zircon U-Pb geochronology and Hf isotopes of major lithologies from the Jiaodong Terrane: Implications for the crustal evolution of the Eastern Block of the North China Craton. Lithos, 190-191: 71~84

Wu M L, Zhao G C, Sun M, Li S Z, He Y H, Bao Z A. 2013. Zircon U Pb geochronology and Hf isotopes of major lithologies from the Yishui Terrane: Implications for the crustal evolution of the Eastern Block, North China Craton. Lithos, 170-171 (6): 164~178

Xia X P, Sun M, Zhao G C, Luo Y. 2006a. LA-ICP-MS U-Pb geochronology of detrital zircons from the Jining Complex, North China Craton and its tectonic significance. Precambrian Research, 144 (3-4): 199~212

Xia X P, Sun M, Zhao G C, Wu F Y, Xu P, Zhang J H, Luo Y. 2006b. U-Pb and Hf isotopic study ofdetrital zircons from the Wulashan khondalites: Constraints on the evolution of the Ordos Terrane, Western Block of the North China Craton. Earth and Planetary Science Letters, 241 (3-4): 581~593

Xiao L L, Wang G D, Wang H, Jiang Z S, Diwu C R, Wu C M. 2013. Zircon U-Pb geochronology of the Zanhuang metamorphic complex: Reappraisal of the Palaeoproterozoic amalgamation of the Trans-North China Orogen. Geological Magazine, 150 (4): 756~764

Xie S W, Xie H Q, Wang S J, Kröner A, Liu S J, Zhou H Y, Ma M Z, Dong C Y, Liu D Y, Wan Y S. 2014. Ca. 2.9Ga granitoid magmatism in eastern Shandong, North China Craton: Zircon dating, Hf-in-zircon isotopic analysis and whole-rock geochemistry. Precambrian Research, 255: 538~562

Xing G F, Wang X L, Wan Y, Chen Z H, Jiang Y, Kitajima K, Ushikubo T, Gopon P. 2014. Diversity in early crustal evolution: 4100 Ma zircons in the Cathaysia Block of southern China. Scientific Reports, 4 (22): 5143

Xu Y, Du Y, Huang H, Huang Z, Hu L, Zhu Y, Yu W. 2012. Detrital zircon of 4.1 Ga in South China. Chinese Science Bulletin, 57 (33): 4356~4362

Yang C H, Du L L, Ren L D, Song H X, Wan Y S, Xie H Q, Geng Y S. 2013. Delineation of the ca. 2.7 Ga TTG gneisses in the Zanhuang Complex, North China Craton and its geological implications. Journal of Asian Earth Sciences, 72 (2): 178~189

Yang J H, Wu FY, Wilde S A, Zhao G C. 2008. Petrogenesis and geodynamics of Late Archean magmatism in eastern Hebei, eastern North China Craton: Geochronological, geochemical and Nd-Hf isotopic evidence. Precambrian Research, 167 (1): 125~149

Yang J, Gao S, Chen C, Tang Y Y, Yuan H L, Gong H J, Xie S W, Wang J Q. 2009. Episodic crustal growth of North China as revealed by U-Pb age and Hf isotopes of detrital zircons from modern rivers. Geochimica et Cosmochimica Acta, 73 (9): 2660~2673

Yang Q Y, Santosh M. 2014. Paleoproterozoic arc magmatism in the North China Craton: No Siderian global plate tectonic shutdown. Gondwana Research, 28 (1): 82~105

Yang Q Y, Santosh M. 2015a. Charnockite magmatism during a transitional phase: Implications for late Paleoproterozoic ridge subduction in the North China Craton. Precambrian Research, 261: 188~216

Yang Q Y, Santosh M. 2015b. Paleoproterozoic arc magmatism in the North China Craton: No Siderian global plate tectonic shutdown. Gondwana Research, 28 (1): 82~105

Yin C Q, Zhao G C, Sun M, Xia X P, Wei C J, Zhou X W, Leung W H. 2009. LA-ICP-MS U-Pb zircon ages of the Qianlishan Complex: Constrains on the evolution of the Khondalite Belt in the Western Block of the North China Craton. Precambrian Research, 174 (1-2): 78~94

Yu X Q, Liu J L, Li C L, Chen S Q, Dai Y P. 2013. Zircon U-Pb dating andHf isotope analysis on the Taihua Complex: Constraints on the formation and evolution of the Trans-North China Orogen. Precambrian Research, 230 (2): 31~44

Yuan L L, Zhang X H, Xue F H, Han C M, Chen H H, Zhai M G. 2015. Two episodes of Paleoproterozoic mafic intrusions from Liaoning province, North China Craton: Petrogenesis and tectonic implications. Precambrian Research, 264: 119~139

Zaslow J, Orloff T. 2013. Zircon U-Pb age and Lu-Hf isotope constraints on Precambriaevolution of continental crust in the Songshan area, the south-central North China Craton. Precambrian Research, 226 (5): 1~20

Zhai M G. 2014. Multi-stage crustal growth and cratonization of the North China Craton. Geoscience Frontiers, 5 (4): 457~469

Zhai M G, Guo J H, Liu W J. 2005. Neoarchean to Paleoproterozoic continental evolution and tectonic history of the North China Craton: A review. Journal of Asian Earth Sciences, 24 (5): 547~561

Zhai M G, Santosh M. 2011. The early Precambrian odyssey of the North China Craton: A synoptic overview. Gondwana Research,

20 (1): 6~25

Zhang C L, Diwu C R, Kröner A, Sun Y, Luo J L, Li Q L, Gou L L, Lin H B, Wei X S, Zhao J. 2015. Archean-Paleoproterozoic crustal evolution of the Ordos Block in the North China Craton: Constraints from zircon U-Pb geochronology and Hf isotopes for gneissic granitoids of the basement. Precambrian Research, 267: 121~136

Zhang H F, Zhai M G, Santosh M, Diwu C R, Li S R. 2011. Geochronology and petrogenesis of Neoarchean potassic meta-granites from Huai'anComplex: Implications for the evolution of the North China Craton. Gondwana Research, 20 (1): 82~105

Zhang H F, Zhai M G, Santosh M, Li S R. 2012. Low-Al and high-Al trondhjemites in the Huai'an Complex, North China Craton: Geochemistry, zircon U-Pb and Hf isotopes, and implications for Neoarchean crustal growth and remelting. Journal of Asian Earth Sciences, 49: 203~213

Zhang H F, Wang J L, Zhou D W, Yang Y H, Zhang G W, Santosh M, Yu H, Zhang J. 2014. Hadean to Neoarchean episodic crustal growth: Detrital zircon records in Paleoproterozoic quartzites from the southern North China Craton. Precambrian Research, 254: 245~257

Zhang H F, Wang H Z, Santosh M, Zhai M G. 2016. Zircon U-Pb ages of Paleoproterozoic mafic granulites from the Huai'an terrane, North China Craton (NCC): Implications for timing of cratonization and crustal evolution history. Precambrian Research, 272 (2): 244~263

Zhang J, Zhang H F, Lu X X. 2013. Zircon U-Pb age and Lu-Hf isotope constraints on Precambrian evolution of continental crust in the Songshan area, the south-central North China Craton. Precambrian Research, 226 (5): 1~20

Zhang L C, Zhai M G, Zhang X J, Xiang P, Dai Y P, Wang C L, Pirajno F. 2012. Formation age and tectonic setting of the Shirengou Neoarchean banded iron deposit in eastern Hebei Province: Constraints from geochemistry and SIMS zircon U-Pb dating. Precambrian Research, 222-223: 325~338

Zhang X H, Yuan L L, Xue F H, Zhai M G. 2014. Neoarchean metagabbro and charnockite in the Yinshan block, western North China Craton: Petrogenesis and tectonic implications. Precambrian Research, 255: 563~582

Zhang Y H, Wei C J, Tian W, Zhou X W. 2013. Reinterpretation of metamorphic age of the Hengshan Complex, North China Craton. Science Bulletin, 58 (34): 4300~4307

Zhang Z J, Deng Y F, Chen L, Wu J, Teng J W, Panza G. 2013. Seismicstructure and rheology of the crust under mainland China. Gondwana Research, 23 (4): 1455~1483

Zhao G C, Guo J H. 2012. Precambrian geologyof China: Preface. Precambrian Research, 222-223 (1): 1~12

Zhao G C, Zhai M G. 2013. Lithotectonic elements of Precambrian basement in the North China Craton: review and tectonic implications. Gondwana Research, 23 (4): 1207~1240

Zhao G C, Wilde S A, Cawood P A, Lu L Z. 1998. Thermal evolution of Archean basement rocks from the eastern part of the North China carton and its bearing on tectonic setting. International Geology Review, 40 (8): 706~721

Zhao G C, Cawood P A, Lu L Z. 1999a. Petrology and P-T history of the Wutai amphibolites: Implications for tectonic evolution of the Wutai Complex, China. Precambrian Research, 93 (2): 181~199

Zhao G C, Wilde S A, Cawood P A, Lu L Z. 1999b. Thermal evolution of two types of mafic granulites from the North China craton: implications forboth mantle plume and collisional tectonics. Geological Magazine, 136 (3): 223~240

Zhao G C, Wilde S A, Cawood P A, Lu L Z. 1999c. Tectonothermal history of the basement rocks in the western zone of the North China Craton and its tectonic implications. Tectonophysics, 310 (1-4): 37~53

Zhao G C, Cawood P A, Wilde S A, Sun M, Lu L Z. 2000a. Metamorphism of basement rocks in the Central Zone of the North China Craton: implications for Paleoproterozoic tectonic evolution. Precambrian Research, 103 (1-2): 55~88

Zhao G C, Wilde S A, Cawood P A, Lu L Z. 2000b. Petrology and P-T path of the Fuping mafic granulites: Implications for tectonic evolution of the central zone of the North China Craton. Journal of Metamorphic Geology, 18 (4): 375~391

Zhao G C, Wilde S A, Cawood P A, Sun M. 2001a. Archean blocks and their boundaries in the North China Craton: Lithological, geochemical, structural and P-T path constraints and tectonic evolution. Precambrian Research, 107 (1-2): 45~73

Zhao G C, Cawood P A, Wilde S A, Lu L Z. 2001b. High-Pressure granulites (Retrograded eclogites) from the hengshan complex, north china craton: Petrology and tectonic implications. Journal of Petrology, 42 (6): 1141~1170

Zhao G C, Cawood P A, Wilde S A, Sun M. 2002. Review of global 2.1-1.8 Ga orogens: Implications for a pre-Rodinia supercontinent. Earth Science Reviews, 59 (1-4): 125~162

Zhao G C, Sun M, Wilde S A, Li S. 2005. Late Archean to Paleoproterozoic evolution of the North China Craton: Key issues revisited. Precambrian Research, 136 (2): 177~202

Zhao G C, Wilde S A, Sun M, Xia X P, Zhang J, He Y H. 2006. SHRIMP U-Pb zircon geochronology of the Huai'an Complex: Constraints on late Archean to Paleoproterozoic custal accretion and collision of the Trans-North China Orogen. Geochimica et Cosmochimica Acta, 70 (18): A740.

Zhao G C, Kröner A, Wilde S A, Sun M, Li S Z, Li X P, Zhang J, Xia X P, He Y H. 2007. Lithotectonic elements and geological events in the Hengshan-Wutai-Fuping belt: A synthesis and implications for the evolution of the Trans-North China Orogen. Mineralogical Magazine, 144 (5): 753~775

Zhao G C, Wilde S A, Sun M, Guo J H, Kroner A, Li S, Li X, Zhang J. 2008a. SHRIMP U-Pb zircon geochronology of the Huai'an Complex: Constraints on Late Archean to Paleoproterozoic magmatic and metamorphic events in the Trans-North China Orogen. American Journal of Science, 308 (3): 270~303

Zhao G C, Wilde S A, Sun M, Li S Z, Li X P, Zhang J. 2008b. SHRIMP U-Pb zircon ages of granitoid rocks in the Lüliang Complex: Implications for the accretion and evolution of the Trans-North China Orogen. Precambrian Research, 160 (3-4): 213~226

Zhao G C, Wilde S A, Guo J H, Cawood P A, Sun M, Li X P. 2010. Single zircon grains record two Paleoproterozoic collisional events in the North China Craton. Precambrian Research, 177 (3): 266~276

Zhao G C, Cawood P A, Li S Z, Wilde S A, Sun M, Zhang J, He Y H, Yin C Q. 2012. Amalgamation of the North China Craton: Key issues and discussion. Precambrian Research, 222-223: 55~76

Zhao G, Wilde S A, Cawood P A, Sun M. 2002. SHRIMP U-Pb zircon ages of the Fuping Complex: Implications for Late Archean to Paleoproterozoic accretion and assembly of the North China Craton. American Journal of Science, 302 (3): 191~226

Zhao Z R, Song H X, Shen Q H, Song B. 2008. Geological and geochemical characteristics and SHRIMP U-Pb zircon dating of the Yinglingshan granite and its xenoliths in Yishui County, Shandong, China. Geological Bulletin of China, 27 (9): 1551~1558

Zheng J P, Griffin W L, O'Reilly S Y, Lu F X, Wang C Y, Zhang M, Wang F Z, Li H M. 2004. 3.6 Ga lower crust in central China: New evidence on the assembly of the North China craton. Geology, 32 (3): 229~232

Zheng J P, Griffin W L, O'Reilly S Y, Zhao J H, Wu Y B, Liu G L, Pearson N, Zhang M, Ma C Q, Zhang Z H, Yu C M, Su Y P, Tang H Y. 2009. Neoarchean (2.7-2.8 Ga) accretion beneath the North China Craton: U-Pb age, trace elements and Hf isotopes of zircons in diamondiferous kimberlites. Lithos, 112 (3-4): 188~202

Zheng J P, Griffin W L, Ma Q, O'Reilly S Y, Xiong Q, Tang H Y, Zhao J H, Yu C M, Su Y P. 2012. Accretion and reworking beneath the North China Craton. Lithos, 149 (4): 61~78

Zheng Y F, Zhao Z F, Wu Y B, Zhang S B, Liu X M, Wu F Y. 2006. Zircon U-Pb age, Hf and O isotope constraints on protolith origin of ultrahigh-pressure eclogite and gneiss in the Dabie orogen. Chemical Geology, 231 (1-2): 135~158

Zhou X W, Wei C J, Geng Y S, Zheng L F. 2004. Discovery and implications of the high-pressure pelitic granulites from the Jiaobei massif. Chinese Science Bulletin, 49 (18): 1942~1948

Zhou X W, Zhao G C, Wei C J, Geng Y, Sun M. 2008. EPMA U-Th-Pb monazite and SHRIMP U-Pb zircon geochronology of high-pressure pelitic granulites in the Jiaobei massif of the North China Craton. American Journal of Science, 308 (3): 328~350

Zhou Y Y, Zhao T P, Wang C Y, Hu G H. 2011. Geochronology and geochemistry of 2.5 to 2.4 Ga granitic plutons from the southern margin of the North China Craton: Implications for a tectonic transition from arc to post-collisional setting. Gondwana Research, 20 (1): 171~183

Zhou Y Y, Zhai M G, Zhao T P, Lan Z W, Sun Q Y. 2014a. Geochronological and geochemical constraints on the petrogenesis of the early Paleoproterozoic potassic granite in the Lushan area, southern margin of the North China Craton. Journal of Asian Earth Sciences, 94: 190~204

Zhou Y Y, Zhao T P, Zhai M G, Gao J F, Sun Q Y. 2014b. Petrogenesis of the Archean tonalite-trondhjemite-granodiorite (TTG) and granites in the Lushan area, southern margin of the North China Craton: Implications for crustal accretion and transformation. Precambrian Research, 255: 514~537

Zhu X Y, Zhai M G, Chen F K, Lv B, Wang W, Peng P, Hu B. 2013. ~2.7 Ga crustal growth in the North China Craton: evidence from zircon U-Pb ages and Hf isotopes of the Sushui Complex in the Zhongtiao terrane. Journal of Geology, 121 (3): 239~254

第四章 华北克拉通太古宙条带状铁矿

第一节 太古宙绿岩带与条带状铁矿分布特征

一、克拉通与克拉通化及其研究背景

克拉通是指地球早期（一般指太古宙）形成的稳定古陆；形成克拉通的过程，称为克拉通化（Windley，1996）。克拉通化的本质是形成稳定的上下大陆地壳圈层，是地壳与地幔耦合的地质过程（翟明国，2011）。

早前寒武纪，特别是 3.8~2.5 Ga 前，是大陆地壳的形成与生长、壳幔圈层分异耦合（克拉通化）并形成克拉通的关键阶段，表现为漫长地质时间尺度的一系列重大陆壳生长事件。其中，太古宙形成了巨量的 BIF，太古宙绿岩带是铁矿的主要来源，并形成了大量的硫化物矿床（如 Cu、Au 等）。绿岩带常和灰色片麻岩（TTG 片麻岩）共生，因此也称花岗岩-绿岩地体（Windley，1996）。绿岩带和灰色片麻岩是克拉通中占主导地位的岩石单元，揭示这些特殊类型岩石单元的成因以及克拉通化的性质及其发生、发展的过程，认识克拉通形成和早期演化的特殊规律，对于理解现代大陆动力学机制以及太古宙矿产资源的形成都具有重要意义。

传统上认为，克拉通的岩石构造单元包括两类，一类为高级区，或者称为片麻岩-麻粒岩地体，另一类为低级区，或者称为花岗岩-绿岩地体；然而，一些克拉通，如格陵兰、印度、华北等，发育一些高级变质（角闪岩相-麻粒岩相）的花岗岩-绿岩地体（Rollinson，2002；Windley and Garde，2009；Peng et al.，2015）。而一些原先认为的高级区，如苏必利尔地区的 Kapuskasing 带，是高级变质区，其变质作用发生在古元古代，与古元古代的造山事件相关联（Percival and West，1994；Peng，2016）。因此，高级区和低级区的概念可能有一定的重叠。不管是低级区，还是高级区，其主体（70%~85%）都是灰色片麻岩（Anhaeusser，2014）。

克拉通化即太古宙大陆动力学是地质学的重要研究领域。一些学者认为，板块构造和地幔柱构造机制单独或者共同控制着早期大陆的演化（Ayer et al.，2002；Dirks et al.，2002；Percival et al.，2004；Zhao，2007；Labrosse and Jaupart，2007；van Kranendonk et al.，2007；Windley and Garde，2009）。一些学者认为，太古宙时期板块构造机制尚未建立，起作用的可能是类似地幔柱构造机制，如 Bédard（2006）提出了催化拆沉（catalytic delamination）模式。还有一些学者甚至认为，板块构造和地幔柱构造都不是太古宙的动力学机制（Hamilton，2007，2011）。早前寒武纪陆壳的组成与结构是理解早期地质演化和构造体制的关键（Bleeker，2002；Windley and Garde，2009）。陆壳的组成与结构可以通过捕房体（Rudnick，1992；Weber et al.，2002）、地球物理（Allmendinger et al.，1987）以及地质剖面（Percival and West，1994；Zhai et al.，2001；Windley and Garde，2009）等方法进行恢复。灰色片麻岩和绿岩带（或变质火山-沉积岩系）的时代、地质关系和成因联系对认识太古宙大陆地壳组成、结构与成因非常关键。

绿岩带是指由前寒武纪变质火山-沉积岩系组成的表壳岩，通常由早期的火山岩和晚期的沉积岩或火山碎屑沉积岩组成，火山岩下部以超基性-基性岩为主（常含科马提岩），上部为钙碱性火山岩。BIF 分布广泛，但主要集中在绿岩层序的中上部。绿岩带主要产出在古陆核之间或其边缘，少数为古陆核的组成部分。平面上，绿岩带呈大小不等的长条状或不规则状分布在同构造期的花岗岩类或灰色片麻岩内，如清原花岗岩-绿岩带的原岩由 60% 的花岗质岩石和 40% 的表壳岩组成（Zhai et al.，1985；沈保丰等，

2006),这种构造样式被称为穹窿-龙骨构造(Lin,2005)。

国际上,代表性绿岩带地层序列分3段,自下而上为:①超镁铁质火山岩组合,底部为科马提岩和玄武岩,顶部为双峰式火山岩;②玄武岩-安山岩-流纹岩钙碱性岩浆组合;③沉积岩组合,底部为杂砂岩-条带状铁矿-硅质岩-少量火山岩,顶部为页岩-碳酸盐岩。典型代表有南非巴伯顿绿岩带(图4.1a)和津巴布韦绿岩带(图4.1b),但二者BIF的发育程度不尽相同,前者BIF主要出现于绿岩带层序的上部沉积岩系中,而后者BIF广泛发育,既可出现在中下部火山岩系,也可发育于火山岩与沉积岩的过渡带和沉积岩系中。

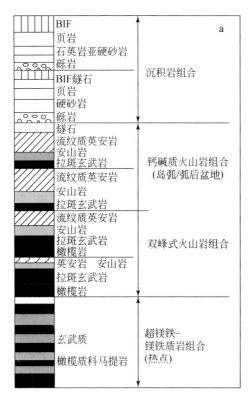
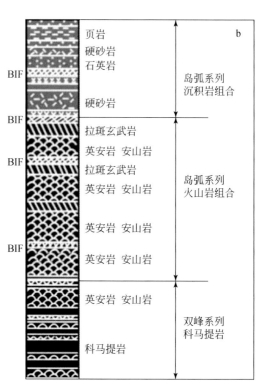
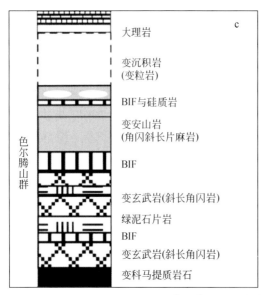
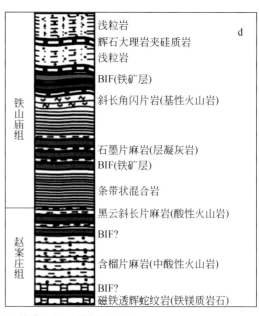

图4.1 华北代表性绿岩带与国外典型绿岩带剖面对比

a. 南非巴伯顿绿岩带(Anhaeusser,1971);b. 津巴布韦绿岩带(据Hofmann et al.,2003修改);c. 固阳绿岩带;d. 舞阳绿岩带

TTG 是英云闪长岩（Tonalite）–奥长花岗岩（Trondhjemite）–花岗闪长岩（Granodiorite）的合称（Jahn et al., 1981），这三种片麻岩类通常一起产出，组成 TTG 岩套。同时，由于 TTG 岩套野外多为灰色，因此也有人称其为灰色片麻岩。奥长花岗岩主要由斜长石和石英组成，仅含有少量黑云母和钾长石的显晶质浅色岩石。在国际地质科学联合会（IUGS）火成岩分类 QAPF 图解中，奥长花岗岩相当于淡色的英云闪长岩，斜长石为奥长石或者中长石。花岗闪长岩钾长石含量稍高于英云闪长岩。Barker 等（1976）将灰色片麻岩分为低铝和高铝；之后，有研究者根据对压力敏感元素研究的结果，将灰色片麻岩分为高压、中压和低压三种类型（Moyen and Stevens, 2006）。还有一些研究人员根据灰色片麻岩重稀土含量的不同，将其分为高重稀土和低重稀土两类（de Almeida et al., 2011；Mikkola et al., 2011），并被认为与熔融压力有关。

加拿大地盾的阿卡斯塔英云闪长片麻岩（Acasta tonalitic gneiss）获得约 4.04 Ga 的锆石 U-Pb 同位素年龄，这是目前最古老的岩石，其出露面积约 20 km^2。世界上最古老的锆石发现于西澳大利亚 Yilgarn 地盾的 Jack Hill 山上的太古宙沉积砾岩中，碎屑锆石 U-Pb 同位素年龄高达 4.4 Ga。稳定同位素研究结果证实它们的母岩是灰色片麻岩，说明在 4.4 Ga 之前，地球上已经存在由灰色片麻岩等组成的陆壳了。已有研究表明，灰色片麻岩的一些特征元素，如 MgO、Cr、Ni、Sr 等在地球历史上有明显的含量增加趋势，被认为指示了地球在不断变冷（Martin et al., 2005）；但是一些学者认为，这些含量可能只是在 2.7 Ga 时有一个较为明显的增加，可能与超级地幔柱事件引发的地幔反转有关（Condie, 2005）。

灰色片麻岩岩石成因的研究由来已久，核心争议是形成岩浆的母岩，不同学者提出了不同的模式，如富水玄武岩岩浆的分离结晶模式（Barker, 1979）、地幔直接部分熔融模式（Moorbath, 1975）、太古宙硬砂岩部分熔融模式（Arth and Hanson, 1975）、英云闪长岩或者英安岩重熔模式（Jahn and Zhang, 1984）、含石英的榴辉岩的部分熔融模式（Arth and Hanson, 1975；Jahn et al., 1981；Rapp et al., 1999, 2003）、石榴子石角闪岩部分熔融模式（Martin, 1999；Foley et al., 2002）等。其中，广泛为地质学家所接受的是玄武岩在高压下部分熔融的模式，一些学者认为是类似现代的洋中脊玄武岩（MORB），或者更富集一些的玄武岩的部分熔融（Moyen and Stevens, 2006；Guitreau et al., 2012；Martin et al., 2014）；有人认为是太古宙绿岩带拉斑玄武岩的部分熔融（Winther, 1996）；也有一些学者认为，只要达到了所需要的温度压力条件，满足了熔体和残留相之间的关系（如金红石和熔体之间的关系），任何类型的玄武质岩石都是可以的（Xiong, 2006）。

另一个争议核心是玄武质岩石部分熔融发生的温度压力条件，到底是角闪岩相（Foley et al., 2002）还是榴辉岩相（Rapp et al., 2003）。多数情况下，太古宙灰色片麻岩一般都具有 Sr 正异常，Eu 正异常，无异常或弱的负异常，指示斜长石不在残留相中；另外，灰色片麻岩多具有轻稀土富集，重稀土亏损的特征，指示石榴子石在残留相中出现。争议的焦点是高场强元素亏损的特征是如何形成的。Foley 等（2002）认为太古宙灰色片麻岩岩浆具有低的 Nb/Ta 值，而与低镁角闪石作为残留相共存的熔体可以具有类似太古宙灰色片麻岩的特征。因此，他们认为，角闪石是主要的残留矿物相，进一步得出灰色片麻岩的原岩物质是角闪岩。Rapp 等（2003）对此观点进行了反驳，认为灰色片麻岩的 Nb/Ta 值其实有很大的范围，可以高于球粒陨石也可以低于球粒陨石，与源区有关。他们认为残留相金红石对熔体 Nb/Ta 值的影响有限，灰色片麻岩主要是在榴辉岩相条件下熔融形成的。Moyen 和 Stevens（2006）对前人的实验岩石学结果作了总结，基本肯定了 Rapp 等（2003）的观点，认为灰色片麻岩的产生要在 1.5 GPa 之上，源岩成分也会有区别。Xiong（2006）通过高温高压实验提出，金红石是必不可少的残留相，因为只有它的存在才可以解释灰色片麻岩熔体中出现的 Nb-Ta 负异常。他们通过实验限定 TTG 片麻岩是由含金红石角闪榴辉岩在压力 1.5~2.5 GPa 5%~20% 的熔融程度条件下形成，介于 Foley 等（2002）和 Rapp 等（2003）确定的实验条件之间，与 Nair 和 Chacko（2008）的研究结果一致。

灰色片麻岩形成的构造背景直接关系到克拉通的主要岩石单元形成于何种构造背景，克拉通化通过什么样的动力学机制完成。总结前人的研究成果，灰色片麻岩需要广泛的俯冲板片或者加厚地壳，如榴辉岩相或者角闪岩相基性地壳的部分熔融（Rapp et al., 1999, 2003；Foley et al., 2002；Smithies et al., 2003；Martin et al., 2005；Xiong, 2006；Moyen, 2009）。然而，存在两类截然不同的思路，一种观点认为，灰色片麻岩是俯冲板片部分熔融的产物（Martin，1999；Smithies et al.，2003；Xiong，2006；Windley and Garde，2009；Szilas et al.，2013）；另一种观点认为，它们是地幔柱背景下加厚下地壳或者底垫玄武岩部分熔融的产物（Condie，2005；van Kranendonk et al.，2007）。由于太古宙时期地热梯度较高，如果存在洋壳的话会比较厚（Foley et al.，2002；Smithies et al.，2003；Martin et al.，2005），俯冲板片可能会发生熔融，而不是像现代俯冲背景下常出现的板片脱水（Drummond and Defant，1990；Kelemen，1995；Rapp et al.，1999，2003；Foley et al.，2002；Smithies et al.，2003），因此太古宙如果存在俯冲，也可能是地幔楔不发育的"平"的"热"俯冲（Peng et al.，2015）。这种太古宙俯冲背景与现代"热"俯冲类似（如 Cascade 弧发育的俯冲）（Abbott et al.，1994；Mullen and McCallum，2014），或者类似于太古宙"平"俯冲模式（Smithies et al.，2003）。而且，由于太古宙大洋板片较厚，浮力较大，和现今"热"俯冲类似，可能在地幔部分脱水作用有限。因此，一些富水矿物甚至可能在榴辉岩相都会被保留下来。从而，可能很难形成类似现今的地幔楔。不过，这时可能在水平构造作用的同时，垂直构造作用也发挥了重要作用（Lin，2005；Lin and Beakhouse，2013）。这一模式可以很好地揭示普遍发育的混合岩化作用，这一背景下，逆时针 P-T-t 轨迹可能与弧岩浆活动的结束有关（Wakabayashi，2004）。同时，由于俯冲板片强烈的脱熔体作用，以及区域上高的热流值，不利于超高压岩石的形成或折返（Peng et al.，2015）。另外，太古宙变质地体中，中酸性岩石主要为灰色片麻岩，基性岩石主要发育于绿岩带之中，包括两种地球化学类型，一种为轻稀土平坦型，另一种为轻稀土富集型（Windley，1996）。同时，区域上大量存在科马提岩，这些都可能是造成灰色片麻岩成分多样性的原因。

古元古代以来的高级变质作用，包括一些高级区的变质作用，都以顺时针 P-T-t 轨迹为特征，代表了类似现今的安第斯俯冲或者青藏高原陆陆碰撞过程（Zhao et al.，2001，2005；Kusky and Li，2003；Liu et al.，2005，2006；Guo et al.，2005；Zhai and Santosh，2011；Peng et al.，2014）。然而，太古宙高级区或者低级区都以逆时针 P-T-t 轨迹为特征，太古宙地质区只有个别地区可能记录有顺时针 P-T-t 轨迹，如俄罗斯科拉半岛的 Gridino 杂岩，可能记录了 2.6 Ga 前后榴辉岩相变质作用（Li et al.，2015），但这种变质作用究竟发生于太古宙还是古元古代，还有争议。因此，太古宙出露区变质作用机理争议很大，一部分学者基于岩石类型和时空分布特征，认为这些地体形成于大陆边缘弧过程，变质作用与弧过程有关（Kusky and Li，2003；Nutman et al.，2011；Wan et al.，2012，2014；Wang and Liu，2012；Wang et al.，2013；Shi et al.，2012；Liu et al.，2012；Guo et al.，2015）；另一部分学者基于超镁铁质岩石，双峰式火山岩和大面积分布的花岗岩认为，变质作用的发生与地幔柱或者地幔上涌有关（Zhao et al.，2001；Ge et al.，2003；翟明国和彭澍，2007；Geng et al.，2012；Wu et al.，2013；Yang et al.，2008）。

相关研究表明，逆时针 P-T-t 轨迹或与地幔柱过程岩浆岩的侵入或底垫有关（Bohlen，1987），或者与花岗岩的侵入有关（Sandiford et al.，1991），或者与裂谷的形成（Sandiford and Powell，1986），俯冲的结束（Hacker，1991；Gerya et al.，2002；Wakabayashi，2004），岛弧过程（Wells，1980；Bohlen，1987），尤其是弧岩浆活动结束阶段地壳深层次的变质有关（Pickett and Saleeby，1993；Lucassen and Franz，1996；Wakabayashi，2004）。因此，很多学者重建了太古宙地体尤其是花岗岩-绿岩地体与弧有关的俯冲过程（Parman et al.，2001；Polat et al.，2002，2011；Wyman et al.，2002；Sandeman et al.，2004；Hollings and Kerrich，2006；Garde，2007；Jenner et al.，2009；Windley and Garde，2009；O'Neil et al.，2011）。Szilas 等（2015）提出，格陵兰地区的绿岩带变质作用从绿片岩-麻粒岩相，它们是中太古代岛弧的残留部分，而其中的灰色片麻岩代表了俯冲板片熔融的产物。Arai 等（2015）提出格陵兰伊苏瓦绿岩带变质作用空间差异很大，可能代表了太平洋型造山带相似的增生杂岩体。

二、华北太古宙绿岩带火山-沉积层序与条带状铁矿

华北克拉通绿岩带的发育规律大致可与国外绿岩带相比，但同时具有分布范围和规模较小、科马提岩不发育、变质程度高和受后期构造-岩浆作用改造强烈等特点（沈保丰等，2006）。比较公认的科马提

岩是鲁西雁翎关科马提岩，局部保留有鬣刺结构。一些地区的绿岩带或者火山沉积岩系，受到了古元古代晚期变质作用的叠加，如怀安地区、五台地区、胶东等；也有一些地区，在新太古代末期发生高级变质作用，如清原地区。

固阳新太古代绿岩带色尔腾山群为一套经历了绿片岩相至低角闪岩相变质的火山-沉积岩系（图4.1c），自下而上可划分为三个岩组：第一岩组为超镁铁质及镁铁质火山岩组合，夹有钙碱性火山岩及条带状硅铁质岩；第二岩组为钙碱性长英质火山岩及火山碎屑岩组合，夹有拉斑玄武岩及少量条带状硅铁质岩和泥质粉砂岩；第三岩组为长英质火山碎屑岩和不成熟的碎屑沉积岩组合及碳酸盐岩。固阳绿岩带产出多种火成岩，自下而上典型岩石类型包括科马提岩、玄武质科马提岩、拉斑玄武岩、高镁安山岩、富Nb玄武岩。铁矿主要产于固阳绿岩带中下部，与科马提岩等超基性岩有一定关系（刘利等，2012），较重要铁矿有三合明、书记沟、东五分子、公益民和汗海子铁矿等。色尔腾山群主要分布在固阳西部和乌拉特前期一带，岩性为以变镁铁质火山岩为主的变火山-沉积岩系，色尔腾山岩群自下而上分为东五分子组、柳树沟组和点力素泰组，条带状铁矿主要集中分布在东五分子组中。东五分子组主要由灰绿色斜长角闪岩夹磁铁石英岩、灰绿色绿帘斜长片岩夹长石石英片岩、钠长阳起片岩组成，顶部含橄榄透辉大理岩。原岩建造为基性火山岩，少量中酸性火山碎屑岩，沉积岩夹硅铁建造。

舞阳含铁建造主要发育在新太古代太华群铁山庙组和赵案庄组（图4.1d）。其中下部赵案庄组为基性-超基性火山-侵入岩组合，主要由辉石岩、角闪岩、大理岩和磁铁蛇纹岩组成。赵案庄铁矿以整合产出在赵案庄组上部超基性岩中的块状磷灰蛇纹磁铁矿为特征，矿石品位较富。矿石成分较复杂，以矿物组合可分为磷灰石-磁铁矿、白云石-磁铁矿、硬石膏-磁铁矿和透辉石-磁铁矿类矿石。在上部铁山庙组内，出现斜长角闪片麻岩与磁铁辉石岩、白云质大理岩韵律互层。例如，铁山庙和经山寺铁矿主要产于白云质大理岩中，矿石以条带状辉石-磁铁矿、石英-磁铁矿组合为主，但矿层内常夹有蛇纹石化大理岩、角闪片麻岩和硅质岩夹层。

冀东铁矿带的原始含矿建造大致有四个基本类型，即新太古代迁西岩群火山岩系-硅铁建造、含沉积岩的火山岩系-硅铁建造、遵化岩群—滦县岩群火山岩-沉积岩系-硅铁建造、朱杖子岩群含火山岩-沉积岩系-硅铁建造。总体来看，冀东铁矿的原岩以火山-火山沉积岩为主，铁矿层多位于由基性火山岩向偏酸性火山岩或沉积岩的过渡部位，形成于新太古代火山喷发的间隙期（Zhang et al.，2012），典型铁矿包括水厂、孟家沟、二马、大石河、龙湾和石人沟等，大多数为一套火山碎屑岩，而司家营、马城、柞栏杖子等铁矿产出于一套以沉积变质岩为主夹少量火山碎屑岩的杂岩中。

鞍山-本溪地区铁矿是我国最大的条带状铁矿成矿区，位于华北地台东北缘胶辽台隆的西北部。除个别小型铁矿（如陈台沟铁矿）赋存于古太古代地层外，绝大多数条带状铁矿赋存于新太古代的鞍山群火山沉积变质岩系（绿岩带）中。例如，鞍山地区的铁矿包括东鞍山、西鞍山、齐大山和大孤山等，弓长岭地区包括弓长岭一矿区、二矿区和独木、中茨等，本溪地区包括南芬、歪头山等。其中分布于本溪及北台一带，以斜长角闪岩、混合岩化片麻岩及黑云变粒岩为主，夹云母石英片岩、绿泥石英片岩及条带状铁矿层，原岩为基性-中酸性火山岩、火山碎屑岩，夹泥质-粉砂质沉积岩和硅铁质岩，变质程度为角闪岩相；分布于鞍山地区的主要为绢云石英千枚岩、绢云绿泥片岩、绿泥石英片岩，夹变粒岩、磁铁石英岩及薄层斜长角闪岩，原岩为泥质-粉质沉积岩，夹硅铁质岩及少量基性-中酸性火山岩，变质程度为绿片岩相。值得注意的是，原认为是上下关系的表壳岩，很可能形成于同一时代。研究表明歪头山铁矿、南芬铁矿和弓长岭铁矿的原岩建造为基性火山岩-中酸性（火山）杂砂岩、泥质岩-硅铁质沉积建造，矿床的形成与海相火山作用在时间上、空间上和成因上密切相关（代堰锫等，2012）。

安徽霍邱铁矿带，位于华北克拉通南缘东西新太古代鲁山-舞阳-霍邱铁矿带的东段。霍邱铁矿赋存于一套新太古代中高级变质作用的含铁建造中，经过数十年的勘探，已经相继探明了周集、张庄、李老庄、周油坊、范桥、吴集、李楼等大型矿床十余处。霍邱群下部以中性火山岩及凝灰岩、杂砂岩为主，夹基性凝灰岩及火山熔岩、沉积岩；中部和上部主要由泥质岩、泥质杂砂岩、杂砂岩、泥灰岩及铁硅质岩组成。具工业价值的矿体主要产在氧化物相含铁建造中，其矿物共生组合有四类，即石英+磁铁矿、石英+镜铁矿、石英+磁铁矿+硅酸盐、石英+磁铁矿+镜铁矿+硅酸盐。目前还不清楚其属于苏必利尔型 BIF 还是阿尔戈马型 BIF（杨晓勇等，2012）。

鲁西绿岩带在华北克拉通中展布面积最大。根据近年来的研究（Wan et al., 2012），泰山岩雁翎关岩组和柳行岩组的下段形成时代约 2.7 Ga，主要由变质镁铁质和超镁铁质岩石组成，铁矿只零星存在；山草峪岩组和柳行岩组的上段形成时代约 2.5 Ga，主要由碎屑沉积岩组成，存在较大规模的铁矿。发育大规模铁矿的济宁岩群形成时代为新太古代晚期，而不是以往认为的古元古代（约 1.8 Ga）。近年来，在鲁西沂水杨庄一带发现了一定规模的沉积变质铁矿（赖小东和杨晓勇，2012），铁矿体位于柳行岩组的上部，矿区出露的柳杭组地层岩性组合为黑云斜长变粒岩、黑云角闪变粒岩、斜长角闪岩、磁铁石英角闪岩、磁铁角闪石英岩及黑云片岩等。主要矿化岩为磁铁石英角闪岩和磁铁角闪石英岩。矿石矿物以磁铁矿为主，另有少量磁黄铁矿、黄铁矿。矿体顶板为黑云角闪变粒岩、斜长角闪岩，底板一般为黑云角闪变粒岩，局部为石榴黑云斜长变粒岩。

三、怀安-遵化和鞍山-清原花岗岩-绿岩地体的时空建构

花岗岩-绿岩地体由绿岩带（变质火山沉积岩系）和侵入其中的灰色片麻岩-花岗岩岩体组成，通常经历绿片岩相的变质，也有少数经历高级变质——角闪岩相-麻粒岩相。高级变质的花岗岩-绿岩地体的成因对理解太古宙大陆动力学尤为重要。

鞍山-清原地体主要由 2570～2500 Ma 的岩石以及少量 3800～3000 Ma 的岩石（主要是一些奥长花岗岩，分布在鞍山市区东侧）组成，表壳岩系多呈小的残块（大多数为露头尺度至几百米不等，最大可达数千米）产出于灰色片麻岩和花岗质岩石之中。怀安-遵化地体主要由 2560～2500 Ma 岩石组成，也有少量古老岩石（约 3300 Ma）。西部地区表壳岩系出露较好，部分保留地层层序，而东部地区表壳岩系大多呈带状与侵入岩构造接触。这两个地体虽然存在一些差异，但基本特征一致，均经历了强烈的变质变形，表壳岩系大致呈不规则残片状分布在侵入岩中，其构造样式和苏必利尔地区典型花岗岩绿岩地体的构造样式（以穹窿-龙骨构造为特征）存在根本差异。依据最新的数值模拟和构造解析研究结果，穹窿-龙骨构造很可能受控于垂向构造，而鞍山-清原和怀安-遵化的构造样式可能受控于水平构造过程。

鞍山-清原地区经历约 2480 Ma 逆时针 P-T 轨迹麻粒岩相变质。怀安-遵化地区经历约 2480 Ma 逆时针 P-T 轨迹高角闪岩相-麻粒岩相变质，部分地区（如怀安-承德地区）被 1950～1800 Ma 高压麻粒岩相变质作用叠加（顺时针 P-T 轨迹）。两个地区基底岩系均强烈变形，表壳岩系多呈变形岩片和残片存在于侵入岩中，为千米尺度。这些地区的建构特征与花岗岩-绿岩地体常见的穹窿-龙骨构造不同——该构造被认为形成于垂向构造。这两个地区的建构特征与通过数值模拟水平构造（板块构造）形成的建造特征类似。从时空分布特点的角度来看，华北东部花岗岩-绿岩地体主体上为 2520 Ma 前后形成，少数 >2700 Ma 地体及岩石残片分布在三个带状区域，即保留少量 >3300 Ma 的带状区域、以 3000～2700 Ma 岩石为主的带状区域及以约 2700 Ma 岩石为主的带状区域（Peng, 2016）。岩系年龄和变质作用时空分布的不同，可以将克拉通分成数个构造域，属于不同地块，包括鲁山-胶北地块、中条-泰山地块、辽南-清原地块和五台-遵化地块（Peng, 2016）。这一特征符合水平构造地壳生长特点，而其中大量发育的深熔作用和高级变质作用，以及大量原始地幔来源玄武岩的存在，说明垂向构造造成的地壳生长以及由古老地壳深熔形成的新地壳均是存在的。这些高级变质的花岗岩-绿岩地体可能对应一个缺失地幔楔的平俯冲形成的弧地体的下地壳。

（一）岩相关系和构造特征：鞍山-清原和怀安-遵化地区

华北古陆太古宙基底为新生代断裂所割裂（图 4.2），除了部分地区经历较低程度的变质，如泰山（鲁西）地区和中条地区（绿岩片岩相-低角闪岩相）(Wan et al., 2015)，其他地区变质程度相对较高（高角闪岩相-麻粒岩相）。大部分地区经历新太古代区域逆时针麻粒岩相变质（图 4.3）。其中，部分地区经历古元古代高级变质叠加，尤其是在东华北克拉通的东部和西部边缘地区（图 4.3）(Peng et al., 2014)。

第四章　华北克拉通太古宙条带状铁矿

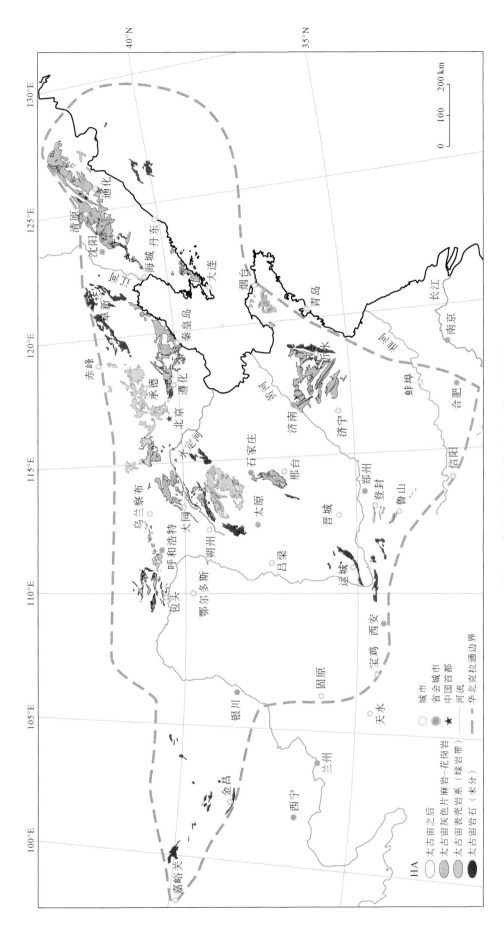

图 4.2　华北太古宙花岗-绿岩地体地质简图

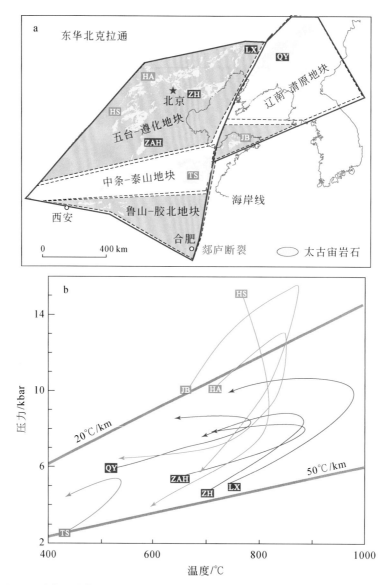

图 4.3 东华北克拉通太古宙基底构造格局和不同地区 P-T 轨迹（Peng，2016）

a. 太古宙基底构造格局；b. 不同地区 P-T 轨迹

QY. 清原；LX. 辽西；ZH. 遵化；JB. 胶北；HA. 怀安；ZAN. 赞皇；TS. 泰山；HS. 恒山

鞍山-清原地区面积 500 km×120 km（图 4.4），其中，70%~80% 的出露岩石为花岗岩，包括约 3800 Ma 奥长花岗岩（Liu et al.，1992，2008；Wan et al.，2012）。表壳岩系为鞍山杂岩，还包括陈台沟杂岩、本溪杂岩、清原杂岩等，大多含有铁矿（Zhai et al.，1985；Wan et al.，2012；Dai et al.，2014；Zhu et al.，2015a）。2480~2470 Ma 经历角闪岩相到麻粒岩相变质。岩石有蛇纹岩、辉石斜长角闪岩，花岗片麻岩，条带状含铁建造，夕线石/蓝晶石片麻岩，二云母片岩和大理岩（Zhai et al.，1985）。其中，清原杂岩中有红透山火山岩块状硫化物铜矿（Zhai et al.，1985；Gu et al.，2007；Zhang et al.，2014；Zhu et al.，2015b）。火山沉积岩主要形成于 2570~2510 Ma，侵入岩多形成于 2570~2490 Ma（图 4.4a）（Bai et al.，2014；Peng et al.，2015），只有少数形成于 3800~3000 Ma（Liu et al.，1992，2008；Wu et al.，2008；Wan et al.，2012；Wang Y F et al.，2015）。约 2480 Ma 经历变质-热事件（Bai et al.，2014；Peng et al.，2015）。

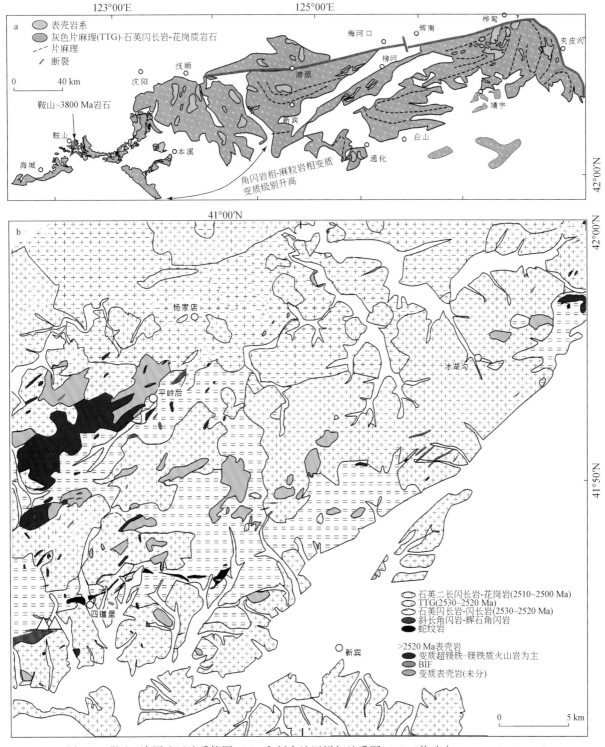

图 4.4 鞍山-清原地区地质简图 (a) 和新宾地区详细地质图 (b)（修改自 Peng et al., 2015）

怀安-遵化地区面积 60%~70% 是以 TTG 为主的片麻岩和花岗岩，最老的岩石出露于曹庄地区（英云闪长岩，约 3300 Ma）（图 4.5a，b）(Nutman et al., 2011)。表壳岩系包括红旗营子群、单塔子群、密云杂岩、四合堂群、遵化杂岩、迁西杂岩、卢龙杂岩、青龙杂岩、朱杖子群等，形成时代为 2560~2500 Ma (Nutman et al., 2011; Zhang X J et al., 2011; Liu et al., 2012; Lv et al., 2012; Guo et al., 2015; Shi et al., 2012)。这些表壳岩经历了 2500~2460 Ma 麻粒岩相（密云遵化地区）-角闪岩相（青龙-卢龙地区）变质 (Nutman et al., 2011; Liu et al., 2012; Shi et al., 2012)。部分地区（西部）经历 1950~1800 Ma 高压麻

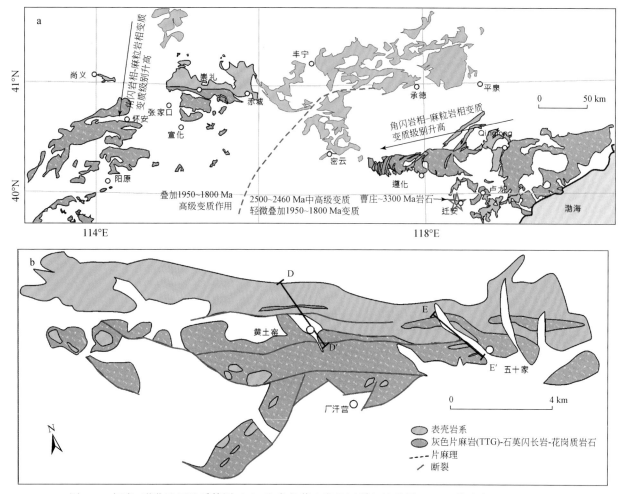

图 4.5 怀安–遵化地区地质简图 (a) 和尚义黄土窑地区详细地质图 (b)（修改自 Peng, 2016）

粒岩相变质叠加（翟明国等, 1992; Guo et al., 2005）。表壳岩系包括斜长角闪岩、长英质片麻岩、BIF、石英岩、大理岩和少量夕线石或者蓝晶石片麻岩（Nutman et al., 2011; Liu et al., 2012; Lv et al., 2012; Guo et al., 2015; Shi et al., 2012）。

图 4.6 是两个地区一些典型的剖面图，图 4.7 是典型的露头照片，图 4.8 是恢复的地层假想图。地层主要由两部分组成，一部分是超镁铁岩–镁铁质岩–长英质火山岩，含有少量 BIF 和碎屑岩；另一部分主要由砂岩、泥质岩、碳酸盐岩等组成。太古宙碳酸盐岩是比较少见的，但世界上也存在 >3000 Ma 的碳酸盐岩，被认为形成于陆缘海（Allwood et al., 2006; van Kranendonk, 2006; Lowe and Byerly, 2007; Riding et al., 2014）。

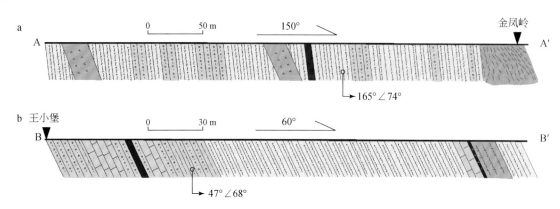

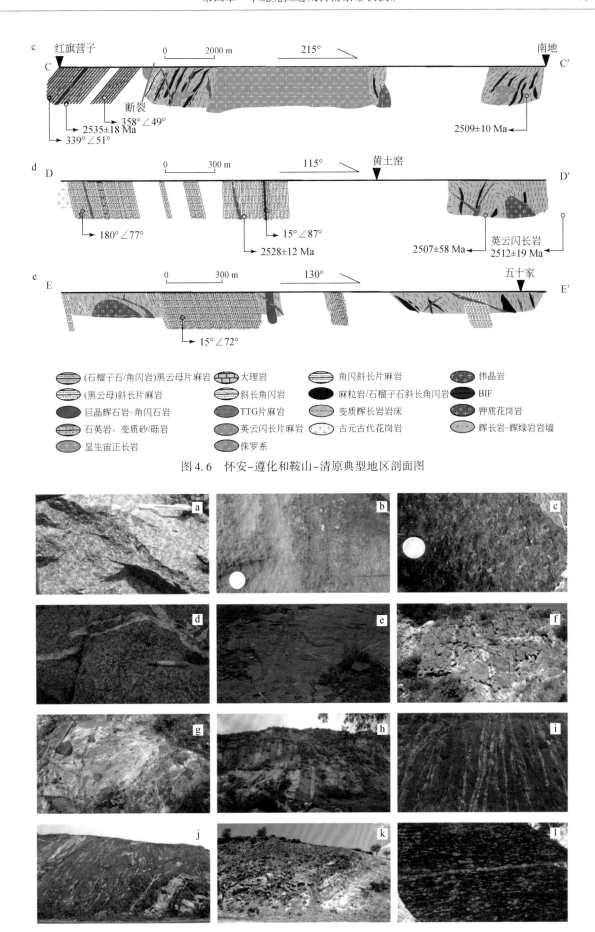

图 4.6 怀安-遵化和鞍山-清原典型地区剖面图

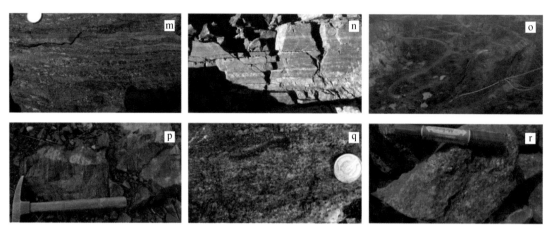

图 4.7 怀安-遵化和鞍山-清原地区典型野外照片（Peng，2016）

a. TTG（鞍山）；b. 蛇纹岩（新宾）；c. 辉石岩-辉石角闪石岩（尚义）；d. 变辉长岩和淡色花岗岩脉（清原）；e. 变辉长岩和网状脉（清原）；f. 变辉长岩和网状脉（尚义）；g. TTG 和变辉长岩岩块（尚义）；h. TTG 中席状变辉长岩（崇礼）；i. 强烈变形斜长角闪岩，并见淡色花岗岩脉（卢龙）；j. 强烈变形斜长角闪岩（变玄武岩），见淡色花岗岩脉（卢龙）；k. 强烈变形变火山沉积岩（含大理岩）（崇礼）；l. 片麻状斜长角闪岩（变玄武岩，崇礼）；m. 变质石英砂岩（尚义）；n. 石英岩（尚义）；o. BIF（清原）；p. BIF（清原）；q. 含石榴子石石英岩（迁安）；r. 硫化物矿石（清原）

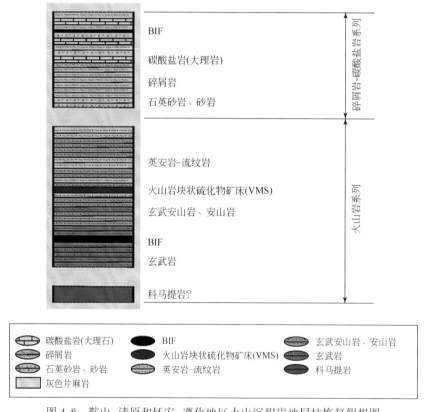

图 4.8 鞍山-清原和怀安-遵化地区火山沉积岩地层柱恢复假想图

（二）两类 $P\text{-}T$ 轨迹形成的构造环境

华北太古宙基底记录两类变质作用，一类为逆时针 $P\text{-}T$ 轨迹，中压-高温麻粒岩相变质（P 为 5 ~ 9 kbar；T 为 500 ~ 1000 ℃；地热梯度<20 ℃/km）；另一类为顺时针 $P\text{-}T$ 轨迹，高压-高温麻粒岩相变质（P 为 10 ~ 15 kbar；T 为 800 ~ 900 ℃；地热梯度>20 ℃/km）。高压麻粒岩相（退变榴辉岩相）变质只记录在局部地区，如怀安-承德地区，变质时代为 1950~1800 Ma（Guo et al.，2005；Zhai et al.，1996；Zhao et al.，2001）。这类变质被认为是两个陆块拼贴的结果（Zhao et al.，2001，2005；Kusky and Li，2003；Liu et al.，2005，2006；Guo et al.，2005；Zhai and Santosh，2011；Peng et al.，2014）。逆时针 P-T 轨迹的变质发生于 2500~2460 Ma（Wu et al.，2013）。这一期变质作用范围广，东华北克拉通只有少数地区，如中条-鲁西地区经历低级变质，其他地区变质程度较高，或者经历古元古代变质作用叠加。这一变质作用与显生宙造山带线性分布特点不同，因此构造背景存在争议，一些人认为与小陆块拼贴有关（Kusky and Li，2003；Wan et al.，2012，2014；Nutman et al.，2011；Wand and Liu，2012；Shi et al.，2012；Liu et al.，2012；Wang et al.，2013；Wang Y F et al.，2015；Liu et al.，2015）；另一些人认为可能与地幔柱、地幔上涌或者地幔翻转等过程有关（Zhao et al.，2001；Ge et al.，2003；Geng et al.，2012；Wu et al.，2013）。

有关研究表明，逆时针 P-T 轨迹可能与地幔柱地区岩浆侵入或者底侵有关（Bohlen，1987），与花岗岩侵入有关（Sandiford et al.，1991），与初始裂谷有关（Sandiford and Powell，1986），与初始俯冲有关（Wakabayashi，2004；Hacker，1991；Gerya et al.，2002），与岛弧（Wells，1980；Bohlen，1987）尤其是与岛弧岩浆停止有关（Pickett and Saleeby，1993；Lucassen and Franz，1996；Wakabayashi，2004）。因此，很多人提出岛弧模式来解释绿岩带的成因（Parman et al.，2001；Polat et al.，2002，2011；Wyman et al.，2002；Sandeman et al.，2004；Hollings and Kerrich，2006；Garde，2007；Jenner et al.，2009；Windley and Garde，2009；O'Neil et al.，2011）。Szilas 等（2013）提出格陵兰地区不同变质的绿岩带就是中下地壳的岛弧。Arai 等（2015）则认为 Isua 绿岩带是一个增生杂岩，与太平洋型的俯冲造山有关。Sizova 等（2015）提出穹窿-龙骨构造特点的花岗岩-绿岩地体与拆沉和地幔上涌有关，而强烈变形的绿岩地区可能与俯冲相关联的水平运动有关。东华北克拉通的花岗岩-绿岩地体不具有典型的穹窿-龙骨构造特征，而多呈岩片和强烈变形的残片状产出，太古宙晚期逆时针 P-T 轨迹变质作用或记录了岛弧过程，是岛弧岩浆岩结束和区域抬升的结果。

（三）鞍山-清原和怀安-遵化地区不同火山岩系地球化学特征和岩石成因

一般认为，现代岛弧建造和绿岩带建造有相似之处；然而，Condie 和 Benn（2006）认为绿岩带同时存在岛弧特征和非岛弧特征的岩石。例如，新太古代绿岩带中，大约有 35% 的非现代岛弧特征岩石，始太古代则高达 80%。Peng（2016）统计了鞍山-清原和怀安遵化两个花岗岩-绿岩地体岩浆岩数据（为了简化讨论，去掉了中性岩/SiO_2=54%~65%的部分）：图 4.9 是微量元素配分图，基性岩浆岩可以分为两组。超基性岩/超镁铁岩组和基性岩浆岩第 1 组稀土配分型式平坦，弱的高场强元素亏损和大离子亲石元素富集，基性岩浆岩第 2 组轻稀土富集，高场强元素亏损明显，富集大离子亲石元素，Eu 亏损。酸性岩组更为富集轻稀土，亏损高场强元素，Eu 正异常或无。

基性岩浆岩具有高的 MgO（>5%）和亏损的 Nd-Hf 同位素，可能来自地幔。其中，第 1 组可能来自未分异地幔；第 2 组可能混染了地壳或者来自一个被交代的地幔源区；超镁铁岩或者是科马提岩或者来自第 1 组的堆晶岩（Peng，2016）。

酸性岩浆岩对揭示花岗岩-绿岩地体非常重要，它们可能是俯冲板片熔融和加厚地壳部分熔融的产物（Drummond and Defant，1990；Kelemen，1995；Rapp et al.，1999，2003；Foley et al.，2002；Smithies et al.，2003；Martin et al.，2005；Xiong，2006；Moyen，2009）。图 4.10 显示两类趋势，一类具有变化较少的 Yb_N 和变化很大的 $(La/Yb)_N$，另一类 $(La/Yb)_N$ 变化不大，但 Yb_N 变化大，可能分别和现代埃达克岩和岛弧钙碱性系列相似（图 4.10a）。TTG 被认为和埃达克岩相似，被认为是基性岩部分熔融时，石榴子石或者角闪石作为残留相的结果（Foley et al.，2002）。可以通过 Zr/Sm-Sr/Y 图区分（图 4.10b）。

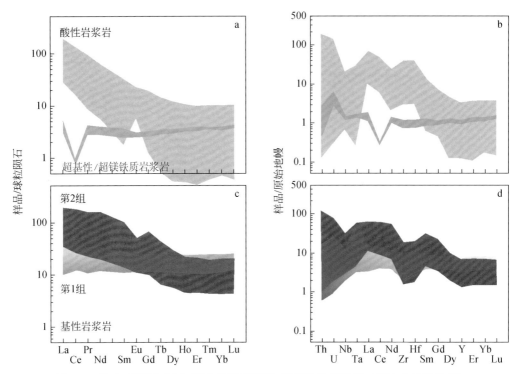

图 4.9 鞍山-清原和怀安-遵化地区花岗岩-绿岩地体岩浆岩（不含中性岩数据）球粒陨石标准化稀土配分图（a, c）和原始地幔标准化微量元素蛛网图（b, d）

a、c. 球粒陨石标准化稀土配分图；b、d. 原始地幔标准化微量元素蛛网图。标准化值据 Sun 和 McDonough (1989)。据 Peng (2016) 修改

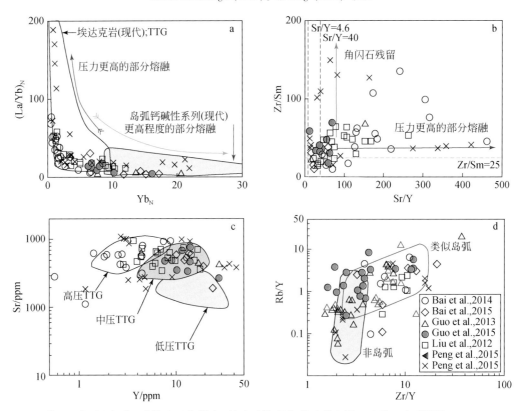

图 4.10 鞍山-清原和怀安-遵化地区花岗岩-绿岩地体岩浆岩元素含量（比值）相关图解（Peng, 2016）

a. $(La/Yb)_N$-Yb_N 图（SiO_2>54% 的岩浆岩），埃达克岩和岛弧钙碱性系列据 Drummond 和 Defant (1990)；b. Zr/Sm-Sr/Y 图（SiO_2>54%），埃达克岩范围据 Defant 和 Drummond (1990)、Moyen (2009)；c. Sr-Y 图（SiO_2>54%）；d. Rb/Y-Zr/Y 图（SiO_2≤62%）。c 和 d 据 Moyen 和 van Hunen (2013)

由于太古宙地温梯度较高，地壳较厚，如果存在俯冲板片，板片熔融可能比板片脱水更为重要（Drummond and Defant, 1990; Kelemen, 1995; Rapp et al., 1999, 2003; Foley et al., 2002; Smithies et al., 2003），这可能难以形成地幔楔（Peng et al., 2015），从而形成一种太古宙特有的俯冲岩浆过程，该过程与现代热俯冲相似（Cascade arc; Abbott et al., 1994; Mullen and McCallum, 2014），并且可能是平俯冲（Smithies et al., 2003）。并且，加厚地壳本身就可以通过深熔作用形成大量酸性岩。

四、从华北克拉通新太古代绿岩带发育规律看 BIF 类型

根据条带状铁矿在绿岩带序列中的产出部位和岩石组合关系，可将华北 BIF 划分为 5 种类型（张连昌等，2012）：

（1）斜长角闪岩（夹角闪斜长片麻岩）-磁铁石英岩组合，主要分布于遵化、五台和固阳等地；原岩建造主要为基性火山岩（夹中酸性火山岩）-硅铁质建造，矿体顶底板均为斜长角闪岩（少量中酸性火山岩），矿体厚度较小，常多层分布，规模中小型，主要产于绿岩带的中下部；典型铁矿如固阳地区的公益民、三合明、东五分子、书记沟，遵化的石人沟、龙湾，五台的山羊坪、柏枝岩等。

（2）斜长角闪岩-黑云变粒岩-云母石英片岩-磁铁石英岩组合，分布较广，主要见于冀东迁安、山西五台、辽宁本溪、鲁西等地区；原岩建造为厚度较大的基性火山岩-中酸性火山岩-沉积粉砂岩-硅铁质建造，火山活动间歇期成矿；矿体形态为层状-透镜状，矿床规模可达大型，主要产于绿岩带的中部，主要铁矿有冀东水厂、孟家沟、大石河、本溪南芬、歪头山及弓长岭地区的铁矿。

（3）黑云变粒岩（夹黑云石英片岩）-磁铁石英岩组合，主要见于冀东滦县、青龙等，安徽霍邱等地；原岩为中酸性火山岩-凝灰岩-硅铁质沉积岩建造，铁矿的形成是在火山末期发生的喷流沉积作用；矿体形态多为层状，矿床规模多为大型-超大型，主要产于绿岩带的中上部；典型铁矿包括滦县的司家营、玛城、长凝，青龙的栅栏杖子，霍邱的吴集、周集等铁矿。

（4）黑云变粒岩-绢云绿泥片岩-黑云石英片岩-磁铁石英岩组合，此类型分布较为广泛，矿床主要见于鞍山、五台山等地区；原岩建造为含火山物质的沉积-铁建造；此类矿床一般分布在绿岩带的上部位，如鞍山岩群上部的樱桃园组产有东鞍山、西鞍山、大弧山等铁矿，五台绿岩带有八塔、张仙堡铁矿。

（5）斜长角闪岩（片麻岩）-大理岩-磁铁石英岩组合，主要分布于河南舞阳和安徽霍邱等地；原岩为基性火山岩-硅铁建造-碳酸盐岩，如在舞阳绿岩带的上部铁山庙组内，出现斜长角闪片麻岩与磁铁辉石岩、白云质大理岩韵律互层，铁山庙和经山寺铁矿主要产于白云质大理岩中，矿石以条带状辉石-磁铁矿、石英-磁铁矿组合为主，但矿层内常夹有蛇纹石化大理岩、角闪片麻岩和硅质岩夹层。霍邱李老庄铁矿主要产于周集组碳酸盐岩-铁建造中，主要矿化类型包括石英-镜铁矿石、石英-磁铁-镜铁矿石等。

第二节 BIF 铁矿形成时代与物质来源

20 世纪晚期到 21 世纪初期将近数十年，华北克拉通 BIF 的成因研究出现停滞，进而造成当前与国际上 BIF 的研究呈现断崖式的落差，严重滞后。由于 BIF 为国内最主要的铁矿石资源以及指示早前寒武纪古海水和大气环境最重要的指标，中国 BIF 成因急需深入研究。在此背景下，近年国内较大一批研究者通过投入与奋斗，在充分吸收国外 BIF 研究思路和不懈探索 BIF 内在成因的基础上，勇往直前，大大提高了国内 BIF 的研究程度。综合来看，所取得的具体进展和创新性认识如下。

一、华北克拉通 BIF 岩系形成和变质年代学格架

华北克拉通作为世界上 BIF 的主要产区之一，大量发育阿尔戈马型 BIF，即 BIF 沉积与火山活动直接或间接相关，它们主要分布于鞍山-本溪、冀东、鲁西、五台、内蒙古固阳、河南舞阳及安徽霍邱等地区

（图 4.11）；极少量发育苏必利尔型 BIF，集中于山西吕梁一带。

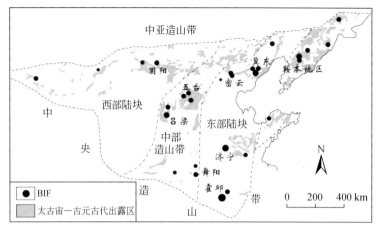

图 4.11 华北克拉通主要 BIF 分布简图（改自张连昌等，2012）

精确约束 BIF 的形成时代，具有非常重要的科学意义，可以获取 BIF 的时间分布趋势，反映对应时代的大气和海洋环境，准确建立与重大地质事件的对应关系，为铁建造的成因提供依据。部分学者采用较为直接的手段对 BIF 形成时代进行约束，如尝试从 BIF 分离锆石进行 U-Pb 测年、构建 BIF 条带的 Sm-Nd 等时线和磁铁矿的 Re-Os 等时线等。然而这些方法存在较大问题，往往揭示出的为后期构造热事件的改造信息（王长乐等，2014）。考虑到 BIF 与变火山岩夹层或围岩属于同一期火山-沉积作用的产物，变火山岩形成年龄可以间接代表 BIF 的形成时代。因而，采取 BIF 相关单元的年龄来间接代表 BIF 的形成年龄是目前较为成熟的方法，其中测定铁建造火山岩夹层锆石 U-Pb 年龄是国际上测定 BIF 时代常用的手段。例如，对冀东石人沟铁矿火山岩夹层中的锆石岩相学观察表明（Zhang et al.，2012）（图 4.12），一些锆石具明显的核幔结构，一般核部发育典型的岩浆振荡环带，具岩浆锆石的特征，其年龄应反映岩浆锆石年龄，即火山岩形成年龄；而幔部或边部具变质锆石特征，其年龄应代表变质作用年龄。相应 U-Pb 锆石年龄测定结果表明条带状铁矿围岩（火山岩）形成时代为 2553～2540 Ma，而变质年龄在 2510 Ma 左右（图 4.13）。

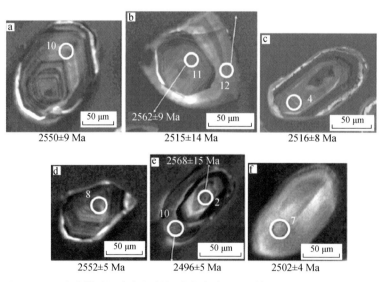

图 4.12 石人沟铁矿围岩角闪斜长片麻岩锆石 CL 特征（Zhang et al.，2012）

早期的一些学者对于 BIF 相关岩系主要采用全岩 Sm-Nd 等时线法来获取其形成年龄（陆松年等，1995），然而近些年来高精度的锆石 U-Pb 年代学方法（如 SHRIMP 和 SIMS）研究发现围岩形成年龄并非如此（Zhang X J et al.，2011），相比于早期获得的结果较年轻。该重大发现在一定程度上修正了以往对华

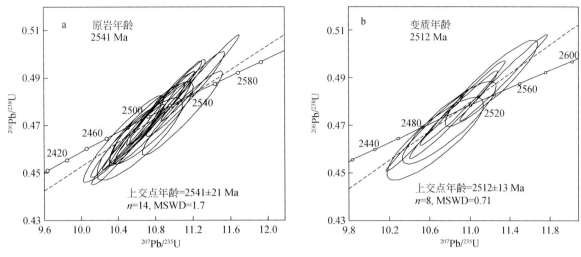

图 4.13 石人沟铁矿围岩角闪斜长片麻岩锆石 U-Pb 年龄反映的原生信息（a）与变质信息（b）（Zhang et al., 2012）

北克拉通早前寒武纪地层的划分，也为建立 BIF 与重大地质事件之间的关联提供了可能。为了更好地了解华北克拉通早前寒武纪 BIF 和相关岩系的时代分布，本书在阅读近年来大量锆石年代学资料的基础上，选取了可信度较高的代表性数据列于表 4.1。统计表明，华北克拉通绝大部分 BIF 形成于新太古代（2.55~2.52 Ga），并经历了 2.50 Ga 左右的变质作用（万渝生等，2012；张连昌等，2012；Zhang et al., 2012）（图 4.14），说明一些地区（如鞍山-本溪、冀东等）的早前寒武纪地层，并非具有上、下层位关系，当属同一时代空间相变的产物（万渝生，1993；伍家善等，1998；Nutman et al., 2011；耿元生和陆松年，2014）。

表 4.1 华北克拉通 BIF 形成时代统计表

地区	铁建造名称	测年对象	测年方法	形成年龄/Ma	变质时代/Ma	资料来源
辽宁鞍山-本溪	陈台沟	绿泥石英片岩夹层	锆石 LA-ICP-MS	2551±10	2469±23	代堰锫等，2013
	南芬	绿泥角闪岩夹层	锆石 LA-ICP-MS	2554±14	2484±12	Zhu et al., 2015a
	歪头山	斜长角闪岩夹层	锆石 SIMS	2563±23		代堰锫等，2012
	齐大山	黑云变粒岩	单颗粒锆石稀释法	2533±53		王守伦和张瑞华，1995
	弓长岭	角闪变粒岩	锆石 SHRIMP	2528±10		万渝生等，2012
辽宁清原	小莱河	角闪变粒岩夹层	锆石 SHRIMP		2515±6	万渝生等，2012
鲁西	济宁	变酸性火山岩	锆石 SHRIMP	2522±7		万渝生等，2012
	韩旺地区	黑云变粒岩	锆石 SHRIMP	2520		万渝生等，2012
胶北	莱州-昌邑	变酸性火山岩	锆石 SHRIMP	2726±10		王惠初等，2015
冀东	王寺峪	黑云斜长片麻岩夹层	锆石 LA-ICP-MS	2516±9		曲军峰，2013
	石人沟	角闪斜长片麻岩	锆石 SIMS	2541±21	2512±13	Zhang et al., 2012
	水厂	斜长角闪片麻岩夹层	锆石 SIMS	2547±7	2513±4	Zhang X J et al., 2011
	司家营	黑云变粒岩夹层	锆石 SIMS	2537±13		Cui et al., 2014
	周台子	斜长角闪岩	锆石 SIMS	2512±21		相鹏等，2012
	朱杖子群铁建造	变酸性火山岩	锆石 SHRIMP	2516±8		万渝生等，2012
内蒙古固阳	三合明	斜长角闪岩夹层	锆石 SIMS	2562±14		刘利等，2012
	公益民	斜长角闪岩夹层	锆石 SIMS	2569±78		Liu et al., 2014
山西五台	王家庄	斜长角闪岩夹层	锆石 SIMS	2543±4		Wang et al., 2014a
山西吕梁	袁家村	绢云石英片岩夹层	锆石 LA-ICP-MS	2384~2210		Wang C L et al., 2015

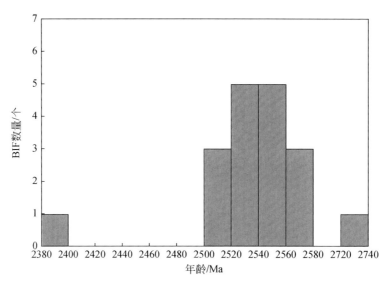

图 4.14 华北克拉通 BIF 形成时代分布图

极少量 BIF 形成于古元古代，如山西吕梁地区（2.3~2.2 Ga）（Wang C L et al.，2015）和鲁东昌邑（2240~2193 Ma）（Lan et al.，2014）的 BIF。除此之外，一些更古老的 BIF 也相继被发现，如鞍山古太古代陈台沟 BIF（约 3362 Ma）（Song et al.，1996），但其规模不大且磁铁矿含量很低，按严格定义不能称为 BIF（万渝生等，2012）。另外，Dai 等（2014）获得了鞍山大孤山 BIF 夹层绿泥石英片岩的锆石 U-Pb 年龄，为 3110±32 Ma，间接约束 BIF 沉积年龄为中太古代。从区域上看，大孤山 BIF 与东、西鞍山以及齐大山 BIF 相邻，BIF 相关围岩岩性相似。可是，前人证实东鞍山和齐大山 BIF 均形成于新太古代晚期（王守伦和张瑞华，1995；杨秀清，2013），并且关于绿泥石英片岩的原岩岩性也是众说纷纭（杨秀清，2013；Sun et al.，2014；崔培龙，2014），因此，大孤山 BIF 的形成时代仍需进一步的工作证实。冀东杏山 BIF，长期以来一直被认为可能是中国最古老的 BIF（沈保丰等，2006）。Han 等（2014）对杏山 BIF 中的石榴子石斜长片麻岩进行了 SHRIMP 锆石 U-Pb 定年，获得了 3389.5±7.6 Ma 的年龄，但考虑其原岩恢复工作存在不足，石榴子石斜长片麻岩的原岩岩性值得商榷。该斜长片麻岩的 U-Pb 年龄可能不代表 BIF 的形成时代。郑梦天等（2015）通过对 BIF 夹层斜长角闪岩 LA-ICP-MS 锆石定年表明其原岩可能形成于 2.8~2.5 Ga，在 2.5 Ga 左右 BIF 经历了一期变质作用，说明杏山 BIF 与冀东其他典型 BIF 形成时代可能一致，为新太古代末期。此外，王惠初等（2015）重新对胶北莱州–昌邑地区的含铁建造的形成时代进行了限定，其中变质酸性火山岩的岩浆结晶年龄为 2726±10 Ma，并在变泥砂岩中仅获得了两组碎屑锆石年龄，约 2.73 Ga 和约 2.9 Ga，综合说明该地区 BIF 应形成于新太古代早期（约 2.7 Ga），而非前人认为的古元古代，这可能为目前华北克拉通最古老的 BIF。另外，一些地区的 BIF 形成时代仍然存在争议，如安徽霍邱和河南舞阳地区的 BIF，亟待进一步的研究工作。

二、华北克拉通 BIF 的多源性

示踪华北克拉通 BIF 物质组成最主要是利用其稀土元素特征（Zhang X J et al.，2011；代堰锫等，2012，2013；李文君等，2012；Zhang et al.，2012；Dai et al.，2014；Wang et al.，2014a；Zhu et al.，2015a；Wang et al.，2017）。国内 BIF 稀土元素经页岩标准化后，呈现出与世界上典型 BIF 相似的稀土配分形式，即轻稀土亏损、重稀土富集，La、Eu 和 Y 的正异常（图 4.15）。这些特征指示 BIF 的物质来自周围海水和海底高温热液的混合溶液，但这仅仅显示一种混合的媒介方式，不能反映深层次的源区信息，如高温热液的具体作用方式及铁质和硅质的特定源区。因而，需借助于 BIF 的 Sm-Nd 同位素特征来进一步约束源区（幔源和壳源）。

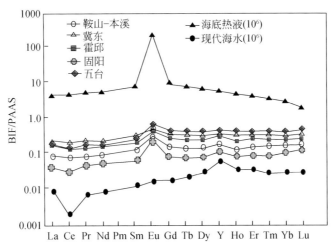

图 4.15 华北克拉通 BIF 经 PAAS 标准化的稀土元素配分特征（Zhang et al., 2016）

现代海水和海底高温热液（>350 ℃）数据平均值源自 Bolhar 和 van Kranendonk（2007）；鞍山和冀东 BIF 数据平均值源自姚通等（2014）；固阳 BIF 数据平均值源自 Liu 等（2014）；霍邱 BIF 数据平均值源自黄华（2014）；五台 BIF 数据平均值源自 Wang 等（2014a）

鞍山-本溪和固阳 BIF 具有一致的正 $\varepsilon_{Nd}(t)$ 值（图 4.16），且 Nd 的初始值与全铁含量不存在相关性。BIF 的 Nd 亏损模式年龄大部分集中于 2.7~2.6 Ga，说明海水较大程度上受到亏损地幔源区物质的影响，结合 BIF 发育一致的 Eu 正异常，综合认为 BIF 物质主要源自热液对较古老镁铁质洋壳的淋滤。

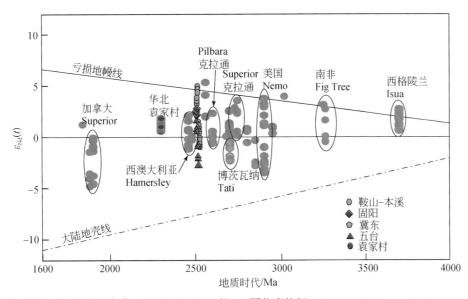

图 4.16 国内外太古宙和古元古代 BIF（>1.8 Ga）的 Nd 同位素特征（Wang et al., 2016; Zhang et al., 2016）

山西五台绿岩带位于华北克拉通中部，为国内现今保存最完整的绿岩带。王家庄 BIF 作为阿尔戈马型的典型代表，产出于该绿岩带的下部，空间上与一套角闪岩相变质的基性、中酸性火山岩和沉积岩系密切相关。BIF 火山岩夹层 SIMS 锆石年代学间接约束其形成时代为 2543 Ma（Wang et al., 2014a）。BIF 主要矿物组成除石英和磁铁矿外，还有部分铁闪石、铁韭闪石和石榴子石及少量阳起石等。主、微量元素特征显示其受到陆源碎屑物质的混染，页岩标准化的稀土特征显示其具有高温热液和海水的双重特征。王家庄 BIF Sm-Nd 同位素特征显示，陆源碎屑物质混染程度越高（Al_2O_3 含量升高），初始 Nd 同位素值越大（图 4.17a）；且初始 Nd 同位素值与铁含量呈负相关（图 4.17b），从而推测相对纯净的 BIF 具有较低的负 $\varepsilon_{Nd}(t)$ 值，且铁质与 Nd 具有相似的来源。同时考虑到同期变火山-沉积岩序列具有一致的正 $\varepsilon_{Nd}(t)$ 值，

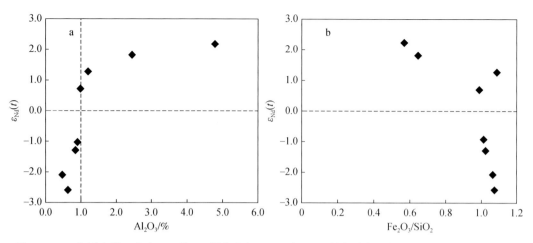

图 4.17 五台绿岩带王家庄 BIF 的 Nd 同位素与 Al_2O_3 及 Fe_2O_3 的相关性图解（Wang et al., 2014b）

综合认为海底高温热液对下伏古老陆壳的循环淋滤可能是导致 BIF 呈现负 $\varepsilon_{Nd}(t)$ 值的根本原因（图 4.18），铁质可能主要来自再循环的古老陆壳物质。

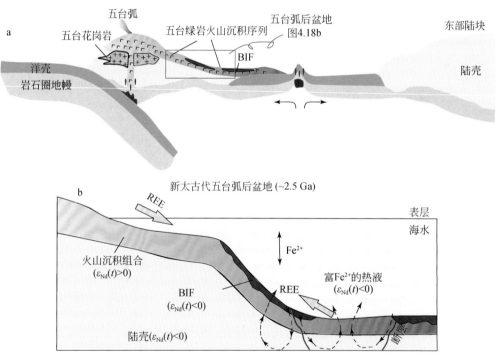

图 4.18 五台绿岩带王家庄 BIF 的形成模式（Wang et al., 2014b）

为细致诠释太古宙 BIF 铁质和硅质来源，需对 BIF 连续的富硅和富铁单条带开展相关地球化学特征研究。司家营 BIF 是冀东地区规模最大和产状最为稳定的 BIF，赋存于太古宙末期（2.54 Ga）一套变火山岩序列之中，该火山岩系变质程度较强（低角闪岩相），主要由变玄武岩、英安-流纹岩和酸性凝灰岩构成。BIF 具条纹条带状构造，条带一般宽 1~50 mm，主要矿物组成为磁铁矿和石英，少量阳起石、黑云母和绿泥石（Wang et al., 2017）。

司家营 BIF 单条带地球化学特征研究显示，Al_2O_3 和 TiO_2 及高场强元素（如 Zr、Sc）含量较低，表明 BIF 沉积时未遭受陆源碎屑的污染；稀土元素经页岩标准化后显示轻稀土相比重稀土亏损，La、Eu 和 Y 的正异常，说明其源自受高温热液叠加的海水。仔细看来，铁质条带相比于硅质条带，具有较高的稀土含量，暗示铁质条带可能源自深部水体。此外，单条带 Nd 同位素特征明显分为两群，富硅部分具有一致的

负 $\varepsilon_{Nd}(t)$ 值，$T_{DM}(t)$ 集中于 2.9 Ga 左右；富铁部分具有一致的正 $\varepsilon_{Nd}(t)$ 值，$T_{DM}(t)$ 集中于 2.7 Ga 左右（图 4.19），说明铁质和硅质分别来自一个相对均一的源区，沉积盆地海水相对于 Nd 同位素而言是不均匀的。并且，初始 Nd 同位素值与全铁含量具正相关（图 4.19），综合暗示铁主要来自热液对较古老镁铁质洋壳的淋滤；而硅可能来自受控于古老陆壳或沉积物风化的浅部海水。根据 BIF 的 Nd 同位素特征与全铁含量的线性相关关系，通过外推法可获得两个端元值，即热液单元和周围海水端元。热液端元的 $\varepsilon_{Nd}(t)$ 为 +3，介于 CHUR 参考线和亏损地幔演化线之间，但与冀东太古宙变英安岩的初始 Nd 同位素一致（平均为 +3.1）（Nutman et al., 2011），说明司家营地区地幔源区在 BIF 沉积之前就已经发生亏损，暗示早期可能有一定规模陆壳的形成。周围海水端元的 $\varepsilon_{Nd}(t)$ 为 -1.0，结合其较大的 $T_{DM}(t)$ 年龄，说明其受控于古老的富集源区的风化。该源区极有可能为附近的黄柏峪地区，早期学者在这里发现曹庄铬云母石英岩中存在 3880 Ma 的碎屑锆石以及 3280~2950 Ma 的正片麻岩（Wu et al., 2005；Wilde et al., 2008；Nutman et al., 2011）。

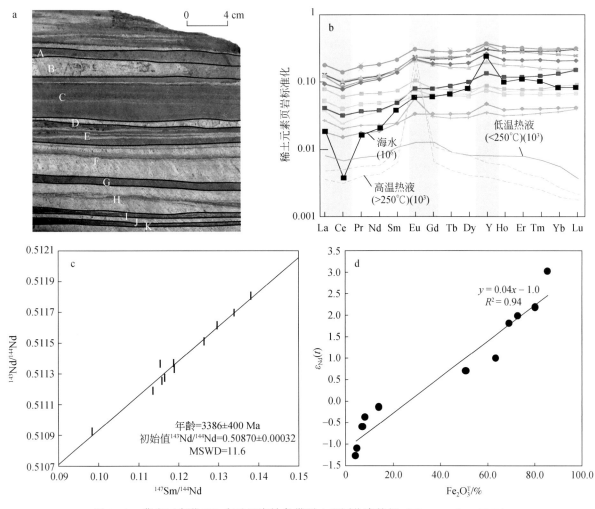

图 4.19　冀东司家营 BIF 富硅和富铁条带稀土和同位素特征（Wang et al., 2017）

司家营 BIF 条带的 Ge/Si 值可进一步有效判别其硅质来源（Hamade et al., 2003）。司家营 BIF 的 Ge/Si 值随 Si 含量的升高而降低，接近现代海水的值（0.07×10^{-5}）；反之则升高，接近现代热液的值（$0.8\times10^{-5}\sim1.4\times10^{-5}$）（图 4.20）。进一步通过与国内外典型 BIF（如 Hamersley 盆地 BIF）等对比研究，发现它们具有相似的变化趋势，综合认为 BIF 的硅质可能主要来自于受控于古老陆壳风化的周围海水。铁质和硅质沉淀分别对应着热液活动的高峰期和衰减期。

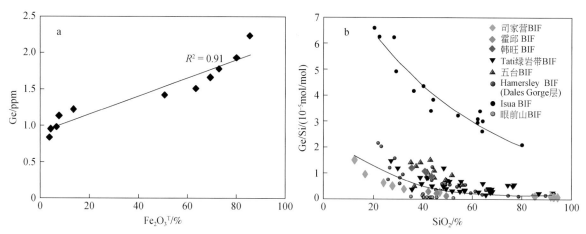

图4.20 冀东司家营BIF富硅和富铁条带Ge与铁含量（a）和Ge/Si值与硅含量（b）相关图（Wang et al.，2017）

第三节 BIF铁矿的形成环境与形成机制

一、华北克拉通新太古代BIF矿物成因：成岩-变质期产物

华北克拉通BIF产在前寒武纪表壳岩系中（Zhai et al.，1990；Zhai and Windley，1990），部分赋存于太古宙花岗-绿岩带序列中，如五台和固阳绿岩带（表4.2）。相比于国外典型BIF，国内大部分BIF明显遭受了后期变质-变形作用的强烈叠加改造。一般经历角闪岩相，如本溪歪头山BIF（周世泰，1994）；少数变质程度较低，为绿片岩相，如山西吕梁袁家村BIF（田永清等，1986）；极少数变质程度较高，可达麻粒岩相，如河南舞阳铁山庙BIF（俞受鋆等，1981）。BIF常与相关岩系呈整合截然接触，夹层围岩常为变基性火山岩（斜长角闪岩），如本溪歪头山BIF（代堰锫等，2012）和五台王家庄BIF（Wang et al.，2014a）；次为变中酸性火山岩，如冀东司家营BIF夹层岩石为黑云斜长片麻岩和角闪斜长片麻岩（变英安岩）（Cui et al.，2014）和弓长岭BIF夹层岩石为黑云变粒岩（变英安岩）（万渝生等，2012）。一些BIF产于变碎屑沉积岩序列之中，如鞍山齐大山BIF和吕梁袁家村BIF（Wang C L et al.，2015）。

表4.2 华北克拉通主要BIF地质特征

容矿群组	鞍山	本溪	遵化	迁西	滦县	五台	固阳	鲁西	霍邱
	鞍山群	鞍山群	遵化群	迁西群	滦县群	五台群	色尔腾山群	鲁西群	霍邱群
围岩岩性	绿泥石石英片岩，云母石英片岩	斜长角闪岩，阳起石片岩，黑云角闪片岩，变粒岩	黑云角闪斜长片麻岩，黑云斜长片麻岩	黑云斜长片麻岩，辉长片麻岩，角闪斜长片麻岩	黑云变粒岩，二云母片麻岩，角闪斜长片麻岩	斜长角闪岩，云母片岩，绿泥角闪片岩	斜长角闪岩，透闪石片岩，石榴子石黑云母片岩	绿片岩，千枚岩	角闪斜长片麻岩，变粒岩，斜长角闪岩，大理岩
变质相	绿片岩相	绿片-角闪岩相	角闪岩相	角闪-麻粒岩相	绿片-角闪岩相	绿片-角闪岩相	角闪岩相	绿片岩相	角闪岩相
单层厚度/m	20~300	20~200	10~100	10~100	20~200	10~130	10~100	20~300	20~200
长度/km	0.2~14.5	0.2~10	0.1~3	0.1~3	0.2~10	0.1~4.3	0.1~1	0.2~5	0.2~10
经济品位/%	28~35	28~35	25~35	25~35	25~35	26~33	25~32	25~35	25~35
规模	超大型	大型	中型	大-中型	超大-大型	中-小型	中-小型	超大型	大-中型

续表

容矿群组	鞍山	本溪	遵化	迁西	滦县	五台	固阳	鲁西	霍邱
	鞍山群	鞍山群	遵化群	迁西群	滦县群	五台群	色尔腾山群	鲁西群	霍邱群
矿物相	氧化物相为主，少量硅酸盐相	氧化物相为主，少量硅酸盐相	氧化物相为主，少量硅酸盐相	氧化物相	氧化物相	氧化物相和硅酸盐相	氧化物相和硅酸盐相	氧化物相	氧化物相和碳酸盐相
矿物组成	磁铁矿，假象赤铁矿，菱铁矿，石英，透闪石，绿泥石，铁白云石，黑硬绿泥石	磁铁矿，假象赤铁矿，菱铁矿，石英，阳起石，透闪石，铁白云石	磁铁矿，假象赤铁矿，菱铁矿，石英，普通角闪石，透闪石，铁白云石	磁铁矿，石英，普通角闪石，黑云母	磁铁矿，石英，角闪石，黑云母，紫苏辉石，透辉石	磁铁矿，假象赤铁矿，石英，菱铁矿，阳起石，透闪石，绿泥石	磁铁矿，镁菱铁矿，石英，绿泥石，镁铁闪石，黑硬绿泥石	磁铁矿，石英，透闪石，阳起石，黑云母，碳酸盐	磁铁矿，石英，角闪石，绿泥石，黑云母，碳酸盐	磁铁矿，赤铁矿，石英，普通角闪石，铁闪石，菱铁矿，阳起石，铁菱镁矿，白云石
典型矿床	齐大山，东鞍山，西鞍山，大孤山，眼前山	大台沟，歪头山，南芬，北台	石人沟，马兰庄	水厂，马兰庄，杏山	司家营，马城，大贾庄	王家庄，山羊坪，峨口	三合明，公益明，东五分子	济宁	张庄，周集，周油坊，李老庄，李楼

华北克拉通 BIF 沉积相主要为硅酸盐相（图 4.21b），其次为氧化物相（图 4.21a），极少数会出现碳酸盐相。矿物组成主要为磁铁矿、石英、硅酸盐矿物、少量碳酸盐和硫化物。氧化物相较少出现原生的赤铁矿，在接近地表的位置，常见赤铁矿交代磁铁矿，呈现磁铁矿的假象，偶尔由后期变质重结晶作用导致赤铁矿形成镜铁矿。硅酸盐矿物主要为闪石类矿物，少数 BIF 中可见辉石、橄榄石、黑硬绿泥石、铁滑石等矿物。碳酸盐矿物主要为方解石，偶尔可见菱铁矿和含铁白云石等。硫化物主要为黄铁矿，但黄铁矿是否为沉积成因较难判断，一般认为分散分布且具有胶状或草莓状结构的黄铁矿为原始成因。下面将对华北 BIF 中的主要含铁矿物成因进行分别论述。

（一）磁铁矿

BIF 中磁铁矿主要有两种形式，一是细小的半自形颗粒，它们或形成集合体，或构成单矿物的纹层（图 4.21a）；二是较大的自形单个颗粒，切穿石英颗粒（图 4.21d）。自形的磁铁矿可能为变质重结晶的产物，而细小的半自形颗粒可能形成于成岩期。目前没有任何岩相学证据表明磁铁矿为原生沉积的产物，早期认为磁铁矿是变质过程的产物。然而，通过研究认为，磁铁矿绝大部分应为成岩期的产物，可能为早期沉淀的铁的氢氧化物转变而来。

形成磁铁矿的反应常为赤铁矿和菱铁矿之间的变质反应，该反应发生的温压条件分别为 $T = 480 \sim 650\ \text{℃}$，$P = 4 \sim 15\ \text{kbar}$（Koziol，2004）：

$$FeCO_3（菱铁矿）+ Fe_2O_3（赤铁矿）== Fe_3O_4（磁铁矿）+ CO_2$$

这一温压条件常对应着角闪岩相的发生。然而，华北 BIF 经受的变质程度跨越较大，从绿片岩相到麻粒岩相，且铁白云石或菱铁矿常包裹磁体矿（图 4.21h），未见磁铁矿同时交代赤铁矿和铁白云石或菱铁矿的现象。此外，华北 BIF 铁同位素值（$\delta^{56}Fe$）显示一致的正值（图 4.22），综合磁铁矿不应通过该反应生成。因而，磁铁矿的形成途径可能为早期三价铁的氢氧化物在成岩期发生异化还原作用所致（Lovley，1993；Frost et al.，2007；Johnson et al.，2008）；也可能为成岩期富二价铁的热液与早期三价铁的氢氧化物反应生成（Ohmoto，2003）。

图 4.21 华北克拉通 BIF 铁矿不同岩相的显微照片

a. 鞍山低角闪岩相齐大山氧化物相 BIF；b. 齐大山硅酸盐相 BIF；c. 五台角闪岩相王家庄 BIF；d. 冀东角闪岩相-麻粒岩相水厂 BIF；e. 清原麻粒岩相小莱河 BIF，可见磁铁矿沿辉石间隙分布；f. 本溪大台沟绿片岩相 BIF，可见黑硬绿泥石的残余；g. 小莱河 BIF，可见辉石交代角闪石的现象；h. 本溪大台沟 BIF，可见镁菱铁矿包裹磁铁矿的现象

（二）硅酸盐类

1. 黑硬绿泥石

BIF 中最常见的低级硅酸盐矿物为黑硬绿泥石（图 4.21f）。黑硬绿泥石是铁建造中一种特征性的中低

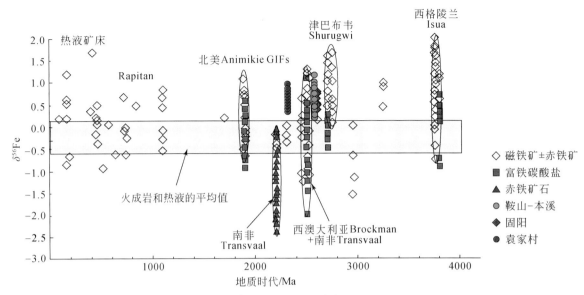

图 4.22 华北 BIF 与国外 BIF 的铁同位素特征对比图（改自 Bekker et al., 2010; Zhang et al., 2016）

级变质矿物（Klein, 2005）。绿脱石是现代海洋沉积物中常见的矿物, 化学组成与黑硬绿泥石相似, 富铁贫铝, 经常在洋底还原的低温热液环境中由三价铁的氢氧化物和溶解的硅反应生成（Dekov et al., 2007）:

$$2Fe(OH)_3 + 4Si(OH)_4 \longrightarrow Fe_2Si_4O_{10}(OH)_2 \cdot 10H_2O$$

鉴于它特殊的形成机制和物质组成, 大部分学者认为（Bekker et al., 2013; Rasmussen et al., 2013）黑硬绿泥石是绿脱石的变质产物。

2. 角闪石

BIF 中分布最为广泛的硅酸盐矿物为各类角闪石, 经常可见其交代黑硬绿泥石的现象（图 4.21f）。另外, 角闪石常见其与方解石共生, 如果体系中水组分较高, CO_2 组分较低, 那么早期的铁白云石也可能会在进变质过程中与硅反应转化成为角闪石类的矿物, 且会伴随着方解石的生成:

$$5Ca(Fe, Mg)(CO_3)_2 + 8SiO_2 + H_2O \longrightarrow Ca_2(Fe, Mg)_5Si_8O_{22}(OH)_2 （阳起石）+ 3CaCO_3 + 7CO_2$$

3. 辉石

在一些经受麻粒岩相变质的 BIF 中, 可见结晶较好的斜方辉石和单斜辉石, 可见其包裹或交代角闪石的现象（图 4.21g）, 推测其应为角闪石在进变质过程中的产物。

此外, 在少量 BIF 中可见绿泥石、石榴子石、斜长石和黑云母等富 Al 质矿物, 推测此类 BIF 在沉积时遭受到陆源碎屑物质的混染, 这些矿物可能为碎屑物质在后期变质过程中转变所致。

（三）碳酸盐类

BIF 中碳酸盐矿物主要为方解石, 部分浅变质地区的 BIF（如山西袁家村、本溪大台沟）中可见菱铁矿和含铁白云石等。铁白云石和菱铁矿一般与富硅条带密切相关, 虽然一些铁白云石或菱铁矿可能与早期三价铁的氢氧化物同时形成, 但 BIF 中菱铁矿和铁白云石可能主要形成于成岩期。具体有以下证据: 首先, 磁铁矿颗粒可被菱铁矿包裹（图 4.21h）, 但未见菱铁矿被磁铁矿或赤铁矿包裹; 其次, 一些铁氧化物层由于埋藏压实可导致其中的铁白云石聚集形成不规则的集合体或纹层切穿早期层理; 再次, 菱铁矿边缘经常发生溶蚀导致形成他形晶体（图 4.21h）; 最后, 方解石常常与角闪石类矿物共生。进而推测铁白云石最有可能是较早沉淀的菱铁矿成岩期发生溶解反应形成的（Pecoits et al., 2009; Li, 2014）; 而方解石可能为铁白云石或菱铁矿在变质作用过程中的产物。

综上所述, 可大致推测 BIF 原始沉积组成为无定形硅胶、三价铁的氢氧化物、铁硅酸盐凝胶（与黑硬绿泥石组成相似）, 这些沉积物在随后的成岩期和绿片岩相的区域变质作用下发生矿物之间的相互转变

(图 4.23),从而形成了现今 BIF 中的矿物组合。

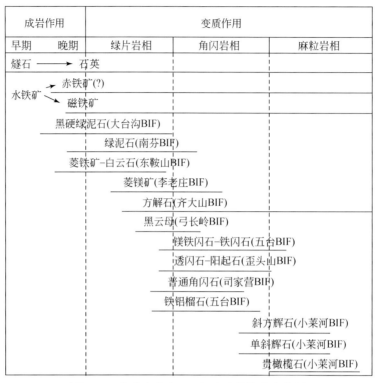

图 4.23　华北太古宙 BIF 组成矿物综合演化图

二、BIF 沉积水环境的氧化还原状态——近中性缺氧富铁

前寒武纪 BIF 的稀土元素特征可用来有效诠释其物质来源,同时也可反映同时期古海洋和大气的成分和氧化还原状态。可是,由于铁建造的稀土元素特征可能会受到同生沉积(如碎屑混染)和沉积后作用(如成岩作用、变质作用)的影响(Bau,1993),在判断物质来源等问题时,应对这一前提条件加以限定和讨论。陆源碎屑混染在铁建造沉积过程中会影响稀土元素在铁建造与海水之间的分配,可能会降低 Eu/Sm 值和 Y/Ho 值,提高 Sm/Yb 值(Bau,1993)。华北一些 BIF(如五台王家庄)样品有较高含量的绿泥石、石榴子石和斜长石等,Al_2O_3、HFSEs 含量也相对较高,且 Al_2O_3 和 TiO_2、Zr 和 Y/Ho 值等之间存在相关性,说明这些样品沉积时受到陆源碎屑的混染,不太可能沉积于深海平原环境(Haugaard et al.,2013)。

BIF 稀土元素特征中的特征元素异常(如 Ce 和 Eu)常可用来指示古海水的氧化还原状态(Frei et al.,2008)。一般来说,氧化的现代海水会显示明显的 Ce 负异常和轻稀土亏损;而次氧化和厌氧的水体缺乏 Ce 负异常(German and Elderfield,1990;Byrne and Sholkovitz,1996),Ce 异常和轻、重稀土的比值变化范围较大。前者可能是由于三价 Ce 氧化成四价 Ce,使得 Ce 优先进入锰、铁的氢氧化物、有机物质和黏土颗粒,且轻稀土相对于重稀土优先被锰、铁的氢氧化物或碳酸盐络合反应吸收;后者可能是富集 Ce 和轻稀土的铁锰氢氧化物颗粒在氧化还原过渡层和下部还原水体中溶解造成的(German et al.,1991;Sholkovitz et al.,1992)。在现代一些氧化还原层化的洋盆地里,可能就是由于这种氢氧化物载体溶解才造成水体的 Ce 正异常和轻稀土富集现象(Bau et al.,1997b;de Carlo and Green,2002)。并且,实验结果说明,在 pH>5 的条件下,水体中的 Ce 不会或者只是微量优先进入铁的氢氧化物中(Bau and Dulski,1999;Ohta and Kawabe,2001),但却优先进入 Mn 的氢氧化物中。因此,三价铁的氢氧化物可很好地记录水体中 Ce 的异常,而 Mn 的氧化物一般会强烈吸收 Ce,相关的溶解和沉淀作用可影响局部水体 Ce 的浓度(Planavsky et al.,2009)。

地球上的大气氧含量经历了两个阶段的明显抬升,才接近现代水平(Lyons et al.,2014)。一次发生于古元古代早期(GOE,2.4~2.2 Ga)(Bekker et al.,2004),氧气水平自小于10^{-5}现代氧水平提升到10^{-2}现代氧水平;另外一次发生于新元古代末期(NOE,800~542 Ma)(Frei et al.,2009),最终导致深部海洋的氧化。华北克拉通太古宙BIF形成于GOE之前,绝大部分BIF不具有Ce负异常(图4.24),这与国际上GOE之前的BIF特征近似,而与GOE之后的特征明显不同。GOE之后的BIF常具有明显的Ce正异常,综合说明BIF沉积于氧逸度较低的环境中,该环境足以造成铁的氧化,但不足以造成Ce和Mn的氧化。并且,缺乏Ce的负异常说明铁的沉淀形成于pH>5的水体中。

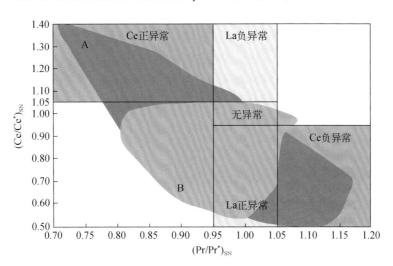

图4.24 BIF的Pr-Ce判别图

用以区分真实的Ce异常;A区域为古元古代中、晚期BIF区域(<2.3 Ga);B区域为太古宙与古元古代早期BIF区域(>2.3 Ga)(李志红等,2010;Zhang X J et al.,2011;姚通等,2014;Bau and Dulski,1996;Planavsky et al.,2010;Wang et al.,2014b;Wang C L et al.,2015;Raye et al.,2015)

然而,一些BIF(如五台王家庄)稀土元素特征显示出真实的Ce负异常,说明水体环境部分已发生氧化("氧气绿洲")(Wang et al.,2014a),进而指示早前寒武纪大气氧水平的提高并非一蹴而就,演化历史极具复杂性。该推论与国际上部分学者的研究结果一致,如Cabral等(2016)对巴西约2.65 Ga Itabira的BIF的主微量元素特征研究发现,BIF具有较低的Th/U值,较高的Y/Ho值和真实的Ce负异常,综合说明沉积时的海水有微弱的氧化;依据BIF Cr同位素的变化趋势,Frei等(2009)认为2.8 Ga左右蓝藻细菌光合作用比较活跃,可能导致地球上最早氧化风化作用的发生,可是相比于GOE期间风化作用强度,中太古代氧化风化的程度比较微弱(Konhauser et al.,2011);Planavsky等(2014)针对南非Sinqeni BIF中的富Mn碳酸盐进行了Mo同位素特征研究,认为约2.95 Ga浅水海洋环境可能发生了氧化,可能是生物光合产氧作用导致,这一结论同时得到了南非Ijzermyn BIF的Cr同位素特征的支持(Crowe et al.,2013)。

BIF的铁同位素特征也可用来指示其沉淀时的氧化还原条件(Johnson et al.,2003,2008;Rouxel et al.,2005;Anbar and Rouxel,2007)。热液来源Fe(II)aq的$\delta^{56}Fe$值一般为0或$-0.5‰$(Johnson et al.,2008)。如果发生完全氧化,形成的三价铁的氢氧化物会与热液的$\delta^{56}Fe$值相同;如果发生部分氧化,形成的三价铁氢氧化物将富集重铁,铁同位素值为正,而残余热液的$\delta^{56}Fe$值会小于0。华北BIF中磁铁矿的$\delta^{56}Fe$值均为正值(图4.22),表明海水中二价铁离子发生了不完全氧化,不同的正值可能反映不同的氧化程度,但应均在较低氧逸度条件下发生沉淀。

三、BIF氧化沉淀机制——次氧化-厌氧条件下的生物作用

由上可知,华北克拉通太古宙BIF沉积时的古海洋,除了极少数局限盆地的海水已经发生微弱氧化外,整体氧逸度应偏低,处于缺氧状态(图4.25),这在一定程度上约束了BIF的氧化沉淀机制,说明

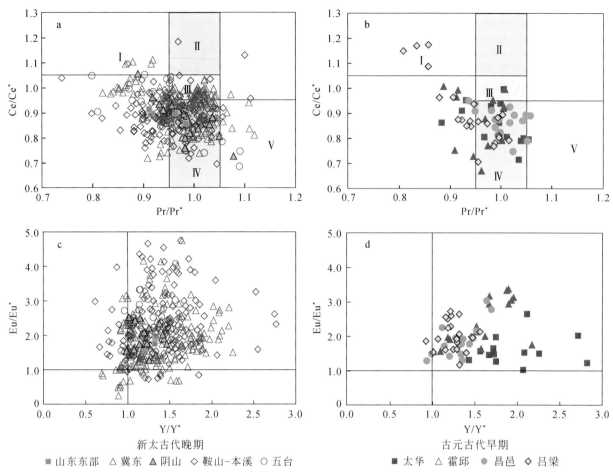

图 4.25 华北新太古代晚期和古元古代早期 BIF Pr-Ce 判别图（a 和 b）和 Eu-Y 判别图
（c 和 d）（Wan et al., 2016b）

BIF 的沉积并非是上部水体蓝藻细菌释放的自由氧造成的无机沉淀（Klein and Beukes, 1993），而应该是在次氧化-厌氧条件下微生物的作用氧化所致。前人研究表明，该种情况下微生物的作用方式主要有两种。次氧化条件下，微量需氧的二价铁氧化细菌，利用上部光合带水体中生物光合作用产生的氧气作为电子受体（Emerson and Revsbech, 1994; Konhauser et al., 2002），造成铁的沉淀，反应方程式为 $6Fe^{2+} + 1/2O_2 + CO_2 + 16H_2O \longrightarrow [CH_2O] + 6Fe(OH)_3 + 12H^+$；厌氧条件下，不产氧的光合二价铁氧化细菌，利用光来氧化二价铁（Kappler et al., 2005; Posth et al., 2008），反应方程式为 $4Fe^{2+} + 11H_2O + CO_2 \longrightarrow [CH_2O] + 4Fe(OH)_3 + 8H^+$。

四、BIF 沉淀速率——快速

现代氧化海水的稀土元素经页岩标准化后常显示轻稀土相比于重稀土的亏损，La、Gd 和 Y 的正异常，强烈的 Ce 负异常（Bolhar et al., 2004）。现代海洋缓慢沉淀的水成铁锰沉积物往往优先吸收水体中的 Ce 和 Ho 元素，与周围海水达到平衡，从而导致其稀土元素特征显示出 Ce 正异常和 Y 负异常；而快速沉淀的现代海洋热液铁锰沉积物常具有与海水近似的特征，显示 Y 正异常，暗示其沉淀并未与周围海水处于平衡（Bau and Dulski, 1996）。华北 BIF 的稀土特征标准化后具有一致的 Y 正异常（图 4.25），与快速沉淀的现代海洋热液铁锰沉积物特征一致，说明 BIF 的沉积速度可能非常快，其吸收的 REE+Y 没有与周围海水达到交换平衡。

BIF 沉积时代和相应沉积速率的确定有利于细致揭示 BIF 沉积环境演变规律，建立与早前寒武纪地质历史时期重大地质事件的对应关系，诠释BIF沉淀机理。然而，BIF自沉积之后经历了复杂的压实成岩和多期的变质作用，且BIF常与火山-沉积岩形成互层，说明其沉积过程往往并非连续，中间可能存在沉积间断。从而，这些因素直接影响到对BIF真实沉积速率的准确判断，导致其最终获得的速率应为压实沉积速率（CDR），并且，在计算速率之前，需对某些沉积间断的持续时间进行相应假设，这也在一定程度上降低了沉积速率结果的可靠性。

通过系统整合华北BIF变火山岩围岩的锆石U-Pb年代学数据发现，前人针对冀东司家营BIF的沉积年代学工作基本均集中于同一钻孔中不同位置的火山岩样品（图4.26），同时考虑到U-Pb测年手段（SHRIMP和SIMS）的高度精确性，从而为获得相对准确的BIF压实沉积速率提供了可能。司家营BIF作为冀东规模最大的BIF，东西延伸范围广，赋存于新太古代滦县群变中酸性火山岩序列中，其上、下盘以及夹层围岩均为变火山岩，说明BIF可能沉积于火山活动的间歇期。考虑到它们之间的整合平直接触，推测BIF沉积过程中可能不存在时间较长的沉积间断，但存在一定的火山间歇期。因而，为获取相对统一以及较大尺度范围的速率结果，需对这些火山间歇期的持续时间作一假设。此次计算，假设火山间歇期低于1 Ma。

将前人关于司家营BIF围岩的年代学数据恢复到地层柱相应层位上（图4.26），可发现自下而上BIF围岩（变火山岩）的形成时代比较接近。依据所有变火山岩的形成年龄，可大致估算BIF最小沉积速率为10.5 m/Ma。为了检验该结果在较大空间尺度范围内的可靠性，同时选取该沉积建造的其中一段来进行压实沉积速率的计算，如铁建造上部的底部和顶部火山岩的形成年龄分别为2537±13 Ma和2535±8 Ma，依此估算沉积速率为10 m/Ma。该速率与上述计算结果基本一致，同时考虑到多个年龄结果共同约束的精确度，因而可采取10.5 m/Ma来近似代表沉积速率。考虑到司家营地区BIF岩系地层整体倾角平均为30°，据此进一步推算司家营BIF的真实压实沉积速率应为9.1 m/Ma。

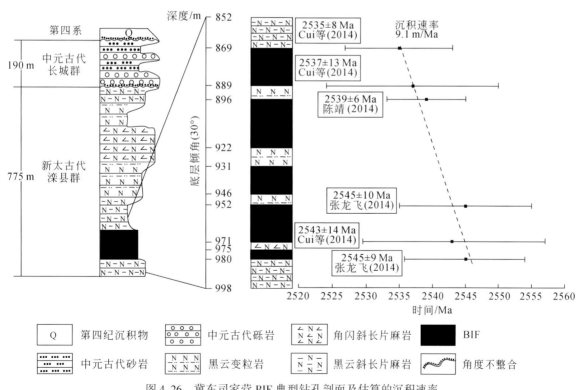

图4.26 冀东司家营BIF典型钻孔剖面及估算的沉积速率

年龄数据来源：Cui et al.，2014；陈靖，2014；张龙飞，2015

前人关于BIF压实沉积速率的估算主要集中于世界上两个储量最大的BIF单元上：西澳大利亚Hamersley和南非Transvaal盆地中的铁建造，二者形成时代基本一致，约为2.46 Ga。Trendall和Blockley

(1970) 认为 BIF 的微条带约等于一年期间沉积的化学泥,依据该假说,Klein 和 Beukes (1989) 认为 Transvaal 盆地中 Kuruman BIF 沉积速率可高达 568 m/Ma,然而,Pickard (2003) 依据 Kuruman BIF 多层凝灰岩夹层的 SHRIMP 锆石 U-Pb 时代估算出的 BIF 沉积速率却相对较低,为 3~22 m/Ma。针对 Hamersley 盆地中的 BIF,前人对其沉积速率的估算结果较多,如 Brockman BIF (87~227 m/Ma)(Morris, 1993)、Brockman BIF 中 Joffre 层 (33 m/Ma)(Pickard, 2002)、盆地中所有 BIF (30 m/Ma)(Barley et al., 1997) 等。其中,需重点介绍的是,Trendall (2002) 通过综合前人关于 Hamersley 盆地 BIF 沉积速率计算的所有结果,对沉积速率进行重新估算,推测应为 23~230 m/Ma。为了进一步检验该沉积速率结果的准确性,Trendall 等 (2004) 重新测定了 Hamersley 盆地 BIF 不同层位凝灰岩夹层的 SHRIMP 锆石 U-Pb 年龄,同时结合前人关于夹层凝灰岩的所有锆石 U-Pb 年代学资料,综合计算 BIF 压实沉积速率应为 180 m/Ma。Li (2014) 针对南非 Kuruman、西澳大利亚 Brockman 和北美约 2.7 Ga Abitibi 绿岩带 Hunter Mine BIF 开展了细致的显微矿物学工作,发现 BIF 不仅存在微条带,还存在纳米级宽度的条带。其中赤铁矿颗粒中可见约 26 nm 宽的微条带,可能代表每一天的沉积量;而最细的石英条带宽 2.7~10 μm,可能代表每一年的沉积量,据此推测 BIF 沉积速率为 6.6~22.2 m/Ma。司家营 BIF 的沉积速率相比上述这些结果,明显偏低,可能说明两点:①滦县群 BIF 的沉积速率相比典型苏必利尔型 BIF (如 Hamersley 和 Transvaal 盆地中 BIF) 偏低;②滦县群 BIF 沉积之后可能遭受异常强烈的压实作用,导致 BIF 原始沉积厚度急剧减小,从而造成计算的速率偏低。

关于 BIF 后期压实程度 (约等于 1-现存厚度/原始厚度) 目前存在较大争议。Trendall 和 Blockley (1970) 最早认为 BIF 遭受压实程度可达 95%;Trendall (1973) 在 Hamersley 盆地 BIF 中通过对比燧石结核中及其外部的铁氧化物的微条带厚度,估算其压实程度为 86%;Beukes (1984) 认为南非太古宙 Asbesheuwels 亚群中火山沉积序列 (包括 BIF) 经历了 >80% 的后期压实;Beukes 和 Gutzmer (2008) 运用 Trendall 早期的估算方法测定了南非 Kuruman BIF 和 Griquatown BIF 的压实程度,可达 90%。综上可知,BIF 沉积后一般会遭受到至少 80% 的压实,运用该结果,将司家营 BIF 的压实沉积速率可以换算为原始的沉积速率,约为 40 m/Ma。

第四节 BIF 铁矿与陆壳生长的关系及控制因素

研究表明 (Rasmussen et al., 2012),前寒武纪 BIF 形成高潮与地壳增生、地幔柱活动和 VMS 矿床的峰期存在对应关系 (图 4.27),其原因是前寒武纪地壳快速生长、镁铁质-超镁铁质岩浆广泛发育、海底火山-热液大规模活动,为海洋中溶解的巨量铁提供物质来源。Isley 和 Abbott (1999) 认为,与地幔柱有关的火山作用可以通过大陆风化作用或海底热液作用使铁流动到全球大洋的量明显增加,导致了大量 BIF 沉积。但是,早前寒武纪古海洋中并没有广袤的大陆,海洋中仅有一些孤岛,BIF 中巨量铁质应主要来源于遭受侵蚀的大洋玄武岩 (包括大洋高原、海山和洋中脊等环境中形成的玄武岩),同时这些大洋玄武岩也为海底热液提供了部分铁质。

太古宙地壳保存最好的剖面是年龄为 3.8 Ga 由镁铁质和长英质变质火山岩以及变质沉积岩组成的格陵兰伊索瓦 (Isua) 构造带,该构造带产有带状磁铁矿建造以及少量含铜硫化物的角闪岩。最大规模铁建造产有品位为 32%、储量约 20 亿 t 的铁矿石,且该带状铁建造和火山成因块状硫化物具有共存成矿作用的特点。

从全球看,新太古代 (2.7~2.5 Ga) 时期的主要克拉通普遍经历了大规模的陆壳生长过程,成为绿岩地体形成最为集中的阶段,现今陆壳的 80% 以上、BIF 的 60% 以上形成于这一阶段 (翟明国,2010;Zhai and Santosh,2011)。

一、华北 BIF 铁矿分布与克拉通的关系

BIF 是中国铁矿资源的最重要类型,约占铁矿总量的 64% (Li et al., 2014),绝大多数分布于华北克

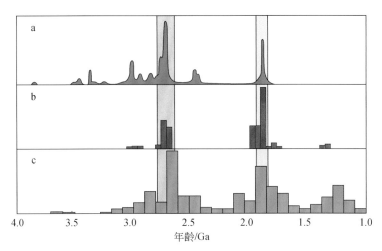

图 4.27 前寒武纪 VMS 矿床、BIF 和陆壳增生的时间演化图（Rasmussen et al., 2012）
a. BIF；b. VMS 矿床；c. 地壳增生

拉通太古宙绿岩带，属阿尔戈马型铁矿；其形成时代在 2.70~2.52 Ga，绝大多数集中于 2.55 Ga 前后。少量 BIF 分布于古元古代地层区，如吕梁、大栗子、舞阳、霍邱等地的 BIF 铁矿，它们与变质沉积岩共生，属于苏必利尔型 BIF 或过渡型 BIF；由于普遍缺乏理想的定年对象，其准确形成时代不是很清楚，仅可大致限制在 2.5~2.14 Ga。

华北克拉通 BIF 铁矿总量约为 460 亿 t，而大致 89% 分布于东部古陆块。Wan 等（2016a, 2016b）的研究表明，新太古代晚期 BIF 虽在华北三个古陆块都有分布，但主体分布于东部古陆块，包括冀东、鞍山-本溪、鲁西及清原等地区的 BIF 铁矿（图 4.28），南部古陆块主要包括舞阳和霍邱的 BIF 铁矿，中部古陆块包括五台-太行、北京密云等 BIF 铁矿。如位于东部陆块的鞍山-本溪在古太古代—中太古代出现原始陆核，如白家坟发育约 3.8 Ga 奥长花岗质岩石，为我国最古老的构造-热事件，指示了原始陆核的生

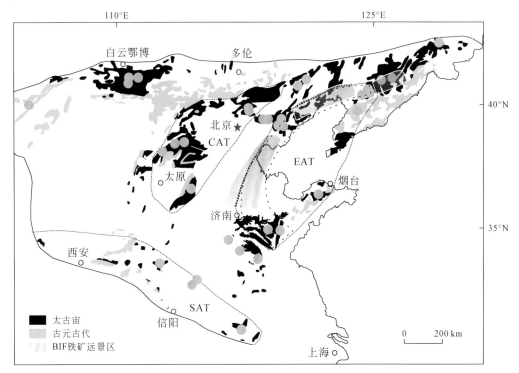

图 4.28 华北克拉通太古宙变质基底构造区划及 BIF 铁矿空间分布（Wan et al., 2016a）
EAT. 东部古陆块；SAT. 南部古陆块；CAT. 中部古陆块。给出 BIF 铁矿分布。红色圆圈代表新太古代晚期；
蓝色圆圈代表古元古代早期

长；铁架山花岗岩形成于2.99~2.96 Ga（万渝生等，2007）。新太古代发育基性-中酸性火山活动，形成大量火山-沉积岩系并夹含BIF；广泛发育的混合岩化作用致使岩石发生低角闪岩相-高绿片岩相变质。在新太古代花岗岩-绿岩带中产出一系列大型-超大型BIF铁矿床，主要有歪头山、北台、南芬、弓长岭、齐大山、胡家庙子、眼前山、大孤山、东西鞍山以及近年来发现的大台沟、陈台沟、小徐家堡子隐伏型铁矿床等。

研究表明，BIF的这种分布特征反映了沉积基底的成熟度和稳定性是控制BIF铁矿规模的重要因素（Wan et al.，2016b）。东部古陆块具有最长期的地壳演化历史，中太古代晚期—新太古代早期岩浆构造热事件使其形成一个相对稳定的古陆块。所以，中太古代晚期—新太古代早期岩浆构造热事件所导致的陆壳巨量增生不仅为BIF铁矿提供物质准备，更为重要的是为BIF形成提供了稳定的沉积环境。沉积环境稳定的重要性同样反映在东部古陆块内部及邻区。鞍山-本溪、冀东和鲁西地区位于东部古陆块西缘，是华北克拉通规模最大的BIF集中区（图4.28）。BIF铁矿储量由大到小分别为250亿t、90亿t和70亿t。与之对应，鞍山-本溪具有最长的（>3.8 Ga）地质演化历史，地壳成熟度最高，地壳稳定性最强；而鲁西的陆壳主要形成于新太古代早期，地壳成熟度最低，地壳稳定性最弱。我们推测华北BIF铁矿远景区应在东部古陆块的西缘，包括鞍山-本溪北东地区、鞍山-本溪和冀东之间地区和冀东和鲁西之间地区（图4.28）。

与全球其他克拉通相比，华北克拉通稳定性较差，新太古代晚期火山作用、岩浆作用和变质作用强烈。这可能是华北克拉通BIF铁矿规模相对较小的重要原因。频繁的火山作用使沉积环境动荡不安，不利于稳定存在含铁水体长期有效的循环系统。频繁的火山作用使产生氧气的海洋生物难以生存繁衍，可能也是BIF铁矿规模小的重要原因。西澳大利亚Pilbala，在规模巨大的新太古代晚期—古元古代早期Hamersley BIF沉积之前，就已成为一个稳定化的克拉通了（van Kranendonk，2006），南非Transvaal的情况也类似（Eriksson et al.，2006）。

二、华北西部固阳新太古代地壳生长与BIF

（一）BIF岩系特征及地壳生长方式

华北克拉通西部固阳-乌拉特前旗地区是华北克拉通太古宙基底出露地区，北部与白云鄂博的古元古代构造带相邻，南侧紧靠贺兰山-大青山古元古代孔兹岩系，基底岩石主要由固阳西部和中部的新太古代绿岩地体和东部地区的高级麻粒岩地体组成。早期根据对这套火山-沉积岩系形成时代的不同认识，它曾被命名为新太古代"色尔腾山群"或"东五分子群"（李树勋等，1987），它们与固阳东部和北部地区的新太古代TTG片麻岩构成了完整意义上的花岗-绿岩地体。

对于固阳绿岩地体较为系统的构造和岩石学工作始于20世纪80年代内蒙古地质矿产局和长春地质学院的联合研究（李树勋等，1987），研究表明内蒙古固阳西部地区的新太古代表壳岩系具有绿岩地体的基本岩石组合和结构特征，总体上为一套经历绿片岩相至低角闪岩相变质的火山-沉积岩系，可以根据构造关系划分为3个岩组，底部出现超基性岩石的夹层和透镜体，下部以变质中基性火山岩为主体，其中存在硅质岩和层位稳定的BIF，向上中、酸性火山岩逐渐增加，顶部出现不纯大理岩和石英岩，火山岩层序中可见枕状构造，不同的岩石单元彼此间以韧性剪切带相隔。绿岩地体以残留向形盆地的形式大致沿东西方向展布，边界被古元古代至显生宙地层所围限（图4.29）（李树勋等，1987）。通过对绿岩地体的火山岩样品进行主量和部分微量元素地球化学研究，发现第一岩组以镁铁质至中性火山岩为主体，可分为拉斑和钙碱性两个系列，层序底部的变质超镁铁质性火山岩符合科马提岩的地球化学标准（$SiO_2<52\%$，$MgO>18\%$）。

我们调查表明，固阳地区超镁铁质样品在绿岩带中总体出露规模较小（1%~3%），但在东五分子铁矿附近的公巨成和王林沟，镁铁质-超镁铁质岩石出露相对比较集中，而且均与BIF伴生。王林沟附近的

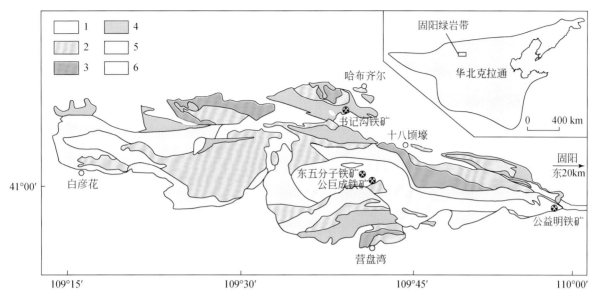

图 4.29 固阳花岗绿岩地体地质简图（修改自李树勋等，1987）

1. 后期沉积盖层；2. 正长花岗岩；3. 石英闪长岩；4. 绿岩带一岩组（角闪斜长片麻岩-斜长角闪岩-黑云斜长片麻岩组合）；5. 绿岩带二岩组（黑云斜长片麻岩-黑云变粒岩组合）；6. 绿岩带三岩组（石英岩-大理岩）

变质火山岩样品，均为超镁铁质，大多数为科马提质，仅个别为苦橄质；公巨成附近变质火山岩样品中，镁铁质约 50%，科马提质 10%，苦橄质约 40%。经历变质作用的超镁铁质火山岩目前的矿物组合是角闪石+磁铁矿，部分含少量的斜长石，斜长石与其 MgO 含量成反比。镁铁质火山岩厚度巨大，出露宽度超过 1 km，位于超镁铁质岩石的南侧，在二者边界位置附近可以观察到超镁铁质岩石与镁铁质岩石的互层，镁铁质火山岩基本上变质为斜长角闪岩，基本矿物组合是斜长石+角闪石，少量为绿片岩基本矿物组合是绿泥石+绿帘石+阳起石+斜长石。中性火山岩位于第三岩组的中上部，现有出露的宽度约 1 km，其南侧边界由于花岗岩体的侵吞而无法观察到。

通过对绿岩带底部第一岩组的变质火山岩展开系统的地球化学研究，在固阳县的王林沟、公巨成和公益民附近出露的镁铁质-超镁铁质变质火山岩中识别出不同类型原岩，其中包括低 Ti 科马提岩、富铁苦橄岩、富铁拉斑玄武岩和富 Nb 玄武岩，并分析了它们的成因和形成背景。

其中富铁拉斑玄武岩具有显著的高铁、钛的演化趋势（$Fe_2O_3^T$ 为 9.6%~16.7%，TiO_2 为 0.6%~2.4%），暗示这些样品在低氧逸度的还原条件下经历了岩浆演化过程；样品具有平坦至轻微富集的 REE 模式，Th 和 HFSE 体现相对 REE 的弱亏损，总体上类似现代弧后盆地中的拉斑系列火山岩。富 Nb 玄武岩具有较高的 Nb 含量（10~13 ppm）、Hf 含量（126~147 ppm）和较高的稀土含量，LREE/HREE 中等分异。Nb、Ta、Zr、Hf 在蛛网图中一致体现的弱亏损，Ti 体现轻微的富集，与典型的钙碱性岛弧火山岩相比 HFSE 含量较高，相当于平均地壳中的含量。这些富 Nb 玄武岩的产出表明熔体交代过的地幔楔对于俯冲带岩浆有一定程度的贡献。富铁拉斑玄武岩和富 Nb 玄武岩的识别暗示新太古代俯冲带已经发育接近现代板块体系下的沟-弧-盆体系，并且已经演化出接近现代岛弧体系中复杂的岩浆类型。

王林沟东侧出露的超镁铁质变质火山岩的原岩是一套科马提岩和苦橄岩（图 4.30）。其中科马提质岩石的总体地球化学特征为 SiO_2 为 41%~46%、MgO 为 21%~29%、Al_2O_3 为 4%~9%、$Mg^\#$ 为 75~87。依据 Ti 含量可分为两组：一是低 TiO_2（0.1%~0.6%），相对低的 FeO^T（8%~11%），高 Al_2O_3/TiO_2 值（37~57）；二是高 TiO_2（0.8%~1.8%），高 FeO^T（13%~15%），低 Al_2O_3/TiO_2（3~12），以上两组分别属于 Ti 亏损型和 Ti 富集型科马提岩，样品数量上以 Ti 亏损型科马提岩为主（图 4.31）。在稀土配分模式上，低 Ti 科马提岩具有基本平坦，$(La/Yb)_{ch}$ = 0.9~4，$(Gd/Yb)_{ch}$ = 0.6~1.3 略具 U 形的 REE 模式，体现为 $(La/Nd)_{ch}$ > 1，同时具有 $(Gd/Yb)_{ch}$ < 1；高 Ti 科马提岩的 LREE 明显富集（50~100 倍 CI 球粒陨石），HREE 亏损，$(La/Yb)_{ch}$ = 5.5~8.3，$(Gd/Yb)_{ch}$ = 1.9~2.5。

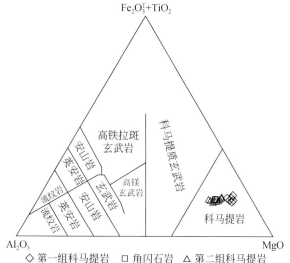

图 4.30　固阳地区王林沟新太古代科马提质岩石露头及主量元素组成

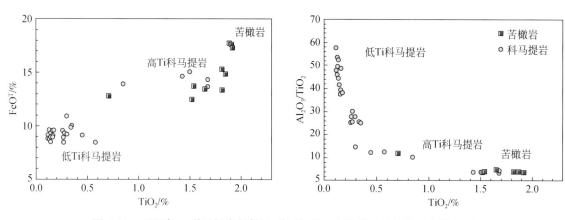

图 4.31　固阳高 Ti 科马提岩与低 Ti 科马提岩和富铁苦橄岩的地球化学组成

王林沟和公巨成附近出露的变质苦橄岩以富铁和钛为特征：SiO_2 为 42%~46%，Al_2O_3 为 6%~8%，极低的 Al_2O_3/TiO_2 值（3.7~4.9），MgO 为 13%~18%，高 FeO^T（13%~20%）、TiO_2 为 1.5%~1.9%。这些富铁苦橄岩体现出类似高 Ti 科马提岩的稀土配分特征（图 4.32），如 LREE 富集，HREE 亏损，$(La/Yb)_{ch}$ = 4.3~8.5，$(Gd/Yb)_{ch}$ = 2.1~2.6，HREE 的亏损指示岩浆起源于相对较深，尖晶石相/石榴子石相界限之下的地幔源区。除了稀土元素模式的类似，富铁苦橄岩和高 Ti 科马提岩均具有相对富集的不相容元素含量，在原始地幔标准化蛛网图上具有弱的 HFSE 异常（Nb^* 为 1.0~1.5、Zr^* 为 0.6~1.0、Ti^* 为 0.8~1.1），类似夏威夷苦橄岩（图 4.33）。

由于 Fe-Mn 对于橄榄石和单斜辉石/斜方辉石的分配系数不同，岩浆中高 Fe/Mn 值（>60）可以用来有效识别石榴子石辉石岩/榴辉岩在源区地幔岩中的比例。苦橄岩 Fe/Mn 值为 66.8（$n=10$），高 Ti 科马提岩 Fe/Mn 值为 83.5（$n=5$），而低 Ti 科马提岩 Fe/Mn 值为 59.5（$n=23$），类似原始地幔的参考值（Fe/Mn 值为 58）。由此我们提出固阳绿岩带中的高 Ti 科马提岩和富铁苦橄岩很可能来自一个混合了石榴子石辉石岩/榴辉岩的地幔源区。

固阳绿岩带中的超镁铁质岩石的原岩为：高 Ti 科马提岩，低 Ti 科马提岩，富铁苦橄岩；高 Ti 科马提岩和富铁苦橄岩的地幔源区较深，包含较多的石榴子石辉石岩/榴辉岩组分；低 Ti 科马提岩的源区较浅，以橄榄岩为主，深度在石榴子石/尖晶石转变线之上，源区类似玻安岩，与俯冲活动有关；在固阳绿岩带形成的 2.5 Ga，地幔源区已经通过洋壳俯冲作用演化出充分的成分不均一性，地幔对流和物质循环的方

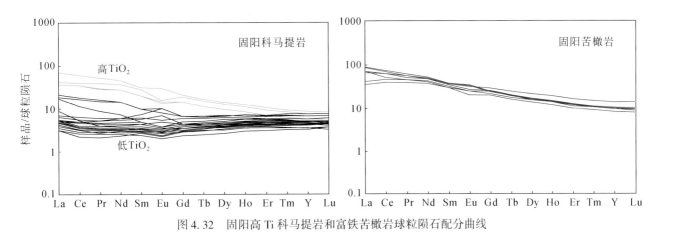

图 4.32 固阳高 Ti 科马提岩和富铁苦橄岩球粒陨石配分曲线

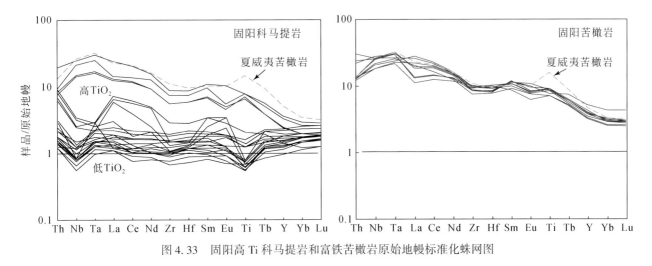

图 4.33 固阳高 Ti 科马提岩和富铁苦橄岩原始地幔标准化蛛网图

式已经在一定程度上与现今地幔可以对比。

(二) 陆壳生长对 BIF 的控制作用

固阳绿岩带是华北克拉通西部面积最大,保存最完整的太古宙基底出露区,其在固阳地区主要由中西部的新太古代花岗-绿岩地体和东部的高级变质杂岩地体组成。最新的锆石 U-Pb 定年结果统计表明(刘利等,2012),无论是绿岩带、花岗岩类侵入体,还是高级别变质杂岩的原岩都形成于新太古代末期(2560~2510 Ma)。

固阳绿岩带产出多种火山岩,自下而上典型岩石类型包括科马提岩、玄武质科马提岩、拉斑玄武岩、高镁安山岩、富 Nb 玄武岩。其中,科马提岩可分为地球化学特征不同的两组,类似于玻安岩的一组来源于俯冲带流体交代过的地幔源区,类似于 Abitibi 绿岩带的 Al 亏损型科马提岩的一组与地幔柱有关;玄武质科马提岩地球化学特征类似于现代地幔柱环境下的富铁苦橄岩;拉斑玄武岩是岛弧环境下的初始岛弧岩浆作用的产物;高镁安山岩是受到板片熔体充分交代的地幔楔部分熔融的产物,或是被地幔橄榄岩强烈混染过的板片熔体;富 Nb 玄武岩是受板片熔体交代的地幔橄榄岩在地温梯度增加或对流到地幔较深位置熔融的产物。根据上述火山岩组合,本书认为固阳 BIF 形成的构造环境为弧后盆地并有地幔柱的叠加。

三合明 BIF 铁矿产于固阳绿岩带下部,固阳绿岩带底部是一套超基性-基性火山岩组合。推测 BIF 中的铁可能从洋壳中被淋滤出来,然后形成非晶质铁氧化物再沉积在海底。Wang 等 (2009) 的热力学计算结果表明,如果洋壳岩石 Al 含量较高,如现代大洋玄武岩,那么在热液蚀变过程中会形成大量绿泥石,Fe^{2+} 被圈闭在绿泥石中,不能滤出;若 Al 含量较低,如科马提岩,热液蚀变会形成蛇纹石,Fe^{2+} 能被自由淋滤出。因此要形成富 Fe-Si 的热液流体，洋壳岩石的 Al/(Fe+Mg) 值必须<2:5 且 Mg/Si 值不能过高，因为 Mg/Si 值太高也同样会圈闭 Si。满足上述条件的洋壳岩石只有科马提岩或科马提质玄武岩。从图 4.32 和图 4.33 可以明显看出，球粒陨石标准化的三合明铁矿石稀土配分模式与固阳绿岩带底部的科马提岩极其相似，二者都为右斜式，均具有明显的 Eu 正异常，说明 BIF 铁矿的物质来源可能与科马提岩有关。

三、华北东部鞍山-本溪新太古代地壳生长与 BIF

（一）BIF 岩系组成及地壳生长方式

鞍山-本溪地区铁矿是中国最大的条带状铁矿成矿区，位于华北地台东北缘胶辽台隆的西北部。绝大多数条带状铁矿赋存于新太古代鞍山群火山沉积变质岩系（绿岩带）中（图 4.34）。研究表明其原岩建造为基性火山岩-中酸性（火山）杂砂岩、泥质岩-硅铁质沉积建造，矿床的形成与海相火山作用在时间上、空间上和成因上密切相关，属于（火山）沉积变质类型，相当于阿尔戈马型铁矿。

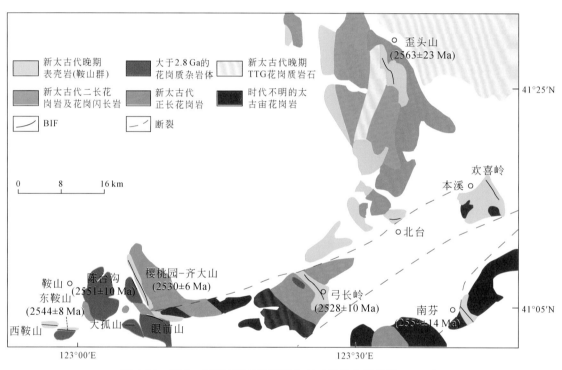

图 4.34 鞍山-本溪地区 BIF 铁矿分布（修改自周世泰，1994）

鞍山-本溪地区硅铁建造中的含铁石英岩虽然都具有类似的条带状构造，但由于构造位置及环境的差异，形成了鞍山群不同的岩石组合，如产于鞍山群樱桃园组中的铁矿，其容矿岩石组合为磁（赤）铁石英岩-千枚岩-片岩组合，主要分布于鞍山地区，深部向磁铁石英岩-斜长角闪岩-变粒岩组合相变。樱桃园组的铁矿床规模大，储量丰富，分布有东鞍山、西鞍山、齐大山、胡家庙子和陈台沟等大型矿床；产于茨沟组中的铁矿，主要分布在辽阳、本溪等地，原岩以基性熔岩为主，夹含铁硅质岩，少量陆源碎屑沉积，上部中酸性凝灰岩增多。

研究表明（代堰锫等，2013），陈台沟 BIF 围岩绿泥石英片岩 SiO_2 含量为 65.87%~66.35%，Al_2O_3 13.92%~14.21%，$Fe_2O_3^T$ 为 6.60%~7.22%，MgO 为 3.14%~3.46%，CaO 为 1.43%~1.56%，Na_2O 为 4.04%~4.19%，K_2O 为 1.35%~1.84%，TiO_2、MnO 及 P_2O_5 含量很低。综合研究表明，绿泥石英片岩原岩属钙碱性系列的火成岩。绿泥石英片岩稀土元素总含量为 $95.1 \times 10^{-6} \sim 126 \times 10^{-6}$，$(La/Yb)_N$ 为 10.3~12.6，球粒陨石标准化稀土配分图显示绿泥石英片岩无明显的 Eu 负异常（0.92~0.98），在原始地幔标

准化微量元素蛛网图上，绿泥石英片岩显示强烈亏损高场强元素 Nb、Ta、P、Ti，并富集 Rb、Th、U、LREE，类似于岛弧长英质火山岩，与裂谷长英质火山岩存在差异。

南芬矿区资料（代堰锫等，2012）表明，绿泥角闪片岩具有较低的 SiO_2 含量（43.78%~50.30%）以及较高的 Al_2O_3 含量（11.09%~14.45%）、MgO 含量（7.44%~17.31%）、CaO 含量（5.49%~10.09%）、$Fe_2O_3^T$ 含量（10.96%~14.75%），其他氧化物含量均非常低。歪头山斜长角闪岩 SiO_2 含量为 46.06%~48.42%，具有较高的 Al_2O_3 含量（13.85%~14.96%）、MgO 含量（6.72%~8.60%）、CaO 含量（6.37%~9.78%）、$Fe_2O_3^T$ 含量（13.68%~15.45%），TiO_2、MnO、K_2O 及 P_2O_5 含量均很低。研究表明两类岩石均属正变质岩，其原岩具有拉斑系列岩石的地球化学特征。南芬绿泥角闪片岩稀土元素含量变化较大，为 $15.8×10^{-6}$~$37.2×10^{-6}$，$(La/Yb)_N$ 为 0.71~1.44，无明显 Eu 异常（0.83~1.22）；片岩具有较高的 Rb 含量（$2.33×10^{-6}$~$112×10^{-6}$）、Ba 含量（$10.8×10^{-6}$~$203×10^{-6}$）、Sr 含量（$54.8×10^{-6}$~$117×10^{-6}$）及 Zr 含量（$24.8×10^{-6}$~$54.2×10^{-6}$）。歪头山斜长角闪岩稀土元素总量较为均一，为 $30.7×10^{-6}$~$38.2×10^{-6}$，$(La/Yb)_N$ 为 0.80~1.10，不具有明显的 Eu 异常（0.88~1.16）；微量元素中 Rb 含量（$19.1×10^{-6}$~$88.4×10^{-6}$）、Ba 含量（$29.5×10^{-6}$~$142×10^{-6}$）、Sr 含量（$136×10^{-6}$~$269×10^{-6}$）、Zr 含量（$41.6×10^{-6}$~$52.5×10^{-6}$）及 Pb 含量（$4.14×10^{-6}$~$18.1×10^{-6}$）较高，研究表明其原岩均为基性火山岩。

综合来看，歪头山和南芬矿区变基性岩围岩具有低的 K_2O 含量（0.09%~1.60%），与岛弧拉斑玄武岩相似。Condie（2000）、Condie 和 Kroner（2008）认为，岛弧拉斑玄武岩具有较低的 $w(Ti)/w(V)$ 值（<30），而板内玄武岩 $w(Ti)/w(V)$ 值较大（>30），研究区变基性岩 $w(Ti)/w(V)$ 值为 13.9~21.3，说明与岛弧拉斑玄武岩一致。研究区两类岩石均显示平坦的球粒陨石标准化稀土元素配分模式（图 4.35a），轻重稀土不存在明显分馏，与大陆裂谷玄武岩右倾的稀土配分模式不一致，亦与 N-MORB 存在差别，而与 Scotia 弧后盆地玄武岩（Back-arc Basin Basalt，BABB）（Fretzdorff et al.，2002）相似。N-MORB 标准化微量元素蛛网图显示（图 4.35b），变基性岩围岩富集大离子亲石元素 Rb、Ba、Sr、K，其高场强元素 Nb、Ta、Zr、Ti 等无明显亏损，配分模式整体较为平坦，与 Scotia 弧后盆地玄武岩具有一致性。

（二）陆壳生长对 BIF 的控制作用

鞍山-本溪地区 BIF 与火山作用具有成因联系。我们对南芬、歪头山和陈台沟等 BIF 铁矿研究（代堰锫等，2012；张连昌等，2014）表明，这些 BIF 均与火山活动关系密切，应属阿尔戈马型 BIF。采用变火山岩夹层（围岩）的锆石 U-Pb 年龄来间接限定阿尔戈马型 BIF 的形成时代。代堰锫等（2012）对陈台沟绿泥石英片岩中岩浆锆石指示 BIF 形成于 2551 Ma；南芬绿泥角闪片岩中岩浆锆石显示 BIF 沉积于 2554 Ma；歪头山斜长角闪岩形成于 2563 Ma，代表该 BIF 的沉积时代。综上所述，鞍山-本溪地区 BIF 形成时代以 2.55 Ga 为主。

一般认为阿尔戈马型 BIF 多形成于岛弧与弧后盆地或克拉通内裂谷。大孤山与陈台沟绿泥石英片岩原岩当属钙碱性中-酸性火山岩，其稀土、微量元素组成与岛弧长英质火山岩一致，而与裂谷长英质火山岩存在较大差别。由于阿尔戈马型 BIF 与变火山岩围岩（局部为矿体夹层）形成时代相近，二者理应产于同一构造背景。因此，认为大孤山与陈台沟 BIF 沉积于火山弧环境。南芬与歪头山矿区围岩为拉斑质的变基性岩，岩石均显示较为平坦的球粒陨石标准化稀土元素及 N-MORB 标准化微量元素配分模式，与 Scotia 弧后盆地玄武岩具有较强的一致性。因此，推测南芬与歪头山变基性岩围岩产于弧后盆地构造背景。

综上所述，鞍本地区新太古代时期的海洋整体处于低氧逸度、低硫逸度状态，海底热液通过淋滤洋壳向酸性海水中输入大量的 Fe^{2+}。海水与海底高温热液的混合溶液携带 Fe^{2+} 运移至物理化学条件突变位置（如产氧细菌引起的氧气浓度升高、pH 升高等），Fe^{2+} 被氧化为 Fe^{3+} 进而形成 $Fe(OH)_3$ 并沉淀。鞍山-本溪地区大规模的 BIF 沉积事件发生于约 2.55 Ga，如陈台沟、齐大山、弓长岭、南芬及歪头山 BIF 等。鞍山地区 BIF 形成于靠近大陆一侧，其围岩以沉积岩为主，夹少量中-酸性火山岩；本溪地区 BIF 靠近弧后盆地一侧，其围岩以基性火山岩为主。说明鞍山-本溪地区 BIF 形成于古老边缘的地壳侧向生长环境。

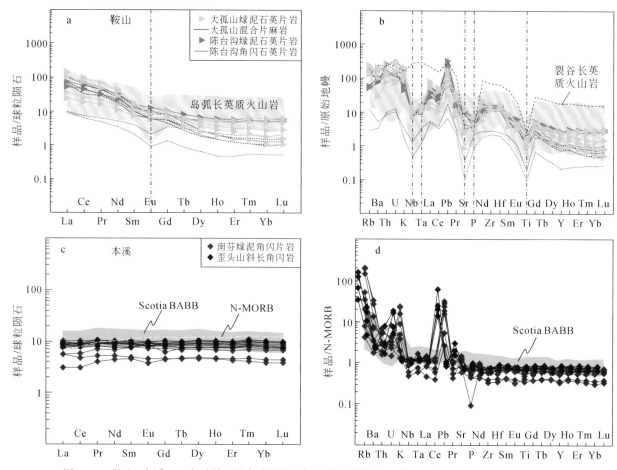

图 4.35　鞍山-本溪 BIF 岩系稀土元素球粒陨石标准化配分模式和微量元素 N-MORB 标准化蛛网图
a、c. 稀土元素球粒陨石标准化配分模式；b、d. 微量元素 N-MORB 标准化蛛网图

四、太古宙晚期地壳生长与改造对 BIF 铁矿的控制

随着高精度锆石 U-Pb 年龄数据的迅速增加，华北克拉通大陆地壳生长的阶段性逐渐清晰。华北克拉通最老的地质记录是>3.8 Ga（Liu et al., 1992），最强烈的岩浆活动发生在太古宙末的 2.6~2.5 Ga（图 4.36a），有较多的火山作用与沉积作用，形成新太古代绿岩带和 BIF，同时有大量的壳熔花岗岩和 TTG 片麻岩形成，这一时代的地质体广泛分布于华北克拉通不同地区，包括固阳、五台、冀东、辽西、吕梁、中条、霍邱、鲁西等。然而，华北克拉通 Nd 同位素（Wu et al., 2005）的研究结果揭示（图 4.36b），2.8~2.7 Ga 也是华北克拉通地壳生长的重要阶段，而且 2.8~2.7 Ga 的时间与全球地壳幕式增生特点，以及造山带的形成和超级大陆循环的时期表现出很强的一致性。

新太古代（2.8~2.5 Ga）时期，全球范围内的主要克拉通普遍经历了大规模的陆壳生长过程，成为绿岩地体形成最为集中的阶段，现今陆壳的 80% 以上形成于这一阶段（翟明国，2010；Zhai and Santosh，2011）。在北美、西澳大利亚和印度的克拉通基底中，绿岩地体的形成峰期均在 2.7 Ga 前后，中国华北古老克拉通也出现该期地壳生长事件。此外，在包括华北和北欧的波罗的等少数克拉通中，还存在 2.5 Ga 的花岗-绿岩地体，是太古宙末期局部范围的地壳增生事件，其生长过程除与地幔柱活动有关外，还可能与板块构造过程相联系。第五春荣等（2010）也认为华北克拉通南缘存在 2.5 Ga 增长的新生地壳。所以华北克拉通的地壳生长可能在 2.5 Ga 和 2.7 Ga 同时存在。

本课题研究（张连昌等，2012；万渝生等，2012）近期研究表明，华北克拉通 BIF 形成时代与早前寒武纪岩浆活动的时间基本一致（2.6~2.5 Ga）（图4.36a）。华北克拉通是中国大陆最为古老的陆块，于新太古代末期（2.5 Ga）由不同的古老小陆块拼合而成，此后又经历了多期构造和岩浆作用的改造（翟明国，2010；Zhai and Santosh，2011）。现有研究表明，2.5 Ga 是华北克拉通一次重要的构造-岩浆热事件，与世界其他克拉通普遍存在 2.7 Ga 的陆壳增生事件明显不同。

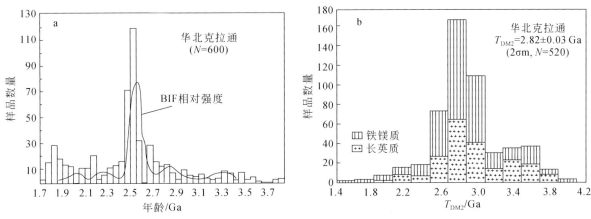

图 4.36　华北克拉通前寒武纪 BIF 与岩浆活动（a）和地壳增生的关系（b）
a. 华北克拉通火成岩侵入年龄（沈其韩等，2005）与 BIF 形成时代的统计（Zhang et a., 2016）；b. 华北克拉通火成岩岩浆源区亏损地幔模式年龄（Wu et al., 2005）

总体来看，华北克拉通大规模陆壳物质的生长发生在新太古代的 2.8~2.5 Ga，其中同位素资料显示的地壳物质生长的峰期在 2.9~2.7 Ga（图 4.36），与全球典型克拉通相似；但最强烈的岩浆活动出现在太古宙末的 2.55~2.5 Ga，这是华北不同于全球典型克拉通的一个特点。因此，推测华北在 2.8~2.7 Ga 的巨量地壳生长之后，并没有顺利进入稳定的克拉通阶段，而是继续发生小规模地壳生长和已有地壳的分异（Wu et al., 2005）。本书测定了水厂铁矿围岩斜长角闪片麻岩锆石 Hf 同位素，表明 $\varepsilon_{Hf}(t)$ 值为 -10.5~0.4，加权平均值为 -8.7±0.38，反映 BIF 围岩的原岩可能是基性古老下地壳物质的重熔。同时冀东 BIF $\varepsilon_{Nd}(t)$ 值为 1.5~-3.5，这也说明 2.55 Ga 左右的 BIF 物质来源确实有部分古老下地壳的加入。

太古宙绿岩带是研究克拉通基底的形成、早期地壳的生长和演化的重要对象。鞍山-本溪地区绿岩带位于华北克拉通东北缘，以其巨量的新太古代 BIF 产出为特征。BIF 赋存于太古宙鞍山群，分布于本溪及北台一带的鞍山群，以斜长角闪岩、混合片麻岩及黑云变粒岩为主，夹云母石英片岩及绿泥石英片岩，原岩为基性-中酸性火山岩夹泥质-粉砂质沉积岩；分布于鞍山地区的鞍山群，为绢云绿泥片岩及绿泥石英片岩，夹变粒岩及薄层斜长角闪岩，原岩为泥质-粉质沉积岩夹少量基性-中酸性火山岩。初步研究表明，鞍山-本溪地区 BIF 主要形成于 2.55 Ga 前后（张连昌等，2012）。关于新太古代 BIF 的构造环境，初步研究表明鞍山-本溪地区 BIF 的形成可能与大洋板片俯冲环境有关，其中鞍山地区 BIF 接近古老边缘环境。Hf 同位素资料表明，部分变质火山岩的锆石具有接近地幔演化线的 $\varepsilon_{Hf}(t)$ 值，暗示鞍山地区存在约 2.55 Ga 的地壳增生事件（图 4.37）。

华北克拉通陆壳生长主要时期为中太古代晚期—新太古代早期，BIF 铁矿形成时代主要为新太古代晚期。这种时间上的关系意味着两者之间具有一定的成因联系。BIF 的形成是全球重大事件，既具有全球共性，也具有各地区个性。总的特征是：①BIF 在地质历史早期就出现。最早期的 BIF 出现在格陵兰 3.87 Ga Isua 表壳岩中，中国与 BIF 有关的岩石是鞍山 3.35 Ga 陈台沟表壳岩中的含磁铁矿燧石岩。早期 BIF 通常少而贫。巨量 BIF 铁矿形成于新太古代晚期，部分具有高的原生品位。②虽然有玄武质岩石存在，一些地区还占有相当大的比例，但 BIF 与或多或少陆壳碎屑沉积岩共生，常见被壳源花岗岩切割，所以，BIF 总是形成于陆壳基底之上或附近。沉积环境越稳定，BIF 规模越大。在玄武质等岩浆作用发育的地区，BIF 规模不大，单层厚度小，延伸不远。③BIF 为化学沉积产物。形成海水深度不大，酸性-氧化条件有利于 BIF 铁矿的形成。

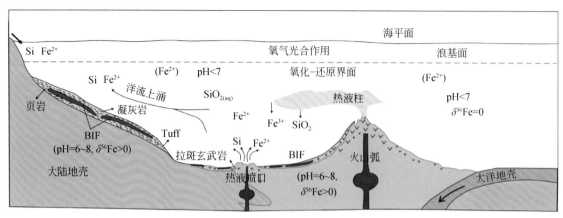

图 4.37 鞍山-本溪地区新太古代地壳生长与 BIF 成矿系统模式图（Zhang et al.，2016）

BIF 形成的一级控制因素有两个，即存在溶解的铁和氧化条件。中太古代晚期—新太古代早期强烈地幔添加提供大量成矿物质，这就为新太古代晚期 BIF 形成做出了重要贡献。早期的还原环境，使铁以可溶解的二价铁形式存在。成矿物质进入大洋体系的方式多种多样，至少包括：①科马提质-玄武质岩石中的铁质在海水中被直接溶解；②科马提质-玄武质岩石中的铁质在外生风化作用过程中被带入大洋；③与火山作用相伴随的热液系统作用。溶解的二价铁可在大洋中长期存在，并不要求一定来自同时代的火山作用或火山热液系统。

同样重要的是氧化条件，即需要氧的存在。铁为变价元素，氧的增高引起海水中的二价转变为三价铁发生沉淀。因此，中太古代晚期—新太古代早期陆壳巨量增生与新太古代晚期大量 BIF 铁矿形成之间是否存在成因联系，就转化为陆壳巨量增生与氧的突然大量增高之间是否存在成因联系。而氧的形成又与生物活动有关，所以问题又转化为陆壳巨量增生是否促进了其后的生物"大爆发"。中太古代晚期—新太古代早期陆壳巨量增生对于生命形成和繁衍具有如下效应和作用。

（1）巨量陆壳增生意味着地幔物质的大量提取，能量的大量耗散，造成地球热状态快速降低。大陆区的地热梯度会进一步降低。海水温度降低到一定程度应是地球上生物大量形成繁衍的必要条件。地球热状态快速降低也是新太古代晚期全球普遍克拉通的重要原因。

（2）地幔物质的大量提取提供了大量的基性-超基性岩（科马提岩），它们含有大量的 Ni，而 Ni 是形成生命的酶介质催化剂的重要物质组成。

（3）巨量陆壳生长导致高于海平面的陆地（包括大陆斜坡）和相对稳定沉积环境的形成。浅海环境有利于底栖生物活动和光合作用，形成氧气。后者还有利于含铁水体循环系统的长期存在，导致大型 BIF 铁矿形成。而频繁的火山作用使沉积环境动荡不安，造氧生物难以生存繁衍，BIF 铁矿规模就小。

大规模 BIF 需形成于稳定的环境，这得到地质观察的证实。而巨量陆壳生长促进造氧生物的形成和繁衍仍具有假设的性质，需进一步深入研究。BIF 中的磷灰石含有机碳支持了生物与 BIF 形成之间存在联系的认识。生命最初形成于海洋环境，通过光合作用导致氧的形成。所以，海洋的氧化先于大气的氧化，而不是相反。这与现在陆生生物为提供大气氧的最主要载体完全不同。海洋中的氧被二价铁消耗，进入大气圈的很少，大气氧浓度难以迅速增高。只有当海洋中以溶解形式存在的大多数二价铁被氧化而沉淀之后，大气氧才能迅速增高，出现所谓的大氧化事件（Bekker et al.，2004）。由于这一原因，虽然氧在海洋和大气圈之间的交换十分容易，大气也具有很大的流动性，但是，在海洋造氧生物造氧能力有限并主要用于铁的氧化的情况下，全球不同地区的早期海洋水体仍可具有一定的差异性。这是不同地区 BIF 形成规模存在差异的另一重要原因，可能也是一些地区始太古代—古太古代 BIF 形成的原因，而不需要其他成因解释。

中太古代晚期—新太古代早期华北克拉通陆壳巨量生长对新太古代晚期 BIF 铁矿形成做出了重要贡献，主要包括三个方面：提供大量的成矿物质、促进海洋造氧生物形成繁衍、形成稳定的沉积盆地。

参 考 文 献

陈靖. 2014. 冀东司家营铁矿床地质地球化学特征与成矿作用. 北京: 中国地质科学院
崔培龙. 2014. 鞍山-本溪地区铁建造型铁矿成矿构造环境与成矿、找矿模式研究. 长春: 吉林大学
代堰锫, 张连昌, 王长乐, 刘利, 崔敏利, 朱明田, 相鹏. 2012. 辽宁本溪歪头山条带状铁矿的成因类型、形成时代及构造背景. 岩石学报, 28 (11): 3574~3594
代堰锫, 张连昌, 朱明田, 王长乐, 刘利. 2013. 鞍山陈台沟BIF铁矿与太古代地壳增生: 锆石U-Pb年龄与Hf同位素约束. 岩石学报, 29 (7): 2537~2550
第五春荣, 孙勇, 董增产, 王洪亮, 陈丹玲, 陈亮, 张红. 2010. 北秦岭西段古老锆石年代学 (4.1-3.9 Ga) 新进展. 岩石学报, 26 (4): 1171~1174
耿元生, 陆松年. 2014. 中国前寒武纪地层年代学研究的进展和相关问题. 地学前缘, 21 (2): 102~118
黄华. 2014. 华北克拉通南缘霍邱BIF铁矿成矿时代、形成环境及成因. 成都: 成都理工大学
赖小东, 杨晓勇. 2012. 鲁西杨庄条带状铁建造特征及锆石年代学研究. 岩石学报, 28 (11): 3612~3622
李树勋, 刘喜山, 张履桥. 1987. 内蒙古色尔腾山地区花岗岩-绿岩带的地质特征. 长春地质学院学报 (变质地质学专辑), (增刊): 81~102
李文君, 靳新娣, 崔敏利, 王长乐. 2012. BIF微量稀土元素分析方法及其在冀东司家营铁矿中的应用. 岩石学报, 28 (11): 3670~3678
李志红, 朱祥坤, 唐索寒, 李津, 刘辉. 2010. 冀东、五台和吕梁地区条带状铁矿的稀土元素特征及其地质意义. 现代地质, 24 (5): 840~846
刘利, 张连昌, 代堰锫, 王长乐, 李智泉. 2012. 内蒙古固阳绿岩带三合明BIF型铁矿的形成时代、地球化学特征及地质意义. 岩石学报, 28 (11): 3623~3637
陆松年, 杨春亮, 李怀坤, 蒋明娟, 陈安蜀, 胡正德. 1995. 华北地台前寒武纪变质基底的Sm-Nd同位素地质信息. 华北地质矿产杂志, 10 (2): 143~153
曲军峰, 李锦轶, 刘建峰. 2013. 冀东地区王寺峪条带状铁矿的形成时代及意义. 地质通报, 32 (2-3): 260~266
沈保丰. 2006. 中国前寒武纪成矿作用. 北京: 地质出版社
沈保丰, 翟安民, 陈文明, 杨春亮, 胡小蝶, 曹秀兰, 宫晓华. 2006. 中国前寒武纪成矿作用. 北京: 地质出版社
沈其韩, 耿元生, 宋彪, 万渝生. 2005. 华北和扬子陆块及秦岭—大别造山带地表和深部太古宙基底的新信息. 地质学报, 79 (5): 616~627
田永清, 袁国屏, 路九如, 荆毅, 余建宏, 李敏敏. 1986. 山西省岚县袁家村前寒武纪变质-沉积铁矿床的地质构造特征与形成条件研究. 山西: 地质矿产局测绘队
万渝生. 1993. 辽宁弓长岭含铁岩系的形成与演化. 北京: 北京科学技术出版社
万渝生, 刘敦一, 殷小艳, Wilde S A, 谢烈文, 杨岳衡, 周红英, 伍家善. 2007. 鞍山地区铁架山花岗岩及表壳岩的锆石SHRIMP年代学和Hf同位素组成. 岩石学报, 23 (2): 241~252
万渝生, 董春艳, 颉颃强, 王世进, 宋明春, 徐仲元, 王世炎, 周红英, 马铭株, 刘敦一. 2012. 华北克拉通早前寒武纪条带状铁建造形成时代——SHRIMP锆石U-Pb定年. 地质学报, 86 (9): 1447~1478
王惠初, 康健丽, 任云伟, 初航, 陆松年, 肖志斌. 2015. 华北克拉通~2.7Ga的BIF: 来自莱州-昌邑地区含铁建造的年代学证据. 岩石学报, 31 (10): 2991~3011
王守伦, 张瑞华. 1995. 齐大山铁矿黑云变粒岩单锆石年龄及意义. 矿床地质, 14 (3): 216~219
王长乐, 张连昌, 刘利, 代堰锫. 2014. 条带状铁建造 (BIF) 的形成时代及其研究方法. 地质科学, 49 (4): 1201~1215
伍家善, 耿元生, 沈其韩, 万渝生, 刘敦一, 宋彪. 1998. 中朝古大陆太古宙地质特征及构造演化. 北京: 地质出版社
相鹏, 崔敏利, 吴华英, 张晓静, 张连昌. 2012. 河北滦平周台子条带状铁矿地质特征、围岩时代及其地质意义. 岩石学报, 28 (11): 3655~3669
杨晓勇, 王波华, 杜贞保, 王启才, 王玉贤, 涂政标, 张文利, 孙卫东. 2012. 论华北克拉通南缘霍邱群变质作用、形成时代及霍邱BIF铁矿成矿机制. 岩石学报, 28 (11): 3476~3496
杨秀清. 2013. 辽宁鞍山-本溪变质岩区铁成矿过程研究. 北京: 中国地质大学 (北京)
姚通, 李厚民, 杨秀清, 李立兴, 陈靖, 张进友, 刘明军. 2014. 辽冀地区条带状铁建造地球化学特征: II. 稀土元素特征. 岩石学报, 30 (5): 1239~1252
俞受鋆, 梁约翰, 杜绍华, 李善择, 刘抗娟. 1981. 豫中皖西地区晚太古代铁山庙型铁矿成矿地质特征和含铁盆地轮廓的探

讨. 中国地质科学院宜昌地质矿产研究所所刊, 3: 68~83
翟明国. 2010. 华北克拉通的形成演化与成矿作用. 矿床地质, 29 (1): 24~36
翟明国. 2011. 克拉通化与华北陆块的形成. 中国科学 (D 辑), 41 (8): 1037~1046
翟明国, 彭澎. 2007. 华北克拉通古元古代构造事件. 岩石学报, 23 (11): 2665~2682
翟明国, 郭敬辉, 闫月华, 韩秀玲, 李永刚, 1992. 中国华北太古宙高压基性麻粒岩的发现及初步研究, 中国科学 (B 辑), 12: 1325~1300
张连昌, 翟明国, 万渝生, 郭敬辉, 代堰锫, 王长乐, 刘利. 2012. 华北克拉通前寒武纪 BIF 铁矿研究: 进展与问题. 岩石学报, 28 (11): 3431~3445
张连昌, 代堰锫, 王长乐, 刘利, 朱明田. 2014. 鞍山-本溪地区前寒武纪 BIF 铁矿时代、物质来源与形成环境. 地球科学与环境学报, 36 (4): 1~17
张龙飞. 2015. 冀东司家营沉积变质型铁矿床成因及找矿模型. 唐山: 华北理工大学
郑梦天, 张连昌, 王长乐, 朱明田, 李智泉, 王亚婷. 2015. 冀东杏山 BIF 铁矿形成时代及成因探讨. 岩石学报, 31 (6): 1636~1652
周世泰. 1994. 鞍山-本溪地区条带状铁矿地质. 北京: 地质出版社
Abbott D H, Drury R, Smith W H F. 1994. A flat to steep transition in subduction style. Geology, 22 (10): 937~940
Allmendinger R W, Nelson K D, Potter C J, Barazangi M, Brown L D, Oliver J E. 1987. Deep seismic reflection characteristics of the continental crust. Geology, 15 (4): 304~310
Allwood A C, Walter M R, Kamber B S, Marshal C P, Burch I W. 2006. Stromatolite reef from the Early Archean era of Australia. Nature, 441 (7094): 714~718
Anbar A D, Rouxel O. 2007. Metal stable isotopes in paleoceanography. Annual Review of Earth and Planetary Sciences, 35 (1): 717~746
Anhaeusser C R. 1971. The geology of the jamestown hills area of the barberton mountain land, south africa. Transactions-Geological Society of South Africa, 75: 225~263
Anhaeusser C R. 2014. Archean greenstone belts and associated rocks-a review. Journal of African Earth Sciences, 100: 684~732
Arai T, Omori S, Komiya T, Maruyama S. 2015. Intermediate P/T-type regional metamorphism of the Isua Supracrustal Belt, southern west Greenland: The oldest Pacific-type orogenic belt? Tectonophysics, 622: 22~39
Arth J G, Hanson G N. 1975. Geochemistry and origin of the Early Precambrian crust of north-eastern Minnesota. Geochimica et Cosmochimica Acta, 39 (3): 325~362
Ayer J, Amelin Y, Corfu F, Kamo S, Ketchum J, Kwok K, Trowell N. 2002. Evolution of the southern Abitibi greenstone belt based on U-Pb geochronology: autochthonous volcanic construction followed by plutonism, regional deformation and sedimentation. Precambrian Research, 115 (1-4): 63~95
Bai X, Liu S W, Yan M, Zhang L F, Wang W, Guo R R, Guo B R. 2014. Geological event series of Early Precambrian metamorphic complex in South Fushun area, Liaoning Province. Acta Petrologica Sinica, 30 (10): 2905~2924
Bai X, Liu S W, Guo R R, Wang W. 2015. Zircon U-Pb-Hf isotopes and geochemistry of two contrasting Neoarchean charnockitic rock series in Eastern Hebei, North China Craton: Implications for petrogenesis and tectonic setting. Precambrian Research, 267: 72~93
Barker F. 1979. Trondhjemites, Dacites, and Related Rocks. Amsterdam: Elsevier
Barker F, Arth J G, Peterman Z E, Friedman I. 1976. The 1.7-to 1.8-b.y.-old trondhjemites of southwestern colorado and northern new mexico: geochemistry and depths of genesis. Geological Society of America Bulletin, 87 (2): 189~198
Barley M E, Pickard A L, Sylvester P J. 1997. Emplacement of a large igneous province as a possible cause of banded iron formation 2.45 billion years ago. Nature, 385 (6611): 55~58
Bau M. 1993. Effects of syn-and post-depositional processes on the rare-earth elementdistribution in Precambrian Ironformations. European Journal of Mineralogy, 5 (2): 257~268
Bau M, Dulski P. 1996. Distribution of yttrium and rare-earth elements in the Penge and Kurumaniron formations, Transvaal Supergroup, South Africa. Precambrian Research, 79 (1-2): 37~55
Bau M, Dulski P. 1999. Comparing yttrium and rare earths in hydrothermal fluids from the Mid-Atlantic Ridge: implications for Y and REE behaviour during near-vent mixing and forthe Y/Ho ratio of Proterozoic seawater. Chemical Geology, 155 (1-2): 77~90
Bau M, Hohndorf A, Dulski P, Beukes N J. 1997a. Sources of rare-earth elements and iron in Paleoproterozoic iron-formations from

the Transvaal Supergroup, South Africa: evidencefrom neodymium isotopes. Journal of Geology, 105 (1): 121~129

Bau M, Möller P, Dulski P. 1997b. Yttrium and lanthanides in eastern Mediterranean seawater andtheir fractionation during redox-cycling. Marine Chemistry, 56 (1-2): 123~131

Bédard J H. 2006. A catalytic delamination-driven model for coupled genesis of Archean crust and sub-continental lithospheric mantle. Geochimica et Cosmochimica Acta, 70 (5): 1188~1214

Bekker A, Holland H D, Wang P L, Rumble D, Stein H J, Hannah J L, Coetzee L L, Beukes N J. 2004. Dating the rise of atmospheric oxygen. Nature, 427 (6970): 117~120

Bekker A, Slack J F, Planavsky N, Krapež B, Hofmann A, Konhauser K O, Rouxel O J. 2010. Ironformation: the sedimentary product of a complex interplay among mantle, tectonic, oceanicand biospheric processes. Economic Geology, 105 (2): 467~508

Bekker A, Planavsky N J, Krapež B, Rasmussen B, Hofmann A, Slack J F, Rouxel O J, Konhauser K O. 2013. Iron formation: Their origins and implications for ancient seawater chemistry. In: Mackenzie F T (ed.). Sediments, diagenesis, and sedimentary rocks. Amsterdam: Elsevier, Treatise on Geochemistry, 2nd Edition, 7: 561~628

Beukes N J. 1984. Sedimentology of the Kuruman and Griquatown Iron-formations, Transvaal Supergroup, Griqualand West, South Africa. Precambrian Research, 24 (1): 47~84

Beukes N J, Gutzmer J. 2008. Origin and paleoenvironmental significance of major iron formations at the Archean-Paleoproterozoic boundary. Reviews in Economic Geology, 15: 5~47

Bleeker W. 2002. Archean tectonics: a review, with illustrations from the Slave craton. In: Fowler C M R, Ebinger C J, Hawkesworth C J (eds.). The Early Earth: Physical, Chemical and Biological Developments (199). Bath: London Publishing House, Brassmill Enterprises: 151~181

Bohlen S R. 1987. Pressure-temperature-time paths and a tectonic model for the evolution of granulites. Journal of Geology, 95: 617~632

Byrne R, Sholkovitz E. 1996. Marine chemistry and geochemistry of the lanthanides. In: Gschneider K A, Eyring L (eds.). Handbook on the physics and chemistry of the rareearths. Amsterdam: Elsevier: 497~593

Bolhar R, van Kranendonk M J. 2007. A non-marine depositional setting for the northernFortescue Group, Pilbara Craton, inferred from trace element geochemistry of stromatoliticcarbonates. Precambrian Research, 155 (3): 229~250

Bolhar R, Kamber B S, Moorbath S, Fedo C M, Whitehouse M J. 2004. Characterisation of earlyArchaean chemical sediments by trace element signatures. Earth and Planetary ScienceLetters, 222 (1): 43~60

Cabral A R, Lehmann B, Gomes A A S, Pašava J. 2016. Episodic negative anomalies of cerium at the depositional onset of the 2.65-Ga Itabira iron formation, Quadrilátero Ferrífero of Minas Gerais, Brazil. Precambrian Research, 276: 101~109

Condie K C. 2000. Episodic continental growth models: afterthoughts and extensions. Tectonophysics, 322 (1): 153~162

Condie K C. 2005. TTGs and adakites: are they both slab melts? Lithos, 80 (1): 33~44

Condie K C, Benn K. 2006. Archean Geodynamics: Similar to or Different from Modern Geodynamics? Washington DC American Geophysical Archean Union Geophysical Monograph, 164: 47~59

Condie K C, Kroner A. 2008. When did plate tectonics begin? Evidence from the geologic record. Geological Society of America Special Paper, 440: 281~294

Crowe S A, Døssing L N, Beukes N J, Bau M, Kruger S J, Frei R, Canfield D E. 2013. Atmosphericoxygenation three billion years ago. Nature, 501 (7468): 535~538

Cui M L, Zhang L C, Wu H Y, Xu Y X, Li W J. 2014. Timing and tectonic setting of the Sijiayingbanded iron deposit in the eastern Hebei province, North China Craton: Constraints fromgeochemistry and SIMS zircon U-Pb dating. Journal of Asian Earth Sciences, 94: 240~251

Dai Y P, Zhang L C, Zhu M T, Wang C L, Liu L, Xiang P. 2014. The composition and genesis of the Mesoarchean Dagushan banded iron formation (BIF) in the Anshan area of the North China Craton. Ore Geology Reviews, 63: 353~373

de Almeida J D A C, Dall'Agnol R, de Oliveira M A, Macambira M J B, Pimentel M M, Rämö O T, Leite A A D S. 2011. Zircon geochronology, geochemistry and origin of the TTG suites of the Rio Maria granite-greenstone terrane: Implications for the growth of the Archean crust of the Carajás province, Brazil. Precambrian Research, 187 (1): 201~221

de Carlo E H, Green W J. 2002. Rare earth elements in the water column of Lake Vanda, McMurdoDry Valleys, Antarctica. Geochimica et Cosmochimica Acta, 66 (8): 1323~1333

Defant M J, Drummond M S. 1990. Derivation of some modern arc magmas by melting of young subduction lithosphere. Nature,

347 (62944): 662~665

Dekov V M, Kamenov G D, Stummeyer J, Thiry M, Savelli C, Shanks W C, Fortin D, Kuzmann E, Vertes A. 2007. Hydrothermal nontronite formation at Eolo Seamount (Aeolian volcanic arc, Tyrrhenian Sea). Chemical Geology, 245 (1): 103~119

Dirks P H G M, Jelsma H A, Hofmann A. 2002. Thrust-related accretion of an Archean greenstone belt in the Midlands of Zimbabwe. Journal of Structural. Geology, 24 (11): 1707~1727

Drummond M S, Defant M J. 1990. A model for trondhjemite-tonalite-dacite genesis and crustal growth via slab melting: Archean to modern comparisons. Journal of Geophysical Research Solid Earth, 95 (B13): 21503~21521

Emerson D, Revsbech N P. 1994. Investigation of an iron-oxidizing microbial mat communitylocated near Aarhus, Denmark: Laboratory studies. Applied and Environmental Microbiology, 60 (11): 4032~4038

Eriksson K A, Simpson E L, Mueller W. 2006. An unusual fluvial to tidal transition in the mesoarchean moodies group, south africa: a response to high tidal range and active tectonics. Sedimentary Geology, 190 (1): 13~24

Foley S, Tiepolo M, Vannucci R. 2002. Growth of early continental crust controlled by melting of amphibolite in subduction zones. Nature, 417 (6891): 837~840

Frei R, Dahl P S, Duke E F, Frei K M, Hansen T R, Frandsson M M, Jensen L A. 2008. Trace elementand isotopic characterization of Neoarchaean and Paleoproterozoic iron formations in theBlack Hills (South Dakota, USA): assessment of chemical change during 2.9–1.9 Gadeposition bracketing the 2.4~2.2 Ga first rise of atmospheric oxygen. Precambrian Research, 162 (3-4): 441~474

Frei R, Gaucher C, Poulton S W, Canfield D E. 2009. Fluctuations in precambrian atmospheric oxygenation recorded by chromium isotopes. Nature, 461 (7261): 250~253

Fretzdorff S, Livermore R A, Devey C W, Leat P T, Stoffers P. 2002. Petrogenesis of the back-arc East Scotia Ridge, South Atlantic Ocean. Journal of Petrology, 43 (8): 1435~1467

Frost C D, von Blankenburg F, Schoenberg R, Frost B R, Swapp S M. 2007. Preservation of Feisotope heterogeneities during diagenesis and metamorphism of banded iron formation. Contributions to Mineralogy and Petrology, 153 (1): 211~235

Garde A A. 2007. A mid-Archean island arc complex in the eastern Akia terrane, Godthåbsfjord, southern West Greenland. Journal of the Geological Society, 164 (3): 565~579

Ge W C, Zhao G C, Sun D Y, Wu F Y, Lin Q. 2003. Metamorphic P-T-path of the Southern Jilin Complex: Implications for the tectonic evolution of the Eastern Block of the North China Craton. International Geology Review, 45 (11): 1029~1043

Geng Y S, Du D L, Ren L D. 2012. Growth and reworking of the early Precambrian continental crust in the North China Craton: constraints from zircon Hf isotopes. Gondwana Research, 21 (2-3): 517~529

German C R, Elderfield H. 1990. Application of the Ce anomaly as a paleoredox indicator: Theground rules. Paleoceanography, 5: 823~833

German C R, Holliday B P, Elderfield H. 1991. Redox cycling of rare earth elements in the suboxiczone of the Black Sea. Geochimica et Cosmochimica Acta, 55 (12): 3553~3558

Gerya T V, Stöckhert B, Perchuk A L. 2002. Exhumation of high-pressure etamorphic rocks in a subduction channel-a numerical simulation. Tectonics, 21: 6-1~6-19

Gu L X, Zheng Y C, Tang X Q, Zaw K, Della-Pasque F, Wu C Z, Tian Z M, Lu J J, Ni P, Li X, Yang F T, Wang X W. 2007. Copper, gold and silver enrichment in ore mylonites within massive sulphide orebodies at Hongtoushan VHMS deposit, N. E. China. Ore Geology Review, 30 (1): 1~29

Guitreau M, Blichert-Toft J, Martin H, Mojzsis S J, Albarède F. 2012. Hafnium isotope evidence from Archean granitic rocks for deep-mantle origin of continental crust. Earth and Planetary Science Letters, 337 (4): 211~223

Guo J H, Sun M, Chen F K, Zhai M G. 2005. Sm-Nd and SHRIMP U-Pb zircon geochronology of high-pressure granulites in the Sanggan area, North China Craton: timing of Paleoproterozoic continental collision. Journal of Asian Earth Sciences, 24 (5): 629~642

Guo R R, Liu S W, Wyman D, Bai X, Wang W, Yan M, Li Q G. 2015. Neoarchean subduction: A case study of arc volcanic rocks inQinglong-Zhuzhangzi area of the Eastern Hebei Province, North China Craton. Precambrian Research, 264: 36~62

Hacker B R. 1991. The role of deformation in the formation of metamorphic gradients: ridge subduction beneath the Oman ophiolite. Tectonics, 10 (2): 455~474

Hamade T, Konhauser K O, Raiswell R, Goldsmith S, Morris R C. 2003. Using Ge/Si ratios todecouple iron and silica fluxes in Precambrian banded iron formations. Geology, 31: 35~38

Hamilton W B. 2007. Earth's first two billion years—the era of internally mobile crust. Geology Society America Memoir, 200: 233~296

Hamilton W B. 2011. Plate tectonics began in Neoproterozoic time, and plumes from deep mantle have never operated. Lithos, 123 (1): 1~20

Han C M, Xiao W J, Su B X, Chen Z L, Zhang X H, Ao S J, Zhang J E, Zhang Z Y, Wan B, Song D F, Wang Z M. 2014. Neoarchean Algoma-type banded iron formations from Eastern Hebei, North China Craton: SHRIMP U-Pb age, origin and tectonic setting. Precambrian Research, 251 (3): 212~231

Haugaard R, Frei R, Stendal H, Konhauser K. 2013. Petrology and geochemistry of the ~2.9 Galtilliarsuk banded iron formation and associated supracrustal rocks, West Greenland: Sourcecharacteristics and depositional environment. Precambrian Research, 229: 150~176

Hofmann A, Dirks P H G M, Jelsma H A, Matura N. 2003. A tectonic origin for ironstone horizons in the Zimbabwe craton and their significance for greenstone belt geology. Journal of the Geological Society, 160 (1): 83~97

Hollings P, Kerrich R. 2006. Light rare earth element depleted to enriched basaltic flows from 2.8 to 2.7 Ga greenstone belts of the Uchi Subprovince, Ontario, Canada. Chemical Geology, 227 (3-4): 133~153

Isley A E, Abbott D H. 1999. Plume-related mafic volcanism and the deposition of banded iron formation. Journal of Geophysical Research, 104 (B7): 15461~15477

Jahn B M, Zhang Z Q. 1984. Late Archean granulite gneisses from eastern Hebei Province, China: rare earth geochemistry and tectonic implications. Contributions to Mineralogy and Petrology, 85 (3): 224~243

Jahn B M, Glikson A Y, Peucat J J, Hickman A H. 1981. REE geochemistry and isotopic data of Archaean silicic volcanics and granitoids from the Pilbara Block, western Australia: implications for the early crustal evolution. Geochimica et Cosmochimica Acta, 45 (9): 1633~1652

Jenner F E, Bennett V C, Nutman A P, Friend C R L, Norman M D, Yaxley G. 2009. Evidence for subduction at 3.8 Ga: geochemistry of arc-like metabasalts from the southern edge of the Isua Supracrustal Belt. Chemical Geology, 261 (1-2): 83~98

Johnson C M, Beard B L, Beukes N J, Klein C, O'Leary J M. 2003. Ancient geochemical cycling inthe Earth as inferred from Fe isotope studies of banded iron formations from the Transvaal craton. Contributions to Mineralogy and Petrology, 144 (5): 523~547

Johnson C M, Beard B L, Klein C, Beukes N J, Roden E E. 2008. Iron isotopes constrain biologicand abiologic processes in banded iron formation genesis. Geochimica et CosmochimicaActa, 72 (1): 151~169

Kappler A, Pasquero C, Konhauser K O, Newman D K. 2005. Deposition of banded ironformations by anoxygenic phototrophic Fe (II) -oxidizing bacteria. Geology, 33 (11): 865~868

Kelemen P B. 1995. Genesis of high Mg andesites and the continental crust. Contributions to Mineralogy and Petrology, 120 (1): 1~19

Klein C. 2005. Some Precambrian banded iron-formations (BIFs) from around the world: their age, geologic setting, mineralogy, metamorphism, geochemistry, and origin. AmericanMineralogist, 90 (10): 1473~1499

Klein C, Beukes N J. 1989. Geochemistry and sedimentology of a facies transition from limestoneto iron-formation deposition in the Early Proterozoic Transvaal Supergroup, South Africa. Economic Geology, 84 (7): 1733~1774

Klein C, Beukes N J. 1993. Time Distribution, Stratigraphy, Sedimentologic Setting, and Geochemistry of Precambrian Iron-Formations. Cambridge: Cambridge University Press

Konhauser K O, Hamade T, Morris R C, Ferris F G, Southam G, Raiswell R, Canfield D. 2002. Could bacteria have formed the Precambrian banded iron formations? Geology, 30 (12): 1079~1082

Konhauser K O, Lalonde S V, Planavsky N, Pecoits E, Lyons T, Mojzsis S, Rouxel O J, Barley M, Rosiere C, Fralick P W, Kump L R, Bekker A. 2011. Chromium enrichment in ironformations record Earth's first acid rock drainage during the Great Oxidation Event. Nature, 478: 369~373

Koziol A M. 2004. Experimental determination of siderite stability and application to MartianMeteorite ALH84001. American Mineralogist, 89 (2-3): 294~300

Kranendonk V M J. 2012. EAG Eminent Speaker: Two types of Archean continental crust: plume and plate tectonics on early Earth. EGU General Assembly Conference Abstracts, 14 (10): 1187~1209

Kusky T M, Li J H. 2003. Paleoproterozoic tectonic evolution of the North China Craton. Journal of Asian Earth Sciences, 22 (4):

383~397

Labrosse S, Jaupart C. 2007. Thermal evolution of the Earth: Secular changes and fluctuations of plate characteristics. Earth and Planetary Science Letters, 260 (3-4): 465~481

Lan T G, Fan H R, Santosh M, Hu F F, Yang K F, Liu Y S. 2014. U-Pb zircon chronology, geochemistry and isotopes of the Changyi banded iron formation in the eastern ShandongProvince: constraints on BIF genesis and implications for Paleoproterozoic tectonic evolutionof the North China Craton. Ore Geology Reviews, 56 (1): 472~486

Li H M, Zhang Z J, Li L X, Zhang Z C, Chen J, Yao T. 2014. Types and general characteristics of the BIF-related iron deposits in China. Ore Geology Reviews, 57 (3): 264~287

Li X L, Zhang L F, Wei C J, Slabunov A I. 2015. Metamorphic PT path and zircon U-Pb dating of Archean eclogite association in Gridino complex, Belomorian province, Russia. Precambrian Research, 268: 74~96

Li Y L. 2014. Micro-and nanobands in Late Archean and Palaeoproterozoic banded-ironformations as possible mineral records of annual and diurnal depositions. Earth and Planetary Science Letters, 391 (2): 160~170

Lin S F. 2005. Synchronous vertical and horizontal tectonism in the Neoarchean: Kinematic evidence from a synclinal keel in the northwestern Superior craton, Canada. Precambrian Research, 139 (3): 181~194

Lin S F, Beakhouse G P. 2013. Synchronous vertical and horizontal tectonism at late stages of Archean cratonization and genesis of Hemlo gold deposit, Superior craton, Ontario, Canada. Geology, 41 (3): 359~362

Liu D Y, Nutman A P, Compston W, Wu J S, Shen Q H. 1992. Remnants of 3800 Ma crust in the Chinese part of the Sino-Korean Craton. Geology, 20 (4): 339~342

Liu D Y, Wilde S, Wan Y S, Wu J S, Zhou H Y, Dong C Y, Yin X Y. 2008. New U-Pb and Hf isotopic data confirm Anshan as the oldest preserved segment of the North China Craton. American Journal of Science, 308 (3): 200~231

Liu F, Guo J H, Peng P, Qian Q. 2012. Zircon U-Pb ages and geochemistry of the Huai'an TTG gneisses terrane: petrogenesis and implications for ~2.5 Ga crustal growth in the North China Craton. Precambrian Research, 212-213: 225~244

Liu L, Zhang L C, Dai Y P. 2014. Formation age and genesis of the banded iron formations fromthe Guyang Greenstone Belt, Western North China Craton. Ore Geology Reviews, 63 (1): 388~404

Liu S W, Pan Y M, Xie Q L, Zhang J, Li Q G, Yang B. 2005. Geochemistry of the Paleoproterozoic Nanying granitic gneisses in the Fuping Complex: implications for the tectonic evolution of the Central Zone, North China Craton. Journal of Asian Earth Sciences, 24 (5): 643~658

Liu S W, Zhao G C, Wilde S A, Shu G M, Sun M, Li Q G, Tian W, Zhang J. 2006. Th-U-Pb monazite geochronology of the Lvliang and Wutai Complexes: constraints on the tectonothermal evolution of the Trans-North China Orogen. Precambrian Research, 148 (3): 205~225

Liu S W, Wang W, Bai X, Guo R R, Guo B R, Hu F Y, Fu J H, Wang M J. 2015. Precambrian geodynamics (Ⅵ): Formation and evolution of early continental crust. Earth Science Frontier, 22 (6): 97~108

Lovley D R. 1993. Dissimilatory metal reduction. Annual Reviews in Microbiology, 47: 263~290

Lowe D R, Byerly G R. 2007. An overview of the geology of the Barberton greenstone belt and vicinity: Implications for early crustal development. Development in Precambrian Geology, 15 (6): 481~526

Lucassen F, Franz G. 1996. Magmatic arc metamorphism: petrology and temperature history of metabasic rocks in the coastal Cordillera of northern Chile. Journal of Metamorphic Geology, 14 (2): 249~265

Lv B, Zhai M G, Li T, Peng P. 2012. Zircon U-Pb ages and geochemistry of the Qinglong volcano-sedimentary rock series in Eastern Hebei Implication for ~2500 Ma intra-continental rifting in the North China Craton. Precambrian Research, 208~211: 145~160

Lyons T W, Reinhard C T, Planavsky N J. 2014. The rise of oxygen in Earth's early ocean and atmosphere. Nature, 506 (7488): 307~315

Martin H. 1999. Adakitic magmas: Modern analogues of Archean granitoids. Lithos, 46 (3): 411~429

Martin H, Smithies R H, Rapp R, Moyen J F, Champion D. 2005. An overview of adakite, tonalite-trondhjemite-granodiorite (TTG), and sanukitoid: Relationships and some implications for crustal evolution. Lithos, 79 (1-2): 1~24

Martin H, Moyen J F, Guitreau M, Blichert-Toft J, Le Pennec J L. 2014. Why Archaean TTG cannot be generated by MORB melting in subduction zones. Lithos, 198 (3): 1~13

Mikkola P, Huhma H, Heilimo E, Whitehouse M. 2011. Archean crustal evolution of the Suomussalmi district as part of the Kianta Complex, Karelia: constraints from geochemistry and isotopes of granitoids. Lithos, 125 (1): 287~307

Moorbath S. 1975. The geological significance of early precambrian rocks. Proceedings of the Geologists Association, 86 (3): 259~279

Morris R C. 1993. Genetic modelling for banded iron-formation of the Hamersley Group, PilbaraCraton, Western Australia. Precambrian Research, 60 (1): 243~286

Moyen J F. 2009. High Sr/Y and La/Yb ratios: the meaning of the "adakitic signature". Lithos, 112 (3): 556~574

Moyen J F, Stevens G. 2006. Experimental constraints on TTG petrogenesis: implications for Archean geodynamics. In: Benn K, Mareschal J C, Condie K C (eds.). Archean geodynamics and environments. Monographs: 149~178

Moyen J F, van Hunen J. 2013. Short-term episodicity of archaean plate tectonics. Geology, 40 (5): 451~454

Mullen E K, McCallum I S. 2014. Origin of basalts in a hot subduction setting: petrological and geochemical insights from Mt. Baker, northern Cascade arc. Journal of Petrlogy, 55 (2): 241~281

Nair R, Chacko T. 2008. Role of oceanic plateaus in the initiation of subduction and origin of continental crust. Geology, 36 (7): 583~586

Nutman A P, Wang Y S, Du L L, Friend C R L, Dong C Y, Xie H Q, Wang W, Sun H Y, Liu D Y. 2011. Multistage late Neoarchaean crustal evolution of the North China Craton, eastern Hebei. Precambrian Research, 189 (1-2): 43~65

O'Neil J, Francis D, Carlson R W. 2011. Implications of the Nuvvuagittuq greenstone belt for the formation of Earth's early crust. Journal of Petrology, 52 (5): 985~1009

Ohmoto H. 2003. Nonredox transformations of magnetite-hematite in hydrothermal systems. Economic Geology, 98 (1): 157~161

Ohta A, Kawabe I. 2001. REE (III) adsorption onto Mn dioxide (δ-MnO_2) and Fe oxyhydroxide: Ce (III) oxidation by δ-MnO_2. Geochimica et Cosmochimica Acta, 65 (5): 695~703

Parman S W, Grove T L, Dann J C. 2001. The production of Barberton komatiites in an Archean subduction zone. Geophysical Research Letters, 28 (13): 2513~2516

Pecoits E, Gingras M K, Barley M E, Kappler A, Posth N R, Konhauser K O. 2009. Petrography andgeochemistry of the Dales Gorge banded iron formation: paragenetic sequence, source andimplications for palaeo-ocean chemistry. Precambrian Research, 172 (1): 163~187

Peng P. 2016. Structural architecture and spatial-temporal distribution of the Archean domains in the Eastern North China craton. In: Zhai M G, Zhao Y, Zhao T P (eds.). Metallogeny and main tectonic events of the North China Craton. Berlin: Springer-Verlag: 45~64

Peng P, Wang X, Windley B F, Guo J, Zhai M G, Li Y. 2014. Spatial distribution of ~ 1950–1800 Ma metamorphic events in the North China Craton: Implications for tectonic subdivision of the craton. Lithos: 202-203, 250~266

Peng P, Wang C, Wang X, Yang S. 2015. Qingyuan high-grade granite-greenstone terrain in the Eastern North China Craton: Root of a Late Archean arc. Tectonophsics, 662: 7~21

Percival J A, West G F. 1994. The Kapuskasing uplift: a geological and geophysical synthesis. Canadian Journalof Earth Science, 31 (7): 1256~1286

Percival J A, McNicoll V, Brown J L, Whalen J B. 2004. Convergent margin tectonics, central Wabigoon subprovince, Superior Province, Canada. Precambrian Research, 132 (3): 213~244

Pickard A L. 2002. SHRIMP U-Pb zircon ages of tuffaceous mudrocks in the Brockman Iron Formation of the Hamersley Range, Western Australia. Australian Journal of Earth Sciences, 49 (3): 491~507

Pickard A L. 2003. SHRIMP U-Pb zircon ages for the Palaeoproterozoic Kuruman Iron Formation, Northern Cape Province, South Africa: evidence for simultaneous BIF deposition on Kaapvaal and Pilbara Cratons. Precambrian Research, 125 (3-4): 275~315

Pickett D A, Saleeby J B. 1993. Thermobarometric constraints on the depth of exposure and conditions of plutonism and metamorphism at deep levels of the Sierra Nevada batholith, Tehachapi Mountains, California. Journal of Geophysical Research, 98 (B1): 609~629

Planavsky N J, Rouxel O J, Bekker A, Shapiro R, Fralick P, Knudsen A. 2009. Iron-oxidizingmicrobial ecosystems thrived in late Paleoproterozoic redox-stratified oceans. Earth and Planetary Science Letters, 286 (1): 230~242

Planavsky N J, Asael D, Hofmann A, Reinhard C T, Lalonde S V, Knudsen A, Wang X L, Ossa F O, Pecoits E, Smith A J B, Beukes N J, Bekker A, Johnson T M, Konhauser K O, Lyons T W, Rouxel O J. 2014. Evidence for oxygenic photosynthesis half a billion years before the GreatOxidation Event. Nature Geoscience, 7 (4): 283~286

Planavsky N, Bekker A, Rouxel O J, Kamber B, Hofmann A, Knudsen A, Lyons T W. 2010. Rare Earth Element and yttrium compositions of Archean and Paleoproterozoic Fe formationsrevisited: new perspectives on the significance and mechanisms of deposition. Geochimica et Cosmochimica Acta, 74 (22): 6387~6405

Polat A, Hofmann A W, Rosing M T. 2002. Boninite-like volcanic rocks in the 3.7-3.8 Ga Isua greenstone belt, West Greenland: geochemical evidence for intra-oceanic subduction zone processes in the early Earth. Chemical Geology, 184 (3-4): 231~254

Polat A, Appel P W U, Fryer B J. 2011. An overview of the geochemistry of Eoarchean to Mesoarchean ultramafic to mafic volcanic rocks, SW Greenland: Implication for mantle depletion and petrogenetic processes at subduction zones in the early Earth. Gondwana Research, 20: 255~283

Posth N R, Hegler F, Konhauser K O, Kappler A. 2008. Alternating Si and Fe deposition caused bytemperature fluctuations in Precambrian oceans. Nature Geoscience, 1 (10): 703~708

Rapp R P, Shimizu N, Norman M D, Applegate G S. 1999. Reaction between slab-derived melts and peridotite in the mantle wedge: Experimental constraints at 3.8 GPa. Chemical Geology, 160 (4): 335~356

Rapp R P, Shimizu N, Norman M D. 2003. Growth of early continental crust by partial melting of eclogite. Nature, 425 (6958): 605~609

Rasmussen B, Fletcher I R, Bekker A, Muhling J R, Gregory C J, Thorne A M. 2012. Deposition of 1.88-billion-year-old iron formations as a consequence of rapid crustal growth. Nature, 484: 498~501

Rasmussen B, Meier D B, Krapež B, Muhling J R. 2013. Iron silicate microgranules as precursorsediments to 2.5-billion-year-old banded iron formations. Geology, 41 (4): 435~438

Raye U, Pufahl P K, Kyser T K, Ricard E, Hiatt E E. 2015. The role of sedimentology, oceanography, and alteration on the δ^{56}Fe value of the Sokoman Iron Formation, Labrador Trough, Canada. Geochimica et Cosmochimica Acta, 164: 205~220

Riding R, Fralick P, Liang L. 2014. Identification of an Archean marine oxygen oasis. Precambrian Research, 251 (3): 232~237

Rollinson H R. 2002. The metamorphic history of the Isua greenstone belt, West Greenland. In: Fowler C M R, Ebinger C J, Hawkesworth C J (eds.). The Early Earth: Physical, Chemical and Biological Development. London: Geological Society, Special Publications: 329~350

Rouxel O, Bekker A, Edwards K. 2005. Iron isotope constraints on the Archean and Paleoproterozoic ocean redox state. Science, 307 (5712): 1087~1091

Rudnick R L. 1992. Xenoliths-samples of the lower continental crust. In: Fountain D M, Arculus R J, Kay R W (eds.). Continental Lower Crust. Amsterdam: Elsevier: 269~316

Sandeman H A, Hanmer S, Davis W J, Ryan J J, Peterson T D. 2004. Neoarchean volcanic rocks, Central Hearne supracrustal belt, Western Churchill Province Canada: geochemical and isotopic evidence supporting intra-oceanic, suprasubduction zone extension. Precambrian Research, 134 (1-2): 113~141

Sandiford M, Powell R. 1986. Deep crustal metamorphism during continental extension: ancient and modern examples. Earth and Planetary Science Letters, 79 (1): 151~158

Sandiford M, Martin N, Zhou S H, Fraser G. 1991. Mechanical consequences of granite emplacement during high-T, low-P metamorphism and the origin of "anticlockwise" PT paths. Earth and Palnetary Science Letters, 107 (1): 164~172

Shi Y R, Wilde S A, Zhao X T, Ma Y S, Du L L, Liu D Y. 2012. Late Neoarchean magmatic and subsequent metamorphic events in the northern North China Craton: SHRIMP zircon dating and Hf isotopes of Archean rocks from Yunmengshan Geopark, Miyun, Beijing. Gondwana Research, 21 (4): 785~800

Sholkovitz E R, Shaw T, Schneider D L. 1992. The geochemistry of rare earth elements in theseasonally anoxic water column and porewaters of Chesapeake Bay. Geochimica et Cosmochimica Acta, 56 (9): 3389~3402

Sizova E, Gerya T, Stüwe K, Brown M. 2015. Generation of felsic crust in the Archean: a geodynamic modeling perspective. Precambrian Research, 271: 198~224

Smithies R H, Champion D C, Cassidy K F. 2003. Formation of Earth's early Archean continental crust. Precambrian Research, 127 (1-3): 89~101

Song B, Nutman A P, Liu D Y, Wu J S. 1996. 3800 to 2500 Ma crustal evolution in the Anshan areaof Liaoning province, northeastern China. Precambrian Research, 78 (79): 79~94

Stern G A, Braekevelt E, Helm P A, Bidleman T F, Outridge P M, Lockhart W L, McnEELEY R, Rosenberg B, Ikonomou M G, Hamilton P, Tomy G T, Wilkinson P. 2005. Modern and historical fluxes of halogenated organic contaminants to a lake in the canadian arctic, as determined from annually laminated sediment cores. Science of the Total Environment, 342 (1): 223~243

Sun S S, Mcdonough W F. 1989. Chemical and isotopic systematics of oceanic basalts: implications for mantle composition and processes. Geological Society London Special Publications, 42 (1): 313~345

Sun X H, Zhu X Q, Tang H S, Zhang Q, Luo T Y, Han T. 2014. Protolith reconstruction andgeochemical study on the wall rocks of Anshan BIFs, Northeast China: implications for theprovenance and tectonic setting. Journal of Geochemical Exploration, 136 (1): 65~75

Szilas K, Hinsberg V J V, Kisters A F M, Hoffmann J E, Windley B F, Kokfelt T F. 2013. Remnants of arc-related mesoarchaean oceanic crust in the tartoq group of sw greenland. Gondwana Research, 23 (2): 436~451

Szilas K, Kelemen P B, Rosing M T. 2015. The petrogenesis of ultramafic rocks in the >3.7Ga isua supracrustal belt, southern west greenland: geochemical evidence for two distinct magmatic cumulate trends. Gondwana Research, 28 (2): 565~580

Trendall A F. 1973. Precambrian Iron-Formations of Australia. Economic Geology, 68 (7): 1023~1034

Trendall A F. 2002. The significance of iron-formation in the Precambrian stratigraphic record. Special Publication International Association of Sedimentologists, 33 (1): 33~66

Trendall A F, Blockley J G. 1970. The iron-formations of the Precambrian Hamersley Group, Western Australia. Geological Survey of Western Australia Bulletin, 119: 1~366

Trendall A F, Compston W, Nelson D R. 2004. SHRIMP zircon ages constraining the depositional chronology of the Hamersley Group, Western Australia. Australian Journal of Earth Sciences, 51 (5): 621~644

van Kranendonk M J. 2006. Volcanic degassing, hydrothermal circulation and the flourishing of early life on Earth: A review of the evidence from c. 3490-3240 Ma rocks of the Pilbara Supergroup, Pilbara Craton, Western Australia. Earth Science Review, 74 (3-4): 197~240

van Kranendonk M J, Smithies R H, Hickman A H, Champion D C. 2007. Review: secular tectonic evolution of Archean continental crust: interplay between horizontal and vertical process in the formation of the Pilbara Craton, Australia. Terra Nova, 19 (1): 1~38

Wakabayashi J. 2004. Tectonic mechanisms associated with P-T-paths of regional metamorphism: alternatives to single-cycle thrusting and heating. Tectonophysics, 392 (1): 193~218

Wan Y S, Wang S J, Liu D Y, Wang W, Kroner A, Dong C Y, Yang E X, Zhou H Y, Xie H Q, Ma M Z. 2012. Redefinition of depositional ages of Neoarchean supracrustal rocks in western Shandong Province, China: SHRIMP U-Pb zircon dating. Gondwana Research, 21 (4): 768~784

Wan Y S, Xie S W, Yang C H, Kroner A, Ma M Z, Dong C Y, Du L L, Xie H Q, Liu D Y. 2014. Early Neoarchean (~2.7 Ga) tectono-thermal events in the North China Craton: A synthesis. Precambrian Research, 247: 45~63

Wan Y S, Dong C Y, Wang S J, Kröner A, Xie H Q, Ma M Z, Zhou H Y, Xie S W, Liu D Y. 2015. Middle Neoarchean magmatism in western Shandong, North China Craton: SHRIMP zircon dating and LA-ICP-MS Hf isotope analysis. Precambrian Research, 255: 865~884

Wan Y S, Liu S J, Kröner A, Dong C Y, Xie H Q, Xie S W, Bai W Q, Ren P, Ma M Z, Liu D Y. 2016a. Eastern Ancient Terrane of the North China Craton. Acta Geologica Sinica, 90 (4): 1801~1840

Wan Y S, Liu DY, Xie H Q, Kröner A, Ren P, Liu S J, Xie S W, Dong C Y, Ma M Z. 2016b. Formation ages and environments of Early Precambrian banded iron formation in the North China Craton. In: Zhai M G (ed.). Main tectonic events and metallogeny of the North China Craton. Berlin: Springer-Verlag: 65~83

Wang A D, Liu Y C. 2012. Neoarchean (2.5-2.8 Ga) crustal growth of the North China Craton revealed by zircon Hf isotope: A synthesis. Geoscience Frontiers, 3 (2): 147~173

Wang C L, Zhang L C, Lan C Y, Dai Y P. 2014a. Petrology and geochemistry of the Wangjiazhuangbanded iron formation and associated supracrustal rocks from the Wutai greenstone belt inthe North China Craton: Implications for their origin and tectonic setting. PrecambrianResearch, 255 (4): 603~626

Wang C L, Zhang L C, Dai Y P, Li W J. 2014b. Source characteristics of the ~2.5 Ga Wangjiazhuangbanded iron formation from the Wutai greenstone belt in the North China Craton: Evidencefrom neodymium isotopes. Journal of Asian Earth Sciences, 93: 288~300

Wang C L, Zhang L C, Dai Y P, Lan C Y. 2015. Geochronological and geochemical constraints onthe origin of clastic metasedimentary rocks associated with the Yuanjiacun BIF from theLüliang Complex, North China. Lithos, 212-215: 231~246

Wang C L, Konhauser K O, Zhang L C, Zhai M G, Li W J. 2016. Decoupled sources of the 2.3~2.2Ga Yuanjiacun banded iron formation: Implications for the Nd cycle in Earth's early oceans. Precambrian Research, 280: 1~13

Wang C L, Wu H Y, Li W J, Peng Z D, Zhang L C, Zhai M G. 2017. Changes of Ge/Si, REE+Y and Sm, Nd isotopes in alternating Fe-and Si-rich mesobands reveal source heterogeneity of the ~2.54Ga Sijiaying banded iron formation in Eastern Hebei, China. Ore Geology Reviews, 80: 363~376

Wang W, Liu S W, Santosh M, Bai X, Li Q G, Yang P T, Guo R R. 2013. Zircon U-Pb-Hf isotopes and whole-rock geochemistry of granitoid gneisses in the Jianping gneissic terrane, Western Liaoning Province: Constraints on the Neoarchean crustal evolution of the North China Craton. Precambrian Research, 224: 184~221

Wang Y F, Xu H F, Merino E, Konishi H. 2009. Generation of banded iron formations by internal dynamics and leaching of oceanic crust. Nature Geoscience, 2 (11): 781~784

Wang Y F, Li X H, Jin W, Zhang J H. 2015. Eoarchean ultra-depleted mantle domains inferred from ca. 3.81 Ga Anshan trondhjemitic gneisses, North China Craton. Precambrian Research, 263: 88~107

Weber M B J, Tarney J, Kempton P D, Kent R W. 2002. Crustal make-up of the northern Andes: evidence based on deep crustal xenolith suites, Mercaderes, SW Columbia. Tectonophysics, 345 (1-4): 49~82

Wells P R A. 1980. Thermal models for magmatic accretion and subsequent metamorphism of continental crust. Earth Planet Science Letter, 46 (2): 253~265

Wilde S A, Valley J W, Kita N T, Cavosie A J, Liu D Y. 2008. SHRIMP U-Pb and CAMECA 1280 oxygen isotope results from ancient detrital zircons in the Caozhuang quartzite, Eastern Hebei, North China Craton: Evidence for crustal reworking 3.8 Ga ago. American Journal of Science, 308 (3): 185~199

Windley B F. 1996. The evolving continents. Brittonia, 30 (4): 462

Windley B F, Garde A A. 2009. Arc-generated blocks with crustal sections in the North Atlantic craton of West Greenland: crustal growth in the Archean with modern analogues. Earth Science Reviews, 93 (1): 1~30

Winther K T. 1996. An experimentally based model for the origin of tonalitic and trondhjemitic melts. Chemical Geology, 127 (1-3): 43~59

Wu F Y, Yang J H, Liu X M, Li T S, Xie L W, Yang Y H. 2005. Hf isotopes of the 3.8 Gazircons in eastern Hebei Province, China: implications for early crustal evolution ofthe North China Craton. Chinese Science Bulletin, 50 (21): 2473~2480

Wu K K, Zhao G C, Sun M, Yin C Q, He Y H, Tam P Y. 2013. Metamorphism of the northern Liaoning Complex: Implications for the tectonic evolution of Neoarchean basement of the Eastern Block, North China Craton. Geoscience Frontier, 4 (3): 305~320

Wyman D, Kerrich R, Polat A. 2002. Assembly of Archean cratonic mantle lithosphere and crust: plume-arc interaction in the Abitibi-Wawa subduction-accretion complex. Precambrian Research, 115 (1): 37~62

Xiong X L. 2006. Trace element evidence for the growth of early continental crust by melting of rutile-bearing hydrous eclogite. Geology, 34 (11): 945~948

Yang J H, Wu F Y, Wilde S A, Zhao G C. 2008. Petrogenesis and geodynamics of Neoarchean magmatism in eastern Hebei, eastern North China Craton: Geochronological, geochemical and Nd-Hf isotopic evidence. Precambrian Research, 167 (1-2): 125~149

Zhai M G, Santosh M. 2011. The Early Precambrian odyssey of the North China Craton: A synoptic overview. Gondwana Research, 20 (1): 6~25

Zhai M G, Windley B F. 1990. The Archaean and early Proterozoic banded iron formations of NorthChina: their characteristics geotectonic relations, chemistry and implications for crustalgrowth. Precambrian Research, 48 (3): 267~286

Zhai M G, Yang R Y, Lu W J, Zhou J E. 1985. Geochemistry and evolution of the Qingyuan Archean granite-greenstone terrain, NE China. Precambrian Research, 27 (1): 37~62

Zhai M G, Windley B F, Sills J D. 1990. Archaean gneisses amphibolites, banded iron-formationfrom Anshan area of Liaoning, NE China: their geochemistry, metamorphism andpetrogenesis. Precambrian Research, 46 (3): 195~216

Zhai M G, Guo J H, Li Y G, Li J H, Yan Y H, Zhang W H. 1996. Retrograded eclogites in the Archean North China craton and their geological implication. Chinese Science Bulletin, 41 (4): 315~321

Zhai M G, Guo J H, Liu W J. 2001. An oblique cross-section of Precambrian lower crust in the North China craton. Physical Chemistry Earth (A), 26: 781~792

Zhang H F, Zhai M G, Santosh M, Diwu C R, Li S R. 2011. Geochronology and petrognesis of Late Archean potassic meta-granites from Huia'n Complex: Implications for the evolution of the North China craton. Gondwana Research, 20: 82~105

Zhang L C, Zhai M G, Zhang X J, Xiang P, Dai Y P, Wang C L, Franco Pirajno. 2012. Formation ageand tectonic setting of the

Shirengou Neoarchean banded iron deposit in eastern HebeiProvince: constraints from geochemistry and SIMS zircon U-Pb dating. Precambrian Research, 222-223: 325~338

Zhang L C, Wang C L, Zhu M T, Huang H, Peng Z D. 2016. Neoarchean banded iron formations in the north china craton: geology, geochemistry, and its implications. In: Zhai M G (ed.) Main tectonic events and metallogeny of the North China Craton. Berlin: Springer-Verlag: 85~103

Zhang X J, Zhang L C, Xiang P, Wan B, Pirajno F. 2011. Zircon U-Pb age, Hf isotopes and geochemistry of Shuichang Algoma-type banded iron-formation, North China Craton: constraints on the ore-forming age and tectonic setting. Gondwana Research, 20 (1): 137~148

Zhang Y J, Sun F Y, Li B L, Huo L, Ma F. 2014. Ore textures and remobilization mechanisms of the Hongtoushan copper-zinc deposit, Liaoning, China. Ore Geology Review, 57 (1): 78~86

Zhao G C. 2007. When did plate tectonics begin on the North China craton? Insights from metamorphism. Gondwana Research, 14 (1): 19~32

Zhao G C, Wilde S A, Cawood P A, Sun M, Lu L Z. 2001. Archean blocks and their boundaries in the North China Craton: lithological, geochemical, structural and P-T-path constraints. Precambrian Research, 107 (1): 45~73

Zhao G C, Sun M, Wilde S A, Li S Z. 2005. Late Archean to Paleoproterozoic evolution of the North China Craton: key issues revisited. Precambrian Research, 136: 177~202

Zhu M T, Dai Y P, Zhang L, Wang C L, Liu L. 2015a. Geochronology and geochemistry of the Nanfen iron deposit in the Anshan-Benxi area, North China Craton: Implications for ~2.55 Ga crustal growth and the genesis of high-grade iron ores. Precambrian Research, 260: 23~38

Zhu M T, Zhang L C, Dai Y P, Wang C L. 2015b. In situ zircon U-Pb dating and O isotopes of the Late Archean Hongtoushan VMS Cu-Zn deposit in the North China Craton: Implication for the ore genesis. Ore Geology Reviews, 67: 354~367

第三篇　古元古代大氧化事件与成矿响应

第五章 全球大氧化事件序列重建

第一节 大氧化事件序列重建

一、大氧化事件

（一）Lomagundi-Jatulian 事件

地球从太古宙演化至元古宙时，地质和成矿作用的特点发生了根本性转变。例如，太古宙广泛发育绿岩带，而元古宙则大量发育稳定沉积盆地，常见红层、蒸发岩和含叠层石的碳酸盐岩等（Eriksson and Truswell，1978；陈衍景，1987，1989，1990，1996；Chen，1988；陈衍景等，1990a，1990b，1991a，1991b；Melezhik et al.，1999，2005；Bekker et al.，2001，2003a，2003b，2006），形成了巨量的苏必利尔型铁矿（Huston and Logan，2004；Bekker et al.，2010；赵振华，2010）、石墨矿（陈衍景等，2000）、稀土矿（Tu et al.，1985）、沉积磷矿、铅锌矿、菱镁矿、硼矿等矿床（陈衍景等，1991a，1991b；Jiang et al.，2004；Chen and Tang，2016；Tang et al.，2016）。太古宙与元古宙的巨大差异使科学家长期探索太古宙/元古宙界线事件的性质、机制和过程，特别是研究古元古代（2.5~1.8 Ga）地质作用的细节（图5.1）。其中，包括对该时间段沉积地层 $\delta^{13}C_{carb}$ 以及 $\delta^{13}C_{org}$ 同位素的研究。

Plumb, 1988		Cowie et al., 1989；孙大中, 1989
元古Ⅲ代	H 700 Ma G	新元古Ⅲ纪 650 Ma 覆冰纪 850 Ma 加宽纪 新元古代
900 Ma		1000 Ma
元古Ⅱ代	F 1200 Ma E 1400 Ma D	窄带纪 1200 Ma 延展纪 1400 Ma 盖层纪 中元古代
1600 Ma		1600 Ma
元古Ⅰ代	C 1800 Ma B 2100 Ma A	稳化纪 1800 Ma 造山纪 2050 Ma 层侵纪 2300 Ma 成铁纪 古元古代

图 5.1 前寒武纪分期方案的沿革和 2.3 Ga 界线增设（Plumb，1988；Cowie et al.，1989；孙大中，1989）

20世纪70年代起，约 2.0 Ga 海相碳酸盐超常富集 ^{13}C 的证据相继在俄罗斯、芬兰、南非等地被发现。在俄罗斯 Karelia 的 Jatulian（Schidlowski et al.，1975）和芬兰 Peräpohja 带（Schidlowski et al.，1975）

2.65~1.95 Ga 的沉积碳酸盐岩单元中，$\delta^{13}C_{carb}$ 达到了 8.8‰（$\delta^{13}C=3.1~8.6$，4.3 ± 1.1）。南非津巴布韦 Lomagundi 省约 2.07 Ga 的白云岩 $\delta^{13}C_{carb}$ 甚至高达+13.6‰（$\delta^{13}C=2.6~13.6$，8.2 ± 2.6）（Schidlowski et al.，1975，1976），该套地层延展超过 300 km×50 km，代表着已知最大的碳同位素异常沉积碳酸盐省。已有资料表明，海相碳酸盐 $\delta^{13}C_{carb}$ 自 3.8 Ga 以来长期稳定在 0.5‰左右（Veizer and Hoefs，1976）。为了解释这一现象，Schidlowski 等（1975，1976）提出局限盆地中大量藻类发育和叠层石等有机质堆埋的加强，可导致水体 CO_2 相对富集^{13}C，导致碳酸盐碳同位素正异常，并称为 Lomagundi 事件。遗憾的是，Schidlowski 等的开创性工作长期没有受到足够重视。

1985 年，Taylor 和 McLennan 根据页岩稀土元素地球化学特征的变化，提出 3.0~2.5 Ga 大量花岗岩类发育导致了地壳成分和性质的转变；陈衍景（1987）、Chen 等（1988，1998）发现华北克拉通南缘 2.3 Ga 前后的沉积物稀土元素配分型式截然不同，多次论证了 2.3 Ga 左右地球表生环境的突变及其界线意义（Chen，1988；陈衍景等，1989，1990a，1990b，1991a，1991b，1994，2000；Chen and Fu，1991；Chen et al.，1992a，1992b；陈衍景和富士谷，1992；陈衍景和邓健，1993；Chen and Zhao，1997；Chen and Su，1998）；1989 年国际地球科学联合会通过投票方式确定以 2.5 Ga 作为太古宙/元古宙界线，新增 2.3 Ga 作为成铁纪（Siderian）与层侵纪（Rhyacian）的界线（图 5.1）（Cowie et al.，1989）。新界线的确定激发了学者研究古元古代地质演化的热情。其中，苏格兰发现两处具有极高 $\delta^{13}C_{carb}$ 正异常约 2.0 Ga 碳酸盐省（Baker and Fallick，1989a，1989b），使得 Lomagundi 事件全球性意义被重新评估。Baker 和 Fallick（1989b）联系了大气充氧机制和富氧大气圈的出现，提出 Lomagundi 事件由有机碳加速埋藏伴随氧气的释放以及大陆碳循环的扰动引起。自此，沉积碳酸盐早古元古代 $\delta^{13}C_{carb}$ 正向漂移异常现象在世界许多地区被报道（图 5.2）（Tang et al.，2011；Martin et al.，2013），包括：乌克兰（Zagnitko and Lugovaya，1989）、北美（Melezhik et al.，1997；Bekker et al.，2003a）、南美（Bekker et al.，2003b）、非洲（Buick et al.，1998；Bekker et al.，2001）、澳大利亚（Lindsay and Brasier，2002）、印度（Maheshwari et al.，1999；Sreenivas et al.，2001；Mohanty et al.，2015）及中国（汤好书等，2008，2009a，2009b；Tang et al.，2011，2013a，2013b；Lai et al.，2012）。在 Fennoscandian 地盾区，超过 1200 km×600 km 范围内已发现多处 $\delta^{13}C_{carb}$ 正异常，包括挪威（Baker and Fallick，1989b；Melezhik and Fallick，1996）、芬兰（Karhu，1993）、瑞典（Karhu，1993；Melezhik and Fallick，2010）及俄罗斯西北部的 Karelia 和 Kola 半岛（Yudovich et al.，1991；Karhu and Melezhik，1992；Karhu，1993；Melezhik and Fallick，1996；Melezhik et al.，1999）。

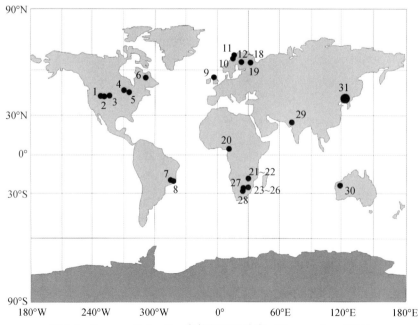

图 5.2　Lomagundi-Jatulian 事件的世界分布（Tang et al.，2011）

这些古元古代沉积碳酸盐的$\delta^{13}C_{carb}$正向漂移为地球历史上最主要的一次全球碳循环扰动提供了证据，该事件被称为 Lomagundi 事件（Baker and Fallick, 1989a, 1989b; Karhu and Holland, 1996; Melezhik et al., 1997, 1999; Buick et al., 1998; Bekker et al., 2001, 2003a, 2003b, 2006; 唐国军等, 2004; 汤好书等, 2009a, 2009b; Tang et al., 2011），在北欧一带也称 Jatulian 事件（Melezhik and Fallick, 1996, Melezhik et al., 1999），近年被统称为 Lomagundi-Jatulian 事件（LJE）（Schidlowski, 2001; Martin et al., 2013），或 Lomagundi-Jatulian 漂移事件（LJIE）（Salminen et al., 2013）（图 5.2），是地球系统演化或大气圈氧化作用的关键事件。

关于 Lomagundi-Jatulian 事件的持续作用时间，Karhu 和 Holland（1996）通过梳理该套沉积序列已有年龄资料，将该事件限定在 2.22~2.06 Ga。Melezhik 等（1999）结合俄罗斯 Fennoscandian 地盾区资料，给出 2.33~2.06 Ga 的年龄段。Martin 等（2013）集中对该套地层 20 年来的 U-Pb 和 Re-Os 年龄进行甄别，确认 Lomagundi-Jatulian 事件为全球同时发生，最大时间跨度为 249±9 Ma（2306±9~2057±1 Ma），最小跨度为 128±9.4 Ma（2221±5~2106±8 Ma）。

关于 Lomagundi-Jatulian 事件中 $\delta^{13}C_{carb}$ 正向漂移的形式，Karhu（1993）、Karhu 和 Holland（1996）依照放射性同位素年龄给出的是一个宽大、$\delta^{13}C_{carb}$ 值为 8‰~10‰ 的单峰。Melezhik 等（1999）研究发现 2.33~2.06 Ga 中至少存在 3 次震荡峰，中间反弹回 0 左右（图 5.3）。而对南非 Kaapvaal 克拉通的古元古代碳酸盐地层研究表明，在 2.43 Ga（Duitschland 组）及 1.93 Ga（Lucknow 组）左右还离散出两个 $\delta^{13}C_{carb}$ 正向漂移峰（图 5.3）（Buick et al., 1998; Bekker et al., 2001）。

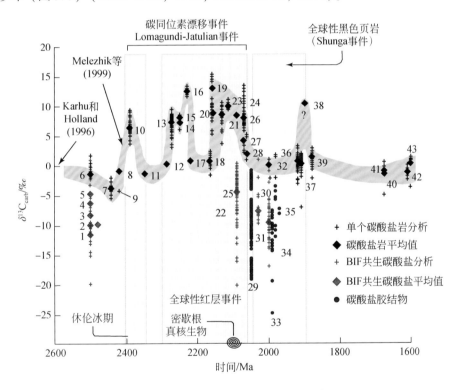

图 5.3　古元古代沉积碳酸盐岩 $\delta^{13}C_{carb}$ 变化及相伴随的部分现象（Melezhik et al., 1999）

就正漂移规模而言，Lomagundi-Jatulian 事件中 $\delta^{13}C_{carb}$ 正异常高达 5‰~28‰（Melezhik et al., 1999; Bekker et al., 2003a, 2008; Tang et al., 2011; Martin et al., 2013），这种 ^{13}C 富集的程度在地球演化史上绝无仅有（Schidlowski, 1988, 2001; Aharon, 2005）。俄罗斯 Fennoscandian 地盾区东南部约 2.1 Ga 的 Tulomozerskaya 组碳酸盐岩 $\delta^{13}C$ 异常达到 17.2‰，Melezhik 等（1999）用外流盆地（external basin）模式对其解释。在全球背景值约为 5‰ 的情况下，浅水盆地中微生物群爆发（由叠层石指示）、蒸发和部分受局限的环境、高生物生产力、^{12}C 摄入加强、蓝藻等有机物的准同生再循环等因素，可能加强有机碳的堆

埋以及全球海水富集^{13}C，从而加剧^{13}C$_{carb}$同位素正向漂移。研究表明，沉积背景对Tulomozerskaya组δ^{13}C$_{carb}$值有强烈控制作用，从潮缘-潮间相（5‰~11‰，均含蒸发盐类），向萨布哈蒸发相（10‰~15‰），至干盐湖相（10‰~18‰）急剧增大，δ^{13}C$_{carb}$值放大幅度可高达8‰（Melezhik et al.，2005）。因此，在解释碳同位素数据时，应当事先判别碳酸盐所处沉积背景代表的是局限环境还是全球性的。

（二）"大氧化"时间

1. "大氧化事件"术语

Karhu和Holland（1996）在确定Lomagundi-Jatulian事件持续时间时，估算该事件排放O$_2$的通量超过现今大气圈O$_2$总量的12~22倍，使大气中的自由氧含量（以相当于现代大气圈的分压表示，PAL = present atmosphere level）在2.22~2.06 Ga从<1% PAL（2×10^{-3} atm[①]）骤升至>15% PAL（0.03 atm）。在其后的文献中，Holland（1999，2002）最早使用大氧化事件的概念，强调了Lomagundi-Jatulian事件中大气圈快速、巨量充氧的特征，即2.3 Ga之前，大气氧缺乏或极低；2.25~2.05Ga的大氧化事件期间，氧分压P_{O_2}快速增至0.03atm。此处，GOE是一个狭义概念，意指使大气成分由缺氧到富氧急剧变化的特定事件，即Lomagundi-Jatulian事件，并举证大气圈氧化状态转折的其他证据（Holland，1999）。此后，此概念被逐渐扩大化，甚至新元古代末的充氧事件（Schidlowski，2001）也被称为"大氧化事件"（GOE2）了（Lyons and Reinhard，2009）。

我国学者早在20世纪80年代就提出了"23亿年环境突变事件"（Environment Catastrophe at 2300 Ma）（陈衍景，1987，1989，1990，1996；Chen et al.，1988，1992a，1992b，1998；Chen and Fu 1991；陈衍景和邓健，1993；陈衍景等，1989，1990a，1990b，1991a，1991b，1994，1996；Chen and Zhao 1997；Chen and Su，1998），意指大气圈、水圈、生物圈和沉积圈等整个表生系统的性质在2.3 Ga前后发生全球性突变。相较专指大气圈快速巨量充氧的"大氧化事件"术语，具有更系统科学的概括意义。遗憾的是，"23亿年环境突变事件"概念远不及"大氧化事件"概念影响范围广。本章的"大氧化事件"，专指太古宙/元古宙之交的这一期环境突变事件，它涵盖了整个大气圈、水圈、生物圈和沉积圈等表生系统对这一事件的响应和记录。

2. "大氧化"的开始时间

地球是何时开始充氧的，一直是科学家最感兴趣的课题之一。具体氧化的时间及对应的大气氧含量根据研究对象以及研究手段的变化，目前大体可以分为3个主要阶段。

（1）2000年以前，根据对古风化壳（Holland，1994；Rye and Holland，1998）研究、确定大气圈$P_{O_2}>10^{-2}$PAL出现在2.3 Ga左右；兰德型Au-U砾岩型矿床的消失，沉积物稀土元素特征突变，N同位素分馏，红层、层状铜矿床、蒸发盐类矿床的出现等，均指示这时大气圈出现显著氧化（陈衍景，1987；Chen，1988；Chen et al.，1988；Eriksson and Cheney，1992；Beaumont and Robert，1999；Holland，1999；Eriksson et al.，2011）。由δ^{13}C$_{carb}$正异常指示的Lomagundi-Jatulian事件中P_{O_2}更飙升至>15% PAL（详见前文及文献），这些全球可观察到的宏观指示物得到业内一致认可。

（2）2000年以来，硫同位素非质量分馏作用的发现（Farquhar et al.，2000，2001）及应用（Bekker et al.，2004；Papineau et al.，2007；Guo et al.，2009；Williford et al.，2011；Hoffman，2013），指示大气中P_{O_2}至少在2.32 Ga左右就已经升高到>10^{-5} PAL了。Mo同位素显示氧化事件始于2.64~2.50 Ga（Anbar et al.，2007；Wille et al.，2007），Cr及Fe同位素指示氧化事件始于2.8~2.60 Ga（Frei et al.，2009）。非传统同位素的应用使得氧化时间被一再推前。不过，这些指示物代表的究竟是全球的还是局部环境的氧化还存在争议。例如，Wille等（2007）报道Transvaal超群Ghaap群黑色页岩中Mo同位素出现快速波动，指示2.64~2.50 Ga时期海洋中经常出现与蓝藻细菌产氧间歇交替的缺氧条件。

[①] 1atm=1.01325×10^{5}Pa。

然而，对该群中碳酸盐岩的 Mo 同位素研究结果则保持恒定值，显示出反向趋势，支持氧基本连续存在的说法（Voegelin et al.，2010）；黑色页岩中 Mo 同位素波动更可能缘于碎屑物加入和混染稀释效应，或者是沉积背景氧化还原条件变化或兼而有之，从而加强盆地尺度的环境波动（Voegelin et al.，2010）。

(3) 2006 年后，进入了理论模式定量计算时代。古土壤是风化过程中矿物–水–大气圈在地表环境下交互作用的产物，可以记录其形成时的大气氧逸度等信息。早期运用古土壤 Fe 含量对大气氧含量的估算是半定量的（Holland，1984，1994，2006；Holland et al.，1989；Holland and Zbinden，1988；Pinto and Holland，1988；Kump and Holland，1992；Rye and Holland，1998，2000）。2006 年以来，不同的模型对 2.5～2.0 Ga 大气氧逸度进行定量计算，多数模型中大气甲烷含量扮演了控制大气 O_2 水平的重要角色（Claire et al.，2006；Goldblatt et al.，2006；Beal et al.，2011）；其中，Claire 等（2006）模型给出的结果与现今估计比较一致。Murakami 等（2011）和 Yokota 等（2013）将 Fe（II）氧化动力学引入模型中，后者模型中包括较多参数，如 pH、P_{CO_2}、水通量、温度以及 O_2 在土壤中的扩散作用等。Kanzaki 和 Murakami（2016）结合古元古代土壤中 Fe 和 Mn 的行为计算大气中氧分压，研究给出了 2.5～1.8 Ga 氧分压的变化分别为：2.46 Ga，$10^{-7.1}$～$10^{-5.4}$ atm；2.15 Ga，$10^{-5.0}$～$10^{-2.5}$ atm；2.08 Ga，$10^{-5.2}$～$10^{-1.7}$ atm；1.85 Ga，$10^{-4.6}$～$10^{-2.0}$ atm。研究结果不支持 2.4 Ga 大气圈发生了巨量充氧，而是轻微的快速氧化。

二、大氧化事件序列重建

（一）Melezhik 序列简介

大氧化事件一词概括了最近前寒武纪地球科学研究的重大进展，是当前国际地学领域的研究热点（赵振华，2010；Tang and Chen，2013；Zhai and Santosh，2011，2013；Chen and Tang，2016；及其引文）。1985 年之前，科学家普遍认为地球表层系统，特别是水–气系统（水圈+大气圈）的氧化过程是缓慢的、渐变的，至少始于 3.8 Ga，主要发生在 2.6～1.9 Ga（Frakes，1979；Schidlowski et al.，1975；Holland，1984）。1985 年之后，受白垩纪末期恐龙灭绝事件和天体化学研究（欧阳自远，1988）的影响，学者开始认识到这次水–气系统充氧事件及相关变化的突发性、短时性、剧烈性和全面性（Chen，1988；陈衍景，1990；陈衍景等，1994；Karhu and Holland，1996；Holland，1999；Melezhik et al.，1999），由此而导致的全球性重要成矿事件，形成了一批超大型矿床（Tu et al.，1985；陈衍景，1990；陈衍景等，1991a，1991b；Huston and Logan，2004；赵振华，2010；Tang et al.，2016）。

大氧化事件导致地球表层系统各侧面都有相应的显著变化，而这些变化被迅速作为次级事件揭示出来，Schidlowski 等学者尝试梳理次级事件谱系，以期更好认识大氧化事件的起因。其中，Melezhik 等（1999）在研究 Lomagundi-Jatulian 事件时，列出该事件前后发生的主要地质事件，并参照元古宙末期雪球事件（Hoffman et al.，1998）的思路，提出 2.5～2.3 Ga 的超大陆裂解导致 Lomagundi-Jatulian 事件的谱系（图 5.4）。

虽然该谱系影响较大，但瑕疵较多。例如：①将休伦冰川事件作为大氧化事件的序幕，与冰室作用效应相矛盾，与很多古元古代地层剖面实际及对应的同位素年龄不符；②特别值得指出的是，苏必利尔型 BIF 早在 2.5 Ga 左右即出现爆发，而 Lomagundi-Jatulian 事件期间几乎没有成规模的 BIF 形成（Huston and Logan，2004）。

（二）谱系重建

1. 新思路：层序对比

对沉积岩类开展同位素定年，一直是个难题。尤其对早前寒武纪哑地层更是如此，既缺少宏体化石

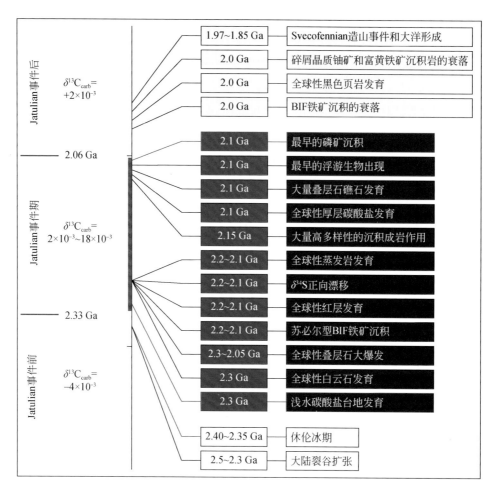

图 5.4 与古元古代 Lomagundi-Jatulian 事件相关的主要现象（Melezhik et al.，1999）

又多遭受后期地质事件改造。多数情况下只能依赖间接方法定年，即测定沉积岩/副变质岩中最年轻的碎屑锆石限定最大沉积年龄，再用穿插地层的侵入岩年龄限定最小沉积年龄。这样得到的年龄实际上是一个年龄范围。我们注意到，Melezhik 等（1999）谱系中 2.1~2.0 Ga 诸多事件多记录在同一套沉积地层中，它们在地层中是有特定层序的（相对年龄），但从同位素年代学（绝对年龄）上难以区分，以至于掩盖掉许多关键信息。同理，大氧化事件中其他子事件也存在相同问题。为了突破绝对年龄范围过宽的限制，采用区域地层对比无疑是行之有效的方法。

鉴于上述，我们对全球各大陆古元古代经典地层剖面进行了汇编和对比分析（图5.5）（Tang and Chen，2013），获得了一系列重要发现。

2. 冰期时间厘定

全球性冰川事件缘于 O_2 等冷室气体增多和 CH_4-CO_2 等温室气体减少，是共识的大氧化事件的标志，休伦冰川事件（Huronian glaciation event，HGE）是大氧化事件的主要标志和组成之一。显然，休伦冰期之冰碛岩的时代是厘定大氧化事件及其次级事件发生时间的关键性依据。根据已有冰碛岩报道（Frakes，1979；Hambery and Harland，1981），陈衍景（1987，1989，1990）及其合作者（陈衍景等，1991a，1991b，1994，1996）最早提出了古元古代全球性冰川事件的存在，现被各大陆冰碛岩的识别所证实，并称为休伦冰川事件（表5.1）。关于休伦冰期时间，学者根据已有冰碛岩年龄，将时间范围确定为 2.1~2.451 Ga（Melezhik et al.，2013；Young，2014）或者更宽（图5.6）。

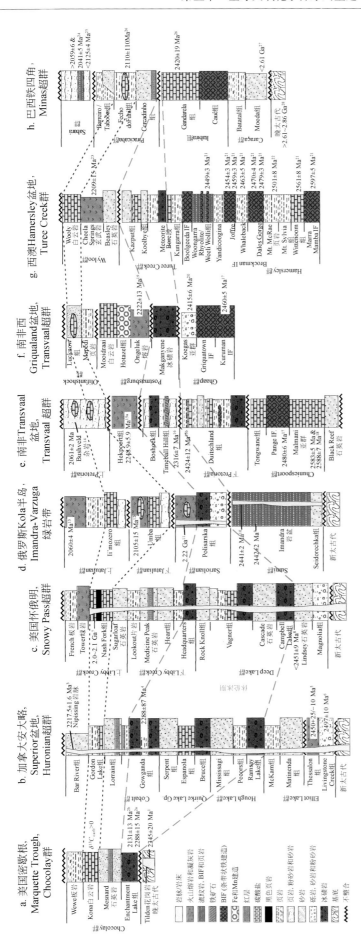

图 5.5 世界各大陆经典古元古代地层层序及冰碛岩层位（Tang and Chen, 2013）

年龄方法：1. 锆石 TIMS U-Pb年龄（Hammond, 1976）；2a. 碎屑锆石 U-Pb 年龄, 指示最大沉积年龄（Vallini et al., 2006）；2b. 热液磷钇矿年龄, 指示最小沉积年龄（Vallini et al., 2006）；3. 斜锆石 TIMS U-Pb 年龄（Andrews et al., 1986）；4. 泥页岩 Rb-Sr 等时线（Fairbairn et al., 1969）；5. 火山岩锆石 TIMS U-Pb 年龄（Krogh et al., 1984）；6. 碎屑锆石 TIMS U-Pb 年龄（Rainbird and Davis, 2006）；7. 锆石和斜锆石 TIMS U-Pb 年龄（Amelin et al., 1995）；8. 碎屑锆石 TIMS U-Pb 年龄（Premo and van Schmus, 1989）；9. 火山岩锆石 TIMS U-Pb 年龄（Amelin et al., 1995）；10. 玄武岩锆石 SHRIMP U-Pb 年龄（Walraven, 1997）；11. 引自 Hanski 等（2001）；12. 锆石 U-Pb 年龄（Puchtel et al., 1996）；13. 锆石 U-Pb 年龄（Huhma, 1986）；14. 锆石 U-Pb 年龄（Dorland, 2004）；15a. 锆石 U-Pb 年龄（Dorland, 2004）；15b. 碎屑锆石 SHRIMP U-Pb 年龄（Martin et al., 1998）；16. 成岩阶段黄铁矿 Re-Os 等时线年龄（Hannah et al., 2004）；17. 火山灰夹层锆石 SHRIMP U-Pb 年龄（Pickard, 2003）；18. 锆石 SHRIMP U-Pb 年龄（Trendall et al., 1998）；19. 全岩 Pb-Pb 等时线年龄（Cornell et al., 1996）；20. 碎屑锆石 U-Pb 年龄（Gutzmer and Beukes, 1998）；21. 锆石 SHRIMP U-Pb 年龄（Noce et al., 1998）；22. 成岩阶段黄铁矿 Re-Os 等时线年龄（Anbar et al., 2007）；23. 锆石 SHRIMP U-Pb 年龄（Barley et al., 1997）；24. 榍石 U-Pb 年龄（Noce et al., 1998）；25. 碎屑锆石 Pb-Pb 年龄（Machado et al., 1992）；26. 碳酸盐 Pb-Pb 等时线年龄（Babinski et al., 1995）；27. 锆石 SHRIMP U-Pb 年龄（Endo et al., 2002）；28. 据 Machado et al., 1992, 1996; Machado and Carneiro, 1992; Chemale et al., 1994; Noce et al., 1998; Endo et al., 2002

表 5.1 世界古元古代冰川单元汇编（Tang and Chen，2013）

位置	地层单元	地理位置	年龄/Ma
北美	Huronian 超群，Cobalt 群，Gowganda 组	加拿大安大略；45°40′~48°40′N，79°~85°W	2450~2217.5
北美	Huronian 超群，Quirke Lake 群，Bruce 组	加拿大安大略；45°40′~48°40′N，79°~85°W	2450~2217.5
北美	Huronian 超群，Hough Lake 群，Ramsay Lake 组	加拿大安大略；45°40′~48°40′N，79°~85°W	2450~2217.5
北美	Chibougamau 组	加拿大魁北克；49°40′~50°15′N，74°40′~73°50′W	2500~1800
北美	Hurwitz 群，Padlei 组	加拿大 Territories 西北；61°~62°30′N，95°~99°W	2300~2100
北美	黑山北部	美国 Dakota 南部；43°50′~44°07′N，103°20′~103°45′W	2559~1870
北美	Snowy Pass 群，Singer Peak 组，Bottle Creek	美国怀俄明州 Sierra Madre 山 Snowy Pass 群	<2450
北美	Snowy Pass 超群，Lower Libby Creek 群，Headquarters 组	美国怀俄明州 Medicine Bow 山；41°~41°30′N，107°15′~106°15′W	2451~2000
北美	Snowy Pass 超群，Deep Lake 群，Vagner 组	美国怀俄明州 Medicine Bow 山；41°~41°30′N，107°15′~106°15′W	2451~2000
北美	Snowy Pass 超群，Deep Lake 群，Campbell Lake 组	美国怀俄明州 Medicine Bow 山；41°~41°30′N，107°15′~106°15′W	<2451±9
北美	Marquette Range 超群，Chocolay 群，Fem Creek 组	美国 WI 和 MI 抬升区，AmasaMenominee and Iron River-Crystal Falls Ranges	2302~2115
北美	Marquette Range 超群，Chocolay 群，Enchantment Lake 组	美国上 Peninsula Michigan，Marquette Trough，45°49′~46°30′N，87°30′~88°05′W	2288~2131
非洲	Witwatersrand 超群	南非	2600~2300
非洲	Postmasburg 群 Makganyene 冰碛岩	南非 Griqualand West 盆地；28°47′S，23°15′E	2415~2222
非洲	Transvaal 超群，下 Pretoria 群，Boshoek 组	南非 Transvaal 盆地；25°50′S，28°25′E	2316~2249
非洲	Transvaal 超群，下 Pretoria 群，Duitschland 组	南非 Transvaal 盆地；25°50′S，28°25′E	2480~2316
澳大利亚	Turee Creek 群 Meteorite Bore 单元	西澳大利亚 Hamersley 盆地；22°55′S，117°E	2209~2449
澳大利亚	Widdalen 组	71°51′S，2°43′W or 71°05′S，2°21′W	>1700
亚洲	Gangau 冰碛岩	印度中部；79°07′~79°55′E，24°20′~24°40′N	2600~1850
亚洲	Sanverdam 冰碛岩	印度南部；74°50′~73°10′E，15°30′~15°05′N	2600~2200
欧洲	Sakukan 冰碛岩	俄罗斯 Baikal	2640~1950
欧洲	Lammos 冰碛岩	俄罗斯 Kola 半岛；68°N，30°E	>1900
欧洲	Partanen 冰碛岩	俄罗斯 Karelia 南部	2150~1900
欧洲	Karelian 超群 Sarioli tillites	俄罗斯 Baltic 地盾东部	2455~2180

我们知道，冰碛岩是冰川活动的记录，而冰川活动受纬度、海拔和大气温度影响，并非所有冰碛岩都是全球性冰川事件的产物。例如，现今南极洲、北极圈和青藏高原均有冰川活动和冰碛岩发育，它们并不代表全球性冰川事件。据此我们认为：①高纬度的极地冰川和高海拔的山岳冰川不能代表全球性冰川事件，只有低海拔/低纬度的大陆型或海洋型冰川才能指示全球性冰川事件，而且冰川活动的空间范围较大；②在全球性冰川事件中，各大陆或地区的冰川事件起止时间也不尽相同，只有代表着各大陆同时出现冰碛岩的时间段才称为"全球"冰期，其余代表了局部冰川事件；③当前国际同行根据冰碛岩的最大和最小年龄，将休伦冰期时间确定为 2.45~2.1 Ga（持续时间为 0.35 Ga），是欠妥的。实际上，目前所有古元古代的冰碛岩都缺少精确的定年，包括作为"标准地层柱"来对比的加拿大安大略 Huronian 超群中的三次冰碛岩也是如此（Rasmussen et al.，2013；Young，2014），并且很可能只有最上层的冰碛岩才具有全球意义（Young，2014）。鉴于此，我们考虑到沉积岩同位素定年的难度，提出了确定全球性冰川事件之时限的新思路或新逻辑：以各地冰碛岩建造最老年龄的最小值作为全球性冰川事件的开始时间，以各地冰碛岩建造最小年龄的最大值作为全球性冰川事件的结束时间。据此，重新将休伦冰期时限厘定

为 2.25~2.29 Ga，将持续时间范围从 0.35 Ga 压缩至 0.04 Ga（图 5.6）。并且，在休伦冰期记录中，剔除了 Duitschland 组底部的冰碛岩，其年龄早于 2316±7 Ma，形成于还原环境（Guo et al., 2009）。

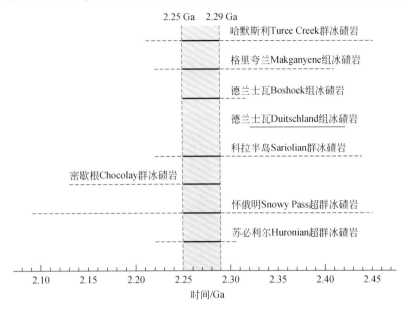

图 5.6　休伦冰期时限厘定（Tang and Chen, 2013）

作为地球历史上最早全球性冰川事件，休伦冰期时限被确定为 2.29~2.25 Ga，表明 2.29 Ga 时富氧大气圈已经形成，即表层环境性质在 2.3 Ga 时发生突变。值得说明的是，此结论与 Guo 等（2009）对南非 Duitschland 组的研究结果一致。Duitschland 组底部为休伦冰期之前的冰碛岩；该冰碛岩之上地层存在硫同位素非质量分馏现象，无碳酸盐碳同位素异常（Guo et al., 2009），应沉积于还原环境；Duitschland 组上部地层则硫同位素非质量分馏消失（Bekker et al., 2004），出现碳酸盐碳同位素正异常（Buick et al., 1998；Bekker et al., 2001；Guo et al., 2009），沉积时海水中硫酸根代替了硫离子，大气中可能出现臭氧层。该硫、碳同位素突变发生的地层厚度不足 300 m，记录的氧含量猛增 1000 倍以上。Duitschland 组之上地层 Timeball Hall 组中硫化物 Re-Os 等时线年龄为 2316±7 Ma（图 5.5）（Hannah et al., 2004），硫同位素非质量分馏消失（Bekker et al., 2004）。

3. 新谱系

1）事件序列

前已述及，大氧化事件导致地球表层系统的全面变革，表现为多方面的子事件或次级事件（Chen and Tang, 2016；Tang et al., 2016），包括：各大陆大量发育苏必利尔型 BIF（Huston and Logan, 2004），沉积含叠层石厚层碳酸盐和菱镁矿（Melezhik et al., 1999；Tang et al., 2013a），出现红层、膏盐层、磷块岩（陈衍景等，1996），发生冰川事件（Tang and Chen, 2013；Young, 2013），有机碳大量堆埋并形成石墨矿床（陈衍景等，2000），沉积物出现 Eu 亏损（Chen and Zhao, 1997；Chen et al., 1998；Tang et al., 2013b）并形成稀土铁建造（Tu et al., 1985；赵振华，2010），碳酸盐碳同位素普遍正向漂移（Schidlowski, 1975；Tang et al., 2011, 2013a, 2013b；Lai et al., 2012）以及 S（Canfield et al., 2000；Farquhar, et al., 2000；）、Fe（Czaja et al., 2012）、Mo（Wille et al., 2007；Voegelin et al., 2010）、Cr（Frei et al., 2009）等同位素显著分馏等，它们按照自然规律依序发生。但是，关于这些子事件的发生顺序和时间研究薄弱，直接制约着事件本质和起因的认识。例如，全球性冰川事件缘于 O_2 等冷室气体增多和 CH_4-CO_2 等温室气体减少，是共识的大氧化事件的标志，休伦冰川事件是大氧化事件的主要标志和组成之一。Melezhik 等（1999）曾将休伦冰期置于大氧化事件之前，与很多古元古代地层剖面实际及其同位素年龄不符。

我们通过汇编、对比分析各大陆古元古代经典地层剖面（Tang and Chen, 2013）后，发现大氧化事件的重要事件序列是苏必利尔型 BIF/无 δ^{13}C 异常的叠层石碳酸盐→冰碛岩→红层/δ^{13}C$_{carb}$ 正异常/叠层石碳酸盐/沉积物铈亏损/蒸发沉积（图5.5）。说明如下：

（1）全球性苏必利尔型BIF事件出现在全球性休伦冰川事件之前，而非Melezhik等（1999）认为的休伦冰期之后。

（2）全球性红层位于休伦冰期的冰碛岩层位之上，明显晚于苏必利尔型BIF繁盛期，而不是前人认为的与苏必利尔型BIF近乎同时。

（3）除Ontario地区有少量火山岩之外，冰碛岩层位之下，直至与下伏太古宙基底之间的不整合面，其间基本没有火山岩发育。

（4）冰碛岩之下，与苏必利尔型BIF共生的碳酸盐没有显示$\delta^{13}C_{carb}$正异常（南非Transvaal盆地Duitschland冰碛岩之下的Tongwane组碳酸盐岩除外，它可能是世界上最早的$\delta^{13}C_{carb}$正异常地层）（Bekker et al., 2001）；冰碛岩之上，碳酸盐显示了强烈的$\delta^{13}C_{carb}$正异常，而且，在北美洲还伴随黑色页岩层发育。

（5）部分剖面显示，PAAS（Post-Archean Australia Shale）型沉积物稀土配分形式（Eu亏损显著）始于冰碛岩及其上覆地层，冰碛岩及其下伏地层沉积物没有显著的Eu亏损（Taylor and McLennan, 1985; Chen and Zhao, 1997）。

2）苏必利尔型BIF爆发与两阶段氧化模式

综上所述，我们建立了大氧化事件或环境突变的次级事件的新谱系。新谱系显示了大氧化过程的两阶段特点（图5.7）：2.5~2.3 Ga（成铁纪）的水圈快速氧化，全球性苏必利尔型BIF爆发成矿；2.3~2.05 Ga的大气圈充氧，也即2.3 Ga环境突变。

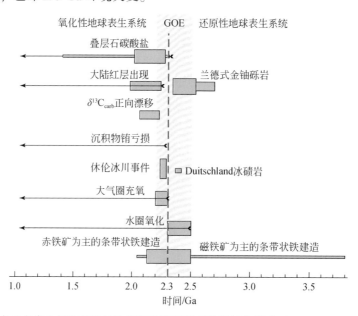

图5.7 古元古代大氧化事件的次级事件谱系及两阶段氧化模式（Tang and Chen, 2013）

我们提出两阶段大氧化模式的理由是：太古宙阿尔戈马型BIF的铁矿物以磁铁矿为主，常伴生黄铁矿，与火山岩关系密切；古元古代苏必利尔型BIF的铁矿物以赤铁矿为主，铁建造与碳酸盐地层共生（Huston and Logan, 2004）。这显示Fe在太古宙及其以前的海洋中主要以Fe^{2+}形式存在，Fe^{2+}不容易沉淀，故大量滞留于海水中。古元古代苏必利尔型BIF大量形成，表明海水的Fe^{2+}被大量氧化为Fe^{3+}，自然消耗了大量氧气。只有当海水中Fe^{2+}等低价态离子或分子被大量氧化为高价态离子或分子之后，氧气（自由氧）才能聚集于大气圈，即大气圈充氧。众所周知，全球冰期缘于大气中O_2等冰室气体增多、CH_4和CO_2等温室气体减少（Pavlov et al., 2000; Holland, 2009; Bekker and Kaufman, 2007），而记录全球性休伦冰川事件的冰碛岩的时代恰恰晚于苏必利尔型BIF（Polteau et al., 2006）。显然，两阶段氧化模式与众多事实及其地质涵义相一致。例如，当时只有低级海洋生物，光合作用释放的氧气优先进入海洋，并消耗于对海洋中Fe^{2+}等还原性组分的氧化，故大气圈氧化只能发生在水圈氧化之后，进而实现整个表层系统的氧化。在大气圈氧化过程中，O_2等冰室气体增多，CH_4等温室气体因氧化作用而含量降低，气温快速降低，造成全球冰川事件（Tang and Chen, 2013）。冰川消融之后，多种次级事件迸发，全面记录了大氧化事件的变化。

无疑，新的事件谱系和两阶段模式更好地反演了大氧化事件的过程，有助于认识大氧化事件的本质。因此，子事件之间的时序、内在联系及其原因，势必是未来研究的重点；在此过程中，一些新的手段将被尝试，一些新的发现将令人期待。

第二节　华北大氧化事件的确定

一、2.3 Ga 环境突变事件的发现：沉积物稀土元素地球化学变化

（一）沉积物稀土地球化学变化的氧化-还原模式

1. 华北克拉通南缘古元古代沉积物稀土元素地球化学特征突变

20世纪80年代以来，在研究华北克拉通南缘早前寒武纪地质过程中，笔者及合作者对该地区多个早前寒武纪地体（陈衍景，1987，1989，1990，1996；Chen, 1988；Chen et al., 1988, 1992a, 1992b, 1997, 1998；陈衍景等，1988，1989，1990a，1990b，1991a，1991b，1994；陈衍景和富士谷，1990；富士谷等，1990；Chen and Zhao, 1997；Chen and Su, 1998）进行剖面实测（图5.8）；先后在鲁山、舞阳、

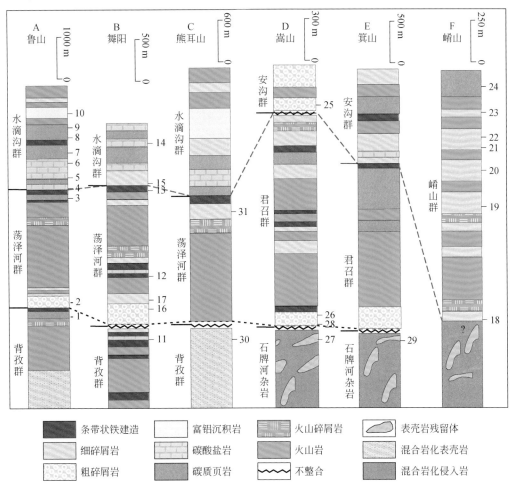

图 5.8　华北克拉通南缘部分前寒武纪地体岩石建造序列及副变质岩采样位置
陈衍景等，1989；陈衍景和邓健，1993；Chen and Zhao, 1997

熊耳山地区确定原"太华群"内部存在不整合现象。嵩箕地块剖面中更发现了典型的底砾岩和不整合面，命名为"石牌河运动"；原"登封群"解体为太古宙"石牌河杂岩"和与五台群相当的"君召群"。前者实由变质的表壳岩和侵入岩共同构成的强烈混合岩化的杂岩体。

对华北克拉通南缘 6 个早前寒武纪地体约 2000 件样品开展千余件岩石薄片研究、数百件岩石化学几种图解的投影判别与统计，以及部分微量元素和同位素研究工作。其中，对区内不同时期不同类型副变质岩代表性样品进行稀土地球化学研究，其稀土特征及演化规律为：2300 Ma 前沉积物的 $Eu/Eu^* > 1.00$，ΣREE 低（平均约 60 ppm），$(La/Yb)_N$ 值高（多数>1/8ΣREE）；2300 Ma 后的沉积物 $Eu/Eu^* < 0.80$，ΣREE 高（平均约 177 ppm），$(La/Yb)_N$ 值低（多数<1/8ΣREE）；2300 Ma 左右的沉积物则介于二者之间，沉积物 Eu 亏损始于 2300 Ma 左右；研究结果揭示沉积物的稀土特征在 2300 Ma 前后发生突变（图 5.9）。这一发现驱使作者进一步追索突变规律及其主导机制。

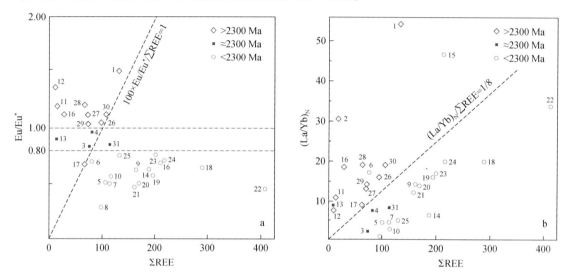

图 5.9　华北克拉通南缘古元古代沉积物 Eu/Eu^*-ΣREE 及 $(La/Yb)_N$-ΣREE 图

样品采样位置与编号见图 5.8（陈衍景和富士谷，1990；Chen and Zhao，1997）

2. 沉积物稀土地球化学氧化-还原模式的建立

1）沉积物稀土演化规律

早年关于沉积物稀土演化的规律和机制，已有一些学者讨论。著名地球化学家 Taylor 和 McLennan (1985) 在 *Continental Crust: Its Composition and Evolution* 一书中提出：碎屑沉积物稀土元素配分型式取决于物源区，不受风化、搬运、沉积及后期成岩、变质作用的影响；太古宙沉积物没有 Eu 异常，后太古宙沉积物 Eu 亏损，缘于太古宙全球性花岗岩和陆壳增生事件。其观点被广泛接受，习称 Taylor 模式，该模式将沉积物源岩作为影响沉积物稀土特征的决定性因素（也是唯一因素），否定沉积环境等对沉积物稀土特征有影响。该书被作为教科书而译成多种语言，Taylor 因此获得了戈尔德施密特奖。我们注意到：①Taylor 根据有限的统计资料排除了风化、搬运、沉积、成岩、变质等过程的影响，缺乏科学理论依据；②Taylor 模式局限于碎屑沉积物，无法用于化学沉积物；③Taylor 只分析了稀土阳离子的性质及行为，没有考虑环境中的阴离子性质及其对稀土地球化学行为的影响。Fryer (1977) 的研究证实了沉积环境对稀土特征的影响，提出了铁建造稀土特征对时间的依赖性，即太古宙铁建造 Eu 正异常，古元古代化学沉积物 Eu 无异常或轻微异常，新元古代和显生宙则显示 Eu 亏损。Fryer 的模式与很多学者的研究资料基本一致，Tu 等 (1985) 对我国稀土铁建造的研究取得了类似的结论。但是，Graf (1978) 却举出了不符合 Fryer 模式的实例。赵振华（1989）在总结讨论包括上述模式的研究成果后，基本肯定了太古宙沉积物 Eu 富集和太古宙后沉积物 Eu 亏损的认识；认为 Eu 亏损的主要原因有两个：一是继承源岩特征；二是源岩的化学风化作用。而且说明了化学风化模式要求的 Eu 平衡在实际中还未发现。

2）软硬酸碱理论的运用和氧化还原模式的提出-环境制约沉积物稀土形式的机理

笔者认为，岩石的地球化学特征取决于成岩物质基础、成岩机制和成岩作用过程（陈衍景和富士谷，1990；陈衍景等，1996）。尽管有些沉积物（尤其是粗碎屑沉积物）的稀土特征主要取决于源岩，但沉积物（尤其是化学沉积物）的地球化学特征势必受沉积环境的影响，Taylor 和 McLennan（1985）否定沉积环境等的影响是片面的。至于沉积环境影响沉积物稀土特征的具体机制，应该从考虑稀土元素本身的地球化学行为和环境的性质来研究。沉积环境除包括 Eh、pH 和阴离子、阳离子、分子种类及其活性等外，还包括碎屑悬浮物含量以及其中的稀土含量、水体中溶解的稀土情况等。

我们引入软硬酸碱理论（soft and hard acid and base theory，SHAB）（戴安邦，1978；张文昭等，1987），为解释华北克拉通南缘古元古代沉积物稀土元素突变提供了理论依据，在此简单介绍。酸是能接受外来电子/电子对的分子、原子团或离子等配阳离子；其体积越小，正电荷（尤指有效电荷）越高，硬度越大。反之，碱是能提供电子对的分子、原子团或离子等配阴离子；其电负性越高，极化变形性越低，越难氧化，硬度越大。它们形成配合物时，总是趋向于"硬碰硬，软碰软"的一般规则。酸、碱硬度经验计算公式分别为：$SH_A = \Sigma IP_n/n - 2.5Z^*/r_c - 1$（$SH_A$ 为酸的软硬度；ΣIP_n 为 n 级电离势加和；Z^* 为原子的有效核电荷；r_c 为共价半径；Z^*/r_c 为原子势）；$SH_B = \Sigma EA_n/n - 5.68Z^*/r_c + 30.39$（$SH_B$ 为碱的软硬度；ΣEA_n 为 n 级电子亲和势加和）。

Eu/Eu^*、ΣREE、$(La/Yb)_N$ 是最常用的能指示岩石稀土形式特征及岩石成因的重要参数，其特征取决于岩石形成的物理化学条件，对沉积物来说，则由稀土元素性质和沉积环境决定。Eu 异常实为 Eu 与镧系其他稀土元素的分离，因其有 Eu^{2+} 和 Eu^{3+} 两种氧化态，其他稀土元素（除 Ce 外）则只有 R^{3+} 氧化态。Eu^{3+} 和 R^{3+} 有效核电荷高、共价半径小、原子势大、都属于硬酸；Eu^{2+} 恰好相反，为软酸；因此表现出明显不同的地球化学行为，造成 Eu 的分离，其分离的性质和程度取决于体系的 Eu^{3+}/Eu^{2+}，而这一比值又受 Eh 或氧逸度（f_{O_2}）的控制。同理，镧系收缩效应使得 HREE 离子（HR^{3+}）半径小于 LREE 离子（LR^{3+}），导致 $SH_{HR^{3+}} > SH_{LR^{3+}}$，从而在地球化学过程中分离。自然，$HR^{3+}$ 与 LR^{3+} 分离（以 $(La/Yb)_N$ 记）的性质与程度也应与体系的配阴离子或氧逸度等有关。总之，稀土元素离子作为酸的硬度顺序为：$SH_{HR^{3+}} > SH_{LR^{3+}} \gg SH_{Eu^{2+}}$。

环境性质与沉积物稀土特征的关系（表 5.2）（陈衍景，1987；Chen，1988；陈衍景和富士谷，1990；Chen and Fu，1991；陈衍景和邓健，1993）可简要归纳为：①当 f_{O_2} 低时，体系为还原性质，Eu^{3+}/Eu^{2+} 低，环境中配阴离子以 HS^-、S^{2-}、SCN^-、CH^-、$S_2O_3^{2-}$、CO 等软碱为主。此时 Eu^{2+} 可形成稳定配合物而沉淀，R^{3+} 因不能配合而只能以离子状态稳定于水中，导致沉积物 $Eu/Eu^* > 1$ 和 ΣREE 低；同理，LR^{3+} 相对 HR^{3+} 更易形成配合物并沉淀，造成沉积物 $(La/Yb)_N$ 高；②当 f_{O_2} 高时，Eu^{3+}/Eu^{2+} 高，环境中配阴离子以 OH^-、SO_4^{2-}、CO_3^{2-}、NO_3^- 等硬碱为主，还原条件下稳定的大量低价态软碱已不能稳定存在（如 SCN^- 等）。此时 R^{3+} 形成稳定的配合物并沉淀，E^{2+} 稳定于水中，造成沉积物 Eu 亏损和 ΣREE 高；HR^{3+} 相对 LR^{3+} 更易形成稳定配合物并沉淀，故沉积物 $(La/Yb)_N$ 低。

表 5.2　环境性质与沉积物稀土氧化还原模式对应表（陈衍景和富士谷，1990；Chen and Zhao，1997）

环境	f_{O_2}	Eu 种类	配阴离子	配阳离子	滞留离子	沉积物稀土特征
还原	低	Eu^{2+} 为主	HS^- 等软碱	Eu^{2+} 等软酸	Eu^{3+}、R^{3+} 等	$Eu/Eu^* > 1$，ΣREE 低，$(La/Yb)_N$ 高
氧化	高	Eu^{3+} 为主	OH^- 等硬碱	Eu^{3+}、R^{3+} 等硬酸	Eu^{2+} 等	$Eu/Eu^* < 1$，ΣREE 高，$(La/Yb)_N$ 低

借助于软硬酸碱理论的推导表明，除源岩对碎屑沉积物稀土特征有影响外，沉积环境是影响沉积物稀土特征的重要因素；还原环境沉积物 Eu 正异常、ΣREE 低、$(La/Yb)_N$ 高；氧化环境沉积物 Eu 负异常、ΣREE 高、$(La/Yb)_N$ 低。

（二）华北克拉通及全球沉积物稀土演化规律

前人对华北克拉通古元古代沉积物积累了不少研究资料，综合分析已有数据显示 2.3 Ga 之后的变质沉积岩普遍 Eu 亏损（表5.3），沉积于氧化环境。

表5.3 华北克拉通部分孔兹岩系稀土地球化学特征（采用 Masuda et al., 1973 球粒陨石标准化；引自 Chen et al., 1998）

地层位置	岩性	N	Eu/Eu*	ΣREE	(La/Yb)$_N$
南缘水滴沟群	石墨夕线石-石榴子石片麻岩	8	0.30~0.69（0.59）	102.74~211.17（141.7）	1.03~46.90（11.28）
南缘水滴沟群	石墨大理岩	1	0.72	74.35	17.27
胶东荆山群	石榴子石/石墨片麻岩，BIF	9	0.32~1.10（0.67）	137.49~378.99（212.6）	2.7~12.2（7.0）
胶东荆山群	大理岩	1	0.7	34.57	19
胶东粉子山群	蓝晶石片麻岩	1	3.49	86.68	35.1
胶东荆山群	片麻岩	6	0.43~1.08（0.64）	107.67~219.91（156.3）	3.5~14.6（9.2）
阿拉善贺兰山群	富铝片麻岩	9	0.30~0.65（0.52）	150.7~280.5（216.7）	8.3~54.0（11.0）
阿拉善贺兰山群	浅粒岩	8	0.53~1.27（0.65）	36.3~240.1（152.3）	8.4~32.3（16.2）
大青山集宁群	片麻岩	4	0.47~0.88（0.62）	272.80~333.0（312.97）	?
大同集宁群	夕线石榴子石片麻岩	6	0.43~0.78		
乌拉山桑干群	夕线石榴子石片麻岩	9	0.42~0.87（0.64）	63.85~350.82（205.67）	4.68~27.08（15.03）
太行山阜平群	大理岩	2	0.97~1.78（1.38）	69.28~133.44（101.36）	19.43~23.92（19.42）
太行山阜平群	长英质片麻岩	13	0.42~1.37（0.89）	53.81~1168.77（222.55）	11.49~38.67（18.38）
太行山阜平群	角闪片麻岩	10	0.71~0.95（0.85）	58.85~167.29（112.40）	2.66~5.98（4.75）

辽北辽河群蕴含大型铅锌矿，是我国最早发现古元古代碳酸盐碳同位素正异常的层序（汤好书等, 2008; Tang et al., 2011）。在剖面实测的基础上（图5.10），作者系统研究了42件剖面样品的稀土元素地球化学特征。

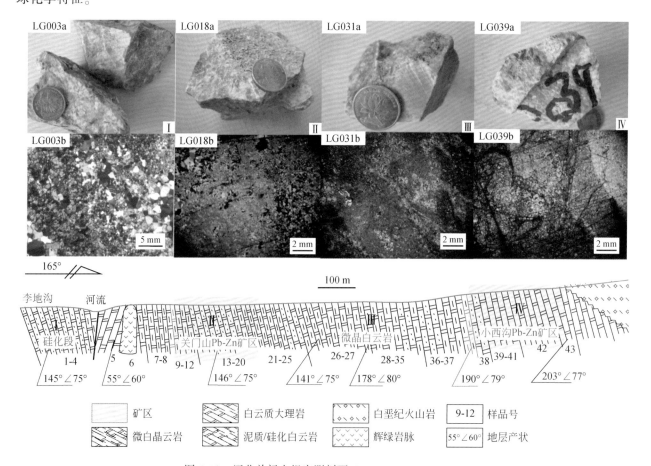

图5.10 辽北关门山组实测剖面（Tang et al., 2013b）

42件样品大致分为4组（图5.10，图5.11）：（Ⅰ）剖面底部（~400 m地层）LG001-LG008样品采自李地沟部分硅化的白云质大理岩；其ΣREE含量低，显示平坦至MREE轻度富集的REY配分模式；La异常在0.86~1.28波动，Ga和Y为轻微正异常。（Ⅱ）关门山Pb-Zn矿区采集的硅化强烈的白云质大理岩（约200 m地层），具显著正Eu异常和LREE富集（$Eu/Eu^*)_{SN}$为1.42~7.55，平均为3.09±1.66，$(Eu/Eu^*)_{CN}$为0.84~4.45，平均为1.89±1.00；REY分异不明显，但ΣREE（0.374~3.201 ppm）变化范围大。其中SiO_2含量高（10.97%~47.61%）的样品Na_2O、MgO、CaO、Li_2O含量低。配分模式图中HREE呈锯齿状，ΣREE含量低（<0.800 ppm）并且随硅化程度加剧呈降低趋势。显微镜下可见热液脉中石英发生显著重结晶呈聚合体出现，指示样品遭受热液蚀变出现硅化作用。（Ⅲ）蚀变最弱的微晶白云岩样品采自地层柱中段，代表>600 m厚的地层。ΣREE为0.739~4.597 ppm，平均为2.414±1.181 ppm（$n=15$）；呈现典型的海水REY配分模式：①强烈的LREE亏损；②Y/Ho（34.5~56.6，平均为44.1±5.7）远高于球粒陨石（24.7）和上地壳平均值（27.5）（Taylor and McLennan, 1985）；③显著Y正异常；④La正异常明显，这些特征与2.10~2.02 Ga北美South Dakota的BIF（Frei et al., 2008）以及大多数太古宙样品一致，但显著弱于现代海水；⑤Gd正异常，类似于古海相沉积物，而略高于现代海水。此外，这些岩石显示出微弱的Ce负异常（$(Ce/Ce^*)_{SN}=0.93±0.09$）。（Ⅳ）地层柱最上部（~300 m）样品采自小西沟Pb-Zn矿区重结晶破碎严重的白云质大理岩段，多呈灰色斑杂状，网脉状。

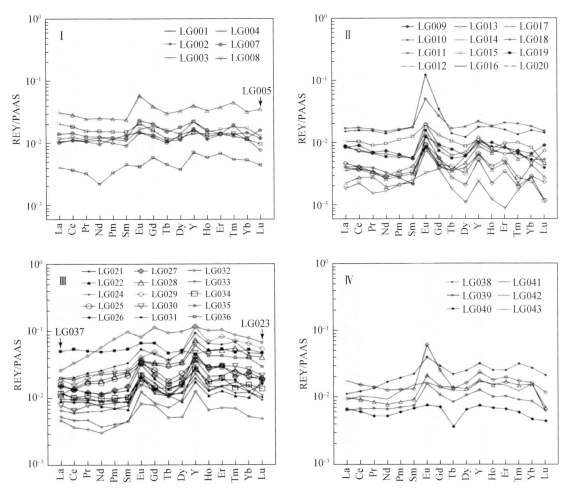

图5.11 关门山组样品PAAS标准化REY配分模式图（Tang et al., 2013b）

岩石微量元素地球化学特征显示所有样品在原始沉积过程中基本没有受陆源碎屑物质的混染。Ⅰ、Ⅱ和Ⅳ段来自关门山Pb-Zn矿部的硅化白云岩/构造破碎重结晶白云岩样品具有一致的高温热液型REY配分模式，即总体呈平坦型并具显著 Eu 正异常。指示局部高温外来流体在高流/岩比体系下对白云岩地层进行交代，这些样品 REY 配分模式实际上记录的是同沉积海底喷流/高温成矿流体的性质，而非原始沉积的海水性质。

显然，关门山组海水型的微晶白云岩最能代表其原始沉积时的海水组成。其微量元素分配特征能够反演当时海水微量元素组成和地球化学行为，进而对 2.33~2.06 Ga 的水圈-大气圈系统的性质提供约束。

总体而言，2.3 Ga 以前的化学沉积物 $(Eu/Eu^*)_{CN}>1$（图 5.12），是太古宙沉积岩 REE 的普遍特征（Derry and Jacobsen，1990）。这一方面指示当时水-气系统 f_{O_2} 较低，另一方面反映太古宙海底热液活动强烈。与之相反，关门山组微晶白云岩样品以 $(Eu/Eu^*)_{CN}\approx1$（或略大于 1）为特征，明显不同于 2.3 Ga 前的化学沉积物（图 5.12），表明海底热液作用对关门山组微晶白云岩 REY 的贡献不大。BIF 等化学沉积物的 $(Sm/Yb)_{CN}$ 值主要受浅表海水控制（Bau and Möller，1993）。2.9 Ga 的 Pongola BIF 的 Sm/Yb 值显著高于其他太古宙 BIF，缘于该 BIF 沉积过程中出现海进海退旋回（Alexander et al.，2008）。关门山组微晶白云岩样品普遍 $(Sm/Yb)_{CN}>1$，指示其 REY 的主要贡献者是古元古代浅表海水。

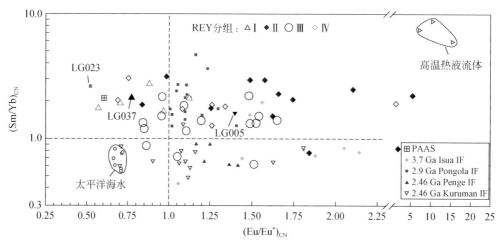

图 5.12 关门山组 $(Sm/Yb)_{CN}$-$(Eu/Eu^*)_{CN}$ 图

所有样品 Sm_{CN}/Yb_{CN} 和 $(Eu/Eu^*)_{CN}$

均显著低于高温热液流体（Tang et al.，2013b）

图 5.13 中，多数太古宙化学沉积物缺乏明显的 $(Ce/Ce^*)_{SN}$ 异常（正或负），表明当时表生环境 f_{O_2} 较低（Bau and Dulski，1996；Frei et al.，2008；Alexander et al.，2008）。2.3~1.85 Ga 的关门山组样品 La-Ce 异常与太古宙及显生宙的化学沉积物不同，其 La 正异常弱于其他时代化学沉积物，而与 2.174~2.2 Ga 的大石桥组（汤好书等，2009b）基本一致；2.10~2.02 Ga 的 South Dakota BIF（Frei et al.，2008）甚至多为 La 负异常。关门山组海水型的微晶白云岩 $(Ce/Ce^*)_{SN}$ 表现为弱负异常（0.80~1.08，平均为 0.93±0.09）（图 5.13），明显不同于太古宙化学沉积物，而与现代海水及海相沉积物接近，反映关门山组沉积时的海水氧化程度较高。

图 5.14 显示，2.33~2.06 Ga 之前的海水氧化程度足以使 Fe（Ⅱ）氧化成 Fe（Ⅲ），形成 BIF（Huston and Logan，2004）。但 2.5 Ga 前的 BIF 以阿尔戈马型（铁氧化物主要为磁铁矿）为主，2.5~2.3 Ga 苏必利尔型 BIF（以赤铁矿为主）爆发，沉积规模（通常 10^5~10^8 Mt）远高于前者（范围为 10^3~10^7 Mt）（Huston and Logan，2004），且为富铁矿。这同样表明海水在 2.5~2.3 Ga 被快速氧化，2.3 Ga 后基本完成水圈氧化。从图 5.14a 可见，绝大多数 2.33 Ga 之前的化学沉积物 $(Eu/Eu^*)_{SN}>1.53$ [相当于 $(Eu/Eu^*)_{CN}>1$]，2.06 Ga 以后的沉积物 $(Eu/Eu^*)_{SN}<1.53$，显生宙沉积物 $(Eu/Eu^*)_{SN}$ 甚至小于 1.25。在地质历史中，化学沉积物 HREE 相对 LREE 富集趋势增大，即 $(Nd/Yb)_{SN}$ 值变小（图 5.14b）。关门山组微晶白云岩 $(Eu/Eu^*)_{SN}$ 值低于其他 2.33 Ga 之前的化学沉积物，略高于 1.53（图 5.14），表明关门山组微晶白云岩恰恰形成于地球表层系统的性质发生重大转折的关键时期。其 REY 记录了这一转折点海水的氧化还原状态。并且关门山组沉积时的海水氧化程度较高，沉积盆地热流值较高。

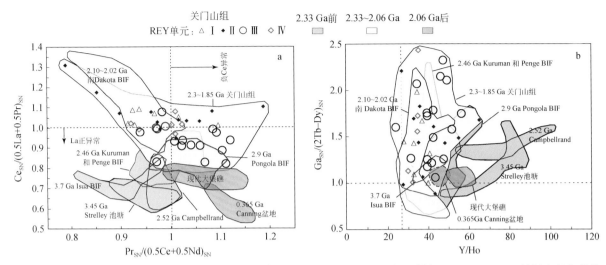

图5.13 a. 用于显示海水来源沉积物 La 和 Ce 异常的 $(La/La^*)_{SN}$-$(Pr/Pr^*)_{SN}$ 图解，2.3~1.85 Ga 关门山组与其他太古宙与后太古代沉积物明显不同；b. 关门山组碳酸盐岩与其他海相沉积物的 Y/Ho-Ga 异常图解（Tang et al.，2013b）

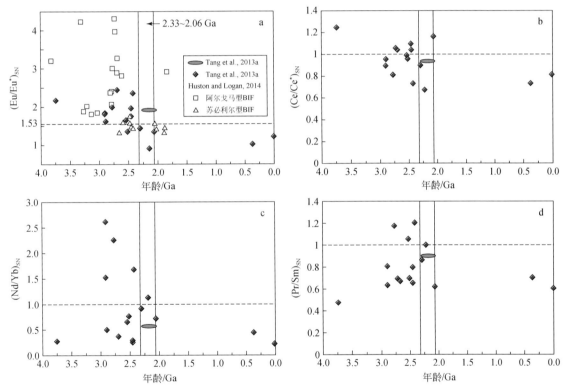

图5.14 化学沉积物的 $(Eu/Eu^*)_{SN}$（a）、$(Ce/Ce^*)_{SN}$（b）、$(Nd/Yb)_{SN}$（c）、$(Pr/Sm)_{SN}$（d）及其随时间演化（Tang et al.，2016）

下标 SN 为新太古代澳大利亚页岩标准化（McLennan，1989），$(Eu/Eu^*)_{SN}=(Eu/Eu^*)_{CN}+0.53$

根据 SHAB 理论以及全球早前寒武纪化学沉积物 REY 演化规律，与理论推导的稀土演化模式吻合，互为验证和解释。并指示 2300 Ma 前的沉积物形成于还原环境，2300 Ma 后者形成于氧化环境。据此进一步推导地质环境在 2300 Ma 时由还原转为氧化性质，富氧大气圈在 2300 Ma 时出现（陈衍景和邓健，1993）。显然，该结论可为 2.3 Ga 后大量出现的盐类沉积、苏必利尔型铁建造、稀土铁建造、REE 矿床、红层、碳酸盐地层、磷块岩、叠层石、石墨矿床等现象（Tu et al.，1985；陈衍景，1987，1989，1990，1996；陈衍景等，1991a，1991b，1994；Bekker et al.，2003a，2003b）所证实，也与关于 Lamagundi-Jatulian 事件的研究成果（Schidlowski et al.，1975，1976；Karhu and Holland，1996；Melezhik et al.，1999）相一致。

二、华北古元古代石墨矿床大爆发与生物光合作用增强

生命突然繁盛、光合作用骤强,是大氧化事件的必要条件之一;如何证明2.5~2 Ga生命繁盛,是大氧化事件研究的关键问题之一。华北克拉通含有丰富的石墨矿床,我们运用碳同位素研究证明其为有机成因,说明生命演化发生了飞跃。

中国石墨占国际市场90%以上,而中国石墨主要产于华北克拉通的孔兹岩系,如南缘的太华群、胶东的荆山群、辽吉的集安群、内蒙古的黄土窑群等(图5.15,表5.4)。我们曾研究发现,孔兹岩系含碳组分的$\delta^{13}C$值变化规律是,片麻岩石墨<<透辉岩石墨<大理岩石墨<石墨大理岩方解石<大理岩方解石,石墨形成期间有机碳与无机碳之间发生了同位素交换;华北石墨矿床主要产于(混合)片麻岩中,其$\delta^{13}C$极为一致,平均值变化于-22.8‰~-21.48‰,主要为生物成因(陈衍景等,2000;唐国军和陈衍景,2004);由于石墨含量高达工业开采程度,有力地证明了当时生命活动繁盛、遗体堆埋量大、堆埋速度快。而且,虽然岩石经历了高级变质,但仍有多件大理岩方解石$\delta^{13}C$值为正值,表明原始沉积碳酸盐$\delta^{13}C$高于2‰,与2.06~2.33 Ga全球性$\delta^{13}C_{carb}$正向漂移事件一致,指示孔兹岩系时代为2.05~2.3 Ga。

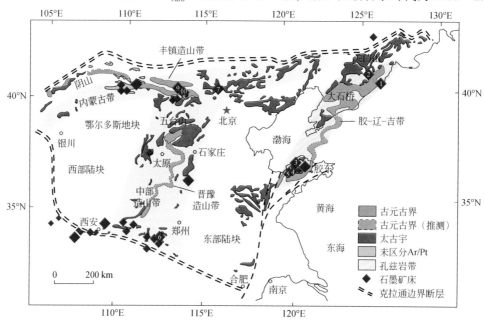

图5.15 华北克拉通孔兹岩系部分石墨矿床分布(石墨矿资料据王家昌等,2013)

矿床编号与表5.4一致,底图据Zhai and Santosh,2011

需要补充说明的是,古元古代表生环境突变事件主要分为2.5~2.3 Ga水圈氧化和2.3~2.2 Ga的大气圈充氧(Tang and Chen,2013)。约2.5 Ga爆发的苏必利尔型铁矿(Huston and Logan,2004)说明水圈在成铁纪初期就开始迅速氧化,但关于生命爆发方面的证据却鲜有报道。我国的山东济宁铁矿位于华北克拉通鲁西地区济宁岩群中,是形成于约2.5 Ga的超大型隐伏BIF;济宁岩群主要由钙质、硅质、铁质成分的绢云千枚岩、绿泥绢云千枚岩、板岩和磁铁石英岩组成。方解石广泛分布,原岩中灰质成分含量普遍较高。中下部出现变质中酸性熔岩-火山碎屑岩。原岩主要由钙泥质岩、含火山碎屑的粉砂泥质岩、硅铁质岩和中酸性熔岩及凝灰岩组成,沉积环境为浅海相到深海相的过渡带(王伟等,2010;宋明春等,2011)。其变质等级为低绿片岩相,富含碳酸盐岩和碳质页岩地层,从其中下部变火山岩中获得的锆石年龄在2.56~2.52 Ga(王伟等,2010;万渝生等,2012),是研究大氧化事件早阶段的理想对象。我们选取济宁铁矿碳质页岩开展全岩有机碳含量以及碳同位素组成的研究,实验表明,济宁铁矿碳质页岩地层的全岩总有机碳含量(TOC)分布范围为1.36%~5.23%,有机碳同位素$\delta^{13}C_{PDB}$值分布范围为-34.70‰~-24.77‰,与自然界$\delta^{13}C_{PDB}$储库中的有机物一致(Schidlowski,2001)。表明济宁铁矿的形成伴随着有机物的大量堆埋,为大氧化事件中生物的繁盛提供了直接证据。

表 5.4　华北克拉通古元古代碳质页岩/孔兹岩系中有机碳含量及矿物碳同位素组成

序号	位置,地层	岩石特征	$\delta^{13}C_{org}$/%	样品	$\delta^{13}C_{PDB}$/‰	样品数	年龄/Ma	参考文献
1	吉林集安市石墨矿田,集安群荒岔沟组三段	石墨黑云母麻粒岩	2.80~6.67	石墨			1916~1906	吴彦等,2011;张强和刘帅,2014
2	辽宁桓仁县黑沟,辽河群高家峪组二段	石墨透闪二长变粒岩,石墨透闪岩	4.62~10.41	片麻岩型石墨	−24.9~−17.9(21.9)		2200~1850	吴春林和曲延耀,1994
				变粒岩型石墨	−26.3~−16.6(−22.7)			
3	山东南墅、莱西荆山群陡崖组	白云质大理岩		大理岩	0.8~−2.7	6	2100~1900	兰心焱,1981;陈衍景等,2000;张天宇等,2014;Liu et al.,2011
		花斑状矿石		石墨	−26.6~−20.7	3		
		片麻状矿石		石墨	−26.8~−21.2	11		
		混合片麻状矿石		石墨	−18.2~−16.1	2		
		混合片麻状矿石		石墨	−24.5~−16.7	3		
		脉状矿石		石墨	−22.9	1		
		肠状矿石		石墨	−22.6~−14.7	2		
		石墨方解透辉岩		石墨	−18.4	1		
		石墨透辉大理岩		石墨	−18.2~−18.3	2		
4	山东平度明村镇景村石墨矿,荆山群陡崖组徐村段	石墨黑云长片麻岩	3.53~9.95(3.47)	石墨			2100~1900	李振来,2014;Liu et al.,2011
5	山东平度张舍镇西石岭村张舍石墨矿,荆山群陡崖组	$8.534×10^5$ t,石墨透辉石斜长片麻岩、石墨黑云母斜长片麻岩、粗粒石墨麻粒岩、二云斜长片麻岩		片麻岩型石墨	−21.7~−15.6(−20.5)	8	2100~1900	本章
				透辉石大理岩中石墨	−19.3~−16.3	4		
6	河南鲁山县背孜矿、鲁山(上太华)群水底沟组	石墨云母斜长片麻岩型;石墨透辉斜长片麻岩;层状、似层状、透镜状,58个矿体;长940~2370 m,厚2.04~22.88 m,晶质石墨矿	2.50~8.73(3.04)				2250~1850	杨长秀,2008;Diwu et al.,2010;王凤茹和薛其盛,2010;沈其韩和宋会侠,2014;Li et al.,2015
7	河北康宝县万隆店;红旗营子群谷嘴子组	含石墨麻粒岩,含石墨榴角闪黑云母斜长片麻岩	2.50~9.63(3.19)					付茂英,2014

续表

序号	位置，地层	岩石特征	$\delta^{13}C_{org}/\%$	样品	$\delta^{13}C_{PDB}/\permil$	样品数	年龄/Ma	参考文献
8	内蒙古兴和，集宁群	石墨片麻岩		石墨	$-29.0\sim-18.2$	8		王时麒，1989
		大理岩		方解石	$-4.2\sim1.0$	5		
		透辉石岩		石墨	$-15.4\sim-13.7$	4		
		石墨大理岩		石墨	$-20.5\sim-6.4$	6		
				方解石	$-13.4\sim-6.5$	4		
		混合岩		石墨	-9.7	1		
9	内蒙古集宁市，卓资县；集宁群	石墨片麻岩，黑云母石墨斜长片麻岩	$2.00\sim8.00$				~2300	刘金中等，1989
10	内蒙古兴和黄土窑县，集宁群	孔兹岩中层状细分散状石墨		石墨	$-25.5\sim-25.4$	3	$2150\sim1850$	Yang et al.,2014;Zhang et al.,2014
		长英质浅色体中呈片状集合体的石墨		石墨	$-16.8\sim-15.8$	2		
		石墨脉或孔兹岩中的粗粒鳞片状石墨		石墨	$-20.9\sim-19.1$	6		
		孔兹岩中的块状矿体		石墨	$-25.7\sim-25.3$	5		
		大理岩		大理岩	-1.9	2		

三、华北克拉通古元古代碳酸盐碳同位素正异常

强烈的生命活动及其光合作用导致表层系统快速大量充氧,必有富集^{12}C的有机质大量快速堆埋,后者又导致水圈-大气圈中的CO_2相对富集^{13}C,进而造成全球性碳酸盐碳同位素正异常。

前节已述,20 世纪 90 年代以来,学者以碳酸盐碳同位素示踪 2.3 Ga 大氧化事件,在世界各大陆 2.33~2.06 Ga 碳酸盐地层中发现了显著的$\delta^{13}C_{carb}$正异常(称 Lomagundi-Jatulian 事件,大氧化事件的次级事件之一)(唐国军等,2004;Tang et al.,2011;Martin et al.,2013),但我国一直缺乏此类研究。我们采用地层剖面系统测量和区域性采样相结合的方法,先后研究了辽北泛河盆地关门山铅锌矿区的辽河群关门山组(汤好书等,2008;Tang et al.,2011)、五台地区的滹沱群大石岭组(陈威宇,2018)、辽东地区大石桥菱镁矿带的辽河群大石桥组(汤好书等,2009a,2009b;Tang et al.,2013a)、胶东莱州菱镁矿区的粉子山群张格庄组、平度南墅石墨矿区的荆山群、霍邱铁矿区以及河南嵩山群五指岭组的碳酸盐地层(Lai et al.,2012),发现这些地层均存在碳酸盐碳同位素正异常,且与稀土元素地球化学特征的变化相一致(汤好书等,2009a,2009b;Tang et al.,2013b),是全球大氧化事件的响应和记录。其中,辽河群的碳酸盐$\delta^{13}C_{carb}$高达 5‰以上。该成果填补了此项研究在中国的空白,证明了 Lomagundi 事件的全球性(Tang et al.,2011)。此外,研究发现大石桥等菱镁矿属于多因复成矿床,形成过程包括:大氧化事件期间蒸发环境下的富镁沉积,成岩过程的高镁流体交代,区域变质流体叠加,成矿后大气降水或岩浆热液作用的局部改造,导致了原始沉积碳酸盐的$\delta^{18}O_{carb}$和$\delta^{13}C_{carb}$降低(汤好书等,2009a,2009b;Tang et al.,2013a)。此节简单介绍辽河群关门山组和滹沱群大石岭组碳氧同位素研究的情况。

(一)辽河群关门山组碳氧同位素

Lomagundi-Jatulian 事件是早前寒武纪研究取得的重要进展,对地球早期演化研究提出了许多新问题。然而,中国陆区的古陆块有无此事件发生?或者,有何响应记录?长期缺乏专门讨论。针对这一问题,作者在关门山铅锌矿地区(图 5.16)研究了辽河群典型剖面碳酸盐岩地层的地球化学特征。

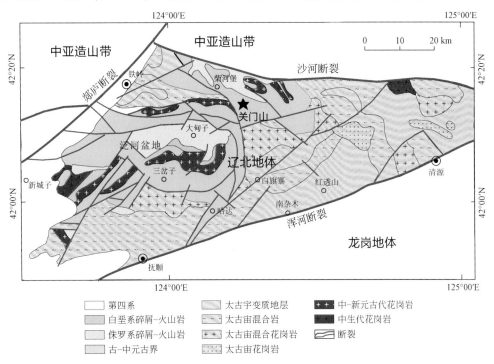

图 5.16　关门山区域地质略图(据 Tang et al.,2011 及其引文)

辽北地体的辽河群主要发育在泛河盆地内（图5.16），为一套浅变质的中酸性火山岩、长石石英砂岩和碳酸盐岩地层（辽宁省地质矿产局，1989；芮宗瑶等，1991）不整合在太古宇基底（鞍山群）之上。前人已对泛河盆地中辽河群的地层学与岩相学做过一定研究（辽宁省地质矿产局，1989；王长青等，1989；芮宗瑶等，1991；宋彪和乔秀夫，2008）。关门山地区的辽河群蕴含大型铅锌矿（芮宗瑶等，1991），因此研究程度更高，地层单元自下而上为大迫山组、康庄子组和关门山组（图5.17，图5.18），总厚约3 km；主要岩性依次为碎屑岩、泥质岩、石灰岩和白云岩，构成一个浅海相沉积旋回；底部碎屑岩不整合超覆于太古宇鞍山群之上。其中，关门山组厚度>1300 m（芮宗瑶等，1991），被细分为3个岩性段：下段为灰白色块状粉晶泥晶白云岩和含粉砂的泥晶白云岩、夹板岩；中段为豆状硅质亮晶白云岩、花斑状硅质泥晶白云岩、条带状含藻泥晶白云岩和含石英砂屑的细晶–泥晶藻白云岩，盛产叠层石化石；上段为灰白色泥晶藻白云岩、泥晶砂屑白云岩、亮晶泥晶砾屑白云岩，夹紫红色泥晶白云岩，盛产叠层石。

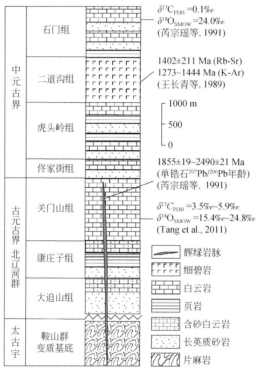

图5.17　辽北地体的中–古元古代地层单元（Tang et al., 2011）

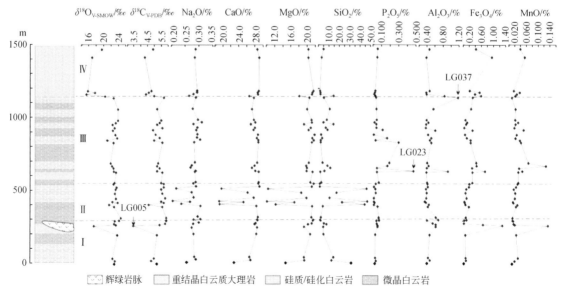

图5.18　关门山地区关门山组地层碳和氧同位素及主量元素组成（Tang et al., 2011, 2013a）

关门山地区辽河群地层的形成时间尚未准确厘定，但普遍认为属于 2.4~1.9 Ga 或 2.3~1.9 Ga 的地层（辽宁省地质矿产局，1989；芮宗瑶等，1991）。在辽北地体中，来自关门山组的上覆地层二道沟组中的细碧岩 Rb-Sr 等时线年龄为 1402±211 Ma，K-Ar 年龄为 1273~1444 Ma（王长青等，1989）。关门山矿区东山地段的辉绿岩之单颗锆石（10 粒）铅同位素模式年龄为 1855±19 Ma，小西沟地区的蚀变含钾长石石英辉绿岩中的锆石（30 粒）铅同位素模式年龄为 2490±21 Ma；采自三家子北部侵入于关门山组的强蚀变辉绿岩中的锆石给出 2284±33 Ma 和 2150±19 Ma 两组铅同位素模式年龄（芮宗瑶等，1991）（图 5.17）。关门山组形成时间则应当不晚于 1855±19 Ma。前已述及，辽河群不整合在宽甸杂岩之上（姜春潮，1984），形成时代应晚于宽甸杂岩，辽河群应形成于 2.3 Ga 之后。考虑到这些同位素年龄，辽北关门山组应形成于 2.3~1.85 Ga。此外，位于泛河盆地西北，出露于铁岭–大甸子之间约 1890 Ma 的殷囤组下部的巨砾岩，被认为代表了来自印度大陆休伦冰期（Tang and Chen，2013）冰碛岩的再沉积产物（Zhang et al.，2016），进一步佐证关门山组沉积时代为古元古代。

据统计，前寒武纪沉积碳酸盐岩的 $\delta^{18}O$ 值为 20‰~30‰，而且时代越老，$\delta^{18}O$ 值越低（Schidlowski et al.，1975；Veizer and Hoefs，1976）；$\delta^{13}C$ 值为 0 左右，其中石灰岩 $\delta^{13}C$ 值为 -3.3‰~+2.5‰，白云岩的 $\delta^{13}C$ 值为 -2.1‰~+2.7‰，且不随地质时代变化（蒋少涌，1987，1988）。实测剖面中，42 件白云岩样品的 $\delta^{18}O$ 值为 15.4‰~24.8‰，平均为 22.1‰，$\delta^{13}C$ 值为 3.5‰~5.9‰，平均为 5.3‰，明显高于海相碳酸盐岩的 $\delta^{13}C$ 值平均为 0.5‰（Schidlowski，1988，2001），正异常显著，反映这些碳酸盐岩并非形成于正常海相。

在图 5.19 中，关门山组样品呈现两种变化趋势：①当 $\delta^{18}O>22‰$ 时，$\delta^{18}O$ 与 $\delta^{13}C$ 值均较高，二者同步降低，可能是成岩–变质导致的沉积物重结晶作用的结果（图 5.19 中的 A 区）；②当 $\delta^{18}O<22‰$ 时，$\delta^{13}C$ 值变化幅度小，呈近乎平行 $\delta^{18}O$ 轴的变化趋势（图 5.19 中的 B 区），可解释为地层重结晶之后再次遭受流体作用的结果，且 F/R 值低，流体富水。由此，我们可以根据 $\delta^{18}O>22‰$ 的样品的 $\delta^{18}O$ 和 $\delta^{13}C$ 值来推断原岩沉积时的碳酸盐碳氧同位素组成。在 $\delta^{18}O>22‰$ 的样品中，$\delta^{18}O$ 最大值为 24.8‰，$\delta^{13}C$ 最大值为 5.9‰，可近似地作为初始沉积碳酸盐的 $\delta^{18}O$ 和 $\delta^{13}C$ 值。事实上，关门山组绝大多数白云岩样品的 $\delta^{13}C$ 值都落在 5‰~6‰，$\delta^{18}O$ 值为 23‰±1‰，后者符合古元古代—中元古代全球碳酸盐 $\delta^{18}O$ 变化模式（Schidlowski et al.，1975；Melezhik et al.，1999；Shields and Veizer，2002；Ray et al.，2003）；如果按照 Veizer 等（1999）的观点，即成岩作用一般导致碳酸盐的 $\delta^{18}O_{SMOW}$ 值亏损约 2‰，那么，关门山组碳酸盐的初始 $\delta^{18}O$ 值应为 25‰±1‰，此估计值与实测关门山组样品的最高 $\delta^{18}O$ 值为 24.8‰ 一致。可见，根据两种估计方案得出了相似的结果，即沉积碳酸盐的初始 $\delta^{18}O$ 值为 25‰，$\delta^{13}C$ 值为 6‰，二者均有正异常特征。

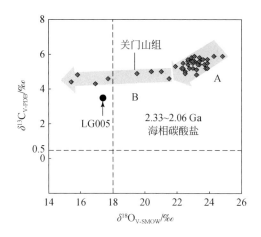

图 5.19　李地沟关门山组白云岩碳氧同位素组成相关图（Tang et al.，2011）

A 和 B 区分别示意成岩作用和后期流体作用过程的同位素变化

在 $\delta^{18}O<22‰$ 的样品中，LG005 样品为浅黄色块状白云岩，其 $\delta^{13}C$ 为 3.5‰，在 42 件样品中最低；$\delta^{18}O$ 为 17.4‰，较低。该样品采自辉绿岩脉（样品 LG006）以北 5 m 范围内（图 5.17），可能受到辉绿岩脉侵入时的热烘烤变质影响。据 Shieh 和 Taylor（1969）的研究，碳酸盐岩受热变质时通常会释放出富集 ^{13}C 和 ^{18}O 的 CO_2；热变质脱碳释放的 CO_2 的 $\delta^{18}O$ 可高于原岩碳酸盐岩 5‰，$\delta^{13}C$ 可高于原岩碳酸盐岩 6‰。显然，LG005 样品的较低 $\delta^{13}C$ 和 $\delta^{18}O$ 值可解释为热变质脱碳作用的结果。除 LG005 之外，LG038—LG043 共 6 件样品采自小西沟矿段以南的破碎带中（图 5.17），岩石强烈破碎，裂理发育，硅化明显，其 $\delta^{13}C$ 值变化于 4.3‰～4.8‰（平均为 4.7‰），$\delta^{18}O$ 值为 15.4‰～20.4‰（平均为 17.6‰），不但低于剖面样品 $\delta^{13}C$ 和 $\delta^{18}O$ 平均值，而且 $\delta^{18}O$ 低于判别蚀变碳酸盐岩的最低 $\delta^{18}O$ 值（即 18‰或 20‰）。显然，上述 6 件样品遭受了明显的流体蚀变作用，推测它们可能与沿裂隙下渗的大气降水发生了同位素交换，导致其 $\delta^{13}C$ 和 $\delta^{18}O$ 降低。

除上述 7 件样品以外，其余 35 件样品跨越剖面柱状图的主体，厚逾 1000 m，基本代表了关门山组的总体情况，主要岩性为花斑状、块状、条纹状和条带状白云岩，结晶粒度均匀，无显著蚀变现象，可以更准确地代表关门山组地层的碳氧同位素组成。这 35 件样品的 $\delta^{13}C$ 为 4.6‰～5.9‰，平均为 5.4‰，正异常显著；$\delta^{18}O$ 为 21.0‰～24.8‰，平均为 23.0‰。

总之，关门山组地层的 $\delta^{13}C$ 存在显著正漂移，指示 Lomagundi-Jatulian 事件在中国陆区有强烈响应，验证了 Lomagundi-Jatulian 事件的全球性。

（二）滹沱群大石岭组碳氧同位素

滹沱群主要分布于五台山南坡，北至台怀-四集庄，南抵石咀-定襄一带，台山河上游以西，原平奇村以东，总面积为 1500 km² 左右（图 5.20）。五台山北坡的代县滩上到原平白石还有 200 km²，繁峙县等地也有零星分布（白瑾，1986）。整个滹沱群构成了巨大的复式向斜，向斜主轴走向 60°，两端扬起，东西延伸约 90 km，南北展布近 40 km。白瑾（1986）将滹沱群自上而下划分为三个亚群：豆村亚群，包括四集庄组、南台组、大石岭组、青石村组；东冶亚群，包括纹山组、河边村组、建安村组、大关洞组、槐荫村组、北大兴组、天蓬垴组；郭家寨亚群，包括西河里组、黑山背组、雕王山组。滹沱群与下伏五台群以及上覆长城系都为不整合接触。并且内部的豆村亚群与东冶亚群之间为间断-微角度不整合接触，东冶亚群和郭家寨亚群之间为角度不整合接触。

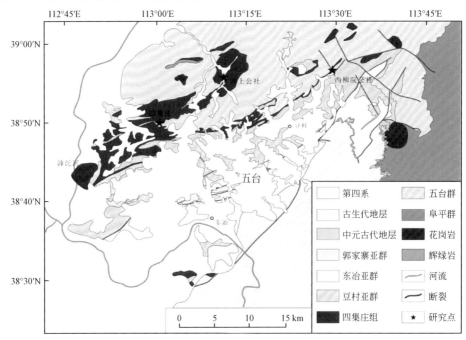

图 5.20　滹沱群部分地层分布地质图（陈威宇，2018）

滹沱群是由变质砾岩、石英岩、千枚岩、板岩、白云岩和大理岩以及所夹的少量变玄武岩所组成的沉积岩系，经历了轻微的绿片岩相到角闪岩相的变质。其下部的豆村亚群以碎屑岩为主、中部的东冶亚群以碳酸盐岩为主、上部的郭家寨亚群以磨拉石建造为主。豆村亚群主体分布在中央大断裂以北，地层总体上由北向南从老到新。豆村亚群呈北东-南西向展布，构成滹沱群复向斜的北西翼，以陆源碎屑岩为主，不整合并且超覆于五台杂岩、高凡亚群及被动陆源沉积之上。东冶亚群以泥质岩、碳酸盐为主，叠层石发育，并且夹有数层基性火山岩，呈北东-南西向展布，构成滹沱复向斜东南翼。郭家寨亚群以粗碎屑岩为主，呈北东-南西向分布于滹沱复向斜的核部，位于中央断裂的下盘。

豆村亚群主要出露底部四集庄组变质砾岩，其中砾石成分复杂；南台组下部为石英岩，南台组上部为千枚岩夹含砂质大理岩和钙质长石石英岩。大石岭组的条带状千枚岩夹薄层石英岩、结晶灰岩、厚层结晶白云岩和硅质结晶白云岩等。顶部的青石村组主要由千枚岩夹白云岩、千枚岩及石英岩互层，上部为变玄武岩夹少量千枚岩组成（白瑾，1986）。整个东冶亚群叠层石极为发育，纹山组自下而上为石英岩、板岩和结晶白云岩。含有叠层石，板岩中斜层理、交错层理发育。河边村组以泥晶白云岩为主，火山岩层分布稳定，为标志层，燧石条带发育，伴生小型沉积磷矿。建安村组以灰绿色条带状千枚岩、板岩为主，条带包含灰绿色泥质岩和灰白色粉砂岩。千枚岩层的下部和上部有多层泥晶白云岩，中部含有白云岩小透镜体，竹节状构造发育，顶层有一层白色纯石英岩。大关山组板岩和泥晶白云岩互层，千枚岩较薄，白云岩较厚。北大兴组主要由泥晶白云岩组成，富含硅质和燧石条带。天蓬垴组分布地区较窄，下部为灰绿色绢云千枚岩夹少量变质粉砂岩，中部为千枚岩夹结晶白云岩，上部为紫红色或灰绿色千枚岩与串珠状、豆荚状、条带状大理岩（枣灰岩）互层。郭家寨亚群中，红石头组为一套紫红色燧石角砾岩，呈漏斗状陷入东冶亚群之中。西河里组底部有一层0~5 m厚的底砾岩，下部为千枚岩、板岩夹石英岩，上部为石英岩夹千枚岩。黑山背组以厚层-巨厚层肉红色长石石英砂岩为主，中部偶夹中薄层细粒石英砂岩。雕王山组是一套巨厚的变质砾岩，砾石以泥晶白云岩为主，也有石英岩和千枚岩，砾石大且磨圆度好。

滹沱群的沉积时限仍然有些争议，其沉积下限的年龄由其下伏五台群和底部砾岩中的碎屑锆石限定（图5.21）。五台群的光明寺长石花岗岩年龄为2521 Ma（徐朝雷，1987）。现在获得的四集庄组中的花岗质砾石的碎屑锆石U-Pb年龄为2513±8 Ma（杜利林等，2013）、2546±17 Ma（Zhang et al.，2006）及2529±10 Ma（伍家善等，2008），石英岩砾石中的碎屑锆石年龄也都大于2.5 Ga（杜利林等，2013；万渝生等，2010）。杜利林等（2010）从四集庄组中的变质玄武安山岩中获得了2140±14 Ma的SHRIMP U-Pb年龄，但是伍家善等（2008）在同一层位的玄武岩中获得了2517±13 Ma的年龄，并且主张2162±40 Ma的年龄代表变质年龄。Wilde等（2003）采自五台山台怀镇南8 km处滹沱群变质长英质凝灰岩样品含有两组锆石，其SHRIMP锆石$^{207}Pb/^{206}Pb$年龄分别为2180±5 Ma和2087±9 Ma，但是这个凝灰岩的层位并不是很清楚，可能相当于刘定寺火山岩的层位。四集庄组顶部的长石石英砂岩和纹山组的变质岩屑石英砂岩和西河里组的变质岩屑杂砂岩的碎屑锆石年龄分别为2134±5 Ma，2068±3 Ma，1958±10 Ma（杜利林等，2011）；Liu等（2011）也在四集庄组顶部的砂岩中获得了2180 Ma的最小谐和碎屑锆石年龄。最新研究表明，四集庄组的变质砾岩可能是在2.2~2.1 Ga沉积，东冶亚群可能初始形成于2070 Ma左右，郭家寨亚群可能沉积于华北克拉通化过程中或者之后，开始沉积时间为1.9~1.8 Ga（杜利林等，2011）。侵入东冶亚群中的变闪长岩脉的K-Ar年龄为1870 Ma（徐朝雷，1987），说明滹沱群是在1870 Ma之前沉积的。

由于前人在滹沱群内做了大量的碳酸盐碳氧同位素研究（钟华和马永生，1995；王颖嘉，2008；孔凡凡等，2011；She et al.，2015），并未获得明显的碳同位素正漂移的证据。根据他们的研究，碳同位素值分布集中在-3‰~+3‰，其中只有少数碳酸盐岩碳同位素的正漂移达到了+2‰以上。前人试图用叠层石的分布和变质流体的影响去解释为何滹沱群没有表现出与同时期的全球其他地区一致的碳同位素正漂移的特征，但叠层石的出现和变质流体的影响并不仅仅发生在华北克拉通中，所以难以信服。根据我们对滹沱群的岩性分析和年龄数据，推测如果Lomagundi-Jatulian事件是全球性事件，那么华北地区的碳同

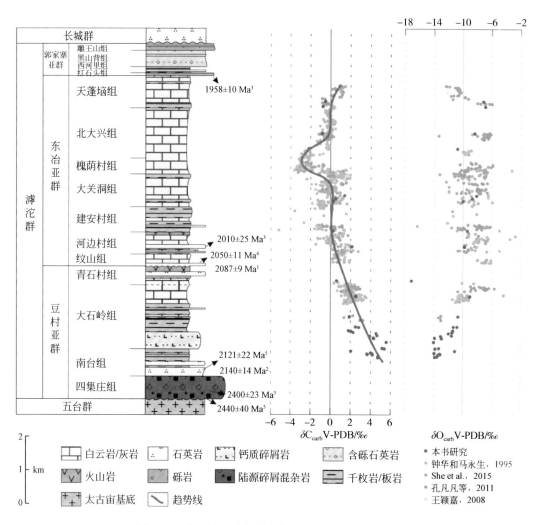

图 5.21 大石岭组碳氧同位素分布（陈威宇，2018）

年龄数据来源：1. Wilde et al., 2003；2. 杜利林等, 2010；3. 杜利林等, 2011；4. Liu et al., 2011；5. 陈威宇, 2018

位素正向漂移将会发生在滹沱群下部的豆村亚群当中。并且前人研究（孔凡凡等，2011；She et al., 2015）表明，豆村亚群中下部确实存在碳同位素正向漂移的趋势。推测正向漂移将会出现在滹沱群大石岭组。

大石岭组之所以未被进行详细的碳同位素研究是因为主要出露在难以采集的山岭处，并且并不是纯大理岩或者白云岩。大石岭组由下至上可分为四段，即谷泉山段、盘道岭段、神仙垴段、南大贤段。底部谷泉山段以石英岩为主，主要为钙质石英岩，包含有少量的千枚岩夹层及白云岩；盘道岭段以千枚岩为主，夹有少量的白云岩，千枚岩中部分为含有钙质条纹的千枚岩；神仙垴段以紫灰色千枚岩为主，夹有少量白云岩及泥质白云岩；南大贤段以白云岩为主。

我们的研究表明，滹沱群大石岭组的碳同位素都有较大幅度的正漂移，在+3‰以上，甚至高于+5‰（图5.21）（陈威宇，2018）。以上结论首次确切证明在五台地区记录了大氧化时代的碳同位素正漂移事件，同时也说明了0.21 Ga左右碳同位素的正向漂移事件并不是局部环境引起的，具有全球性。并且从侧面表明前人无法测出碳同位素正漂移的原因是因为在Lomagundi-Jatulian事件时期，五台地区的环境为滨海-浅海环境，并不是全球多数地方保留的浅海环境。

参 考 文 献

白瑾. 1986. 五台山早前寒武纪地质. 天津：天津科技出版社

陈威宇.2018.五台地区滹沱群对大氧化事件的记录.北京：北京大学
陈衍景.1987.论23亿年前地质环境的突变.南大青年地质学家，创刊号：119~125
陈衍景.1989.23亿年前地质环境发生突变.天地生综合研究进展.北京：中国科学技术出版社
陈衍景.1990.23亿年地质环境突变的证据及若干问题讨论.地层学杂志，14（3）：178~186
陈衍景.1996.沉积物微量元素示踪地壳成分和环境及其演化的最新进展.地质地球化学，(3)：1~6
陈衍景，邓健.1993.华北克拉通南缘早前寒武纪沉积物稀土地球化学特征及演化.地球化学，22（1）：93~104
陈衍景，富士谷.1990.早前寒武纪沉积物稀土型式的变化——理论推导和华北克拉通南缘的证据.科学通报，35（18）：1460~1408
陈衍景，富士谷.1992.豫西金矿成矿规律.北京：地震出版社
陈衍景，富士谷，胡受奚.1988.华北地台南缘不同类型绿岩带的主元素特征及意义.南京大学学报地学版，(1)：70~83
陈衍景，富士谷，胡受奚，陈泽铭，周顺之，林潜龙，符光宏.1989.石牌河运动与"登封群"解体.地层学杂志，13（2）：91~97
陈衍景，富士谷，胡受奚，陈泽铭，周顺之.1990a."登封群"内部的底砾岩和登封花岗绿岩地体的构造演化.地质找矿论丛，5（3）：9~21
陈衍景，胡受奚，傅成义，李海章，张世红.1990b.中国北方孔达岩系与金矿集中区的分布关系及新金矿集中区预测.黄金地质科技，(1)：17~22
陈衍景，富士谷，胡受奚，陈泽铭，周顺之.1991a.华北克拉通南缘两个不同地块的对比研究.大地构造与成矿学，(3)：265~271
陈衍景，季海章，周小平，富士谷.1991b.23亿年灾变事件的揭示对传统地质理论的挑战——关于某些重大地质问题的新认识.地球科学进展，6（2）：63~68
陈衍景，欧阳自运，杨秋剑，邓健.1994.关于太古宙—元古宙界线的新认识.地质评论，40（5）：483~488
陈衍景，杨秋剑，邓健，季海章，富士谷，周小平，林清.1996.地球演化的重要转折——2300Ma时地质环境灾变的揭示及其意义.地质地球化学，(3)：106~125
陈衍景，刘丛强，陈华勇，张增杰，李超.2000.中国北方石墨矿床及赋矿孔达岩系碳同位素特征及有关问题讨论.岩石学报，16（2）：233~244
戴安邦.1978.酸碱的软硬度的势标度及其相亲强度和络合物的稳定度.化学通报，(1)：27~33
杜利林，杨崇辉，郭敬辉，王伟，任留东，万渝生，耿元生.2010.五台地区滹沱群底界时代：玄武安山岩SHRIMP锆石U-Pb定年.科学通报，55（3）：246~254
杜利林，杨崇辉，王伟，任留东，万渝生，宋会侠，耿元生，侯可军.2011.五台地区滹沱群时代与地层划分新认识：地质学与锆石年代学证据.岩石学报，27（4）：1037~1055
杜利林，杨崇辉，王伟，任留东，万渝生，宋会侠，高林志，耿元生，侯可军.2013.五台地区滹沱群砾岩物质源区及新太古代地壳生长：花岗岩和石英岩砾石锆石U-Pb年龄与Hf同位素制约.中国科学（D辑），43（1）：81~96
付茂英.2014.河北省石墨矿床及找矿方向.中国非金属矿工业导刊，109（2）：50~52
富士谷，陈衍景，陈泽铭.1990.运用副变质岩的稀土元素特征探讨河南鲁山变质地体的层序和时代.南京大学学报（地学版），(1)：78~84
姜春潮.1984.再论辽东前寒武纪地层的划分和对比：辽河群一词使用的商榷.中国地质科学院院报，(9)：157~167
蒋少涌.1987.碳酸盐的氧碳同位素组成及其在矿床研究中的应用.辽宁地质学报，(2)：73~79
蒋少涌.1988.辽宁青城子铅锌矿床氧、碳、铅、硫同位素地质特征及矿床成因.地质评论，34（6）：515~523
孔凡凡，袁训来，周传明.2011.古元古代冰期事件：山西五台地区滹沱群的碳同位素证据.科学通报，56（32）：2699~2707
兰心俨.1981.山东南墅前寒武纪含石墨建造的特征及石墨矿床的成因研究.长春地质学院学报，(3)：30~42
李振来.2014.平度市景村石墨矿床地质特征及利用前景.中国非金属矿工业导刊，112（5）：45~46
辽宁省地质矿产局.1989.辽宁省区域地质志.北京：地质出版社
刘金中，钱祥麟，陈亚平.1989.中国内蒙中部孔兹岩系中石墨矿的构造成因.大地构造与成矿学，13（2）：162~167
欧阳自远.1988.天体化学.北京：科学出版社
芮宗瑶，李宁，王龙生.1991.关门山铅锌矿床.北京：地质出版社
沈其韩，宋会侠.2014.河南鲁山原"太华岩群"的重新厘定.地层学杂志，38（1）：1~7
宋彪，乔秀夫.2008.辽北辉绿岩墙（床）群及二道沟组玄武岩锆石年龄及其构造意义.地学前缘，15（3）：250~262
宋明春，焦秀美，宋英昕，李培远.2011.万国普鲁西隐伏含铁岩系—前寒武纪济宁岩群地球化学特征及沉积环境.大地构

造与成矿学, 35 (4): 543~551

孙大中. 1989. 前寒武时代的新划分. 中国地质报, 1989年10月13日

汤好书, 陈衍景, 武广, 赖勇. 2008. 辽北河群碳酸盐岩碳氧同位素特征及其地质意义. 岩石学报, 24 (1): 129~138

汤好书, 陈衍景, 武广, 杨涛. 2009a. 辽东辽河群大石桥组碳酸盐岩稀土元素地球化学及其对Lomagundi事件的指示. 岩石学报, 25 (11): 3075~3093

汤好书, 武广, 赖勇. 2009b. 辽宁大石桥菱镁矿床的碳氧同位素组成和成因. 岩石学报, 25 (2): 455~467

唐国军, 陈衍景. 2004. 有机碳同位素示踪古环境变化研究. 矿物岩石, 24 (3): 110~115

唐国军, 陈衍景, 黄宝玲, 陈从喜. 2004. 古元古代 $\delta^{13}C_{carb}$ 正向漂移事件: 2.3Ga环境突变研究的进展. 矿物岩石, 24 (3): 103~109

万渝生, 苗培森, 刘敦一, 杨崇辉, 王伟, 王惠初, 王泽九, 董春艳, 杜利林, 周红英. 2010. 华北克拉通高凡群、滹沱群和东焦群的形成时代和物质来源: 碎屑锆石SHRIMP U-Pb同位素年代学制约. 科学通报, 55 (7): 572~578

万渝生, 董春艳, 颉颃强, 王世进, 宋明春, 徐仲元, 王世炎, 周红, 马铭株, 刘敦一. 2012. 华北克拉通早前寒武纪条带状铁建造形成时代——SHRIMP锆石U-Pb定年. 地质学报, 86 (9): 1447~1478

王凤茹, 薛基强. 2010. 河南省鲁山县背孜晶质石墨矿地质特征及成因浅析. 矿产勘查, 1 (3): 248~253

王家昌, 张家英, 朱艳. 2013. 我国石墨成矿特征及找矿标志. 中国非金属矿工业导刊, (3): 49~51

王时麒. 1989. 内蒙古兴和石墨矿含矿建造特征与矿床成因. 矿床地质, 8 (1): 85~96

王伟, 王世进, 刘敦一, 李培远, 董春艳, 颉颃强, 马铭株, 万渝生. 2010. 鲁西新太古代济宁群含铁岩系形成时代——SHRIMP U-Pb锆石定年. 岩石学报, 26 (4): 1175~1181

王颖嘉. 2008. 五台山元古界滹沱群碳酸盐岩地球化学研究. 北京: 北京大学

王长青, 范玉伯, 罗建民. 1989. 辽北泛河地区元古代海相火山岩—细碧岩地质特征. 中国区域地质, 30 (3): 237~242

Wilde S A, 赵国春, 王凯怡, 孙敏. 2003. 五台山滹沱群SHRIMP锆石U-Pb年龄: 华北克拉通早元古代拼合新证据. 科学通报, 48 (20): 2180~2186

吴春林, 曲延耀. 1994. 桓仁县黑沟石墨矿床地质特征及成因研究. 建材地质, 74 (4): 25~27

吴彦岭, 解立发, 张宇亮, 付猛, 马骏驰, 王继梅. 2011. 集安市泉眼品质石墨矿地质特征及找矿方向. 吉林地质, 30 (3): 62~65

伍家善, 刘敦一, 耿元生. 2008. 中国古元古界滹沱群建系综合研究报告——滹沱群地质年代格架和重大地质事件序列. 中国主要断代地层建阶研究报告 (2001~2005). 北京: 地质出版社: 534~544

徐朝雷. 1987. 对滹沱群上、下时限的讨论. 中国区域地质, (1): 57~60

杨长秀. 2008. 河南鲁山地区早前寒武纪变质岩系的锆石SHRIMP U-Pb年龄、地球化学特征及环境演化. 地质通报, 27 (4): 517~533

张强, 刘帅. 2014. 吉林省集安地区品质石墨矿矿床特征及找矿标志. 吉林地质, 33 (3): 60~62

张天宇, 张忠良, 李金钱. 2014. 我国区域变质型石墨矿床研究现状综述. 中国非金属矿工业导刊, 111 (4): 36~38

张文昭, 王鹤年, 王曼云. 1987. 配位化学及其在地质学中的应用. 北京: 地质出版社

赵振华. 1989. 沉积岩中的稀土元素//王中刚, 于学元, 赵振华. 稀土元素地球化学. 北京: 科学出版社: 247~278

赵振华. 2010. 条带状铁建造 (BIF) 与地球大氧化事件. 地学前缘, 17 (2): 1~12

钟华, 马永生. 1995. 早元古代碳同位素突变的发现. 地质学报, 69 (2): 185~191

Aharon P. 2005. Redox stratification and anoxia of the early Precambrian oceans: Implications for carbon isotope excursions and oxidation events. Precambrian Research, 137 (3): 207~222

Alexander B W, Bau M, Andersson P, Dulski P. 2008. Continentally-derived solutes in shallow Archean seawater: rare earth element and Nd isotope evidence in iron formation from the 2.9 Ga Pongola Supergroup, South Africa. Geochimica et Cosmochimica Acta, 72 (2): 378~394

Amelin Y V, Heaman L M, Semenov V S. 1995. U-Pb geochronology of layered mafic intrusions in the eastern Baltic Shield: implications for the timing and duration of Palaeoproterozoic continental rifting. Precambrian Research, 75 (1-2): 31~46

Anbar A D, Duan Y, Lyons T W, Arnold G L, Kendall B, Creaser R A, Kaufman A J, Gordon G W, Scott C, Garvin J, Buick R. 2007. A whiff of oxygen before the Great Oxidation Event? Science, 317 (5846): 1903~1906

Andrews A J, Masliwec A, Morris W A, Owsiacki L, York D. 1986. The silver deposits at Cobalt and Gowganda, Ontario. II: An experiment in age determinations employing radiometric and paleomagnetic measurements. Canadian Journal of Earth Sciences, 23 (10): 1507~1518

Babinski M, Chemale Jr F, Van Schmus W R. 1995. The Pb/Pb age of the Minas Supergroup carbonate rocks, Quadrilátero Ferrífero, Brazil. Precambrian Research, 72 (3): 235~245

Baker A J, Fallick A E. 1989a. Evidence from Lewisian limestone for isotopically heavy carbon in two-thousand-million-year-old sea water. Nature, 337 (6205): 352~354

Baker A J, Fallick A E. 1989b. Heavy carbon in two-billion-year-old marbles from Lofoten-Vesteralen, Norway: implications for the Precambrian carbon cycle. Geochim Cosmochim Acta, 53 (5): 1111~1115

Barley M E, Pickard A L, Sylvester P L. 1997. Emplacement of a large igneous province as a possible cause of banded iron formation 2.45 billion years ago. Nature, 385 (6611): 55~58

Bau M, Dulski P. 1996. Distribution of yttrium and rare-earth elements in the Penge and Kuruman iron-formations, Transvaal Supergroup, South Africa. Precambrian Research, 79 (1-2): 37~55

Bau M, Möller P. 1993. Rare earth element systematics of the chemically precipitated component in Early Precambrian iron formations and the evolution of the terrestrial atmosphere-hydrosphere-lithosphere system. Geochimica et Cosmochimica Acta, 57 (10): 2239~2249

Beal E J, Claire M W, House C H. 2011. High rates of anaerobic methanotrophy at low sulfate concentrations with implications for past and present methane levels. Geobiology, 9 (2): 131~139

Beaumont V, Robert F. 1999. Nitrogen isotopic ratios of kerogens in Precambrian cherts: A record of the evolution of atmosphere chemistry? Precambrian Research, 96 (1-2): 63~82

Bekker A, Kaufman A J. 2007. Oxidative forcing of global climate change: A biogeochemical record across the oldest Paleoproterozoic ice age in North America. Earth and Planetary Science Letters, 258 (3): 486~499

Bekker A, Kaufman A J, Karhu J A, Beukes N J, Swart Q D, Coetzee L L, Eriksson K A. 2001. Chemostratigraphy of the Paleoproterozoic Duitschland Formation, South Africa: implications for coupled climate change and carbon cycling. American Journal of Science, 301 (3): 261~285

Bekker A, Karhu J A, Eriksson K A, Kaufman A J. 2003a. Chemostratigraphy of Palaeoproterozoic carbonate successions of the Wyoming Craton: tectonic forcing of biogeochemical change? Precambrian Research, 120 (3): 279~325

Bekker A, Sial A N, Karhu J A, Ferrerira V P, Noce C M, Kaufman A J, Romano A W, Pimentel M M. 2003b. Chemostratigraphy of carbonates from the Minas Supergroup, Quadrilátero Ferrífero (Iron Quadr-angle), Brazil: A stratigraphic record of early Proterozoic atmospheric, biogeochemical and climatic change. American Journal of Science, 303 (10): 865~904

Bekker A, Holland H D, Wang P L, Rumble D, Stein H J, Hannah J L, Coetzee L L, Beukes N J. 2004. Dating the rise of atmospheric oxygen. Nature, 427 (6970): 117~120

Bekker A, Karhu J A, Kaufman A J. 2006. Carbon isotope record for the onset of the Lomagundi carbon isotope excursion in the Great Lakes area, North America. Precambrian Research, 148 (1): 145~180

Bekker A, Holmden C, Beukes N J, Kenig F, Eglinton B, Patterson W P. 2008. Fractionation between inorganic and organic carbon during the Lomagundi (2.22-2.1 Ga) carbon isotope excursion. Earth and Planetary Science Letters, 271: 278~291

Bekker A, Slack J F, Planavsky N, Krapež B, Hofmann A, Konhauser K O, Rouxel O J. 2010. Iron Formation: The Sedimentary Product of a Complex Interplay among Mantle, Tectonic, Oceanic, and Biospheric Processes. Economic Geology, 107 (2): 467~508

Buick I S, Uken R, Gibson R L, Wallmach T. 1998. High-13C Paleoproterozoic carbonates from the Transvaal Supergroup, South Africa. Geology, 26 (10): 875~878

Canfield D E, Habicht K S, Thamdrup B. 2000. The Archean sulfur cycle and the early history of atmospheric oxygen. Science, 288 (5466): 658~661

Chemale Jr F, Rosière C A, Endo I. 1994. The tectonic evolution of the Quadrilátero Ferrífero, Minais Gerais, Brazil. Precambrian Research, 65 (1-4): 25~54

Chen Y J. 1988. Catastrophe of the geological environment at 2300Ma. In: Abstracts of the Symposium on Geochemistry and Mineralization of Proterozoic Mobile Belts, September 6-10, 1988, Tianjin, China, p. 11. (Oral)

Chen Y J, Fu S G. 1991. Variation of REE patterns in early Precambrian sediments: theoretical study and evidence from the southern margin of the northern China craton. Chinese Science Bulletin, 36 (13): 1100~1104

Chen Y J, Su S G. 1998. Catastrophe in geological environment at 2300 Ma. Goldschmidt Conference Toulouse 1998. Mineralogical Magazine, 62A (1): 320~321

Chen Y J, Tang H S. 2016. The Great Oxidation Event and Its Records in North China Craton. In: Zhai M G, Zhao Y, Zhao T P (eds.). Main Tectonic Events and Metallogeny of the North China Craton. Berlin: Springer-Verlag: 281~304

Chen Y J, Zhao Y C. 1997. Geochemical characteristics and evolution of REE in the Early Precambrian sediments: evidences from the southern margin of the North China Craton. Episodes, 20 (2): 109~116

Chen Y J, Hu S X, Fu S G, Chen Z M. 1988. The REE character and its significance of the crystalline basement in the southern margin of North China platform. In: Abstracts of the Symposium on Geochemistry and Mineralization of Proterozoic Mobile Belts September 6-10, 1988, Tianjin, China, p.13. (Oral)

Chen Y J, Fu S G, Hu S X, Zhang Y Y. 1992a. The REE geochemical evolution and its significance of the Wuyang early Precambrian metamorphic terrain. Chinese Journal of Geochemistry, 11 (2): 133~139

Chen Y J, Ouyang Z Y, Ji H Z. 1992b. A New understanding of the Archean Proterozoic boundary. Contributions to 29th IGC. Beijing: China Seismology Press: 334~341

Chen Y J, Qin S, Zhao Y C. 1997. Errors involved in the Taylor's model for the crustal composition and evolution--analysis of their causes. Chinese Journal of Geochemistry, 16 (1): 53~61

Chen Y J, Hu S X, Lu B. 1998. Contrasting REE geochemical features between Archean and Proterozoic khondalite series in North China Craton. Goldschmidt Conference Toulouse 1998. Mineralogical Magazine, 62A (1): 318~319

Claire M W, Catling D C, Zahnle K J. 2006. Biogeochemical modelling of the rise in atmospheric oxygen. Geobiology, (4): 239~269

Cornell D H, Schütte S S, Eglington B L. 1996. The Ongeluk basaltic andesite formation in Griqualand West, South Africa: submarine alteration in a 2222 Ma Proterozoic sea. Precambrian Research, 79 (1): 101~123

Cowie J W, Ziegler W, Remane J. 1989. Stratigraphic Commission accelerates progress, 1984 to 1989. Episodes, 12 (2): 79~83

Cox D M, Frost C D, Chamberlain K R. 2000. 2.01Ga Kennedy dike swarm, southeastern Wyoming: record of a rifted margin along the southern Wyoming province. Rocky Mountain Geology, 35 (1): 7~30

Czaja A D, Johnson C M, Roden E E, Beard B L, Voegelin A R, Nägler T F, Beukes N J, Wille M. 2012. Evidence for free oxygen in the Neoarchean ocean based on coupled ironemolybdenum isotope fractionation. Geochimica et Cosmochimica Acta, 86 (6): 118~137

Derry L A, Jacobsen S B. 1990. The chemical evolution of Precambrian seawater: evidence from rare earth elements in banded iron formations. Geochimica et Cosmochimica Acta, 54 (11): 2965~2977.

Diwu C R, Sun Y, Lin C, Wang H. 2010. LA-(MC)-ICP-MS U-Pb zircon geochronology and Lu-Hf isotope compositions of the Taihua complex on the southern margin of the North China Craton. Science Bulletin, 55 (23): 2557~2571

Dorland H C. 2004. Provenance ages and timing of sedimentation of selected Neoarchean and Paleoproterozoic successions on the Kaapvaal Craton. Ph. D. Thesis. Rand Afrikaans University, Johannesburg, South Africa

Endo I, Hartmann L A, Suita M T F, Santos J O S, Frantz J C, McNaughton N J, Barley M E, Carneiro M A. 2002. Zircon SHRIMP isotopic evidence for Neoarchaean age of the Minas Supergroup, Quadrilátero Ferrífero, Minas Gerais. In: Congresso Brasileiro de Geologia. Sociedade Brasileira de Geologia, João Pessoa. Anais, 518

Eriksson K A, Truswell J F. 1978. Geological process and atmospheric evolution in the Precambrian. In: Tarling D H C (ed.). Evolution of the Earth's Crust. London: Academic Press: 219~238

Eriksson P G, Cheney E S. 1992. Evidence for the transition to an oxygen-rich atmosphere during the evolution of red beds in the Lower Proterozoic sequences of southern Africa. Precambrian Research, 54 (92): 257~269

Eriksson P G, Lenhardt N, Wright D T, Mazumder R, Bumby A J. 2011. Late Neoarchaean-Palaeoproterozoic supracrustal basin-fills of the Kaapvaal craton: relevance of the supercontinent cycle, the "Great Oxidation Event" and "Snowball Earth"? Marine and Petroleum Geology, 28 (8): 1385~1401

Fairbairn H W, Hurley P M, Card K D, Knight C L. 1969. Correlation of radiometric ages of Nipissing Diabase and Huronian meta-sedinents with Proterozoic orogenic events in Ontario. Canadian Journal of Earth Sciences, 6 (3): 489~497

Farquhar J, Bao H, Thiemens M H. 2000. Atmospheric influence of Earth's earliest sulfur cycle. Science, 289 (5480): 756~759

Farquhar J, Savarino J, Airieau S, Thiemens M H. 2001. Observation of wavelength-sensitive mass-independent sulfur isotope effects during SO_2 photolysis: Implications for the early atmosphere. Journal of Geophysical Research Planets, 106 (E12): 32829~32839

Frakes L A. 1979. Climates Throughout Geologic Time. Amsterdam: Elsevier

Frei R, Dahl P S, Duke E F, Frei K M, Hansen T R, Frandsson M M, Jensen L A. 2008. Trace element and isotopic characterization of Neoarchean and Paleoproterozoic iron formations in the Black Hills (South Dakota, USA): Assessment of chemical change during 2.9-1.9Ga deposition bracketing the 2.4-2.2Ga first rise of atmospheric oxygen. Precambrian Research,

162 (3): 441~474

Frei R, Gaucher C, Poulton S W, Canfield D E. 2009. Fluctuations in Precambrian atmospheric oxygenation recorded by chromium isotopes. Nature, 461 (7261): 250~253

Fryer B J. 1977. Rare earth evidence in iron-formation for changing Precambrian oxidation stage. Geochimica et Cosmochimica Acta, 41: 361~367

Goldblatt C, Lenton T M, Watson A J. 2006. Bistability of atmospheric oxygen and the great oxidation. Nature, 443 (7112): 683~686

Graf L L. 1978. Rare earth elements, iron-formations and seawater. Geochimica et Cosmochimica Acta, 42 (12): 1845~1850

Guo Q J, Strauss H, Kaufman A J, Schröder S, Gutzmer J, Wing B, Baker M A, Bekker A, Jin Q S, Kim S T, Farquhar J. 2009. Reconstructing Earth's surface oxidation across the Archean Proterozoic transition. Geology, 37 (5): 399~402

Gutzmer J, Beukes N J. 1998. High grade manganese ores in the Kalahari manganese field: characterization and dating of the oreforming events. Unpublished Report. Rand Afrikaans University, Johannesburg: 1~221

Hambrey M J, Harland W B. 1981. Earth's Pre-pleistocene Glacial Record. Cambridge: Cambridge University Press

Hammond R D. 1976. Geochronology and origin of Archean rocks in Marquette County, Upper Michigan. M. S. Thesis. Lawrence: University of Kansas

Hannah J L, Bekker A, Stein H J, Markey R J, Holland H D. 2004. Primitive Os and 2316 Ma age for marine shale: implications for Paleoproterozoic glacial events and the rise of atmospheric oxygen. Earth and Planetary Science Letters, 225 (1): 43~52

Hanski E, Huhma H, Vaasjoki M. 2001. Geochronology of northern Finland: a summary and discussion. In: Vaasjoki M (ed.). Radiometric Age Determination from Finnish Lapland and Their Bearing on the Timing of Precambrian Volcanosedimentary Sequences. Geological Survey of Finland Bulletin Special Paper, 33: 255~279

Hoffman P F. 2013. The Great Oxidation and a Siderian snowball Earth: MIF-S based correlation of Paleoproterozoic glacial epochs. Chemical Geology, 362: 143~156

Hoffman P F, Kaufman A J, Halverson G P, Schrag D P. 1998. A Neoproterozoic Snowball Earth. Science, 281 (5381): 1342~1346

Holland H D. 1984. The Chemical Evolution of the Atmosphere and Oceans. Princeton: Princeton University Press

Holland H D. 1994. Early Proterozoic atmospheric change. In: Bengtson S (ed.). Early Life on Earth: Nobel Symposium 84. New York: Columbia University Press: 237~244

Holland H D. 1999. When did the Earth's atmosphere become oxic? A Reply. The Geochemical News, 100: 20~22

Holland H D. 2002. Volcanic gases, black smokers, and the great oxidation event. Geochimica et Cosmochimica Acta, 66 (21): 3811~3826

Holland H D. 2006. The oxygenation of the atmosphere and oceans. Philosophical Transactions of Royal Society B, 361 (1470): 903-915

Holland H D. 2009. Why the atmosphere became oxygenated: A proposal. Geochimica et Cosmochimica Acta, 73 (18): 5241~5255

Holland H D, Zbinden E A. 1988. Paleosols and the evolution of atmosphere: Part I. In: Larman A, Meybeck M (eds.). Physical and Chemical Weathering in Geochemical Cycles. Dordrecht: Reidel: 61~82

Holland H D, Feakes C R, Zbinden E A. 1989. The Flin Flon paleosol and the composition of the atmosphere 1.8 bybp. American Journal of Science, 289 (4): 362~389

Huhma H. 1986. Sm-Nd and Pb-Pb isotopic evidence for the origin of the Early Proterozoic Svecokarelian crust in Finland. Geological Survey of Finland Bulletin, 337: 48

Huston D L, Logan G A. 2004. Barite, BIFs and bugs: evidence for the evolution of the Earth's early atmosphere. Earth and Planetary Science Letters, 220 (1-2): 41~55

Jiang S Y, Chen C X, Chen Y Q, Jiang Y H, Dai B Z, Ni P. 2004. Geochemistry and genetic model for the giant magnesite deposits in the eastern Liaoning province, China. Acta Petrologica Sinica, 20 (4): 765~772

Kanzaki Y, Murakami T. 2016. Estimates of atmospheric O_2 in the Paleoproterozoic from paleosols. Geochimica et Cosmochimica Acta, 174: 263~290

Karhu J A. 1993. Paleoproterozoic evolution of the carbon isotope ratios of sedimentary carbonates in the Fennoscandian Shield. Geological Survey of Finland Bulletin, 371: 1~87

Karhu J A, Holland H D. 1996. Carbon isotopes and the rise of atmospheric oxygen. Geology, 24 (10): 867~870

Karhu J A, Melezhik V A. 1992. Carbon isotope systematics of early Proterozoic sedimentary carbonates in the Kola Peninsula, Russia: correlations with Jatulian formations in Karelia. In: Balagansky V V, Mitrofanov F P (eds.). Correlation of Precambrian

Formation of the Kola-Karelia Region and Finland. Kola Scientific Centre of the Russian Academy of Sciences, Apatity: 48~53

Krogh T E, Davis D W, Corfu F. 1984. Precise U-Pb zircon and baddeleyite ages for the Sudbury area. In: Pye E G, Naldrett A J, Giblin P E (eds.). The Geology and Ore Deposits of the Sudbury Structure. Ontario Geological Survey, (1): 431~446

Kump L R, Holland H D. 1992. Iron in Precambrian rocks: Implications for the global oxygen budget of the ancient Earth. Geochimica et Cosmochimica Acta, 56 (8): 3217~3223

Lai Y, Chen C, Tang H S. 2012. Paleoproterozoic Positive $\delta^{13}C$ Excursion in Henan, China. Geomicrobiology Journal, 29 (3): 287~298

Li N, Chen Y J, McNaughton N J, Ling X X, Deng X H, Yao J M, Wu Y S. 2015. Formation and tectonic evolution of the khondalite series at the Southern margin of the North China Craton: Geochronological Constraints from a 1.85Ga Mo deposit in the Xiong'ershan area. Precambrian Research, 269 (1): 1~17

Lindsay J F, Brasier M D. 2002. Did global tectonics drive early biosphere evolution? Carbon isotope record from 2.6 Ga to 1.9 Ga carbonates of Western Australian basins. Precambrian Research, 114 (1): 1~34

Liu C H, Zhao G C, Sun M, Zhang J, He Y H, Yin C Q, Wu F Y, Yang J H. 2011. U-Pb and Hf isotopic study of detrital zircons from the Hutuo group in the Trans-North China Orogen and tectonic implications. Gondwana Research, 20 (1): 106~121

Lyons T W, Reinhard, C T. 2009. Eraly Earth: Oxygen for heavy-metal fans. Nature, 461 (7261): 179~181

Machado N, Carneiro M A. 1992. U-Pb evidence of late Archean tectono-thermal activity in the southern São Francisco shield, Brazil. Canadian Journal of Earth Sciences, 29 (11): 2341~2346

Machado N, Noce C M, Ladeira E A, Belo de Oliveira O. 1992. U-Pb geochronology of Archean magmatism and Proterozoic metamorphism in the Quadrilátero Ferrífero, southern São Francisco craton, Brazil. Geological Society of America Bulletin, 104 (9): 1221~1227

Machado N, Schrank A, Noce C M, Gauthier G. 1996. Ages of detrital zircon from Archean-Paleoproterozoic sequences: implications for greenstone belt setting and evolution of a Transamazonian foreland basin in Quadrilátero Ferrífero, outheast Brazil. Earth and Planetary Science Letters, 141 (1-4): 259~276

Maheshwari A, Sial A N, Chittora V K. 1999. High-^{13}C Paleoproterozoic Carbonates from the Aravalli Supergroup, Western India. International Geology Review, 41 (10): 949~954

Martin A P, Condon D J, Prave A R, Lepland A. 2013. A review of temporal constraints for the Palaeoproterozoic large, positive carbonate carbon isotope excursion (the Lomagundi-Jatuli Event). Earth-Science Reviews, 127 (2): 242~261

Martin D M, Clendenin C W, Krapez B, McNaughton N J. 1998. Tectonic and geochronological constraints on late Archaean and Palaeoproterozoic stratigraphic correlation within and between the Kaapvaal and Pilbara Cratons. Journal of the Geological Society of London, 155 (2): 311~322

Masuda A, Nakamura N, Tanaka T. 1973. Fine structures of lanthanide elements and an attempt to analyse separation-index patterns of some minerals. Journal of Earth Sciences, Nayoya University, 10: 173~187

McLennan S M. 1989. Rare earth elements in sedimentary rocks: influence of provenance and sedimentary processes. In: Lipin B R, McKay G A (eds.). Geochemistry and Mineralogy of Rare Earth Elements. Rev. Mineral., Mineral. Soc. Am., (21): 169~200

Melezhik V A, Fallick A E. 1996. A widespread positive $\delta^{13}C$ anomaly at around 2.33-2.06Ga on the Fennoscan-carbdian Shield: a paradox? Terra Nova, 8 (2): 141~157

Melezhik V A, Fallick A E. 2010. On the Lomagundi-Jatuli carbon isotopic event: the evidence from the Kalix Greenstone Belt, Sweden. Precambrian Research, 179 (1): 165~190

Melezhik V A, Fallick A E, Clark A. 1997. Two billion year old isotopically heavy carbon: evidence from the Labrador Trough, Canada. Canadian Journal of Earth Sciences, 34 (3): 271~285

Melezhik V A, Fallick A E, Medvedev P V, Makarikhin V V. 1999. Extreme $^{13}C_{carb}$ enrichment in ca. 2.0Ga magnesite-stromatolite-dolomite-'red beds' association in a global context: a case for the worldwide signal enhanced by a local environment. Earth-Science Reviews, 48 (1-2): 71~120

Melezhik V A, Fallick A E, Rychanchik D V R, Kuznetsov A B. 2005. Palaeoproterozoic evaporites in Fennoscandia: implications for seawater sulphate, the rise of atmospheric oxygen and local amplification of the $\delta^{13}C$ excursion. Terra Nova, 17 (2): 141~148

Melezhik V A, Young G M, Eriksson P G, Altermann W, Kump L R, Lepland A. 2013. Huronian-age glaciation. In: Melezhik V A, Kump L R, Fallick A E, Strauss H, Hanski E J, Prave R, Lepland A (eds.). Reading the Archive of Earth's Oxygenation, Global events and the Fennoscandian Arctic Russia-Drilling Early Earth Project, vol. 3. Berlin: Springer Verlag:

1059~1109

Mohanty S P, Barik A, Sarangi S, Anindya Sarkar A. 2015. Carbon and oxygen isotope systematics of a Paleoproterozoic cap-carbonate sequence from the Sausar Group, Central India. Palaeogeography, Palaeoclimatology, Palaeoecology, 417 (2015): 195~209

Murakami T, Sreenivas B, Das Sharma S, Sugimori H. 2011. Quantification of atmospheric oxygen levels during the Paleoproterozoic using paleosol compositions andiron oxidation kinetics. Geochimica et Cosmochimica Acta, 75 (14): 3982~4004

Noce C M, Machado N, Teixeira W. 1998. U-Pb geochronology of gneisses and granitoids in the Quadrilátero Ferrífero (southern São Francisco craton): age constraints from Archean and Paleoproterozoic magmatism and metamorphism. Revista Brasileira de Geociências, 28: 95~102

Papineau D, Mojzsis S J, Schmitt A K. 2007. Multiple sulfur isotopes from Paleoproterozoic Huronian interglacial sediments and the rise of atmospheric oxygen. Earth and Planetary Science Letters, 255 (1): 188~212

Pavlov A A, Kasting J F, Brown L L. 2000. Greenhouse warming by CH_4 in the atmosphere of early Earth. Journal of Geophysical Research, 105 (E5): 11981~11990

Pickard A L. 2003. SHRIMP U-Pb zircon ages for the Palaeoproterozoic Kuruman Iron Formation, Northern Cape Province, South Africa: evidence for simultaneous BIF deposition on Kaapvaal and Pilbara Cratons. Precambrian Research, 125 (3/4): 275~315

Pinto J P, Holland H D. 1988. Paleosols and the evolution of the atmosphere: part II. In: Reinhardt J, Sigleo W (eds.). Paleosols and Weathering through Geologic Time. Geological Society of America Special Paper, 106: 21~34

Plumb K A. 1988. Geochronologic subdivision of the Proterozoic proposals by the Subcommission on Precambrian Stratigraphy. Abstracts of International Symposium on Geochemistry and Mineralization of Proterozoic Mobile Belts, September 6-10, 1988, Tianjin: 73~74

Polteau S, Moore L M, Tsikos H. 2006. The geology and geochemistry of the Palaeoproterozoic Makganyene diamictite. Precambrian Research, 148 (3): 257~274

Premo W R, van Schmus W R. 1989. Zircon geochronology of Precambrian rocks in southeastern Wyoming and northern Colorado. In: Grambling J A, Tewksbury B J (eds.). Proterozoic Geology of the Southern Rocky Mountains. Geological Society of America Special Paper, 235: 1~12

Puchtel I S, Hofmann A W, Mezger K, Schipansky A A, Kulikov V S, Kulikova V V. 1996. Petrology of a 2.41Ga remarkably fresh komatiitic basalt lava lake in Lion Hills, central Vetreny Belt, Baltic Shield. Contributions to Mineralogy and Petrology, 124 (3-4): 273~290

Rainbird R H, Davis W J. 2006. Sampling superior: detrital zircon geochronology of the Huronian. Geological Association of Canada Abstracts With Programs, 31: 125

Rasmussen B, Bekker A, Fletcher I R. 2013. Correlation of Paleoproterozoic glaciations based on U-Pb zircon ages for tuff beds in the Transvaal and Huronian Supergroups. Earth and Planetary Science Letters, 382 (6): 173~180

Ray J S, Veizer J, Davis W J. 2003. C, O, Sr and Pb isotope systematics of carbonate sequences of the Vindhyan Supergroup, India: age, diagenesis, correlations and implications for global events. Precambrian Research, 121 (1): 103~140

Rye R, Holland H D. 1998. Paleosols and the evolution of atmospheric oxygen: a critical review. American Journal of Science, 298 (8): 621~672

Rye R, Holland H D. 2000. Geology and geochemistry of paleosols developed on the Hekpoort basalt, Pretoria Group, South Africa. American Journal of Science, 300 (2): 85~141

Salminen P E, Juha A, Karhu J A, Melezhik V A. 2013. Tracking lateral $^{13}C_{carb}$ variation in the Paleoproterozoic Pechenga Greenstone Belt, the north eastern Fennoscandian Shield. Precambrian Research, 228: 177~193

Schidlowski M. 1988. A 3800-million-year isotopic record of life from carbon in sedimentary rocks. Nature, 333 (6171): 313~318

Schidlowski M. 2001. Carbon isotopes as biogeochemical recorders of life over 3.8 Ga of Earth history: evolution of a concept. Precambrian Research, 106 (1): 117~134

Schidlowski M, Eichmann R, Junge C E. 1975. Precambrian sedimentary carbonates: Carbon and oxygen isotope geochemistry and implications for the terrestial oxygen budget. Precambrian Research, 2 (1): 1~69

Schidlowski M, Eichmann R, Junge C E. 1976. Carbon isoptope geochemistry of the Precambrian Lomagundi carbonate province, Rhodesia. Geochimica et Cosmochimica Acta, 40 (4): 449~455

She Z B, Yang F Y, Liu W, Xie L H, Wan Y S, Li C, Papineau D. 2015. The Termination and Aftermath of the Lomagundi-Jatuli

Carbon Isotope Excursions in the Paleoproterozoic Hutuo Group, North China. Journal of Earth Science, 27 (2): 297~316

Shieh Y N, Taylor Jr H P. 1969. O and C isotope studies of contact metamorphism of carbonate rocks. Journal of Petrology, 10 (2): 307~331

Shields G, Veizer J. 2002. Precambrian marine carbonate isotope database: version 1.1. Geochemistry Geophysics Geosystems, 3 (6): U1~U12

Sreenivas B, Das Sharma S, Kumar B, Patil D J, Roy A B, Srinivasan R. 2001. Positive ^{13}C excursion in carbonate and organic fractions from the Paleoproterozoic Aravalli Supergroup, Northwestern India. Precambrian Research, 106 (3): 277~290

Tang H S, Chen Y J. 2013. Global glaciation and atmospheric change at ca. 2.3 Ga. Geoscience Frontiers, 4 (5): 583~596

Tang H S, Chen Y J, Wu G, Lai Y. 2011. Paleoproterozoic positive $\delta^{13}C_{carb}$ excursion in northeastern Sino-Korean craton: Evidence of the Lomagundi Event. Gondwana Research, 19 (2): 471~481

Tang H S, Chen Y J, Santosh M, Zhong H, Wu G, Lai Y. 2013a. C-O isotope geochemistry of the Dashiqiao magnesite belt, North China Craton: Implications for the Great Oxidation Event and ore genesis. Geological Journal, 48 (5): 467~483

Tang H S, Chen Y J, Santosh M, Zhong H, Yang T. 2013b. REE geochemistry of carbonates from the Guanmenshan Formation, Liaohe Group, NE Sino-Korean Craton: Implications for seawater compositional change during the Great Oxidation Event. Precambrian Research, 227 (1): 316~336

Tang H S, Chen Y J, Li K Y, Chen W Y, Zhu X Q, Ling K Y, Sun X H. 2016. Early Paleoproterozoic Metallogenic Explosion in North China Craton. In: Zhai M G, Zhao Y, Zhao T P (eds.). Main Tectonic Events and Metallogeny of the North China Craton. Berlin: Springer-Verlag: 305~328

Taylor S R, McLennan S M. 1985. The Continental Crust: Its Composition and Evolution. Oxford: Blackwell

Trendall A F, Nelson D R, de Laeter J R, Hassler S W. 1998. Precise zircon UePb ages from the Marra Mamba Iron Formation and the Wittenoom Formation, Hamersley Group, Western Australia. Australian Journal of Earth Sciences, 45 (1): 137~142

Tu G C, Zhao Z H, Qiu Y Z. 1985. Evolution of Precambrian REE mineralization. Precambrian Research, 27 (1): 131~151

Vallini D A, Cannon W F, Schulz K J. 2006. New constraints on the timing of Paleoproterozoic glaciation, Lake Superior region: detrital zircon and hydrothermal xenotime ages on the Chocolay Group, Marquette Range Supergroup. Canadian Journal of Earth Sciences, 43: 571~591

Veizer J, Hoefs J. 1976. The nature of $^{18}O/^{16}O$ and $^{13}C/^{12}C$ secular trends in sedimentary carbonate rocks. Geochimica et Cosmochimica Acta, 40: 1387~1395

Veizer J, Ala D, Azmy K, Bruckschen P, Buhl D, Bruhn F, Carden G A F, Diener A, Ebneth S, Godderis Y, Jasper T, Korte C, Pawallek F, Podlaha O G, Strauss H. 1999. $^{87}Sr/^{86}Sr$, ^{13}C and ^{18}O evolution of Phanerozoic seawater. Chemical Geololy, 161 (1): 59~88

Voegelin A R, Nägler T F, Beukes N J, Lacassie J P. 2010. Molybdenum isotopes in late Archean carbonate rocks: implications for early Earth oxygenation. Precambrian Research, 182 (1): 70~82

Walraven F. 1997. Geochronology of the Rooiberg Group, Transvaal Supergroup, South Africa. Economic Geology Research Unit, University of the Witwatersrand, Johannesburg, South Africa. Inf Circ, 316: 21

Wille M, Kramers J D, Nägler T F, Beukes N J, Schröder S, Meisel T H, Lacassie J P, Voegelin A R. 2007. Evidence for a gradual rise of oxygen between 2.6 and 2.5 Ga from Mo isotopes and Re-PGE signatures in shales. Geochimica et Cosmochimica Acta, 71 (10): 2417~2435

Williford K H, Van Kranendonk M J, Ushikubo T, Kozdon R, Valley J W. 2011. Constraining atmospheric oxygen and seawater sulfate concentrations during Paleoproterozoic glaciation: In situ sulfur three-isotope microanalysis of pyrite from the Turee Creek Group, Western Australia. Geochimica et Cosmochimica Acta, 75 (19): 5686~5705

Yang Q Y, Santosh M, Wada H. 2014. Graphite mineralizationin Paleoproterozoic khondalites of the North China Craton: Acarbon isotope study. Precambrian Research, 255 (32): 641~652

Yokota K, Kanzaki Y, Murakami T. 2013. Weathering model for the quantification of atmospheric oxygen evolution during the Paleoproterozoic. Geochimica et Cosmochimica Acta, 117 (5): 332~347

Young G M. 2013. Precambrian supercontinents, glaciations, atmospheric oxygenation, metazoan evolution and an impact that may have changed the second half of Earth history. Geoscience Frontiers, 4 (3): 247~261

Young G M. 2014. Contradictory correlations of Paleoproterozoic glacial deposits: Local, regional or global controls? Precambrian Research, 247 (1): 33~44

Zagnitko V N, Lugovaya I P. 1989. Isotope Geochemistry of Carbonate and Banded Iron Formations of the Ukrainian Shield. Naukova Dumka, Kiev (in Russian)

Zhai M G, Santosh M. 2011. The Early Precambrian odyssey of the North China Craton: a synoptic overview. Gondwana Research, 20 (1): 6~25

Zhai M G, Santosh M. 2013. Metallogeny in the North China Craton: Secular changes in the evolving Earth. Gondwana Research, 24 (1): 275~297

Zhang H F, Zhai M G, Santosh M, Wang H Z, Zhao L, Ni Z Y. 2014. Paleoproterozoic granulites from the Xinghe graphitemine, North China Craton: Geology, zircon U-Pb geochronologyand implications for the timing of deformation, mineralization andmetamorphism. Ore Geology Reviews, 63 (1): 478~497

Zhang J, Zhao G, Li S Z, Sun M, Liu S W, Xia X P, He Y H. 2006. U-pb zircon dating of the granitic conglomerates of the hutuo group: affinities to the wutai granitoids and significance to the tectonic evolution of the trans-north China orogen. Acta Geologica Sinica, 80 (6): 886~898

Zhang L Y, Xu B, Luo Z W, Liao W. 2016. Conglomerates and sandstones from the Yintun Formation in Northern Liaoning Province: Implications for the Huronian Glaciation and reconstruction of the Columbia supercontinent. Science Bulletin, 61 (17): 1384~1390

第六章 巨量元素富集与特色成矿

第一节 表生环境巨量元素富集

成铁纪/层侵纪之交（2.3 Ga）见证了以大氧化事件为代表的地球表生环境剧变（陈衍景，1990；陈衍景和富士谷，1990；Chen and Su，1998；Holland，2009；Chen and Tang，2016）。大氧化事件主要出现在 2.5～2.2 Ga，包括了 2.3 Ga 前的早阶段水圈氧化以及 2.3 Ga 后的晚阶段大气圈氧化（Tang and Chen，2013；Chen and Tang，2016；Tang et al.，2016）。过去数十年，大量的研究关注于古元古代 2.5～1.6 Ga 全球构造过程和全球环境变化（陈衍景，1990；Bekker et al.，2010；Holland，2009；Konhauser et al.，2009，2011；Lyons and Reinhard，2009；Young，2012，2013；Zhai and Santosh，2013）。特别是早古元古代时期（2.3～1.8 Ga），大量的红层、蒸发岩、含叠层石碳酸盐（陈衍景，1990；Melezhik et al.，1999a；Bekker et al.，2006；汤好书等，2009a，2009b，2009c；Tang et al.，2011，2013a；Lai et al.，2012）、苏必利尔型 BIF（Huston and Logan，2004；赵振华，2010）、磷块岩、石墨矿（Melezhik et al.，1999b；陈衍景等，2000）、铅锌矿、铀矿、滑石矿、硼矿和菱镁矿等（Tang et al.，2013b）迅速发育。然而，仍然有许多问题有待回答，如这些古元古代地层是否记录了大氧化事件？这些沉积（变质）矿床的形成代表着巨量成矿元素的富集，其是否与大氧化事件具有成因联系？这些问题对于早前寒武纪地球演化以及成矿作用具有重要意义，但鲜有研究（陈衍景，1996；陈衍景等，2000；汤好书等，2009a，2009b，2009c；Tang et al.，2013a，2013b）。

华北克拉通广泛发育早古元古代沉积地层（Zhai et al.，2010；Zhai and Santosh，2011），并赋存大量沉积类矿床。为此，我们整理了一些重要的发育于古元古代地层的沉积矿床的地质、年代学资料（Tang et al.，2016），讨论与大氧化事件相关的科学问题以及成矿规律。

一、早古元古代成矿爆发及华北克拉通的记录

关于 2300 Ma 地球表生系统的剧变包括方方面面，详见陈衍景（1989，1996）、陈衍景等（1991）、Holland（1999）、Chen 和 Tang（2016）的研究。对于表生环境成矿元素的迁移和富集规律，作者曾经做过一些讨论（陈衍景等，1991；Tang et al.，2016）（图6.1），此处作简单介绍和讨论。

（一）石墨资源

Schopf（1977）指出：如果太古宙有零星的生命证据，那么显生宙古生物活动的证据将呈指数增长；并进一步指出前寒武纪确切的生命证据是叠层石，丝状和超微化石作为生命的证据并不可靠。自 1976 年以来，对太古宙生命活动研究取得了长足进步，太古宙叠层石在四个地方被报道，但只有非洲南部 Bulawayan 群灰岩中的叠层石被广泛接受，这表明太古宙生物活动极其微弱（Awramik et al.，1983）。自 2500 Ma 开始（Knoll et al.，1988；Schopf，1977），生命的证据急剧增加，特别是叠层石在世界范围内广泛发育（尤其是含蓝-绿藻的叠层石）（Melezhik et al.，1997a，1997b）。Krivoy Rog、Kazakhstan 和 Siberia 地区的铁建造中均发现铁细菌的存在，这些地层的年龄被限定在 2300～1900 Ma（Schopf，1977）。Kola 半岛和白海群中的碳酸盐（2300～2000 Ma）均有细菌存在的迹象（Melezhik et al.，1997a；1999a）。并且，古元古代叠层石的种类以及丰度均急剧增加（Melezhik et al.，1997a）。Karelian 约 2.0 Ga 硬沥青则被认为是油页岩变质的产物（Melezhik et al.，1999a）。

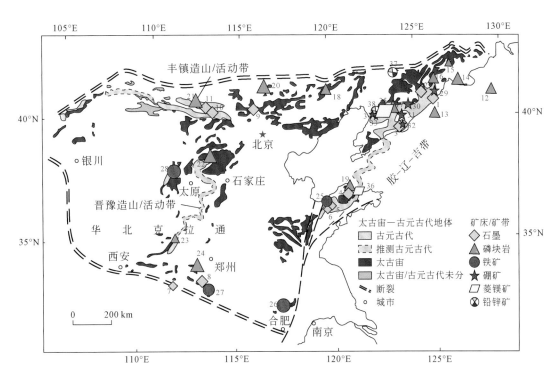

图6.1 华北克拉通部分古元古代沉积矿床的分布和规模（详见Tang et al., 2016）

此外，安大略地区休伦冰期的地层以及明尼苏达州Gruneria binabikin和Ontario地区的Biwabik和Gunflint铁建造均发现保存完好的丝状蓝-绿藻以及显微化石（Cloud and Semikhatov, 1969）。被报道的各种叠层石多数来自约2.0 Ga的碳酸盐地层，如非洲南部北开普省2000 Ma的Katernia白云岩系，Transvaal（2300~1950 Ma）含叠层石的白云岩系（Cloud and Semikhatov, 1969），以及Hamersley和Uru群中的藻类化石（Knoll et al., 1988），Onega和Segozero群中的叠层石生物礁（Salop, 1977）。这些含叠层石的地层经常伴生着石墨矿，碳同位素研究表明这些石墨是有机成因的。例如，印度Orissa东部地区的2.5~2.2 Ga Ghats活动带石墨矿的$\delta^{13}C$为-26.6‰~-2.4‰（Sanyal et al., 2009），印度南部约1.9 Ga Kerala孔兹岩（KKB）$\delta^{13}C$为-18.06‰~-17.87‰（Cenki et al., 2004; Satish-Kumar et al., 2011）；印度Dharwar克拉通西部2.45~2.3 Ga的Sargur地区$\delta^{13}C$为-25.2‰~-20.5‰（Maibam et al., 2015）。

华北克拉通的辽河群、嵩山群、滹沱群和粉子山群等均含有丰富的叠层石（曹瑞骥，2003；曹瑞骥和袁训来，2003，2009；高危言等，2009；Lai et al., 2012）。许多石墨矿床赋存在2.3~1.85 Ga早古元古代地层中（图6.1），碳同位素研究表明这些石墨均是有机成因的。

总之，石墨矿的有机来源表明含矿建造的沉积伴随着强烈的生命活动（季海章和陈衍景，1990）。早在大约2.5 Ga沉积地层中就出现含石墨的薄层，但含矿地层主要形成在2.3 Ga之后，表明有机生物繁衍不再受到抑制，突然呈辐射状演化，即第二次飞跃。

（二）古元古代磷块岩

Windley（1984）指出"磷块岩实为富磷的沉积岩，它不能形成于太古宙；只有少量的磷块岩开始形成于古元古代，但多数矿床主要形成于新元古代"。

基于对华北克拉通磷块岩的统计，显示古元古代磷块岩或含磷的矿床多形成于2300~1850 Ma（图6.1）（Tang et al., 2016），如东焦式磷矿出现在嵩山群、滹沱群、辽河群中（赵东旭，1982）。值得强调的是，华北克拉通（包括朝鲜）以及相邻的佳木斯地块，许多重要磷矿都赋存在2500~1900 Ma孔兹岩系中。例如，山东莱州的三个磷矿（季海章和陈衍景，1990）均发现于2100~1900 Ma荆山群中（Wan et al., 2006；谢士稳等，2014；刘福来等，2015）；河北2450~1900 Ma招兵沟组磷矿（朱上庆，

1982；Li et al.，1994；夏学惠和魏祥松，2005）出现于 2.55~2.45 Ga 担塔子群白庙子组（刘树文等，2007a，2007b）；辽西建平群中的乌拉乌苏磷矿（Li et al.，1994）；2035~1885 Ma 宽甸群（孟恩等，2013；Meng et al.，2014）中硼酸盐-磷块岩建造与大理岩共生（张秋生等，1988）；在内蒙古地块，呼和浩特-集宁-丰镇-浑源窑构成长达 200 km 的古元古代磷块岩带（朱上庆，1982；Yang Q Y et al.，2014）；在朝鲜，古元古代 Macheonayeong 系和狼林群（Li et al.，1994）均含有具经济价值的变质磷块岩。

印度西北 Udaipur 地区古元古代 Aravalli 群（约 2.15 Ga）（Purohit et al.，2010）产含叠层石磷块岩，该群有两个含磷块岩的矿层，储量巨大。其中，下部矿层位于该群底部，产出许多重要的磷块岩矿床，如 Jhamar Kotra（储量达 5000 万 t，P_2O_5 品位为 15%~39%，P_2O_5>30% 者高达 1600 万 t）、Maton（920 万 t，P_2O_5 品位为 16%~26%）、Dakan Kotra、Kararia-Ka-Gurha 和 Kanpur（P_2O_5 品位为 12%~25%）等磷块岩矿床；上部矿层含 Sismarma、Nimach Mata 和 Baragaon 等小矿，P_2O_5 品位为 5%~23%。此外，印度孔兹岩系中也含有磷矿，并与含 Mn 石榴子石共生（朱上庆，1982）。在芬兰，沉积于 2080~1900 Ma Svecokarelian 造山系中的表壳岩系中也存在含铀的磷块岩（Karhu，1993；Melezhik and Fallick，1996）。

Scandinavian 半岛、Ceylon（Sri Lanka）、朝鲜、俄罗斯、印度的 Madras 和东 Ghats 孔兹岩系中都含有磷块岩（季海章和陈衍景，1990；姜继圣，1990；卢良兆等，1996）。大约 2000 Ma 澳大利亚北部 Rum Jungle、东南部的 Broken Hill、西澳大利亚的 Hamersley 群，密歇根 Marquette Range（砾岩中含磷块岩鹅卵石）中均有磷块岩产出（Schneider et al.，2002；Bekker et al.，2010）。

磷块岩沉积需要强氧化条件（水体中 P 以 PO_4^{3-} 的形式存在），形成磷块岩的另一个重要条件是需要强烈的生物代谢（张伟等，2015）。全球缺乏太古宙磷块岩矿床，表明太古宙表生环境中生物活动微弱，氧逸度很低。相反，2300 Ma 后磷块岩广泛发育，表明表生环境中氧逸度已经高到相当大的程度，生物活动盛行。

（三）苏必利尔型铁建造

据统计，世界 90% 以上的富铁矿都形成于前寒武纪（Isley and Abbott，1999；沈保丰等，2005），且绝大多数为发育于 2500~1850 Ma 的 BIF（Trendall and Blockley，1970；Trendall，2002）。并且，多集中在少数超大型矿床中（单个矿床规模超过 10 亿 t）（Huston and Logan，2004），有其独有的地质特征和成因。其后的地质历史中只有新元古代发育少量的 BIF（Gaucher et al.，2008；Frei et al.，2009；Bekker et al.，2010），后者规模远远小于前者。

BIF 的形成反映早期地球历史中构造作用、地质环境演化以及生物活动之间复杂的耦合关系（Frei et al.，2008）。前寒武纪 BIF 主要分为阿尔戈马型和苏必利尔型（Gross，1980，1983），并且主要形成于早古元古代，这说明当时海水中的氧逸度已经足够高，可将 Fe^{2+} 氧化成 Fe^{3+} 形成 BIF（Huston and Logan，2004）。阿尔戈马型 BIF 以磁铁矿（F_3O_4）为主，含少量黄铁矿，缺赤铁矿（Fe_2O_3），沉积在相对还原的条件下，p_{O_2} 少于 10^{-65} atm（Garrels et al.，1973），主要产于火山弧、裂谷带或深大断裂带的火山-沉积建造中，以加拿大 Abitibi 绿岩带中的铁建造为代表（Isley and Abbot，1999）。苏必利尔型 BIF 以赤铁矿 Fe_2O_3 为主，沉积于相对氧化的条件下，主要产于古元古代稳定大陆架浅海环境的碎屑岩-碳酸盐岩建造中（Huston and Logan，2004），与火山作用没有直接关系，常与石英岩、白云岩和黑色页岩等共生（Gross，1980）。苏必利尔型沉积铁建造的重要性远大于阿尔戈马型，世界级超大型富铁矿多属此类，以加拿大苏必利尔湖地区、澳大利亚 Hamersley 地区、巴西 Carajas 地区、乌克兰 Krivoy Rog 等地区为代表（Trendall and Blockley，1970；Trendall，2002），其爆发形成与大氧化事件存在成因联系（赵振华，2010；Tang and Chen，2013；Chen and Tang，2016；Tang et al.，2016）。

Hamersley BIF 厚达 2500 m，面积超过 4 万 km^2，形成时间为 2480~2450 Ma（Pickard，2002）；储量超过 356 亿 t，其中 240 亿 t 以上都是品位高达 50%~69% 的富矿（Trendall and Morris，1983）。俄罗斯 Kursk 群是 Voronezh Massif 铁建造的赋矿地层（Goodwin，1991），储量为 426 亿 t，品位为 32%~62%，而 54%~62% 的富矿高达 261 亿 t，主要形成于 2300~2000 Ma（Alexandrov，1973）。波罗的海地盾

Karelian 超群 Onega 群含 BIF、白云岩、叠层石，形成时间为 2300~2150 Ma（Salop，1977），该群中含赤铁矿的铁建造厚达 2000 m。加拿大 Labrador Trough 地区 Kaniapiskau 超群中的 Sokoman BIF 铁矿资源达 206 亿 t（Dimroth，1981），形成时代在 2400~1800 Ma（Trendall and Morris，1983）。苏必利尔湖地区的 BIF 主要赋存于 Animike 岩系，至 1848 年已经产出 46 亿 t 铁矿石，估计至少还有 2710 亿 t 粗矿、360 亿 t 铁矿石可开采（Morey and Southwick，1995），Animike 岩系形成早于 1930~1850 Ma（Bayley and James，1973；Goodwin，1991；Morey and Southwick，1995；Schneider et al.，2002；Canfield，2005）。巴西的 Carajas 铁矿区富铁矿（>64% Fe，平均为 66.7%）储量至少在 160 亿 t（Tolbert et al.，1971），形成时代约为 2000 Ma（Goodwin，1991）；Quadrilatero Ferrifero（铁四角）地区 Minas 超群 Itabira 群下部的富铁矿（品位>60%）储量超过 100 亿 t（Goodwin，1991），铁矿的沉积时间为 2610~2420 Ma（Babinski et al.，1995；Endo et al.，2002）。南非 Transvaal/Griqualand West（高达 1.0×10^8 Mt，Trendall and Morris，1983）中的铁建造多形成于 2480~2322 Ma（Bekker et al.，2001）。印度西北 Aravalli 群（约 2.15 Ga）中产出苏必利尔型 BIF，此外还有磷块岩、锰矿、铜矿、铀矿等（Sreenivas et al.，2001；Ray et al.，2003；Purohit et al.，2010）。

需要指出的是，2.5 Ga 前的 BIF 多属阿尔戈马型，之后则相反，主要为苏必利尔型；后者规模（10^5~10^8 Mt）远大于前者（10^3~10^7 Mt）；Lomagundi-Jatulian 事件前的苏必利尔型 BIF 规模远大于该事件后的 BIF（Huston and Logan，2004）。这种演化特征表明地质环境在 2.5 Ga 和 2.3 Ga 两个时间节点发生了急剧变化（Tang and Chen，2013；Chen and Tang，2016；Tang et al.，2016）。

前寒武纪沉积铁建造是我国最重要的铁矿类型，约占探明总储量的 60%（沈保丰等，2005），主要是太古宙阿尔戈马型，变质改造程度较强，常称为"鞍山式"铁矿（Zhai et al.，1990；沈保丰等，2005，2010；Zhai and Santosh，2011，2013；张连昌等，2012；沈其韩和宋会侠，2015），苏必利尔型铁矿床稀少（杨晓勇等，2012；Liu and Yang，2015；王长乐等，2015；Wang et al.，2015a，2015b），被认为是我国缺乏世界级超大型富铁矿床的原因之一。尽管如此，华北克拉通依然具有寻找苏必利尔型 BIF 铁矿的前景（陈衍景等，1991）。例如，山西吕梁地区 2.38~2.21 Ga 的袁家村（朱今初和张富生，1987；沈保丰等，2010；张连昌等，2012；Wang et al.，2015a，2015b），安徽 2.7~1.85 Ga 的霍邱铁矿均被确定为苏必利尔型 BIF（Yang Q Y et al.，2014；刘磊和杨晓勇，2013；Liu and Yang，2015）。华北克拉通南缘水滴沟群（上太华群）中的铁山庙、虎盘岭、马楼、铁山岭等（陈衍景等，1996；Wan et al.，2006；杨长秀，2008；Diwu et al.，2010；李永峰等，2013；沈其韩和宋会侠，2014）以及胶东半岛昌邑地区的莱州-安丘铁矿带均具有与苏必利尔型 BIF 相似的地质与地球化学特征（蓝廷广等，2012；Lan et al.，2014a，2014b，2015）。

显然，均变论不能合理解释苏必利尔型铁建造突然形成于 2500~2300 Ma 的成铁纪、2300~2050 Ma 的层侵纪以及 2050~1800 Ma 的造山纪，为何 2500 Ma 之前以及 1900 Ma 之后的铁建造重要性远不及 2300 Ma 前后？如果 2300 Ma 事件的意义不能得到正确理解，上述问题自然不会得到合理的解释。

（四）古元古代硼矿床

据不完全统计，我国硼矿探明储量为 4641 万 t（中华人民共和国国土资源部，2001），主要来自辽吉地区的镁硼酸盐变质矿床和青藏高原的现代盐湖硼矿床，前者硼矿年生产量占我国 91% 以上（刘敬党，1996，2006）。

辽吉硼矿带分布于大石桥-凤城-宽甸-集安一带，呈近东西向，长约 300 km，宽约 100 km，包括不同规模的矿床和矿点 100 余个，代表性矿床有大石桥的后仙峪、凤城的翁泉沟和宽甸的砖庙等（曲洪祥等，2005），主要矿石类型为硼镁石-遂安石型（如后仙峪）（冯本智和邹日，1994；冯本智等，1998；Jiang et al.，1997）和硼镁石-硼镁铁矿型（如翁泉沟和砖庙）（王慧媛和彭晓蕾，2008；王翠芝等，2008a）。硼矿体主要产于层状菱镁矿大理岩或似层状硼镁石化的镁橄榄岩中（冯本智和邹日，1994；冯本智等，1998）。赋矿地层为早古元古代辽河群里尔峪组（Jiang et al.，1997，2004；汤好书等，2009a），如翁泉沟硼镁铁矿矿体上盘浅粒岩锆石核部的$^{207}Pb/^{206}Pb$加权平均年龄为2139±13 Ma（Hu et al.，2015）；砖庙硼矿区矿体上盘含电气石浅粒岩SHRIMP岩浆锆石核部$^{207}Pb/^{206}Pb$加权平均年龄为2174.0±9.9 Ma（胡古月等，2014b）；并经历了1930~1850 Ma、1450~1400 Ma、885 Ma、386.5 Ma、250~220 Ma（汤好书等，2009a）等数次强烈的区域变质作用。

对含矿地层中富镁大理岩的碳同位素研究表明，该套地层显示清晰的$\delta^{13}C$正异常，如砖庙-杨木杆矿区矿体顶、底板未蛇纹石化大理岩的$\delta^{13}C_{V-PDB}$为3.2‰~4.6‰（王翠芝，2007；胡古月等，2014a），二人沟硼矿区镁质大理岩的$\delta^{13}C_{V-PDB}$为+3.8‰~+5.2‰（4.8±0.6‰，$n=5$），栾家沟硼矿中白云质大理岩的$\delta^{13}C_{V-PDB}$为+4.6~+5.6‰（5.0‰±0.4‰，$n=6$）（王翠芝等，2008a，2008b），表明里尔峪组含硼岩系记录了Lomagundi-Jatulian事件（Tang et al.，2016）。

（五）古元古代菱镁矿

华北克拉通还是世界级菱镁矿床的产地，且90%以上集中在胶-辽-吉带的古元古代沉积地层中（Tang et al.，2016）。这些沉积岩主要来自造山/活动带中的古元古代花岗岩类或周围古老地块中的变质基底，集中形成于2.15~1.95 Ga（刘福来等，2015），并记录了全球的大氧化事件，详细讨论见6.2节。

二、华北克拉通早古元古代成矿谱系

（一）华北克拉通早古元古代元素富集成矿的时间

沉积矿床含矿地层的定年多来自间接方法，对华北克拉通早古元古代沉积矿床含矿地层年代学的统计表明，这些与沉积作用密切相关的矿床集中形成于2300 Ma前后，2.5~2.3 Ga阶段出现的矿床为石墨矿，磷块岩以及苏必利尔型BIF，2.3~1.9 Ga各类沉积矿床均出现集中爆发（图6.2）。

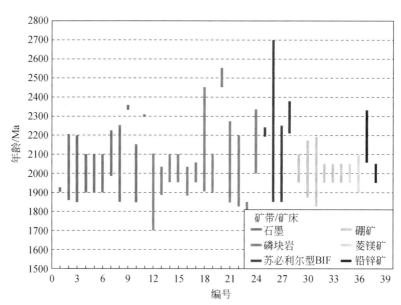

图6.2 华北克拉通部分古元古代沉积矿床的含矿地层年龄，矿床类型与编号与图6.1相同（详见Tang et al.，2016）

（二）华北克拉通早古元古代元素富集成矿的序列

上述不同类型矿床多赋存在同一套沉积地层中，它们从同位素年代学上难以区分，但在地层中是有一定层序的，即有先后生成顺序，如粉子山群自下而上由小宋组、祝家夼组、张格庄组、巨囤组、罡翁组组成（图6.3）。相应地，小宋组主要含BIF型铁矿（Lan et al.，2014a，2014b，2015），张格庄组含菱镁矿（王翠芝，1997）、滑石、大理岩等，巨屯组中主要含细粒石墨矿（李洪奎等，2013）。这些与化学/生物有关的沉积矿床的形成是否与早期地质环境的演化具有一定关联，目前知之甚少，值得进一步研究。本书仅作粗浅的探讨。

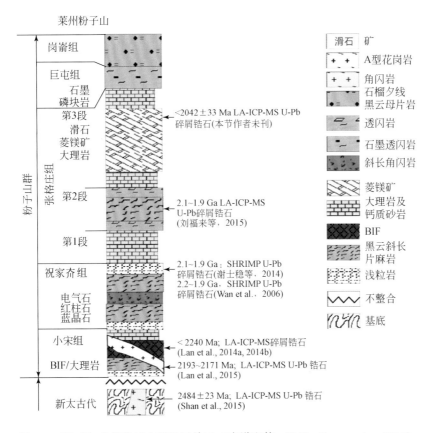

图6.3　胶-辽-吉带粉子山群地层单元（李洪奎等，2013；Tang et al.，2016）。

三、华北克拉通早古元古代成矿大爆发与大氧化事件的关系

上述矿化记录表明2.5~1.85 Ga伴随着生物光合作用的繁盛，指示华北克拉通出现古元古代成矿爆发，并与大氧化事件期间的表生环境变化存在一定相关联系。

前文（详见5.1节）已经介绍2.5~1.7 Ga地球表生系统剧变的各种次级事件的序列，包括2.5~2.3 Ga成铁纪苏必利尔型BIF的全球爆发（Huston and Logan，2004），2.29~2.25 Ga全球性的休伦冰川事件（Tang and Chen，2013），其后是2.22~2.06 Ga全球海相碳酸盐岩 $\delta^{13}C_{carb}$ 正向漂移事件（Tang et al.，2011），2.25~1.95 Ga各大洲发育最古老红层（Melezhik et al.，1999b），2.0~1.7 Ga黑色页岩的盛行（Condie et al.，2001）以及大约1.8 Ga BIF的消失。这些意义重大的地质事件按照一定次序依次出现或部分叠加，与地球表生系统的其他变化一起受大氧化事件的主导或与之有关，并记录了全球生物圈、水圈、大气圈以及岩石圈的系统变化。早前寒武纪克拉通，如华北克拉通，出现早古元古代的元素富集成矿，它贯穿于整个大氧化事件中（图6.4）。

4.5~2.5 Ga早期地球的水圈-大气圈系统显然是还原性的（Cloud，1968，1973；Holland，1994；Rye and Holland，1998）。如此漫长的历史使得新太古代时期地球的水圈中聚集了以 Fe^{2+} 为代表的巨量低价态离子。然而，地质记录表明BIF在3.8 Ga就出现了，但在大约2.5 Ga出现高峰并在1.8 Ga左右消失（Klein，2005）。实验模拟（Zhu et al.，2014）显示BIF的形成需要两个先决条件：充足的 Fe^{2+} 和海水保

持适当的pH条件（实验条件下给出的pH为1.25~5.5）。当pH过低（<1.25），无论溶液加热与否，仅能生成无定形胶体硅；因此处于该阶段的海水仅能生成厚层硅质岩而没有BIF生成。这指示沉积环境为还原性质或活跃的火山作用（除H_2O之外，火山气主要由酸性和还原性气体组成，包括CO_2、H_2、HCl、HF、SO_2、H_2S、CH_4、NH_3、N_2、Cl_2等，而H_2和Cl_2容易反应生成HCl）（陈福和朱笑青，1985，1987；Kump and Barley，2007）。相反，当pH过高（>5.5），硅酸将高度分解并与溶液中阳离子结合生成铁硅酸盐类（黏土矿物，如黑色页岩或铁锰结核）而非无定形硅沉淀物（陈福和朱笑青，1984；Zhu et al.，2014）。在酸性海水条件下（1.25<pH<5.5），铁氧化物的沉淀与无定形硅正好相反；溶液pH越高，铁氧化物沉淀得越彻底越厚；但是在任何情况下，Fe^{2+}都不能连续沉淀形成厚层的"纯铁矿"（Zhu et al.，2014）。这指示阿尔戈马型BIF形成于相对还原的海水（意味着pH更接近1.25），而苏必利尔型BIF形成于相对氧化的海水中（意味着pH更靠近5.5）。这与前寒武纪BIF（Huston and Logan，2004）或其他沉积物（Chen and Zhao，1997；Chen et al.，1998；Tang et al.，2013a）中Eu异常指示剂的特征是一致的。高pH条件需要更氧化的环境或相对处于构造静寂时期以保证大陆长期强烈风化，后者与地球2.5~2.3Ga处于构造静寂期（Condie et al.，2001；Zhai and Santosh，2011，2013）以及世界范围孔兹岩系中具高CIA值（Condie et al.，2001）是一致的；前者则需要生物光合作用释放O_2。

为此，我们总结如下序列图以解释大氧化事件中地球2.5~1.7 Ga表生系统变化的重要事件与早古元古代成矿爆发之间的关系（图6.4）。

（1）从古元古代开始，生物光合作用加强（Melezhik et al.，1997a，1999a；陈衍景等，2000；本书），将CO_2快速地转变进入有机体中并释放出O_2；O_2被氧化Fe^{2+}、CH_4、升高海水的pH而消耗，方程式为$4Fe^{2+}+O_2+4H^+\longrightarrow 4Fe^{3+}+2H_2O$，$CH_4+2O_2\longrightarrow CO_2+2H_2O$，以及$O_2+H_2O+4e^-\longrightarrow 4OH^-$。在这个过程中，有机质沉积下来（石墨和磷块岩矿床、黑色页岩中的有机物，甚至是石油资源），苏必利尔型BIF沉积成矿（Huston and Logan，2004；Frei et al.，2008），大气中CO_2和CH_4减少。

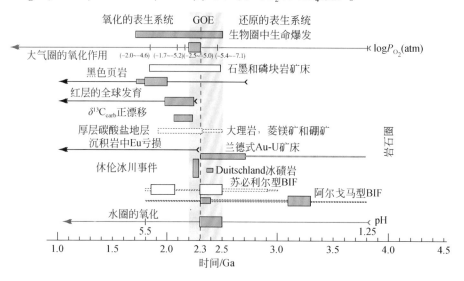

图6.4 大氧化事件中地球2.5~1.7 Ga表生系统变化的重要事件与成矿爆发之间的序列图（Tang and Chen，2013；Tang et al.，2016）

资料来源：海水pH（Zhu et al.，2014）；阿尔戈马型BIF和苏必利尔型BIF的发育时间（Huston and Logan，2004）；休伦冰川事件（Tang and Chen，2013）；兰德式Au-U矿床（Bekker et al.，2005）；红层（Melezhik et al.，1999a；Bekker et al.，2005）；黑色页岩（Condie et al.，2001）；古元古代大气P_{O_2}（Kanzaki and Murakami，2016），详见Tang et al.，2016

（2）当海洋中的还原性组分基本被氧化（以苏必利尔型BIF爆发为指示）（Bekker et al.，2010；Zhai and Santosh，2013），生物光合作用产生的O_2开始进入大气使得兰德式Au-U矿床消失。2.29~2.25 Ga全球的休伦冰川事件紧随成铁纪BIF爆发之后（主要是苏必利尔型BIF，图6.4），主要是因为温室气体CO_2和CH_4被冰室气体O_2取代（Tang and Chen，2013）；0.8~0.6 Ga雪球地球事件也是发生在藻类生物繁盛之后（Feulner et al., 2015）。

（3）休伦冰期之后紧跟 2.22~2.06 Ga 的 Lonagundi-Jatulian 事件，这是由于 ^{12}C 固定在有机物中使得水－气圈系统中的 CO_2 相对富集 ^{13}C（Schidlowski et al., 1975; Schidlowski, 1988; Karhu and Holland, 1996; Tang et al., 2011）。各大洲最老的红层出现在 2.25~1.95 Ga（Melezhik et al., 1999a）。

（4）2500 Ma 之前，所有大陆缺少碳酸盐岩石，只在少数地方出现一些不连续薄层状的碳酸盐岩；2300 Ma 之后，世界广泛形成碳酸盐岩（Eriksson and Truswell, 1978）。太古宙大气富 CO_2（陈福和朱笑青，1988），为何缺少碳酸盐类沉积物？通常解释为：太古宙高 CO_2 分压使得发生如下反应 $CaCO_3+CO_2+H_2O \longrightarrow Ca^{2+}+2HCO_3^-$，导致 $CaCO_3$ 不稳定而难以沉淀。然而这一解释不能回答为何缺少其他碳酸盐类沉积物，如 $FeCO_3$、$MnCO_3$ 和 $MgCO_3$。另一解释是太古宙海水 pH 太低而无法沉淀碳酸盐类（陈福和朱笑青，1985）。大陆硅酸盐矿物的风化作用可以提高海水的 pH（陈福，1996a，1996b），如 $7Na[AlSi_3O_8]$（钠长石）$+26H_2O \longrightarrow 3Na_{0.33}Al_{2.33}Si_{3.67}O_{10}(OH)_2$（蒙脱石）$+10H_4SiO_4$（硅酸）$+6Na^++6OH^-$，$2KAl_3Si_3O_{10}(OH)_2$（白云母）$+20H_2O \longrightarrow 3Al_2O_3 \cdot 3H_2O$（三水铝矿）$+2K^++6H_4SiO_4$（硅酸）$+2OH^-$，以及 $2Ca[Al_2Si_2O_8]$（钙长石）$+6H_2O \longrightarrow [Al_4Si_4O_{10}](OH)_8$（高岭石）$+2Ca^{2+}+4OH^-$ 等。然而，风化作用的速率是缓慢的，需要漫长的时间，难以解释厚层碳酸盐地层的急剧沉积。生命爆发是最好的答案，$2H_2O+O_2 \longrightarrow 4OH^-+4e^+$，随着海水 pH 的升高，含叠层石巨厚层碳酸盐岩地层在全球广泛形成（陈衍景等，1990，1991，1994）。如：$CO_2+2OH^- \longrightarrow CO_3^{2-}+H_2O$，$CO_3^{2-}+Fe^{2+} \longrightarrow FeCO_3(\downarrow)$（菱铁矿），$CO_3^{2-}+Mg^{2+} \longrightarrow MgCO_3(\downarrow)$（菱镁矿），$2CO_3^{2-}+Ca^{2+}+Mg^{2+} \longrightarrow CaMg(CO_3)_2(\downarrow)$（白云岩），$CO_3^{2-}+Ca^{2+} \longrightarrow CaCO_3(\downarrow)$（方解石），$CO_3^{2-}+Mn^{2+} \longrightarrow MnCO_3(\downarrow)$（菱锰矿）等，这些碳酸盐矿物在酸性海水中不能稳定存在（陈福和朱笑青，1985）。因此，2.3~1.9 Ga 全球开始突然发育大量碳酸盐地层以及与碳酸盐有关的矿床，如华北克拉通大理岩、含石墨的硼矿和菱镁矿、磷块岩等矿床（陈衍景等，2000；汤好书等，2009c；Tang et al., 2013b）（图 6.1~图 6.4）。由此，大气圈中的 CO_2 快速进入生物圈（有机物）、水圈（CO_3^{2-}，HCO_3^-）以及岩石圈（碳酸盐类），从而急剧降低。它们在高 P_{CO_2} 能够沉淀。

（5）随着水圈中 O_2 的积累，海洋中低价态离子被氧化殆尽（如 $Fe^{2+} \to Fe^{3+}$），海水的 pH 进一步升高。当升到足够高（如试验中 pH>5.5），导致 BIF 形成需要的两个前提条件便无法满足（Zhu et al., 2014），BIF 在大约 1.8 Ga 消失（Klein, 2005），这反映了地球演化的不可逆性。

（6）至于 BIF 和古元古代碳酸盐地层爆发沉积之后 2.0~1.7 Ga 盛行的"黑色页岩"（Melezhik et al., 1999a; Condie et al., 2001），它具有较高 CIA 指数以及富含有机碳（Condie et al., 2001）表明其母岩经过强烈的风化作用和远距离搬运，并且沉积在生物活动强烈的静海环境中。"黑色页岩"可能是大陆风化作用产物与铁硅酸盐矿物（泥质矿物）和有机物遗体在高 pH 海水中（>5.5，意味着更氧化的条件）共同沉积的产物（图 6.1），并且页岩显示出显著的 Eu 负异常（Condie, 1993; Chen and Zhao, 1997; Chen et al., 1998）。

四、结语

大量沉积类矿床，包括石墨矿、磷块岩、苏必利尔型 BIF、大理岩、硼矿菱镁矿等，赋存于华北克拉通以及世界各地 2.5~1.8 Ga 的地层中，指示早古元古代出现元素的异常富集并爆发成矿。

早古元古代爆发成矿源于生物圈生命爆发（石墨、磷块岩矿床等证据）引起的地球表生环境剧变，从而导致 2.5~1.8 Ga 水圈（随着 pH 升高溶解的元素由低价态被氧化成高价态并成矿，如苏必利尔型 BIF、REE 矿），大气圈（如 CO_2、CH_4 减少以及休伦冰川事件），沉积圈（BIF、冰碛岩、碳酸盐地层、红层、黑色页岩）快速变化。不同类型矿床的形成是对大氧化事件不同阶段的响应。

大氧化事件包括早阶段的水圈氧化（2.5~2.3 Ga）以及晚阶段的大气圈氧化（2.3~1.8 Ga）。2.29~2.25 Ga 的休伦冰川事件是地球从水圈氧化向大气圈氧化转变的标志性事件。2.3 Ga 之前还原性水圈阻止大气圈氧化，因为生物光合作用产生的 O_2 在氧化水圈低价态元素（以 Fe^{2+} 氧化形成巨量 BIF 为标志）过程中被消耗掉。2.3 Ga 之后，O_2 的增加以及 CH_4 和 CO_2 的减少冷却了水圈-大气圈系统从而导致了休伦冰川事件，以及其后巨厚碳酸盐地层的快速沉积和 $\delta^{13}C_{carb}$ 正向漂移、红层以及 BIF 消失，还有黑色页岩的盛行等一系列事件。产氧的生物光合作用作为关键角色贯穿了整个过程。

第二节 菱镁矿"暴富"成矿

一、引言

华北克拉通的胶-辽-吉带为世界级菱镁矿、滑石、硼矿矿床大规模聚集区（图6.5），是国际地质对比计划IGCP443项目（菱镁矿与滑石的国际地质与环境对比）的重要研究地区（Jiang et al., 2004）。据不完全统计，世界菱镁矿的探明储量为106.5亿t，中国储量为世界第一位（38.5亿t），占世界的36.2%（赵正等，2014；USGS，2017）；俄罗斯储量为世界第二位（23亿t），占世界的21.6%；朝鲜储量为世界第三位（15亿t），占世界的14.1%。我国菱镁矿集中分布于辽宁东部和山东，辽宁菱镁矿的储量占全国总储量的85.62%；其后是山东，占全国总储量的9.54%（鲍荣华等，2012）。主要有辽宁海城铧子峪、营口的青山怀、圣水寺、牌楼等特大型菱镁矿床和山东莱州粉子山、游优山等大型菱镁矿床；类型上以晶质菱镁矿为主，便于开发利用。这些晶质菱镁矿矿床产出地层时代均为古元古代，矿层多产于各地层单元的中上层位（冯本智等，1995；董清水等，1996；Jiang et al., 2004；汤好书等，2009a，2009b，2009c；Tang et al., 2013a；胡古月等，2015；Tang et al., 2016），如古元古代辽河群上部的大石桥组（辽宁）、粉子山群上部的张格庄组（山东）。辽河群已全线过鸭绿江分布在狼林地块各处，狼林群的大部分相当于辽河群（陈荣度等，2003），其也是朝鲜诸多大型菱镁矿与铅锌矿床的赋矿地层。与全球其他著名克拉通相比，华北克拉通呈现菱镁矿的异常"暴富"，且超大矿床集中分布在胶-辽-吉带上。本节重点介绍辽宁海城-大石桥巨型菱镁矿带（图6.6）以及山东莱州大型菱镁矿带中典型矿床的地质与地球化学特征，并展开相应讨论。

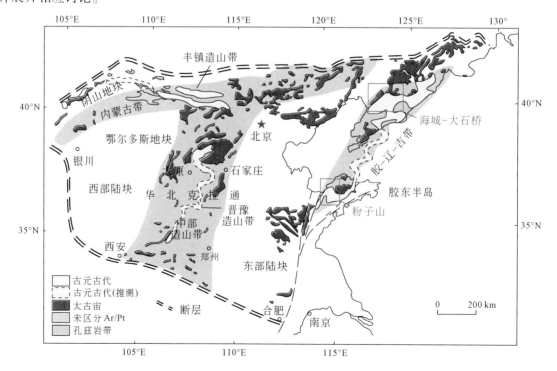

图6.5　华北克拉通古元古代菱镁矿带的分布（详见 Tang et al., 2016）

二、典型矿床/矿田

(一) 海城-大石桥菱镁矿带

1. 地质特征

辽宁省菱镁矿主要分布在海城-大石桥一带 (图 6.6),矿区位于英落-草河口-太平哨复向斜北翼西段,西起营口市牛心山,经海城市马风镇、东至辽阳市塔子岭;含菱镁矿矿体的富镁质碳酸盐岩建造岩层沿 NE65°延伸,在断续长达 80 km 范围内有下房身、牌楼、金家堡子、铧子峪、青山怀、圣水寺等大型特大型优质菱镁矿床 (Jiang et al., 2004;汤好书等, 2009b, 2009c;Tang et al., 2013a, 2013b;胡古月等, 2015)。大石桥组控制了滑石、菱镁矿和岫玉等矿床的分布 (Chen and Cai, 2000;Jiang et al., 2004),厚 1054~3890 m,自下而上共分三个岩性段,一段为方解石大理岩和白云石大理岩,夹透闪大理岩、透闪岩;二段下部为石榴十字云母石英片岩、钙质黑云变粒岩,中部为条带状大理岩,上部为石榴十字云母石英片岩、黑云变粒岩、夹白云质大理岩;三段主要为厚层菱镁矿和白云质大理岩,夹薄层千枚岩、板岩。大石桥组顶底部均以大理岩与上下地层分界 (陈荣度等, 2003;冯本智等, 1995;辽宁省地矿局, 1989)。区内所有菱镁矿床含矿层由上、中、下三部分组成,其中建造底部为条带状白云石大理岩夹千枚岩、透镜状菱镁矿岩,厚度 >350 m;中部为菱镁矿层、白云石大理岩夹千枚岩,厚度 >2000 m;上部为硅质白云石大理岩夹菱镁矿层,厚度 >40 m (冯本智等, 1995)。

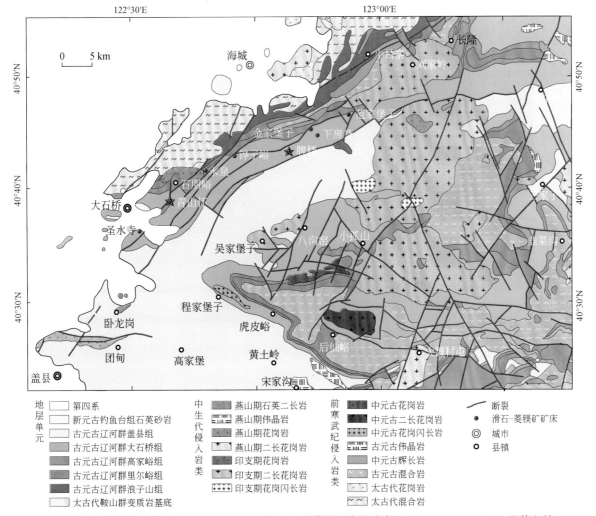

图 6.6 海城-大石桥一带地质简图显示辽河群和大型菱镁矿床的分布 (Tang et al., 2013a, 及其文献)

矿体围岩大多数为白云石大理岩，少数为滑石绿泥片岩、绢云母片岩、黑云母片岩和千枚岩。区域性控制构造有复向斜（辽宁省营口大石桥至海城一带）、复背斜同斜褶皱（山东莱州粉子山一带）。区域性变质为绿片岩相至铁铝石榴子石角闪岩相（姜春潮，1984；辽宁省地质矿产局，1989；陈荣度等，2003；杨春亮等，2005）。矿体多呈似层状、透镜状、不规则似层状，有的有分支。矿体产状大体与围岩一致，有的矿体沿走向变为白云石大理岩。矿体规模一般较大，走向延长 1000～5000 m，含矿带厚数十米至数百米。

矿石类型可分为纯镁型（为主要矿石类型）、硅镁型（包括滑石-菱镁矿、透闪石-菱镁矿、滑石-透闪石-菱镁矿、石英-滑石-透闪石-菱镁矿、滑石-透闪石-绿泥石-菱镁矿等组合）、硅钙镁型（包括白云石-滑石-菱镁矿、白云石-滑石-透闪石-菱镁矿组合）。矿石结构以中粗粒花岗变晶结构为主，巨粒结构次之。矿石构造主要为块状、薄/厚层状构造，少量巨粒菱镁矿形成放射状（菊花状）、斑点状、花斑状、蠕虫状、块状等构造（图6.7）。矿层内主要组成矿物为菱镁矿，其次为白云石、石英、菱铁矿、方柱石、碳质物以及后生的直闪石、透闪石、滑石、蛇纹石、绿泥石、绢云母、海泡石和方柱石等，微量矿物有磁铁矿、赤铁矿和黄铁矿（刘守武和何先池，1985；蔡克勤和陈从喜，2000；Chen and Cai，2000；陈丛喜等，2002，2003a，2003b；汤好书等，2009b，2009c；Tang et al.，2013a，2013b；姚志宏等，2014；胡古月等，2015；孙英艳，2015）。

图 6.7 大石桥-海城菱镁矿带中青山怀和牌楼菱镁矿床的样品地质特征（Tang et al.，2013a）
a. 青山怀矿区；b. 牌楼矿区；c. 粗粒菱镁矿，残留条带结构；d. 取自青山怀矿体顶板的含粗晶柱状滑石白云质大理岩；e. 块状浅粉色粗粒菱镁矿，自形结构；f. 白色块状菱镁矿；g. 发育灰白色微细菱镁矿网脉的肉红色粗粒菱镁矿；h. 菱镁矿破碎网脉中发育的非晶质石英；i. 青山怀矿体底板白云质大理岩围岩。Tc. 滑石；Mg. 菱镁矿；Dol. 白云石；Qtz. 石英

2. 岩相古地理

菱镁矿沉积成矿作用受岩相古地理控制。前人研究表明大石桥岩组为呈近东西方向延长、面积 132 km×40 km 的巨大透镜体；岩组厚度自西向东由几千米减薄至 200 m，由北而南分为滨岸碎屑岩相→闭塞台地相（潟湖相）→沿岸滩坝相→半闭塞台地相→开阔台地相；其中闭塞台地相形成于平均低潮线

以下的沉积区，其沉积环境可能代表古陆边缘的潟湖，有利于形成白云岩-菱镁矿岩的沉积（冯本智等，1995）。陈丛喜等（2003a）在大岭菱镁矿采场菱镁矿矿层附近的灰黄绿色泥质碳酸盐岩中发现存在40~50 cm厚的透镜状石膏夹层。其中石膏或硬石膏均为结晶矿物，含量可达60%以上；石膏矿石裂隙中还有2~5 cm厚的白色纤维石膏，表明其处于强烈蒸发的环境。

菱镁矿体内矿石可见大量变余的沉积组构，如变余的层理、层纹、斜层理、豆状、结核状、波痕、雹痕、滑坡等构造（刘守武和何先池，1985；冯本智等，1995；陈荣度等，2003；Tang et al., 2013a）（图6.7）。大石桥组一段和三段均产多种叠层石（陈荣度等，2003），有的菱镁矿富矿层内可见保存大量叠层石（冯本智等，1995）。这说明菱镁矿沉积时潟湖内水体较浅、生物作用十分繁盛。对辽东元古宙古地磁的研究表明，大石桥岩组的古纬度在北纬17°~28°（姜春潮，1987），表明含镁碳酸盐岩建造形成于赤道以北热带-亚热带地区。

3. 含矿地层沉积构造背景和时代

辽吉古元古代造山带的沉积构造背景和地层格划分长期存在争议。关于构造背景，主要存在两种观点：①该活动带是一条古元古代裂谷带（张秋生等，1988；陈荣度，1990；陈荣度等，2003；Peng and Palmer，1995；李三忠等，1997，1998；Li et al., 2005, 2006；Li and Zhao, 2007；Luo et al., 2008），经历了陆内裂解到裂谷封闭（褶皱造山）的演化过程；②该活动带是一条古元古代弧-陆或陆-陆碰撞造山带（白瑾，1993；贺高品和叶慧文，1998；Faure et al., 2004；Lu et al., 2006；Meng et al., 2014；Li and Chen, 2014；刘福来等，2015；陈斌等，2016），是原本分离的两个陆块拼合造山的结果。

关于地层划分与对比，主要划分方案为：①将分布于辽东、吉南各地的古元古界统一划属辽河群，其内部以原始整合/平行不整合面为界自下而上划分为5个组，即浪子山组、里尔峪组、高家峪组、大石桥组、盖县组。南、北辽河群（除盖县组之外）为同时异相关系（辽宁省地质矿产局，1989）；其南、北相区界线约位于大石桥南-草河口-桓仁一线（陈荣度等，2003），此方案应用最广（张秋生，1984；辽宁省地质矿产局，1989）。②将辽东地区的古元古界划属辽河群，但认为盖县组的层位应与浪子山岩组相当、南相区的辽河群/南辽河群位于北相区的辽河群/北辽河群之下，内部层序划分与第一方案定义的辽河群有原则区别；同时将吉南的古元古界划为集安群与老岭群，分别与辽东的南辽河群与北辽河群对比，认为老岭群和集安群为上下关系（吉林省地质矿产局，1988；白瑾，1993）。③将该区古元古界以角度不整合面划分为两个以上的群级单位，在辽东下称宽甸群，中-上部分别为草河群与辽阳群；在吉南下称集安群，上为老岭群。此方案也认为南辽河群位于北辽河群之下（姜春潮，1984，1987，2014a，2014b），并指出20世纪70年代辽宁省区测队在该区选取辽河群五分的标准剖面（里尔峪经高家峪、铧子峪向南东）实际上包含了宽甸群、草河群和辽阳群三大套地层，它们之间为不整合关系。在该剖面上的辽河群浪子山组和里尔峪组分别相当于宽甸群的双塔岭组和炒铁河组。而在剖面中高家峪组实际为一同斜向斜构造，包含了草河群的四个岩组；其倒转翼与大石桥组在铧子峪菱镁矿采矿坑呈断层接触；并且剖面中出露的辽河群大石桥组为倒转向斜的倒转翼；因此该剖面不能成为划分元古宙地层的标准（姜春潮，2014a）。王惠初等（2015）通过区域追索也发现，宽甸地区原划分的盖县组不能同盖县-大石桥一带的盖县组对比，应与吉林的集安群大东岔组对比，指出草河口-塔子岭一线的地层划分应重新厘定，需要突破原来辽河群南北层序对应观念的束缚。刘福来等（2015）研究也发现，多处露头的厚层大理岩与"夹层"片岩-片麻岩之间并非呈整合接触关系，而是呈断层或大型剪切带的构造接触关系。有的露头清晰显示原属下部地层的高家峪组或上部盖县组的片岩片麻岩被推覆到大石桥组厚层大理岩之上，原来的地层层序完全被重置。指出现今大石桥组所保存的所谓地层层序根本不能代表原始地层的上、下层位及接触关系。另外，刘福来等（2015）在高家峪组和盖县组中，普遍发现低级变质岩系（绿片岩相-低角闪岩相变质的绿片岩-千枚岩-云母片岩）和高级变质岩系（夕线石榴片麻岩）并置现象。

由于辽宁地区大型菱镁矿和硼酸盐矿均表现为明显的层控特征，对其成矿时代的认识也受到前述关于地层划分与对比问题的制约。主要为两种观点：①从辽河群浪子山组测得碎屑锆石最小U-Pb年龄为

2.05 Ga（Luo et al.，2004，2008），依据辽河群五分方案将浪子山组作为辽河群底部，将该年龄代表辽河群沉积下限；而侵位至辽河群顶部盖县组地层的花岗斑岩锆石 U-Pb 年龄为 1.90 Ga（Lu et al.，2006）；因此认为辽河群及赋存其中的硼酸盐矿床为短时期内（2.05~1.90 Ga）沉积而成（Li et al.，2005）。②里尔峪组和高家峪组火山-沉积地层中存在大量 2.2 Ga 左右的变火山岩岩浆锆石年龄以及碎屑锆石年龄（Wan et al.，2006；张艳飞等，2010；Meng et al.，2013），因而认为辽河群的初始沉积时代在 2.2 Ga 左右（张秋生，1984；刘敬党等，2005；王翠芝等，2008a，2008b；汤好书等，2009a，2009b，2009c；Tang et al.，2011，2013a，2013b）。由此，辽河群火山-沉积-变质的时代、辽河群与辽吉花岗岩的关系，特别是有关胶-辽-吉活动带的大地构造属性和演化过程等，成为辽东地区一系列亟待解决的关键地质问题（Li and Chen，2014；李壮等，2015；刘福来等，2015；王惠初等，2015；陈斌等，2016）。

1）辽吉花岗岩和变质岩年代学

针对这些制约找矿突破的基础地质问题，近年来许多学者开展了大量的研究工作，对辽吉造山带的地层格架提供了重要制约作用。

第一，对于辽吉花岗岩，学者进行了许多年代学和同位素示踪方面的研究，确定辽吉花岗岩形成于 2.20~2.10 Ga（郝德峰等，2004；Li et al.，2006；Wan et al.，2006；Lu et al.，2006；陈斌等，2016）。野外地质调查表明，辽吉花岗岩与地层之间多为构造接触关系或侵入接触关系，真正的沉积接触关系并未观察到，主要是根据变质碎屑岩中锆石年龄谱推断而来。在辽吉造山带的北侧，辽吉花岗岩与浪子山组、里尔峪组甚至高家峪组均为断层或韧性剪切关系。在南部多地可以见到辽吉花岗岩逆冲到变质地层之上，如后仙峪（刘敬党等，2007）和集安高台沟硼矿区（冯小珍等，2008），以及青城子铅锌矿区（杨振升和刘俊来，1989）；北瓦沟玉石矿北的恒山里岩体被认为是飞来峰式的逆冲推覆体（王惠初和袁桂邦，1992）。在三家子等地可以见到辽吉花岗岩侵入里尔峪组电气变粒岩和高家峪组含墨云母片岩中（王惠初等，2015）。

第二，对地层中变质火山岩测年工作可为地层时代的确定提供直接依据。Wan 等（2006）在海城北里尔峪组细粒黑云母片麻岩中（原岩为酸性火山岩）获得的 SHRIMP 锆石 U-Pb 谐和年龄为 2179±8 Ma，代表火山喷发年龄。邢德和等（未发表资料）从隆昌里尔峪组浅变质流纹岩中获得的锆石 U-Pb 年龄约 2.18 Ga。Lu 等（2006）从通化北部光华岩群变质玄武岩中获得 2123±16 Ma 的锆石 U-Pb 年龄（代表原岩年龄），另外一组 2497±39 Ma 认为是继承锆石年龄。从侵入北里尔峪组地层的变质基性岩墙中获得了 2110±31 Ma 的斜锆石 U-Pb 年龄（董春艳等，2012）和约 2.15 Ga 的锆石 U-Pb 年龄（Meng et al.，2014）。李壮等（2015）在大石桥市北里尔峪组采集呈整合接触关系的变质流纹岩和变质玄武岩（斜长角闪岩），前者获得锆石 $^{207}Pb/^{206}Pb$ 加权平均年龄为 2201±5 Ma，后者获得锆石 $^{207}Pb/^{206}Pb$ 加权平均年龄为 1876±12 Ma，分别代表原岩形成时代和变质时代。

Lu 等（2006）在清河镇西北蚂蚁河组（南里尔峪组）含透辉片麻岩（认为其原岩是中性火山岩）获得一组 2103±18 Ma 锆石 U-Pb 年龄（$^{207}Pb/^{206}Pb$ 加权平均年龄），不一致上交点年龄为 2130±25 Ma，代表火山岩成岩年龄，另外一组 2476±22 Ma 代表继承锆石年龄。王惠初等（2015）在宽甸杨木杆岭的黑云二长变粒岩（原岩恢复为英安质火山岩，属南里尔峪组）中，获得成岩年龄为 2181±5 Ma（LA-ICP-MS 法，$^{207}Pb/^{206}Pb$ 加权平均年龄），与早期辽吉花岗岩形成时代相当；变质年龄为 1915±15 Ma。孟恩等（2013）在宽甸大西岔附近采集南里尔峪组含电气石浅粒岩（原岩为酸性火山岩）获得 LA-ICP-MS 锆石 U-Pb 年龄多数为 2220~2036 Ma，加权平均峰期年龄约 2179Ma，代表原岩形成时间；变质年龄为 1884±12 Ma。陈斌等（2016）在后仙峪矿区南辽河群里尔峪组采集 2 件变安山岩样品，获得 LA-ICP-MS 锆石 U-Pb 年龄为 2182±6 Ma 和 2229±22 Ma，代表了安山岩的形成年龄。

第三，从变沉积岩中获得的大量碎屑锆石年龄（Luo et al.，2004，2008；Wan et al.，2006；Lu et al.，2006；张艳飞等，2010；孟恩等，2013；李壮等，2015；胡古月等，2015；王惠初等，2015）表明，辽吉造山带北侧大石桥-辽阳隆昌一线的浪子山组和里尔峪组以古元古代的年龄信息为主，缺少新太古代的年龄信息，指示其物源区是附近的古元古代花岗岩和火山岩，为近源沉积。而其上的大石桥组片岩则以约

2.5 Ga 的碎屑源区为主，说明盆地下沉，源区以北侧大陆新太古代片麻岩为主。

上述这些锆石年代学数据表明：①辽河群变质火山岩形成时代为 2.22~2.10 Ga（Wan et al., 2006；Li and Chen, 2014；李壮等，2015；陈斌等，2016），在误差范围内与辽吉花岗岩形成时代一致。说明辽吉花岗岩并不是辽河群火山-沉积建造的基底岩石，而是与辽河群火山岩同时或者稍晚形成，二者可能为同一次岩浆作用过程的产物。②辽吉造山带中的地层系统似乎可以划分为两个阶段，早期在 2.22~2.10 Ga，是辽吉造山带弧后张裂阶段的产物；晚期阶段在 1.87 Ga 前后，是汇聚造山阶段的产物（王惠初等，2015）。

2）大石桥组

越来越多证据指出大石桥组内部所保存的所谓地层层序不能代表其原始地层的上、下层位及接触关系（姜春潮，1987，2014a；王惠初等，2011，2015；刘福来等，2015）。吉林的珍珠门组含菱镁矿大理岩建造也存在类似情况（邵建波和范继璋，2004）。以辽阳隆昌为界大石桥组东西两区存在本质区别：东区（辽阳河栏-本溪草河口地区）发育"大石桥组一段"大理岩，与下伏地层多呈不协调接触关系，隆昌地区的接触关系被姜春潮（1987）视为不整合的证据。该段可见多层主要为具岛弧拉斑玄武岩特征的变质基性熔岩和大量未变质的辉长辉绿岩，熔岩中保存完整枕状构造，从中获得锆石的 SHRIMP U-Pb 年龄为 1869 ± 28 Ma，指示这套大理岩夹基性火山岩建造形成于 1.87 Ga 左右，构造环境总体与岛弧或弧后盆地的大地构造背景相关（王惠初等，2011）。东区"大石桥组三段"则很薄或尖灭。

西区（海城-辽阳隆昌地区）发育"大石桥组三段"大理岩，以产菱镁矿为特征，并含大量叠层石；"大石桥组一段"较薄且与高家峪组不易区分。这套含菱镁矿的大理岩建造与盖县组片岩呈韧性剪切接触（姜春潮，2014a；刘福来等，2015），无其他直接证据证明两者的先后顺序，目前看法仍有分歧。姜春潮（1987，2014a）和白瑾（1993）均认为这套菱镁矿建造总体为轴面倾向南东的倒转向斜构造，应划成一个新层位（如辽阳群大石桥组第二岩段）。姜春潮（1987，2014a）认为大石桥组应位于盖县组之上。邢树文等 2010 年也认可吉林的珍珠门组含菱镁矿大理岩建造是老岭群的上部层位。加上大石桥组含菱镁矿大理岩建造中叠层石保存较好，这套岩石建造变形变质强度相对较弱，缺少盖县组和浪子山组片岩中普遍发育的褶劈理（S2）。其富含叠层石的滨海潮间带环境，较盖县组泥质-粉砂质沉积所反映的滨浅海环境有所不同，也不同于大石桥组一段夹基性火山岩的活动性盆地环境；大安口北侧的大石桥组二段富铝片岩与南侧盖县组富铝片岩可能是同一套地层；所以近来学者趋向于将含菱镁矿建造"大石桥组三段"置于盖县组片岩之上（王惠初等，2015）。

目前没有直接针对这套菱镁矿层（大石桥三段）年龄的报道，Luo 等（2008）在铧子峪菱镁矿北侧大石桥组下部采集的 2 件样品（40°43.226′N，122°43.024′E；十字黑云片岩和黑云斜长片岩）则给出了 2.53~2.25 Ga 的年龄信息，明显老于浪子山组的年龄。同样的，胡古月等（2015）在铧子峪菱镁矿体上盘的大石桥二段（与三段呈断层接触）中采集了黑云变粒岩，获得锆石的 LA-MC-ICP-MS $^{207}Pb/^{206}Pb$ 年龄为两组：一组为 2653~2737 Ma，代表随火山碎屑岩共同沉积的太古宙陆源碎屑锆石年龄；另一组为 2206~2266 Ma，加权年龄为 2232 ± 8 Ma，代表辽吉带早期沉积的火山碎屑物质年龄。表明上述地层形成时盆地下沉，碎屑物源区以北侧大陆新太古代片麻岩为主。姜耀辉等（2005）对铧子峪菱镁矿矿区侵入菱镁矿矿层的煌斑岩脉岩群采用 SHRIMP 锆石 U-Pb 定年表明煌斑岩脉侵位时间为 155 ± 4 Ma，可能暗示中国东部岩石圈开始减薄发生在晚侏罗世。

4. 流体包裹体

学者（Chen et al., 2002；陈丛喜等，2003a，2003b）尝试对辽东地区的菱镁矿和滑石矿床围岩进行包裹体分析。研究结果显示菱镁矿、白云石和方解石中的包裹体为 1~2 μm，且多呈带状分布，这种包裹体是从冷水或低于 50 ℃ 的温水中沉积的。滑石矿中所含菱镁矿和石英里的包裹体一般为 5~20 μm，气液比为 10%~15%，普遍富 CO_2 含 NaCl 子晶以及 K^+、Na^+、Ca^{2+}、Mg^{2+}、HCO_3^- 等离子和少量 CH_4，pH 为 8.71~9.34，盐度为 30%~37%。其中，滑石矿中所含菱镁矿和石英包裹体均一温度有两个区间，石英重结晶温度为 130~210 ℃，菱镁矿重结晶温度为 280~300 ℃，指示滑石矿床成矿温度为 200~300 ℃；

包裹体中含成矿流体具有由埋藏海水演化而来的热卤水特征（Chen et al., 2002；陈丛喜等, 2003a, 2003b）。

5. 地球化学特征

1）元素和 C-O 同位素

作者曾经研究了青山怀和牌楼（122°48.525′E，40°43.645′N）矿区元素和 C-O 同位素地球化学特征。研究显示（汤好书等, 2009b, 2009c；Tang et al., 2013a, 2013b），大石桥青山怀矿区的菱镁矿层厚达 550 m，其顶板和底板均为白云岩地层，且均为整合接触，但与顶板滑石白云岩接触处有断层破碎现象（图 6.7a）。矿区中可见菱镁矿矿层被辉绿岩脉穿切的现象。

对青山怀菱镁矿采样剖面始于采场南部顶板围岩（122°35.554′E，40°38.848′N）（图 6.7a），止于采场以北矿层下伏围岩地层（122°34.623′E，40°39.137′N）。研究剖面地层总厚度为 1144 m，主要分为两个岩性段，上为厚约 550 m 的菱镁矿矿层，下为厚约 600 m 的白云岩地层。除 LD001（含粗晶柱状滑石白云质大理岩）（图 6.7d）和 LD006（发育灰白色碳酸盐细网脉的肉红色粗粒菱镁矿）（图 6.7g, h）两个特殊样品外，另外 12 件样品的元素地球化学参数显示出两个端元性特征，分别与不同类型菱镁矿石和块状粉晶质白云岩两种岩性对应（图 6.8）。

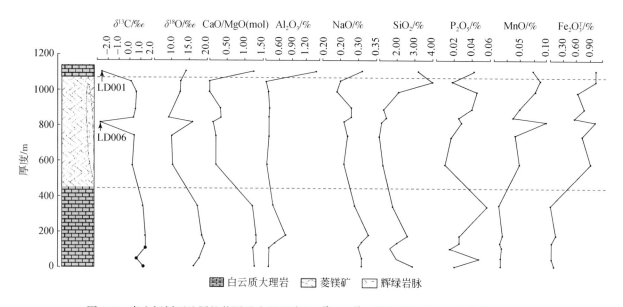

图 6.8　青山怀剖面地层柱状图及主量元素和 $\delta^{13}C$、$\delta^{18}O$ 同位素组成（汤好书等, 2009a）

总体而言，菱镁矿 $\delta^{13}C$ 和 $\delta^{18}O$ 值、CaO/MgO 值、CaO、Na_2O 含量明显低于白云岩，MgO、MnO 和 $Fe_2O_3^T$ 含量高于白云岩，LOI（47.2%～49.8%）略高于白云岩，表明碳酸盐的纯度增高。SiO_2 含量（1.01%～3.98%）变化范围较宽，P_2O_5 含量（0.011%～0.047%）变化范围较窄，二者平均值略低于白云岩（图 6.9）。所有样品 K_2O、TiO_2 含量极少，基本低于检测限。

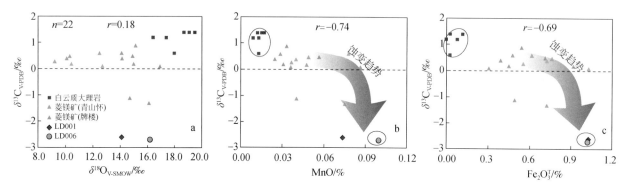

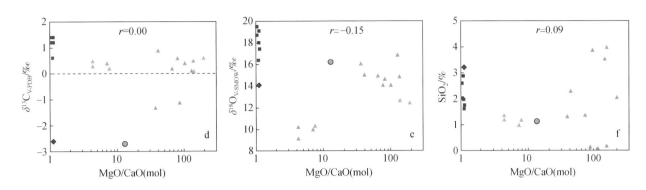

图 6.9 青山怀和牌楼地区 $\delta^{13}C$、$\delta^{18}O$（a），MnO（b），$Fe_2O_3^T$（c）和 MgO/CaO（mol）（d），以及 MgO/CaO（mol）与 $\delta^{18}O$（e）和 SiO_2（f）协变关系（Tang et al.，2013a）

REE+Y 特征（图 6.10）也分为三种主要类型：①矿石底板的白云质大理岩石围岩样品 ΣREE 含量最低，LREE 相对 MREE 和 HREE 亏损明显，MREE 相对 HREE 略微富集，Y/Ho 最高（42.5±4.7）；$(La/La^*)_{SN}$、$(Ce/Ce^*)_{SN}$、$(Eu/Eu^*)_{SN}$、$(Ga/Ga^*)_{SN}$ 皆为正异常；②菱镁矿样品 ΣREE 含量高于围岩，LREE 相对 MREE 和 HREE 略富集；MREE 相对 HREE 更加富集，Y/Ho 较高，$(La/La^*)_{SN}$ 正异常信号减弱，$(Ce/Ce^*)_{SN}$、$(Gd/Gd^*)_{SN}$ 正异常低于白云石围岩，其 Y 正异常也最低，$(Eu/Eu^*)_{SN}$ 正异常高于白云石

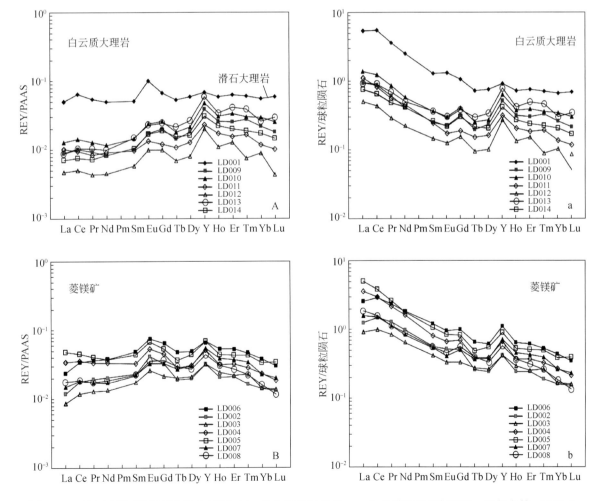

图 6.10 青山怀剖面样品稀土配分特征（A，B 为页岩标准化；a，b 为球粒陨石标准化；汤好书等，2009c）

围岩，网脉状菱镁矿（LD006）及其附近样品REY含量较高，但其稀土配分模式与其他菱镁矿样品无明显差异；③矿体顶板围岩（LD001），其ΣREE含量最高（10.758），Y/Ho值最低（31.3），LREE相对MREE和HREE亏损不明显，与其他两种类型不同，其LREE相对MREE略微富集，而MREE相对HREE较富集。$(La/La^*)_{SN}$为负异常，$(Eu/Eu^*)_{SN}$正异常最高，球粒陨石标准化图中以其独特的Eu正异常，与其他样品（均Eu负异常）明显区分开来。

$\delta^{13}C$和$\delta^{18}O$在直方图中（图6.11）呈双峰分布。约600 m地层白云质大理岩围岩样品MgO/CaO（mol）为1.10~0.04，显示的$\delta^{13}C_{carb}$值为0.6‰~1.4‰，平均为1.2‰±0.3‰（$n=6$），高于全球正常海相碳酸盐0.5‰的平均值，而其$\delta^{18}O_{carb}$值为16.4‰~19.5‰，平均值为18.2‰±1.1‰，远低于同期碳酸盐的对应值（图6.12）。表明原始沉积物具有类似于Lomagundi-Jatulian飘移事件的$\delta^{13}C_{carb}$正异常，但$\delta^{13}C_{carb}$和$\delta^{18}O_{carb}$值均在沉积之后的成岩或变质过程中显著降低。

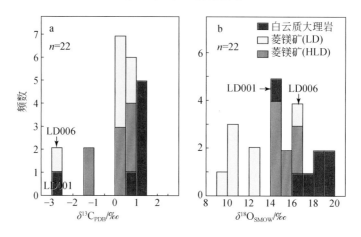

图6.11　青山怀、牌楼地区大石桥组碳氧同位素直方图（Tang et al., 2013a）

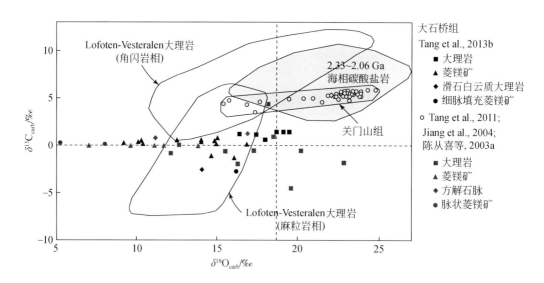

图6.12　2.33~2.06 Ga海相碳酸盐岩与大石桥组碳酸盐岩$\delta^{13}C_{carb}$-$\delta^{18}O_{carb}$值（Tang et al., 2013a）

滑石白云岩的$\delta^{13}C_{carb}$和$\delta^{18}O_{carb}$值分别为-2.6‰和14.1‰，网脉状菱镁矿$\delta^{13}C_{carb}$和$\delta^{18}O_{carb}$值分别为-2.7‰和16.2‰。研究剖面大石桥菱镁矿含矿地层厚逾550 m，菱镁矿层的MgO/CaO（mol）为4.45~200.00，其$\delta^{13}C_{carb}$和$\delta^{18}O_{carb}$值分别为0.1‰~0.9‰和9.2‰~16.9‰，平均为0.4‰±0.2‰和13.3‰±2.5‰，均低于下伏围岩白云大理岩；推测与区域变质有关的流体交代作用导致岩石发生重结晶作用和同位素交换，使$\delta^{13}C$和$\delta^{18}O$值降低。而对菱镁矿顶板滑石大理岩和网脉状菱镁矿矿石的研究进一步证明了上述解释的合理性。

所有样品的 $\delta^{13}C_{carb}$ 和 $\delta^{18}O_{carb}$ 值均显著低于同时期世界碳酸盐地层，变化范围较大，而且几乎所有样品 $\delta^{18}O_{carb}$ 值低于碳酸盐遭受流体作用的阈值（20‰或18‰），充分证明大石桥组地层沉积之后地质作用的强烈和复杂。

根据碳氧同位素地球化学分馏规律讨论，原始沉积的大石桥组的 $\delta^{13}C_{carb}$ 值应在4.2‰左右，而 $\delta^{18}O_{carb}$ 值应大于21.5‰，可能达25‰±1‰，指示了碳同位素正向漂移现象的客观存在，反映了Lomagundi事件的全球性（汤好书等，2009a，2009b；Tang et al.，2013a）。

2）S同位素

目前对海城-大石桥一带大岭和铧子峪菱镁矿床中的菱镁矿、石膏和黄铁矿硫同位素研究结果表明（表6.1）（陈丛喜等，2003a；胡古月等，2015），$\delta^{34}S_{V-CDT}$ 为15.6‰~26.5‰，与蒸发岩特征一致。

表6.1 海城-大石桥一带菱镁矿床中含硫矿物硫同位素组成

样品号	采样地点	测试对象	$\delta^{34}S_{V-CDT}$/‰	文献
	大岭	透镜状石膏夹层	23.9~26.5	陈丛喜等，2003a
HZY-1	铧子峪	灰色菱镁矿	15.6	胡古月等，2015
HZY-23	铧子峪	菱镁大理岩	23.7	胡古月等，2015
13HZY-23	铧子峪	黄铁矿	20.7	胡古月等，2015
13HZY-24	铧子峪	黄铁矿	16.0	胡古月等，2015
13HZY-25	铧子峪	黄铁矿	18.6	胡古月等，2015
13HZY-26	铧子峪	黄铁矿	18.7	胡古月等，2015
13HZY-27	铧子峪	黄铁矿	19.2	胡古月等，2015

3）Mg同位素

碳酸盐的沉淀是海水镁进入沉积岩的主要方式之一。不同种类碳酸盐的镁同位素组成受各种复杂因素影响，包括Mg的源与汇、溶解/沉淀、非平衡分馏过程以及成岩阶段同位素重置的叠加等（Mavromatis et al., 2012, 2014; Pearce et al., 2012; Geske et al., 2015）。沉淀过程可能受沉淀矿物类型、温度、沉淀速度、非晶质碳酸盐等因素影响（董爱国和朱祥坤，2016）。目前的研究表明白云石的镁同位素组成为-2.49‰~-0.45‰，平均为-1.76‰±1.08‰（Geske et al., 2015）。其中，早阶段成岩的海相蒸发萨布哈白云岩代表了最亏损的端元（-2.49‰~-1.67‰；-2.11‰±0.54‰）；混合带海相白云岩（-1.86‰~-1.10‰；-1.41‰±0.64‰）、早成岩阶段的湖泊及沼泽相白云岩（-2.08‰~-1.06‰；-1.25‰±0.86‰）组成比较接近不能区分，均为负值，但较萨布哈白云岩为高；各种热液形成的白云岩 $\delta^{26}Mg$ 值变化范围较大（-2.22‰~-0.45‰；-1.44‰±1.33‰）且Mg同位素与温度和O同位素未发现相关关系；现代海水具有稳定的同位素组成-0.82‰，河水的平均镁同位素组成约为-1.09‰。

菱镁矿在形成过程中会相对溶液倾向于富集较轻的同位素（Rustad et al., 2010; Pinilla et al., 2015; 高才洪和刘耘，2015），并且菱镁矿的分馏程度与温度具有一定关系（Pearce et al., 2012）。

董爱国和朱祥坤（2015）报道铧子峪菱镁矿和大石桥三段碳酸盐岩样品的镁同位素组成（$\delta^{26}Mg_{DSM3}$）为-1.53‰~-0.49‰，集中在-0.9‰~-0.6‰。菱镁矿的 $\delta^{26}Mg$ 值均重于大石桥组三段的白云质大理岩，且与沉积深度密切相关，早期形成的菱镁矿镁同位素 $\delta^{26}Mg$ 值较轻，晚期的 $\delta^{26}Mg$ 值较重。表明菱镁矿镁同位素与沉淀深度的关系与瑞利分馏过程类似，即在蒸发沉积过程中部分菱镁矿沉淀后可导致水体的镁同位素变重，进而使得后沉淀的菱镁矿相对富集重镁同位素。但是菱镁矿的氧同位素并未随着蒸发程度增加而变重，与镁同位素不一致。蒸发沉积过程不能完全解释菱镁矿的成因。

(二) 莱州粉子山菱镁矿

1. 地质特征

山东莱州地区菱镁矿呈带状分布在莱州市西部（图6.13），东西长10 km、南北宽1.5 km，与大石桥-海城菱镁矿带隔渤海遥遥相对，从1958年就作为碱性耐火原料由山东镁矿露天开采。矿区处于鲁东隆起区莱州-栖霞凸起西北部，构造以北东向为主，褶皱和断裂均有发育。区域构造表现为粉子山倒转向斜，属莱州-栖霞复背斜的组成部分。该复背斜为一轴向近于东西向的较开阔复式背斜，轴部位于莱州市南经招远至栖霞一带，核部由胶东群组成，两翼为粉子山群。轴部表现为紧密的陡倾线性复式褶皱，南北两翼渐变为一系列开阔复式复向斜，两端因沂沭断裂牵引，导致其走向偏转。粉子山向斜位于莱州-栖霞复背斜的西端北翼，东西长15 km，南北宽5 km，向斜轴两端翘起封闭，中间下降。向斜核部为岗嵛组和巨屯组，两翼为祝家夼组和张格庄组，两翼基本对称，向斜构造轴方位80°，轴面倾向南东，南翼倾角陡，为60°~70°，北翼倾角缓，为40°~60°。菱镁矿、滑石矿分布于向斜核部的巨屯组和两翼的张格庄组中，褶皱是该区主要控矿构造。矿区内断裂发育甚明显，主要表现为与向斜同生的层间滑动和顺层流动而形成的构造透镜体。该构造造成地层减薄缺失，但地层层序相对不变（刘守武和何先池，1985；王翠芝，1997；苏旭亮等，2015）。

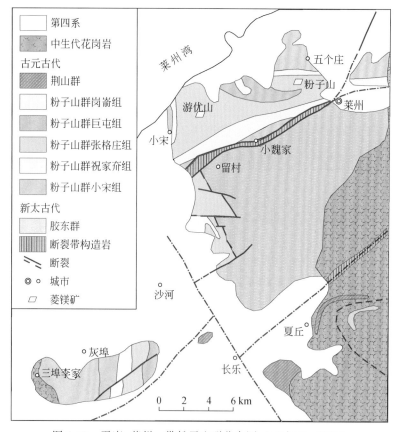

图6.13 平度-莱州一带粉子山群分布图（于志臣，1996）

区内出露地层主要为新太古代胶东群、古元古代粉子山群和新生代第四系。粉子山群具有完整的沉积旋回特征，自下而上分为5个组，即小宋组、祝家夼组、张格庄组、巨屯组和岗嵛组，主要由一套滨海相的碎屑岩、碳酸盐岩及黏土等沉积岩组成，遭受了绿片岩相-铁铝榴石角闪岩相的中-低级变质作用，覆于胶东群之上而被蓬莱群所覆盖（于志臣，1996；王翠芝，1997；吕发堂和高绍强，1998；李洪奎等，2013）。其中张格庄组为菱镁矿赋矿地层，其岩性又细分为3个段：一段以厚层白云石大理岩为主，夹黑云变粒岩、斜长角闪岩、长石石英岩；二段由透闪岩、黑云变粒岩组成，两者多为互层产出，同时夹黑云片岩和透闪大理岩；三段下部以绢云绿泥片岩为主，中部为菱镁岩夹绢云绿泥片岩，上部以绢云绿泥片岩为主，夹菱镁岩、白云质大理岩，其原岩是碳酸盐和细碎屑岩的沉积岩，反映了一种相对稳定的浅海-滨海相沉积环境（马洪昌，1993；王翠芝，1997；苏旭亮等，2015）。矿区内无大的岩浆岩体出露，仅有辉绿岩脉和煌斑岩脉零星分布（图6.14b）（刘守武和何先池，1985）。

粉子山菱镁矿呈层状、似层状产于张格庄组三段，该岩段是一套镁质碳酸盐岩地层，主要由白云石大理岩、疙瘩状二云母片岩、黑云斜长片岩、滑石菱镁岩和菱镁矿组成。矿床东西长4 km，矿层向东西两端和深部都有延伸。工业矿体根据品位圈定，品级之间无明显界线，但沿倾向与围岩界线清晰。矿体底板围岩中未见菱镁矿，顶板的片岩、大理岩中可见零星菱镁矿、薄层菱镁矿（图6.14）。矿层产状严格受地层控制，矿体大致可分为三部分：下部为薄层带状菱镁矿，矿质差、矿层不连续、延伸不稳定，带状菱镁矿与白云石大理岩互层/互相过渡、夹白云石千枚岩，局部有煌斑岩脉顺层贯入；中部以厚层粗晶-巨晶菱镁矿为主，品位高、厚度大，矿层连续性好、延伸较稳定；上部矿层厚度小，变化较大，矿质差、矿层不连续、延伸不稳定，常见菱镁矿向白云石大理岩相变。矿层厚度与片岩呈反消长关系，与大理岩厚度无直接关系，指示矿层厚度与矿石质量受古地理和沉积环境影响（王翠芝，1997）。

图6.14　粉子山菱镁矿矿床野外及样品地质特征

a. 中上部含矿层；b. 中部厚层菱镁矿，可见被煌斑岩脉穿切；c. 下部含矿层；d. 上部含矿层中的条带结构块状大理岩；
e. 中部厚矿层中的不等粒粗晶菱镁矿，含黑色碳质；f. 下部含矿层中的细纹层结构块状白云质大理岩

矿层主要由菱镁矿、滑石、绿泥石、石英、白云石、绢云母、黑云母和金云母组成，微量矿物有黄铁矿、磷灰石和白铁矿等。矿石中普遍分布无定型碳质，常呈不规则脉状和云雾状分布于矿石裂隙和晶粒间隙；菱镁矿晶体中常不均匀分布有云雾状碳质，形成灰黑色菱镁矿（图6.14d~f）；菱镁矿晶体中还普遍存在白云石细微包体（刘守武和何先池，1985）。

矿石结构以不等粒变晶结构为主，主要为中厚层状构造，局部可见条带状构造、纹理构造、微层理构造、斜层理构造等原生沉积遗痕（图6.14）（刘守武和何先池，1985；王翠芝，1997）。菱镁矿普遍发生重结晶形成晶质菱镁矿，可见细粒晶质菱镁矿中生长出粗晶菱镁矿、板状菱镁矿，切穿早期重结晶菱镁矿。在显微镜下，可见粗大晶体的裂隙中充填细小菱镁矿和白云石，在粗大晶体的边缘分布着菊花状、条带状矿石，一般分布在矿体上、下部位以及矿体与围岩接触部位。条带状矿石中菱镁矿从两侧向中间重结晶生长，形成梳状构造，菱镁矿矿石内出现平行层理的粗细相间条带。矿层中含碳质较高地段，可见到微层理，表现为颜色深浅的变化或结晶颗粒粗细的变化，局部可见菱镁矿大晶体切穿微层理。

2. 年代学

最新年代学研究表明，粉子山群形成于2.24~1.9 Ga（图6.15）（Wan et al.，2006；Lan et al.，2014a，2014b，2015；Shan et al.，2015；王世进等，2009；谢士稳等，2014；刘福来等，2015），它赋存大量沉积矿床，从底到顶包括：底部小宋组含BIF铁矿和大理岩；祝家夼组中出现电气石、红柱石、蓝晶

石矿化；张格庄组中含大理岩、菱镁矿、滑石矿等（图6.15）；巨屯组中含石墨和大理岩矿。这些赋存于特定层位的沉积矿床可以作为标志层，对其开展进一步精细定年和地质地球化学研究有助于进行大区域的地层对比，以及深入刻画华北克拉通古元古代时期地质环境演化及爆发成矿的过程（刘福来等，2015；Tang et al.，2016）。但是，目前仅小宋组的BIF被精确限定形成在2.24~2.193 Ga，构造背景为拉张裂谷环境（Lan et al.，2014a，2014b，2015）。祝家夼组被大致限定在2.1~1.9 Ga（谢士稳等，2014）。

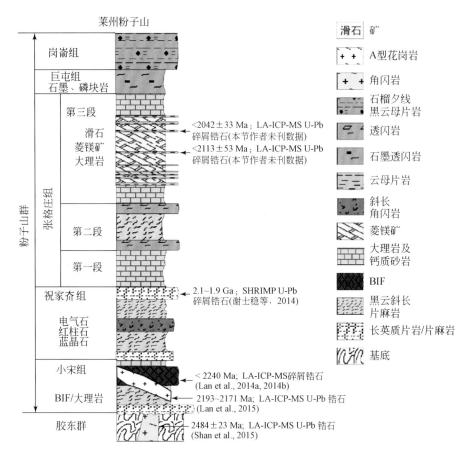

图6.15 粉子山群地层单元（据李洪奎等，2013；修改）

作者（未刊数据）对粉子山菱镁矿开展剖面实测，采集主含矿层底板围岩绢云母千枚岩以及顶板蛇纹石-黑云母石英片岩开展LA-ICP-MS碎屑锆石U-Pb定年，分别获得87个和77个谐和年龄（不谐和度<10%）。锆石多显示清晰振荡环带，具高Tu、U含量以及高Th/U，指示其为岩浆锆石。年龄峰值出现在2.5~2.35 Ga以及2.6~2.55 Ga，4颗锆石给出了古太古代年龄（>3.1 Ga），与胶北地体记录的三期以TTG岩浆事件为代表的陆壳增生事件（刘建辉等，2015）时间一致，指示源区以区域上的新太古代片麻岩为主。两件样品获得的最年轻谐和锆石$^{207}Pb/^{206}Pb$年龄分别为2113±11 Ma、2042±33 Ma，表明张格庄组沉积时间至少在2110 Ma之后。

3. 地球化学特征

1）元素变化

粉子山矿带中各矿层主要成分基本相同，主要化学成分为MgO、CaO、SiO_2，Fe_2O_3和Al_2O_3含量较低，一般在1%以下。其中MgO、CaO、SiO_2含量变化有一定规律，一般沿着矿层走向以及各矿层垂向上变化成反消长关系（王翠芝，1997）。CaO、SiO_2含量自东向西逐渐下降，MgO含量逐渐升高（刘守武和何先池，1985），指示富镁流体运移方向（交代作用）是自西向东的。

2）C-O同位素

作者对粉子山剖面开展C-O同位素地球化学研究，分析了剖面中30件样品的C-O同位素。30个碳酸

盐样品的 $\delta^{13}C_{PDB}$ 和 $\delta^{18}O_{SMOW}$ 值分别为 $-0.49‰\sim2.31‰$ 和 $10.33‰\sim20.45‰$（图 6.16），平均分别为 $1.31‰\pm0.60‰$ 和 $13.56‰\pm2.90‰$。碳同位素（>2.8‰）和氧同位素变化范围（>10‰）都很大（图 6.17），指示成矿流体的多源或多阶段性。碳同位素最大峰值出现在 $\delta^{13}C_{carb}$ 为 $1.5‰\sim2.0‰$，远高于正常海相碳酸盐岩平均值（0.5‰）（Schidlowski，2001），指示粉子山群张格庄组存在 $\delta^{13}C_{carb}$ 正漂移，并且记录了 $2.33\sim2.06$ Ga Lomagundi-Jatulian 漂移事件晚阶段的地球化学信息。

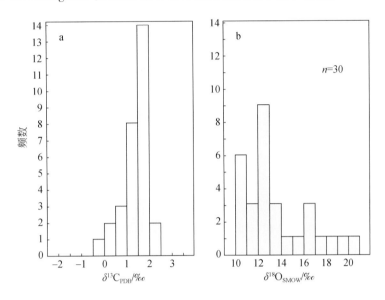

图 6.16 莱州粉子山地区张格庄组的 $\delta^{13}C$（a）和 $\delta^{18}O$（b）直方图

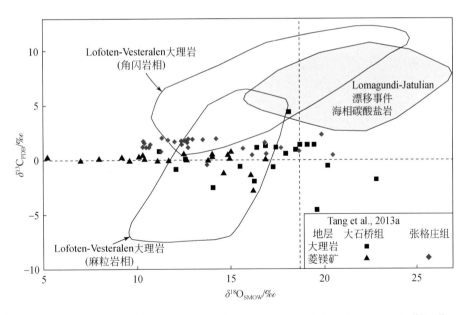

图 6.17 $2.33\sim2.06$ Ga 海相碳酸盐（底图据 Tang et al.，2013a）及张格庄组的 $\delta^{13}C$-$\delta^{18}O$ 图

三、讨论

前面对胶-辽-吉巨型菱镁矿带中典型矿床的地质与地球化学特征介绍表明，该带菱镁矿的形成经历了复杂的地质作用，至少包括初始沉积、成岩作用、区域变质和流体交代作用以及成矿后的局部蚀变作用等若干阶段。但如此巨量的菱镁矿聚集在胶-辽-吉带中，其各阶段对菱镁矿成矿所起特殊作用值得进

一步讨论。

（1）初始沉积：从化学角度来看，常温下用无机法直接化学合成无水纯 $MgCO_3$ 比较困难，通常先制水合盐并需要在 CO_2 气流中干燥或在 50 ℃ 以下长时间干燥才生成无水 $MgCO_3$（朱文祥，2006）。实验证明，卤水与氨态氮协同作用可在较低温度下（<120 ℃）短时间内（<10 h）合成晶质菱镁矿；关键条件是控制 pH，不致生成可溶性的碳酸氢镁，也不致让氢氧化镁共结晶；脲与脲类似的碳酸铵、碳酸氢铵或其组合为沉淀剂，还可选择碳酸盐与碳酸氢盐的缓冲体系以实现适宜的 pH（乌志明等，2003）。氨在菱镁矿成矿过程中可起重要作用，首先 NH_3 是水系生物代谢与生物体分解产物、在水中的溶解度很大；其次它是很强的配位体，可以携带迁移许多成矿离子；而 NH_3 与 NH_4^+ 共存有很强的 pH 调节作用。

在现代盐湖的叠层石中广泛分布的水菱镁矿 $[Mg_5(CO_3)_4(OH)_2 \cdot 4H_2O]$ 是现代沉积环境中富镁碳酸盐的重要组成，在一定的条件下脱水可形成菱镁矿。蓝细菌的加入能够促进水菱镁矿的形成（Mavromatis et al.，2012；Shirokova et al.，2013）但并未改变其 Mg 同位素组成。常温下（20~35 ℃），水菱镁矿可由氯碳酸镁复盐 $[2MgCO_3 \cdot Mg(OH)_2 \cdot MgCl_2 \cdot mH_2O$，$m$ 值与温度有关] 与水接触后脱去 $MgCl_2$，再与空气中的 CO_2 反应转化形成（夏树屏等，1995；乌志明等，2003）。菱镁矿也是各类盐湖中的主要矿物（郑绵平和刘喜方，2010）。碱金属的碳酸盐或硼酸盐占较大比例的盐湖卤水蒸发浓缩时 pH 表现逐渐上升规律（郑绵平和刘喜方，2010；乌志明等，2012），为菱镁矿的形成提供了适当的 pH 条件。

对显生宙以来形成的晶质菱镁矿床研究表明，成矿流体多来自蒸发卤水。例如，赋存于奥地利东阿尔卑斯山区石炭纪地层中的晶质菱镁矿，其沉积序列揭示演化从浅海大陆架开始，有时穿插潟湖和透镜状生物礁，其后海退阶段发育强烈的三角洲沉积的分支海湾和河流。晶质菱镁矿 $^{87}Sr/^{86}Sr$ 值（0.7087~0.7103）高于白云岩和方解石（0.7083~0.7085）以及石炭纪海水（0.7076~0.7081）；与菱镁矿互层的石膏和硬石膏 $\delta^{34}S$ 的范围为 17.2‰~17.6‰（Ebner et al.，2004），指示成矿流体源于蒸发盐卤水。

那么，海城-大石桥以及粉子山菱镁矿带中的矿床是否具备直接沉积菱镁矿的条件？目前至少可以得到如下证据支持：①矿带中矿体内矿石均保留了大量变余的沉积组构，如海城-大石桥地区保留的变余的层理、层纹、斜层理、豆状、结核状、波痕、雹痕、滑坡等构造（刘守武和何先池，1985；冯本智等，1995；陈荣度等，2003；Tang et al.，2013a）（图 6.7），粉子山矿带中保留的条带状构造、纹理构造、微层理构造、斜层理构造等原生沉积遗痕（图 6.14）（刘守武和何先池，1985；王翠芝，1997），指示其原始沉积特征。②矿带中菱镁矿均呈层状、似层状严格产于特定层位，如海城-大石桥地区产于大石桥组三段、粉子山菱镁矿产于张格庄组三段，并且矿体底板大理岩中均未见菱镁矿，顶板的片岩、大理岩中可见零星菱镁矿、薄层菱镁矿（刘守武和何先池，1985；王翠芝，1997；Tang et al.，2013a）。古地磁和古地理研究表明，该带处于赤道以北热带-亚热带的古陆边缘潟湖区或滨海相地质环境（姜春潮，1987；冯本智等，1995；王翠芝，1997），强蒸发可形成富镁卤水（陈衍景等，1991；Jiang et al.，2004），并使得早期形成的菱镁矿镁同位素 $\delta^{26}Mg$ 值较轻，晚期的 $\delta^{26}Mg$ 值较重（董爱国和朱祥坤，2015）。另外，矿层厚度与片岩呈反消长关系，而与大理岩厚度无直接关系，这些均指示矿层厚度与矿石质量受古地理和沉积环境影响（王翠芝，1997）。③矿层中均保留了大量生物遗迹，如大石桥组一段和三段均产多种叠层石（陈荣度等，2003），有的菱镁矿富矿层内可见保存大量叠层石（冯本智等，1995），粉子山地区大理岩和菱镁矿石中普遍不均匀分布有云雾状碳质，形成灰黑色菱镁矿，或呈不规则脉状和云雾状分布于矿石裂隙和晶粒间隙中（刘守武和何先池，1985），说明菱镁矿沉积时生物作用十分繁盛，这些生物代谢与生物体分解可产生大量 NH_3 类物质，促使常温下菱镁矿的大量形成。④赋矿地层均形成在早古元古代，与显生宙相比，古元古代全球海水富镁、大气富 CO_2，更有利于形成菱镁矿（涂光炽，1996）。菱镁矿和白云质大理岩中 $\delta^{13}C_{carb}$（峰值在 1.5‰~2.5‰，可高达 4.2‰）（Tang et al.，2013a）相较显生宙菱镁矿和白云岩（如赋存于奥地利东阿尔卑斯山区石炭纪地层中晶质菱镁矿和白云岩围岩 $\delta^{13}C$ 分别为 -2.3‰~-1.6‰ 和 -1.0‰~1.3‰）（Ebner et al.，2004）为高，记录了 2.33~2.06 Ga Lomagundi-Jatulian 海相碳酸盐 $\delta^{13}C_{carb}$ 同位素正漂移事件末期的海水特征。

（2）碳酸盐沉积后的成岩过程，此间可能伴随了富镁卤水的交代作用（Jiang et al.，2004），其交代过程和机制可能类似于现代萨布哈作用。北欧 Karelian 克拉通含 800 m 厚的菱镁矿-叠层石-白云岩-红层碳酸盐岩系，形成于复杂的环境，包括潮前浅海、受保护的低能海湾、阻塞盆地、短期蒸发池塘、沿岸萨布哈和盐湖等环境（Melezhik et al., 1996, 1999a, 1999b, 2000, 2001）。

斯洛伐克 Carpathians 山脉以西的菱镁矿形成于石炭系中方解石被白云石和菱镁矿连续交代过程，Mg来自蒸发卤水（Németh et al., 2004；Radvanec et al., 2004）。俄罗斯乌拉尔南部和印度南部都是世界晶质菱镁矿的重要产地。印度南部元古宙 Cudappah 盆地中产出大量菱镁矿和滑石矿，晶质菱镁矿产于中元古代裂谷作用形成的次级盆地中（Anirudhan and Prasannakumar, 2004）。俄罗斯乌拉尔省南部赋存有两种类型的晶质菱镁矿，一种产于 Riphean 系下部（1650~1350 Ma）白云石地层中的层状矿体储量巨大，菱镁矿呈粗粒结构、晶体粒径>10 mm、Y/Ho 值高，矿体与白云岩围岩界限清楚，形成于沉积盆地发育过程中的早期成岩阶段；另一种产于 Riphean 系中部（1350~1050 Ma），为穿插于白云岩围岩中的透镜状矿体，粒径相对较小（1~5 mm），Y/Ho 值低，形成与流体运移的热液活动有关，两种矿体都显示了交代成因的特征（Krupenin, 2004）。

（3）区域性变质作用及其流体作用，使整个胶-辽-吉带中的辽河群和粉子山群遭受了绿片岩相-角闪岩相的变质，该区镁质碳酸盐岩发生重结晶，菱镁岩变成菱镁矿，白云岩变成了白云石大理岩。同时，形成褶皱，在褶皱转折部位矿层变厚、矿石富集。在局部地段，菱镁矿多次产生重结晶作用而形成粗晶、巨晶、菊花状、梳状构造，同时产生的一些菱镁矿溶液在局部形成菱镁矿脉穿插于矿层与围岩中（王翠芝，1997）。此间的变质不均一性、分异和变质流体作用可能导致了胶-辽-吉带中晶质菱镁矿的形成，并使块状菱镁矿的结晶程度明显高于围岩白云岩地层（张秋生等，1988；Chen and Cai, 2000），也导致了菱镁矿样品的碳氧同位素组成进一步降低，不但使其 $\delta^{18}O_{carb}$ 和 $\delta^{13}C_{carb}$ 值低于全球同时期的碳酸盐地层，而且低于矿区围岩白云岩地层（Tang et al., 2013a）。

（4）菱镁矿形成之后的局部流体活动，可能与断裂构造活动有关，在局部地段见有伟晶菱镁矿与石英一起构成脉体插于矿层与围岩中（刘守武和何先池，1985；王翠芝，1997）；或导致局部菱镁矿结晶变粗，发育网脉状构造，以及伴随碳氧同位素等的进一步改变。例如，青山怀剖面中顶板白云岩含粗晶柱状滑石，滑石形成于含硅溶液与白云岩反应，或者泥质白云岩与流体反应；含滑石白云石的 $\delta^{13}C$ 值为 -2.6‰，$\delta^{18}O$ 值为 14.1‰，系由白云岩与低 $\delta^{13}C$ 和 $\delta^{18}O$ 值的流体相互作用所致。网脉状菱镁矿矿石样品的网脉显然是后期流体作用的产物，样品 $\delta^{13}C$ 值为 -2.7‰，低于块状菱镁矿，而 $\delta^{18}O$ 值为 16.2‰，高于块状菱镁矿，证明网脉状菱镁矿矿石是由块状菱镁矿局部与低 $\delta^{13}C$ 的流体在低温下相互作用的产物（汤好书等，2009b）。

四、结论

（1）华北克拉通胶-辽-吉带中超大型晶质菱镁矿矿床形成过程复杂，包括强蒸发潟湖卤水下所致的富镁碳酸盐沉积，成岩过程的富镁流体交代，区域变质和流体交代作用以及成矿后的局部蚀变作用等若干阶段；矿带中矿床多为多因复成矿床。

（2）早古元古代特殊的地理、沉积环境、生物繁盛和构造背景等因素的共同叠加导致该带菱镁矿的巨量堆积。

第三节 舞阳古元古代 BIF 铁矿成因

一、赋矿地层及沉积时代

早前寒武纪太华杂岩在华北南缘广泛分布（图 6.18a）。杂岩中的表壳岩部分，即太华群，是早前寒武纪 BIF 重要的赋矿地层。舞阳地区的太华群从底到顶可划分为赵案庄组、铁山庙组和杨树湾组（图 6.18b，图 6.19）。赵案庄组在地表没有出露。根据大量钻孔资料揭示，赵案庄组由石榴子石片麻岩、斜长片麻岩、斜长角闪岩、角闪斜长片麻岩及少量大理岩组成。此外，变质超镁铁杂岩体（由铁矿石和超镁铁岩石组成）侵入该地层，由于经受了后期强烈的变质和变形作用，杂岩体与地层具有一致的片麻理方向（图 6.19a）。铁山庙组的岩性主要是石榴子石片麻岩、大理岩、斜长角闪岩以及石英岩，舞阳 BIF 赋存于铁山庙组中的大理岩层位（图 6.19e）。杨树湾组的标志岩性是含石墨片麻岩和含石墨大理岩（图 6.19e）。矿物组成、岩石结构及化学成分特征表明，石榴子石片麻岩的原岩为富铁泥质岩，斜长片麻岩和角闪斜长片麻岩的原岩为砂岩，斜长角闪岩的原岩为玄武岩。原岩重建后，赵案庄组为泥质岩–砂岩–碳酸盐岩–玄武岩–砂岩，铁山庙组为砂岩–泥质岩–碳酸盐岩–玄武岩，杨树湾组为碳质泥质岩–碳质碳酸盐岩–碳质砂岩。那么，舞阳 BIF 赋存的地层整体上是一套碎屑岩–火山岩–碳酸盐岩的沉积旋回，其顶部是一套碳质碎屑岩和碳质碳酸盐岩建造。

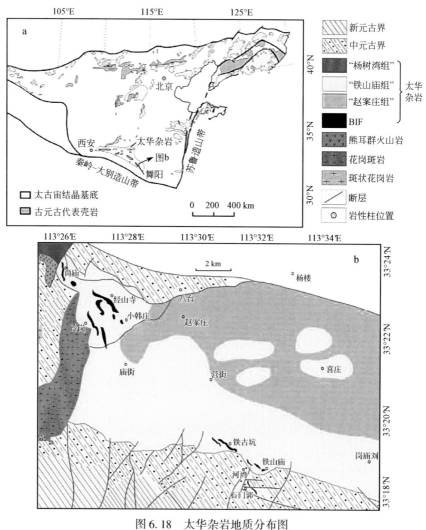

图 6.18 太华杂岩地质分布图

a. 太华杂岩分布在华北克拉通南缘；b. 舞阳地区地质图及太华杂岩分布图

为了限定该套地层及其中 BIF 的沉积时代，选取了赵案庄组底部的角闪斜长片麻岩、铁山庙组底部的石榴子石片麻岩和侵入该区太华杂岩中的变闪长岩墙作为年代学样品。锆石 LA-ICP-MS U-Pb 定年结果显示，赵案庄的石榴子石片麻岩中最年轻的碎屑锆石的 $^{207}Pb/^{206}Pb$ 加权平均年龄是 2470±40 Ma（图 6.20a），且这些锆石具有清晰的岩浆振荡环带和较高的 Th/U 值（>0.4），表明这些锆石属于岩浆成因。因此，这个年龄可代表赵案庄组的起始沉积年龄。铁山庙的石榴子石片麻岩的锆石存在两种类型：一种是有清晰

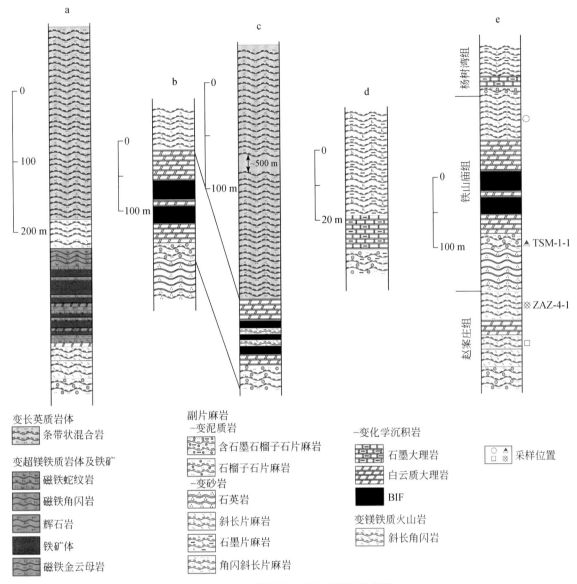

图 6.19 舞阳地区太华杂岩岩性柱状图

a. L-ZAZ，位于赵案庄的太华杂岩岩性；b. L-JSS，位于经山寺的太华杂岩岩性；c. L-TGK，位于铁古坑的太华杂岩岩性；
d. L-YSW，位于杨树湾的太华杂岩岩性；e. 舞阳地区太华群的岩性及其分组

的岩浆振荡环带的锆石；另一种是具有核-边结构的锆石，核部具有非常好的岩浆环带，边部则没有分带（图 6.20f）。分析两类锆石中具有岩浆环带的部分显示一致的变化范围（2900~2800 Ma），且这些分析点均分布在一条不一致线上。而边部则存在另外一组年龄数据，分布在另外一条不一致线上，其上交点年龄是 2450±25 Ma（图 6.20c）。以上表明具有岩浆环带的部分是同一期岩浆事件形成的锆石，后期经历了变质事件的改造形成锆石边部，锆石原先的 U-Th-Pb 系统发生了重置。因此，我们认为 2450±25 Ma 这个年龄代表后期变质事件的时间，不能反映铁山庙组的起始沉积年龄。但铁山庙组地层沉积在赵案庄组地层之上，其起始沉积年龄应该稍晚于 2470±40 Ma。此外，切穿太华杂岩的变闪长岩墙中的岩浆锆石上交点年龄是 2158±19 Ma（MSWD=0.71）（图 6.20e），清晰的振荡环带和高的 Th/U 值（0.27~1.06）表明这些锆石为岩浆成因。这个年龄代表此岩浆事件的年龄。该样品中还记录了 1985±14 Ma 的变质年龄，这与区域上太华杂岩广泛存在的 1.97~1.83 Ga 的变质年龄（Jiang et al., 2011；Huang et al., 2013；Lu et al., 2013, 2014；Wang G D et al., 2014）一致，指示变闪长岩墙与太华杂岩均经历了后期的变质改造。综上所述，我们认为舞阳地区太华群及其中 BIF 的沉积时代是 2470~2158 Ma。

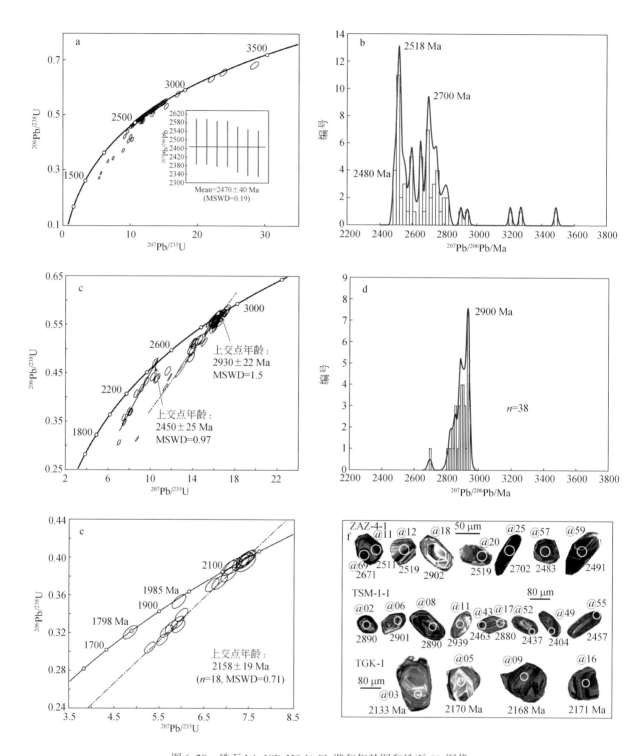

图 6.20 锆石 LA-ICP-MS U-Pb 谐和年龄图和锆石 CL 图像

a. 赵案庄角闪斜长片麻岩，ZAZ-4-1；b. 赵案庄角闪斜长片麻岩，ZAZ-4-1，$n=59$；c、d. 铁山庙石榴子石片麻岩，TSM-1-1；e. 角闪长岩墙，TGK-1；f. 锆石 CL 图像

二、矿床地质及矿物学特征

据不同时期不同地质队针对不同矿区的储量计算[①]，舞阳BIF合计约4.6亿t。矿体自北西（尚庙）至南东向（铁山庙）延伸（图6.18b）。包括尚庙-经山寺-冷岗矿段和铁古坑-铁山庙-石门郭矿段（图6.18b）。尚庙-经山寺-冷岗矿段矿体呈似层状、扁豆状，矿体由多个单层构成，单层厚1.06～31.68 m，总厚4.52～82.33 m。平均品位TFe（全铁）25.81%。矿区断裂、褶皱发育，矿体赋存在背斜核部，矿体展布及产状变化大；铁古坑-铁山庙-石门郭矿段矿体呈似层状，长3300 m，宽500～900 m，厚3.15～93.93 m，平均厚28.15 m。平均品位TFe 29.15%。矿区断裂构造发育，矿体呈背形状，地层倾向南西，倾角27°～49°，矿层产状与地层一致。舞阳BIF包括两种矿石类型，即条带状矿石和浸染状矿石，以前者为主。

条带状矿石（图6.21a）矿物组成是石英、辉石和磁铁矿（图6.21b）。呈粒状变晶结构，条带状构造（图6.21a，b）。石英呈粒状-不规则状，粒径为50～400 μm，含量为20%～30%。石英颗粒中包含细粒磁铁矿（8～30 μm）。而分布在石英颗粒间磁铁矿粒度较大，发生后期变质重结晶（图6.21b）；磁铁矿呈粒状-不规则状，粒径为10～160 μm，含量为20%～40%，半自形-他形；辉石呈粒状-不规则状，粒径为100～500μm，颗粒粗大，与磁铁矿构成辉石-磁铁条带，含量为20%～30%。此外，可见含二辉石（单斜辉石和斜方辉石）的矿石（图6.21c，d）。浸染状矿石矿物组成以辉石和磁铁矿为主，含极少量（<5%）石英和碳酸盐矿物（图6.21e，f）。呈粒状变晶结构，浸染状构造（图6.21e）。磁铁矿呈粒状-不规则状，粒径为50～100μm，含量为15%～30%，分布在辉石粒间或者颗粒内部；辉石呈粒状-不规则状，颗粒粗大，粒径为200～600μm，含量为40%～60%。镜下辉石呈深绿色-浅黄红色，多色性明显。辉石和磁铁矿矿物颗粒之间亦是典型的120°三联点（图6.21f），指示二者均发生重结晶且为变质成因。

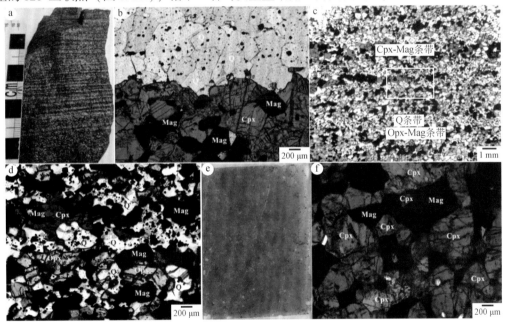

图6.21 矿石显微照片

a. 条带状矿石手标本，条带状构造明显；b. 石英条带和磁铁-辉石条带（单偏光）；c. 条带状二辉石磁铁矿石（单偏光）；
d. 二辉石、石英与磁铁矿的共生组合；e. 浸染状矿石薄片扫描图；f. 磁铁矿和辉石的120°三联点接触关系（单偏光）。
Q. 石英，Mag. 磁铁矿，Cpx. 单斜辉石，Opx. 斜方辉石

---

① 1971年由河南省冶金局第四地质队提交的《河南舞阳铁矿铁山矿床详勘地质报告》报道储量24336.1万t。1970年由河南省地质局九队提交的《河南舞阳铁矿经山寺矿床地质勘探报告》，计算储量18592.4万t。1964年河南省地质局豫06队提交的《河南省舞阳县八台磁力异常区地质勘探报告》报道小韩庄储量2643.5万t。1974年河南省冶金局第四地质队编制《河南舞阳铁矿尚庙矿床地质勘探报告》，计算尚庙矿段储量1173.3万t。

三、矿石地球化学特征

(一) 全岩地球化学

条带状石英-辉石-磁铁矿 SiO_2 含量为 43.23%~46.37%，$Fe_2O_3^T$（总铁）含量为 36.09%~46.18%（平均为 41.71%）。Al_2O_3 含量为 0.20%~0.74%，CaO 含量为 5.65%~11.2%，Na_2O 含量为 0.45%~0.99%，其他氧化物（MnO、TiO_2、P_2O_5）组分含量均低于 0.20%。浸染状辉石-磁铁矿的 SiO_2 平均含量较条带状矿石稍低，约 42.93%。$Fe_2O_3^T$ 含量为 28.13%~39.58%（平均为 34.02%），明显低于条带状矿石。CaO 含量为 12.77%~17.94%，MnO 含量为 0.25%~0.47%，均明显高于条带状矿石，可能由于浸染状矿石中富含辉石所致。Na_2O 含量为 0.77%~1.27%，略高于条带状矿石。其他氧化物含量与条带状矿石相当。

条带状和浸染状矿石的稀土元素总量（ΣREE+Y）均较低，条带状石英-辉石-磁铁矿为 6.06~18.36 ppm，平均为 11.1 ppm；浸染状辉石-磁铁矿变化范围是 8.92~27.82 ppm，平均为 16.97 ppm，较条带状矿石的稍高，可能是由于浸染状矿石更富辉石所致。PAAS（Post Archean Australian Shale）标准化稀土配分型式（图 6.22a）显示条带状矿石具有富集重稀土[$(La/Yb)_{PAAS}$=0.32~0.99<1]，明显的 La 正异常[La/La^*=1.00~1.96]、较强的 Y 正异常[Y/Y^*=1.53~2.75]及 Ce 负异常[Ce/Ce^*=0.81~1.09]，以及轻微的 Sm 亏损，Y/Ho 值较大，为 39.7~65.4，平均约 49.7。浸染状矿石具有较弱的富集重稀土[$(La/Yb)_{PAAS}$=0.29~1.57，变化范围较大]，La 正异常平均 1.10、Y 正异常、无 Ce 负异常及较大 Y/Ho 值。原始地幔标准化微量元素蛛网图（图 6.22b）显示，铁山庙 BIF 具有强烈的高场强元素 Nb、Ta、Ti、Zr、Hf 负异常，这些元素含量较低。

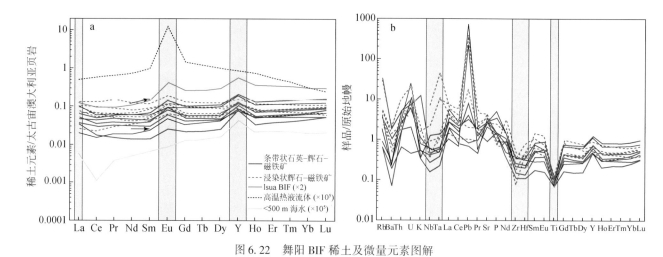

图 6.22　舞阳 BIF 稀土及微量元素图解

a. 稀土元素 PAAS 标准化配分图；b. 微量元素原始地幔标准化蛛网图（标准化数据引自 McLennan，1989）；北太平洋深部海水数据据 Alibo 和 Nozaki（1999），高温热液数据据 Bau 和 Dulski（1999），Isua BIF 的 PAAS 校正的 REY 数据据 Bolhar 等（2004））

(二) 矿物地球化学

1. 磁铁矿

不同类型矿石中磁铁矿的全铁含量用 FeO^T 表示。条带状石英-辉石-磁铁矿中磁铁矿的 FeO^T 含量为 90.6%~93.1%，平均为 91.8%；浸染状辉石-磁铁矿中磁铁矿的 FeO^T 含量为 90.7%~91.2%，平均为 91.0%。这两种类型矿石中磁铁矿的主要成分无明显区别且除 FeO^T 之外，其他元素如 TiO_2、MgO、MnO

CaO、Al_2O_3、Cr_2O_3、NiO 等含量均<0.1%，表明该区磁铁矿为较纯的磁铁矿，含杂质极少。这与沉积变质型铁矿床中的磁铁矿为"纯磁铁矿"，且 TiO_2、MnO、CaO、Al_2O_3 含量极低等特征吻合（Annersten，1968；Rumble，1973；Dupuis and Beaudoin，2011）。此外，对比前人（徐国风和邵洁涟，1979；陈光远等，1984）给出的不同成因类型磁铁矿的主要成分，岩浆型磁铁矿以高 TiO_2（3.55%~21.72%）、MgO（0.38%~7.32%）、Al_2O_3（1.25%~4.60%）含量为特征；夕卡岩型磁铁矿 MgO（可高达 11.51%）、Al_2O_3 含量较高；沉积变质型磁铁矿 TiO_2（平均<0.1%）、MgO（0.19%~0.55%）、Al_2O_3（0.02%~0.59%）、MnO（0.02%~0.14%）含量均较低。据此，我们认为该区不同类型铁矿石中的磁铁矿均属沉积变质成因。

2. 辉石

两种类型矿石中的辉石主要是单斜辉石，部分条带状矿石中含有单斜辉石和斜方辉石。矿石中的单斜辉石为铁普通辉石和铁次透辉石（图 6.23）；根据 En 和 Fs 二端元组分的不同量比，矿石中的斜方辉石为铁紫苏辉石（$En_{50~30}Fs_{50~70}$）和尤莱辉石（$En_{30~10}Fs_{70~90}$）。这种单斜-斜方辉石的矿物组合标志着该区经历麻粒岩相变质，进一步也表明辉石属变质成因。

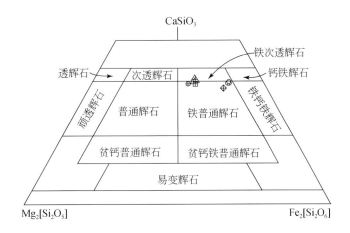

图 6.23 单斜辉石命名图示（底图据 Poldervaart and Hess，1951）

空心表示浸染状辉石-磁铁矿，十字填充表示条带状石英-辉石-磁铁矿

此外，根据 Добрецов 等（1971）提出的辉石成因判别式（这里的 Si、Al^{VI} 等都是对于 O 为 6000 时阳离子含量）的计算结果，同样也表明辉石为变质成因：$D(X) = -183.8 + 0.0378Si + 0.0113Al^{VI} - 0.054Ti + 0.052Fe^{3+} + 0.0309Fe^{2+} - 0.023Mn + 0.0218Mg + 0.285Ca + 0.0357Na$，当 $D(X) > 0$ 时，为二辉麻粒岩的单斜辉石；当 $D(X) < 0$ 时，为岩浆成因的辉长岩类的单斜辉石。将单斜辉石的相关阳离子数代入计算，结果为 $D(X) = 146~171$，均大于 0，表明矿石中的单斜辉石为二辉麻粒岩的单斜辉石。

$D(X) = 0.0596Al^{IV} + 0.0166Fe^{3+} + 0.0212Fe^{2+} + 0.016Mn - 0.0051Mg + 0.0009Na - 13.5$，当 $D(X) > 0$ 时，为麻粒岩相的斜方辉石；当 $D(X) < 0$ 时，为岩浆成因的辉长岩类的斜方辉石。将斜方辉石的相关阳离子数代入计算，结果为 $D(X) = 5~13$，均大于 0，表明矿石中的斜方辉石为麻粒岩相的斜方辉石。

$D(X) = -4282 + 0.683Si + 2.192Al^{VI} + 2.181Fe^{3+} + 1.44Fe^{2+} + 1.455Mn + 1.422Mg + 1.427Ca + 0.77(Na+K)$，当 $D(X) > 0$ 时，属于高温的辉石麻粒岩亚相的斜方辉石；当 $D(X) < 0$ 时，属于较低温的角闪-麻粒岩亚相的斜方辉石。将斜方辉石的相关阳离子数代入计算，结果为 $D(X) = -44~-3$，均小于 0，表明矿石中的斜方辉石为较低温的角闪-麻粒岩亚相的斜方辉石。

四、舞阳 BIF 矿床成因

关于舞阳 BIF 的成因分歧的焦点问题在于：沉积的构造环境、Fe 的物质来源以及后期变质作用的改造。

(一) 构造环境

赵案庄和铁山庙组中斜长角闪岩的主量元素组成表明均属于拉斑玄武岩。赵案庄斜长角闪岩显示轻稀土富集、Nb、Ta、Ti 亏损（图6.24）以及正的 $\varepsilon_{Nd}(t)$ 值（+1.0~+1.4）的特征，铁山庙斜长角闪岩显示亏损 Th、平坦或轻稀土略亏损的稀土配分特征（图6.24）及较高的 $\varepsilon_{Nd}(t)$ 值（+2.1~+3.4），构造判别图进而表明，赵案庄斜长角闪岩与岛弧玄武岩的地球化学相当，而铁山庙斜长角闪岩与洋中脊玄武岩（N-MORB）的地球化学组成相当（图6.25）。前人认为弧后盆地能产生具有 MORB 及岛弧玄武岩特征的玄武岩（Taylor and Martinez, 2003）。结合铁山庙组发育的大量 BIF 指示的海洋环境，赵案庄和铁山庙组连续的沉积序列兼具两类玄武岩特征可能的沉积构造背景是弧后盆地。铁山庙组顶部的杨树湾组沉积的碳质泥岩-碳质碳酸盐岩-碳质砂岩序列指示较为稳定的盆地边缘环境。此外，舞阳 BIF 中 TiO_2 和 Al_2O_3 含量都极低，与含燧石 BIF 相当，而与含页岩 BIF 相差甚远，说明该区成岩成矿过程中未受到碎屑物质的混染。Eu 正异常 [$Eu/Eu^* = 1.30~2.23$] 较低及 Y/Ho（39.7~51.3）更接近海水组成，进而说明距离火山喷气热液口较远（Peter, 2003）。因此，以上特征说明舞阳 BIF 的沉积环境可能为浅-滨海沉积环境。

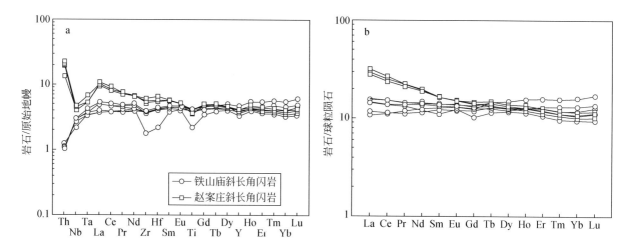

图6.24 斜长角闪岩的微量元素图解（a）和稀土元素配分图解（b）

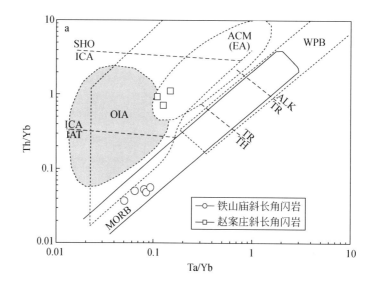

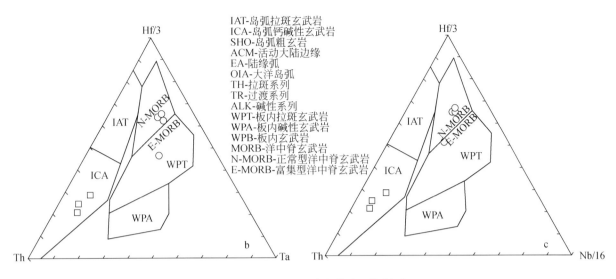

图 6.25 斜长角闪岩的构造环境判别

(二) 物质来源

目前关于 BIF 中 Fe 的物质来源的主流认识是 Fe 是来自亏损地幔的岩浆热液喷发到海水中并混合海水的物质来源 (Cloud, 1973; Kato et al., 1998; Alibo and Nozaki, 1999; Bau and Dulski, 1999; Bolhar et al., 2004; Bekker et al., 2010)。舞阳 BIF 的稀土元素和 Nd 同位素 ($\varepsilon_{Nd}(t)$ 值为 +1.48 ~ +4.89) 特征表明,舞阳 BIF 中的 Fe 的物质来源与以上主流认识是一致的。此外,条带状和浸染状矿石均具有极低的 Al_2O_3、TiO_2 及高场强元素 (Nb、Ta、Ti、Zr、Hf) 含量,指示沉积过程中陆源碎屑物质贡献量极少 (Frei and Polat, 2007; Pecoits et al., 2009)。

舞阳 BIF 中两种类型矿石均显示与现代海水稀土元素 (REE+Y) 配分型式特征 (重稀土富集、La、Y 正异常特征) 一致,暗示舞阳 BIF 是海水化学沉积作用形成。据报道,热液 Y/Ho 值约 26,海水的 Y/Ho 值为 44~74 (Bolhar et al., 2004),该区矿石 Y/Ho 值 (约 45) 与海水更为接近。此外,条带状和浸染状矿石还显示强烈的 Eu 正异常 [$Eu/Eu^* = 1.29 ~ 2.23$],这指示具有海底高温 (>350 ℃) 热液的特征 (Bau and Dulski, 1999; Douville et al., 1999)。Alexander 等 (2008) 提出了一个二元混合模型来判断原始混合溶液中海水与高温热液的相对含量,该模型显示仅需约 0.1% 的海底高温热液即能产生较大的 Eu 正异常。经模拟显示,铁山庙 BIF 中的 REE 主要来自海水,但有低于 0.1% 的海底高温热液的参与 (图 6.26a, b)。

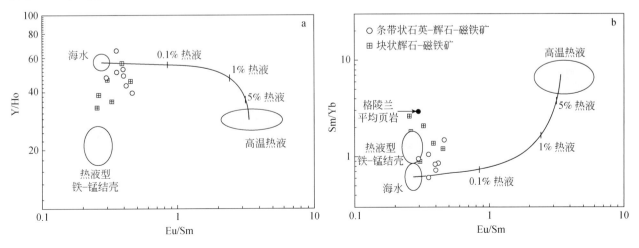

图 6.26 舞阳 BIF 稀土元素二元模拟图解 (底图自 Alexander et al., 2008)

(三) 后期变质作用改造

BIF 在变质作用过程中可以依据变质作用程度不同存在不同的矿物组合（Klein，1983）。舞阳 BIF 在沉积–成岩–成矿之后，遭受后期麻粒岩相变质作用的改造，形成了辉石–磁铁矿–石英的矿物组合。其中辉石的变质成因可直接反映舞阳 BIF 后期变质改造过程。Trendall 和 Morris（1983）认为遭受高级变质作用的 BIF 通常以含大量斜方–单斜辉石等无水矿物为特征，当矿石中仍以石英、磁铁矿为主，并且矿石中出现石榴子石、长石、碳酸盐矿物，那么该矿物组合指示矿石中的辉石是原生泥质矿物变质而成，显然，前提条件是 BIF 中富 Al。而舞阳 BIF 矿石中未出现石榴子石、长石等 Al_2O_3 含量较高的矿物，且矿石具有极低的 Al_2O_3 和 TiO_2 含量，因此排除了辉石是原生泥质矿物变质而成的可能。Klein（1983）认为富含镁铁质的碳酸盐岩与 SiO_2 可能发生如下反应：

$$Ca(Fe,Mg)(CO_3)_2 + 2SiO_2 \longrightarrow Ca(Fe,Mg)Si_2O_6 + 2CO_2$$
$$\text{铁白云石} \qquad\qquad\qquad \text{单斜辉石}$$

$$(Fe,Mg)CO_3 + SiO_2 \longrightarrow (Fe,Mg)SiO_3 + CO_2$$
$$\text{菱铁矿} \qquad\qquad \text{斜方辉石}$$

依据二辉石温度计（Taylor，1998），获得舞阳 BIF 变质峰期温度为 762±9 ℃。可以满足以上反应方程式的反应温度（高于 500 ℃）。Gross（1980）对比分析了阿尔戈马型 BIF 与苏必利尔型 BIF 中不同相矿石的全岩/矿主量、微量元素特征，其结果显示碳酸盐相 BIF 具有富 CaO、MgO 的特征，而舞阳 BIF 的两种类型矿石全岩/矿主量元素具有类似特征，推测矿石原岩可能属碳酸盐相 BIF，且舞阳 BIF 直接顶底板为白云质大理岩亦可与其配套。因此，我们认为舞阳 BIF 中的辉石是由富 Ca-Mg-Fe 的碳酸盐矿物变质而成，即原始矿物组合为富铁碳酸盐岩–燧石等，进一步指示舞阳变质 BIF 原岩为碳酸盐相 BIF。

Trendall 和 Morris（1983）认为矿石中只有石英、磁铁矿主要矿物时，即使发生高级变质作用，矿物之间也不会发生任何变质反应，极有可能发生重结晶作用，使矿物颗粒趋于等粒化、粗粒状。据报道，当 BIF 发生变质作用，尤其达到麻粒岩相变质时会改造原生结构构造，甚至使得原生层理消失，但稀土元素组成特征不被改变（Roy and Venkatesh，2009）。舞阳条带状和浸染状矿石均具有 BIF 型矿石的主量元素分布特征和相似的稀土配分特征，表明二者地球化学组成一致。此外，具有相同的接近同时代亏损地幔的 $\varepsilon_{Nd}(t)$ 值，表明二者铁质来源一致。条带状和浸染状矿石的磁铁矿的 Ti、V、Mg、Ni、Zn 和 Mn 的含量相当，Ti/V 值和 Mn 含量一致，说明二者具有较好的成因联系，进而指示并非热液变质作用形成浸染状矿石（Dupuis and Beaudoin，2011；Nadoll et al.，2014）。结合野外二者的空间产出关系，我们初步认为浸染状矿石是条带状矿石经区域变质作用和辉石岩体的局部热作用，富铁碳酸盐矿物经脱 CO_2 作用转变为辉石，且过量碳酸盐矿物被溶出之后导致，具体证据详见后续成果报道。

五、结论

（1）舞阳 BIF 赋存于一套碎屑岩–火山岩–碳酸盐岩的沉积旋回中，其顶部是一套碳质碎屑岩和碳质碳酸盐岩建造。舞阳地区太华群地层及其中 BIF 的沉积时代是 2470~2158 Ma。

（2）舞阳 BIF 沉积于弧后盆地的浅–滨海沉积环境。

（3）BIF 中铁紫苏辉石–单斜辉石组合和围岩中紫苏辉石–长石–石英矿物组合，指示舞阳 BIF 及地层均遭受麻粒岩相变质作用的改造。依据二辉石温度计，变质温度为 762±9 ℃。舞阳 BIF 中的大量辉石可能是由富 Ca-Mg-Fe 的碳酸盐矿物变质而成。

第四节 霍邱杂岩地球化学及 BIF 成矿作用

一、引言

霍邱群位于安徽省六安市霍邱县西部，大地构造属于华北克拉通东南缘，其东部出露皖东地区的五河群，西北部发育河南舞阳-鲁山的太华群，是一套新太古代—古元古代的含铁变质岩系（图 6.27a）（杨晓勇等，2012；Wan et al.，2010）。根据地层层序，安徽省地质局 337 地质队将霍邱群划分为三个组，自老至新为花园组、吴集组和周集组（图 6.27b）。霍邱群没有严格按照国际地层命名

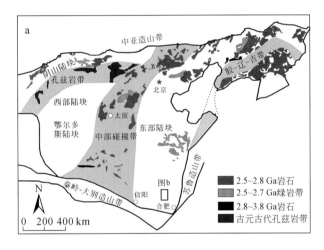

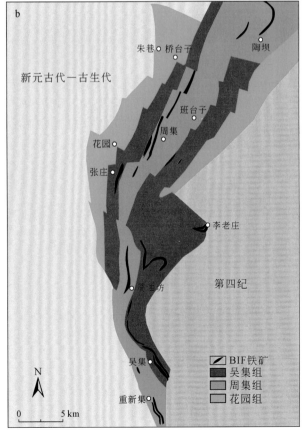

图 6.27　华北克拉通地质与构造图（a）（修改自 Santosh et al.，2013）和霍邱杂岩地质简图（b）（资料来自杨晓勇等，2012）

原则命名（Wan et al., 2010），而且钻孔和地球物理资料已证实其含有变沉积岩地层和花岗质侵入体（邢凤鸣和任思明，1984）。最近，更多学者用霍邱杂岩和单元分别代替霍邱群和组的概念（Wang Q et al., 2014; Yang X Y et al., 2014; Liu et al., 2016; Liu and Yang, 2015）。

霍邱杂岩同位素地质年代学工作早在20世纪70年代就已经开展，主要积累了很多K-Ar年龄数据。到80年代初，已经有一些全岩Rb-Sr等时线年龄和锆石U-Pb年龄发表。全岩Rb-Sr数据给出的主要时代集中在新太古代早期（2.8~2.7 Ga）。最近，高精度的锆石原位U-Pb定年方法，如LA-ICP-MS、LA-MC-ICP-MS和SHRIMP已经成功应用于霍邱杂岩的形成时代讨论中（Wan et al., 2010; 杨晓勇等，2012; Liu et al., 2015a; Liu and Yang, 2015; Wang Q et al., 2014; Yang X Y et al., 2014）。霍邱杂岩变沉积岩中碎屑锆石SHRIMP U-Pb定年研究表明霍邱杂岩主要存在两期岩浆成因锆石，3.0 Ga 和 2.75 Ga，没有2.5 Ga的记录（Wan et al., 2010），明显不同于华北克拉通其他地区广泛发育的2.5 Ga的TTG岩石和钙碱性花岗质岩石（Zhao et al., 2001; Zhao and Zhai, 2013）。霍邱杂岩中变质锆石记录了古元古代（1.84 Ga）的构造热事件，因而限定了其形成时代为2.75~1.84 Ga（Wan et al., 2010）。

杨晓勇等（2012）对霍邱杂岩斜长角闪岩中的锆石进行了U-Pb定年研究，获得了2.8 Ga的原岩形成年龄，同时混合花岗岩的锆石给出了1.8 Ga的侵入年龄。霍邱杂岩TTG片麻岩中岩浆成因的锆石核部给出了2.76~2.71 Ga的原岩年龄（Liu et al., 2016），这与鲁山地区出露的太华杂岩TTG片麻岩的年龄一致（Lu et al., 2013; Wan et al., 2006; 第五春荣等，2010）。Liu 和 Yang（2015）对来自霍邱杂岩的三个BIF样品中的碎屑锆石开展了LA-MC-ICP-MS U-Pb定年工作，发现在谐和的$^{207}Pb/^{206}Pb$年龄的分布图上，出现了2753 Ma和2970 Ma两个峰，与前人通过SHRIMP方法获得的变沉积岩中碎屑锆石年龄峰一致（Wan et al., 2010）。Wang Q等（2014）对霍邱杂岩基底岩石中的锆石开展了LA-ICP-MS U-Pb定年工作，结果揭示了三期岩浆事件（3.02 Ga、2.77 Ga 和 2.71 Ga）的存在。综上所述，随着研究程度的不断深入，新的精确的同位素测年资料的增加，有必要在新资料的基础上对霍邱杂岩的定位、时代、层序加以重新厘定，以便与相邻地区（如太华杂岩）和全国同类前寒武纪地质体（如鞍山群）更好地加以对比。

霍邱杂岩主要发育有早前寒武纪的变质岩，岩浆岩不甚发育。其中，变质岩包括7类，分别为片岩、片麻岩、变粒岩、角闪岩、大理岩、磁铁岩和混合岩；钻孔揭示的少量岩浆岩有混合花岗质岩石、辉绿岩和煌斑岩。前人的岩石学工作主要集中于对这些变质岩进行原岩恢复，缺少岩石成因方面的研究。近年来，我们对霍邱杂岩中TTG片麻岩的岩石成因进行了探讨，认为其产生于加厚镁铁质陆壳在2.76~2.71 Ga的部分熔融（原岩可能是3.0~2.9 Ga的斜长角闪岩），熔融深度为榴辉岩相，主要是老陆壳的再造，只有少量新生地壳增生（Liu et al., 2016）。这与华北克拉通基底在2.8~2.7 Ga主要发生的是新生地壳的生长（Zhao and Zhai, 2013）完全不同，而且这一差异也得到了其他工作的证实（Wang Q et al., 2014）。

Wang Q 等（2014）根据副片麻岩中碎屑锆石和混合花岗岩中的岩浆锆石年龄，建议霍邱杂岩中的变沉积岩层（包含BIF）的形成时代为新太古代早期。并且，我们根据霍邱BIF样品中的碎屑锆石与围岩锆石的比较、铁矿石的地球化学特征、铁矿的近矿围岩主要为变沉积岩且缺少火山物质，以及周集单元发现的具有韵律层的复理石建造等，认为霍邱BIF铁矿属于苏必利尔型（Liu and Yang, 2015）。这些最新研究表明，霍邱杂岩中的BIF与大部分华北克拉通其他地区的BIF在成矿时代、成矿类型上存在明显差异，也暗示着它们之间的成矿环境和构造背景的差异。因此，有必要对霍邱杂岩中的BIF铁矿成矿作用及其所蕴含的特殊的地质、构造和环境控制因素进行研究，为寻找类似的铁矿床提供理论支持。

二、区域地质背景

霍邱铁矿田位于霍邱城关西北部的周集至重新集一带，处于合肥盆地的西北隅，整个矿区南北长度约为40 km，东西宽度为2~8 km，由10个矿床组成，已探明储量为$17.12×10^8$ t，远景储量为$20×10^8$ t，储量位居华东第一。霍邱铁矿属于隐伏的前寒武纪沉积变质铁矿床，呈南北向分布于颖上陶坝至霍邱重新集一线。经地质工作证实为一储量大、矿物组成简单，其S、P含量低的大型铁矿田，由大小不等的数十个铁矿床组成，霍邱群主要为含铁角闪石英磁铁矿及角闪片岩、浅粒岩、黑云斜长片麻岩、斜长角闪岩等。在区域上，前人一般将霍邱群与皖东北出露的五河群、河南出露的太华群和登封群相对比（图6.28）。但从现有的资料看，各地区的变质等级有较大差别，如蚌埠地区五河群变质程度达到麻粒岩相-榴辉岩相，而霍邱群的变质最高也就达到高角闪岩相，在后面我们还要展开讨论。

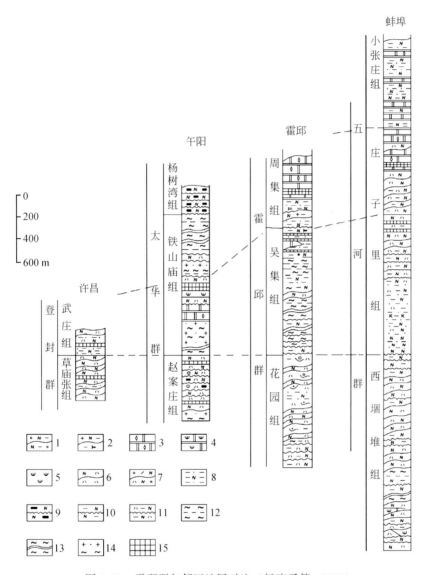

图6.28 霍邱群与邻区地层对比（杨晓勇等，2012）

1. 石榴斜长黑云片岩；2. 十字蓝晶斜长黑云片岩；3. 白云石大理岩；4. 蛇纹石大理岩；5. 蛇纹岩；6. 斜长角闪岩；7. 石榴斜长角闪岩；8. 黑云斜长变粒岩；9. 含石墨斜长片麻岩；10. 黑云斜长片麻岩；11. 角闪黑云斜长片麻岩；12. 条痕状混合岩；13. 条带混合岩；14. 均质混合岩；15. 铁矿层

1. 霍邱杂岩含铁岩系划分

霍邱铁矿区含铁岩系即霍邱群，为一套火山岩和沉积岩系。霍邱群的地层划分，以往主要是建立在周集地区D_3线钻孔剖面（图6.29）。为了对全区含铁岩系有个较全面的了解和掌握，本次工作重新查看了D_3线及区内主要矿床的代表钻孔的岩心，重新厘定和分析了区内D_1-D_{11}线钻孔剖面及各矿床有关剖面资料，在深入分析消化前人勘探资料和成果的基础上，对霍邱地区隐伏地层在空间展布的规律取得新的认识，本书以周集向斜为基础，依岩石组合特征，按沉积-变质旋回划分组，进一步将标志层组合划分为段,将霍邱群划分为三个组四个段是可行的,总厚度>2070 m。与区域1:5万区调地层划分相比,将吴集组上段向上移一个岩性层(黑云斜长片麻岩层),周集组下段新分出一个含矿层位即C矿带。

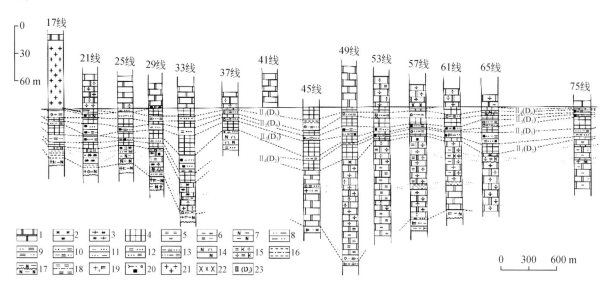

图 6.29 霍邱地区 D_3 勘探线剖面图

1. 白云石大理岩;2. 阳起石片岩;3. 透闪阳起石片岩;4. 铁矿体;5. 金云母片岩;6. 二云母片岩;7. 斜长黑云片岩;8. 石英黑云片岩;9. 石英白云片岩;10. 石英二云片岩;11. 黑云石英片岩;12. 白云石英片岩;13. 二云石英片岩;14. 斜长角闪岩;15. 金云钾长透闪片岩或透闪金云钾长片麻岩;16. 黑云变粒岩;17. 黑云斜长片麻岩;18. 金云变粒岩;19. 十字石、蓝晶石岩;20. 夕线石-石榴子石-磁铁矿石;21. 伟晶岩;22. 辉绿岩;23. 矿体编号

霍邱群火山-沉积旋回明显,韵律层也较发育,特别是在吴集组、周集组更是常见,自下而上通常为浅粒岩-黑云斜长变粒岩-黑云角闪斜长变粒岩-角闪岩,或黑云变粒岩-石榴黑云斜长片麻岩-斜长角闪岩。

2. 霍邱杂岩岩石特征、矿物组合及 BIF 矿化特征

1) 岩石特征

区内岩石可分为变质岩和岩浆岩两类,前者为主要岩石类型。根据矿物成分及结构构造等可划分如下:

(1) 片岩类,为含铁建造的主要岩石类型之一,片状构造清楚,按其所含矿物的不同,主要分为黑云片岩、黑云石英片岩和斜长黑云片岩。

(2) 片麻岩类,主要分布于各岩性组下段,多受混合岩化作用,常呈残留体出现,据矿物成分及丰度可以分为黑云斜长片麻岩、角闪黑云斜长片麻岩。

(3) 变粒岩类,为吴集组和周集组常见岩石,花园组变粒岩分布少,且强烈混合岩化,分两类,黑云斜长变粒岩和角闪黑云斜长变粒岩。

(4) 角闪岩类,主要岩石为斜长角闪岩,还有黑云角闪岩、铁闪岩。斜长角闪岩分布于各组岩层中,后两种岩石常分布于矿带中。

(5) 大理岩类,主要分布于周集组上段、吴集组上段。区内主要发育白云石大理岩,常见金云透闪石白云石大理岩,在李老庄见有铁菱镁矿白云石大理岩。

(6) 磁铁岩类,是霍邱杂岩含矿岩石,分布于各矿段中,有磁铁石英岩、闪石类磁铁石英和磁铁碳酸盐岩类。磁铁矿含量>20%的岩石在该区作为铁矿石。

(7) 混合岩类,区内混合岩发育,主要有以下几种:条痕条带状混合岩,均质混合岩和斑杂眼球状混合岩。

2) 矿物组合

霍邱群变质岩可以概括为：①大理岩及白云质大理岩（包括菱镁矿，仅在李老庄矿床发现）；②片岩类（主要为云母片岩，其次为石英片岩和石英角闪片岩）；③变粒岩类；④斜长角闪岩类（包括以镁铁闪石组成的片状构造发育的岩石）；⑤斜长片麻岩类；⑥混合岩及混合花岗岩；⑦条带状磁铁矿石（包含石英-磁铁矿石、磁铁角闪岩等）。

根据区内变质矿物组合特征，如角闪石、石榴子石、黑云母、长石共生组合的出现，特别是十字石、蓝晶石-红柱石-夕线石组合，结合一些共生的矿物温度计测温资料，确定区域变质强度和变质带。初步认为霍邱群区域变质温度大体在550 ℃（蓝晶石-红柱石-夕线石的共结点）到750 ℃之间（变粒岩中黑云母-石榴子石矿物平衡温度计），此外大理岩中出现橄榄石也表明区域变质温度应该不低于600 ℃。

3) BIF 矿化特征

该区矿体主要产在氧化物相含铁建造中，除因风化作用而形成的表生赤铁矿外，我们所见到的变质矿石，其矿物共生组合基本有四类：①石英+磁铁矿（图6.30a）；②石英+镜铁矿（图6.30b）；③石英+磁铁矿+硅酸盐（角闪石、铁闪石-镁铁闪石，阳起石-透闪石、透辉石）（图6.30c）；④石英+磁铁矿+镜铁矿+硅酸盐（角闪石、阳起石-透闪石、透辉石）（图6.30d）。

按铁的氧化物特征，可将霍邱铁矿的矿石再细分为赤铁矿（或镜铁矿）亚相和磁铁矿亚相两类：

(1) 赤铁矿（或镜铁矿）亚相主要岩石类型包括镜铁石英岩（或石英镜铁矿石）、磁铁-镜铁石英岩（或石英磁铁-镜铁矿石）两类。该亚相的主要（标型）矿物，常与微粒石英组成条带状含铁建造。镜铁矿主要以片状-板状和粒状两种状态存在于含铁建造中，细分片状-板状镜铁矿和粒状镜铁矿两类。石英、片状镜铁矿及细粒状赤铁矿常单独构成条纹和细纹，少为细条带，相间排列。条带宽度一般为0.1~3 mm，少为5~10 mm。条带一般清晰，边界较平整，少部分显有韵律性，每一韵律层的下部常为石英，上部主要为镜铁矿。在以石英为主的条带中，含有极少量细小（<0.1 mm）粒状磁铁矿、镜铁矿；在粒状镜铁矿中亦含有石英（粒度为0.2~0.5 mm）。另外，尚有重结晶（粒度达1~3 mm）的镜铁矿，以及呈脉状（细脉或星点浸染脉状）分布的镜铁矿等。

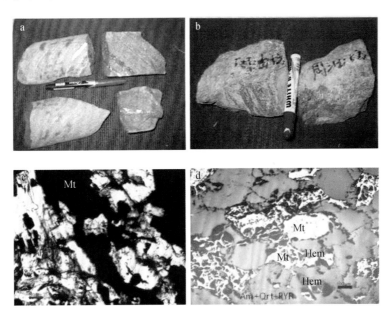

图 6.30 霍邱铁矿区不同铁矿类型及矿物共生组合特征

Mt. 磁铁矿；Hem. 赤铁矿

(2) 磁铁矿亚相主要岩石类型由石英、磁铁矿及闪石类等矿物相间排列组成。主要属中、低品位矿石。岩石普遍含微-极少量硫化物矿物，如黄铁矿、磁黄铁矿和黄铜矿等。主要含铁矿物是磁铁矿，在氧化带中由于氧化作用，它经常以假象赤铁矿的形式出现。在磁铁矿颗粒中似有显示原生意义的穆磁铁矿。假象赤铁矿是磁铁矿经氧化作用而形成的赤铁矿，其外形和粒度以及产生形式均与磁铁矿相同。位于氧化带的矿石，常见到赤铁矿沿磁铁矿晶粒的边缘及八面体裂开进行交代，形成交代格架状结构、交代假象结构及交代周边、残余结构等。交代完全者形成假象赤铁矿，交代不完全者构成半假象赤铁矿。磁铁矿为半自形–他形粒状，少量为自形粒状，粒度为 0.05 ~ 0.25 mm，呈聚粒状或散粒状产出。矿石主要为变晶结构，少量为包含、压碎、胶状和显微网脉状结构，条纹条带状构造、细条纹状构造，少量块状构造、压碎构造和皱纹构造，有时见残留交错层纹状构造。

三、霍邱 BIF 铁矿地球化学特征

1. 主量元素

班台子矿区有 11 件样品进行了主量元素、稀土元素和微量元素分析。主量元素分析表明角闪岩（BT816-1、BT816-2、BT403-4）的 K_2O 含量较低，在 1.19% ~ 1.44%，SiO_2 含量为 42.8% ~ 53.58%。角闪岩的 Al_2O_3/TiO_2 值较高（21.38 ~ 25.81），具有岛弧拉斑玄武岩的特征。片麻岩样品（BT816-3、BT816-4、BT403-1、BT403-3、BT209-5）SiO_2 含量变化较大（56.57% ~ 75.52%），而 Na_2O+K_2O 含量变化较小（4.22% ~ 7.97%）。此外，Al_2O_3 的含量变化于 12.39% ~ 20.21%、TiO_2 含量为 0.12% ~ 0.86%。在 TAS 图中（图 6.31），片麻岩的原岩成分从流纹质到安山质，总体变化较大。铁矿石（BT403-5、BT403-6、BT4-2）主量成分以 $Fe_2O_3^T$（47.44% ~ 50.92%）和 SiO_2（42.09% ~ 49.28%）为主，含有少量的 Al_2O_3（0.28% ~ 1.84%）、MgO（2.21% ~ 2.37%）和 CaO（1.62% ~ 2.56%）。

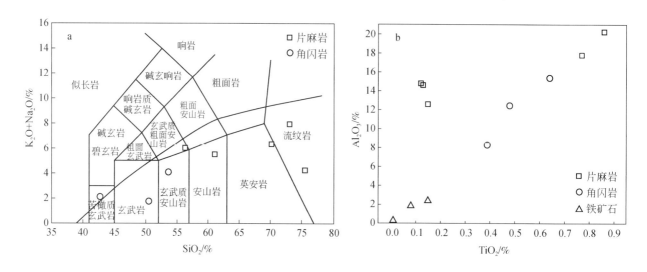

图 6.31 班台子矿区铁矿石及互层岩石的主量元素成分

a. 班台子矿区与铁矿互层的片麻岩和角闪岩的原岩恢复 TAS 图解；b. 班台子矿区与铁矿互层的片麻岩、角闪岩以及铁矿石中 Al_2O_3 和 TiO_2 相关性

周油坊矿区有 17 件样品进行了主量元素、稀土元素和微量元素分析。主量分析表明大理岩（ZYF-6、ZYF-7、ZYF-8、ZYF-9、ZYF-10）主要由 CaO、MgO、CO_2（反映在烧失量 LOI 中）和少量的 SiO_2（2.45% ~ 6.10%）和 Fe_2O_3（0.31% ~ 1.24%）组成。MgO、CaO 与烧失量 LOI 相匹配，说明大理岩主要由白云石和方解石组成。白泥化大理岩（ZYF-14、ZYF-15、ZYF-16）中 SiO_2 含量相对大理岩显著增加（38.37% ~ 47.36%），CaO、MgO 和 CO_2 相对减少，Fe_2O_3 和 Al_2O_3 虽然有增加但总量仍然较低。云母片岩（ZYF-12、ZYF-13）SiO_2 含量分别为 67.57% 和 69.01%，具有较高的 Al_2O_3 含量，分别为 13.69% 和 15.27%，K_2O 含量远大于 Na_2O 含量，且 K_2O 含量较高，分别为 2.61% 和 3.04%。

2. 稀土元素

霍邱 BIFs 铁矿的稀土元素的含量采用 PAAS（Post Archean Austrilian Shale，Shale Normalize，简记 SN）（McLennan，1989）进行标准化，班台子铁矿石及其互层的角闪岩和片麻岩的稀土配分曲线如图 6.32 所示。周油坊矿区铁矿石及互层的大理岩和云母片岩的稀土配分曲线如图 6.33 所示。

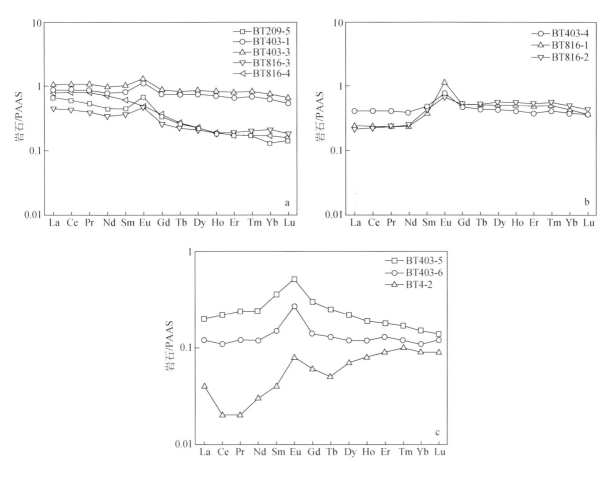

图 6.32 班台子片麻岩（a）、角闪岩（b）及互层的铁矿石（c）的稀土元素 PAAS 标准化配分型式图（PAAS 值据 McLennan，1989）

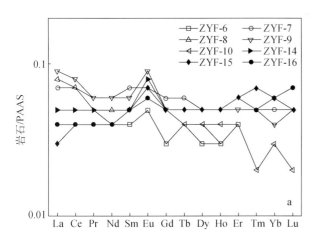
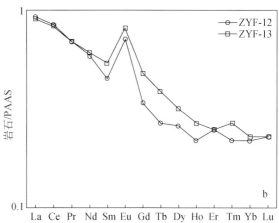

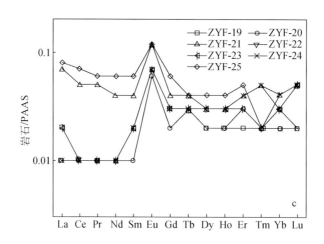

图6.33 周油坊大理岩（a）、云母片岩（b）及互层的铁矿石（c）的稀土元素 PAAS 标准化配分型式图（PAAS 值据 McLennan，1989）

从稀土元素配分图解（图6.32）可见，班台子矿区片麻岩呈现轻稀土富集，重稀土亏损的型式，轻重稀土元素明显分异，尤其是样品 BT403-3、BT816-4 和 BT209-5。除 Eu 表现明显的正异常（$Eu/Eu^* = 1.02 \sim 1.79$），其他元素未见明显的异常，并且该稀土配分型式与太古宙 TTG 岩石具有很大的相似性（Martin et al.，2005），因此，该片麻岩的原岩可能是太古宙 TTG。角闪岩的稀土配分型式呈现轻稀土元素亏损，重稀土元素相对富集的特征，并且展示出明显的 Eu 正异常（$Eu/Eu^* = 1.48 \sim 2.63$），其他元素没有明显的异常。铁矿石样品之间的稀土含量相差较大，但稀土配分的型式具有较好的相似性，一般表现为平坦的轻重稀土的配分型式（如 BT403-5 和 BT403-6），且具有明显的 Eu 正异常（$Eu/Eu^* = 1.57 \sim 1.82$）。而 BT4-2 表现了总稀土含量最低，轻稀土元素相对亏损，重稀土元素相对富集的特征，且具有较大的 La 正异常（$La/La^* = 2.15$）。

周油坊矿区的假象镜铁矿（ZYF-19、ZYF-20、ZYF-21、ZYF-22、ZYF-23、ZYF-24、ZYF-25）及大理岩（ZYF-6、ZYF-7、ZYF-8、ZYF-9、ZYF-10）和白泥化大理岩（ZYF-14、ZYF-15、ZYF-16）中的稀土总含量非常低，而云母片岩（ZYF-12、ZYF-13）中的稀土元素含量较高。稀土配分图（图6.33）显示大理岩及白泥化大理岩的轻重稀土元素一般分布较平坦，都具有明显的 Eu 正异常（$Eu/Eu^* = 1.09 \sim 1.85$）。白泥化大理岩相对大理岩具有轻稀土元素含量低，重稀土元素含量高的特征，说明大理岩的白泥化会导致轻稀土元素的亏损。大理岩具有轻微的 La 正异常（平均 $La/La^* = 1.16$），而白泥化大理岩没有这一特征。云母片岩的稀土配分型式表明轻稀土元素富集，而重稀土元素亏损，轻重稀土元素分异较大，$(La/Yb)_{SN}$ 分别为 4.16 和 4.00。假象镜铁矿稀土元素总含量平均值为 6.4，稀土配分型式显示两类不同特征。一类是重稀土富集轻稀土亏损，另一类是轻稀土富集重稀土亏损，但是两类都具有相似的 Eu 正异常（$Eu/Eu^* = 1.93 \sim 3.41$），明显的 La 正异常（$La/La^* = 1.22 \sim 4.87$）和 Y 正异常（$Y/Y^* = 1.25 \sim 2.02$），且无明显的 Ce 异常（$Ce/Ce^* = 0.63 \sim 1.01$）。

3. 微量元素

班台子矿区片麻岩中微量元素经过原始地幔均一化后得到的蛛网图（图6.34）显示，大离子亲石元素相对富集，高场强元素相对亏损，其中 Nb、Ta、Ti、P、Zr、Hf 明显负异常，U、K、Pb、Nd、Sm 表现出正异常，这一系列的特征与大陆弧安山岩较为相似（Rudnick and Gao，2003）。角闪岩中大离子亲石元素相对富集，但较片麻岩富集程度有所降低，高场强元素相对亏损，U、K、Pb、Nd 表现出明显的正异常。铁矿石的微量元素含量较片麻岩和角闪岩低，其中 BT403-5 和 BT403-6 表现出相似的微量元素配分型式，具有大离子亲石元素富集、高场强元素亏损的特征，U 和 P 表现正异常；而 BT4-2 呈现较平坦的分布型式，尤其是大离子亲石元素和重稀土元素。但三个样品都具有 Sr、Nb、Zr、Hf、Ti 的负异常。

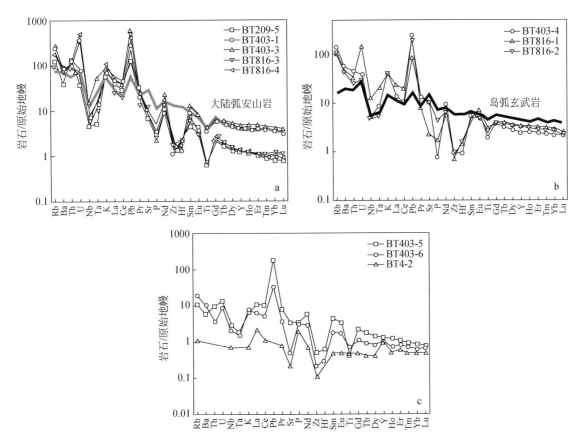

图 6.34 班台子片麻岩（a）、角闪岩（b）及互层的铁矿石（c）的微量元素原始地幔标准化蛛网图
原始地幔数据据 Sun 和 McDonough（1989）；大陆弧安山岩数据据 Rudnick 和 Gao（2003）；岛弧玄武岩数据据 Elliott（2003）

与平均显生宙石灰岩相比，周油坊大理岩大离子亲石元素 Al、Ba、Rb、Sr 亏损，高场强元素 Zr、Nb、Ti、La、Ce、Y 明显亏损，这些特征支持其物源主要来自海相环境。周油坊云母片岩呈现了大离子亲石元素富集、高场强元素亏损这一岛弧的特征，其中 Pb、U、Nd、Sm 显示正异常，而 Nb、Ta、Zr、Hf 和 Ti 显示明显的负异常，P 没有显示异常（图 6.35）。假象镜铁矿中微量元素含量较低，大离子亲石元素相对原始地幔没有显著的变化，而 Nb 和 Ti 显示明显的负异常，但 P 显示微弱的正异常。

片麻岩的原岩经过判别为火成岩，它们最有可能是形成于岛弧环境下的花岗质岩石（图 6.36）。在 TiO_2-Al_2O_3 图上（图 6.31），我们发现铁矿与围岩片麻岩和角闪岩具有很好的正相关性，也即它们的 Al_2O_3/TiO_2 值相似，说明铁矿中少量的 Al_2O_3、TiO_2 与围岩具有来源的一致性。片麻岩和角闪岩的原岩恢复表明它们是变火成岩。在原岩恢复 TAS 图解上（图 6.31），前者的原岩有流纹岩、英安岩和安山岩，而后者的原岩从橄榄质玄武岩到玄武质安山岩。

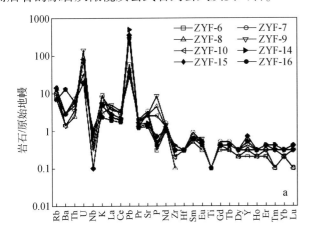

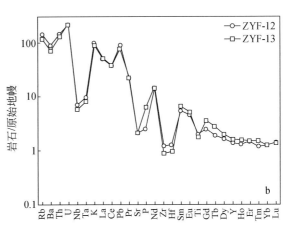

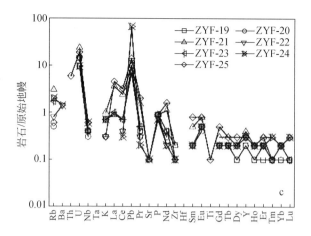

图 6.35 周油坊大理岩（a）、云母片岩（b）及互层的铁矿石（c）的微量元素原始地幔标准化蛛网图

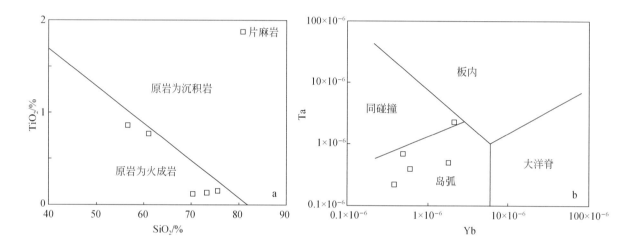

图 6.36 班台子片麻岩构造环境判别图
a. 片麻岩的主量元素原岩恢复图解，底图据 Tarney（1976）；b. 片麻岩 Ta-Yb 构造环境判别图，底图据 Pearce 等（1984）

角闪岩野外产状及地球化学分析显示它们的原岩化学性质类似于居于大陆环境下的岛弧拉斑玄武岩（图6.37）。

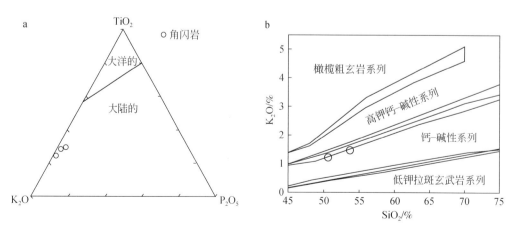

图 6.37 班台子角闪岩的构造环境判别图
a. 角闪岩的 TiO_2-K_2O-P_2O_5 判别图解，底图据 Pearce 等（1975）；b. 利用 K_2O-SiO_2 图解对亚碱性岩石进一步分类，底图据 Rickwood（1989）

Ce 异常通常被用来判断海水的氧化还原环境（Nozaki et al., 1999）。在氧化环境中 Ce^{3+} 被氧化为溶解度低的 Ce^{4+} 并被水体中的悬浮物强烈吸收从而导致水体显示 Ce 负异常（Sholkovitz et al., 1994）。Bau 和 Dulski（1996）认为 Ce 负异常的出现与 La 正异常有关，并建立了 Ce/Ce^*-Pr/Pr^* 来判别是否有 Ce 负异常。如图 6.38 所示，霍邱铁矿石并没有落在 Ce 负异常区域，绝大部分没有异常。Ce 异常的缺失表明铁建造沉积时海水处于缺氧环境，大气中的氧含量足以使亚铁离子氧化成三价铁离子形成 $Fe(OH)_3$，但不够将 Ce^{3+} 氧化成 Ce^{4+}。

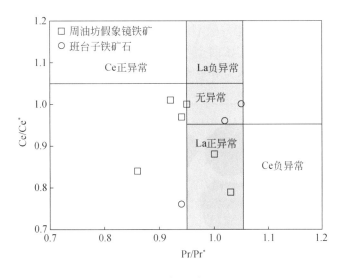

图 6.38　霍邱铁矿 BIF 样品 Ce 异常判别图解（Bau and Dulski, 1996）

四、霍邱 BIF 铁矿年代学

为了约束 BIF 沉积作用的时代，一般对共生的火山岩中的锆石进行定年（Trendall et al., 1997; Vavra et al., 1999），由于 BIF 沉积作用一般不含有新生的锆石，尤其是对苏必利尔型 BIF。本书中，三个 BIF 矿石样品中的 88 个碎屑锆石被挑出进行分析（ZYF1、ZYF9 和 ZZZK221.1）。样品 ZYF1 32 个锆石中的 21 个分析点产生一个上交点的年龄为 2769±16 Ma（1σ），而 ZYF9 中 32 个点中的 11 个产生的上交点年龄为 2756±18 Ma（1σ），且另外 10 个点也产生一个上交点年龄 2961±23 Ma（1σ）（图 6.39 c, f）。另外，样品 ZZZK221.1 中的 13 个不谐和度<10% 的点给出的平均年龄为 2750±14 Ma（1σ）（图 6.39i）。这些年龄在误差范围内与角闪岩和片麻岩的原岩年龄一致。而且，同样年龄的锆石显示了相似的内部结构和 CL 图像（Liu et al., 2015a; Wan et al., 2010）。另外，BIF 和它们的围岩之间的 Al_2O_3 和 TiO_2 显示了很好的线性关系（刘磊和杨晓勇，2013），说明至少有一些陆源碎屑沉积物对 BIF 的形成提供了物源，因此约束了 BIF 沉积作用的上限为 2.75 Ga。

三个 BIF 样品中挑选的碎屑锆石为自形-半自形，透明到淡黄色。这些颗粒的长度为 100~300 μm 长宽比为 1.5:1~2.5:1。CL 图像揭示这些锆石晶体一般具有振荡环带结构（图 6.39b, e, h），类似于该地区 TTG 片麻岩中的锆石（Liu et al., 2015a）。因为振荡环带和低到变化的阴极发光是岩浆成因锆石的特征（Hanchar and Rundnick, 1995），我们理解这些锆石为火成成因。而且，绝大部分碎屑锆石具有高的 Th/U 值（>0.1）。88 个 LA-MC-ICP-MS U-Pb 分析点来自 88 个锆石晶体（图 6.39 c, f, i）。样品 ZYF1 中的 21 个碎屑锆石给出了一个上交点年龄，2769±16 Ma（MSWD=4.1），而样品 ZYF9 产生了两个上交点年龄，2756±18 Ma（MSWD=3.8, n=11）和 2961±23 Ma（MSWD=2.8, n=10）。这些年龄在误差范围内与该地区的 TTG 片麻岩和角闪岩一致（Liu et al., 2015a; Wan et al., 2010）。

虽然两个样品间的 U、Th 和 Pb 含量显示了相当的差异，但是，它们的 $^{207}Pb/^{206}Pb$ 年龄谱彼此很相近（图 6.39 a, b）。例如，ZYF1 中最老的年龄为 2968 Ma，与 ZYF9 中的（2965 Ma）一致。而且，它们中的最小年龄具有相似性（2288 Ma 和 2280 Ma）。然而，不幸的是，它们的最小年龄具有较差的谐和度。而且，它们落在一条完美的不一致线上，意味着明显的 Pb 丢失。因此，最小 ^{207}Pb/^{206}Pb 年龄不能作为霍邱 BIF 成矿作用的年龄，即使锆石展示了明显的岩浆特征（图 6.39）。Wan 等（2010）报道了一个 ^{207}Pb/^{206}Pb 加权平均年龄为 2564±25 Ma，这些锆石显示了振荡环带和高的 Th/U 值（0.12~0.51）。而且，这一期的岩浆事件广泛分布于华北克拉通（Zhai and Santosh, 2013; Zhai et al., 1990; Zhang et al., 2012; Zhang et al., 2011）。因此，可以合理地假设 2.56 Ga 的岩浆作用在霍邱也很普遍。Wang Q 等（2014）揭示了三期岩浆作用，即约 3.02 Ga、约 2.77 Ga 和约 2.71 Ga，且 2.71 Ga 通过一个花岗质岩中的锆石确定，30 个锆石分析定义了一条很好的不一致性，上交点年龄为 2709±21 Ma（见其文图 7c）。而且，来自副片麻岩的碎屑锆石年龄谱给出了两个峰期年龄，即 2.77 Ga 和 3.02 Ga，很好地与本书中 BIF 样品中的碎屑锆石相一致。因此，我们认为 BIF 成矿作用的下限年龄可能为 2.56 Ga 或 2.71 Ga。

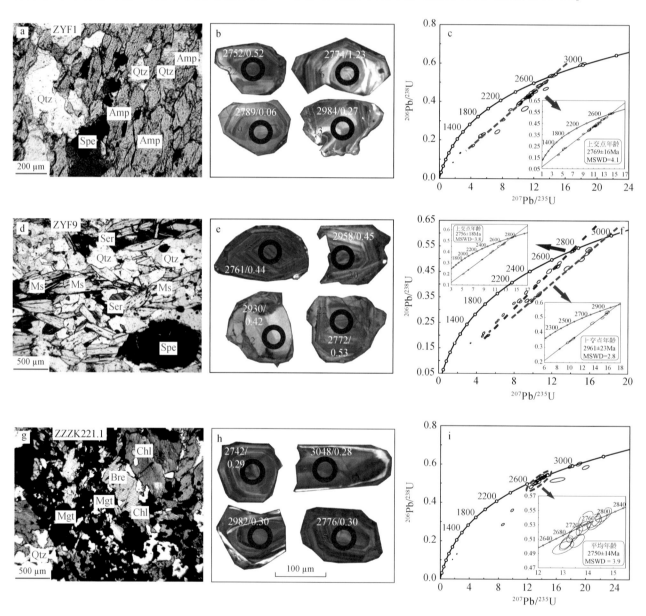

图 6.39　三个铁矿石样品（ZYF1、ZYF9 和 ZZZK221.1）的岩相学、锆石 CL 图像及 U-Pb 年龄谐和图

锆石 ^{207}Pb/^{206}Pb 年龄谱图上，没有考虑年龄谐和度的情况下（图 6.40 a, b），所有的锆石年龄被分成两个主要的阶段，即 2722~2774 Ma 和 2922~2968 Ma（图 6.40a, b）。而且，基于谐和度>90% 的谐和年

龄（$n=31$），峰期年龄可以进一步地约束为 2753 Ma 和 2970 Ma，与霍邱地区的 TTG 片麻岩和角闪岩的原岩年龄一致（Liu et al.，2015b）。关于微量元素，相比样品 ZYF9（31～442 ppm、13～485 ppm 和 19～99 ppm），样品 ZYF1 中锆石一般具有更多的 U（725～3072 ppm）、Th（108～6062 ppm，通过测量的 ^{232}Th/^{238}U 值计算含量）和 Pb（143～2010 ppm）含量。样品 ZZZK221.1 中的锆石具有与样品 ZYF9 相似的 U（33～885 ppm）、Th（9～283 ppm）和 Pb（5～101 ppm）含量。

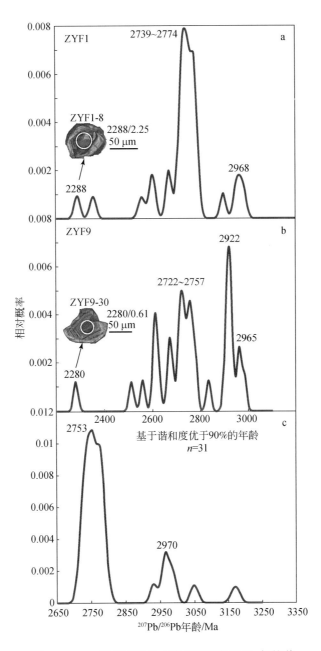

图 6.40　BIF 铁矿石样品中碎屑锆石的 U-Pb 年龄谱

五、霍邱 BIF 铁矿形成的构造背景

霍邱杂岩中，斜长角闪岩是 BIF 矿体的基底岩石之一。地球化学上，它们属于中高钾钙碱性玄武岩系列，类似于华北克拉通麻粒岩和变基性火山岩。基于图 6.37a 的判别图，大部分角闪岩属于正角闪岩，暗

示它们的原岩是镁铁质火山岩。TiO_2-K_2O-P_2O_5 三角图显示霍邱斜长角闪岩落在大陆玄武岩区域。同时它们具有相对高的 HREE/LREE 值，具有 Eu 负异常和高的大离子亲石元素含量（如 Rb、Cs 和 Ba），但是具有低的高场强元素含量，由此可推测它们的原岩可能是俯冲修改的，含石榴子石大陆岩石圈地幔的部分熔融产物，然后在大陆弧环境下侵位。因此，基于金红石形成的最小压力为 1.5 GPa，熔融深度不会小于 45~50 km（Xiong，2006；Xiong et al.，2005）。

本书中，磁铁矿的大小为 0.05~0.25 mm，一般以半自形颗粒和半自形粒状斑晶集合体出现。同时，很好保存的中条带，平均厚度为 1 in[①]（Trendall and Blockley，1970）。这些构造和条带特征需要一个长期稳定的环境。霍邱群的地层柱记录了一个复理石建造及富含碳酸盐矿物如铁菱镁矿组合（杨晓勇等，2012），也指示它们是沉积作用的产物。另外，霍邱 BIF 矿体内部或近矿围岩至今没有发现火山作用记录，也排除了火山作用对 BIF 形成的贡献。最重要的是来自围岩的碎屑锆石发现于三个 BIF 样品中，指示霍邱 BIF 沉积在大陆边缘海或弧后盆地环境，应该属于苏必利尔型。

六、结论

霍邱铁矿田形成于新太古代弧后盆地环境中的海相沉积作用。班台子铁矿石与其赋存的角闪岩和片麻岩具有良好的 Al_2O_3 和 TiO_2 的线性关系，说明铁矿石铁质的部分来源为侵蚀弧后盆地玄武岩的热液流体。根据 BIF 中 Eu 正异常大小判断周油坊矿区的热液流体贡献大于班台子铁矿，同时也说明霍邱地区 BIF 铁矿形成环境与海底火山热液喷气口的距离很特殊，处于 A 型向 S 型过渡的弧后盆地的海相环境。另一个主要来源是海水，霍邱矿田铁矿石的 Y/Ho 值为 31.05~56.67，平均为 46.65，说明霍邱铁矿继承了海水与热液的混合特征，其中，海水的贡献更大一些。基于成矿环境，复理石韵律结构的出露，以及与原生磁铁矿共生的广泛分布的碳酸盐矿物组合，我们认为霍邱 BIF 属于苏必利尔型。

参 考 文 献

安徽省地质矿产局 313 地质队.1993. 安徽霍邱铁矿，1~198

白瑾.1993. 华北陆台北缘前寒武纪地质及铅锌成矿作用.北京：地质出版社

鲍荣华，郭娟，许容，王春芳.2012. 中国菱镁矿开发居世界重要地位.国土资源情报，（12）：25~30

蔡克勤，陈从喜，2000；辽东古元古代镁质非金属矿床成矿系统研究.地球科学（中国地质大学学报），25（4）：346~351

曹瑞骥.2003. 前寒武纪叠层石命名和分类的研究历史及现状.地质调查与研究，26（2）：80~83

曹瑞骥，袁训来.2003. 叠层石研究的历史和现状.古生物学报，20（1）：5~14

曹瑞骥，袁训来.2009. 中国叠层石研究进展.古生物学报，48（3）：314~321

陈斌，李壮，王家林，张璐，鄢雪龙.2016. 辽东半岛~2.2Ga 岩浆事件及其地质意义.吉林大学学报（地球科学版），46（2）：303~320

陈从喜，蔡克勤，章少华.2002. 与镁质碳酸盐岩建造有关的非金属矿床成矿系列.地球学报，23（6）：521~526

陈从喜，蒋少涌，蔡克勤，马冰.2003a. 辽东早元古代富镁质碳酸盐岩建造菱镁矿和滑石矿床成矿条件.矿床地质，22（2）：166~176

陈从喜，倪培，蔡克勤，翟裕生，邓军.2003b. 辽东古元古代富镁质碳酸盐岩建造菱镁矿滑石矿床成矿流体研究.地质论评，49（6）：646~651

陈福.1996a. 地球大气圈和水圈的成因及其历史演化//中国科学院地球化学进展.地球化学进展——30 届国际地质大会文集.贵阳：贵州科技出版社：66~73

陈福.1996b. 海水、大气化学演化对沉积矿床形成、演化的制约.地质地球化学，（2）：37~42

陈福，朱笑青.1984. 玄武岩古风化淋滤生成条带状铁硅建造的模拟实验.地球化学，（4）：341~349

陈福，朱笑青.1985. 太古代海水 pH 值的演化及其与成矿作用的关系.沉积学报，（4）：1~15

陈福，朱笑青.1987. 表生风化淋滤作用的演化和为沉积矿床提供矿质能力的研究.地球化学，（4）：341~350

---

① 1 in=2.54 cm。

陈福, 朱笑青. 1988. 根据沉积矿物的共生组合恢复大气 CO_2 气分压值的演化. 中国科学（B 辑），（7）：747~755

陈光远, 黎美华, 汪雪芳, 孙岱生, 孙传敏, 王祖福, 速玉萱, 林家湘. 1984. 弓长岭铁矿成因矿物学专辑第二章磁铁矿. 矿物岩石, 4（2）：14~41

陈荣度. 1990. 辽东裂谷的地质构造演化. 中国区域地质, 4：306~315

陈荣度, 李显东, 张福生. 2003. 对辽东古元古代地质若干问题的讨论. 中国地质, 30（2）：207~213

陈衍景. 1989. 23 亿年前地质环境发生突变. 天地生综合研究进展. 北京：中国科学技术出版社

陈衍景. 1990. 23 亿年地质环境突变的证据及若干问题讨论. 地层学杂志, 14（3）：178~186

陈衍景. 1996. 沉积物微量元素示踪地壳成分和环境及其演化的最新进展. 地质地球化学，（3）：1~6

陈衍景, 富士谷. 1990. 早前寒武纪沉积物稀土型式的变化——理论推导和华北克拉通南缘的证据. 科学通报, 35（18）：1460~1408

陈衍景, 富士谷. 1992. 豫西金矿成矿规律. 北京：地震出版社

陈衍景, 季海章, 周小平, 富士谷. 1991. 23 亿年灾变事件的揭示对传统地质理论的挑战——关于某些重大地质问题的新认识. 地球科学进展, 6（2）：63~68

陈衍景, 欧阳自运, 杨秋剑, 邓健. 1994. 关于太古宙—元古宙界线的新认识. 地质论评, 40（5）：483~488

陈衍景, 富士谷, 胡受奚, 陈泽铭, 周顺之. 1990. "登封群"内部的底砾岩和登封花岗绿岩地体的构造演化. 地质找矿论丛, 5（3）：9~21

陈衍景, 邓健, 胡桂兴. 1996. 环境对沉积物微量元素含量和配分形式的制约. 地质地球化学，（3）：97~105

陈衍景, 刘丛强, 陈华勇, 张增杰, 李超. 2000. 中国北方石墨矿床及赋矿孔达岩系碳同位素特征及有关问题讨论. 岩石学报, 16（2）：233~244

第五春荣, 孙勇, 林慈銮, 王洪亮. 2010. 河南鲁山地区太华杂岩 LA-(MC)-ICPMS 锆石 U-Pb 年代学及 Hf 同位素组成. 科学通报, 55：2112~2128

董爱国, 朱祥坤. 2015. 辽东古元古代菱镁矿成矿过程的同位素示踪. 矿物学报，(s1)：1123

董爱国, 朱祥坤. 2016. 表生环境中镁同位素的地球化学循环. 地球科学进展, 31（1）：43~58

董春艳, 马铭株, 刘守偈, 颉颃强, 刘敦一, 李雪梅, 万渝生. 2012. 华北克拉通古元古代中期伸展体制新证据：鞍山-弓长岭地区变质辉长岩的锆石 SHRIMP U-Pb 定年和全岩地球化学. 岩石学报, 28（9）：2785~2792

董清水, 冯本智, 李绪俊. 1996. 辽宁海城—大石桥超大型菱镁矿矿床形成的岩相古地理背景. 长春地质学院学报, 26：69~73

冯本智, 邹日. 1994. 辽宁营口后仙峪硼矿床特征及成因. 地学前缘, 1（3-4）：235~237

冯本智, 朱国林, 董清水, 曾志刚. 1995. 辽东海城—大石桥超大型菱镁矿矿床的地质特征及成因. 长春地质学院学报, 25（2）：121~124

冯本智, 卢静文, 邹日, 明厚利, 谢宏远. 1998. 中国辽吉地区早元古代大型-超大型硼矿床的形成条件. 长春科技大学学报, 28（1）：1~15

冯小珍, 肖晔, 刘长学. 2008. 高台沟硼矿地质地球化学及成因分析. 化工矿产地质, 3（4）：207~216

高才洪, 刘耘. 2015. 菱镁矿与 Mg^{2+} 溶液平衡分馏系数的理论计算. 矿物学报，(s1)：1124

高危言, 李江海, 白翔, 毛翔. 2009. 五台山古元古代巨型叠层石的结构特征及成因意义. 岩石学报, 25（3）：667~674

何勇, 姜明. 2012. 我国菱镁矿资源的开发利用现状及存在的问题. 耐火与石灰, 6（3）：25~28

贺高品, 叶慧文. 1998. 辽-吉南地区早元古代两种类型变质作用及其构造意义. 岩石学报, 14（2）：152~162

胡古月, 范昌福, 李延河, 侯可军, 刘燚, 陈贤. 2014a. 辽东砖庙矿区硼矿床的海相蒸发成因：来自硼、硫、碳同位素的证据. 地球学报, 35（4）：445~453

胡古月, 李延河, 范润龙, 王天慧, 范昌福, 王彦斌. 2014b. 辽东宽甸地区硼酸盐矿床成矿时代的限定：来自 SHRIMP 锆石 U-Pb 年代学和硼同位素地球化学的制约. 地质学报, 88（10）：1932~1934

胡古月, 李延河, 范昌福, 赵悦, 侯可军, 王天慧. 2015. 辽东古元古代菱镁矿矿床与硼酸盐矿床——同期异相沉积成矿探讨. 矿床地质, 34（3）：547~564

胡受奚, 赵懿英, 徐金方, 叶瑛. 1997. 华北地台金成矿地质. 北京：科学出版社

吉林省地质矿产局, 吉林省地质矿产局. 1988. 吉林省区域地质志. 北京：地质出版社

季海章, 陈衍景. 1990. 孔达岩系及其矿产. 地质与勘探，(11)：11~13

姜春潮. 1984. 再论辽东前寒武纪地层的划分和对比：辽河群一词使用的商榷. 中国地质科学院院报，(9)：157~167

姜春潮. 1987. 辽吉东部前寒武纪地质. 沈阳：辽宁科学技术出版社

姜春潮.2014a.分出辽阳群是解决辽吉东部元古宇地质问题的关键.地质论评,60(1):52~54

姜春潮.2014b.辽吉东部古元古代古元古代大陆边缘褶皱带—宽甸—草河褶皱带的形成和演化.地质论评,60(3):576~579

姜继圣.1990.孔兹岩系及其研究概况.长春地质学院学报,20(2):167~176

姜耀辉,蒋少涌,赵葵东,倪培,凌洪飞,刘敦一.2005.辽东半岛煌斑岩SHRIMP锆石U-Pb年龄及其对中国东部岩石圈减薄开始时间的制约.科学通报,50(19):2161~2168

蒋少涌,陈从喜,陈永权,姜耀辉,戴宝章,倪培.2004.中国辽东地区超大型菱镁矿矿床的地球化学特征和成因模式.岩石学报,20(4):765~772

蓝廷广,范宏瑞,胡芳芳,杨奎锋,郑小礼,张华东.2012.鲁东昌邑古元古代BIF铁矿矿床地球化学特征及矿床成因讨论.岩石学报,28(11):3595~3611

李洪奎,李逸凡,耿科,禚传源,张玉波,梁太涛,王峰.2013.鲁东地区古元古界形成的大地构造环境探讨.地质调查与研究,36(2):114~130

李三忠,杨振升,刘永江,刘俊来.1997.胶辽吉地区古元古代早期花岗岩的侵位模式及其与隆滑构造的关系.岩石学报,13(2):189~202

李三忠,刘永江,杨振升.1998.辽吉地区古元古代造山作用的大陆动力学过程及其壳内响应.地球物理学报,41(增):142~152

李永峰,谢克家,罗正传,李俊平.2013.河南舞阳铁山铁矿床地球化学特征及其环境意义.地质学报,87(9):1377~1398

李裕伟.1992.中国矿产.北京:中国建材工业出版社

李壮,陈斌,刘经纬,张璐,杨川.2015.辽东半岛南辽河群锆石U-Pb年代学及其地质意义.岩石学报,31(6):1589~1605

辽宁省地矿局.1989.辽宁省区域地质志.北京:地质出版社

林师整.1982.磁铁矿矿物化学、成因及演化的探讨.矿物学报,(3):166~174

刘福来,刘平华,王舫,刘超辉,蔡佳.2015.胶-辽-吉古元古代造山/活动带巨量变沉积岩系的研究进展.岩石学报,31(10):2816~2846

刘建辉,刘福来,丁正江,刘平华,王舫.2015.胶北地体早前寒武纪重大岩浆事件、陆壳增生及演化.岩石学报,31(10):2942~2958

刘敬党.1996.辽东-吉南地区早元古代硼镁石型硼矿床地质特征及矿床成因.化工矿产地质,18(3):207~212

刘敬党.2006.辽东地区下元古界镁硼酸盐矿床控矿模型及其勘查与评价研究.北京:中国地质大学(北京)

刘敬党,肖荣阁,王翠芝,周红春,费红彩.2005.辽宁大石桥花岗质岩石成因分析及其在硼矿勘查中的意义.吉林大学学报(地球科学版),35(6):714~719

刘敬党,肖荣阁,王文武,王翠芝.2007.辽东硼矿区域成矿模型.北京:地质出版社

刘磊,杨晓勇.2013.安徽霍邱BIF铁矿地球化学特征及其成矿意义:以班台子和周油坊矿床为例.岩石学报,29(7):2551~2566

刘守武,何先池.1985.论大石桥式菱镁矿矿石.武汉钢铁学院学报,23(2):23~50

刘树文,吕勇军,凤永刚,柳小明,闫全人,张臣,田伟.2007a.冀北红旗营子杂岩的锆石、独居石年代学及地质意义.地质通报,26(9):1086~1100

刘树文,吕勇军,凤永刚,张臣,田伟,闫全人,柳小明.2007b.冀北单塔子杂岩的地质学和锆石U-Pb年代学.高校地质学报,13(3):484~497

卢良兆,徐学纯,刘福来.1996.中国北方早前寒武纪孔兹岩系.长春:长春出版社

吕发堂,高绍强.1998.山东省前寒武纪几个基础地质问题.中国区域地质,17(4):412~417

马洪昌.1993.论粉子山群的划分与对比.山东地质,9(1):1~17

孟恩,刘福来,刘平华,刘超辉,施建荣,孔庆波,廉涛.2013.辽东半岛东北部宽甸地区南辽河群沉积时限的确定及其构造意义.岩石学报,29(7):2465~2480

亓润章.1987.霍邱群BIF成因讨论.中国地质科学院南京地质矿产研究所所刊,8(1):1-20

曲洪祥,郭伟静,张永,谭文刚,陈树良,李全林,卞雄飞.2005.辽东地区硼矿床成因探讨与硼矿远景区预测.地质与资源,14(2):131~138

邵建波,范继璋.2004.吉南珍珠门组的解体与古-中元古界层序的重建.吉林大学学报(地球科学版),34(2):161~166

沈保丰, 翟安民, 杨春亮, 曹秀兰. 2005. 中国前寒武纪铁矿床时空分布和演化特征. 地质调查与研究, 28 (4): 196~206
沈保丰, 翟安民, 杨春. 2010. 古元古代——中国重要的成矿期. 地质调查与研究, 33 (4): 241~256
沈其韩, 宋会侠. 2014. 河南鲁山原"太华岩群"的重新厘定. 地层学杂志, 38 (1): 1~7
沈其韩, 宋会侠. 2015. 华北克拉通条带状铁建造中富铁矿成因类型的研究进展、远景和存在的科学问题. 岩石学报, 31 (10): 2795~2815
苏旭亮, 刘俊, 王帅, 赵闯, 张学明, 王虎, 于洋. 2015. 胶东西部滑石矿地质特征及找矿前景分析. 中国非金属矿工业导刊, 116 (3): 28~31
孙英艳. 2015. 辽宁省海城市牌楼镇发达菱镁矿、滑石矿特征. 吉林地质, 34 (2): 81~88
汤好书, 陈衍景, 武广, 赖勇. 2008. 辽北辽河群碳酸盐岩碳氧同位素特征及其地质意义. 岩石学报, 24 (1): 129~138
汤好书, 陈衍景, 武广, 杨涛. 2009b. 辽东辽河群大石桥组碳酸盐岩稀土元素地球化学及其对 Lomagundi 事件的指示. 岩石学报, 25 (11): 3075~3093
汤好书, 陈衍景, 武广. 2009a. 辽宁后仙峪硼矿床氩-氩定年及其地质意义. 岩石学报, 25 (11): 2752~2762
汤好书, 武广, 赖勇. 2009c. 辽宁大石桥菱镁矿床的碳氧同位素组成和成因. 岩石学报, 25 (2): 455~467
陶维屏, 苏德辰. 1999. 中国的非金属矿床//吴良士, 李锦平. 21世纪能源矿产和矿产资源、矿床地质、矿产经济学. 北京: 地质出版社: 125~132
涂光炽. 1996. 关于 CO_2 若干问题的讨论. 地学前缘, 3 (3): 53~62
王长乐, 张连昌, 兰彩云, 李红中, 黄华. 2015. 山西吕梁袁家村条带状铁建造沉积相与沉积环境分析. 岩石学报, 31 (6): 1671~1693
王翠芝. 1997. 山东莱州菱镁矿地质特征及成因分析. 地质与勘, 33 (5): 16~20
王翠芝. 2007. 辽东古元古界镁质岩石成因及其对硼矿成矿的控制作用. 北京: 中国地质大学 (北京)
王翠芝, 肖荣阁, 刘敬党. 2008a. 辽东-吉南硼矿的控矿因素及成矿作用研究. 矿床地质, 27 (6): 727~741
王翠芝, 肖荣阁, 刘敬党. 2008b. 辽东硼矿的成矿机制及成矿模式. 地球科学——中国地质大学学报, 33 (6): 813~824
王惠初, 袁桂邦. 1992. 对辽南胡家—北瓦沟地区辽河群构造变形的新认识. 中国地质科学院天津地质矿产研究所文集, 26-27: 199~206
王惠初, 陆松年, 初航, 相振群, 张长捷, 刘欢. 2011. 辽阳河栏地区辽河群中变质基性熔岩的锆石 U-Pb 年龄与形成构造背景. 吉林大学学报 (地球科学版), 41 (5): 1322~1334
王惠初, 任云伟, 陆松年, 康健丽, 初航, 于宏斌, 张长捷. 2015. 辽吉古元古代造山带的地层单元划分与构造属性. 地球科学——中国地质大学学报, 36 (5): 583~598
王慧媛, 彭晓蕾. 2008. 辽宁凤城翁泉沟硼铁矿床磁铁矿的成因研究. 中国地质, 35 (6): 1299~1306
王世进, 万渝生, 张成基, 杨恩秀, 宋志勇, 王立法, 王金光. 2009. 山东早前寒武纪变质地层形成年代——锆石 SHRIMP U-Pb 测年的证据. 山东国土资源, 25 (10): 18~24
乌志明, 崔香梅, 郑绵平. 2012. 盐湖卤水蒸发浓缩过程中 pH 值变化规律研究. 无机化学学报, 28 (2): 297~301
乌志明, 李法强, 马培华. 2003. 水热合成微晶菱镁矿研究. 无机化学学报, 19 (8): 896~898
夏树屏, 童义平, 高世扬. 1995. 氯碳酸镁盐的溶解、转化机制及动力学研究. 无机化学学报, 11 (1): 8~14
夏学惠, 魏祥松. 2005. 河北丰宁招兵沟铁磷矿床地质及综合利用前景. 化工矿产地质, 27 (1): 1~5
肖荣阁, 刘敬党, 吴振, 王斌, 冯佳睿. 2007. 辽东后仙峪地区元古界超镁橄榄岩岩石学及其成因. 现代地质, 21 (4): 638~644
谢士稳, 王世进, 颉颃强, 刘守偈, 董春艳, 马铭株, 刘敦一, 万渝生. 2014. 华北克拉通胶东地区粉子山群碎屑锆石 SHRIMP U-Pb 定年. 岩石学报, 30 (10): 2989~2998
邢凤鸣, 任思明. 1984. 皖西霍邱群条带状硅铁建造成因雏议. 地质学报, 58 (1): 35~48
徐国风, 邵洁涟. 1979. 磁铁矿的标型特征及其实际意义. 地质与勘探, (3): 30~37
杨长秀. 2008. 河南鲁山地区早前寒武纪变质岩系的锆石 SHRIMP U-Pb 年龄、地球化学特征及环境演化. 地质通报, 27 (4): 517~533
杨春亮, 沈保丰, 宫晓华. 2005. 我国前寒武纪非金属矿产的分布及其特征. 地质调查与研究, 28 (4): 257~264
杨晓勇, 王波华, 杜贞保, 王启才, 王玉贤, 涂政标, 张文利, 孙卫东. 2012. 论华北克拉通南缘霍邱群变质作用、形成时代及霍邱 BIF 铁矿成矿机制. 岩石学报, 28 (11): 3476~3496
杨振升, 刘俊来. 1989. 辽东早元古宙变质岩系中的一个推覆构造——青城子褶皱推覆构造. 长春地质学院学报, 19 (2): 121~129

姚志宏, 孙鹏慧, 刘长纯. 2014. 辽宁省铧子峪菱镁矿地质特征及成矿模式. 地质与资源, 23 (2): 126~136
于志臣. 1996. 胶北西部平度、莱州一带粉子山群研究新进展. 山东地质, 12 (1): 24~34
张连昌, 翟明国, 万渝生, 郭敬辉, 代堰锫, 王长乐, 刘利. 2012. 华北克拉通前寒武纪 BIF 铁矿研究: 进展与问题. 岩石学报, 28 (11): 3431~3445
张秋生. 1984. 中国早前寒武纪地质及成矿作用. 长春: 吉林人民出版社
张秋生, 杨振升, 王有爵. 1988. 辽东半岛早期地壳与矿床. 北京: 地质出版社
张伟, 杨瑞东, 毛铁, 任海利, 高军波, 陈吉艳. 2015. 瓮安埃迪卡拉系灯影组叠层石磷块岩形成环境及成矿机制. 高校地质学报, 21 (2): 186~195
张艳飞, 刘敬党, 肖荣阁, 王生志, 王瑾, 包德军. 2010. 辽宁后仙峪硼矿区古元古代电气石岩: 锆石特征及 SHRIMP 定年. 地球科学——中国地质大学学报, 35 (6): 985~999
赵东旭. 1982. 东焦式磷矿的时代和成因探讨. 地质科学, (4): 386~394
赵振华. 2010. 条带状铁建造 (BIF) 与地球大氧化事件. 地学前缘, 17 (2): 1~12
赵正, 白鸽, 王登红, 陈毓川, 徐志刚. 2014. 中国成菱镁矿区带与关键科学问题. 地质学报, 88 (12): 2326~2338
郑绵平, 刘喜方. 2010. 青藏高原盐湖水化学及其矿物组合特征. 地质学报, 84 (11): 1585~1600
中华人民共和国国土资源部. 2001. 2000 年中国国土资源报告. 北京: 地质出版社
朱今初, 张富生. 1987. 山西袁家村矿区前寒武纪铁矿的形成条件. 矿床地质, 6 (1): 11~21
朱上庆. 1982. 中国层状磷酸盐矿床的地质特征. 地球科学——中国地质大学学报, (1): 157~166
朱文祥. 2006. 无机化合物制备手册. 北京: 化学工业出版社
Alexander B W, Bau M, Andersson P, Dulski P. 2008. Continentally-derived solutes in shallow Archean seawater: rare earth element and Nd isotope evidence in iron formation from the 2.9 Ga Pongola Supergroup, South Africa. Geochimica Cosmochimica Acta, 72 (2): 378~394
Alexandrov E A. 1973. The precabrian banded iron-formations of the Soviet Union. Economic Geology, 68 (7): 1035~1063
Alibo D S, Nozaki Y. 1999. Rare earth elements in seawater: particle association, shale-normalization, and Ce oxidation. Geochimica Cosmochimica Acta, 63 (3-4): 363~372
Anirudhan S, Prasannakumar V. 2004. Tectono-climatic implications of the dolomite hosted magnesite mineralisation in the Proterozoic Cudappah bsasin, South India. Acta Pretrologica Sinica, 20 (4): 817~820
Annersten H. 1968. A mineral chemical study of a metamorphosed iron formation in northern Sweden. Lithos, 1 (4): 374~397
Awramik S M, Schopf J W, Walter M R. 1983. Filamentous fossil bacteria from the Archean of western Australia. Precambrian Research, 20 (2): 357~374
Babinski M, Chemale F Jr, Van Schmus W R. 1995. The Pb/Pb age of the Minas Supergroup carbonate rocks, Quadrilátero Ferrífero, Brazil. Precambrian Research, 72 (3): 235~245
Bau M, Dulski P. 1996. Distribution of yttrium and rare-earth elements in the Penge and Kuruman iron-formations, Transvaal Supergroup, South Africa. Precambrian Research, 79 (1-2): 37~55
Bau M, Dulski P. 1999. Comparing yttrium and rare earths in hydrothermal fluids from the Mid-Atlantic Ridge: implications for Y and REE behaviour during near-vent mixing and for the Y/Ho ratio of Proterozoic seawater. Chemical Geology, 155 (1-2): 77~90
Bayley R W, James H L. 1973. Precambrian iron-formations of the United States. Economic Geology, 68 (7): 934~959
Bekker A, Kaufman A J, Karhu J A, Beukes N J, Swart Q D, Coetzee L L, Eriksson K A. 2001. Chemostratigraphy of the Paleoproterozoic Duitschland Formation, South Africa: implications for coupled climate change and carbon cycling. American Journal of Science, 301 (3): 261~285
Bekker A, Kaufman A J, Karhu J A, Eriksson K A. 2005. Evidence for Paleoproterozoic cap carbonates in North America. Precambrian Research, 137 (3): 167~206
Bekker A, Karhu J A, Kaufman A J. 2006. Carbon isotope record for the onset of the Lomagundi carbon isotope excursion in the Great Lakes area, North America. Precambrian Research, 148 (1): 145~180
Bekker A, Slack J F, Planavsky N, Krapež B, Hofmann A, Konhauser K O, Rouxel O J. 2010. Iron formation: the sedimentary product of a complex interplay among mantle, tectonic, oceanic, and biospheric processes. Economic Geology, 107 (2): 467~508
Bolhar R, Kamber B S, Moorbath S, Fedo C M, Whitehouse M J. 2004. Characterisation of early Archaean chemical sediments by trace element signatures. Earth and Planetary Science Letters, 222 (1): 43~46

Cameron E M, Garrels R M. 1980. Geochemical compositions of some Precambrian shales from the Canadian shield. Chemical Geology, 28 (3-4): 181~197

Canfield D E. 2005. The early history of atmospheric oxygen: homage to Robert M. Garrels. Annual Review of Earth and Planetary Sciences, 33: 1~36

Cenki B, Braun I, Bröcker M. 2004. Evolution of the continental crust in the Kerala Khondalite Belt, southernmost India: evidence from Nd isotope mapping, U-Pb and Rb-Sr geochronology. Precambrian Research, 134 (3-4): 275~292

Chen C X, Cai K Q. 2000. Minerogenic system of magnesian nonmetalliic deposits in Early Proterozoic Mg-rich carbonate formations in eastern Liaoning Province. Acta Geologica Sinica, 74: 623~631

Chen C X, Lu A H, Cai K Q, Zhai Y S. 2002. Sedimentary characteristics of Mg-rich carbonate formations and minerogenic fluids of magnesite and talc occurrences in Paleoproterozoic in eastern Liaoning Province, China. Science in China (Series B), 45 (sup.): 84~92

Chen Y J, Su S G. 1998. Catastrophe in geological environment at 2300 Ma. Goldschmidt Conference Toulouse 1998. Mineralogical Magazine, 62A (1): 320~321

Chen Y J, Tang H S. 2016. The Great Oxidation Event and Its Records in North China Craton. In: Zhai M G, Zhao Y, Zhao T P (eds.). Main Tectonic Events and Metallogeny of the North China Craton. Berlin: Springer-Verlag: 281~304

Chen Y J, Zhao Y C. 1997. Geochemical characteristics and evolution of REE in the Early Precambrian sediments: evidences from the southern margin of the North China Craton. Episodes, 20 (2): 109~116

Chen Y J, Hu S X, Lu B. 1998. Contrasting REE geochemical features between Archean and Proterozoic khondalite series in North China Craton. Goldschmidt Conference Toulouse 1998. Mineralogical Magazine, 62A (1): 318~319

Church W R, Coish R A. 1976. Oceanic Versus Island arc origin of ophiolites. Earth and Planetary Science Letters, 31 (1): 8~14

Cloud P E. 1968. Atmospheric and hydrospheric evolution on the primitive earth. Science, 160 (3829): 729~736

Cloud P E. 1973. Paleoecological significance of the Banded Iron-Formation. Economic Geology, 68 (7): 1135~1143

Cloud J P E, Semikhatov M A. 1969. Proterozoic stromatolite zonation. American Journal of Science, 267 (9): 1017~1061

Condie K C. 1993. Chemical composition and evolution of the upper continental crust: contrasting results from surface samples and shales. Chemical Geology, 104 (1-4): 1~37

Condie K C, Wilks M, Rosen D M, Zlobin V L. 1991. Geochemistry of meta-sediments from the Precambrian Hapschan Series, eastern Anabar Shield, Siberia. Precambrian Research, 50 (1-2): 37~47

Condie K C, DesMarais D J, Abbott D. 2001. Precambrian superplumes and supercontinents: A record in black shales, carbon isotopes, and paleoclimates? Precambrian Research, 106 (3): 239~260

Dimroth E. 1981. Labrador Geosyncline: Type example of early Proterozoic cratonic reactivation. In: Kroner A (ed.). Precambrian Plate Tectonics: 1~238

Diwu C R, Sun Y, Lin C L, Wang H L. 2010. LA-(MC)-ICP-MS U-Pb zircon geochronology and Lu-Hf isotope compositions of the Taihua complex on the southern margin of the North China Craton. Chinese Science Bulletin, 55 (23): 2557~2571

Douville E, Bienvenu P, Charlou J L, Donval J P, Fouquet Y, Appriou P, Gamo T. 1999. Yttrium and rare earth elements in fluids from various deep-sea hydrothermal systems. Geochim. Cosmochim. Acta, 63 (5): 627~643

Dupuis C, Beaudoin G. 2011. Discriminant diagrams for iron oxide trace element fingerp1rinting of mineral deposit types. Mineralium Deposita, 46 (4): 319~335

Ebner F, Prochaska W, Troby J, Azim Zadeh A M. 2004. Carbonate hosted sparry magnesite of the Greywacke zone, Austria/Eastern Alps. Acta Petrologica Sinica, 20 (4): 791~802

Elliott T. 2003. Tracers of the slab. Geophysical Monograph Series, 138: 23~45

Endo I, Hartmann L A, Suita M T F, Santos J O S, Frantz J C, McNaughton N J, Barley M E, Carneiro M A. 2002. Zircon SHRIMP isotopic evidence for Neoarchaean age of the Minas Supergroup, Quadrilátero Ferrífero, Minas Gerais. In: Congresso Brasileiro de Geologia. Sociedade Brasileira de Geologia, João Pessoa. Anais, 518

Eriksson K A, Truswell J F. 1978. Geological process and atmospheric evolution in the Precambrian. In: Tarling D H C (ed.). Evolution of the Earth's Crust. London: Academic Press: 219~238

Faure M, Lin W, Monie P, Bruguier O. 2004. Palaeoproterozoic arc magmatism and collision in Liaodong Peninsula (north-east China). Terra Nova, 16 (2): 75~80

Feulner G, Hallmann C, Kienert H. 2015. Snowball cooling after algal rise. Nature Geoscience, 8 (9): 659~662

Frei R, Polat A. 2007. Source heterogeneity for the major components of ~ 3.7 Ga banded iron formations (Isua Greenstone Belt, Western Greenland): tracing the nature of interacting water masses in BIF formation. Earth and Planetary Science Letters, 253 (1): 266~281

Frei R, Dahl P S, Duke E F, Frei K M, Hansen T R, Frandsson M M, Jensen L A. 2008. Trace element and isotopic characterization of Neoarchean and Paleoproterozoic iron formations in the Black Hills (South Dakota, USA): Assessment of chemical change during 2.9-1.9 Ga deposition bracketing the 2.4-2.2Ga first rise of atmospheric oxygen. Precambrian Research, 162 (3): 441~474

Frei R, Gaucher C, Poulton S W, Canfield D E. 2009. Fluctuations in Precambrian atmospheric oxygenation recorded by chromium isotopes. Nature, 461 (7261): 250~253

Garrels R M, Perry E A Jr, Mackenzie F T. 1973. Genesis of Precambrian Iron-formation and the development of atmospheric oxygen. Economic Geology, 68 (7): 1173~1179

Gaucher C, Blanco G, ChiglinoL, Poiré D, Germs G J B. 2008. Acritarchs of Las Ventanas Formation (Ediacaran, Uruguay): Implications for the timing of coeval rifting and glacial events in western Gondwana. Gondwana Research, 13 (4): 488~501

Geske A, Goldstein R H, Mavromatis V, Richter D K, Buhl D, Kluge T, John C M, Immenhauser A. 2015. The magnesium isotope ($\delta^{26}Mg$) signature of dolomites. Geochimica et Cosmochimica Acta, 149 (11): 131~151

Goodwin A M. 1991. Precambrian Geology. London: Academic Press

Gross G A. 1980. A classification of iron formations based on depositional environments. Candian Mineralogist, 18 (1): 215~222

Gross G A. 1983. Tectonic systems and the deposition of iron-formation. Precambrian Research, 20 (2): 171~187

Hanchar J M, Rundnick R L. 1995. Revealing hidden structures: the application of cathodolum-inescene and back-scattered electron imaging to dating zircons from lower crustal xenoliths. Lithos, 36 (3): 289~303

Holland H D. 1994. Early Proterozoic atmospheric change. In: Bengston S (ed.). Early Life on Earth. Nobel Symposium No. 84. New York: Columbia University Press: 237~244

Holland H D. 1999. When did the Earth's atmosphere become oxic? A Reply. The Geochemical News, 100: 20~22

Holland H D. 2009. Why the atmosphere became oxygenated: A proposal. Geochimica et Cosmochimica Acta, 73 (18): 5241~5255

Horstmann U E, Hälbich I W. 1995. Chemical composition of banded iron-formations of the Griqualand West Sequence, Northern Cape Province, South Africa, in comparison with other Precambrian iron formations. Precambrian Research, 72 (1-2): 109~145

Hu G Y, Li Y H, Fan C F, Hou K J, Zhao Y, Zeng L S. 2015. In situ LA-MC-ICP-MS boron and zircon U-Pb age determinations of Paleoproterozoic borate deposits in Liaoning Province, northeastern China. Ore Geology Reviews, 65: 1127~1141

Huang X L, Wilde S A, Zhong J W. 2013. Episodic crustal growth in the southern segment of the Trans-North China Orogen across the Archean-Proterozoic boundary. Precambrian Research, 233 (3): 337~357

Huston D L, Logan G A. 2004. Barite, BIFs and bugs: evidence for the evolution of the Earth's early atmosphere. Earth and Planetary Science Letters, 220 (1-2): 41~55

Isley A E, Abbott D H. 1999. Plume-related mafic volcanism and the deposition of banded iron formation. Journal of Geophysical Resarch: Solid Earth, 104 (B7): 15461~15477

Jiang S Y, Palmer M R, Peng Q M, Yang J H. 1997. Chemical and stable isotopic compositions of Proterozoic metamorphosed evaporites and associated tourmalines from the Houxianyu borate deposit, eastern Liaoning, China. Chemical Geology, 135 (3): 189~211

Jiang S Y, Chen C X, Chen Y Q, Jiang Y H, Dai B Z, Ni P. 2004. Geochemistry and genetic model for the giant magnesite deposits in the eastern Liaoning province, China. Acta Petrologica Sinica, 20 (4): 765~772

Jiang Z S, Wang G D, Xiao L L, Diwu C R, Lu J S, Wu C M. 2011. Paleoproterozoic metamorphic P-T-t path and tectonic significance of the Luoning metamor-phic complex at the southern terminal of the Trans-North China Orogen, Henan Province. Acta Petrologica Sinica, 27 (12): 3701~3717

Kanzaki Y, Murakami T. 2016. Estimates of atmospheric O_2 in the Paleoproterozoic from paleosols. Geochimica et Cosmochimica Acta, 174: 263~290

Karhu J A, Holland H D. 1996. Carbon isotopes and the rise of atmospheric oxygen. Geology, 24 (10): 867~870

Karhu J A. 1993. Palaeoproterozoic evolution of the carbon isotope ratios of sedimentary carbonates in the Fennoscandian Shield. Geological Survvey of Finland Bulletin, 371: 1~87

Kato Y, Ohta I, Tsunematsu T, Watanabe Y, Isozaki Y, Maruyama S, Imai N. 1998. Rare earth element variations in mid-Archean banded iron formations: implications for the chemistry of ocean and plate tectonics. Geochimica et Cosmochimica Acta, 62 (21-22): 3475~3497

Klein C. 1983. Diagenesis and metamorphism of Precambrian banded iron-formations. In: Trendall A F, Morris R C (eds.). Iron-formation: Facts and Problems. New York: Elsevier science publishing Inc.: 417~469

Klein C. 2005. Some Precambrian banded iron-formations (BIFs) from around the world: their age, geologic setting, mineralogy, metamorphism, geochemistry, and origin. American Mineralogist, 90: 1473~1499

Knoll A H, Strother P K, Rossi S. 1988. Distribution and diagenesis of microfossils from the lower Proterozoic Duck Creek Dolomite, Western Australia. Precambrian Research, 38 (3): 257~279

Konhauser K O, Pecoits E, Lalonde S V, Papineau D, Nisbet E G, Barley M E, Arndt N T, Zahnle K, Kamber B S. 2009. Oceanic nickel depletion and a methanogen famine before the Great Oxidation Event. Nature, 458 (7239): 750~753

Konhauser K O, Lalonde S V, Planavsky N J, Pecoits E, Lyons T W, Mojzsis S J, Rouxel O J, Barley M E, Rosière C, Fralick P W, Kump L R, Bekker A. 2011. Aerobic bacterial pyrite oxidation and acid rock drainage during the Great Oxidation Event. Nature, 478 (7369): 369~373

Krupenin M T. 2004. Y/Ho ratio as genetic indicator of sparry magnesites in south Urals, Russia. Acta Petrologica Sinica, 20 (4): 803~816

Kump L R, Barley M E. 2007. Increased subaerial volcanism and the rise of atmospheric oxygen 2.5 billion years ago. Nature, 448 (7157): 1033~1036

Lai Y, Chen C, Tang H S. 2012. Paleoproterozoic Positive $\delta^{13}C$ Excursion in Henan, China. Geomicrobiology Journal, 29 (3): 287~298

Lan T G, Fan H R, Hu F F, Yang K F, Cai Y C, Liu Y S. 2014a. Depositional environment and tectonic implications of Paleoproterozoic BIF in the Changyi area, eastern North China Craton: evidence from geochronology and geochemistry of wallrocks. Ore Geology Reviews, 63 (1): 52~72

Lan T G, Fan H R, Santosh M, Hu F F, Yang K F, Yang Y H, Liu Y S. 2014b. U-Pb zircon chronology, geochemistry and isotopes of the Changyi banded iron forma-tion in eastern Shandong Province: constraints on BIF genesis and implications for Paleoproterozoic tectonic evolution of the North China Craton. Ore Geology Reviews, 56 (1): 472~486

Lan T G, Fan H R, Yang K F, Cai Y C, Wen B J, Zhang W. 2015. Geochronology, mineralogy and geochemistry of alkali-feldspargranite and albite granite association from the Changyi area of Jiao-Liao-Ji Belt: Implications for Paleoproterozoic rifting of eastern North China Craton. Precambrian Research, 266: 86~107

Li S Z, Zhao G C. 2007. SHRIMP U-Pb zircon geochronology of the Liaoji granitoids: constraints on the evolution of the Paleoproterozoic Jiao-Liao-Ji belt in the Eastern Block of the North China Craton. Precambrian Research, 158: 1~16

Li S Z, Zhao G C, Sun M, Han Z Z, Luo Y, Hao D F, Xia X P. 2005. Deformation history of the Paleoproterozoic Liaohe assemblage in the eastern block of the North China Craton. Journal of Asian Earth Sciences, 24: 659~674

Li S Z, Zhao G C, Sun M, Han Z Z, Zhao G T, Hao D F. 2006. Are the South and North Liaohe Groups of the North China Craton different exotic terranes? Nd isotope constraints. Gondwana Research, 9: 198~208

Li Y Y, Luo Y Q, Dongye M X, Bi R F, Zhou M J, Wang C W. 1994. Phosphorus deposits in China. In: Song S H (ed.). Ore Deposits of China, Volume 3. Beijing: China Geological Publishing House: 1~59

Li Z, Chen B. 2014. Geochronology and geohemistry ofthe Paleoproterozoic meta-basalts from the Jiao-Liao-Ji Belt, North China Craton: Implications for petrogenesis and tectonic setting. Precambrian Research, 255: 653~676.

Liu D Y, Nutman A P, Compston W, Wu J S, Shen Q H. 1992. Remnants of ≥3800 Ma crust in the Chinese part of the Sino-Korean craton. Geology, 20 (4): 339~342

Liu L, Yang X Y. 2015. Temporal, environmental and tectonic significance of the Huoqiu BIF, southeastern North China Craton: Geochemical and geochronological constraints. Precambrian Research, 261: 217~233

Liu L, Yang X Y, Santosh M, Aulbach S, Zhou H Y, Geng J S, Sun W D. 2015a. Neoproterozoic intraplate crustal accretion on the northern margin of the Yangtze Block: Evidence from geochemistry, zircon SHRIMP U-Pb dating and Hf isotopes from the Fuchashan Complex. Precambrian Research, 268: 97~114

Liu L, YangX Y, Santosh M, Aulbach S. 2015b. Neoarchean to Paleoproterozoic continental growth in the southeastern margin of the North China Craton: Geochemical, zircon U-Pb and Hf isotope evidence from the Huoqiu complex. Gondwana Research, 28 (3): 1002~1018

Liu L, Yang X Y, Santosh M, Zhao G C, Aulbach S. 2016. U-Pb age and Hf isotopes of detrital zircons from the Southeastern North China Craton: Meso-to Neoarchean episodic crustal growth in a shifting tectonic regime. Gondwana Research, 35: 1~14

Lu J S, Wang G D, Wang H, Chen H X, Wu C M. 2013. Metamorphic P-T-t paths retrieved from the amphibolites, Lushan terrane, Henan Province and reappraisal of the Paleoproterozoic tectonic evolution of the Trans-North China Orogen. Precambrian Research, 238: 61~77

Lu J S, Wang G D, Wang H, Chen H X, Wu C M. 2014. Palaeoproterozoic metamorphic evolution and geochronology of the Wugang block, southeastern terminal of the Trans-North China Orogen. Precambrian Research, 251: 197~211

Lu X P, Wu F Y, Guo J H, Wilde S A, Yang J H, Liu X M, Zhang X O. 2006. Zircon U-Pb geochronological constraints on the Paleoproterozoic crustal evolution of the Eastern Block in the North China Craton. Precambrian Research, 146 (3): 138~164

Luo Y, Sun M, Zhao G C, Li S Z, Xu P, Ye K, Xia X P. 2004. LAMC-ICP-MS U-Pb zircon ages of the Liaohe Group in the Eastern Block of the North China Craton: Constraints on the evolution of the Jiao-Liao-Ji Orogen. Precambrian Research, 134: 349~371

Luo Y, Sun M, Zhao G C, Ayers J C, Li S Z, Xia X P, Zhang J H. 2008. A comparison of U-Pb and Hf isotopic compositions of detrital zircons from the North and South Liaohe Group: constraints on the evolution of the Jiao-Liao-Ji Belt, North China Craton. Precambrian Research, 163: 279~306

Lyons T W, Reinhard C T. 2009. Early Earth: oxygen for heavy-metal fans. Nature, 461 (7261): 179~181

Maibam B, Sanyal P, Bhattacharya S. 2015. Geochronological study of metasediments and carbon isotopes in associated graphites from the Sargur area, Dharwar craton: Constraints on the age and nature of the protoliths. Journal of the Geological Society of India, 85 (5): 577~585

Martin H, Smithies R H, Rapp R, Moyen J F, Champion D. 2005. An overview of adakite, tonalite-trondhjemite-granodiorite (TTG), and sanukitoid: relationships and some implications for crustal evolution. Lithos, 79 (1): 1~24

Mavromatis V, Pearce C R, Shirokova L S, Bundeleva I A, Pokrovsky O S, Benezeth P, Oelkers E H. 2012. Magnesium isotope fractionation during hydrous magnesium carbonate precipitation with and without cyanobacteria. Geochimica et Cosmochimica Acta, 76 (1): 161~174

Mavromatis V, Meister P, Oelkers E H. 2014. Using stable Mg isotopes to distinguish dolomite formation mechanisms: A case study from the Peru Margin. Chemical Geology, 385: 84~91

McLennan S B. 1989. Rare earth elements in sedimentary rocks: Influence of provenance and sedimentary processes. In: Lipin B R, McKay G A (eds.). Geochemistry and Mineralogy of the Rare Earth Elements. Mineralogical Society of America, 21 (1): 169~200

Melezhik V A, Fallick A E. 1996. A widespread positive $\delta^{13}C_{carb}$ anomaly at 2.33-2.06 Ga on the Fennoscandian Shield: A paradox? Terra Nova Research, 8 (2): 141~157

Melezhik V A, Fallick A E, Makarikhin V V, Lubtsov V V. 1997a. Links between Palaeoproterozoic palaeogeography and rise and decline of stromatolites: Fennoscandian Shield. Precambrian Research, 82 (3-4): 311~348

Melezhik V A, Fallick A E, Semikhatov M A. 1997b. Could stromatolite-forming cyanobacteria have influenced the global carbon cycle at 2300-2060 Ma? Norges Geologiske Undersøkelse Bulletin, 433: 30~31

Melezhik V A, Fallick A E, Medvedev P V, Makarikhin V V. 1996. Carbonate rocks of Karelia: geochemistry and carbonoxygen isotope systematics in the Jatulian stratotype and potential for magnesite deposits. Norges geologiske undersøkelse, Open Report, 96 (86): 61

Melezhik V A, Fallick A E, Filippov M M, Larsen O. 1999a. Karelian shungite-an indication of 2.0-Ga-old metamorphosed oil-shale and generation of petro-leum: geology, lithology and geochemistry. Earth-Science Reviews, 47 (1-2): 1~40

Melezhik V A, Fallick A E, Medvedev P V, Makarikhin V V. 1999b. Extreme 13Ccarb enrichment in ca. 2.0 Ga magnesite-stromatolite-dolomite-'red beds' association in a global context: A case for the worldwide signal enhanced by a local environment. Earth-Science Reviews, 48 (1-2): 71~120

Melezhik V A, Fallick A E, Medvedev P V, Makarikhin V V. 2000. Palaeoproterozoic magnesite-stromatolite-dolostone-red bed association, Russian Karelia: palaeoenvironmental constraints on the 2.0 Ga positive carbon isotope shift. Norsk Geologisk Tidsskrift, 80 (3): 163~186

Melezhik V A, Fallick A E, Medvedev P V et al. 2001. Palaeoproterozoic magnesite: lithological and isotopic evidence for playa/sabkha environments. Sedimentology, 48 (2): 379~397

Meng E, Liu F L, Cui Y, Cai J. 2013. Zircon U-Pb and Lu-Hf isotopic and wholerock geochemical constraints on the protolith and tectonic history of the Changhai metamorphic supracrustal sequence in the Jiao-Liao-Ji Belt, southeast Liaoning Province, northeast China. Precambrian Research, 233 (3): 297~315

Meng E, Liu F L, Liu P H, Liu C H, Yang H, Wang F, Shi J R, Cai J. 2014. Petrogenesis and tectonic implications of Paleoproterozoic meta-mafic rocks from central Liaodong Peninsula, Northeast China: Evidence from zircon U-Pb dating and in situ Lu-Hf isotopes, and whole-rock geochemistry. Precambrian Research, 247: 92~109

Morey G B, Southwick D L. 1995. Allostratigraphic relationships of Early Proterozoic iron-formations in the Lake Superior region. Economic Geology, 90 (7): 1983~1993

Nadoll P, Angerer T, Mauk J L, French D, Walshe J. 2014. The chemistry of hydrothermal magnetite: A review. Ore Geology Reviews, 61 (5): 1~32

Nozaki Y, Alibo D S, Amakawa H, Gamo T, Hasumoto H. 1999. Dissolved rare earth elements and hydrography in the Sulu Sea. Geochimica et Cosmochimica Acta, 63 (15): 2171~2181

Németh Z, Prochaska W, Radvanec M, Kováčik M, Madarás J, Koděra P, Hraško L. 2004. Magnesite and talc origin in the sequence of geodynamic events in Veporicum, Inner Western Carpathians, Slovakia. Acta Pretrologica Sinica, 20 (4): 837~854

Pearce C R, Saldi G D, Schott J, Oelkers E H. 2012. Isotopic fractionation during congruent dissolution, precipitation and at equilibrium: Evidence from Mg isotopes. Geochimica et Cosmochimica Acta, 92 (9): 170~183

Pearce J A, Harris N B W, Tindle A G. 1984. Trace element discrimination diagrams for the tectonic interpretation of granitic rocks. Journal of Petrology, 25 (4): 956~983

Pearce T H, Gorman B E, Birkett T C. 1975. The TiO_2-K_2O-P_2O_5 diagram: A method of discrimination between oceanic and non-oceanic basalts. Earth and Planetary Science Letters, 24 (3): 419~426

Pecoits E, Gingras M K, Barley M E, Kappler A, Posth N R, Konhauser K O. 2009. Petrography and geochemistry of the Dales Gorge banded iron formation: paragenetic sequence, source and implications for palaeo-ocean chemistry. Precambrian Research, 172 (1): 163~187

Peng Q M, Palmer M R. 1995. The Paleoproterozoic boron deposits in eastern Liaoning, China: a metamorphosed evaporite. Precambrian Research, 72: 185~197

Peter J M. 2003. Ancient iron formations: their genesis and use in the exploration for stratiform base metal sulphide deposits, with examples from the Bathurst Mining Camp. GeoText, 4: 145~176

Pickard A L. 2002. SHRIMP U-Pb zircon ages of tuffaceous mudrocks in the Brockman Iron Formation of the Hamersley Range, Western Australia. Australian Journal of Earth Sciences, 49 (3): 491~507

Pinilla C, Blanchard M, Balan E, Natarajan S K, Vuilleumier R, Maur F. 2015. Equilibrium magnesium isotope fractionation between aqueous Mg^{2+} and carbonate minerals: Insights from path integral molecular dynamics. Geochimica et Cosmochimica Acta, 163: 126~139

Poldervaart A, Hess H H. 1951. Pyroxenes in the crystallization of basaltic magma. Journal of Geology, 59 (5): 472~489

Purohit R, Sanyal P, Roy A B, Bhattacharya S K. 2010. ^{13}C enrichment in the Palaeoproterozoic carbonate rocks of the Aravalli Supergroup, northwest India: Influence of depositional environment. Gondwana Research, 19 (2): 538~546

Radvanec M, Koděra P, Prochaska W. 2004. Mg replacement at the Gemersk Poloma talc-magnesite deposit, Western Carpathians, Slovakia. Acta Pretrologica Sinica, 20 (4): 773~790

Ray J S, Veizer W J, Davis. 2003. C, O, Sr and Pb isotope systematics of carbonate sequences of the Vindhyan Supergroup, India: Age, diagenesis, correlations and implications for global events. Precambrian Research, 121 (1): 103~140

Rickwood P C. 1989. Boundary lines within petrologic diagrams which use oxides of major and minor elements. Lithos, 22 (4): 247~263

Roy S, Venkatesh A. 2009. Mineralogy and geochemistry of banded iron formation and iron ores from eastern India with implications on their genesis. Journal of Earth System Science, 118 (6): 619~641

Rudnick R L, Gao S. 2003. Composition of the continental crust. Treatise on Geochemistry, 3: 1~64

RumbleIII D. 1973. Fe-Ti oxide minerals from regionally metamorphosed quartzites of western New Hampshire. Contributions to Mineralogy and Petrology, 42 (3): 181~195

Rustad J R, Csey W H, Yin Q Z, Bylaska E J, Felmy A R, Bogatko S A, Jackson V E, Dixon D A. 2010. Isotopic fractionation of Mg^{2+}, Ca^{2+}, and Fe^{2+} with carbonate minerals. Geochimica et Cosmochimica Acta, 74 (22): 6301~6323

Rye R, Holland H D. 1998. Paleosols and the evolution of atmospheric oxygen: A critical review. American Journal of Science,

298 (8): 621~672

Salop L J. 1977. Precambrian of the Northern Hemisphere. Amsterdam: Elsevier Press

Santosh M, Liu D, Shi Y, Liu S J. 2013. Paleoproterozoic accretionary orogenesis in the North China Craton: a SHRIMP zircon study. Precambrian Research, 227: 29~54

Sanyal P, Acharya B C, Bhattacharya S K, Sarkar A, Agrawal S, Bera M K. 2009. Origin of graphite, and temperature of metamorphism in Precambrian Eastern Ghats Mobile Belt, Orissa, India: A carbon isotope approach. Journal of Asian Earth Sciences, 36 (2-3): 252~260

Satish-Kumar M, Yurimoto H, Itoh S, Cesare B. 2011. Carbon isotope anatomy of a single graphite Crystal in a metapelitic migmatite revealed by high-spatial resolution SIMS analysis. Contributions to Mineralogyand Petrology, 162 (4): 821~834

Schidlowski M. 1988. A 3800-million-year isotopic record of life from carbon in sedimentary rocks. Nature, 333 (6171): 313~318

Schidlowski M. 2001. Carbon isotopes as biogeochemical recorders of life over 3.8 Ga of Earth history: Evolution of a concept. Precambrian Research, 106 (1): 117~134

Schidlowski M, Eichmann R, Junge C E. 1975. Precambrian sedimentary carbonates: carbon and oxygen isotope geochemistry and implications for the terrestrial oxygen budget. Precambrian Research, 2 (1): 1~69

Schneider D A, Bickford M E, Cannon W F, Schulz K J, Hamilton M A. 2002. Age of volcanic rocks and syndepositional iron formations, Marquette Range Supergroup: Implications for the tectonic setting of Paleoproterozoic iron formations of the Lake Superior region. Canadian Journal of Earth Sciences, 39 (6): 999~1012

Schopf J W. 1977. Evidences of Archean life. In: Ponnamperuam C (ed.). Chemical evolution of the early Precambrian. New York: Academic Press: 101~105

Schröder S, Bekker A, Beukes N J, Strauss S, van Niekerk H S. 2008. Rise in seawater sulphate concentration associated with the Paleoproterozoic positive carbon isotope excursion: evidence from sulphate evaporites in the 2.2-2.1 Gyr shallowmarine Lucknow Formation, South Africa. Terra Nova, 20 (2): 108~117

Shan H X, Zhai M G, Oliveira E P, Santosh M, Wang F. 2015. Convergent margin magmatism and crustal evolution during Archean-Proterozoic transition in the Jiaobei terrane: Zircon U-Pb ages, geochemistry, and Nd isotopes of amphibolites and associated grey gneisses in the Jiaodong complex, North China Craton. Precambrian Research, 264: 98~118

Shirokova L S, Mavromatis V, Bundeleva I A, Pokrovsky O S, Benezeth P, Gerard E, Pearce C R, Oelkers E H. 2013. Using Mg isotopes to trace cyanobacterially mediated magnesium carbonate precipitation in alkaline lakes. Aquatic Geochemistry, 19 (1): 1~24

Sholkovitz E R, Landing W M, Lewis B L. 1994. Ocean particle chemistry: The fractionation of rare earth elements between suspended particles and seawater. Geochimica et Cosmochimica Acta, 58 (6): 1567~1579

Sreenivas B, Sharma D S, Kumar B, Patil D J, Roy A B, Srinivasan R. 2001. Positive $\delta^{13}C$ excursion in carbonate and organic fractions from the Paleoproterozoic Aravalli Supergroup, Northwestern India. Precambrian Research, 106 (3): 277~290

Sun M, Armstrong R L, Lambert R S, Jiang C C, Wu J H. 1993. Petrochemisry and Sr, Pb and Nd isotopic geochemistry of the Paleoproterozoic Kuandian complex, the eastern Liaoning Province, China. Precambrian Research, 62: 171~190

Sun S S, McDonough W F. 1989. Chemical and isotopic systematic of oceanic basalts: implications for mantle composition and process. In: Saunders A D, Norry M J (eds.). London: "Magmatism in the Ocean Basins" Geological Society Special Publication, 42: 313~345

Tang H S, Chen Y J. 2013. Global glaciations and atmospheric change at ca. 2.3 Ga. Geoscience Frontiers, 4 (5): 583~596

Tang H S, Chen Y J, Wu G, Lai Y. 2011. Paleoproterozoic positive d13Ccarb excursion in northeastern Sino-Korean craton: Evidence of the Lomagundi Event. Gondwana Research, 19 (2): 471~481

Tang H S, Chen Y J, Santosh M, Zhong H, Wu G, Lai Y. 2013a. C-O isotope geochemistry of the Dashiqiao magnesite belt, North China Craton: Implications for the Great Oxidation Event and ore genesis. Geological Journal, 48 (5): 467~483

Tang H S, Chen Y J, Santosh M, Zhong H, Yang T. 2013b. REE geochemistry of carbonates from the Guanmenshan Formation, Liaohe Group, NE Sino-Korean Craton: Implications for seawater compositional change during the Great Oxidation Event. Precambrian Research, 227 (1): 316~336

Tang H S, Chen Y J, Li K Y, Chen W Y, Zhu X Q, Ling K Y, Sun X H. 2016. Early Paleoproterozoic Metallogenic Explosion in North China Craton. In: Zhai M G, Zhao Y, Zhao T P (eds.). Main Tectonic Events and Metallogeny of the North China Craton. Berlin: Springer-Verlag: 305~328

Tarney J. 1976. Geochemistry of Archean high grade gneisses with implications as to origin and evolution of the Precambrian crust. In: Windley B F (ed.). The Early History of Earth. London: Wiley: 405~417

Taylor B, Martinez F. 2003. Back-arc basin basalt systematic. Earth and Planetary Science Letters, 210 (3): 481~497

Taylor W R. 1998. An experimental test of some geothermometer and geobarometer formulations for upper mantle peridotites with application to the thermobarometry of fertile lherzolites and garnet websterite. Neues Jahrbuch für Mineralogie Abhandlungen, 172 (2): 381~408

Tolbert G E, Tremaine J W, Melcher C C, Gomes C B. 1971. The recently discovered Serrados Carajas iron deposits Northern Briazil. Economic Geology, 66 (7): 895~994

Trendall A F. 2002. The significance of iron-formation in the Precambrian stratigraphic record. Special Publications International Association of Sedimentology, 33 (1): 33~66

Trendall A F, Blockley J G. 1970. The iron formations of the Precambrian Hamersley Group, Western Australia with special reference to the crocidolite. Geological Survey of Western Australia Bulletin, 119: 366

Trendall A F, Morris R C. 1983. Iron-Formation Facts and Problems. New York: Elsevier: 449~490

Trendall A F, de Laeter J R, Nelson D R, Mukhopadhyay D. 1997. A precise zircon U-Pb age for the base of the BIF of the Mulaingiri Formation (Bababudan Group, Dharwar Supergroup) of the Karnataka craton. Journal of the Geological Society of India, 50 (2): 161~170

USGS. 2017. Mineralcommodity summaries 2017. https://pubs.er.usgs.gov/publication/70170140, DOI: 10.3133/70170140

Vavra G, Schmidt R, Gebauer D. 1999. Internal morphology, habit and U-Th-Pb microanalysis of amphibolite-to-granulite facies zircons: geochronology of the Ivrea Zone (Southern Alps). Contributions to Mineralogy and Petrology, 134 (4): 380~404

Wan Y S, Song B, Liu D Y, Wilde S A, Wu J S, Shi Y R, Yin X Y, Zhou H Y. 2006. SHRIMP U-Pb zircon geochronology of Palaeoproterozoic metasedimentary rocks in the North China Craton: evidence for a major Late Palaeoproterozoic tectonothermal event. Precambrian Research, 149 (3-4): 249~271

Wan Y S, Dong C Y, Wang W, Xie H Q, Liu D Y. 2010. Archean basement and a Paleoproterozoic collision orogen in the Huoqiu area at the southeastern margin of north China craton: Evidence from sensitive high resolution ion micro-probe U-Pb zircon geochronology. Acta Geologica Sinica, 84 (1): 91~104

Wang C L, Konhauser K O, Zhang L C. 2015a. Depositional Environment of the Paleoproterozoic Yuanjiacun Banded Iron Formation in Shanxi Province, China. Economic Geology, 110 (6): 1515~1539

Wang C L, Zhang L C, Dai Y P, Lan C Y. 2015b. Geochronological and geochemical constraints on the origin of clastic metasedimentary rocks associated with the Yuanjiacun BIF from the Lüliang Complex, North China. Lithos, 212-215: 231~246

Wang G D, Wang H, Chen H X, Lu J S, Wu C M. 2014. Metamorphic evolution and zircon U-Pb geochronology of the Mts. Huashan amphibolites: Insights into the Palaeoproterozoic amalgamation of the North China Craton. Precambrian Research, 245 (1): 100~114

Wang Q, Zheng J, Pan Y, Dong Y, Liao F, Zhang Y, Zhang L, Zhao G, Tu Z. 2014. Archean crustal evolution in the southeastern North China Craton: New data from the Huoqiu Complex. Precambrian Research, 255: 294~315

Windley B F. 1984. The Evolving Continents. Chichester: Wiley

Wu F Y, Yang J H, Wilde S A, Zhang X O. 2005. Geochronology, petrogenesis and tectonic implications of Jurassic granites in the Liaodong Peninsula, NE China. Chemical Geology, 221 (1): 127~156

Wu Z M, Li F Q, Ma P H. 2003. Study on preparation of microcrystal magnesite by hydrothermal synthesis. Chinese Journal of Inorganic Chemistry, 19 (8): 896~898

Xiong X L. 2006. Trace element evidence for growth of early continental crust by melting of rutile-bearing hydrous eclogite. Geology, 34 (11): 945~948

Xiong X L, Adam J, Green T H. 2005. Rutile stability and rutile/melt HFSE partitioning during partial melting of hydrous basalt: Implications for TTG genesis. Chemical Geology, 218 (3): 339~359

Yang Q Y, Santosh M, Wada H. 2014. Graphite mineralization in Paleoproterozoic khondalites of the North China Craton: A carbon isotope study. Precambrian Research, 255 (32): 641~652

Yang X Y, Liu L, Lee I S, Wang B H, Du Z B, Wang Q C, Wang Y X, Sun W D. 2014. A review on the Huoqiu banded iron formation (BIF), southeast margin of the North China Craton: Genesis of iron deposits and implications for exploration. Ore Geology Reviews, 63 (1): 418~443

Yao Z H, Sun P H, Liu C C. 2014. Geological characteristics and metallogenic model of the Huaziyu magnesite deposit in Liaoning Province. Geology and Resources, 23 (2): 126~136

Young G M. 2012. Secular changes at the Earth's surface: evidence from palaeosols, some sedimentary rocks, and palaeoclimatic perturbations of the Proterozoic Eon. Gondwana Research, 24 (2): 453~467

Young G M. 2013. Precambrian supercontinents, glaciations, atmospheric oxygenation, metazoan evolution and an impact that may have changed the second half of Earth history. Geoscience Frontiers, 4 (3): 247~261

Zhai M G, Santosh M. 2011. The Early Precambrian odyssey of the North China Craton: a synoptic overview. Gondwana Research, 20 (1): 6~25

Zhai M G, Santosh M. 2013. Metallogeny in the North China Craton: secular changes in the evolving Earth. Gondwana Research, 24 (1): 275~297

Zhai M G, Windly B F, Sills J D. 1990. Archean gneisses, amphibolites and banded iron formations from the Anshan area of Liaoning Province, NE China: their geochemistry, metamorphism and petrogenesis. Precambrian Research, 46 (3): 195~216

Zhai M G, Li T S, Peng P, Hu B, Liu F, Zhang Y B, Guo J H. 2010. Precambrian key tectonic events and evolution of the North China Craton. In: Kusky T M, Zhai M G, Xiao W J (eds.). The Evolving Continents: Understanding Processes of Continental Growth. Geological Society of London, Special Publication, 338: 235~262

Zhang H F, Zhai M G, Santosh M, Diwu C R, Li S R. 2011. Geochronology and petrogenesis of Neoarchean potassic meta-granites from Huai'an Complex: Implications for the evolution of the North China Craton. Gondwana Research, 20 (1): 82~105

Zhang L C, Zhai M, Zhang X, Xiang P, Dai Y, Wang C, Pirajno F. 2012. Formation age and tectonic setting of the Shirengou Neoarchean banded iron deposit in eastern Hebei Province: Constraints from geochemistry and SIMS zircon U-Pb dating. Precambrian Research, 222-223: 325~338

Zhang Q S. 1984. The Early Precambrian Geology and Metallogeny. Changchun: Jilin Publishing House

Zhang Q S. 1988. Early proterozoic tectonic styles and associated mineral deposits of the North China platform. Precambrian Research, 39 (1): 1~29

Zhao G C, Zhai M. 2013. Lithotectonic elements of Precambrian basement in the North China Craton: Review and tectonic implications. Gondwana Research, 23 (4): 1207~1240

Zhao G C, Wilde S A, Cawood P A, Sun M. 2001. Archean blocks and their boundaries in the North China Craton: lithological, geochemical, structural and P-T path constraints and tectonic evolution. Precambrian Research, 107 (1): 45~73

Zhao G C, Li S Z, Sun M, Wilde S A. 2011. Assembly, accretion, and break-up of the Palaeo-Mesoproterozoic Columbia supercontinent: records in the North China Craton revisited. International Geology Review, 53 (s1): 1331~1356

Zhao Z, Bai G, Wang D H, Chen Y C, Xu Z G. 2014. The metallogenic belt s of Chinese magnesite deposits and key scientific issues. Acta Geologica Sinica, 88: 2326~2338

Zhu X Q, Tang H S, Sun X H. 2014. Genesis of banded iron formations: A series of experimental simulations. Ore Geology Reviews, 63: 465~469

ДобрецовНЛ, КочкинЮН, КривенкоАП, КутолинВА., 1971. Породообразующиепироксены. М., Изд. 《Наука》

第四篇 古元古代活动带和构造体制转折及成矿作用

第七章 古元古代活动带和构造体制转折

第一节 胶辽活动带

一、胶辽活动带古元古代岩石时空分布

胶辽活动带是华北克拉通最具代表性的一条古元古代造山/活动带,它不仅接受古元古代巨量的陆壳物质沉积,而且经历了十分复杂的构造演化过程,并经受了多期岩浆-变质事件的改造(Li et al., 2011; 刘福来等, 2015; Zhai and Santosh, 2011, 2013)。胶辽活动带的物质组成较为丰富,以大面积分布的巨量古元古代绿片岩相至麻粒岩相变质的火山-沉积岩系和花岗质岩石-基性岩侵入体为特征(图7.1)(Li et al., 2011, 2017; 刘福来等, 2015; Zhai and Santosh, 2011, 2013)。火山-沉积岩系在中国境内包括辽东南地区的南辽河群和北辽河群、吉南地区的集安群和老岭群、胶北地区的荆山群和粉子山群,向南西则有可能穿越郯庐断裂延伸至徐州-蚌埠一带的五河群,总体呈北东向展布,延伸规模长约1000 km(刘福来等, 2015; Zhai and Santosh, 2011, 2013)。从岩石组合和空间分布特征来看,南辽河群与荆山群、集安群可以对比,而北辽河群则与粉子山群、老岭群相当。然而,由于多期/多阶段强烈构造变形作用的影响,原来各群、组中地层的上下层位及接触关系已完全破坏,目前均已呈规模不一的构造岩片形式叠置在一起,彼此之间呈断层或韧性剪切带接触(刘福来等, 2015)。鉴于辽东南、吉南和胶北等地区出露相似的岩石组合,我们以古元古代岩石发育最为典型的辽东南地区为例,解译胶辽活动带古元古代的构造演化特征。基于K-Ar(^{40}Ar-^{39}Ar)、Rb-Sr和Sm-Nd全岩等时线或者单颗粒锆石蒸发法年龄研究,前人认为胶辽活动带内古元古代岩石形成于2300~1900 Ma(张秋生等, 1988; 白瑾, 1993a)。由于这些古元

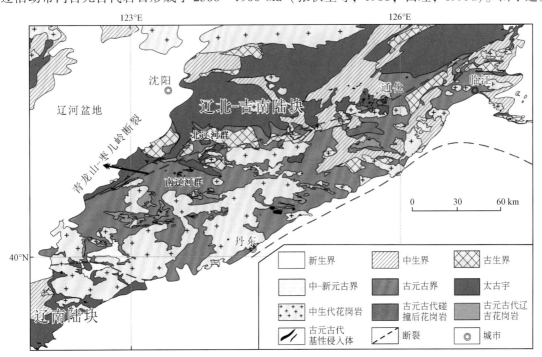

图7.1 胶辽活动带古元古代岩石分布图(改自Li et al., 2011)

古代岩石多经历较为强烈的多期变质-变形作用叠加（Li et al., 2005），不仅会引起 K-Ar 和 Rb-Sr，甚至 Sm-Nd 同位素体系的开放，而且也会导致锆石不同程度地发生 Pb 的丢失现象。前人研究结果也表明胶辽活动带内的古元古代岩石的年龄组成非常复杂（Luo et al., 2004, 2008; Li et al., 2015; 李壮等，2015），因此，上述研究方法均不能很好地制约辽河群以及花岗岩-基性岩侵入体的形成时限。近年来，随着锆石/斜锆石 LA-ICP-MS、SIMS 和 SHRIMP U-Pb 定年技术的发展，辽东南地区积累了一批高精度年代学数据（表 7.1），将胶辽活动带古元古代构造演化划分为以下四个阶段：①2.2~2.0 Ga 岩浆作用时期；②1.98~1.90 Ga 沉积作用时期；③1.90 Ga 大规模变质-变形作用时代；④1.88~1.82 Ga 碰撞后岩浆作用时期（图 7.2）。下面将对四个阶段进行分别论述。

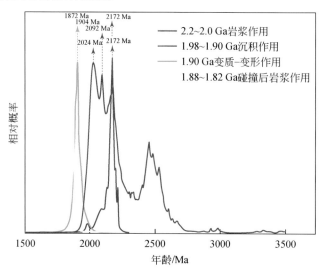

图 7.2　辽东地区古元古代岩石年代学格架（改自 Li et al., 2017）

（一）2.2~2.0 Ga 岩浆作用

2.2~2.0 Ga 岩浆作用表现为变质-变形的花岗质岩石-基性岩侵入体和辽河群火山岩（里尔峪组和高家峪组）。①辽河群里尔峪组变质流纹岩和安山岩（浅粒岩和变粒岩）中的锆石外形为自形或半自形，直径为 50~100 μm，显示典型的振荡环带结构，结合其较高的 Th/U 值（大部分>0.3，平均为 0.42），指示其岩浆成因特点（Belousova et al., 2002; Hoskin, 2001; 刘福来等，2009）。锆石 LA-ICP-MS 和 SHRIMP U-Pb 年龄为 2150~2230 Ma，该年龄应代表变质流纹岩和安山岩的原岩形成时代（陈斌等，2016）。一般来说，很难从玄武质岩石中获得足够数量的岩浆锆石用于定年。野外地质研究表明，于家堡子剖面上变质流纹岩和变质玄武岩呈整合接触关系（图 7.3a, b）（Li and Chen, 2014）。因此，变质流纹岩的岩浆锆石年龄可同时代表变质玄武岩和流纹岩的原岩形成时代（图 7.3c~e）（Li and Chen, 2014; Li et al., 2015, 2017; 李壮等，2015）。②变质-变形的花岗质岩石侵入体主要分布在胶辽活动带南侧（图 7.1），岩性主要为含角闪石或磁铁矿的花岗闪长岩-花岗岩，以暗色矿物定向排列为显著识别特征，通常被称为条痕状花岗岩或者辽吉花岗岩。辽吉花岗岩中的锆石外形为自形，直径为 100~150 μm，显示典型的振荡环带结构，结合其较高的 Th/U 值（大部分>0.4，平均为 0.48），指示其岩浆成因特点（Belousova et al., 2002; Hoskin, 2001; 刘福来等，2009）。锆石 LA-ICP-MS 和 SHRIMP U-Pb 年龄为 2140~2200 Ma，该年龄应代表辽吉花岗岩的侵位时代。辽吉花岗岩的侵位时代在误差范围内与辽河群的火山作用时代一致，这也与野外地质观察辽河群和辽吉花岗岩均为构造接触，不存在用以判断岩体形成相对顺序的侵入接触关系的现象一致，进一步说明辽吉花岗岩并不是辽河群火山-沉积建造的基底岩石，而是与辽河群火山岩同时或者稍晚形成，二者可能为同一期岩浆作用过程的产物。③变质-变形的基性岩侵入体主要分布在胶辽活动带中部（图 7.1），以岩墙、岩株和岩床等形式产出，如辽阳基性岩墙和海城基性岩床等。基性岩侵入体中的锆石外形为自形或半自形，直径为 50~100 μm，显示具有微弱环带或者模糊的内部结构，结合其

表 7.1 胶辽活动带(辽东南地区)古元古代岩石年代表

编号	样品号	位置(GPS)	岩性	地层/侵入体	年龄/Ma	方法*	解释	参考文献
2.2~2.0 Ga 岩浆作用								
火山岩								
1	J1	辽宁省	变质火山岩	里尔峪组	2093±22	SGDZ	成岩时代	姜春潮,1987
2	J2	辽宁省	变质火山岩	里尔峪组	2053+69/-67	SGDZ	成岩时代	姜春潮,1987
3	B1	辽宁省	斜长角闪岩	里尔峪组	2193±30	Sm-Nd	成岩时代	白瑾,1993a
4	B2	辽宁省	斜长角闪岩	里尔峪组	2063±38	Sm-Nd	成岩时代	白瑾,1993a
5	K86243-7	辽宁省	斜长角闪岩	里尔峪组	2110±60	Sm-Nd	成岩时代	Sun et al.,1993
6	Y006-1	41°29′32″N,125°53′49″E	变粒岩	集安群	2103±18(n=54)	SHRIMP	成岩时代	Lu et al.,2006
7	Y009	41°18′16″N,125°59′47″E	变粒岩	集安群	1981±13(n=72)	SHRIMP	成岩时代	Lu et al.,2006
8	LD0106-1	大石桥市	变粒岩	里尔峪组	2179±8(n=12)	SHRIMP	成岩时代	Wan et al.,2006
9	N02	后仙峪矿区	电英岩	里尔峪组	2175±6(n=13)	SHRIMP	成岩时代	Liu J D et al.,2012
10	N13	后仙峪矿区	电英岩	里尔峪组	2175±5(n=15)	SHRIMP	成岩时代	Liu J D et al.,2012
11	N14	后仙峪矿区	电英岩	里尔峪组	2171±9(n=6)	SHRIMP	成岩时代	Liu J D et al.,2012
12	DZ78-1	阳沟门村	斜长角闪岩	大石桥组	2161±45(n=4)	LA-ICP-MS	成岩时代	Meng et al.,2014
13	LZ02-1	40°32′24″N,122°43′45″E	变粒岩	里尔峪组	2158±23(n=29)	LA-ICP-MS	成岩时代	Li and Chen,2014
14	LZ04-1	40°32′24″N,122°43′45″E	变粒岩	里尔峪组	2172±8(n=24)	LA-ICP-MS	成岩时代	Li and Chen,2014
15	LZ19-1	40°32′24″N,122°43′45″E	变粒岩	里尔峪组	2179±8(n=19)	LA-ICP-MS	成岩时代	Li and Chen,2014
16	LZ3	40°32′24″N,122°43′45″E	变粒岩	里尔峪组	2201±5(n=27)	LA-ICP-MS	成岩时代	Li et al.,2015
17	HX35	40°21′25″N,122°55′27″E	变质安山岩	里尔峪组	2195±6(n=18)	LA-ICP-MS	成岩时代	陈斌等,2016
18	HX33	40°21′25″N,122°55′27″E	变质安山岩	里尔峪组	2200±8(n=24)	LA-ICP-MS	成岩时代	陈斌等,2016
辽吉花岗岩								
19	K86	宽甸市	花岗岩	岩体	2140±50	SGDZ	结晶时代	Sun et al.,1993
20	FW10-327	40°31′28″N,122°47′54″E	电气石白云母花岗岩	岩体	2161±12(n=30)	LA-ICP-MS	结晶时代	路孝平,2004
21	Lu1065	41°23′39″N,125°55′38″E	正长花岗岩	岩体	2173±20(n=11)	LA-ICP-MS	结晶时代	路孝平,2004
22	Lu0007	41°24′18″N,125°36′37″E	正长花岗岩	岩体	2164±8(n=11)	SHRIMP	结晶时代	路孝平,2004
23	LD9822	大石桥市	黑云母花岗岩	岩体	2173±4(n=10)	SHRIMP	结晶时代	Wan et al.,2006

续表

编号	样品号	位置（GPS）	岩性	地层/侵入体	年龄/Ma	方法*	解释	参考文献
24	LJ010	小西叉村	磁铁矿二长花岗岩	岩体	2166±14（n=14）	SHRIMP	结晶时代	Li and Zhao, 2007
25	LJ035	凤城市	磁铁矿二长花岗岩	岩体	2175±13（n=14）	SHRIMP	结晶时代	Li and Zhao, 2007
26	LJ056	海城市	磁铁矿二长花岗岩	岩体	2176±11（n=7）	SHRIMP	结晶时代	Li and Zhao, 2007
27	LJ040	辽宁省	磁铁矿二长花岗岩	岩体	2143±17（n=12）	SHRIMP	结晶时代	Li and Zhao, 2007
28	LJ044	哈达碑村	黑云母二长花岗岩	岩体	2150±17（n=13）	SHRIMP	结晶时代	Li and Zhao, 2007
29	HD-2	哈达碑村	黑云母二长花岗岩	岩体	2173±20（n=30）	LA-ICP-MS	结晶时代	杨明春等，2015a
30	SM-1	四门子村	角闪石二长花岗岩	岩体	2203±20（n=18）	LA-ICP-MS	结晶时代	杨明春等，2015a
31	HP-1	哈达碑村	黑云母二长花岗岩	岩体	2159±19（n=18）	LA-ICP-MS	结晶时代	杨明春等，2015a
32	HPX 1	40°25'15"N,122°35'22"E	黑云母二长花岗岩	岩体	2215±3（n=19）	LA-ICP-MS	结晶时代	陈斌等，2016

基性岩墙

编号	样品号	位置（GPS）	岩性	地层/侵入体	年龄/Ma	方法*	解释	参考文献
33	Y1	马凤镇	变质辉长岩	岩墙	2059±22（n=16）	LA-ICP-MS	结晶时代	于介江等，2007
34	09JJ29	妈妈街村	变质辉绿岩	岩墙	2080（n=3）	SHRIMP	结晶时代	王惠初等，2011
35	A1102	韩家岭村	变质辉长岩	岩墙	2110±31（n=2）	SHRIMP	结晶时代	董春艳等，2012a
36	DZ91-1	马凤镇	变质辉绿岩	岩墙	2161±12（n=22）	LA-ICP-MS	结晶时代	Meng et al., 2014
37	DZ73-1	大兴屯村	变质辉长岩	岩墙	2159±12（n=14）	LA-ICP-MS	结晶时代	Meng et al., 2014
38	DZ85-1	天水村	变质辉长岩	岩墙	2157±17（n=6）	LA-ICP-MS	结晶时代	Meng et al., 2014
39	DZ74-1	下巴惠村	变质辉长岩	岩墙	2144±16（n=24）	LA-ICP-MS	结晶时代	Meng et al., 2014
40	YK12-1-4	海城市	变辉长岩	岩墙	2127±6（n=16）	CAMECA	结晶时代	Yuan et al., 2015

1.98~1.90 Ga 沉积作用（n=1042）

编号	样品号	位置（GPS）	岩性	地层/侵入体	年龄/Ma	方法*	解释	参考文献
41	02LQ95-1	40°51'46"N,122°55'51"E	斜长石英片岩	浪子山组	2027~2240	LA-ICP-MS	碎屑锆石年龄	Luo et al., 2004
42	02LQ95-2	40°51'46"N,122°55'51"E	片岩	浪子山组		LA-ICP-MS	碎屑锆石年龄	Luo et al., 2004
43	LZ03-1	40°32'24"N,122°43'45"E	云母片岩	里尔峪组	1987~2217	LA-ICP-MS	碎屑锆石年龄	Li et al., 2015
44	04L045-1	40°23'41"N,122°55'35"E	黑云变粒岩	里尔峪组		LA-ICP-MS	碎屑锆石年龄	Luo et al., 2008
45	04L023-1	40°55'6"N,123°10'46"E	层状黑云斜长片麻岩	里尔峪组		LA-ICP-MS	碎屑锆石年龄	Luo et al., 2008
46	04L025-1	40°54'57"N,123°10'5"E	黑云母片岩	高家峪组	2005~3331	LA-ICP-MS	碎屑锆石年龄	Luo et al., 2008
47	04L046-4	40°23'37"N,122°55'35"E	黑云变粒岩	高家峪组		LA-ICP-MS	碎屑锆石年龄	Luo et al., 2008

第七章 古元古代活动带和构造体制转折

续表

编号	样品号	位置(GPS)	岩性	地层/侵入体	年龄/Ma	方法*	解释	参考文献
48	02L098-1	40°51′46″N,122°55′51″E	含石墨云母片岩	大石桥组	2012～2538	LA-ICP-MS	碎屑锆石年龄	Luo et al.,2004
49	02L102-5	40°26′23″N,122°48′35″E	十字云母片岩	大石桥组		LA-ICP-MS	碎屑锆石年龄	Luo et al.,2004
50	02L102-6	40°26′23″N,122°48′35″E	十字云母片岩	大石桥组		LA-ICP-MS	碎屑锆石年龄	Luo et al.,2004
51	04L053-2	40°26′23″N,122°48′35″E	浅粒岩	大石桥组		LA-ICP-MS	碎屑锆石年龄	Luo et al.,2004
52	LC3	40°51′40″N,123°54′27″E	白云母片岩	盖县组	1981～3520	LA-ICP-MS	碎屑锆石年龄	Li et al.,2015
53	LC5	40°51′40″N,123°54′27″E	变质细砂岩	盖县组		LA-ICP-MS	碎屑锆石年龄	Li et al.,2015
54	LB3	40°28′23″N,123°52′42″E	绢云母千枚岩	盖县组		LA-ICP-MS	碎屑锆石年龄	Luo et al.,2008
55	04L031-3	40°33′4″N,122°34′25″E	黑云变粒岩	盖县组		LA-ICP-MS	碎屑锆石年龄	孟恩等,2013
56	DD07-5	40°43′47″N,125°09′41″E	浅粒岩	盖县组		LA-ICP-MS	碎屑锆石年龄	孟恩等,2013
57	DD07-4	40°43′47″N,125°09′41″E	黑云石英片岩	盖县组		LA-ICP-MS	碎屑锆石年龄	孟恩等,2013
58	HY07-2	40°43′47″N,125°09′41″E	含电气浅粒岩	盖县组		LA-ICP-MS	碎屑锆石年龄	孟恩等,2013

1.9 Ga 变质-变形作用

编号	样品号	位置(GPS)	岩性	地层/侵入体	年龄/Ma	方法*	解释	参考文献
59	Y1	辽宁省	云母片岩	盖县组	1896±7	Ar-Ar	变质时代	Yin and Nie,1996
60	02L095-1	40°51′46″N,122°55′51″E	斜长石英片岩	浪子山组	1929±38(n=6)	LA-ICP-MS	变质时代	Luo et al.,2004
61	04L053-2	40°26′23″N,122°48′25″E	浅粒岩	大石桥组	1930±34(n=8)	LA-ICP-MS	变质时代	Luo et al.,2004
62	FW10-327	40°31′28″N,122°47′54″E	电气石白云母花岗岩	岩体	1863±37(n=1)	LA-ICP-MS	变质时代	路孝平,2004
63	Lu0007	41°24′18″N,125°36′37″E	正长花岗岩	岩体	1936±10(n=1)	LA-ICP-MS	变质时代	路孝平,2004
64	LJ056	马风镇	磁铁矿二长斜长片麻岩		1914±13(n=7)	SHRIMP	变质时代	Li and Zhao,2007
65	04L023-1	40°55′6″N,123°10′46″E	层状黑云斜长片麻岩	里尔峪组	1943±55(n=4)	SHRIMP	变质时代	Luo et al.,2008
66	04L045-1	40°23′41″N,122°55′35″E	黑云变粒岩	里尔峪组	1948+38/−31(n=4)	LA-ICP-MS	变质时代	Luo et al.,2008
67	03JH073	40°34′19″N,122°35′23″E	石榴十字白云母片岩	盖县组	1935～1914	PbSL	变质时代	Xie et al.,2011
68	N13	后仙峪矿区	电英岩	里尔峪组	1906±4(n=16)	SHRIMP	变质时代	Liu J D et al.,2012
69	N02	后仙峪矿区	电英岩	里尔峪组	1889±62(n=4)	SHRIMP	变质时代	Liu J D et al.,2012
70	DD07-5	40°43′47″N,125°09′41″E	浅粒岩	盖县组	1889±12(n=12)	LA-ICP-MS	变质时代	孟恩等,2013
71	DD07-4	40°43′47″N,125°09′41″E	黑云石英片岩	盖县组	1884±12(n=9)	LA-ICP-MS	变质时代	孟恩等,2013
72	HY07-2	40°43′47″N,125°09′41″E	含电气浅粒岩	盖县组	1884±18(n=3)	LA-ICP-MS	变质时代	孟恩等,2013

续表

编号	样品号	位置（GPS）	岩性	地层/侵入体	年龄/Ma	方法*	解释	参考文献
73	DZ78-1	阳沟门村	斜长角闪岩	大石桥组	1896±22(n=18)	LA-ICP-MS	变质时代	Meng et al.,2014
74	DZ85-1	天水村	变质辉长岩	岩墙	1899±26(n=13)	LA-ICP-MS	变质时代	Meng et al.,2014
75	DZ73-1	大兴屯村	变质辉长岩	岩墙	1900±17(n=5)	LA-ICP-MS	变质时代	Meng et al.,2014
76	LZ08-1	40°32′24″N,122°43′45″E	斜长角闪岩	里尔峪组	1895±16(n=41)	LA-ICP-MS	变质时代	Li and Chen,2014
77	LZ04-1	40°32′24″N,122°43′45″E	变粒岩	里尔峪组	1919±13(n=1)	LA-ICP-MS	变质时代	Li and Chen,2014
78	LZ12-1	40°32′24″N,122°43′45″E	斜长角闪岩	里尔峪组	1876±12(n=21)	LA-ICP-MS	变质时代	Li et al.,2015
79	LZ03-1	40°32′24″N,122°43′45″E	云母片岩	里尔峪组	1905±8(n=23)	LA-ICP-MS	变质时代	Li et al.,2015
1.88～1.82 Ga碰撞后岩浆作用								
80	12082	41°11′14″N,125°51′40″E	环斑花岗岩	岩体	1817±18(n=5)	SHRIMP	结晶时代	路孝平,2004
81	12082	41°11′14″N,125°51′40″E	环斑花岗岩	岩体	1769±92(n=5)	TIMS	结晶时代	路孝平,2004
82	92015	41°14′3″N,125°52′21″E	似斑状花岗岩	岩体	1861±9(n=4)	TIMS	结晶时代	路孝平,2004
83	92015	41°14′3″N,125°52′21″E	似斑状花岗岩	岩体	1872±8(n=14)	SHRIMP	结晶时代	路孝平,2004
84	Lu010-1	41°06′19″N,125°06′49″E	似斑状花岗岩	岩体	1773±59(n=5)	TIMS	结晶时代	路孝平,2004
85	Lu010-1	41°06′19″N,125°06′49″E	似斑状花岗岩	岩体	1841±12(n=5)	SHRIMP	结晶时代	路孝平,2004
86	12072	41°28′24″N,125°52′54″E	石英闪长岩	岩体	1872±11(n=12)	SHRIMP	结晶时代	路孝平,2004
87	FW02-62	40°19′21″N,122°47′57″E	似斑状花岗岩	岩体	1848±10(n=22)	LA-ICP-MS	结晶时代	路孝平,2004
88	FW01-31	40°10′04″N,122°39′28″E	角山辉石正长岩	岩体	1843±23(n=20)	LA-ICP-MS	结晶时代	路孝平,2004
89	03JH079	盖县市	粗粒正长岩	岩体	1879±17(n=19)	LA-ICP-MS	结晶时代	杨进辉等,2007
90	03JH080	盖县市	细粒正长岩	岩体	1874±18(n=17)	LA-ICP-MS	结晶时代	杨进辉等,2007
91	03JH082	盖县市	细粒闪长岩	岩体	1870±18(n=12)	LA-ICP-MS	结晶时代	杨进辉等,2007
92	10JL13	40°51′59″N,123°24′43″E	花岗伟晶岩	岩脉	1870±8(n=13)	LA-ICP-MS	结晶时代	王惠初等,2011
93	FX12-25/1	40°56′11″N,122°47′14″E	变质辉长岩	岩墙	1816±7(n=16)	CAMECA	结晶时代	Yuan et al.,2015

* SHRIMP=sensitive high resolution ion microprobe（高精度高分辨离子探针）；CAMECA = Cameca Ion Microprobe（卡麦卡离子探针）；LA-ICP-MS = laser ablation-inductively coupled plasma-mass spectrometry（激光剥蚀电感耦合等离子体质谱）；Ar-Ar,^{40}Ar/^{39}Ar age（氩氩年龄）；SGDZ,single grain dissolution zircon U-Pb age（单颗粒溶解锆石 U-Pb 年龄）；Sm-Nd,Sm-Nd whole rock/mineral isochron age（Sm-Nd 全岩/矿物等时线年龄）

较高 Th 和 U 含量以及高 Th/U 值（大部分>0.3，平均为 0.35），指示基性岩浆成因锆石（Baines et al., 2009；Hoskin, 2001；Koglin et al., 2009）。锆石/斜锆石 LA-ICP-MS 和 SIMS U-Pb 年龄为 2157～2110 Ma（Meng et al., 2014；Yuan et al., 2015；Wang X P et al., 2016），该年龄应代表基性岩的侵位时代。另外，少量辽吉花岗岩和基性岩墙形成时代为 2.1～2.0 Ga（锆石 LA-ICP-MS 和 SHRIMP U-Pb 方法）（Li et al., 2006；于介江等，2007；王惠初等，2011；董春艳等，2012a）。因此，在研究区内已识别出大量的 2.2～2.0 Ga 岩浆岩代表胶辽活动带内最主要的岩浆事件的产物（图 7.2）。2.2～2.0 Ga 岩浆事件的识别和性质对判别胶辽活动带的形成演化有着重要意义。

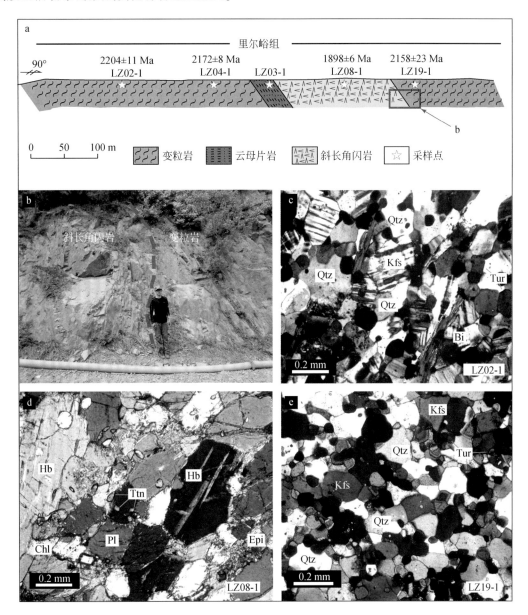

图 7.3 大石桥古元古代玄武质岩石及相关岩石野外和显微图像（改自 Li and Chen, 2014）
Qtz. 石英；Kfs. 钾长石；Bi. 黑云母；Tur. 电气石；Pl. 斜长石；Hb. 角闪石；Epi. 绿帘石；Ttn. 榍石

（二）1.98～1.90 Ga 沉积作用

辽河群自下而上被分为五个组，依次为：①陆源碎屑沉积组成的浪子山组，下部主体岩性为石英岩和含砾石英岩，上部则主要为绢云绿泥石英片岩、千枚岩、石榴十字二云片岩，夹含石墨石榴十字二云片岩、含蓝晶石二云片岩和（橄榄透辉）大理岩，角度不整合覆盖于太古宇鞍山群变质基底之上；②富硼变质岩系里尔峪组，其原岩为酸性火山岩、基性火山岩、凝灰岩及碳酸盐岩，变质形成浅粒岩、变粒岩、斜长角闪岩和镁橄榄白云石大理岩，组内赋存世界级超大型硼矿床；③石墨透闪石岩、黑云母变粒岩夹大理岩组成的高家峪组，组内则赋存许多 Pb-Zn 矿床和 Cu-Au 矿床；④高 Mg 白云岩或白云石大理岩及少量碳质板岩和云母片岩组成的大石桥组，组内发育超大型菱镁矿床；⑤泥质片岩及少量石英岩和大理岩组成的盖县组。辽河群变质沉积岩中最年轻的具有岩浆成因特征的碎屑锆石给出谐和 $^{207}Pb/^{206}Pb$ 年龄为 2.027 Ga（浪子山组）（Luo et al., 2004）、2.005 Ga（里尔峪组和高家峪组）（Luo et al., 2008）、2.012 Ga（大石桥组）（Luo et al., 2008）和 1.981 Ga（盖县组）（孟恩等，2013；Li et al., 2015；李壮等，2015），限定其最大沉积年龄为 1.98 Ga，这一年龄在误差范围内与前人报道的胶辽活动带不同出露区（吉南地区的集安群和老岭群、胶北地区的荆山群和粉子山群等）变质沉积岩中的碎屑锆石的年代学研究结果吻合（Luo et al., 2004, 2008；Lu et al., 2006；Wan et al., 2006；孟恩等，2013）。辽河群被青龙山-枣儿岭韧性剪切带分成南辽河群和北辽河群，北辽河群以碎屑岩和碳酸盐岩为主，而南辽河群缺失底部浪子山组，主要为火山岩-陆源碎屑-碳酸盐岩建造。南辽河群和北辽河群变质沉积岩不仅在沉积地层上可以对比（贺高品和叶慧文，1998），而且在碎屑锆石年龄组成上一致（Luo et al., 2008；Lu et al., 2006；Wan et al., 2006），进一步说明碎屑锆石年龄 1.98 Ga 可以限制整个辽河群的沉积时代。Xie 等（2011）运用 PbSL $^{207}Pb/^{206}Pb$ 方法在南辽河群盖县组单颗粒石榴子石和十字石中获得了 1.93~1.91 Ga 的变质年龄，辽河群沉积岩的沉积作用应该早于大规模的变质-变形时代 1.9 Ga 左右，因此其沉积时限为 1.98~1.90 Ga（图 7.2）。

（三）1.90 Ga 大规模变质-变形作用

除了 Xie 等（2011）获得约 1.90 Ga 变质年龄外，北辽河群的主拆离剪切带中黑云母 $^{40}Ar/^{39}Ar$ 年龄为 1896±7 Ma（Yin and Nie, 1996），南辽河群沉积岩中变质锆石 LA-ICP-MS U-Pb 谐和年龄为 1.90 Ga（Luo et al., 2004, 2008；Li et al., 2015），辽吉花岗岩中变质锆石 SHRIMP U-Pb 谐和年龄为 1914±13 Ma（Li and Zhao, 2007），都同时记录了辽东南地区最大规模的变质-变形时代。最近，不少学者在变质基性岩（如辽河群里尔峪组玄武岩和辽阳-海城基性岩侵入体）中也获得了 1.90 Ga 左右的变质锆石年代学纪录（Li and Chen, 2014；Meng et al., 2014；Yuan et al., 2015；Wang X P et al., 2016）。变质成因锆石均具弱分带和较低 Th/U 值（大部分<0.1），该年龄普遍被认为是造山过程中辽河群以及花岗质岩石-基性岩侵入体达到峰期的变质时代（图 7.2）。

（四）1.88~1.82 Ga 碰撞后岩浆作用

1.88~1.82 Ga 花岗岩-正长岩-伟晶岩-基性岩墙侵位（杨进辉等，2007；王惠初等，2011；Yuan et al., 2015），穿切早期变质-变形的辽河群以及花岗质岩石-基性岩侵入体（杨进辉等，2007；王惠初等，2011），代表了拉张背景下的岩浆作用，暗示胶辽活动带古元古代构造演化的结束（Li et al., 2017），如杨进辉等（2007）和王惠初等（2011）分别运用 LA-ICP-MS 和 SHRIMP U-Pb 方法在矿洞沟正长岩-闪长岩体和红花沟门花岗伟晶岩脉的岩浆锆石中获得了 1.88~1.87 Ga 的岩浆结晶年龄。Yuan 等（2015）运用 SIMS U-Pb 方法在国华辉长岩的锆石中也获得了 1.82 Ga 的岩浆结晶年龄（图 7.2）。

二、胶辽活动带不是古元古代裂谷

胶辽活动带的动力学背景以及大地构造演化一直存在着较大的争议（Li et al., 2011；刘福来等，2015；Zhai and Santosh, 2011, 2013）。虽然一些学者认为胶辽活动带形成与弧陆碰撞有关（白瑾，1993a；Faure et al., 2004；Lu et al., 2006；王惠初等，2011；Li and Chen, 2014；Meng et al., 2014），或者陆陆碰撞有关（贺高品和叶慧文，1998），但大部分学者用陆内裂谷的闭合模式来解释胶辽活动带内古元古代岩石的成因和岩石圈的演化（张秋生等，1988；Luo et al., 2004, 2008；Li et al., 2005, 2006,

2011；Li and Zhao，2007）。在该裂谷模式中，他们认为线状展布的胶辽活动带的形成与太古宙—古元古代早期裂解作用有关（裂解成北侧的辽北-吉南陆块和南侧的辽南陆块），大陆裂谷作用先形成辽吉花岗岩（2.2~2.1 Ga），与稍晚形成的裂谷系火山-沉积建造（辽河群火山-沉积岩），在1.9 Ga左右的裂谷闭合过程中发生强烈的变质-变形（吕梁运动）形成古元古代褶皱带，碰撞后斑状花岗岩（1.86 Ga左右）侵位于褶皱带中，标志着胶辽活动带构造-岩浆作用的结束。根据我们近年来对胶辽活动带内辽宁和吉林地区的典型古元古代辽吉花岗岩以及辽河群火山-沉积建造进行年代学、岩石学和地球化学的综合研究，弧陆碰撞模式可能更好地解释胶辽活动带内的地质现象，下面对主要证据进行分别论述。

（一）2.2~2.0 Ga 岩浆作用的证据

（1）大量遭受绿片岩相-角闪岩相变质的双峰式火山岩的存在一直作为陆内裂谷的闭合模式的主要证据。本章收集了前人已发表的辽河群火山-沉积岩的地球化学数据，利用Simonen图解选择出具岩浆属性的岩石（Simonen，1953）（图7.4a中阴影部分），然后利用K_2O+Na_2O-SiO_2和K_2O-SiO_2图解对岩浆性质予以识别（图7.4b，c）（Middlemost，1994；Peccerillo and Taylor，1953）。如图7.3c所示，不难发现2.2~2.0 Ga岩浆作用表现为连续的钙碱性序列，并不是双峰式岩浆岩组合。另外，最新研究表明，辽河群中存在安山质火山岩（图7.5a~c）（矿物组成特征为角闪石/辉石为15%~35%、钾长石为10%~20%、斜长石为35%~45%和石英约10%；地球化学特征为SiO_2含量变化于55%~62%），但规模大小有待进一步研究，暗示该时期的岩浆活动可能代表一个连续的岩浆序列，并非所谓的"双峰式"岩石组合（张景山，1994；Li and Chen，2014；陈斌等，2016），类似的岩浆序列最近也在集安群被识别出来（Meng et al.，2017）。

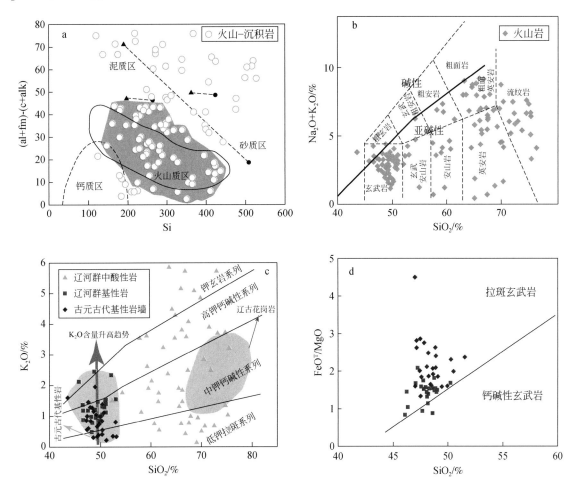

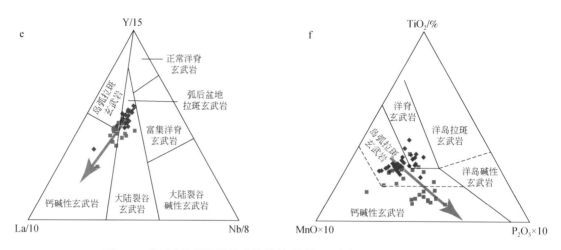

图 7.4 古元古代岩浆岩地球化学判别图解（改自 Li et al., 2017）

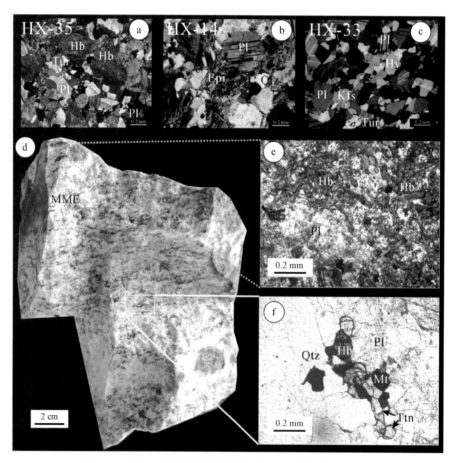

图 7.5 古元古代岩浆岩岩石学特征（改自陈斌等，2016）

Qtz. 石英；Tur. 电气石；Pl. 斜长石；Kfs. 钾长石；Hb. 角闪石；Epi. 绿帘石；Hy. 斜方辉石

（2）大部分辽吉花岗岩并非 A 型花岗岩（如牧牛河岩体、哈达碑岩体、虎皮峪岩体等），主要是 I 型花岗岩（郝德峰等，2004；Li and Zhao，2007；路孝平等，2004；杨明春等，2015a），主要证据有：①榍石、磁铁矿和角闪石的广泛存在，富水及钙碱性岩浆特征（图 7.5d～f）；②辽吉花岗岩中闪长质包体的识别，富水岩浆特征及壳幔岩浆混合作用岩石学特征（图 7.5d～e）；③全岩 Nd-Sr 同位素和锆石 Hf 同位素变化范围较大，较宽化学成分（SiO_2 含量为 60%～74%），吻合于壳幔岩浆混合作用地球化学特征，与弧花岗岩特征一致（杨明春等，2015a；陈斌等，2016）。根据最近获得的锆石 U-Pb 年代学资料，胶辽活动带内出露大量 A 型花岗岩（先前被认为是辽吉花岗岩）（张秋生等，1988），形成时代主要为 1.85 Ga（路孝平等，2004；Li and Zhao，2007；杨进辉等，2007），少量中生代（路孝平等，2004），并不存在大规模 2.2~2.0 Ga A 型花岗岩。部分 2.2 Ga 岩体（如大房身岩体）具有类似于 A 型花岗岩的特征，但该岩体在矿物组成上普遍出现电气石，暗示岩浆演化过程中体系富集硼（杨明春等，2015a；Li et al.，2017；Meng et al.，2017）。实验岩石学研究表明，硼的加入会显著降低花岗质岩浆体系固相线温度和岩浆黏度（Manning and Henderson，1984），岩浆因此可发生充分的分离结晶和演化（SiO_2含量升高），使得岩体具有高分异的特征。因此，原先作为裂谷作用模式的主要证据之一的 A 型花岗岩和双峰式火山岩都有待推敲。

（3）2.2~2.0 Ga 辽河群里尔峪组变质玄武岩和基性岩侵入体均属于钙碱性岩浆岩（图 7.4d~f）（Sun et al.，1993；郝德峰等，2004；路孝平等，2004；王惠初等，2011；Li and Chen，2014；Meng et al.，2014；Yuan et al.，2015；Wang X P et al.，2016），原始地幔均一化蛛网状图解中来自不同地区样品均显示 Nb、Ta 和 Ti 亏损，同时稀土元素球粒陨石标准化配分图解中显示富集轻稀土元素，亏损重稀土元素，轻重稀土元素分馏较强等地球化学特征（王惠初等，2011；Li and Chen，2014；Meng et al.，2014；Yuan et al.，2015），表明它们是与弧密切相关的。辽河群岩浆岩以酸性岩浆占主导特征，明显不同于东非裂谷的岩浆岩岩石组合（以玄武岩为主），同时也缺乏具有典型大陆裂谷岩浆作用特征岩石，如 OIB 性质玄武岩、碳酸岩和碱性岩（响岩和碱流岩）等（Furman，2007；Wilson，1989）。我们认为 2.2~2.0 Ga 岩浆作用可能并不是形成于裂谷背景，而更可能是俯冲体系下的大陆弧岩浆作用的产物。此外，辽河群的变质火山岩，尤其是里尔峪组变质火山岩，以富集硼为特征（Zhai and Santosh，2011，2013）。火山岩层位中有大型-超大型的硼酸盐矿床发育（Yan and Chen，2014）。大量研究表明富集硼的火山岩一般形成于汇聚型大陆边缘，这些火山岩可能起源于富集硼的交代地幔源区（Ozol，1977）。在俯冲带附近，洋壳俯冲过程中蚀变洋壳或远洋沉积物所释放的富硼流体或熔体交代上覆地幔楔可形成富集硼的地幔源区（Ozol，1977；Palmer and Slack，1989；Palmer，1991）。陆内裂谷环境难以产生富集硼的岩浆岩和硼矿（Yan and Chen，2014）。

（二）1.98~1.90 Ga 沉积作用的证据

Cawood 等（2012）提出，裂谷盆地的大部分碎屑锆石的年龄远大于沉积的年龄，只有小于 5% 锆石颗粒与地层沉积年龄相近。与沉积时代相近的锆石年龄可能反映了裂谷相关的岩浆活动，但是在年龄谱中只占很少的一部分，因为这些岩浆活动产生的镁铁质岩浆形成的锆石极少。辽河群的碎屑锆石年龄图谱表明，同构造期锆石占有很高的比例，约 70%（2.29~1.94 Ga），古老锆石很少，约 20%（>2.44 Ga），明显不同于裂谷盆地，而与弧前或者弧后盆地碎屑锆石组成类似（Cawood et al.，2012）。通过碎屑锆石 $^{207}Pb/^{206}Pb$ 年龄减去寄主岩石沉积时代（大约 1.94 Ga）构成的累计曲线可以区分盆地的性质，辽河群的碎屑锆石所构成的累计曲线与挤压型或者碰撞型盆地范围一致（图 7.6），而背离伸展型盆地（如裂谷盆地）。辽河群不同出露区的碎屑锆石年龄图谱具有相似性，其中最主要的源区都是胶辽活动带内 2.2~2.0 Ga 岩浆岩，而辽北-吉南陆块与辽南陆块太古宙的古老岩石则是次要的源岩（少于 10% 的锆石颗粒）。2.2~2.0 Ga 的辽河群火山岩和辽吉花岗岩均属于典型的弧相关岩浆岩（如岩浆作用部分所述）。这样一个弧相关岩石和克拉通来源的二元源区组合与典型的弧后盆地沉积（Tonto Basin Supergroup）是相似的，其碎屑物质分别来自本地与弧相关的火山岩和北美克拉通（Cawood et al.，2012）。沉积地球化学方面，胶辽活动带内的沉积岩显示 Nb、Ta 和 Ti 亏损，富集轻稀土元素，亏损重稀土元素，轻重稀土元素分馏较强等地球化学特征（王惠初等，2011；Li and Chen，2014；Meng et al.，2014；Yuan et al.，2015），表明其弧属性。在构造环境判别图上，沉积岩样品主要落于岛弧和活动大陆边缘范围，进一步说明其并非沉积于裂谷盆地（图 7.7）。

（三）1.90 Ga 大规模变质-变形作用证据

南北辽河群表现出不同岩石组合类型和变质演化史（P-T-t 轨迹）（白瑾，1993a；贺高品和叶慧文，

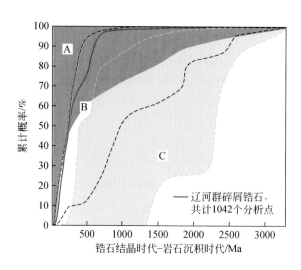

图 7.6 辽河群碎屑锆石累计曲线构造环境判别图（改自 Li et al., 2017）
A. 汇聚型盆地；B. 碰撞型盆地；C. 伸展型盆地

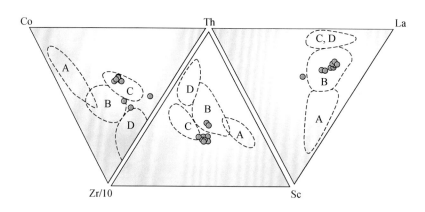

图 7.7 辽河群沉积岩构造环境判别图（改自 Li et al., 2015）
A. 大洋岛弧；B. 大陆弧；C. 活动大陆边缘；D. 被动大陆边缘

1998；张秋生等，1988；Zhao and Zhai，2013），二者火山作用时代、沉积时代和变质时代可以对比。北辽河群以大量陆源碎屑岩-碳酸盐岩出露（稳定被动大陆边缘沉积）为特征，主要由石英岩、片岩、千枚岩和大理岩组成，原岩建造为碎屑岩-黏土岩-碳酸盐岩建造，沉积旋回明显，下部以碎屑岩为主，夹少量火山岩，中部为黏土岩夹碳酸盐岩，上部为碳酸盐岩（贺高品和叶慧文，1998）。北辽河群常见有石榴子石、十字石、蓝晶石等变质矿物，具有近等温减压（ITD）的顺时针 P-T-t 轨迹，以夕线石取代蓝晶石为特征，属于典型中压变质作用，峰期达到低角闪岩相（图 7.8）（Zhao and Zhai，2013）。南辽河群以大量火山岩出露为特征，主要由浅粒岩、变粒岩、片麻岩、片岩、大理岩和石英岩组成，原岩建造为火山岩-碎屑岩-碳酸盐岩建造，沉积旋回不明显，下部以火山岩为主，夹少量碎屑岩，中部为碎屑岩夹碳酸盐岩，上部为碳酸盐岩、黏土岩和碎屑岩（贺高品和叶慧文，1998）。南辽河群常见石榴子石、十字石、红柱石、堇青石和夕线石等变质矿物，具有近等压冷却（IBC）逆时针 P-T-t 轨迹，以夕线石取代红柱石为特征，属于典型低压变质作用，峰期达到高角闪岩相（图 7.8）（Zhao and Zhai，2013）。上述不同特征均很难用裂谷模式去解释。

（四）两侧太古宙基底证据

前人研究已经表明，辽北-吉南陆块和辽南陆块在岩石组合、年代学和变质特征上存在明显不同。辽北-吉南陆块太古宙花岗岩岩石类型复杂，以花岗闪长岩和二长花岗岩为主，英云闪长岩和奥长花岗岩仅

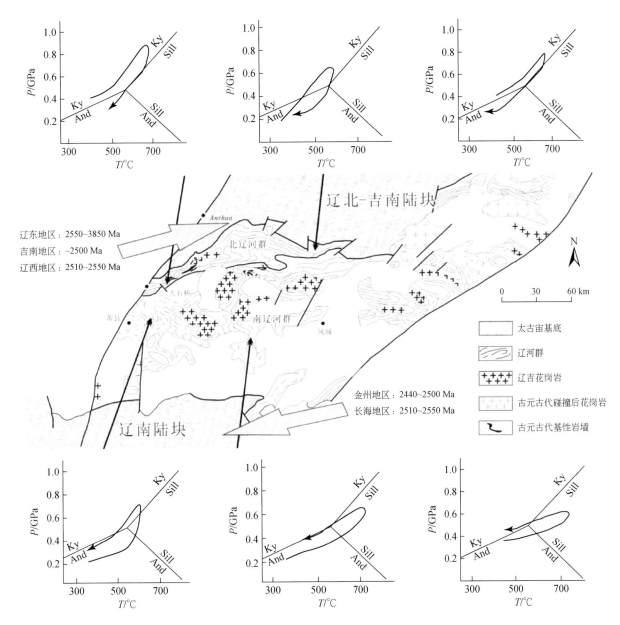

图 7.8 古元古代变质岩 P-T-t 轨迹以及辽北-吉南陆块和辽南陆块基底年龄组成（改自 Li et al., 2011, 2017）

局部出现（图 7.9a），形成时代为 3800~2500 Ma（图 7.8），经历角闪岩-麻粒岩相变质，多处出现麻粒岩以及与麻粒岩相变质有关的紫苏花岗岩（图 7.9b）和表壳岩（BIF；图 7.9c）；辽南陆块太古宙花岗岩以石英闪长岩-英云闪长岩为主（图 7.9d），岩性简单且偏基性，形成时代为 2440~2500 Ma（图 7.8），经历角闪岩相变质。这些均说明上述两个太古宙陆块可能并不是由单一太古宙克拉通裂解形成，同时也暗示，胶辽活动带形成演化可能并非与陆内裂谷的闭合有关。

综上所述，我们不难发现，根据目前已掌握的资料，弧-陆碰撞模式更好地解释胶-辽-吉活动带形成与演化。如果胶-辽-吉活动带形成与弧-陆碰撞有关，那么古元古代的大陆弧在哪里？一般来说，俯冲带的流体交代作用过程为：俯冲洋壳脱水，产生富集大离子亲石元素（如 Rb、Sr、U、Th 等）的流体进入上覆的地幔楔，发生交代作用，使地幔楔橄榄岩部分熔融，形成消减带岩浆岩，在靠近海洋（岛弧）方向形成低钾拉斑玄武岩，在俯冲带内侧大陆方向形成高铝玄武岩和橄榄玄粗岩（Wilson, 1989）。也就是说，在垂直大陆边缘走向，自海沟向大陆方向，可以见到不同岩浆岩类或者同一类岩浆岩中钾、钠等元素有规律的增加，此特征也可以指示俯冲极性。北辽河群中出露的基性岩以拉斑玄武质为主，南辽河群

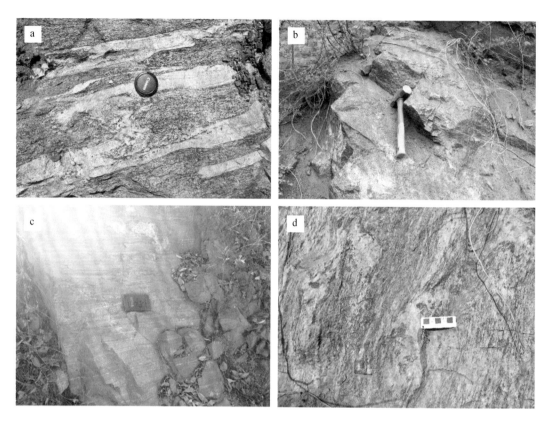

图 7.9 辽北-吉南陆块和辽南陆块代表性岩石照片
a. 辽北-吉南陆块 TTG 片麻岩；b. 辽北-吉南陆块紫苏花岗岩；c. 辽北-吉南陆块表壳岩（BIF）；
d. 辽南陆块石英闪长岩-英云闪长岩（改自陈斌等，2016）

的火山岩以钙碱性为主（图7.4d～f），自北向南表现出明显的成分变化，二者时代一致，暗示自北向南的俯冲。也就是说，北辽河群中出露的基性岩脉应该代表古元古代弧前玄武岩质岩石，而钙碱性岩的出露位置可以近似代表古元古代大陆弧的位置，从而我们将已识别出的钙碱性岩石连线，即可勾勒出古元古代大陆弧的位置（Faure et al.，2004；陈斌等，2016），如图 7.10 所示。

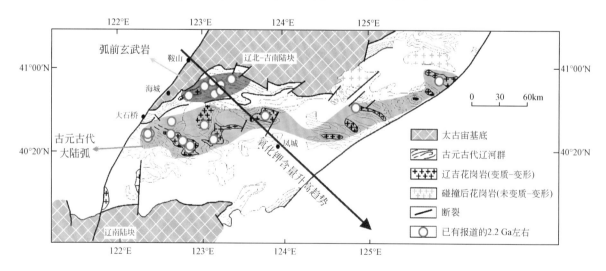

图 7.10 2.2 Ga 左右岩石分布及古元古代大陆弧位置（改自陈斌等，2016）

三、胶辽活动带是古元古代弧陆碰撞带

我们探讨性地建立胶辽活动带（辽东南地区）古元古代构造演化模式（图7.11）：

（1）2300 Ma前后（2450~2300 Ma），辽北-吉南陆块和辽南陆块没有大规模岩浆事件，仅少量碱性花岗岩和基性岩墙（Li et al., 2011），该时期属于地球平静期，出现大量伸展盆地。2.2 Ga左右，辽北-吉南陆块和辽南陆块之间洋壳向南俯冲，形成大量富水、高氧逸度岩浆岩，如辽吉花岗岩（以含角闪石和磁铁矿等为特征）和大量拉斑性质基性岩墙、辽河群钙碱性玄武质岩石，南侧拉斑性质基性岩墙和北侧钙碱性玄武质岩石指示南向俯冲（图7.11a）。

（2）1.98~1.90 Ga广泛沉积作用（大石桥组、盖县组和浪子山组）。一种可能是，来自于龙岗陆块被动陆缘沉积与来自狼林陆块弧前沉积在碰撞缝合过程中发生构造混杂，并随后发生变质-变形而形成辽河群；另一种可能是，辽北-吉南陆块和辽南陆块中间大洋俯冲在2.2~2.0 Ga结束以后，两个太古宙陆块相当靠近但并未对接，其间为浅海海盆，同时接受来自北侧辽北-吉南陆块和辽南陆块的陆源碎屑物质。目前我们无法区分上述两个可能（图7.11b）。

（3）辽北-吉南陆块和辽南陆块发生碰撞拼合，开始的时间约为1.93 Ga（变质锆石或者石榴子石记录的最古老年龄），峰期为1.90 Ga（变质锆石年龄的众数记录）的大规模区域变质-变形作用，形成古元古代胶辽活动带（图7.11c）。

（4）1.88~1.82 Ga后碰撞岩浆事件（以I-S-A型花岗岩、正长岩、基性岩墙和伟晶岩出露为特征），结束胶辽活动带古元古代（或者早前寒武纪基底）构造演化（图7.11d）。

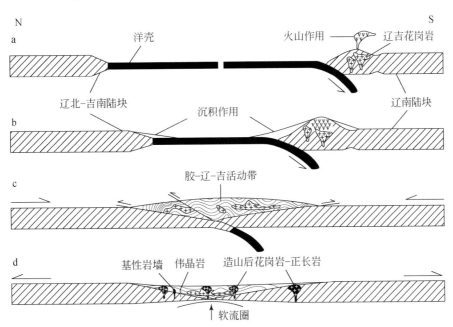

图7.11 胶辽活动带古元古代构造演化示意图（改自陈斌等，2016；Li et al., 2017）
a. 2.2~2.0 Ga；b. 2.0~1.9 Ga；c. 1.9 Ga；d. 1.89~1.82 Ga

第二节 丰镇活动带

丰镇活动带是华北克拉通古元古代三条重要的活动带之一，分布在华北克拉通阴山陆块或集宁陆块与鄂尔多斯陆块之间，东起怀安杂岩，经大青山-千里山，到西部贺兰山止（图7.12）。主要由一些麻粒岩相-角闪岩相的古元古代变沉积岩组成。这些变沉积岩以孔兹岩系为主，沉积时代曾经存在不同认识，

近年来大量研究显示它们应为古元古代沉积产物。Zhao 等（2005）提出这些变沉积岩代表了鄂尔多斯陆块和阴山陆块在 2.0~1.95 Ga 期间碰撞的产物，属于不同块体之间的碰撞造山带。而 Zhai 等（2005）以及 Zhai 和 Santosh（2011，2013）先后阐述了该活动带的演化性质。他们提出该活动带是新太古代末克拉通化后于 2.3（2.2）~1.95 Ga 期间发育裂谷和闭合的产物。这一演化过程中，很可能形成了被动陆缘及初始的洋壳，在闭合之前，被动陆缘转变成活动陆缘而最终碰撞造山。对于上述地壳演化模式的不同看法，主要分歧在于地壳演化的性质上，即陆块之间的拼合还是陆内裂解再拼合的过程。从目前研究情况来看，变沉积岩碎屑锆石年龄特征能够更好地为地壳演化性质提供约束。为此，本节重点讨论该活动带内碎屑锆石年龄结果及其意义。为了深入理解地壳演化性质，有必要首先了解"活动带"的含义。

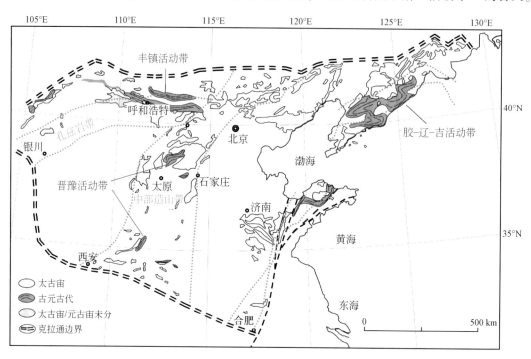

图 7.12　华北克拉通古元古代活动带与造山带分布示意图（Zhai et al.，2011；Zhao et al.，2005）

一、活动带的含义

活动带（Mobile Zone 或 Mobile Belt）不具有特定的大地构造含义。相对于稳定的克拉通岩石圈而言，活动带岩石圈地幔和地壳表现出相对异常的高地温梯度和高热流值（图 7.13）。因此，活动带通常发育岩浆和沉积作用，相应地，地壳会发生隆升剥蚀和盆地发育的盆-山耦合现象。据此，克拉通从裂谷带到被动陆缘的发育过程，岩石圈变薄，软流圈上涌会造成岩石圈热流值增大而广泛发育岩浆活动和裂谷肩部的剥蚀沉积作用。相对于冷的岩石圈地幔，裂谷下的岩石圈地幔可以认为是一种活动带。另外，大洋俯冲背景下，大陆边缘弧后地区在碰撞收缩前的伸展作用下，岩石圈也同样具有高热流值特点，岩石圈不稳定而广泛发育岩浆和沉积作用。例如，东太平洋的美国西海岸，这里存在俯冲带和大陆边缘以及大陆边缘弧后，该大陆弧后宽度可达 500~800 km 宽（Hyndman et al.，2005），下部岩石圈地幔具有高热流值，显示岩石圈不稳定的特点（图 7.14）。然而，对于岩石圈热流值的高、低界限问题，目前也没有一个标准。但是，根据碰撞造山带中高压-超高压岩石的变质温压反算地温梯度似乎都不高（<20 ℃），而活动带则明显高于该值。在地球演化历史中，其总体温度应该是逐渐变冷的。用显生宙造山带地温梯度和岩石圈热流值与元古宙造山带地温梯度进行比较，是否合适也是值得思考的问题。从目前研究结果来看，全球古元古代造山带中的高压麻粒岩普遍显示出温度较高和折返冷却速率较显生宙造山带明显缓慢的特点（Ashwal et al.，1999）。这种不同可能与地球发展历史中地温和构造体系的差异有关。

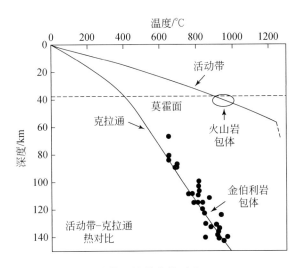

图 7.13 克拉通岩石圈与活动带地热梯度值对比（Hyndman and Lewis, 1999）

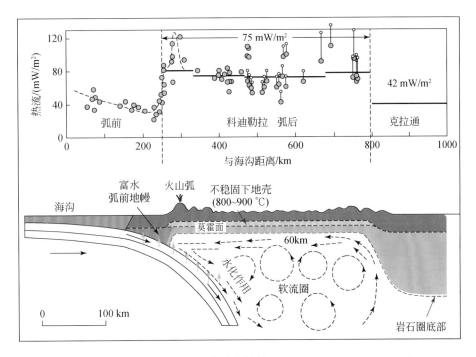

图 7.14 美国西部大陆热流值分布特征（Hyndman and Lewis, 1999）

二、丰镇活动带变沉积岩对地壳演化性质的启示

（一）变沉积岩锆石年龄及其时限研究现状

该活动带裂谷开始时间可能在 2.3 Ga 或 2.2 Ga，延续到 2.05~2.0 Ga（翟明国和彭澎，2007）。来自孔兹岩内的大量碎屑锆石揭示出岩浆年龄分布在 2.3~2.5 Ga、2.2~2.0 Ga 以及稍晚的变质年龄（2.0~1.8 Ga）（图 7.15）。迄今为止，该活动带最小的沉积时限被限定到 1.95 Ga 之前，而 1.85 Ga 是变沉积岩退变或另外一次变质作用叠加的时代。以上数据来自大量 2.0 Ga 的具有岩浆环带和相对高的 Th/U 值（>0.1）的锆石。这些锆石被认为是典型碎屑锆石，所以，沉积的最小年龄应在 2.0~1.95 Ga（Wan et al., 2009）。

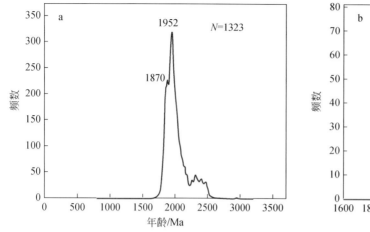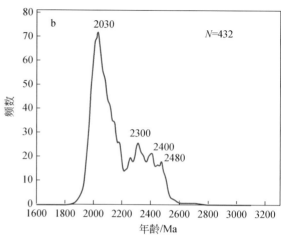

图 7.15　丰镇活动带变沉积岩中锆石 U-Pb 年龄分布特征（a）；具有岩浆特征锆石年龄峰值分布特征（b）

数据来源：周喜文和耿元生，2009；董春艳等，2012b；Xia et al.，2006a，2006b，2008；
Yin et al.，2009，2011；蔡佳等，2015；Wan et al.，2009

另外一种观点则认为，这些变沉积岩形成时代应在 2.0 Ga 之前或稍早（Li et al.，2010；Zhang et al.，2014）。持有该认识的依据来自侵入变沉积岩中变质花岗岩或变基性岩脉的岩浆时代在 2.0~1.97 Ga（Zhang et al.，2014；Wang X P et al.，2016；Yin et al.，2009，2011），而变沉积岩锆石普遍记录了 1.95 Ga 左右的高级变质作用年龄和变质熔融的 S 型花岗岩或深熔体。对前人发表数据进行统计分析后，我们可以清楚地看到变沉积岩的两期变质年龄峰值分别为 1950 Ma 和 1870 Ma（图 7.15a），而大于 1950 Ma 且保留了岩浆环带的数据点统计发现，2.2 Ga 存在年龄低谷，之后的年龄颗粒逐渐增多并最终在 2030 Ma 形成显著的峰值（图 7.15b），而分布在 2.0~1.95 Ma 的数据相对较少，很大程度上与后期变质影响而导致锆石同位素年龄变小有关。2.2 Ga 的年龄低谷之后则出现了 2300 Ma、2400 Ma 和 2480 Ma 三个年龄峰。这些锆石年龄与活动带北部的集宁陆块没有很好的对应关系，可能与后期高级变质影响有关，导致年龄变小及年龄峰发生漂移。2300 Ma 的火成岩在活动带内及其两侧陆块中均没有识别出来，该年龄在华北克拉通南部的太华杂岩和中条杂岩中有岩体出露。上述年龄峰值以 2480 Ma 为标准，假设原岩真实年龄峰值为 2520 Ma。那么，几个岩浆锆石年龄峰值可能偏移了 20~40 Ma。

（二）沉积时限问题讨论

在上述锆石 U-Pb 年龄的简要回顾中，我们可以看出，对于变沉积岩沉积上限的认识主要来自两方面的证据：①最小的可能的碎屑锆石年龄；②侵入其中的代表沉积岩熔融的 S 型花岗岩侵入时代或侵入其中的基性岩岩脉。

上述两个方面的证据对沉积上限的约束符合科学逻辑，似乎没有什么值得探讨的。但是，这里需要指出的是，沉积盆地的构造环境属性以及其后的造山性质和过程对上述两方面的证据会形成相当大的挑战。该带内的沉积岩可能属于不同构造环境，如陆内盆地、大陆边缘（活动）或被动陆缘沉积盆地，在最终的闭合造山过程中将会形成复杂的火山-沉积-变作用，导致真正的碎屑锆石和火山灰或中-酸性火山岩的岩浆锆石无法从研究样品中轻易识别。例如，在活动陆缘一侧，火山-沉积作用形成的岩石在碰撞前可以很快发生剥蚀而再循环进入地壳深部，这种剥蚀沉积作用可以一直延续到两个大陆对接初期。如此，我们可以想象，缝合带两侧的地质体会发生快速剥蚀沉积，而持续的挤压力会导致这些沉积物质发生高级变质作用。所以，火山-沉积物质被循环到地壳深部的过程将会持续到碰撞应力减弱阶段，即挤压应力不能将火山-沉积物质循环到地壳深部发生角闪岩相及以上的变质作用时，而经历了角闪岩相-麻粒岩相变沉积岩中的火山-碎屑锆石年龄则完全可以记录到同碰撞的 U-Pb 年龄。根据上述推测，我们可以观察前人大量碎屑锆石形态特征和 U-Pb 年龄结构。目前来看，从贺兰山-千里山、乌拉山-大青山到集宁-卓资地区，甚至怀安地区广泛分布的变沉积岩碎屑锆石年龄多集中在 1.95~2.5 Ga，特别是 2.05~1.95 Ga 的具有岩浆环带的年龄还是相当多。所以至今存在沉积上限在 2.0~2.05 Ga 或 1.95 Ga 之前的不同认识。需要指出的是，在同碰撞过程中可以存在变质级别为角闪岩相-绿片岩相的变质沉积岩。这些变质级别越低而保留至今的变沉积岩更容易记录同碰撞-后碰撞期间的碎屑锆石年龄。至此，不同地区变沉积岩的最小沉积年龄和锆石形态的研究对详细剥离变沉积岩原岩可能的构造环境和造山带演化具有重要意义，仍需深入研究。

(三) 沉积物源对地壳演化模式的启示

该活动带内碎屑锆石年龄分布特征 (2.5~1.95 Ga) 更有利于解释为主要来自南侧的鄂尔多斯基底。由于 2.5 Ga 的锆石在全球都普遍存在，表面上看这类锆石来源似乎无法给出合理物源信息。然而，当我们观察活动带两侧的基底岩石不难发现，在北侧的集宁陆块或阴山陆块以约 2.5 Ga 岩浆和边缘变质重结晶为特征 (Jian et al., 2012)。这也是前人划分不同陆块的重要证据 (Zhao et al., 2005)。而鄂尔多斯陆块由于显生宙沉积物的覆盖，对于基底的存在与否似乎有不同认识 (Wan et al., 2013; Hu et al., 2013; Zhang et al., 2015)。但是最近钻孔中样品研究显示 (Zhang et al., 2015)，鄂尔多斯存在太古宙基底，证据来自样品中有大量约 2.5 Ga 岩浆锆石而缺乏同期变质锆石。这有别于北部基底的锆石特征，甚至东部的冀东或东部陆块。然而，我们也注意到一个重要的地质特征，即集宁陆块中目前观察到的地壳物质多为角闪岩相-麻粒岩相变质层次，在古元古代造山作用之前的地壳表面物质是否也记录了同期约 2.5 Ga 的变质年龄不得而知。目前，没有证据显示麻粒岩相变质基底在 2.0 Ga 之前就已经大规模折返到地表。

对于非造山带而言，角闪岩相-麻粒岩相岩石应为中-下地壳物质，而上地壳属于无变质或绿片岩相的变质层次。无论何种模型，丰镇活动带发育的早期，不可能将下地壳的物质大量剥蚀出来，只能是上地壳及浅部岩石才有机会沉积于裂谷带内。现今观察到的活动带北侧基底岩石是最终在造山作用结束后的约 1.8 Ga 才抬升于地表的。据此，我们认为基底中记录了约 2.5 Ga 岩浆和变质年龄的锆石在陆-陆碰撞模型中不可能在碰撞前被大量剥蚀出来，只有碰撞后才有机会大范围地抬升于地表并被剥蚀沉积下来。对于陆-陆碰撞模型，在碰撞对接之前，那些记录了约 2.5 Ga 变质作用的基底物质很少有机会发生从下地壳到地表并再循环回下地壳的完整过程。即使活动大陆边缘的下地壳发生重熔作用，由于岩浆阶段锆石的生长也会掩盖约 2.5 Ga 变质锆石而更大概率地保存了约 2.5 Ga 的岩浆锆石核。在现代的俯冲带中也没见到大规模下地壳麻粒岩相变质岩石被挤压抬升到地表。而且具有逆时针轨迹特征的麻粒岩相变质岩石也不支持在碰撞造山前被剥蚀到地表。所以，碎屑锆石中大量 2.5~2.4 Ga 的变质锆石如果存在是不支持碰撞造山模式的。

在碰撞作用发生之前，变质基底中的变质锆石发生一次循环，转变为活动带中碎屑锆石的最大可能机制是原本变质基底中的变质或变质-岩浆共存特征的锆石以捕获形式由古元古代火成岩再循环造成。下地壳熔融的火成岩侵入地壳浅部或喷发于地表之后，经历后期的地壳剥蚀、沉积作用以及晚期的碰撞造山作用后，大量围岩中的捕获锆石则会经历再循环而保留下来。这一过程是新太古代变质锆石能够最大限度保存下来的合理机制。约 2.5 Ga 变质锆石如果大量存在于火山碎屑岩类或浅成火成岩中，它们被快速剥蚀堆积而形成各种结构成熟度和成分成熟度较低的沉积物，然后，在碰撞造山阶段被循环至下地壳而发生不同级别的变质作用。这种岩石中岩浆作用阶段的锆石包裹在矿物之中并随着风化碎屑、砾石等形式而得以较好地保存。然而，活动带内的变沉积岩物质组成没有揭示出大量变质火山岩夹层或碎屑物。而且，这种机制保留的新太古代变质锆石的数量也非常有限。从前人发表的该活动带内变沉积岩的碎屑锆石年龄和 CL 图像来看，还没有发现存在大量约 2.5 Ga 的岩浆和变质年龄共存的单颗粒锆石，这可能说明：①沉积岩物源主要来自南部的鄂尔多斯和北部集宁 (阴山) 陆块的浅部，而集宁陆块新太古代变质下地壳并没有剥蚀出来；②该活动带碰撞前，集宁陆块向南运动与鄂尔多斯陆块拼合，集宁陆块南部则为缺乏岩浆活动的被动陆缘；③裂谷发育过程中由于地幔高热流值引起的地壳熔融温度高而导致新太古代麻粒岩相变质基底中的变质锆石在熔融过程中难以保存。

记录了2500~2400 Ma的碎屑锆石如果有很多是变质锆石，则用裂谷模式能够很好地得以解释。裂谷作用发育到一定程度出现海盆时，地壳减薄速率明显大于沉积速率时，新太古代麻粒岩相变质基底会大范围暴露于地表，在转入活动大陆边缘时才有机会大量被剥蚀并沉积。所以，从碎屑锆石年龄特征来看（图7.15b），2.5~2.4 Ga的年龄部分属于变质锆石，支持该活动带早期发生了裂谷作用。2.05~2.0 Ga发育大量基性和酸性I-A型花岗岩（Dan et al.，2014；Peng et al.，2010；耿元生等，2009；Zhang et al.，2011；张华锋等，2013），该事件是裂谷发育晚期的产物还是从裂谷发育到被动陆缘或活动陆缘的岩浆活动产物仍需要深入研究。研究结果显示，该活动带南部鄂尔多斯内部变沉积岩和变质花岗岩年龄都存在2.2~2.0 Ga的岩浆年龄和其后约1.95 Ga及约1.85 Ga的变质年龄。这种年龄结构有利于将物源解释为来自鄂尔多斯陆块。原因在于其他地区缺乏2.2~2.0 Ga相关的物源。上述所有研究都成立的话，我们认为丰镇活动带很可能是2.05~2.0 Ga的岩浆弧，即2.3~2.05 Ga为裂谷发育阶段并形成被动陆缘，之后鄂尔多斯陆块一侧转变为活动陆缘。

综上所述，丰镇活动带更可能经历了裂谷-俯冲-碰撞过程。2.05~2.0 Ga的岩浆作用（图7.15b）可能是被动陆缘与活动陆缘转换阶段的结果。

第三节 晋豫活动带

一、晋南中条山地区2.2~2.1 Ga岩浆作用特征及其成因

（一）中条山地区古元古代岩浆岩分布特征

中条山是华北克拉通南缘前寒武纪岩浆岩的重要分布区，也是我国重要的铜矿资源基地之一。该地区古元古代岩浆活动强烈且分布范围广，分为绛县期（2.2~2.1 Ga）和中条期（2.1~2.0 Ga）两期岩浆活动（孙大中和胡维兴，1993）。以绛县期岩浆活动最为强烈，形成了规模巨大的绛县群铜矿峪亚群钾质基性火山岩、富钾流纹岩、流纹质晶屑凝灰岩、石英晶屑凝灰岩为代表的双峰式火山岩组合，并伴有近同期的石英二长斑岩脉的（岩株）侵入。后者被认为与区内著名的铜矿峪斑岩铜矿有直接成因联系（孙大中和胡维兴，1993；Jiang et al.，2014；Liu et al.，2016a）。中条期岩浆活动相对较为宁静，以中条群篦子沟组变质基性-中基性火山岩为主，偶见呈岩脉（岩株）产出的中基性侵入岩。

中条山古元古代岩浆岩主要分布于中条山西部地区（图7.16），呈北东-南西向展布。这些岩浆岩均经历了绿片岩相-低角闪岩相的后期变质改造（孙大中和胡维兴，1993）。在1.80~1.75 Ga，华北克拉通南缘发生了大规模的火山活动，形成了以安山质岩石为主的西阳河群，它广泛分布在中条山中东部（图7.16），作为未变质盖层覆于古元古代变质基底之上。

（二）中条山地区2.2~2.1 Ga岩浆岩地球化学特征及成因

1. 铜矿峪变石英二长斑岩

铜矿峪变石英二长斑岩侵入于铜矿峪亚群变钾质基性火山岩和变石英晶屑凝灰岩中，岩体呈脉状、岩株状产出。岩石具斑状结构，含粗粒石英斑晶及粗大钾长石和钠长石斑晶，由于后期钠长石化发育，绝大部分钾长石斑晶都已经变为具棋盘格子双晶的次生钠长石，显微镜下可见残余的钾长石卡式双晶。石英斑晶具明显的港湾状熔蚀结构。基质主要为细粒石英、钠长石和绢云母，可见绢云母环绕斑晶具一定的定向排列特征。副矿物主要为磁铁矿、黄铁矿、电气石、磷灰石和锆石。对岩石进行单矿物分选所得的锆石呈长柱状，浅紫红色，常含有熔体包裹体，CL图像显示出明显的振荡环带，具岩浆锆石矿相学特征。

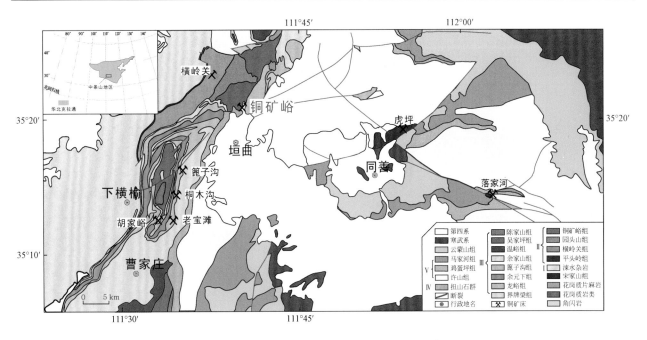

图 7.16 中条山地区前寒武纪地质简图（修改自孙大中和胡维兴，1993）

全岩地球化学分析显示，铜矿峪变石英二长斑岩的 SiO_2 含量较高（61.82%～67.88%，平均为 65.35%），K_2O 含量为 2.79%～5.87%，Na_2O 含量为 0.13%～4.02%，CaO 含量为 0.92%～4.03%，Fe_2O_3 含量为 2.84%～6.18%，MgO 含量为 1.31%～3.80%，Al_2O_3 含量为 15.04%～19.40%，全碱（K_2O+Na_2O）含量为 5.25%～6.92%，K_2O/Na_2O 值为 0.69～43.69（主要集中在 1 附近），显示出富钾、富铝的地球化学特征。稀土配分模式为右倾型，LREE/HREE 值为 10.52～16.74，$(La/Yb)_N$ 值为 13.37～29.61，轻稀土明显富集，Eu 异常不明显。微量元素地球化学特征显示，铜矿峪变石英二长斑岩的样品点落在火山弧花岗岩（VGA）和后碰撞的范围内（图 7.17），指示其可能形成于板块聚合边缘。

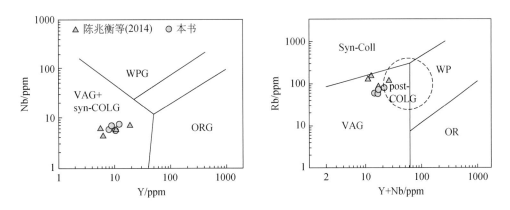

图 7.17 Nb-Y、Rb-(Y+Nb) 构造判别图解（底图据 Pearce，1996）

LA-ICP-MS 锆石原位微量元素和 U-Pb 定年结果显示，锆石 Th/U 值为 0.24～0.77（多数大于 0.4），重稀土明显富集，且具有明显 Ce 正异常和轻微 Eu 负异常，$^{207}Pb/^{206}Pb$ 年龄变化区间为 2065～2196 Ma。在锆石 U-Pb 年龄谐和图上（图 7.18a），可见多数数据靠近或落在一致曲线上，其上交点年龄为 2121±10 Ma，加权平均年龄为 2117±13 Ma（图 7.18b），两者在误差范围内一致。

锆石 Hf 同位素结果显示，其 $^{176}Yb/^{177}Hf$ 和 $^{176}Lu/^{177}Hf$ 值分别在 0.017926～0.052115 和 0.281305～0.281451，$^{176}Lu/^{177}Hf$ 值均小于 0.002，$\varepsilon_{Hf}(t)$ 值为 -5.71～0.39（平均为 -2.37），T_{DM}^C 为 2722～3091 Ma（平均为 2855Ma）。在 $\varepsilon_{Hf}(t)$-t 图解中（图 7.19），样品点主要落在 3.0 Ga 与 2.5 Ga 地壳演化线之间，表明其具有明显的壳源特征，可能与古老地壳的熔融有关。

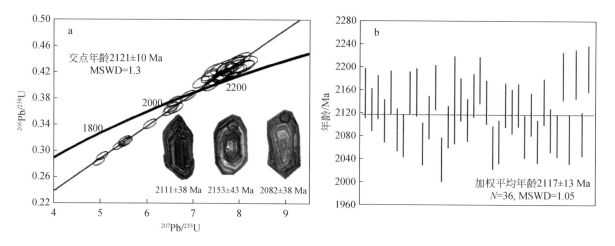

图 7.18　铜矿峪变石英二长斑岩锆石 U-Pb 年龄图解（数据来自李宁波等，2013）

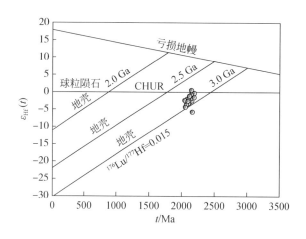

图 7.19　铜矿峪变石英二长斑岩锆石 Hf 同位素图解（数据来自李宁波等，2013）

在 2.2~2.1 Ga，华北克拉通整体上处于一个伸展构造环境（Zhai et al., 2010; Zhai and Santosh, 2011, 2013），在华北克拉通中部发生了大量与伸展作用有关的岩浆活动（Du et al., 2010, 2013）。例如，杜利林等（2012）通过对吕梁群杜家沟组长石斑岩的系统研究，厘定其形成年龄在 2189~2186 Ma，并提出它是造山后伸展环境形成的 A 型花岗岩。赵瑞幅等（2011）通过对恒山钾质花岗岩的研究，提出恒山地区在 2100 Ma 左右处于伸展环境。

鉴于铜矿峪变石英二长斑岩的形成年龄为 2121±10 Ma，且其微量元素地球化学特征显示其形成于火山弧或碰撞后环境。因此，作者更倾向该岩石形成于后碰撞环境，其可能是后碰撞伸展过程地热异常导致地壳部分熔融的产物。

2. 铜矿峪变钾质双峰式火山岩

绛县群铜矿峪亚群的变钾质双峰式火山岩主要出露于铜矿峪铜矿区，地层由老至新分为竖井沟组变富钾流纹岩层、西井沟组变钾质基性火山岩层和上覆的骆驼峰组变石英晶屑凝灰岩层。竖井沟组变富钾流纹岩层出露于矿区南部，主要由变富钾流纹岩和变富钾流纹质凝灰岩反复交叠组成（反复五次以上），下部有石英岩夹层，中部和顶部各夹有一套火山砾凝灰岩，总厚度为 1200 m。西井沟组变钾质基性火山岩层出露于流纹岩层以北，厚度约 800 m，主要由黑云片岩、绿泥石片岩和角闪黑云片岩组成。黑云片岩为黑绿色，具片理，肉眼可见变余杏仁构造、方柱石残斑和绿帘石变斑晶等。绿泥片岩主要为绢云母绿泥片岩，岩石普遍含有磁铁矿、赤铁矿和电气石等副矿物。

全岩主量元素分析显示，铜矿峪变质火山岩的 SiO_2 含量存在较大范围的间断（52.46%~65.95%），变钾质基性火山岩的 SiO_2 含量变化于 44.86%~52.46%,而变钾质酸性火山岩的 SiO_2 含量变化于 65.95%~77.61%,体现出明显的双峰式特征。两类岩石的 K_2O 含量均较高,基性火山岩为 2.52%~7.36%,酸性火山岩为 3.78%~10.65%,两者的全碱 (K_2O+Na_2O) 含量分别为 2.67%~7.65% 和 3.90%~11.07%,K_2O/Na_2O 值分别为 9.73~25.37 和 13.0~31.64。在 TAS 分类图解中(图 7.20),基性火山岩落于玄武岩、粗玄岩范围内,属钙碱性-碱性系列岩石;酸性火山岩则主要落于英安岩和流纹岩区域。微量元素分析显示(图 7.21),变基性火山岩和酸性火山岩均富集大离子亲石元素,亏损高场强元素 Nb、Ta,强烈亏损 Ba 和 Sr。Sr 与 Ca 化学性质相近,且 Sr 主要以类质同象存在于斜长石中,Sr 的亏损与岩石 Ca 含量较低相吻合,可能与岩石遭受后期绿片岩相变质改造有关。两类岩石的轻稀土均较富集,Eu 具有弱负异常。全岩 Nd 同位素分析显示,变钾质基性火山岩的 $\varepsilon_{Nd}(t)$ 值变化于 -2.19~+1.7,变钾质酸性火山岩的 $\varepsilon_{Nd}(t)$ 值变化于 -2.00~+0.2,变化范围基本相近,且两类岩石的 Nd 模式年龄 (T_{DM}) 均为 2.80~2.70 Ga,进一步表明两者的原始岩浆可能为同源岩浆,来源于富集的地幔。变钾质酸性火山岩(变流纹岩)的 LA-ICP-MS 锆石原位 U-Pb 定年结果显示,$^{207}Pb/^{206}Pb$ 加权平均年龄为 2161±1.5 Ma(张晗等,2013),与铜矿峪变石英二长斑岩的形成时代基本一致。

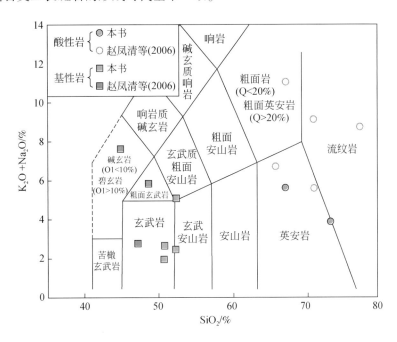

图 7.20 铜矿峪变钾质双峰式火山岩 SiO_2-(K_2O+Na_2O) 分类图解(底图据 Maitre,1984)

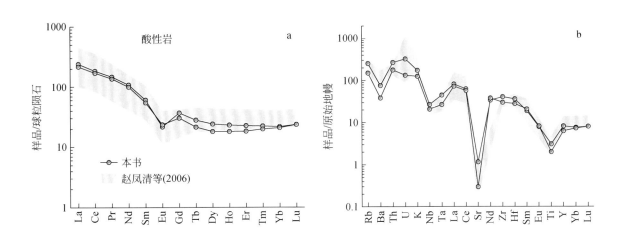

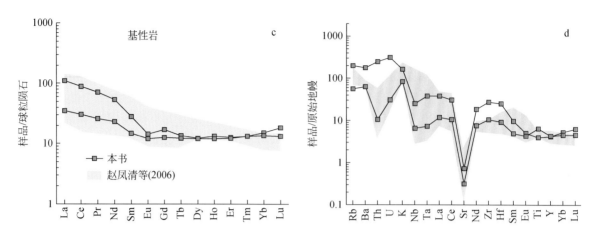

图 7.21 铜矿峪变钾质双峰式火山岩微量元素地幔标准化蛛网图和稀土配分模式图

铜矿峪变质火山岩的一个突出特点是具有较高的 K_2O、(K_2O+Na_2O) 含量，贫 Ti，富 Al_2O_3，被认为是典型的富钾火山岩（孙海田和葛朝华，1990；孙大中和胡维兴，1993；赵凤清等，2006）。在地球化学特征上，铜矿峪火山岩的高 K_2O、低 CaO 和 Na_2O 特征与瑞典西部古元古代钾质火山岩有一定的相似性（Lagerblad and Gorbatchev，1985）。但也有学者认为，铜矿峪变钾质火山岩的部分样品 K_2O 含量异常高（>10%），而 CaO 和 Na_2O 异常低（均普遍低于 0.5%），可能与后期低温热液蚀变交代改造有关（张晗，2012）。更为重要的是，在绛县群和中条群地层中存在较大规模的含方柱石岩，而方柱石的出现往往与高盐度流体的活动有关（Oliver et al.，1994；Moore，2010）。这进一步暗示铜矿峪变钾质火山岩的成因存在较大的争议。

事实上，对上述岩石进行钾质交代作用判别可发现，在图 7.22a 中，铜矿峪变钾质火山岩普遍显示出高钾火山岩的地球化学特征；但在图 7.22b 中则可以看出，铜矿峪"钾质酸性火山岩"的样品点有从原始钾质火山岩向钾质交代作用演化的趋势，而铜矿峪"钾质基性火山岩"的样品点在图 7.22a 和图 7.22b 中普遍落于钾质岩的范围内。这表明，铜矿峪变钾质酸性火山岩很可能受到了较强的后期流体交代改造影响，而变钾质基性火山岩则保存相对完好，可应用其地球化学数据进一步开展钾质火山岩构造环境判别及成因研究。

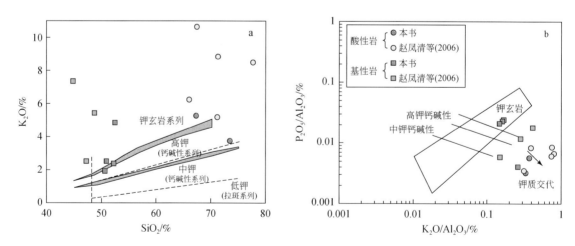

图 7.22 钾质岩分类图解（a）和钾质交代作用判别图解（b）（底图据 Foley et al.，1987；Crawford et al.，2007）

Müller 和 Groves（2000）将富钾火山岩产出的构造背景划分为陆弧、后碰撞弧、初始洋弧、晚期洋弧和板内五种环境。对铜矿峪变钾质基性火山岩进行富钾火山岩构造环境递进判别显示（图 7.23），其样品点最终落在后碰撞弧环境范围内，与近同期侵入的变石英二长斑岩指示的构造背景相吻合。结合铜矿峪变钾质火山岩的野外产状、主量元素的双峰式组成特征，微量元素组成和 Nd 同位素组成的相似性，以及 2.2~2.1 Ga 华北克拉通中部整体处于伸展构造环境的特征（Zhai et al., 2010; Zhai and Santosh, 2011, 2013），铜矿峪变钾质双峰式火山岩很可能形成于后碰撞伸展环境。

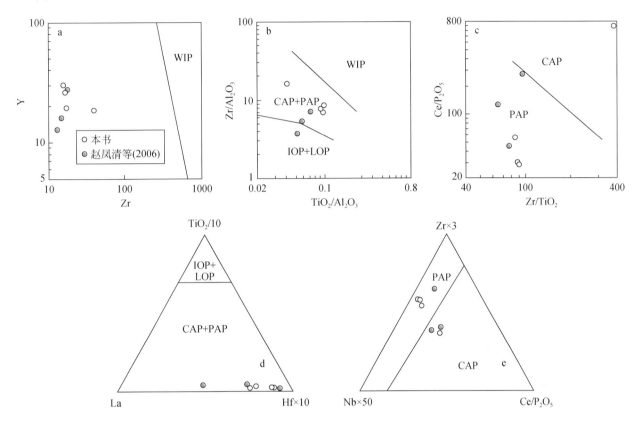

图 7.23 铜矿峪变钾质基性火山岩构造环境递进判别图解（底图据 Müller and Groves, 2000）
CAP. 陆弧；PAP. 后碰撞弧；IOP. 初始洋弧；LOP. 晚期洋弧；WIP. 板内

二、豫西地区 2.2~2.0 Ga 岩浆作用特征及其成因

（一）鲁山地区太华杂岩中古元古代岩浆岩分布特征

太华杂岩是华北克拉通南缘主要的早前寒武纪结晶基底，分布在豫西地层分区内，从关中盆地的骊山，沿小秦岭华山、崤山，到豫西的熊耳山、鲁山、舞阳等地断续出露，往东对应于安徽西部新太古代霍邱群（沈福农，1994；沈其韩和耿元生，1996；张国伟等，2001），断续长达 1000 km，总体呈北西-南东向展布（图 7.24）。太华杂岩主要是一套太古宙晚期—古元古代早期的变质混杂岩组合，包括 TTG-花岗质片麻岩、变质火山-沉积岩、基性-中酸性侵入岩等。

鲁山地区太华杂岩南接秦岭造山带，北邻嵩山地块（登封花岗-绿岩带），呈北西-南东向展布，面积约 300 km^2（孙勇，1982；张国伟等，1982；杨长秀，2003）（图 7.24），地层层序清楚，岩石类型齐全，是华北克拉通南缘太华杂岩出露最好的地区。该区太华杂岩主要由太古宙 TTG 片麻岩、绿岩带火山-沉积表壳岩、太古宙—古元古代花岗质侵入岩，以及一些（超基性）基性-中酸性火山岩等组成（孙勇，1982；Sun et al., 1994；杨长秀等，2003；杨长秀，2008）。杨长秀等（2003）、杨长秀（2008）根据太华杂岩中石墨片麻岩碎屑锆石年龄（2.31~2.25 Ga）和侵入表壳岩上部的石榴钾长花岗片麻岩的年龄（1.84 Ga 左右），将原太华杂岩进一步解体出古元古界地层，即上太华岩群，自下而上分为铁山岭岩组、水底沟岩组和雪花沟岩组。该套地层主要由斜长角闪岩、黑云斜长片麻岩、变粒岩、石墨黑云斜长片麻岩和大理岩等组成，各组之间为整合接触，为一套经历了复杂变形、变质程度达角闪岩相的变质岩系。

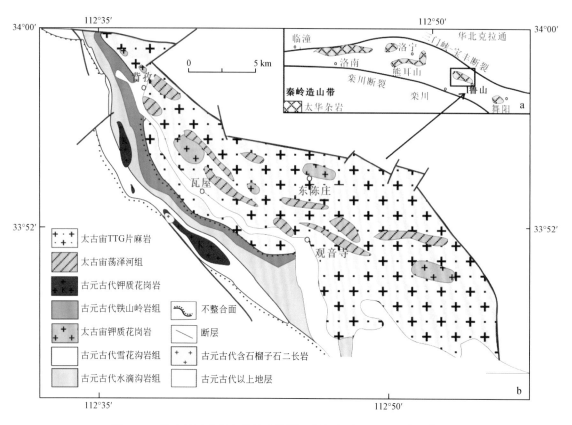

图 7.24 鲁山地区太华杂岩地质简图（据杨长秀，2003，略有修改）

斜长角闪岩（原岩为变基性火山岩）经常以薄层或厚层状平行于区域构造面理分布（图 7.25），或以岩墙的形式侵入围岩中（图 7.25）。主要矿物组成为斜长石（40%~45%）和角闪石（40%~45%），以及少量的残余辉石（3%~5%）和磁铁矿（2%~4%）。副矿物主要有锆石和磷灰石。同时，侵入上太华岩群的古元古代花岗质岩石主要由钾质花岗岩和含石榴子石石英二长岩组成（Zhou et al.，2014，2015）。古元古代钾质花岗岩主要侵入于水底沟岩组，呈岩株状产出，北西–南东向展布，出露面积小的不到 1 km², 大的有几平方千米，与围岩呈侵入或渐变过渡接触（图 7.25）。岩石呈灰红色、肉红色，中粗粒结构，块状–片麻状构造，主要由高钾的花岗岩–二长花岗岩组成。主要矿物组成由钾长石（50%~55%）、石英（约30%），以及少量斜长石（约10%）、角闪石和黑云母（约5%）组成。钾长石主要呈半自形板状–条带状，其中微斜长石占 30%~45%。副矿物主要为锆石、磷灰石、榍石和 Fe-Ti 氧化物。含石榴子石石英二长岩位于古元古代钾质花岗岩的外围，二者没有明显的侵入接触关系。斑状结构，含大致等量的碱性长石和斜长石（共65%~75%）、石英（5%~20%）和黑云母（5%~10%），副矿物主要有石榴子石、磁铁矿、锆石和 Fe-Ti 氧化物（约5%）。黑云母多绿泥石化，碱性长石主要为微斜长石，石英多呈他形，大部分斜长石颗粒发生绢云母化。

（二）古元古代岩浆岩特征及成因

1. 钾质花岗岩

鲁山地区古元古代钾质花岗岩形成于 2193 ± 32 Ma。岩石具有高的 SiO_2（76.10%~77.73%，平均为 76.76%）、K_2O（5.94%~6.90%）和 K_2O+Na_2O 含量（7.56%~8.48%），K/Na 值为 1.70~4.62。Al_2O_3 含量为 11.03%~12.25%，Fe_2O_3 为 1.08%~2.11%。其他氧化物如 P_2O_5（0.02%~0.05%）、MgO

图 7.25 鲁山地区古元古代岩浆岩野外照片
a. 钾质花岗岩；b. 石榴子石石英二长岩；c~e. 斜长角闪岩

（0.01%~0.30%）、$Mg^\#$（1.08~27.3）和 CaO（0.10%~0.28%）含量很低。A/CNK 值为 1.11~1.25，A/NK 值为 1.16~1.28（图 7.26），具有中-高钾钙碱性和过铝质特征。与碱性 A 型花岗岩不同，鲁山钾质花岗岩可达到过铝质特征（A/CNK 值为 1.11~1.25）。部分样品也具有比典型 A 型花岗低的 Zr 含量（160×10^{-6}~344×10^{-6}，平均为 226×10^{-6}）和 10000Ga/Al 值（1.76~3.00），可能指示其为分异的铝质 A 型花岗岩（Zhou et al., 2014）。

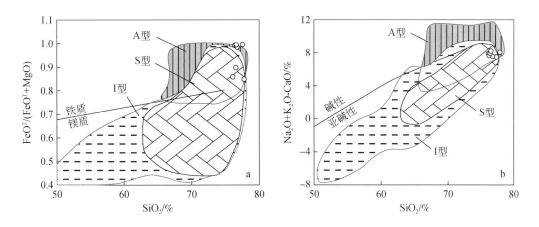

图 7.26 鲁山地区古元古代钾质花岗岩 SiO_2-FeO^T/(FeO^T+MgO)（a）和 SiO_2-Na_2O+K_2O-CaO（b）图解
数据来自 Zhou et al., 2014

鲁山钾质花岗岩 LREE 富集[(La/Yb)$_N$ 值为 9.72~24.1]，Eu、Sr、Nb 和 Ta 负异常，Zr 和 Hf 正异常，指示其来自壳源组分。低的 Sr/Y 值和 Eu 负异常指示源区残留相含斜长石而非角闪石和石榴子石（Patiño Douce and Beard, 1995；Watkins et al., 2007）。同时，钾质花岗岩中大部分锆石具有正的 $\varepsilon_{Hf}(t)$ 值（-0.3~5.1），T_{DM}^C 为 2730~2428 Ma，指示岩石源自 2730~2428 Ma 中浅部地壳源区。根据鲁山钾质花岗岩相对于研究区其他新太古代花岗质岩石具有更高的 LILE/HFSE 值，如 Rb/Nb、Th/Ta 和 Rb/Zr 值。而且，在 U-Pb 年龄-$\varepsilon_{Hf}(t)$（图 7.27）中，岩石落入 2800 Ma 和 2400 Ma 地壳演化线区域。因此，我们认为鲁山钾质花岗岩来自新太古代（2730~2428 Ma）英云闪长质-花岗闪长质岩石的部分熔融。其中，钾质花岗岩有两颗具有负的 $\varepsilon_{Hf}(t)$ 值（-2.4 和-1.9），T_{DM}^C 分别为 2848 Ma 和 2819 Ma，远远老于岩石的形成年龄，指示源区有更古老地壳物质的参与。鲁山钾质花岗岩具有 A 型花岗岩特征，其高温低压特征指示伸展的构造背景，可能形成于碰撞后或后造山的伸展背景（Zhou et al., 2014）。

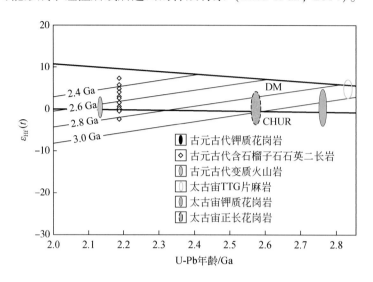

图 7.27　鲁山地区古元古代钾质花岗岩、含石榴子石石英二长岩和变质火山岩 U-Pb 年龄-$\varepsilon_{Hf}(t)$ 图解
数据来自 Zhou et al., 2014, 2015; Sun et al., 2017

2. 石榴子石石英二长岩

鲁山含石榴子石石英二长岩形成于 2134±18 Ma。岩石 SiO_2 含量为 56.98%~59.05%，富 K_2O（5.01%~6.40%）和全碱（7.46%~9.14%），K/Na 值为 1.34~1.53。具有碱性钾玄岩特征。石榴子石作为主要的岩浆成因副矿物，成分均匀，高 CaO（6.36%~7.92%），低 MnO（1.45%~1.94%）和 MgO（2.47%~3.45%），$Mg^\#$ 与母岩相当（22~28），与幔源岩浆中高压石榴子石相似（图 7.28）。根据石榴子石与熔体相平衡数据和石榴子石与锆石微量元素配分模式，其形成的压力可能相当于壳幔边界的深度（Bach et al., 2012），形成温度为 890~950℃（图 7.29），该温度符合白云母的分解条件。石榴子石的幔源成因指示鲁山含石榴子石石英二长岩来自于地幔源区（Zhou et al., 2014）。

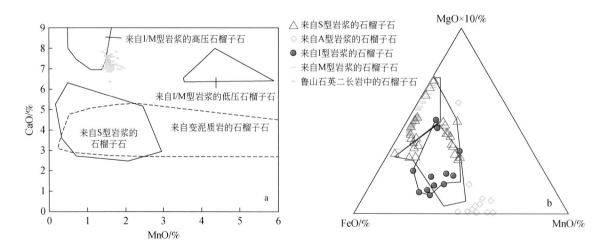

图 7.28　鲁山地区古元古代石榴子石石英二长岩 MnO-CaO（a）和 MgO×10-FeO-MnO（b）图解
数据来自 Zhou et al., 2015 及其中的文献

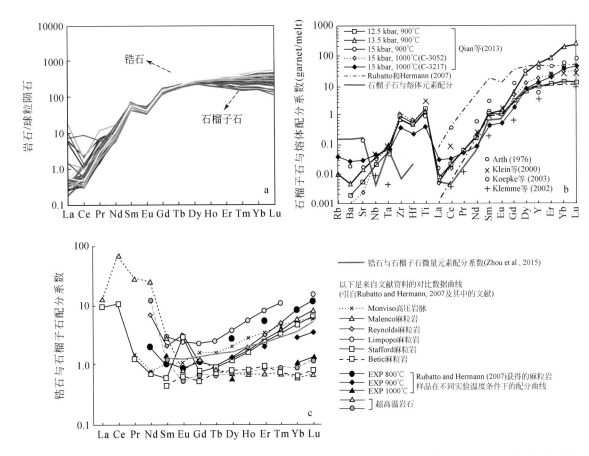

图 7.29 鲁山地区古元古代石榴子石石英二长岩中石榴子石球粒陨石标准化的稀土配分模式图（a）、石榴子石与熔体之间的配分系数曲线（b）和锆石与石榴子石之间的微量元素配分曲线图（c）

数据来自 Zhou et al.，2015 及其中的文献

同时，鲁山石英二长岩具有钾玄质岩石特征。其 Nb/La 值为 0.24～0.61，与岩石圈地幔源区的该比值一致（<0.5）（Bradshaw and Smith，1994；Smith et al.，1999）。高的 Zr 和 Zr/Y 值类似于 OIB。这种同时具有 IAB 和 OIB 地球化学特征指示岩石可能形成于板内的裂谷环境。锆石多数具有正的 $\varepsilon_{Hf}(t)$ 值（0～+4.1），T_{DM}^C 变化于 2777～2466 Ma，指示亏损地幔源区，并受到地壳物质的混染（图 7.27）。另外，岩石相对于来自上地壳的典型岩石具有更高的 K_2O 含量（3.4%）（Taylor and McLennan，1985），以及岩石具有高的 Rb/Sr 值（0.3～0.6）、低的 Ba/Rb 值（10.6～21.5）和无明显的 Eu 负异常，指示源区含有金云母等高钾矿物相。同时，鲁山石英二长岩中石榴子石形成的 P-T 条件以及计算获得的全岩锆饱和温度指示岩石形成温度为 890～950 ℃，与云母分解所需要的温度一致（>800 ℃）（Miller et al.，2003）。因此，鲁山石英二长岩由含金云母的岩石圈地幔小比例部分熔融形成（Zhou et al.，2014）。

3. 变质基性火山岩

鲁山地区上太华杂岩中斜长角闪岩锆石 U-Pb 年龄为 2128±29 Ma（Sun et al.，2017）。样品 SiO_2 含量为 43.63%～54.64%，Al_2O_3 为 11.96%～13.09%，TiO_2 为 1.42%～2.31%，FeO^T 为 13.59%～18.48%（$FeO^T = FeO_{total} = FeO + Fe_2O_3 \times 0.8998$），MgO 为 3.37%～6.37%（$Mg^\#$ 为 30～45），CaO 为 6.67%～10.33%，K_2O 为 0.94%～2.29%，Na_2O 为 1.75%～3.78%，为亚碱性拉斑玄武岩系列，并具有高 Fe 特征（图 7.30）。微量元素具有明显的 Nb-Ta 亏损，亏损高场强元素（如 Nb、Ta、Ti），富集不相容元素，而 Zr、Hf 没有显示出明显的负异常。与平均大陆地壳相比（FeO^T 为 6.7%，CaO 为 6.4%，Al_2O_3 为 15.9%，Th 为 5.6 ppm）（Rudnick and Gao，2003），斜长角闪岩样品具有更高的 FeO^T（>13.59%）、CaO（>6.67%）和较低的 Al_2O_3（<13.09%）、Th（<3.09 ppm），同时轻稀土相对于重稀土更富集，这说明

岩浆分异演化特征主要反映的是源区的特点（Meng et al., 2014；Li et al., 2014；Han et al., 2015）。与原始地幔相比（1.04），所有样品具有较低的 Nb/La 值（0.29~0.61）（Sun and McDonough, 1989），而且，斜长角闪岩岩浆锆石 $\varepsilon_{Hf}(t)$ 值（-2.1~+3.3）变化范围较大，岩浆形成过程中有地壳物质的加入（Hergt et al., 1991）。全岩 $^{143}Nd/^{144}Nd$ 值（0.5115~0.5119）和 $\varepsilon_{Nd}(t)$ 值（-2.99~-0.11）变化范围都不大，而且与 $\varepsilon_{Nd}(t)$ 值及能够反映地壳混染的相关元素（MgO 和 SiO_2）没有明显的相关性（图7.27），支持岩浆在上升过程中并未遭受明显的地壳混染作用。因此，斜长角闪岩原岩可能来自于交代地幔源区（Gill, 1981）。同时，上太华杂岩中斜长角闪岩总体表现出富集轻稀土元素、重稀土元素平坦的特征，$(La/Yb)_N$ 值为 2.42~6.67，$(Gd/Yb)_N$ 值为 1.00~2.08，与典型的来源于软流圈地幔源区的岩石不同（如 N-MORB）。此外，样品的 $\varepsilon_{Nd}(t)$ 值（-2.99~+0.44）及其对应的 Nd 模式年龄（T_{DM} 为 2.65~2.98 Ga）表明，斜长角闪岩原岩可能来源于交代的太古宙富集大陆岩石圈地幔（SCLM）（Hofmann, 1997；Peng et al., 2012；Du et al., 2015）。

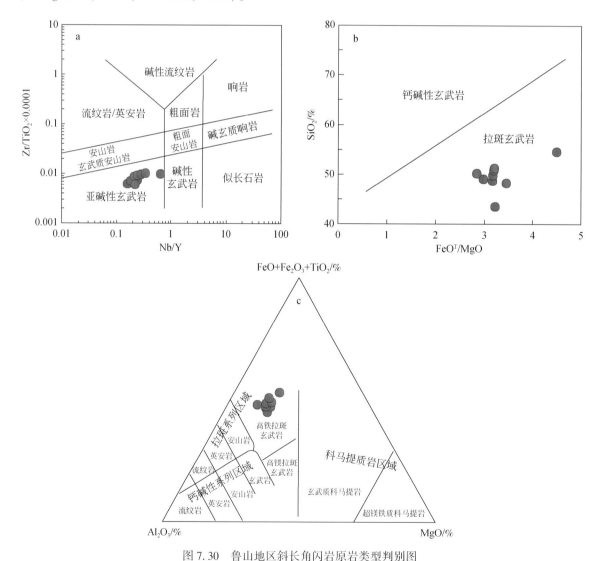

图 7.30 鲁山地区斜长角闪岩原岩类型判别图

a. Nb/Y-Zr/TiO$_2$×0.0001 图解（据 Pearce, 1996）；b. FeO^T/MgO-SiO$_2$ 图解（据 Miyashiro, 1974）；
c. (FeO+Fe$_2$O$_3$+TiO$_2$)-Al$_2$O$_3$-MgO 图解（据 Jensen, 1976）。数据来自 Sun 等（2017）

Brooks 等（1991）认为，富 Fe 岩浆的密度高于与典型的俯冲相关的岩浆，因此，富 Fe 熔体需要在伸展环境中向上运移。同时，鲁山古元古代斜长角闪岩样品多具有高的 Zr/Y 值（3.01~6.61）和 Zr 含量（112~175），与板内拉斑玄武岩相似而不同于岛弧拉斑玄武岩（Pearce and Norry, 1979；Wilson, 1989）

（图7.31）。因此，鲁山地区上太华杂岩中的斜长角闪岩可能形成于陆内裂谷环境（Sun et al., 2017）。

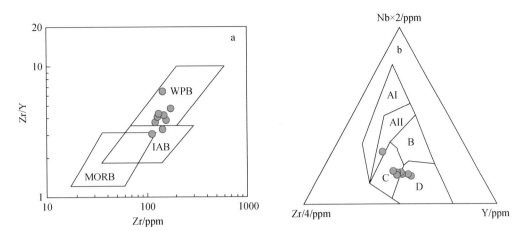

图7.31 斜长角闪岩构造环境判别图解

a. Zr/Y-Zr 图解（据 Pearce and Norry, 1979），WPB. 板内玄武岩；IAB. 岛弧玄武岩；MORB. 大洋中脊玄武岩；
b. Nb-Zr-Y 图解（据 Meschede, 1986）。AI-AII. within-plate alkali basalts，板内碱性玄武岩；AII-C. 板内拉斑玄武岩；
B. 原始大洋中脊玄武岩；D. 普通型大洋中脊玄武岩；C 和 D. 火山弧玄武岩。数据来自 Sun 等（2017）

岩石学、地球化学研究显示，鲁山 2.2~2.1 Ga 钾质花岗岩、石榴子石二长岩和变基性火山岩的形成过程为：在板内裂谷的环境背景下，软流圈地幔上升，产生的熔体导致上覆地壳部分熔融，形成鲁山 2.1 Ga 铝质 A 型花岗岩；幔源岩浆持续上升，导致含金云母的岩石圈地幔小程度部分熔融形成鲁山石榴子石石英二长岩；受新太古代俯冲流体/熔体交代的富集岩石圈地幔部分熔融形成鲁山变基性火山岩。我们的结果支持华北克拉通在新太古代晚期完成主要的陆壳生长和最终克拉通化之后发生了构造-热机制的转折，即古元古代（2.35~1.97 Ga），至少在华北南缘，进入了板内裂谷的构造背景，这对于重新认识华北克拉通早前寒武纪古构造格局具有重要的制约意义。

第四节　古元古代活动带岩浆活动年代框架和构造背景

一、全球古元古代岩浆活动的时空分布特征

统观行星地球 4.6 Ga 的漫长演化历程，2.5~1.8 Ga 的古元古代早中阶段可谓承前启后的关键时期。太古宙/元古宙之交由热驱动地幔柱向地幔对流驱动板块构造的体制嬗变，奠定了地球洋陆变换的全新格局；2.3 Ga 左右以大气中二氧化碳与氧含量跳跃式消长为特征的"大氧化事件"（Holland, 2002），开启了地球表层系统演化的富氧时代（Campbell and Allen, 2008）；崭新地球内-外动力学系统的耦合作用，促就全球重要克拉通最终实现克拉通化，并引发几乎所有大陆板块汇聚形成第一个真正意义上的超大陆——古元古代努纳（Nuna）超大陆（Hoffman, 1997）或哥伦比亚（Columbia）超大陆（Rogers and Santosh, 2002）。

克拉通化与超大陆聚合普遍通过一系列大规模活动带（翟明国，2004）或小型现代板块构造范式下的碰撞造山带（Windley, 1995）来实现。旨在重建哥伦比亚超大陆的大量研究表明（Rogers and Santosh, 2002; Zhao et al., 2002a, 2004），古元古代活动带广泛分布于全球大部分克拉通之间或内部，构成缝合不同地体的重要边界。

就构造活动性而言，全球古元古代活动带呈现显著的阶段性差异。元古宙伊始的 2.5~2.3 Ga，地球上似乎存在一个构造活动静寂期，即"成铁纪"（Plumb, 1991），有学者将其归因于大规模岩石圈停滞与地幔翻转引起的板块构造停工（O'Neill et al., 2007; Silver and Behn, 2008; Condie et al., 2009）。然而，

近期一系列研究显示"成铁纪"的岩浆活动记录并不鲜见（Partin et al., 2014; Pehrsson et al., 2014）。例如，南澳大利亚 Gawler 克拉通 Sleafordian 造山运动形成 2.46~2.44 Ga 的花岗岩套（Payne et al., 2009）；印度 Dharwar 克拉通南缘发育 2.49~2.43 Ga 的俯冲–增生杂岩（Anderson et al., 2012; Noack et al., 2013）；美国怀俄明州 Selway 地体记录的 2.45 Ga 左右的岩浆事件（Mueller et al., 2011）。此外，2.45 Ga 左右更是全球基性岩墙群发育的高峰时段，代表性建造包括苏格兰 Lewisian 克拉通 2.42 Ga 的 Scourie 岩墙群（Davies and Heaman, 2014）；芬兰与俄罗斯 Kola-Karelin 克拉通 2.45~2.40 Ga 的多期岩墙群（Amelin et al., 1995; Heaman, 1997; Kullerud et al., 2006; Stepanova et al., 2015）；澳大利亚 Yilgarn 克拉通 2.42 Ga 左右的 Widgiemooltha 岩墙群（Doehler and Heaman, 1998）；加拿大苏必利尔克拉通 2.45~2.41 Ga 侵位的多期岩墙群（Heaman, 1997; Ciborowski et al., 2014）。这些事件记录说明"成铁纪"并不存在全球性的板块构造停工现象（Partin et al., 2014），岩浆活动的相对沉寂是太古宙/元古宙之交全球克拉通化或疑似超大陆（Kenorland）拼合之后的后续效应（Pehrsson et al., 2014），2.45 Ga 左右全球尺度基性火成岩省则可能记录了导致超大陆裂解的地幔柱/裂谷事件（Heaman, 1997; Kullerud et al., 2006; Srivastava, 2008; Ciborowski et al., 2014）。

2.4~2.3 Ga 的岩浆事件也屡见报道。除上述基性岩墙群部分的持续活动之外，如 Scourie 岩墙群中的 2.38 Ga 事件（Davies and Heaman, 2014）、Karelin 克拉通岩墙群中的 2.31 Ga 事件（Stepanova et al., 2015）、劳伦（Laurentia）大陆核心 Churchill 克拉通中 2.4~2.3 Ga 的 Arrowsmith 造山运动形成 2.33~2.29 Ga 的英云闪长岩-二长花岗岩-花岗岩系列（Berman et al., 2005; Hartlaub et al., 2007）；巴西 Borborema 省和 São Francisco 克拉通分别发育 2.35~2.27 Ga 和 2.35 Ga 左右的 TTG 系列（Dos Santos et al., 2009; Seixas et al., 2012; Teixeira et al., 2015），Amazonian 克拉通则在 2.36~2.31 Ga 经历中基性火山岩喷发和英云闪长岩侵入事件（Macambira et al., 2009）；西非克拉通也发育 2.31 Ga 左右的 TTG 系列（Gasquet et al., 2003）。综上所述，这些中酸性岩浆岩大部分呈现显生宙大陆岛弧岩浆的岩石地球化学属性，记录了显著的地壳生长（Gasquet et al., 2003; Dos Santos et al., 2009; Seixas et al., 2012; Teixeira et al., 2015），并与全球 2.45~2.22 Ga 的碎屑锆石记录相一致（Partin et al., 2014）。

与"成铁纪"尚属贫乏的岩石记录相对照，2.3 Ga 之后的岩浆活动逐渐活跃，构成遍布非洲、北美洲、南美洲、大洋洲、南极洲和欧亚等大陆的古元古代活动带。西非克拉通的古元古代活动带由统称 Birimian 绿岩带的多个火山岩带和相关花岗岩地体组成。其中，位于加纳西北部的 Lawra 火山岩带内的花岗闪长岩、黑云母花岗岩和二云母花岗岩等大约形成于 2.21~2.13 Ga，属于钙碱性 I 型花岗岩系列（Sakyi et al., 2014）；加纳南部 Kibi-Winneba 火山岩带中的花岗闪长岩–花岗岩系列大约在 2.19~2.13 Ga 侵位（Anum et al., 2015）；西侧毗邻的 Ashanti 火山岩带由 2.17 Ga 之前喷发的拉斑玄武/安山岩、钙碱性玄武/安山岩和高镁安山岩等一系列中基性火山岩组成，它们分别呈现弧后盆地、洋内岛弧和弧前等俯冲相关构造环境的地球化学印记（Dampare et al., 2008）。布基纳法索的多条火山岩带主要由下部拉斑玄武岩和上部钙碱性中酸性火山岩组成，形成于 2.20~2.16 Ga，呈现岛弧火山岩的地球化学特征（Baratoux et al., 2011）；与火山岩伴生的镁铁–超镁铁侵入杂岩可能形成于岛弧根部（Béziat et al., 2000）；火山岩带被 2.19~2.09 Ga 的花岗质岩浆侵入，其成分从早期钙碱性 TTG 系列向晚期钾长花岗岩系列演化（Baratoux et al., 2011）。位于西非克拉通最西端的塞内加尔发育两条火山岩带，其主要组成包括约 2.1 Ga 的中酸性火山岩和侵入其中的约 2.08 Ga 钾质与钠质花岗岩岩基（Hirdes and Davis, 2002）。综合分布于多个西非国家的 Birimian 期岩浆杂岩，大体可以分为 2.20~2.15 Ga 的早期东岩浆省和约 2.1 Ga 的西岩浆省，记录了西非克拉通古元古代活动带自东向西的增生过程（Hirdes and Davis, 2002; Baratoux et al., 2011）。这些岩浆增生杂岩在随后的 Eburnean 造山运动中经历了至少两期的变质变形作用，其中由横推断层主导的晚期变形发生于 2.13~2.11 Ga 到 2.09~1.98 Ga 之间（Baratoux et al., 2011）。值得一提的是，这些绿岩建造形成的变质岩部分记录了蓝片岩相的低温高压条件，提供了现代板块构造体制在古元古代存在的岩石学证据（Ganne et al., 2012）。

西非克拉通古元古代活动带与南美洲北部 Amazonian 克拉通的同时代活动带相对应。其中，北部单元圭亚那地盾发育两条古元古代花岗绿岩带，主要岩石构造单元包括：以安山岩-英安岩为主并包含少量 2.17 Ga 拉斑玄武岩的变质火山杂岩建造、侵位于 2.14~2.12 Ga 的英云闪长岩-闪长岩等钙碱性深成岩套以及形成于约 2.08 Ga 的钾长花岗岩和淡色花岗岩，它们记录了幔源岩浆堆积形成洋壳、洋壳俯冲形成钙碱性岩浆弧、斜向汇聚加厚岩浆弧以及陆块碰撞诱发加厚地壳熔融而促进地壳再循环的完整地壳演化（Vanderhaeghe et al., 1998）。巴西中部地盾东北部也发育类似序列的岩浆事件（Macambira et al., 2009），包括 2.22~2.18 Ga 和 2.16~2.13 Ga 两阶段花岗岩以及约 2.08 Ga 的紫苏花岗岩/花岗闪长岩/二长花岗岩系列，它们可能记录了从洋壳俯冲到弧陆碰撞等活动大陆边缘背景下的地壳生长/再造过程（Macambira et al., 2009）。巴西中部地盾中部的 Tapajós 活动带则明显年轻，主要由 2.00~1.97 Ga 和 1.89~1.87 Ga 两阶段的火山岩-花岗岩系列组成，早期花岗岩主要为 I 型花岗岩系列，晚期花岗岩则包括高钾钙碱性和铝质 A 型花岗岩，两套岩石组合记录了活动大陆边缘从俯冲岩浆弧到陆内伸展的地球动力学场景（Lamarão and van Breemen, 2002, 2005）。Santos 等（2004）在系统副矿物年代学研究的基础上将 Tapajós 活动带 2.04~1.87 Ga 岩浆活动划分为四个阶段，分别对应 2040~1998 Ma 的岛弧岩浆作用、1980~1957 Ma 的安第斯型大陆岛弧岩浆作用、1906~1886 Ma 的岛弧岩浆作用和约 1.87 Ga 的造山后岩浆作用。

巴西东部的 São Francisco 克拉通也发育与 Amazonian 克拉通及西非刚果克拉通相当的古元古代活动带。在南部的 Mineiro 活动带，2.23~2.20 Ga 的拉斑玄武岩和 2.22 Ga 的科马提质超基性岩可能代表原始幔源岩浆形成的洋壳；同期的英云闪长岩-奥长花岗岩及成分相当的喷出岩则可能形成于大洋岛弧环境；2.15 Ga 的钙碱性过铝质花岗岩岩基和 2.13~2.12 Ga 的 TTG 系列，共同构成安第斯型大陆边缘深成侵入岩套（Ávila et al., 2010, 2014; Seixas et al., 2013; Teixeira et al., 2015）。东部的 Araçuaí 活动带则发育两套岩浆增生杂岩，其中，Juiz de Fora 杂岩由 2.19~2.08 Ga 的低钾拉斑玄武岩和紫苏花岗质中酸性片麻岩组成，形成于洋内岛弧环境（Noce et al., 2007; Teixeira et al., 2015）；Mantiqueira 杂岩主要包括 2.20~2.04 Ga 的英云闪长岩-花岗闪长岩-花岗岩系列，代表大陆边缘岛弧以及同碰撞岩浆作用的产物（Noce et al., 2007; Teixeira et al., 2015）。这些岩浆杂岩在随后的 Transamazonian 造山运动中经历了多期角闪岩相-麻粒岩相的变质变形作用，并在 2.10~2.08 Ga 形成一系列正长岩岩套（Rios et al., 2007），对应于刚果克拉通古元古代活动带的 2.07~2.06 Ga 正长岩及 2.04 Ga 紫苏花岗岩（Lerouge et al., 2006）。岩浆记录表明，双向式俯冲和俯冲极性转换在 São Francisco 克拉通和刚果克拉通的拼合中可能屡次出现（Noce et al., 2007; Ávila et al., 2010）。

北美洲诸多克拉通之间和内部也发育许多古元古代活动带，其中加拿大地盾北部著名的 Taltson-Thelon 活动带位于 Hearne-Churchill 克拉通和 Slave 克拉通之间。该活动带发展自太古宙克拉通基底建造和 2.3~2.10 Ga 克拉通内盆地型沉积建造之上（Rainbird et al., 2010），沿走向延伸近 1500 km，初期岩浆活动形成大陆岛弧环境下的 1.99~1.96 Ga 花岗闪长岩和闪长岩，此后在 1.94~1.93 Ga 经历麻粒岩相变质作用并伴随同期 S 型花岗岩侵入（Chacko et al., 2000; McDonough et al., 2000; Ashton et al., 2009; Bethune et al., 2013; Card et al., 2014）；该活动带随后又受到 Snowbird 期（1.92~1.91 Ga）和 Hudsonian 期（1.85~1.80 Ga）造山运动的影响，形成多条韧性剪切带和约 1.82 Ga 的基性岩墙群（Morelli et al., 2009; Bethune et al., 2013）。

Trans-Hudson 活动带主体位于北美洲苏必利尔克拉通和 Hearne-Churchill 克拉通之间的广阔区域，主要由 Churchill 边缘、Reindeer 中间带和苏必利尔边缘三个岩石构造单元组成（Corrigan et al., 2009）。Hearne 克拉通和苏必利尔克拉通边缘发育大量 2.10~2.07 Ga 的基性岩墙群（Halls et al., 2008; Corrigan et al., 2009），大体指示克拉通裂解形成 Manikewan 洋的最大年龄（Corrigan et al., 2009）。Reindeer 中间带包括以 Flin Flon 绿岩带为代表的多个绿岩带，除出露 MORB 型和俯冲带型（SSZ）蛇绿岩之外（Syme et al., 1999; Maxeiner et al., 2005），Flin Flon 绿岩带主要由 1.92~1.86 Ga 的中基性火山岩和相关花岗岩构成；火山岩包括拉斑、钙碱、碱性玄武岩与玻安岩系列（Stern et al., 1995），记录了洋壳初始俯冲、弧前和弧后盆地诞生、岛弧成熟以及弧弧碰撞引起地壳增厚等一系列岛弧地壳演化过程（Stern et al., 1995; Wyman, 1999）；同时绿岩带发育三期（1.88~1.86 Ga、1.86~1.84 Ga 和 1.84~1.83 Ga）岛弧型花岗岩建造，其钾与高场强元素含量随时代变新而逐渐升高，指示岛弧逐渐成熟（Whalen et al.，1999）。1.87~1.85 Ga，Trans-Hudson 活动带经历大规模中酸性岩浆侵入，在 Hearne 克拉通边缘形成面积达 7 万 km^2 的 Wathaman 岩基和约 22 万 km^2 的 Cumberland 岩基；前者主要由花岗岩、花岗闪长岩、石英二长岩及少量闪长岩/层状辉长岩组成，可能形成于大陆岛弧环境（Corrigan et al.，2009）；后者则主要由高钾-钾玄质二长花岗岩-花岗闪长岩组成，也包括少量中低钾花岗岩，复杂的岩基组成与多变的元素-同位素地球化学特征指示其可能形成于后碰撞的岩石圈地幔拆沉或板片断离环境（Whalen et al.，2010）。大约自 1.84 Ga 开始，随着终期（1.84~1.82 Ga）岛弧岩浆岩的侵入，Manikewan 洋消减殆尽，苏必利尔克拉通和 Hearne-Churchill 克拉通发生最终碰撞，变质作用在约 1.81 Ga 达到高峰（Ansdell，2005；Corrigan et al.，2009），甚至形成可与显生宙板块构造大陆深俯冲过程媲美的榴辉岩（Weller and St-Onge，2017）。综合 Trans-Hudson 活动带的演化史，可以概括为 2.07~1.92 Ga 的大洋扩张、1.92~1.84 Ga 的现代环太平洋多岛洋型增生造山带的俯冲增生以及 1.83~1.80 Ga 的喜马拉雅型碰撞造山过程（Corrigan et al.，2009）。

Slave 克拉通西侧 Diavik 金刚石矿区新生代金伯利岩中也发育约 2.1 Ga 的榴辉岩，但其元素-同位素地球化学体系呈现鲜明的洋壳印记，指示 Slave 克拉通内保存了 Wopmay 古元古代活动带早期洋壳俯冲遗留的洋壳残片（Schmidberger et al.，2007）。沿 Slave 克拉通西缘发育的 Wopmay 活动带东西宽约 500 km，南北延伸至少 1000 km（Cook，2011）。活动带主要组成单元包括 2.10~1.91 Ga 的大陆岩浆岛弧地体（Hottah 地体）、1.88~1.84 Ga 的 Great Bear 大陆岛弧岩浆带、1.90~1.86 Ga 的同造山-后造山侵入杂岩带（Hildebrand and Breemen，1987，2010；Gandhi and van Breemen，2005；Cook，2011）。这些近平行分布的岩浆杂岩带记录了类似于现代活动大陆边缘不同性质岛弧地体增生及其后的弧陆碰撞过程（Cook，2011）。

西伯利亚克拉通内部的 Akitkan 活动带被普遍当作北美洲 Taltson-Thelon 活动带的延伸（Condie and Rosen，1994；Zhao et al.，2002a）。在太古宙 TTG 基底建造的基础上（Donskaya et al.，2009），Akitkan 活动带首先经历了大陆岛弧侧向增生，在 Anabar 超地体边缘形成一系列 2.1~2.0 Ga 的闪长岩-花岗闪长岩-花岗岩系列（Neymark et al.，1998；Larin et al.，2006）；1.90 Ga 左右 Anabar 和 Aldan 超地体随着大洋闭合而碰撞，随之在 1.87~1.85 Ga 形成大规模后碰撞 A 型花岗岩和酸性火山岩（Donskaya et al.，2005，2008）。

包括东欧克拉通在内的波罗的（Baltic）地盾也是古元古代岩浆活动活跃之地，著名的 Svecofennian 活动带位于该地盾南部，其南北宽逾 1200 km（Nironen，1997），自西向东跨越挪威、瑞典、芬兰、波兰等多个国家。该活动带肇始于约 1.95 Ga 前 Svecofennian 洋的打开（Nironen，1997），之后在 1.91~1.87 Ga 经历几个岛弧地体的增生，相关的早期 Svecofennian 岩浆作用包括芬兰中南部 1.90~1.88 Ga 的中基性火山岩和片麻状英云闪长岩、花岗闪长岩和辉长岩系列（Nironen，1997；Nikkilä et al.，2016），瑞典中南部 1.91~1.89 Ga 的双峰式火山岩和 1.89~1.88 Ga 的钙碱性中基性侵入岩（Hermansson et al.，2008）；1871~1860 Ma，这些岩浆杂岩经历透入性韧性变形和角闪岩相变质作用（Hermansson et al.，2007），记录了岛弧地体增生过程中的弧陆碰撞，相关同造山/后碰撞岩浆活动形成大量 1.87~1.86 Ga 的埃达克质中酸性侵入岩（Väisänen et al.，2012）和 1.86~1.85 Ga 的双峰式火山岩/侵入岩系列（Nironen，1997；Hermansson et al.，2008）；1.84~1.79 Ga 发生的陆-陆碰撞引发区域性混合岩化和变质作用，壳内重熔形成大量 1.84~1.82 Ga 的 S 型花岗岩和钾玄质闪长岩（Nironen，1997；Väisänen et al.，2000）；1.79~1.77 Ga 的双峰式岩浆作用指示造山后的重力垮塌（Väisänen et al.，2000）。

古元古代活动带也是连接澳大利亚大陆和印度次大陆诸多克拉通的重要缝合带。其中，位于西澳大利亚 Pilbara 和 Yilgarn 克拉通之间的 Capricorn 活动带与连接北印度地块和南印度地块的 Satpura 活动带具有近乎同步的演化历程（Mohanty，2012）。Capricorn 活动带在古元古代经历了四期造山运动，即 2.20~2.15 Ga 的 Opthalmian 造山运动、2.01~1.95 Ga 的 Glenburgh 运动、1.83~1.78 Ga 的 Capricorn 运动和 1.68~1.62 Ga 的 Mangaroon 运动（Cawood and Tyler，2004；Sheppard et al.，2004，2016）。Opthalmian 运动以形成 Pilbara 克拉通边缘前陆盆地、2.20Ga 玄武岩喷发和发育大量逆冲断层为特征（Cawood and

Tyler, 2004); Glenburgh 运动引起安第斯型深成岩（包括 I 型英云闪长岩、闪长岩、花岗闪长岩和二长花岗岩）的侵入和两期角闪岩-麻粒岩相变质变形作用（Occhipinti et al., 2004; Sheppard et al., 2004），见证了一个外来地体在 Yilgarn 克拉通边缘的增生过程（Cawood and Tyler, 2004); Capricorn 运动的形迹遍布两个克拉通及其间的广大区域，包括大规模花岗岩的侵入、中高级变质作用、前陆盆地沉积和相关的褶冲带变形，记录了两个克拉通的最终拼合（Cawood and Tyler, 2004）。与 Capricorn 活动带相对应，印度 Satpura 活动带经历了 Sausar 运动一幕（2.20~2.10 Ga）和二幕（2.05~1.95 Ga）以及 Satpura 运动（1.85~1.75 Ga）（Mohanty, 2012）。

二、华北克拉通古元古代活动带岩浆活动的时空分布

作为东亚出露面积最大和最古老的陆块，华北克拉通经历了复杂程度远超全球其他克拉通的形成演化历程（Zhai and Santosh, 2011; Zhao et al., 2012），也造就了过去 30 年国际固体地球科学界最精彩纷呈的研究主题。回溯近年来层出不穷的科学进展，最重要的莫过于识别了三条古元古代造山/活动带（翟明国等，1992; Zhao et al., 1998, 2001, 2005, 2012; Kusky and Li; 2003; Zhai et al., 2005; 翟明国和彭澎，2007; Zhai and Santosh, 2011），即胶-辽-吉带、晋豫活动带/中部造山带以及丰镇活动带/孔兹岩带。它们不仅直接记录了克拉通形成过程中微陆块拼贴-焊接的动力学过程，而且间接响应了华北克拉通在全球哥伦比亚超大陆中的位置变迁（刘福来等，2015）。

在前三节针对各个活动带重要古元古代岩浆活动的形成时代与岩石成因进行详细论证的基础上，本节将系统归纳各个活动带岩浆活动的时空分布和演化特征。

（一）胶-辽-吉活动带

在胶-辽-吉活动带及其周缘地块，古元古代初期的岩浆活动记录目前仅有辽北地区大约于 2.48 Ga 就位的碱性辉绿岩岩墙（Liu S et al., 2012），可能指示太古宙末期初始克拉通化后的裂解事件。此后，2.35~2.32 Ga 双峰式岩浆侵入活动打破了漫长的"成铁纪"岩浆静寂（李超等，2017），该事件形成散布于辽东营口-辽阳地区的变质辉长岩/辉绿岩和 I 型花岗岩（李超等，2017）。2.20~2.0 Ga 的岩浆活动异常活跃，以辽东辽河群和吉南集安群/老岭群为代表的巨量火山-沉积建造在此阶段形成（Luo et al., 2004, 2008; Lu et al., 2006; Li and Chen, 2014; 李壮等，2015; 刘福来等，2015），其中的基性火山岩喷发集中在 2.20~2.16 Ga（Li and Chen, 2014）和 2.12~2.08 Ga（Lu et al., 2006; Luo et al., 2008; 王惠初等，2011; Meng et al., 2017）两个时段；大量 2.15~2.11 Ga 基性岩墙群（刘平华等，2013; Meng et al., 2014; Yuan et al., 2015; Wang H Z et al., 2016）和 2.18~2.14 Ga 花岗岩（Li and Zhao, 2007; Lu et al., 2006; Liu J H et al., 2014; 杨明春等，2015b; 陈斌等，2016）也在辽东半岛和胶东半岛同步侵位。活动带在 1.88~1.82 Ga 又经历大规模岩浆活动，形成基性侵入岩（王惠初等，2011; Yuan et al., 2015）、正长岩和 A 型花岗岩等（Li and Zhao, 2007; Lu et al., 2006; Liu J H et al., 2014）。

朝鲜半岛诸地体也记录了相似的古元古代岩浆事件谱系，包括狼林地体上 1.91~1.90 Ga 的 S 型花岗岩系列、1.87~1.81 Ga 的斑状花岗岩和正长岩系列（Zhao et al., 2006; Wu et al., 2007; Zhai et al., 2007; 彭澎等，2016）以及约 1.83 Ga 的基性岩墙群（Zhang et al., 2017）；京畿和岭南地块中 2.09 Ga 的 I 型花岗质杂岩和 1.88~1.86 Ga 的斜长岩-纹长二长岩-紫苏花岗岩-花岗岩（AMCG）系列（Lee et al., 2014a, 2014b; Kim et al., 2014）。

胶-辽-吉古元古代活动带的另一个显著特征是大致发生于 1.94~1.91 Ga 和 1.84~1.79 Ga 的两阶段角闪岩-麻粒岩相变质作用（Li et al., 2006, 2012; Luo et al., 2008; Lu et al., 2006; Zhou et al., 2008; Tam et al., 2011; Lee et al., 2014a; Peng et al., 2014）。

（二）晋豫陕活动带

晋豫陕活动带自北向南涉及恒山-五台-阜平、吕梁、赞皇、中条山、嵩山-鲁山、小秦岭-熊耳山等

多个地体。这些地体不仅共享以新太古代 TTG 片麻岩为主的基底建造，而且以发育组成复杂的古元古代低级变质杂岩为特征，后者主要包括中浅变质表壳岩系（变火山沉积建造）、多期花岗质杂岩和基性岩墙以及少量超基性-基性杂岩。近年来离子探针等高精度测年方法的常规化运用促进了各个地体古元古代岩浆活动年龄谱系的建立。

在活动带南端的嵩山地区，古元古代初期的零星 I 型花岗质岩浆活动发生在约 2.42 Ga（Zhou et al.，2011），登封杂岩中的 TTG 片麻岩则在约 2.31 Ga 侵位（Huang et al.，2013）。在毗邻的鲁山地区，太华杂岩中的变基性火山岩记录了大约发生在 2.31 Ga 和 2.13 Ga 的两幕喷发事件（Zhou et al.，2016；Sun et al.，2017），伴生的石英二长岩与钾质花岗岩则在 2.19 ~ 2.13 Ga 侵位（Zhou et al.，2014，2016）。小秦岭-熊耳山地区的太华杂岩也记录了相似的岩浆事件，早期的辉长岩-闪长岩-花岗岩系列形成于 2.35 ~ 2.28 Ga（Huang et al.，2012，2013；Diwu et al.，2014；Zhou et al.，2016），与 2.32 ~ 2.30 Ga 的基性火山岩近于同期（Wang G D et al.，2014；Chen et al.，2015，2016）；之后又经历 2.16 ~ 2.07 Ga TTG 片麻岩和花岗岩的侵入（Huang et al.，2012，2013），A 型花岗岩则在 1.80 Ga 左右就位（Deng et al.，2016）。

在活动带中部的中条山地区，近年来从新太古代涑水杂岩中识别出大量"成铁纪"的侵入杂岩，包括闻喜-夏县一带北北东向展布的 2.32 Ga 的阿拉斯加型超基性-基性侵入杂岩（Yuan et al.，2017）、2.35 ~ 2.30 Ga 侵位的英云闪长岩和花岗质片麻岩（赵凤清等，2006；张瑞英等，2012）；绛县群火山沉积建造中则记录了以 2.22 Ga 玄武岩（Liu et al.，2016a）和 2.19 ~ 2.16 Ga 酸性火山岩（孙大中和胡维兴，1993；刘玄等，2015）为代表的火山喷发事件，同期岩浆侵入形成了 2.18 ~ 2.12 Ga 的石英二长斑岩和花岗岩（李宁波等，2013；Liu et al.，2016a，2016b）；此外，中条山地区在 1.90 Ga 和 1.80 Ga 经历两期基性岩墙群侵入（Hou et al.，2008；Li et al.，2014）。

山西吕梁地区古元古代岩浆活动也极为活跃，最早始于 2.40 ~ 2.38 Ga 的花岗质岩浆侵入（Zhao et al.，2008；赵娇等，2015），2.20 ~ 2.10 Ga 达到高潮，代表性岩浆建造包括吕梁群和野鸡山群中的 2.21 ~ 2.18 Ga 玄武岩-安山岩-流纹岩系列（Liu S W et al.，2012；Liu C H et al.，2014a，2014b；Santosh et al.，2015）、2.20 ~ 2.15 Ga 的闪长岩-花岗闪长岩-花岗岩系列（耿元生等，2006；Zhao et al.，2008，杜利林等，2012）以及 2.11 Ga 的基性岩墙群（Wang X et al.，2014）。2.0 Ga 之后吕梁地区经历了 1.94 Ga 基性岩墙侵入（Wang X et al.，2014）、1.87 ~ 1.85 Ga 紫苏花岗岩系列的形成（Yang and Santosh，2015a）以及 1.83 ~ 1.80 Ga 大规模花岗质岩浆活动（Zhao et al.，2008）。

恒山-五台-阜平地体的古元古代岩浆活动与吕梁地区近于同步。早期仅有约 2.35 Ga 的零星花岗质岩浆活动（Kröner et al.，2005），2.20 Ga 开始岩浆活动显著活跃，首先在大约 2.19 Ga 时经历阿拉斯加型超基性-基性杂岩的侵位（Wang et al.，2010），其后见证滹沱群中约 2.14 Ga 中基性火山岩的喷发（Du et al.，2010）和 2.14 ~ 2.02 Ga 大量花岗片麻岩的形成（Zhao et al.，2002b；Kröner et al.，2005；Trap et al.，2012；Du et al.，2013）。同时，该地体 2.20 Ga 之后还发育多期基性岩墙群（Peng et al.，2005，2012；Kröner et al.，2006），如五台山地区的 2.15 Ga 横岭岩床群和恒山地区 2.06 Ga 义兴寨岩墙群（Peng et al.，2005，2012）。

与胶-辽-吉活动带相似，晋豫陕活动带各组成地体在 1.95 ~ 1.80 Ga 普遍经历了多期角闪岩-麻粒岩相变质作用（Peng et al.，2014）。变质作用的具体特征和期次参见专门章节，这里不再赘述。

（三）丰镇活动带

丰镇活动带在空间展布上与孔兹岩带大致叠合。虽然经历中高级变质作用的富铝沉积岩系与相关火山岩建造是其基本构成，但带内不乏古元古代重熔型花岗岩系列以及多期中基性侵入杂岩（翟明国和彭澎，2007）。

在东段怀安-集宁地区，近期研究揭示出一系列"成铁纪"侵入活动的踪迹，包括 2.45 ~ 2.41 Ga 紫苏花岗岩和钾质花岗岩（李创举等，2012；Yang and Santosh，2015b）和 2.37 ~ 2.36 Ga 闪长岩-花岗闪长岩系列（Su et al.，2014）；其后在 2.17 ~ 2.15 Ga 发育以高钾-钾玄质二长岩和花岗岩为代表的大陆岛弧岩浆作用（Zhao et al., 2008; Su et al., 2014; Wang et al., 2015）。自2.0 Ga以深熔型埃达克质花岗岩的侵入开始（张华锋等，2013），该区又经历了一系列特征鲜明的岩浆活动，包括1.97~1.95 Ga侵入的徐武家辉长苏长岩（Peng et al., 2012），1.93~1.89 Ga就位的紫苏花岗岩和S型花岗岩（钟长汀等，2007; Peng et al., 2010），约1.89 Ga喷发的哈拉沁火山岩系和相关基性岩墙群（Peng et al., 2011; Peng, 2015），约1.85 Ga花岗闪长岩-花岗岩和约1.80 Ga基性岩墙群（Su et al., 2014）。

中部内蒙古大青山-乌拉山地区发育类似的古元古代初期岩浆活动，包括约2.45 Ga侵入的基性岩墙群（Wan et al., 2013a）和2.45~2.42 Ga就位的石英闪长岩-闪长岩-角闪二长花岗岩系列（刘建辉等，2013；钟长汀等，2014）。此外，除变基性侵入岩中记录的约2.37 Ga和约2.22 Ga的岩浆锆石之外（Liu P H et al., 2014），与区内孔兹岩系早期超高温变质作用以及其后近于连续的角闪岩相-麻粒岩相高级变质作用大致同步，该地区在1.97~1.92 Ga经历中基性岩浆岩侵入（Wan et al., 2013a; Liu S J et al., 2013; Liu P H et al., 2014），并发育1.85~1.82 Ga基性岩墙群（Wan et al., 2013a）、正长花岗岩（Liu S J et al., 2013）和伟晶岩脉（马铭株等，2013）。

在西段贺兰山-千里山地区，除孔兹岩系之外，重熔型花岗岩也是贺兰山杂岩和千里山杂岩的重要组成（Yin et al., 2009, 2011; 耿元生等，2009）。贺兰山杂岩中主要包括黑云斜长片麻岩、石榴子石花岗岩、斑状花岗岩和片麻状变质闪长岩，其中黑云二长片麻岩和石榴子石花岗岩就位于约2.05 Ga，斑状花岗岩、片麻状闪长岩和二云母花岗岩则在1.96~1.92 Ga侵位（耿元生等，2009; Yin et al., 2011; Dan et al., 2012a, 2014）。千里山杂岩中的S型花岗岩形成于约1.88 Ga（Yin et al., 2009）。

影响孔兹岩带的古元古代岩浆活动也涉及孔兹岩带西侧的阿拉善地块（耿元生等，2010）。其中包括以2.34~2.32 Ga双峰式火成岩为代表的"成铁纪"岩浆活动（Dan et al., 2012b）、1.98~1.97 Ga侵位的花岗岩（耿元生等，2010; Dan et al., 2012b），以及约1.90 Ga的超基性-基性杂岩和约1.81 Ga的基性岩墙（Wan et al., 2015）。

同样涉及其中的还有鄂尔多斯地块。近期一系列钻孔数据揭示，鄂尔多斯盆地基底也可能遭受多期古元古代构造热事件影响（Hu et al., 2013; Wan et al., 2013b; Zhang et al., 2015），如2.2~2.0 Ga大陆岛弧背景下的花岗质岩浆侵入以及可能指示弧陆碰撞的1.95~1.85 Ga变质事件。

三、华北克拉通古元古代活动带岩浆活动的构造背景

有关华北克拉通古元古代活动带发育的构造背景，可谓近年来中国前寒武纪研究学界争论最激烈的科学主题之一。依然扑朔迷离的研究现状，不仅表现在甄别活动带总体时空分布格局的迥异原则，而且体现在对各个活动带演化细节的不同看法，更遑论特定构造-岩浆事件存在的多元观点。如图7.32所示，基于针对太古宙末期地体格局和古元古代岩浆-构造热事件时空分布的不同认识，"克拉通内部造山带"模式提出者认为，阴山陆块与鄂尔多斯陆块在约1.95 Ga沿孔兹岩带碰撞对接形成西部陆块，燕辽-龙岗陆块与狼林陆块在约1.90 Ga沿胶-辽-吉带拼合形成东部陆块，西部与东部陆块随后在约1.85 Ga沿中部造山带拼合形成统一的华北克拉通基底（Zhao et al., 2002a, 2005, 2012; 李三忠等，2016）（图7.32a）；"克拉通内部活动带"模式则强调古元古代活动带在太古宙末期初始克拉通化基础上经历有限裂解、俯冲与碰撞等演化过程（翟明国和彭澎，2007; Zhai and Santosh, 2011, 2013）（图7.32b）；此外，"克拉通边缘造山带"模式将克拉通中部视作一个新太古代造山带，而将北缘的阴山陆块视作一个古元古代造山带（内蒙古-河北造山带），克拉通中西部陆块经由古元古代安第斯型增生-碰撞造山过程而形成（Kusky and Li, 2003, Kusky et al., 2007, 2016）（图7.32c）；"泛活动大陆边缘弧"模式则将古元古代岩浆构造热事件归因于克拉通组成地块边缘的大洋板块俯冲（Peng et al., 2012, 2014）（图7.32d）。

各个活动带/造山带构造演化轨迹的讨论更是百家争鸣。例如，胶-辽-吉活动带的构造演化范型就包括陆内裂谷开启-闭合模式（张秋生等，1988; Li and Zhao, 2007; Li et al., 2006, 2012; Luo et al., 2004, 2008）、弧-陆碰撞模式（白瑾，1993b; Faure et al., 2004; Lu et al., 2006; Li and Chen, 2014;

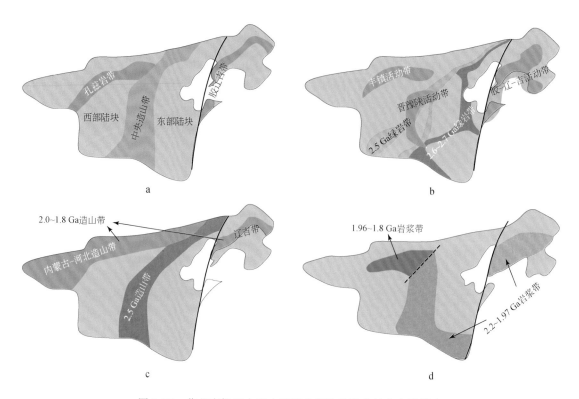

图 7.32 华北克拉通古元古代活动带构造演化的代表性模式
a. 模式一；b. 模式二；c. 模式三；d. 模式四。各个模式出处参见正文

Li et al., 2017)、朝鲜弧模式（Peng et al., 2014)、裂解-俯冲-碰撞模式（Zhao et al., 2012；Yuan et al., 2015)。就晋豫活动带/中部造山带而言，代表性观点包括陆内裂谷模式（Zhai and Liu, 2003；Zhai et al., 2005；Liu et al., 2016a, 2016b)、长期东向俯冲与陆-陆碰撞模式（Zhao et al., 2005, 2008, 2012)、单一或多个西向俯冲系统（Trap et al., 2007, 2012, Peng et al., 2010, 2012；Yang and Santosh, 2015b；Santosh et al., 2015；Wang et al., 2015)，以及裂解-俯冲-碰撞模式（Zhai and Santosh, 2013；Yuan et al., 2017)。

这种莫衷一是的局面主要归因于"古元古代岩浆活动精细年代学格架长期或缺"的时代局限。例如，2.5~2.3 Ga 岩浆事件曾经的尚付阙如导致人们以为华北克拉通这一时期处于与全球趋势一致的"成铁纪"岩浆静寂。然而，近年来大量该时期岩浆事件在各个活动带的相继识别（Zhou et al., 2011, 2014, 2016；Dan et al., 2012b；Huang et al., 2012, 2013；Diwu et al., 2014；Su et al., 2014；Wang et al., 2015；Santosh et al., 2015；Yang and Santosh, 2015b；李超等，2017；Yuan et al., 2017)，表明华北克拉通不仅是全球"成铁纪"岩浆作用最发育的地区，而且呈现与全球典型古元古代活动带基本一致的早期演化历史。

如前所述，近期研究揭示"成铁纪"全球岩浆活动并非静寂（Pehrsson et al., 2014；Partin et al., 2014)。其中，2.5~2.4 Ga 发育大规模基性火成岩省，属于太古宙/元古宙之交全球初始克拉通化的后续效应（Pehrsson et al., 2014)，可能响应引起超大陆裂解的地幔柱事件（Heaman, 1997；Kullerud et al., 2006；Ciborowski et al., 2014)。类似地，华北克拉通活动带发育的约 2.45 Ga 基性岩墙（Liu S et al., 2012；Liu P H et al., 2014；Wan et al., 2013a)以及嗣后的钾质花岗岩（Zhou et al., 2011；赵娇等，2015；李创举等，2012；Yang and Santosh, 2015b)和赞歧岩系列（钟长汀等，2014)，见证了华北克拉通的初始克拉通化与其后的裂解过程（图 7.33a)。

2.4~2.3 Ga，无论是北美洲 Churchill 克拉通西缘发育的英云闪长岩/二长花岗岩系列（Berman et al., 2005；Hartlaub et al., 2007)，还是巴西 Borborema 省和 São Francisco 克拉通南缘的 TTG 系列（Dos Santos et al., 2009；Seixas et al., 2012；Teixeira et al., 2015)，抑或西非克拉通南部的 TTG 系列（Gasquet et al., 2003)，都记录了威尔逊旋回早期板块俯冲过程制约下的岛弧地体增生过程（Gasquet et al., 2003；Dos

Santos et al., 2009；Seixas et al., 2012）。

华北克拉通各活动带 2.4~2.3 Ga 岩浆作用记录了相近的大陆岛弧或活动大陆边缘背景下的增生过程（图 7.33b）。例如，在晋豫陕活动带，涑水杂岩中的约 2.32 Ga 阿拉斯加型超基性侵入岩（Yuan et al., 2017）和太华杂岩中的 2.32~2.30 Ga 变基性火山岩/变辉长岩（Wang W D et al., 2014；Chen et al., 2015；Zhou et al., 2016）均源自俯冲流体交代型大陆岩石圈地幔的部分熔融；而太华杂岩和登封杂岩中的同期 TTG 片麻岩和花岗岩系列形成于新晋中基性下地壳的部分熔融（Huang et al., 2012, 2013；Diwu et al., 2014），二者共同构成安第斯型活动大陆边缘或岛弧环境下的典型岩浆岩建造（Huang et al., 2012, 2013；Diwu et al., 2014；Yuan et al., 2017）。类似地，阿拉善地块 2.34~2.32 Ga 双峰式岩浆岩呈现洋岛玄武岩和古老火成下地壳的双重地球化学源区印记，指示大陆伸展背景（Dan et al., 2012b）；怀安地区约 2.36 Ga 闪长岩–花岗闪长岩系列形成于岛弧环境（Su et al., 2014）；东西两端的岩浆增生杂岩记录了丰镇活动带在 2.4~2.3 Ga 的大陆地壳生长。辽吉活动带最近发现的 2.35~2.34 Ga 变辉长岩/辉绿岩和约 2.32 Ga 的 I 型花岗岩组成典型的大陆弧后盆地伸展型双峰式侵入岩（李超等，2017）。

综观全球主要古元古代活动带 2.3 Ga 之后记录众多的岩浆–沉积–变质–构造事件序列，Condie 和 Kröner（2008）总结的判别现代板块构造体制启动的诸多重要标志（蛇绿岩套、岛弧与弧后、增生楔、前陆盆地、被动大陆边缘、蓝片岩与超高压岩石、超高压变质作用与双变质带、横推断层与缝合带、增生与碰撞造山作用、俯冲的元素与同位素印记、超大陆）悉数出现。大部分活动带在 2.2~1.8 Ga 经历了早期俯冲增生和晚期碰撞造山的多阶段地壳演化，对应于一个或多个完整威尔逊造山旋回（Cawood and Tyler, 2004；Corrigan et al., 2009）。北美 Trans-Hudson 活动带（Syme et al., 1999；Maxeiner et al., 2005）和波罗的地盾（Peltonen and Kontinen, 2004）保存了迄今最古老（2.0~1.9 Ga）的可靠蛇绿岩。西非克拉通 Birimian 绿岩带的拉斑玄武岩/安山岩–钙碱性玄武岩/安山岩–高镁安山岩等中基性火山岩系列（Dampare et al., 2008）以及 Trans-Hudson 活动带中的拉斑玄武岩–钙碱性玄武岩–碱性玄武岩–玻安岩系列（Stern et al., 1995；Wyman, 1999）定义了完整的古元古代沟–弧–盆体系；Trans-Hudson 活动带中的 Wathaman 岩基和 Cumberland 岩基则是安第斯型大陆边缘钙碱性岛弧岩浆建造和高钾钙碱性/碱性后碰撞岩浆建造的典型案例（Corrigan et al., 2009；Whalen et al., 2010）。以横推断层为代表的晚期变形塑造了 Trans-Hudson 活动带（Baratoux et al., 2011）和 Taltson-Thelon 活动带（Morelli et al., 2009；Bethune et al., 2013）的总体面貌；前陆盆地和拉分盆地等与板块构造关系密切的沉积盆地在大部分活动带中广泛发育。就双重变质作用而言，西非克拉通 Birimian 绿岩带中的蓝片岩记录了与现代俯冲作用相关的低热流梯度（Brown, 2006；Ganne et al., 2012），Trans-Hudson 造山带发育的榴辉岩指示可与喜马拉雅型造山过程媲美的大陆深俯冲（Weller and St-Onge, 2017）。此外，现代板块构造范式下的诸多地球动力学过程（如双向俯冲、俯冲极性反转及板片断离等）在全球主要古元古代活动带的拼合及哥伦比亚超大陆形成过程中也可能屡次出现（Noce et al., 2007；Ávila et al., 2010；Cook, 2011）。

华北克拉通古元古代活动带 2.3 Ga 之后的构造演化进程与全球同期活动带基本趋于同步。2.25~2.0 Ga，晋豫陕活动带和辽吉活动带多处发育的拉斑质–钙碱性玄武岩–安山岩–流纹岩及相应侵入岩等弧岩浆组合记录了从早期洋内岛弧到陆缘弧的地壳成熟过程（Liu S et al., 2012；Liu J H et al., 2014；Liu C H et al., 2014a；Santosh et al., 2015；Li and Chen, 2014；Li et al., 2017；陈斌等，2016）；遍布各活动带的一系列沉积建造呈现汇聚型盆地的物质源区特征（Cawood et al., 2012；李壮等，2015），记录了从早期弧后盆地向晚期周缘前陆盆地的场景变迁（Liu C H et al., 2013；Li et al., 2017）；高压麻粒岩和高温/超高温麻粒岩共存的双重变质作用则可以归因于洋中脊俯冲、弧陆碰撞、板片断离和岩石圈地幔/下地壳拆沉等显生宙增生造山带的典型地球动力学过程（翟明国和彭澎，2007；Guo et al., 2012；Santosh et al., 2009, 2012；Peng et al., 2010, 2014）；1.91~1.85 Ga 三个活动带经历了绿片岩相到角闪岩相的两阶段变质–变形作用，记录了弧–陆至陆–陆碰撞背景下的地壳抬升过程（翟明国，2012；Peng et al., 2014）；1.85~1.80 Ga 规模广大的、以基性岩墙群和 A 型花岗岩为主要组成的岩浆岩建造已经与众多显生宙造山后岩浆岩省毫无二致（Peng et al., 2008）。

考虑到离散式双向俯冲在许多增生型造山带地质演化中的普遍性（Soesoo et al., 1997; Cawood and Buchan, 2007; Santosh, 2010; Collins et al., 2011; Spencer et al., 2013），结合华北克拉通古元古代岩浆-变质-构造事件的时空分布格局，我们提出双向俯冲机制可能是华北克拉通古元古代活动带拼合及华北克拉通并入哥伦比亚超大陆的重要方式（Yuan et al., 2015, 2017）。这种俯冲系统开始于2.5~2.4 Ga 裂解的洋盆向两侧地体的俯冲（图7.33b），洋壳俯冲诱发拉斑质/钙碱性岩浆活动形成安第斯型大陆边缘弧，因弧后伸展而来的弧后盆地接受"克拉通基底和弧系岩石"二元源区的物质沉积；之后洋盆逐渐闭合并导致洋中脊俯冲、弧陆碰撞和大洋板片断离等一系列地质过程，随之引发1.95~1.91 Ga 变质作用，甚至在局部地带招致超高温变质作用（图7.33c）；大洋板片持续拆沉并在约1.85 Ga 消失殆尽（图7.33d），陆-陆对接碰撞而经历以近等温减压顺时针 P-T 轨迹为特征的变质作用，造山带终因重力垮塌和岩石圈拆沉而产生大规模造山后岩浆活动。

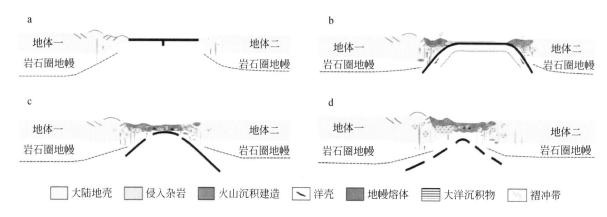

图 7.33　华北克拉通古元古代活动带构造演化的裂解-双向俯冲-碰撞模式
a. >2.36 Ga; b. 2.36~2.0 Ga; c. 2.0~1.9 Ga; d. 1.9~1.8 Ga

参 考 文 献

白瑾. 1993a. 中国前寒武纪地壳演化. 北京：地质出版社

白瑾. 1993b. 华北陆台北缘前寒武纪地质及铅锌成矿作用. 北京：地质出版社

蔡佳, 刘福来, 刘平华, 王舫, 施建荣. 2015. 内蒙古孔兹岩带乌拉山-大青山地区古元古代孔兹岩系年代学研究. 岩石学报, 31 (10)：3081~3106

陈斌, 李壮, 王家林, 张璐, 鄢雪龙. 2016. 辽东半岛~2.2 Ga 岩浆事件及地质意义. 吉林大学学报（地球科学版），46 (2)：303~320

陈兆衡, 杨言辰, 韩世炯, 张国宾. 2014. 中条山铜矿峪铜矿含矿岩系地球化学特征及矿床成因. 世界地质, 33 (2)：348~357

董春艳, 马铭株, 刘守偈, 颉颃强, 刘敦一, 李雪梅, 万渝生. 2012a. 华北克拉通古元古代中期伸展体制新证据：鞍山-弓长岭地区变质辉长岩的锆石 SHRIMP U-Pb 定年和全岩地球化学. 岩石学报, 28 (9)：2785~2792

董春艳, 万渝生, 徐仲元, 刘敦一, 杨振升, 马铭株, 颉颃强. 2012b. 华北克拉通大青山地区古元古代晚期孔兹岩系：锆石 SHRIMP U-Pb 定年. 中国科学（D 辑），42 (12)：1851~1862

杜利林, 杨崇辉, 任留东, 宋会侠, 耿元生, 万渝生. 2012. 吕梁地区 2.2-2.1Ga 岩浆事件及其构造意义. 岩石学报, 28 (9)：2751~2769

耿元生, 杨崇辉, 万渝生. 2006. 吕梁地区古元古代花岗岩浆作用——来自同位素年代学的证据. 岩石学报, 22 (2)：305~314

耿元生, 周喜文, 王新社, 任留东. 2009. 内蒙古贺兰山地区古元古代晚期的花岗岩浆事件及其地质意义：同位素年代学的证据. 岩石学报, 25 (8)：1830~1842

耿元生, 王新社, 吴春明, 周喜文. 2010. 阿拉善基底古元古代晚期的构造热事件. 岩石学报, 26 (4)：1159~1170

郝德峰, 李三忠, 赵国春, 孙敏, 韩宗珠, 赵广涛. 2004. 辽吉地区古元古代花岗岩成因及对构造演化的制约. 岩石学报, 2 (6)：1409~1416

贺高品，叶惠文. 1998. 辽东-吉南地区早元古代两种类型变质作用及其构造意义. 岩石学报, 14 (2): 152~162

姜春潮. 1987. 辽吉东部前寒武纪地质. 沈阳: 辽宁科学技术出版社

李超, 孙克克, 陈斌. 2017. 辽东营口-辽阳地区古元古代花岗岩和变质基性岩形成时代意义. 地球科学与环境学报, 39 (2): 143~160

李创举, 包志伟, 赵振华, 乔玉楼. 2012. 张家口地区桑干杂岩中花岗片麻岩的锆石U-Pb年龄与Hf同位素特征及其对华北克拉通早期演化的制约. 岩石学报, 28 (4): 1057~1072

李宁波, 罗勇, 郭双龙, 姜玉航, 曾令君, 牛贺才. 2013. 中条山铜矿峪变石英二长斑岩的锆石U-Pb年龄和Hf同位素特征及其地质意义. 岩石学报, 29 (7): 2416~2424

李三忠, 赵国春, 孙敏. 2016. 华北克拉通早元古代拼合与Columbia超大陆形成研究进展. 科学通报, 61 (9): 919~925

李壮, 陈斌, 刘经纬, 张璐, 杨川. 2015. 辽东半岛南辽河群锆石U-Pb年代学及其地质意义. 岩石学报, 31 (6): 1589~1605

林强, 吴福元, 刘树文, 葛文春, 孙景贵, 尹京柱. 1992. 华北地台东部太古宙花岗岩. 北京: 科学出版社

刘福来, 薛怀民, 刘平华. 2009. 苏鲁超高压岩石部分熔融时间的准确限定: 来自含黑云母花岗岩中锆石U-Pb定年、REE和Lu-Hf同位素的证据. 岩石学报, 25 (5): 1039~1055

刘福来, 刘平华, 王舫, 刘超辉, 蔡佳. 2015. 胶-辽-吉古元古代造山/活动带巨量变沉积岩系的研究进展. 岩石学报, 31 (10): 2816~2846

刘建辉, 刘福来, 丁正江, 陈军强, 刘平华, 施建荣, 蔡佳, 王航. 2013. 乌拉山地区早古元古代花岗质片麻岩的锆石U-Pb年代学、地球化学及成因. 岩石学报, 29 (2): 485~500

刘平华, 刘福来, 王舫, 刘建辉, 蔡佳. 2013. 胶北西留古元古代 (2.1Ga) 变辉长岩岩石学与年代学初步研究. 岩石学报, 29 (7): 2371~2390

刘玄, 范宏瑞, 邱正杰, 杨奎锋, 胡芳芳, 郭双龙, 赵凤春. 2015. 中条山地区绛县群和中条群沉积时限: 夹层斜长角闪岩SIMS锆石U-Pb年代学证据. 岩石学报, 31 (6): 1564~1572

路孝平, 吴福元, 林景仟, 等. 2004. 辽东半岛南部早前寒武纪花岗质岩浆作用的年代学格架. 地质科学, 39 (1): 123~139

马铭株, 徐仲元, 张连昌, 董春艳, 董晓杰, 刘首偈, 刘敦一, 万渝生. 2013. 内蒙古武川西乌兰不浪地区早前寒武纪变质基底锆石SHRIMP定年及HF同位素组成. 岩石学报, 29 (2): 501~516

孟恩, 刘福来, 崔莹, 刘平华, 刘超辉, 施建荣. 2013. 辽东半岛东北部宽甸地区南辽河群沉积时限的确定及其构造意义. 岩石学报, 29 (7): 2465~2480

彭澎, 王冲, 杨正赫, 金正男. 2016. 朝鲜~19亿年侵入岩的岩石类型与构造背景初探. 岩石学报, 32 (10): 2993~3018

沈福农. 1994. 河南鲁山太华群不整合的发现和地层层序厘定. 中国区域地质, (2): 135~140

沈其韩, 耿元生. 1996. 冀西北太古宙条带状麻粒岩的岩石学和地球化学特征. 岩石学报, 12 (2): 247~260

孙大中, 胡维兴. 1993. 中条山前寒武纪年代构造格架和年代地壳结构. 北京: 地质出版社

孙海田, 葛朝华. 1990. 中条山式热液喷气成因铜矿床. 北京: 科学技术出版社

孙勇. 1982. 河南鲁山地区早前寒武纪变质火山岩系的岩石化学特征. 西北大学学报（前寒武地质专辑）, (1): 31~43

王惠初, 陆松年, 初航, 相振群, 张长捷, 刘欢. 2011. 辽阳河栏地区辽河群中变质基性熔岩的锆石U-Pb年龄与形成构造背景. 吉林大学学报（地球科学版）, 41 (5): 1322~1334

杨长秀. 2008. 河南鲁山地区早前寒武纪变质岩系的锆石SHRIMP U-Pb年龄、地球化学特征及环境演化. 地质通报, 27 (4): 517~533

杨长秀, 刘振宏, 武太安, 张毅星, 崔霄峰, 杨长青. 2003. 鲁山地区早前寒武纪地质演化特征. 河南1:25万平顶山市幅区调专题研究: 1~24

杨进辉, 吴福元, 谢烈文, 柳小明. 2007. 辽东矿洞沟正长岩成因及其构造意义: 锆石原位微区U-Pb年龄和Hf同位素制约. 岩石学报, 23 (2): 263~276

杨明春, 陈斌, 闫聪. 2015a. 华北克拉通胶-辽-吉古元古代条痕状花岗岩的成岩及其构造意义. 地球科学与环境学报, 7 (4): 1~9

杨明春, 陈斌, 闫聪. 2015b. 吉南地区古元古代双岔巨斑状花岗岩成因及其构造意义: 岩石学、年代学、地球化学的Sr-Nd-Hf同位素证据. 岩石学报, 31 (6): 1573~1588

于介江, 杨德彬, 冯虹, 兰翔. 2007. 辽南海城斜长角闪岩原岩的形成时代: 锆石LA-ICP-MS U-Pb定年证据. 世界地质, 26 (4): 391~407

翟明国. 2004. 华北克拉通 21~17 亿年地质事件群的分解和构造意义探讨. 岩石学报, 20 (6): 1343~1354

翟明国. 2012. 华北克拉通的形成以及早期板块构造. 地质学报, 86 (9): 1335~1349

翟明国, 彭澎. 2007. 华北克拉通古元古代构造事件. 岩石学报, 23 (11): 2665~2672

翟明国, 郭敬辉, 阎月华, 韩秀伶, 李永刚. 1992. 中国华北太古宙高压基性麻粒岩的发现及初步研究. 中国科学 (B 辑), (12): 1325~1330

张国伟, 周鼎武, 周立法. 1982. 嵩箕地区前嵩山群古构造基本特征. 西北大学学报 (前寒武纪地质专集): 12~22

张国伟, 张本仁, 袁学诚. 2001. 秦岭造山带与大陆动力学. 北京: 科学出版社

张晗. 2012. 山西中条山北段古元古代铜矿成矿作用. 长春: 吉林大学

张晗, 孙丰月, 胡安新. 2013. 中条山上玉坡地区黑云母片岩成岩时代及成因. 地球科学——中国地质大学学报, 38 (1): 10~24

张华锋, 罗志波, 王浩铮. 2013. 内蒙凉城 2.0Ga 变质花岗岩对超高温变质作用的制约张. 岩石学报, 29 (7): 2391~2404

张景山. 1994. 辽东硼镁石型硼矿床地质特征及成矿. 辽宁地质, (4): 289~303

张秋生, 杨振升, 刘连登. 1988. 辽东半岛早期地壳演化与矿产. 北京: 地质出版社

张瑞英, 张成立, 第五春荣. 2012. 中条山前寒武纪花岗岩地球化学、年代学及其地质意义. 岩石学报, 28 (11): 3559~3573

赵凤清, 李惠民, 左义成, 薛克勤. 2006. 晋南中条山古元古代花岗岩的锆石 U-Pb 年龄. 地质通报, 25 (4): 442~447

赵娇, 张成立, 郭晓俊, 刘欣雨, 王权. 2015. 华北吕梁地区 2.4Ga A 型花岗岩的确定及地质意义. 岩石学报, 31: 1606~1620

赵瑞幅, 郭敬辉, 彭澎, 刘富. 2011. 恒山地区古元古代 2.1 Ga 地壳重熔事件: 钾质花岗岩锆石 U-Pb 定年及 Hf-Nd 同位素研究. 岩石学报, 27 (6): 1607~1623

钟长汀, 邓晋福, 万渝生, 毛德宝, 李惠民. 2007. 华北克拉通北缘中段古元古代造山作用的岩浆记录: S 型花岗岩地球化学特征及锆石 SHRIMP 年龄. 地球化学, 36 (6): 585~600

钟长汀, 邓晋福, 万渝生, 涂伟萍. 2014. 内蒙古大青山地区古元古代花岗岩: 地球化学、锆石 SHRIMP 定年及其地质意义. 岩石学报, 30 (11): 3172~3188

周喜文, 耿元生. 2009. 贺兰山孔兹岩系的变质时代及其对华北克拉通西部陆块演化的制约. 岩石学报, 25 (8): 1843~1852

Amelin Y V, Heaman L M, Semenov V S. 1995. U-Pb geochronology of layered mafic intrusions in the eastern Baltic Shield: Implications for the timing and duration of Paleoproterozoic continental rifting. Precambrian Research, 75 (1-2): 31~46

Anderson J R, Payne J L, Kelsey D E, Hand M, Collins A, Santosh M. 2012. High pressure granulites at the dawn of the Proterozoic. Geology, 40 (5): 431~434

Ansdell K M. 2005. Tectonic evolution of the Manitoba-Saskatchewan segment of the Palaeoproterozoic Trans-Hudson Orogen, Canada. Canadian Journal of Earth Sciences, 42 (4): 741~759

Anum S, Sakyi P S, Su B X, Nude P M, Nyame F, Asiedu A, Kwayisi D. 2015. Geochemistry and geochronology of granitoids in the Kibi-Asamankese area of the Kibi-Winneba volcanic belt, southern Ghana. Journal of African Earth Sciences, 102: 166~179

Arth J G. 1976. Behaviour of trace elements during magmatic processes-a summary of theoretical models and their applications. Journal of Research U. S. Geological Survey, 4: 41~47

Ashton K E, Hartlaub R P, Heaman L M, Morelli R M, Card C D, Bethune K, Hunter R C. 2009. Post-Taltson sedimentary and intrusive history of the southern Rae Province along the northern margin of the Athabasca Basin, western Canadian Shield. Precambrian Research, 175 (1): 16~34

Ashwal L D, Tucker R D, Zinner E K. 1999. Slow cooling of deep crustal granulites and Pb-loss in zircon. Geochimica et Cosmochimica Acta, 63 (18): 2839~2851

Ávila C A, Teixeira W, Cordani U G, Moura C A V, Pereira R M. 2010. Rhyacian (2.23-2.20 Ga) juvenile accretion in the southern São Francisco craton, Brazil: geochemical and isotopic evidence from the Serrinha magmatic suite, Mineiro belt. Journal of South American Earth Sciences, 29 (2): 464~82

Ávila C A, Teixeira W, Bongiolo E M, Dussin I A, Vieira T A T. 2014. Rhyacian evolution of subvolcanic and metasedimentary rocks of the southern segment of the Mineiro belt, São Francisco craton, Brazil. Precambrian Research, 243 (4): 221~251

Bach P, Smith I E M, Malpas J G. 2012. The origin of garnets in andesitic rocks from the Northland Arc, New Zealand, and their implication for sub-arc processes. Journal of Petrology, 53 (6): 1169~1195

Baines A G, Cheadle M J, John B E, Grimes C B, Schwartz J J, Wooden J L. 2009. SHRIMP Pb-U zircon ages constrain gabbroic crustal accretion at Atlantis Bankon the ultraslow-spreading Southwest Indian Ridge. Earth and Planetary Science Letters, 287 (3): 540~550

Baratoux L, Metelka V, Naba S, Jessell M W, Grégoire M, Ganne J. 2011. Juvenile Paleoproterozoic crust evolution duringthe Eburnean orogeny (~2.2-2.0 Ga), western Burkina Faso. Precambrian Research, 191 (1): 18~45

Belousova E A, Griffin W L, O'Reilly S Y, Fisher N I. 2002. Igneous Zircon: Trace element composition as an indicator of source rock type. Contributions to Mineralogy and Petrology, 143 (5): 602~622

Berman R G, Sanborn-Barrie M, Stern R A, Carson C J. 2005. Tectonometamorphism at ca. 2.35 and 1.85 Ga in the Rae Domain, western Churchill Province, Nunavut, Canada: insights from structural, metamorphic and in situ geochronological analysis of the southwestern Committee Bay Belt. Canadian Mineralogist, 43 (1): 409~442

Bethune K M, Berman R G, Rayner N, Ashton K E. 2013. Structural, petrological and U-Pb SHRIMP geochronological study of the western Beaverlodge domain: Implications for crustal architecture, multi-stage orogenesis and the extent of the Taltson orogen in the SW Rae craton, Canadian Shield. Precambrian Research, 232 (5): 89~118

Bradshaw T K, Smith E I. 1994. Polygenetic Quaternary volcanism at Crater Flat, Nevada. Journal of Volcanology and Geothermal Research, 63 (3-4): 163~182

Brooks C K, Larsen L M, Nielsen T F D. 1991. Importance of iron-rich tholeiitic magmas at divergent plate margins-a reappraisal. Geology, 19: 269~272

Brown M. 2006. A duality of thermal regimes is the distinctive characteristic of plate tectonics since the Neoarchean. Geology, 34 (11): 961~964

Béziat D, Bourges F, Debat P, Lompo M, Martin F, Tollon F. 2000. A Paleoproterozoicultramafic-mafic assemblage and associated volcanic rocks of the Boromo greenstone belt: fractionates originating from island-arc volcanic activity in the West African craton. Precambrian Research, 101 (1): 25~47

Campbell I H, Allen C M. 2008. Formation of supercontinents linked to increases in atmospheric oxygen. Nature Geoscience, 1 (8): 554~558

Card C C D, Bethune K M, Davis W J, Rayner N, Ashton K E. 2014. The case for a distinct Taltson orogeny: Evidence from northwest Saskatchewan, Canada. Precambrian Research, 255: 245~265

Cawood P A, Buchan C. 2007. Linking accretionary orogenesis with supercontinent assembly. Earth Science Reviews, 82 (3): 217~256

Cawood P, Tyler I M. 2004. Assembling and reactivatingthe Proterozoic Capricorn Orogen: lithotectonic elements, orogenies, and significance. Precambrian Research, 128 (3): 201~218

Cawood P A, Hawkesworth C J, Dhuime B. 2012. Detrital zircon record and tectonic setting. Geology, 40 (10): 875~878

Chacko T, De S K, Creaser R A, Muehlenbachs K. 2000. Tectonic setting of the Taltson magmatic zone at 1.9-2.0 Ga: a granitoid-based perspective. Canadian Journal of Earth Sciences, 37 (11): 1597~1609

Chen H X, Wang J, Wang H, Wang G D, Peng T, Shi Y H, Zhang Q, Wu C M. 2015. Metamorphism and geochronology of the Luoning metamorphicterrane, southern terminal of the Palaeoproterozoic Trans-North China Orogen, North China Craton. Precambrian Research, 264: 156~178

Chen H X, Wang H, Peng T, Wu C M. 2016. Petrogenesis and geochronology of the Neoarchean-Paleoproterozoic granitoid and monzonitic gneisses in the Taihua complex: Episodic magmatism of the southwestern Trans-North China Orogen. Precambrian Research, 287: 31~47

Ciborowski T J R, Kerr A C, McDonald I, Ernst R E, Hughes H S R, Minifie M J. 2014. The geochemistry and petrogenesis of the Paleoproterozoic du Chef dyke swarm, Québec, Canada. Precambrian Research, 250: 151~166

Collins W J, Belousova E A, Kemp A I S, Murphy B. 2011. Two contrasting Phanerozoic orogenic systems revealed by hafnium isotope data. NatureGeosciences, 4 (5): 333~337

Condie K C, Kröner A. 2008. When did plate tectonics begin? Evidence from the geologic record. Geological Society of America Special Paper, 440: 281~294

Condie K C, Rosen O M. 1994. Laurentia-Siberia connection revisited. Geology, 22 (2): 168~170

Condie K C, Noll P D, and Conway C M. 1992. Geochemical anddetrital mode evidence for sources of Early Proterozoic sedimentary-rocks from the Tonto Basin Supergroup, Central Arizona. Sedimentary Geology, 77 (3-4): 51~76

Condie K C, O'Neill C, Aster R C. 2009. Evidence and implications for a widespread magmatic shutdown for 250 My on Earth. Earth and Planetary Science Letters, 282 (1): 294~298

Cook F A. 2011. Multiple arc development in the Paleoproterozoic Wopmay Orogen, Northwest Canada. In: Brown D, Ryan P D (eds.). Arc-Continent Collision, Frontiers in Earth Sciences. Berlin: Springer-Verlag: 395~509

Corrigan D, Pehrsson S, Wodicka N, de Kemp E. 2009. The Palaeoproterozoic Trans-Hudson orogen: a prototype of modern accretionary processes. Geological Society London Special Publications, 327 (1): 457~479

Crawford A J, Meffre S, Squire R J, Barron L M, Falloon T J. 2007. Middle and late ordovician magmatic evolution of the macquarie arc, lachlan orogen, new south wales. Australian Journal of Earth Sciences, 54 (2-3): 181~214

Dampare S B, Shibata T, Asiedu D K, Osae S, Banoeng-Yakubo B. 2008. Geochemistry of Paleoproterozoic metavolcanic rocks from the southern Ashanti volcanic belt, Ghana: Petrogenetic and tectonic setting implications. Precambrian Research, 162 (3): 403~423

Dan W, Li X H, Guo J, Liu Y, Wang X C. 2012a. Integrated in situ zircon U-Pb age and Hf-O isotopes for the Helanshan khondalites in North China Craton: juvenile crustal materials deposited in active or passive continental margin. Precambrian Research, 222-223: 143~158

Dan W, Li X H, Guo J, Liu Y, Wang XC. 2012b. Paleoproterozoic evolution of the eastern Alxa Block, westernmost North China: Evidencefrom in situ zircon U-Pb dating and Hf-O isotopes. Gondwana Research, 21 (4): 838~864

Dan W, Li X H, Wang Q, Wang X C, Liu Y, Wyman D A. 2014. Paleoproterozoic S-type granites in the Helanshan Complex, Khondalite Belt, North China Craton: Implications for rapid sediment recycling during slab break-off. Precambrian Research, 254: 59~72

Davies J H F L, Heaman L M. 2014. New U-Pb baddeleyite and zircon ages for the Scourie dyke swarm: A long-lived large igneous province with implications for the Paleoproterozoic evolution of NW Scotland. Precambrian Research, 249: 180~198

Deng X Q, Peng T P, Zhao T P. 2016. Geochronology and geochemistry of the late Paleoproterozoicaluminous A-type granite in the Xiaoqinling area along the southern margin of the North China Craton: Petrogenesis and tectonic implications. Precambrian Research, 285: 127~146

Diwu C R, Sun Y, Zhao Y, Lai S C. 2014. Early Paleoproterozoic (2.45-2.20 Ga) magmatic activity during the period of global magmatic shutdown: Implications for the crustal evolution of the southern North China Craton. Precambrian Research, 255: 627~640

Doehler J S, Heaman L M. 1998. 2.41 Ga U-Pb baddeleyite ages for two gabbroic dykes from the Widgiemooltha swarm, Western Australia: a Yilgarn-Lewisian connection? Geological Society of America, 30 (7): 291

Donskaya T V, Bibikova E V, Gladkochub D P, Mazukabzov A M, Bayanova T B, De Waele B, Didenko A N, Bukharov A A, Kirnozova T I. 2008. Petrogenesisand age of the felsic volcanic rocks from the North Baikal volcanoplutonic belt, Siberian craton. Petrology, 16 (5): 422~447

Donskaya T V, Gladkochub D P, Kovach V P, Mazukabzov A M. 2005. Petrogenesis of early Proterozoic post-collisional granitoids in the southern Siberian craton. Petrology, 13 (3): 229~252

Donskaya T V, Gladkochub D P, Pisarevsky S A, Poller U, Mazukabzov A M, Bayanova T B. 2009. Discovery of Archaean crust within the Akitkan orogenic belt of the Siberian craton: New insight into its architecture and history. Precambrian Research, 170 (1): 61~72

Dos Santos T J S, Fetter A H, Van Schmus W R, Hackspacher P C. 2009. Evidence for 2.35-2.30 Ga juvenile crustal growth in the northwest Boborema Province, NE Brazil. In: Reddy S, Mazumder R, Evans D A D, Collins A S (eds.). Palaeoproterozoic Supercontinents and Global Evolution. Geological Society of London Special Publication, 323: 271~281

Du L L, Yang C, Guo J, Wang W, Ren L, Wan Y, Geng Y. 2010. The age of the base of the Paleoproterozoic Hutuo Group in the Wutai Mountains area, North China Craton: SHRIMP zircon U-Pb dating of basaltic andesite. Chinese Science Bulletin, 55 (17): 1782~1789

Du L L, Yang C H, Wang W, Ren L D, Wan Y S, Wu J S, Zhao L, Song H X, Geng Y S, Hou K J. 2013. Paleoproterozoic rifting of the North China Craton: geochemical and zircon Hf isotopic evidence from the 2137 Ma Huangjinshan A-type granite porphyry in the Wutai area. Journal of Asian Earth Sciences, 72 (4): 190~202

Du L L, Yang C H, Derek A W, Allen P N, Lu Z L, Zhao L, Wang W, Song H X, Wan Y S, Ren L D, Geng Y S. 2015. Petrogenesis and tectonic implications of the iron-rich tholeiitic basalts in the Hutuo Group of the Wutai Mountains, Central

Trans-North China Orogen. Precambrian Research, 271: 225~242

Faure M, Lin W, Monie P, Bruguier O. 2004. Paleoproterozoic arc magmatism and collision in Liaodong Peninsula (north-east China). Terra Nova, 16: 75~80

Foley S F, Venturelli G, Green D H, Toscani L. 1987. The ultrapotassic rocks: characteristics, classification, and constraints for petrogenetic models. Earth-Science Reviews, 24 (2): 81~134

Furman T. 2007. Geochemistry of East African Rift basalts: An overview. Journal of African Earth Sciences, 48 (2): 147~160

Gandhi S S, van Breemen O. 2005. SHRIMP U-Pb geochronology of detrital zircons from the Treasure Lake Group-New evidence for Paleoproterozoic collisional tectonics in the southern Hottah terrane, northwestern Canadian Shield. Canadian Journal of Earth Sciences, 42 (5): 833~884

Ganne J, Andrade V, De Weinberg R F, Vidal O, Dubacq B, Kagambega N, Naba S, Baratoux L, Jessell M, Allibon J. 2012. Modern-style plate subduction preserved in the Palaeoproterozoic West African craton. Nature Geoscience, 5 (1): 60~65

Gasquet D, Barbey P, Adou M, Paquette J. 2003. Structure, Sr-Nd isotope geochemistry and zircon U-Pb geochronology of the granitoids of the Dabakalaarea (Côte d'Ivoire): evidence for a 2.3 Ga crustal growth event in the Palaeoproterozoic of West Africa? Precambrian Research, 127 (4): 329~354

Gill J B. 1981. Orogenic Andesites and Plate Tectonics. Berlin: Springer-Verlag

Guo J H, Peng P, Chen Y, Jiao S, Windley B F. 2012. UHT sapphirine granulite metamorphism at 1.93-1.92 Ga caused by gabbro-norite intrusions: implications for tectonic evolution of the northern margin of the North China Craton. Precambrian Research, 222-223: 124~142

Halls H C, Davis D W, Stott G M, Ernst R E, Hamilton M A. 2008. The Paleoproterozoic Marathon Large Igneous Province: New evidence for a 2.1 Ga long-lived mantle plume event along thesouthern margin of the North American Superior Province. Precambrian Research, 162 (3): 327~353

Han J S, Chen H Y, Yao J M, Deng X H. 2015. 2.24 Ga mafic dykes from Taihua Complex, southern Trans-North China Orogen, and their tectonic implications. Precambrian Research, 270: 124~138

Hartlaub R P, Heaman L M, Chacko T, Ashton K E. 2007. Circa 2.3Ga magmatismof the Arrowsmith orogeny, Uranium City region, western Churchill Craton, Canada. Journal of Geology, 115 (2): 181~195

Heaman L M. 1997. Global mafic magmatism at 2.45 Ga: Remnants of an ancient large igneous province? Geology, 25 (4): 299~302

Hergt J M, Peate D W, Hawkesworth C J. 1991. The petrogenesis of Mesozoic Gondwana low-Ti flood basalts. Earth and Planetary Science Letters, 105 (1-3): 134~148

Hermansson T, Stephens M B, Corfu F, Andersson J, Page L. 2007. Penetrative ductile deformation and amphibolite-facies metamorphism prior to 1851 Ma in the western part of the Svecofennian orogen, Fennoscandian Shield. Precambrian Research, 153 (1): 29~45

Hermansson T, Stephens M B, Corfu F, Page L M, Andersson J. 2008. Migratory tectonic switching, western Svecofennian orogen, central Sweden: constraints from U/Pb zircon and titanite geochronology. Precambrian Research, 161 (3): 250~278

Hildebrand R S, Hoffman P F, Bowring S A. 1987. Tectonomagmatic evolution of the 1.9 Ga Great Bear magmatic zone, Wopmay orogen, northwestern Canada. Jouranl of Volcanology and Geothermal Research, 32 (1): 99~118

Hildebrand R S, Hoffman P F, Bowring S A. 2010. The Calderian orogeny in Wopmay orogen (1.9 Ga), northwest Canadian Shield. Geological Society of America Bulletin, 122 (5): 794~814

Hirdes W, Davis D W. 2002. U-Pb Geochronology of Paleoproterozoic Rocks in the Southern Part of the Kedougou-Kéniéba Inlier, Senegal, West Africa: Evidence for Diachronous Accretionary Development of the Eburnean Province. Precambrian Research, 118 (1): 83~99

Hoffman P F. 1997. Tectonic genealogy of North America. In: Van Der Pluijm B A, Marshak S (eds.). Earth Structure: An Introduction to Structural Geology and Tectonics. New York: McGraw-Hill: 459~464

Hofmann A W. 1997. Mantle geochemistry: the message from oceanic volcanism. Nature, 385 (6613): 219~229

Holland H D. 2002. Volcanic gases, black smokers, and the great oxidation event. Geochimica et Cosmochimica Acta, 66 (21): 3811~3826

Hoskin P W. 2001. Rare earth element chemistry of zircon and its use as a provenance indicator. Geology, 28 (7): 627~630

Hou G, Santosh M, Qian X, Lister G S, Li J. 2008. Configuration of the Late Paleoproterozoic supercontinent Columbia: insights from radiating mafic dyke swarms. Gondwana Research, 14 (3): 395~509

Hu J M, Liu X S, Li Z H, Zhao Y, Zhang S H, Liu X C, Qu H J, Chen H. 2013. SHRIMP U-Pb zircon dating of the Ordos basin basement and its tectonic significance. Science Bulletin, 58 (1): 118~127

Huang X L, Wilde S A, Yang Q J, Zhong J W. 2012. Geochronology and petrogenesis of gray gneisses from the Taihua Complex at Xiong'er in the southern segment of the Trans-North China Orogen: Implications for tectonic transformation in the Early Paleoproterozoic. Lithos, 134-135: 236~252

Huang X L, Wilde S A, Zhong J W. 2013. Episodic crustal growth in the southern segment of the Trans-North China Orogen across the Archean-Proterozoic boundary. Precambrian Research, 233 (3): 337~357

Hyndman R D, Lewis T S. 1999. Geophysical consequences of the Cordillera-Craton thermal transition in southwestern Canada. Tectonophysics, 306 (99): 397~422

Hyndman R D, Currie C A, Mazzotti S P. 2005. Subduction zone backarcs, mobile belts, and orogenic heat. GSA Today, 15 (2): 4~10

Jensen L S. 1976. A New Cation Plot for Classifying Subalkalic Volcanic Rocks. Ontario Division of Mines Miscellaneous Paper, 66: 22

Jian P, Kröner A, Windley B F, Zhang Q, Zhang A, Zhang L Q. 2012. Episodic mantle melting-crustal reworking in the late Neoarchean of the northwestern North China Craton: Zircon ages of magmatic and metamorphic rocks from the Yinshan Block. Precambrian Research, 222-223: 230~254

Jiang Y, Niu H, Bao Z, Li N, Shan Q, Yang W. 2014. Fluid evolution of the Tongkuangyu porphyry copper deposit in the Zhongtiaoshan region: Evidence from fluid inclusions. Ore Geology Reviews, 63 (20): 498~509

Kim S W, Kwon S, Yi K, Santosh M. 2014. Arc magmatism in the Yeongnam massif, Korean Peninsula: Imprints of Columbia and Rodinia supercontinents. Gondwana Research, 26 (3-4): 1009~1027

Klein M, Stosch H G, Seck H A, Shimizu N. 2000. Experimental partitioning of high field strength and rare earth elements between clinopyroxene and garnet in andesitic to tonalitic systems. Geochimica et Cosmochimica Acta, 64: 99~115

Klemme S, Blundy J D, Wood B J. 2002. Experimental constraints on major and trace element partitioning during partial melting of eclogite. Geochimica et Cosmochimica Acta, 66: 3109~3123

Koepke J, Falkenberg G, Rickers K, Diedrich O. 2003. Trace element diffusion and element partitioning between garnet and andesite melt using synchrotron X-ray fluorescence microanalysis (l-SRXRF). Europe Journal of Mineral, 15: 883~892

Koglin N, Kostopoulos D, Reischmann T. 2009. The Lesvos mafic-ultramafic complex, Greece: ophiolite or incipient rift? Lithos, 108 (1): 243~261

Kröner A, Wilde S A, Li J H, Wang K Y. 2005. Ageand evolution of a late Archaean to Paleoproterozoic upper to lower crustal section in the Wutaishan/Hengshan/Fuping terrain of northern China. Journal of Asian Earth Sciences, 24 (5): 577~595

Kröner A, Wilde S A, Zhao G C, O'Brien P, Sun M, Liu D Y, Wang Y S, Liu S W, Guo J H. 2006. Zircon geochronology and metamorphic evolution of mafic dykes in the Hengshan complex of Northern China: Evidence for late Paleoproterozoic extension and subsequent high-pressure metamorphism in the North China Craton. Precambrian Research, 146 (1): 45~67

Kullerud K, Skjerlie K P, Corfu F, Rosa J D. 2006. The 2.40 Ga Ringvassøy mafic dykes, West Troms Basement Complex, Norway: The concluding act of early Palaeoproterozoic continental breakup. Precambrian Research, 150 (3): 183~200.

Kusky T M, Li J H. 2003. Paleoproterozoic tectonic evolution of the North China Craton. Journal of Asian Earth Sciences, 22 (4): 383~397

Kusky T M, Li J H, Santosh M. 2007. The Paleoproterozoic North Hebei Orogen: North China Craton's collisional suture with the Columbia supercontinent. Gondwana Research, 12 (1): 4~28

Kusky T M, Polat A, Windley B F, Burke K C, Dewey J F, Kidd W S F, Maruyama S, Wang J P, Deng H, Wang Z, Wang C, Fu D, Li X W, Peng H T. 2016. Insights into the tectonic evolution of the NorthChina Craton through comparative tectonic analysis: a record of outward growth of Precambrian continents. Earth-Science Reviews, 162: 387~432

Lagerblad B, Gorbatschev R. 1985. Hydrothermal alteration as a control of regional geochemistry and ore formationin the central baltic shield. Geologische Rundschau, 74 (1): 33~49

Lamarão C N, Dall'Agnol R, Lafon J M, Lima E F. 2002. Geology, geochemistry, and Pb-Pb zircon geochronology of the Paleoproterozoic magmatism of Vila Riozinho, Tapajós Gold Province, Amazonian craton, Brazil. Precambrian Research, 119 (1): 189~223

Lamarão C N, Dall'Agnol R, Pimentel M M. 2005. Nd isotopic composition of Paleoproterozoic volcanic and granitoid rocks of Vila Riozinho: implications for the crustal evolution of the Tapajo's gold province, Amazon craton. Journal of South American Earth Sciences, 18 (3): 277~292

Larin A M, Sal'nikova E B, Kotov A B, Makar'ev L B, Yakovleva S Z, Kovach V P. 2006. Early Proterozoic syn-and post-collision granites in the northern part of the Baikal FoldArea. Stratigaphy and Geological Correlation, 14 (5): 463~474

Lee B C, Oh C W, Yengkhom K S, Yi K. 2014a. Paleoproterozoic magmatic and metamorphic events in the Hongcheon area, southern margin f the Northern Gyeonggi Massif in the Korean Peninsula, and their links to the Paleoproterozoic orogeny in the North China Craton. Precambrian Research, 248 (7): 17~38

Lee Y Y, Cho M, Cheong W, Yi K. 2014b. A massif-type (-1.86 Ga) anorthosite complex in the Yeongnam Massif, Korea: late-orogenic emplacement associated with the mantle delamination in the North China Craton. Terra Nova, 26 (5): 408~416

Lerouge C, Cocherie A, Toteu S F, Penaye J, Milési J P, Tchameni R, Nsifa E N, Fanning C, Deloule E. 2006. Shrimp U-Pb zircon age evidence for Paleoproterozoic sedimentation and 2.05 Ga syntectonic plutonism in the Nyong Group, South-Western Cameroon: consequences for the Eburnean-Transamazonian belt of NE Brazil and Central Africa. Journal of African Earth Sciences, 44 (4): 413~427

Li N B, Niu H C, Bao Z W, Shan Q, Yang W B, Jiang Y H, Zeng L J. 2014. Geochronology and geochemistry of the Paleoproterozoic Fe-rich mafic sills from the Zhongtiao Mountains: Petrogenesis and tectonic implications. Precambrian Research, 255: 668~684

Li S Z, Zhao G C. 2007. SHRIMP U-Pb zircon geochronology of the Liao-Ji granitoids: constraints on the evolution of the Paleoproterozoic Jiao-Liao-Ji belt in the Eastern Block of the North China Craton. Precambrian Research, 158 (1): 1~16

Li S Z, Zhao G C, Sun M, Han Z Z, Luo Y, Hao D F, Xia X P. 2005. Deformation history of the Paleoproterozoic Liaohe assemblages in the Eastern Block of the North China Craton. Journal of Asian Earth Sciences, 24 (5): 659~674

Li S Z, Zhao G C, Sun M, Han Z Z, Zhao G T, Hao D F. 2006. Are the South and North Liaohe Groups of North China Craton different exotic terranes? Nd isotope constraints. Gondwana Research, 9 (1): 198~208

Li S Z, Zhao G C, Santosh M, Liu X and Dai L M. 2011. Palaeoproterozoic Tectono-thermal Evolution and Deep Crustal Processes in the Jiao-Liao-Ji Belt, North China craton: A Review. Geological Journal, 46 (6): 525~543

Li S Z, Zhao G C, Santosh M, Liu X, Lai L M, Suo Y H, Song M C, Wang P C. 2012. Paleoproterozoic structural evolution of the southern segment of the Jiao-Liao-Ji Belt, North China Craton. Precambrian Research, 200-203: 59~73

Li X P, Yang Z Y, Zhao G C, Grapes R, Guo J H. 2010. Geochronology of khondalite-series rocks of the Jining Complex: confirmation of depositional age and tectonometamorphic evolution of the North China craton. International Geology Review, 53 (10): 1194~1211

Li Z, Chen B. 2014. Geochronology and geochemistry of the Paleoproterozoic meta-basalts from the Jiao-Liao-Ji Belt, North China Craton: Implications for petrogenesis and tectonic setting. Precambrian Research, 255: 653~676

Li Z, Chen B, Wei C J, Wang C X, Han W. 2015. Provenance and tectonic setting of the Paleoproterozoic metasedimentary rocks from the Liaohe Group, Jiao-Liao-Ji Belt, North China Craton: Insights from detrital zircon U-Pb geochronology, whole-rock Sm-Nd isotopes, and geochemistry. Journal of Asian Earth Sciences, 111: 711~732

Li Z, Chen B, Wei C J. 2017. Is the Paleoproterozoic Jiao-Liao-Ji Belt (North China Craton) a rift? International Journal of Earth Sciences, 106 (1): 355~375

Liu C H, Zhao G, Liu F, Han Y. 2013. Nd isotopic and geochemical constraints on the provenance and tectonic setting of the low-grade meta-sedimentary rocks from the Trans-North China Orogen, North China Craton. Journal of Asian Earth Sciences, 94: 173~189

Liu C H, Zhao G C, Liu F L, Shi J R. 2014a. 2.2 Ga magnesian andesites, Nb-enriched basalt-andesites, and adakitic rocks in the Lüliang Complex: Evidence for early Paleoproterozoic subduction in the North China Craton. Lithos, 208-209: 104~117

Liu C H, Zhao G C, Liu F L, Shi J R. 2014b. Geochronological and geochemical constraints on the Lüliang Group in the Lüliang Complex: implications for the tectonic evolution of the Trans-North China Orogen. Lithos, 198-199: 298~315

Liu J D, Xiao R G, Zhang Y F, Fan M H, Wang S Z, Jia Y G, Wang G, Liu Z X. 2012. Zircon SHRIMP U-Pb dating of the tourmalinites from boron-bearing series of borate deposits in Eastern Liaoning and its geological implications. Acta Geologica Sinica, 86: 118~130

Liu J H, Liu F L, Ding Z J, Liu P H, Guo C L, Wang F. 2014. Geochronology, petrogenesis and tectonic implications of Paleoproterozoic granitoid rocks in the Jiaobei Terrane, North China Craton. Precambrian Research, 255: 685~698

Liu P H, Liu F L, Liu C H, Liu J H, Wang F, Xiao L L, Cai J, Shi J R. 2014. Multiple mafic magmatic and high-grade metamorphic events revealed by zircons from meta-mafic rocks in the Daqingshan and Wulashan Complex of the Khondalite Belt, North China Craton. Precambrian Research, 246 (6): 334~357

Liu S J, Dong C Y, Xu Z Y, Santosh M, Ma M Z, Xie H Q, Liu D Y, Wan Y S. 2013. Palaeoproterozoic episodic magmatism and high-grade metamorphism in the North China Craton: evidence from SHRIMP zircon dating of magmatic suites in the Daqingshan area. Geological Journal, 48 (5): 429~455

Liu S W, Zhang J, Li Q G, Zhang L F, Wang W, Yang P T. 2012. Geochemistry and U-Pb zircon ages of metamorphic volcanic rocks of the Paleoproterozoic Lüliang Complex and constraints on the evolution of the Trans-North China Orogen, North China Craton. Precambrian Research, 222-223: 173~190

Liu S, Hu R, Gao S, Feng C, Coulson I M, Feng G, Qi Y, Yang Y, Yang C, Tang L. 2012. U-Pb zircon age, geochemical and Sr-Nd isotopic data as constraints on the petrogenesis and emplacement time of the Precambrian mafic dyke swarms in the North China Craton (NCC). Lithos, 140-141: 38~52

Liu X, Fan H R, Santosh M, Yang K F, Qiu Z J, Hu F F, Wen B J. 2016a. Geological and geochronological constraints on the genesis of the giant Tongkuangyu Cu deposit (Palaeoproterozoic), North China Craton. International Geology Review, 58 (2): 155~170

Liu X, Fan H R, Yang K F, Qiu Z J, Hu F F, Zhu X Y. 2016b. Geochronology, redox-state and origin of the ore-hosting porphyry in the Tongkuangyu Cu deposit, North China Craton: Implications for metallogenesis and tectonic evolution. Precambrian Research, 276: 211~232

Lu X P, Wu F Y, Guo J H, Wilde S A, Yang J H, Liu X M, Zhang X O. 2006. Zircon U-Pb geochronological constraints on the Paleoproterozoic crustal evolution of the Eastern Block in the North China Craton. Precambrian Research, 146 (3): 138~164

Luo Y, Sun M, Zhao G C, Li S Z, Xu P, Ye K, Xia X. 2004. LA-ICP-MS U-Pb zircon ages of the Liaohe Group in the Eastern Block of the North China Craton: constraints on the evolution of the Jiao-Liao-Ji Belt. Precambrian Research, 134 (3): 349~371

Luo Y, Sun M, Zhao G C, Li S Z, Ayers J C, Xia X, Zhang J. 2008. A comparison of U-Pb and Hf isotopic compositions of detrital zircons from the North and South Liaohe Groups: constraints on the evolution of the Jiao-Liao-Ji Belt, North China Craton. Precambrian Research, 163 (3): 279~306

Macambira M J B, Vasquez M L, da Silva D C C, Galarza M A, Barros C E, Camelo J de F. 2009. Crustal growth of the central-eastern Paleoproterozoic domain, SW Amazonian craton: Juvenile accretion vs. reworking. Journal of South American Earth Sciences, 27 (4): 235~246

Maitre R W L. 1984. A proposal by the IUGS Subcommission on the Systematics of Igneous Rocks for a chemical classification of volcanic rocks based on the total alkali silica (TAS) diagram. Australian Journal of Earth Sciences, 31 (2): 243~255

Manning D A C, Henderson P. 1984. The behaviour of tungsten in granitic melt-vapour systems. Contributions to Mineralogy and Petrology, 86 (3): 286~293

Maxeiner R O, Corrigan D, Harper C T, MacDougall D G, Ansdell K. 2005. Palaeoproterozoic arc and ophiolitic rocks on the northwest margin of the Trans-Hudson Orogen, Saskatchewan, Canada: their contribution to a revised tectonic framework for the orogen. Precambrian Research, 136 (1): 67~106

McDonough MR, McNicoll V J, Schetselaar E M, Grover T W. 2000. Geochronological and kinematic constraints on crustal shortening and escape in a two-sided oblique-slip collisional and magmatic orogen, Paleoproterozoic Taltson magmatic zone, northeastern Alberta. Canadian Journal of Earth Sciences, 37: 1549~1573

Meng E, Liu F L, Liu P H, Liu C H, Yang H, Wang F, Shi J R, Cai J. 2014. Petrogenesis and tectonic significance of Paleoproterozoic meta-mafic rocks from central Liaodong Peninsula, northeast China: Evidence from zircon U-Pb dating and in situ Lu-Hf isotopes, and whole-rock geochemistry. Precambrian Research, 247: 92~109

Meng E, Wang C Y, Yang H, Cai J, Ji L, Li Y G. 2017. Paleoproterozoic metavolcanic rocks in the Ji'an Group and constraints on the formation and evolution of the northern segment of the Jiao-Liao-Ji Belt, China. Precambrian Research, 294: 133~150

Meschede M. 1986. A method of discriminating between different types of midocean ridge basalts and continental tholeiites with the Nb-Zr-Y diagram. Chemical Geology, 56: 207~218

Middlemost E A K. 1994. Naming materials in the magma/igneous rock system. Earth Science Review, 37 (3-4): 215~224

Miller C F, McDowell S M, Mapes R W. 2003. Hot and cold granites? Implications of zircon saturation temperatures and preservation of inheritance. Geology, 31 (6): 529~532

Miyashiro A. 1974. Volcanic rock series in island arcs and active continental margins. American Journal of Science, 274 (4): 321~355

Mohanty S. 2012. Spatio-temporal evolution of the Satpura Mountain Belt of India: A comparison with the Capricorn Orogen of Western Australia and implication for evolution of the supercontinent Columbia. Geoscience Frontiers, (3): 241~267

Moore J. 2010. Comparative study of the Onganja copper mine, Namibia: a link between Neoproterozoic Mesothermal Cu (-Au) Mineralization in Namibia and Zambia. South African Journal of Geology, 113 (4): 445~460

Morelli R, Hartlaub R P, Ashton K E, Ansdell K M. 2009. Evidence for enrichment of subcontinental lithospheric mantle from Paleoproterozoic intracratonic magmas: Geochemistry and U-Pb geochronology of Martin Group igneous rocks, western Rae Craton, Canada. Precambrian Research, 175 (1): 1~15

Mueller P, Wooden J, Mogk D, Foster D A. 2011. Palaeoproterozoic evolution of the Farmington zone: implications for terrane accretion in southwestern Laurentia. Lithosphere, 3 (6): 401~408

Müller D, Groves D I. 2000. Potassic Igneous Rocks and Associated Gold-Copper Mineralization. Berlin: Springer-Verlag

Neymark L A, Larin A M, Nemchin A A, Ovchinnikova G V, Ritsk E Y. 1998. Anorogenic nature of magmatism in the Northern Baikal volcanic belt: evidence from geochemical, geochronological (U-Pb), and isotopic (Pb, Nd) data. Petrology, 6 (2): 124~148

Nikkilä K, Mänttäri I, Nironen M, Eklund O, Korja A. 2016. Three stages to form a large batholith after terrane accretion-An example from the Svecofennian orogen. Precambrian Research, 281: 618~638

Nironen M. 1997. The Svecofennian Orogen: a tectonic model. Precambrian Research, 86 (1-2): 21~44

Noack N M, Kleinschrodt R, Kirchenbaur M, Fonseca O C, Münker C. 2013. Lu-Hf isotope evidence for Palaeoproterozoic metamorphism and deformation of Archean oceanic crust along the Dharwar Craton margin, southern India. Precambrian Research, 233: 206~222

Noce C M, Pedrosa-Soares A C, Silva L C, Armstrong R, Piuzana D. 2007. Evolution of polycyclic basement complexes in the Araçuaí Orogen, based on U-Pb SHRIMP data: implication for Brazil-Africa links in Paleoproterozoic time. Precambrian Research, 159 (1): 60~78

Occhipinti S A, Sheppard S, Passchier C, Tyler I M, Nelson D R. 2004. Palaeoproterozoic crustal accretion and collision in the southern Capricorn Orogen: the Glenburgh Orogeny. Precambrian Research, 128 (3): 237~255

Oliver N H, Rawling T J, Cartwright I, Pearson P J. 1994. High-temperature fluid-rock interaction and scapolitization in an extension-related hydrothermal system, Mary Kathleen, Australia. Journal of Petrology, 35 (6): 1455~1491

Ozol A A. 1977. Plate tectonics andthe processes of volcanogenic-sedimentary formation of boron. International Geology Review, 20 (6): 692~698

O'Neill C, Lenardic A, Moresi L, Torsvik T H, Lee C T A. 2007. Episodic Precambrian subduction. Earth and Planetary Science Letters, 262: 552~562

Palmer M R. 1991. Boron isotope systematics of hydrothemal fluids and tourmalines: A synthesis. Chemical Geology, 94 (2): 111~121

Palmer M R, Slack J F. 1989. Boron isotopic composition of tourmaline from massivesulfide deposits and tourmalinites. Contributions to Mineralogy and Petrology, 103 (4): 434~451

Partin C A, Bekker A, Sylvester P J, Wodicka N, Stern R A, Chacko T, Heaman L M. 2014. Filling in the juvenile magmatic gap: evidence for uninterrupted Palaeoproterozoic plate tectonics. Earth and Planetary Science Letters, 388 (3): 123~133

Patiño Douce A E, Beard J S. 1995. Dehydration melting of biotite gneiss and quartz amphibolite from 3 to 15 kbar. Journal of Petrology, 96 (3): 707~738

Payne J L, Hand M, Barocich K M, Reid A, Evans A D. 2009. Correlations and reconstruction models for the 2500-1500 Ma evolution of the Mawson continent. In: Reddy S M, Mazumder R R, Evans D A D, Collins A S (eds.). Palaeoproterozoic Supercontinents and Global Evolution. Geological Society of London Special, Publication, 323: 319~355

Pearce J A. 1996. A user's guide to basalt discrimination diagram. In: Wyman D A (ed.). Trace Element Geochemistry of Volcanic Rocks: Applications for Massive Sulphide. Geological Association of Canada, Short Course Notes, 12 (79): 113

Pearce J A, Norry M J. 1979. Petrogenetic implications of Ti, Zr, Y, and Nb variations in volcanic rocks. Contributions to Mineralogy and Petrology, 69 (1): 33~47

Peccerillo A, Taylor A R. 1976. Geochemistry of Eocene calc-alkaline volcanic rocks from the Kastamonu area, Northern Turkey. Contributions to Mineralogy and Petrology, 58 (1): 63~81

Pehrsson S J, Buchan K L, Eglington B, Berman R M, Rainbird R H. 2014. Did plate tectonics shutdown in the Palaoproterozoic? A view from the Siderian geologic record. Gondwana Research, 26 (3-4): 803~815

Peltonen P, Kontinen A. 2004. The Jormua ophiolite: A mafic-ultramafic complex from an ancient ocean-continent transition zone. Developments in Precambrian Geology, 13 (4): 35~71

Peng P. 2015. Precambrian mafic dyke swarms in the North China Craton and their geological implications. Science China Earth Sciences, 58 (5): 649~675

Peng P, Zhai M G, Zhang H F, Guo J H. 2005. Geochronological constraints on the paleoproterozoic evolution of the North China craton: SHRIMP zircon ages of different types of mafic dikes. International Geology Review, 47 (5): 492~508

Peng P, Zhai M, Ernst R, Guo J H, Liu F, Hu B. 2008. A 1.78 Ga large igneous province in the North China Craton: the Xiong'er Volcanic Province and the North China dyke swarm. Lithos, 101 (3): 260~280

Peng P, Guo J H, Zhai M G, Bleeker W. 2010. Paleoproterozoic gabbronoritic and granitic magmatism in the northern margin of the North China Craton: evidence of crust-mantle interaction. Precambrian Research, 183 (3): 635~659

Peng P, Guo J H, Windley B F, Li X H. 2011. Halaqin volcano-sedimentary succession in the central-northern margin of the North China Craton: products of Late Paleoproterozoic ridge subduction. Precambrian Research, 187 (1): 165~180

Peng P, Guo J H, Zhai J H, Windley B F, Li T, Liu F. 2012. Genesis of the Hengling magmatic belt in the North China Craton: Implications for Paleoproterozoic tectonics. Lithos, 148 (3): 27~44

Peng P, Wang X P, Windley B F, Guo J H, Zhai M G, Li Y. 2014. Spatial distribution of-1950-1800 Ma metamorphic events in the North China Craton: Implications for tectonic subdivisions of the craton. Lithos, 202-203: 250~266

Plumb K. 1991. New Precambrian timescale. Episodes, 14 (2): 139~140

Qian Q, Hermann J. 2013. Partial melting of lower crust at 10-15 kbar: Constrains on adakite and TTG formation. Contributions to Mineralogy and Petrology, 165: 1195~1224

Rainbird R H, Davis W J, Pehrsson S J, Wodicka N, Rayner N, Skulski T. 2010. Early Paleoproterozoic supracrustal assemblages of the Rae Domain, Nunavut, Canada: intracratonic basin development during supercontinent break-up and assembly. Precambrian Research, 181 (1): 167~186

Rios D C, Conceição H, Davis D W, Plá Cid J, Rosa M L S, Macambira M J B, McReath I, Marinho M M, Davis W J. 2007. Paleoproterozoic potassic-ultrapotassic magmatism: Morro do Afonso Syenite Pluton, Bahia, Brazil. Precambrian Research, 154 (1): 1~30

Rogers J J W, Santosh M. 2002. Configuration of Columbia, a Mesoproterozoic supercontinent. Gondwana Research, 5 (1): 5~22

Rubatto D, Hermann J. 2007. Experimental zircon/melt and zircon/garnet trace element partitioning and implications for the geochronology of crustal rocks. Chemical Geology, 24: 138~161

Rudnick R L, Gao S. 2003. Composition of the continental crust. In: Holland H D, Turekian K K (eds.). Treatise on Geochemistry (volume 3). Amsterdam: Elsevier: 1~64

Sakyi P A, Su B X, Anum S, Kwayisi D, Dampare S B, Anani C Y, Nude P M. 2014. New zircon U-Pb ages for erratic emplacement of 2213-2130 Ma Paleoproterozoic calc-alkaline I-type granitoid rocks in the Lawra Volcanic Belt of Northwestern Ghana, West Africa. Precambrian Research, 196-197: 61~80

Santos J O S, Van Breemen O B, Groves D I, Hartmann L A, Almeida M E, McNaughton N J, Fletcher I R. 2004. Timing and evolution of multiple Paleoproterozoic magmatic arcs in the Tapajós Domain, Amazon Craton: constraints from SHRIMP and TIMS zircon, baddeleyite and titanite U-Pb geochronology. Precambrian Research, 131 (1): 73~109

Santosh M. 2010. Assembling North China Craton within the Columbia supercontinent: the role of double-sided subduction. Precambrian Research, 178 (1): 149~167

Santosh M, Sajeev K, Li J H, Liu S J, Itaya T. 2009. Counterclockwise exhumation of a hot orogen: the Paleoproterozoic ultrahigh-temperature granulites in the North China Craton. Lithos, 110 (1): 140~152

Santosh M, Liu S J, Tsunogae T, Li J H. 2012. Paleoproterozoic ultrahigh-temperature granulites in the North China Craton: Implications for tectonic models on extreme crustal metamorphism. Precambrian Research, 222-223: 77~106

Santosh M, Yang Q Y, Teng X M, Tang L. 2015. Paleoproterozoic crustal growth in the North China Craton: Evidence from the Lüliang complex. Precambrian Research, 263: 197~231

Schmidberger S S, Simonetti A, Heaman L M, Creaser R A, Whiteford S. 2007. Lu-Hf, in-situ Sr and Pb isotope and trace element systematics for mantle eclogites from the Diavik diamond mine: Evidence for Paleoproterozoic subduction beneath the Slave craton, Canada. Earth and Planetary Science Letters, 254 (1-2): 55~68

Seixas L A R, David J, Stevenson R. 2012. Geochemistry, Nd isotopes and U-Pb geochronology of a 2350 Ma TTG suite, Minas Gerais, Brazil: implications for the crustal evolution of the southern São Francisco Craton. Precambrian Research, 196-197: 61~80

Seixas L A R, Bardintzeff J M, Stevenson R, Bonin B. 2013. Petrology of the high-Mg tonalites and dioritic enclaves of the ca. 2130 Ma Alto Maranhão suite: evidence for a major juvenile crustal addition event during the Rhyacian orogenesis, Mineiro Belt, southeast Brazil. Precambrian Research, 238: 18~41

Sheppard S, Occhipinti S A, Tyler I M. 2004. A 2005-1970 Ma Andean-type batholith in the southern Gascoyne Complex, Western Australia. Precambrian Research, 128 (3): 257~277

Sheppard S, Fletcher I, Rasmussen B, Zi J, MuhlingJ R, Occhipinti S A, Wingate M T D, Johnson S P. 2016. A new Paleoproterozoic tectonic history of the eastern Capricorn Orogen, Western Australia, revealed by U-Pb zircon dating of micro-tuffs. Precambrian Research, 286: 1~19

Silver P G, Behn M D. 2008. Intermittent plate tectonics? Science, 319 (5859): 85~88

Simonen A. 1953. Stratigraphy and sedimentation of the Svecofennidie, early Archean supracrustal rocks in southwestern Finland. Bulletin of the Geological Society of Finland, 160: 1~64

Smith E I, Sanchez A, Walker J D, Wang K. 1999. Geochemistry of mafic magmas in the Hurricane Volcanic field, Utah: implications for small-and large-scale chemical variability of the lithospheric mantle. Journal of Geology, 107 (4): 433~448

Soesoo A, Bons P D, Gray D R, Foster D A. 1997. Divergent double subduction: tectonic and petrological consequences. Geology, 25 (8): 755~758

Spencer C J, Hawkesworth C, Cawood P A, Dhuime B. 2013. Not all supercontinents are created equal: Gondwana-Rodinia case study. Geology, 41 (7): 795~798

Srivastava R K. 2008. Global intracratonic boninite-norite magmatism during the Neoarchaean-Paleoproterozoic: evidence from the central Indian Bastar Craton. International Geology Review, 50 (1): 61~74

Stepanova A V, Salnikova E B, Samsonov A V, Egorova S V, Larionova Y O, Stepanov F S. 2015. The 2.31 Ga mafic dykes in the Karelian Craton, easternFennoscandian shield: U-Pb age, source characteristics andimplications for continental break-up processes. Precambrian Research, 259: 43~57

Stern R A, Syme E C, Bailes A H, Lucas S B. 1995. Paleoproterozoic (1.90-1.86 Ga) arc volcanism in the Flin Flon Belt, Trans-Hudson Orogen, Canada. Contributions to Mineralogy and Petrology, 119 (2-3): 117~141

Su Y P, Zheng J P, Griffin W L, Zhao J H, Li Y L, Wei Y, Huang Y. 2014. Zircon U-Pb ages and Hf isotope of gneissic rocks from the Huai'an Complex: Implications for crustal accretion and tectonic evolution in the northern margin of the North China Craton. Precambrian Research, 255: 3335~3354

Sun M, Armstrong R L, Lambert R S, Jiang C C, Wu J H. 1993. Petrochemistry and Sr, Pb and Nd istopic geochemistry of Palaeoproterozoic Kuandian Complex in the eastern Liaoning province, China. Precambrian Research, 62 (1-2): 171~190

Sun Q Y, Zhao T P, Zhou Y Y, Wang W, Li C D. 2017. Petrogenesis of the Paleoproterozoic metavolcanic-sedimentary rocks from the Lushan Taihua Complex, southern North China Craton: Insights from zircon U-Pb geochronology and whole-rock geochemistry. Precambrian Research, 303: 428~444

Sun S S, McDonough W F. 1989. Chemical and isotopic systematic of oceanic basalts: implications for mantle composition and process. In: Saunders A D, Norry M J (eds.). London: "Magmatism in the Ocean Basins" Geological Society Special Publication, 42: 313~345

Sun Y, Yu Z P, Kröner A. 1994. Geochemistry and single zircon geochronology of Archaean TTG gneisses in the Taihua high-grade terrain, Lushan area, central China. Journal of South Asian Earth Science, 10 (3-4): 227~233

Syme E C, Lucas, S B, Bailes A H, Stern R A. 1999. Contrasting arc and MORB-like assemblages in the Palaeoproterozoic Flin Flon Belt, Manitoba, and the role of intra-arc extension in localizing volcanic-hosted massive sulphide deposits. Canadian Journal of Earth Sciences, 36 (11): 1767~1788

Tam P Y, Zhao G C, Liu F L, Zhou X W, Sun M, Li S Z. 2011. Timing of metamorphism in the Paleoproterozoic Jiao-Liao-Ji Belt: New SHRIMP U-Pb zircon dating of granulites, gneisses and marbles of the Jiaobei massif in the North China Craton. Gondwana Research, 19 (1): 150~162

Taylor S R, McLennan S M. 1985. The Continental Crust: Its Composition and Evolution. Oxford: Blackwell Scientific

Teixeira W, Ávilab C A, Dussin I A, Corrêa Neto A V, Bongiolo E M, Santos J O, Barbosa N S. 2015. A juvenile accretion episode (2.35-2.32 Ga) in the Mineiro belt and its role to the Minas accretionary orogeny: Zircon U-Pb-Hf and geochemical evidences. Precambrian Research, 256 (4): 148~169

Trap P, Faure M, Lin W, Monié P. 2007. Late Paleoproterozoic (1900-1800 Ma) nappe-stacking and polyphase deformation in the Hengshan-Wutaishan area: implications for the understanding of the Trans-North-China Belt, North China Craton. Precambrian Research, 156 (1): 85~106

Trap P, Faure M, Lin W, Breton N L, Monié P. 2012. Paleoproterozoic tectonic evolution of the Trans-North China Orogen: toward a comprehensive model. Precambrian Research, 222-223: 191~211

Vanderhaeghe O, Ledru P, Thiéblemont D, Egal E, Cocherie A, Tegyey M, Milési J P. 1998. Contrasting mechanism of crustal growth: Geodynamic evolution of the Paleoproterozoic granite-greenstone belts of French Guiana. Precambrian Research, 92 (2): 165~193

Väisänen M, Mänttäri I, Kriegsman L M, Hölttä P. 2000. Tectonic setting of post-collisional magmatism in the Palaeoproterozoic Svecofennian Orogen, SW Finland. Lithos, 54 (1): 63~81

Väisänen M, Johansson A, Andersson U B, Eklund O, Hölttä P. 2012. Palaeoproterozoic adakite- and TTG-like magmatism in the Svecofennian orogen, SW Finland. Geologica Acta, 10 (4): 351~371

Wan B, Windley B F, Xiao W J, Feng J, Zhang J. 2015. Paleoproterozoic high-pressure metamorphism in the northern North China Craton and implications for the Nunasupercontinent. *Nature Communications*, 6: 8344

Wan Y S, Song B, Liu D Y, Wilde S A, Wu J S, Shi Y R, Yin X Y, Zhou H Y. 2006. SHRIMP U-Pb zircon geochronology of Paleoproterozoic metasedimentary rocks in the North China Craton: evidence for a major Late Paleoproterozoic tectonothermal event. Precambrian Research, 149 (3): 249~271

Wan Y S, Liu D Y, Dong C Y, Xu Z Y, Wang Z J, Wilde S A, Yang Y H, Liu Z H, Zhou H Y. 2009. The Precambrian Khondalite Belt in the Daqingshan area, North China Craton: evidence for multiple metamorphic events in the Palaeoproterozoic era. Geological Society, London, Special Publications, 323 (1): 73~97

Wan Y S, Xu Z Y, Dong C Y, Nutman A, Ma M Z, Xie H Q, Liu S, Liu D Y, Wang H, Cu H. 2013a. Episodic Paleoproterozoic (-2.45, -1.95 and-1.85 Ga) mafic magmatism and associated high temperature metamorphism in the Daqingshan area, North China Craton: SHRIMP zircon U-Pb dating and whole-rock geochemistry. Precambrian Research, 224: 71~93

Wan Y S, Xie H Q, Yang H, Wang Z J, Liu D Y, Kroner A, Wilde S A, Geng Y S, Sun L Y, Ma M Z, Liu S J, Dong C Y, Du L L. 2013b. Is the Ordos block Archean or Paleoproterozoic in age? Implications for the Precambrian evolution of the North China Craton. American Journal of Science, 313 (7): 683~711

Wang G D, Wang H, Chen H X, Lu J S, Wu C M. 2014. Metamorphic evolution and zircon U-Pb geochronology of the Mts. Huashan amphibolites: Insights into the Palaeoproterozoic amalgamation of the North China Craton. Precambrian Research, 245 (1): 100~114

Wang H Z, Zhang H F, Zhai M G, Oliveira E P, Ni Z Y, Zhao L, Wu J L, Cui X H. 2016. Granulite facies metamorphism and crust melting in the Huai'an terrane at 1.95 Ga, North China Craton: New constraints from geology, zircon U-Pb, Lu-Hf isotope and metamorphic conditions of granulites. Precambrian Research, 286: 126~151

Wang L J, Guo J H, Peng P, Liu F, Windley B F. 2015. Lithological units at the boundary zone between the Jining and Huai'an Complexes (central-northern margin of the North China Craton): A Paleoproterozoic tectonic mélange? Lithos, 227: 205~224

Wang X P, Peng P, Wang C, Yang S Y. 2016. Petrogenesis of the 2115 Ma Haicheng mafic sills from the Eastern North China Craton: Implications for an intra-continental rifting. Gondwana Research, 39: 347~364

Wang X, Zhu W B, Ge R F, Luo M, Zhu X Q, Zhang Q, Wang L S, Ren X M. 2014. Two episodes of Paleoproterozoic metamorphosed mafic dykes in the Lvliang Complex: Implications for the evolution of the Trans-North China Orogen. Precambrian Research, 243 (4): 133~148

Wang Z H, Wilde S A, Wan J L. 2010. Tectonic setting and significance of 2.3-2.1 Ga magmatic events in the Trans-North China Orogen: new constraints from the Yanmenguan mafic-ultramafic intrusion in the Hengshan-Wutai-Fuping area. Precambrian Research, 178 (1): 27~42

Watkins J, Clemens J, Treloar P. 2007. Archean TTGs as sources of younger granitic magmas: Melting of sodic metatonalites at 0.6-

1. 2GPa. Contributions to Mineralogy and Petrology, 154 (1): 91~100

Weller O M, St-Onge M R. 2017. Record of modern-style plate tectonics in the Palaeoproterozoic Trans-Hudson orogen. Nature Geoscience 10 (4): 305~311

Whalen J B, Syme E C, Stern R A. 1999. Geochemical and Nd isotopic evolution of Paleoproterozoic arc-type granitoid magmatism in the Flin Flon Belt, Trans-Hudson orogen, Canada. Canadian Journal of Earth Sciences, 36 (2): 227~250

Whalen J B, Wodicka N, Taylor B E, Jackson G D. 2010. Cumberland batholith, Trans-Hudson Orogen, Canada: Petrogenesis and implications for Paleoproterozoic crustal and orogenic processes. Lithos, 117 (1): 99~118

Wilson W. 1989. IgneousPetrogenesis: A Global Tectonic Aproach. London: Unwin Hyman

Windley B F. 1995. TheEvolving Continents. New York: Wiley

Wu F Y, Han R H, Yang J H, Wilde S A, Zhai M G, Park S C. 2007. Initial constraints on the timing of granitic magmatism in North Korea using U-Pb zircon geochronology. Chemical Geology, 238 (3-4): 232~248

Wyman D A. 1999. Paleoproterozoic boninites in an ophiolite-like setting, Trans-Hudson orogen, Canada. Geology, 27 (5): 455~458

Xia X P, Sun Min, Zhao G C, Wu F Y, Xu P, Zhang J H, Luo Y. 2006a. U-Pb and Hf isotopic study of detrital zircons from the Wulashan khondalites: Constraints on the evolution of the Ordos Terrane, Western Block of the North China Craton. Earth and Planetary Science Letters, 241 (3-4): 581~593

Xia X P, Sun Min, Zhao G C, Luo Y. 2006b. LA-ICP-MS U-Pb geochronology of detrital zircons from the Jining Complex, North China Craton and its tectonic significance. Precambrian Research, 144 (3): 199~212

Xia X P, SunM, Zhao G C, Wu F Y, Xu P, Zhang J, He Y H. 2008. Paleoproterozoic crustal growth in the Western Block of the North China Craton: Evidence from detrital zircon Hf and whole rock Sr-Nd isotopic compositions of the Khondalites from the Jining complex. American Journal of Science, 308 (3): 304~327

Xie L W, Yang J H, Wu F Y, Yang Y H, Wilde S A. 2011. PbSL dating of garnet and staurolite: constraints on the Paleoproterozoic crustal evolution of the Eastern Block, North China Craton. Journal of Asian Earth Sciences, 42 (1-2): 142~154

Yan X L, Chen B. 2014. Chemical and boron isotope compositions of tourmaline from the Paleoproterozoic Houxianyuborate deposit, NE China: Implications for the origin of borate deposit. Journal of Asian Earth Sciences, 94: 252~266

Yang C X. 2008. Zircon SHRIMP U-Pb ages, geochemical characteristics and environmental evolution of the Early Precambrian metamorphic series in the Lushan area, Henan, China. Geological Bulletin of China, 27 (4): 517~533

Yang Q Y, Santosh M. 2015a. Charnockite magmatism during a transitional phase: implications for late Paleoproterozoic ridge subduction in the North China Craton. Precambrian Research, 261: 188~216

Yang Q Y, Santosh M. 2015b. Paleoproterozoic arc magmatism in the North China Craton: no Siderian global plate tectonic shutdown. Gondwana Research, 28 (1): 82~105

Yin A, Nie S. 1996. Phanerozoic palinspastic reconstruction of China and its neighboring regions. In: Yin A, Harrison T M (eds.). The Tectonic Evolution of Asia. New York: Cambridge University Press: 285~442

Yin C Q, Zhao GC, Sun M, Xia X P, Wei C J, Zhou X W. 2009. LA-ICP-MS U-Pb zircon ages of the Qianlishan Complex: Constrains on the evolution of the Khondalite Belt in the Western Block of the North China Craton. Precambrian Research, 174 (1): 78~94

Yin C Q, Zhao G C, Guo J H, Sun Min, Xia X P, Zhou X W, Liu C H. 2011. U-Pb and Hf isotopic study of zircons of the Helanshan Complex: Constrains on the evolution of the Khondalite Belt in the Western Block of the North China Craton. Lithos, 122 (1-2): 25~38

Yuan L L, Zhang X H, Xue F H, Han C M, Chen H, Zhai M G. 2015. Two episodes of Paleoproterozoic mafic intrusions from Liaoning province, North China Craton: Petrogenesis and tectonic implications. Precambrian Research, 264: 119~139

Yuan L L, Zhang X H, Yang Z L, Lu Y, Chen H. 2017. Paleoproterozoic Alaskan-type ultramafic-mafic intrusions in the Zhongtiao mountain region, North China Craton: Petrogenesis and tectonic implications. Precambrian Research, 296: 39~61

Zhai M G, Liu W J. 2003. Paleoproterozoic tectonic history of the North China Craton: A review. Precambrian Research, 122 (1): 183~199

Zhai M G, Santosh M. 2011. Early Precambrian odyssey of the North China Craton: A synoptic overview. Gondwana Research, 20 (1): 6~25

Zhai M G, Santosh M. 2013. Metallogeny of the North China Craton: Link with secular changes in the evolving Earth. Gondwana Research, 24 (1): 275~297

Zhai M G, Guo J H, Liu W J. 2005. Neoarchean to Paleoproterozoic continental evolution and tectonic history of the North China Craton. Journal of Asian Earth Sciences, 24 (5): 547~561

Zhai M G, Guo J H, Peng P, Hu B. 2007. U-Pb zircon age dating of a rapakivi granite batholith in Rangnim massif, North Korea. Geological Magazine, 114 (3): 547~552.

Zhai M G, Li T S, Peng P, et al. 2010. Precambrian key tectonic events and evolution of the North China craton. Geological Society, London, Special Publicaitons, 338 (1): 235~262

Zhai M G, Santosh M, Zhang L C. 2011. Precambrian geology and tectonic evolution of the North China Craton. Gondwana Research, 20 (1): 1~5

Zhang C L, Diwu C R, Kröner A, Sun Y, Luo J L, Li Q L, Gou L, Lin H, Wei X, Zhao J. 2015. Archean-Paleoproterozoic crustal evolution of the Ordos Block in the North China Craton: Constraints from zircon U-Pb geochronology and Hf isotopes for gneissic granitoids of the basement. Precambrian Research, 267: 121~136

Zhang H F, Zhai M G, Santosh M, Diwu C R, Li S R. 2011. Geochronology and petrogenesis of Neoarchean potassic meta-granites from Huai'an Complex: implications for the evolution of the North China Craton. Gondwana Research, 20 (1): 82~105

Zhang H F, Zhai M G, Santosh M, Wang H Z, Zhao L, Ni Z Y. 2014. Paleoproterozoic granulites from the Xinghe graphite mine, North China Craton: Geology, zircon U-Pb geochronology and implications for the timing of deformation, mineralization and metamorphism. Ore Geology Reviews, 63 (1): 478~497

Zhang X H, Zhang Y B, Zhai M G, Wu F Y, Hou Q L, Yuan L L. 2017. Decoding Neoarchean to Paleoproterozoic tectonothermal events in the Rangnim Massif, North Korea: regional correlation and broader implications. International Geology Review, 59 (1): 16~28

Zhao G C, Wilde S A, Cawood, Sun M. 2002b. SHRIMP U-Pb zircon ages of the Fuping Complex: implications for accretion and assembly of the North China Craton. American Journal of Science, 302 (3): 191~226

Zhao G C, Cawood P A, Wilde S A, Sun M. 2002a. Review of global 2.1-1.8 Ga orogens: Implications for a pre-Rodinia supercontinent. Earth Science Reviews, 59 (1): 125~162

Zhao G C, Wilde S A, Cawood P A. 1998. Thermal evolution of Archean basement rocks from the eastern part of the North China craton and its bearing on tectonic setting. International Geology Review, 40 (8): 706~721

Zhao G C, Wilde S A, Cawood P A, Sun M. 2001. Archean blocks and their boundaries in the North China Craton: lithological, geochemical, structural and P-T path constraints and tectonic evolution. Precambrian Research, 107 (1): 45~73

Zhao G C, Sun M, Wilde S A, Li S Z. 2004. A Paleo-Mesoproterozoic supercontinent: Assembly, growth and breakup. Earth Science Reviews, 67 (1): 91~123

Zhao G C, Sun M, Wilde S A, Li S Z. 2005. Late Archean to Paleoproterozoic evolution of the North China Craton: key issues revisited. Precambrian Research, 136: 177~162

Zhao G C, Cao L, Wilde S, Sun M, Choe W J, Li S Z. 2006. Implications based on the first SHRIMP U-Pb zircon dating on Precambrian granitoid rocks in North Korea. Earth and Planetary Science Letters, 251 (3): 365~379

Zhao G C, Wilde S A, Sun M, Li S Z, Li X P, Zhang J. 2008. SHRIMP U-Pb zircon ages of granitoid rocks in the Lüliang Complex: implications for the accretion and evolution of the Trans-North China Orogen. Precambrian Research, 160 (3): 213~226

Zhao G C, Cawood P A, Li S Z, Wilde S A, Sun M, Zhang J, He Y H, Yin C Q. 2012. Amalgamation of the North China Craton: Key issues and discussion. Precambrian Research, 222-223: 55~76

Zhou X W, Zhao G C, Wei C J, Geng Y S, Sun M. 2008. Metamorphic evolution and Th-U-Pb zircon and monazite geochronology of high-pressure pelitic granulites in the Jiaobei massif of the North China Craton. Amerian Journal of Sciences, 308 (3): 328~350

Zhao G C, Zhai M G. 2013. Lithotectonic elements of Precambrianbasement in the North China Craton: review and tectonic implications. Gondwana Research, 23 (4): 1207~1240

Zhou Y Y, Zhao T P, Wang C Y, Hu G H. 2011. Geochronology and geochemistry of Neoarchean to early Paleoproterozoic granitic plutons in the southern margin of the North China Craton: Implications for a tectonic transition from arc to post-collision setting. Gondwana Research, 12 (1): 171~183

Zhou Y Y, Zhai M G, Zhao T P, Gao J F, Lan Z W, Sun Q Y. 2014. Geochronological and geochemical constraints on the petrogenesis of the early Paleoproterozoic potassic granite in the Lushan area, southern margin of the North China Craton. Journal of Asian Earth Sciences, 94: 190~204

Zhou Y Y, Zhao T P, Zhai M G, Gao J F, Lan Z W, Sun Q Y. 2015. Petrogenesis of the 2.1 Ga Lushan garnet-bearing quartz monzonite on the southern marginof the North China Craton and its tectonic implications. Precambrian Research, 256: 241~255

Zhou Y Y, Sun Q Y, Zhao T P, Diwu C R. 2016. The Paleoproterozoic continental evolution in the southern margin of the North China Craton: constraints from magmatism and sedimentation. In: Zhai M G, Zhao Y, Zhao T P (eds.). Main tectonic events and metallogeny of the North China Craton. Berlin: Springer-Verlag: 251~280

第八章　古元古代高级变质作用与早期板块构造

第一节　高压基性麻粒岩的发现与华北克拉通古元古代碰撞构造研究回顾

华北克拉通内不同地区基底岩石组合与构造特征的对比研究，包括年代地层序列、火山沉积建造、变质作用类型等，一直是早前寒武纪基础地质研究的主要内容。但是，华北克拉通内基底构造的差别，传统上主要被当作不同露头区来对待，或者说，地质学家传统上认为，华北克拉通不同地域的早前寒武纪地质演化，本来就是类似的和可以对比的，华北克拉通早前寒武纪基底的形成演化从来就是一体的，也称为原地台阶段（Cheng et al.，1984）。因此，华北克拉通早期的一些构造分区方案，本质上都没有不同构造单元之间相互作用的地球动力学内涵。

进入20世纪80年代，早前寒武纪地质研究的新观察、新资料、新认识大量涌现，集中体现在一系列专著和专辑中（程裕淇等，1982；张国伟等，1982；孙大中，1984；钱祥麟等，1985；孙枢等，1985；董申保等，1986；张贻侠，1986；白瑾，1986；张秋生和朱永安，1986；姜春潮，1987；伍家善等，1989；赵宗溥等，1993），极大丰富了对华北克拉通早前寒武纪地质演化的了解和认识。其中既有对华北克拉通的一些不同于国外典型地区地质特征的揭示和阐述，如绿岩带不发育、普遍的变质作用、全球仅见的辽吉岩套等，也有对地球早期地质演化特殊性的思考，还有将板块理论用于解释早前寒武纪地质演化的多方面尝试。值得提出的是白瑾和戴凤岩（1994）对华北克拉通构造演化的观点：①华北克拉通在太古宙末由分散孤立的陆核焊接而成，焊接带是绿岩带而不是板块体制的俯冲碰撞带。②华北克拉通在古元古代进入了板块体制，太古宙末形成的克拉通破裂，出现刚性地块与活动带并存的构造格局，这些活动带既有具备克拉通基底的裂陷带，又有由曾经是接近俯冲带的活动大陆边缘和岛弧带演化而来的碰撞带，并且在其周边又发育了活动大陆边缘增生带。华北克拉通大致发育了三条近南北向的古元古代活动带，自西向东分别是晋豫裂陷带、青滦活动带和胶辽活动带。③经过吕梁运动，华北原地台再次拼贴成统一的克拉通。受当时资料的限制，这些对华北克拉通早前寒武纪地质演化的整体规律的认识，仍然比较宽泛，有些资料还不准确，并或多或少带有固定论思想的印记。但是，在20多年后拥有海量现代分析资料的今天，我们仍然能够感受到前辈地质学家这些科学思考的力透纸背的深邃力量。

进入20世纪90年代之后，随着学术思想的发展和分析技术的进步，现代构造地质学、岩石学、地球化学和同位素年代学研究，越来越多地应用到早前寒武纪地质，一些具有现代地球动力学指示意义的地质记录得以识别，由此提出的一系列新认识，推动了华北克拉通早前寒武纪构造格局的重新认识。其中最具代表性的是高压麻粒岩和退变榴辉岩的发现和研究。

1992年翟明国等在冀西北地区发现了高压基性麻粒岩，是TTG麻粒岩背景中密集的基性条带，富含石榴子石和单斜辉石，高压阶段的矿物组合是石榴子石+单斜辉石+斜长石+石英（Grt+Cpx+Pl+Q），获得最高变质作用压力达到15 kbar。环绕石榴子石发育精美的放射状后成合晶交生体，有斜方辉石+斜长石（Opx+Pl）交生，也有普通角闪石+斜长石（Hb+Pl）交生，清楚地指示了近等温降压构造过程，具有顺时针的$P\text{-}T$轨迹，因此明确指出，这可能是碰撞造山作用的产物。1995年翟明国等又进一步在恒山西段发现了大量退变榴辉岩，是混合岩背景中大小不等的密集的基性麻粒岩透镜体，基性麻粒岩不仅富含石榴子石，发育多种石榴子石分解形成的后成合晶反应边结构，而且多处发现单斜辉石+富钠斜长石的细粒交生体，是榴辉岩中特别常见的富钠辉石（绿辉石）的分解产物，一些交生体甚至仍然保留了原来富钠辉石的晶形，因此确定为退变榴辉岩。这些大规模产出的高压麻粒岩和退变榴辉岩，成为当时全球早前寒武纪仅有的几个高压高温变质地质记录，更进一步指示了碰撞造山作用的存在。这些新进展引发了寻找和研究高压麻粒岩的热潮，很快在华北克拉通又识别出了很多高压麻粒岩露头区（郭敬辉等，1993，1996，1999；刘树文等，1996；李江海等，1998；刘文军和翟明国，1998；耿元生等，2000；魏春景等，2001；Zhang et al.，2001；Zhao et al.，1999a，2001a）。

同时，碰撞构造带如何分布延伸，华北克拉通早前寒武纪基底构造格局如何划分，也再次成为重要科学目标，很快又出现了多种划分方案（伍家善等，1998；张福勤等，1998；李江海等，1998，2000；Zhao et al.，1998；Zhai et al.，2000）。这期间，赵国春等针对华北克拉通早前寒武纪基底构造格局连续发表了一组文章（Zhao et al.，1998，1999b，1999c，2000），综合了华北克拉通基底的岩石组合、构造样式、变质演化等方面的大量研究资料，认为与碰撞造山带有关的组合，如可能的残余洋壳、混杂岩、高压麻粒岩、退变榴辉岩等只出现在华北克拉通中部，而东部和西部则缺少这些组合，特别是中部大多为具有显著减压阶段的顺时针 P-T 轨迹，而东部和西部则大多为逆时针 P-T 轨迹，因此提出华北克拉通基底可划分为东部陆块、西部陆块、中部构造带三个一级构造单元，中部带可能是碰撞造山带，华北克拉通可能是东部陆块和西部陆块经由中部带碰撞拼合起来的。至于碰撞时代，Zhao 等（2001b）进一步综合华北克拉通中部的恒山-五台-阜平变质地体的各类同位素年代学资料，明确提出华北克拉通中部带的碰撞作用时代大约在古元古代的 1.85 Ga，并得到了进一步的 Sm-Nd 矿物等时线年龄和 SHRIMP 锆石 U-Pb 年龄的确切证据（Zhao et al.，2002；Guo et al.，2001，2005）。Zhao 的方案引发了更多讨论和争论，既有对中部带边界和构造内涵的不同认识，也有完全不同的新构想（李江海等，2000；翟明国，2004；翟明国和卞爱国，2000；Li et al.，2002；Kusky and Li，2003），推动了华北克拉通研究的深化。

上述这些高压麻粒岩、退变榴辉岩的研究进展和相关的早前寒武纪构造机制的热烈争论，受到了国际学术界的高度关注。2002 年 9 月，由国际构造地质学委员会主席 A. Kröner 和美国地质学会负责人 M. Brown 等建议，由美、德、英、中等多国科学家联合发起，由中国科学院地质与地球物理研究所翟明国研究员任主席，召开了中国的第一次"彭罗斯会议"，题目是"前寒武纪高压-高温麻粒岩相变质作用和构造过程，理解最下部地壳和前寒武纪板块构造的关键"，中外科学家 90 余人参加，先到恒山-五台地区做了 4 天野外考察，然后在北京大学举行了 2 天的学术讨论。彭罗斯会议（Penrose Conference）是国际地质科学界最高层次的系列性专题学术研讨会之一，每年召开 3～4 次，主题都是当时的前沿科学问题，因此对地质科学研究的发展有重要的影响。地质科学的许多重要领域，如蛇绿岩、糜棱岩、碰撞造山、混杂岩等，都是经过彭罗斯会议之后，迅速形成全球性研究热点，并在很短的时间内取得巨大发展。因此，中国的首次彭罗斯会议，对于前寒武纪板块构造的认识和研究，对于华北克拉通研究的深化和国际化，都起到了巨大的推动作用。

此后，Zhao 等（2005）提出了一个改进的华北克拉通构造区划方案（图 8.1）：在西部陆块又区分出孔兹岩带，认为是阴山地块和鄂尔多斯地块之间的碰撞构造带，发育时代早于中部带；同时，在东部陆块内接受了古元古代胶-辽-吉构造带（Li et al.，2005）；将中部带（Central Zone）的名称改为"横贯华北造山带"（Trans-North China Orogen）。这个包含了三条古元古代构造带的华北克拉通构造划分方案（Zhao et al.，2005），由于其简单明确的现代地球动力学内涵，受到学术界的广泛关注，逐渐成为华北克拉通基底构造格局近十几年来几个流行框架中最重要的一个。

近十年来，在中部带、孔兹岩带和胶-辽-吉带中，更多的具有顺时针 P-T 轨迹的高压麻粒岩、高压角闪岩得以识别的研究，成为进一步刻画华北克拉通古元古代俯冲碰撞的构造过程的重要依据，代表性的有中部带南段的赞皇（Xiao et al.，2011，2013）、胶-辽-吉带南部的胶北地块（Zhou et al.，2004，2008；Tam et al.，2011，2012a，2012b；Liu et al.，2013）、孔兹岩带西部的千里山贺兰山（周喜文等，2010；Yin et al.，2014，2015）等。

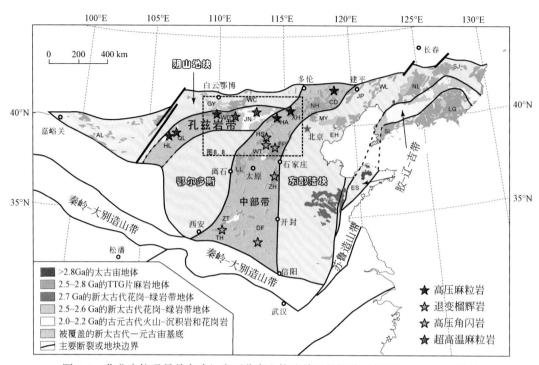

图 8.1 华北克拉通早前寒武纪岩石分布和构造单元的划分（据 Zhao et al., 2012）

图中根据近些年的新资料标出了典型的高压麻粒岩、退变榴辉岩、高压角闪岩和超高温麻粒岩的露头区

特别值得提出的是，万博等（Wan et al., 2015）在阿拉善北缘发现了一套变质的含橄榄石和石榴子石的二辉石岩、辉长岩、玄武岩、变质泥质岩、大理岩和花岗混合片麻岩组合，认为是一套高压变质的蛇绿岩组合，最高变质作用压力可能达到 24 kbar，变质作用压力峰期年龄为 1.90 Ga，抬升时代为 1.82 Ga。因此作者提出，华北克拉通北缘存在一条东西向的古元古代造山带，并进一步提出这条造山带与西伯利亚南缘的古元古代造山带可能是同一条造山带，在 Nuna 超大陆的格局中，华北克拉通与西伯利亚克拉通相连。

第二节 高压麻粒岩主要特点、分布与古元古代构造带

如前所述，近年来的研究揭示出，华北克拉通中部带、孔兹岩带和胶-辽-吉带，都有典型高压麻粒岩的分布。但是这三条带中高压麻粒岩和相关岩石的地质特征都不一样，各有特点，分别简述如下。

一、中部带的高压麻粒岩及相关岩石

中部带北部的怀安-宣化-赤城地区、中部的恒山地区，不仅是高压麻粒岩和退变榴辉岩发现最早的地区，也是发育最好的典型地区，还是研究较为深入细致的地区。综合已有的研究成果，可以将退变榴辉岩和高压麻粒岩区分出三种产出类型。

（1）恒山型：高压基性麻粒岩与退变榴辉岩密切共生，都是大小不一、形状各异的透镜体，发育在条带状混合岩的背景中，没有泥质高压麻粒岩共生。典型实例为恒山西段白马石（大石沟）剖面（图 8.2）。

恒山退变榴辉岩和高压麻粒岩发表的研究成果主要有（按照发表时间列出）：翟明国等，1995；Zhai et al., 1996；李江海等，1998；郭敬辉等，1999；Zhao et al., 2001a；O'Brien et al., 2005；Kröner et al., 2005, 2006；Faure et al., 2007；Trap et al., 2007；Zhang et al., 2007；张颖慧等，2013；Wei et al., 2014；Qian et al., 2015, 2017；Qian and Wei, 2016。

图 8.2　恒山白马石（大石沟）退变榴辉岩和高压麻粒岩，为条带状混合岩中的透镜体

上述研究给出了恒山高压麻粒岩和退变榴辉岩具有典型的顺时针变质作用 P-T 轨迹，最高变质作用压力为 15~17 kbar，在 750~800 ℃经历了近等温减压，压力从 15 kbar 下降到 5~7 kbar，之后经历降温降压过程。

（2）怀安型：高压基性麻粒岩为扁长透镜体或条带，发育在 TTG 麻粒岩背景中。典型实例有怀安蔓菁沟（图 8.3）、宣化西望山等。蔓菁沟高压基性麻粒岩规模较大，且有泥质高压麻粒岩共生。

图 8.3　怀安蔓菁沟高压麻粒岩，是 TTG 麻粒岩背景中的扁长透镜体或条带

怀安高压麻粒岩发表的研究成果主要有（按照发表时间列出）：翟明国等，1992；Zhai et al.，1992；郭敬辉等，1993，1996；李江海等，1998；郭敬辉和翟明国，2000；Guo et al.，2002，2005；Zhao et al.，2008；Wang et al.，2010；Wu et al.，2016。

上述研究确定怀安蔓菁沟高压麻粒岩经历了连续的早期升温升压过程，中期的近等温减压过程（ITD）和晚期的近等压冷却过程（IBC），最高变质作用压力为 13~14 kbar，温度为 800~850 ℃。怀安高压麻粒岩形成于碰撞构造过程，还可能是早前寒武纪加厚下地壳的典型代表（Zhai et al.，2001）。

（3）赤城型：高压基性麻粒岩为变质火山-沉积岩中的基性岩层，基性-中性-酸性火山岩夹沉积岩（泥质岩）系列整体经历高压麻粒岩相变质作用。典型实例为赤城沃麻坑（图 8.4）。

赤城高压麻粒岩发表的研究成果主要有：王仁民等，1994；马军和王仁民，1995；李江海等，1998；郭敬辉和翟明国，2000；Guo et al.，2005；Zhang et al.，2016。我们最近的研究，揭示出了一些赤城高压麻粒岩地体与恒山型和怀安型不一样的特征，因此略作介绍。

赤城地区发育一套由火山-沉积岩系变质形成的高压麻粒岩地体。赤城沃麻坑一带详细的野外填图研究揭示（图 8.5），高压麻粒岩地体主要由互层状基性、中性和酸性麻粒岩组成，三类岩石比例大约为 30%、40% 和 30%，可能继承了火山岩原岩的岩性组合特征，另有少量变质沉积岩。在沃麻坑高压麻粒岩地体中，基性麻粒岩记录了高压麻粒岩变质作用 P-T 轨迹（Zhang et al.，2016）（图 8.6）。识别出的泥

图 8.4　赤城沃麻坑高压麻粒岩，基性-中性-酸性-泥质高压麻粒岩为互层构造，继承了火山岩原岩的岩性序列
（Zhang et al.，2016）。右图可见基性-中性麻粒岩的互层构造，角闪岩相退变
（黑色增强）在层间最强

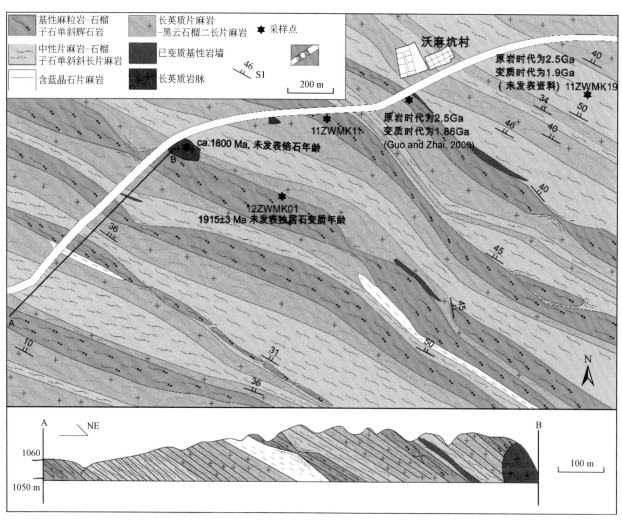

图 8.5　赤城沃麻坑高压麻粒岩地质简图（Zhang et al.，2016）
基性-中性-酸性-泥质高压麻粒岩为互层构造，继承了火山岩原岩的岩性序列

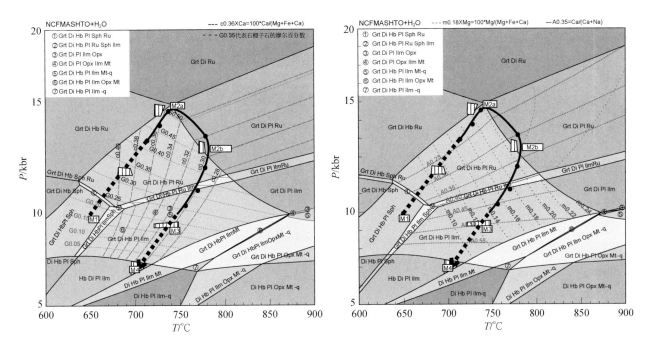

图 8.6 赤城沃麻坑高压麻粒岩的典型变质作用 P-T 轨迹（Zhang et al., 2016）

Qtz. 石英；Sph. 榍石；Di. 透辉石；Pl. 斜长石；Mt. 磁铁矿；Hb. 角闪石；Ru. 金红石；Ilm. 钛铁矿；Grt. 石榴子石；Opx. 斜方辉石；M1, 2a, b, 3 和 4 代表不同变质阶段

质麻粒岩有三个条带，每条宽 20～50 cm，都具有典型的蓝晶石+条纹长石高压麻粒岩相矿物组合，也记录了高压麻粒岩变质作用 P-T 轨迹。详细的岩石学和变质作用研究揭示，高压基性麻粒岩和高压泥质麻粒岩具有极为相似的 P-T 轨迹，都记录了压力峰期之后减压升温的热松弛效应，都记录了温度峰期之后同步的降温降压过程。特别值得提出的是，晚期阶段降温幅度较大，致使两类高压麻粒岩的 P-T 轨迹都没有进入低压高温阶段，因此高压基性麻粒岩没有晚期紫苏辉石，高压泥质麻粒岩没有晚期夕线石，成为沃麻坑高压麻粒岩不同于中部带其他地段高压麻粒岩的一个显著的岩石学标志，可能指示了快速的构造抬升。高压麻粒岩中锆石和独居石的离子探针 U-Pb 年龄几乎相同，都在 1910 Ma 左右，共同指示了变质作用时代。

这项研究表明，赤城一带的高压麻粒岩原岩是火山沉积岩系列，经历了从近地表上地壳开始的俯冲碰撞、抵达下地壳下部以及接下来快速折返的完整构造过程，是华北克拉通中部带古元古代碰撞构造过程中更为可靠的变质岩石学记录。

二、胶-辽-吉带的高压麻粒岩

华北克拉通东部陆块内的胶-辽-吉带，是一条典型的古元古代活动带，经历了十分复杂的构造-岩浆-变质演化过程，特别是在 1.95～1.85 Ga 期间，发育多期变质作用（Luo et al., 2004, 2008; Lu et al., 2006; Li et al., 2005; Zhao et al., 2006; Li and Zhao, 2007; Zhou et al., 2008; Tam et al., 2011）。胶-辽-吉带的变质作用程度表现出从北向南增高的大致趋势，从辽吉地区的以中-低级变质作用为主，到胶东地区的以中高级变质作用为主。

胶东地区的高压麻粒岩既有基性的也有泥质的（刘文军和翟明国，1998；周喜文等，2004），其分布集中于胶北地体的中部（刘平华等，2015）（图 8.7），具有典型的含显著近等温减压过程的顺时针 P-T 轨迹（Zhou et al., 2008; Tam et al., 2012a, 2012b; Liu et al., 2013, 2014; 刘平华等，2015），指示了碰撞构造过程。

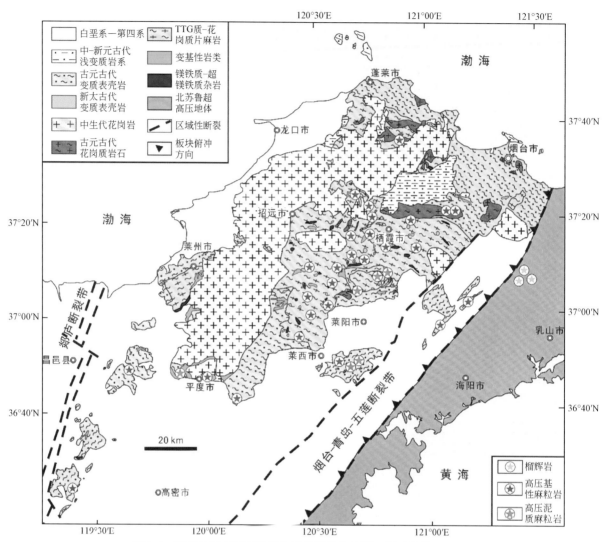

图 8.7 胶东地区高压麻粒岩和榴辉岩分布简图（刘平华等，2015）

三、孔兹岩带西部的高压麻粒岩及相关岩石

近年来对孔兹岩带西部的千里山、贺兰山地区高级变质地体的深入研究，发现和识别出一系列典型的泥质高压麻粒岩（周喜文等，2010；Yin et al.，2014，2015）。变质作用研究揭示，这些泥质高压麻粒岩都含有蓝晶石，具有典型的含显著近等温减压过程的顺时针 P-T 轨迹，同样是碰撞构造过程的产物。而且，这些高压麻粒岩的变质作用时间为 1.95 Ga，是华北克拉通古元古代最早的高压麻粒岩。

第三节 超高温（UHT）麻粒岩与孔兹岩带

一、孔兹岩系与孔兹岩带

华北克拉通西北部发育一套大面积分布的高级变质的沉积建造，以集宁一带最有代表性，向西延伸到千里山-贺兰山北部地区，20 世纪 80 年代开始称为孔兹岩系（崔文元等，1982），认为与印度南部和芬兰北部称为孔兹岩系的岩石组合相当。

后来赵国春等（2002）依据岩石组合、构造特征，特别是共同的顺时针变质作用 $P\text{-}T$ 轨迹，将其与阴山地块南缘的乌拉山－大青山一带的高级变质岩系合并在一起，命名为孔兹岩带，认为是阴山地块与鄂尔多斯地块之间的古元古代碰撞构造带（Zhao et al., 2005）。

孔兹岩系是规模巨大的变质沉积岩建造，80%为砂质的碎屑沉积，其余为泥质沉积和碳酸盐为主的化学沉积（Lu and Jin, 1993；卢良兆，1996）。近年来孔兹岩系众多高精度锆石 U-Pb 定年结果显示，碎屑锆石 U-Pb 年龄主要为 2.2~2.0 Ga，峰期年龄为 2.03 Ga，最小碎屑锆石年龄约 2.00 Ga，只有少量太古宙碎屑锆石，因此确定孔兹岩系沉积时间在 2.00~1.95 Ga；结合一些全岩 Nd 同位素和锆石 Hf-O 同位素资料，确定孔兹岩的物源以年轻地壳为主加少量古老地壳，更可能发育在活动陆缘环境（Yin et al., 2009, 2011；Zhao et al., 2010；Wan et al., 2009, 2013；Wang et al., 2011；Li et al., 2011；Dan et al., 2012）。

集宁－凉城地区是孔兹岩系最集中的分布区，该区没有出露太古宙岩石，在 80 km×200 km 的区域内，一半是孔兹岩系麻粒岩相变质沉积岩，另一半是以花岗岩为主的侵入岩（图 8.8）。这些侵入岩主要有三类：①较早的花岗岩类侵入体，有 2.2~2.1 Ga 紫苏花岗岩和 1.95 Ga 淡色花岗岩，均经历了麻粒岩相变质作用，后者形成于俯冲碰撞地壳增厚的进变质过程中高角闪岩相深熔阶段，是变沉积岩水致白云母部分熔融作用的产物（Wang et al., 2017）。淡色花岗岩大致相当于很多地质资料中的白岗岩。②约 1.93 Ga 辉长质－苏长质－二长质－闪长质的小侵入体群，经历了麻粒岩相的变质和变形作用，一般为典型的二辉麻粒岩变质矿物组合。这样的基性岩体共有几十个，规模从几百米到几千米，最大的是徐武家岩体（Peng et al., 2010）。③1.93~1.91 Ga 粗粒石榴子石钾长斑状花岗岩，出露面积占整个孔兹岩系面积的 40%左右，含石榴子石、尖晶石等富 Al 矿物，也含有紫苏辉石、黑云母等镁铁矿物，根据这些矿物组合特征，可以称为石榴子石紫苏花岗岩，是极其特殊的高温型强过铝 S 型花岗岩（Peng et al., 2012）。在集宁－凉城地区的孔兹岩系分布区，只有这类花岗岩无变形或弱变形。

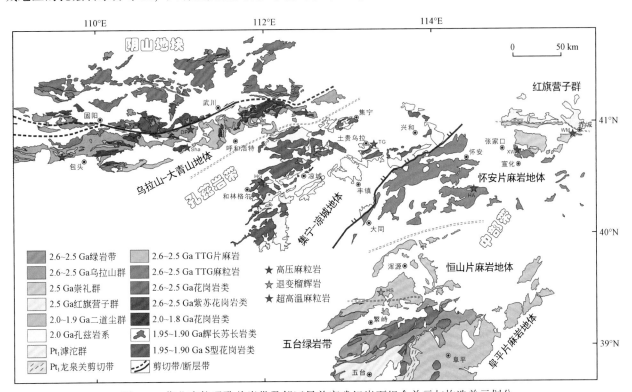

图 8.8 华北克拉通孔兹岩带及邻区早前寒武纪岩石组合单元与构造单元划分

根据 1∶20 万、1∶25 万地质图和部分新资料综合绘制。阴山地块、孔兹岩带、中部带的划分和界线采用 Zhao 等（2005）的方案；孔兹岩带和中部带内部次级岩石组合单元名称依传统用法。退变榴辉岩、高压麻粒岩和超高温麻粒岩露头点简称：HS. 恒山白马石，HA. 怀安蔓菁沟，XW. 宣化西望山，WM. 赤城沃麻坑，TG. 土贵乌拉，HG. 和林格尔，DP. 武川东坡，Sha. 沙尔沁孔兹岩带北部的乌拉山-大青山地区，与集宁-凉城地区孔兹岩系为主的岩石组合不同，既有太古宙岩石的大规模出露，也有古元古代晚期岩浆活动的集中发育，而孔兹岩系变质沉积岩组合所占比例不高。其中古元古代晚期岩浆活动在华北克拉通最为发育，时代集中于 1.95～1.90 Ga，在西部的乌拉山地区主要是一些基性和中酸性侵入岩（Wan et al., 2009），在中-东部的大青山地区则有大规模火山-沉积岩系发育，即原二道洼群和马家店群（Peng et al., 2011）。该期火山岩的组成有很大的变化范围，为基性—中性—酸性，但总体略有双峰式特征。

二、超高温麻粒岩

在孔兹岩带中，除了大青山东段保留了巴罗式变质带为标志的中低级的变质作用（Huang et al., 2016），其他地区普遍经历了高角闪岩相-麻粒岩相变质作用，特别是西部的千里山、贺兰山地区发育典型的泥质高压麻粒岩，而东部发育典型的超高温麻粒岩。

金巍（1989）最早报道了大青山武川县东坡村附近的含假蓝宝石麻粒岩，并对其变质矿物组合特征作了基本的描述。刘建忠等（2000）进一步准确地指出了该假蓝宝石麻粒岩富铝贫硅、不含紫苏辉石的岩石学特征，并采用 Schreine Makers 方法，对其变质反应进行初步分析，提出了假蓝宝石麻粒岩具有顺时针 P-T 演化轨迹。但是受当时各种条件的局限，对假蓝宝石麻粒岩的地质产状、岩石组合、是否为超高温等，都还不能确定。

郭敬辉等对大青山武川东坡一带假蓝宝石麻粒岩重新进行了详细研究，确认了该假蓝宝石麻粒岩是典型的超高温（UHT）麻粒岩（郭敬辉等，2006；Guo et al., 2008, 2012）。并且，通过与室内薄片研究结合的野外填图，确定了假蓝宝石麻粒岩出露在东坡村长英质麻粒岩/或紫苏花岗岩的大背景中，是一条宽约 10 m，南北延伸超过 300 m 的岩层，其西侧 1～2 m 宽的石英脉和东侧 30 m 宽的二辉基性麻粒岩岩脉/岩席，一直相伴共生（图 8.9a，b）。附近还有宽达几十米的泥质麻粒岩夹大理岩层，具有同样的南北向延伸。变质作用研究表明，这一假蓝宝石麻粒岩经历了超高温变质作用，峰期变质矿物组合为石榴子石+假蓝宝石+夕线石+尖晶石+斜长石+富 Ti 黑云母（图 8.9c），并有丰富的矿物反应结构（图 8.9d）。根据 Thermocalc 相平衡计算获得峰期变质作用温压条件为 950～980 ℃，7.1～9.2 kbar，并具有近等温减压（或略升温减压）→减压冷却的顺时针 P-T 轨迹（Guo et al., 2012；Jiao et al., 2017）。

同期，印度学者 Santosh 和北京大学研究组合作，在孔兹岩系主分布区集宁土贵乌拉天皮山发现了典型的超高温麻粒岩（Santosh et al., 2006, 2007, 2012），其中保留有假蓝宝石+石英、紫苏辉石+夕线石+石英等典型的超高温变质矿物组合，指示的峰期变质作用温度高达 1050 ℃ 以上，压力约为 10 kbar。后来的研究发现，土贵乌拉附近有较多保存不一、类型多样的超高温麻粒岩露头点，如土贵山公园和土贵乌拉南部的徐武家（Liu et al., 2010；Jiao and Guo, 2011；Jiao et al., 2011），因此成为华北克拉通超高温麻粒岩最为集中的分布区。

近年来，孔兹岩带中东部地区，进一步识别和确认出多个超高温麻粒岩露头，主要有林格尔附近的超高温麻粒岩（Liu et al., 2012）、沙尔沁附近的假蓝宝石麻粒岩（Jiao et al., 2015）、凉城附近含富铁橄榄石的超高温混合岩（Lobjoie et al., 2017），显示了孔兹岩带东部超高温变质作用的范围是区域性的，并且可能具有区域性多点分布的特征。其中，在大青山西段沙尔沁，发现了迄今为止华北克拉通面积最大的含假蓝宝石的麻粒岩露头，分布面积达到 1 km×3 km，普遍含细粒假蓝宝石交生体，既保留了进变质矿物组合，还清楚地记录了各个退变质阶段。虽然最高变质作用温度只有 890 ℃，没有达到典型超高温的温度，但是指示了一个快速升温快速降温的独特的变质作用过程（Jiao et al., 2015）。

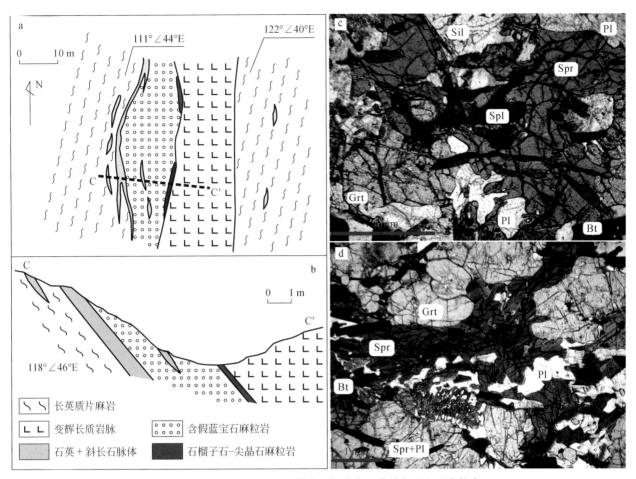

图 8.9 华北克拉通孔兹岩带中北部大青山东坡假蓝宝石麻粒岩

a. 露头地质简图；b. 露头剖面简图；c. 假蓝宝石麻粒岩峰期矿物共生结构；d. 假蓝宝石麻粒岩假蓝宝石与斜长石交生结构（Guo et al., 2012）
Sil. 夕线石；Pl. 斜长石；Spr. 假蓝宝石；Bt. 黑云母；Grt. 石榴子石；Spl. 尖晶石

三、超高温变质作用与岩浆活动

超高温变质岩通常指在地壳深度上，变质作用温度达到 900～1050 ℃（在压力为 7～13 kbar 时）甚至更高的岩石。超高温变质岩已经有了众多地质实例（Harley, 1998, 2008; Kelsey, 2008）。据 Kelsey 和 Hand（2015）最新综述，全球识别确认的超高温变质岩已经有 58 处。其中规模巨大的超高温变质地体有印度南部大面积的麻粒岩地体，有众多各种类型的超高温麻粒岩，也有丰富的研究资料（Santosh and Sajeev, 2006; Collins et al., 2007; Sajeev et al., 2004, 2006, 2009; Sharma and Prakash, 2008; Dharma Rao et al., 2012），斯里兰卡高地麻粒岩地体（Sajeev and Osanai, 2004），南极恩德比地有众多超高温麻粒岩（Harley, 1985, 1998; Harley and Hensen, 1990），等等。

超高温变质作用很难由单纯的构造过程实现，大多需要一个额外的加热机制。因此，超高温变质作用通常指示下地壳局部或区域上经历了强烈的热扰动过程，包括镁铁-超镁铁质岩浆的侵入、下地壳拆沉和软流圈的局部上涌，甚至地幔柱活动（Harley, 2008）。因此，表现在岩石的共生组合方面，超高温变质岩通常会与同时代的岩浆活动密切相关。

华北克拉通孔兹岩带中的超高温麻粒岩呈多点区域性分布，并且伴随有大规模高温 S 型花岗岩（紫苏花岗岩）的出现，还有密切共生的辉长岩-苏长岩-二长岩小侵入体群（或深位基性侵入体群）；三者密切共生，几乎同时产生于 1.93～1.91 Ga。其中的幔源基性小侵入体群，有高 Mg 和低 Mg 两种类型，高 Mg 类型代表了原始的岩浆特征，起源于亏损的高温（1550 ℃）地幔，具有高的侵入温度（1400 ℃），并与超高温变质岩石紧密共生,是造成超高温事件的主要因素(Peng et al.,2010,2012;Guo et al.,2012)。在大青山地区,确认哈拉沁火山岩系(二道洼群)由一套基性-中酸性火山岩组成,其主体火山沉积时代为1930~1880 Ma,火山作用峰期为1890 Ma,岩浆来源既有亏损地幔,也有古老岩石圈地幔和地壳物质的贡献(Peng et al.,2011)。综合上述同期不同类型岩浆岩组合的研究,提出1.93 Ga左右可能存在类似于现代洋中脊俯冲作用的过程,是该区超高温事件的主要原因(Peng et al.,2010,2011,2012;Guo et al.,2012)。

参 考 文 献

白瑾.1986.五台山早前寒武纪地质.天津:天津科学技术出版社

白瑾,戴凤岩.1994.中国早前寒武纪的地壳演化.地球学报,(3-4):73~87

程裕淇,沈其韩,王泽九.1982.山东太古代雁翎关变质火山-沉积岩.北京:地质出版社

崔文元,王时麒,强德美,郑淑蕙.1982.卓资-阳高一带区域变质岩中共生矿物氧同位素的研究.岩石矿物学杂志,(3):9~14

董申保,等.1986.中国变质作用及其与地壳演化的关系.北京:地质出版社

耿元生,万渝生,沈其韩,李惠民,张如心.2000.吕梁地区早前寒武纪主要地质事件的年代框架.地质学报,74(3):216~223

郭敬辉,翟明国.2000.华北克拉通桑干地区高压麻粒岩变质作用的Sm-Nd年代学.科学通报,45(19):2055~2061

郭敬辉,翟明国,张毅刚,李永刚,阎月华,张雯华.1993.怀安蔓菁沟早前寒武纪高压麻粒岩混杂岩带地质特征、岩石学和同位素年代学.岩石学报,9(4):329~341

郭敬辉,翟明国,李江海,李永刚.1996.华北克拉通早前寒武纪桑干构造带的岩石组合特征和构造性质.岩石学报,12(2):193~207

郭敬辉,翟明国,李永刚,李江海.1999.恒山西段石榴子石角闪岩和麻粒岩的变质作用、PT轨迹及构造意义.地质科学,34(3):311~325

郭敬辉,陈意,彭澎,刘富,陈亮,张履桥.2006.内蒙古大青山假蓝宝石麻粒岩——1.8Ga的超高温(UHT)变质作用.全国岩石学与地球动力学研讨会

姜春潮.1987.辽吉东部前寒武纪地质.沈阳:辽宁科学技术出版社

金巍.1989.华北陆台北缘(中段)早前寒武纪地质演化及变质动力学研究.长春:长春科技大学

李江海,翟明国,钱祥麟,郭敬辉,王关玉,阎月华,李永刚.1998.华北中北部新太古代高压麻粒岩的地质产状及其出露的区域构造背景.岩石学报,14(2):176~189

李江海,钱祥麟,黄雄南,刘树文.2000.华北陆块基底构造格局及早期大陆克拉通化过程.岩石学报,16(1):1~10

刘建忠,强小科,刘喜山,欧阳自远.2000.内蒙古大青山造山带含假蓝宝石尖晶石片麻岩的成因网格及动力学.岩石学报,16(2):245~255

刘平华,刘福来,王舫,刘超辉,杨红,刘建辉,蔡佳,施建荣.2015.胶北地体多期变质事件的P-T-t轨迹及其对胶-辽-吉带形成与演化的制约.岩石学报,31(10):2889~2941

刘树文,沈其韩,耿元生.1996.冀西北两类石榴子石基性麻粒岩的变质演化及Gibbs方法分析.岩石学报,12(2):261~275

刘文军,翟明国.1998.胶东莱西地区高压基性麻粒岩的变质作用.岩石学报,14(4):449~459

卢良兆.1996.中国北方早前寒武纪孔兹岩系.长春:长春出版社

马军,王仁民.1995.宣化-赤城高压麻粒岩带中蓝晶石-正条纹长石组合的发现及地质意义.岩石学报,11(3):273~278

钱祥麟,崔文元,王时麒,等.1985.冀东前寒武纪铁矿地质.石家庄:河北科学技术出版社

孙大中.1984.冀东早前寒武地质.天津:新华书店天津发行所

孙枢,张国伟,陈志明.1985.华北断块南部前寒武纪地质演化.北京:冶金工业出版社

王仁民,等.1994.冀西北晚太古宙碰撞带的一些证据//钱祥麟,王仁民.华北北部麻粒岩带地质演化.北京:地震出版社:7~20

魏春景,张翠光,张阿利,伍天洪,李江海.2001.辽西建平杂岩高压麻粒岩相变质作用的P-T条件及其地质意义.岩石学报,17(2):260~282

伍家善，耿元生，徐惠芬，金龙国，贺绍英，孙世伟.1989.阜平群变质地质.中国地质科学院地质研究所文集
伍家善，耿元生，沈其韩，万渝生，刘敦一，宋彪.1998.中朝古大陆太古宙地质特征及构造演化.北京：地质出版社
翟明国.2004.华北克拉通2.1~1.7Ga地质事件群的分解和构造意义探讨.岩石学报，20（6）：1343~1354
翟明国，卞爱国.2000.华北克拉通新太古代末超大陆拼合及古元古代末-中元古代裂解.中国科学（D辑），30（S1）：129~137
翟明国，郭敬辉，阎月华，韩秀玲，李永刚.1992.中国华北太古宙高压基性麻粒岩的发现及初步研究.中国科学（B辑），（12）：1325~1330
翟明国，郭敬辉，李永刚，阎月华，张雯华，李江海.1995.华北太古宙退变质榴辉岩的发现及其含义.科学通报，40（17）：1590~1594
张福勤，刘建忠，欧阳自远.1998.华北克拉通基底绿岩的岩石大地构造学研究.地球物理学报，（S1）：99~107
张国伟，周鼎武，张延安，等.1982.河南中部登封群-太华群构造序列对比.西北大学学报：1~10
张秋生，朱永安.1986.辽东半岛早期地壳与矿床.长春：吉林科学技术出版社
张贻侠.1986.冀东太古代地质及变质铁矿.北京：地质出版社
张颖慧，魏春景，田伟.2013.华北克拉通中部带恒山杂岩变质年龄的重新认识.科学通报，58（34）：3589~3596
赵国春.2009.华北克拉通基底主要构造单元变质作用演化及其若干问题讨论.岩石学报，25（8）：1772~1792
赵国春，孙敏，Wilde S A.2002.华北克拉通基底构造单元特征及早元古代拼合.中国科学（D辑），32（7）：538~549
赵宗溥，等.1993.中朝准地台前寒武纪地壳演化.北京：科学出版社
周喜文，魏春景，耿元生，张立飞.2004.胶北栖霞地区泥质高压麻粒岩的发现及其地质意义.科学通报，49（14）：1424~1430
周喜文，赵国春，耿元生.2010.贺兰山高压泥质麻粒岩——华北克拉通西部陆块拼合的岩石学证据.岩石学报，26（7）：2113~2121
Cheng Y Q, Sun D Z, Wu J S. 1984. Evolutionary mega-cycles of the early Precambrian proto-North China platform. Journal of Geodynamics, 1 (3): 251~277
Collins A S, Clark C, Sajeev K, Santosh M, Kelsey D E, Hand M. 2007. Passage through India: the Mozambique Ocean suture, high-pressure granulites and the Palghat-Cauvery shear zone system. Terra Nova, 19 (2): 141~147
Dan W, Li X H, Guo J, Liu Y, Wang X C. 2012. Integrated in situ zircon U-Pb age and Hf-O isotopes for the Helanshan khondalites in North China Craton: Juvenile crustal materials deposited in active or passive continental margin? Precambrian Research, 222 (12): 143~158
Dharma Rao C V, Santosh M, Chmielowski R M. 2012. Sapphirine granulites from Panasapattu, Eastern Ghats belt, India: ultrahigh-temperature metamorphism in a Proterozoic convergent plate margin. Geoscience Frontiers, 3 (1): 9~31
Faure M, Trap P, Lin W, Monié P, Bruguier O. 2007. Polyorogenic evolution of the Paleoproterozoic Trans-North China Belt, new insights from the Lüliangshan-Hengshan-Wutaishan and Fuping massifs. Episodes, 30 (2): 1~12
Guo, J H, Zhai, M G. 2000. Sm-Nd geochronology of high-pressure granulite metamorphism in Sanggan of north china craton. Chinese Science Bulletin, 45: 2055~2061
Guo J H, Zhai M G, Xu R H. 2001. Timing of the granulite facies metamorphism in the Sanggan area, North China craton: zircon U-Pb geochronology. Science in China (Series D), 44 (11): 1010~1018
Guo J H, O'Brien P J, Zhai M G. 2002. High-pressure granulites in the Sanggan area, North China craton: metamorphic evolution, P-T paths and geotectonic significance. Journal of Metamorphic Geology, 20 (8): 741~756
Guo J H, Sun M, Chen F K, Zhai M G. 2005. Sm-Nd and SHRIMP U-Pb zircon geochronology of high-pressure granulites in the Sanggan area, North China Craton: timing of Paleoproterozoic continental collision. Journal of Asian Earth Sciences, 24 (5): 629~642
Guo J H, Zhao G C, Chen Y, Peng P, Windley B, Sun M. 2008. Highly silica-undersaturated sapphirine granulites from the Daqingshan area of the western block, North China Craton: palaeoproterozoic UHT metamorphism and tectonic implications. Bulletin of Mineralogy, Petrology and Geochemistry, 27 (s1): 231~237
Guo J H, Peng P, Chen Y, Jiao S J, Windley B F. 2012. UHT sapphirine granulite metamorphism at 1.93-1.92 Ga caused by gabbronorite intrusions: Implications for tectonic evolution of the northern margin of the North China Craton. Precambrian. Research, 222-223: 124~142
Harley S L. 1985. Garneteorthopyroxene bearing granulites from Enderby Land, Antarctica: metamorphic pressureetemperatureetime

evolution of the Archaean Napier Complex. Journal of Petrology, 26 (4): 819~856

Harley S L. 1998. On the occurrence and characterization of ultrahigh-temperature crustal metamorphism. Geological Society, London, Special Publications, 138 (1): 81~107

Harley S L, Hensen B J. 1990. Archaean and Proterozoic high-grade terranes of East Antarctica (40-80°E): a case study of diversity in granulite facies metamorphism. In: Ashworth J R, Brown M (eds.). High-temperature Metamorphism and Crustal Anatexis. Mineralogical Society of Great Britain, The Mineralogical Society Series, vol. 2. London: Unwin Hyman: 320~370

Harley S. 2008. Refining the P-T records of UHT crustal metamorphism. Journal of Metamorphic Geology, 26: 125~154

Huang G Y, Jiao S J, Guo J H, Peng P, Wang D, Liu P. 2016. P-T-t constraints of the Barrovian-type metamorphic series in the Khondalite belt of the North China Craton: Evidence from phase equilibria modeling and zircon U-Pb geochronology. Precambrian Research, 283: 125~143

Jiao S J, Guo J H. 2011. Application of the two-feldspar geothermometer to ultrahigh-temperature (UHT) rocks in the Khondalite belt, North China craton and its implications. American Mineralogist, 96 (2-3): 250~260

Jiao S J, Guo J H, Mao Q, Zhao R. 2011. Application of Zr-in-rutile thermometry: a case study from ultrahigh-temperature granulites of the Khondalite belt, North China Craton. Contributions to Mineralogy and Petrology, 162 (2): 379~393

Jiao S J, Guo J H, Wang L J, Peng P. 2015. Short-lived High-temperature Prograde and Retrograde Metamorphism in Shaerqin Sapphirine-bearing metapelites from the Daqingshan Terrane, North China Craton. Precambrian Research, 269: 31~57

Jiao S J, Fitzsimons I C W, Guo J H. 2017. Paleoproterozoic UHT metamorphism in the Daqingshan Terrane, North China Craton: New constraints from phase equilibria modeling and SIMS U-Pb zircon dating. Precambrian Research, 303: 208~227

Kelsey D E. 2008. On ultrahigh-temperature crustal metamorphism. Gondwana Research, 13: 1~29

Kelsey D E, Hand M. 2015. On ultrahigh temperature crustal metamorphism: phase equilibria, trace element thermometry, bulk composition, heat sources, timescales and tectonic settings. Geoscience Frontiers, 6 (3): 311~356

Kröner A, Wilde S A, O'Brien P J, Li J H, Passchier C W, Walte N P, Liu D Y. 2005. Field relationships, geochemistry, zircon ages and evolution of a late Archaean to Palaeoproterozoic lower crustal section in the Hengshan Terrain of northern China. Acta Geologica Sinica-English Edition, 79: 605~632

Kröner A, Wilde S A, Zhao G C, O'Brien P J. 2006. Zircon geochronology and meta-morphic evolution of mafic dykes in the Hengshan Complex of northern China: evidence for late Palaeoproterozoic extension and subsequent highpressure metamorphism in the North China Craton. Precambrian Research, 146: 45~67

Kusky T M, Li J H. 2003. Paleoproterozoic tectonic evolution of the North China Craton. Journal of Asian Earth Sciences, 22: 383~397

Li J H, Kusky T M, Huang X. 2002. Neoarchean podiform chromitites and harzburgite tectonite in ophiolitic melange, North China Craton. Remnants of Archean oceanic mantle. GSA Today, 12 (7): 4~11

Li S Z, Zhao G C. 2007. SHRIMP U-Pb zircon geochronology of the Liaoji granitoids: constraints on the evolution of the Paleoproterozoic Jiao-Liao-Ji belt in the Eastern Block of the North China Craton. Precambrian Research, 158 (1): 1~16

Li S Z, Zhao G C, Sun M, Wu F Y, Hao D F, Han Z Z, Luo Y, Xia X P. 2005. Deformational history of the Paleoproterozoic Liaohe Group in the Eastern Block of the North China Craton. Journal of Asian Earth Sciences, 24 (5): 654~669

Li X, Yang Z, Zhao G, Grapes R, Guo J. 2011. Geochronology of khondalite-series rocks of the Jining Complex: confirmation of depositional age and tectonometamorphic evolution of the North China craton. International Geology Review, 53 (10): 1194~1211

Liu F L, Liu P H, Wang F, Liu J H, Meng E, Cai J, Shi J R. 2014. U-Pb dating of zircons from granitic leucosomes in migmatites of the Jiaobei Terrane, southwestern Jiao-Liao-Ji Belt, North China Craton: Constraints on the timing and nature of partial melting. Precambrian Research, 245 (5): 80~99

Liu P H, Liu F L, Liu C H, Wang F, Liu J H, Yang H, Cai J, Shi J R. 2013. Petrogenesis, P-T-t path, and tectonic significance of high-pressure mafic granulites from the Jiaobei terrane, North China Craton. Precambrian Research, 233 (3): 237~258

Liu S J, Li J H, Santosh M. 2010. First application of the revised Ti-in-zircon geothermometer to Paleoproterozoic ultrahigh-temperature granulites of Tuguiwula, Inner Mongolia, North China Craton. Contributions to Mineralogy and Petrology, 159 (2): 225~235

Liu S J, Tsunogae T, Li W, Shimizu H, Santosh M, Wan Y, Li J. 2012. Paleoproterozoic granulites from Heling'er: Implications for regional ultrahigh-temperature metamorphism in the North China Craton. Lithos, 148: 54~70

Lobjoie C, Lin W, Trap P, Goncalves P, Qiuli L, Marquer D, Bruguier O, Devoir A. 2017. Ultra-High Temperature metamorphism recorded in Fe-rich olivine-bearing migmatite from the Khondalite Belt, North China Craton. Journal of Metamorphic Geology, 36 (3): 343~368

Lu L, Jin S. 1993. P-T-t paths and tectonic history of an early Precambrian granulite facies terrane, Jining district, south-east Inner Mongolia, China. Journal of Metamorphic Geology, 11 (4): 483~498

Lu X P, Wu F Y, Guo J H, Wilde S A, Yang J H, Liu X M, Zhang X O. 2006. Zircon U-Pb geochronological constraints on the Paleoproterozoic crustal evolution of the Eastern block in the North China Craton. Precambrian Research, 146 (3): 138~164

Luo Y, Sun M, Zhao G C, Li S Z, Xu P, Ye K, Xia X. 2004. LA-ICP-MS U-Pb zircon ages of the Liaohe Group in the Eastern Block of the North China Craton: constraints on the evolution of the Jiao-Liao-Ji Belt. Precambrian Research, 134: 349~371

Luo Y, Sun M, Zhao G C, Li S Z, Ayers J C, Xia X, Zhang J. 2008. A comparison of U-Pb and Hf isotopic compositions of detrital zircons from the North and South Liaohe Groups: constraints on the evolution of the Jiao-Liao-Ji Belt, North China Craton. Precambrian Research, 163: 279~306

O'Brien P J, Walte N, Li J H. 2005. The petrology of two distinct granulite types in the Hengshan Mts, China, and tectonic implications. Journal of Asian Earth Science, 24 (5): 615~627

Peng P, Guo J H, Zhai M G, Bleeker W. 2010. Paleoproterozoic gabbronoritic and granitic magmatism in the northern margin of the North China craton: Evidence of crust-mantle interaction. Precambrian Research, 183 (3): 635~659

Peng P, Guo J, Windley B F, Li X. 2011. Halaqin volcano-sedimentary succession in the central-northern margin of the North China Craton: products of Late Paleoproterozoic ridge subduction. Precambrian Research, 187 (1-2): 165~180

Peng P, Guo J, Zhai M, Windley B, Li T, Liu F. 2012. Genesis of the Hengling magmatic belt in the North China Craton: Implications for Paleoproterozoic tectonics. Lithos, 148 (3): 27~44

Qian J H, Wei C J. 2016. P-T-t evolution of garnet amphibolites in the wutai-hengshan area, north china craton: Insights from phase equilibria and geochronology. Journal of Metamorphic Geology, 34 (5): 423~446

Qian J H, Wei C, Zhou X, Zhang Y. 2013. Metamorphic P-T paths and New Zircon U-Pb age data for garnet-mica schist from the Wutai Group, North China Craton. Precambrian Research, 233: 282~296

Qian J H, Wei C J, Clarke G L, Zhou X W. 2015. Metamorphic evolution and Zircon ages of Garnet-orthoamphibole rocks in southern Hengshan, North China Craton: Insights into the regional Paleoproterozoic P-T-t history. Precambrian Research, 256: 223~240

Qian J H, Wei C, Yin C. 2017. Paleoproterozoic P-T-t evolution in the Hengshan-Wutai-Fuping area, North China Craton: Evidence from petrological and geochronological data. Precambrian Research

Sajeev K, Osanai Y. 2004. Ultrahigh-temperature metamorphism (1150 degrees C, 12 kbar) and multistage evolution of Mg-, Al-rich granulites from the central Highland Complex, Sri Lanka. Journal of Petrology, 45: 1821~1844

Sajeev K, Osanai Y, Santosh M. 2004. Ultrahigh-temperature metamorphism followed by two-stage decompression of garnet-orthopyroxene-sillimanite granulites from Ganguvarpatti, Madurai block, southern India. Contributions to Mineralogy and Petrology, 148 (1): 29~46

Sajeev K, Santosh M, Kim H S. 2006. Partial melting and P-T evolution of the Kodaikanal Metapelite Belt, southern India. Lithos, 92 (3): 465~483

Sajeev K, Osanai Y, Kon Y, Itaya T. 2009. Stability of pargasite during ultrahigh-temperature metamorphism: A consequence of titanium and REE partitioning? American Mineralogist, 94 (4): 535

Santosh M, Sajeev K. 2006. Anticlockwise evolution of ultrahigh-temperature granulites within continental collision zone in southern India. Lithos, 92 (3): 447~464

Santosh M, Sajeev K, Li J H. 2006. Extreme crustal metamorphism during Columbia supercontinent assembly: Evidence from North China Craton. Gondwana Research, 10 (3): 256~266

Santosh M, Tsunogae T, Li J H, Liu S J. 2007. Discovery of sapphirine-bearing Mg-Al granulites in the North China Craton: Implications for Paleoproterozoic ultrahigh temperature metamorphism. Gondwana Research, 11 (3): 263~285

Santosh M, Liu S J, Tsunogae T, Li J H. 2012. Paleoproterozoic ultrahigh-temperature granulites in the North China Craton: Implications for tectonic models on extreme crustal metamorphism. Precambrian Research, 222-223: 77~106

Sharma I N, Prakash D. 2008. A new occurrence of sapphirine-bearing granulite from Podur, Andhra Pradesh, India. Mineralogy and Petrology, 92 (3-4): 415~425

Trap P, Faure M, Lin W, Monié P. 2007. Late Palaeoproterozoic (1900-1800 Ma) nappe stacking and polyphase deformation in the Hengshan-Wutaishan area: implication for the understanding of the Trans-North China Belt, North China Craton. Precambrian Research, 156: 85~106

Tam P Y, Zhao G, Liu F, Zhou X, Sun M, Li S. 2011. Timing of metamorphism in the Paleoproterozoic Jiao-Liao-Ji Belt: New SHRIMP U-Pb zircon dating of granulites, gneisses and marbles of the Jiaobei massif in the North China Craton. Gondwana Research, 19 (1): 150~162

Tam P Y, Zhao G, Sun M, Li S, Wu M, Yin C. 2012a. Petrology and metamorphic P-T path of high-pressure mafic granulites from the Jiaobei massif in the Jiao-Liao-Ji Belt, North China Craton. Lithos, 155: 94~109

Tam P Y, Zhao G, Zhou X, Sun M, Guo J, Li S, Yin C, Wu M, He Y. 2012b. Metamorphic P-T path and implications of high-pressure pelitic granulites from the Jiaobei massif in the Jiao-Liao-Ji Belt, North China Craton. Gondwana Research, 22 (1): 104~117

Wan B, Windley B F, Xiao W, Feng J, Zhang J E. 2015. Paleoproterozoic high-pressure metamorphism in the northern North China Craton and implications for the Nuna supercontinent. Nature Communications, 6: 8344

Wan Y, Liu D, Dong C, Xu Z, Wang Z, Wilde S A, Yang Y, Liu Z, Zhou H. 2009. The Precambrian Khondalite Belt in the Daqingshan area, North China Craton: evidence for multiple metamorphic events in the Palaeoproterozoic era. Geological Society London Special Publications, 323: 73~97

Wan Y, Xu Z, Dong C, Nutman A, Ma M, Xie H, Liu S, Liu D, Wang H, Cu H. 2013. Episodic Paleoproterozoic (~2.45, ~1.95 and ~1.85Ga) mafic magmatism and associated high temperature metamorphism in the Daqingshan area, North China Craton: SHRIMP zircon U-Pb dating and whole-rock geochemistry. Precambrian Research, 224: 71~93

Wang F, Li X, Chu H, Zhao G. 2011. Petrology and metamorphism of khondalites from the Jining complex, North China craton. International Geology Review, 53 (2): 212~229

Wang J, Wu Y B, Gao S, Peng M, Liu X C, Zhao L S, Zhou L, Hu Z C, Gong H J, Liu Y S. 2010. Zircon U-Pb and trace element data from rocks of the Huai'an Complex: New insights into the late Paleoproterozoic collision between the Eastern and Western Blocks of the North China Craton. Precambrian Research, 178 (1): 59~71

Wang L J, Guo J H, Yin C, Peng P. 2017. Petrogenesis of ca. 1.95 Ga meta-leucogranites from the Jining Complex in the Khondalite Belt, North China Craton: Water-fluxed melting of metasedimentary rocks. Precambrian Research, 303: 355~371

Wei C J, Qian J H, Zhou X W. 2014. Paleoproterozoic crustal evolution of the Hengshan-Wutai-Fuping region, North China Craton. Geoscience Frontiers, 5 (4): 485~497

Wu J L, Zhang H F, Zhai M C, Guo J H, Liu L, Yang W Q, Wang H Z, Zhao L, Jia X L, Wang W. 2016. Discovery of pelitic high-pressure granulite from Manjinggou of the Huai'an Complex, North China Craton: Metamorphic P-T evolution and geological implications. Precambrian Research, 278: 323~336

Xiao L L, Wu C M, Zhao G C, Guo J H, Ren L D. 2011. Metamorphic P-T paths of the Zanhuang amphibolites and metapelites: constraints on the tectonic evolution of the Paleoproterozoic Trans-North China Orogen. International Journal of Earth Sciences, 100 (4): 717~739

Xiao L L, Wang G D, Wang H, Jiang Z S, Diwu C R, Wu C M. 2013. Zircon U-Pb geochronology of the Zanhuang metamorphic complex: reappraisal of the Palaeoproterozoic amalgamation of the Trans-North China Orogen. Geological Magazine, 150 (4): 756~764

Yin C, Zhao G, Sun M, Xia X, Wei C, Zhou X, Leung W. 2009. LA-ICP-MS U-Pb zircon ages of the Qianlishan Complex: Constrains on the evolution of the Khondalite Belt in the Western Block of the North China Craton. Precambrian Research, 174 (1): 78~94

Yin C, Zhao G, Guo J, Sun M, Xia X, Zhou X, Liu C. 2011. U-Pb and Hf isotopic study of zircons of the Helanshan Complex: Constrains on the evolution of the Khondalite Belt in the Western Block of the North China Craton. Lithos, 122: 25~38

Yin C, Zhao G, Sun M. 2015. High-pressure pelitic granulites from the Helanshan Complex in the Khondalite Belt, North China Craton: Metamorphic P-t path and tectonic implications. American Journal of Science, 315 (9): 846~879

Yin C Q, Zhao G C, Wei C J, Sun M, Guo J H, Zhou X W. 2014. Metamorphism and partial melting of high-pressure pelitic granulites from the Qianlishan Complex: Constraints on the tectonic evolution of the Khondalite Belt in the North China Craton. Precambrian Research, 242 (3): 172~186

Zhai M G, Guo J H, Yan Y H, Li Y G, Zhang W H. 1992. The preliminary study and discovery of high pressure granulites in North

China. Science in China (B), 12: 1325~1330

Zhai M G, Guo J H, Li Y G, Li J H, Yan Y H, Zhang W H. 1996. Retrograded eclogites in the Archean North China craton and their geological implication. Chinese Science Bulletin, 41 (4): 315~321

Zhai M G, Bian A G, Zhao T P. 2000. The amalgamation of the supercontinent of North China Craton at the end of Neo-Archaean and its breakup during late Palaeoproterozoic and Mesoproterozoic. Science China Earth Sciences, 43 (s1): 219~232

Zhai M G, Guo J H, Liu W J. 2001. An oblique cross-section of Precambrian lower crust in the North China craton. Physics and Chemistry of the Earth, 26: 781~792

Zhang D D, Guo J H, Tian Z H, Liu F. 2016. Metamorphism and P-T evolution of high pressure granulite in Chicheng, northern part of the Paleoproterozoic Trans-North China Orogen. Precambrian Research, 280: 76~94

Zhang J S, Passchier C W. 2001. Structural and Metamorphic Evolution of the Archaean High-pressure Granulite in Datong-Huaian Area, North China. Beijing: Science in China Press

Zhang J S, Zhao G C, Li S Z, Sun M, Liu S W, Wilde S A, Kröner A, Yin C Q. 2007. Deformation history of the Hengshan Complex: implications for the tectonicevolution of the Trans-North China Orogen. Journal of Structural Geology, 29: 933~949

Zhao G C, Wilde S A, Cawood P A, Lu L Z. 1998. Thermal evolution of Archean basement rocks from the eastern part of the North China Craton and its bearing on tectonic setting. International Geology Review, 40 (8): 706~721

Zhao G C, Cawood P A, Lu L Z. 1999a. Petrology and P-T history of the Wutai amphibolites: implications for tectonic evolution of the Wutai Complex, China. Precambrian Research, 93 (2-3): 181~199

Zhao G C, Wilde S A, Cawood P A, Lu L Z. 1999b. Tectonothermal history of the basement rocks in the western zone of the North China Craton and its tectonic implications. Tectonophysics, 310 (1-4): 37~53

Zhao G C, Wilde S A, Cawood P A, Lu L Z. 1999c. Thermal evolution of two types of mafic granulites from the North China craton: implications for both mantle plume and collisional tectonics. Geological Magazine, 136 (3): 223~240

Zhao G C, Wilde S A, Cawood P A, Lu L Z. 2000. Petrology and P-T path of the Fuping mafic granulites: Implications for tectonic evolution of the central zone of the North China Craton. Journal of Metamorphic Geology, 18 (4): 375~391

Zhao G C, Cawood P A, Wilde S A. 2001a. High-pressure granulite (retrograded eclogites) from the Hengshan Complex, North China Craton: petrology and tectonic implications. Journal of Petrology, 42 (6): 1141~1170

Zhao G C, Wilde S A, Cawood P A, Sun M, Lu L Z. 2001b. Archean blocks and their boundaries in the North China Craton: lithological, geochemical, structural and P-T-path constraints. Precambrian Research, 107 (1): 45~73

Zhao G C, Wilde S A, Cawood P A, Sun M. 2002. SHRIMP U-Pb zircon ages of the Fuping Complex: implications for accretion and assembly of the North China Craton. American Journal of Science, 302: 191~226

Zhao G C, Sun M, Wilde S A, Li S Z. 2005. Late Archean to Paleoproterozoic evolution of the North China Craton: key issues revisited. Precambrian Research, 136: 177~202

Zhao G C, Cao L, Wilde S A, Sun M, Choe W J, Li S Z. 2006. Implications based on the first SHRIMP U-Pb zircon dating on Precambrian granitoid rocks in North Korea. Earth and Planetary Science Letters, 251 (3): 365~379

Zhao G C, Wilde S A, Sun M, Guo J, Kröner A, Li S, Li X, Zhang J. 2008. SHRIMP U-Pb zircon geochronology of the Huai'an Complex: Constraints on Late Archean to Paleoproterozoic magmatic and metamorphic events in the Trans-North China Orogen. American Journal of Science, 308 (3): 270~303

Zhao G C, Zhou X, Yin C. 2010. Metamorphism and isotopic ages of high-pressure pelitic granulites from the Khondalite Belt in the North China Craton, 5th International SHRIMP Workshop & Workshop on Advances in High-Resolution Secondary Ion Mass-Spectrometry (HRSIMS) and LA-ICP-MS Geochronology, and Application to Geological Processes, 85

Zhao G C, Cawood P A, Li S, Wilde S A, Sun M, Zhang J. 2012. Amalgamation of the North China Craton: key issues and discussion. Precambrian Research, 222-223 (12): 55~76

Zhou X, Wei C, Geng Y, Zhang L. 2004. Discovery and implications of the high-pressure pelitic granulite from the Jiaobei massif. Chinese Science Bulletin, 49 (18): 1942~1948

Zhou X, Zhao G, Wei C, Geng Y, Sun M. 2008. EPMA U-Th-Pb Monazite and SHRIMP U-Pb Zircon geochronology of high-pressure pelitic granulites in the Jiaobei Massif of the North China Craton. American Journal of Science, 308 (3): 328~350

第九章　古元古代活动带成矿作用

第一节　铜矿峪矿床流体成矿作用

一、引言

中条山地区位于山西省西南部，区内已发现的铜矿床有 20 余个，已探明的铜金属量超过 400 万 t，在区域内构成了铜的巨量堆积（《中条山铜矿地质》编写组，1978）。著名的铜矿峪型、胡家峪-篦子沟型、横岭关型和落家河型等铜矿床分别赋存于区内新太古代—古元古代不同层位的地层中，与该区早前寒武纪地壳演化和地质作用密切相关（Hu and Sun，1987；Sun et al.，1990；孙大中和胡维兴，1993；孙继源等，1995）。因此，中条山铜矿床是揭示华北克拉通早前寒武纪地质事件与成矿作用的重要窗口。

铜矿峪矿床是中条山地区规模最大的铜矿床，铜金属量超过 280 万 t，其成因对于揭示中条山古元古代大规模铜成矿作用具有重要启示。前人基于岩石学、矿物学、矿床学和地球化学等方法对铜矿峪矿床进行综合研究，但对其成因还存在着斑岩型矿床（《中条山铜矿地质》编写组，1978；陈文明和李树屏，1998；李宁波等，2013；孙大中和胡维兴，1993；许庆林，2010；张晗，2012）、沉积再造型矿床（Xie，1963）、变质火山喷气型矿床（孙海田等，1990）和 IOCG 型矿床（周雄，2007）等不同认识。因此，限定铜矿峪矿床的成因类型还需更加细致的研究工作。

本章基于流体包裹体的精细研究，详细刻画了铜矿峪矿床的流体成矿过程，探讨了成矿元素搬运形式和热液系统氧逸度波动对成矿的制约；基于年代学的系统研究阐述了该矿床的形成与华北克拉通古元古代构造-岩浆热事件的耦合关系。

二、区域地质及矿床地质

中条山地区位于华北克拉通南缘（图 9.1a），区内前寒武纪地层和岩浆岩分布广泛。区内前寒武系由老至新可分为五个构造岩石单元：新太古代杂岩体（涑水杂岩），古元古代绛县群、中条群、担山石群和中元古代西阳河群（Sun et al.，1990；白瑾等，1997；孙大中和胡维兴，1993）（图 9.1b）。各单元以不整合相接触，其中绛县群是中条山地区最重要的含矿建造，由老至新可分为横岭关和铜矿峪两个亚群。横岭关亚群由一套变质的碎屑岩和泥质-半泥质岩组成，赋存有横岭关铜矿床；而铜矿峪亚群由一套浅海相碎屑岩-泥质岩沉积建造和一套海相火山-沉积岩系组成，赋存有铜矿峪矿床。中条山地区的前寒武系自西向东呈现出由老变新的空间变化趋势。野外地质和岩相学特征均显示，除西阳河群外，其他岩石单元普遍遭受了不同程度的变质改造。

铜矿峪矿床位于中条山北部，矿区内出露的地层由老至新依次为竖井沟组变富钾流纹岩层、西井沟组变钾质基性火山岩层和骆驼峰组变石英晶屑凝灰岩层。矿区内变石英二长斑岩是主要的含矿岩体，它侵位于西井沟组变钾质基性火山岩中（图 9.2a、b）。

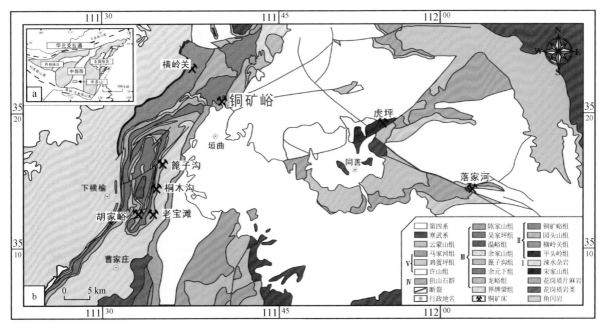

图 9.1　华北克拉通地质简图（a）（Zhao et al.，2005）和中条山地区地质简图（b）（孙大中和胡维兴，1993）

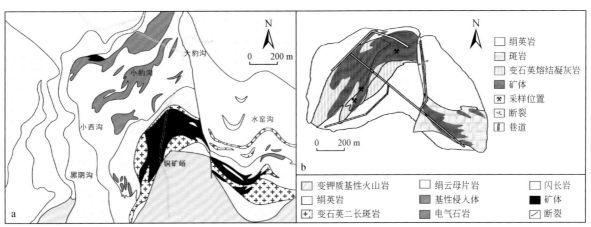

图 9.2　铜矿峪矿床矿区地质略图（a）和 5 号矿体坑道工程图（b）

《中条山铜矿地质》编写组，1978；孙大中和胡维兴，1993

三、矿化阶段及流体包裹体特征

铜矿峪矿床的矿石类型主要为细脉浸染型和硫化物大脉型两类。系统的岩相学研究显示，铜矿峪矿床的原生蚀变作用按形成先后顺序可分为钾化、绢英岩化和青磐岩化三个阶段。根据矿物的共生组合和生成顺序，铜矿峪矿床的热液成矿过程可分为钾化阶段、石英-硫化物阶段和石英-方解石-硫化物阶段，本书分别将其简称为早期成矿阶段、主成矿阶段和晚期成矿阶段。

1. 早期成矿阶段（钾化阶段）

早期成矿阶段的矿物组合为钾长石±黑云母+石英+黄铁矿+黄铜矿±磁铁矿±斑铜矿，主要以细脉产于变石英二长斑岩体内，脉体中含有大量的磁铁矿，也含有少量的黄铜矿和黄铁矿。脉体呈不规则状至板状，脉宽小于 2 cm。该阶段主要发育钾化蚀变，矿化强度较弱。

2. 主成矿阶段（石英-硫化物阶段）

主成矿阶段主要矿物组合为石英+绢云母+黄铜矿+黄铁矿±辉钼矿±磁铁矿±赤铁矿。石英+黄铜矿+黄铁矿组合呈细脉状（0.2~3 cm）或浸染状广泛分布于石英二长斑岩体边部和石英晶屑凝灰岩内（图9.3a、c、e）。黄铜矿呈他形产出，黄铁矿则呈半自形-他形产出，二者呈浸染状、线状连续或断续分布于脉体中心或边缘。该阶段是铜矿峪矿床最重要的矿化阶段，主要发育绢英岩化蚀变。

3. 晚期成矿阶段（石英-方解石-硫化物阶段）

晚期成矿阶段矿物组合为石英+方解石+黄铜矿+黄铁矿±斑铜矿±镜铁矿，矿石主要呈粗大脉状（1.5~20 cm）分布于石英晶屑凝灰岩内（图9.3b、d），距变石英二长斑岩体较远。黄铜矿和黄铁矿主要呈团块状集合体分布于脉体中，也有部分呈不规则线状分布于脉体中。石英和方解石晶形完好，颗粒较大，可见镜铁矿充填于方解石解理或裂隙内。该阶段主要发育青磐岩化蚀变。

图9.3 铜矿峪矿床A型石英的岩相学及磁铁矿-赤铁矿特征

a, b. 主成矿阶段和晚期成矿阶段的含矿石英脉；c, d. 主成矿阶段和晚期成矿阶段A型石英；
e, f. 主成矿阶段和晚成矿阶段磁铁矿和赤铁矿的共存在铜矿峪矿床多阶段含黄铜矿石英脉中,黄铜矿外部的石英与黄铜矿内部的石英在产状和所含包裹体特征等方面表现出不同。黄铜矿外部的石英(以下简称 A 型石英)是石英脉的主体部分,该类型石英中包裹体数量众多且类型丰富,除含有大量原生包裹体外,还含多期次呈线状排列并贯穿多个石英颗粒的次生包裹体群,暗示该类型石英受到了后期流体活动的影响。而黄铜矿内部的石英(以下简称 B 型石英),多呈细小颗粒状且晶形完好、透明度高,与黄铜矿接触界线平直(图9.4)。该类型石英中的包裹体较单一,数量较少,多呈孤立分布,表现出原生包裹体的特征,暗示该类型的石英受后期流体活动的影响较弱。因此,对 B 型石英中流体包裹体的研究可以有效地约束成矿流体的组成特征;同时,通过与 A 型石英中流体包裹体的对比研究,还可以限定 A 型石英不同类型包裹体的成因意义,为更客观地阐述矿床的形成机制提供科学素材。

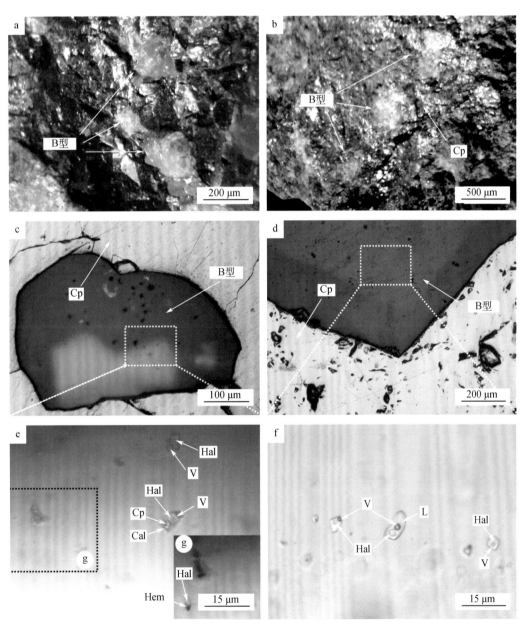

图 9.4 铜矿峪矿床 B 型石英及其流体包裹体岩相学特征

a,b. 主成矿阶段和晚期成矿阶段黄铜矿内的 B 型石英;c,d. B 型石英与黄铜矿接触边界平直;e. 主成矿阶段 S 型包裹体,子矿物类型为石盐、黄铜矿、赤铁矿和方解石;f. 晚期成矿阶段的 S 型包裹体,子矿物类型为石盐。V. 气态水;L. 液态水;Hal. 石盐;Cal. 方解石;Hem. 赤铁矿;Cp. 黄铜矿系统的岩相学研究表明，铜矿峪矿床的含矿石英脉中分布着多种类型的流体包裹体，依据包裹体的相态和组成可划分为以下4种类型（表9.1）。

V型：气体包裹体，多数为纯气相包裹体，少数为富气相水溶液包裹体，气相成分占总体积85%以上（图9.5d）。这类包裹体形态以椭圆状为主，大小为3~20 μm，多数成群分布，并主要出现在主成矿阶段。

C型：含CO_2包裹体，在室温下（20 ℃）包裹体由液态H_2O、液相CO_2和气相CO_2三相组成，其中CO_2相占总体积的15%~80%，形态主要为椭圆状，其大小为5~16 μm（图9.5f）。该类包裹体呈随机分布，含量较少，主要见于主成矿阶段。

L型：富液相水溶液包裹体，液相成分占包裹体总体积的50%以上，呈扁圆状、长条状及不规则状产出，其大小为1~15 μm（图9.5c）。该类包裹体呈面状随机分布，数量较多，在晚期成矿阶段形成的石英中广泛分布。

表9.1 铜矿峪矿床流体包裹体类型及特征

类型	相组合	子矿物	大小/μm	比例/vol.%	形状	产状	位置
C	$V_{CO_2} + L_{H_2O}$；$V_{CO_2} + L_{CO_2} + L_{H_2O}$		5~16	15~80	椭圆形	孤立分布	M-A
V	V_{H_2O}；$V_{H_2O} + L_{H_2O}$		3~20	>85	圆形或椭圆形	孤立分布，离散分布或簇状分布	M-A；M-B
L	$V_{H_2O} + L_{H_2O}$		1~15	<30	不规则形，椭圆形	离散分布，线状或簇状分布	M-A；L-A；L-B
S	$V_{H_2O} + L_{H_2O}$	石盐、钾盐、方解石、硬石膏、赤铁矿、黄铜矿、不透明矿物	3~25	15~30	不规则形，椭圆形	离散或簇状分布	E-A；M-A；M-B；L-A；L-B

注：V_{CO_2}. 气态CO_2；L_{CO_2}. 液态CO_2；V_{H_2O}. 气态H_2O；L_{H_2O}. 液态H_2O；vol.%. 气相的体积百分比；E-A. 早期成矿阶段A型石英；M-A. 主成矿阶段A型石英；M-B. 主成矿阶段B型石英；L-A. 晚期成矿阶段A型石英；L-B. 晚期成矿阶段B型石英

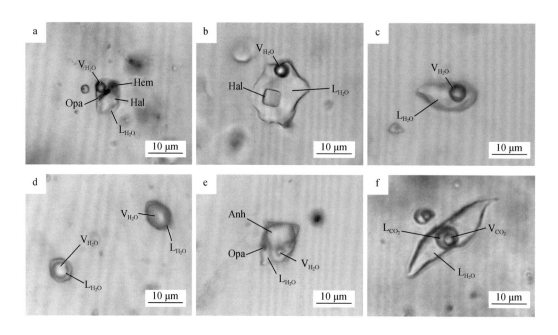

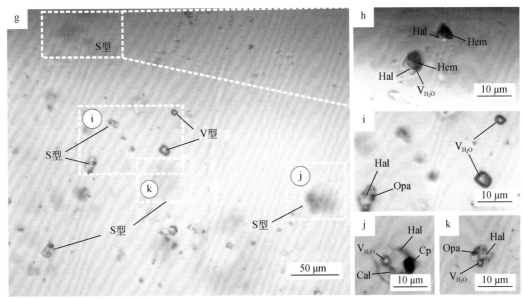

图9.5 铜矿峪矿床流体包裹体岩相学特征

a. 主成矿阶段的S型包裹体，子矿物类型为石盐、赤铁矿和不透明矿物等；b. 晚期成矿阶段的S型包裹体，子矿物类型仅为石盐；c. 晚期成矿阶段L型包裹体；d. 主成矿阶段V型包裹体；e. 主成矿阶段S型包裹体，子矿物类型为硬石膏和不透明矿物等；f. 主成矿阶段C型包裹体；g. 主成矿阶段S型和V型包裹体共存；h, i, j, k. V型包裹体和S型包裹体共存。V_{CO_2}. 气态CO_2；L_{CO_2}. 液态CO_2；V_{H_2O}. 气态水；L_{H_2O}. 液态水；Hal. 石盐；Cal. 方解石；Hem. 赤铁矿；Cp. 黄铜矿；Anh. 硬石膏

S型：含子矿物多相包裹体，气相成分占总体积的15%~30%，呈扁圆状、长条状及不规则状产出，其大小为3~25 μm，子矿物以石盐为主，也含有一定数量的方解石、赤铁矿、钾盐、黄铜矿和少量硬石膏等其他矿物（图9.5a、b、e、h、i、j，图9.6c~f）。在同一个包裹体中常出现多个子晶，可见含石盐、赤铁矿和硫化物共存在同一S型包裹体中（图9.5a）。

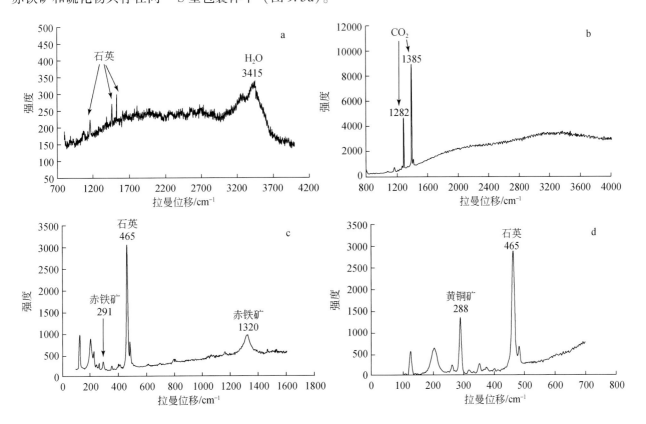

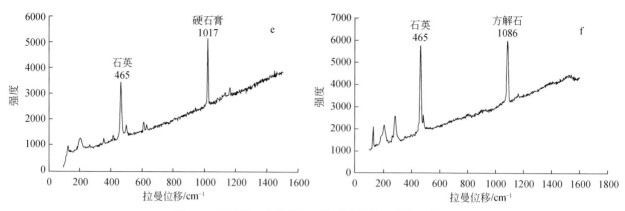

图 9.6 铜矿峪矿床流体包裹体激光拉曼光谱分析结果

四、成矿流体物理化学条件

不同成矿阶段包裹体显微测温结果对铜矿峪矿床成矿过程的物理化学条件进行了有效约束（表 9.2，图 9.7、图 9.8）。

表 9.2 铜矿峪矿床包裹体显微测温结果

阶段	类型	数量	$T_{m,ice}$/℃	$T_{m,cla}$/℃	$T_{m,hal}$/℃	均一状态	T_h/℃	盐度/（% NaCl equiv）
早期成矿阶段	S	23			479~560	液态	479~560	53.3~61.4
主成矿阶段	C	11		-9.6~2.1		液态	280~372	13.1~20.5
	V	10				气态	282~375	—
	A-S	55			233~450	液态	233~450	34.3~50.9
	B-S	14			250~412	液态	250~412	35.4~47.9
晚期成矿阶段	L	23	-0.1~-3.9			液态	141~230	0.2~6.3
	A-S	19			186~245	液态	186~245	31.6~35.2
	B-S	7			195~230	液态	195~230	31.6~34.0

注：$T_{m,ice}$. 冰点温度；$T_{m,cla}$. CO_2 笼形水合物融化温度；$T_{m,hal}$. 石盐融化温度；A-S. A 型石英中 S 型包裹体；B-S. B 型石英中 S 型包裹体；—. 无数据

铜矿峪矿床早期成矿阶段，A 型石英中含石盐子矿物的 S 型包裹体均一温度介于 479~560℃，盐度介于 53.3%~61.4% NaCl equiv（图 9.7a、d）。

铜矿峪矿床主成矿阶段，A 型石英中含石盐子矿物的 S 型包裹体均一温度介于 233~450℃，盐度介于 34.3%~50.9% NaCl equiv（图 9.7b、e）。A 型石英中 C 型包裹体 CO_2 相的初熔温度介于 -62~-56.6℃，笼形水合物溶解温度介于 -9.6~-2.6℃，CO_2 相的均一温度介于 9.1~23.2℃，均一温度介于 280~372℃（图 9.7b、e），计算的盐度介于 17.8%~20.5% NaCl equiv。主成矿阶段含赤铁矿和黄铜矿的 S 型包裹体与仅含石盐的 S 型包裹体共存，且形态、相比例相近，为同期捕获包裹体，因此，含石盐的 S 型包裹体测温结果能够限定该成矿阶段的物理化学条件和流体组成。

晚期成矿阶段，A 型石英中的 S 型包裹体均一温度相对较低，介于 186~245℃，盐度介于 31.6%~35.2% NaCl equiv（图 9.7c、f）。A 型石英中的 L 型包裹体的均一温度介于 141~230℃，盐度介于 0.2%~6.3% NaCl equiv。

前已述及，通过 B 型与 A 型石英中流体包裹体的对比研究，可以限定 A 型石英不同类型包裹体成矿指示意义，准确地限定不同矿化阶段的物理化学条件和成矿流体的组成。主成矿阶段和晚期成矿阶段 B

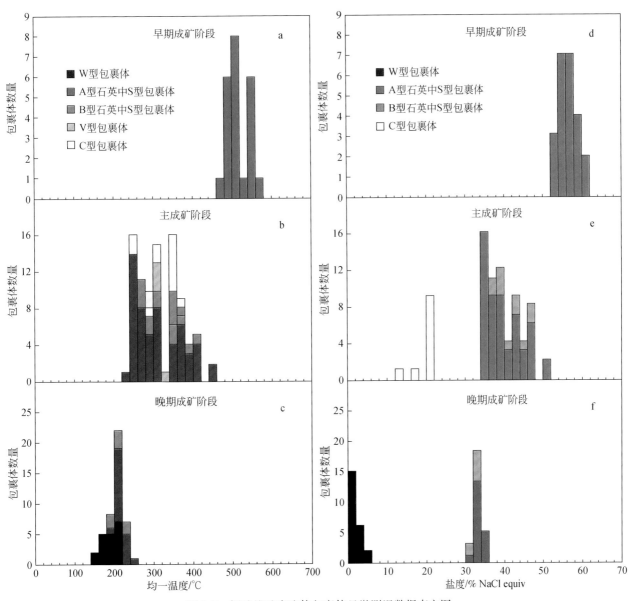

图 9.7 铜矿峪矿床流体包裹体显微测温数据直方图

型石英包裹体显微测温结果显示，S 型包裹体均一温度分别为 250~412 ℃ 和 195~230 ℃，与这两个阶段相应 A 型石英中的 S 型包裹体测试结果相近（图 9.7b、c、e、f），验证了 A 型石英中原生流体包裹体测温的可靠性。

综合显微测温结果，铜矿峪矿床早期成矿阶段的成矿流体表现出高温（450~560 ℃）、高盐度（53.3%~61.4% NaCl equiv）的特征（图 9.8）。铜矿峪矿床主成矿阶段 S 型包裹体和 V 型包裹体紧密共存，且均一温度相近，但均一方式不同（分别均一到液相和气相）（图 9.8），代表了密度明显不同的两种流体，暗示该阶段的成矿流体发生了沸腾作用，促使 Cu 在卤水相中进一步富集（Lerchbaumer and Audétat，2012）。研究显示，CO_2 的存在能够促使流体的相分离（Lowenstern，2001），而 CO_2 的逃逸会使成矿流体的 pH 升高，从而导致其中的成矿元素卸载（Robb，2005）。流体包裹体显微岩相学和测温研究显示，相对早期成矿阶段，主成矿阶段的流体发生了明显的沸腾，而在 S 型包裹体中也出现了相当数量的黄铜矿、赤铁矿和硬石膏等非盐类子矿物。这表明该阶段的成矿流体具有较高的含矿性，且体系的氧逸度发生了明显的变化。

铜矿峪矿床晚期成矿阶段的流体包裹体显微测温结果显示，成矿流体的温度和盐度相比于前两个阶

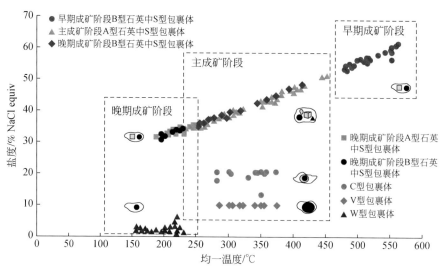

图 9.8 铜矿峪矿床流体包裹体均一温度-盐度协变图

段明显降低（图 9.8），可能暗示随着成矿流体的演化和流体/围岩反应程度提高，其温度逐渐降低。此外，成矿流体盐度的显著降低和 L 型包裹体的大量出现，则可能暗示晚期成矿体系有外来流体加入，这可能是形成晚期成矿阶段粗大脉状矿化的主要原因。

五、成矿流体来源及元素的迁移

铜矿峪矿床的流体包裹体 H-O 同位素组成显示，主成矿阶段流体主要位于岩浆水和变质水范围内（图 9.9），结合该阶段成矿流体具有高温、高盐度的特征，可以排除其主要来自变质水的可能，暗示其主要来自岩浆水。此外，晚期成矿阶段有少数样品的投影点落在岩浆水区间外，考虑到该阶段成矿流体的温度和盐度明显降低，则暗示可能有少量外来流体（天水）的加入。

岩浆热液中成矿金属元素的搬运形式一直存在争议（Williams-Jones，2005），目前主要有以下两种观点：①蒸汽相对金属元素的运移具有重要制约（Audétat et al.，1998；Heinrich et al.，1999；Lai et al.，2007），研究显示，在富 S 的岩浆热液体系中，当发生蒸汽相与卤水相分离时，铜优先进入蒸汽相，并以硫氢络合物的形式迁移（Heinrich，2007；Heinrich et al.，2004；Williams-Jones，2005）；②卤水相对金属元素的运移具有重要制约，并认为金属元素在卤水相中主要以氯络合物的形式运移（Crerar and Barnes，1976；Holland，1972）。

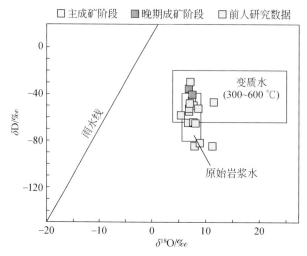

图 9.9 铜矿峪矿床流体包裹体 H-O 同位素组成图

通过对铜矿峪矿床主成矿阶段和晚期成矿阶段石英中包裹体系统的研究，本书认为铜矿峪矿床的金属元素主要在卤水相中运移，主要有以下证据：

(1) S型包裹体是早期成矿阶段、主成矿阶段和晚期成矿阶段最主要的流体包裹体类型，暗示高盐度卤水相参与了整个流体成矿过程。

(2) 主成矿阶段 B 型石英中 S 型包裹体是唯一的包裹体类型，未见同时捕获的 V 型包裹体，暗示在矿质沉淀的最后阶段，成矿金属元素随高盐度卤水相运移。

(3) 主成矿阶段的 S 型包裹体中含有较多的黄铜矿子矿物，表明高盐度流体具有较高的含矿性。而与 S 型包裹体在同一视域中的 V 型包裹体不含子矿物，并且早期和晚期成矿阶段的 S 型包裹体也不含黄铜矿子矿物，这表明主成矿阶段 S 型包裹体中黄铜矿不是铜选择性扩散的产物。

上述研究显示，铜矿峪矿床不同阶段成矿流体的组成有明显差异，早期成矿阶段和主成矿阶段以岩浆热液为主，而晚期成矿阶段则混入了相当数量的外来流体，这可能是造成该矿床与典型斑岩铜矿床不同的主要原因。此外，主成矿阶段成矿金属元素可能是在卤水相中搬运。

六、氧逸度对成矿作用的制约

前人研究认为，氧化型斑岩铜矿床的成矿作用明显受高氧逸度的长英质岩浆制约（Audétat et al.，2004；Ballard et al.，2002；Hedenquist et al.，1994；Sillitoe，2010；Sun et al.，2013），并且高氧逸度是亲铜元素在初始岩浆中富集的先决条件（Mungall，2002；Sillitoe，1997）。实验研究表明，S 的丰度和氧化还原状态能够控制铜等亲铜元素的地球化学行为（Simon et al.，2006；Sun et al.，2004）。S^{2-} 在硅酸盐熔体中的溶解度较低（Carroll and Rutherford，1985），且铜在硫化物相和硅酸盐熔体相之间的分配系数较大（550~10000）（Gaetani and Grove，1997）。如果岩浆演化早期硅酸盐熔体中的 S 主要以 S^{2-} 的形式存在，则将不利于铜在熔体中富集。但在高氧逸度条件下，S 在熔体中主要以 SO_4^{2-} 的形式存在（Mungall，2002；Sillitoe，1997），因为硫酸盐在熔体中具有较高的溶解度（Gaetani and Grove，1997），所以有利于铜在斑岩岩浆中富集。

铜矿峪赋矿斑岩的石英斑晶中含有丰富的硬石膏，而且在含矿石英脉中也发现了少量含硬石膏子矿物包裹体（图9.5e），表明在斑岩中 S 主要以 SO_4^{2-} 的形式存在。在主成矿阶段的成矿金属元素以硫化物的形式沉淀，这暗示在流体成矿过程中 S 曾发生了从 SO_4^{2-} 向 S^{2-} 的价态转变（Sun et al.，2004）。前人对斑岩铜矿的研究也证实，高氧化岩浆在演化的早期实现了铜的富集，而晚期 S^{2-} 的增加导致铜的沉淀（Liang et al.，2009；Moss et al.，2001；Togashi and Terashima，1997）。研究表明，Fe 对于体系氧逸度变化具有重要影响，它是岩浆中含量较高且有效的氧化还原剂（Mungall，2002）。在氧化的岩浆中，硫酸盐、CO_2 和 H_2O 都以氧化态存在，而 Fe^{2+} 是唯一的还原剂（Sun et al.，2013）。磁铁矿从岩浆中结晶会导致岩浆中的 SO_4^{2-} 被还原成 S^{2-}，从而促使铜与岩浆分离并进入高温水溶液相（Sun et al.，2004），该过程可用以下反应式表示：

$$12[FeO] + H_2SO_4 \Longleftrightarrow 4Fe_3O_4 + H_2S \qquad (9.1)$$

铜矿峪矿床早期成矿阶段不但发育了斑岩矿床的典型钾化蚀变，而且还有相当数量的磁铁矿分布（图9.3e、f），流体包裹体均一温度区间为 450~560℃，与典型斑岩铜矿床早期钾化蚀变的温度（420~700℃）一致（芮宗瑶，1984）。铜矿峪矿床的钾化带内仅发育小规模的矿化，暗示流体体系硫化物饱和程度并不高。铜矿峪矿床主成矿阶段发育绢英岩化，该阶段磁铁矿和赤铁矿组合十分发育。流体包裹体显微测温显示，主成矿阶段温度为 235~420℃，与世界主要斑岩型铜矿床黄铜矿（250~350℃）和黄铁矿（180~410℃）的结晶温度相近（芮宗瑶等，2004）。

上述研究显示，从早期成矿阶段到晚期成矿阶段，温度的降低可能是导致铜沉淀的重要因素。此外，主成矿阶段磁铁矿和赤铁矿共存表明，热液系统的氧逸度在磁铁矿-赤铁矿缓冲线（MH 线）附近波动。该阶段 S 型包裹体中含有赤铁矿、黄铜矿和硬石膏等子矿物，暗示赤铁矿的结晶导致了硫酸盐的还原，使

流体的 S^{2-} 饱和，诱发大量铜的沉淀，这个过程可用以下反应式表示：

$$8Fe^{2+}+3SO_4^{2-} =\!=\!= 4Fe_2O_3+3S^{2-} \tag{9.2}$$

如前所述，主成矿阶段流体的沸腾（233～450 ℃）是导致成矿元素在卤水相中富集的主要因素；而成矿体系温度的降低，使磁铁矿进一步氧化为赤铁矿，并导致硫酸盐还原，促使流体中铜大量的沉淀。

在晚期成矿阶段的石英-方解石脉中分布着镜铁矿，这表明成矿流体系统氧逸度仍处于 MH 线附近。包裹体显微测温表明，晚期成矿阶段成矿温度范围已降至 186～245 ℃，流体的盐度也明显地降低。流体温度和盐度的显著降低可能暗示有外来流体（天水）的加入。此外，晚期成矿阶段 S 型包裹体中缺乏黄铜矿子矿物，表明温度和盐度的降低导致流体对铜的运移能力下降，而赤铁矿的缺乏暗示流体中 SO_4^{2-} 转变为 S^{2-} 的能力已经变弱。

综上所述，铜矿峪矿床主成矿阶段磁铁矿和赤铁矿共存及 S 型包裹体中赤铁矿的存在，表明铜矿峪矿床的形成受控于硫酸盐还原和亚铁离子氧化的电化学过程，且主成矿阶段成矿流体的氧逸度在 MH 线附近波动，这对于铜的沉淀具有重要约束。

七、矿床成因及形成环境

铜矿峪矿床由于形成于早前寒武纪，经历了较强烈的变质作用改造，其原始面貌已经发生了明显的改变，因此人们对其成因存在着较大争议，目前主要有以下四种观点：斑岩型矿床（《中条山铜矿地质》编写组，1978；陈文明和李树屏，1998；李宁波等，2013；孙大中和胡维兴，1993；许庆林，2010；张晗，2012）、沉积再造型矿床（Xie，1963）、变质火山喷气型矿床（孙海田等，1990）和 IOCG 型矿床（周雄，2007）。通过系统的矿床地质研究，并结合前人的成果，本书认为铜矿峪矿床的成因类型更可能为斑岩型矿床，主要有以下几方面证据：

(1) 铜矿峪矿床与赋矿变石英二长斑岩在空间上的密切相关，形成时代也相近，且发育钾化、绢英岩化和青磐岩化等斑岩型铜矿床特有的矿化蚀变。

(2) 铜矿峪矿床主成矿阶段成矿流体主要来自岩浆水，而且曾发生了流体沸腾作用，这与典型斑岩型铜矿床特征一致（Bodnar et al.，2014）。

(3) 铜矿峪矿床成矿流体体系氧逸度在 MH 线附近波动，这与典型氧化型斑岩铜矿床氧化还原条件一致。

铜矿峪矿床的成矿年龄引起许多学者的关注。孙海田等（1990）对铜矿峪矿床赋矿变石英二长斑岩中的锆石进行了 U-Pb 年龄测定，获得了 2188±15 Ma 的加权平均年龄；孙大中和胡维兴（1993）对铜矿峪变石英斑岩中的锆石进行了 U-Pb 年龄测定，获得了 2195±64 Ma 的加权平均年龄；陈文明和李树屏（1998）对变石英二长花岗斑岩内的辉钼矿进行了 Re-Os 同位素测年，获得了 2108±31 Ma 的等时线年龄。本书通对铜矿峪矿床底部的竖井沟组变流纹岩、富矿层骆驼峰组变石英晶屑凝灰岩和赋矿岩体变石英二长斑岩中的锆石进行了 U-Pb 定年研究，限定了变流纹岩的形成年龄为 2144±30 Ma、变石英晶屑凝灰岩的形成年龄为 2143±40 Ma 和变石英二长斑岩的形成年龄为 2191±18 Ma。三者在误差范围内一致，同属 2.20～2.10 Ga 岩浆事件的产物。结合前人辉钼矿 Re-Os 等时线年龄，本书认为铜矿峪矿床的形成年龄在 2170 Ma 左右。

华北克拉通在 2.20～2.10 Ga 整体上处于一个伸展构造环境（Zhai，2010；Zhai and Santosh，2013；Zhai et al.，2011），同时伴随着与伸展作用相关的岩浆活动（Du et al.，2013；Peng et al.，2005；杜利林等，2013；孙大中和胡维兴，1993）。而在中条山地区绛县群上部分布着一套双峰式火山岩，其形成时代介于 2.20～2.10 Ga（孙大中和胡维兴，1993；张晗等，2013）。双峰式火山岩通常作为指示拉张环境的直接证据（Leat et al.，1986；Li et al.，2002；Suneson and Lucchitta，1983），暗示中条山地区在 2.20～2.10 Ga 经历了一次伸展过程，而铜矿峪矿床的形成年龄表明其形成于该伸展构造背景。侯增谦等（2007）基于对中国大陆斑岩型铜矿的研究，认为在大陆伸展环境也可以形成斑岩型铜矿。综上研究，本书认为铜矿峪矿床是一与古元古代华北克拉通伸展作用有关的斑岩型矿床。

八、结论

(1) 铜矿峪矿床的成矿经历了早期成矿阶段（钾化阶段）、主成矿阶段（石英-硫化物阶段）和晚期成矿阶段（石英-方解石-硫化物阶段），分别发育钾化、绢英岩化和青磐岩化等围岩蚀变。

(2) 高盐度流体贯穿整个铜矿峪矿床成矿过程，随着成矿流体的演化，流体的温度、盐度和压力逐渐降低，在主成矿阶段曾发生了沸腾作用，导致了大规模的铜矿化；在晚期成矿阶段流体进一步冷却，并伴随着外来流体的加入，形成了大脉型矿化。

(3) 铜矿峪矿床成矿流体体系的氧逸度在磁铁矿-赤铁矿缓冲线附近波动，主成矿阶段磁铁矿-赤铁矿的结晶以及 SO_4^{2-} 的还原对铜的沉淀具有重要作用。

(4) 铜矿峪矿床的形成年龄在 2170 Ma 左右，其成矿作用与华北克拉通 2.2~2.1 Ga 后碰撞伸展作用密切相关，是中国最古老的斑岩铜矿床。

第二节　表生成矿作用：后仙峪硼矿

一、区域地质背景

辽东硼矿床位于夹持于两个太古宙地体中的古元古代胶-辽-吉带，北侧为龙岗地块，南侧为狼林地块（白瑾，1993）（图9.10）。北侧龙岗地块为大面积分布的花岗岩-绿岩地体，主要由各种花岗质岩石和绿岩带组成。在该地块中产出有 BIF 式铁矿、块状硫化物矿床、绿岩带中金矿床（李雪梅，2009）。南部狼林地块 90% 以上为花岗质岩石，以 TTG 为主（路孝平等，2005）。未见绿岩带，表壳岩分布很少。

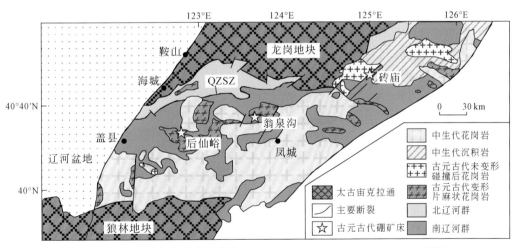

图 9.10　辽吉古元古代造山带及硼矿床分布图（据 Yan and Chen，2014 修改）

北东向的 300 km 长的古元古代造山带主要由火山碎屑岩和相关的花岗质和基性侵入体组成，并发生绿片岩相-低角闪岩相变质（张秋生，1984）（图9.10），被称为辽河群。辽东地区辽河群地层自下而上为浪子山组、里尔峪组、高家峪组、大石桥组、盖县组（图9.11）。下伏地层为太古宇鞍山群，上覆地层为元古宇上部地层榆树砬子群，均与辽河群呈不整合接触。浪子山组主要为石榴-十字二云母片岩，原岩为碎屑岩-黏土岩。里尔峪组由变质火山碎屑岩组成，主要岩性为浅粒岩和变粒岩，夹斜长角闪岩及含硼蛇纹石化镁质橄榄岩/大理岩。里尔峪组具有高的硼含量（被称为含硼岩系），在其中发现多个硼矿床（图9.10）。含硼岩系从下至上主要包括：磁铁矿-微斜长石岩，浅粒岩、变粒岩（黑云母-石英-长石），镁质硅酸岩与镁质大理岩互层（经历不同程度的蛇纹石化），以及上覆含电气石浅粒岩-变粒岩，斜长角闪岩呈夹层状出现于含硼岩系中（Jiang et al.，1997；Peng and Palmer，2002）。里尔峪组被高家峪组、大石桥组和盖县组覆盖，高家峪组主要岩性由石榴子石黑云母片岩和含石墨片麻岩组成，大石桥组主要为透闪石变粒岩和镁质大理岩，盖县组主要为变质碎屑沉积岩，岩性主要包括石榴/夕线二云母片岩、千枚岩和片麻岩。辽河群沉积时限为 2.3 ~ 1.86 Ga，区域变质年龄为 2.0 Ga 左右（张秋生，1984；Wan et al.，2006；汤好书等，2009）。辽河群中出露若干个古元古代花岗岩体，包括变形的片麻状花岗岩（约 2.16 Ga）（Li et al.，2005；Lu et al.，2006；Li and Zhao，2007）和未变形的碰撞后花岗岩（约 1.85 Ga）（Li et al.，2005；Lu et al.，2006；Li and Zhao，2007）。

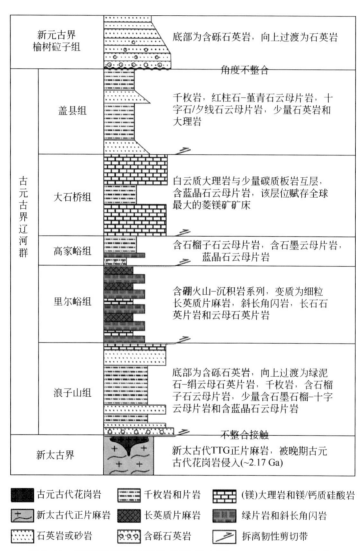

图 9.11　辽河群岩性地层单元组成（据 Li et al.，2011 修改）

胶-辽-吉带的动力学背景和构造演化仍具有很多争论（Zhao et al.，2011；Zhao and Zhai，2013）。一些学者认为这个古元古代褶皱带代表了形成于大陆裂谷环境下的一套火山-沉积岩石（以及相关的花岗岩体），这套岩石后在龙岗和狼林地块碰撞过程中发生变质作用和褶皱（约 1.9Ga）（李三忠等，2001；Luo et al.，2004；Li and Zhao，2007；Li et al.，2012；Tam et al.，2011，2012）。另外一些学者则认为胶-辽-吉带代表了古元古代大陆弧环境，变质作用发生于弧-陆碰撞过程（白瑾，1993；Peng and Palmer，1995；贺高品和叶慧文，1998；Faure et al.，2004；Lu et al.，2006；王慧初等，2011；Zhao et al.，2011；Zhao and Zhai，2013）。

二、后仙峪硼矿地质特征

后仙峪矿床位于辽吉硼矿带西部,是赋存在古元古界里尔峪组(含硼岩系)中的三个主要硼矿床之一。后仙峪矿床中主要包括4种岩石单元(图9.12、图9.13):①变粒岩;②电气石岩和富电气石石英脉(电英岩);③富镁岩系;④硼矿体。

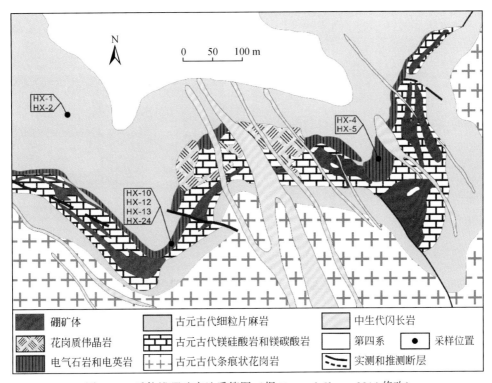

图 9.12 后仙峪硼矿床地质简图(据 Yan and Chen,2014 修改)

图 9.13 后仙峪硼矿野外剖面图

1) 变粒岩

变粒岩具有条带状构造,黑云母和角闪石呈条带状分布(图9.14a),与硼矿赋存岩石呈整合接触。变粒岩主要由石英(40%)、微斜长石(25%)、斜长石(10%)以及少量的角闪石、黑云母、磁铁矿和电气石组成，表明其为变质的长英质火山岩（Peng and Palmer，1995）。电气石与石英、长石的镶嵌结构表明其形成于变质过程（图9.14b）。

2）富电气石岩石

富电气石岩石包括电气石岩和富电气石石英脉（电英岩）。电气石岩呈层状（图9.14c），是硼矿体的直接上盘围岩（图9.13）。电气石岩包括90%的电气石和少量的石英、长石、透辉石、白云母、磁铁矿和锆石（图9.14d）。电气石呈自形-半自形，粒度为0.1~3 mm。大多数电气石具有环带结构，核、边界线清楚。电气石核部常包裹细小的石英、电气石和锆石，而边部少见矿物小颗粒包裹其中。富电气石石英脉则仅见于硼矿体中或位于硼矿体上盘（图9.14e），主要由石英（40%）、电气石（40%）、角闪石（15%）和少量长石组成（图9.14f）。

图9.14　a. 后仙峪硼矿变粒岩野外照片；b. 变粒岩镜下照片，电气石、石英和微斜长石呈镶嵌结构；c. 硼矿体上盘电英岩（富电气石石英脉）和电气石岩野外照片；d. 电气石岩镜下照片，电气石发育环带结构；e. 硼矿体附近电气石-石英脉野外照片；f. 电英岩镜下照片，主要由电气石、石英和透闪石组成

Tou. 电气石，Mic. 微斜长石，Q. 石英，Tr. 透闪石

3) 富镁岩系

硼矿体只赋存于富镁岩系中（图9.15a、b），富镁岩系包括镁硅酸岩（镁橄榄石-透辉石-金云母-透闪石）和富镁碳酸岩。橄榄岩90%由镁橄榄石组成（图9.15c、d），发生不同程度的蛇纹石化。小颗粒镁橄榄石（50~500 μm）未遭受蚀变，通常与硼镁石和硼镁铁矿共生（图9.15e、f）。大颗粒镁橄榄石具有镶嵌结构，与磷灰石和磁铁矿共生（图9.15c、d），镁橄榄石常被蚀变为蛇纹石和透闪石。金云母见于碳酸岩和镁硅酸岩中。镁橄榄岩呈似层状、透镜状分布于变粒岩中，与镁质大理岩互相过渡，和围岩整合接触（冯本智和邹日，1994）。

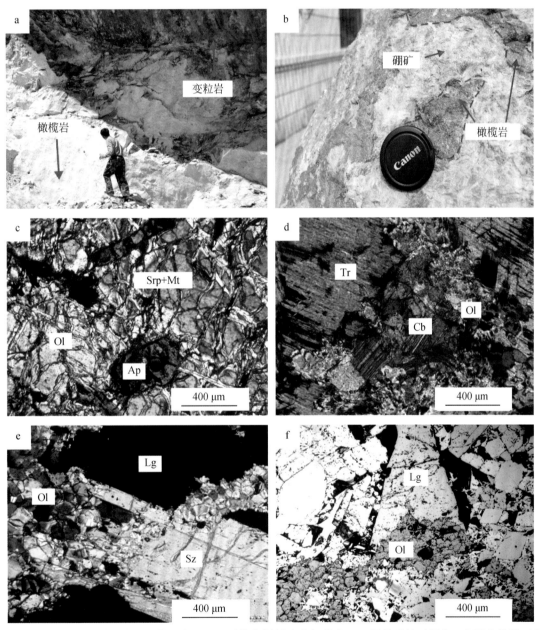

图9.15 a. 镁硅酸岩（橄榄岩）野外照片；b. 硼矿体与橄榄岩密切共生；c. 橄榄岩镜下照片，主要由橄榄石和少量磷灰石组成，橄榄岩部分蚀变为蛇纹石和磁铁矿；d. 镁硅酸岩镜下照片，主要由橄榄石、透闪石和碳酸盐矿物组成。e. 硼矿体镜下照片，包括硼镁石、硼镁铁矿和橄榄石，硼镁石呈板片状或细小纤维状晶体；f. 硼矿体镜上照片，硼镁铁矿和橄榄石脉共生

Srp. 蛇纹石，Mt. 磁铁矿，Ol. 橄榄石，Ap. 磷灰石，Tr. 透闪石，Cb. 碳酸盐矿物，Sz. 硼镁石，Lg. 硼镁铁矿

4) 硼矿体

矿体呈层状或透镜状产于蛇纹石化镁橄榄岩和镁质大理岩中,与赋矿围岩整合接触。矿体产状与镁橄榄岩、镁质大理岩基本一致,但走向或倾向上均有分叉、复合、收缩、膨大现象(Jiang et al.,1997;汤好书等,2009)。矿石矿物主要为硼镁石($Mg_2B_2O_5H_2O$)、遂安石($Mg_2B_2O_5$)和硼镁铁矿[$(Fe,Mg)_4Fe_2B_2O_{10}$]。硼镁石主要呈板片状或纤维状(图9.15e)。遂安石常在后来的变质作用过程中发生水化作用转变为硼镁石。硼镁铁矿比较少见,通常蚀变为硼镁石和磁铁矿。硼镁石和硼镁铁矿与小颗粒的镁橄榄石共生(图9.15e、f)。脉石矿物有镁橄榄石、蛇纹石、金云母、透闪石、阳起石、菱镁矿、磁铁矿等。

三、电气石化学成分和硼同位素特征

(一)电气石的化学成分

电气石是一个复杂的硼硅酸盐矿物,其一般化学分子式为$XY_3Z_6(T_6O_{18})(BO_3)_3V_3W$(Hawthorne and Henry,1999)。X = Ca,Na,K,空位;Y = Mg,Fe^{2+},Mn^{2+},Al,Li,Cr^{3+},V^{3+},Fe^{3+},(Ti^{4+});Z = Mg,Al,Fe^{3+},V^{3+},Cr^{3+};T = Si,Al,(B);B = B;V = OH,O;W = OH,F,O(Henry and Dutrow,1996;Hawthorne and Henry,1999)。电气石分子式基于15个阳离子计算(Henry and Dutrow,1996)。

所有的电气石,包括硼矿体中的电气石和变粒岩中的电气石,成分均投在碱性类区域(图9.16)(Henry et al.,2011)。电气石X位上的空位含量很低,最大为0.11 apfu。大部分的电气石投在6区(富Fe^{3+}石英电气石岩、钙质硅酸岩和变泥质岩)和10区(贫钙变泥质岩、变砂屑岩和石英电气石岩)(图9.17)(Henry and Guidotti,1985)。电气石Fe/(Fe+Mg)值范围为0.16~0.60(图9.18a)。然而,电气石中Al的论题明显偏离黑电气石-镁电气石理论值,具有Al亏损的特征(<6 apfu)(图9.17、图9.18b)。变粒岩中电气石和富电气石岩石中的电气石在主量和微量元素上具有明显的不同,表明它们具有不同的成因。①变粒岩中的电气石不发育环带结构,比富电气石岩中的电气石具有更高的Fe和Na含量,其Fe/(Fe+Mg)和Na/(Na+Ca)值分别为0.51~0.60和0.75~0.93(图9.18a)。这些电气石表现出LREE富集和Eu正异常(Eu/Eu* = 1.9~6.1)(图9.19a)。整体上,变粒岩中的电气石具有相对低的V(16~180 ppm)、Cr(4.5~33 ppm)、Co(3.9~14 ppm)、Ni(6.0~21 ppm)、Sn(3.3~14 ppm)和Sr(45~110 ppm)含量。②硼矿床中富电气石岩的电气石具有富Mg贫Na(镁电气石)特征(图9.18a)。这些电气石表现出更高的REE含量(0.71~48 ppm)和更强的Eu正异常(Eu/Eu* = 1.99~75.26),轻稀土富集程度变化范围较大(La_N/Yb_N = 2.7~174.7;图9.19b)。富电气岩中的电气石比变粒岩中的电气石具有更高的V(229~1852 ppm)、Cr(2.0~557 ppm)、Co(8.0~37 ppm)、Ni(12~78 ppm)、Sn(2.9~122 ppm)和Sr(208~1191 ppm)含量。具有环带电气石的边部比核部具有更高的Mg(Mg/Fe = 1.27~1.86)、Ti、V、Sn和Pb,更低的Fe、Li、Cr、Co、Ni、Zn、Mn、Sc和Al(图9.20b、c、e、g、h)。核、边部的Si、Ca、Na和K含量变化不大(图9.20c~e)。另外,电气石边部(3.5~48 ppm)比核部(0.71~7.3 ppm)具有明显高的REE含量,尤其是LREE含量(图9.19b、图9.20f)。

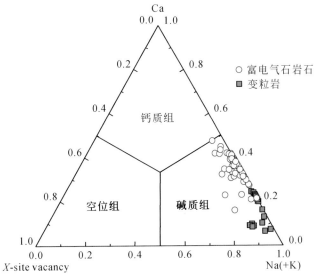

图 9.16 后仙峪硼矿电气石分类图 (Henry et al., 2011)

X-site vacancy 指 X 位空位数

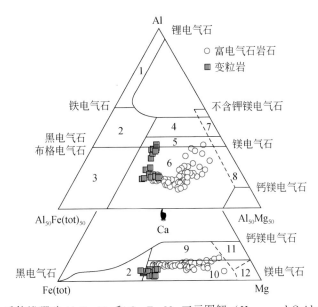

图 9.17 后仙峪硼矿 Al-Fe-Mg 和 Ca-Fe-Mg 三元图解 (Henry and Guidotti, 1985)

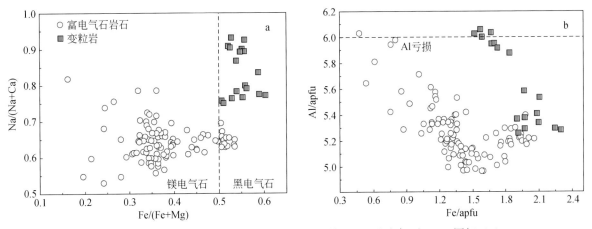

图 9.18 电气石 Fe/(Fe+Mg)-Na/(Na+Ca) 图解 (a) 和电气石 Al-Fe 图解 (b)

apfu 是 atoms per formule unit 的缩写, 即每分子单元中的原子数

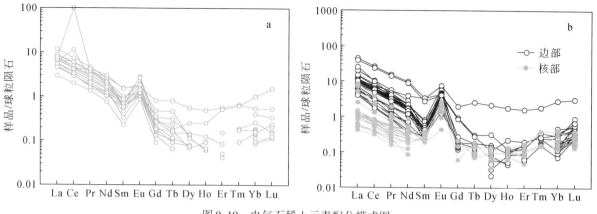

图 9.19 电气石稀土元素配分模式图

a. 变粒岩中电气石（$N=20$）; b. 电气石岩中电气石（$N=59$）

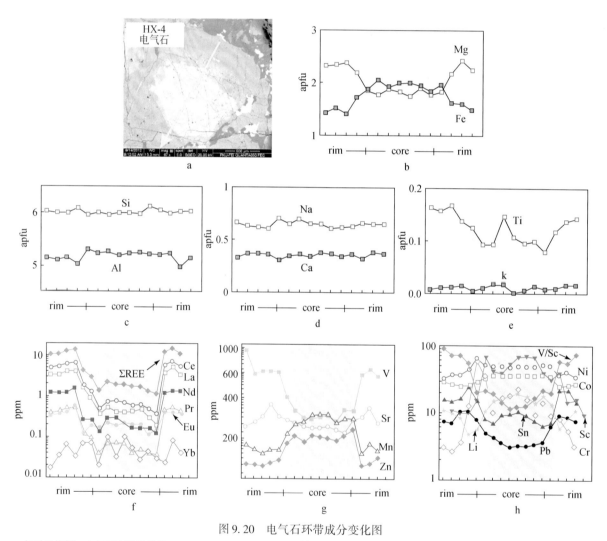

图 9.20 电气石环带成分变化图

相对于核部，电气石边部具有高 Mg、Ti、V、REE、Sn、Pb 和低的 Fe、Co、Ni、Zn、Mn、Sc 含量，边部具有明显高的 REE，尤其是 LREE。apfu 解释见图 9.18；rim. 边部；core. 核部

（二）电气石硼同位素组成

变粒岩中电气石 $\delta^{11}B$ 值为 1.22‰～2.63‰（图 9.21a），电气石颗粒内部硼同位素没有明显变化，这

与电气石不发育环带结构现象相一致。

富电气石岩中电气石 $\delta^{11}B$ 值为 4.55‰~12.43‰（图9.21b），明显高于变粒岩中电气石的 $\delta^{11}B$ 值。另外，发育环带结构的电气石核部具有高的 $\delta^{11}B$ 值（两颗粒分别为11.23‰和7.75‰），边部具有较低的 $\delta^{11}B$ 值（两颗粒分别为7.82‰和4.76‰）（图9.22a、b）。

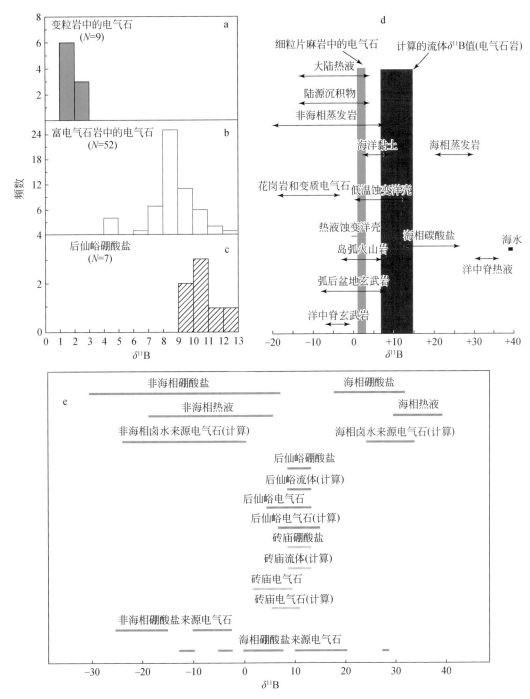

图9.21　a, b. 后仙峪矿床变粒岩和富电气石岩石中电气石的 $\delta^{11}B$ 柱状图；c. 后仙峪矿床硼酸盐矿物 $\delta^{11}B$ 柱状图（Jiang et al., 1997; Peng and Palmer, 2002）；d. 地球上不同岩石的硼同位素组成，计算的后仙峪成矿流体的 $\delta^{11}B$ 值介于陆源沉积物-大陆热液流体-弧岩石、非海相蒸发岩和海相碳酸岩/蒸发岩之间（Chaussidon and Albarède, 1992; Palmer and Slack, 1989; Palmer, 1991; Palmer and Swihart, 1996; Jiang et al., 1999; Peacock and Hervig, 1999; Nakano and Nakamura, 2001）；e. 海相和非海相来源矿物/热液的硼同位素组成（据MacGregor et al., 2013修改），后仙峪和砖庙硼矿床的硼酸盐均具有较高的 $\delta^{11}B$ 值，介于海相和非海相蒸发岩/热液之间。而后仙峪和砖庙硼矿电气石的 $\delta^{11}B$ 值明显高于非海相硼酸盐来源电气石的值，而与海相硼酸盐来源电气石的 $\delta^{11}B$ 值范围一致

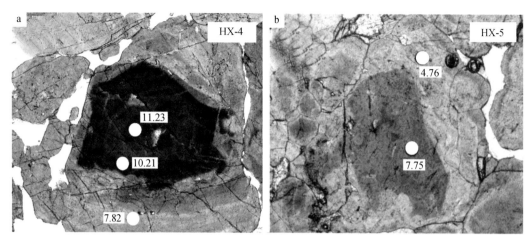

图 9.22 电气石岩中发育明显环带结构，核部具有高的 $\delta^{11}B$ 值，边部具有低的 $\delta^{11}B$ 值

四、成矿流体来源

电气石的化学成分可以限定其形成的成矿流体的特征（Slack and Coad, 1989; Slack, 1996; Jiang et al., 1999, 2004, 2008; Slack and Trumbull, 2011）。van Hinsberg（2011）的实验研究表明电气石不会造成熔体中微量元素的分馏，因为大多数元素电气石-熔体分配系数为 0.4～1.1（800 ℃，7.5 kbar）。Klemme 等（2011）指出大多数微量元素的电气石-云母分配系数接近 1（约 800 ℃，3～5 kbar），只有 Ni 和 LREE 强烈进入电气石（$D_{电气石/云母}$>10），而大离子亲石元素（如 Rb、Ba、W、Sn、Nb、Ta）则倾向于进入流体中（$D_{电气石/云母}$<0.1）。因此，电气石的成分可反映流体中微量元素的变化特征。

电气石岩中的电气石常见成分环带及核-边界线明显。电气石核部常包裹细小的石英、电气石和锆石，而边部少见矿物小颗粒包裹其中。电气石核部具有高的 Fe/Mg 值（>1）和低的 REE 含量，而边部具有低的 Fe/Mg 值和高的 REE 含量。数据表明电气石核部可能形成于火山-沉积过程（2.2～2.1 Ga）（白瑾, 1993; Sun et al., 1993; 姜春潮, 1987），与热泉水循环和淋滤富硼火山-沉积岩石有关。富镁碳酸岩形成于强烈的蒸发作用（Sheila and Khangaonkar, 1989; Hänchen et al., 2008）。核部大量的碎屑颗粒有助于电气石在低温环境下成核（Henry and Dutrow, 1996, 2012; van Hinsberg et al., 2011）。这与核部低的 REE 含量一致，因为低温条件下流体中 REE 的溶解度较低（Alibo and Nozaki, 1999; Soyol-Erdene and Huh, 2013）。电气石的边部较为自形，为晚期增生形成。相对于核部，电气石边部具有高的 Mg（Mg/Fe=1.27～1.86）、Ti、V、REE、Sn 和 Pb 含量，低的 Fe、Co、Ni、Zn、Mn 和 Sc 含量。明显高的 REE，尤其是 LREE（倾向于进入变质流体）（Plimer et al., 1991; Slack et al., 1993; Slack, 1996; Jiang et al., 2004），以及明显的 Eu 正异常表明电气石边部形成于高温流体（>250 ℃）（Sverjensky, 1984; Bau, 1991）。我们认为这种高温流体很可能来自于胶-辽-吉带在 1.9 Ga 发生广泛的角闪岩相变质作用过程中释放的变质流体（Luo et al., 2004; Lu et al., 2006; Li and Zhao, 2007; Tam et al., 2011, 2012）。此模式得到以下证据的支持：①电气石岩仅出现在富镁岩石（橄榄岩和镁碳酸岩）附近，电气石边部高 Mg 含量是在变质过程中发生强烈的水-岩反应造成的；②电气石边部高 V 和 Sn 含量是变质作用过程中黑云母的分解造成的（黑云母是 V 和 Sn 最主要的赋存矿物）（Tischendorf et al., 2001）；③电气石从核到边 $\delta^{11}B$ 值发生突变（图 9.22）表明边部电气石的形成与变质流体有关。含硼火山-沉积岩石通常具有相对低的 $\delta^{11}B$ 值（<5‰；图 9.21d）（Chaussidon and Albarède, 1992; Palmer and Swihart, 1996; Jiang et al., 1999），这与后仙峪硼矿中变粒岩（变质长英质火山岩）中电气石的 $\delta^{11}B$ 值为 1.2‰～2.6‰相一致。热泉水在火山-沉积岩石中的循环与淋滤作用，导致硼在热泉水中富集。因为 ^{11}B 倾向于进入流体中，造成热泉水中具有高的 ^{11}B 含量，进而导致从中形成的核部电气石具有比火山-沉积岩石更高的

δ^{11}B 值。热泉水的淋滤作用造成火山-沉积岩石中亏损 ^{11}B。因此，在之后的变质作用过程中，从淋滤过的火山-沉积岩石中释放的变质流体具有低 δ^{11}B 值，这与我们观察到的电气石边部具有低的硼同位素组成相一致。

五、成矿流体的氧化还原态

电气石的化学成分可以记录流体氧化还原态的变化，如 Fe^{3+}/Fe^{2+} 值和 V/Sc 值（Mlynarczyk and Williams-Jones, 2006; Li and Lee, 2004; Lee et al., 2005; Slack and Trumbull, 2011）。在后仙峪矿床，电气石明显的 Al 亏损特征和 Al-Fe 之间的负相关关系（图9.17、图9.18b），表明电气石中的 Al 被 Fe^{3+} 替代（Slack, 2002）。在环带发育的电气石中，边部比核部具有更低的 Al，指示边部比核部需要更多的 Fe^{3+} 占据 Z 位（Henry et al., 2011; Slack, 2002）。结合电气石的边部具有更低的全 Fe 含量（$Fe^{2+}+Fe^{3+}$；图9.20b），我们推断电气石的边部比核部具有更高的 Fe^{3+}/Fe^{2+} 值。因此，成矿的变质流体比形成核部电气石的早期流体更加氧化。这也得到电气石 V/Sc 值变化的支持。V 是变价元素，在溶体中以 V^{3+}、V^{4+}、V^{5+} 形式存在，在流体中主要以 V^{5+} 形式存在（Toplis and Corgne, 2001; Fan et al., 2005）。Sc 则不受氧化还原条件的影响。因此 V、Sc 具有相似的地球化学行为，V/Sc 值可以反映流体的氧化还原条件（Li and Lee, 2004; Lee et al., 2005）。如图9.20g、h 所示，电气石边部的 V/Sc 值明显高于核部。V、Sc 的解耦很有可能与流体氧化还原态的变化有关。因此，电气石边部高 V/Sc 值和高 V 含量指示成矿的变质流体是高度氧化的流体。

六、硼的来源

电气石 δ^{11}B 值可以用来计算其形成的流体/熔体的硼同位素组成，进而示踪硼的来源。实验研究表明遂安石和硼镁铁矿形成于450~500℃，且具有高 CO_2 逸度的条件下（王秀璋和徐学炎, 1964），这与胶-辽-吉带普遍发生角闪岩相变质作用，以及矿床中大量出现的碳酸岩相符合（Zhang, 1988）。因此，我们把450℃作为后仙峪矿床成矿流体最小温度进行相关计算。基于450℃条件下分馏系数-2.29‰进行计算（Meyer et al., 2008），结果表明后仙峪矿床成矿流体的 δ^{11}B 值为6.80‰~14.72‰（图9.21d），这与其他学者得到的后仙峪硼酸盐的硼同位素值一致（Jiang et al., 1997; Peng and Palmer, 2002）（图9.21c）。计算的成矿流体的 δ^{11}B 值介于陆源沉积物-大陆热液流体-弧岩石、非海相蒸发岩和海相碳酸岩/蒸发岩之间（图9.21d）。陆源沉积物-大陆热液流体-弧岩石具有低的 δ^{11}B 值（-10‰~5‰）（Palmer and Swihart, 1996; Jiang et al., 1999; Palmer, 1991; Peacock and Hervig, 1999; Nakano and Nakamura, 2001），在后仙峪矿床中以变粒岩为代表（δ^{11}B = 1.22‰~2.63‰），非海相蒸发岩的 δ^{11}B 值具有较大的变化范围（-30.1‰~7‰）（Swihart et al., 1986），海相碳酸岩/蒸发岩以高 δ^{11}B 值为特征（10‰~30‰）（Palmer and Slack, 1989; Palmer and Swihart, 1996; Jiang and Palmer, 1998）。Jiang 等（1997）、Peng 和 Palmer（2002）通过对辽东硼矿床的研究认为硼矿床的硼来源于非海相蒸发岩。如图9.21f 所示，后仙峪和砖庙硼矿床的硼酸盐均具有较高的 δ^{11}B 值，落于海相和非海相蒸发岩/热液之间。而后仙峪和砖庙硼矿电气石的 δ^{11}B 值明显高于非海相硼酸盐来源电气石的值，而与海相硼酸盐来源电气石的 δ^{11}B 值范围一致。因此，我们认为古元古代变质火山-沉积岩（辽河群）和海相富镁碳酸岩/蒸发岩是后仙峪硼矿床硼的主要来源。硼矿体与富镁碳酸岩/硅酸岩的密切空间关系（Zhang, 1988）（图9.12，图9.15a、b），以及富镁碳酸岩（B_2O_3 =3670 ppm）（张景山, 1994）和古元古代变质火山-沉积岩的高硼含量（B_2O_3 = 500~4000 ppm）（王翠芝等, 2008）也强烈支持此观点。古元古代弧岩浆的高硼特征可能是俯冲过程中蚀变洋壳或远洋沉积物释放的富硼流体交代上覆地幔楔造成的（图9.23）（Palmer, 1991; Ryan and Langmuir, 1993; You et al., 1993）。正常地幔具有低的硼含量（<0.1 ppm），地幔部分熔融（假设20%的部分熔融）形成的岩浆中硼含量仅为2 ppm。而弧岩浆的硼含量远高于此数值（3~60 ppm），指示俯冲过程中的流体交代地幔楔

对弧岩浆中硼的富集起着重要作用。海水和深海沉积物具高的硼含量（分别为 4.5 ppm 和 80~160 ppm），蚀变洋壳和深海沉积物在俯冲过程中释放的流体交代上覆地幔楔，这种富硼的流体（硼为易溶元素，在水中具有高溶解度）使得被交代的地幔楔具有高的硼含量，进而形成富硼的弧岩浆。

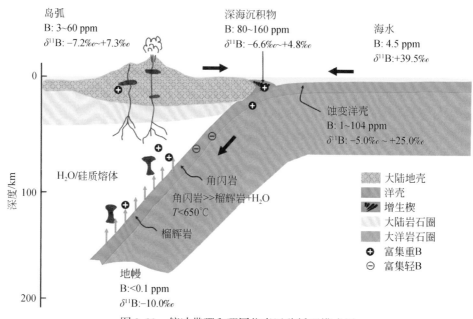

图 9.23 俯冲带硼和硼同位素迁移循环模式图

地幔的硼含量<0.1 ppm，其部分熔融难以形成高硼的弧岩浆（3~60 ppm）；在俯冲过程中，深海沉积物和海水均具有较高的 $\delta^{11}B$ 值，且重 B 倾向于进入俯冲板片释放的流体中，俯冲至地幔深部的深海沉积物和蚀变洋壳发生脱水，带出大量的硼交代上覆地幔楔，被交代的地幔楔发生部分熔融形成具有高硼含量的弧岩浆

考虑到硼在水中具有高的溶解度，以及辽河群的高硼含量，我们认为变质流体（变质作用过程中含水矿物的脱水）可以长距离携带和运移大量的硼元素。之后，富硼变质流体与富镁碳酸岩/蒸发岩相互作用，形成硼酸盐矿体。由于富镁碳酸岩/蒸发岩（硼矿体的赋存围岩）的化学活动性强、岩石强度弱，与夕卡岩矿床相类似，这些岩石可以为流体提供运移通道和矿体沉淀的空间。矿床中的硼酸盐矿物（$\delta^{11}B$=9.4‰~12.1‰）（Jiang et al., 1997; Peng and Palmer, 2002）比电气石边部（$\delta^{11}B$=4.76‰~7.75‰）具有明显高的 $\delta^{11}B$ 值，这是因为硼酸盐矿物是富硼变质流体与富镁海相碳酸岩反应形成，而富镁海相碳酸岩具有高的 $\delta^{11}B$ 值（10‰~30‰）（Palmer and Slack, 1989; Palmer and Swihart, 1996; Jiang and Palmer, 1998）。

富镁碳酸岩形成于海相环境主要有以下几点证据：①胶-辽-吉带中的硼矿体与富镁碳酸岩、硅酸岩和层状电气石岩密切相关。前人认为层状电气石岩通常形成于海相热液环境（Slack et al., 1993）。砖庙硼矿床中富镁碳酸岩里出现硬石膏（Peng and Palmer, 1995）表明其形成于海相环境。②张景山（1994）报道硼酸盐矿物和镁碳酸盐的 $\delta^{18}O$ 值为 10‰~21‰，$\delta^{13}C$ 值为-3.4‰~2.1‰，$\delta^{34}S$ 值为 10‰~14‰。谢宠远等（1998）报道杨木杆硼矿床的碳酸盐的 $\delta^{13}C$ 值为-2.6‰~2.69‰。这些数据指示硼矿床和镁碳酸岩的海相成因。另外，硼矿体中黄铁矿的 $\delta^{34}S$ 值为 9.1‰~17.3‰，围岩中黄铁矿的 $\delta^{34}S$ 值为 2.5‰~16.1‰（王显武和韩雪，1989），正的 $\delta^{34}S$ 值表明黄铁矿形成于海相环境，因为海相蒸发岩通常具有高的 $\delta^{34}S$ 值（10‰~35‰）（Hölser, 1977）。③硼酸盐矿物和电气石的 $\delta^{11}B$ 值为 4.51‰~12.43‰，介于弧相关的火山-沉积岩和海相碳酸岩/蒸发岩之间。这可以合理地由弧相关的火山-沉积岩形成的变质流体与海相镁碳酸岩/蒸发岩之间的相互作用来解释。非海相蒸发岩（$\delta^{11}B$=-30.1‰~7‰）（Swihart et al., 1986）不太可能会使得硼酸盐矿物具有如此高的 $\delta^{11}B$ 值（图 9.21f）。

七、成矿机制

后仙峪硼矿成矿作用目前有 3 种模式：①王秀璋和徐学炎（1964）认为后仙峪矿床是与附近古元古代花岗岩有关的夕卡岩型矿床，硼来自于岩浆出溶流体。②Zhang（1988）和 Feng 等（1994）则认为该矿床形成于海底火山喷气过程，硼元素在古元古代变质作用过程中重新活化富集。③近年来，其他一些学者则指出硼矿床代表了变质蒸发岩，硼酸盐矿物主要来源于热泉，并在干盐湖中沉淀形成（Peng and Palmer, 1995, 2002; Jiang et al., 1997）。

模式①容易排除，因为后仙峪硼酸盐矿物的 $\delta^{11}B$ 值约为 10‰，远高于花岗质岩石的 $\delta^{11}B$ 值（最大为 3‰）（Jiang et al., 1997）。模式②也不太可能，因为要形成大量的电气石需要海底喷气流体携带大量的 Al（Slack et al., 1993），而海底热液流体中的 Al 含量却非常低（Von Damm et al., 1985）。另外，因为硼在流体中具有高的溶解度（Kemp, 1956），硼酸盐矿物不太可能从没有经过明显蒸发作用或与蒸发岩强烈相互作用的流体中沉淀。我们认为模式③（蒸发岩经过变质作用）可以解释后仙峪硼矿床的成因。并且，数据表明硼的富集过程与海相蒸发岩的变质作用有关，而非前人提出的非海相蒸发岩（Jiang et al., 1997; Peng and Palmer, 2002; Xu et al., 2004）。后仙峪硼矿床成矿过程总结如下（图 9.24）：

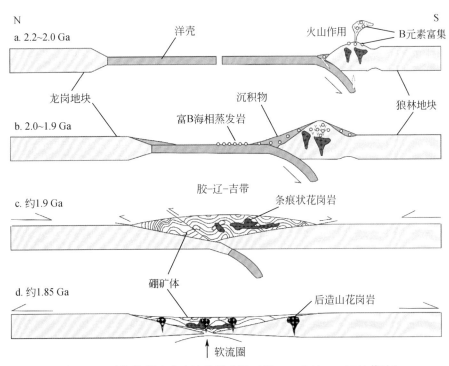

图 9.24　后仙峪硼矿成矿过程模式图（据 Li and Chen, 2014 修改）

a. 2.2~2.0 Ga，洋壳俯冲至狼林地块下，形成大量的富硼陆缘弧岩浆，弧岩浆富硼机制详见图 7.23 及文中讨论；b. 2.0~1.9 Ga，富硼弧岩浆风化形成大量富硼沉积物，形成富硼沉积岩，并且随着洋壳的消减，洋盆逐渐减小，来自于弧岩浆的富硼沉积物进行入残余洋盆以及海水的蒸发作用使得在残余洋盆中形成富硼海相蒸发岩；c. 约 1.9 Ga，龙岗和狼林地块发生碰撞，使得古元古代富硼岩石发生强烈的区域变质作用（达到角闪岩相），富硼变质流体与海相富镁碳酸岩和蒸发岩相互作用，形成后仙峪硼矿床以及矿床中广泛发育的电气石；d. 约 1.85 Ga，进入后碰撞阶段，硼矿体被剥露至近地表

（1）在 2.2~2.0 Ga，洋壳俯冲至太古宙狼林地块下，造成大量的陆缘弧岩浆和相关的火山-沉积岩石形成。这些岩石的高硼特征可能与当时地幔源区富集硼有关。而地幔源区硼的富集可能是在更早期的俯冲过程中，俯冲的蚀变洋壳或远洋沉积物释放的富硼流体交代上覆地幔楔造成的（图 9.23）（Palmer, 1991; Ryan and Langmuir, 1993; You et al., 1993）。富硼的古元古代火山-沉积岩石随后经历了强烈的区域热液活动（热泉），热泉活动淋滤富硼火山-沉积岩中的硼元素，使得硼在干盐湖中聚集。初始的含水

硼酸盐矿物（多水硼镁石、柱硼镁石）和电气石（以低 REE 的核部电气石为代表，如图 9.19b、图 9.20f 所示）形成于富硼流体的蒸发作用。镁碳酸盐即形成于此过程。

(2) 龙岗和狼林地块在约 1.9 Ga 发生碰撞（Peng and Palmer, 1995; Li et al., 2004; Luo et al., 2004; Li and Zhao, 2007; Tam et al., 2011, 2012），造成古元古代富硼岩石发生强烈的区域变形和变质作用（达到角闪岩相）（Zhang, 1988）。变质作用使得早期形成的含水硼酸盐矿物脱水形成硼镁石、遂安石等。另外，广泛的变质流体活动引起强烈的水–岩相互作用，将富硼岩系中的硼淋滤出来。高度富硼高温的变质流体随后与海相富镁碳酸岩和蒸发岩相互作用，形成硼矿体、电气石岩和富电气石石英脉。

八、结论

(1) 变粒岩中电气石不发育环带，具有低的 $\delta^{11}B$ 值（1.22‰~2.63‰），其化学成分和硼同位素主要受赋存岩石控制。硼矿体中的电气石具有明显高的 $\delta^{11}B$ 值（4.51‰~12.43‰）；发育环带结构，边部具有更高的 Mg、Ti、V、Sn 和 REE，表明其形成于高温变质流体。

(2) 成矿流体为古元古代褶皱带经历角闪岩相变质作用过程中释放的高温变质流体，高温变质流体从辽河群的富硼变火山–沉积岩石中淋滤硼元素，并与富镁碳酸岩和蒸发岩相互作用，形成富电气石岩石和硼矿床。

(3) 硼矿体中硼主要来自于古元古代变火山–沉积岩石（具有低的 $\delta^{11}B$ 值）和海相富镁碳酸岩/蒸发岩（具有高的 $\delta^{11}B$ 值）。

参 考 文 献

白瑾. 1993. 华北陆台北缘前寒武纪地质及铅锌成矿作用. 北京：地质出版社
白瑾, 戴凤岩, 颜耀阳. 1997. 中条山前寒武纪地壳演化. 地学前缘, 4 (3-4): 281~289
陈文明, 李树屏. 1998. 中条山铜矿峪斑岩铜矿金属硫化物的铼–锇同位素年龄及地质意义. 矿床地质, (3): 224~228
杜利林, 杨崇辉, 王伟, 任留东, 万渝生, 宋会侠, 高林志, 耿元生, 侯可军. 2013. 五台地区滹沱群砾岩物质源区及新太古代地壳生长: 花岗岩和石英岩砾石锆石 U-Pb 年龄与 Hf 同位素制约. 中国科学（D 辑）, (1): 81~96
冯本智, 邹日. 1994. 辽宁营口后仙峪硼矿床特征及成因. 地学前缘, (4): 355~362
贺高品, 叶慧文. 1988. 辽东–吉南地区早元古代两种类型变质作用及其构造意义. 岩石学报, 14 (2): 152~162
侯增谦, 潘小菲, 杨志明, 曲晓明. 2007. 初论大陆环境斑岩铜矿. 现代地质, 21 (2): 332~351
姜春潮. 1987. 辽吉东部前寒武纪地质. 沈阳：辽宁科学技术出版社
李宁波, 罗勇, 郭双龙, 姜玉航, 曾令君, 牛贺才. 2013. 中条山铜矿峪变石英二长斑岩的锆石 U-Pb 年龄和 Hf 同位素特征及其地质意义. 岩石学报, 29 (7): 2416~2424
李三忠, 韩宗珠, 刘永江, 杨振升, 马瑞. 2001. 辽河群区域变质特征及其大陆动力学意义. 地质论评, 47 (1): 9~18
李雪梅. 2009. 辽东–吉南硼矿带硼成矿作用及成矿远景评价. 长春：吉林大学
路孝平, 吴福元, 郭敬辉, 殷长建. 2005. 通化地区古元古代晚期花岗质岩浆作用与地壳演化. 岩石学报, 21 (3): 721~736
芮宗瑶. 1984. 中国斑岩铜（钼）矿床. 北京：地质出版社
芮宗瑶, 张立生, 陈振宇, 王龙生, 刘玉琳, 王义天. 2004. 斑岩铜矿的源岩或源区探讨. 岩石学报, 20 (2): 229~238
孙大中, 胡维兴. 1993. 中条山前寒武纪构造格架和年代地壳结构. 北京：地质出版社
孙海田, 葛朝华, 冀树楷. 1990. 中条山地区前寒武纪地层同位素年龄及其意义. 中国区域地质, (3): 237~248
孙继源, 冀树楷, 真允庆. 1995. 中条裂谷铜矿床. 北京：地质出版社
汤好书, 陈衍景, 武广. 2009. 辽宁后仙峪硼矿床氩–氩定年及其地质意义. 岩石学报, 25 (11): 2752~2762
王翠芝, 肖荣阁, 刘敬党. 2008. 辽东–吉南硼矿的控矿因素及成矿作用研究. 矿床地质, 27 (6): 727~741
王慧初, 陆松年, 初航, 相振群, 张长捷, 刘欢. 2011. 辽阳河栏地区辽河群中变质基性熔岩的锆石 U-Pb 年龄与形成构造背景. 吉林大学学报（地球科学版）, 41 (5): 1322~1334
王显武, 韩雪. 1989. 吉林省集安地区硼矿成矿规律研究. 吉林地质, (1): 72~75
王秀璋, 徐学炎. 1964. 板状硼镁石夕卡岩型矿床的形成条件. 地质科学, (3): 295~297

谢宠远,冯本智,邹日,琚宜太.1998.辽宁杨木杆硼矿床地质地球化学特征.矿床地质,17(4):355~362

许庆林.2010.山西中条山铜矿峪铜矿矿床地质特征及成因研究.长春:吉林大学

张晗.2012.山西中条山北段古元古代铜矿成矿作用.长春:吉林大学

张晗,孙丰月,胡安新.2013.中条山上玉坡地区黑云母片岩成岩时代及成因.地球科学——中国地质大学学报,38(1):10~24

张景山.1994.辽东硼镁石型硼矿床地质特征及成矿作用.辽宁地质,(4):289~324

张秋生.1984.中国早前寒武纪地质及成矿作用.吉林:吉林人民出版社

周雄.2007.中条山铜矿峪铁氧化物型矿床地质地球化学特征研究.长沙:中南大学

《中条山铜矿地质》编写组.1978.中条山铜矿地质.北京:地质出版社

Alibo D S, Nozaki Y. 1999. Rare earth elements in seawater: particle association, shale-normalization, and Ce oxidation. Geochimica et Cosmochimica Acta, 63: 363~372

Audétat A, Günther D, Heinrich C A. 1998. Formation of a magmatic-hydrothermal ore deposit: insights with LA-ICP-MS analysis of fluid inclusions. Science, 279 (5359): 2091

Audétat A, Pettke T, Dolejš D. 2004. Magmatic anhydrite and calcite in the ore-forming quartz-monzodiorite magma at Santa Rita, New Mexico (USA): genetic constraints on porphyry-Cu mineralization. Lithos, 72 (3): 147~161

Ballard J R, Palin M J, Campbell I H. 2002. Relative oxidation states of magmas inferred from Ce (IV) /Ce (III) in zircon: application to porphyry copper deposits of northern Chile. Contributions to Mineralogy and Petrology, 144 (3): 347~364

Bau M. 1991. Rare-earth element mobility during hydrothermal and metamorphic fluid-rock interaction and the significance of the oxidation state of europium. Chemical Geology, 93 (3-4): 219~230

Bodnar R J, Lecumberri-Sanchez P, Moncada D, et al. 2014. Fluid Inclusions in Hydrothermal Ore Deposits. In: Holland H D, Turekian K K (eds.). Treatise on Geochemistry. Oxford: Elsevier: 119~142

Carroll M R, Rutherford M J. 1985. Sulfide and sulfate saturation in hydrous silicate melts. Journal of Geophysical Research, 90 (S02): C601~C612

Chaussidon M, Albarède F. 1992. Secular boron isotope variations in the continental crust: An ion microprobe study. Earth and Planetary Science Letters, 108: 229~241

Crerar D A, Barnes H L. 1976. Ore solution chemistry, V: Solubilities of chalcopyrite and chalcocite assemblage inhydrothermal solution at 200 ℃ to 350 ℃. Economic Geology, 71 (4): 772~794

Du L L, Yang C H, Wang W, Ren L D, Wan Y S, Wu J S, Zhao L, Song H X, Geng Y S, Hou K J. 2013. Paleoproterozoic rifting of the North China Craton: Geochemical and zircon Hf isotopic evidence from the 2137 Ma Huangjinshan A-type granite porphyry in the Wutai area. Journal of Asian Earth Sciences, 72 (4): 190~202

Fan Z, Hu B, Jiang Z. 2005. Speciation analysis of vanadium in natural water samples by electrothermal vaporization inductivelycoupled plasma optical emission spectrometry after separation/preconcentration with thenoyltrifluoroacetone immobilized on microcrystalline naphthalene. Spectrochimica Acta Part B Atomic Spectroscopy, 60 (1): 65~71

Faure M, Lin W, Monie P, et al. 2004. Paleoproterozoic arc magmatism and collision in Liaodong Peninsula (northeast China). Terra Nova, 16: 75~80

Feng B Z, Zou R, Xie H. 1994. Geochemistry of tourmalinites within the boron deposits in eastern Liaoning Province, China. Abstr. IX IAGOD (Int. Assoc. Genesis Ore Deposits) Symp., Beijing, 2: 542

Gaetani G A, Grove T L. 1997. Partitioning of moderately siderophile elements among olivine, silicate melt, and sulfide melt: Constraints on core formation in the Earth and Mars. Geochimica et Cosmochimica Acta, 61 (9): 1829~1846

Hänchen M, Prigiobbe V, Baciocchi R, Mazzotti M. 2008. Precipitation in the Mg-carbonate system-effects of temperature and CO_2 pressure. Chemical Engineering Science, 63 (4): 1012~1028

Hawthorne F C, Henry D J. 1999. Classification of the minerals of the tourmaline group. European Journal of Mineralogy, 11: 201~215

Hedenquist J W, Lowenstern J B. 1994. The role of magmas in the formation of hydrothermal ore deposits. Nature, 370 (6490): 519~527

Heinrich C A. 2007. Fluid-fluid interactions in magmatic-hydrothermal ore formation. Reviews in Mineralogy and Geochemistry, 65 (1): 363~387

Heinrich C A, Günther D, Audétat A, Ulrich T, Frischknecht R. 1999. Metal fractionation between magmatic brine and vapor, determined by microanalysis of fluid inclusions. Geology, 27 (8): 755

Heinrich C A, Driesner T, Stefánsson A, et al. 2004. Magmatic vapor contraction and the transport of gold from the porphyry environment to epithermal ore deposits. Geology, 32 (9): 761~764

Henry D J, Dutrow B L. 1996. Metamorphic tourmaline and its petrologic applications. Reviews in Mineralogy and Geochemistry, 33: 503~557

Henry D J, Dutrow B L. 2012. Tourmaline at diagenetic to low-grade metamorphic conditions: its petrologic applicability. Lithos, 154 (4): 16~32

Henry D J, Guidotti C V. 1985. Tourmaline as a petrogenetic indicator mineral: An example from the staurolite-grade metapelites of NW Maine. American Mineralogist, 70 (1): 1~15

Henry D J, Novák M, Hawthorne F C, Ertl A, Dutrow B L, Uher P, Pezzotta F. 2011. Nomenclature of the tourmaline-supergroup minerals. American Mineralogist, 96 (5-6): 895~913

Holland H D. 1972. Granites, solutions, and base metal deposits. Economic Geology, 67 (3): 281~301

Hölser D J. 1977. Catastrophic chemical events in the history of the ocean. Nature, 267: 403~408

Hu W X, Sun D Z. 1987. Mineralization and evolution of the early Proterozoic copper deposits in the Zhongtiao Mountains. Acta Geologica Sinica (English Edition), 61 (2): 61~76

Jiang S Y, Palmer M R. 1998. Boron isotope systematics of tourmaline from granites and pegmatites: A synthesis. European Journal of Mineralogy, 10 (6): 1253~1265

Jiang S Y, Palmer M R, Peng Q M, Yang J H. 1997. Chemical and stable isotopic compositions of Proterozoic metamorphosed evaporites and associated tourmalines from the Houxianyu borate deposit, eastern Liaoning, China. Chemical Geology, 135 (3): 189~211

Jiang S Y, Palmer M R, Slack J F, Shaw D R. 1999. Boron isotope systematics of tourmaline formation in the Sullivan Pb-Zn-Ag deposit, British Columbia, Canada. Chemical Geology, 158 (1-2): 131~144

Jiang S Y, Yu J M, Lu J J. 2004. Trace and rare-earth element geochemistry in tourmaline and cassiterite from the Yunlong tin deposit, Yunnan, China: implication for migmatitic-hydrothermal fluid evolution and ore genesis. Chemical Geology, 209 (3): 193~213

Jiang S Y, Radvanec M, Nakamura E, Palmer M, Kobayashi K, Zhao H X, Zhao K D. 2008. Chemical and boron isotopic variations of tourmaline in the Hnilec granite-related hydrothermal system, Slovakia: constraints on magmatic and metamorphic fluid evolution. Lithos, 106 (1-2): 1~11

Kemp P H. 1956. The Chemistry of Borates. London: Borax Consolidated Ltd

Klemme S, Marschall H R, Jacob D E, Prowatke S, Ludwig T. 2011. Traceelement partitioning and boron isotope fractionation between white mica and tourmaline. The Canadian Mineralogist, 49 (36): 165~176

Lai J Q, Chi G X, Peng S L, Shao Y J, Yang B. 2007. Fluid evolution in the formation of the Fenghuangshan Cu-Fe-Au deposit, Tongling, Anhui, China. Economic Geology, 102 (5): 949~970

Leat P T, Jackson S E, Thorpe R S, Stillman C J. 1986. Geochemistry of bimodal basalt-subalkaline/peralkaline rhyolite provinces within the Southern British Caledonides. Journal of the Geological Society, 143 (2): 259~273

Lee C T A, Leeman W P, Canil D, Li Z X. 2005. Similar V/Sc systematics in MORB and Arc basalts: implications for the oxygen fugacities of their mantle source regions. Journal of Petrology, 46 (11): 2313~2336

Lerchbaumer L, Audétat A. 2012. High Cu concentrations in vapor-type fluid inclusions: An artifact? Geochimica et Cosmochimica Acta, 88 (3): 255~274

Li S Z, Zhao G C. 2007. SHRIMP U-Pb zircon geochronology of the Liaoji granitoids: constraints on the evolution of the Paleoproterozoic Jiao-Liao-Ji belt in the Eastern Block of the North China Craton. Precambrian Research, 158 (1): 1~16

Li S Z, Zhao G C, Sun M, Wu F Y, Liu J Z, Hao D F, Han Z Z, Luo Y. 2004. Mesozoic, not Paleoproterozoic SHRIMP U-Pb zircon ages of two Liaoji Granites, Eastern Block, North China Craton. International Geology Review, 46 (2): 162~176

Li S Z, Zhao G C, Sun M, et al. 2005. Deformational history of the Paleoproterozoic Liaohe Group in the Eastern Block of the North China Craton. Journal of Asian Earth Sciences, 24 (5): 654~669

Li S Z, Zhao G C, Santosh M, Liu X, Dai L M. 2011. Paleoproterozoic tectonothermal evolution and deep crustal processes in the Jiao-Liao-Ji Belt, North China Craton: a review. Geological Journal, 46 (6): 525~543

Li S Z, Zhao G C, Santosh M, et al. 2012. Structural evolution of the Jiaobei Massif in the southern segment of the Jiao-Liao-Ji Belt,

North China Craton. Precambrian Research, 200: 59~73

Li X H, Li Z X, Zhou H, Liu Y, Kinny P D. 2002. U-Pb zircon geochronology, geochemistry and Nd isotopic study of Neoproterozoic bimodal volcanic rocks in the Kangdian Rift of South China: Implications for the initial rifting of Rodinia. Precambrian Research, 113 (1): 135~154

Li Z, Chen B. 2014. Geochronology and geochemistry of the Paleoproterozoic meta-basalts from the Jiao-Liao-Ji Belt, North China Craton: Implications for petrogenesis and tectonic setting. Precambrian Research, 255 (2): 653~667

Li Z X A, Lee C T A. 2004. The constancy of upper mantle fO_2 through time inferred from V/Sc ratios in basalts. Earth and Planetary Science Letters, 228 (3-4): 483~495

Liang H Y, Sun W D, Su W C, Zartman R E. 2009. Porphyry copper-gold mineralization at Yulong, China, promoted by decreasing redox potential during magnetite alteration. Economic Geology, 104 (4): 587~596

Lowenstern J B. 2001. Carbon dioxide in magmas and implications for hydrothermal systems. Mineralium Deposita, 36 (6): 490~502

Lu X P, Wu F Y, Guo J H, Wilde S A, Yang J H. 2006. Zircon U-Pb geochronological constraints on the Paleoproterozoic crustal evolution of the Eastern block in the North China Craton. Precambrian Research, 146 (3): 138~164

Luo Y, Sun M, Zhao G C, Li S Z, Xu P, Ye K, Xia X P. 2004. LA-ICP-MS U-Pb zircon ages of the Liaohe Group in the Eastern Block of the North China Craton: constraints on the evolution of the Jiao-Liao-Ji Belt. Precambrian Research, 134: 349~371

MacGregor J R, Grew E S, De Hoog J C M, Harley S L, Kowalski P M, Yates M G, Carson C J. 2013. Boron isotopic composition of tourmaline, prismatine, and grandidierite from granulite facies paragneisses in the Larsemann Hills, Prydz Bay, East Antarctica: Evidence for a non-marine evaporate source. Geochimica et Cosmochimica Acta, 123 (1): 261~283

Meyer C, Wunder B, Meixner A, Romer R L, Heinrich W. 2008. Boron-isotope fractionation between tourmaline and fluid: an experimental re-investigation. Contributions to Mineralogy and Petrology, 156 (2): 259~269

Mlynarczyk M S J, Williams-Jones A E. 2006. Zoned tourmaline associated with cassiterite: implications for fluid evolution and tin mineralization in the San Rafael Sn-Cu deposit, southeastern Peru. Canadian Mineralogist, 44 (2): 347~365

Moss R, Scott S D, Binns R A. 2001. Gold content of eastern manus basin volcanic rocks: Implications for enrichment in associated hydrothermal precipitates. Economic Geology, 96 (1): 91~107

Mungall J E. 2002. Roasting the mantle: Slab melting and the genesis of major Au and Au-rich Cu deposits. Geology, 30 (10): 915

Nakano T, Nakamura E. 2001. Boron isotope geochemistry of metasedimentary rocks and tourmalines in a subduction zone metamorphic suite. Physics of the Earth and Planetary Interiors, 127 (1): 233~252

Palmer M R. 1991. Boron isotope systematics of hydrothermal fluids and tourmalines: a synthesis. Chemical Geology, 94 (2): 111~121

Palmer M R, Slack J F. 1989. Boron isotopic composition of tourmaline from massive sulfide deposits and tourmalinites. Contributions to Mineralogy and Petrology, 103 (4): 434~451

Palmer M R, Swihart G H. 1996. Boron isotope geochemistry: an overview. Boron, 33: 709~744

Peacock S M, Hervig R L. 1999. Boron isotopic composition of subduction-zone metamorphic rocks. Chemical Geology, 160 (4): 281~290

Peng P, Zhai M G, Zhang H F, Guo J H. 2005. Geochronological constraints on the Paleoproterozoic evolution of the North China craton: SHRIMP zircon ages of different types of mafic dikes. International Geology Review, 47 (5): 492~508

Peng Q M, Palmer M R. 1995. The Paleoproterozoic boron deposits in eastern Liaoning, China: a metamorphosed evaporite. Precambrian Research, 72: 185~197

Peng Q M, Palmer M R. 2002. The Paleoproterozoic Mg and Mg-Fe borate deposits of Liaoning and Jilin Provinces, Northeast China. Economic Geology, 97 (1): 93~108

Plimer I R, Lu J, Kleeman J D. 1991. Trace and rare earth elements in cassiterite-sources of components for the tin deposits of the Mole Granite, Australia. Mineralium Deposita, 26 (4): 267~274

Robb L. 2005. Introduction to Ore-Forming Processes. New York: John Wiley & Sons

Ryan J G, Langmuir C H. 1993. The systematics of boron abundances in young volcanic-rocks. Geochimica et Cosmochimica Acta, 57 (7): 1489~1498

Sheila D, Khangaonkar P R. 1989. Precipitation of magnesium carbonate. Hydrometallurgy, 22: 249~258

Sillitoe R H. 1997. Characteristics and controls of the largest porphyry copper-gold and epithermal gold deposits in the circum-Pacific region. Australian Journal of Earth Sciences, 44 (3): 373~388

Sillitoe R H. 2010. Porphyry copper systems. EconomicGeology, 105 (1): 3~41

Simon A C, Pettke T, Candela P A, Piccoli P M, Heinrich C A. 2006. Copper partitioning in a melt-vapor-brine-magnetite-pyrrhotite assemblage. Geochimica et Cosmochimica Acta, 70 (22): 5583~5600

Slack J F. 1996. Tourmaline associations with hydrothermal ore deposits. In: Grew E S, Anovitz L N (eds.). Boron: Mineralogy, Petrology, and Geochemistry. Reviews in Mineralogy, 33: 559~643

Slack J F. 2002. Tourmaline associations with hydrothermal ore deposits. In: Grew E S, Anovitz L M (eds.). Boron: Mineralogy, Petrology and Geochemistry (second printing with corrections and additions). Reviews in Mineralogy, 33: 559~644

Slack J F, Coad P R. 1989. Multiple hydrothermal and metamorphic events in the Kidd Creek volcanogenic massive sulphide deposit, Timmins, Ontario: evidence from tourmalines and chlorites. Canadian Journal of Earth Sciences, 26 (4): 694~715

Slack J F, Trumbull R B. 2011. Tourmaline as a recorder of ore-forming processes. Elements, 7 (5): 321~326

Slack J F, Palmer M R, Stevens B P J, Barnes R G. 1993. Origin and significance of tourmaline-rich rocks in the Broken Hill District, Australia. Economic Geology, 88 (3): 505~541

Soyol-Erdene T O, Huh Y. 2013. Rare earth element cycling in the pore waters of the Bering Sea Slope (IODP Exp. 323). Chemical Geology, 358 (6): 75~89

Sun D Z, Hu W X, Tang M, Zhao F, Condie K C. 1990. Origin of Late Archean and Early Proterozoic rocks and associated mineral-deposits from the Zhongtiao Mountains, East-Central China. Precambrian Research, 47 (3-4): 287~306

Sun M, Armstrong R L, Jiang C C, et al. 1993. Petrochemistry and Sr, Pb and Nd isotopic geochemistry of Palaeoproterozoic Kuandian complex, the eastern Liaoning Province, China. Precambrian Research, 62: 171~190

Sun W D, Arculus R J, Kamenetsky V S, Binns R A. 2004. Release of gold-bearing fluids in convergent margin magmas prompted by magnetite crystallization. Nature, 431 (7011): 975~978

Sun W D, Liang H Y, Ling M X, Zhan M Z, Ding X, Yang X Y, Li Y L, Ireland T R, Wei Q R, Fan W M. 2013. The link between reduced porphyry copper deposits and oxidized magmas. Geochimica et Cosmochimica Acta, 103 (2): 263~275

Suneson N H, Lucchitta I. 1983. Origin of bimodal volcanism, southern Basin and Range province, west-central Arizona. Geological Society of America Bulletin, 94 (8): 1005~1019

Sverjensky D A. 1984. Europium redox equilibria in aqueous solution. Earth and Planetary Science Letters, 67 (1): 70~78

Swihart G H, Moore P B, Callis E L. 1986. Boron isotopic composition of marine and non-marine evaporite borates. Geochimica et Cosmochimica Acta, 50 (6): 1297~1301

Tam P Y, Zhao G C, Liu F L, Zhou X W, Sun M, Li S Z. 2011. Timing of metamorphism in the Paleoproterozoic Jiao-Liao-Ji Belt: new SHRIMP U-Pb zircon dating of granulites, gneisses and marbles of the Jiaobei massif in the North China Craton. Gondwana Research, 19 (1): 150~162

Tam P Y, Zhao G C, Sun M, et al. 2012. Petrology and metamorphic P-T path of high-pressure mafic granulites from the Jiaobei massif in the Jiao-Liao-Ji Belt, North China Craton. Lithos, 155: 94~109

Tischendorf G, Forster H J, Gottesmann B. 2001. Minor-and trace-element composition of trioctahedral micas: a review. Mineralogical Magazine, 65 (2): 249~276

Togashi S, Terashima S. 1997. The behavior of gold in unaltered island arc tholeiitic rocks from Izu-Oshima, Fuji, and Osoreyama volcanic areas, Japan. Geochimica et Cosmochimica Acta, 61 (3): 543~554

Toplis M J, Corgne A. 2001. An experimental study of element partitioning between magnetite, clunipyroxene and iron-bearing silicate liquids with particular emphasis on vanadium. Contributions to Mineralogy and Petrology, 144: 22~37

van Hinsberg V J. 2011. Preliminary experimental data on trace-element partitioning between tourmaline and silicate melts. The Canadian Mineralogist, 49 (1): 153~163

van Hinsberg V J, Henry D J, Dutrow B L. 2011. Tourmaline as a petrologic forensic mineral: a unique recorder of its geologic past. Elements, 7: 327~332

Von Damm K L, Edmond J M, Grant B, Measures C I, Walden B, Weiss R F. 1985. Chemistry of submarine hydrothermal solutions at 21°N, East Pacific Rise. Geochimica et Cosmochimica Acta, 49 (11): 2197~2220

Wan Y S, Song B, Liu D Y, et al. 2006. SHRIMP U-Pb zircon geochronology of Palaeoproterozoic metasedimentary rocks in the North China Craton: Evidence for a major Late Palaeoproterozoic tectonothermal event. Precambrian Research, 149: 249~271

Williams-Jones A E. 2005. 100th Anniversary Special Paper: Vapor transport ofmetals and the formation of magmatic-hydrothermal ore deposits. Economic Geology, 100 (7): 1287~1312

Xie J R. 1963. Problems pertaining to geology and ore deposits of a copper deposit in Shansi province. Science in China, Ser. A, XII (9): 1345~1355

Xu H, Peng Q M, Palmer M R. 2004. Origin of tourmaline-rich rocks in a Paleoproterozoic terrene (N. E. China): evidence for evaporite-derived boron. Geology in China, 31 (3): 240~253

Yan X L, Chen B. 2014. Chemical and boron isotopic compositions of tourmaline from the Paleoproterozoic Houxianyu borate deposit, NE China: Implications for the origin of borate deposit. Journal of Asian Earth Sciences, 94: 252~266

You C F, Spivack A J, Jesse H S, Gieskes J M. 1993. Mobilization of boron in convergent margins: Implications for the boron geochemical cycle. Geology, 21 (3): 207~210

Zhai M G. 2010. Tectonic evolution and metallogenesis of North China Craton. Mineral Deposits, 29 (1): 24~36

Zhai M G, Santosh M. 2013. Metallogeny of the North China Craton: Link with secular changes in the evolving Earth. Gondwana Research, 24 (1): 275~297

Zhai M G, Santosh M, Zhang L C. 2011. Precambrian geology and tectonic evolution of the North China Craton. Gondwana Research, 20 (1): 1~5

Zhang Q S. 1988. Early Proterozoic tectonic styles and associated mineral deposits of the North China Platform. Precambrian Research, 39 (1): 1~29

Zhao G C, Zhai M G. 2013. Lithotectonic elements of Precambrian basement in the North China Craton: review and tectonic implications. Gondwana Research, 23 (4): 1207~1240

Zhao G C, Sun M, Wilde S A, Li S. 2005. Late Archean to Paleoproterozoic evolution of the North China Craton: Key issues revisited. Precambrian Research, 136 (2): 177~202

Zhao G C, Li S Z, Sun M, Wilde S A. 2011. Assembly, accretion, and break-up of the Palaeo-Mesoproterozoic Columbia supercontinent: records in the North China Craton revisited. International Geology Review, 53: 1331~1356

第五篇 中-新元古代多期裂解事件与特色成矿

第十章 地球"中年期"和华北四期岩浆事件

第一节 地球中年期的新概念及其意义

在前寒武纪地质历史中，25亿~18亿年的古元古代是一个充满秘密的时期，可能存在的故事是30亿~25亿年的构造静止期（雪球事件），紧随其后的大氧化事件，并且全球可能发育了类似于显生宙造山带的活动带事件，推测是初始板块构造的启动期，该时期形成了Nuna或Columbia超大陆。然而，从Nuna或Columbia超大陆形成，一直到使得Rodinia超大陆裂解的约7.5亿年全球性裂谷事件之后（Evans and Mitchell，2011），地球处于独特的演化历史阶段。从18亿年（古元古代固结纪）直至约7.5亿年（新元古代成冰纪）甚至更年轻到埃迪卡拉纪末的显生宙界限，这长达至少10亿年的历史时代，被称为地球的中年期（Cawood and Hawkesworth，2014）。

地球在中年期以环境、演化和岩石圈稳定为特征，而在其前和其后的时期均有剧烈变化，从而形成了鲜明的对比。该时期缺乏被动大陆边缘，古海水记录和碎屑锆石 $\varepsilon_{Hf}(t)$ 中显著缺失Sr异常，缺乏造山型金矿、火山成因块状硫化物矿床以及冰川沉积物和铁建造。与此相反，斜长岩及其同源岩体发育，钼和铜矿化脉体（包括世界上最大的矿床实例）广泛发育。这些特征归因于相对稳定的大陆组合，该组合开始于Nuna超大陆形成期间（约1.7 Ga或1.78 Ga），一直持续到下一个超大陆Rodinia超大陆裂解时期（约0.75 Ga）。在此期间，被动大陆边缘数量少，与大陆结构稳定相一致，同时也为稳定的构造环境和演化过程提供了结构框架；而汇聚边缘增生而成的一系列造山带沿超大陆边缘发育，丰富的斜长岩及相关岩石在板块边缘内侧发育。在这个时期，上覆大陆岩石圈十分强大，足以支持大型岩体侵位到地壳，下覆地幔仍有热量，足以导致增厚的地壳下部产生大范围熔融（Cawood and Hawkesworth，2014）。

华北克拉通经历了古元古代晚期的变质事件（滹沱运动或称吕梁运动、中条运动）之后，开始进入地台演化阶段，即从此时起开始了裂谷系的发育与演化（翟明国等，2014）。裂谷系可大致分为南、北两个在地表没有完全连接的裂陷槽和北缘、东缘各一个裂谷带。在华北南部发育熊耳裂陷槽，该裂陷槽内主要发育熊耳群和中-新元古代沉积盖层，熊耳群双峰式火山岩最古老的岩浆年龄在1780~1760 Ma（Zhao et al.，2004；Peng et al.，2012），向上的中-新元古代地层有汝阳群、洛峪群等（赵太平等，2015）。华北北部的裂陷槽称为燕辽裂陷槽，主要由长城系、蓟县系和青白口系组成。中-新元古代（5.4~1.8 Ga）的岩浆作用可以分为四期：①分布在长城系团山子组和大红峪组中的火山岩，锆石U-Pb年龄在1680~1620 Ma，晚于熊耳群火山岩；②非造山侵入岩（斜长岩-奥长环斑花岗岩-斑状花岗岩），同位素年龄在1700~1670 Ma；③原青白口系下马岭组中的斑脱岩及侵入下马岭组的基性岩席，锆石和斜锆石U-Pb同位素年龄为1320~130 Ma，在东缘裂谷的沉积岩中也有1400 Ma和1300~1000 Ma的碎屑锆石；④在华北及朝鲜的中-新元古代地层中，已经识别出约900 Ma的基性岩墙（图8.1）（彭澎，2016）。此外，对华北北缘的白云鄂博群、狼山-渣尔泰群和化德群的研究，证实在华北北缘的裂谷系与燕辽裂陷槽具有相同的层序与沉积历史。其中，在渣尔泰群中识别出约820 Ma的火山岩（彭润民和翟裕生，1997）。值得注意的是，华北克拉通自古元古代末至新元古代，经历了多期裂谷事件，但是期间并没有块体拼合的构造事件的记录，也没有造山带型矿床，相反大量发育与斜长岩-辉长岩有关的钛铁矿（赵太平等，2010）和与裂谷有关的SEDX型矿床，说明华北在这个地质时期处于"一拉到底"的多期裂谷过程。这对于理解华北中-新元古代的演化历史及该时期全球的构造演化具有重要的意义。

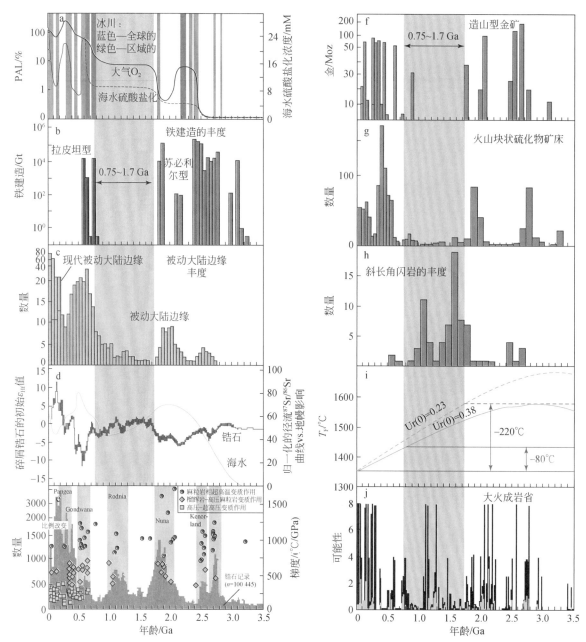

图 10.1 a. 冰川、相对于当前大气水平的大气氧和海水碳酸盐化的时间分布（改编自 Farquhar et al., 2010; Pope and Grotzinger, 2003）；b. 铁建造的丰度（Bekker et al., 2010）；c. 古老的和现代的被动大陆边缘年龄（Bradley, 2008）；d. 归一化的海水 $^{87}Sr/^{86}Sr$ 曲线（Shields, 2007）和来自最近沉积物的约 7000 个碎屑锆石的初始 ε_{Hf} 值的平滑曲线（Cawood et al., 2013）；e. 100000 以上的碎屑锆石直方图分析显示，在地球历史进程中，U-Pb 结晶年龄的峰值（Voice et al., 2011）与超大陆聚合年龄非常相似（图中显示的聚合年龄），也表现出明显的温度梯度与三个主要类型的麻粒岩相变质带的变质作用年龄峰值相对应（Brown, 2007）；UHT. 超高温, HP. 高压, UHP. 超高压；f. 造山型金矿（改编自 Goldfarb et al., 2001）；g. 火山岩为主的块状硫化物矿床（Mosier et al., 2009）；h. 斜长岩的丰度（Ashwal, 2010; Frost and Frost, 2013; Parnell et al., 2012）；i. 周围地幔的热（温度）模型，Urey（Ur）值为 0.23 和 0.38（Herzberg et al., 2010）；j. 对大火成岩省（Prokoph et al., 2004）分布的时间序列分析

近年来的研究进展证实，华北在中年期具有的上述特征与全球其他大陆有相似性。可以将这些地质特征归纳如下（Bradley, 2008; Bekker et al., 2010; Shields, 2007; Richards and Mumin, 2013）：①在漫长的地质时期缺乏被动大陆边缘的形成，这与 Nuna 和 Rodinia 超大陆的形成过程一致。②新元古代雪球事件之前缺失全球性的 BIF 沉积。③古海水中没有记录有意义的 Sr 异常，碎屑锆石也没有 $\varepsilon_{Hf}(t)$ 异常。

④在这个时期缺乏磷矿沉积，而在 18 亿年之前和 7.5 亿年之后磷矿沉积和与之密切相关的黑色页岩的沉积都是普遍的和重要的。这明确指示了海洋和大气圈层的化学条件在地球的中年期是更稳定的。⑤与 8 亿年之后的蒸发盆地发育及海水盐度相对降低而言，这个时期的海水盐度相对较高。⑥岩体型斜长岩及其相关岩体，包括 A 型花岗岩、斜长花岗岩、斜长-纹长-紫苏花岗岩套、低价铁含长石花岗岩、钛铁矿花岗岩、奥长环斑花岗岩等元古宙特有的岩体在该期（18 亿~10 亿年）大量发育。⑦造山带型的矿产和火山块状硫化物矿床分布十分有限，沉积型锰矿和层状沉积型铜矿缺失（图 10.1）。这些都表明，在地球的中年期长达 10 亿年或更长的时间，地球以稳定的环境和演化为特点，稳定的岩石圈表现出与前后地质时代的巨大变化。

地球中年期的地质过程和机制都还有待于进一步研究。如果约 7.5 亿年的地幔柱与超大陆裂解事件直接与此后的冈瓦纳大陆及 Pangea 大陆的形成有关，是否标志着地球中年期的结束代表现代板块构造的正式启动（Zhai et al., 2015），这无疑是大陆构造的关键研究课题之一。

第二节 华北中-新元古代地层与盆地

华北克拉通自古元古代末至新元古代，经历了多期裂谷事件，但是期间没有与块体拼合相关的构造事件的记录，仅在华北克拉通的南缘边界即秦岭造山带的北缘，有约 1000 Ma 的格林威尔（四堡）期岩浆岩报道。在新元古代，虽有相当于南华裂谷的沉积，但是相当于扬子陆块的雪球事件以及埃迪卡拉（震旦）纪的沉积记录还需进一步确定。华北南缘的罗圈组和朝鲜平南盆地的飞狼洞组的疑似冰碛岩的研究也是很重要的。综合华北及其周边块体的研究，推测华北克拉通在元古宙期间是比现今更大的陆块，现今保存的华北克拉通有可能是该陆块的中心部位。

华北克拉通中-新元古代地层的厚度巨大，出露广泛，没有经过明显的变质作用，构造简单，顶底界面清楚，地层保留完整（赵宗溥，1993；白瑾等，1993）。一些学者认为燕辽地区发育着中国最好的、最连续的中元古代地层剖面，将其厘定为标准剖面，自下而上划分为长城系、蓟县系和青白口系，并以 1.8 Ga 作为中元古代的底界年龄（陈晋镳等，1980；邢裕盛，1989；王鸿祯和李光岑，1990）。翟明国和彭澎（2007）将华北主要的元古宙裂谷划分为燕辽裂谷、熊耳裂谷、北缘裂谷和东缘裂谷（图 10.2）。虽然在裂谷的形成时代上有先后，裂开的程度也有差异，但它们在成因上是有联系的，并在中元古代—新元古代发生了多期次的伸展作用。

（一）燕辽裂陷槽

分布于华北北部燕辽裂陷槽中的长城系主要为一套碎屑岩，夹有碱性火山岩，自下而上分为 4 个组（图 8.3）：常州沟组不整合覆盖在新太古代迁西群之上，以河流相-海相的砾岩、含砾砂岩和砂岩为主；串岭沟组中下部主要为页岩夹砂岩，上部主要为白云岩；团山子组以白云岩和粉砂质页岩为主；大红峪组主要由滨-浅海相的砂岩、页岩及富钾粗面岩组成，上部为燧石质白云岩。团山子组上部和大红峪组中上部有超高钾的玄武岩和粗面玄武岩。大红峪组火山岩的岩石地球化学特征，指示它们是初始裂谷环境下的产物（邱家骧和廖群安，1998；胡俊良等，2007）。蓟县系主要为白云岩夹硅质岩，平行不整合于长城系之上，自下而上分为 5 个组（图 10.3）：高于庄组、杨庄组和雾迷山组以含叠层石的白云岩为主夹硅质岩；洪水庄组主要为一套页岩；铁岭组主要由含锰白云岩、页岩及叠层石灰岩等组成。蓟县系中的白云岩多含有叠层石，是地层对比的标志之一。青白口系自下而上分为 3 个组：下马岭组以页岩为主，平行不整合于铁岭组之上；长龙山组为砂砾岩和页岩组合；景儿峪组以含泥质泥晶灰岩为主。青白口系呈现整体升降的特点，有蓟县纪末的芹峪上升，下马岭结束后的蔚县上升及青白口纪末的蓟县运动（陈晋镳等，1980）。

Meng 等（2011）将古-中元古代的长城系划分为上、下两个地层单元，即下部的长城群（自下向上包括常州沟组、串岭沟组和团山子组）和上部的南口群（自下向上包括大红峪组和高于庄组）；长城群记录了受伸展断裂控制的裂谷盆地强烈沉降和河流-深水沉积充填的过程，并伴随有火山活动，南口群则记

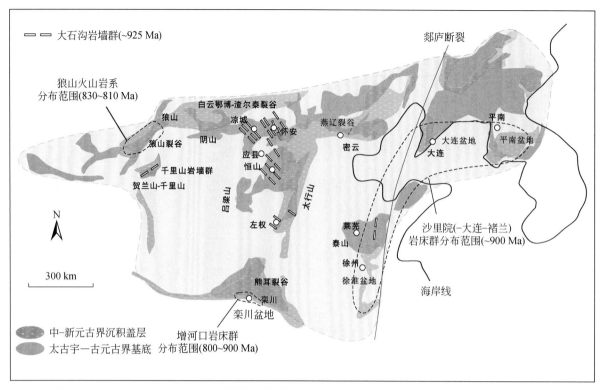

图 10.2　华北克拉通中-新元古代岩浆作用及其与中-新元古代沉积盆地的关系（Zhai et al., 2015）

录了裂谷期后缓慢的沉降和大面积浅水碎屑岩-碳酸盐岩沉积过程；长城群和南口群之间存在一个区域性穿时的超覆不整合面，大红峪组石英砂岩和高于庄组碎屑岩-碳酸盐岩分别向华北克拉通内部超覆沉积在不同时代地层之上；南口群与长城群之间的超覆不整合面的产生应与华北克拉通和相邻大陆的完全分离有关，或者该不整合面从成因上应定义为"裂解不整合面"。

对于长城系的底界时代，地质矿产部中国同位素地质年表工作组（1987）采用国际地层表中造山纪（Orosirian）与固结纪（Statherian）分界年龄 1800 Ma 作为长城系底界年龄，并获得了地质学家广泛的认同（陈晋镳等，1999；邢裕盛，1989；王鸿祯和李光岑，1990；全国地层委员会，2001，2002；王鸿祯等，2006）。依据蓟县系顶部铁岭组中的化石及海绿石 Ar-Ar 测年数据（1205～1010 Ma），以 1000 Ma 作为蓟县系与青白口系的年代分界（邢裕盛和刘桂芝，1973；孙淑芬，1987；杜汝霖等，1986；高林志和乔秀夫，1992；李明荣等，1996），相当于国际地层表中狭带纪（Stenian Period）的上限。全国地层委员会（2001）建议将长城系、蓟县系和青白口系的时限划为 1.8～1.6 Ga、1.6～1.0 Ga 和 1.0～0.8 Ga。近年来，随着高精度同位素地质年代学工作的迅猛发展，对华北中部元古宙传统地层序列的认识提出了挑战。根据常州沟组砂岩中最年轻碎屑锆石的 U-Pb 年龄（约 1.8 Ga）（万渝生等，2003）、团山子组和大红峪组中富 K 火山岩的锆石 U-Pb 年龄（1683～1622 Ma）（李怀坤等，1995；陆松年和李惠民，1991；高林志等，2008；Lu et al.，2008）、侵入串岭沟组的辉绿岩墙的锆石 U-Pb 年龄（1638 Ma）（高林志等，2009）以及侵入基底太古宙片麻岩并被常州沟组不整合覆盖的花岗斑岩岩脉的锆石 U-Pb 年龄（1673 Ma）（李怀坤等，2011），提出长城系的沉积时代限定为 1680～1700 Ma 的建议。根据高于庄组中凝灰岩的锆石 U-Pb 年龄（1559～1560 Ma）（李怀坤等，2010）、铁岭组中钾质斑脱岩的锆石 U-Pb 年龄（1437 Ma）（苏文博等，2010）以及侵入雾迷山组的辉绿岩床中的锆石和斜锆石 U-Pb 年龄（1345～1354 Ma）（Zhang et al.，2009），可将蓟县系的上下界定为 1400 Ma 和 1600 Ma。在原划于青白口系下马岭组的钾质斑脱岩及侵入下马岭组的基性岩席中，得到 1380～1320 Ma 的锆石和斜锆石 U-Pb 同位素年龄（Gao et al.，2007，高林志等，2007，2008；Su et al.，2008；苏文博等，2010；李怀坤等，2009），从而将下马岭组的时代从早先的新元古代早期厘定为中元古代中期的延展纪（Ectasian Period）。据此，一些学者讨论了华北古-新元古界的重新划分方案（乔秀夫等，2007；高林志等，2009，2010a；李怀坤等，2009，2010；苏文博等，2010），

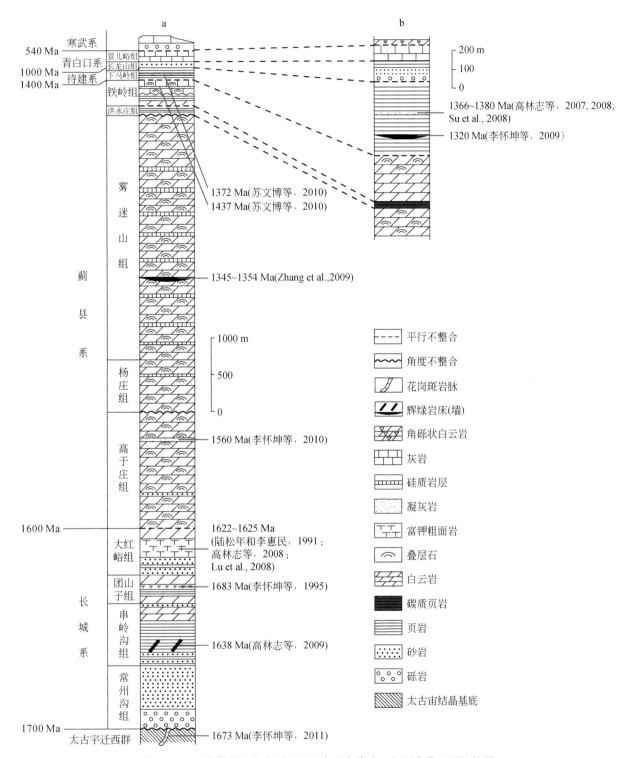

图 10.3 天津蓟县和北京西山地区古元古代末—新元古代地层柱状图

a. 天津蓟县（据高林志等，2008 修改）；b. 北京西山（据北京市地质矿产局地质调查所，1994[①]修改）

[①]北京市地质矿产局地质调查所. 1994. 1∶5万雁翅幅地质图.

建议将下马岭组从青白口系中分出，建立待建系，时代为 1400~1000 Ma。待建系与青白口系仍以 1000 Ma 的芹峪隆起作为界限。

（二）熊耳裂陷槽

位于华北克拉通南缘的熊耳裂陷槽横跨豫、晋、陕三省，分布有不整合覆盖在太古宙—古元古代变质基底上的未变质的熊耳群火山岩系地层，而不整合在熊耳群之上的中-新元古代的地层也非常发育，但不同地区的岩石组合特征差异明显，前人划分出三个不同的地层小区：嵩箕地层小区、渑池-确山地层小区和熊耳山地层小区，其中豫陕交界小秦岭地区的中-新元古代沉积建造和熊耳山地区的非常相似（关保德等，1988；河南省地质矿产局，1989）。

熊耳群是一套以火山熔岩为主的火山-沉积岩系。地层自下而上分为四个组（图10.4a）：大古石组呈角度不整合覆盖于下伏太古宙或古元古代基底之上，在豫北济源地区最为发育，是一套河湖相砂岩和泥

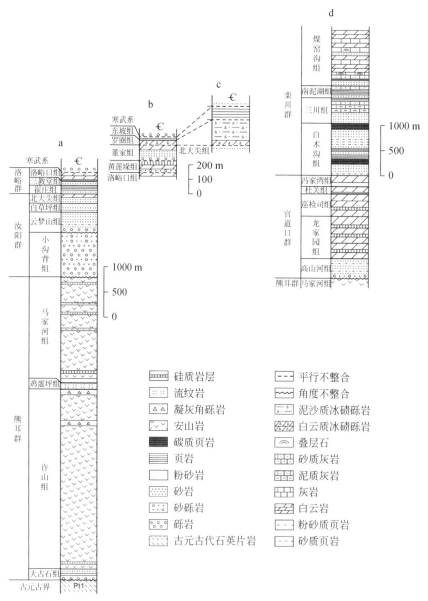

图 10.4 晋陕豫地区中-新元古代地层柱状图

a. 中条山（赵太平等，2005）；b. 鲁山地区（河南省地质矿产局，1989）；c. 临汝地区（河南省地质矿产局，1989）；d. 熊耳山地区（河南省地质矿产局，1989）

岩，其他地区缺失或零星分布；许山组以玄武安山质和安山质熔岩为主；鸡蛋坪组以英安-流纹质熔岩为主，夹玄武安山质和安山质熔岩；马家河组以玄武安山质和安山质熔岩为主，有较多的正常沉积岩及火山碎屑岩夹层（赵太平等，2007）。赵太平等（2004a）应用 SHRIMP 方法对熊耳群中的英安-流纹斑岩和同期的次火山-侵入岩多个样品进行了锆石 U-Pb 定年，认为熊耳群形成于18亿～17.5亿年。其后，又有许多学者对熊耳群火山岩以及可能同期的岩墙群或次火山岩、侵入体等的年龄进行了测试（Peng et al., 2005, 2008; Peng, 2015; He et al., 2009, 2010; Cui et al., 2011, 2013; Wang et al., 2010），所获得的锆石 U-Pb 年龄基本都在17.8亿年或17.6亿年左右。山西吕梁地区的小两岭组火山岩，也被认为是与熊耳群火山岩在形成时代和成因上相当（徐勇航等，2007）；乔秀夫和王彦斌（2014）分别以 SHRIMP 和 LA-ICP-MS 方法获得锆石 U-Pb 年龄，均为17.8亿年。因此，关于熊耳群火山岩系的形成时代，可以确定为18亿～17.5亿年，早于长城系。

渑池-确山地层小区的汝阳群和洛峪群以碎屑沉积岩为主，有少量白云岩。汝阳群呈角度不整合覆盖于熊耳群之上，自下而上包括4个组（图10.4a）：小沟背组主要为一套砾岩和含砾粗砂岩；云梦山组角度不整合在小沟背组之上，以条带状石英砂岩为主，下部夹火山岩；白草坪组以石英砂岩和页岩为主；北大尖组主要由石英砂岩和含叠层石白云岩组成。洛峪群整合覆盖于汝阳群之上，自下而上包括3个组（图10.4a）：崔庄组以杂色页岩为主体，底部为石英砂岩；三教堂组为一套石英砂岩；洛峪口组主要由页岩和含叠层石白云岩组成。在中条山地区洛峪组被寒武系砾岩不整合覆盖，在鲁山地区被震旦系平行不整合覆盖（图10.4a，b）。

分布于熊耳山地区的官道口群呈角度不整合覆盖于熊耳群之上，并被栾川群整合覆盖，自下而上包括5个组（图10.4d）：高山河组以石英砂岩为主；龙家园组和巡检司组以燧石条带白云岩及厚层白云岩为主；杜关组主要由含砂砾页岩和白云岩组成；冯家湾组主要为泥质白云岩夹白云质板岩。栾川群自下而上包括4个组（图10.4d）：白术沟组主要由碳质千枚岩和石英岩组成；三川组由变质中细粒砂岩、黑云大理岩、绢云大理岩和钙质片岩等组成；南泥湖组主要由石英岩、二云片岩和黑云母大理岩组成；煤窑沟组主体为白云岩和含叠层石大理岩，下部为变质细砂岩与云母片岩、大理岩互层。

李钦仲等（1985）和赵澄林等（1997）通过地层对比推测汝阳群和官道口群高山河组与长城系层位相当。Zhu 等（2011）报道的高山河组的碎屑锆石最小年龄峰值约1.85 Ga，限定了官道口群的最大沉积时代。根据叠层石种类的对比，河南省地质矿产局（1989）认为高山河组、龙园组和巡检司组及杜关组和冯家湾组可分别与燕辽裂陷槽的团山子组、杨庄-雾迷山组和铁岭组对比，白术沟组和煤窑沟组可与蓟县系上部及青白口系对比。根据地层中微古植物化石的对比，尹崇玉和高林志（1995，1997，1999，2000）、阎玉忠和朱士兴（1992）、Xiao 等（1997）、Yin（1997）、Yin 和 Guan（1999）、高林志等（2002）将汝阳群和洛峪群划归新元古代。早期的一些同位素定年数据显示，北大尖组、崔庄组和三教堂组海绿石 K-Ar 年龄为1256～1013 Ma（马国干等，1980；关保德等，1988）；高山河组和白术沟组板岩 Rb-Sr 等时线年龄分别为1394 Ma 和902 Ma，侵入冯家湾组的花岗岩体锆石 U-Pb 同位素年龄为999 Ma，侵入煤窑沟组的橄榄辉长岩全岩 K-Ar 年龄为743 Ma（河南省地质矿产局，1989）。这些数据限制了地层的最小年龄应不小于1.3 Ga。苏文博等（2012）运用 LA-MC-ICP-MS 方法对河南汝州阳坡村附近洛峪口组中部层凝灰岩夹层开展了锆石 U-Pb 同位素年代学研究，获得了1611±8 Ma 的高精度年龄。这一年龄第一次精确标定了该地区洛峪口组的形成时限，并显示该组顶界应接近1600 Ma。由于洛峪口组位于华北克拉通南缘原划归"新元古界青白口系"洛峪群的最顶部，洛峪群又覆于"中元古界蓟县系"汝阳群之上，因此，这一新的年代学进展实际上同时也将洛峪群和汝阳群都下压到了中元古界长城系，并将洛峪群顶界限定为该地区长城系与蓟县系分界。结合区域资料，特别是熊耳群（下伏于汝阳群）火山岩近年来的年代学标定（多集中于1750～1780 Ma），可初步将该地区汝阳群—洛峪群的形成年代限定为1750～1600 Ma，对应于国际固结纪（Statherian）（1800～1600 Ma），即中国长城纪中晚期。

震旦系地层不整合覆盖于洛峪群、汝阳群及官道口群之上，自下而上包括4个组（图2.4b，c）：黄莲沱组主要由含燧石结核白云岩和燧石岩组成；董家组主要由长石石英砂岩和泥质白云岩组成；罗圈组为一套冰碛岩和冰成杂砾岩；东坡组主要由页岩和粉砂岩组成。罗圈组的冰碛岩和冰成杂砾岩可与华南的震旦系冰碛岩对比。董家组和罗圈组中的微古植物化石多见于华南南沱组及灯影组中（河南省地质矿产局，1989）。

(三) 华北北缘沉积盆地

华北北缘沉积盆地的主要沉积地层有分布于狼山-内蒙古固阳地区的渣尔泰群，分布于内蒙古白云鄂博-四子王旗-商都一带的白云鄂博群和分布于内蒙古化德-河北康保一带的化德群。白云鄂博群在渣尔泰群以北，呈近东西向断续分布，在商都一带与化德群相连。狼山-渣尔泰群和白云鄂博群之间为太古宙变质岩系分隔。

渣尔泰群不整合于新太古代固阳绿岩带之上，自下而上由四个组组成（图10.5a）：书记沟组主要由变质砾岩、长石石英砂岩和石英岩组成；增隆昌组主要由白云质板岩、含叠层石结晶灰岩和白云岩组成；阿古鲁沟组以碳质板岩为主；刘洪湾组以石英岩为主。书记沟组上部有以碱性玄武岩为主的火山岩（王楫等，1992）。渣尔泰群书记沟组基性火山岩的锆石 U-Pb 年龄 1743 Ma 代表了渣尔泰盆地开始裂陷的时间（Li Q L et al.，2007）。在狼山地区的渣尔泰群有少量双峰式火山岩，具有大陆裂谷的地球化学特征（彭润民和翟裕生，1997；彭润民等，2004，2007；王楫等，1992）。彭润民等（2010）在狼山西南段的渣尔泰群识别出 817~805 Ma 的具大陆裂谷性质的酸性火山岩，确定了华北北缘盆地新元古代地层的存在。

白云鄂博群的岩石组合中以碎屑岩类和黏土岩类占绝对优势。自下而上可分为 7 个组（图 10.5b，c）：底部的都拉哈拉组角度不整合于新太古代变质岩之上，主要由石英岩、砾岩和含砾长石石英砂岩等粗碎屑岩组成；中部尖山组、哈拉霍疙特组和比鲁特组，以泥质岩和浊积岩为主体；上部白音宝拉格组和呼吉尔图组以碎屑岩为主；顶部阿牙登组以结晶灰岩为主，夹粉砂质板岩。白云鄂博群下伏最年轻的基底岩石锆石 U-Pb 年龄约 1.9 Ga[①]（王凯怡等，2001）限制了白云鄂博群最老的沉积时代。白云鄂博群下部层位中玄武岩的锆石 U-Pb 年龄 1.73 Ga（Lu et al.，2002），可能代表白云鄂博群开始沉积的时间；侵入都拉哈拉组的火成碳酸岩岩脉的锆石 U-Pb 年龄 1.42 Ga（范宏瑞等，2006），限制了都拉哈拉组—比鲁特组的沉积时代不晚于 1.42 Ga。根据这些同位素年龄资料，白云鄂博群下部四个组的沉积时代可限制为 1.73~1.42 Ga，与长城系—蓟县系沉积时间基本一致。

化德群为一套浅变质或未变质的沉积岩系，主要由碎屑岩、钙硅酸盐岩和灰岩等组成，目前尚未发现火山岩夹层，部分岩石经历了低级变质作用。化德群下部四个组在化德县南连续出露（图10.5d），主要为碎屑岩组合：毛忽庆组为厚层的变质含砾长石砂岩夹变质石英砂岩；头道沟组中下部以变质石英砂岩和碳质板岩为主，上部为钙硅酸盐岩；朝阳河组以石英片岩为主；北流图组主要为变质石英砂岩。上部两个组主要在康保县连续出露（图10.5e）：戈家营组主要为大理岩和钙硅酸盐岩组合；三夏天组是一套变质碎屑岩组合。化德群与商都地区的白云鄂博群可对比。化德群下部最年轻的碎屑锆石年龄 1.80 Ga 限制了下部四个组的沉积时代不早于 1.80 Ga（胡波等，2009）；化德县南侵入头道沟组—北流图组的花岗岩体的锆石 U-Pb 年龄 1331~1313 Ma（Zhang et al.，2012a）限制了化德群下部四个组的沉积时代不晚于 1330 Ma。康保西北化德群上部三夏天组最年轻的碎屑锆石年龄 1.46 Ga，限制了化德群上部的沉积时代不早于 1.46 Ga（胡波等，2009）。因此可将化德群的沉积时代限制为 1.8~1.3 Ga，与长城系—蓟县系时代基本一致，上部两个组的沉积时代可能略晚于下部四个组，为 1.46~1.3 Ga，与蓟县系上部的沉积时代相当。

[①] 杨奎锋. 2008. 内蒙古白云鄂博地区元古宙构造-岩浆演化史与超大型 REE-Nb-Fe 矿床成因. 中国科学院研究生院博士学位论文.

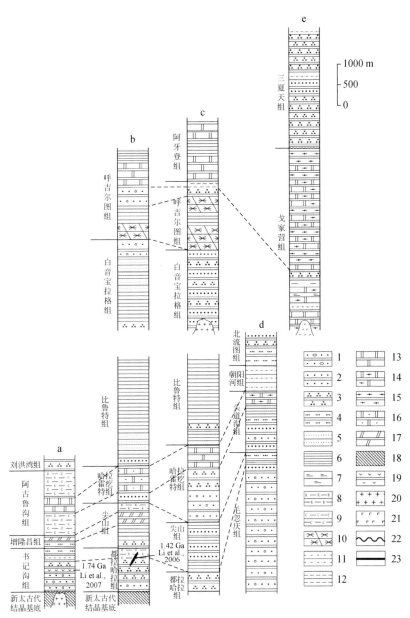

图 10.5 渣尔泰群、白云鄂博群和化德群地层柱状图

a. 渣尔泰群（王楫等，1989）；b. 白云鄂博群（王楫等，1989）；c. 商都地区白云鄂博群（据①修编）；
d. 化德县南部化德群下部（据②修编）；e. 康保地区化德群上部（据①修编）

1. 变质含砾砂岩；2. 变质砂岩；3. 石英岩；4. 变质细砂岩；5. 变质粉砂岩；6. 板岩；7. 千枚岩；8. 富钾板岩；9. 碳质板岩；10. 阳起石角岩；11. 石英片岩；12. 云母片岩；13. 大理岩（结晶灰岩）；14. 透辉（透闪）大理岩、石英大理岩；15. 方柱透辉岩、方解透辉（透闪）岩；16. 粉砂质结晶灰岩；17. 白云岩；18. 新太古代结晶基底；19. 变质安山岩；20. 花岗岩；21. 辉长岩；22. 不整合；23. 断裂接触

（四）华北东缘中元古代末—新元古代拗陷盆地

华北东缘中元古代末—新元古代拗陷盆地（白瑾等，1993）包括朝鲜 Nangrim 地块的 Pyongnam 盆地、辽南的复州-大连盆地、山东半岛的蓬莱群和土门群以及徐淮盆地。

Nangrim 地块的 Pyongnam 盆地由新元古代—三叠纪的地层组成，不整合沉积在太古宙和古元古代早

---

① 内蒙古自治区区域地质测量队. 1971. 1:20 万商都幅地质图及说明书.
② 河北省区域地质矿产调查研究所. 2004. 1:25 万张北县幅区域地质图及报告.

期的基底之上。元古宙的沉积岩包括 Sangwon 系和 Kuhyon 系，是一套绿片岩相变质的沉积岩系。Sangwon 系自下而上包括 Jikhyon、Sadangu、Mukchon 和 Myoraksan 统（图 10.6）（Paek et al., 1993）。Jikhyon 统主要由砾岩、石英砂岩、片岩和千枚岩组成；Sadangu 统主要由含叠层石的灰岩和白云岩组成；Mukchon 统主要由石英砂岩、千枚岩和泥质灰岩组成；Myoraksan 统由下部的灰岩和白云岩以及上部的粉砂质千枚岩组成。Kuhyon 系呈角度不整合覆盖在 Sangwon 系之上，包括下部的 Pirangdong 统和上部的 Rungri 统。Pirangdong 统主要由砾岩、片岩、白云岩、含砾灰岩和千枚岩组成。Rungri 统主要由含砾千枚岩、千枚岩和少量粉砂岩组成。Paek 等（1993）认为 Sadangu 统白云岩中的叠层石与华北蓟县系中的叠层石相似，Kuhyon 系中的钙质砾岩与华南的南华系的冰碛岩相似，因而有学者建议将 Sangwon 系的 Jikhyon 统和 Sadangu 统的时代应归为中元古代，Mukchon 统和 Myoraksan 统归新元古代，而 Kuhyon 系与南华系同时代。我们最近的研究，Sangwon 系 Jangsusan 组石英砂岩中最年轻碎屑锆石的平均年龄 984 Ma 限制了

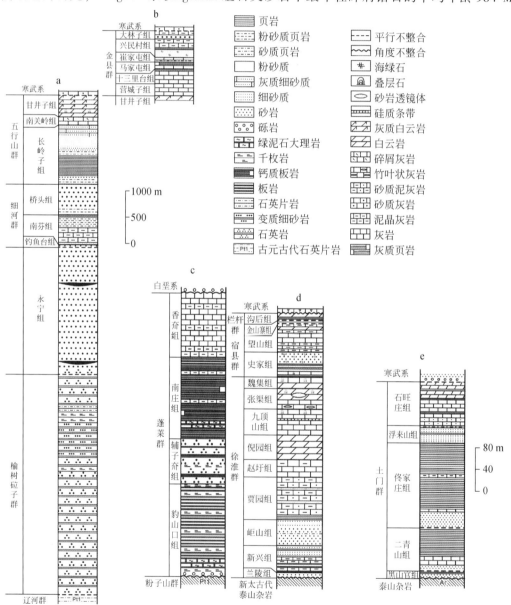

图 10.6　华北东缘中元古代末—新元古代拗陷盆地地层柱状图

a. 复州地区（据辽宁省地质矿产局，1989 修编）；b. 大连地区（据辽宁省地质矿产局，1989 修编）；c. 山东蓬莱群（据山东省第四地质矿产勘查院，2003 修编）；d. 徐淮盆地（据①修编）；e. 山东土门群地（据山东省第四地质矿产勘查院，2003 修编）

---

① 江苏省地质局区测队. 1977. 1:20 万徐州幅地质图.

Sangwon 系的沉积时代不早于 980 Ma（Hu et al., 2012），并且 Sangwon 系被 899 Ma 的镁铁质岩床侵入（Peng et al., 2011a），因此 Sangwon 系的沉积时代应该为 1000~900 Ma，属于华北地层表中的青白口系。而 899 Ma 的镁铁质岩床被 Kuhyon 系覆盖（Ryu et al., 1990; Paek et al., 1993），并且与该镁铁质岩床在约 400 Ma 时共同遭受了绿片岩相变质作用（Peng et al., 2011a）。

复州-大连盆地的新元古代地层主要包括榆树砬子群、永宁组、细河群、五行山群和金县群。复州地区的榆树砬子群平行不整合覆盖在古元古代辽河群之上，为一套低绿片岩相变质的碎屑岩沉积；永宁组平行不整合于榆树砬子群之上，主要为中厚层长石石英砂岩和长石砂岩。细河群平行不整合于永宁组之上，自下而上包括 3 个组：钓鱼台组以中细粒石英砂岩为主；南芬组主要由泥晶灰岩和粉砂质页岩组成；桥头组主要为中厚层石英砂岩夹粉砂质页岩。五行山群自下而上包括 3 个组：长岭子组主要由页岩和粉砂岩组成；南关岭组主要为一套碎屑灰岩；甘井子组以中厚层灰质白云岩为主夹叠层石白云岩（图 10.6a）。大连地区的金县群与五行山群为整合接触，主要包括 6 个组：营城子组和十三里台组主要为中厚层泥晶灰岩；马家屯组以薄层泥晶灰岩和钙质页岩为主；崔家屯组主要由粉砂质页岩和叠层石灰岩组成；兴民村组主要由粉砂岩、页岩和泥晶灰岩组成；大林子组主要由石英砂岩和薄层泥晶灰岩组成（图 10.6b）。近年发表的榆树砬子群和细河群钓鱼台组最年轻的碎屑锆石年龄约 1.1 Ga（Luo et al., 2006；高林志等，2010b）限制了二者的最大沉积时代。Peng 等（2011a）讨论 Yang 等（2004）以及未发表的数据认为复州-大连盆地中的基性岩床与朝鲜的 Sariwon 岩床和徐淮地区的储栏岩床都是约 900 Ma 侵入的基性岩床。因此，复州-大连盆地的沉积时代可被限制为中元古代末—新元古代。

蓬莱群分布于山东栖霞-蓬莱一带，为一套浅变质岩系，自下而上分为 4 个组（图 10.6c）：豹山口组角度不整合于古元古代粉子山群变质沉积岩系之上，以板岩和千枚岩为主；辅子夼组以石英岩为主夹硅质板岩；南庄组以板岩为主夹泥灰岩；香夼组主要为中厚层泥灰岩和灰岩。Li X H 等（2007）报道的蓬莱群最年轻的碎屑锆石年龄峰值为 1.2 Ga 左右，由于缺失新元古代碎屑锆石，他们推测蓬莱群的沉积时代为中元古代末到新元古代（1.1~0.8 Ga）。

土门群分布于山东沂沭断裂带及其西侧地区，与下伏新太古代泰山杂岩呈角度不整合接触。土门群从老到新被分为 5 个组（图 10.6e）：最下部的黑山官组主要由石英砂岩和页岩组成；二青山组与黑山官组呈平行不整合接触，主要由石英砂岩、灰岩和钙质页岩组成；佟家庄组与二青山组呈平行不整合接触，主要为石英砂岩、藻灰岩、页岩夹泥灰岩；浮来山组以细-粉砂岩为主夹页岩和泥灰岩；石旺庄组以灰岩和白云岩为主夹页岩。山东省第四地质矿产勘查院（2003）根据土门群中的古生物组合以及地层对比研究，将黑山官组和二青山组划归青白口系，佟家庄组和浮来山组划归南华系，石旺庄组划归震旦系。土门群中最年轻碎屑锆石的平均年龄为 1.1 Ga（Hu et al., 2012），这些年龄数据限制了土门群的沉积时代基本上为中元古代末—新元古代。

徐淮中-新元古代地层主要出露于山东枣庄东-江苏徐州-安徽淮北一带。徐州幅 1:20 万区域地质调查将这套地层自下而上分为 13 个组（图 10.6d）：兰陵组、新兴组和岠山组主要由砾岩、石英砂岩、细砂岩、粉砂岩和页岩等碎屑岩组成；贾园组、赵圩组、倪园组、九顶山组、张渠组和魏集组主要由砂质泥灰岩、灰岩和白云岩等碳酸盐岩组成；史家组以页岩、粉砂岩和海绿石砂岩为主；望山组以灰岩和泥灰岩为主；金山寨组和沟后组主要由页岩和白云岩组成。基于古生物、地层对比和少量同位素测年资料，研究者对徐淮盆地的沉积时代和地层划分有不同认识：一种看法认为地层上下层序正常，沉积时代从青白口纪到震旦纪，可与辽南、山东、淮南地区同时代地层对比，部分可与峡东地区震旦系对比（姚仲伯和张世恩，1983；朱士兴等，1994；牛绍武，1996；邢裕盛等，1996；曹瑞骥，2000；薛耀松等，2001；武铁山，2002）；另一种看法认为出露于不同地区的不同层位的地层，时代上有重叠衔接，经拆分后可归蓟县系—震旦系，可与燕山、辽南、山东、淮南地区及峡东震旦系同时代地层对比（乔秀夫等，1996，张丕孚，1985，1993，2001）。杨杰东等（2001）、郑文武等（2004）、刘燕学等（2005，2006）将徐淮盆地沉积岩的 Sr、C 同位素与全球新元古代海水 Sr、C 同位素组成演变曲线相对比，认为徐淮盆地的地层与淮南群和辽南的细河群、五行山群及金县群是跨越北方青白口系与南方震旦系之间的一段连续地层，沉积时限从 900~700 Ma，形成于南沱冰期或 Sturtian 冰期之前。Liu Y Q 等（2006）报道了侵入赵圩、倪园及史家组的辉绿岩床的锆石 SIMS $^{207}Pb/^{206}Pb$ 年龄为 1038 Ma 和 976 Ma，但 Peng 等（2011a）认为该样品锆石的 $^{207}Pb/^{206}Pb$ 年龄比较分散，而锆石的 $^{206}Pb/^{238}U$ 平均年龄 918±8 Ma 应该代表该岩床的结晶年龄。结合土门群碎屑锆石的年龄（Hu et al., 2012），可将徐淮盆地的地层时代限制为中元古代末—新元古代。

根据上述华北克拉通古元古代末—新元古代各沉积盆地地层岩石组合、沉积序列和沉积时代的对比，列出地层对比图（图10.7），以燕辽裂陷槽的长城系、蓟县系、待建系和青白口系为对比标准。华北南缘的熊耳群火山沉积岩系是最早开始沉积的，汝阳群和洛峪群、官道口群和栾川群，北缘的渣尔泰群、白云鄂博群和化德群与长城系和蓟县系基本同时沉积。华北克拉通东缘的 Pyongnam 盆地中的 Sangwon 系，辽南的榆树砬子群、细河群、五行山群和金县群，山东的蓬莱群、土门群及徐淮盆地是与青白口系大体同时代的地层。华北南缘的震旦系和 Pyongnam 盆地的 Kuhyon 系与华南的南华系—震旦系基本上是同时代的。

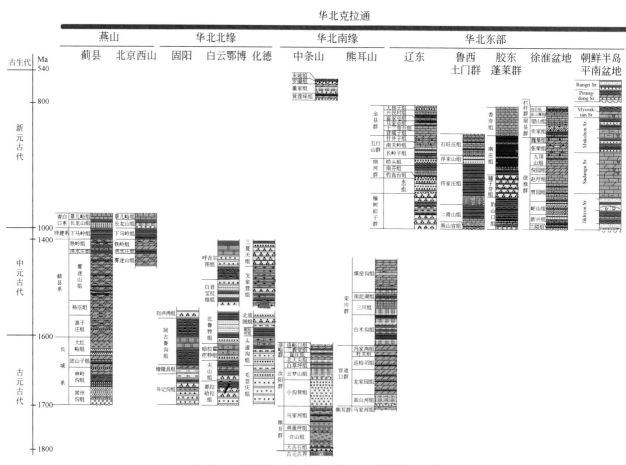

图 10.7 华北古元古代末—新元古代地层对比图

图例见图 8.3~图 8.6

第三节 华北中-新元古代四期裂谷-岩浆活动事件

华北克拉通在中-新元古代有一系列的岩浆活动。主要的岩浆事件有四期，即 1.78 Ga 的大岩浆岩省事件、1.72~1.62 Ga 的非造山岩浆活动、1.37~1.32 Ga 的镁铁质岩床群，以及约 900 Ma 的镁铁质岩墙群。

一、1.78 Ga 大岩浆岩省事件

1.78 Ga 大岩浆岩省事件主要包括太行-吕梁基性岩墙群和熊耳裂谷火山岩系，以及稍晚些（1.76~1.73 Ga）的密云-北台基性岩墙群（图 10.8）。

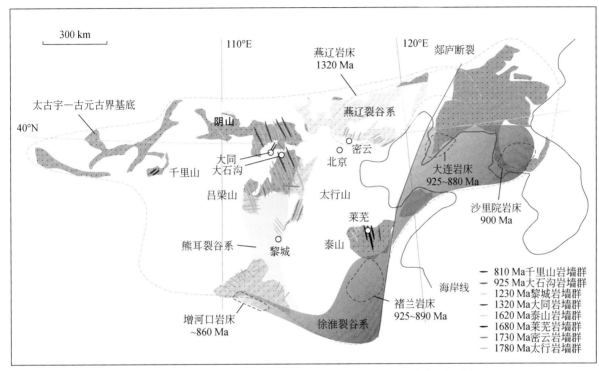

图 10.8　华北克拉通中-新元古代主要岩墙（床）群与火山岩系分布图（彭澎，2016）

太行-吕梁岩墙群和密云-北台岩墙群主要分布在华北克拉通中部，岩墙主要由辉绿岩和辉长辉绿岩组成，主要矿物成分为斜长石和单斜辉石，玄武质-玄武安山质，少量安山质，属于拉斑系列，它们的产状特征基本一致，但是岩相学和地球化学特征存在一定差异（Peng，2010）。1.78~1.73 Ga 岩墙单体出露长度达 60 km，宽度达 100 m，一般约 15 m；岩墙直立或者近直立，与围岩常具有明显的边界，发育冷凝边。这些岩墙以 NNW 向（315°~345°）为主，有少量 EW 向（250°~290°）和 NE 向（20°~40°）的岩墙（图 10.9）。NE 向的岩墙主要分布在南太行（Wang et al., 2004）和燕山（密云）地区（Peng et al., 2012），在华北南缘也有少量分布（Hou et al., 2006）。EW 向的岩墙主要分布在吕梁、南太行、霍山、中条山地区，其中 250°~270°走向的主要分布在吕梁和太行地区，而 270°~290°走向的主要分布在中条山和霍山地区。排除中生代以来华北克拉通内部块体的相对运动，这些岩墙主体上构成了一个放射状几何学形态，其岩浆中心可能位于华北南缘熊耳裂谷系（Peng et al., 2006）。

部分年龄包括 1769 ± 3 Ma（锆石 TIMS U-Pb 年龄）（Halls et al., 2001）、1778 ± 3 Ma（锆石 SHRIMP U-Pb 年龄）（Peng et al., 2005）、1777 ± 3 Ma（锆石和斜锆石 TIMS U-Pb 年龄）、1789 ± 28 Ma（斜锆石 TIMS U-Pb 年龄）和 1754 ± 74 Ma（锆石 TIMS U-Pb 年龄）（Peng et al., 2006）、1731 ± 3 Ma（斜锆石 TIMS U-Pb 年龄）（Peng et al., 2012）；另外，Wang 等（2004）获得了一些 1780~1760 Ma 的 Ar-Ar 全岩坪年龄。

熊耳裂谷火山岩系包括原华北南缘熊耳群和西阳河群中的火山岩系以及华北中部吕梁山地区的小两岭组、汉高山群等，厚度为 3000~7000 m，主体分布于华北克拉通南缘，呈三岔裂谷系："三岔"的两支基本与华北克拉通南缘边界一致，另一支从中条山地区一直延续到华北中部（孙枢等，1985；王同和，1995；赵太平等，2004a；徐勇航等，2007）。

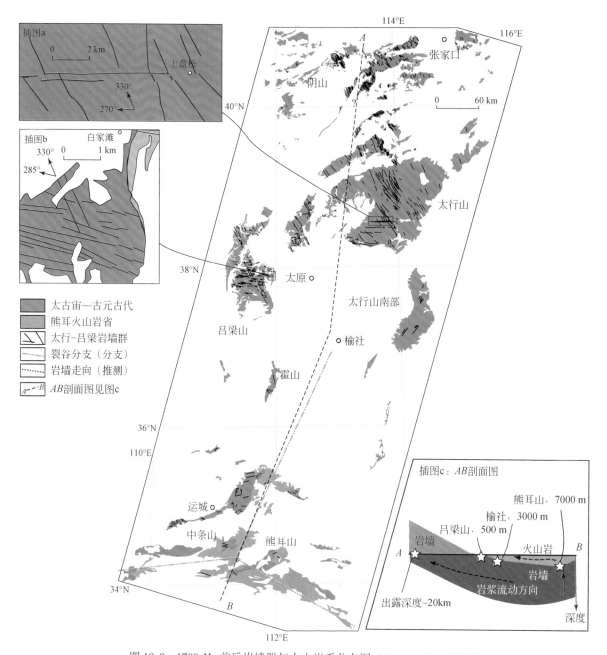

图 10.9 1780 Ma 前后岩墙群与火山岩系分布图 (Peng et al., 2008)

插图 a 显示 NW 和 EW 向两组岩墙呈网状产出，可能形成于同时代的裂隙系统；插图 b 显示岩墙作为吕梁地区火山岩系的火山通道；插图 c 为华北中部岩墙出露深度及其与火山岩系出露的几何关系的剖面示意图

熊耳群火山岩系主要由火山熔岩组成，包括玄武岩、玄武安山岩、安山岩、英安岩和流纹岩，主体成分为安山质（图 10.10）；夹少量薄层碎屑沉积岩和火山碎屑岩，主体喷发环境是海相（Zhao T P et al., 2002；赵太平等，2007）。孙枢等（1985）认为这一火山岩系为双峰式拉斑系列火山岩系，杨忆（1990）将其定为拉斑系列；Jia（1987）、胡受奚等（1988）和 He 等（2009）认为熊耳火山岩系为与岛弧相关的钙碱系列火山岩系（Andes 型）。另外，也有一些研究者如夏林圻等（1991）提出熊耳火山岩系属于细碧角斑岩系列；而张德全（1985）等则反对这种观点。韩以贵等（2006）通过对火山岩系中长石的研究，发现它们普遍经历了同岩浆期钠长石化。一般认为，熊耳火山岩系经历了低压条件下的地壳混染和分离结晶作用，岩浆源区为大陆岩石圈（Zhao T P et al., 2002）。

Peng 等（2008）认为熊耳火山岩系与 1780~1770 Ma 基性岩墙群为同成因，即基性岩墙群是熊耳火山岩系的岩浆通道，主要依据包括：①熊耳火山岩系的岩浆通道岩墙与岩墙群部分岩墙时代和成分特征完全一致；②岩墙群的几何学特征与熊耳火山岩系所在三岔裂谷系的几何学可以完全匹配，具有一致的岩浆中心；③岩墙群出露深度和熊耳火山岩系的分布在空间上可以对应；④岩墙群和火山岩系具有重叠的岩石学、地球化学变化特征。另外，出露较浅的岩墙与火山岩系大多经历了同岩浆期的钠长石化。因此，熊耳火山岩系和岩墙群属于同一岩浆来源，只不过岩浆通过通道到达地表的过程中，经历了明显的结晶分异以及不同程度的地壳混染作用（Peng et al., 2008；Peng, 2010）。

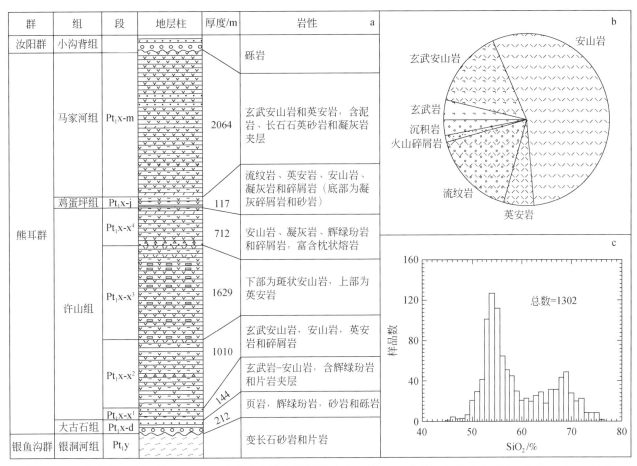

图 10.10　熊耳火山岩系地层柱（a）、各种火山岩含量饼图（b）以及 SiO_2 含量柱状图（c）（Zhao T P et al., 2002）

1780~1770 Ma 基性岩墙群的展布面积达 $0.3×10^6 km^2$，产生的岩浆量达 $0.02×10^6 km^3$，加上熊耳火山岩系的展布范围和岩浆量，两者构成了一个大岩浆岩省（Peng, 2010）。Peng 等（2008）提出了地幔柱模式，主要是根据 Campbell（2001）提出的 5 点地幔柱相关岩浆岩的判别标准中的 4 点：①火山作用前存在抬升事件；②存在放射状几何学形态的大型基性岩墙群；③火山岩层在很大的空间尺度上可以对比；④岩浆作用晚期出现具有地幔柱产物特征的岩墙群（北台-密云岩墙群）。由于 1780 Ma 岩浆作用以华北克拉通南缘为活动中心，可以根据这一时代岩浆岩的识别和对比，确定当时与华北克拉通相连的古陆块。同时期的岩浆作用在南美（如 Rio de Plata 克拉通的 Uruguayan 岩墙群，Halls et al., 2001；Guyana 地盾的 Avanavero 岩墙群，Norcross et al., 2000；Crepori 岩床/岩墙群，Santos et al., 2002）、澳大利亚（如 Harts Range 火山岩/岩床和 Eastern Creek 火山岩，Sun, 1997；Tewinga 火山岩，Page, 1988；Mount Isa 岩墙群，Parker et al., 1987；Hart 岩床群，Page and Hoatson, 2000）以及其他一些陆块，如印度（Dharwar 岩墙群，Srivastava and Singh, 2004）等。Peng 等（2005）和 Hou 等（2008b）也提出了华北克拉通与印度古陆相连的模式（图 10.11，模式 C）。

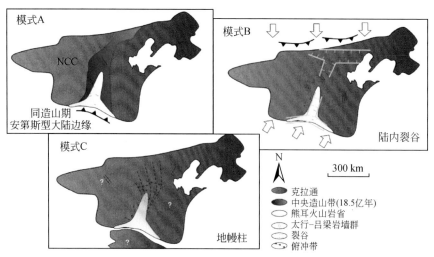

图 10.11 1780 Ma 前后大岩浆岩省成因模式（Peng, 2010）

模式 A 认为岩墙群形成于造山后背景，与华北中央造山带的垮塌有关，而火山岩系形成于华北南缘岛弧背景（Zhao et al.,
1998; Wang et al., 2004, 2008; He et al., 2008, 2009; Zhao G C et al., 2009）；模式 B 认为岩墙群形成于陆内裂谷环
境，并且可能与该时期华北北缘存在的古俯冲带活动有关（Hou et al., 2006, 2008a）；模式 C 认为岩墙群和火山岩系
为同成因产物，形成于大陆裂解过程，并且可能和地幔柱相关（Peng et al., 2005, 2008）

二、1.72~1.62 Ga 的非造山岩浆活动

1.72~1.62 Ga，在华北北部发育大庙岩体型斜长岩杂岩体、密云环斑花岗岩、长城系大红峪组火山岩，在华北南部发育龙王幢 A 型花岗岩和一些基性岩墙群、碱性岩类，这些岩石共同构成典型的非造山岩浆岩组合。

（一）河北大庙岩体型斜长岩杂岩体

岩体型斜长岩是由 >90% 斜长石组成的岩浆岩，具独立岩体的产出特征；它们的形成时代仅限于元古宙（2.1~0.9 Ga），且常赋存有 Fe-Ti 氧化物矿床，是世界上 Fe、Ti、P 和 V 的重要来源。一直以来，岩体型斜长岩被认为是了解元古宙地幔性质、地壳演化、壳幔相互作用以及成矿作用的重要窗口而备受关注。位于华北克拉通北缘的河北大庙斜长岩杂岩体是中国唯一的岩体型斜长岩，规模虽不大（约 100 km²），但各类岩石齐全，包括 85% 的斜长岩、10% 的苏长岩、4% 的纹长二长岩、<1% 的橄长岩以及小部分铁闪长质和辉长质脉体，也赋存有 Fe-Ti-P 矿床（解广轰和王俊文，1988；解广轰，2005）。

赵太平等（2004b）从杂岩体主要组成岩石——苏长岩、纹长二长岩中选取锆石用单颗粒锆石同位素稀释法，获得结晶年龄分别是 1693±7 Ma 和 1715±6 Ma。Zhang 等（2007）用 SHRIMP 锆石 U-Pb 定年法获得斜长岩的结晶年龄为 1726±9 Ma。随后，Zhao T P 等（2009）利用锆石 LA-ICP-MS 和 SHRIMP U-Pb 定年方法，分别测定了杂岩体中苏长岩和纹长二长岩的年龄为 1742±17 Ma 和 1739±14 Ma，说明大庙杂岩体的侵位可能持续了 10~20 Ma。

大庙斜长岩类中巨晶斜长石的出溶特征以及斜方辉石的高 Al_2O_3 含量（5.5%~9.0%）表明，它们在最终侵位之前结晶于高压环境（>10 kbar），而出溶特征则显示最终压力的降低（约 4 kbar），体现了杂岩体变压结晶（polybaric crystallization）的特点。杂岩体中不同岩相具相似的 Nd-Hf 同位素组成 [全岩 $\varepsilon_{Nd}(t)$ 大部分位于 -4.0~-5.4；锆石 $\varepsilon_{Hf}(t)$ = -4.7~-7.5]（Zhang et al., 2007；Zhao T P et al., 2009），结合它们的全岩主、微量元素以及矿物成分连续变化的特点，说明它们为同一岩浆演化形成。Zhang 等（2007）认为太古宙地壳物质的再循环导致陆下岩石圈地幔的富集，大庙斜长岩正是由于这样的富集地幔部分熔融形成的母岩浆结晶分异而形成的。而 Zhao T P 等（2009）等对比大庙高铝辉长岩脉（$Mg^\#$ = 56~

73）和世界上可代表斜长岩体母岩浆成分的高铝辉长岩，发现两者无论在矿物组成、REE 还是 Sr 组成上均非常相似，因此判断大庙杂岩体母岩浆也应为高铝辉长质。辉石和斜长石巨晶的出溶结构与成分，表明初始岩浆房形成于下地壳深部或壳幔边界处（9.4~11.2 kbar，33~36 km）并侵位到地壳浅部（5 kbar，15 km）；通过斜长石巨晶由中心向边部的微量元素和 Sr 同位素组成的变化规律，论证了斜长岩的形成是由于幔源玄武质岩浆底侵于富铝下地壳底部并强烈混染下地壳物质（约 30%）而导致斜长石的大量结晶，并推测岩体型斜长岩仅仅出现于元古宙的原因可能与当时的地壳属性有关（相比现代地壳更富铝、钠）(Chen et al., 2015)。

（二）北京密云环斑花岗岩

密云环斑花岗岩体是华北最典型的环斑花岗岩杂岩体，它与河北大庙斜长岩、古北口富钾花岗岩、怀柔古洞沟富钾花岗岩、兰营石英正长岩、新地斜长岩、赤城环斑花岗岩等共同构成华北克拉通北部古元古代晚期的一条斜长岩-环斑花岗岩岩带（解广轰，2005）。近年来，国内外学者从不同方面对密云环斑花岗岩体进行研究，取得了不少成果（Rämö et al., 1995；郁建华等，1996；解广轰，2005；杨进辉等，2005；Zhang et al., 2007；高维等，2008）。

许多学者用不同的同位素测年方法对密云环斑花岗岩体进行了测定，其中锆石 TIMS U-Pb 年龄多数集中在 1735~1679 Ma。杨进辉等（2005）以 LA-ICP-MS 锆石 U-Pb 法获得环斑花岗岩形成于 1681±10 Ma 和 1679±10 Ma。高维等（2008）获得 SHRIMP 锆石 U-Pb 年龄 1685±15 Ma。杨进辉等（2005）主要根据其中的锆石 Hf 同位素组成为 $\varepsilon_{Hf}(t)$ 约为 -5，两阶段模式年龄 T_{DM2} 为 2.8~2.6 Ga，认为它们来源于太古宙新生地壳的部分熔融。而 Zhang 等（2007）结合其全岩的主微量、Sr-Nd-Pb 同位素和锆石 Hf 同位素特征，认为其是由 EM I 富集地幔形成的基性岩浆经过分离结晶作用和地壳物质的混染而形成的。Jiang 等（2011）报道了赤城县温泉的具有环斑结构的 A 型花岗岩的形成年龄是 1697±7 Ma，温泉岩岩与密云环斑花岗岩以及在华北克拉通出露的相同时期的花岗岩具有相同的 Nd-Hf 同位素特征（图 10.12），相同的地球化学特征和氧化程度，表明它们具有相同的源区和成因，华北克拉通新太古代结晶基底是它们的源区岩石。

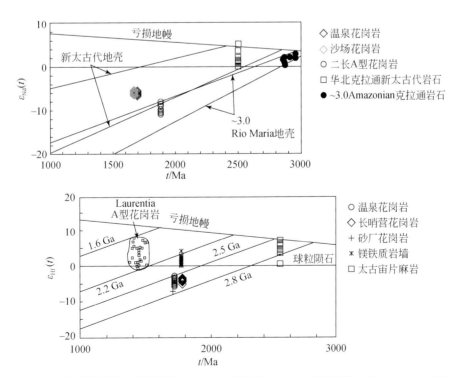

图 10.12　环斑花岗岩及有关岩石的 $\varepsilon_{Nd}(t)$ -年龄和 $\varepsilon_{Hf}(t)$ -年龄图解（Jiang et al., 2011）

(三) 长城系大红峪组火山岩

长城系大红峪组主要分布于冀东、平谷、蓟县、遵化及滦县等地，在北京平谷和天津蓟县地区，最大厚度分别为 718 m 和 490 m，出露面积约 600 km²。图 10.13 选取了几个典型的大红峪组的地层剖面，直观地展示了由西到东火山活动的喷发类型、厚度、岩性等的区域变化特征。根据火山活动的产物及其间赋存的石英岩，可分为四期火山活动（如图 10.13 中 V_1、V_2、V_3、V_4），分别被三层石英岩所隔开（图 10.13 中 Ⅰ、Ⅱ、Ⅲ）。其中第四期熔岩最为发育，遍布全区。而其下部的大红峪组火山岩是一套超钾质火山岩，其中高钾碱性玄武岩和响岩最多，另有少量火山碎屑岩，如富钾凝灰岩、凝灰角砾岩等（胡俊良等，2007）。

大红峪组上部火山岩的锆石 U-Pb 年龄为 1625.3±6.2 Ma（陆松年和李惠民，1991）和 1625.9±8.9 Ma（高林志等，2008）。此外大红峪组之下的团山子组中的富钾安山岩，单颗粒锆石 U-Pb 年龄为 1683±67 Ma（李怀坤等，1995）。

大红峪组火山岩在地球化学特征上显示富集轻稀土和大离子亲石元素（如 Rb、Ba、K 等），贫高场强元素 Th、Zr、Hf、HREE 等和弱的 Nb、Ta 亏损等微量元素特征。稀土元素配分模式为右倾，有轻微的 Eu 正异常，类似于 OIB 的特征；较稳定的 La/Nb 值和 $\varepsilon_{Nd}(t)$ 值，说明岩浆在上升过程并未遭受明显的地壳混染作用，Nb、Ta 弱亏损以及 $\varepsilon_{Nd}(t)$ 值为 -0.66~0.63，更多的是其地幔源区特征的反映。胡俊良等（2007）认为其岩浆来源于被地壳物质改造过的富集地幔，并有 OIB 特征的软流圈成分加入。

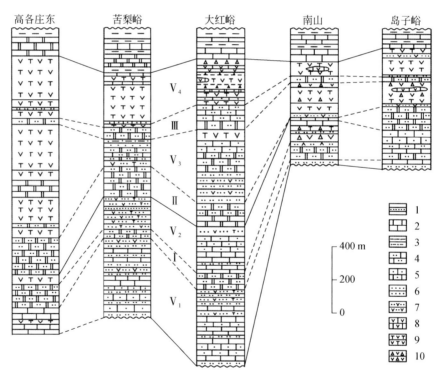

图 10.13 蓟县大红峪组柱状对比图（胡俊良等，2007）

1. 硅质层；2. 白云岩；3. 硅质岩；4. 石英岩；5. 含砂灰岩、含凝灰质白云岩；6. 石英砂岩、砂砾岩；7. 砂质混积岩、凝灰岩；8. 碳酸盐质混积岩；9. 钾质熔岩；10. 火山角砾岩、集块岩

(四) 河南龙王幢 A 型花岗岩

中元古代早期在华北南缘分布有一条东西向的碱性岩-碱性花岗岩带。该带西起陕西洛南，经河南卢氏、栾川和方城等地，东到舞阳，长达 400 余千米，其中，位于栾川县境内的龙王幢岩体是规模最大而又典型的 A 型花岗岩体（卢欣祥，1989）。

龙王幢岩体位于华北克拉通南缘栾川东庙子、合峪、大青沟之间的龙王幢、上河村、东地一带，呈近椭球状岩株产出，面积近 120 km²。岩体侵入太古宙花岗片麻岩中，东侧被后期的合峪黑云母二长花岗岩体侵入（148.2～135.3 Ma）（高昕宇等，2010）。前人根据龙王幢岩体中存在钠闪石-钠铁闪石和霓辉石等碱性暗色矿物，一直判定该岩体属于碱性 A 型花岗岩（胡受奚等，1988；卢欣祥，1989；陆松年等，2003）。然而，鉴于其 A/NK 值大于 1、属于偏铝质的特征，同时电子探针成分组成显示其角闪石有较高的 Ca_B（>1.70）和低的 Na_B（<0.5），均属于钙质角闪石，且可以进一步细分为绿钙闪石（Hastingsite）和铁浅闪石（Ferroedenite），而非前人所认为的钠质闪石，没有发现霓辉石，显示出铝质 A 型花岗岩的特征（Zhao and Deng, 2016）。

陆松年等（2003）以 SHRIMP 锆石 U-Pb 法获得 1625±16 Ma 的结晶年龄，而包志伟等（2009）和 Wang X L 等（2012）以 LA-ICP-MS 锆石 U-Pb 法分别获得 1602±6 Ma 和 1616±20 Ma 的结晶年龄，形成时代资料基本一致。

岩体高硅（SiO_2 = 72.2%～76.8%）、富碱（K_2O+Na_2O = 8.3%～10.2%，K_2O/Na_2O>1），分异指数 DI = 95～97，铝指数 ASI = 0.96～1.13。含铁指数高 [$FeO^*/(FeO^*+MgO)$ = 0.90～0.99]，岩石为准铝质至弱过铝质、碱性-碱钙性、铁质 A 型花岗岩。岩石富集大离子亲石元素，稀土元素含量很高（854～1572 ppm）；高场强元素（Nb、Ta、Zr、Hf）的富集程度明显低于大离子亲石元素；岩石显著亏损 Ba、Sr、Ti、Pb；$\varepsilon_{Nd}(t)$ = -4.5～-7.2，Nd 模式年龄为 2.3～2.5 Ga；$\varepsilon_{Hf}(t)$ = -1.11～-5.26，相应的二阶段模式年龄 T_{DM}^C = 2.4～2.6 Ga。对龙王幢花岗岩的成因认识不一致，卢欣祥（1989）、Wang X L 等（2012）认为是下地壳物质部分熔融形成，而包志伟等（2009）认为是富集地幔部分熔融的玄武质岩浆经强烈结晶分异的产物。Zhao 和 Deng（2016）综合研究了龙王幢花岗岩体的岩石地球化学、Nd 同位素和锆石的 Hf-O 同位素特征，认为其源于地壳物质的部分熔融，而其低 $\delta^{18}O$ 值是来源于地表水与浅部地壳（≤20 km）发生高温水岩反应形成低 $\delta^{18}O$ 值的结果，或是低 $\delta^{18}O$ 值的物质参与源区发生部分熔融所致。

（五）非造山岩浆岩的成因与构造环境

对非造山岩浆岩形成的大地构造背景，已有一些文章进行讨论（Wang et al., 2013 及其中的参考文献），目前一些学者将华北的此类岩石与地幔柱和 Columbia 超大陆聚合后的裂解相联系（Zhao T P et al., 2002；Hou et al., 2008b；Zhang et al., 2007, 2012b）。以下几个问题需要关注：

（1）此时期的岩浆岩大多具有"类岛弧地球化学特征"，如 Nb-Ta 等高场强元素的亏损和大离子亲石元素的富集，全岩 $\varepsilon_{Nd}(t)$ 和锆石 $\varepsilon_{Hf}(t)$ 值都表现出富集地幔的特征，或是其地幔源区经受古俯冲组分的改造，或表明有大量的地壳物质的加入（图 10.14）。

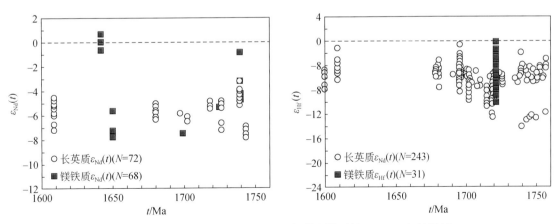

图 10.14 非造山岩浆岩的 $\varepsilon_{Nd}(t)$ -年龄和锆石的 $\varepsilon_{Hf}(t)$ -年龄图解

(2) 此时期的岩浆岩普遍富铁、富钾，其成因一直没有得到很好的解释。例如，熊耳群的中基性熔岩和同期的侵入岩普遍含铁在10%左右（$FeO+Fe_2O_3$ 或全铁作为 Fe_2O_3），少数达到15%，而镁铁质岩墙群的铁含量普遍在10%以上，多数在15%左右，有的甚至高达20%左右；TiO_2 含量普遍在1%左右，只有少数样品大于2%。此外，多数中基性岩（包括基性岩墙群）都显示高度分异和拉斑质系列火山岩的演化趋势和矿物学特征，其 SiO_2 含量大多高于52%，铁镁矿物主要是单斜辉石，几乎不含角闪石。

(3) 在华北本期岩浆岩中迄今没有发现苦橄岩、OIB 型玄武岩或其他直接来自于软流圈亏损地幔的岩浆岩；而且岩浆活动并不是短时期巨量发育，而是"持续的、脉动的"，成岩时代在1720～1620 Ma。

(4) 与约1.78 Ga 的岩浆作用相比，此期岩浆活动持续的时间长，其地球化学特征也是逐步变化的，明显不同于与地幔柱相关的岩浆岩组合。该期岩浆作用在华北发育的地方广泛，而它们的分布特征总体是沿南部的熊耳裂谷（孙枢等，1985）、北部的燕辽裂谷分布。因此推测它们是在约1.78 Ga 的大火成岩省事件或地幔柱之后引发的持续裂谷过程的岩浆作用。

三、1300 Ma 的基性岩席群

继在下马岭组发现锆石 U-Pb 年龄在 1368±12～1372±18 Ma 的细粉状层凝灰岩（斑脱岩），并在铁岭组发现斑脱岩锆石 U-Pb 年龄在 1437±21 Ma（高林志等，2009；苏文博等，2010）后，不少研究者关注 1400 Ma 前后发生的岩浆事件及其地质意义，其中最重要的进展是在河北的平泉、兴隆、宽城、下板城、怀来，辽宁的凌源、朝阳以及京西地区等地发现一组辉绿岩席（李怀坤等，2009；Zhang et al., 2009, 2012a），它们主要侵入在下马岭组和雾迷山组，少量见于串岭沟、高于庄、洪水庄和铁岭组（Zhang et al., 2009）。在一些出露区，可以观察到 3～5 个岩席，构成辉绿岩席群。如在宽城县化皮溜子乡黄家庄附近的下马岭组碎屑岩地层中发现 3 个基本顺层侵入的基性岩席（床），它们自下而上的厚度分别为 110 m、22 m 和 62 m，辉绿岩遭受强烈风化破碎，球形风化特征明显（李怀坤等，2009），在平泉以西的下马岭组的泥质岩-碎屑岩中可以区别出 4 个顺层侵入的岩席，有时还可以观察到岩席与地层的接触带上有很薄的烘烤边。在朝阳附近的雾迷山组的白云岩中，辉绿岩席有数十米至数百米厚，几千米甚至数十千米长（Zhang et al., 2009）。辉绿岩席通常都有典型的辉绿结构，辉石含量为 40%～60%，斜长石含量为 40%～55%，另有一些磁铁矿（3%～10%）和角闪石（0～5%）。图 10.15 是地质剖面图，显示了辉绿岩席与围岩下马岭组的关系（Zhang et al., 2009）。

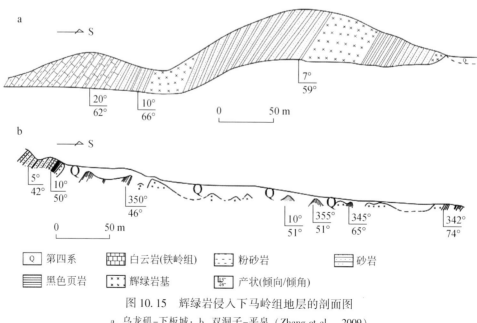

图 10.15　辉绿岩侵入下马岭组地层的剖面图

a. 乌龙矶-下板城；b. 双洞子-平泉（Zhang et al., 2009）

Zhang 等（2009）选取朝阳地区侵入雾迷山组的辉绿岩的锆石，进行了 LA-ICP-MS U-Pb 定年，得到 1345±12 Ma 的年龄。李怀坤等（2009）采得宽城地区侵入下马岭组的辉绿岩样品，选取斜锆石进行 ID-TIMS 测定，得到 1320±6 Ma 的 U-Pb 年龄，将同一样品的斜锆石和锆石放在一起，得到不一致线与谐和线的上交点年龄为 1323±21 Ma。而后，Zhang 等（2012a）又采集到多个侵入中元古代地层中的辉绿岩以及在化德地区侵入白云鄂博群相应下马岭组中的花岗岩。辉绿岩的锆石和斜锆石年龄在 1331~1313 Ma，辉绿岩的初始 $^{143}Nd/^{144}Nd$ 值为 0.510933~0.511026，$\varepsilon_{Nd}(t)$ 值为 0.14~1.96，它们的 T_{DM} 模式年龄为 2.18~1.90 Ga。辉绿岩中锆石的 $^{176}Hf/^{177}Hf$ 初始值为 0.282023~0.282179，$\varepsilon_{Hf}(t)$ 值为 2.93~8.48，T_{DM} 模式年龄为 1.75~1.49 Ga，T_{DM}^C 年龄为 1.93~1.57 Ga。斜锆石的 $^{176}Hf/^{177}Hf$ 初始值为 0.281997~0.282085，具高的正 $\varepsilon_{Hf}(t)$ 值（2.00~5.13），Hf 的 T_{DM} 模式年龄为 1.73~1.60 Ga，T_{DM}^C 年龄为 1.99~1.79 Ga。花岗岩得到 1331±11 Ma 和 1324±14 Ma 的锆石 U-Pb 年龄，它们的 $^{143}Nd/^{144}Nd$ 值为 0.510565~0.510595，$\varepsilon_{Nd}(t)$ 为 -6.94~-6.35，T_{DM} 模式年龄为 2.37~2.28 Ga。花岗岩中锆石的 $^{176}Hf/^{177}Hf$ 初始值为 0.281690~0.281804，$\varepsilon_{Hf}(t)$ 值为 -8.76~-4.73，Hf 的 T_{DM} 模式年龄为 2.16~2.00 Ga，T_{DM}^C 年龄为 2.67~2.42 Ga，显示辉绿岩与花岗岩有不同的源区。

图 10.16 显示了辉绿岩的 $\varepsilon_{Nd}(t)$ 和 $\varepsilon_{Hf}(t)$ 值随年龄的变化关系（Zhang et al.，2012a）。为了便于比较，图中还投入了该区的太古宙基底岩石、大庙斜长岩的样品。可以看出，花岗岩和大庙斜长岩与古老的太古宙基底具有同源性，显示了它们主要是太古宙基底重熔的产物。而辉绿岩具有地幔来源的特征。此外，范宏瑞等（2006）报道白云鄂博矿区有 1.4~1.2 Ga 的火成碳酸岩岩脉，与 1.35~1.31 Ga 的辉绿岩时代相当，代表了该期大陆裂谷事件中的大陆地幔熔融的岩浆作用。并假设 Nb-铁矿和稀土矿的成矿与该期大陆裂谷事件有关，很可能是地幔上隆，以及火成碳酸岩造成的元素富集。

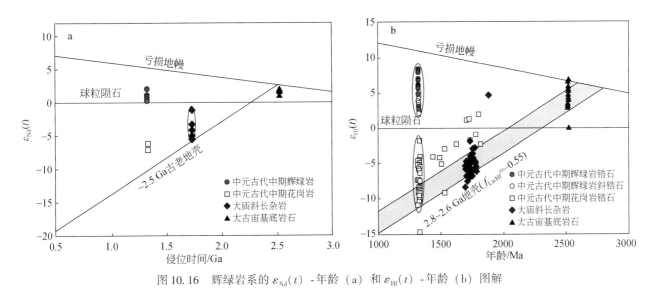

图 10.16　辉绿岩系的 $\varepsilon_{Nd}(t)$ -年龄（a）和 $\varepsilon_{Hf}(t)$ -年龄（b）图解

四、900 Ma 的大石沟基性岩墙群

华北克拉通 925~890 Ma 岩浆活动主要包括大石沟大型基性岩墙群以及东南缘栾川、储兰、大连和朝鲜沙里院的基性岩床群（图 10.17）。大石沟大型基性岩墙群分布在晋冀蒙地区，鲁西可能也存在同时代的岩墙（Peng et al.，2011b）。这些岩墙通常 10~50 m 宽，达 10~20 km 长，走向从 305°~340°（华北克拉通中部）变化到 10°（鲁西地区），呈放射状分布。岩墙主要由辉长岩和辉绿岩组成。斜锆石 TIMS U-Pb 年龄揭示这些岩墙侵位于 925~920 Ma。

华北东南缘的栾川（Wang et al.，2011）、徐淮（柳永清等，2005；Wang Q H et al.，2012）、旅大以及朝鲜的平南盆地（Peng et al.，2011a）均发育一些岩床，这些岩床的时代均约为 900 Ma，稍年轻于大石沟岩墙群。如果恢复显生宙时期郯庐断裂引起断裂两边的块体走滑，这些岩床群的分布范围在华北克拉通连起来形成了一个约120°的夹角，因此，Peng 等（2011b）猜想这些盆地可能属于一个三岔裂谷系的一部分。这些岩床厚度从几米到150 m，延伸数千米，主要岩石组成为粗玄岩，轻微变质，最高达绿片岩相（如平南盆地）（Peng et al.，2011a）。平南盆地同一条岩床内获得斜锆石年龄约为900 Ma，锆石年龄约为400 Ma，指示变质时代约为400 Ma（Peng et al.，2011a）。

由于岩墙群几何学具有放射状形态，其发散中心位于徐淮盆地，而岩墙和岩床具有相似或者相关的成分特征，Peng 等（2011b）认为这些岩墙群和火山岩系成因相关。全球约9亿年的岩浆活动比较稀少，然而在 Congo 和 São Francisco 克拉通上有时代完全一致的火山岩系和岩墙群，如 Bahia 岩墙群（Evans et al.，2010；Correa-Gomes and Oliveira，2000）。因此，Peng 等（2011b）提出了华北克拉通与 Congo-São Francisco 联合古陆在9亿年前相连的构想（图10.17）。

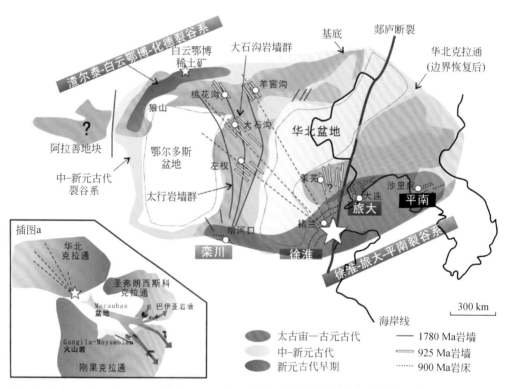

图10.17　925 Ma 前后大石沟岩墙群和约900 Ma 岩床群分布及其与中新元古代沉积盆地关系（Peng et al.，2011b）

插图 a 给出了华北克拉通与 Congo-São Francisco 联合古陆9亿年前的复原假想图

五、华北克拉通多期裂谷事件及其地质意义

华北克拉通内中-新元古代沉积岩的碎屑锆石以及岩浆岩记录了这个时期的地壳演化。图10.18是一个假想在地球演化的不同时期可能存在超大陆。图中把主要的地质事件分成超大陆拼合和超大陆裂解（即超级地幔柱）。太古宙末有一个超大陆（超级克拉通）形成，紧接着有一个古元古代早期的裂解事件跟随。此后有陆块拼合形成新的超大陆，即 Columbia 超大陆（G）。再后即为 Rodinia（R）和 Pangea（P）超大陆的形成和裂解。图10.18中还标注了在 Pangea 超大陆形成前冈瓦纳（G）准大陆的形成。以上假想是在分析和总结了地球历史上各陆块中可以识别的造山带和裂谷带的基础上做出的。而超大陆的形成是一个全球规模的拼合事件，超大陆的裂解是全球范围的伸展事件，前者借助于板块构造，后者借助于地幔柱构造。华北自太古宙末假设有一个微陆块拼合事件形成现代规模后（翟明国和卞爱国，2000；Zhai and Santosh，2011），也被假设在古元古代早期发生裂解，经历了裂谷-俯冲-碰撞过程，推测与 Columbia 超大陆的形成有关。但是在后来的元古宙演化中，记录的都是伸展过程，表

现出多次裂谷事件。华北克拉通在18亿年至新元古代，经历了多期裂谷事件。不少学者试图将这些裂谷事件的发生和Columbia超大陆、Rodinia超大陆的演化相联系，但在其他古大陆中找不到与熊耳群相同时代的火山岩系，在华北克拉通也没有块体拼合的构造事件和大陆裂解开或洋盆发育的记录（翟明国，2012）。

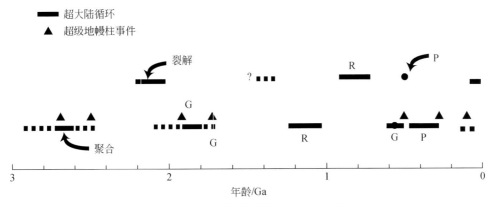

图10.18 超大陆演化图解（Condie，2004）

一些学者假设华北克拉通参与了Columbia超大陆的演化（Zhao G C et al.，2002；Li and Zhao，2007），但是对超大陆裂解的响应时间还存在争议，基于对上述岩浆活动性质的不同理解，大体有三种认识：中元古代早期（约1.78 Ga）（Zhao T P et al.，2002；赵太平等，2004a；Peng et al.，2008）、中元古代中期（约1.62 Ga）（杨进辉等，2005；高林志等，2008）和中元古代中晚期（1.35~1.31 Ga）（Zhang et al.，2009，2012a）。另外，900~800 Ma的岩浆活动由于峰期时代与Rodinia超大陆裂解的时限可以对应，部分学者提出这一岩浆活动可能记录了相关过程（彭润民等，2010；Peng et al.，2011a，2011b），狼山地区形成了伸展构造体制下的拉张盆地，并有酸性火山岩的活动及一些与热水喷流成矿作用密切相关的大型-超大型Pb、Zn、Cu矿床形成（Zhai et al.，2004；彭润民等，2000，2010）；华北东北和中部亦有约900 Ma基性岩床（墙）的报道（Peng et al.，2011a，2011b）。尽管在前寒武纪的沉积岩中尚未发现该时期的锆石记录，但是北京西山地区寒武系砂岩中的碎屑锆石却对该时期的岩浆和变质事件信息有很好的保存（胡波等，2013）。这几期岩浆活动的出现，指示华北克拉通在古元古代末—新元古代可能经历了一个多期-持续的裂谷事件，并有一些与大陆裂谷和非造山岩浆有关的成矿记录，如大庙大型钒钛磁铁矿、白云鄂博超大型稀土矿床和狼山铅锌铜铁硫化物矿床等。

1.3~1.0 Ga的岩浆锆石记录很少，少量出现在华北东缘和北缘的沉积岩碎屑锆石（Luo et al.，2006；Li X H et al.，2007；Hu et al.，2012；Gao et al.，2011）和侵入岩的捕获锆石中（Yang et al.，2004；张华锋等，2009）。目前发现出露在地表的约1.2 Ga的岩浆岩只有朝鲜Nangrim地块北部的一个结晶年龄为1195 Ma的含角闪石的花岗岩体（Zhao et al.，2006），没有明确的代表大陆聚合过程的岩浆岩记录。

第四节 本章小结

（1）华北克拉通从约1800 Ma的区域变质事件之后，进入地台型演化阶段。形成了晚古元古代—新元古代熊耳裂陷槽、燕辽裂陷槽以及北缘裂谷系、东缘裂谷系。熊耳裂陷槽的形成最早，起始时间以约1780 Ma的熊耳群火山岩为代表。燕辽裂陷槽中没有此期火山岩，长城系底部沉积岩的沉积年龄难以确定，团山子组有约1680 Ma的火山岩，大红峪组双峰式火山岩与熊耳裂陷槽中的汝阳群大致相当。推测燕辽裂陷槽的形成时代略晚于熊耳裂陷槽。在此后各裂谷系的发育中，都鲜有火山岩。

（2）华北克拉通中元古代四期岩浆事件都是区域性的，它们的构造背景都是伸展环境，表现较强烈的地幔隆升的特征，出现了相应的大火成岩省、非造山岩浆组合、镁铁质岩系群和岩墙群，形成了有特色

（3）值得注意的是，从约1800Ma至新元古代以来，华北克拉通内没有发现与聚合事件有关的岩浆岩，盆地分析也表明该期有多次裂谷盆地的发生，不同的沉积阶段的构造面都是伸展的抬升性质。换言之，华北在该期处于一拉到底的构造环境。

（4）不少研究者假设元古宙期间有全球性的多次超大陆旋回，关于华北克拉通的响应不少学者提出了许多构想，但并没有明确的对应关系。可能的解释，或是元古宙的超大陆演化不具全球性，或是因为华北克拉通在当时处于超大陆的边缘（Zhang et al., 2012b）。因此，对华北古元古代末—新元古代的构造演化的研究具有很重要的意义，同时，解析华北克拉通结晶基底形成（吕梁/滹沱运动结束）到稳定盖层发育这一构造转折期（18亿~16亿年）的岩浆-沉积记录，解析它们的成因与构造背景是至关重要的。

参 考 文 献

白瑾，黄学元，戴凤岩，吴昌华. 1993. 中国前寒武纪地壳演化. 北京：地质出版社

包志伟，王强，资锋，唐功建，杜凤军，白国典. 2009. 龙王幢A型花岗岩地球化学特征及其地球动力学意义. 地球化学，38（6）：509~522

曹瑞骥. 2000. 我国中新元古代地层研究中若干问题的探讨. 地层学杂志，24（1）：1~7

陈从云. 1993. 白云鄂博群渣尔泰群和化德群的时代隶属. 中国区域地质，（1）：59~67

陈晋镳，张惠民，朱士兴，赵震，王振刚. 1980. 蓟县震旦亚界的研究. 见：中国地质科学院天津地质矿产研究所. 中国震旦亚界. 天津：天津科学技术出版社：56~114

陈晋镳，张鹏远，高振家，孙淑芬. 1999. 中国地层典：中元古界. 北京：地质出版社

陈孟莪. 1993. 对清河镇动物群和昌图动物群的质疑. 地质科学，28（2）：199~200

陈毓蔚，钟富道，刘菊英，毛存孝，洪文兴. 1981. 我国北方前寒武岩石铅同位素年龄测定：兼论中国前寒武地质年表. 地球化学，10（3）：209~219

崔敏利，张宝林，彭澎，张连昌，沈晓丽，郭志华，黄雪飞. 2010. 豫西崤山早元古代中酸性侵入岩锆石/斜锆石U-Pb测年及其对熊耳火山岩系时限的约束. 岩石学报，26（5）：1541~1549

地质矿产部中国同位素地质年表工作组. 1987. 中国同位素地质年表. 北京：地质出版社

第五春荣，孙勇，刘养杰，韩伟，戴梦宁，李永项. 2011. 秦皇岛柳江地区长龙山组石英砂岩物质源区组成——来自碎屑锆石U-Pb-Hf同位素的证据. 岩石矿物学杂志，30（1）：1~12

杜汝霖，田立富，李汉棒. 1986. 蓟县长城系高于庄组宏观生物化石的发现. 地质学报，（2）：115~120

范宏瑞，胡芳芳，陈福坤，杨奎峰，王凯怡. 2006. 白云鄂博超大型REE-Nb-Fe矿区碳酸岩墙的侵位年龄——兼答Le Bas博士的质疑. 岩石学报，22（2）：519~520

高林志，乔秀夫. 1992. 浑江末前寒武纪丝状藻及其环境意义. 地质评论，（2）：140~148

高林志，尹崇玉，王自强. 2002. 华北地台南缘新元古代地层的新认识. 地质通报，21（3）：130~135

高林志，张传恒，史晓颖，周洪瑞，王自强. 2007. 华北青白口系下马岭组凝灰岩锆石SHRIMP U-Pb定年. 地质通报，26（3）：249~255

高林志，张传恒，尹崇玉，史晓颖，王自强，刘耀明，刘鹏举，唐烽，宋彪. 2008. 华北古陆中、新元古代年代地层框架——SHRIMP锆石年龄新依据. 地球学报，29（3）：366~376

高林志，张传恒，刘鹏举，丁孝忠，王自强，张彦杰. 2009. 华北-江南地区中、新元古代地层格架的再认识. 地球学报，30（4）：433~446

高林志，丁孝忠，曹茜，张传恒. 2010a. 中国晚前寒武纪年表和年代地层序列. 中国地质，37（4）：1014~1020

高林志，张传恒，陈寿铭，刘鹏举，丁孝忠，刘燕学，董春燕，宋彪. 2010b. 辽东半岛细河群沉积岩碎屑锆石SHRIMP U-Pb年龄及其地质意义. 地质通报，29（8）：1113~1122

高维，张传恒，高林志，史晓颖，刘耀明，宋彪. 2008. 北京密云环斑花岗岩的锆石SHRIMP U-Pb年龄及其构造意义. 地质通报，27（6）：793~798

高昕宇，赵太平，周艳艳，高剑峰. 2010. 华北陆块南缘中生代合峪花岗岩的地球化学特征及其成因. 岩石学报，26（12）：3485~3506

关保德，耿午辰，戎治权，杜慧英. 1988. 河南东秦岭北坡中—上元古界. 郑州：河南科学技术出版社

韩以贵，张世红，白志达，董进. 2006. 豫西地区熊耳群火山岩钠长石化研究及其意义. 矿物岩石，26（1）：35~42

河北省地质矿产局.1989.河北省区域地质志.北京:地质出版社

侯万荣,肖荣阁,张汉成,高亮,曹殿华.2003.熊耳裂谷火山岩系金-多金属矿床成矿模式.黄金地质,9(2):22~27

胡波,翟明国,郭敬辉,彭澎,刘富,刘爽.2009.华北克拉通北缘化德群中碎屑锆石的LA-ICP-MS U-Pb年龄及其构造意义.岩石学报,25(1):193~211

胡波,翟明国,彭澎,刘富,第五春荣,王浩铮,张海东.2013.华北克拉通古元古代末-新元古代地质事件——来自北京西山地区寒武系和侏罗系碎屑锆石LA-ICP-MS U-Pb年代学的证据.岩石学报,29(7):2508~2536

胡俊良,赵太平,徐勇航,陈伟.2007.华北克拉通大红峪组高钾火山岩的地球化学特征及其岩石成因.矿物岩石,27(4):70~77

胡受奚,林潜龙,陈泽铭,黎世美.1988.华北与华南古板块拼合带地质和成矿.南京:南京大学出版社

李承东,郑建民,张英利,张凯,花艳秋.2005.化德群的重新厘定及其大地构造意义.中国地质,32(3):353~362

李怀坤,李惠民,陆松年.1995.长城系团山子组火山岩颗粒锆石U-Pb年龄及其地质意义.地球化学,24(1):43~48

李怀坤,陆松年,李惠民,孙立新,相振群,耿建珍,周红英.2009.侵入下马岭组的基性岩床的锆石和斜锆石U-Pb精确定年——对华北中元古界地层划分方案的制约.地质通报,28(10):1396~1404

李怀坤,朱士兴,相振群,苏文博,陆松年,周红英,耿建珍,李生,杨锋杰.2010.北京延庆高于庄组凝灰岩的锆石U-Pb定年研究及其对华北北部中元古界划分新方案的进一步约束.岩石学报,26(7):2131~2140

李怀坤,苏文博,周红英,耿建珍,相振群,崔玉荣,刘文灿,陆松年.2011.华北克拉通北部长城系底界年龄小于1670Ma:来自北京密云花岗斑岩岩脉锆石LA-MC-ICP MS U-Pb年龄的约束.地学前缘,18(3):108~120

李江海,侯贵廷,钱祥麟,Halls H C,Davis D.2001.恒山中元古代早期基性岩墙群的单颗粒锆石U-Pb年龄及其克拉通构造演化意义.地质论评,47(3):234~238

李明荣,王松山,裘冀.1996.京津地区铁岭组、景儿峪组海绿石^{40}Ar-^{39}Ar年龄.岩石学报,12(3):416~423

李钦仲,杨应章,贾金昌.1985.华北地台南缘(陕西部分)晚前寒武纪地层研究.西安:西安交通大学出版社

李勤,张江满.1993.冀北"清河镇动物群"质疑.中国区域地质,(4):365~371

李顺智,林源贤,张学祺.1985.燕山地区长城系常州沟组、串岭沟组的年龄.前寒武纪地质,(2):129~134

李增慧,马来斌.1992.河北蓟县常州沟组宇宙尘落地年龄.地质论评,38(5):449~456

辽宁省地质矿产局.1989.辽宁省区域地质志.北京:地质出版社

刘燕学,旷红伟,孟祥化,葛铭,蔡国印.2005.吉辽徐淮地区新元古代地层对比格架,29(4):387~396

刘燕学,旷红伟,孟祥化,葛铭.2006.锶、碳同位素演化在新元古代地层定年中的应用——以胶辽徐淮地层分区为例.岩石矿物学杂志,25(4):299~304

刘振锋,王继明,吕金波,郑桂森.2006.河北省赤城县温泉环斑花岗岩的地质特征及形成时代.中国地质,33(5):1052~1058

柳晓艳.2011.华北克拉通南缘古-中元古代碱性岩岩石地球化学与年代学研究及其地质意义.北京:中国地质科学院

柳永清,高林志,刘燕学,宋彪,王宗秀.2005.徐淮地区新元古代初期镁铁质岩浆事件的锆石U-Pb定年,50(21):2514~2521

卢欣祥.1989.龙王幢A型花岗岩地质矿化特征.岩石学报,5(1):67~77

陆松年,李惠民.1991.蓟县长城系大红峪组火山岩的单颗粒锆石U-Pb法准确定年.中国地质科学院院报,22(1):137~146

陆松年,张学祺,黄承义,刘文兴.1989.蓟县-平谷长城系地质年龄数据新知及年代格架讨论.中国地质科学院天津地质矿产研究所所刊,23:11~23

陆松年,李怀坤,李惠民,宋彪,王世炎,周红英,陈志宏.2003.华北克拉通南缘龙王幢碱性花岗岩U-Pb年龄及其地质意义.地质通报,22(10):762~768

马国干,刘树林,邓祝琴.1980.豫西晚前寒武纪汝阳群的海绿石钾-氩年龄与地层对比.中国地质科学院院报,宜昌地质矿产研究所分刊,1(2):103~112

牛绍武.1996.上前寒武系划分与国内外对比.国外前寒武纪地质,(4):8~20

裴玉华,严海麒,马雁飞.2007.河南嵩县-汝州熊耳群古火山机构与矿产的关系.华南地质与矿产,(1):51~58

彭澎.2016.华北陆块前寒武纪岩墙群及相关岩浆岩地图(1:250万地图及说明书).北京:科学出版社

彭澎,刘富,翟明国,郭敬辉.2011.密云岩墙群的时代及其对长城系底界年龄的制约.科学通报,56(35):2975~2980

彭润民,翟裕生.1997.内蒙古东升庙矿区狼山群中变质"双峰式"火山岩夹层的确认及其意义.地球科学——中国地质大学学报,22(6):589~594

彭润民.1998.内蒙古狼山炭窑口一带钾质细碧岩的发现.科学通报,43(2):212~216
彭润民,翟裕生,王志刚.2000.内蒙古东升庙、甲生盘中元古代 SEDEX 矿床同生断裂活动及其控矿特征.地球科学——中国地质大学学报,25(4):404~409
彭润民,翟裕生,王志刚,韩雪峰.2004.内蒙古狼山炭窑口热水喷流沉积矿床钾质"双峰式"火山岩层的发现及其示踪意义.中国科学(D辑),34(12):1135~1144
彭润民,翟裕生,韩雪峰,王志刚,王建平,刘家军.2007.内蒙古狼山—渣尔泰山中元古代被动陆缘裂陷槽裂解过程中的火山活动及其示踪意义.岩石学报,23(5):1007~1017
彭润民,翟裕生,王建平,陈喜峰,刘强,吕军阳,石永兴,王刚,李慎斌,王立功,马玉涛,张鹏.2010.内蒙狼山新元古代酸性火山岩的发现及其地质意义.地质通报,55(26):2611~2620
乔秀夫,王彦斌.2014.华北克拉通中元古界底界年龄与盆地性质讨论.地质学报,88(9):1623~1637
乔秀夫,季强,高林志,章雨旭,高振家.1996.北中国板块东部震旦系对比.中国区域地质,(2):135~142
乔秀夫,高林志,张传恒.2007.中朝板块中、新元古界年代地层柱与构造环境新思考.地质通报,26(5):503~509
邱家骧,廖群安.1998.北京地区中元古代与中生代火山岩的酸度系列构造环境及岩浆成因.岩石矿物学杂志,17(2):104~117
全国地层委员会.2001.中国地层指南及中国地层指南说明书(修订版).北京:地质出版社
全国地层委员会.2002.中国区域年代地层(地质年代)表说明书.北京:地质出版社
任富根,李惠民,殷艳杰,李双保,丁士应,陈志宏.2000.熊耳群火山岩系的上限年龄及其地质意义.前寒武纪研究进展,23(3):140~146
任富根,李双保,赵嘉农,丁士应,陈志宏.2003.熊耳群火山岩系金矿床中的碲(硒)地球化学信息.地质调查与研究,26(1):45~51
任康绪,阎国翰,蔡剑辉,牟保磊,李凤荣,王彦斌,储著银.2006.华北克拉通北部地区古—中元古代富碱侵入岩年代学及意义.岩石学报,22(2):377~386
任荣,韩宝福,张志诚,李建锋,杨岳衡,张艳斌.2011.北京昌平地区基底片麻岩和中—新元古代盖层锆石 U-Pb 年龄和 Hf 同位素研究及其地质意义.岩石学报,27(6):1721~1745
山东省第四地质矿产勘查院.2003.山东省区域地质.济南:山东省地图出版社
邵济安,翟明国,张履桥,张大明.2005.晋冀蒙交界地区五期岩墙群的界定及其构造意义.地质学报,79(1):56~67
苏文博,李怀坤,Huff W D,Ettensohn F R,张世红,周红英,万渝生.2010.铁岭组钾质斑脱岩锆石 SHRIMP U-Pb 年代学研究及其地质意义.科学通报,55(22):2197~2206
苏文博,李怀坤,徐莉,贾松海,耿建珍,周红英,工志宏,蒲含勇.2012.华北克拉通南缘洛峪群–汝阳群属于中元古界长城系——河南汝州洛峪口组层凝灰岩锆石 LA-MC-ICP MS U-Pb 年龄的直接约束.地质调查与研究,35(2):96~108
孙大中,胡维兴.1993.中条山前寒武纪代构造格架和年代地壳结构.北京:地质出版社
孙枢,张国伟,陈志明.1985.华北断块地区南部前寒武纪地质演化.北京:冶金工业出版社
孙淑芬.1987.河北宽城长城系下统微古植物群.地质科学,(3):236~243
谭励可,石铁铮.2000.内蒙古商都白云鄂博群小壳化石的发现及其意义.地质论评,46(6):573~583
万渝生,张巧大,宋天锐.2003.北京十三陵长城系常州沟组碎屑钻石 SHRIMP 年龄:华北克拉通盖层物源区及最大沉积年龄的限定.科学通报,48(18):1970~1975
王鸿祯,何国琦,张世红.2006.中国与蒙古之地质.地学前缘,13(6):1~13
王鸿祯,李光岑.1990.国际地层时代对比表.北京:地质出版社
王惠初,相振群,赵凤清,李惠民,袁桂邦,初航.2012.内蒙古固阳东部碱性侵入岩:年代学、成因与地质意义.岩石学报,28(9):2843~2854
王楫,王保良,徐成海,梁玉左,李家驹,马云平,李双庆.1989.内蒙古渣尔泰山群与白云鄂博群时代对比及含矿性.呼和浩特:内蒙古人民出版社
王楫,李双庆,王保良,李家驹.1992.狼山–白云鄂博裂谷系.北京:北京大学出版社
王凯怡,范宏瑞,谢奕汉,李惠民.2001.白云鄂博超大型 REE-Fe-Nb 矿产基底杂岩的锆石 U-Pb 年龄.科学通报,46(16):1390~1394
王松山.1989.硅质岩及其流体包体的定年——兼论长城系和郭家寨亚群层位关系.第四届同位素地质年代学学术讨论会论文(摘要)汇编:24~25
王松山,桑海清,裘冀,陈孟莪,李明荣.1995.天津地区长城系下伏变质岩系变质年龄及长城系底界年龄的厘定.地质科

学, 30 (4): 348~354

王同和. 1995. 晋陕地区地质构造演化与油气聚集. 华北地质矿产杂志, 10 (3): 283~421

瓮纪昌, 李战明, 杨志强, 李文智. 2006. 热水沉积-热液改造成因铅锌矿床——河南熊耳群火山岩中一种新的矿床类型. 地质通报, 25 (4): 502~505

伍家善, 耿元生, 沈其韩, 刘敦一, 厉子龙, 赵敦敏. 1991. 华北陆台早前寒武纪重大地质事件. 北京: 地质出版社

武铁山. 2002. 华北晚前寒武纪（中、新元古代）岩石地层单位及多重划分对比. 中国地质, 29 (2): 147~154

夏林圻, 夏祖春, 任有祥, 等. 1991. 祁连、秦岭山系海相火山岩. 武汉: 中国地质大学出版社

相振群, 李怀坤, 陆松年, 周红英, 李惠民, 王惠初, 陈志宏, 牛健. 2012. 泰山地区古元古代末期基性岩墙形成时代厘定——斜锆石 U-Pb 精确定年. 岩石学报, 28 (9): 2831~2842

解广轰, 王俊文. 1988. 大庙斜长岩杂岩体侵位年龄的初步研究. 地球化学, (1): 13~17

解广轰. 2005. 大庙斜长岩和密云环斑花岗岩的岩石学和地球化学——兼论全球岩体型斜长岩和环斑花岗岩类的时空分布及其意义. 北京: 科学出版社

邢裕盛. 1989. 中国的上前寒武系: 中国地层 (3). 北京: 地质出版社

邢裕盛, 刘桂芝. 1973. 燕辽地区震旦纪微古植物群及其地质意义. 地质学报, (1): 1~64

邢裕盛, 高振家, 王自强, 高林志, 尹崇玉. 1996. 中国地层典——新元古界. 北京: 地质出版社

徐勇航, 赵太平, 彭澎, 翟明国, 漆亮, 罗彦. 2007. 山西吕梁地区古元古界小两岭组火山岩地球化学特征及其地质意义. 岩石学报, 23 (5): 1123~1132

薛耀松, 曹瑞骥, 唐天福, 尹磊明, 俞从流, 杨杰东. 2001. 扬子地区震旦纪地层序列和南、北方震旦系对比. 地层学杂志, 25 (3): 207~216

阎玉忠, 朱士兴. 1992. 山西永济白草坪组具刺疑源类的发现及其地质意义. 微体古生物学报, 9 (3): 267~282

杨杰东, 郑文武, 王宗哲, 陶仙聪. 2001. Sr、C 同位素对苏皖北部上前寒武系时代的界定. 地层学杂志, 25 (1): 44~47

杨进辉, 吴福元, 柳小明, 谢烈文. 2005. 北京密云环斑花岗岩锆石 U-Pb 年龄和 Hf 同位素及其地质意义. 岩石学报, 21 (6): 1633~1644

杨忆. 1990. 华北地台南缘熊耳群火山岩特点及形成的构造背景. 岩石学报, (2): 20~29

姚仲伯, 张世恩. 1983. 徐淮地区前寒武系的对比. 地层学杂志. 7 (2): 119~124

尹崇玉, 高林志. 1995. 中国早期具刺疑源类的演化及生物地层学意义. 地质学报, 69 (4): 360~371

尹崇玉, 高林志. 1997. 华北地台南缘豫西鲁山洛峪群洛峪口组宏观后生植物的新发现. 地质论评, 43 (4): 355

尹崇玉, 高林志. 1999. 华北地台南缘汝阳群白草坪组微古植物及地层时代探讨. 地层古生物论文集, 27: 81~94

尹崇玉, 高林志. 2000. 豫西鲁山洛峪口组宏观藻类的发现及地质意义. 地质学报, 74 (4): 339~343

于荣炳, 张学祺. 1984. 燕山地区晚前寒武纪同位素地质年代学的研究. 中国地质科学院天津地质矿产研究所所刊, 11: 1~23

郁建华, 付会芹, 哈巴拉 I, 拉莫 O T, 发斯乔基 M, 莫坦森 J K. 1996. 华北克拉通北部 1.70Ga 非造山环斑花岗岩岩套. 华北地质矿产杂志, 11 (3): 9~18

翟明国, 卞爱国. 2000. 华北克拉通新太古代末超大陆拼合及古元古代末—中元古代裂解. 中国科学 (D 辑), 30: 129~137

翟明国. 2004. 华北克拉通 2100~1700 Ma 地质事件群的分解和构造意义探讨. 岩石学报, 20: 1343~1354

翟明国. 2012. 华北克拉通的形成以及早期板块构造. 地质学报, 86 (9): 1335~1349

翟明国, 彭澎. 2007. 华北克拉通古元古代构造事件. 岩石学报, 23 (11): 2665~2682

翟明国, 胡波, 彭澎, 赵太平. 2014. 华北中-新元古代的岩浆作用与多期裂谷事件. 地学前缘, 21 (1): 100~119

张德全, 乔秀夫, 周科子. 1985. 山西垣曲中元古代枕状熔岩的研究. 岩石矿物及测试, 4 (1): 1~22

张汉成, 肖荣阁, 安国英, 张龙, 侯万荣, 费虹彩. 2003. 熊耳群火山岩系金银多金属矿床热水成矿作用. 中国地质, 34 (4): 400~405

张华锋, 周志广, 刘文灿, 李真真, 章永梅, 柳长峰. 2009. 内蒙古中部白乃庙地区格林威尔岩浆事件记录: 石英二长闪长岩脉锆石 LA-ICP-MS U-Pb 年龄证据. 岩石学报, 25 (6): 1512~1518

张丕孚. 1985. 关于辽南及苏皖地区震旦系与青白口系的关系. 中国地质科学院院报, 11: 139~148

张丕孚. 1993. 苏皖北部晚前寒武纪地层层序的厘定. 地层学杂志, 17 (1): 40~51

张丕孚. 2001. 辽南、苏皖北部、鲁西鲁东晚前寒武纪地层的划分与对比. 地质与资源, 10 (1): 11~17

张文起. 1995. 胶东地区粉子山群及蓬莱群地层铅同位素组成探讨. 山东地质, 11 (1): 18~24

张允平.1994.清河镇动物群之否定.地质科学,29(2):175~185
赵澄林,李儒峰,周劲松.1997.华北中新元古界油气地质与沉积学.北京:地质出版社
赵嘉农,任富根,李双保.2002.河南汝阳大摄坪铜矿杏仁组构矿石的特征及其意义.前寒武研究进展,25(2):97~104
赵太平,周美夫,金成伟,关鸿,李惠民.2001.华北陆块南缘熊耳群形成时代讨论.地质科学,36(3):326~334
赵太平,金成伟,翟明国,夏斌,周美夫.2002.华北陆块南部熊耳群火山岩的地球化学特征与成因.岩石学报,18(1):59~69
赵太平,翟明国,夏斌,李惠民,张毅星,万渝生.2004a.熊耳群火山岩锆石SHRIMP年代学研究:对华北克拉通盖层发育初始时间的制约.科学通报,49(22):2342~2349
赵太平,陈福坤,翟明国,夏斌.2004b.河北大庙斜长岩杂岩体锆石U-Pb年龄及其地质意义.岩石学报,20(3):685~690
赵太平,王建平,张忠慧,等.2005.中国王屋山及邻区元古宙地质研究.北京:中国大地出版社
赵太平,徐勇航,翟明国.2007.华北陆块南部元古宙熊耳群火山岩的成因与构造环境:事实与争议.高校地质学报,13(2):191~206
赵太平,陈伟,卢冰.2010.斜长岩体中Fe-Ti-P矿床的特征与成因.地学前缘,17(2):106~117
赵太平,邓小芹,胡国辉,周艳艳,彭澎,翟明国.2015.华北克拉通古/中元古代界线和相关地质问题讨论.岩石学报,31(6):1495~1508
赵宗溥.1993.中朝准地台前寒武纪地壳演化.北京:科学出版社
郑建民,刘永顺,陈英富,高雄.2004.冀北康保花岗岩锆石U-Pb年龄及化德群的时代探讨.地质调查与研究,27(1):14~17
郑文武,杨杰东,洪天求,陶仙聪,王宗哲.2004.辽南与苏皖北部新元古代地层Sr和C同位素对比及年龄界定,10(2):165~178
钟富道.1977.从燕山地区震旦地层同位素年龄论中国震旦地质年表.中国科学(D辑),6(2):151~161
周建波,胡克.1998.沂沭断裂晋宁期的构造活动及性质.地震地质,20(3):208~212
朱光,徐嘉炜,Fitches W R,Fletcher C J N.1994.胶北蓬莱群的同位素年龄及其区域大地构造意义.地质学报,68(2):158~172
朱士兴,邢裕盛,张鹏远.1994.华北地台中、上元古界生物地层序列.北京:地质出版社
Ashwal L D. 2010. The temporality of anorthosites. Canadian Mineralogist, 48:711~728
Bekker A, Slack J F, Planavsky N, Krapež B, Hofmann A, Konhauser K O, Rouxel O J. 2010. Iron formation: The sedimentary product of a complex interplay among mantle, tectonic, oceanic, and biospheric process. Economic Geology and the Bulletin of the Society of Economic Geologists, 107 (2): 467~508
Bradley D C. 2008. Passive margins through Earth history. Earth-Science Reviews, 91 (1-4): 1~26
Brown M. 2007. Metamorphic conditions in orogenic belts: A record of secular change. International Geology Review, 49 (3): 193~234
Campbell I H. 2001. Identification of ancient mantle plume. In: Ernst R E, Buchan K L (eds.). Mantle Plumes: Their Identification through Time. Geological Society of America, Special Papers, 352: 5~21
Cawood P A, Hawkesworth C J. 2014. Earth's middle age. Geology, 42 (6): 503~506
Cawood P A, Hawkesworth C J, Dhuime B. 2013. The continental record and the generation of continental crust: Geological Society of America Bulletin, 125 (1-2): 14~32
Chen W T, Zhou M F, Gao J F, Zhao T P. 2015. Oscillatory Sr isotopic signature in plagioclase megacrysts from the Damiao anorthosite complex, North China: implication for petrogenesis of massif-type anorthosite. Chemical Geology, 393-394: 1-15
Condie K C. 2004. Precambrian superplume event. In: Eriksson P G, Altermann W, Nelson D R, Mueller W U, Catuneanu O (eds.). The Precambrian Earth Tempos and Events: Development in Precambrian Geology. Amsterdam: Elsevier: 163~172
Condie K C, Kröner A. 2008. When did plate tectonics begin? Evidence from the geologic record. Geological Society of America Special Paper, 440 (4): 281~294
Correa-Gomes L C, Oliveira E P. 2000. Radiating 1.0 Ga Mafic Dyke Swarms of Eastern Brazil and Western Africa: Evidence of Post-Assembly Extension in the Rodinia Supercontinent? Gondwana Research, 3 (3): 325~332
Cui M L, Zhang B L, Zhang L C. 2011. U-Pb dating of baddeleyite and zircon from the Shizhaigou diorite in the southern margin of North China craton: Constraints on the timing and tectonic setting of the Paleoproterozoic Xiong'er group. Gondwana Research,

20 (1): 184~193

Cui M L, Zhang L C, Zhang B L, Zhu M T. 2013. Geochemistry of 1.78Ga A-type granites along the southern margin of the North China Craton: implications for Xiong'er magmatism during the break-up of the supercontinent Columbia. International Geology Review, 55 (4): 496~509

Darby B J, Gehrels G. 2006. Detrital zircon reference for the North China block. Journal of Asian Earth Sciences, 26 (6): 637~648

Evans D, Mitchell R N. 2011. Assembly and breakup of the core of Paleoproterozoic-Mesoproterozoic supercontinent Nuna. Geology, 39 (5): 443~446

Evans D A D, Heaman L M, Trindade R I F, D'Agrella-Filho M S, Smirnov A V, Catelani E L. 2010. Precise U-Pb baddeleyite ages from Neoproterozoic mafic dykes in Bahia, Brazil, and their paleomagnetic/paleogeographic implications. Abstract, GP31E-07, American Geophysical Union, Joint Assembly, Meeting of the Americas, IguassuFalls, August, 2010

Farquhar J, Wu N, Canfield D E, Oduro H. 2010. Connections between sulfur cycle evolution, sulfur isotopes, sediments, and base metal sulfide deposits. Economic Geology and the Bulletin of the Society of Economic Geologists, 105 (3): 509~533

Frost C D, Frost B R. 2013. Proterozoic ferroan feldspathic magmatism. Precambrian Research, 228: 151~163

Gao L Z, Zhang C H, Shi X Y, Zhou H R, Wang Z Q, Song B. 2007. A new SHRIMP age of the Xiamaling Formation in the North China Plate and its geological significance. Acta Geologica Sinica, 81 (6): 1103~1109

Gao L Z, Liu P J, Yin C Y, Zhang C H, Ding X Z, Liu Y X, Song B. 2011. Detrital zircon dating of Meso- and Neoproterozoic rocks in North China and its implications. Acta Geologica Sinica (English Edition), 85 (2): 271~282

Goldfarb R J, Groves D I, Gardoll S. 2001. Orogenic gold and geologic time: A global synthesis. Ore Geology Reviews, 18 (1): 1~75

Guan H, Sun M, Wilde S A, Zhou X H, Zhai M G. 2002. SHRIMP U-Pb zircon geochronology of the Fuping Complex: implications for formation and assembly of the North China Craton. Precambrian Research, 113: 1~18

Guo J H, Zhai M G. 2001. Sm-Nd age dating of high-pressure granulites and amphibolite from Sanggan area, North China craton. Chinese Science Bulletin, 46 (2): 106~111

Guo J H, Sun M, Chen F K, Zhai M G. 2005. Sm-Nd and SHRIMP U-Pb zircon geochronology of high-pressure granulites in the Sanggan area, North China Craton: Timing of Paleoproterozoic continental collision. Journal of Asian Earth Sciences, 24 (5): 629~642

Halls H C, Campal N, Davis D W, Bossi J. 2001. Magnetic studies and U-Pb geochronology of the Uruguayan dyke swarm, Rio de la Plata craton, Uruguay: Paleomagnetic and economic implications. Journal of South American Earth Sciences, 14 (4): 349~361

He Y H, Zhao G C, Sun M, Wilde S. 2008. Geochemistry, isotope systematics and petrogenesis of the volcanic rocks in the Zhongtiao Mountain: An alternative interpretation for the evolution of the southern margin of the North China Craton. Lithos, 102 (1): 158~178

He Y H, Zhao G C, Sun M, Xia X P. 2009. SHRIMP and LA-ICP-MS zircon geochronology of the Xiong'er volcanic rocks: implications for the Paleo-Mesoproterozoic evolution of the southern margin of the North China Craton. Precambrian Research, 168 (3-4): 213~222

He Y H, Zhao G C, Sun M. 2010. Geochemical and isotopic study of the Xiong'er volcanic rocks at the southern margin of the North China Craton: Petrogenesis and tectonic implications. the Journal of Geology, 118 (4): 417~433

Herzberg C, Condie K, Korenaga J. 2010. Thermal history of the Earth and its petrological expression. Earth and Planetary Science Letters, 292 (1-2): 79~88

Hou G T, Liu Y L, Li J H. 2006. Evidence for ~1.8 Ga extension of the Eastern Block of the North China Craton from SHRIMP U-Pb dating of mafic dyke swarms in Shandong Province. Journal of Asian Earth Sciences, 27: 392~401

Hou G T, Li J H, Yang M H, Yao W H, Wang C C, Wand Y X. 2008a. Geochemical constraints on the tectonic environment of the late Paleoproterozoic mafic dyke swarms in the North China craton. Gondwana Research, 13: 103~116

Hou G T, Santosh M, Qian X L, Lister G S, Li J H. 2008b. Configuration of the Late Paleoproterozoic supercontinent Columbia: Insights from radiating mafic dyke swarms. Gondwana Research, 14 (3): 395~409

Hu B, Zhai M G, Li T S, Li Z, Peng P, Guo J H, Kusky T M. 2012. Mesoproterozoic magmatic events in the eastern North China Craton and their tectonic implications: Geochronological evidence from detrital zircons in the Shandong Peninsula and North Korea. Gondwana Research, 22 (3-4): 828~842

Jahn B M, Ernst W G. 1990. Late Archean Sm-Nd isochron age for mafic-ultramafic supracrustal amphibolites from the northeastern

Sino-Korean Craton China. Precambrian Research, 46 (4): 295~306

Jahn B M, Zhang Z Q. 1984. Radiometric ages (Rb-Sr, Sm-Nd, U-Pb) and REE geochemistry of Archaean granulite gneisses from eastern Hebei Province, China. In: Kröner A, Hanson G N, Goodwin A M (eds.). Archaean Geochemistry. Berlin: Springer-Verlag: 183~204

Jahn B M, Liu D Y, Wan Y S, Song B, Wu J S. 2008. Archean crustal evolution of the Jiaodong Peninsula, China, as revealed by zircon SHRIMP geochronology, elemental and Nd-isotope geochemistry. American Journal of Science, 308 (3): 232~269

Jia C Z. 1987. Geochemistry and tectonics of the Xiong'er Group in the eastern Qinling mountains of China-a mid-Proterozoic volcanic arc related to plate subduction. Geological Society, London, Special Publication, 33: 437~448

Jiang N, Guo J H, Zhai M G. 2011. Nature and origin of the Wenquang granite: Implications for the provenance of Proterozoic A-type granites in the North China craton. Journal of Asia Earth Science, 42: 76~82

Kröner A, Cui W Y, Wang W Y, Wang C Q, Nemchin A A. 1998. Single zircon ages from high-grade rocks of the Jianping Complex, Liaoning Province, NE China. Journal of Asian Earth Sciences, 16 (5-6): 519~532

Kröner A, Wilde S A, Li J H, Wang K Y. 2005a. Age and evolution of a late Archaean to early Palaeozoic upper to lower crustal section in the Wutaishan/Hengshan/Fuping terrain of northern China. Journal of Asian Earth Sciences, 24: 577~595

Kröner A, Wilde S A, O'Brien P J, Li J H, Passchier C W, Walte N P, Liu D Y. 2005b. Field relationships, geochemistry, zircon ages and evolution of a late Archean to Paleoproterozoic lower crustal section in the Hengshan Terrain of Northern China. Acta Geologica Sinica (English edition), 79 (5): 605~629

Kusky T M, Li J H. 2003. Paleoproterozoic tectonic evolution of the North China craton. Journal of Asian Earth Sciences, 22 (4): 383~397

Kusky T, Li J H, Santosh M. 2007a. The Paleoproterozoic North Hebei Orogen: North China Craton's collisional suture with the Columbia supercontinent. In: Zhai M G, Xiao W J, Kusky T M, Santosh M (eds.). Tectonic Evolution of China and Adjacent Crustal Fragments. Special Issue of Gondwana Research, 12: 4~28

Kusky T M, Windley B F, Zhai M G. 2007b. Tectonic evolution of the North China Block: from orogen to craton to orogen. In: Zhai M G, Windley B F, Kusky T M, Meng Q R (eds.). Mesozoic Sub-Continental Lithospheric Thinning Under Eastern Asia. Geological Society, London, Special Publications, 280: 1~34

Li J H, Qian X L, Huang X N, Liu S W. 2000. The tectonic framework of the basement of North China craton and its implication for the early Precambrian cratonization. Acta Geologica Sinica, 16: 1~10.

Li Q L, Chen F K, Guo J H, Li X L, Yang Y H, Siebel W. 2007. Zircon ages and Nd-Hf isotopic compositon of the Zhaertai Group (Inner Mongolia): Evidence for early Preoterozoic evolution of the northern North China Craton. Journal of Asia Earth Sciences, 30: 573~590

Li S Z, Zhao G C. 2007. SHRIMP U-Pb zircon geochronology of the Liaqji granitoids: Constraints on the evolution of the paleoproterozoic Jiao-Liao-Ji belt in the eastern block of the North China craton. Precambrian Research, 158: 1~16

Li X H, Chen F K, Guo J H, Li Q L, Xie L W, Siebel W. 2007. South China provenance of the lower-grade Penglai Group north of the Sulu UHP orogenic belt, eastern China: Evidence from detrital zircon ages and Nd-Hf isotopic composition. Geochemical Journal, 41 (1): 29~45

Liu D Y, Shen Q Y, Zhang Z Q, Jahn B M, Auvray B. 1990. Archean crustal evolution in china: U-Pb geochronology of the Qianxi Complex. Precambrian Research, 48 (3): 223~244

Liu S W, Zhao G C, Wilde S A, Shu G M, Sun M, Li Q G, Tian W, Zhang J. 2006. Th-U-Pb monazite geochronology of the Lüliang and Wutai Complexes: constraints on the tectonothermal evolution of the Trans-North China Orogen. Precambrian Research, 148 (3): 205~225

Liu Y Q, Gao L Z, Liu Y X, Song B, Wang Z X. 2006. Zircon U-Pb dating for the earliest Neoproterozoic mafic magmatism in the southern margin of the North China Block. Chinese Science Bulletin. 51 (19): 2375~2382

Lu S N, Yang C L, Li H K, Li H M. 2002. A Groupof Rifting Events in the Terminal Paleoproterozoic in the North China Craton. Gondwana Research, 5 (1): 123~131

Lu S N, Zhao G C, Wang H C, Hao G J. 2008. Precambrian metamorphic basement and sedimentary cover of the North China Craton: A review. Precambrian Research, 160 (1): 77~93

Luo Y, Sun M, Zhao G C. 2006. LA-ICP-MS U-Pb Zircon Geochronology of the Yushulazi Group in the Eastern Block, North China Craton. International Geology Review, 48 (9): 828~840

Meng Q R, Wei H H, Qu Y Q, Ma S X. 2011. Stratigraphic and sedimentary records of the rift to drift evolution of the northern North China craton at the Paleo-to Mesoproterozoic transition. Gondwana Research, 20 (1): 205~218

Mosier D L, Berger V I, Singer D A. 2009. Volcanogenic massive sulfide deposits of the world—Database and grade and tonnage models. U. S. Geological Survey Open-File Report, 2009~1034: 46

Norcross C, Davis D W, Spooner E T C, Rust A. 2000. U-Pb and Pb-Pb age constraints on Paleoproterozoic magmatism, deformation and gold mineralization in the Omai area, Guyana Shield. Precambrian Research, 102 (1): 69~86

Paek R J, Kan H G, Jon G P, Kim Y M, Kim Y H. 1993. Geology of Korea. Pyongyang: Foreign Languages Books Publishing House

Page R W. 1988. Geochronology of Early to Middle Proterozoic fold belts in northern Australia: A review. Precambrian Research, 40 (88): 1~19

Page R W, Hoatson D M. 2000. Geochronology of mafic-ultramafic intrusions. In: Hoatson D M, Blake D H (eds.). Geology and economic potential of the Paleoproterozoic layered mafic-ultramafic layered intrusions in the East Kimberley, Western Australia. Australian Geological Survey Organisation Bulletin, 246: 163~172

Parker A J, Rrckwood P C, Baillie P W, Mcclenaghan M P, Boyd D M, Freeman M J, Pietsch B A, Murray C G, Myers J S. 1987. Mafic dyke swarms of Australia. In: Halls H C, Fahrig W F (eds.). Mafic dyke swarms. Geological Association of Canada Special Paper, 34: 401~417

Parnell J, Hole M, Boyce A J, Spinks S, Bowden S. 2012. Heavy metal, sex and granites: Crustal differentiation and bioavailability in the mid-Proterozoic. Geology, 40 (8): 751~754

Peng P. 2010. Reconstruction and interpretation of giant mafic dyke swarms: a case study of 1.78 Ga magmatism in the North China craton. In: Kusky T, Zhai M G, Xiao W J (eds.). The Evolving Continents: Understanding Processes of Continental Growth. Geological Society, London, Special Publications, 338: 163~178

Peng P. 2015. Precambrian mafic dyke swarms in the North China Craton and their geological implications. Science China Earth Sciences, 58 (5): 649~675

Peng P, Zhai M G, Zhang H F, Guo J H. 2005. Geochronological constraints on the Paleoproterozoic evolution of the North China Craton: SHRIMP zircon ages of different types of mafic dikes. International Geology Review, 47 (5): 492~508

Peng P, Zhai M G, Guo J H. 2006. 1.80-1.75 Ga mafic dyke swarms in the central North China craton: implications for a plume-related break-up event. In: Hanski E, Mertanen S, Rämö T, Vuollo J (eds.). Dyke Swarms- Time Markers of Crustal Evolution. London: Taylor & Francis: 99~112

Peng P, Zhai M G, Guo J H, Kusky T, Zhao T P. 2007. Nature of mantle source contributions and crystal differentiation in the petrogenesis of the 1.78 Ga mafic dykes in the central North China craton. Gondwana Research, 12 (1): 29~46

Peng P, Zhai M G, Ernst R E, Guo J H, Liu F, Hu B. 2008. A 1.78 Ga large igneous province in the North China craton: The Xiong'er Volcanic Province and the North China dyke swarm. Lithos, 101: 260~280

Peng P, Zhai M G, Li Q L, Wu F Y, Hou Q L, Li Z, Li T S, Zhang Y B. 2011a. Neoproterozoic (~900 Ma) Sariwon sills in North Korea: Geochronology, geochemistry and implications for the evolution of the south-eastern margin of the North China Craton. Gondwana Research, 20 (1): 243~354

Peng P, Bleeker W, Ernst R E, Söderlund U, McNicoll V. 2011b. U-Pb baddeleyite ages, distribution and geochemistry of 925 Ma mafic dykes and 900 Ma sills in the North China craton: Evidence for a Neoproterozoic mantle plume. Lithos, 127 (1-2): 210~221

Peng P, Liu F, Zhai M, Guo J. 2012. Age of the Miyun dyke swarm: Constraints on the maximum depositional age of the Changcheng System. Chinese Science Bulletin, 57: 105~110

Pope M C, Grotzinger J P. 2003. Paleoproterozoic Stark Formation, Athapuscow Basin, northwest Canada: Record of cratonic-scale salinity crisis. Journal of Sedimentary Research, 73 (2): 280~295

Prokoph A, Ernst R E, Buchan K L. 2004. Time-series analysis of large igneous provinces: 3500 Ma to present. Journal of Geology, 112 (1): 1~22

Richards J P, Mumin A H. 2013. Magmatic-hydrothermal processes within an evolving Earth: Iron oxide-copper-gold and porphyry Cu ± Mo ± Au deposits. Geology, 41 (7): 767~770

Ryu J P, Kang M S, Kim J P, Tongbang G U, Jang T G, Song Y P, Kwon J R. 1990. Geological Constitution of Korea, 4. Pyeongyang: Industrial Publishing House

Rämö O T, Haapala I, Vaasjoki M, Yu J H, Fu H Q. 1995. 1700 Ma Shachang complex, northeast China: Proterozoic rapakivi granite not associated with Paleoproterozoic orogenic crust. Geology, 23 (9): 815~818

Santos J O S, Hartmann L A, McNaughton N J, Fletcher I R. 2002. Timing of mafic magmatism in the TapajosProvince (Brazil) and implications for the evolution of the Amazon craton: evidence from baddeleyite and zircon U-Pb SHRIMP geochronology. Journal of South American Earth Sciences, 15 (4): 409~429

Shields G A. 2007. A normalised seawater strontium isotope curve: Possible implications for Neoproterozoic-Cambrian weathering rates and the further oxygenation of the Earth. Earth, 2 (2): 35~42

Song B, Nutman A P, Liu D Y, Wu J S. 1996. 3800 to 2500 Ma crustal evolution in Anshan area of LiaoningProvince, Northeastern China. Precambrian Research, 78 (79): 79~94

Srivastava K R, Singh R K. 2004. Trace element geochemistry and genesis of Precambrian sub-alkaline mafic dikes from the central Indian craton: evidence for mantle metasomatism. Journal of Asian Earth Sciences, 23 (3): 373~389

Su W B, Zhang S H, Huff W D, Li H K, Ettensohn F R, Chen X Y, Yan H M, Han Y G, Song B, Santosh M. 2008. SHRIMP U-Pb ages of K-bentonite beds in the Xiamaling Formation: Implications for revised subdivision of the Meso-to Neoproterozoic history of the North China Craton. Gondwana Research, 14 (3): 543~553

Sun S S. 1997. Chemical and isotopic features of Paleoproterozoic mafic igneous rocks of Australia: Implications for tectonic processes. In: Rutland R W R, Drummond B J (eds.). Paleoproterozoic tectonics and metallogenesis: Comparative analysis of parts of the Australian and Fennoscandian Shields. Australian Geological Survey Organization Record, 44: 119~122

Tang J, Zheng Y F, Wu Y B, Gong B, Liu X M. 2007. Geochronology and geochemistry of metamorphic rocks in the Jiaobei terrane: Constraints on its tectonic affinity in the Sulu orogen. Precambrian Research, 152 (1): 48~82

Voice P J, Kowalewski M, Eriksson K A. 2011. Quantifying the timing and rate of crustal evolution: Global compilation of radiometrically dated detrital zircon grains. Journal of Geology, 119 (2): 109~126

Wan Y S, Song B, Liu D Y, Wilde S A, Wu J S, Shi Y R, Yin X Y, Zhou H Y. 2006a. SHRIMP U-Pb zircon geochronology of Palaeoproterozoic metasedimentary rocks in the North China Craton: Evidence for a major Late Palaeoproterozoic tectonothermal event. Precambrian Research, 149: 249~271

Wan Y S, Wilde S A, Liu D Y, Yang C X, Song B, Yin X Y. 2006b. Further evidence for ~1.85 Ga metamorphism in the Central Zone of the North China Craton: SHRIMP U-Pb dating of zircon from metamorphic rocks in the Lushan area, HenanProvince. Gaondwana Research, 9: 189~197

Wan Y S, Liu D Y, Wang W, Song T R, Kröner A, Dong C Y, Zhou H Y, Yin X Y. 2011. Provenance of Meso- to Neoproterozoic cover sediments at the Ming Tombs, Beijing, North China Craton: An integrated study of U-Pb dating and Hf isotopic measurement of detrital zircons and whole-rock geochemistry. Gondwana Research, 20 (1): 219~242

Wang Q H, Yang D B, Xu W L. 2012. Neoproterozoic basic magmatism in the southeast margin of North China Craton: Evidence from whole-rock geochemistry, U-Pb and Hf isotopic study of zircons from diabase swarms in the Xuzhou-Huaibei area of China. Science China Earth Sciences, 55 (9): 1461~1479

Wang W, Liu S W, Bai X, Li Q G, Yang P T, Zhao Y, Zhang S H, Guo R R. 2013. Geochemistry and zircon U-Pb-Hf isotopes of the late Paleoproterozoic Jianping diorite-monzonite-syenite suite of the North China Craton: Implications for petrogenesis and geodynamic setting. Lithos, 162-163: 175~194

Wang X L, Jiang S Y, Dai B Z. 2010. Melting of enriched Archean subcontinental lithospheric mantle: evidence from the ca. 1760 Ma volcanic rocks of the Xiong'er Group, southern margin of the North China Craton. Precambrian Research, 182 (3): 204~216

Wang X L, Jiang S Y, Dai B Z, Griffin W L, Dai M N, Yang Y H. 2011. Age, geochemistry and tectonic setting of the Neoproterozoic (ca. 830 Ma) gabbros on the southern margin of the North China Craton. Precambrian Research, 190 (1-4): 35~47

Wang X L, Jiang S Y, Dai B Z, Kern J. 2012. Lithospheric thinning and reworking of Late Archean juvenile crust on the southern margin of the North China Craton: evidence from the Longwangzhuang Paleoproterozoic A-type granites and their surrounding Cretaceous adakite-like granites. Geological Journal, 48 (5): 498~515

Wang Y J, Fan W M, Zhang Y H, Guo F, Zhang H F, Peng T P. 2004. Geochemical, $^{40}Ar/^{39}Ar$ geochronological and Sr-Nd isotopic constraints on the origin of Paleoproterozoic mafic dikes from the southern Taihang Mountains and implications for the ca. 1800 Ma event of the North China craton. Precambrian Research, 135 (1-2): 55~77

Wang Y J, Fan W M, Zhang Y, Guo F. 2003. Structural evolution and $^{40}Ar/^{39}Ar$ dating of the Zanhuang metamorphic domain in the

North China Craton: constraints on Paleoproterozoic tectonothermal overprinting. Precambrian Research, 122 (1): 159~182

Wang Y J, Zhao G C, Cawood P A, Fan W M, Peng T P, Sun L H. 2008. Geochemistry of Paleoproterozoic (~1770 Ma) mafic dikes from the Trans-North China Orogen and tectonic implications. Journal of Asian Earth Sciences, 33 (1): 61~77

Wilde S A, Cawood P A, Wang K Y, Nemchin A, Zhao G C. 2004. Determining Precambrian crustal evolution in China: a case-study from Wutaishan, Shanxi Province, demonstrating the application of precise SHRIMP U-Pb geochronology. In: Malps J, Fletcher C J, Ali J R, Aitchison J C (eds.). Aspects of the Tectonic Evolution of China. London, Geological Society Special Publication, 226: 5~26

Wilde S A, Cawood P A, Wang K Y, Nemchin A A. 2005. Granitoid evolution in the late Archean Wutai Complex, NorthChina Craton. Journal of Asian Earth Sciences, 24 (5): 597~613

Wu F Y, Zhao G C, Wilde S A, Sun D Y. 2005. Nd isotopic constraints on crustal formation in the North China Craton. Journal of Asian Earth Sciences, 24 (5): 523~545

Xia X P, Sun M, Zhao G C, Luo Y. 2006a. LA-ICP-MS U-Pb geochronology of detrital zircons from the Jining Complex, North China Craton and its tectonic significance. Precambrian Research, 144 (3): 199~212

Xia X P, Sun M, Zhao G C, Wu F Y, Xu P, Zhang J H, Luo Y. 2006b. U-Pb andHf isotopic study of detrital zircons from the Wulashan khondalites: Constraints on the evolution of the Ordos Terrane, Western Block of the North China Craton. Earth and Planetary Science Letters, 241: 581~593

Xiao S H, Knoll A H, Kaufman A J, Yin L M, Zhang Y. 1997. Neoproterozoic fossils in Mesoproterozoic rocks? Chemostratigraphic resolution of a biostratigraphic conundrum from the North China Platform. Precambrian Research, 84 (3-4): 197~220

Yang J H, Wu F Y, Zhang Y B, Zhang Q, Wilde S A. 2004. Identification of Mesoproterozoic zircons in a Triassic dolerite from the LiaodongPeninsula, Northeast China. Chinese Science Bulletin, 49 (18): 1958~1962

Yin L M. 1997. Acanthomorphic acritarchs from Meso-Neoproterozoic shales of the Ruyang Group, Shanxi, China. Review of Palaeobotany and Palynology, 98 (1): 15~25

Yin L M, Guan B D. 1999. Organic-walled microfossils of Neoproterozoic Dongjia Formation, Lushan County, Henan Province, North China. Precambrian Research, 94 (1-2): 121~137

Zhai M G. 2011. Cratonization and the Ancient North China Continent: A summary and review. Science China Earth Sciences, 54 (8): 1110~1120

Zhai M G, Liu W J. 2003. Palaeoproterozoic tectonic history of the North China craton: A review. Precambrian Research, 122: 183~199

Zhai M G, Santosh M. 2011. The early Precambrian odyssey of the North China Craton: A synoptic overview. Gondwana Research, 20 (1): 6~25

Zhai M G, Bian A G, Zhao T P. 2000. The amalgamation of the supercontinent of Noth China Craton at the end of Neo-Archaean and its breakup during late palaeoproterozoic and Meso-Proterozoic. Science in China (Series D), 43 (1): 219~232

Zhai M G, Shao J A, Hao J, Peng P. 2003. Geological signature and possible position of the North China block in the Supercontinent Rodinia. Gondwana Research, 6 (2): 171~183

Zhai M G, Guo J H, Liu W J. 2005. Neoarchean to Paleoproterozoic continental evolution and tectonic history of the North China Craton. Journal of Asian Earth sciences, 24 (5): 547~561

Zhai M G, Guo J H, Peng P, Hu B. 2007. U-Pb zircon age dating of a rapakivi granite batholith in Rangnim massif, North Korea. Geological Magazine, 144 (3): 547~542

Zhai M G, Li T S, Peng P, Hu B, Liu F, Zhang Y B. 2010. Precambrian key tectonic events and evolution of the North China craton. Geological Society, London, Special Publications, 338 (1): 235~262

Zhai M G, Hu B, Zhao T P, Peng P, Meng Q R. 2015. Late Paleoproterozoic – Neoproterozoic multi-rifting events in the North China Craton and their geological significance: A study advance and review. Tectonophysics, 662: 153~166

Zhai Y S, Deng J, Tang Z L, Xiao R G, Song H L, Peng R M, Sun Z S, Wang J P. 2004. Metallogenic Systems on the Paleocontinental Margin of the Noah China Craton. Acta Geologica Sinica, 78 (2): 592~603

Zhang S H, Liu S W, Zhao Y, Yang J H, Song B, Liu X M. 2007. The 1.75-1.68 Ga anorthosite-mangerite-alkali granitoid-rapakivi granite suite from the northern North China Craton: magmatism related to a Paleoproterozoic orogen. Precambrian Research, 155 (3): 287~312

Zhang S H, Zhao Y, Yang Z Y, He Z F, Wu H. 2009. The 1.35 Ga diabase sills from the northern North China Craton:

Implications for breakup of the Columbia (Nuna) supercontinent. Earth and Planetary Science Letters, 288 (3): 588~600

Zhang S H, Zhao Y, Santosh M. 2012a. Mid-Mesoproterozoic bimodal magmatic rocks in the northern North China Craton: Implications for magmatism related to breakup of the Columbia supercontinent. Precambrian Research, 222-223: 339~367

Zhang S H, Li Z X, Evans D A D, Wu H C, Li H Y, Dong J. 2012b. Pre-Rodinia supercontinent Nuna shaping up: A global synthesis with new paleomagnetic results from North China. Earth and Planetary Science Letters, 353-354: 145~155

Zhang Z Q. 1998. On main growth epoch of early Precambrian crust of the North China craton based on the Sm-Nd isotopic characteristics. In: Cheng Y Q (ed.). Corpus on early Precambrian research of the North China craton. Beijing: Geological Publishing House: 133-136

Zhao G C, Wilde S A, Cawood P A, Lu L Z. 1998. Thermal evolution of the Archean basement rocks from the eastern part of the North China craton and its bearing on tectonic setting. International Geological Review, 40: 706~721

Zhao G C, Wilde S A, Cawood P A, Sun M. 2001. Archaean blocks and their boundaries in the North China Craton: Lithological, geochemical, structural and P-T path constraints and tectonic evolution. Precambrian Research, 107 (1-2): 45~73

Zhao G C, Wilde S A, Cawood P A, Sun M. 2002. SHRIMP U-Pb zircon ages of the Fuping Complex: Implications for late Archean to Paleoproterozoic accretion and assembly of the North China Craton. American Journal of Science, 302 (3): 191~226

Zhao G C, Cao L, Wilde S A, Sun M, Choe W J, Li S Z. 2006. Implications based on the first SHRIMP U-Pb zircon dating on Precambrian granitoid rocks in North Korea. Earth and Planetary Science Letters, 251 (3): 365~379

Zhao G C, Wilde S A, Sun M, Guo J H, Kröner A, Li S Z, Li X P, Zhang J. 2008a. SHRIMP U-Pb zircon geochronology of the Huai'an complex: Constraints on late Archean to Paleoproterozoic magmatic and metamorphic events in the Trans-North China Orogen. American Journal of Science, 308 (3): 270~303

Zhao G C, Wilde S A, Sun M, Li S Z, Li X P, Zhang J. 2008b. SHRIMP U-Pb zircon ages of granitoid rocks in the Lüliang Complex: Implications for the accretion and evolution of the Trans-North China Orogen. Precambrian Research, 160: 213~226

Zhao G C, He Y H, Sun M. 2009. The Xiong'er volcanic belt at the southern margin of the North China Craton: Petrographic and geochemical evidence for its outboard position in the Paleo-Mesoproterozoic Columbia Supercontinent. Gondwana Research, 16: 170~181

Zhao T P, Deng X Q. 2016. Petrogenesis and tectonic significance of the late Paleoproterozoic to early Mesoproterozoic (~1.80-1.53 Ga) A-type granites in the southern margin of the North China Craton. In: Zhai M G (ed.). Main Tectonic Events and Metallogeny of the North China Craton. Berlin: Springer-Verlag: 423-434

Zhao T P, Zhou M F, Zhai M G, Xia B. 2002. Paleoproterozoic rift-related volcanism of the Xiong'er group, North China craton: implications for the breakup of Columbia. International Geology Review, 44: 336~351

Zhao T P, Zhai M G, Xia B, Li H M, Zhang Y X, Wan Y S. 2004. Study on the zircon SHRIMP ages of the Xiong'er Group volcanic rocks: Constraint on the starting time of covering strata in the North China Craton. Chinese Science Bulletin, 9 (23): 2495~2502

Zhao T P, Chen W, Zhou M F. 2009. Geochemical and Nd-Hf isotopic constraints on the origin of the ~1.74 Ga Damiao anorthosite complex, North China Craton. Lithos, 113 (3-4): 673~690

Zhou J B, Wilde S A, Zhao G C, Zheng C Q, Jin W, Zhang X Z, Cheng H. 2008. SHRIMP U-Pb zircon dating of the Neoproterozoic Penglai Group and Archean gneisses from the Jiaobei Terrane, North China, and their tectonic implications. Precambrian Research, 160: 323~340

Zhu X Y, Chen F K, Li S Q, Yang Y Z, Nie H, Siebel W, Zhai M G. 2011. Crustal evolution of the North Qinling terrain of the Qinling Orogen, China: Evidence from detrital zircon U-Pb ages and Hf isotopic composition. Gondwana Research, 20 (1): 194~204

第十一章 中元古代中期大规模幔源岩浆活动与稀土成矿事件

第一节 燕辽地区基性大火成岩省地质特征

一、研究背景及问题的提出

大火成岩省（large igneous provinces，LIPs）指的是在短期内（1~5 Ma，最长不超过 50 Ma）形成的、规模宏大（面积>10 万 km², 体积>10 万 km³），且具有板内地球化学特征的基性岩浆活动（Coffin and Eldholm，1994；Ernst，2014）。与大火成岩省相伴生的可以有少量的酸性岩、金伯利岩及火成碳酸岩等（Ernst，2014）。大火成岩省对于研究古大陆重建、全球性环境突变及生物灭绝、矿产资源（Cu-Ni-PGEs、Fe-V-Ti 及 REE、Nb、Ta、Th 等）及区域性抬升均有重要意义。大火成岩省中基性-超基性岩的产出形式包括基性岩墙、岩床及玄武质熔岩等形式。受后期改造的影响，这些岩浆岩通常以不同形式、不同程度地保存于相邻的陆块之上。

作为 Pangea 超大陆裂解及中大西洋打开标志的约 200 Ma 中大西洋大火成岩省（Central Atlantic magmatic province，CAMP）（Marzoli et al.，1999），就以基性岩墙、岩床及玄武岩熔岩流等形式分布在北美洲、南美洲、非洲及欧洲等相邻的陆块上（图 11.1），成为超大陆恢复与重建的重要对比标志。这些岩浆岩以基性岩为主，可以有少量伴生的酸性岩。其中基性岩成分主要属拉斑系列并显示板内地球化学特征（Deckart et al.，1997）。

位于华北克拉通北缘的燕辽裂陷槽是我国中-新元古代标准地层剖面地区，其中-新元古代沉积地层厚度近 10km。20 世纪 60 年代开始的 1:20 万区域地质调查结果显示在这些地区中元古代沉积地层中存在大量的辉绿岩床（河北省地质矿产局，1972，1974，1976；辽宁省地质矿产局，1965，1967，1969），尤其是在从辽西至冀西北近 400km 范围内的下马岭组页岩内见有 3~5 层稳定的辉绿岩床（图 11.2，图 11.3），野外沿走向可追溯的长度达到数十千米至上百千米，出露规模非常壮观。在燕辽裂陷槽存在如此大规模的辉绿岩床，一定与重要地质事件有关。但长期以来对这些辉绿岩床的形成时代及地质意义一直不清楚，需要开展深入的调

图 11.1 中大西洋大火成岩省（CAMP）分布示意图（据 Marzoli et al.，1999 修改）

查及研究工作。

图 11.2 承德县乌龙矶剖面侵入到下马岭组内的辉绿岩床（2002 年拍摄）

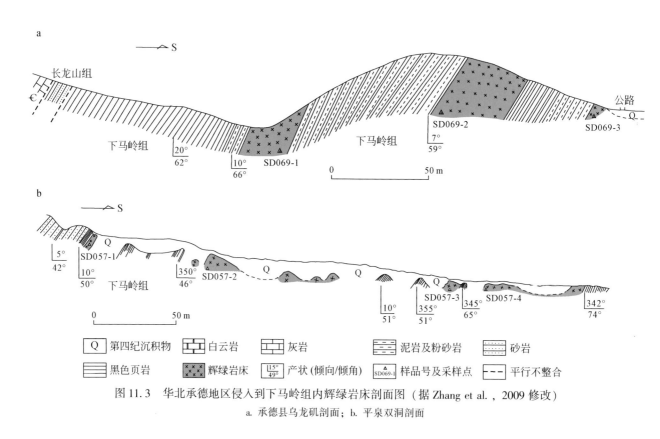

图 11.3 华北承德地区侵入到下马岭组内辉绿岩床剖面图（据 Zhang et al., 2009 修改）
a. 承德县乌龙矶剖面；b. 平泉双洞剖面

二、燕辽基性大火成岩省的空间分布及规模

对于一个大火成岩省来说，准确厘定其分布范围及规模是至关重要的。为此，项目组从 2001 年开始对燕辽裂陷槽中元古代沉积地层内辉绿岩床进行了系统的野外地质调查及剖面测量，经过 10 多年的工作，基本上控制了这些辉绿岩床的空间分布范围及规模，为燕辽基性大火成岩省的确定提供了重要的野外地质资料支撑。

野外调查结果表明，燕辽地区辉绿岩床分布西起北京西山-宣化，向东经怀来-延庆、蓟县、宽城-下板城、凌源、朝阳等地，东界到达辽宁义县。其延伸长度超过 600 km，宽度近 200 km，分布面积超过了 12 万 km²（图 11.4）。岩床主要侵位的层位为下马岭组、雾迷山组、高于庄组及铁岭组，在串岭沟组及团山子组内也见有少量辉绿岩床。这些辉绿岩均以顺层岩床侵入，并与沉积地层一起褶皱变形，接触带附

第十一章 中元古代中期大规模幔源岩浆活动与稀土成矿事件

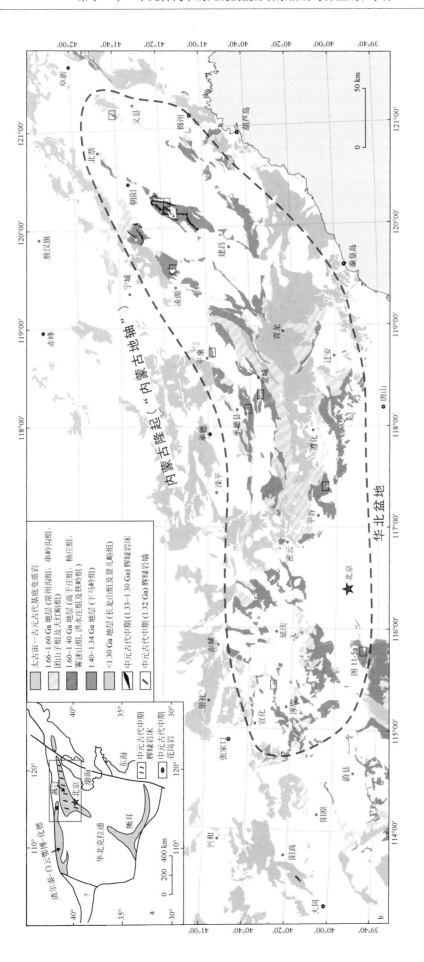

图 11.4 燕辽裂陷槽中元古代沉积地层内辉绿岩床分布范围示意图（据 Zhang et al., 2017a 修改）

近地层受烘烤明显。通过40多条剖面，确定了这些辉绿岩床的累计厚度为50~1800 m（图11.5）。野外调查及剖面测量结果还显示，岩床累计厚度有从南西向北东增加的趋势，在燕辽裂陷槽南西部的北京西山及张家口宣化-怀来地区，辉绿岩床累计厚度约50 m，但在北东部的朝阳地区，岩床的累计厚度可达到1800 m（图11.5）。如果考虑到近年在山西大同地区发现的13.2亿年北东向辉绿岩墙（Peng，2015），燕辽大火成岩省的分布范围可能还会向西延伸超过100 km。

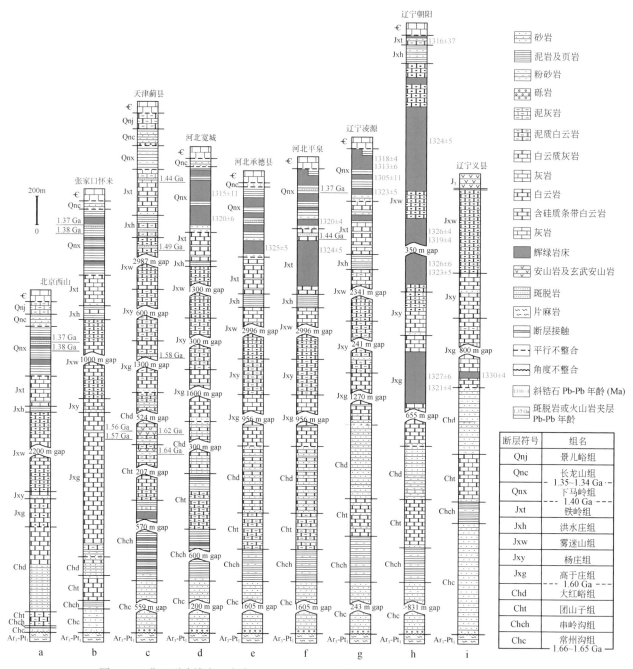

图11.5　燕辽裂陷槽中元古代地层柱及侵入其中的辉绿岩床（据Zhang et al., 2017a）

野外地质调查及剖面测量结果还表明，燕辽地区辉绿岩床侵位的最新层位为下马岭组，在下马岭组之上的长龙山组及景儿峪组沉积地层中未发现辉绿岩床出露（图11.5）。在冀北平泉、辽宁凌源、朝阳等地还见到寒武纪灰岩与辉绿岩风化壳呈平行不整合接触。

(一) 北京西山

北京西山地区辉绿岩床主要侵位在下马岭组粉砂岩及页岩内。在雁翅北及青白口村等地下马岭组沉积地层内均见有至少2层辉绿岩床。青白口村附近下马岭组内辉绿岩床厚度分别为 1~2 m 及 4 m，顺层侵入，见有烘烤边（图11.6a、b）。雁翅北下马岭组内辉绿岩床厚度在 20 m 左右，明显顺层侵入，烘烤边明显，延伸数百米（图11.6c、d）。在下马岭组以下中元古代沉积地层及其上部的长龙山组及景儿峪组地层内未见有辉绿岩床侵入。

图 11.6　北京西山侵入到下马岭组内的辉绿岩床

(二) 河北怀来

河北怀来地区辉绿岩床主要见于新保安镇北下马岭组沉积地层内，至少有3层，宽度为 2~25 m，延伸超过 10 km。辉绿岩床与地层顺层侵入关系明显，烘烤边常见（图11.7）。在下马岭组以下中元古代沉积地层内未见辉绿岩床出露。在赵家山剖面下马岭组沉积地层中，可见到4层辉绿岩床顺层侵入，厚度从 2~3 m 至 50 m 不等（图11.8a）。在赵家山剖面下马岭组沉积层内见有近10层的斑脱岩（凝灰岩）夹层，其锆石 SHRIMP U-Pb 年龄为 1366±9 Ma（高林志等，2008）。在新保安镇北艾家沟村附近公路边也可见到至少两层辉绿岩床出露（图11.8b）。

(三) 赤城-延庆

赤城-延庆一带的辉绿岩床主要侵位于郑家窑村附近下马岭组粉砂岩及页岩内，至少有3层，厚度为 10~30 m，球状风化明显（图11.9，图11.10）。

图 11.7　河北怀来新保安北侵入到下马岭组内的辉绿岩床

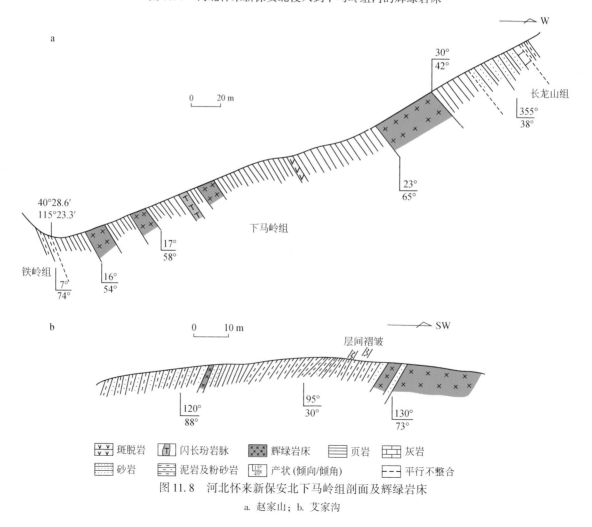

图 11.8　河北怀来新保安北下马岭组剖面及辉绿岩床
a. 赵家山；b. 艾家沟

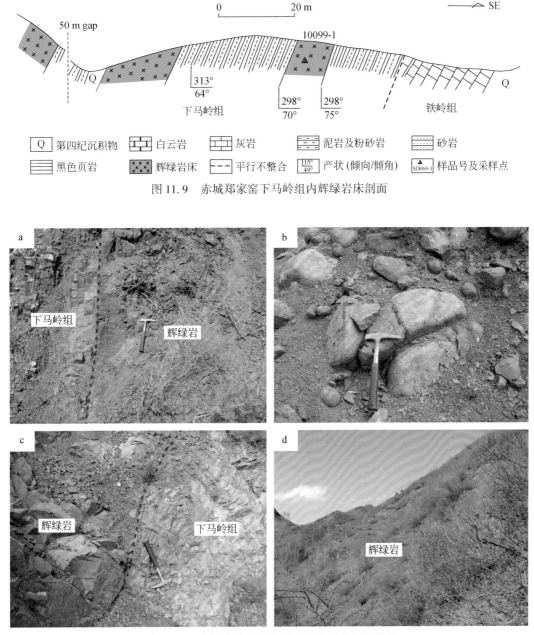

图 11.9 赤城郑家窑下马岭组内辉绿岩床剖面

图 11.10 赤城郑家窑侵入到下马岭组内辉绿岩床

(四) 天津蓟县

作为华北中元古代沉积地层标准剖面,天津蓟县是我国中元古代沉积地层出露最为齐全的地区之一。该区辉绿岩床主要侵位在串岭沟组页岩及粉砂岩中,至少见有4层。岩床厚度为2~20 m,局部强烈风化(图11.11)。在该区其他层位(常州沟组、团山子组、大红峪组、高于庄组、杨庄组、洪水庄组、铁岭组、下马岭组、长龙山组及景儿峪组)沉积地层未发现辉绿岩床出露。

(五) 河北兴隆

兴隆地区辉绿岩床主要见于兴隆县城北梨树沟-扁担沟一带下马岭组沉积地层内。由于第四系被植被覆盖,剖面出露不全,在下马岭组内仅见一层辉绿岩床,厚度为15~60 m(图11.12)。辉绿岩与下马岭组侵入接触关系明显(图11.13a、b),球状强烈风化(图11.13c、d)。

图 11.11 天津蓟县侵入到串岭沟组内辉绿岩床

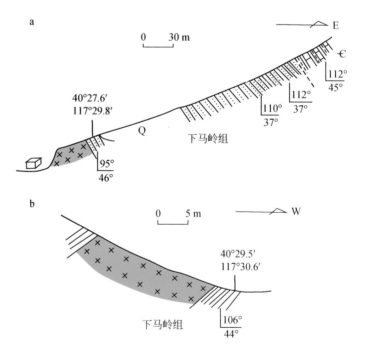

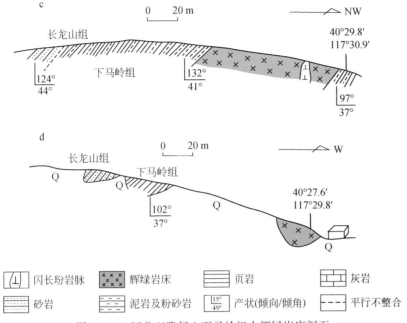

图 11.12 河北兴隆侵入下马岭组内辉绿岩床剖面
a. 梨树沟东；b. 大扁担沟；c. 扁担沟；d. 梨树沟

图 11.13 河北兴隆侵入到下马岭组内辉绿岩床野外照片

(六) 河北宽城

宽城地区辉绿岩床广泛分布于下马岭组沉积地层内,在串岭沟组及团山子组沉积地层内也见有少量辉绿岩床侵入。串岭沟组页岩及粉砂岩中辉绿岩床主要见于宽城县南孟子岭附近,层数较多(3层以上),厚度一般小于2 m,明显顺层侵位,侵入接触关系明显(图11.14)。团山子组内辉绿岩床见于宽城县城南酒厂附近公路边,至少有3层。与下马岭组内辉绿岩床相比,侵入到串岭沟组及团山子组内粒度稍细。

下马岭组页岩及粉砂岩内辉绿岩床普遍见于宽城西城东侧龙须门及县城西侧画皮溜一带,岩床规模宏大。野外调查结果表明,岩床至少有3层(图11.15),单层厚度可达上百米,并与地层一起褶皱变形。辉绿岩床顺层接触关系明显,并见有烘烤边。大部分辉绿岩有强烈风化,部分辉绿岩非常新鲜干净(图11.16)。

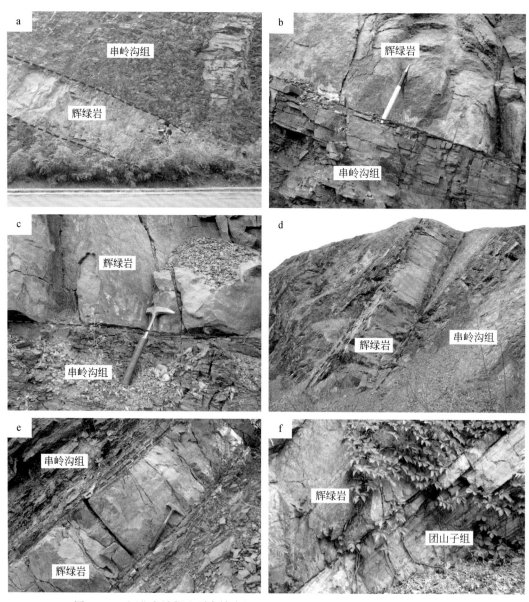

图11.14 河北宽城侵入到串岭沟组(a~e)及团山子组(f)内的辉绿岩床

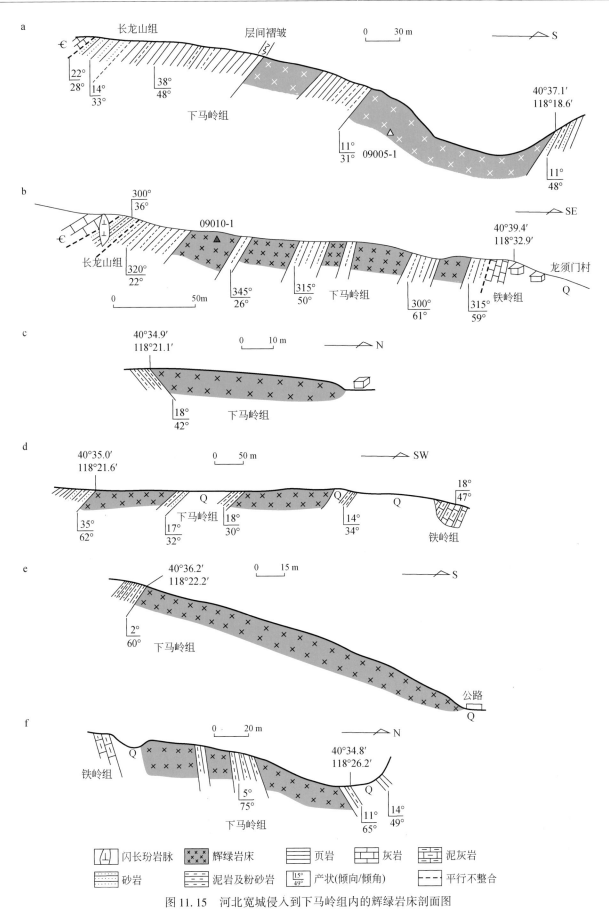

图 11.15 河北宽城侵入到下马岭组内的辉绿岩床剖面图

a. 宽城西五道沟；b. 宽城东龙须门；c. 宽城西任杖子；d. 宽城西老黄家；e. 宽城西画皮溜子；f. 宽城西北局子

图 11.16 河北宽城侵入到下马岭组内的辉绿岩床

(七) 河北承德县-平泉

下马岭组内大规模辉绿岩床是承德县-平泉地区下马岭组最主要的特征之一,广泛见于承德县东南乌龙矶、二道杖子、满杖子、柳树底下、平泉县城东南双洞、杨树岭、宋杖子及宋庄子等地。野外调查结果表明,这些地区下马岭组地层内岩床有 3~4 层(图 11.17、图 11.18、图 11.2)。这些辉绿岩床不但规模大,而且延伸非常稳定。岩床厚度数米至数百米不等。在铁岭组沉积地层内也见有少量辉绿岩床出露。

在承德县南乌龙矶东侧公路边下马岭组粉砂岩及页岩之内见有至少 3 层辉绿岩床,厚度为 4~30 m,岩床局部强烈风化(图 11.2、图 11.3a)。

在以雾迷山组为核部的平泉双洞背斜内,两翼下马岭组内均见有大量辉绿岩床(图 11.19)。岩床厚度数米至上百米不等,在后期的褶皱变形中与地层一起褶皱。在双洞背斜西翼,还见有下马岭组内辉绿岩床与寒武纪泥灰岩不整合接触带,表明辉绿岩在寒武纪泥灰岩沉积之前已经暴露到地表,并经历了长时间风化剥蚀(图 11.20)。另外在双洞背斜西侧铁岭组沉积地层内还见有一层辉绿岩床,厚度超过 200 m(图 11.21)。

(八) 辽宁凌源

辽西凌源地区辉绿岩床广泛分布于凌源南部(北炉-牛营子、魏杖子等)及东部(大营子、金杖子等)下马岭组沉积地层内,在喀喇沁左翼蒙古族自治县南部南哨水库西侧下马岭组沉积地层内也见有辉绿岩床出露(图 11.22、图 11.23)。下马岭组内辉绿岩床有 2~3 层,厚度数米至数百米,空间上延伸非常稳定,可达数十千米。辉绿岩床在后期的变形中与地层一起褶皱。在凌源南部东五官及汤杖子等地,也见有下马岭组内辉绿岩床与寒武纪泥灰岩不整合接触带,表明辉绿岩在寒武纪泥灰岩沉积之前已经暴露到地表,并经历了长时间风化剥蚀(图 11.24、图 11.25)。

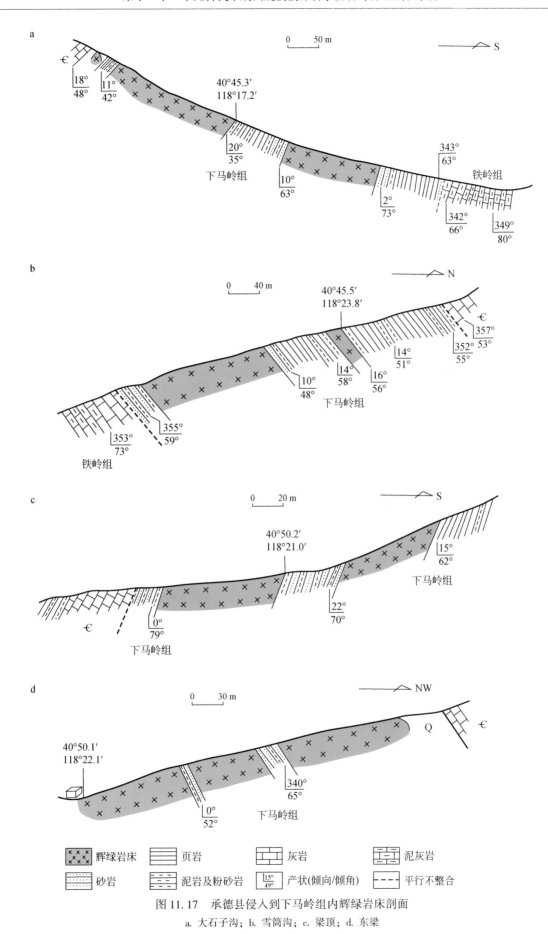

图 11.17 承德县侵入到下马岭组内辉绿岩床剖面
a. 大石子沟；b. 雪筒沟；c. 梁顶；d. 东梁

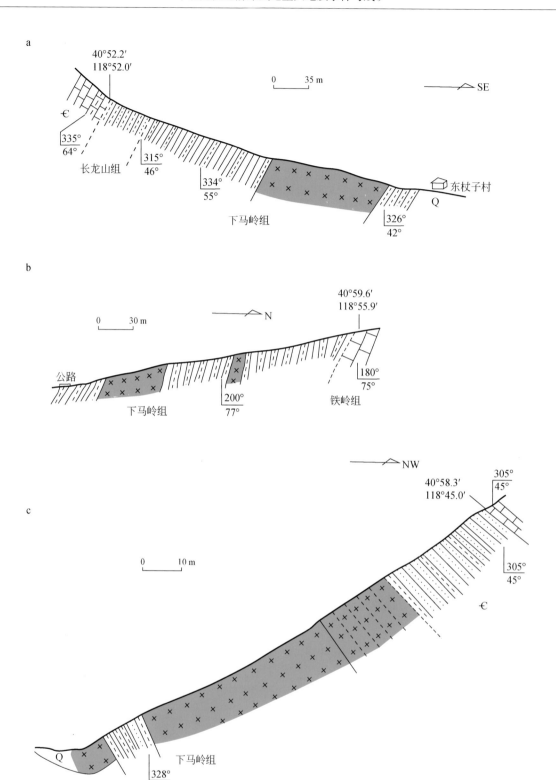

图 11.18 平泉侵入到下马岭组内辉绿岩床剖面

a. 东杖子；b. 宋杖子；c. 双洞背斜北

图 11.19 承德县 (a~c) 及平泉双洞背斜 (d~f) 侵入到下马岭组内辉绿岩床

图 11.20 平泉双洞背斜西下马岭组内辉绿岩床与寒武纪不整合

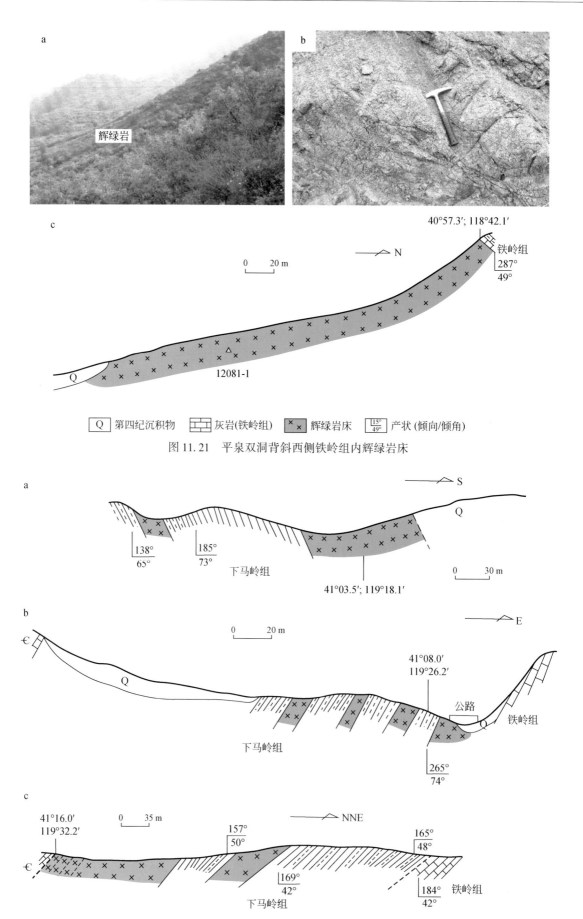

图 11.21 平泉双洞背斜西侧铁岭组内辉绿岩床

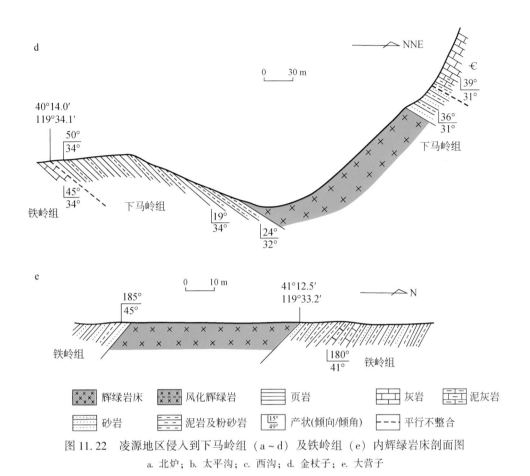

图 11.22 凌源地区侵入到下马岭组（a~d）及铁岭组（e）内辉绿岩床剖面图
a. 北炉；b. 太平沟；c. 西沟；d. 金杖子；e. 大营子

图 11.23 凌源地区侵入到下马岭组（a~e）及铁岭组（f）内辉绿岩床野外照片

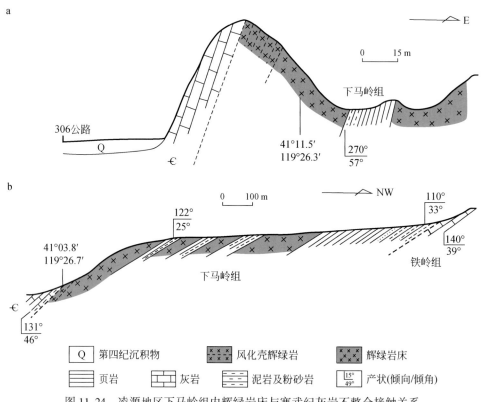

图 11.24 凌源地区下马岭组内辉绿岩床与寒武纪灰岩不整合接触关系
a. 东五官；b. 唐杖子

图 11.25 凌源地区下马岭组内辉绿岩床与寒武纪灰岩不整合接触关系

(九) 辽宁朝阳

辽宁西部朝阳是中元古代中期辉绿岩床最为发育的地区之一。岩床主要侵位于朝阳东南部及东部高于庄组、雾迷山组及铁岭组地层内 (图11.26~图11.29)。其中雾迷山组白云岩内辉绿岩床规模最大，宽度数米至近1000 m不等、沿走向延伸可超过45 km。虽然辉绿岩与地层边界不规则，但总体均为顺层侵入接触关系 (图11.27a~f、图11.28d~g)。接触带处白云岩受到岩床侵位影响明显大理岩化。

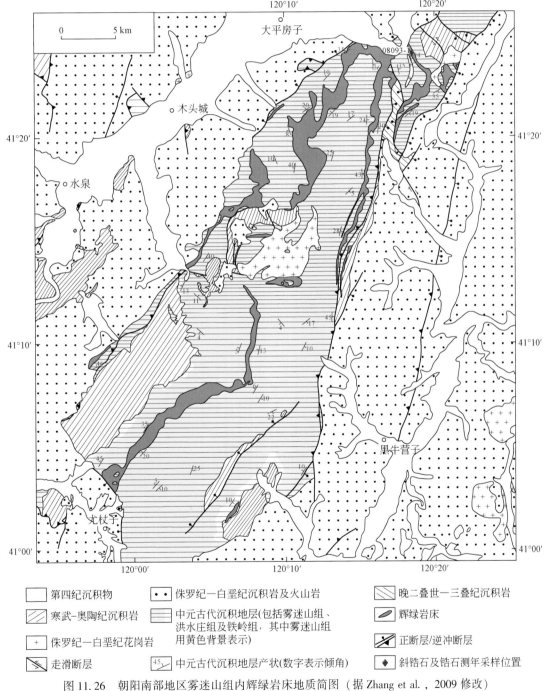

图11.26 朝阳南部地区雾迷山组内辉绿岩床地质简图 (据Zhang et al., 2009修改)

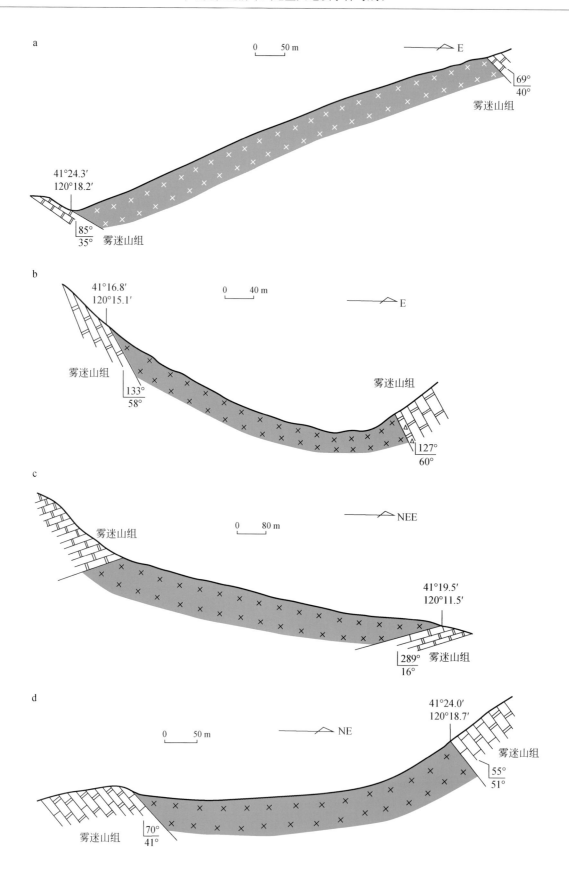

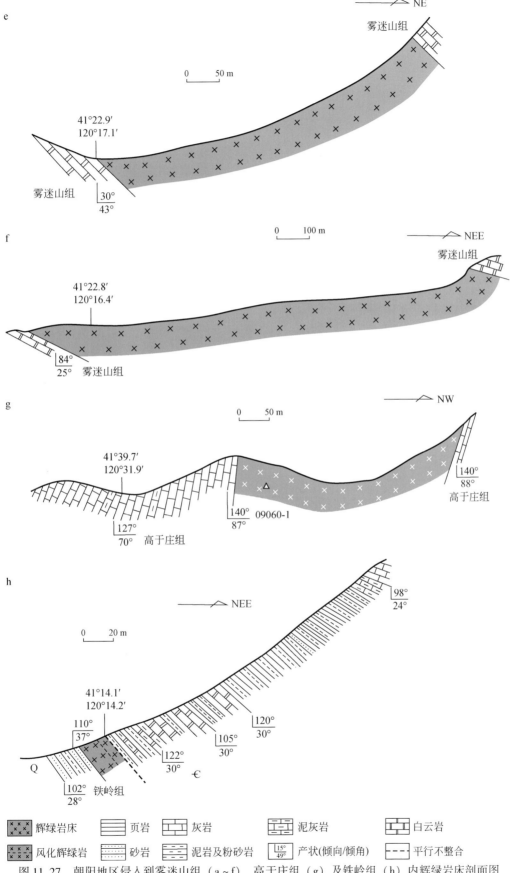

图 11.27 朝阳地区侵入到雾迷山组（a~f）、高于庄组（g）及铁岭组（h）内辉绿岩床剖面图

a. 朝阳南红光岭北；b. 朝阳南华严寺；c. 朝阳南长茂河子；d. 朝阳南红光岭；e. 埋阳南石棚沟；f. 朝阳南歪脖山；g. 朝阳东铁匠营子；h. 朝阳南马营子

图 11.28 朝阳地区侵入到高于庄组（a、b）、铁岭组（c）及雾迷山组（d~g）内大规模辉绿岩床

图 11.29 朝阳雾迷山组（a～d）及铁岭组（e、f）内辉绿岩床与寒武纪灰岩不整合接触关系

由于铁岭组沉积地层在朝阳地区出露非常有限甚至缺失，铁岭组内辉绿岩床分布较为局限，仅见于朝阳东南部龙庙子以西马营子村附近。辉绿岩床侵入到铁岭组白云岩或泥质白云岩中，厚度为 5～15 m，边界不规则，但总体上顺层侵入，白云岩有明显大理岩化（图 11.28c）。

高于庄组内辉绿岩床见于朝阳东侧他拉皋乡东侧，辉绿岩呈顺层状侵入到高于庄组含燧石结核或燧石条带含泥质白云质灰岩之中，宽度可达 800 m。受岩床侵入影响，高于庄组白云质灰岩有明显大理岩化。辉绿岩粒度较粗，强烈风化（图 11.28a、b）。

在朝阳以东雾迷山组白云岩与寒武纪灰岩接触带处见有一层辉绿岩床。岩床厚度可达 80～100 m，下部与雾迷山组白云岩侵入接触关系清楚。野外地质调查表明，此辉绿岩床顶部与寒武纪灰岩为不整合接触关系，而不是 1∶20 万地质图所示的侵入接触关系（辽宁省地质矿产局，1967），接触带附近辉绿岩经风化再沉积呈似层状构造（图 11.29a～d）。在朝阳南马营子村附近也可见到侵入到铁岭组中的辉绿岩床与寒武纪灰岩为不整合接触关系（图 11.29e、f）。这一接触关系特征与凌源及平泉地区非常相似，表明辉绿岩床侵位之后经历长时间的风化剥蚀。

（十）辽宁义县

义县地区辉绿岩床位于义县北头台乡北公路边高于庄组石英砂岩及白云岩内，仅见一层。辉绿岩床厚度约 20 m，延伸超过 300 m，强烈风化（图 11.30）。在中元古代其他层位地层中未发现辉绿岩床。

图 11.30　辽西义县北头台乡北公路边侵入到高于庄组内的辉绿岩床

三、燕辽基性大火成岩省的形成时代

要确定一个具有全球意义的基性大火成岩省，准确测定其时代也是至关重要的。关于燕辽地区中元古代沉积地层内大规模辉绿岩床的侵位时代长期以来一直有很大争议。由于以往对辉绿岩及基性岩的定年比较困难，这些辉绿岩床的侵位时代被认为是中-新元古代（河北省地质矿产局，1972）、晚古生代（李伍平和李献华，2005）、三叠纪（辽宁省地质矿产局，1965，1967；河北省地质矿产局，1969），甚至侏罗纪（辽宁省地质矿产局，1969）。最近数十年来，斜锆石选样及测年方法的进步使得辉绿岩及其他硅不饱和岩石的精确定年成为可能，也极大地促进了国际上关于大火成岩省及超大陆重建的进步。

与锆石（$ZrSiO_4$）不同，斜锆石（ZrO_2）一般是在贫硅环境下结晶的，因此是确定辉绿岩等其他硅不饱和岩石（辉长岩、金伯利岩、橄榄岩、碱性岩等）形成时代的主要定年矿物。另外前人研究结果也表明，基性岩中斜锆石一般均为岩浆结晶的，并且不存在继承或捕获的斜锆石（Krogh et al.，1987；Heaman and LeCheminant，1993；Wingate et al.，2001），因此斜锆石已经成为国际上目前公认的确定基性岩结晶时代的最有效定年矿物之一。

考虑到华北北缘地区在从晚古生代末期—早中生代已经发生了明显的变形（赵越，1990），燕辽地区中元古代沉积地层内大规模辉绿岩床侵位应该发生在晚古生代末期—早中生代之前，可能具有重要的地质意义。为此，项目组从 2001 年开始尝试从这些辉绿岩中分选斜锆石确定其侵位时代。经过多年尝试，最终从侵入到雾迷山组及下马岭组内的粗粒辉绿岩中成功分选出了大量的斜锆石。

张拴宏等通过 LA-ICP-MS U-Pb 定年获得了辽西朝阳侵入到雾迷山组白云岩内辉绿岩床的锆石和斜锆石 $^{207}Pb/^{206}Pb$ 加权平均年龄分别为 1345±12 Ma（95% 置信度，MSWD=1.8，$N=18$）和 1353±14 Ma（95% 置信度，MSWD=0.67，$N=15$）（Zhang et al.，2009）。与此同时，李怀坤等（2009）对河北宽城侵入到下马岭组内辉绿岩床的 4 颗斜锆石 TIMS U-Pb 定年获得了 $^{206}Pb/^{238}U$ 及 $^{207}Pb/^{206}Pb$ 加权平均年龄分别为 1320±6 Ma（95% 置信度，MSWD=1.04）和 1325±31 Ma（95% 置信度，MSWD=0.0024）。这些结果表明燕辽地区中元古代沉积地层内大规模辉绿岩床形成于中元古代中期。

项目组近年来对燕辽裂陷槽不同地区、不同层位辉绿岩床开展了大量的斜锆石 U-Pb 或 Pb-Pb 定年，结合前人发表的斜锆石测年结果（表 11.1），目前已经基本上确定了侵入到下马岭组、雾迷山组、高于庄组及铁岭组内辉绿岩床的侵位时代，表明这些岩床是近于同期侵入的。而侵入到串岭沟组及团山子组内辉绿岩由于粒度较细，一直没有分选出斜锆石，因此其侵位时代没有得到很好的限定。

表 11.1　燕辽裂陷槽辉绿岩床斜锆石 U-Pb 及 Pb-Pb 定年结果

位置	侵入层位	经度（E）	纬度（N）	年龄/Ma	年龄来源
宽城	下马岭组	118°21.4′	40°34.8′	1320±6	李怀坤等，2009
朝阳	雾迷山组	120°18.4′	41°24.7′	1324±5	Zhang et al.，2012a
朝阳	铁岭组	120°14.2′	41°14.1′	1316±37	Zhang et al.，2012a
平泉	下马岭组	118°45.5′	40°58.6′	1320±4	Zhang et al.，2012a
承德县	下马岭组	118°08.0′	40°41.2′	1325±5	Zhang et al.，2012a
喀左旗	雾迷山组	120°01′35.1″	41°06′26.9″	1319±4	Wang et al.，2014
凌源	下马岭组	119°34′48.1″	41°15′31.5″	1323±5	Wang et al.，2014
喀左旗	雾迷山组	119°58′00.2″	41°09′26.9″	1323±5	Wang et al.，2014
喀左旗	雾迷山组	120°00′23.9″	41°05′26.5″	1326±4	Wang et al.，2014
朝阳	雾迷山组	120°18′19.2″	41°24′26.2″	1326±6	Wang et al.，2014
宽城	下马岭组	118°18.6′	40°37.2′	1315±11	Zhang et al.，2017a
凌源	下马岭组	119°30.7′	41°13.3′	1305±11	Zhang et al.，2017a
朝阳	高于庄组	120°31.2′	41°38.6′	1327±6	Zhang et al.，2017a
朝阳	高于庄组	120°31.8′	41°39.8′	1321±4	Zhang etal.，2017a
凌源	下马岭组	119°31.9′	41°15.7′	1318±4	Zhang et al.，2017a
凌源	下马岭组	119°40.6′	41°02.5′	1313±6	Zhang et al.，2017a
义县	高于庄组	121°11.4′	41°39.7′	1330±4	Zhang et al.，2017a
平泉	铁岭组	118°42.2′	40°57.3′	1324±5	Zhang et al.，2017a

对燕辽拗拉槽已有的 18 个样品的斜锆石 $^{207}Pb/^{206}Pb$ 年龄统计结果表明（图 11.31），这些斜锆石的年龄变化于 1.33~1.30 Ga，其峰期年龄为 1.32 Ga，表明燕辽地区侵入到下马岭组、雾迷山组、高于庄组及铁岭组内辉绿岩床的侵位发生在 1.32 Ga 左右。因此 1.32 Ga 的峰期年龄代表了燕辽大火成岩省的峰期形成时代。

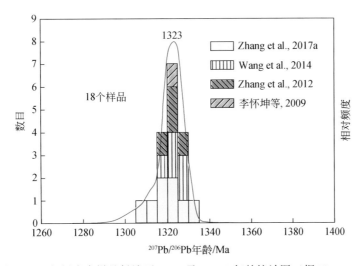

图 11.31　燕辽地区辉绿岩床样品斜锆石 U-Pb 及 Pb-Pb 年龄统计图（据 Zhang et al.，2017a）

四、燕辽基性大火成岩省的岩石学及地球化学特征

（一）岩石学特征

燕辽地区中元古代中期辉绿岩具有中细粒-中粗粒辉绿结构，对于单个岩床而言，一般是边部粒度较细（中-细粒），中部粒度较粗（中-粗粒）。除侵入到串岭沟组及团山子组内辉绿岩床外，其他不同层

位、不同地区辉绿岩的矿物成分及结构也非常相似，主要矿物成分为辉石及斜长石，其次为角闪石和磁铁矿，副矿物包括磷灰石、锆石及斜锆石等（图11.32）。侵入到串岭沟组及团山子组内辉绿岩床由于目前没有获得其可靠的侵位时代，在此处暂时不做讨论。

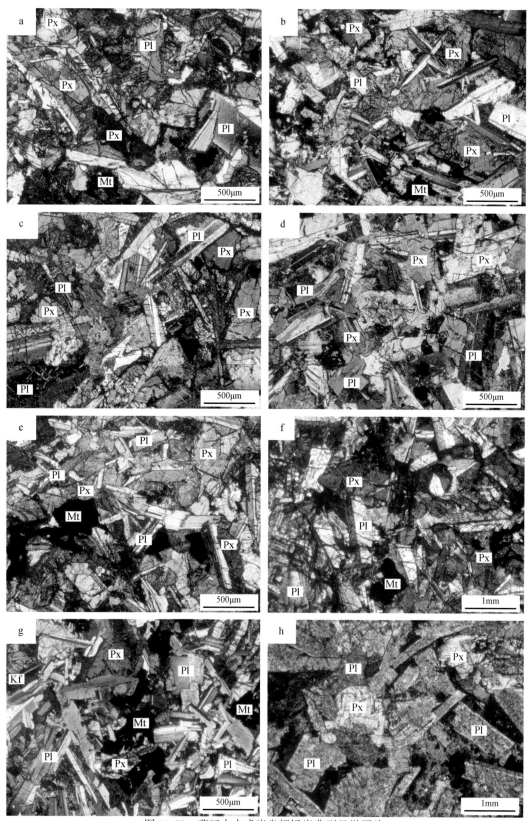

图 11.32　燕辽大火成岩省辉绿岩典型显微照片

Px. 辉石；Pl. 斜长石；Mt. 磁铁矿；Kf. 钾长石

(二) 地球化学特征

与岩石学特征相似，燕辽地区侵入到下马岭组、铁岭组雾迷山组及高于庄组内的辉绿岩床均表现出非常相似的地球化学特征。这些辉绿岩普遍具有低 SiO_2（46.0%~57.0%），高 TiO_2（1.51%~3.75%）、$Fe_2O_3^T$（11.18%~20.16%）、MgO（0.95%~8.26%）及镁指数（$Mg^{\#}$=10.9~56.4）的特征。在侵入岩硅-碱分类图上落在辉长岩及辉长闪长岩区域且位于碱性-亚碱性分界线下侧（图11.33a）。在 Nb/Y-Zr/TiO_2 分类图解上（Winchester and Floyd，1977）落在亚碱性玄武岩区域（图11.33b）。在（Na_2O+K_2O）-FeO^T-MgO（AFM）图解上（Irvine and Baragar，1971），所有辉绿岩均落在拉斑系列区域（图11.33c）。在 Zr-Zr/Y 分类图解上（Pearce and Norry，1979）位于板内玄武岩区域。

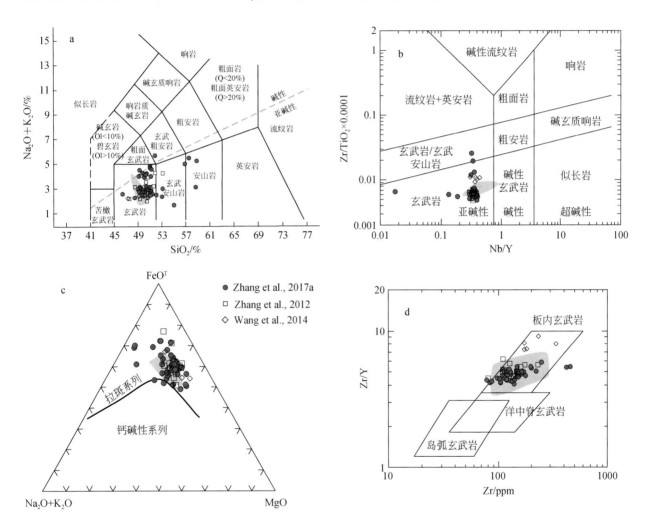

图 11.33　燕辽大火成岩省辉绿岩岩石化学图解
阴影区域为北澳大利亚代里姆辉绿岩床岩石化学组成，据 Zhang et al.，2017a

辉绿岩稀土总量变化于62.90~151.54 ppm。在球粒陨石标准化稀土分配图上（图11.34），表现出轻度轻稀土富集（La_N/Yb_N=3.11~5.33）及弱负 Eu 异常或无 Eu 异常（Eu_N/Eu_N=0.78~1.09）。在微量元素组成上，辉绿岩具有较高的 Cr、Co、V、Ni、Cu 含量及低的 Rb、Th 及 U 含量。在原始地幔标准化微量元素蛛网图上（图11.35），明显亏损 Nb、Ta、Sr、P 和 Ti，富集 Rb、Ba、Th、U 和 K 等元素。

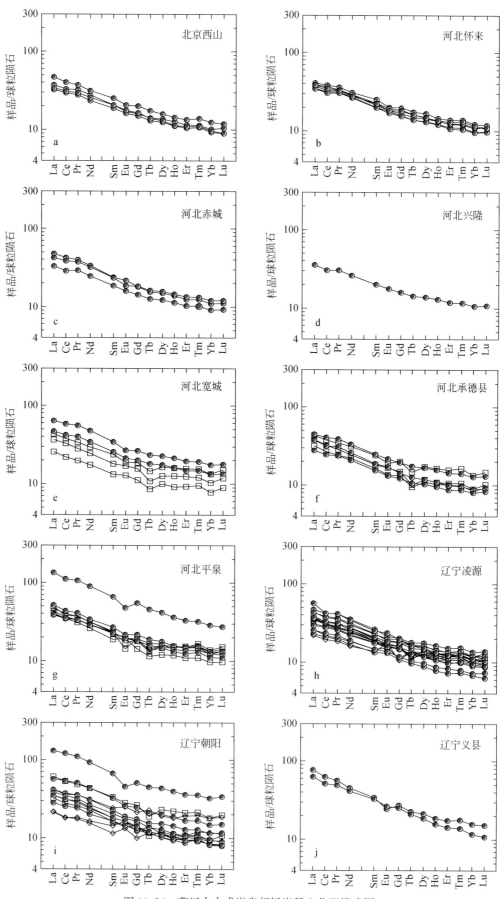

图 11.34 燕辽大火成岩省辉绿岩稀土分配模式图

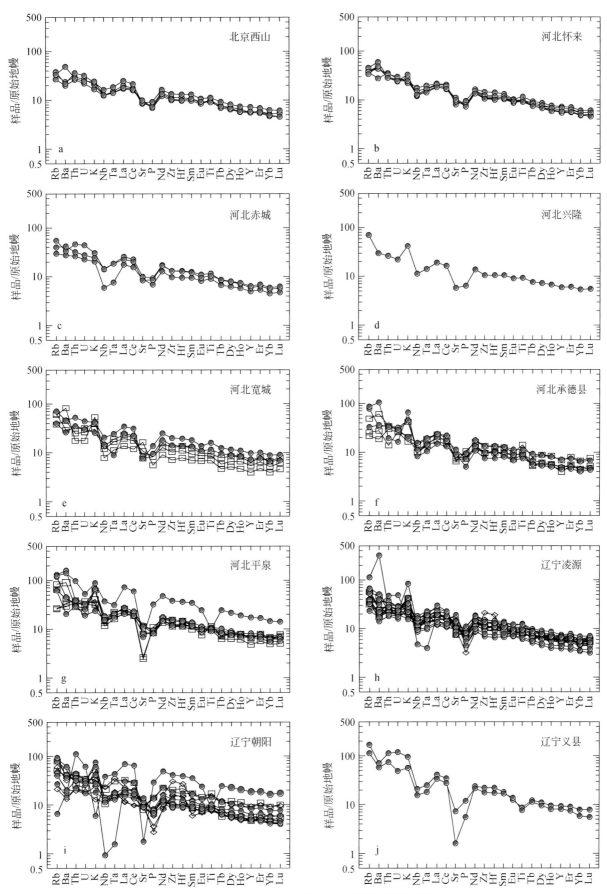

图 11.35 燕辽大火成岩省辉绿岩微量元素蛛网图

燕辽地区中元古代中期辉绿岩全岩 Nd 同位素分析测试结果见图 11.36a。这些辉绿岩的 Nd 同位素组成非常相似，^{143}Nd/^{144}Nd 初始值为 0.510933~0.511026，$\varepsilon_{Nd}(t)$ 值为 0.14~1.96，而 Nd 同位素模式年龄为 1.90~2.18 Ga。

燕辽地区中元古代中期辉绿岩锆石及斜锆石 Hf 同位素组成见图 11.36b。朝阳辉绿岩样品（08093-1、09053-1）中锆石具有较高的 ^{176}Hf/^{177}Hf 初始值（0.282023~0.282179）和正 $\varepsilon_{Hf}(t)$ 值（2.93~8.48）以及年轻的 Hf 同位素模式年龄（T_{DM}=1.49~1.75 Ga；T_{DM}^C=1.57~1.93 Ga）。辉绿岩样品（08093-1）中斜锆石 Hf 同位素组成特征相似，也具有较高的 ^{176}Hf/^{177}Hf 初始值（0.281997~0.282085）和正 $\varepsilon_{Hf}(t)$ 值（2.00~5.13）以及年轻的 Hf 同位素模式年龄（T_{DM}=1.60~1.73 Ga；T_{DM}^C=1.79~1.99 Ga）。

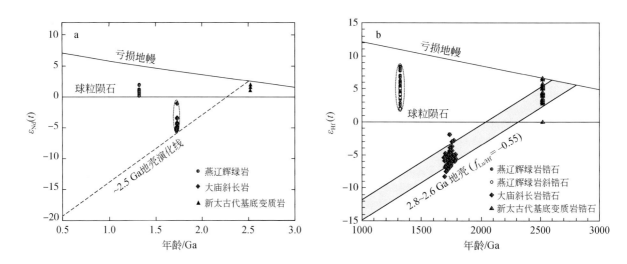

图 11.36　燕辽大火成岩省辉绿岩 Nd-Hf 同位素组成图（Zhang et al., 2012a）

（三）成因及构造背景

燕辽裂陷槽中元古代沉积地层内辉绿岩床均以低 SiO_2，高 TiO_2、$Fe_2O_3^T$ 和 MgO 为特征。在硅-碱图及 Nb/Y-Zr/TiO_2 分类图解上分别落在了玄武岩-玄武安山岩及亚碱性玄武岩区域。这些岩石化学特征表明辉绿岩是由幔源玄武质岩浆形成的。轻稀土轻度富集的球粒陨石标准化稀土分配模式及原始地幔标准化蛛网图上 Pb 正异常及 Nd-Ta 弱负异常表明岩石形成过程中有地壳物质的混染（Wilson 1989）。全岩 Nd 同位素及锆石和斜锆石 Hf 同位素也为岩浆源区提供了重要的制约。所有的辉绿岩均以正 $\varepsilon_{Nd}(t)$ 及 $\varepsilon_{Hf}(t)$ 值为特征（图 11.36）。在 $\varepsilon_{Nd}(t)$ 值-侵入年龄及 $\varepsilon_{Hf}(t)$ 值锆石 U-Pb 年龄图解上，所有的样品均落在球粒陨石与亏损地幔演化线之间（图 11.36）。这种 Nd、Hf 同位素特征与华北克拉通北缘起源于岩石圈地幔局部熔融的 17.4 亿~16.9 亿年的大庙斜长岩明显不同（解广轰，2005；Zhang et al.，2007）。因此，岩石圈地幔的局部熔融很难解释燕辽地区辉绿岩床普遍具有的正 $\varepsilon_{Nd}(t)$ 及 $\varepsilon_{Hf}(t)$ 值，这些辉绿岩床的母岩浆可能来源于亏损的软流圈地幔。以上岩石化学及同位素地球化学特征表明，华北克拉通北部中元古代中期大规模辉绿岩床起源于裂谷环境下亏损的软流圈地幔的局部熔融，并有地壳物质的混染。

华北克拉通北部中元古代中期岩浆岩在地球化学特征及岩石组合上均表现出双峰式岩浆岩特征（Zhang et al.，2012a），而这种双峰式岩浆岩组合一般均与裂谷环境有关（Wilson，1989）。辉绿岩中不活动性微量元素可以为这些岩石形成的构造背景提供重要制约（Rollinson，1993）。在 Zr/Y-Zr 及 Ti-Zr-Y 微量元素判别图解上（Pearce and Cann，1973；Pearce and Norry，1979），所有的辉绿岩均落在板内玄武岩区域（图 11.33d），进一步说明这些岩浆岩形成于陆内裂谷环境。

五、与燕辽基性大火成岩省相伴生的前岩浆期抬升

前岩浆期抬升（pre-magmatic uplift）是与大火成岩省及地幔柱相伴生的一种普遍现象（Campbell and Griffiths，1990；Griffiths and Campbell，1991；Rainbird，1993；Farnetani and Richards，1994；Williams and Gostin，2000；Rainbird and Ernst，2001；Sengör，2001；Stephen et al.，2001；Nyblade and Sleep，2003；Mazumder and Foulger，2004；Campbell，2005；Saunders et al.，2007；Ernst，2014）。许多与地幔柱有关的基性-超基性岩的形成均伴随有前岩浆期穹窿状地壳抬升（Mazumder and Foulger，2004）。这种前岩浆期抬升会改变区域沉积环境，造成地层缺失或沉积环境的明显改变（Rainbird，1993；Rainbird and Ernst，2001；He et al.，2003；Mazumder and Foulger，2004）。一般与地幔柱有关的抬升呈穹窿状并且比岩浆活动早20 Ma发生（Campbell，2007）。近期研究结果表明几乎所有导致大陆裂解的裂谷均伴随有前裂解期区域性抬升（Esedo et al.，2012；Frizonde de Lamotte et al.，2015）。裂解前大陆边缘的抬升是与大陆裂解相伴生的一种普遍现象（Esedo et al.，2012）。如横贯南极山脉与冈瓦纳古陆裂解有关的费拉尔（Ferrar）基性大火成岩省就伴随有前岩浆期区域性抬升（Elliot and Fleming，2000，2008；Bédard et al.，2007）。因此研究与大火成岩省相伴生的前岩浆期区域性抬升对于确定基性大火成岩省是否与地幔柱或大陆裂解有关至关重要。

野外地质调查结果表明，燕辽基性大火成岩省侵位的最新地层层位为下马岭组，在长龙山组砂岩和粉砂岩及其上覆地层中未见有岩床出露。这种野外产出关系表明燕辽基性大火成岩省的侵位发生在下马岭组沉积结束之后，长龙山组沉积开始之前。另外野外调查结果还表明，燕辽地区长龙山组与下马岭组为平行不整合接触关系，接触带附近发育风化黏土层及以石英岩砾石为主的底砾岩（图11.37）。这一平行不整合面所代表的区域性抬升被前人称为"蔚县上升"（杜汝霖和李培菊，1980），这一区域性抬升开始的时限即以下马岭组的顶部时限为代表。因此燕辽大火成岩省的形成伴随有以下马岭组顶部平行不整合为标志的前岩浆期区域性抬升。

由于下马岭组的底界在14.0亿年左右，而近年来获得的下马岭组中部斑脱岩的锆石SHRIMP U-Pb年龄为13.8亿~13.7亿年（高林志等，2007，2008；Su et al.，2008）。因此根据地层厚度推断，下马岭组顶界的年龄应该在13.5亿~13.4亿年，即与燕辽基性大火成岩省相伴的区域性抬升起始于13.5亿~13.4亿年，比岩浆峰期的时代（13.2亿年左右）早20~30 Ma。

六、华北克拉通北部与燕辽基性大火成岩省相伴的花岗岩及火成碳酸岩

除燕辽地区大规模辉绿岩床外，近年来的研究结果表明在华北北缘还存在少量13.3亿~13.1亿年的花岗岩，与燕辽辉绿岩构成了一套双峰式岩石组合（Zhang et al.，2012a）。另外近期锆石Th-Pb测年结果显示，华北克拉通北缘白云鄂博火成碳酸岩的侵位发生在13.0亿年左右，其侵位时代与燕辽基性大火成岩省近于同期，可能也是燕辽大火成岩省的主要组成部分之一。

（一）与燕辽基性大火成岩省相伴的花岗岩

1. 空间分布及岩石学特征

华北北缘中元古代中期花岗岩位于内蒙古商都县至化德县之间，在构造位置上位于渣尔泰-白云鄂博-化德裂谷东缘。岩体侵入到中元古代白云鄂博群浅变质沉积岩中，并被晚二叠世—白垩纪花岗岩体侵入（图11.38）。该岩体被前人认为是晚古生代岩体（内蒙古自治区地质矿产局，1972），但没有可靠的同位素年龄。岩石类型主要为二长花岗岩及钾长花岗岩，矿物成分主要为钾长石（40%~60%）、斜长石（5%~30%）、石英（25%~35%）、黑云母（5%~10%），偶见角闪石（0~5%）。岩石通常具有斑状

图11.37 燕辽地区下马岭组与长龙山组之间的平行不整合接触带及底砾岩（Zhang et al.，2017a）

结构，斑晶主要为钾长石，粒径可达 5~30 mm。与该地区晚古生代—中生代岩体明显不同，大部分花岗岩表现出强烈的构造变形，发育眼球状构造（图 11.39），石英重结晶及波状消光明显（图 11.39）。岩体出露面积超过 15 km^2。

集宁以北乌兰哈达中元古代中期花岗岩脉出露于乌兰哈达南 208 省道东侧开挖面，距离商都–化德中元古代中期花岗岩体约 50 km。岩脉顺层侵入到中元古界白云鄂博群石英砂岩夹粉砂质板岩及泥质灰岩中（图 11.40），见有两条岩脉，北岩脉宽度约 5 m，南侧岩脉宽度>3 m，两条岩脉之间被石英砂岩分开。受后期构造变形的影响，岩脉与地层接触带处有明显的断层活动（图 11.40a、b）。由于两侧露头不佳，岩脉沿走向延伸不清楚。北侧花岗岩脉呈片麻状构造，矿物成分主要为钾长石、石英、斜长石及黑云母，特征与商都–化德中元古代中期花岗岩相似。南侧花岗岩脉呈似斑状构造，斑晶主要为钾长石，基质主要为钾长石、石英、斜长石及黑云母。

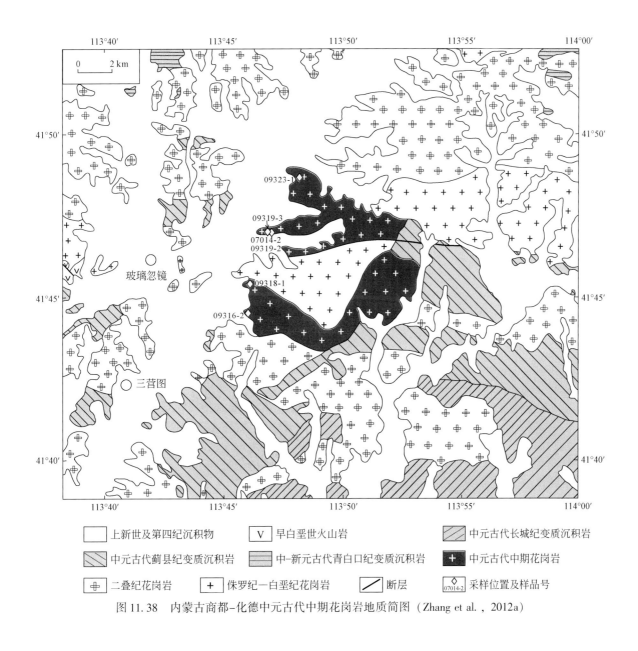

图 11.38 内蒙古商都–化德中元古代中期花岗岩地质简图（Zhang et al.，2012a）

图 11.39 商都-化德中元古代中期花岗岩野外 (a~e) 及显微照片 (f~h)

Kf. 钾长石；Bt. 黑云母；Q. 石英

图11.40 内蒙古乌兰哈达中元古代中期花岗岩脉野外照片

2. 锆石 U-Pb 年代学

1) 商都–化德花岗岩体

对商都–化德花岗岩体不同部位4个花岗岩样品进行了锆石 LA-ICP-MS U-Pb 定年，获得的侵位年龄分别为 1331±11 Ma、1313±17 Ma、1324±14 Ma 和 1330±12 Ma（图11.41）。从以上4个样品的锆石 LA-ICP-MS U-Pb 定年结果可以看出，商都–化德花岗岩侵位于13.3亿~13.1亿年，其中变形花岗岩侵位时代稍早（13.3亿~13.2亿年），而弱变形花岗岩侵位时代稍晚（约13.1亿年）。

2) 乌兰哈达花岗岩脉

根据 Shi 等（2012）的近期研究结果，乌兰哈达白云鄂博群沉积岩内片麻状花岗岩脉及似板状花岗岩脉的锆石 SHRIMP U-Pb 年龄分别为 1318±7 Ma（95%置信度，MSWD=1.01，$N=16$）及 1321±15 Ma（95%置信度，MSWD=1.13，$N=12$），表明这些岩脉侵位于中元古代中期，其侵位时代与商都–化德花岗岩及燕辽地区中元古代沉积地层内大规模辉绿岩床相一致。

3. 地球化学特征及成因

商都–化德中元古代中期花岗岩体与乌兰哈达花岗岩脉地球化学特征非常相似，均为高的 SiO_2（69.49%~75.61%）和 K_2O+Na_2O 含量（5.79%~8.96%），低的 TiO_2（0.37%~0.48%）、$Fe_2O_3^T$（2.41%~3.42%）和 MgO 含量（0.46%~0.93%）及低 $Mg^\#$ 指数（23.70~37.96）。在硅-碱图上所有的样品均落在花岗岩区域。这些花岗岩具有很高的总稀土含量（162.92~288.54 ppm），并在球粒陨石标准化图解上表现出明显的轻稀土富集及 Eu 负异常（$Eu_N/Eu_N^* = 0.39~0.75$）（图11.42a）。在原始地幔标准化图解上，Ba、U、Nb、Ta、Sr、P 及 Ti 等元素明显亏损，而 Rb、Th、K 及 Pb 等元素则明显富集（图11.42b）。

对商都–化德中元古代中期花岗岩体两件样品的全岩 Nd 同位素分析结果显示，其 $^{143}Nd/^{144}Nd$ 初始值为 0.510565~0.510595，$\varepsilon_{Nd}(t)$ 值为 -6.94~-6.35、Nd 同位素模式年龄为 22.8 亿~23.7 亿年。

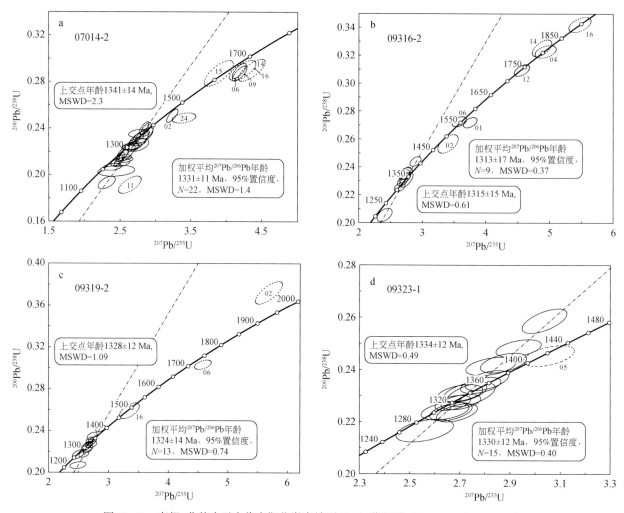

图 11.41 商都-化德中元古代中期花岗岩锆石 U-Pb 谐和图（Zhang et al.，2012a）

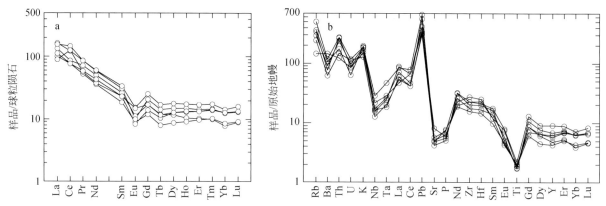

图 11.42 商都-化德中元古代中期花岗岩稀土分配曲线（a）及微量元素蛛网图（b）（Zhang et al.，2012a）

商都-化德花岗岩内同岩浆期锆石以低的 $^{176}Hf/^{177}Hf$ 初始值、负 $\varepsilon_{Hf}(t)$ 值及老的 Hf 同位素模式年龄（T_{DM} 及 T_{DM}^C）为特征。岩体北部变形花岗岩样品（09323-1）内同岩浆期锆石的具有低的 $^{176}Hf/^{177}Hf$ 初始值（0.281690~0.281804）、负 $\varepsilon_{Hf}(t)$ 值（-8.8~-4.7）及古老的 Hf 同位素模式年龄（T_{DM}=2.00~2.16 Ga；T_{DM}^C=2.42~2.67 Ga）。岩体中部变形花岗岩样品（07014-2、09319-2）中大多数同岩浆期锆石也以低

^{176}Hf/^{177}Hf 初始值（0.281639~0.281886）、负 $\varepsilon_{Hf}(t)$ 值（-10.6~-1.8）及古老的 Hf 同位素模式年龄（T_{DM}=1.88~2.24 Ga；T_{DM}^C=2.23~2.79 Ga）为特征。岩体南部弱变形花岗岩（09316-2）内大多数同岩浆期锆石也具有低的 ^{176}Hf/^{177}Hf 初始值（0.281635~0.281818）、负 $\varepsilon_{Hf}(t)$ 值（-11.1~-4.6）及古老的 Hf 同位素模式年龄（T_{DM}=2.00~2.22 Ga；T_{DM}^C=2.40~2.81 Ga）。在 $\varepsilon_{Nd}(t)$ 值-侵入年龄及 $\varepsilon_{Hf}(t)$ 值锆石 U-Pb 年龄图解上，所有的花岗岩均落在了华北克拉通 2.4~2.6 Ga 古老地壳演化线上方（图 11.43），表明这些花岗岩主要来源于太古宙末期—古元古代早期古老下地壳物质的熔融。这种地壳熔融可能与中元古代中期裂谷晚期软流圈地幔的上涌有关。

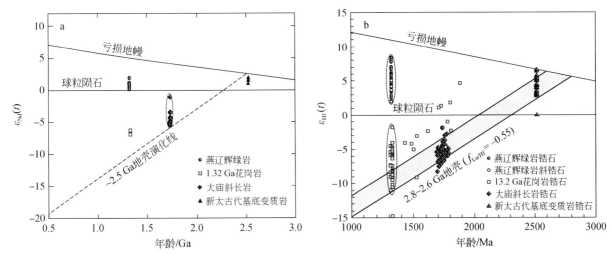

图 11.43　商都-化德中元古代中期花岗岩 Nd 及 Hf 同位素组成图解（Zhang et al.，2012a）

4. 构造背景

如前所述，华北克拉通北缘中元古代中期花岗岩具有 A 型花岗岩特征，显示其形成于伸展构造背景。这些中元古代中期花岗岩与华北克拉通北缘大规模辉绿岩床一起，构成了一套双峰式岩石组合，并形成于裂谷晚期。

华北克拉通北缘中元古代中期裂谷事件及相关岩浆作用的确定表明，与 Nuna 或 Columbia 超大陆中其他大陆类似，华北克拉通也经历了中元古代中期陆缘裂谷作用，而这一裂谷作用的形成与华北克拉通北缘从 Nuna 或 Columbia 超大陆的裂解有关。同时这一裂解作用也代表了华北克拉通北缘被动大陆北缘的开始。

（二）与燕辽基性大火成岩省相伴的火成碳酸岩

火成碳酸岩是地球上出露较少的一种特殊类型的幔源岩浆岩。对全球大火成岩省和火成碳酸岩时代及空间分布的统计结果表明，许多火成碳酸岩与大火成岩省均有明显的时空联系（Ernst and Bell，2010）。这种相关性表明火成碳酸岩与大火成岩省可能是同一个岩浆系统/过程演化不同阶段的产物（Ernst and Bell，2010）。这些火成碳酸岩的形成可能与大火成岩省形成过程中软流圈/地幔柱上升所导致的岩石圈地幔的熔融有关（Ernst and Bell，2010）。

位于华北克拉通北缘白云鄂博矿床是世界最大的轻稀土矿床，也是我国最大的 Nb 矿床及 Th 矿床。白云鄂博稀土-Nb 矿床赋存于中元古代火成碳酸岩内，这些火成碳酸岩明显受褶皱构造及层位控制。在矿区有大量二叠纪花岗岩体侵位，将部分火成碳酸岩及稀土-Nb 矿体改造破坏（图 11.44，图 11.45a）。虽然前人在白云鄂博矿区开展了大量的调查及研究工作，但关于火成碳酸岩及稀土矿床的形成时代、成因及构造背景一直有很大争议。野外调查结果表明，白云鄂博矿区富稀土-Nb 火成碳酸岩的主体是侵入到尖山组中的岩床，在尖山组及其下部层位中有少量富稀土的火成碳酸岩岩墙（图 11.46）。富稀土火成碳酸岩分布在长度约 20 km，宽度 2~3 km 的范围内。野外可以看到非常清楚的火成碳酸岩与白云鄂博群侵入接触关系（图11.46b、f），在火成碳酸岩中也常见有尖山组板岩的团块（图11.46c、g）。在尖山组下部的地层中（中元古代都拉哈拉组砂砾岩及古元古代基底变质岩系）有少量富稀土的火成碳酸岩岩脉体，但在尖山组顶部不整合面之上的地层中没有发现富稀土的火成碳酸岩（图11.46）。由于稀土矿床与火成碳酸岩密切共生，准确测定火成碳酸岩的时代是认识白云鄂博超大型稀土矿床成因及构造背景的关键。

经过多次采样及对传统选样方法的改进，项目组成功地从白云鄂博东富稀土-Nb的火成碳酸岩中分选出了大量同岩浆期结晶的锆石。通过 LA-ICP-MS U-Pb 定年，获得均一的 $^{208}Pb/^{232}Th$ 年龄为 1301±12 Ma（图11.47）。这些锆石具有四方双锥晶型，极度富 Th（18.8~295 ppm）、贫 U（0.005~14.2 ppm），具有极高的 Th/U 值（9~11893），为典型火成碳酸岩结晶锆石特征。电子探针及激光拉曼分析结果表明，在这些锆石中除包含火成碳酸岩典型矿物（如碱性角闪石、白云石、方解石、金云母等）外，还有富稀土-Nb的矿物包体（富铈烧绿石）（图11.48）。锆石微量元素及包体矿物组成显示这些锆石不但是与火成碳酸岩同期结晶的，而且是与稀土-Nb矿化同期结晶的，其年龄代表了白云鄂博火成碳酸岩及稀土-Nb矿化的时代，说明白云鄂博火成碳酸岩及稀土-Nb矿化形成于13.0亿年左右。这一新的火成碳酸岩及稀土-Nb矿化年龄与地质产状相吻合，也很好地解释了白云鄂博火成碳酸岩及稀土-Nb矿床为什么只出现在尖山组及其下部层位的地层中。因此，白云鄂博超大型稀土-Nb矿床的形成与13.0亿年左右火成碳酸岩侵位有关。白云鄂博火成碳酸岩及稀土矿化的形成时代与华北北缘13.3亿~13.0亿年燕辽大火成岩省相接近，其形成可能与华北克拉通北缘从 Columbia 超大陆的裂解有关。这一新的研究成果为认识白云鄂博超大型稀土矿床的成因、时代及构造背景提供了重要依据，对矿区深部及外围矿产资源勘查也有重要的参考价值。

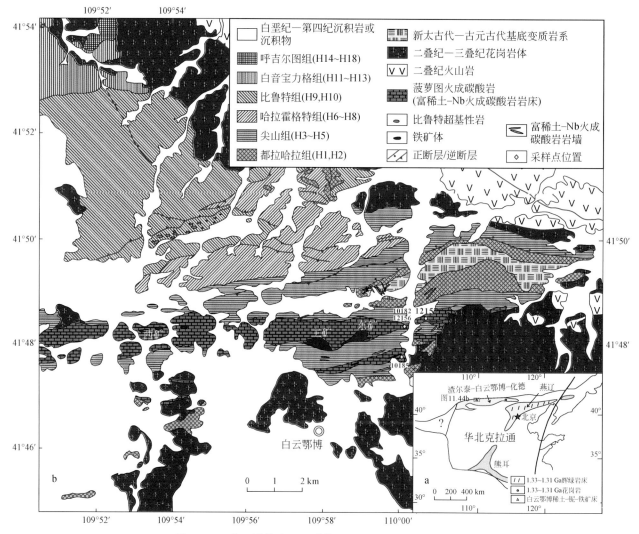

图11.44　白云鄂博矿区地质简图（Zhang et al., 2017b）

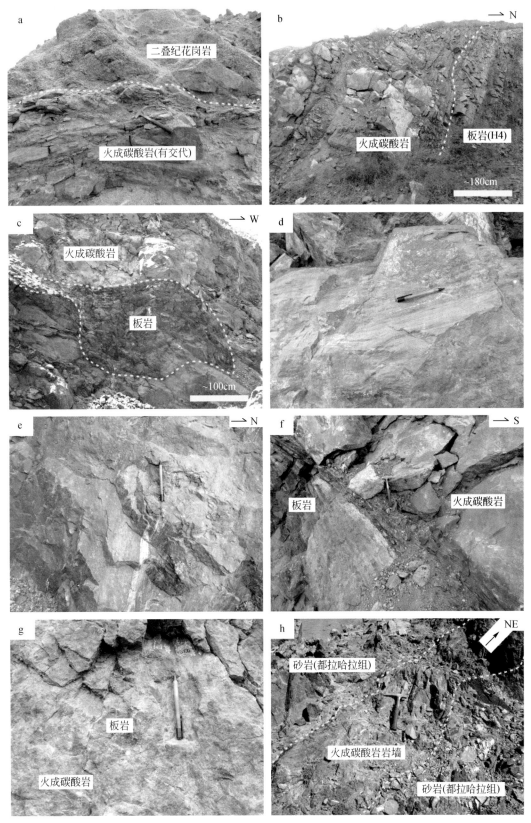

图 11.45　白云鄂博矿区富稀土火成碳酸岩野外照片（Zhang et al.，2017b）

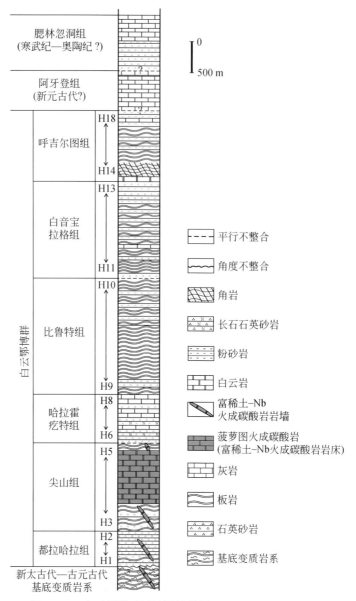

图 11.46 白云鄂博矿区地层柱状图（Zhang et al., 2017b）

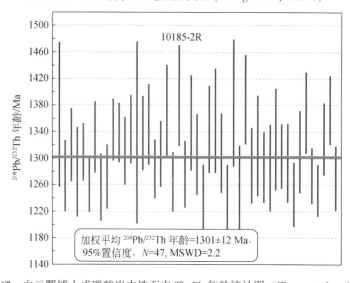

图 11.47 白云鄂博火成碳酸岩内锆石中 Th-Pb 年龄统计图（Zhang et al., 2017b）

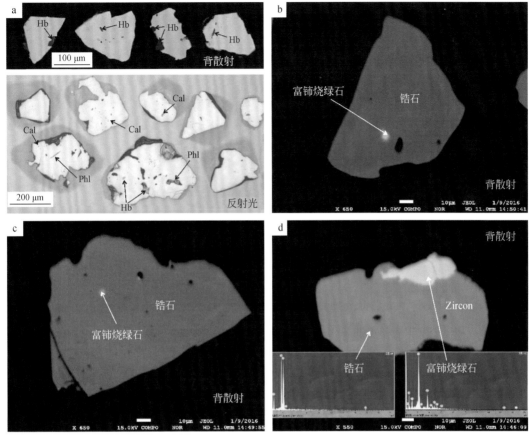

图 11.48 白云鄂博火成碳酸岩内锆石中包体组成图（Zhang et al., 2017b）

Hb. 角闪石；Cal. 方解石；Phl. 金云母；Zircon. 锆石

第二节 燕辽基性大火成岩省全球对比及其对超大陆重建的意义

一、全球中元古代中期基性大火成岩省分布

中元古代中期（14 亿~12 亿年）是 Nuna 或 Columbia 超大陆裂解的最主要时期。一般认为，Nuna 或 Columbia 超大陆的最核心陆块包括劳伦、西伯利亚和波罗的，这些核心陆块的裂解发生在 15.0 亿~12.5 亿年（Evans and Mitchell, 2011）。14.0 亿~12.5 亿年大火成岩省在劳伦、西伯利亚、波罗的、华北、澳大利亚、东南极及非洲各陆块均有分布（图 11.49），并认为与 Nuna 或 Columbia 超大陆的裂解有关（Ernst et al., 2008; Evans, 2013）。

二、燕辽基性大火成岩省与北澳大利亚代里姆大火成岩省的对比

在全球已报道的基性大火成岩省中，燕辽基性大火成岩省在形成时代、产状、岩性组成及地球化学特征方面均可以与北澳大利亚麦克阿瑟（McArthur）盆地内 13.2 亿年代里姆（Derim Derim）-加里温库（Galiwinku）基性大火成岩省相对比，并且这两个地区中元古代沉积地层也非常相似（图 11.50），前人古地磁结果也支持中元古代期间华北克拉通与北澳大利亚克拉通是相邻的（Zhang et al., 2012b; Xu et al., 2014）。

北澳大利亚代里姆-加里温库基性大火成岩省分布在麦克阿瑟盆地北部近 600 km 长、400 km 宽的范

围内（图 11.51b），该大火成岩省由代里姆（Derim Derim）辉绿岩床及加里温库（Galiwinku）放射状岩墙群所组成。由于新元古界—新生界覆盖的影响，加里温库放射状岩墙群地表出露非常有限，其分布范围主要依据航磁资料推断（Goldberg，2010）。

代里姆辉绿岩床主要侵入到麦克阿瑟盆地北部中元古代 Nathan 和 Roper 群沉积地层中（图 11.50）。前人斜锆石 SHRIMP 测年获得的侵位年龄为 1324±4 Ma（J. Claoué-Long 未发表数据，见 Sweet et al.，1999；Goldberg，2010；Pirajno and Hoatson，2012），表明岩床侵位于 13.2 亿年左右。代里姆辉绿岩床侵位的最顶部层位为 Roper 群黑色页岩，其沉积特征及时代与燕辽辉绿岩床所侵位的最顶部层位下马岭组也非常相似。已有的地球化学分析结果显示（Sweet et al.，1999），这些辉绿岩床具有拉斑质板内地球化学特征，与燕辽大火成岩省地球化学组成非常相似（图 11.33）。另外，根据地层厚度推断 Roper 群的顶界年龄也在 13.4 亿年左右，与燕辽地区下马岭组顶界（13.5 亿~13.4 亿年）相接近，表明北澳大利亚克拉通阿瑟盆地在 13.4 亿年左右也发生了一次区域性抬升，造成了 Roper 群与上覆地层中间的沉积间断。

加里温库放射状岩墙群主要呈 NE 或 NW 向侵入到麦克阿瑟盆地北部及其北侧和西侧的古元古代—中元古代变质-沉积岩系中，总体上构成了一个放射状岩墙群（图 11.51b）。大部分岩墙被新元古界—新生界覆盖，航磁异常清楚地揭示出了这些岩墙的空间展布（Goldberg，2010）。近期对加里温库辉绿岩斜锆石 SIMS U-Pb 定年获得的一致年龄为 1325±36 Ma（Whelan et al.，2016），表明加里温库放射状岩墙群与代里姆辉绿岩床是近于同期侵位的，时代也在 13.2 亿年左右。

华北克拉通燕辽大火成岩省与北澳大利亚代里姆-加里温库基性大火成岩相似的形成时代、产状、岩性组成及地球化学表明，这两个大火成岩省可能属于一个被大陆裂解所分开的统一的大火成岩省。也就是说在 Nuna 或 Columbia 超大陆重建中，华北克拉通北东部是与北澳大利亚克拉通北部相邻的，这一重建方案也得到了前人古地磁结果的支持（Zhang et al.，2012b；Xu et al.，2014）。

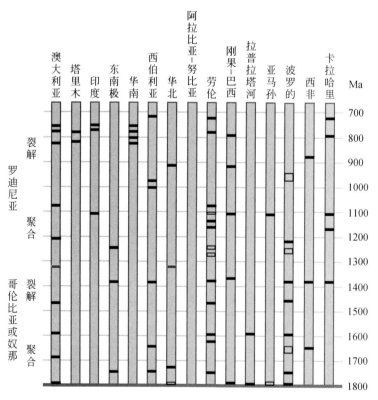

图 11.49 全球主要陆块 18 亿~7 亿年大火成岩省分布示意图（Ernst et al.，2013）

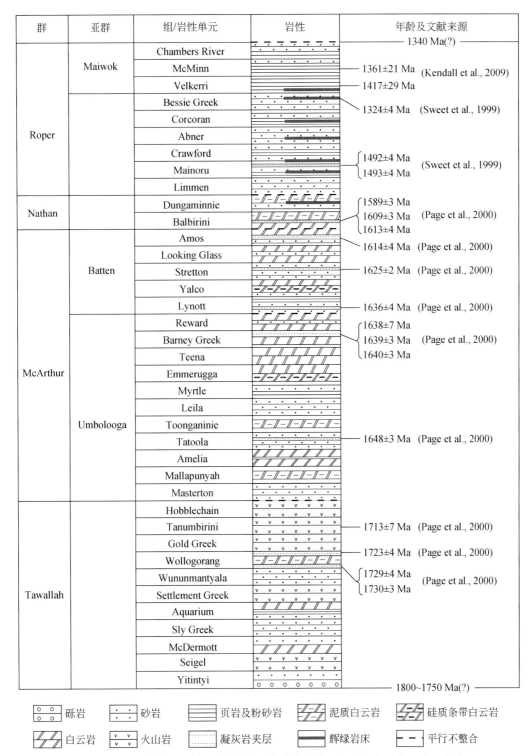

图 11.50 北澳大利亚克拉通麦克阿瑟盆地古元古代—中元古代地层柱及侵入其中的辉绿岩床（Zhang et al., 2017a）

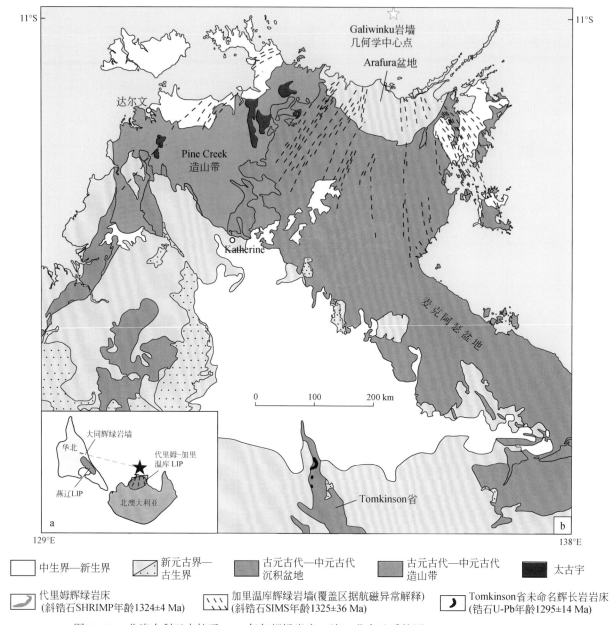

图 11.51 北澳大利亚克拉通 13.2 亿年辉绿岩床（墙）分布地质简图（Zhang et al., 2017a）

三、燕辽基性大火成岩省形成的构造背景及其对超大陆重建的意义

如前所述，燕辽地区侵入到中元古代沉积地层中的大规模辉绿岩床构成了一个具有全球对比意义的基性大火成岩省。岩石组合及地球化学特征显示，燕辽基性大火成岩省形成于板内裂谷环境。根据对全球 14 亿~13 亿年大火成岩省分布及古地磁数据的分析，提出了燕辽基性大火成岩省的形成与华北克拉通北缘从 Columbia 超大陆的裂解有关（Zhang et al., 2009, 2012a, 2017a）。这一裂解过程可能在 Columbia 超大陆演化中具有非常重要的意义，并得到了前岩浆期区域性抬升等其他地质证据的支持。

华北克拉通燕辽基性大火成岩省与北澳大利亚代里姆-加里温库基性大火成岩省的对比结果表明，在 Nuna 或 Columbia 超大陆重建中，华北克拉通北东部与北澳大利亚克拉通北部是相邻的。如果燕辽及代里姆-加里温库基性大火成岩省的形成与地幔柱有关，根据北澳大利亚克拉通加里温库辉绿岩墙几何学产状及华北克拉通辉绿岩床厚度变化及大同 13.2 亿年辉绿岩墙走向推断的地幔柱中心位于北澳大利亚北部

(11.51a)。以13.2亿年基性大火成岩省为标志,华北克拉通从Columbia超大陆发生了裂解,燕辽基性大火成岩省与代里姆-加里温库基性大火成岩省相分离。

第三节 白云鄂博稀土矿床成因

白云鄂博稀土-铌-铁矿床是全世界最大的稀土矿床,其轻稀土资源量占全球总储量的30%以上,铌的储量也位居世界第二,同时它又是一个大型的铁矿。自从丁道衡先生1927年首次在白云鄂博发现主矿铁矿体,何作霖先生1935年在铁矿体中发现稀土矿物,以及黄春江先生1944年发现东矿和西矿铁矿体群以来,来自世界各地的科研人员对白云鄂博地区进行了多方面综合研究,取得了大量重要成果。但由于白云鄂博矿床具有十分复杂的元素及矿物组成,同时又经历了多期地质事件的叠加改造,有关矿床成因、成矿时代、成矿物质来源,尤其是巨量稀土元素富集机理等问题,一直以来就存在很大的争议(Fan et al.,2004,2014,2016)。

随着认识的深入,争论的焦点也逐渐集中到含矿白云岩(通常所说的H8白云岩)的成因问题上,并且主要存在以下三种观点:①含矿白云岩为正常沉积成因,成矿物质来自深源热液(中国科学院地球化学研究所,1988;魏菊英和上官志冠,1983;魏菊英等,1994)、成矿物质来自非造山岩浆(杨晓勇等,2000;王一先等,2002;章雨旭等,2008)、成矿物质来自岩浆热液和变质热液(Chao et al.,1992,1997)、成矿物质来自地幔流体(曹荣龙和朱寿华,1996;Yang et al.,2009);②含矿白云岩为海底火山喷溢沉积成因,成矿物质来自幔源碳酸岩流体(白鸽和袁忠信,1983;白鸽等,1996;袁忠信等,1991;王辑等,1992;费红彩等,2007);③含矿白云岩为岩浆碳酸岩成因,成矿物质来自碳酸岩岩浆(周振玲等,1980;Drew et al.,1990;Le Bas et al.,1992,1997;杨学明等,1998;张宗清等,2001;郝梓国等,2002;Yang et al.,2003;Yang and Le Bas,2004;Le Bas et al.,2007)。近期的研究成果多认为,白云鄂博地区经历了复杂的、多期次的成矿过程(Campbell et al.,2014)。

一、白云鄂博稀土矿床形成时的大地构造背景

大陆边缘是成矿作用最为活跃的地带,世界上许多著名矿集区和超大型矿床都分布于大陆边缘带上。相比较而言,大陆边缘带构造复杂,岩浆活动强烈,具有产出大型-超大型矿床的诸多有利因素。大陆边缘具有漫长的地质演化历史、大构造密集长期活动、壳幔物质循环作用显著、深部和浅部成矿作用易于沟通、成矿物源丰富、热动力异常、成矿地质环境多种多样、多期叠加成矿等(翟裕生等,2002)。因此,大陆边缘带逐渐成为世界各地寻找超大型矿床的热点区域。

白云鄂博地区所处的华北克拉通北缘同样经历了漫长而复杂的演化过程,到目前为止,就其早期的发展演化历史还存在多种认识。Zhao等(2002,2004,2006)认为,华北克拉通北缘在经历了2.0~1.9 Ga阴山陆块与鄂尔多斯陆块的碰撞拼合之后,于1.6~1.2 Ga发生大规模的超大陆裂解事件,白云鄂博陆缘裂谷系正是这次全球性大陆裂解事件中的产物。翟明国(2004)、翟明国和彭澎(2007)则认为,华北克拉通北缘在经历了2.1~1.9 Ga的碰撞造山运动之后,至古元古代晚期(1.95~1.70 Ga),由古地幔柱活动引发的大量基性岩浆、非造山岩浆上涌,最终造成超大陆的裂解,在华北克拉通北缘形成大规模的狼山-白云鄂博陆缘裂谷系,它与南部的渣尔泰陆内裂谷系,东部的燕辽裂谷系,以及克拉通南缘的熊耳裂谷系共同构成古元古代晚期华北克拉通大陆裂解事件的重要组成部分(图11.52)(翟明国和卞爱国,2000;翟明国等,2001;侯贵廷等,2005;李江海等,2000,2001,2006)。

如此大规模的大陆裂解事件以及由此引发的构造-岩浆活动为壳幔物质交换、深源成矿物质向上运移创造了十分有利的条件。Peng等(2007)发现在多条裂谷系形成的初期,曾出现过大规模的基性岩浆活动。对这些岩墙群的定年结果表明(Halls et al.,2000;Peng et al.,2006),基性岩浆活动仅在1.80~1.75 Ga的短暂时间内完成。然而,华北克拉通中元古代中期的裂解运动并不是一次孤立的事件,它是整

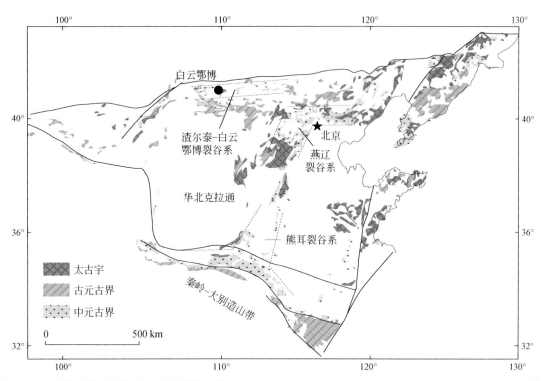

图11.52 华北克拉通前寒武纪地质简图（据 Xiao et al., 2003; Peng et al., 2006; Kusky et al., 2007 改绘）

个 Columbia 超大陆裂解事件的重要组成部分（Zhao et al., 2006）。Columbia 超大陆自 1.8 Ga 以来开始裂解，至 1.2 Ga 最终结束，期间经历了前后两个主要的裂解时期，其开始是以众多陆内裂谷系的发育及大量基性岩墙群的侵位为代表的，其结束和最终分裂同样引发了大量的基性岩浆和非造山岩浆活动（Rogers and Santosh, 2002）。

白云鄂博矿区内同样发育大量的与火成碳酸岩岩脉共生的基性岩墙。这种现象一般只在一个特殊的构造环境——大陆裂谷或大陆初始裂谷中出现（郝梓国等，2002）。世界上许多火成碳酸岩常与碱性硅酸岩相伴产出（Keller and Zaitsev, 2006），然而它们之间的成因关系尚不明确。争论在于这种岩石组合是否直接来自地幔橄榄岩的部分熔融（Yoshino et al., 2010），或来自富碳酸盐的碱性硅酸盐岩浆上升到相对低压环境时，发生碳酸盐-硅酸盐岩浆的不混溶作用（Srivastava et al., 2005），或是碳酸盐化硅酸盐岩浆经历强烈的分离结晶作用产生（Lee and Wyllie, 1994; Xu et al., 2010）。由于在大陆裂谷背景下，上地幔会出现一个长期缓慢的拉张作用，而这种拉张作用，会使上地幔物质始终处于低程度部分熔融状态（5%~7%），从而保证了碱性熔浆的出现。而关于碳酸岩和硅酸岩熔体的共同起源，混熔的碱性硅酸盐-碳酸盐岩浆在温度压力降低时发生不混熔分离作用，已获得理论上和实验上的验证（Lee and Wyllie, 1994; Veksler et al., 1998）。白云鄂博地区大规模碳酸岩及碱性基性岩墙群的出现进一步证实华北克拉通北缘中元古代大陆裂解事件的存在。

不仅白云鄂博地区存在中元古代中期裂解事件的记录，整个华北克拉通都受其影响（马杏垣等，1987）。河北张家口西葛峪地区新太古界桑干群麻粒岩和斜长角闪岩发生了大面积碱质交代，形成钾化岩石，其中钾长石的 $^{40}Ar\text{-}^{39}Ar$ 坪年龄为 1.26 Ga（邵济安等，2002）。邵济安等（2002）认为，这是华北克拉通第二次伸展事件的结果。而且在桑干地区高压麻粒岩变斑晶石榴子石的 $^{40}Ar\text{-}^{39}Ar$ 年龄谱中，也记录了 1.25 Ga 的热扰动事件（郭敬辉等，2001）。尤其是 1.4~1.3 Ga 斑脱岩和辉绿岩席的发现（高林志等，2008；李怀坤等，2009；Zhang et al., 2009），促使人们重新认识此阶段与大陆裂解事件相关的幔源岩浆活动。

二、碳酸岩岩脉与含矿白云岩成因

（一）白云鄂博地区的含矿白云岩和碳酸岩岩脉

1. 碳酸岩岩脉

在白云鄂博矿区附近分布大量的火成碳酸岩岩墙（脉）和碳酸岩小岩株，目前发现碳酸岩出露的地点共10余处，碳酸岩岩墙（脉）百余条（图11.53），这些碳酸岩岩脉侵入到中元古代白云鄂博群浅变质陆源碎屑岩及基底变质岩中，于围岩接触带附近发生强烈的霓长岩化蚀变。早在1963年谢家荣先生就认为白云鄂博矿区存在碳酸岩岩脉，并提出白云鄂博矿床可能为岩浆碳酸岩型矿床。中国科学院地球化学研究所（1988）也明确提出东部接触带有碳酸岩岩脉产出。Le Bas 等（1992）提出碳酸岩岩脉为碳酸岩岩浆成因，并详细报道了岩脉的矿物学和地球化学特征，陶克捷等（1998）、杨学明等（1998）和王凯怡等（2002）也相继发表了讨论碳酸岩岩脉的文章，认为碳酸岩岩脉按照矿物组成又可分为三种类型：白云石型、方解石型和白云石方解石共存型，而方解石矿物含量高的岩脉往往也具有较高的稀土含量。杨学明等（1998）报道的方解石型碳酸岩岩脉平均含稀土8.36%，已构成富稀土矿石，可见碳酸岩岩浆足以具备形成超大型稀土矿床的能力。

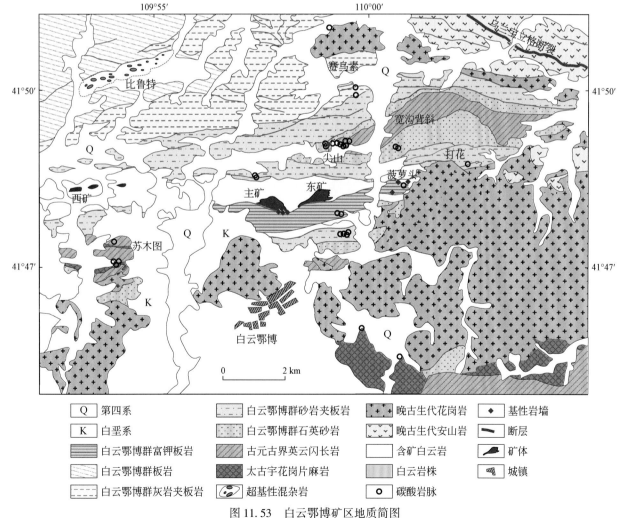

图11.53　白云鄂博矿区地质简图

碳酸岩岩浆常来源于深部岩石圈或软流圈地幔，因此对碳酸岩的研究不仅可以揭示地球深部的物质组成和结构，同时对于指示其形成时的大地构造背景和地幔交代作用也具有重要意义（Tappe et al.，2007）。更为重要的是，碳酸岩岩浆具有低黏度、低密度、高流动性、富含挥发分、搬运碱金属能力强等特性（Dobson et al.，1996；范宏瑞等，2001），而且碳酸岩熔体中气液相成分（如 CO_2、H_2O 和卤素）含量相对较高，能在中低温条件下快速迁移，与其他具高度迁移性流体一样，碳酸岩熔浆在合适的条件下能够运移上升至地壳并形成具有重要经济意义的矿床，因此 REE、Nb、Th 等矿产的成矿作用常与碳酸岩岩浆密切相关（范宏瑞等，2001）。例如，我国四川牦牛坪稀土矿、美国 Mountain Pass 和 Iron Hill 稀土矿、澳大利亚 Mountain Weld 稀土矿、巴西 Catalao 稀土矿等都与碳酸岩岩浆作用有关（Kanazawa and Kamitani，2006），而白云鄂博矿区内出露的大量碳酸岩与超大型稀土矿床的形成也必定存在着密切的成因联系。

王凯怡等（2002）提出白云鄂博地区的碳酸岩岩脉可以分为三种类型：白云石型、白云石方解石共存型和方解石型，方解石型碳酸岩岩脉往往具有较高的稀土元素含量，基于稀土和微量元素分析结果，认为这三种不同类型的碳酸岩岩脉是碳酸岩岩浆演化到不同阶段的产物。Yang 等（2011a）在尖山地区发现了方解石型碳酸岩岩脉切割白云石型碳酸岩岩脉的露头，表明方解石型碳酸岩岩脉的侵位的确晚于白云石型及白云石方解石共存型。三种类型碳酸岩岩脉的地球化学分析结果显示，随着方解石矿物组分含量的增加，岩脉中 Sr 和 LREE 元素含量明显增大，认为这可能与碳酸岩岩浆演化过程中的分离结晶作用有关。实验岩石学分析表明，碳酸岩岩浆很有可能是碳酸盐化地幔橄榄岩低程度部分熔融的产物（Wyllie and Lee，1998），而分离结晶作用又造成了 REE、Nb 等不相容元素在晚期碳酸岩岩浆中的富集（Ionov and Harmer，2002），也就是说越到碳酸岩岩浆演化的最后阶段，REE 会越富集，这与在白云鄂博矿区观察到的现象是一致的。

2. 含矿白云岩

含矿白云岩的成因一直存在很大的争议。长期以来，含矿白云岩一直被看作是白云鄂博群的组成部分（中国科学院地球化学研究所，1988）。最近有学者才注意到，矿区内的白云岩还存在两种不同的结构，粗粒白云岩相和细粒白云岩相。细粒白云岩是稀土矿床的直接围岩；粗粒白云岩零星分布于细粒白云岩相的外围，与白云鄂博群浅变质砂岩的接触带附近。Chao 等（1992）认为细粒白云岩是粗粒白云岩经历了多次区域变质和构造变形作用，白云石矿物发生动态重结晶后形成的，其原岩为沉积成因碳酸盐岩，发生在古生代的独立矿化事件与含矿白云岩无关。Le Bas 等（1992，1997）和杨学明等（1998）则认为细粒白云岩是粗粒白云岩经过后期细粒化作用形成的，他们还在多处露头发现粗粒白云岩与白云鄂博群浅变质沉积岩的侵入接触关系，认为粗粒白云岩是早期的碳酸岩侵入体，而细粒白云岩则是粗粒白云岩在中元古代中期发生强烈的矿化重结晶作用的产物（Le Bas et al.，2007）。

Yang 等（2011a）也在主矿北发现粗粒白云岩呈小岩枝状侵入到白云鄂博群石英砂岩中。但是粗粒和细粒白云岩的地球化学特征并不一致，粗粒白云岩与白云石方解石共存型碳酸岩岩脉具有相近的主量、稀土、微量元素组成。结合粗粒白云岩与围岩的侵入接触关系，它很有可能是早期的白云石方解石共存型碳酸岩侵入体，由于分布在岩体外围，并没有经历后期强烈的稀土矿化而残留下来。细粒白云岩与白云石型碳酸岩岩脉具有相近的主量元素组成，然而却与方解石型碳酸岩岩脉具有一致的稀土、微量元素组成，因此，细粒白云岩不能与现存的三种碳酸岩岩脉相类比。Chao 等（1992）发现细粒白云岩中的稀土矿物是呈条带和集合体状产出的。Wang 等（2010）也发现细粒白云岩中的稀土矿物主要分布在白云石矿物斑晶周围，稀土矿物应晚于白云石矿物形成。因此，细粒白云岩很有可能是早期侵位的白云石型碳酸岩侵入体，并叠加了晚期稀土矿化的产物（Yang et al.，2011a）。

Sun 等（2014）详细分析了含矿白云岩的 C、O 及 Mg 同位素组成，并与腮林忽洞的微晶丘白云岩进行对比，结果显示腮林忽洞的微晶丘白云岩具有较高的 $\delta^{13}C_{PDB}$ 和 $\delta^{18}O_{SMOW}$ 组成，与典型的沉积灰岩相一致，而白云鄂博含矿白云岩则位于火成碳酸岩与沉积灰岩之间。腮林忽洞白云岩的 $\delta^{26}Mg$ 值低于中元古代沉积白云岩，而含矿白云岩的 $\delta^{26}Mg$ 值较高，与地幔捕虏体和白云鄂博火成碳酸岩岩脉相一致，他认为白云鄂博含矿白云岩主要为地幔来源。

(二) 含矿白云岩和碳酸岩岩脉的地球化学特征

1. 主量元素组成

对白云鄂博矿区的碳酸岩岩脉、含矿白云岩及白云鄂博群沉积碳酸盐岩，进行岩石地球化学分析，CaO-MgO-(FeO+Fe_2O_3+MnO) 三端元图解进行分类（Woolley and Kempe，1989）（图 11.54）。结果显示，细粒含矿白云岩与白云石型碳酸岩岩脉的组成相近，数据点跨越铁质碳酸岩和镁质碳酸岩区域；粗粒含矿白云岩与白云石方解石共存型碳酸岩岩脉组成相近，数据点均投在镁质碳酸岩区域；方解石型碳酸岩岩脉成分变化较大，但都投在了钙质碳酸岩区域；而来自赛乌素和打花东的正常沉积碳酸盐岩的数据点则主要投在 MgO-CaO 的成分连线上，与碳酸岩和含矿白云岩相区别，明显缺乏 Fe_2O_3+FeO+MnO 等组分。Yang 和 Le Bas（2004）也发现白云鄂博地区的沉积碳酸盐岩与含矿白云岩相比含有较高的 CaO、MgO 和较低的 FeO、MnO、SrO（低于 0.1%），并根据 MnO-SrO 相关图解成功地区分出了沉积碳酸盐岩与碳酸岩岩脉。

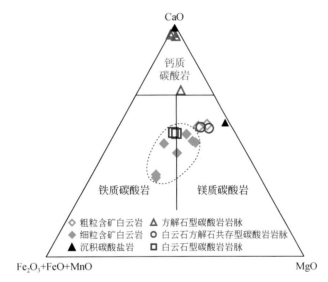

图 11.54　白云鄂博地区碳酸岩岩脉、含矿白云岩和沉积碳酸盐岩的 CaO-MgO-(FeO+Fe_2O_3+MnO) 三端元组分图解

2. 稀土、微量元素组成

不同类型碳酸岩岩脉的稀土元素组成特征存在着很大的差异。白云石型碳酸岩岩脉的稀土总量较低，$(La/Yb)_N$ 显示轻、重稀土基本无分异，在球粒陨石标准化配分图解中呈平坦型；白云石方解石共存型碳酸岩岩脉的稀土总量较高，$(La/Yb)_N$ 显示轻、重稀土有明显的分异现象，表明该阶段岩浆的成分已经有所分化；方解石型碳酸岩岩脉的稀土总量异常富集，$(La/Yb)_N$ 显示轻、重稀土存在强烈的分异现象。以上结果表明，白云鄂博地区的碳酸岩岩脉，由白云石型→白云石方解石共存型→方解石型，随着岩脉中方解石矿物组分的增加，轻稀土元素呈明显的富集趋势（图 11.55），即存在方解石矿物组分与稀土元素的正相关现象。

不同类型碳酸岩岩脉的微量元素组成特征基本一致，所有样品均不存在 Eu 负异常，并且普遍富集大离子亲石元素 Ba 而亏损 Rb，富集高场强元素 Th 而亏损 Zr、Hf、Ta、U，而这些特征与世界其他地区的火成碳酸岩岩体非常相似（Nelson et al.，1988，Woolley and Kempe，1989）。不同类型碳酸岩岩脉中 Sr 的含量基本一致，但由于 REE 含量的差异在蛛网图中呈现出不同的异常状态，白云石型和白云石方解石共存型碳酸岩岩脉中主要为正异常，而方解石型碳酸岩岩脉中主要为负异常（图 11.56）。

白云鄂博地区含矿白云岩的稀土、微量元素组成特征与碳酸岩岩脉有着特殊的对应关系。其中细粒含矿白云岩的稀土、微量元素组成与方解石型碳酸岩岩脉类似，而粗粒含矿白云岩则与白云石方解石共存型碳酸岩岩脉相近（图 11.55、图 11.56）。只是含矿白云岩中 Nb 的含量呈明显的正异常。含矿白云岩的稀土、微量元素组成与白云鄂博地区正常沉积碳酸盐岩明显不同。来自赛乌苏的沉积灰岩与来自打花东的沉积白云岩具备明显的 Eu 负异常，以及 U 和 Y 正异常，这与含矿白云岩的异常特征恰是相反的，表明含矿白云岩并非正常沉积成因。

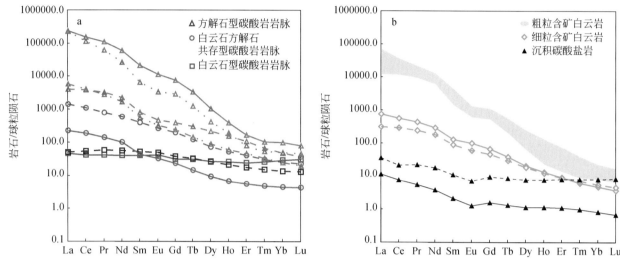

图 11.55　白云鄂博地区碳酸岩岩脉、含矿白云岩和沉积碳酸盐岩的稀土元素球粒陨石标准化配分图解
球粒陨石稀土元素组成参考 Taylor 和 McLennan (1985)

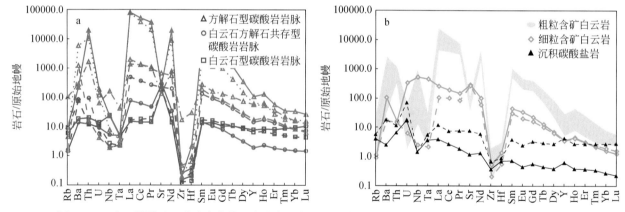

图 11.56　白云鄂博地区碳酸岩岩脉、含矿白云岩和沉积碳酸盐岩的微量元素原始地幔标准化配分图解
原始地幔微量元素组成参考 Sun 和 McDonough (1989)

3. Sr、Nd 同位素组成

碳酸岩岩脉的 Nd 同位素组成相对稳定，而 Sr 同位素组成有较大的变化范围（图 11.57），其 $I_{Sr}=0.703167 \sim 0.708871$，不过这种分布规律也有可能是碳酸岩岩脉在就位过程中，混染了壳源物质所致 (Schleicher et al., 1990)。粗粒和细粒含矿白云岩的 Nd 同位素组成稳定，$\varepsilon_{Nd}(1354)=0.39 \sim 1.87$，与碳酸岩岩脉非常的相近，Sr 同位素组成也是相对一致和集中，其 $I_{Sr}=0.702866 \sim 0.704152$。多数大陆构造环境下的碳酸岩在时间和空间上与地壳减薄事件密切有关，其 Nd、Sr 同位素组成表现为 $I_{Sr}>0.703$ 和 $\varepsilon_{Nd}(t)<+4$，即落在亏损地幔和富集地幔两类来源的混合区 (Schleicher et al., 1990; Smithies and Marsh, 1998; Tilton and Bell, 1994)。白云鄂博地区含矿白云岩和碳酸岩岩脉的 Sr、Nd 同位素组成与上述特征非常一致，也暗示含矿白云岩很有可能是大规模的碳酸岩侵入体，由它派生出的碳酸岩岩脉，由于规模较小，在侵位过程中容易受围岩混染，而具有向富集地幔端元 EMⅡ 过渡的特征。

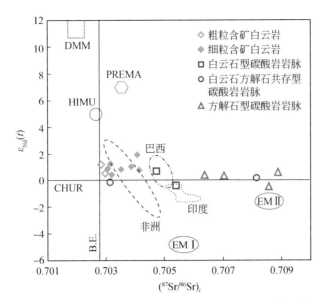

图 11.57 白云鄂博地区碳酸岩岩脉、含矿白云岩的 $\varepsilon_{Nd}(t)$ 与 $(^{87}Sr/^{86}Sr)_i$ 相关图解

对比世界其他地区的火成碳酸岩数据（非洲：Bell and Blenkinsop, 1987, 1989；巴西：Huang et al., 1995, Antonini et al., 2003；印度：Stoppa and Woolley, 1997；Simonetti et al., 1995, Veena et al., 1998），参考地幔端元 DM、EM I 和 EM II 数据（Zindler and Hart, 1986）

（三）巨量稀土富集机理探讨

白云鄂博稀土矿床能在有限的 48 km² 范围内，聚集全世界 30% 的稀土资源，主要归功于白云鄂博地区漫长的裂谷-岩浆演化过程，以及由此引发的大规模碳酸岩岩浆活动。

白云鄂博地处华北克拉通北缘，在古元古代晚期 Columbia 超大陆裂解的背景下开始发育大规模的狼山-白云鄂博陆缘裂谷系（李江海等，2006；翟明国，2004；Zhao et al., 2004, 2006），而白云鄂博群就是该时期形成的裂谷沉积（王楫等，1992），它与南部的渣尔泰陆内裂谷系、东部的燕辽陆内裂谷系，以及华北克拉通南缘的熊耳裂谷系，共同构成古元古代晚期华北克拉通大陆裂解事件的组成部分。而 1.80~1.75 Ga 大范围的基性岩墙群侵位，则是裂谷系开始发育的重要标志（Li et al., 2007；Peng et al., 2007）。

正是在白云鄂博陆缘裂谷系长期、缓慢的拉张背景下，华北克拉通北缘轻度富集的岩石圈地幔始终处于低程度部分熔融状态，从而保证了碳酸岩熔浆的出现。所形成的碳酸岩岩浆在上升侵位到白云鄂博群的过程中，先后分异出了白云石型、白云石方解石共存型和方解石型碳酸岩岩脉。方解石型碳酸岩岩脉切割白云石型碳酸岩岩脉的野外露头，已证实了白云石型碳酸岩岩脉形成得早，而方解石型碳酸岩岩脉形成得晚。因此，白云鄂博地区中元古代的碳酸岩岩浆活动，有着由白云石型→白云石方解石共存型→方解石型演化的趋势。白云石型碳酸岩岩脉携带大量 Fe、Mn 等亲铁元素最早从岩浆中结晶而出，造成碳酸岩岩浆中方解石矿物组分的含量逐渐增加，Sr、Ba、Th、Nb 和 LREE 等不相容元素也在晚期岩浆中逐渐富集，形成具有极高 LREE 含量的方解石型碳酸岩岩脉。同时这种晚期方解石型碳酸岩岩浆叠加在早期侵位的白云石型碳酸岩岩体之上，形成现如今的白云鄂博超大型稀土矿床。

三、稀土成矿时代

白云鄂博地区主要发育四种稀土矿化类型，包括碳酸岩岩脉、含矿白云岩、条带状 REE-Nb-Fe 矿石及晚期粗晶脉状稀土矿石。最近 20 年，针对这四种矿化类型开展了大量的定年工作，涵盖了 U-Th-Pb、Sm-Nd、Rb-Sr、K-Ar、Ar-Ar、Re-Os 和 La-Ba 等多种测试方法（Hu et al., 2009；Yang et al., 2011a, 2011b；Campbell et al., 2014；Fan et al., 2014；Zhu et al., 2015）。然而不同的测试方法给出的年龄结果却存在着很大的差异，这也造成了对白云鄂博稀土成矿时代认识的争议。目前获得的年龄结果区间跨度大（1800~390 Ma），并具有 1400 Ma 和 440 Ma 两个峰值（图 11.58）。不过，碳酸岩岩脉中大于 1.8 Ga 的 SHRIMP 和 ID-TIMS 锆石年龄，应是基底变质岩的继承锆石年龄，不应作为稀土成矿时代（Fan et al., 2014）。

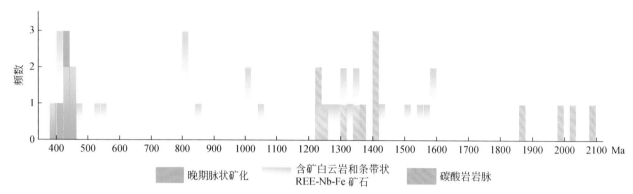

图 11.58　白云鄂博碳酸岩岩脉、含矿白云岩、条带状 REE-Nb-Fe 矿石及晚期脉状稀土矿石年龄结果统计图
（Fan et al., 2016）

Nakai 等（1989）获得稀土矿物的 La-Ba 和 Sm-Nd 等时线年龄为 1350±149 Ma 和 1426±40 Ma；张宗清等（2003）获得主矿和东矿矿物 Sm-Nd 等时线年龄为 1286±91 Ma 和 1305±78 Ma；Yang 等（2011a）获得碳酸岩岩脉全岩 Sm-Nd 等时线年龄为 1354±59 Ma；Fan 等（2014）获得碳酸岩中锆石 ID-TIMS U-Pb 不一致曲线上交点年龄为 1417±19 Ma，这一结果与他们随后获得的锆石 SHRIMP ^{207}Pb/^{206}Pb 平均年龄 1418±29 Ma 相一致，Zhang 等（2017b）获得含矿白云岩中锆石的 ^{208}Pb/^{232}Th 年龄为 1301±12 Ma，进一步证实了含矿白云岩的形成时代。

Wang 等（1994）和 Chao 等（1997）开展了大量的独居石和氟碳铈矿 Th-Pb 同位素测试工作，获得独居石的结晶年龄为 555~398 Ma，因此提出白云鄂博的稀土矿化开始于 555 Ma，而主要成矿期集中于 474~400 Ma。Hu 等（2009）分别利用粗晶矿化脉中矿物 Sm-Nd 同位素等时线，以及黑云母单矿物 Rb-Sr 同位素等时线获得晚期脉状矿化的时代为 442±42 Ma 和 459±41 Ma。

任英忱等（1994）同时获得主矿、东矿独居石和氟碳铈矿 Sm-Nd 等时线年龄为 1313±41 Ma，以及碳酸岩岩脉中独居石 Th-Pb 等时线年龄为 461±62 Ma 和 445±11 Ma。裘愉卓（1997）对独居石进行 SHRIMP U-Pb 同位素定年，获得 ^{206}Pb/^{238}U 平均年龄为 802±35 Ma，^{208}Pb/^{232}Th 平均年龄为 498.8±2.9 Ma。Campbell 等（2014）对采自东矿条带状矿石中分选出的贫 U 锆石进行 SHRIMP U-Pb 同位素测试工作，获得 1325±60 Ma 的核部年龄以及 455.6±28 Ma 的边部年龄。Zhu 等（2015）总结了前期发表的 Sm-Nd 同位素测试数据，提出早期的稀土矿化事件发生于 1286±27 Ma，并经历了 0.4 Ga 热事件的叠加改造，形成了晚期的粗晶脉状矿化，期间不存在新的稀土成矿事件。

综合上述年龄结果，白云鄂博矿床内的第一期稀土矿化及含矿白云岩的形成时代与矿区范围内的火成碳酸岩岩脉的形成年龄相一致（1400~1300 Ma）。含矿白云岩与碳酸岩岩脉相近的稀土、微量及同位素组成，进一步证实二者具有密切的成因联系，并很有可能均是中元古代碳酸岩岩浆活动的产物（Yang et al., 2011b）。白云鄂博地区在早古生代受到强烈的热事件影响，形成晚阶段粗晶脉状稀土矿化，这一期热事件在 Campbell 等（2014）获得的锆石热液蚀变生长边的 SHRIMP Th-Pb 年龄结果（455±28 Ma）有明确的显示。然而，这期热事件仅仅造成了矿床内稀土元素的再活化，以及稀土矿物的重结晶，并没有新的成矿物质的加入。因此，该期热事件对矿床的稀土储量没有影响（Zhu et al., 2015），它仅仅是早古生代古亚洲洋向华北克拉通俯冲运动的浅部响应（Wang et al., 1994；Chao et al., 1997）。

四、成矿流体特征

白云鄂博稀土矿成矿流体的来源一直以来就存在多种认识，包括深源流体（中国科学院地质化学研究所，1988）、非造山岩岩浆（王一先等，2002）、岩浆和变质热液（Chao et al，1997）、幔源流体（曹荣龙和朱寿华，1996）及火成碳酸岩岩浆（白鸽等，1996；Le Bas et al.，2007）。

碳酸岩、白云岩及沉积灰岩的C、O、Sr和Nd同位素分析结果表明，粗粒白云岩为碳酸岩侵入体，而细粒白云岩是前者在成矿流体和地表水的作用下重结晶的产物（Le Bas et al.，1997）。Sun等（2013）分析了白云鄂博不同类型矿石的Fe同位素组成，并与碳酸岩岩脉、基性岩脉、中元古代沉积铁建造及碳酸盐岩进行对比。结果显示，磁铁矿与白云岩、赤铁矿与磁铁矿之间的Fe同位素分馏很小，暗示它们形成于较高的温度条件下，指出白云鄂博的Fe同位素组成与沉积或热液系统明显不同，为典型的岩浆来源。

条带状和脉状矿石的流体包裹体研究结果表明（Smith et al.，2000；Fan et al.，2004，2006），白云鄂博矿区主要发育三种类型的流体包裹体：两相或三相富CO_2包裹体、CO_2-$NaCl$-H_2O三相包裹体、水溶液两相包裹体。流体包裹体测温结果显示，富CO_2包裹体中的含碳相为纯的CO_2。白云鄂博的成矿流体系统应为REE-F-CO_2-NaCl-H_2O流体。高盐包裹体与富CO_2包裹体共存，并具有相近的完全均一温度，表明稀土矿化过程中发生了流体的不混溶作用，这种不混溶的富含稀土的H_2O-CO_2-NaCl流体很有可能来自火成碳酸岩岩浆。众多稀土子矿物的存在表明，原始成矿流体已经十分富含稀土元素，这也是巨量稀土元素富集的一个先决条件（Fan et al.，2006）。

五、早古生代的构造-热事件对矿床的改造

白云鄂博矿床经历了多期构造-热事件的改造，其中最强烈的一期，来自早古生代古亚洲洋构造域向华北克拉通北缘的俯冲碰撞运动和由此引发的岛弧型岩浆活动（Sengör et al.，1993；Xiao et al.，2003；Jian et al.，2008）。该期构造热事件促使白云鄂博矿床内的矿物发生重结晶，并形成了大量的脉状钠辉石、萤石、稀土矿物组合，以及脉状黑白云母、稀土矿物组合。Hu等（2009）对粗晶矿化脉体中的氟碳铈矿、钠辉石、萤石进行Sm-Nd同位素分析，获得等时线年龄为436±35 Ma，与张宗清等（2003）获得的脉体矿物钠长石、钠闪石、氟碳铈矿的Sm-Nd等时线年龄443±58 Ma基本一致，代表了脉状矿化的形成时代。另外，对横切条带状矿石的粗晶黑云母脉体进行了Rb-Sr等时线定年，获得年龄结果为459±39 Ma，与脉状矿化的时代基本一致，证明在造山后期的确存在强烈的热液流体的活动。

早古生代初期，位于华北克拉通北侧的古亚洲洋构造域开始逐渐向南碰撞拼合，在克拉通的北缘形成绵延上千千米的洋壳消减带（Xiao et al.，2003）。尤其是在南部造山带内的温都尔庙-图林凯地区，还保留了俯冲洋壳的残片——蛇绿岩岩石组合。Jian等（2008）对蛇绿岩套中英云闪长岩和辉长岩的锆石进行了SHRIMP U-Pb年龄测试，分别获得核部年龄为490.1±7.1 Ma和479.6±2.4 Ma，他们认为以上两个年龄结果代表了图林凯蛇绿岩的形成时代。刘敦一等（2003）同样在图林凯蛇绿岩中发现了俯冲消减洋壳部分熔融形成的埃达克质岩石组合，包括石英闪长岩、奥长花岗岩、斜长岩和英安岩，石英闪长岩中锆石的SHRIMP U-Pb年龄结果为467±13 Ma，而英安岩和奥长花岗岩形成略晚（459~451 Ma），最后形成斜长岩岩墙（429±7 Ma），因此他认为温都尔庙-图林凯古洋壳的消减可能开始于467±13 Ma或更早，结束于429±7 Ma。Jian等（2008）也在白云鄂博北东30 km处的包尔汉图地区发现了岛弧型闪长岩、石英闪长侵入岩体，锆石SHRIMP U-Pb定年结果显示，其平均侵位年龄为451.5±2.9~440.3±2.4 Ma。

Shervais（2001）和Jian等（2008）认为华北克拉通北缘造山带在早古生代经历了三个主要的演化过程：①497~450Ma，洋壳俯冲消减和岛弧形成过程（497~477 Ma，洋壳俯冲消减形成蛇绿岩带和钙碱系列拉斑玄武岩；473~470 Ma，地幔楔部分熔融形成奥长花岗岩和岛弧型钙碱性系列岩浆岩；461~450 Ma，俯冲板片部分熔融形成高Mg埃达克岩）；②451~434 Ma，洋脊俯冲消减过程（形成高级变质的蛇

绿岩）；③430～415 Ma，微陆块碰撞拼合过程（洋脊蛇绿岩碰撞拼合形成钠长岩墙，弧陆拼合形成英云闪长岩）。

白云鄂博地区紧邻华北克拉通的北缘，同样受到了早古生代碰撞造山运动的强烈影响，不仅造成矿体内矿石的强烈变形，在造山后的伸展阶段，在深部热液流体的作用下，矿体内的矿石矿物发生重结晶并充填于张性裂隙中形成大量脉状稀土矿化。

参 考 文 献

白鸽，袁忠信.1983.白云鄂博矿床成因分析.中国地质科学院矿床地质研究所所刊，4：1~15
白鸽，袁忠信，吴澄宇，张宗清，郑立媗.1996.白云鄂博矿床地质特征和成因论证.北京：地质出版社
曹荣龙，朱寿华.1996.地幔流体与金属成矿作用//杜乐天.地幔流体与软流层地球化学.北京：地质出版社：436~459
杜汝霖，李培菊.1980.燕山西段震旦亚界//中国地质科学院天津地质矿产所.中国震旦亚界.天津：天津科技出版社：341~350
范宏瑞，谢奕汉，王凯怡，杨学明.2001.碳酸岩流体及其稀土成矿作用.地学前缘，8（4）：289~296
费红彩，肖荣阁，侯增谦.2007.内蒙白云鄂博Fe-Nb-REE矿床铁氧化物对矿床成因的指示意义.中国稀土学报，25（3）：334~343
高林志，张传恒，史晓颖，周洪瑞，王自强.2007.华北青白口系下马岭组凝灰岩锆石SHRIMP U-Pb定年.地质通报，26：249~255
高林志，张传恒，史晓颖，宋彪，王自强，刘耀明.2008.华北古陆下马岭组归属中元古界的锆石SHRIMP年龄新证据.科学通报，53（21）：2617~2623
郭敬辉，王松山，桑海清，翟明国.2001.变斑晶石榴子石^{40}Ar-^{39}Ar年龄谱的含义与华北高压麻粒岩变质时代.岩石学报，17（3）：436~442
郝梓国，王希斌，李震，肖国望，张台荣.2002.白云鄂博碳酸岩型REE-Nb-Fe矿床——一个罕见的中元古代破火山机构成岩成矿实例.地质学报，74（4）：525~540
河北省地质矿产局.1969.1：20万青龙幅区域地质图及说明书
河北省地质矿产局.1972.1：20万丰宁幅区域地质图及说明书
河北省地质矿产局.1974.1：20万承德幅区域地质图及说明书
河北省地质矿产局.1976.1：20万平泉幅区域地质图及说明书
侯贵廷，李江海，刘玉琳，钱祥麟.2005.华北克拉通古元古代末的伸展事件——拗拉谷与岩墙群.自然科学进展，15（11）：1366~1373
解广轰.2005.大庙斜长岩和密云环斑花岗岩的岩石学和地球化学——兼论全球岩体性斜长岩和环斑花岗岩类的时空分布及其意义.北京：科学出版社
李怀坤，陆松年，李惠民，孙立新，相振群，耿建珍，周红英.2009.侵入下马岭组的基性岩床的锆石及斜锆石U-Pb精确定年.地质通报.28（10）：1396~1404
李江海，钱祥麟，黄雄南，刘树文.2000.华北陆块基底构造格局及早期大陆克拉通化过程.岩石学报，16（1）：1~10
李江海，侯贵廷，黄雄南.2001.华北克拉通对前寒武纪超大陆旋回的基本制约.岩石学报，17（2）：177~186
李江海，牛向龙，程素华，钱祥麟.2006.大陆克拉通早期构造演化历史探讨：以华北为例.地球科学——中国地质大学学报，31（3）：285~293
李伍平，李献华.2005.辽西晚古生代长茂河子辉绿岩墙群的地球化学特征.地球科学，30（6）：761~770
辽宁省地质矿产局.1965.1：20万凌源幅区域地质图及说明书
辽宁省地质矿产局.1967.1：20万朝阳幅区域地质图及说明书
辽宁省地质矿产局.1969.1：20万锦西幅区域地质图及说明书
刘敦一，简平，张旗，张福勤，石玉若，施光海，张履桥，陶华.2003.内蒙古图林凯蛇绿岩中埃达克岩SHRIMP测年：早古生代洋壳消减的证据.地质学报，77（3）：317~329
马杏垣，白瑾，索书田，劳秋元，张家声.1987.中国前寒武纪构造格架及研究方法.北京：地质出版社
内蒙古自治区地质矿产局.1972.1：20万商都幅区域地质图及说明书
裘愉卓.1997.白云鄂博独居石SHRIMP定年的思考.地球学报，18（增刊）：211~213
任英忱，张英臣，张宗清.1994.白云鄂博稀土超大型矿床的成矿时代及其主要地质热事件.地球学报，1-2：95~101

邵济安, 张履桥, 李大明. 2002. 华北克拉通元古代的三次伸展事件. 岩石学报, 18 (2): 152~160

陶克捷, 杨主明, 张培善, 王文志. 1998. 白云鄂博矿区周围火成岩岩墙地质特征. 地质科学, 33 (1): 73~83

王辑, 李双庆, 王双保, 李家驹. 1992. 狼山-白云鄂博裂谷系. 北京: 北京大学出版社

王凯怡, 范宏瑞, 谢奕汉. 2002. 白云鄂博碳酸岩墙的稀土和微量元素地球化学及对其成因的启示. 岩石学报, 18 (3): 340~348

王一先, 裘愉卓, 高计元, 张乾. 2002. 内蒙古白云鄂博矿区元古代非造山岩浆岩及其对成矿的制约. 中国科学, 32 (增刊): 21~32

魏菊英, 蒋少涌, 万德芳. 1994. 内蒙古白云鄂博稀土、铁矿床的硅同位素组成. 地球学报, 1-2: 102~110

魏菊英, 上官志冠. 1983. 白云鄂博铁矿围岩白云岩的氧、碳同位素组成及其成因. 岩石学研究, (2): 14~21

杨晓勇, 章雨旭, 郑永飞, 杨学明, 徐宝龙, 赵彦冰, 彭阳, 郝梓国. 2000. 白云鄂博赋矿白云岩与微晶丘和碳酸岩墙的碳氧同位素对比研究. 地质学报, 74 (2): 169~180

杨学明, 杨晓勇, 张培善, 陶克捷, 陈双喜, 邹明龙, Le Bas M J, Henderson P. 1998. 白云鄂博 REE-Nb-Fe 矿床成因的氧、碳和锶同位素及微量元素地球化学证据. 地球物理学报, 41 (增刊): 216~227

袁忠信, 白鸽, 吴澄宇. 1991. 内蒙白云鄂博钶、稀土、铁矿床的成矿时代和矿床成因. 矿床地质, 10 (1): 59~70

翟明国. 2004. 华北克拉通 2100-1700Ma 地质事件群的分解和构造意义探讨. 岩石学报, 20 (6): 1343~1354

翟明国, 卞爱国. 2000. 华北克拉通新太古代末超大陆拼合及古元古代末-中元古代裂解. 中国科学 (D辑), 30: 129~137

翟明国, 彭澎. 2007. 华北克拉通古元古代构造事件. 岩石学报, 23 (11): 2665~2682

翟明国, 郭敬辉, 赵太平. 2001. 新太古-古元古代华北陆块构造演化的研究进展. 前寒武纪研究进展, 24 (3): 17~27

翟裕生, 邓军, 汤中立. 2002. 古陆边缘成矿系统. 北京: 地质出版社

张宗清, 唐索寒, 袁忠信, 白鸽, 王进辉. 2001. 白云鄂博矿床白云岩的 Sm-Nd、Rb-Sr 同位素体系. 岩石学报, 17 (4): 637~642

张宗清, 袁忠信, 唐索寒, 白鸽, 王进辉. 2003. 白云鄂博矿床年龄和地球化学. 北京: 地质出版社

章雨旭, 江少卿, 张绮玲, 赖晓东, 彭阳, 杨晓勇. 2008. 论内蒙古白云鄂博群和白云鄂博铁-铌-稀土矿床成矿的年代. 中国地质, 35 (6): 1129~1137

赵越. 1990. 燕山地区中生代造山运动及构造演化. 地质论评. 36 (1): 1~13

中国科学院地球化学研究所. 1998. 白云鄂博矿床地球化学. 北京: 科学出版社

周振玲, 李功元, 宋同云, 刘宇光. 1980. 内蒙古白云鄂博白云石碳酸岩的地质特征及成因讨论. 地质论评, 26 (1): 481~488

Antonini P, Comin-Chiaramonti P, Gomes C B, Censi P, Riffel B F, Yamamoto E. 2003. The Early Proterozoic carbonatite complex of Angico dos Dias, Bahia State, Brazil: geochemical and Sr-Nd isotopic evidence for an enriched mantle origin. Mineralogical Magazine, 67 (5): 1039~1057

Bell K, Blenkinsop J. 1987. Nd and Sr isotopic compositions of East African carbonatites: implications for mantle heterogeneity. Geology, 15: 99~102

Bell K, Blenkinsop J. 1989. Neodymium and strontium isotope geochemistry of carbonatites. In: Bell K (ed.). Carbonatites: Genesis and Evolution. London: Unwin Hyman: 278~300

Bédard J H J, Marsh B D, Hersum, T G, Naslund, H R, Mukasa, S B. 2007. Large-scale mechanical redistribution of orthopyroxene and plagioclase in the basement sill, Ferrar dolerites, McMurdoDryValleys, Antarctica: petrological, mineral-chemical and field evidence for channelized movement of crystals and melt. Journal of Petrology, 48: 2289~2326

Campbell I H. 2005. Large igneous provinces and the mantle plume hypothesis. Elements, 1: 265~269

Campbell I H. 2007. Testing the plume theory. Chemical Geology, 241: 153~176

Campbell I H, Griffiths R W. 1990. Implications of mantle plume structure for the evolution of flood basalts. Earth and Planetary Science Letters, 99: 79~93

Campbell L S, Compston W, Sircombe K N, Wilkinson C C. 2014. Zircon from the East Orebody of the Bayan Obo Fe-Nb-REE deposit, China, and SHRIMP ages for carbonatite-relatedmagmatismand REEmineralization events. Contributions to Mineralogy and Petrology, 168: 1041~1064

Chao E C T, Back J M, Minkin J A, Ren Y. 1992. Host-rock controlled epigenetic, hydrothermal metasomatic origin of the Bayan obo REE-Fe-Nb ore deposit, Inner Mongolia, PRC. Apply Geochemistry, 7: 443~458

Chao E C T, Back J M, Minkin J A, Tatsumoto M, Wang J, Conrad J E, Makee E H, Hou Z, Meng Q, Huang S. 1997. The sedimentary carbonate-hosted giant Bayan Obo REE-Fe-Nb ore deposit of Inner Mongolia, China: A cornerstone example for giant polymetallic ore deposits of hydrothermal original. U. S. Geological Survey Bulletin, 2143: 1~65

Coffin M F, Eldholm O. 1994. Large igneous provinces: crustal structure, dimensions, and external consequences. Reviews of Geophysics, 32: 1~36

Deckart K, Féraud G, Bertrand H. 1997. Age of Jurassic continental tholeiites of French Guyana, Surinam, and Guinea: implications for the initial opening of the Central Atlantic Ocean. Earth and Planetary Science Letters, 150: 205~220

Dobson D P, Jones A P, Rabe R, Sekine T, Kurita K, Taniguchi T, Kondo T, Kato T, Shimomura O, Urakawe S. 1996. In-situ measurement of viscosity and density of carbonate melts at high pressure. Earth and Planetary Science Letters, 143: 207~215

Drew L J, Meng Q, Sun W. 1990. The Bayan Obo iron-rare earth-niobium deposit, Inner Mongolia, China. Lithos, 26: 46~65

Elliot D H, Fleming T H. 2000. Weddell triple junction: the principal focus of Ferrar and Karoo magmatism during initial breakup of Gondwana. Geology, 28: 539~542

Elliot D H, Fleming T H. 2008. Physical volcanology and geological relationships of the JurassicFerrarLargeIgneousProvince, Antarctica. Journal of Volcanology and Geothermal Research, 172: 20~37

Ernst R E. 2014. Large Igneous Provinces. Cambridge: Cambridge University Press

Ernst R E, Bell K. 2010. Large igneous provinces (LIPs) and carbonatites. Mineralogy and Petrology, 98: 55~76

Ernst R E, Wingate M T D, Buchan K L, Li Z. 2008. Global record of 1600-700 Ma Large Igneous Provinces (LIPs): implications for the reconstruction of the proposed Nuna (Columbia) and Rodinia supercontinents. Precambrian Research, 160: 159~178

Ernst R E, Bleeker W, Söderlund U, Kerr A C. 2013. LargeIgneousProvinces and supercontinents: Toward completing the plate tectonic revolution. Lithos, 174: 1~14

Esedo R, van Wijk J, Coblentz D, Meyer R. 2012. Uplift prior to continental breakup: indication for removal of mantle lithosphere? Geosphere, 8: 1078~1085

Evans D A D, Mitchell R N. 2011. Assembly and breakup of the core of Paleoproterozoic-Mesoproterozoic supercontinent Nuna. Geology, 39: 443~446

Evans D A D. 2013. Reconstructing pre-Pangean supercontinents. Geological Society of America Bulletin, 125: 1735~1751

Fan H R, Xie Y H, Wang K Y, Wilde S A. 2004. Methane-rich fluid inclusions in skarn near the giant REE-Nb-Fe deposit at Bayan Obo, Northern China. Ore Geology Reviews, 25 (3-4): 301~309

Fan H R, Hu F F, Yang K F, Wang K Y. 2006. Fluid unmixing/immiscibility as an ore-forming process in the giant REE-Nb-Fe deposit, Inner Mongolian, China: evidence from fluid inclusions. Journal of Geochemical Exploration, 89: 104~107

Fan H R, Hu F F, Yang K F, Pirajno F, Liu X, Wang K Y. 2014. Integrated U-Pb and Sm-Nd geochronology for a REE-rich carbonatite dyke at the giant Bayan Obo REE deposit, Northern China. Ore Geology Reviews, 63: 510~519

Fan H R, Yang K F, Hu F F, Liu S, Wang K Y. 2016. The giant Bayan Obo REE-Nb-Fe deposit, China: Controversy and ore genesis. Geoscience Frontiers, 7: 335~344

Farnetani C G, Richards M A. 1994. Numerical investigations of the mantle plume initiation model for flood basalt events. Journal of Geophysical Research, 99 (B7): 13813~13833

Frizonde de Lamotte D, Fourdan B, Leleu S, Leparmentier F, de Clarens P. 2015. Style of rifting and the stages of Pangea breakup. Tectonics, 34: 1009~1029

Goldberg A S. 2010. Dyke swarms as indicators of major extensional events in the 1.9-1.2 Ga Columbia supercontinent. Journal of Geodynamics, 50: 176~190

Griffiths R W, Campbell I H. 1991. Interaction of mantle plume heads with the Earth's surface and onset of small-scale convection. Journal of Geophysical Research, 96 (B11): 18295~18310

Halls H C, Li J H, Davis D, Hou G T, Zhang B X, Qian X L. 2000. A precisely dated Proterozoic paleomagnetic pole form the North China Craton, and its relevance to paleocontinental construction. Geophysical Journal International, 143: 185~203

He B, Xu Y G, Chung S L, Xiao L, Wang Y. 2003. Sedimentary evidence for a rapid crustal doming before the eruption of the Emeishan flood basalts. Earth and Planetary Science Letters, 213: 391~405

Heaman L M, LeCheminant A N. 1993. Paragenesis and U-Pb systematics of baddeleyite (ZrO_2). Chemical Geology, 110: 95~126

Hu F F, Fan H R, Liu S, Yang K F, Chen F. 2009. Sm-Nd and Rb-Sr isotopic dating of veined REE mineralization for the Bayan Obo REE-Nb-Fe deposit, northern China. Resource Geology, 59: 407~414

Huang Y M, Hawkesworth C J, Calsteren P, Mc Dermott F. 1995. Geochemical characteristics and origin of the Jacupiranga carbonatites, Brazil. Chemical Geology, 119: 79~99

Ionov D, Harmer R E. 2002. Trace element distribution in calcite-dolomite carbonatites from Spitskop: inferences for differentiation of carbonatite magmas and the origin of carbonates in mantle xenoliths. Earth and Planetary Science Letters, 198 (3-4): 495~510

Irvine T N, Baragar W R A. 1971. A guide to the chemical classification of common volcanic rocks. Canadian Journal of Earth Sciences, 8: 523~548

Jian P, Liu D Y, Kröner A, Windley B F, Shi Y R, Zhang F Q, Shi G H, Miao L C, Zhang W, Zhang Q, Zhang L Q, Ren J S. 2008. Time scale of an early to mid-Paleozoic orogenic cycle of the long-lived Central Asian Orogenic Belt, Inner Mongolia of China: Implications for continental growth. Lithos, 101: 233~259

Kanazawa Y, Kamitani M. 2006. Rare earth minerals and resources in the world. Journal of Alloys and Compounds, 412: 1339~1343

Keller J, Zaitsev A. 2006. Calciocarbonatite dykes at Oldoinyo Lengai, Tanzania: the fate of natrocarbonatite. Canadian Mineralogist, 44 (4): 857~876

Kendall B, Creaser R A, Gordon G W, Anbar A D, 2009. Re-Os and Mo isotope systematics of black shales from the Middle Proerozoic Velkerri and Wollogorang Formations, McArthur Basin, northern Australia. Geochimica et Cosmochimica. Acta, 73 (9): 2534~2558

Krogh T E, Corfu F, Davis D W, Dunning G R, Heaman L M, Kamo S L, Machado N, Greenough J D, Nakamura E. 1987. Precise U-Pb isotopic ages of diabase dykes and mafic to ultramafic rocks using trace amounts of baddeleyite and zircon. In: Halls H C, Fahrig W F (eds.). Mafic Dyke Swarms. Geological Association of Canada, Special Paper: 147~152

Kusky T M, Windley B F, Zhai M G. 2007. Tectonic evolution of the North China Block: from orogen to craton to orogen. Geological Society of London, Special Publications, 280: 1~34

Le Bas M J, Keller J, Tao K, Wall F, William C T, Zhang P S. 1992. Carbonatite dykes at Bayan Obo, Inner Mongolia, China. Mineralogy and Petrology, 46: 195~228

Le Bas M J, Spiro B, Yang X M. 1997. Oxygen carbon and strontium isotope study of the carbonatitic dolomite host of the Bayan Obo Fe-Nb-REE deposit, Inner Mongolia, N. China. Mineralogical Magazine, 61: 531~541

Le Bas M Z, Yang X M, Taylor R N, Spiro B, Milton J A, Peishan Z. 2007. New evidence from a calcite-dolomite carbonatite dyke for the magmatic origin of the massive Bayan Obo ore-bearing dolomite marble, Inner Mongolia, China. Mineralogy and Petrology, 91 (3-4): 281~307

Lee W J, Wyllie P J. 1994. Liquid immiscibility between nephelinite and carbonatite from 1.0 to 2.5 Gpa compared with mantle composition. Contributions to Mineralogy and Petrology, 127 (1-2): 1~6

Li Q L, Chen F K, Guo J H, Li X H, Yang Y H, Siebel W. 2007. Zircon ages and Nd-Hf isotopic composition of the Zhaertai Group (Inner Mongolia): Evidence for early Proterozoic evolution of the northern North China Craton. Journal of Asian Earth Sciences, 30: 573~590

Marzoli A, Renne P R, Piccirillo E M, Ernesto M, Bellieni G, De Min A. 1999. Extensive 200 million-year-old continental flood basalts of the central Atlantic magmatic province. Science, 284: 616~618

Mazumder R, Foulger G R. 2004. Large igneous provinces, mantle plumes and uplift: a sedimentological perspective. EOS Trans. 85, American Geophysical Union, Fall Meeting 2004, abstract #V51B-0533

Nakai S, Masuda A, Shimizu H. 1989. La-Ba dating and Nd and Sr isotope studies on Bayan Obo rare earth element ore deposit, Inner Mongolia, China. Economic Geology, 84 (8): 2296~2299

Nelson D R, Chivas A R, Chapell B W, McCulloch M T. 1988. Geochemical and isotopic systematics in carbonatites and implications for the evolution of ocean-island sources. Geochimica et Cosmochimica Acta, 52 (1): 1~17

Nyblade A A, Sleep N H. 2003. Long lasting epeirogenic uplift from mantle plumes and the origin of the Southern African Plateau. Geochemistry Geophysics Geosystems, 4 (12): 1105

Page R W, Jackson M J, Krassay A A. 2000. Constraining sequence stratigraphy in north Australian basins: SHRIMP U-Pb zircon geochronology between Mt Isa and McArthur River. Australian Journal of Earth Sciences, 47 (3): 431~459

Pearce J A, Cann J R. 1973. Tectonic setting of basaltic volcanic rocks determined using trace element analysis. Earth and Planetary Science Letters, 19 (2): 290~300

Pearce J A, Norry M J. 1979. Petrogenetic implications of Ti, Zr, Y and Nb variations in volcanic rocks. Contributions to Mineralogy and Petrology, 69 (1): 33~47

Peng P. 2015. Precambrian mafic dyke swarms in the North China Craton and their geological implications. Science China Earth Sciences, 58 (5): 649~675

Peng P, Zhai M G, Guo J H. 2006. 1.80-1.75 Ga mafic dyke swarms in the central North China craton: implications for a plume-related break-up event. In: Hanski E, Mertanen S, Rämö T, Vuollo J (eds.). Dyke Swarms-Time Markers of Crustal Evolution. London: Taylor & Francis: 75~87

Peng P, Zhai M G, Guo J H, Kusky T, Zhao T P. 2007. Nature of mantle source contributions and crystal differentiation in the petrogenesis of the 1.78 Ga mafic dykes in the central North China craton. Gondwana Research, 12: 29~46

Pirajno F, Hoatson D M. 2012. A review of Australia's Large Igneous Provinces and associated mineral systems: Implications for mantle dynamics through geological time. Ore Geology Reviews, 48: 2~54

Rainbird R H. 1993. The sedimentary record of mantle plume uplift preceding eruption of the Neoproterozoic Natkusiak flood basalt. The Journal of Geology, 101 (3): 305~318

Rainbird R H, Ernst R E. 2001. The sedimentary record of mantle-plume uplift. In: Ernst R E, Buchan K L (eds.). Mantle Plumes: Their Identification Through Time. Boulder, Colorado, Geological Society of America Special Paper, 352: 227~245

Rogers J J W, Santosh M. 2002. Configuration of Columbia, a Mesoproterozoic Supercontinent. Gondwana Research, 5 (1): 5~22

Rollinson H R. 1993. Using Geochemical Data: Evaluation, Presentation, Interpretation. Singapore, Longman Singapore Publishers (Pte) Ltd: 351

Saunders A D, Jones S M, Morgan L A, Pierce K L, Widdowson M, Xu Y G. 2007. Regional uplift associated with continental large igneous provinces: The roles of mantle plumes and the lithosphere. Chemical Geology, 241 (3-4): 282~318

Schleicher H, Keller J, Kramm U. 1990. Isotope studies on alkaline volcanic and carbonatites from the Kaiserstuhl, Federal Republic of Germany. Lithos, 26 (1): 21~35

Sengör A M C. 2001. Elevation as indicator of mantle-plume activity. In: Ernst R E, Buchan K L (eds.). Mantle Plumes: Their Identification Through Time. Boulder, Colorado, Geological Society of America Special Paper, 352: 183~225

Sengör A M C, Natal'in B A, Burtman V S. 1993. Evolution of the Altaid tectonic collage and Palaeozoic crustal growth in Eurasia. Nature, 364 (6435): 299~307

Shervais J W. 2001. Birth, death, and resurrection: the life cycle of suprasubduction zone ophiolites. Geochemistry Geophysics Geosystems, 2 (1): 77~94

Shi Y R, Liu D Y, Kröner A, Jian P, Miao L C, Zhang F Q. 2012. Ca. 1318 Ma A-type granite on the northern margin of the North China Craton: implications for intraplate extension of the Columbia supercontinent. Lithos, 148 (9): 1~9

Simonetti A, Bell K, Viladkar S G. 1995. Isotopic data from the Amba Donga carbonatite complex, west-central India: evidence for an enriched mantle source. Chemical Geology, 122 (95): 185~198

Smith M P, Henderson P, Campbell L S. 2000. Fractionation of the REE during hydrothermal processes: constraints from the Bayan Obo Fe-REE-Nb deposit, Inner Mongolia, China. Geochimica et Cosmochimica Acta, 64 (18): 3141~3160

Smithies R H, Marsh J S. 1998. The Marinkas Quellen carbonatite complex, Southern Namibia: carbonatite magmatism with an uncontaminated depleted mantle signature in a continental setting. Chemical Geology, 148 (3-4): 201~212

Srivastava R K, Heaman L M, Sinha AK, Shihua S. 2005. Emplacement age and isotope geochemistry of Sung Valley Alkaline-Carbonatite Complex, Shillong Plateau, Northeastern India: Implications for primary carbonate melt and genesis of the associated silicate rocks. Lithos, 81 (1): 33~54

Stephen M J, Nicky W, Bryan L. 2001. Cenozoic and Cretaceous transient uplift in the PorcupineBasin and its relationship to a mantle plume. In: Shannon R M, Haughton R D W, Corcoran D V (eds.). The Petroleum Exploration of Ireland's Offshore Basins. Geological Society, London, Special Publications, 188: 345~360

Stoppa F, Woolley A R. 1997. The Italian carbonatites: field occurrence, petrology and regional significance. Mineralogy and Petrology, 59 (1-2): 43~67

Su W, Zhang S, Huff W D, Li H, Ettensohn F R, Chen X, Yang H, Han Y, Song B, Santosh M. 2008. SHRIMP U-Pb ages of K-bentonite beds in the Xiamaling Formation: Implications for revised subdivision of the Meso-to Neoproterozoic history of the North China Craton. Gondwana Research, 14 (3): 543~553

Sun J, Zhu X K, Chen Y L, Fang N, Li S Z. 2014. Is the Bayan Obo ore deposit a micrite mound? A comparison with the Sailinhudong micrite mound. International Geology Review, 56 (14): 1720~1731

Sun J, Zhu X K, Chen Y L, Fang N. 2013. Iron isotopic constraints on the genesis of Bayan Obo ore deposit, Inner Mongolia, China. Precambrian Research, 235: 88~106

Sun S S, McDonough W F. 1989. Chemical and isotopic systematic of oceanic basalts: implications for mantle composition and process. In: Saunders A D, Norry M J (eds.). London: "Magmatism in the Ocean Basins" Geological Society Special Publication, 42: 313~345

Sweet I P, Brakel A T, Rawlings D J, Haines P W, Plum K A, Wygralak A S. 1999. Mount Marumba, Northern Territory, 1: 250,000 geological map series explanatory notes, SD 53-6. Australian Geological Survey Organization, Canberra and Northern Territory Geological Survey, Darwin: 1~84

Tappe S, Foley S F, Stracke A. 2007. Craton reactivation on the Labrador Sea margins: $^{40}Ar/^{39}Ar$ age and Sr-Nd-Hf-Pb isotope constraints from alkaline and carbonatite intrusives. Earth and Planetary Science Letters, 256 (3-4): 433~454

Taylor S R, McLennan S M. 1985. The Continental Crust: Its Composition and Evolution. Oxford: Blackwell

Tilton G R, Bell K. 1994. Sr-Nd-Pb isotope relationship in late Archean carbonatites and alkaline complexes: applications to the geochemical evolution of Archean mantle. Geochimica et Cosmochimica Acta, 58 (15): 3145~3154

Veena K, Pandey B K, Krishnamurthy P, Gupta J N. 1998. Pb, Sr and Nd isotopic systematics of the carbonatites of SungValley, Meghalaya, northeast India: implications for contemporary plume-related mantle sources characteristic. Journal of Petrology, 39 (11-12): 1875~1884

Veksler I V, Petibon C, Jenner G A. 1998. Trace element partitioning in immiscibility and silicate liquid: an initial experimental study using a centrifuge autoclave. Journal of Petrology, 39 (11-12): 2095~2104

Wang J, Tatsumoto M, Li X, Premo W R, Chao E C T. 1994. A precise $^{232}Th-^{208}Pb$ chronology of fine grained monazite: Age of the Bayan Obo REE-Fe-Nb ore deposit, China. Geochimica et Cosmochimica Acta, 58 (15): 3155~3169

Wang K Y, Fan H R, Yang K F, Hu F F, Ma Y G. 2010. The Bayan Obo carbonatites: a polyphase intrusive and extrusive carbonatites-based on their texture evidence. Acta Geologica Sinica, 84 (6): 1365~1376

Wang Q, Yang H, Yang D, Xu W. 2014. Mid-Mesoproterozoic (~1.32 Ga) diabase swarms from the western Liaoning region in the northern margin of the North China Craton: Baddeleyite Pb-Pb geochronology, geochemistry and implications for the final breakup of the Columbia supercontinent. Precambrian Research, 254: 114~128

Whelan J A, Beyer E E, Donnellan N, Bleeker W, Chamberlin K R, Söderlund U, Ernst R E. 2016. 1.4 billion years of Northern Territory geology: insights from collaborative U-Pb zircon and baddeleyite dating. In: Annual Geoscience Exploration Seminar (AGES) Proceedings, Alice Springs, Northern Territory, 15-16 March 2016. Northern Territory Geological Survey, Darwin, 115~123

Williams G E, Gostin V A. 2000. Mantle plume uplift in the sedimentary record: Origin of kilometre-deep canyons within late Neoproterozoic successions, South Australia. Journal of the Geological Society, London, 157: 759~768

Wilson M. 1989. Igneous Petrogenesis: A Global Tectonic Approach. London: Chapman & Hall

Winchester J A, Floyd P A. 1977. Geochemical discrimination of different magma series and their differentiation products. Chemical Geology, 20 (4): 325~343

Wingate M T D. 2001. SHRIMP baddeleyite and zircon ages for an Umkondo dolerite sill, NyangaMountains, Eastern Zimbabwe. South African Journal of Geology, 104 (1): 13~22

Woolley A R, Kempe D R C. 1989. Carbonatites: nomenclature, average chemical compositions, and element distribution. In: Bell K (eds.). Carbonatites: Genesis and Evolution. London: Unwin Hyman: 1~14

Wyllie P J, Lee W J. 1998. Model system controls on conditions for formation of magnesiocarbonatite and calciocarbonatite magmas from the mantle. Journal of Petrology, 39 (11-12): 1885~1893

Xiao W J, Windley B F, Hao J, Zhai M G. 2003. Accretion leading to collision and the Permian Solonker suture, Inner Mongolia, China: termination of the Central Asian Orogenic Belt. Tectonics, 22 (8): 1~20

Xu C, Kynicky J, Chakhmouradian A R, Campbell I H, Allen C M. 2010. Trace-element modeling of the magmatic evolution of rare-earth-rich carbonatite from the Miaoya deposit, Central China. Lithos, 118 (1): 145~155

Xu H, Yang Z, Peng P, Meert J G, Zhu R. 2014. Paleo-position of the North China craton within the supercontinent Columbia: Constraints from new paleomagnetic results. Precambrian Research, 255: 276~293

Yang K F, Fan H R, Santosh M, Hu F F, Wang K Y. 2011a. Mesoproterozoic carbonatitic magmatism in the Bayan Obo deposit, Inner Mongolia, North China: Constraints for the mechanism of super accumulation of rare earth elements. Ore Geology Reviews, 40: 122~131

Yang K F, Fan H R, Santosh M, Hu F F, Wang K Y. 2011b. Mesoproterozoic mafic and carbonatitic dykes from the northern margin of the North China Craton: Implications for the final breakup of Columbia supercontinent. Tectonophysics, 498: 1~10

Yang X M, Le Bas M Z. 2004. Chemical compositions of carbonate minerals from Bayan Obo, Inner Mongolia, China: implications for petrogenesis. Lithos, 72 (1): 97~116

Yang X M, Yang X Y, Zheng Y F, Le Bas M Z. 2003. A rare earth element-rich carbonatite dyke at Bayan Obo, Inner Mongolia, North China. Mineralogy and Petrology, 78 (1-2): 93~110

Yang X Y, Sun W D, Zhang Y X, Zheng Y F. 2009. Geochemical constraints on the genesis of the Bayan Obo Fe-Nb-REE deposit in Inner Mongolia, China. Geochimica et Cosmochimica Acta, 73 (5): 1417~1435

Yoshino T, Laumonier M, McIsaac E, Katsura T. 2010. Electrical conductivity of basaltic and carbonatite melt-bearing peridotites at high pressures: Implications for melt distribution and melt fraction in the upper mantle. Earth and Planetary Science Letters, 295 (3): 593~602

Zhang S H, Liu S W, Zhao Y, Yang J H, Song B, Liu X M. 2007. The 1.75-1.68 Ga anorthosite-mangerite-alkali granitoid-rapakivi granite suite from the northern North China Craton: Magmatism related to a Paleoproterozoic orogen. Precambrian Research, 155 (3): 287~312

Zhang S H, Zhao Y, Yang Z, He Z, Wu H. 2009. The 1.35 Ga diabase sills from the northern North China Craton: implications for breakup of the Columbia (Nuna) supercontinent. Earth and Planetary Science Letters, 288: 588~600

Zhang S H, Li Z, Evans D A D, Wu H, Li H, Dong J. 2012a. Pre-Rodinia supercontinent Nuna shaping up: A global synthesis with new paleomagnetic results from North China. Earth and Planetary Science Letters, 353-354: 145~155

Zhang S H, Zhao Y, Santosh M. 2012b. Mid-Mesoproterozoic bimodal magmatic rocks in the northern North China Craton: Implications for magmatism related to breakup of the Columbia supercontinent. Precambrian Research, 222-223: 339~367

Zhang S H, Zhao Y, Li X H, Ernst R E, Yang Z Y. 2017a. The 1.33-1.30 Ga Yanliao large igneous province in the North China Craton: Implications for reconstruction of the Nuna (Columbia) supercontinent, and specifically with the North Australian Craton. Earth and Planetary Science Letters, 465: 112~125

Zhang S H, Zhao Y, Liu Y. 2017b. A precise zircon Th-Pb age of carbonatite sills from the world's largest Bayan Obo deposit: implications for timing and genesis of REE-Nb mineralization. Precambrian Research, 291: 202~219

Zhao G C, Cawood P A, Wilde S A, Sun M. 2002. Review of global 2.1-1.8 Ga orogens: implications for a pre-Rodinia supercontinent. Earth-Science Reviews, 59: 125~162

Zhao G C, Sun M, Wilde S A, Li S Z. 2004. A Paleo-Mesoproterozoic supercontinent: assembly, growth and breakup. Earth-Science Reviews, 67 (1): 91~123

Zhao G C, Sun M, Simon A, Wilde, Li S Z, Zhang J. 2006. Some key issues in reconstructions of Proterozoic supercontinents. Journal of Asian Earth Sciences, 28 (1): 3~19

Zhu X K, Sun J, Pan C. 2015. Sm-Nd isotopic constraints on rare-earth mineralization in the Bayan Obo ore deposit, Inner Mongolia, China. Ore Geology Reviews, 64: 543~553

Zindler A, Hart S. 1986. Chemical geodynamics. Annual Review of Earth and Planetary Sciences, 14: 493~571

第十二章 新元古代岩浆-裂谷事件与成矿

第一节 新元古代岩浆活动

华北新元古代岩浆活动主要发育于9.3亿~8.8亿年和8.2亿~7.9亿年,前者主要包括9.25亿年左右大石沟大型基性岩墙群,以及东南缘豫西栾川一带、徐淮地区、大连地区和朝鲜沙里院地区的9.3亿~8.8亿年基性岩床等;后者包括8亿年左右的千里山岩墙群、茹家沟岩墙群、金川超镁铁侵入岩、小松山辉长岩以及狼山地区的双峰式火山岩系等(图12.1)。9亿年前后的岩浆活动与华北东南缘裂谷的演化基本同时;8亿年前后的岩浆岩相对较少。两期岩浆活动的成因联系及其形成的构造背景尚需进一步研究。

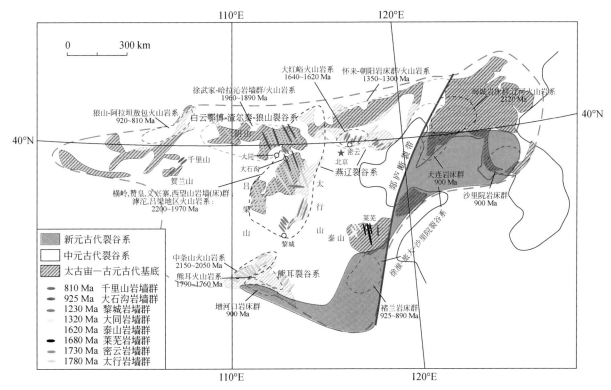

图12.1 华北陆块主要岩墙群和裂谷系分布示意图(据彭澎,2016修改)

一、9.25亿年左右大石沟大型基性岩墙群

大石沟大型基性岩墙群主要分布在晋冀蒙地区,其他地区也可能存在同时代的岩墙(Peng et al., 2011a)(图12.1,图12.2)。这些岩墙通常10~50 m宽,10~20 km长,侵入太古宙—古元古代基底岩系中,少数侵入中元古代地层;发育冷凝边结构,部分岩墙见多脉次侵入。从华北中部到东部,岩墙走向从NW向(山西-河北-内蒙古)变化到N—NNE向(山东)(图12.1);根据岩墙内部矿物定向判断,岩浆中心可能位于华北东南缘。该岩墙群以恒山大石沟命名,该处分布着一条宽度约45 m,走向约315°的岩墙,该岩墙可能延伸到凉城地区,与凉城地区的桃花沟岩墙很可能为同一条岩墙,该岩墙的时代约为925 Ma(斜锆石Pb-Pb和U-Pb年龄;图12.3)(Peng et al., 2011a)。

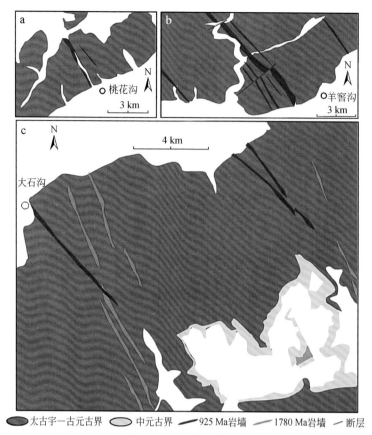

图 12.2　大石沟岩墙群

a. 桃花沟地区（大石沟岩墙群）；b. 羊窖沟地区（大石沟岩墙群）；c. 恒山地区（大石沟岩墙群）

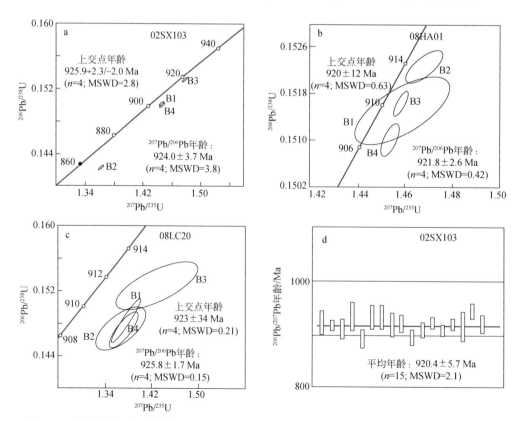

图 12.3　大石沟大型基性岩墙群岩石中斜锆石的 U-Pb TIMS/SIMS 年龄（Peng et al., 2011a）

a. 大石沟岩墙（TIMS 年龄）；b. 羊窖沟岩墙（TIMS 年龄）；c. 桃花沟岩墙（TIMS 年龄）；d. 大石沟岩墙（Cameca SIMS 年龄）

大石沟岩墙群岩石主体为辉绿岩，部分岩墙结晶较粗，部分岩墙出现少量橄榄石，为典型辉长岩。岩石矿物组合常为斜长石（约65%）和单斜辉石（约25%）以及少量角闪石、钾长石和磁铁矿，少数有橄榄石，有些见石英，未变质。如怀安羊窖沟一条岩墙由5%~10%的橄榄石组成。除羊窖沟的岩墙蚀变较强外，其他岩石大多新鲜，蚀变弱（图12.4）。斜锆石TIMS和SIMS U-Pb年代学显示这些岩墙侵位于925~920 Ma，如Peng等（2011a）发表的三条岩墙斜锆石^{207}Pb/^{206}Pb年龄单点数据平均为924±1 Ma。

图 12.4　典型岩墙和岩床野外照片

a. 大石沟岩墙，宽度约50 m（山西应州）；b. 羊窖沟岩墙，宽度约55 m（河北怀安）；c. 五股地岩墙，宽度约45 m（内蒙古丰镇）；d. 牛蹄山岩床，厚度>30 m（江苏徐州）

二、9亿年左右辉绿岩岩床群及其所在裂谷系

华北东南缘的栾川（Wang et al., 2011）、徐淮（柳永清等，2005；Wang et al., 2012）、旅大（Zhang et al., 2016）以及朝鲜的平南盆地（Peng et al., 2011b）均发育一些基本同时期的岩床（图12.4，图12.5）。这些岩床厚度从几米到上百米，延伸数千米，主要岩石组成为粗玄岩/辉绿岩，轻微变质，最高达绿片岩相（如平南盆地）；主要矿物组成为长石、残留的单斜辉石（常部分变为角闪石）和一些副矿物，以及一些变质矿物，如绿帘石、绿泥石、钠长石和角闪石。平南盆地同一条岩床内获得斜锆石年龄约900 Ma，锆石年龄约400 Ma，指示变质时代约400 Ma（Peng et al., 2011b）；大连盆地一条岩床的锆石下交点则显示约200 Ma的年龄，显示中生代变质-热事件的影响（Zhang et al., 2016）。

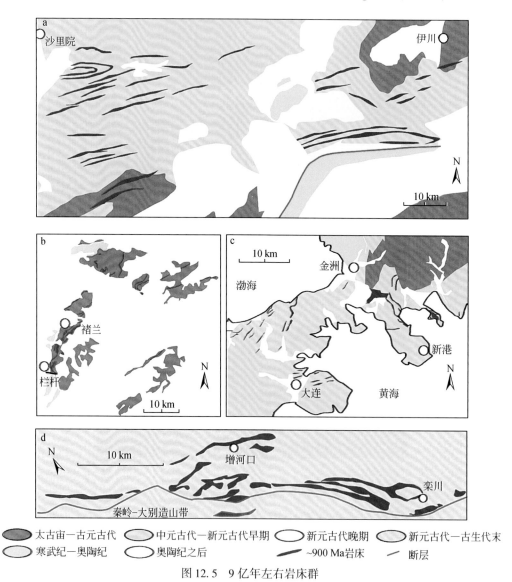

图12.5 9亿年左右岩床群

a. 平南盆地（沙里院岩床，朝鲜）；b. 徐淮盆地（褚兰岩床）；c. 大连盆地（大连岩床）；d. 栾川地区（增河口岩床群）

徐淮盆地中的地层分为八公山群、淮河群和栏杆群（图12.6）。部分地质资料将淮河群称为徐淮群、宿县群或者淮北群。八公山群和淮河群下部以砂岩、泥岩和页岩为主，淮河群上部以白云岩和灰岩为主，栏杆群（金山寨组和沟后组）以灰岩、泥灰岩、白云岩和页岩为主。徐淮盆地邻区鲁西地区可能存在同时期的地层，如土门群和蓬莱群。土门群分布在鲁西，可以分为5个组，即黑山官组、二青山组、佟家庄

组、浮来山组和石旺庄组，主体为砂岩、页岩和灰岩，不整合在太古宙片麻岩之上，为寒武纪地层不整合。Hu 等（2012）基于碎屑锆石年龄认为其最大沉积时限为 1200～1000 Ma。蓬莱群分布在胶东栖霞-蓬莱地区，不整合于古元古界粉子山群之上。主体为一套低级变质的沉积岩，岩性包括千枚岩、板岩、石英岩、结晶灰岩和大理岩等。可以分为四个组，从下而上为香夼组、马山组、辅子夼组和豹山口组。沉积时代有争议（Zhou et al.，2008；Li et al.，2007）。9 亿年左右的基性岩床主要侵位于淮河群白云岩和灰岩（倪园组和望山组）中，我们也曾在土门群中识别出类似岩床群，其年龄还有待进一步厘定。

大连盆地同时期沉积称为永宁群（组）、细河群、五行山群和金县群（图 12.6）。永宁群（组）主体为长石石英砂岩和长石砂岩，有少量砾岩和含砾砂岩。细河群平行不整合于永宁群（组）之上，主体为砂岩、粉砂岩、页岩和少量灰岩。五行山群下部为页岩、砂岩、粉砂岩和泥灰岩，中部为碎屑灰岩，上部为叠层石白云岩和碎屑白云岩。金县群下部为泥灰岩和叠层石灰岩，中部为砂质页岩、粉砂岩和叠层石灰岩，上部为粉砂岩、砂质页岩、石英砂岩、泥灰岩和钙质页岩，并有含铁锰质泥岩和灰岩。9 亿年左右岩床主要侵位于五行山群和金县群中。

栾川盆地位于华北陆块南缘，熊耳裂谷系南部，主体为栾川群（图 12.6）。地层厚度为 1700～3100 m，下部为碳质绢云母千枚岩、绢云母石英片岩和长石石英砂岩，并有黑色板状碳质千枚岩，中部为石英砂岩、砂岩、粉砂岩、大理岩、绢云片岩和石英岩，上部为白云母片岩、大理岩、叠层石或者含石英大理岩、石英岩和磁铁白云片岩。岩床群多侵位于大理岩中。

朝鲜平南盆地由 8000～10000 m 厚绿片岩相变质的沉积岩组成（Paek et al.，1993）（图 12.6），过去分为祥原系（超群）和狗岘系（超群），现取消狗岘系，将原属狗岘系的飞狼洞组和棱里组改称燕滩群，即祥原系自下而上由为直岘群、司堂隅群、默川群、灭恶山群和燕滩群。直岘群主体为砾岩、石英砂岩、片岩和千枚岩；司堂隅群主体为叠层石灰岩和白云岩；默川群主体为石英砂岩、千枚岩和泥灰岩；灭恶山群为灰岩、白云岩和砂质千枚岩。燕滩群不整合在灭恶山群之上，由飞狼洞组和棱里组组成；前者为砾岩、片岩、白云岩、含砾灰岩和千枚岩，后者为含砾千枚岩、千枚岩和少量粉砂岩。

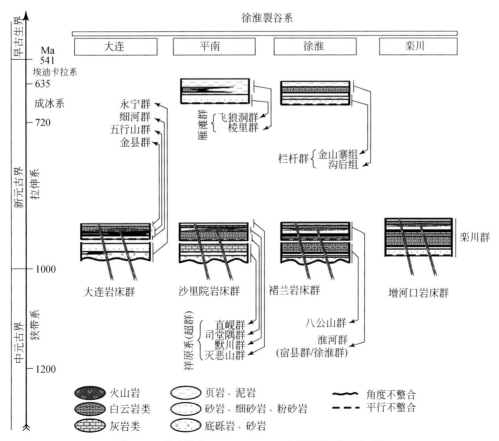

图 12.6 华北陆块 1000～800 Ma 主要裂谷系地层对比

由于岩墙群几何学具有放射状形态,其发散中心位于徐淮盆地,而岩墙和岩床具有相似或者相关的成分特征;Peng等(2011a)认为这些岩墙群和火山岩系成因相关。如果郯庐断裂在显生宙期间存在一个约500 km的左行走滑,这些岩床群的分布范围连起来形成了一个约120°的夹角,这些盆地可能属于同一个三岔裂谷系的一部分。

三、8亿年左右千里山岩墙群、苘家沟岩墙群和狼山双峰式火山岩系

最新数据显示,华北部分地区发育8亿年左右的岩墙群,如8.1亿年左右的千里山岩墙群(彭澎等,2018)和7.75亿年左右的丁家沟岩墙群(Wang et al.,2016)。前者分布于千里山-贺兰山地区(华北西缘),所获得的年龄为斜锆石U-Pb年龄;后者分布于冀东地区(华北北缘中-东段),所获得的年龄为锆石U-Pb年龄。两者均为辉绿岩,岩墙宽度较大(>10 m)。然而,其分布及与同时期裂谷演化的关系还需要开展进一步的工作。

另外,贺兰山地区发育8.3亿年左右小松山辉长岩(朱强等,2018),狼山裂谷系中发育8亿年左右的双峰式火山岩系(彭润民等,2010;Hu et al.,2014;见本章第二节),阿拉善地块发育8.3亿年左右金川超镁铁侵入岩及Ni-Cu硫化物(含Pt)矿(Li et al.,2004)等。

四、新元古代岩浆活动的古大陆重建意义

古陆古地理和构造格局重建,有很多种方法,如造山带与基底对比重建(Zhao et al.,2002;Yakubchuk,2010)、古地磁数据库重建(Hou et al.,2008a;Zhang et al.,2012;Piper et al.,2011;Chen et al.,2013;Pisarevsky et al.,2014;Xu et al.,2014)、沉积盆地对比分析重建(Kaur et al.,2013)等。这些方法为我们重建华北古陆在元古宙(主要是18亿年前左右,也有部分模型持续到13亿年左右或者9亿年前左右)的"邻居"提供线索,如有些研究赞成华北与印度陆块的亲缘关系(Zhao et al.,2002;Hou et al.,2008b;Zhang et al.,2012;Chen et al.,2013;Kaur et al.,2013;Xu et al.,2014);有些模型显示华北与西伯利亚相邻(Hou et al.,2008a;Zhang et al.,2009;Chen et al.,2013;Pisarevsky et al.,2014;Cederberg et al.,2016);也有一些则支持华北与波罗的地盾(北欧克拉通)和刚果-亚马孙等克拉通相邻(Yakubchuk,2010;Peng,2015);有一些支持华北与加拿大地盾相邻(Hou et al.,2008b;Zhang et al.,2009;Kaur et al.,2013);有一些则认为华北与西澳大利亚克拉通也有可能相邻(Zhang et al.,2012;Xu et al.,2014);有些研究支持华北与圣弗朗西斯科-刚果克拉通相邻(Peng et al.,2011a;Cederberg et al.,2016;Teixeira et al.,2017)。

近年来,通过岩墙群及其他大岩浆岩省作为岩浆活动"条形码"开展古大陆重建取得了重大进展(Bleeker and Ernst,2006;Söderlund et al.,2010;Peng et al.,2011a;Ernst et al.,2013a,2013b;Teixeira et al.,2017)。华北前寒武纪发育17.8亿~17.3亿年、13.2亿~12.3亿年和9.25亿~8.8亿年等众多岩墙群,能够构建出清晰的条形码(图12.7),它们可以分别为华北南缘、北缘和东南缘元古宙时期相连古陆的重建提供线索,同时对重大裂解事件进行制约(图12.8)(Hou et al.,2008a,2008b;Yang et al.,2011;Peng et al.,2011a;Zhang et al.,2009,2012;Peng,2015)。研究者提出了如下多个工作模式:约13亿年前华北北缘(现今,下同)与北美,南缘与西伯利亚相邻,主要依据古元古代晚期造山带和13亿年前后岩墙群/岩床群(图12.8a)(Zhang et al.,2009);南缘18亿年前与北欧克拉通相邻,东南缘9亿年前与圣弗朗西斯科-刚果联合古陆相邻,主要依据18亿年、17.3亿年、9.25亿年岩墙群和岩床群(图12.8b)(Peng,2015);华北东南缘18亿~9亿年前与圣弗朗西斯科-刚果联合古陆相邻,主要依据18亿年和9亿年岩墙群(图12.8c)(Cederberg et al.,2016);18亿年前南缘与印度古陆相邻,主要依据18亿年岩墙群(印度地盾的岩墙群年龄未被检验,图12.8d)(Peng et al.,2005);18亿年前东南与加拿大地盾,西南与印度地盾相邻,依据的是18亿年前后岩墙群(图12.8e)(Hou et al.,2008b)。

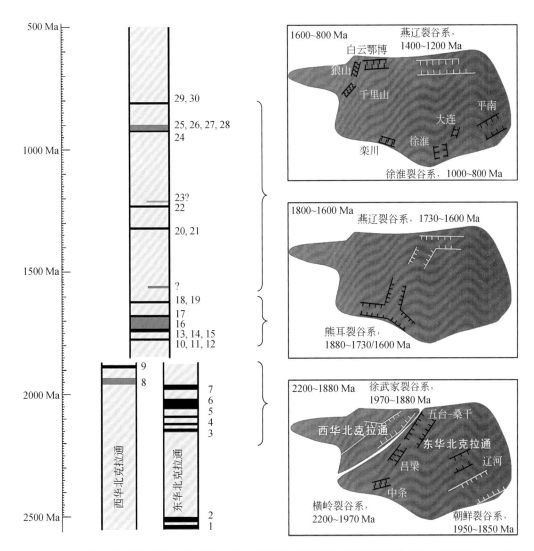

图 12.7 华北陆块岩墙群及相关岩浆活动"条形码"以及同时期演化的裂谷系（据彭澎，2016）

柱状"条形码"中数字代表如下岩浆事件：

新太古代（2540~2500 Ma）：

1. 2540 Ma 雁翎关岩墙；2. 2510 Ma 黄柏峪岩墙

古元古代中晚期（2200~1850 Ma）：

3. 2150 Ma 横岭岩床群；4. 2120 Ma 海城岩床群；5. 2090 Ma 赞皇岩床群；6. 2060 Ma 义兴寨岩墙群；7. 1970 Ma 西望山岩墙群；8. 1950~1930 Ma 徐武家岩墙/岩床/岩株群；9. 1890 Ma 哈拉沁岩墙群和火山岩系

古元古代晚期（1800~1600 Ma）：

10~12. 1780 Ma 太行事件群：10. 1780~1770 Ma 太行岩墙群；11. 1780 Ma 吕梁岩墙群；12. 1780 Ma 熊耳火山岩系

13~15. 1730 Ma 密云事件群：13. 1730 Ma 密云岩墙群；14. 1730 Ma 太平寨岩墙群；15. 1730 Ma 北台岩墙群

16. 1730~1680 Ma 大庙-沙厂斜长岩-环斑花岗岩-岩墙群杂岩体；17. 1680 Ma 莱芜岩墙群；18. 1620 Ma 泰山岩墙群；19. 1620 Ma 大红峪组火山岩

中元古代中期：

20~21. 1320 Ma 燕辽事件群：20. 1320 Ma 大同岩墙群；21. 1320 Ma 燕辽岩床群

22. 1230 Ma 黎城岩墙群；23. 1210 Ma 沂水辉长岩小岩株群

新元古代早期（925~800 Ma）：

24~28. 925~885 Ma 大石沟事件群：24. 925 Ma 大石沟岩墙群；25. 约 900 Ma 沙里院岩床群；26. 925~885 Ma 大连岩床群；27. 930~890 Ma 褚兰岩床群；28. 900~830 Ma 增河口岩床群

29. 约 810 Ma 千里山岩墙群；30. 约 810 Ma 狼山火山岩系

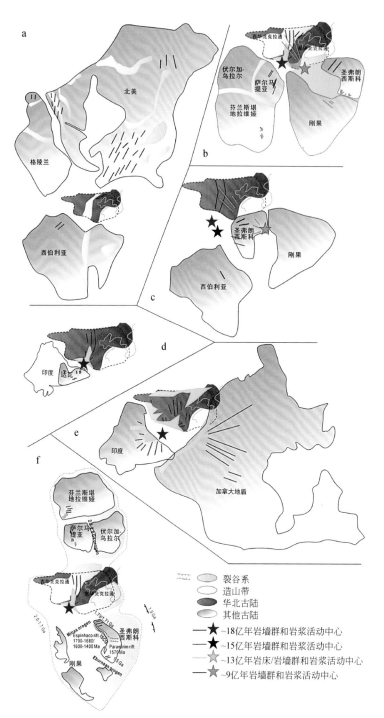

图12.8 以岩墙群对比为主要线索重建的华北陆块元古宙相邻陆块模型

a. 华北-北美-西伯利亚模型（~13亿年前），依据古元古代晚期造山带和13亿年前后岩墙群/岩床群对比（Zhang et al., 2009）; b. 华北-北欧克拉通-圣弗朗西斯科-刚果模型，依据18亿年、17.3亿年、9.25亿年岩墙群和岩床对比（Peng et al., 2011a; Peng, 2015）; c. 华北-圣弗朗西斯科-刚果模型，依据18亿~9亿年岩墙群古地磁结果（Cederberg et al., 2016）; d. 华北-印度模型，依据18亿年岩墙群对比（Peng et al., 2005）; e. 华北-加拿大-印度模型，依据18亿年岩墙群对比（Hou et al., 2008b）; f. 华北-北欧-圣弗朗西斯科-刚果模型，依据古元古代基底和岩墙群对比（Teixeira et al., 2017）

其中，新元古代的岩浆活动尤为关键，这一时期的岩浆活动相对比较稀少。目前所知，Congo 和 São Francisco 克拉通上有时代完全一致的火山岩系和岩墙群，如 Bahia 岩墙群（Evans et al., 2010; Correa-Gomes and Oliveira, 2000）; 因此，部分研究者提出了华北克拉通与 Congo-São Francisco 联合古陆在9亿年前相连的构想（Peng et al., 2011a; Peng, 2015），并有古地磁工作（Cederberg et al., 2016）和基底对比研究（Teixeira et al.，2017）的支持。约9亿年岩床所在的盆地中，新元古界早期地层沉积岩中的碎屑锆石常显示1200~1000 Ma和1600~1400 Ma的年龄峰值（Hu et al.，2012）；这两个峰值的岩浆岩鲜有报道于华北陆块内部（Zhao et al.，2006）。以上模型如果成立，这些年龄代表的物源就有可能来自曾经与华北陆块相连的古陆（如圣弗朗西斯科-刚果）。实际上，Congo-São Francisco克拉通发育约15亿年岩浆活动（Silveira et al.，2013；Salminen et al.，2016），并且其上的São Francisco盆地、Brasilia带和Macaúbas盆地等（Reis and Alkmim，2015）可能发育同时期可以对比的地层；然而，岩墙群和盆地的对比还需要更多的工作。同时，华北新元古代岩浆作用的构造背景还需要进一步厘定，如这一时期华北东南缘是否发生了裂解过程。

第二节 新元古代裂谷-沉积记录

一、华北克拉通中-新元古代裂谷系概况

古元古代晚期变质事件之后，华北开始了裂谷系的发育与演化（翟明国等，2014）。华北克拉通新元古代构造格架基本继承了中元古代构造格架，新元古代地层分布范围明显缩小，主要分布于燕辽裂谷、狼山裂谷、熊耳裂谷和东缘徐淮-旅大-平南裂谷，以及鄂尔多斯西南缘固原裂谷（图12.9）。燕辽裂谷呈北东向分布于华北克拉通北部，中元古代地层主要由长城系常州沟组、串岭沟组、团山子组和大红峪组，蓟县系高于庄组、杨庄组、雾迷山组洪水庄组和铁岭组，以及待建系下马岭组构成。由于下马岭组沉积之后华北克拉通经历长期隆升剥蚀，在长达8亿年的时间里只沉积了新元古代长龙山组和景儿峪组。狼山裂谷分布于华北克拉通北部边缘，叠置在中元古代渣尔泰-白云鄂博-化德裂谷之上。中元古代地层由渣尔泰群、白云鄂博群和化德群组成，新元古代地层是从中元古代渣尔泰组中解体出来，定名为狼山群（Hu et al.，2014）。熊耳裂谷分布于华北克拉通南缘，发育中元古代长城纪的熊耳群、高山河群、汝阳群和峪岭群，蓟县纪的龙家园组、巡检司组、杜关组和冯家湾组，以及新元古代青白口纪的黄连垛组、董家组和震旦系罗圈组、东坡组。徐淮-旅大-平南裂谷发育在华北克拉通东部边缘，由青白口系组成，缺失南华系和震旦系。固原裂谷由于被古生界和中生界覆盖，中-新元古代地层的分布和沉积格局主要通

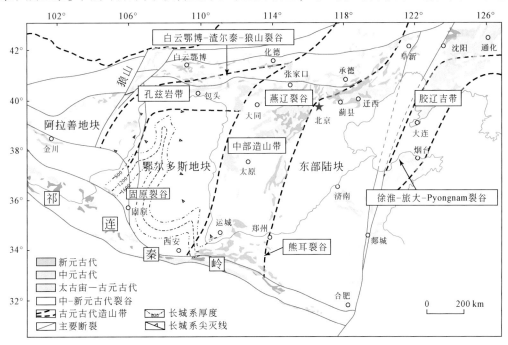

图12.9 华北克拉通中-新元古代裂谷系分布图

过钻井和地震资料揭示。根据区域地震剖面解译成果分析,固原裂谷长城系残余厚度达2400 m,自北东向南西逐渐加厚;蓟县系残余厚度达1600 m,与长城系地层厚度展布方向基本一致,与熊耳裂谷内的走向也大体一致(Hu et al.,2016)。新元古代地层分布范围远小于中元古代,在贺兰山地区沉积了震旦系正木关组和兔儿坑组。

二、华北克拉通新元古代地层格架

燕辽地区中元古代地层研究已取得了很大进展(图12.10),其中最为重要的是下马岭组被确定为中元古代和建立了待建系(Su et al.,2008;高林志等,2007,2008;Zhang et al.,2012)。因此,燕辽地区新元古代地层仅为长龙山组和景儿峪组。长龙山组与下伏下马岭组呈平行不整合接触,景儿峪组与上覆寒武系亦为平行不整合接触。这两个不整合面代表了长达近0.8 Ga的沉积间断。目前存在两种不同观点,一种观点认为这个巨大的时间间断发生在下马岭组与长龙山组之间(高林志等,2008,2009;Meng et al.,2011),而另一种观点则认为景儿峪组与上覆寒武系之间的不整合代表了主要沉积间断(Zhang et al.,2009,2012)。

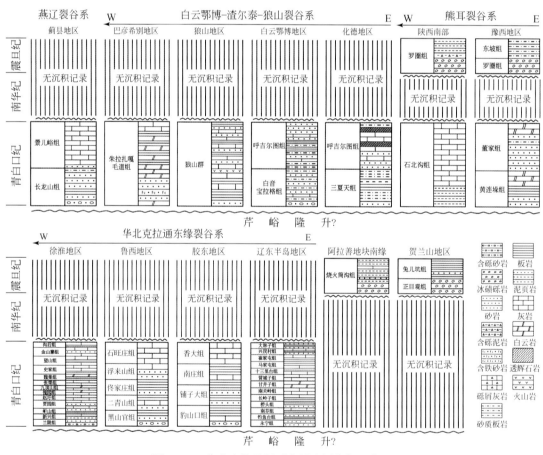

图12.10 华北克拉通新元古界地层格架示意图

苏文博等(2012)测得华北南缘熊耳裂谷系洛峪口组顶部凝灰岩年龄为1611±8 Ma,确定汝阳群—洛峪群皆为中元古代,指示豫西地区缺失蓟县系。青白口纪的黄连垛组和董家组是直接覆盖在长城系之上。董家组与上覆罗圈组和东坡组为平行不整合接触。因此,洛峪群与上覆黄连垛组的不整合以及董家组与上覆罗圈组的不整合所代表的时间也近1.0 Ga。

狼山裂谷狼山群与下伏古元古代阿拉善群不整合接触,其中4个岩性组的碎屑锆石都出现1000～800 Ma年龄峰值,所夹变质酸性火山岩锆石U-Pb年龄为804±3.5 Ma(Hu et al.,2014)。因此,其时代为青白口纪。

徐淮-旅大-平南裂谷系内出露大面积的基性岩墙（床）群，侵入到淮河群和鲁西南土门群。辉绿岩锆石和斜锆石 U-Pb 年龄为 970~900 Ma（柳永清等，2005；Peng et al.，2011b），据此可将淮河群的时代限定在新元古代青白口纪初期。在辽东半岛，辉绿岩床侵入到细河群桥头组、五行群崔家屯组和兴民村组中，其斜锆石 U-Pb 年龄分别为 923 ± 22 Ma、924 ± 28 Ma 和 900 ± 34 Ma，时代为青白口纪早期（Zhang et al.，2016）。因此，青白口系在徐淮-鲁西直接覆盖于太古宙泰山群之上，缺失新元古代南华系和震旦系。在辽东半岛，青白口系不整合覆盖于中元古代榆树碇子群之上，零星分布震旦系殷屯组不整合覆盖于青白口系金县群之上。

在阿拉善地块南缘的龙首山地区，墩子沟群的时代根据叠层石组合被确定为蓟县纪。由于缺乏同位素年代学资料限定，震旦系烧火筒沟组暂时被认为不整合覆盖于墩子沟群之上。在鄂尔多斯西南缘贺兰山地区，震旦系正目观组和兔儿坑组不整合覆盖于蓟县纪王全口群之上。此外，阿拉善巴彦希别地区朱拉扎嘎毛道组、白云鄂博地区呼吉尔图组和白音宝拉格组，以及化德地区三夏天组和呼吉尔图组中存在大量 1300~1000 Ma 碎屑锆石，最小年龄峰值位于 1100~1000 Ma，因此应属于青白口系（李俊健，2006；Liu et al.，2014）。朱拉扎嘎毛道组与下伏中元古代海生哈拉组、白音宝拉格组和呼吉尔图组，下伏中元古代白云鄂博组、三夏天组和呼吉尔图组，中元古代化德群等均为不整合接触。

三、狼山裂谷

华北克拉通北缘广泛发育一套浅变质碎屑岩，即渣尔泰群、白云鄂博群和化德群，在华北北缘构成一个中元古代裂谷带（Zhai and Santosh，2013），或称白云鄂博-渣尔泰-狼山裂谷系（图 12.11）。裂谷近东西向展布，记录了华北克拉通与相邻克拉通的拼合与裂解过程（Zhong Y et al.，2015；Liu et al.，2014）。该裂谷系在狼山地区沉积了新元古代狼山群（Hu et al.，2014），白云鄂博地区沉积了白银宝拉格组和胡吉尔图组。该裂谷系也是华北克拉通最重要的成矿带，发育一系列大型-超大型多金属矿床，如白云鄂博超大型铁矿-稀土矿、炭窑口大型 Zn-Cu-Fe 硫化物矿床、东升庙大型铜铅锌矿床、霍各乞大型铜矿、甲生盘铅锌硫矿（Zhai and Santosh，2013；Peng et al.，2005；Fan et al.，2004a，2004b，2014；Lai et al.，2015；Zhong et al.，2012，2013；Zhong R C et al.，2015；范宏瑞等，2006；彭润民等，2007；陈喜峰，2009）。

1. 狼山群地层序列及沉积特征

1）狼山群沉积特征

狼山群为一套绿片岩相变质碎屑岩、碳酸盐岩及少量变火山岩，不整合覆盖于古元古代阿拉善岩群之上，自下而上可分为四个岩组（图 12.11，图 12.12）：

第一岩组下部为灰褐色变质砂岩、黑云石英片岩夹石英透辉石岩及石英岩，上部以黄灰色二云（或绢云）石英片岩（图 12.13a）为主，砂质板岩（图 12.13b），夹透闪石大理岩；第二岩组由深灰色、褐黄色结晶灰岩、含燧石结核或燧石条带灰岩（图 12.13c）、变质粉砂岩、碳质绢云石英千枚岩组成，夹变质火山岩（图 12.13d）；第三岩组下部以灰绿色绢云石英千枚岩（图 12.13e）、石英片岩（图 12.13f）、千枚状板岩、灰黑色碳质粉砂质板岩为主夹灰色变质砂岩和方解二云片岩等，上部为灰黑色碳质板岩、碳质结晶灰岩夹绢云方解石英岩及含石墨变石英砂岩，为主要含矿层（图 12.13e，f）；第四岩组下部由灰色、灰黄色、褐灰色变质粉细砂岩、云母石英片岩、石英岩（图 12.13h）为主夹灰岩（图 12.13g）及绢云片岩等组成，上部以灰绿色阳起片岩、角闪片岩、灰白色石英透闪大理岩为主夹石英片岩（图 12.13h）。

2）狼山群沉积环境

第一岩组下部以石英砂岩和石英片岩等碎屑沉积为主，陆源碎屑分选好，成分简单，沉积时水动力较强。底部石英岩/石英砂岩发育斜层理和平行层理，沉积环境可能为三角洲。沉积物向上粒度变细，发

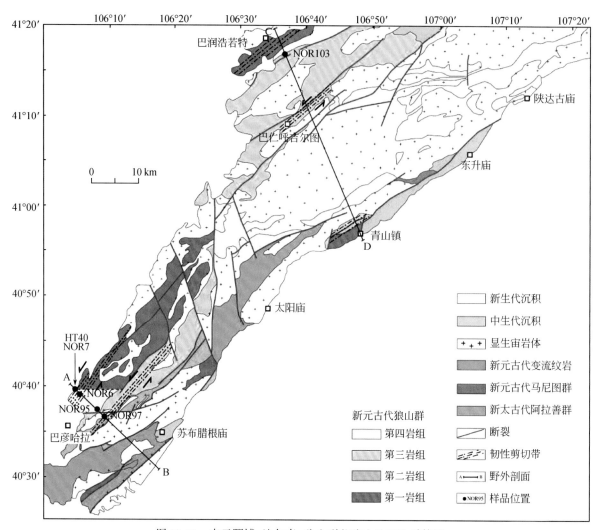

图 12.11 白云鄂博-渣尔泰-狼山裂谷狼山地区地质简图

育波痕和平行层理等沉积构造，沉积环境以后滨-前滨为主，薄层灰岩和千枚岩可能为潟湖相。总体来看，第一岩组指示的沉积环境以滨岸相为主，偶夹潟湖相沉积（图12.12）。第二岩组主要为结晶灰岩和含燧石条带灰岩，表明陆源碎屑物质供给少，沉积环境为浅海陆棚-浅海或半深海（图12.12）。第三岩组由绢云石英片岩、千枚岩、碳质板岩和结晶灰岩组成，碎屑沉积岩增多和灰岩减少，指示陆源碎屑沉积增强，沉积水体变浅，代表内、外陆棚过渡带沉积环境。第四岩组下部以变质粉细砂岩、石英片岩、石英岩夹结晶灰岩为主，陆源碎屑沉积进一步增多，沉积物粒度变粗，成熟度增高，沉积环境可能以潟湖为主（图12.12）。总之，狼山群沉积序列反映了沉积环境从滨岸到浅海陆棚相再到潟湖的演化，以障壁海岸沉积体系为主，经历了由海进到海退两阶段演化过程（图12.12）。

2. 狼山群双峰式火山岩

1）变质酸性火山岩

狼山群第二岩组发现浅变质酸性火山岩，并经历了韧性剪切变形。石英变形成长条状、丝带状，具波状消光，与定向排列的白云母等片状矿物长石新颗粒集合体组成岩石的糜棱面理和线理。然而，岩石组成及组构特征仍保留了酸性火山岩的基本特征（图12.14）。该酸性火山岩富集轻稀土，亏损重稀土，具显著 Eu 负异常，高场强元素富集，大离子亲石元素等相对亏损（图12.15a）。稀土和微量元素组成与华南扬子块体西缘和浙江次坞地区裂谷新元古代酸性火山岩总体相似，指示其发生于张性构造环境（图12.15b）（彭润民等，2010）。

第十二章 新元古代岩浆-裂谷事件与成矿

系	组	地层柱状图	沉积构造	厚度/m	岩性特征	沉积相 微相	沉积相 相	沉积体系	层序地层 准层序组	层序地层 体系域	相对海平面变化 低—高
青白口系	狼山群	第四岩组	粒序层理 / 平行层理	2400	底部为云母石英片岩; 向上为石英岩与灰岩互层; 顶部为云母石英片岩	潟湖浅滩潮坪/潟湖本体/潟湖浅滩潮坪/潟湖本体/潟湖浅滩潮坪/过渡带	潟湖相	障壁海岸沉积体系	进积 加积	LST RST	
		第三岩组	水平层理 / 平行层理	1400	底部为碳质板岩; 向上为石英片岩; 再向上以碳质板岩为主,夹结晶灰岩和千枚岩	陆棚/过渡带/陆棚	浅海陆棚相		退积 加积 进积	HST 加积 LST RST	
		第二岩组	燧石透镜体	>1560	底部为结晶灰岩; 向上为石英片岩,夹薄层变质酸性火山岩; 再向上为结晶灰岩与石英砂岩互层	浅海或半深海/陆棚	浅海陆棚相		退积 退积	HST HST	
		第一岩组	平行层理 / 波痕 / 斜层理	1500	底部为石英砂岩、石英岩 向上为绢云石英片岩,夹大理岩 与下伏阿拉善群呈不整合接触	近滨/潟湖或潮坪/前滨/泥坪/后滨/三角洲	滨岸相		退积 加积	HST TST LST	
太古宇	阿拉善群				混合岩 斜长片麻岩						

图 12.12 狼山地区狼山群地层序列和沉积环境

图 12.13 狼山群沉积构造

a. 第一岩组石英岩内微斜层理；b. 第一岩组砂质板岩表面波痕；c. 第二岩组燧石条带灰岩；d. 第二岩组变质酸性火山岩夹层；e. 第三岩组绢云石英千枚岩和被褶劈理改造的水平层理；f. 第三岩组石英片岩内平行层理；g. 第四岩组灰岩内水平层理；h. 第四岩组石英岩发育粒序层理

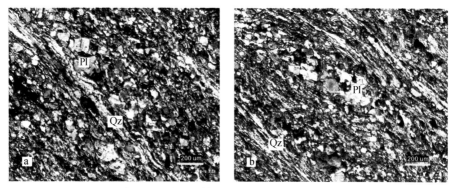

图 12.14 狼山地区狼山群第二岩组糜棱岩化变火山岩显微特征

Qz. 石英；Pl. 斜长石

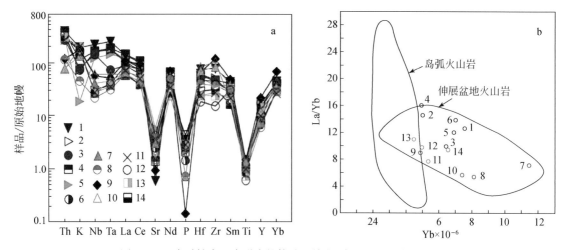

图 12.15 变酸性火山岩形成的构造环境判别（彭润民等，2010）

a. 变酸性火山岩微量元素蛛网图（其中 7~10 数据来自卢成忠等，2009，11~14 数据来自李献华等，2001，2002）；
b. 变酸性火山岩构造环境判别图

2) 变质基性火山岩

狼山北缘霍各乞矿区发育变基性火山岩，其与细晶方解石大理岩（或结晶灰岩）、凝灰岩、碳质千枚岩等岩类组成火山-沉积变质建造。变质基性火山岩呈层产出，其上部变质为无变余斑晶的绿泥阳起钠长片岩（变质基性火山岩）（图12.16a）。其上、下相邻地层多为结晶灰岩或细晶大理岩，互相之间为沉积整合接触。岩石发育清晰的变余杏仁构造，杏仁体为不规则椭圆状聚斑状。近地表岩石中，杏仁中的充填矿物已被风化、流失，呈空洞状，新鲜岩石可见到杏仁中充填有黑云母集合体（图12.16b）。

图12.16 内蒙古狼山北侧霍各乞矿田周边狼山群基性火山岩层特征
a. 狼山群变基性火山岩杏仁构造；b. 层状变质基性火山岩被晚期正断层错断（彭润民等，2010）

基性火山岩具变余斑状结构，变余斑晶主要由角闪石（Am）和长石（Pl）组成。斑晶周边具有港湾状和不规则状溶蚀及裂缝现象（图12.17）。火山岩岩石化学成分中SiO_2为47.42%~49.03%、Na_2O为2.21%~3.74%，K_2O为0.16%~1.15%，Na_2O含量大于K_2O含量。

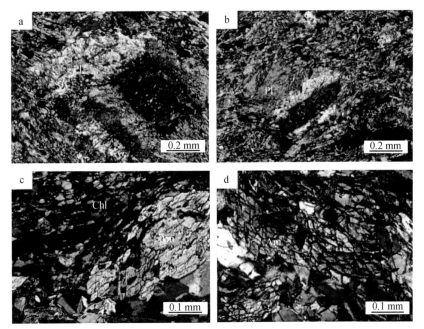

图12.17 变余基性火山岩的变余斑状结构（彭润民等，2010）
变余斑晶由角闪石（Am）、长石（Pl）组成，基质中有长石晶屑和绿泥石（Chl）

3. 狼山群时代限定

1) 变质酸性火山岩锆石U-Pb年龄

对狼山群第二岩组、第三岩组和第四岩组的1个变火山岩样品和5个变质砂岩样品进行了LA-ICP-MS锆石U-Pb测年。采样点如图12.18和图12.19所示。

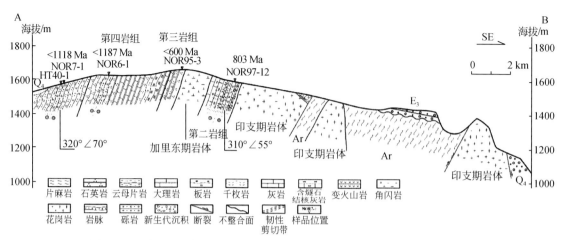

图 12.18 狼山地区南部剖面及狼山群锆石测年结果（剖面位置见图 12.11）

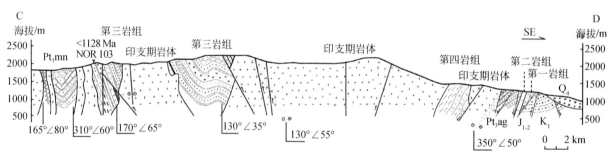

图 12.19 狼山地区北部剖面及狼山群锆石年代测年结果（剖面位置见图 12.11）

样品 NOR97-12 采自第二岩组变质酸性火山岩，锆石具有清晰的岩浆结晶环带。锆石 $^{206}Pb/^{238}U$ 谐和年龄分布于 795±7～820±9 Ma，$^{206}Pb/^{238}U$ 加权平均年龄为 804±4 Ma（1σ，$n=27$，MSWD=1.3）（图 12.20）（彭润民等，2010；Hu et al.，2014）。

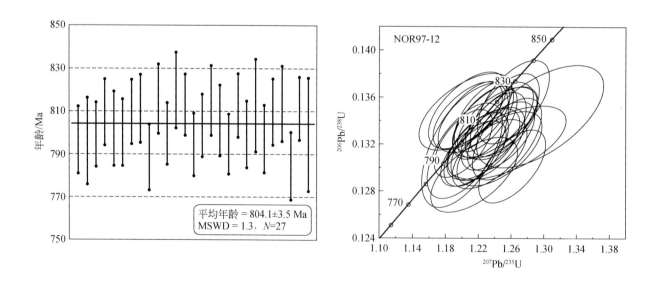

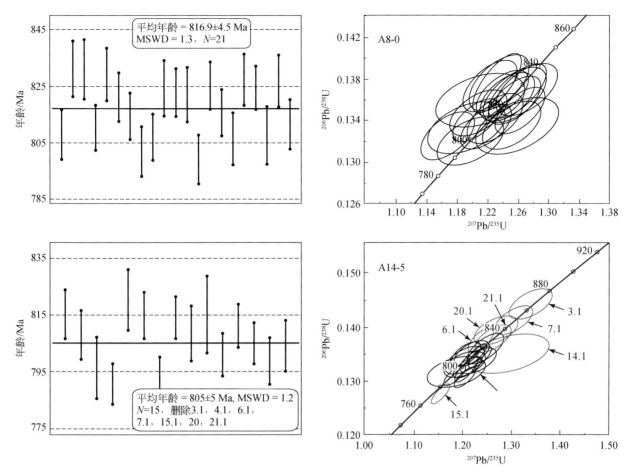

图 12.20　内蒙古狼山地区狼山群变质酸性火山岩锆石 U-Pb 年龄结果

A8-0 和 A14-5 采自狼山西南段，据彭润民等，2010；NOR97-12 为狼山群第二岩组变质酸性火山岩，据 Hu et al., 2014

2）变沉积岩碎屑锆石 U-Pb 年龄

第三岩组两个变沉积岩样品（NOR95-3、NOR103-1）的碎屑锆石具有相似的特征：粒径为 50~150 μm，多为柱状，长宽比通常大于 1.5。锆石多具有结晶环带结构，极少数具有核幔构造。样品 NOR95-3 为变余石英糜棱岩（40°37′29.3″N，106°8′58.8″E），具变余糜棱结构，变斑晶为粒径较大的石英（<600 μm），波状消光明显。基质分两种粒径，一种约 50 μm，另一种<20 μm，主要分布在碎斑边缘及基质中较大粒径石英颗粒周围，是动态重结晶形成的新颗粒。分析的 96 粒锆石 U-Pb 年龄分析，置信度在 90% 以上的数据点 90 个。75 粒锆石 U-Pb 年龄分布在 1000~1950 Ma，最大峰值年龄为 1600 Ma，次级峰值为 1180 Ma 和 1800 Ma。此外，2 粒锆石 U-Pb 年龄数值为 2490 Ma。2 粒锆石 U-Pb 年龄形成的 634 Ma 的弱峰值，1 粒锆石 U-Pb 年龄为 800 Ma（图 12.21）。810 Ma 年龄数值与火山岩的 804.1±3.5 Ma 年龄数据（Hu et al., 2014）和 805±5 Ma 火山岩年龄数据（彭润民等，2010）非常接近，而 634 Ma 目前还没有获得相关时代的岩石证据。

样品 NOR103-1 为石英糜棱岩（41°17′1.3″N，106°36′43.4″E）。主要矿物为石英（>95%），分两种粒径。颗粒较大者一般为 40~100 μm，长轴具定向性。随机选择 96 粒锆石进行 U-Pb 年龄分析，置信度超过 90% 的锆石颗粒 90 粒。锆石年龄分布呈多峰特征，75 个数据点形成包括最大峰值在内的 5 个明显的峰值：1140 Ma、1310 Ma、1500 Ma、1730 Ma、1880 Ma，1520 Ma 为最大峰值年龄。此外，在 2380 Ma 附近形成一个次级峰值（图 12.21）。

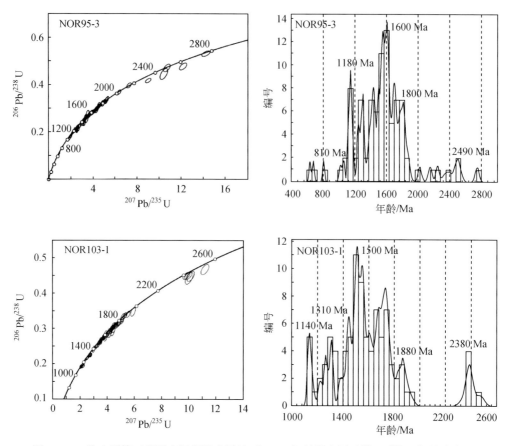

图 12.21　狼山群第三岩组变沉积岩碎屑锆石 U-Pb 年龄谐和图及 $^{207}Pb/^{206}Pb$ 年龄分布图

第四岩组变沉积岩样品（NOR6-1、NOR7-1 和 HT40-1）锆石颗粒较大，粒径多为 80~150 μm；多为短柱状或长柱状，长宽比通常大于 1.5，少数呈等轴状，锆石具岩浆结晶环带。

样品 NOR6-1 为含石榴子石二云石英片岩（40°39′13.5″N，106°6′19.2″E）。主要矿物为石英（60%）、白云母（5%~10%）、黑云母（5%~10%）、石榴子石（5%），少量斜长石。粒柱状变晶结构，黑云母与白云母定向排列形成岩石片状构造，石榴子石呈不规则碎斑。随机选择 104 粒锆石进行 U-Pb 年龄分析，获得 52 个置信度超过 90% 的数据。锆石年龄分布呈多峰特征，最大峰值年龄为 1590 Ma，其他峰值分别为 1230 Ma、1330 Ma、1720 Ma、1880 Ma，在 2340 Ma 处还存在一个次级峰值（图 12.22）。

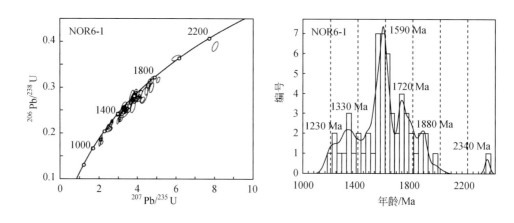

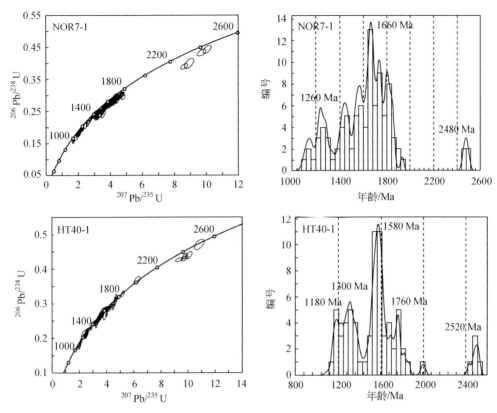

图 12.22 狼山群第四岩组变沉积岩碎屑锆石 U-Pb 年龄谐和图及年龄分布图

样品 NOR7-1 为白云母石英片岩（40°39′54.9″N，106°5′26.3″E）。主要矿物为石英（>80%）、白云母（15%~20%），粒柱状变晶结构，白云母定向排列。随机选择 106 粒锆石进行 U-Pb 年龄分析，置信度超过 90% 的 92 粒锆石参与频度分析。锆石年龄分布有 3 个明显的峰值，其中最大峰值年龄为 1660 Ma，其他分别为 1260 Ma 和 2480 Ma，在 1140 Ma、1460 Ma、1580 Ma、1740 Ma 和 1820 Ma 附近存在次级峰值。其中 1660 Ma 为峰值的锆石颗粒总数为 73 粒，占投图锆石的 79%（图 12.22）。

样品 HT40-1 为白云母石英片岩（40°39′54.2″N，106°5′27.6″E）。主要矿物为石英（80%~85%）与云母（15%~20%），具粒柱状变晶结构，石英颗粒一般在 300 μm 左右，白云母强烈定向。随机选择 100 粒锆石进行 U-Pb 年龄分析，置信度在 90% 以上的数据点 72 个。结果显示，U-Pb 年龄分布在 3 个年龄群。其中，1180~1310 Ma，占所有分析颗粒的 78%，两个峰值分别为 1180 Ma 和 1300 Ma；1390~1740 Ma，其中最大峰值年龄为 1580 Ma，次级峰值为 1760 Ma。此外，一粒锆石年龄接近 2000 Ma，5 粒锆石年龄数据在 2520 Ma 附近形成一个峰值（图 12.22）。

锆石测年结果表明，狼山群主体为新元古代。主要依据包括：①第二岩组火山岩夹层锆石 U-Pb 年龄为 804±3.5 Ma；②5 件变沉积岩样品的碎屑锆石 U-Pb 年龄分析结果显示，狼山群沉积时代主体应该小于 1100 Ma，最新沉积地层时代小于 810 Ma。该结果与前人发表的 817±5 Ma 和 805±5 Ma 结果一致（彭润民等，2010）。

四、徐淮-旅大-平南裂谷

1. 徐淮-旅大-平南裂谷新元古代基性岩墙（床）群特征

华北克拉通中部及东部边缘在新元古代初发育了一系列 0.92~0.89 Ga 基性-超基性岩床（墙）群。阿拉善阿拉坦敖包地区也发育 926~913 Ma 花岗质片麻岩（图 12.23）。

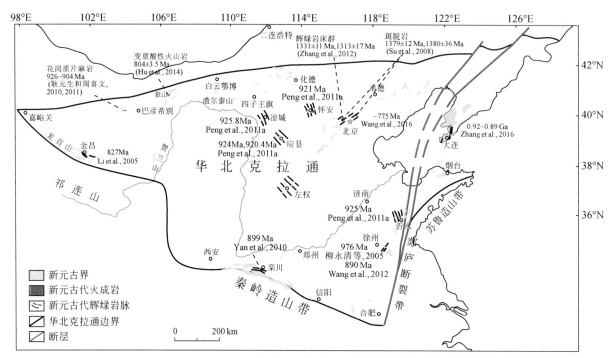

图 12.23　华北克拉通新元古代火成岩分布图

大量的 0.92~0.89 Ga 辉绿岩床（墙）群也发生在华北克拉通中部-北缘左权地区、怀安地区和凉城地区，东缘朝鲜 Sariwon 盆地、徐淮地区（柳永清等，2005；Peng et al.，2011a，2011b）、辽东半岛（Peng et al.，2011a，2011b；Zhang et al.，2016）以及华北南缘栾川增河口地区（Yan et al.，2010）。它们具有相近矿物组合和地球化学特征，主要由斜辉石、斜长石和 Fe-Ti 氧化物组成，均属于拉斑玄武岩系列（Peng et al.，2011a；Zhang et al.，2016）。

辉绿岩床的 $\varepsilon_{Nd}(t)$ 值为-0.9~4.5，Nd 同位素两阶段模式年龄 T_{DM} 为 1.16~1.85 Ga（Zhang et al.，2016），表明新元古代初期华北克拉通辉绿岩墙（床）来自于同一地幔。新元古代基性岩墙（床）的主要岩浆不是来源于古老岩石圈地幔，而是来自于亏损软流圈地幔的部分熔融，并经历地壳混染（Peng et al.，2011a，2011b；Zhang et al.，2016）。

阿拉善阿拉坦敖包 926~913 Ma 花岗质片麻岩的岩石地球化学特征近似于 A 型花岗岩，推测其形成于拉张环境（耿元生和周喜文，2011）。

总体来看，青白口纪初期（0.92~0.89 Ga）基性岩墙（床）群主要发育在华北克拉通东部、中部和北部，岩浆岩均属于大陆拉斑玄武岩系列，基性岩浆来自于亏损软流圈地幔的部分熔融，并且经历显著的地壳混染，形成于拉张裂解的构造背景下。在华北克拉通西部阿拉善地块北缘发育的同期花岗岩具有 A 型花岗岩的特征，也指示其形成于拉张的构造背景。

2. 徐淮-旅大-平南裂谷青白口纪沉积序列

华北克拉通东缘新元古代裂谷系分布于徐淮、辽东半岛、鲁西和胶东地区，沉积厚度大，地层序列组成相似。郯庐断裂带将该裂谷系左行错开，消除断层效应，徐淮-辽东地区的古地理位置大体一致，地层序列完整，为盆地沉积中心（图 12.24）。

徐淮地区青白口系由淮河群、金山寨组和沟后组组成。淮河群自下而上由兰陵组、新兴组、岠山组、贾园组、赵圩组、倪园组、九顶山组、张渠组、魏集组、史家组及望山组组成。兰陵组以灰白色、灰色含砾砂岩和中粗粒石英砂岩为主，发育楔形交错层理（图 12.25a）；新兴组为灰白色页岩夹薄层石英砂岩；岠山组为灰白色中厚层中细粒石英砂岩、石英状砂岩，局部含砾，夹灰绿页岩，含少量海绿石，具斜

第十二章 新元古代岩浆-裂谷事件与成矿

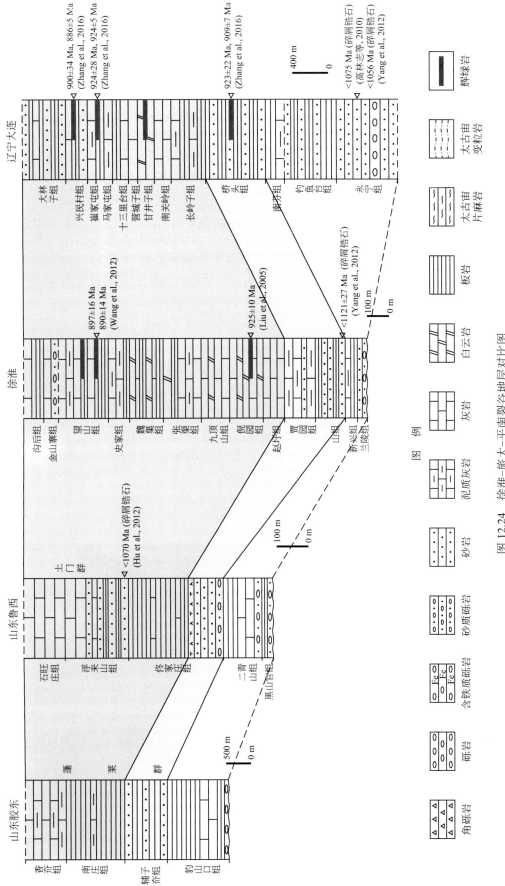

图 12.24 徐淮-旅大-平南裂谷地层对比图

层理（图12.25b）；贾园组中上部以灰色薄至中厚层钙质砂岩、砂灰岩夹灰绿色页岩为主，底部为石英砂岩或细砂岩，微斜层理发育；赵圩组下部为灰色厚层灰岩夹叠层石灰岩透镜体，上部为青灰色、黄灰色、紫灰色薄-中厚层泥质条带灰岩夹叠层石灰岩透镜体；倪园组下部为灰色薄-中厚层白云岩夹叠层石白云岩，上部为灰黄色、灰紫色薄-中厚层泥质白云岩，含燧石条带、结核，夹页状白云质泥灰岩，发育水平层理（图12.25c）；九顶山组下部为灰黑色中厚层灰岩夹叠层石灰岩透镜体，底部发育竹叶状灰岩，上部主要为灰色中厚层白云岩，灰色含燧石条带、结核白云岩、泥质白云岩和灰色叠层石白云岩；张渠组下部为灰色薄-中厚层灰岩夹紫黑色页状泥灰岩和少量似竹叶状灰岩透镜体，上部主要为灰色中厚层白云岩；魏集组下部为灰色中厚层白云岩、白云质灰岩、灰岩互层夹黄绿、青灰色页岩和叠层石灰岩透镜体，上部以灰紫色叠层石灰岩为主（图12.25f）；史家组下部由黄绿色页岩夹紫红色页状泥灰岩、钙质页岩、中厚层石英砂岩，含铁质结核组成，上部发育灰色页状-薄层灰岩叠层石灰岩；望山组下部为灰色、黄灰色页状-薄层泥灰岩、钙质页岩，中部为灰色薄-中厚层含泥质条带灰岩、白云质灰岩，上部为灰色中厚层灰岩、白云质灰岩，含硅质、砂质、燧石结核，夹叠层石灰岩透镜体。金山寨组下部为灰色页岩夹薄层细粒砂岩，上部为灰黄色厚层灰岩夹叠层石灰岩透镜体，顶部为灰色中厚层灰岩与黄绿色页岩互层；沟后组下部以灰色、灰黑色、黄绿色页岩夹灰色薄层中粒石英砂岩和褐铁矿透镜体为主，底部夹灰岩砾石，中部以灰色、灰黄色、浅紫色泥灰岩和紫红色、灰黄色钙质页岩为主（图12.25g），上部以灰色薄-中厚层白云岩为主，发育石盐假晶。

3. 徐淮-旅大-平南裂谷系青白口纪沉积环境

辽东地区青白口系厚近万米，自下而上由永宁组、细河群、五行山群和金县群组成。新兴组与南芬组岩相特征相似，含Chuaria叠层石组合。九顶山组顶部和甘井子组顶部为叠层石灰岩和白云岩。魏集组顶部与十三里台组均为紫红色叠层石灰岩。史家组底部与马家屯组底部也发育叠层石灰岩，产出相似的叠层石组合。

胶东蓬莱群下部豹山口组下部由底部砾岩及中上部石英岩和板岩组成，底部砂砾岩可与辽东半岛地区永宁组对比，上部大理岩和板岩可与钓鱼台组和南芬组对比。铺子夼组以石英岩和板岩为主，可与桥头组对比。南庄组为板岩，顶部为泥灰岩，香夼组以碳酸盐岩为主，含叠层石。从层序和叠层石类型来看，南庄组和香夼组大致相当于五行山群（图12.24）。

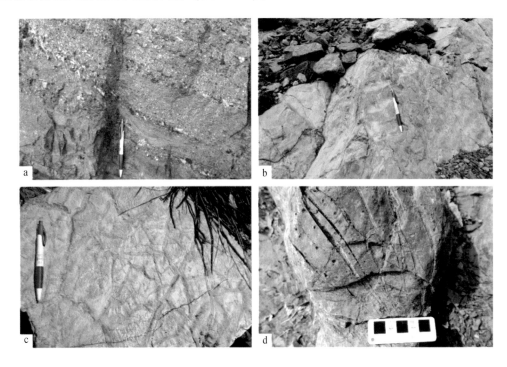

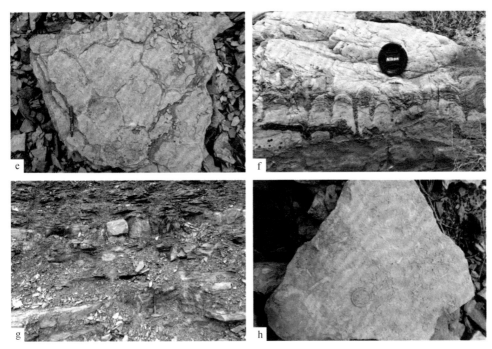

图 12.25 徐淮地区青白口系沉积构造

a. 兰陵组砂质砾岩和砾岩，砂岩透镜体发育斜层理；b. 岠山组石英砂岩层发育波痕；c. 倪园组泥质白云岩及泥裂；d. 九顶山组灰岩及鸟眼构造；e. 张渠组泥质灰岩及泥裂；f. 魏集组叠层石白云岩；g. 沟后组钙质板岩与薄层灰岩互层；h. 沟后组钙质板岩及遗迹化石

鲁西地区土门群底部黑山官组砂砾岩与辽东半岛地区永宁组和徐淮地区兰陵组砾岩和砂岩沉积相当（图12.24）。二青山组以灰岩和板岩沉积为主，可与钓鱼台组和南芬组的板岩及泥灰岩沉积，以及徐淮地区新兴组板岩和泥灰岩沉积对比。佟家庄组底部以砂岩为主，桥头组则以砂岩和板岩互层为主，徐淮地区岠山组也主要由砂岩和板岩组成，三者层位相当（图12.24）。佟家庄组中上部则以板岩和灰岩为主，浮来山组以石英岩和板岩为主，顶部香夼组主要为泥质灰岩。岩性组成特征及变化规律与辽东半岛地区长岭子组至大林子组对比（图12.24）。徐淮地区贾园组至沟后组以泥灰岩、白云岩和板岩沉积为主，偶夹薄层石英岩，岩性组成和变化规律的相似性使辽东半岛地区的长岭子组至大林子组，胶东地区的南庄组至香夼组，鲁西地区的佟家庄组上部至石旺庄组，徐淮地区的贾园组至沟后组具有可对比性（图12.24）。

兰陵组是一套快速堆积的粗碎屑岩，反映裂谷快速下沉，陆源碎屑快速堆积过程。广泛的海侵使得兰陵组超覆不整合在下伏太古宙鞍山群之上。粗碎屑沉积物堆积和斜层理的发育反映当时盆地边缘的三角洲平原沉积环境。

持续海侵和海水加深使新兴组以陆源泥沙和碳酸盐混合沉积为特征。水平层理的出现指示浅海陆棚低能环境。岠山组以中厚层石英砂岩夹粉砂质页岩或泥页岩沉积为主。沉积物粒度变粗反映水体变浅和陆源碎屑供给增多。斜层理、冲洗交错层理表明沉积环境主要为潮间-潮带。贾园组沉积之初继承了岠山组潮间环境，沉积了砂质灰岩和钙质砂岩；海平面升降随时间变化。海水较浅时沉积钙质砂岩或泥灰岩，为潮间-潮上带高能氧化环境；海水较深时以泥灰岩沉积为主，为潮下带低能还原环境。由上可知，徐淮地区青白口系下部兰陵组—贾园组以三角洲相-浅海陆棚相沉积为主，经历了由海进到海退的沉积演化过程。

赵圩组—望山组以碳酸盐岩沉积为主，陆源碎屑供给减少，反映盆地发生广泛海侵。地层中叠层石丰富，倪园组和张渠组中发育泥裂，九顶山组灰岩中发育鸟眼构造，这些沉积特征说明其沉积环境以潮间-潮上带为主。

望山组沉积结束之后，徐淮地区可能经历了一次隆升，或称为"徐淮上升"（江苏省地质矿产局，1984）。然而，"徐淮上升"和原震旦纪末的"宿县上升"的时代和成因有待重新考虑。在新的地层年代格架中，金山寨组和沟后组暂归入青白口系。"徐淮上升"结束之后，盆地接受局部海侵，沉积范围远小于下伏地层。海侵初期经历快速沉降，金山寨组底部砾岩之上沉积了灰岩和页岩，沟后组也主要由页岩和灰岩组成，含大量叠层石和遗迹化石，地层中发育石盐假晶。因此，金山寨组和沟后组的沉积环境以碳酸盐台地和潟湖为主。

总体来说，徐淮地区经历青白口系沉积初期快速海侵后发生了短暂的海退，之后长期处于潮间-潮上沉积环境中（图12.26）。海平面虽有波动，但没有剧烈的变化，沉积环境相对稳定。碳酸盐岩沉积结束之后，徐淮地区经历隆升，青白口纪初沉积地层被发生不同程度的剥蚀。随后徐淮地区盆地再次发生局部沉降。

系	组	地层柱状图	沉积构造	岩性特征	沉积相 微相	沉积相 相	沉积体系	层序地层 准层序组	层序地层 体系域	相对海平面变化 低——高
青白口系	沟后组		石盐假晶	钙质板岩和灰岩	潮间	滨岸	海岸沉积体系	退积 进积	HST	
	金山寨组		石盐假晶	灰岩夹泥灰岩	潮间	滨岸		退积		
	望山组		波痕	泥灰岩与白云质灰岩为主，夹钙质板岩，有辉绿岩脉侵入	潮下	滨岸		退积 进积		
	史家组		波痕	泥灰岩为主，底部为板岩	潮下	滨岸		退积 进积		
	魏集组		叠层石 波痕	灰岩和白云岩为主，夹板岩	潮间	滨岸		退积	HST	
	张渠组		波状层理 干裂	灰岩和白云质灰岩为主，夹板岩	潮上	滨岸		进积 退积		
	九顶山组		燧石透镜体 鸟眼构造 波痕	灰岩和白云岩为主，底部为竹叶状砾屑灰岩	潮间	滨岸		退积		
	倪园组		波痕 干裂	灰岩和白云岩为主，顶部夹硅质白云岩，有辉绿岩侵入	潮上 潮间	滨岸		进积 退积		
	赵圩组		叠层石	灰岩和白云质灰岩为主	潮间	滨岸		退积		
	贾园组		斜层理 波痕	砂屑泥灰岩为主，偶夹砂岩	潮下 潮间	滨岸		退积	HST TST	
	岠山组		波痕 斜层理	砂岩、长石石英砂岩和含海绿石石英砂岩为主，夹板岩	潮间 潮上	滨岸		退积 进积	LST RST	
	新兴组			砂质板岩和泥灰岩	陆棚	浅海		退积	HST	
	兰陵组		斜层理	含砾石英砂岩和石英砂岩	三角洲平原	三角洲		退积	LST	
	泰山群			白云斜长片麻岩						

图12.26 徐淮地区青白口系地层沉积序列和沉积演化分析

五、讨论

1. 新元古代狼山裂谷的确立及其意义

狼山群时代归属于新元古代的意义在于,前人确定的华北北缘中元古代裂谷带实际上由渣尔泰群、白云鄂博群和化德群中元古代裂谷和狼山群新元古代裂谷共同组成。由于华北北部下马岭组时代被划归到 1300 Ma 左右,仅在徐淮-辽东地区和华北克拉通南缘等地有尚存争议的新元古代青白口系。狼山北侧存在新元古代的"双峰式"火山岩组合,表明狼山地区存在新元古代裂谷。结合霍格乞矿田双峰式火山岩与磁铁矿层及铅、锌、铜矿层等的空间关系,可有力地说明狼山北侧存在新元古代裂谷,在该裂谷的裂解过程中,产生了喷流-沉积成矿作用,形成了以霍格乞矿床为代表的新元古代喷流-沉积成矿带。

一方面,新元古代狼山群的确定对认识华北克拉通北缘新元古代裂谷作用,以及华北克拉通与阿拉善地块的构造关系具有重要的科学意义;另一方面,前人确定的狼山-渣尔泰山中元古代成矿带实际上是由渣尔泰山中元古代成矿带和狼山新元古代成矿带并置在一起形成的,狼山群中发育的大型海底火山喷流矿床成矿时代应该在新元古代(彭润民等,2010)。因此,这对华北克拉通北部及阿拉善地块东北缘矿产资源勘查具有重要意义。

华北北缘完整的中新元古代地层序列还需要做大量的工作,因为目前只是限定了新元古代狼山群和中元古代长城系渣尔泰群、白云鄂博群和化德群,除了白云鄂博地区火成碳酸岩获得了 13.2 亿年年龄外(Zhang et al., 2017),还没有确切的蓟县系沉积。

2. 徐淮-旅大-平南裂谷的确定及其意义

郯庐断裂活动使华北克拉通东缘左行错位成两个块体。消除断层效应后,徐州-淮北地区、旅顺-大连地区和平南盆地在新元古代应为一个完整的裂谷系(徐嘉炜和马国锋,1992;Peng et al., 2011b)。徐州-淮北、旅顺-大连地区和平南盆地发育相似的沉积序列,均由下部砾岩、砂岩或泥页岩等碎屑岩向上过渡为碳酸盐岩。

侵入青白口系的辉绿岩墙(床)群也具有相似的时代(0.92~0.87 Ga)(Peng et al., 2011b;Zhang et al., 2016)。这些辉绿岩墙(床)群包括 Sariwon 岩床群(约 0.9 Ga)(Peng et al., 2011a)、莱芜岩墙群(约 1.1 Ga)(侯贵廷等,2005)、褚兰岩墙(床)群(0.92 Ga)(柳永清等,2005;Peng et al., 2011a)、辽东岩墙群(0.92~0.87 Ga)(Yang et al., 2004,2007;Zhang et al., 2016)以及栾川岩墙群(约 0.9 Ga)(Yan et al., 2010)。基性岩浆岩矿物组合主要为斜辉石和斜长石,主量元素特征显示其属于拉斑玄武质岩浆岩,稀土和微量元素特征与 OIB 具有很高的相似性。基性岩浆均来源于软流圈地幔,并经历了地壳混染(潘国强等,2000;Yang et al., 2004,2007;Peng et al., 2011a,2011b;Zhang et al., 2016)。

华北克拉通东缘新元古代裂谷系被命名为徐淮-旅大-平南裂谷(Peng et al., 2011b)。与华北克拉通北缘新元古代白云鄂博-渣尔泰-狼山裂谷系和扬子地块北缘新元古代裂谷系不同,该裂谷系未见到变质酸性火山岩或凝灰岩夹层以及"双峰式火山岩"。徐淮-旅大-平南裂谷系的确立是对华北克拉通新元古代裂谷事件的重要补充。一方面重新厘定了华北克拉通东缘晚前寒武纪沉积序列,将前人认为的青白口系、南华系和震旦系时代全部限定在青白口纪初(0.92 Ga 之前)(Peng et al., 2011b;Zhang et al., 2016)。另一方面,该裂谷系发育的一系列新元古代基性岩墙(床)群和中部应县地区大石沟基性岩墙群共同组成了一个新元古代初(0.92~0.89 Ga)大火成岩省。这次大规模的岩浆活动可能是导致华北克拉通与相邻陆块裂解分离的主要因素(Peng et al., 2011a)。显然,对徐淮-旅大-平南裂谷系沉积过程和辉绿岩墙(床)群的研究,对恢复华北克拉通新元古代构造演化以及与 Rodinia 超大陆的关系具有重要意义。

3. 华北克拉通新元古代构造演化

华北克拉通在新元古代青白口纪初(1.05~0.92 Ga)经历了显著的拉张裂解,裂解中心位于华北克拉通东部。在裂解过程中,华北克拉通东缘和燕辽裂谷系沉积了巨厚的碎屑岩和碳酸盐岩,呈现海进序列。在徐淮-大连-Sariwon 地区，新元古代辉绿岩脉的延伸方向和年龄与 São Francisco 克拉通中 Bahia 岩脉和 Congo 克拉通中 Gangila-Mayumbian 岩脉相似，暗示新元古代初华北克拉通东缘与 São Francisco-Congo 克拉通相连（Peng et al.，2011a）。在大连地区，0.92~0.89 Ga 辉绿岩脉侵入青白口系顶部金县群中，因此华北克拉通东缘青白口纪初沉积在约 0.92 Ga 之前已经结束。辉绿岩脉（床）继续上侵，在裂谷发育之后发生地壳隆升。华北克拉通阿拉善地块北缘也发育了大量拉张背景下的花岗岩（耿元生和周喜文，2011）。因此，青白口纪初华北克拉通应整体处于拉张背景下。该阶段裂解事件可能导致华北克拉通与 São Francisco-Congo 克拉通分离，也是新元古代初 Rodinia 超大陆开始裂解的响应（Peng et al.，2011a；Zhang et al.，2016）（图 12.27a）。通过对新元古代基性岩床和地层进行的古地磁研究，新元古代初期华北克拉通应与 Laurentia 克拉通和 Baltica 克拉通具有密切的联系（Zhang et al.，2006；Fu et al.，2015）。

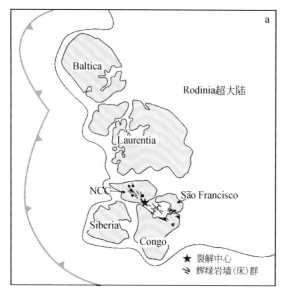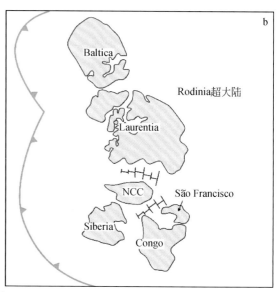

图 12.27 青白口纪华北克拉通与 Rodinia 超大陆的关系（据 Zhang et al.，2006；Peng et al.，2011a；Fu et al.，2015，Li et al.，2013 有改动）

a. 青白口纪初（0.92~0.89 Ga）华北克拉通在 Rodinia 超大陆中的相对位置；b. 青白口纪中晚期（0.8~0.78 Ga）华北克拉通在 Rodinia 超大陆中的相对位置

青白口纪初裂谷沉积后，华北克拉通东缘地壳逐渐隆升，青白口系被抬升和受到剥蚀。青白口纪中期至晚期（0.83~0.8 Ga），华北克拉通北缘发生拉张，白云鄂博-渣尔泰-狼山裂谷开始发育，沉积河流-滨岸-浅海巨厚层碎屑岩和碳酸盐岩沉积，记录了明显的海进过程。该阶段的裂解作用可能使得华北克拉通与 Laurentia 克拉通之间发生裂解，并逐渐分离（图 12.27b）。华北克拉通与 Laurentia 克拉通古地理位置的分离也已得到古地磁研究结果的支持（Zhang et al.，2006；Fu et al.，2015）。

在目前的地层年代学框架下，华北克拉通缺失南华纪至震旦纪中期（0.8~0.58 Ga）的沉积记录和同时期岩浆记录。因此，华北克拉通可能自青白口纪沉积结束之后发生地壳隆升，至震旦纪中期仍未有沉积记录。

震旦纪末（0.58~0.54 Ga，Gaskiers 冰期之后）的冰川沉积多发育在华北克拉通南缘，岩性组成比较简单，主要包括下部的冰碛砾岩沉积和上部的砂质、泥质板岩。粒度下粗上细，钙质胶结的冰碛砾岩之上沉积灰黑色或灰绿色泥质或砂质板岩，表明其沉积水体逐渐加深，由华北克拉通西南部开始发育海进序列，沉积环境以浅海相为主。震旦系地层序列中缺乏火山岩夹层或侵入岩，为稳定的被动大陆边缘沉积。

第三节 喷流-沉积铜铅锌矿床

华北克拉通经过新太古代超大陆拼合及古元古代末—中元古代（18 亿年事件）—新元古代的多期裂

谷事件后，在华北克拉通内部及边缘形成了多个裂谷系（翟明国和卞爱国，2000；Zhai et al.，2001；翟明国，2004；翟明国等，2014），伴随裂解作用在中条山新太古代—早元古代裂谷、辽东-吉南早元古代裂谷、狼山-渣尔泰中-新元古代裂陷槽内，形成了不同种类的喷流-沉积铜铅锌多金属硫化物矿床（芮宗瑶等，1994；翟明国，2010）。

以往普遍认为，狼山-渣尔泰山被动陆缘裂陷槽的裂解-喷流-沉积成矿作用总体是在中元古代发生，并形成了以东升庙、炭窑口、霍各乞和甲生盘矿床为代表的我国北方中元古代被动陆缘裂解-喷流-沉积（变质）成矿带（或称矿集区）（图12.28）。

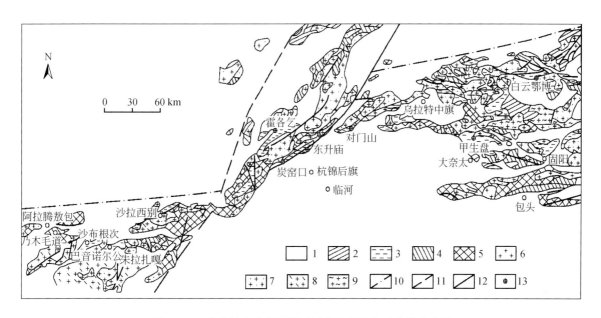

图 12.28　华北地台北缘西段区域构造地质与矿床分布略图

1. 中新生界；2. 古生界；3. 中元古界渣尔泰群及白云鄂博群；4. 古元古界色尔腾山群；5. 新太古界乌拉山群；6. 印支期侵入岩；7. 海西期侵入岩；8. 加里东期侵入岩；9. 元古宙及太古宙侵入岩；10. 台缘断裂；11. 吉兰泰断裂；12. 断裂；13. 矿床

该矿集区的形成时代、矿化类型、容矿岩石、同生断裂活动、同位素地球化学特征等（李兆龙等，1986；施林道等，1994；翟裕生等，1997；翟裕生，1998；彭润民等，2000）与加拿大、澳大利亚等中元古代著名 SEDEX 型矿集区（MacIntyre，1992；Forrestal，1990；Williams，1998；Plumb et al.，1990）有相似性和可对比性。而其在赋矿盆地范围内的拉张-沉陷-喷流成矿过程中有"海底火山喷发活动"又明显有别于国内外典型的 SEDEX 矿床（Sangster，1999），表明其具有独特的地球动力学背景和成矿环境（彭润民和翟裕生，1997；彭润民等，1999，2004，2007）。

近年来，随着在华北地台北缘西段狼山西南一带（阿拉善东北缘）新元古代（805.0 ± 5.0Ma 和 816.9 ± 4.5Ma）酸性火山岩层的发现（彭润民等，2010）与后续在狼山西南缘获得变质火山岩层年龄（804.1 ± 3.5 Ma）（Hu et al.，2014），华北克拉通北缘西段新元古界狼山群的分布范围以及新元古代裂解与喷流-沉积成矿作用逐渐演变成需要进一步研究解决的重要科学问题。

经过近几年的连续追踪研究，逐渐认识到新元古代 Rodinia 裂解作用明显地影响到了华北地台北缘西段。结合后来在狼山地区发现约 9 亿年变质基性火山岩层（Peng et al.，2014），因而可以确认狼山地区的原中元古界狼山群（渣尔泰群）地层有一部分应该是新元古界，产在其中的喷流-沉积矿床相应也可以归入新元古代形成的矿床（如狼山地区的霍各乞矿）。

近年已有研究者根据阿拉善地块东北缘（即狼山西南端）狼山群中变质火山岩锆石的 LA-ICP-MS 年龄（804.1 ± 3.5 Ma）和狼山群中碎屑锆石最年轻的 LA-ICP-MS 年龄峰值（1187～810 Ma）以及渣尔泰群碎屑锆石 LA-ICP-MS 测年等资料，认为分布在狼山地区的原渣尔泰群都是新元古界（Hu et al.，2014；公王斌等，2016，2017）。

此外，对狼山地区霍各乞矿的铜铅锌矿体成因，近年还报道了它们是受韧性剪切带控制的后成变质热液充填而成（Zhong et al., 2012, 2013）。

作者依据近几年追踪研究获取的野外和室内实际资料，认为狼山地区的霍各乞矿是在华北克拉通北缘新元古代裂谷（裂陷槽）中由喷流-沉积作用+后期岩浆热液叠加形成（彭润民等，2015）。本节主要介绍该矿层状铜铅锌矿体的有关喷流-沉积成矿特征。

一、霍各乞矿基本地质特征

霍各乞矿田是华北地台北缘西段狼山-渣尔泰山锌铅铜铁硫化物成矿带的重要矿床之一（图 12.28）。它由三个矿床组成，彼此间呈三角形分布（图 12.29）。矿体总体呈层状、似层状产出，比较连续，并沿一定层位延伸（李兆龙等，1986；施林道等，1994）。近年随着勘查与矿山开采及综合研究的深入，又在局部地段，特别是深部发现了一些后期叠加的受构造、裂隙控制的透镜状铜矿体，其产状与含矿建造走向不协调、有交切与穿插地层的现象（彭润民等，2015）。

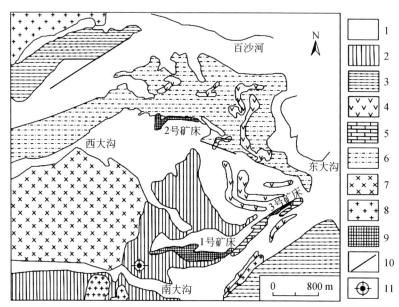

图 12.29　内蒙古霍各乞矿田地质图（据北京西蒙矿产勘查有限责任公司，2007① 修改）

1. 第四系；2. 二云母石英片岩；3. 黑云母石英片岩；4. 石英岩；5. 大理石化灰岩；6. 斜长角闪岩；7. 海西期岩体；8. 辉长岩；9. 矿体；10. 断裂；11. 钻孔

二、霍各乞矿含矿建造的基本层序

霍各乞矿田的含矿建造狼山群（渣尔泰群）是变质程度总体为绿片岩相、局部达角闪岩相的变质岩系，其原岩为碎屑岩、碳酸盐岩夹变质基性火山岩（图 12.30）。矿田范围内出露的是新元古界狼山群二组（Pt_3l_2）和三组（Pt_3l_3）。其岩段划分与岩性组成如下。

1. 狼山群二组（Pt_3l_2）

狼山群二组岩性以云母片岩、云母石英片岩、片状石英岩、碳质板岩、碳质千枚岩、石英岩为主，夹变质基性火山岩（凝灰岩）与变质热水沉积岩。该组地层是霍各乞矿田的唯一含矿岩组，所有矿体都是产在该组地层的不同岩性中。狼山群二组地层自下至上可以分为三个岩性段，含矿地层主要是二组中

---

① 北京西蒙矿产勘查有限责任公司. 2007. 内蒙古自治区乌拉特后旗霍各乞矿区一号矿床深部铜多金属矿详查报告（内部资料）

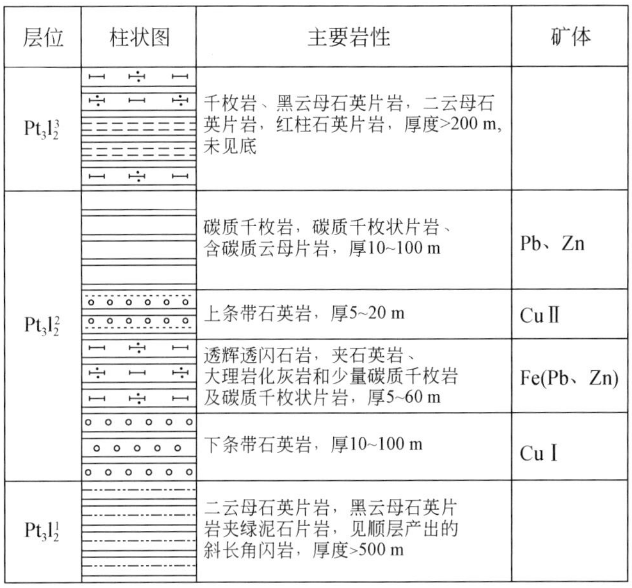

层位	柱状图	主要岩性	矿体
$Pt_3l_2^3$		千枚岩、黑云母石英片岩，二云母石英片岩，红柱石英片岩，厚度>200 m，未见底	
$Pt_3l_2^2$		碳质千枚岩、碳质千枚状片岩、含碳质云母片岩，厚10~100 m	Pb、Zn
		上条带石英岩，厚5~20 m	Cu II
		透辉透闪石岩，夹石英岩、大理岩化灰岩和少量碳质千枚岩及碳质千枚状片岩，厚5~60 m	Fe(Pb、Zn)
		下条带石英岩，厚10~100 m	Cu I
$Pt_3l_2^1$		二云母石英片岩、黑云母石英片岩夹绿泥石片岩，见顺层产出的斜长角闪岩，厚度>500 m	

图 12.30　内蒙古霍各乞矿田狼山群含矿岩组岩性组成及其含矿特征

段（二段）（图 12.30）。

（1）二组一段：下部为碳质千枚岩、碳质千枚状片岩、碳质板岩夹钙质绿泥石片岩、绿泥石英片岩及结晶灰岩透镜体，未见底；上部为黑云母石英片岩、红柱石二云母石英片岩、含碳质云母石英片岩，岩性及厚度在矿区范围内较稳定，未见矿化。

（2）二组二段：由碳质千枚岩、碳质条带状石英岩、含碳石英岩、黑色石英岩及变质基性火山岩（凝灰岩）与变质热水沉积岩组成，是矿区 Cu、Pb、Zn 矿床的含矿层位，所有矿体均赋存在二组二段地层的不同岩性中（图 12.30）。

该段岩层的厚度在不同地段有明显的变化，由下向上岩性总体变化特征为：碳质板岩变为碳质千枚岩直至（含碳逐渐变少的）千枚状片岩→透闪石岩、透辉石岩变为透闪透辉石化灰岩→薄层泥碳质灰岩、条带状石英岩变为黑色石英岩。

其岩性组合变化特征为：赋存矿体的碳质板岩、透闪透辉石岩类及条带状石英岩、含碳石英岩相互组合→具 Cu、Pb、Zn 矿化的碳质千枚岩、薄层灰岩、黑色石英岩的岩相组合→变为千枚状片岩、黑色石英岩组合→远离矿床全部相变为黑色石英岩以致该段沉积尖灭。

在二组二段地层中，有多层变质热水沉积岩、凝灰岩与具有变余杏仁构造的火山岩层，一些矿石还具有明显的同生角砾状构造，揭示出明显的海底喷流-沉积成矿，并伴有同沉积期的海底火山喷发活动（详见后述）的成岩成矿过程。

（3）二组三段：二云母石英片岩、碳质二云母石英片岩、碳质千枚状石英片岩，不含矿。在矿床分布地段，其底部的二云母石英片岩具明显的蚀变现象，主要表现为绿泥石化、黄铁矿化现象。该段地层主要出露于 1 号矿体和 2 号矿体南侧，整体岩性比较稳定。

2. 狼山群三组（Pt_3l_3）

狼山群二组主要出露于矿区北部大敖包及南部摩天岭一带，不含矿。由于剥蚀作用强烈，地表常呈"孤岛"状零星分布。地层呈 50°~60° 走向，倾向南东，倾角变化较大，为 40°~80°。组成地层的岩性、岩相总体稳定，在矿区范围及以外，不同地段均表现出相同的岩性，分布广泛，往往可沉积超覆于第二岩组下部层位之上。

该组地层按岩性组成不同可以分为上下两个岩性段。

（1）三组下段：石英片岩、片状石英岩类。与下伏第二岩组整合接触。岩性具渐变特点。

（2）三组上段：主要为中厚层质纯石英岩夹薄板状石英岩。

三、霍各乞矿铜铅锌铁硫化物矿体地质特征

从 1958 年该矿被发现以来，经过多年对其进行普查与勘探和综合地质研究，对其矿床地质特征及成因已有一些认识与研究成果。

李兆龙等（1986）在对内蒙古中部层控矿床的研究中，依据含矿大理岩、含矿白云石大理岩的碳、氧同位素组成和黄铁矿、磁黄铁矿、闪锌矿、方铅矿与黄铜矿的硫、铅同位素组成特征，将霍各乞矿（包括东升庙、炭窑口、甲生盘）归纳为"海底火山喷气沉积-变质矿床"。

施林道等（1994）根据含矿建造及其中有无火山岩夹层、硫同位素、微量元素等将霍各乞矿床归类为海底"火山喷流（热液）-沉积矿床"。

费红彩等（2004）根据含矿建造主量与微量元素组成、铜矿石与黄铁矿及黄铜矿的硫同位素微量元素等资料，认为霍各乞矿床是热水沉积块状硫化物叠加变质热液改造富集矿床。

刘玉堂和李维杰（2004）依据含矿建造岩性、矿石与矿石矿物、流体包裹体测温与成分等资料，认为霍各乞矿是大陆裂谷环境的海底火山喷气沉积层控（变质）型矿床。

近年又有研究认为霍各乞矿是受韧性剪切带控制的后生变质热液矿床而非同生喷流-沉积矿床（Zhong et al.，2012，2013）。

作者依据现在掌握的资料，认为霍各乞矿是在新元古代陆缘裂谷中拉张-裂解-喷流-沉积形成层状矿层之后，在古生代以来的后续地质过程（特别是中亚造山运动）中，产生了变形变质与重结晶并受到岩浆热液改造与叠加成矿作用，形成了一些与地层产状不整合、裂隙充填矿体，但全面地考察与研究本矿床的含矿建造、矿床地质与矿体地质、矿石组构与流体包裹体之后，不难发现霍各乞矿仍有以下一些清晰的海底喷流-沉积（变质）成矿特征。

1. 铅锌铜矿体产出层位

霍各乞矿具有鲜明的"层控"特征，由喷流-沉积作用形成的矿体产出受地层层位、岩性及其厚度的控制，该类铜矿、铅锌矿体及其铜铅锌复合矿体总体呈层状、似层状产出，较连续地沿地层层位延伸并与地层产状总体保持一致（李兆龙等，1986；施林道等，1994；北京西蒙矿产勘查有限责任公司，2007[①]）。不同矿化与含矿岩系种类有清楚的对应关系，即自下而上层状 Cu 矿赋存在上、下条带状石英岩中，层状 Pb、Zn 矿赋存在碳质千枚岩或碳质千枚状片岩中，层控特征十分明显（图 12.30）。

2. 铜铅锌矿体喷流成矿特征

在层状黄铜矿体和铅锌矿体或铅锌铜复合矿体中，都发育条带状、纹层状构造矿石。可见到黄铜矿、方铅矿、闪锌矿与黄铁矿（磁黄铁矿）呈细纹层状与深灰色-浅灰色石英岩、碳质千枚岩、碳质千枚状片岩等互层状产出，一道褶皱变形、呈舒缓波状，表明这些层状矿体与含矿地层是同期沉积形成，且沉积期后又经历了同期次的后期构造、挤压变形过程，并产生了重结晶、重溶与塑性流动作用，但铜铅锌矿体仍可见到以下一些喷流-沉积成矿特征。

1）铜矿体及其矿石组构特征

霍各乞矿由喷流-沉积形成的层状铜矿体产在狼山群二组二段的上、下条带状石英岩中（图 12.30），黄铜矿呈条带状集合体或浸染状分布在石英岩中，顺走向和倾向连续性好，本类矿体厚度大，最厚矿体可达近百米。

图 12.31a 是采自厚层（厚度>20 m）铜矿体典型矿石样品的光薄片直拍照片，它清楚地显示黄铜矿石具有明显的变余层状（或条带状）构造，含较多黄铜矿（Ccp）的条带①（图 12.31b、c）与含较少稀疏浸染状黄铜矿（Ccp）的条带②（图 12.31d、e）呈互层状产出。

[①] 北京西蒙矿产勘查有限责任公司. 2007. 内蒙古自治区乌拉特后旗霍各乞矿区一号矿床深部铜多金属矿详查报告（内部资料）

根据石英颗粒的大小，黄铜矿石条带可分为：粗粒含浸染状黄铜矿石英条带②和细粒含较少浸染状黄铜矿的石英条带③，后者的透明度较弱（图 12.31a 右上角）。

从矿石的显微照片（图 12.31b~e）可以清楚地看出，该类黄铜矿石的脉石矿物主要是石英（含量>90%），黄铜矿（Ccp）或其集合体都是产在石英颗粒之间，表明黄铜矿与石英是同期形成的产物。

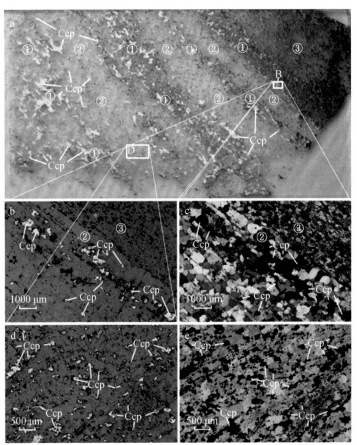

图 12.31　内蒙古霍各乞矿石英岩中层状铜矿体的矿石变余层状构造与显微组构特征
a. 黄铜矿石光薄片直照：①较多黄铜矿（Ccp）条带；②粗粒含浸染状黄铜矿石英（Q）条带；③细粒含黄铜矿石英条带；
b、d. 反射光照片；c. 正交偏光照片（与 b 同域）；e. 透射光照片（与 d 同域）

2）铅锌矿体及其矿石组构特征

霍各乞矿由喷流–沉积形成的层状铅锌矿体产在新元古代狼山群二组二段的碳质千枚状或碳质千枚状片岩中（图 12.30）。

矿山开采揭露，在霍各乞矿的厚大铅锌（+铜）复合矿体下部，可以见到"①闪锌矿（Sp）+方铅矿（Ga）+磁黄铁矿（Po）集合体条带"与"②重结晶的硅质（+重晶石）条带"呈近乎平行的互层状产出（图 12.32a），顺走向、倾向延伸连续性都较好，显示出铅锌矿层是在稳定环境中多次、交互式喷流–沉积形成的特征。

从图 12.32b 和 c 可以看出，该类矿层主要由他形方铅矿、闪锌矿与磁黄铁矿组成（总含量>90%），脉石矿物是黑色碳质千枚岩小碎块。方铅矿、闪锌矿与磁黄铁矿三者的接触界线光滑平整，没有相互穿插、相互切割的现象，并且方铅矿、闪锌矿与磁黄铁矿颗粒内部都包裹有黑色碳质千枚岩小碎块，表明方铅矿、闪锌矿与磁黄铁矿与碳质千枚岩小碎块是同期结晶的产物。这种显微组构特征与产在碳质千枚岩中的锌铅矿层产状协调一致。

3）黄铁矿层及其矿石特征

除了上述具有喷流成矿特征的层状铜铅锌矿体之外，在霍各乞矿还可以见到以黄铁矿为主（另有少量闪锌矿与方铅矿）的硫化物层与硅质岩条带（外观致密、分不出矿物颗粒、硬度>小刀）互层状产出

（图12.33a）。

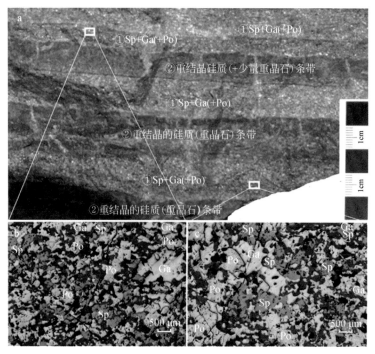

图12.32 内蒙古霍各乞矿层状铅锌矿体的矿石变余层状构造（a）与显微组构（b、c）特征（1）

a. 标本照片；①闪锌矿（Sp）+方铅矿（Ga）+磁黄铁矿（Po）条带；②重结晶硅质（重晶石）条带

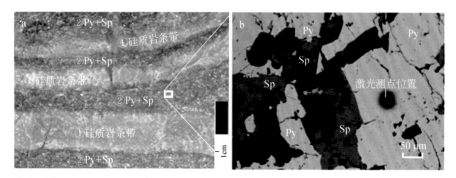

图12.33 内蒙古霍各乞矿致密硅质岩条带与以黄铁矿为主的硫化物互层产出的变余层状构造（a）与硫化物的显微组构（b）特征及黄铁矿激光测点位置

a. 黄铁矿（Py）、闪锌矿（Sp）层与硅质岩条带互层的变余层状构造（标本照片）；b. 黄铁矿（Py）与闪锌矿（Sp）显微组构与激光测点位置（单偏光反射照片）

近数十年来对热水沉积矿床的研究已证实，硅质岩层是一种海底热水沉积岩。它是海相热水喷流-沉积成因的识别标志层之一。

根据图12.33所示外观致密、硬度>小刀的硅质岩层与以黄铁矿为主的硫化物层互层状产出的事实，可以认为霍各乞矿的这种硫化物层与硅质岩条带都是海底喷流-沉积形成。

从图12.33b可以看出，该类硫化物层的黄铁矿、闪锌矿与方铅矿颗粒之间接触界线平整、矿物颗粒之间未见明显相互交切现象，表明它们是同期形成的产物。

为进一步研究确认霍各乞矿该类硫化物矿层的成因，对这种与硅质岩互层产出的硫化物层内的黄铁矿进行了原位LA-ICP-MS激光微量元素测量（代表性激光测点位置见图12.33b），获得的黄铁矿Co、Ni含量都不高，其Co/Ni值<1（图12.34）。

在矿物成因研究中，黄铁矿的Co、Ni含量和Co/Ni值通常认为是判别黄铁矿成因的有效标志之一。一般来说，正常沉积成因的黄铁矿往往Co/Ni值<1、有火山热液参与的黄铁矿则往往Co/Ni值>1（陈光远等，1987）。图12.34所示特征表明黄铁矿属于正常沉积形成。

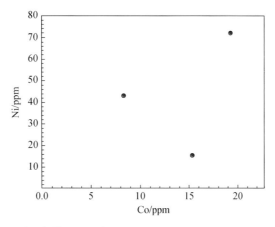

图12.34　内蒙古霍各乞矿与硅质岩条带互层状产出的层状黄铁矿 LA-ICP-MS 激光原位测定 Co/Ni 值分布状态

四、霍各乞矿成矿流体特征

为确认霍各乞矿的成岩成矿过程与成因，近年对霍各乞层状铜铅锌矿体的矿石做了成矿流体的有关研究。研究结果支持霍各乞矿具有"喷流-沉积"+"后期变质叠加复合成岩成矿特征"。

在对霍各乞矿产在狼山群二组上、下条带状石英岩中的层状黄铜矿体选取代表性样品进行原生包裹体鉴定（图12.35）与确认的基础上，根据层状黄铜矿矿石原生包裹体的流体相态主要为液相和气相（图12.35e、f）两相态的特点，分别对原生液相和气相包裹体做了成分研究。

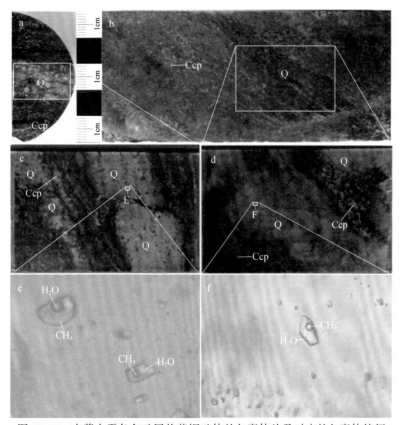

图12.35　内蒙古霍各乞矿层状黄铜矿体的包裹体片及对应的包裹体特征
a. 产在淡色石英岩中的变余层状黄铜矿石［石英条带含少量黄铜矿（Ccp），其余部分为含较多黄铜矿（岩心横截面）］；b. 产在深色石英岩中的变余层状黄铜矿石［石英条带含少量黄铜矿（岩心横截面）］；c. a 中淡色石英条带包裹体片直照；d. b 中深色石英条带包裹体片直照；e、f. 包裹相态与成分

在中国科学院地质与地球物理研究所对原生包裹体进行激光拉曼成分测试获得的结果表明，层状铜矿体流体包裹体的成分主要为 H_2O 和 CH_4（图 12.35e、f），表明成矿流体富含有机质，显示出矿层具有在还原环境中喷流-沉积成矿的特征。

在上述对产在狼山群二组上、下条带状石英岩中的层状黄铜矿体的原生流体包裹体进行成分测定的基础上，对多个样品原生液相和气相包裹体做了均一温度测试，获得气、液两相包裹体的均一温度最低为 117.3~224.8℃、123.2~219.5℃、158.2~173.3℃、179.9~181.3℃、159.6~200.8℃等多个变化区间，具有海底喷流-成矿系统（矿床）的流体均一温度特征（韩发和孙海田，1999）。

五、结论

霍各乞矿从1958年被发现以来，经过几十年的普查与勘探和综合地质研究，对其成岩成矿过程、矿床地质特征及成因的认识逐步加深。归纳起来，它具有以下主要喷流-沉积的成岩成矿特征：

（1）现已发现并查实，霍各乞矿含矿建造夹有9亿年左右的变质基性火山岩。它是在华北地台北缘新元古代陆缘裂谷中由海底火山喷发、沉积形成（成果待发表）。

（2）该矿具有鲜明的层控特征，铜铅锌铁硫化物矿体都是产在新元古代狼山群二组地层中，各类矿体总体具有层状、似层状产出特点。

（3）含矿建造中有硅质岩、重晶石层等海底热水喷流-沉积的标志层。硅质岩层、重晶石层可单独产出，也可与铁锌铅硫化物互层状产出。

（4）层状硫化物矿石中石英所含流体包裹体主要由气相和液相的 H_2O 和 CH_4 组成，已获得该类气、液两相流体包裹体的均一温度为 117~200℃（成果待发表），与国内外已确认的海底热水喷流沉积成矿系统的流体温度范围一致。从流体包裹体富含有机质可以推测成矿盆地闭塞不畅流、具有还原性。

再结合该矿处在中亚造山带南缘与华北地台北缘交汇带的区域构造-成矿地质背景，各类硫化物矿体都产生了变形、变质与重结晶，并发育后期与含矿地层产状不协调的岩浆热液、裂隙脉状充填型铜矿体等特征，可以得出以下两点结论：

（1）霍各乞矿的喷流-沉积成矿时代不是原来认为的中元古代而是新元古代。它具有在华北克拉通北缘西段新元古代裂谷中海底火山喷发、喷流-沉积的成岩成矿特征，是华北克拉通北缘新元古代喷流-沉积的典型矿床。

（2）霍各乞矿发育华北克拉通北缘"新元古代裂谷（裂陷槽）喷流-沉积+后期岩浆热液叠加复合成矿系统"。

参 考 文 献

陈光远，孙岱生，殷辉安．1987．成因矿物学．重庆：重庆科学出版社

陈喜峰．2009．狼山-渣尔泰山成矿带铁铜铅锌多金属硫化物矿床特征研究．矿产与地质，23（4）：291~296

范宏瑞，胡芳芳，陈福坤，等．2006．白云鄂博超大型 REE-Nb-Fe 矿区碳酸岩墙的侵位年龄-兼答 Le Bas 博士的质疑．岩石学报，22（2）：519~520

费红彩，董普，安国英，等．2004．内蒙古霍各乞铜多金属矿床的含矿建造及矿床成因分析．现代地质，18（1）：32~40

高林志，张传恒，史晓颖，等．2007．华北青白口系下马岭组凝灰岩锆石 SHRIMP U-Pb 定年．地质通报，26（3）：249~255

高林志，张传恒，史晓颖，等．2008．华北古陆下马岭组归属中元古界的 SHRIMP 年龄新证据．科学通报，53（21）：2617~2623

高林志，张传恒，刘鹏举，等．2009．华北—江南地区中、新元古代地层格架的再认识．地球学报，30（4）：433~446

耿元生，周喜文．2010．阿拉善地区新元古代岩浆事件及其地质意义．岩石矿物学杂志，29（6）：779~795．

耿元生，周喜文．2011．阿拉善地区新元古代早期花岗岩的地球化学和锆石 Hf 同位素特征．岩石学报，27（4）：897~908

公王斌，胡健民，李振宏，董晓朋，刘洋，刘绍昌．2016．华北克拉通北缘裂谷渣尔泰群 LA-ICP-MS 碎屑锆石 U-Pb 测年及地质意义．岩石学报，32（7）：2151~2165

公王斌, 胡健民, 吴素娟, 刘洋, 赵远方. 2017. 内蒙古狼山左行走滑韧性剪切带变形特征、时间及意义. 地学前缘, 24 (3): 263~275

韩发, 孙海田. 1999. Sedex 型矿床成矿系统. 地学前缘, 6 (1): 139~162

侯贵廷, 刘玉琳, 李江海, 金爱文. 2005. 关于基性岩墙群的 U-Pb SHRIMP 地质年代学的探讨——以鲁西莱芜辉绿岩岩墙为例. 岩石矿物学杂志, 24 (3): 179~185

江苏地质矿产局. 1984. 江苏及上海区域地质志. 北京: 地质出版社

蒋心明. 1983. 内蒙霍各乞铜铅锌矿床成因及成矿机理. 矿床地质, 2 (4): 1~10

蒋心明. 1984. 霍各乞铜铅锌矿田地质构造. 地质与勘探, 10: 8~13

李俊建. 2006. 内蒙古阿拉善地块区域成矿系统. 北京: 中国地质大学 (北京)

李献华, 周汉文, 李正祥, 刘颖, Kinny P. 2001. 扬子块体西缘新元古代双峰式火山岩的锆石 U-Pb 年龄和岩石化学特征. 地球化学, 30: 315~322

李献华, 周汉文, 李正祥, 刘颖. 2002. 川西新元古代双峰式火山岩成因的微量元素和 Sm-Nd 同位素制约及其大地构造意义. 地球科学, 37: 264~276

李兆龙, 许文斗, 庞文忠. 1986. 内蒙古中部层控多金属矿床硫、碳和氧同位素组成及矿床成因. 地球化学, (1): 13~23

刘玉堂, 李维杰. 2004. 内蒙古霍各乞铜多金属矿床含矿建造及矿床成因. 桂林工学院院报, 24 (3): 261~268

柳永清, 高林志, 刘燕学, 宋彪, 王宗秀. 2005. 徐淮地区新元古代初期镁铁质岩浆事件的锆石 U-Pb 定年. 科学通报, 50 (22): 2514~2521

卢成忠, 杨树锋, 顾明光, 董传万. 2009. 浙江次坞地区晋宁晚期双峰式岩浆杂岩带的地球化学特征: Rodinia 超大陆裂解的岩石学记录. 岩石学报, 35: 67~76

潘国强, 孔庆友, 吴俊奇, 刘家润, 张庆龙, 曾家湖, 刘道忠. 2000. 徐宿地区新元古代辉绿岩床的地球化学特征. 高校地质学报, 6 (1): 53~63

彭澎. 2016. 华北陆块前寒武纪岩墙群及相关岩浆岩地质图 (1: 250 万地质图及说明书). 北京: 科学出版社

彭澎, 王欣平, 周小童, 王冲, 孙风波, 苏向东, 陈亮, 郭敬辉, 翟明国. 2018. 8.1 亿年千里山基性岩墙群的厘定及其对华北克拉通西部地质演化的启示. 岩石学报, 34 (3): 1191~1203

彭润民, 翟裕生. 1997. 内蒙古东升庙矿区狼山群中变质"双峰式"火山岩夹层的确认及其意义. 地球科学, 22 (6): 589~594

彭润民, 翟裕生, 邓军, 肖荣阁, 黄春鹏. 1999. 内蒙古狼山—渣尔泰山中元古代 SEDEX 型矿带火山活动与成矿的关系. 地质论评, S1: 1139~1150, 1195

彭润民, 翟裕生, 王志刚. 2000. 内蒙古东升庙、甲生盘中元古代 SEDEX 型矿床同生断裂活动及其控矿特征. 地球科学——中国地质大学学报, 25 (4): 404~409

彭润民, 翟裕生, 王志刚, 韩雪峰. 2004. 内蒙古狼山炭窑口热水喷流沉积矿床钾质"双峰式"火山岩层的发现及其示踪意义. 中国科学, 34 (12): 1135~1144

彭润民, 翟裕生, 韩雪峰, 王志刚, 王建平, 刘家军. 2007. 内蒙古狼山-渣尔泰山中元古代被动陆缘裂陷槽裂解过程中的火山活动及其示踪意义. 岩石学报, 23 (5): 1007~1017

彭润民, 翟裕生, 王建平, 陈喜峰, 刘强, 吕军阳, 石永兴, 王刚, 李慎斌, 王立功, 马玉涛, 张鹏. 2010. 内蒙狼山新元古代酸性火山岩的发现及其地质意义. 科学通报, 55 (26): 2611~2620

彭润民, 翟裕生, 王建平. 2015. 华北地台北缘西段构造演化与狼山新元古代裂解-成矿作用. 矿物学报, S1: 537~538

芮宗瑶, 施林道, 方如恒, 等. 1994. 华北陆块北缘及邻区有色金属矿床地质. 北京: 地质出版社

施林道, 谢贤俊, 巩正基. 1994. 狼山-渣尔泰山中元古代裂陷槽有色金属矿床//芮宗瑶, 施林道, 方如恒. 华北陆块北缘及邻区有色金属矿床地质. 北京: 地质出版社: 110~139

苏文博, 李怀坤, 徐莉, 贾松海, 耿建珍, 周红英, 王志宏, 蒲áo勇. 2012. 华北克拉通南缘洛峪群—汝阳群属于中元古界长城系-河南汝州洛峪口组层凝灰岩锆石 LA-MC-ICPMS U-Pb 年龄的直接制约. 地质调查与研究, 35 (2): 96~108

王清海, 杨德彬, 许文良. 2011. 华北陆块东南缘新元古代基性岩浆活动: 徐淮地区辉绿岩床群岩石地球化学、年代学和 Hf 同位素证据. 中国科学 (D 辑), 6: 796~815

徐嘉炜, 马国锋. 1992. 郯庐断裂带研究的十年回顾. 地质论评, 38 (4): 316~324

翟明国. 2004. 华北克拉通 2.1-1.7Ga 地质事件群分解和构造意义探讨. 岩石学报, 20 (6): 1343~1354

翟明国. 2010. 华北克拉通的形成演化与成矿作用. 矿床地质, 29 (1): 24~36

翟明国, 卞爱国. 2000. 华北克拉通新太古代末超大陆拼合及古元古代末-中元古代裂解. 中国科学 (D 辑), 30:

129~137

翟明国, 胡波, 彭澎, 赵太平. 2014. 华北中-新元古代的岩浆作用与多期裂谷事件. 地学前缘, 21 (1): 100~119

翟裕生. 1998. 古大陆边缘构造演化和成矿系统//北京大学地质系. 北京大学国际地质科学学术研讨会论文集. 北京: 地震出版社: 769~778

翟裕生, 张湖, 宋鸿林, 等. 1997. 大型构造与超大型矿床. 北京: 地质出版社

钟日晨, 李文博, 霍红亮. 2015. 内蒙古霍各乞 Cu-Pb-Zn 矿床 $^{39}Ar/^{40}Ar$ 年代学研究: 元古代预富集叠加印支期变质热液矿化实例. 岩石学报, 6: 1735~1748

朱强, 曾佐勋, 李天斌, 王成, 刘更生. 2018. 华北克拉通对 Rodinia 超大陆裂解的响应——来自贺兰山北段小松山地区辉长岩地球化学、年代学及 Hf 同位素的新证据. 地质通报, 37 (6): 1075~1086.

Bleeker W, Ernst R. 2006. Short-lived mantle generated magmatic events and their dyke swarms: the key unlocking Earth's paleogeographic record back to 2.6 Ga. In: Hanski E, Mertanen S, Ramö T, et al. (eds.). Dyke Swarms-Time Markers of Crustal Evolution. Taylor: Francis Publisher: 3~26

Cederberg J, Söderlund U, Oliveira E P, Ernst R E, Pisarevsky S A. 2016. U-Pb baddeleyite dating of the Proterozoic Pará de Minas dyke swarm in the São Francisco craton (Brazil) - implications for tectonic correlation with the Siberian, Congo and North China cratons. GRR, 138 (1): 219~240

Chen L W, Huang B C, Yi Z Y, Zhao J, Yan Y G. 2013. Paleomagnetism of ca. 1.35Ga sills in northern North China Craton and implications for paleogeographic reconstruction of the Mesoproterozoic supercontinent. Precambrian Research, 228: 36~47

Correa-Gomes L C, Oliveira E P. 2000. Radiating 1.0 Ga Mafic Dyke Swarms of Eastern Brazil and Western Africa: Evidence of Post-Assembly Extension in the Rodinia Supercontinent? Gondwana Research, 3: 325~332

Ernst R E, Bleeker W, Söderlund U, et al. 2013a. Large igneous provinces and supercontinents: Toward completing the plate tectonic revolution. Lithos, 174: 1~14

Ernst R E, Pereira E, Hamilton M A, et al. 2013b. Mesoproterozoic intraplate magmatic 'barcode' record of the Angola portion of the Congo Craton: Newly dated magmatic events at 1505 and 1110 Ma and implications for Nuna (Columbia) supercontinent reconstructions. Precambrian Research, 230: 103~118

Evans D A D, Heaman L M, Trindade R I F, D'Agrella-Filho M S, Smirnov A V, Catelani E L. 2010. Precise U-Pb baddeleyite ages from Neoproterozoic mafic dykes in Bahia, Brazil, and their paleomagnetic/paleogeographic implications, Abstract, GP31E-07, American Geophysical Union, Joint Assembly, Meeting of the Americas, Iguassu Falls, August 2010

Fan H R, Xie Y H, Wang K Y, et al. 2004a. REE daughter minerals trapped in fluid inclusions in the giant Bayan Obo REE-Nb-Fe deposit, Inner Mongolia, China. International Geology Review, 46 (7): 638~645

Fan H R, Xie Y H, Wang K Y, et al. 2004b. Methane-rich fluid inclusions in skarn near the giant REE-Nb-Fe deposit at Bayan Obo, Northern China. Ore Geology Reviews, 25 (3-4): 301~309

Fan H R, Hu F F, Yang K F, et al. 2014. Integrated U-Pb and Sm-Nd geochronology for a REE-rich carbonatite dyke at the giant Bayan Obo REE deposit, Northern China. Ore Geology Reviews, 63: 510~519

Forrestal P J. 1990. Mount Isa and Hilton Silver-lead-zinc deposits. In: Hughes F E (ed.). Geology of the mineral deposits of Australia and Papua New GuinGa (Volume 1). Australia: The Australian Institute of Mining and Metallurgy Clunies Ross House: 927~934

Fu X M, Zhang S H, Li H Y, et al. 2015. New paleomagnetic results from the Huaibei Group and Neoproterozoic mafic sills in the North China Craton and their paleogeographic implications. Precambrian Research, 269: 90~106

He Y H, Zhao G C, Sun M, Xia X P. 2009. SHRIMP and LA-ICP-MS zircon geochronology of the Xiong'er volcanic rocks: Implications for the Paleo-Mesoproterozoic evolution of the southern margin of the North China craton. Precambrian Research, 168 (3): 213~222

Hou G T, Liu Y L, Li J H. 2006. Evidence for ~1.8 Ga extension of the Eastern Block of the North China Craton from SHRIMP U-Pb dating of mafic dyke swarms in Shandong Province. Journal of Asian Earth Sciences, 27: 392~401

Hou G T, Santosh M, Qian X L, Lister G S, Li J H. 2008a. Tectonic constraints on 1.3~1.2 Ga final breakup of Columbia supercontinent from a giant radiating dyke swarm. Gondwana Research, 14 (3): 561~566

Hou G T, Santosh M, Qian X L, Lister G S, Li J H. 2008b. Configuration of the late Paleoproterozoic supercontinent Columbia: Insights from radiating mafic dyke swarms. Gondwana Research, 14 (3): 395~409

Hu B, Zhai M, Li T, Li Z, Peng P, Guo J, Kusky T. 2012. Mesoproterozoic magmatic events in the eastern North China Craton and their tectonic implications: Geochronological evidence from detrital zircons in the Shandong Peninsula and North Korea. Gondwana Research, 22 (3-4): 828~842

Hu J M, Gong W B, Wu S J, et al. 2014. LA-ICP-MS zircon U-Pb dating of the Langshan Group in the northeast margin of the Alxa block, with tectonic implications. Precambrian Research, 255: 756~770

Hu J M, Li Z H, Gong W B, et al. 2016. Meso-Neoproterozoic Stratigraphic and Tectonic Framework of the North China Craton. In: Zhai M G, Zhao Y, Zhao T P (eds.). Main Tectonic Events and Metallogeny of the North China Craton. Berlin: Springer: 393~422

Kaur P, Zeh A, Chaudhri N, Gerdes A, Okrusch M. 2013. Nature of magmatism and sedimentation at a Columbia active margin: insights from combined U-Pb and Lu-Hf isotope data of detrital zircons from NW India. Gondwana Research, 23 (3): 1040~1052

Lai X D, Yang X Y, Santosh M, et al. 2015. New data of the Bayan Obo Fe-REE-Nb deposit, Inner Mongolia: Implications for ore genesis. Precambrian Research, 263: 108~122

Li X H, Su L, Chung S L, et al. 2005. Formation of the Jinchuan ultramafic intrusion and the world´s third largest Ni-Cu sulfide deposit: Associated with the ~825 Ma south China mantle plume? Geochemistry Geophysics Geosystems, 6 (11): 1~16

Li Z X, Evans D A D, Halverson G P. 2013. Neoproterozoic glaciations in a revised global palaeogeography from the breakup of Rodinia to the assembly of Gondwanaland. Sedimentary Geology, 294: 219~232

Liu C H, Zhao G C, Liu F L. 2014. Detrital zircon U-Pb, Hf isotopes, detrital rutile and whole-rock geochemistry of the Huade Group on the northern margin of the North China Craton: Implications on the breakup of the Columbian supercontinent. Precambrian Research, 254: 290~305

Li X H, Su L, Song B, Liu D Y. 2004. SHRIMP U-Pb zircon age of the Jinchuan ultramafic intrusion and its geological significance. Chinese Science Bulletin, 49 (4): 420~422

Li X H, Chen F K, Guo J H, Li Q L, Xie L W, Siebel W. 2007. South China provenance of the lower-grade Penglai Group north of the Sulu UHP orogenic belt, eastern China: Evidence from detrital zircon ages and Nd-Hf isotopic composition. Geochemical Journal, 41 (1): 29~45

MacIntyre D G. 1992. SEDEX-sedimentary-exhalative deposits. In: McMillan W J, Hoy T, MacIntyre D G, et al. (eds.). Ore deposits, tectonics and metallogeny in the Canadian Cordillera Victoria: Queens printer for British Columbia: 25~66

Meng Q R, Wei H H, Qu Y Q, et al. 2011. Stratigraphic and sedimentary records of the rift to drift evolution of the northern North China craton at the Paleo- to Mesoproterozoic transition. Gondwana Research, 20: 205~218

Paek R J, Kan H G, Jon G P, Kim Y M, Kim Y H. 1993. Geology of Korea. Pyongyang: Foreign Languages Books Publishing House

Peng P. 2015. Precambrian mafic dyke swarms in the North China Craton and their geological implications. Science China: Earth Sciences, 58: 649~675

Peng P, Bleeker W, Ernst R E, Söderlund U, McNicoll V. 2011a. U-Pb baddeleyite ages, distribution and geochemistry of 925 Ma mafic dykes and 900 Ma sills in the North China craton: Evidence for a Neoproterozoic mantle plume. Lithos, 127: 210~221

Peng P, Zhai M G, Li Q L, Wu F Y, Hou Q L, Li Z, Li T S, Zhang Y B. 2011b. Neoproterozoic (~900 Ma) Sariwon sills in North Korea: Geochronology, geochemistry and implications for the evolution of the south-eastern margin of the North China Craton. Gondwana Research, 20: 243~254

Peng R M, Zhai Y S, Wang Z G, et al. 2005. Discovery of double-peaking potassic volcanic rocks in Langshan Group of the Tanyaokou hydrothermal sedimentary deposit, Inner Mongolia, and its indicating significance. Science China Earth Sciences, 48 (6): 822~833

Peng R M, Zhai Y S, Wang J P, et al. 2014. The Discovery of the Neoproterozoic rift-related mafic volcanism in the northern margin of North China Craton: Implications for Rodinia reconstruction and mineral exploration. International Conference on Continental Dynamics, Xi'an, China

Piper J D A, Zhang J S, Huang B C, Roberts A P. 2011. Palaeomagnetism of Precambrian dyke swarms in the North China Shield: The ~1.8 Ga LIP event and crustal consolidation in late Palaeoproterozoic times. Journal of Asian Earth Sciences, 41: 504~524

Pisarevsky S A, Elming S Å, Pesonen L J, Li Z X. 2014. Mesoproterozoic paleogeography: Supercontinent and beyond. Precambrian Research, 244: 207~225

Plumb K A, Ahmad M, Wygralak A S. 1990. Mid-Proterozoic basins of the North Australian craton-regional geology and mineralization. In: Hughes F E (ed.). Geology of the mineral deposits of Australia and Papua New Guinea (Volume 1).

Australia: The Australasian Institute of Mining and Metallurgy Clunies Ross House, 881~902

Reis H L S, Alkmim F F. 2015. Anatomy of a basin-controlled foreland fold-thrust belt curve: The Três Marias salient, São Francisco basin, Brazil. Marine and Petroleum Geology, 66: 711~731

Salminen J M, Evans D A D, Trindade R I F, Oliveira E P, Piispa E J, Smirnov A V. 2016. Paleogeography of the Congo/São Francisco craton at 1.5 Ga: Expanding the core of Nuna supercontinent. Precambrian Research, 286: 195~212

Sangster D F. 1999. Sedimentary-exhalative (SEDEX) sulphide deposits. In: Maria da Glória da Silva Aroldo Misi (ed.). Base metal deposits of Brazil. Ernesto von Sperling: 16~17

Silveira E M, Söderlund U, Oliveira E P, Ernst R E, Menezes Leal A B. 2013. First precise U-Pb baddeleyite ages of 1500 Ma mafic dykes from the São Francisco Craton, Brazil, and tectonic implications. Lithos, 174: 144~156

Su W B, Zhang S H, Huff D W, et al. 2008. SHRIMP U-Pb ages of K-bentonite beds in the Xiamaling Formation: Implications for revised subdivision of the Meso- to Neoproterozoic history of the North China Craton. Gondwana Research, 14: 543~553

Söderlund U, Hofmann A, Klausen M B, et al. 2010. Towards a complete magmatic barcode for the Zimbabwe craton: Baddeleyite U-Pb dating of regional dolerite dyke swarms and sill complexes. Precambrian Research, 183: 388~398

Teixeira W, Oliveira E P, Peng P, Dantas E L, Hollanda M H B M. 2017. U-Pb geochronology of the 2.0 Ga Itapecerica graphite-rich supracrustal succession in the São Francisco Craton: tectonic matches with the North China Craton and paleogeographic inferences. Precambrian Research, 293: 91~111

Wang C, Peng P, Wang X P, Yang S Y. 2016. Nature of three Proterozoic (1680 Ma, 1230 Ma and 775 Ma) mafic dyke swarms in North China: implications for tectonic evolution and paleogeographic reconstruction. Precambrian Research, 285: 109~126

Wang Q H, Yang D B, Xu W L. 2012. Neoproterozoic basic magmatism in the southeast margin of North China Craton: Evidence from whole-rock geochemistry, U-Pb and Hf isotopic study of zircons from diabase swarms in the Xuzhou-Huaibei area of China. SCIENCE CHINA Earth Sciences, 55: 1416~1479

Wang X L, Jiang S Y, Dai B Z, Griffin W L, Dai M N, Yang Y H. 2011. Age, geochemistry and tectonic setting of the Neoproterozoic (ca. 830 Ma) gabbros on the southern margin of the North China Craton. Precambrian Research, 190: 35~47

Williams P J. 1998. An Introduction to the Metallogeny of the McArthur RiverMount Isa-Cloncurry Minerals Province. Economic Geology, 93: 1120~1131

Xu H R, Yang Z Y, Peng P, Meert J G, Zhu R X. 2014. Paleo-position of the North China craton within the supercontinent Columbia: constraints from new paleomagnetic results. Precambrian Research, 255: 276~293

Yakubchuk A. 2010. Restoring the supercontinent Columbia and tracing its fragments after its breakup: a new configuration and a Super-Horde hypothesis. Journal of Geodynamics, 50: 166~175

Yan G H, Cai J H, Ren K X. 2010. SHRIMP U-Pb zircon ages of the trachyte in the Dahongkou Formation, Luanchuan Group, southern margin of the North China craton. National Petrology and Geodynamic Conference Abstract Volume (Beijing): 289~290

Yang J H, Wu F Y, Zhang Y B, et al. 2004. Identification of Mesoproterozoic zircons in a Triassic dolerite from the Liaodong Peninsula, East China. Chinese Science Bulletin, 49: 1878~1882

Yang J H, Wu F Y, Liu X M. 2005. Zircon U-Pb ages and Hf isotopes and their geological significance of the Miyun rapakivi granites from Beijing, China. Acta Petrologica Sinica, 21: 1633~1644 (in Chinese)

Yang J H, Sun J F, Chen F K, et al. 2007. Sources and petrogenesis of Late Triassic dolerite dykes in the Liaodong Peninsula: implications for postcollisional lithosphere thinning of the Eastern North China Craton. Journal of Petrology, 48 (10): 1973~1997

Yang K F, Fan H R, Santosh M, Hu F F, Wang K Y. 2011. Mesoproterozoic carbonatitic magmatism in the Bayan Obo deposit, Inner Mongolia, North China: Constraints for the mechanism of super accumulation of rare earth elements. Ore Geology Reviews, 40: 122~131

Zhai M G, Santosh M. 2013. Metallogeny of the North China Craton: Link with secular changes in the evolving Earth. Gondwana Research, 24: 275~297

Zhai M G, Bian A G, Zhao T P. 2001. The amalgamation of the supercontinent of North China Craton at the end of Neo-Archaean and its breakup during late Palaeoproterozoic and Meso-Proterozoic. Science in China (Series D), 43 (Supp.): 219~232

Zhang S H, Li Z X, Wu H C. 2006. New Precambrian palaeomagnetic constraints on the position of the North China Block in Rodinia. Precambrian Research, 144: 213~238

Zhang S H, Liu S W, Zhao Y, Yang J H, Song B, Liu X M. 2007. The 1.75-1.68 Ga anorthosite-mangerite-alkali granitoid-rapakivi granite suite from the northern North China craton: magmatism related to a Paleoproterozoic orogen. Precambrian Research,

155: 287~312

Zhang S H, Zhao Y, Yang Z Y, et al. 2009. The 1.35 Ga diabase sills from the northern North China Craton: Implications for breakup of the Columbia (Nuna) supercontinent. Earth and Planetary Science Letters, 288: 588~600

Zhang S H, Zhao Y, Santosh M. 2012. Mid-Mesoproterozoic bimodal magmatic rocks in the northern North China Craton: Implications for magmatism related to breakup of the Columbia supercontinent. Precambrian Research, 222/223: 339~367

Zhang S H, Zhao Y, Ye H, Hu G H. 2016. Early Neoproterozoic emplacement of the diabase sill swarms in the Liaodong Peninsula and pre-magmatic uplift of the southeastern North China Craton. Precambrian Research, 272: 203~225

Zhang S H, Zhao Y, Liu Y S. 2017. A precise zircon Th-Pb age of carbonatite sills from the world's largest Bayan Obo deposit: Implications for timing and genesis of REE-Nb mineralization. Precambrian Research, 291: 202~219

Zhao G C, Cawood P A, Wilde S A, Sun M. 2002. Review of global 2.1-1.8 Ga orogens: implications for a pre-Rodinia supercontinent. Earth Science-Review, 59: 125~162

Zhao G C, Cao L, Wilde S A, Sun M, Choe W J, Li S Z. 2006. Implications based on the first SHRIMP U-Pb zircon dating on Precambrian granitoid rocks in North Korea. Earth and Planetary Science Letters, 251 (3-4): 365~379

Zhao G C, He Y H, Sun M. 2009. Xiong'er volcanic belt in the North China Craton: Implications for the outward accretion of the Paleo-Mesoproterozoic Columbia Supercontinent. Gondwana Research, 16: 170~181

Zhong R C, Li W B, Chen Y J, et al. 2012. Ore-forming conditions and genesis of the Huogeqi Cu-Pb-Zn-Fe deposit in the northern margin of the North China Craton: evidence from ore petrologic characteristics. Ore Geology Reviews, 44: 107~120

Zhong R C, Li W B, Chen Y J, et al. 2013. P-T-X conditions, origin, and evolution of Cu-bearing fluids of the shear zone-hosted Huogeqi Cu-(Pb-Zn-Fr) deposit, northern China. Ore Geology Reviews, 50: 83~97

Zhong R C, Li W B, Chen Y J, et al. 2015. Significant Zn-Pb-Cu remobilization of a syngenetic strata bound deposit during regional metamorphism: A case study in the giant Dongshengmiao deposit, northern China. Ore Geology Reviews, 64: 89~102

Zhong Y, Zhai M G, Peng P, et al. 2015. Detrital zircon U-Pb dating and whole-rock geochemistry from the clastic rocks in the northern marginal basin of the North China Craton: Constraints on depositional age and provenance of the Bayan Obo Group. Precambrian Research, 258: 133~145

Zhou J B, Wilde S A, Zhao G C, Zheng C Q, Jin W, Zhang X Z, Cheng H. 2008. SHRIMP U-Pb zircon dating of the Neoproterozoic Penglai Group and Archean gneisses from the Jiaobei Terrane, North China, and their tectonic implications. Precambrian Research, 160: 323~340

第六篇　华北克拉通前寒武纪重大地质事件及成矿系统

第十三章 地球演化与成矿演化规律

第一节 前寒武纪重大地质事件与成矿规律

一、前寒武纪重大地质事件

地球上最古老的陆壳物质是采自西澳大利亚 Yiligarn 地盾 Jack Hills 沉积砾岩的碎屑锆石，它的 SHRIMP 锆石 U-Pb 同位素年龄是 44.04 亿年（Wilde et al., 2001；Iizuka et al., 2006；Nemchin et al., 2006；Harrison, 2009）。地质学家还在加拿大克拉通上发现有年龄为 40.25 亿～40.65 亿年的英云闪长质岩石（Acasta gneiss），这是目前最古老的岩石（Bowring and Williams, 1999）。地球上约 38 亿年的岩石有较多的出露，并且分布在不同的大陆上形成陆核。陆核是如何形成的，至今仍是疑案。此后在太古宙和元古宙漫长的演化中，地球上发生了许多惊心动魄的故事，特别是巨量陆壳的形成、构造体制（从前板块构造-板块构造）的转变，以及地球环境（从缺氧到富氧）的剧变三大地质事件（图 13.1）。

克拉通可以简单地理解为长期稳定的古老陆块。地球在前寒武纪时期经历了陆壳的形成、生长和稳定化，经历了壳-幔和洋-陆的相互作用，终于在某一个地质阶段，形成了现今的固体地球圈层、稳定的（岩石圈）壳幔结构和洋陆格局，即超级克拉通化。

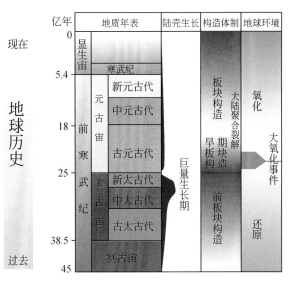

图 13.1 地球前寒武纪演化中的三大地质事件

华北克拉通演化历史复杂，几乎把早前寒武纪所有的重大地质事件都记录下来（图 13.2）。近 20 年来，国际前寒武纪研究至少有两个研究焦点或热点是围绕华北展开的。一个是约 19 亿年的高压基性麻粒岩的发现，因为它的变质压力可达 1.2～1.5 GPa，部分岩石达到榴辉岩-麻粒岩转换相。这个发现导致人们去思考是否在古元古代已经有了与现代板块构造相似的板块机制（翟明国等，1992，1995；Zhao et al., 1999）。另外一个是关于华北约 25 亿年的东湾子蛇绿岩的报道，新太古代蛇绿岩的厘定是关于在太古宙是否存在与现代大洋相似的洋壳以及是否存在俯冲机制的问题，引起了很多质疑与讨论（Kusky et al., 2001；Li et al., 2002；Zhai et al., 2002；Zhao et al., 2007）。25 亿年是太古宙与元古宙的界限，并被推测此时形成了超级克拉通（Rogers and Santosh，2003）。25 亿年之后（2.5～2.25 Ga）的约 2.5 亿年的很长的地质时期内，全球处于地质构造运动的休止状态，被称为 unconformity 期，或假设曾是一个雪球地球（Condie and Kröner，2008）。华北的 25 亿年地质事件，包括变质、变形、岩浆和地壳熔融的表现，强于许多克拉通，因此是研究太古宙/元古宙分界及其构造意义的理想地区（Zhai and Santosh，2011；翟明国，2011）。

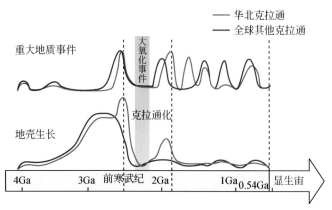

图 13.2　华北克拉通与全球其他克拉通重大地质事件对比图

二、陆壳的巨量生长

（一）陆壳的形成与生长

目前发现的地球上最古老的岩石是 TTG 片麻岩。TTG 是奥长花岗岩（trondhjemite）、英云闪长岩（tonalite）、花岗闪长岩（granodiorite）的缩写，在地壳的早期形成中具有重要意义。加拿大克拉通的条带状英云闪长岩（Acasta gneiss）获得 40.25 亿～40.65 亿年锆石 U-Pb 同位素年龄，是目前最古老的岩石，出露面积约 20 km²。在西澳大利亚的 Yiligarn 地盾上的太古宙沉积砾岩中，发现有的碎屑锆石的 U-Pb 同位素年龄高达 44.04 亿年，并且它们的稳定同位素证实它们的母岩是 TTG 片麻岩，在约 40 亿年前还经历了变质作用，说明在 44 亿年之前，地球上已经存在 TTG 质的陆壳。而年龄 38 亿～39 亿年的 TTG 岩石则被报道在几乎所有的古老克拉通上，虽然它们的数量仍有限。比较著名的是西格陵兰和苏格兰等地，古老的 TTG 片麻岩还共生有 37 亿～38 亿年的沉积岩和基性火成岩。沉积岩中代表性的岩石组合是 BIF，它们是在有生物参与氧化条件环境形成的化学沉积岩，因此说明在 38 亿年前已有水的存在并在地质过程中发挥着重要作用。

然而地球上至今没有公认的大于 10 亿年的洋壳被发现。太古宙蛇绿岩的识别，是探讨在太古宙是否存在板块构造以及具体在哪个时代开始有板块构造的主要依据之一。被假设最早的蛇绿岩是西格陵兰的 Isua 表壳岩系（Furnes et al.，2007），其中的基性岩石的同位素年龄是～3.8 Ga。被假设的年龄在 3.0～2.7 Ga 的蛇绿岩有 3.0 Ga 的东西伯利亚阿尔丹地盾的 Olondo 蛇绿岩，年龄大约在 2.8 Ga 的东北俄罗斯 Baltic 地盾的 Karelian SSZ 型蛇绿岩，以及 2.7 Ga 的蛇绿岩，如在加拿大的 Slave 克拉通、Zimbabwe 克拉通（Puctel，2004；Cocoran et al.，2004；Shchipansky et al.，2004；Kusky，1989，1998；Kusky and Kidd，1992；Hofmann and Kusky，2004），以及 2.5 Ga 的华北的遵化（东湾子）蛇绿岩等（Kysky et al.，2001；Li et al.，2002）。上述所有的蛇绿岩无一例外都还存在很大争议，主要是和显生宙蛇绿岩在岩石组合、产状和地球化学特征等方面存在的差异。目前的资料似乎说明地球的陆壳形成早于洋壳。

作为最古老的 TTG 片麻岩在 38 亿年前，很可能是形成了一些古陆核（Goodwin，1996；Windley，1995；Condie et al.，2001）。地幔的 Nd 同位素研究显示从古到现今是一个线性演化。然而，在 38 亿年前，地幔演化表现为强烈亏损，强烈亏损地幔的出现暗示地球在早期或者有过强烈的陆壳形成时期或者存在类似于月球的岩浆海式的陆壳形成过程。37.3 亿年至太古宙末为过渡性地幔演化，反映存在亏损与非亏损或富集地幔储库混合。陆壳的巨量生长发生在29亿~25亿年的新太古代（图13.3），峰值约在27亿年（Condie and Kröner，2008）。据研究，25亿年前以TTG为主要成分的巨大陆壳，已经具有与Pangea泛大陆或现代大陆相当的规模（图13.4）（Rogers and Santosh，2003）。早期陆核的形成，用岩浆演化模式尚可解释，但是对于新太古代全球的巨量陆壳的生长，很难用岩浆的分异来解释，如此规模的TTG岩石可以从玄武质-科马提质岩浆中分异出来。

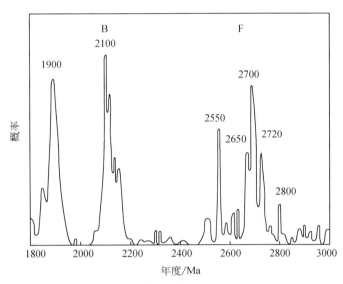

图13.3　TTG片麻岩随时代的增长（Condie and Kröner，2008）
F. 陆壳生长的TTG岩石；B. 与陆壳裂解过程重熔有关的TTG岩石

早期地球也有一个与月球相似的岩浆海的模式是被普遍接受的假说（Stevenson，2008；Zhang and Guo，2009），早期的TTG岩石形成以及新太古代的地幔柱构造都可以与其联系。由于地幔是不能直接通过部分熔融产生安山质-花岗质岩浆的，因此TTG岩浆的形成，一般被解释为由地幔中熔出的玄武质岩浆，经过二次熔融形成。而且，作为母岩的玄武岩应该是短寿命的（short-life），同位素体系没有发生变化。如何使玄武岩部分熔融呢？将今论古，洋壳的俯冲是一个比较容易的选择，同时根据TTG岩石LREE和HREE分离、HREE相对亏损以及Eu无异常/正异常的特点，推断在熔融残留物中，有石榴子石、单斜辉石或角闪石，岩浆的堆晶相有较多的斜长石，从而进一步推断俯冲洋壳还应该是有较大深度的，达到了榴辉岩相或者含石榴子石的角闪岩相。这样TTG片麻岩的成因就和埃达克岩很相似，然而从岩石化学来看，TTG片麻岩总体上比埃达克岩的$Mg^\#$低，该值通常被考虑为地幔组分的参与程度。但是太古宙整体地球的温度较高，地热梯度高于显生宙，至今没有发现和证实有与现代洋壳相似的太古宙洋壳存在；没有在广泛分布的TTG片麻岩中发现残留的洋壳碎片，也没有任何洋壳熔融残留的榴辉岩或其他岩石的报道。较高的地热梯度，还使得洋壳的刚性程度低，难以俯冲到陆壳或仰冲盘洋壳之下，更难达到榴辉岩相深度。加厚地壳可以熔融出TTG岩石是一个折中的说法，是什么机制导致地壳加厚？地幔柱构造解释巨量TTG片麻岩的形成（generation）和生长（growth）（Condie and Kröner，2008），其依据之一是同时期大规模的岩浆活动，被称为大火山岩省，它们以绿岩带的形式广泛分布，岩石以高温的高程度熔融的科马提岩为代表。科马提岩和玄武岩的部分熔融是TTG片麻岩大量形成的机制。虽然这个假说很难证实，但是地球在早前寒武纪比现今地球热得多应该是有证据的。张旗和翟明国（2012）计算的太古宙地热梯度是现代的3倍，约20~50℃/km。在这样热的情况下，地壳的镁铁质-超镁铁质岩石发生部分熔融是可能的，而且熔出$Mg^\#$不太高的TTG质岩石需要的压力并不高。有研究认为，玄武质岩石在异常高温下的部分熔融出TTG岩浆不需要有石榴子石作为残留矿物。此外，在新太古代末之后，地球的主要机制由地幔柱机制向横向运动为主的机制转变，TTG片麻岩也不再大量出现，代之为地壳部分熔融的钙碱系列花岗质岩石（Breitkopf，1989；王仁民等，1997）。

很多研究者认为在新太古代末大陆的生长（growth）已经基本结束，此后的地壳表现为洋陆的相互作用，它们基本是发生在古老大陆的边缘。洋陆或陆陆板块的边界，叫做造山带。大陆即是由克拉通与造山带构成的。在洋陆的相互作用中，有古老陆壳的消耗，也有新的陆壳形成，后者叫做陆壳增生（accretion）。根据现代地球物理的观测，每年在板块边界消耗的陆壳约为 3.2 km^3，而每年在板块边界增生的陆壳约为 3.2 km^3，二者相当。这似乎说明了当前陆壳的增生与消耗达到平衡（Scholl and Sterm, 2009）。

（二）华北克拉通的陆壳形成、生长与稳定化

华北有若干古老的陆核，它们以花岗质片麻岩和变质的沉积砂岩中的 3.0~3.8 Ga 的古老锆石作为指示标志。最近，华北中部、南部和西部的元古宙变质沉积岩和显生宙沉积岩中不断有 3.7~3.8 Ga 的碎屑锆石被报道，因此推测冥古宙晚期—太古宙早期的古老陆壳岩石在华北可能比原来想象的分布更广。在华北南缘的古生代火山碎屑岩中还发现有约 4.1 Ga 的锆石，带有约 3.9 Ga 的变质环带，是目前在中国发现的最古老的锆石之一（第五春荣等, 2010）。

根据已有的地质资料，华北克拉通的陆壳的 80%~90% 是在早寒武纪形成的，绝大多数形成在中-新太古代（Zhai and Santosh, 2011）。通过长英质片麻岩和火山岩的研究，全球陆壳的巨量增生在 2.7~2.8 Ga，主要的岩石类型是高钠的长英质片麻岩（TTG），其次是镁铁质-超镁铁质火山岩。华北陆壳的增生与全球一致，此次陆壳增生被推测与超级地幔柱事件相关。华北克拉通新太古代末（2.5~2.55 Ga）有很强的岩浆活动与地壳的活化，因此强烈的陆壳增生完成在新太古代末，即完成克拉通化（翟明国, 2011）。华北克拉通化标志着现代规模的华北克拉通已基本形成。主要的克拉通化标志是：大量陆壳重熔花岗岩形成，侵入绿岩带和高级区，焊接了不同的微陆块以及岩石构造单元，并且同期发生了广泛的变质作用；2.501~2.504 Ga 的未变质变形的超镁铁质-碱性岩墙侵入古老的变质岩中（Li et al., 2010）；浅变质的 2.504~2.510 Ga 的裂谷型表壳岩作为盖层覆盖在古老的深变质基底之上（Lv et al., 2012）。

三、构造演化与体制转变

Condie 和 Kröner（2008）提出板块构造的判别标志（图 13.4），除了地球化学指标类似的岛弧地体外，几乎所有的指标都不支持在中元古代之前存在板块构造。其中两个最重要的指标是增生型造山带中的蛇绿岩，以及与俯冲-碰撞有关的变质作用。

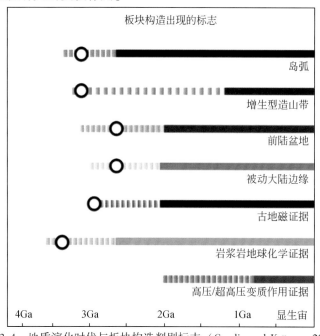

图 13.4 地质演化时代与板块构造判别标志（Condie and Kröner, 2008）

(一) 蛇绿岩与绿岩带

地球的早前寒武纪壳层可以识别的地质单元有两个，即高级区与绿岩带，它们共同构成克拉通。高级区是以穹窿状出露的高级变质地体，主要的岩石有 TTG 片麻岩、变质的辉长岩，以及少量的变质的表壳岩，可以含有 BIF，几乎所有的岩石都经历了麻粒岩相-高级角闪岩相的变质作用，所以称为高级区 (high-grade region)。在克拉通中，高级区占 60%~70%，剩余的 30%~40% 是绿岩带。绿岩带主要由未变质的和弱变质的表壳岩组成，它们常常呈向斜状线性带围绕高级区分布。绿岩带的主要火山岩有超镁铁质的科马提岩，玄武岩以及长英质火山岩（双峰式），少量钙碱性火山岩，沉积岩有 BIF、泥、砂质岩以及碳酸盐岩，但其层序和显生宙蛇绿岩相差甚大。绿岩带常常被更晚期的花岗岩侵入，可能反映了绿岩带的形成与演化过程。在某些克拉通可以看到绿岩带不整合于高级区之上，也有些克拉通绿岩带与高级区是构造接触，同位素年龄相当，谁老谁新以及原始的构造关系难以确定。

蛇绿岩成因一般解释为由洋中脊海底扩张作用而形成的大洋岩石圈的侵位形成。蛇绿岩与大洋岩石圈的演化有密切的关系，因此研究蛇绿岩的组成、成分及成因是了解大洋岩石圈结构、变化及动力学的主要途径。蛇绿岩 (Penrose) 的代表层序自下而上是橄榄岩、辉长岩、席状基性岩墙和基性熔岩以及海相沉积物，其中橄榄岩和辉长岩在层序上可以重复多次。尔后的研究中，Perose (MORB) 型的大洋残片型蛇绿岩发现得很少，于是研究者划分出更多的蛇绿岩类型，如大洋岛型 (OIB)、富集地幔型 (EMORB)、洋-陆转换型 (OCT)、俯冲带型 (SSZ) 等 (Dilek and Robinson, 2003; Kusky, 2004; 史仁灯, 2005)。俯冲带型蛇绿岩 (SSZ) 强调俯冲作用，在洋陆俯冲过程中如果有弧后扩张和新的大洋岩石圈形成，或者洋内 (intra-oceanic) 俯冲导致的弧前扩张形成的一套岩石组合即 SSZ 型蛇绿岩，SSZ 型蛇绿岩中传统的 Penrose 蛇绿岩中最特征的标志岩石——席状岩墙群并不发育。

综合现在的研究资料，无论用何种判别标志，对于太古宙以及古元古代早期，世界各地的绿岩带或活动带的岩石组合与蛇绿岩都相差甚远，可能的原因有两个：一是早前寒武纪的大陆形成与生长，其机制完全和板块构造不同，高的地热梯度与频繁的、小规模的地幔柱构造很活跃；二是有一部分绿岩带可能代表了残留的早期洋壳，但那时的洋壳与现代洋壳在结构和地球化学性质上都不相同。Zhai 和 Windley (1990) 曾经根据在太古宙高级区与绿岩带都存在 BIF，但是岩石组合、变质程度和构造变形具有差异，推测这两种地体的 BIF 及相关岩石组合分别代表了岛弧根部以及岛弧-弧后盆地的岩石建造，进而推测在新太古代已经有了与现代机制类似而规模不同的板块构造。但是其后的研究，特别是 BIF 以及相关岩石的岩石性质和地球化学特征，仍不能得到令人信服的结论。Coward 和 Ries (1995)、Fowler 等 (2002) 也提出 BIF 有多种源区，简单地推测它们的构造环境是困难的。

(二) 前寒武纪变质作用

太古宙的岩石广泛经历了变质作用，其比例远远超过显生宙的岩石。太古宙的变质岩石还有很多特点，如根据 Bohlen (1987)、赵宗溥 (1993)、沈其韩等 (1992)、Bucher 和 Frey (1994) 的研究可以归纳为：一是高级变质的岩石很多，高温的麻粒岩相的岩石主要是早前寒武纪的岩石，显生宙较少；二是早前寒武纪的高级变质岩石呈面状分布，且常常伴生紫苏花岗岩的侵入和混合岩化；三是早前寒武纪的变质岩石没有高压变质岩，如有关蓝片岩的报道最早也大致在 10 亿年及其以后。这些特点表现出早期地热梯度高的特点，以及可能的和显生宙不同的变质条件和变质机制。

早前寒武纪变质区（带）与显生宙变质带的展布规律有截然不同的特点。在板块构造的理论框架中，变质带有规律地分布在板块的边缘。Miyashiro (1961, 1994) 最早提出了双变质带的概念，提出高压低温带分布在俯冲洋片的一侧，高温低压带分布在仰冲陆壳一侧。它们是严格地受着各自环境中变质温度、压力、流体和岩石的物质组成和物理性质的因素控制。后来的研究发现，洋壳可以俯冲到很大的深度，随着压力和温度的升高，由蓝片岩相到榴辉岩相，甚至到含柯石英、金刚石等超高压矿物的榴辉岩相。而大陆一侧的变质作用可以随深度和构造部位的不同，变质为绿片岩相、角闪岩相和麻粒岩相。20 世纪

80 年代末期以来，人们关注到陆壳也可以俯冲到另一陆块之下，深俯冲到地幔深度，甚至达到 300 km 以下（Liu et al., 2007）。对于陆-陆俯冲，变质带也是明确的。

早前寒武纪地区则表现为太古宙高级区（麻粒岩区）与绿岩带共生的构造模式。图 13.5 是俄罗斯 Aldan 地盾的高级区与绿岩带分布图，虚线表示了区内古老岩石的变形状态。其中穹窿状的是高级片麻岩区，由片麻岩和麻粒岩组成。穹窿外围绕的线状分布的岩石是绿岩带，它们是由未变质或低级变质的岩石组成。这样的变质区带的分布样式，和我们前面提到的板块构造的变质分带不同，或者说是完全相反。如果我们把早前寒武纪的绿岩带-高级区格局大致相对应于显生宙的造山带-陆块格局，那么早前寒武纪的绿岩带应对应于造山带，它们应经受强烈的变质作用，并表现出洋-陆或陆-陆形式的双变质带特征；高级区则应该没有或较少发生变质作用。这与现代板块构造机制的造山带与克拉通陆块的构造格局完全不同。后者是造山带呈线性的构造带位于两个陆块之间。造山带由与板块俯冲-碰撞有关的岩石组成，造山带内及其附近有与造山作用有关的花岗岩侵入。造山带的岩石发生变质作用，形成相应的变质带。早前寒武纪高级区内的岩石是面状的高级变质作用，温度高（700~850 ℃），压力以中压为主。其麻粒岩地体的形成机制用板块构造无法解释，与 TTG 片麻岩的成因一起，是早前寒武纪岩石学领域两大疑案之一（赵宗溥，1993）。

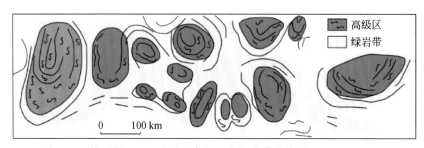

图 13.5　俄罗斯 Aldan 地盾的高级区与绿岩带分布图（Salop，1972）

（三）古元古代高压麻粒岩相变质作用与初始板块构造

1991 年起，华北最早报道在早前寒武纪玄武质成分的麻粒岩中发现石榴子石，石榴子石在石英玄武质的变质岩石中形成独立矿物指示变质压力大于 1.0 GPa（王仁民等，1991；翟明国，1991；翟明国等，1992；郭敬辉等，1993）。因此俗称的高压麻粒岩是含石榴子石的基性麻粒岩，它们以透镜体或强烈变形的岩墙状出露于片麻岩中。在紫苏辉石消失全部变为石榴子石-单斜辉石-石英-斜长石的组合时，压力比二辉石共存的压力更大。但是如果岩石的成分（或局部）不均匀，即 Al 或 Mg+Fe 含量变化，都可能引起斜方辉石并不因压力升高而分解，因此将高压麻粒岩称为石榴麻粒岩相麻粒岩更确切（翟明国，2009）。另一种极端变质条件下的麻粒岩是温度高（HT），甚至超高温（UHT）的麻粒岩相变质岩。HT-UHT 麻粒岩主要是富铝的变质沉积岩系，俗称孔兹岩系，其中有含假蓝宝石和尖晶石等矿物组合，指示部分岩石的变质温度高于 900 ℃。这种岩石目前发现的都是前寒武纪形成的，除新太古代外，集中在 1.95 Ga/1.8 Ga，约 1.0 Ga 和约 550Ma。它们都是变质的沉积岩（夕线石石榴片麻岩-石墨片麻岩-大理岩等）。翟明国等（1995）还报道了退变榴辉岩，指出高压变质的压力和温度达到麻粒岩和榴辉岩的转换相，变质时代在 19 亿~19.2 亿年，在 18.5 亿年发生了中压麻粒岩相退变质作用。此后，华北克拉通内不同地点的高压麻粒岩露头不断被报道（耿元生和吉成林，1994；翟淳等，1995；李江海等，1998；刘文军等，1998；钟长汀，1999；魏春景等，2001；周喜文等，2004），并被解释为与现代板块构造的陆-陆碰撞。这项研究引起了国际学界重视，于 2002 年在中国召开了以 "High-pressure and high-temperature granulites and reconstruction of Early Precambrian plate tectonics" 为主题的国际 Penrose（彭罗斯）会议。国外如在加拿大（Baldwin et al., 2004）、苏格兰（Storey et al., 2005）等前寒武纪地区也陆续报道了年龄在 18 亿~8 亿年的榴辉岩，虽然是否是真正的榴辉岩或变质作用的精确年代还存在争议，但是毕竟发现了在前寒武纪的相对高压的变质岩石，由此激发人们认为在 19 亿~18 亿年前后出现板块构造的探讨。

高压麻粒岩的发现引起人们对早前寒武纪变质作用的重新思考，即除了变质岩温度高、压力偏低（<1.0 GPa）的麻粒岩普遍分布外，还有>1.0 GPa 的变质岩石。此外 UT-UHT 的麻粒岩原岩是泥质岩。很多研究者将原岩是表壳岩的麻粒岩都归结为代表了碰撞造山带，因为它们曾有一个从地表下沉到下地壳深度，而后又抬升到地表的过程（Newton，1988），具有顺时针的 P-T-t 变质轨迹（吴昌华和钟长汀，1998；Zhao et al.，1999；Santosh et al.，2007），部分超高温麻粒岩还有先降温再经历降压的"反–顺时针"的 P-T（counter-clockwise）轨迹。尔后对变质作用的研究，又发现了一些与现代造山作用不同的现象。例如，高压麻粒岩的变质压力虽然比大多数克拉通高级区的中压高温麻粒岩要高，但它们仍然属于中压变质相系，温压梯度是 22～25 ℃/km，大大高于板块俯冲带变质岩的 16 ℃/km；折返速率前者是 0.33～0.5 mm/a，又大大低于后者的 0.3～3 cm/a。这些数据本身还带来蠕变强度的巨大差异，给前寒武纪高压麻粒岩和 UT-UHT 麻粒岩能否具有足够的俯冲刚性带来极大的疑问。此外，高压麻粒岩和 UT-UHT 麻粒岩可能的面状分布等，变质过程的复杂性等都为它们可能代表碰撞造山带的构造解释造成麻烦。

虽然对高级变质岩石的研究还有很多争议和需要解决的问题，但是在古元古代末期—中元古代早期（1.95～1.80 Ga）期间华北的研究还有新的事实被揭示。例如，在华北克拉通内有三套古元古代的火山沉积岩系，它们分别分布在吉林–辽宁–山东、山西–河南、晋冀北部–内蒙古中部。岩石总体都可以分为含双峰式火山–沉积岩的下部岩系和以变质泥质岩–蒸发岩（灰岩–白云岩）的上部岩系，火山岩的年龄在 2.20～1.95 Ga，并在 1.95～1.80 Ga 发生了不止一期的变质作用，变质程度可在绿片岩相–角闪岩相，局部与上述的 HT-UHT 岩石不好区分。火山沉积岩系呈线状的褶皱带，局部与基底似有不整合关系。变质作用有顺时针的 P-T 轨迹记录。翟明国（2004）、翟明国和彭澎（2007）将它们命名为胶辽活动带、晋豫活动带和丰镇活动带，其火山–沉积岩系分别是辽河群–粉子山群、滹沱群–中条群–吕梁群、二道洼群–上集宁群。

华北克拉通古元古代活动带有下面几个特点：具线性展布特征，有复杂褶皱形态；活动带岩石发生变质；有与其相应的花岗岩侵入，以及类似于裂谷–岛弧的成矿作用（Pb-Zn, Cu）。这些特点与现代裂谷–岛弧–碰撞带有相似，而不同于太古宙的绿岩带–高级区的构造–变质格局。据此，翟明国（2011）、Zhai 和 Santosh（2011）已经假设了华北克拉通初始的板块构造，即在太古宙克拉通化之后，又经过 2.5（2.45）～2.35（2.3）Ga 的构造静寂期，华北克拉通发生了一次基底残留洋盆与陆内的拉伸–破裂事件，随后在 1950～1900 Ma，经历了一次挤压构造事件，导致了裂陷盆地的闭合，形成晋豫、胶辽和丰镇三个活动带，它们在分布状态、变形与变质方面，类似于现代陆–陆碰撞型的造山带（图 13.6）（Zhai and Liu，2003；翟明国，2011），造成克拉通中部迁怀陆块，以及北部的集宁陆块和东部的胶辽陆块等在碰撞以及

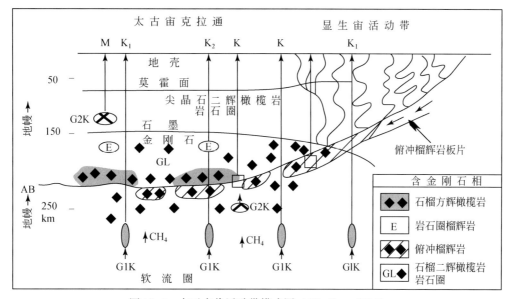

图 13.6 古元古代活动带模式图（Windley，1995）

碰撞后基底掀翻，使下地壳岩石抬升，出露地表的下地壳由高级变质杂岩代表（翟明国，2009）。古元古代活动带显示了板块构造雏形的特点，在机理上类似，在规模上不同，是早前寒武纪垂直为主的构造机制向板块构造转变的重要阶段。对于古元古代的构造转变，在以前的文献中也有描述，即古元古代活动带是规模小的现代板块构造俯冲碰撞带（Windley，1995），也被作为与太古宙地壳生长机制不同的元古宙陆壳增生的机制（图13.6）。图13.7是华北克拉通晋豫活动带古元古代的裂谷-俯冲-碰撞模式（Zhai et al.，2010），解释了有限洋盆的俯冲以及碰撞过程。

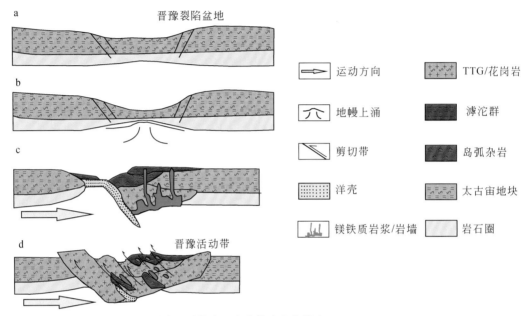

图13.7 晋豫活动带古元古代构造演化模式（Zhai et al.，2010）

（四）大氧化事件与地球环境

地球在历史上最重大的地质环境事件，是从早期缺氧变成富氧。大气圈与固体圈层的耦合推测与超级克拉通的形成同步。而大气圈富氧的过程，据研究是在>2.2 Ga前后开始，而在2.2~1.9 Ga时达到与现代相近的富氧状态。这是一个氧的突变或剧变的过程，称为Jatulian事件或大氧化事件（great oxidation event），简称GOE（陈衍景等，1996；Ohmoto，1997；Konhauser，2009；赵振华，2010），发生在25亿年即太古宙与元古宙的分界之后。从全球构造来看，2.5~2.35 Ga是一个静寂期，此后，推测在构造上有全球的超级克拉通裂解。从>2.2 Ga的某个时候起，发生了氧的急剧升高。大氧化事件在地球上有许多表现，主要有：①全球性的水体和大气的氧逸度增高；②导致水圈中离子的价态、种类、活度的变化，也势必引起沉积物类型与性质的变化，如海水中二价铁离子的价态改变，形成大量的BIF沉积，以及沉积物中REE形式的改变等；③氧逸度的改变导致温度的改变；④促进生命的形成演化和生物圈的变化等。

对于大氧化事件有不同的成因模型（Ohmoto，1997；Konhauser，2009）。例如，Zahnele等（2006）提出，约2.4 Ga前的地球大气圈中CH_4降低，触发了O_2连续增加。导致地球历史上一个转折点（重大时刻），标志着地球开始了从未经历过的一系列主要化学变化，大陆氧化风化阶段及随后的海洋化学变化及多细胞生物出现。对于大氧化事件的时代，多认为从>2.2 Ga甚至2.4 Ga开始，在2.2~1.9 Ga达到与现代大气氧含量相当的水平。在地球化学上，C同位素发生明显正向漂移（+0.8‰~+14.8‰）（Schidlowski et al.，1975），沉积物REE组成突变（陈衍景等，1996），$\delta^{15}N$比新太古代上升2‰（Godfrey and Falkowski，2009）。对于大氧化事件的地质表现（图13.8），大约在2.3 Ga，发生浅水碳酸盐沉积与全球白云石发育，2.2~2.0（1.9）Ga苏必利尔型BIF沉积是标志性沉积与成矿作用，而后发生黑色页岩沉积等（图13.9）（Condie and Kröner，2008）。

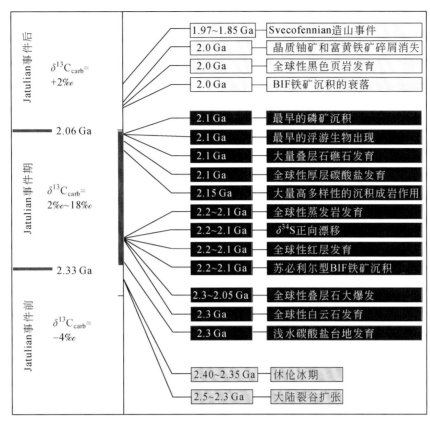

图 13.8　大氧化（Jatulian）事件的地质表现

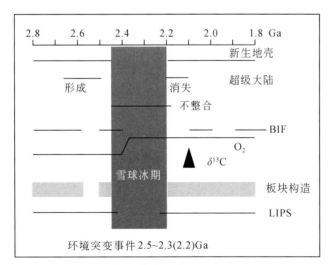

图 13.9　环境突变期的构造事件示意图（Condie and Kröner，2008）

大氧化事件在华北克拉通的表现也很强烈。一套代表性沉积岩石有吉林-辽宁的蒸发岩，发育巨厚的菱镁矿沉积，伴有大理岩和其他沉积岩；另一套代表性沉积岩石有普遍分布的石墨片麻岩及相关的巨厚大理岩和蒸发岩，即广泛的碳质页岩沉积。然而，华北克拉通目前没有明确的重要的苏必利尔型 BIF 沉积矿床被确定。丰富的 BIF 都是形成在太古宙，以新太古代为主，属于阿尔戈马型，与绿岩带-高级区的演化有关。铁的物质来自太古宙风化的科马提岩或玄武岩，因为火山活动引起的温度和氧化条件变化，特别是在细菌的参与下，导致铁的价态变化并沉积形成了条带状硅铁建造。华北没有成型的古元古代苏必利尔型 BIF，可能的解释是，此时华北的盆地比较浅，局部处于潟湖相-浅海相，海水深度低于 250 m，因此沉积了更多的蒸发盐类，而没有形成 BIF。

四、华北克拉通前寒武纪成矿系统

前寒武纪占地质历史的 85% 以上，形成了大陆地壳的主体，蕴藏着丰富的矿产资源，一些重要矿产，如铁、金、铜、铅、锌、铀等的资源量远大于其他地质时代。这些矿产的成因类型独特，与重大地质事件密切相关，具有鲜明的时控性，许多矿产类型仅限于特定地质时代，此后不再出现或极为罕见（Zhai and Santosh，2013）。例如 BIF，只形成在早前寒武纪，它的形成与贫氧条件下的氧化条件的快速升高以及由此引起的细菌活动有关。在中-新太古代和古元古代是占据统治地位的矿种，在新元古代的雪球事件中有少量重复，之后就再也没有出现过。

华北的 BIF 的特征前面已有讨论。也有一些前寒武纪的特征矿产，在华北不发育，如绿岩带型金矿和元古宙的砾岩型铀金矿等，翟明国（2010）认为它们是在华北的古元古代的裂谷-俯冲-碰撞事件和陆壳再造事件，以及华北中生代的岩石圈减薄等后期构造事件中被改造，因为它们的成矿温度都较低并且成矿元素易于迁移。而华北克拉通在古元古代末—新元古代的多期裂谷事件以及壳幔的相互作用，很可能是白云鄂博特大型稀土矿床的背景条件（Zhang et al.，2011）。

我们将华北克拉通的陆壳巨量增生、构造机制转折和地球环境剧变，以及古生代边缘造山事件和中生代岩石圈减薄再细化为 6 个比较重要的地质事件，它们是新太古代陆壳巨量生长和克拉通化事件、古元古代大氧化事件、古元古代裂谷-俯冲-碰撞事件（活动带）、古元古代末—新元古代持续多期裂谷事件、古生代克拉通边缘造山事件和中生代克拉通破坏事件。相对应于上述地质事件，华北有 6 个重要的成矿系统，它们是新太古代 BIF 成矿系统、古元古代大氧化条件下 Mg-B 成矿系统、古元古代活动带型 Cu-Pb-Zn 成矿系统、古元古代末—新元古代 REE-Fe 和 SEDEX 型 Pb-Zn 系统、古生代造山带型 Cu-Mo 成矿系统、中生代陆内 Au 和 Ag-Pb-Zn 以及 Mo 成矿系统（表 13.1）。

表 13.1 华北克拉通六大构造事件与成矿系统及其核心控制因素

华北克拉通六大构造事件与成矿系统	核心控制因素
（1）新太古代地壳巨量生长和克拉通化事件	（1）太古宙陆壳巨量增生
新太古代 BIF 成矿系统	元素行为与贫氧的地球环境
（2）古元古代大氧化事件	（2）古元古代地球环境剧变
古元古代大氧化条件下 Mg-B 成矿系统	富氧环境
（3）古元古代裂谷-俯冲-碰撞事件	（3）古元古代构造体制转变（早期板块构造）
古元古代活动带型 Cu-Pb-Zn 成矿系统	洋陆相互作用-水的参与
（4）古元古代末—新元古代持续多期裂谷事件	（4）古元古代末—新元古代持续裂谷
古元古代末—新元古代 REE-Fe 和 SEDEX 型 Pb-Zn 成矿系统	陆内过程与壳幔作用
（5）古生代克拉通边缘造山事件	（5）古生代边缘造山过程
古生代造山带型 Cu-Mo 成矿系统	现代板块范畴内的斑岩矿床
（6）中生代克拉通破坏事件	（6）中生代去克拉通化
中生代陆内 Au 和 Ag-Pb-Zn 以及 Mo 成矿系统	前寒武纪矿床的再造与破坏、金和铀矿

五、大陆演化过程中的成矿规律

在大陆演化的不同阶段，因构造-岩浆活动的特征不同，形成了特征的矿床，即一定的矿床类型及其组合是大陆演化到一定阶段的产物（表 13.2）。综合大陆演化过程中成矿作用的特征，我们初步总结出如下的成矿规律。

(1) 随大陆演化，矿产种类从单一性向多样性发展，成矿物质由少到多，矿床类型由简到繁（图13.10）。统计表明，从地球早期到显生宙，成矿物质（元素及其化合物、矿种）的数量在逐步增加，由太古宙的Fe、Cu、Zn等少数元素成矿，发展到中生代—新生代时的几十种元素成矿，包括一大批有色金属、贵金属、稀有金属和放射性金属等。一些高度分散的元素如碲、锗、镓等在过去只认识到它们在一些矿床中作为伴生有益组分产出，但近年也发现它们在中新生代也能高度富集并形成独立矿床。矿床成因类型随大陆演化，由简到繁，数量由少到多。太古宙时只有绿岩带型金矿、条带状铁矿和科马提型镍矿等少数几种矿床类型，反映了当时成矿环境的单一和含矿介质种类的单调。随着大陆演化成矿环境变得复杂多样，到中-新生代，矿床成因类型已达到近百种。

(2) 随着大陆地壳构造演化，地壳、成矿系统演化成熟度增高，超大型矿床的数量和种类增多（图13.11）。统计表明，随着大陆自太古宙到今天的演化，成矿物种、矿床类型、矿床数量都显示由少到多的演化趋势。如通过对中国大中型金属矿床的统计，形成于太古宙的矿床有45个，占7.1%，元古宙64个，占10.1%，古生代151个，占24%，中-新生代占58.8%。同时，随着大陆演化，成矿环境和成矿介质的多样化，地球化学元素在地壳中经历多次活化、循环，导致成矿元素浓度系数提高是主要原因之一。一些大陆的复合性与多期活动性，形成了大陆成矿的复杂性与多样性。

(3) 作为大陆表生环境的演化，大陆成矿作用具鲜明的时控性与不可逆性，一些矿床类型（如BIF铁矿）在地质历史上不再重复出现。这是由于随着地球表层海水化学成分、大气成分和生命活动等因素，直接制约着地表的物理化学状态，因而就影响到不同类型矿床的形成。如太古宙地球环境为还原条件，同时火山活动强烈，主要形成阿尔戈马型BIF铁矿，但在大氧化事件及其以后主要形成苏必利尔型BIF铁矿，而随着大气氧进一步增加（18亿年之后）苏必利尔型BIF铁矿不再重复出现，取而代之为鲕状赤铁矿。这一新旧矿床类型的更替，与变价元素Fe有关，也即与沉积环境的氧化-还原状态的急剧变化有关。根据矿物共生组合特征，有理由推断这一时期的气圈和水圈中自由氧的含量剧增，CO_2相对减少，生物活动在沉积过程中开始起到较明显的作用。叶连俊（1989）认为生物和有机质的成矿作用研究对探讨成矿演化有重要意义。中国和澳大利亚、印度、越南的一些磷矿主要产在新元古代到早-中寒武世，可能与当时海洋中菌、藻类微生物的一次空前繁茂及小壳化石第一次出现有关，震旦纪和寒武纪的蓝藻和叠层石通过其代谢作用富集形成了优质磷块岩。

表13.2 大陆演化阶段与成矿规律总结

大陆演化阶段/主要成矿期	大地构造背景和重要地质事件	主要矿产种类	主要矿床类型
地壳巨量增生/太古宙成矿期（>2500 Ma）	陆壳形成与巨量增生；原始地壳薄，成分偏基性，地表热流值高；镁铁质火山活动强烈，绿岩带发育	Fe、Cr、Ni、Cu、Zn、Au	阿尔戈马型铁矿，绿岩带型金矿，火山岩型铜锌矿，科马提岩型镍（铜）矿
构造体系和表生环境转化/古元古代成矿期（2500~1800 Ma）	富钾花岗岩发育，硅铝质陆壳增生加厚，花岗质及玄武质层圈形成；克拉通形成；大陆架宽广，杂砂岩发育	Au、U、Fe、Cu、Cr、Ni	含金-铀砾岩，苏必利尔型铁矿，层状火成杂岩型铬-铂-钒-钛矿，火山岩型铜-锌-铅矿
大陆裂解与聚合/中元古代成矿期（1800~600 Ma）	克拉通形成后，宽阔盆地与狭长地槽；古陆长期风化剥蚀；大气与海洋O_2剧增，氧化还原急剧变化；出现红层	REE、Pb-Zn、Fe、Mn、Cu、U、V、P	海相热水沉积铅锌（铜）矿，红色砂页岩铜矿，赤铁矿矿床，岩浆熔离型铜镍矿，奥林匹克坝铜-铀-金-铁矿，白云鄂博稀土-铁矿，斜长岩型钒-钛-磁铁矿
板块活动/显生宙成矿期（600 Ma至今）	显生宙开始，板块构造活动强烈；高等生物大量发育；黑色岩系、硅质岩、含磷岩系发育；裂谷发育、环太平洋、特提斯构造带；大陆风化壳	Mn、P、Pb-Zn、Cu、Mo、V、Pb-Zn、石油、盐类、煤等	黑色页岩型铜-钒-铀矿，火山岩型铜矿铅锌矿，生物成因磷矿，海相沉积铁、锰、磷矿，斑岩铜（钼、金）矿，浅成低温热液金矿，黑矿型碳酸盐岩中的铅锌矿铝矿、煤田、油气田、盐类矿床

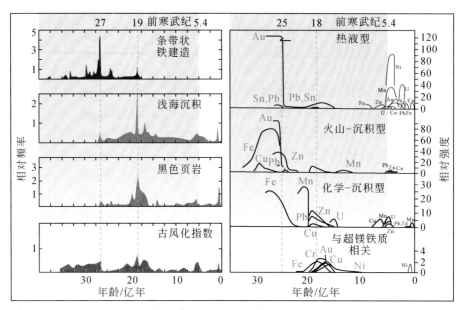

图 13.10 地球早期到显生宙全球金属矿产从单一性向多样性转换（Veizer et al., 1989, Zhai and Santosh, 2013）

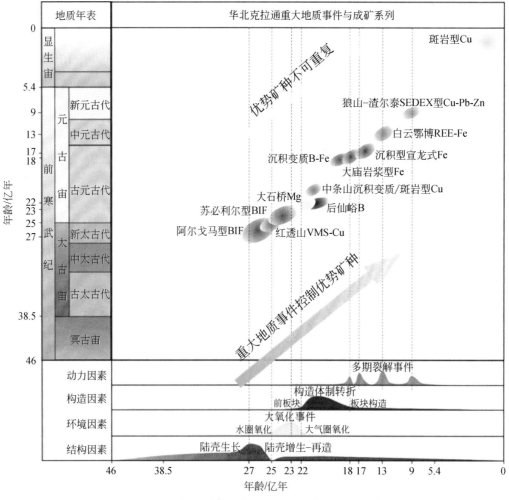

图 13.11 华北克拉通优势矿种随时代的演化特征

（4）在漫长的地球演化历史中，成矿作用的发生具明显阶段性。这是因为大规模成矿往往与重大地质事件密切相关，受控于陆壳物质巨量生长、构造体制转变与地球环境巨变。陆壳演化和成矿演化基本同步，可以概括出以下几个重要特点：①太古宙陆壳物质巨量生长。陆核形成，原始地壳薄，很高的地热流值逐步降低，镁铁质火山活动广泛而强烈，形成大量与火山岩和火山-沉积岩有直接和间接关系的矿床。②元古宙稳定克拉通。在很漫长的大陆地台形成并日趋扩大的过程中，非造山成因的富钾花岗岩提供了丰富的金属矿源，经过剥蚀风化搬运，在大陆盆地或陆缘裂谷中形成众多的 Pb、Zn、Cu 等矿床，而在显著增厚陆壳中由幔源岩浆上升侵位而成的层状火成杂岩体中，则分异成巨型 Cu-Ni、Cr-Pt 和 Fe-V-Ti 矿床。③显生宙板块构造运动开始了大地构造演化成矿的新纪元。在聚敛板块接合部，壳幔的物质显著交换，组成构造-岩浆-成矿带，广泛形成火山岩型、斑岩型、花岗岩型等矿床类型。在离散板块的伸展构造体制下，幔源物质上涌，地壳增生，形成与蛇绿岩套以及海相沉积有关的成矿系统；在大陆边缘的裂谷中，喷流沉积成矿作用普遍而强烈，形成大型的 SEDEX 型矿床；活动大陆板块内部的造山成盆作用及相应的成岩成矿作用，特别是花岗岩类成矿作用尤为显著。

第二节 铁、铜成矿演化规律

Barley 和 Groves（1992）提出，全球金属矿床的时空不均匀分布特征与下列三个地质作用有关：①大气圈-水圈的演化（如 BIF 型铁矿、沉积型 Pb-Zn-Cu 矿）；②地球热流的逐渐降低（如与科马提岩有关的 Ni 矿）；③长期的大地构造活动（如造山型金矿、VMS 型铜矿等）。华北克拉通具有 38 亿年的漫长演化历史，记录了几乎所有的地壳早期发展与显生宙构造活动（翟明国，2010），新太古代大陆地壳的巨量生长和稳定化、古元古代裂谷-俯冲-增生-碰撞过程及表生环境的突变和大氧化事件、中元古代—新元古代的多期裂谷事件（翟明国，2013）。响应于华北克拉通重大地质事件，克拉通内部涌现大规模的成矿作用（Zhai and Santosh，2013）。

一、前寒武纪铁成矿系统

前寒武纪是铁矿资源的重要成矿期，许多大规模铁矿床都形成于这一时期，其中 BIF 铁矿是最为重要的矿床类型。统计表明，BIF 铁矿占中国探明铁矿储量的 64% 左右（Li et al.，2014）。华北克拉通发育了大量的前寒武纪铁矿，特别是 BIF 铁矿，其他类型的铁矿如沉积型（河北庞家堡铁矿）、岩浆型（河北大庙铁矿）以及复合型（内蒙古白云鄂博稀土-铌-铁矿）也有分布。另外，华北克拉通前寒武纪铁矿的形成具有高度集中性，主要形成于新太古代晚期，其他时代，如古-中太古代和古-中元古代，仅有零星分布。

（一）太古宙铁成矿系统

华北克拉通太古宙铁矿以 BIF 铁矿为主，广泛分布于辽宁鞍山-本溪、冀东-密云、内蒙古固阳、河南舞阳、安徽霍邱、鲁西等地（沈宝丰，2012）。鞍山地区陈台沟表壳岩中的含铁硅质层（约 3.3 Ga）被认为是中国最古老的含铁硅质层，但由于其 Fe 含量较低，不是严格意义上的 BIF（Wan et al.，2016），其形成时代也还存在疑问。Han 等（2014）对冀东迁安杏山铁矿进行 SHRIMP 锆石 U-Pb 定年，认为其形成于约 3390 Ma。Dai 等（2014）对鞍山大孤山铁矿进行锆石 U-Pb 定年，认为其形成于约 3.0 Ga。这两个铁矿可能是目前定年结果较为确切的古-中太古代 BIF，但 Wan 等（2016）认为这些矿床的成矿年龄还需要进一步研究。另外，河南霍邱铁矿被认为形成于 2.56~2.7 Ga（Liu and Yang，2015）。其余 BIF 铁矿的形成年龄具有高度集中性，分布于 2.5~2.6 Ga（万渝生等，2012）。

华北太古宙 BIF 基本上都属于阿尔戈马型。张连昌等（2012）根据 BIF 的产出部位和岩石组合关系，将其划分为 5 种类型：①斜长角闪岩-磁铁石英岩组合，原岩建造主要为基性火山岩（夹中酸性火山岩）-硅铁质建造，矿体顶底板均为斜长角闪岩（少量中酸性火山岩），矿体厚度较小，常多层分布，规模中小，主要分布于遵化、五台和固阳等地；②斜长角闪岩-黑云变粒岩-云母石英片岩-磁铁石英岩组合，原岩建造为厚度较大的基性火山岩-中酸性火山岩-沉积粉砂岩-硅铁质建造，矿体形态为层状-透镜状，矿床规模可达大型，分布较广，主要见于冀东迁安、山西五台、辽宁本溪和鲁西等地；③黑云变粒岩（夹黑云石英片岩）-磁铁石英岩组合，原岩为中酸性火山岩-凝灰岩-硅铁质沉积岩建造，矿体形态多为层状，矿床规模多为大，主要见于冀东滦县、青龙等，安徽霍邱等；④黑云变粒岩-绢云绿泥片岩-黑云石英片岩-磁铁石英岩组合，原岩建造为含火山物质的沉积-铁建造，此类矿床分布较广，主要见于鞍山、五台山等地；⑤斜长角闪岩（片麻岩）-大理岩-磁铁石英岩组合等，原岩为基性火山岩-硅铁建造-碳酸盐岩，主要分布于河南舞阳和安徽霍邱等地。

铁矿石按其组成矿物可分为磁铁石英岩、角闪磁铁石英岩、绿泥磁铁石英岩、碳酸盐磁铁石英岩及黑云母磁铁石英岩等，以前二者居大多数，其他较少。矿物主要由石英、磁铁矿±赤铁矿和角闪石组成，部分矿区可能含数量不等的辉石、黑云母、绿泥石及铁白云石等碳酸盐矿物。铁矿石含 Fe 20% ~ 45%，其中 Fe>45% 的富铁矿石在一般矿床中很少，主要见于鞍山-本溪地区弓长岭矿区富矿。铁矿石中 SiO_2 含量高，$SiO_2+Fe_2O_3+FeO$ 通常大于 85%；S、P 含量很低；MgO、CaO 含量一般为 1% ~ 3%。与内生铁矿相比，$SiO_2+Fe_2O_3+FeO$ 含量高而 MgO+CaO 低，与陆源沉积铁矿相比，$SiO_2+Fe_2O_3+FeO$ 含量高，而 Al_2O_3 含量低，矿石中磁铁矿一般为纯磁铁矿，其成分接近磁铁矿的理论值，与内生铁矿石中磁铁矿相比其 MgO 含量低，与岩浆岩磁铁矿相比其 TiO_2 含量低（周世泰，1997）。稀土总量低，具轻稀土亏损或平坦型稀土模式，出现不同程度的 Eu、La、Y 正异常，与全球其他地区的早前寒武纪 BIF 相似，与 BIF 的化学沉积成因一致（李志红等，2008，2010；沈其韩等，2011）。目前这些 BIF 铁矿多数被认为形成于与俯冲相关的构造环境，如岛弧或弧后环境（万渝生等，2012；张连昌等，2012；代堰锫等，2016）。

（二）元古宙铁成矿系统

元古宙铁成矿系统主要由古元古代 BIF 铁矿、中元古代沉积型铁矿、岩浆型铁矿和复合型铁矿组成，其中古元古代 BIF 铁矿以山西袁家村铁矿、胶东昌邑铁矿以及吉林大栗子铁矿为代表，中元古代沉积型铁矿以产于长城系串岭沟组中的河北庞家堡铁矿为代表，岩浆型铁矿以河北大庙铁矿为代表，而复合型铁矿则以内蒙古白云鄂博稀土-铌-铁矿为代表。

古元古代 BIF 主要见于山西吕梁地区、胶东昌邑地区和吉林大栗子。由于缺乏共生的岩浆岩的限定，古元古代 BIF 的形成年龄目前还存在较大的不确定性。Wang 等（2015）通过碎屑锆石 U-Pb 定年，限定袁家村铁矿的形成年龄在 2.21 ~ 2.38 Ga。Lan 等（2014a，2015）同样通过碎屑锆石年龄以及侵入 BIF 的花岗岩年龄，限定昌邑铁矿的形成年龄在 2.19 ~ 2.24 Ga，但王惠初等（2015）通过含铁建造中变质酸性火山岩的锆石年龄，认为昌邑铁矿形成于约 2.7 Ga。大栗子铁矿目前缺乏有效的年龄限定。古元古代 BIF 主要与变质沉积岩相关，因此被认为是苏必利尔型或者苏必利尔型与阿尔戈马型的过渡型，如袁家村铁矿赋存在由变质石英砂岩-绢云石英片岩-绢云千枚岩-绿泥片岩-铁硅质岩-绿泥片岩等组成的沉积旋回中，具有较为典型的苏必利尔型 BIF 的特征。昌邑铁矿赋存在古元古代粉子山群斜长角闪岩、斜长片麻岩和变粒岩以及含石榴子石的片岩和片麻岩中，源岩为碎屑岩和火山岩互层，但有较多碎屑物质加入 BIF，可能属于苏必利尔型与阿尔戈马型的过渡型（Lan et al.，2014a，2014b）。在矿石及矿物组成方面，不同地区的 BIF 差别较大，如袁家庄铁矿的矿石存在氧化物相（60%）、硅酸盐相（30%）和碳酸盐相（10%），矿石中除含石英和赤铁矿外，还含磁铁矿、角闪石、绿泥石、滑石以及碳酸盐矿物（Wang et al.，2015），而昌邑铁矿主要为氧化物和硅酸盐相，不含碳酸盐相，矿物主要由石英、磁铁矿、角闪石组成，含少量黑云母、绿泥石和石榴子石，基本不含赤铁矿和碳酸盐矿物（Lan et al.，2014a）。

中元古代沉积型铁矿主要见于冀西北长城系中，有庞家堡、烟筒山、龙泉寺、大岭堡、辛窑、塔院、焦家沟等"宣龙式"铁矿，矿体主要赋存在砂页岩中，矿体中含鲕状肾状赤铁矿和菱铁矿。含矿岩段砂页岩等普遍发育波状层理、交错层理、波痕、泥裂等构造，显示其为浅海-滨海的动荡浅水沉积环境（沈宝丰等，2005）。矿床的形成年龄可由其赋存的长城系形成时代限定。彭澎等（2011）通过密云基性岩墙群限定长城系的底界年龄可能小于 1.73 Ga，而长城系的顶界年龄目前普遍认为大于 1.4 Ga（朱士兴等，2005），因此中元古代沉积型铁矿应沉积于 1.4~1.73 Ga。

中元古代岩浆型铁矿以河北承德大庙铁矿为代表，其位于大庙斜长杂岩的西部边缘，通常被认为与斜长杂岩具有成因关系。矿石主要由钒钛磁铁矿、钛铁矿及硫钴矿、针镍矿、镍黄铁矿、磷灰石和金红石等组成，全区累计探明铁矿石储量 4657.2 万 t（沈宝丰等，2005）。前人认为成矿是在岩浆深部液态重力分异作用下，分离成不混熔的铁矿浆，形成分凝-贯入型和分凝型矿体（沈宝丰等，2005）。He 等（2016）使用 LA-ICP-MS 对磷灰石、斜长石、磁铁矿和钛铁矿的微量元素进行了详细研究，确认该矿床为岩浆液态不混溶的产物，岩浆不混溶是分离结晶的残余岩浆与演化程度很低的基性岩浆混合诱发的，同时其根据不同矿物的分层现象，提出重力分异同样起了重要作用。Zhao 等（2009）对斜长杂岩进行了锆石 U-Pb 定年，年龄变化在 1726~1742 Ma，从而限定大庙铁矿的形成年龄为约 1.7 Ga。然而周久龙等（2012）对河北大庙铁矿浸染状铁矿石中的黑云母进行 $^{40}Ar/^{39}Ar$ 定年，认为大庙铁矿形成于 396 Ma，这颠覆了大庙铁矿形成于中元古代的认识，因此大庙铁矿的形成时代可能还需要进一步确认。

白云鄂博稀土-铌-铁矿床以世界第一的轻稀土资源闻名于世，事实上它也是一个大型铁矿，其铁矿石储量达 15 亿 t 左右（杨晓勇等，2015）。矿床赋存在中元古代狼山-白云鄂博裂谷系东部的白云鄂博群中，特别是 H8 白云岩中。矿区东西长 18 km，南北宽 1~3 km，由东矿、主矿和西矿三个主要矿段组成。矿体主要为层状、透镜状，具条带状构造，与围岩界限不清，由品位圈定。根据矿区的主要元素铁、铌、稀土的分布情况、矿物共生组合和矿石结构特征以及分布的广泛程度，矿石可划分出 9 种主要类型，包括块状铌稀土铁矿石、条带状铌稀土铁矿石、霓石型铌稀土铁矿石、钠闪石型铌稀土铁矿石、白云石型铌稀土铁矿石、黑云母型铌稀土铁矿石、霓石型铌稀土矿石、白云石型铌稀土矿石和透辉石型铌矿石（Fan et al.，2016）。目前关于白云鄂博矿床的形成时代和成因都存在较大争议，但普遍认为该矿床是多期多成因的复杂矿床。在成矿时代上，目前对矿石采取各种方法获得的定年结果主要分布在 1000~1600 Ma 和 400~600 Ma，特别是在 1200~1400 Ma 和 400~460 Ma，明确显示有中元古代和古生代两期成矿（Fan et al.，2016）。在矿床成因上，前人主要关注稀土矿的形成，而对铁矿的成因关注较少。由于铁矿石普遍显示沉积特征的条带状构造，对于铁矿的初始形成，也有学者认为与沉积作用有关，有可能是中元古代沉积变质型 BIF（Yang et al.，2017）。条带状铁矿石中磁铁矿的微量元素特征与 BIF 的相似（Huang et al.，2015），也证明其可能为 BIF 成因。然而矿区同样存在浸染状及块状磁铁矿，这些磁铁矿的微量元素特征与夕卡岩型或岩浆-热液型磁铁矿相似，表明矿区磁铁矿存在多期成因。

（三）铁成矿系统时空演化

华北克拉通前寒武纪铁矿从太古宙到元古宙各时期都有产出，在时间、空间、类型、构造环境和成因等方面都具有鲜明的演化特征。

1. 时间演化特征

华北克拉通前寒武纪铁矿从古-中太古代零星出现到新太古代晚期集中爆发，到古元古代减弱，然后到中元古代出现多种类型，最后在新元古代基本消失。该特征与世界前寒武纪铁矿具有一定的共性，但更具独特性。华北 BIF 的出现和大规模发育与全球基本一致，但华北克拉通古元古代 BIF 很不发育，与全球古元古代 BIF 大量出现的特征不一致。另外华北克拉通也缺乏新元古代 BIF，似乎受"雪球地球"事件的影响较少。中元古代出现多种类型的铁矿，特别是白云鄂博式富含稀土的铁矿，具有独特性。

2. 空间/构造演化特征

华北克拉通太古宙 BIF 铁矿多数被认为形成于岛弧或弧后环境（万渝生等，2012），而古元古代 BIF 铁矿以及中元古代其他类型的铁矿均被认为形成于裂谷环境，这可能主要受控于华北克拉通新太古代微陆块的拼合过程以及元古宙的多期裂解事件（翟明国，2012）。太古宙多块微陆块的拼合过程造成了大量类似于岛弧的沉积环境，为 BIF 的形成提供了优良条件。元古宙的大陆拉张裂解，不仅形成一定的沉积盆地，也造成深部地幔物质的上涌，为形成沉积-岩浆等多种类型的铁矿提供了条件。

3. 成矿类型演化特征

华北克拉通前寒武纪铁矿类型具有非常显著的从单一类型到复杂类型的演化特征。从太古宙到古元古代，BIF 占主导地位甚至是唯一的铁矿类型，而到中元古代，出现沉积-岩浆型铁矿，这在一定程度上指示了地球系统从简单到复杂的演化过程。

4. BIF 成因及地质环境演化特征

作为前寒武纪铁矿化学沉积的产物，BIF 的形成对大气圈-水圈-岩石圈的演化过程具有重要的指示意义。微量稀土元素以及 Fe、Si、S、O、C 等同位素的研究对制约华北克拉通 BIF 的成因及地质环境演化过程提供了重要依据。在微量稀土元素方面，几乎所有 BIF 都显示轻稀土亏损或平坦型稀土模式以及不同程度的 Eu、La、Y 正异常和较高的 Y/Ho 值，指示了海水和高温热液的参与（李志红等，2010；沈其韩等，2011）。在同位素方面，不同时代和不同类型 BIF 中石英的 Si 同位素组成非常相似，强烈亏损 ^{30}Si，$\delta^{30}Si_{NBS-28}$ 大部分位于 -2.0‰ ~ -0.3‰，而 $\delta^{18}O_{V-SMOW}$ 相对较高，变化于 8.1‰ ~ 21.5‰，均与热液成因的石英 Si、O 同位素相似（李延河等，2010）；BIF 中硫化物的 $\delta^{34}S_{V-CDT}$ 变化范围很大，为 -22.0‰ ~ +11.8‰，但大部分集中分布在 0 附近，$\delta^{33}S$ 为 -0.89‰ ~ 1.2‰，显示出了明显的硫同位素非质量分馏特征（侯可军等，2007），此外离火山活动中心较近的阿尔戈马型 BIF 的 $\delta^{33}S$ 为负异常，而离火山口较远的苏必利尔型绝大多数为正异常（李延河等，2012），这些 S 同位素特征不仅指示了 BIF 的热液喷流成因，同时也表明当时海水硫酸盐的细菌还原活动已经存在，大气氧水平可能是现今的 10^{-3} ~ 10^{-2}（李延河等，2010，2012）。鞍山-本溪地区 BIF 的 Fe 同位素组成与 Eu 异常存在非常明显的正相关关系，表明该区铁的来源与海底火山热液活动有关（李志红等，2012）。这些结果均表明，海底热液喷流可能是华北前寒武纪 BIF 铁矿的主要来源。

华北太古宙和古元古代 BIF 的沉淀机制可能具有一定的差异。太古宙阿尔戈马型 BIF 明显缺乏 Ce 负异常并富集 Fe 重同位素（李志红等，2010，2012），表明太古宙的海洋整体处于缺氧环境，Fe 的氧化沉淀可能通过微生物的新陈代谢氧化 Fe 或光化学反应完成（Planavsky et al.，2010）；而古元古代 BIF 具有较为明显的 Ce 负异常演化趋势，表明古元古代早期可能已经存在海水氧化还原界面，华北该时代 BIF 的沉淀受到全球大氧化事件的影响（Lan et al.，2014a；王长乐等，2014）。

二、前寒武纪铜成矿系统

华北克拉通铜矿资源储量巨大，约占全国已探明储量的 14% 以上。华北克拉通的铜资源量主要分布在三大铜矿集区（图 13.12），分别为辽宁红透山铜锌矿集区（Zhang et al.，2014）、山西中条山铜矿集区（Qiu et al.，2016）、内蒙古狼山-渣尔泰铜矿集区（彭润民等，2007）。占据地球演化历史 85% 以上的前寒武纪里，华北克拉通上呈现至少三期铜成矿作用的爆发（图 13.13）。前寒武纪铜成矿过程主要集中形成在新太古代（约 2.5 Ga）、古元古代（2.2~2.0 Ga）和中元古代（约 1.7 Ga），分别为新太古代绿岩带 VMS 铜锌矿床（辽宁红透山 Cu-Zn 成矿带）（郑远川等，2008）、古元古代活动带铜矿床（山西晋豫活动带内的中条山铜矿集区）（胡维兴和孙大中，1987；Liu et al.，2016；Qiu et al.，2016）、中-新元古代裂谷带铜铅锌矿床（狼山-渣尔泰铅锌铜成矿带）（彭润民等，2007；Zhong et al.，2013）。

（一）新太古代绿岩带铜成矿系统

辽宁红透山铜矿集区位于浑北花岗-绿岩带地体内，南邻龙岗地体，东北接景家沟地体。铜矿集区以红透山铜矿床为典型代表，矿体赋存在清原群红透山组内，岩性自下而上为巨厚角闪片麻岩层、石榴角闪片麻岩层、黑云斜长片麻岩层及"薄层互层带"。矿体受紧闭倒转向斜褶皱及北东东向断裂带与层间裂隙控制，主要位于紧闭褶皱翼部；地表或浅部呈音叉状，中部变为"工"字形，至 -467m 标高变为走向北西的似层状或脉状矿体，再往下变为"梯状"矿体；在上部，矿柱长轴方向为北东，向下以逆时针方向逐渐转向南北-北西方向。形态上亦发生变化，由上部的厚长条状，至中部变为哑铃状或筒状、大扁豆体状。

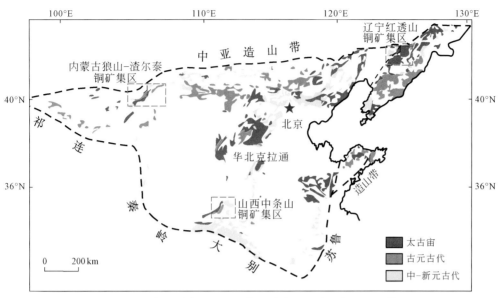

图 13.12　华北克拉通前寒武纪铜矿集区分布图（底图据翟明国等，2014）

通过对赋矿火山岩进行同位素定年，获得该矿集区形成于新太古代（毛德宝等，1997）。虽然对于形成环境仍然有争议，一部分研究者认为矿床形成于火山弧环境，而另一部分研究者认为形成于古陆边缘或者弧后伸展环境，但是地质-地球化学研究一致表明，成矿作用与火山作用有密切联系，应该属于火山块状硫化物矿床（侯可军等，2006）。目前主流观点认为，辽宁红透山 Cu-Zn 块状硫化物矿床的形成经历过两个阶段：第一个阶段发生在双峰式火山岩喷发过程，形成火山岩容矿的块状硫化物矿体，矿体似层状产出。第二阶段，容矿围岩发生绿片岩岩相-高角闪岩相的变质作用和变质改造，如在红透山铜矿床内，容矿围岩现变质为石榴角闪片麻岩、黑云斜长片麻岩等；富铜矿体赋存在强变质变形构造域内，是矿质迁移再沉淀的产物（Zhang et al.，2014）。因此，这些铜矿化可以被定义为新太古代绿岩带铜成矿系统。

（二）古元古代活动带铜成矿系统

山西中条山铜集区内的铜矿床主要赋存在古元古代绛县群的云母片岩、变火山岩和中条群的石墨片岩-大理岩中。前人依据这些铜矿床容矿围岩的差异性，将铜矿集区内的铜矿床主要分成三大类型：横岭关型、铜矿峪型和胡篦型铜矿床。横岭关型铜矿床主要赋存在绛县群云母片岩中，矿体呈层状、似层状，矿化类型主要为细脉状矿化和浸染状矿化。铜矿峪型铜矿床为该区规模最大的铜矿床，矿体赋存在变凝灰岩和变基性火山岩中，矿化类型主要为细脉浸染状矿化和厚脉状矿化；胡篦型铜矿床产在古元古代中条群石墨片岩和大理岩内，矿化类型以细脉浸染状矿化和厚脉状矿为主。目前对这些矿床成因认识仍存在较大的分歧（胡维兴和孙大中，1987；Jiang et al.，2014）。争议的焦点在于这些矿床初始矿化究竟是喷流沉积成因（SEDEX）还是沉积岩型层状铜矿化（SSC），或者也存在斑岩型矿化。在争议之中也存在共识，铜矿床普遍遭晚期区域变质作用的改造。虽然存在争议，但目前越来越多的证据表明，铜矿床经历了初始预富集和变质热液再富集两个阶段。

在 2.2~2.0 Ga，处在全球大氧化事件之后（~2.3 Ga）(Holland，2006）。在裂谷发育阶段，大规模的双峰式岩浆活动和沉积成岩过程，铜等金属元素开始初始预富集（横岭关型、铜矿峪）。陆壳中的 Cu、Co、Ni 等元素容易遭受氧化型风化剥蚀，导致陆源碎屑沉积物内富含金属元素。这些金属在裂谷沉积盆地内进行预富集，形成铜矿胚，如绛县群底部的横岭关式铜矿床。由于软流圈地幔上涌，陆壳拉张裂解形成的双峰式岩浆，可能携带大量 Cu、Au、Mo 等金属元素。裂谷演化后期形成一个局限性浅海相海盆，该阶段疑似可形成类似于沉积岩层状铜矿床的矿胚（胡篦）。

在裂谷碰撞闭合过程中（1.95~1.85 Ga），不同性质的流体在盆地内发生循环，可以萃取围岩中的Cu、Co、Ni等金属元素，形成成矿流体。预富集的铜成矿元素发生活化，几乎就地成矿。目前主要识别出两种成矿流体的沉淀机制：①还原性流体与氧化性流体发生混合成矿，形成在裂谷碰撞闭合阶段；含CO_2-CH_4的还原性流体与含金属离子的氧化性高盐流体发生混合，造成大量硫化物的沉淀，矿床实例为胡篦式铜矿床（Qiu et al.，2016）。②均一相成矿流体通过相分离过程成矿，形成碰撞后抬升阶段。与矿化围岩发生水岩平衡的均一成矿流体在地体缓慢抬升过程中，由于外界温度和围压的降低，成矿流体发生相分离过程，诱发含铜硫化物的沉淀，矿床实例为横岭关式铜矿床。

中条山铜成矿作用可被定义为活动带铜成矿系统，其第一阶段为裂谷发育阶段的铜元素初步富集，同生沉积过程和火山活动为成矿提供物质基础（金属元素+络合剂硫和氯），形成初步富集；第二阶段为铜元素活化再沉淀，在裂谷碰撞阶段发生还原性流体与氧化性流体混合成矿或地体抬升阶段含铜流体发生不混溶成矿。

（三）中-新元古代裂谷铜成矿系统

中-新元古代多期裂谷旋回中形成的铜成矿系统位于华北克拉通北缘西段狼山-渣尔泰铜矿集区，产出了东升庙、炭窑口、霍各乞、甲生盘等多个大型-超大型矿床，它们的赋矿围岩为中元古代狼山群和渣尔泰群中的砂泥质黑色页岩和碳酸盐岩等。

目前的观点认为，它们为变质热液叠加改造的SEDEX成矿系统（彭润民等，2007），但经历了元古宙同生沉积预富集及显生宙变质热液矿化两个阶段。中-新元古代期间，该地区裂谷发育，伴有不同程度的同生断裂活动和小规模的研究活动。在多个次级断陷盆地中，接受海底喷流-沉积。在裂谷沉积岩系中形成富含细粒Cu-Pb-Zn硫化物以及块状黄铁矿层位。该阶段同生沉积期的铜铅锌矿化与裂谷的形成和发育密切相关，同时也为晚阶段的矿化提供物质基础。在早白垩世期间，区内发生陆内造山及区域变质作用，在此过程中同生Zn-Pb-Cu硫化物发生再活化，重新就位。因此，该区的铜铅锌成矿作用可以被定义为裂谷铜成矿系统。

（四）时空分布特征与构造演化的关系

从时间分布来看，在华北克拉通不同的演化阶段，均有铜矿床产出，且规模随时间由弱变强（图13.13）。在前寒武纪主要为上述三个铜矿集区，即新太古代的VMS铜矿、古元古代的与沉积-火山作用有关的铜矿以及中元古代的SEDEX型铜铅锌矿；在显生宙期间，形成了两期大规模的铜矿化，分别分布在华北克拉通南缘和北缘的古生代造山带内。依据前人的成因分析可以得出，新太古代时期的VMS铜矿化与古陆核边缘的地壳增生有关。这一推论与世界其他地区VMS矿床的特征是一致的。Huston等（2011）认为，VMS矿床形成于洋中脊或者弧后的伸展环境，对应于陆壳增生过程，与超大陆聚合过程有关。而形成于古元古代时期的中条山铜矿化，一方面可能与大气圈和水圈的演化（大氧化事件）有关，另一方面也与古老陆壳的裂解（或者裂谷）有关。如果能够证实中条山地区早期的层状矿化与碎屑岩-火山岩有关（也就是SSC），那么它们的形成反映了当时的大气圈和水圈已经为氧化性，在裂谷盆地环境，陆源碎屑或者幔源的火山物质能够为形成层状铜矿化提供理想的解释。当然，不能忽视的是，对于是否存在斑岩型矿化问题仍存在较大争议，这可能也反映出，当时的地壳仍然不够成熟，形成的矿化可能既非典型的SSC也非典型的斑岩型矿化。中元古代狼山-渣尔泰SEDEX型铜铅锌矿床的出现表明，地壳经历了又一次的大规模裂解活动，巨量的沉积物聚集在裂谷盆地中为矿化的形成奠定了物质基础。

从空间分布来看，VMS型矿床均赋存于花岗-绿岩带中，这些岩石代表陆缘形成环境，表明矿床与古陆核的陆缘演化有关，因此指示，华北克拉通内部不同时期的大陆增长的陆缘环境（火山弧或者弧后）均为寻找该类矿化的良好目标；而中条山地区的铜矿化形成环境虽然有争议，有可能为陆内裂谷，也有可能为弧后裂谷环境，但是它们的形成离不开巨大的沉积盆地以及富含Cu的沉积物质的堆积，因此，华北克拉通内应留意寻找具有类似的构造-地质背景的区域；狼山-渣尔泰SEDEX型矿化指示形成于陆缘裂

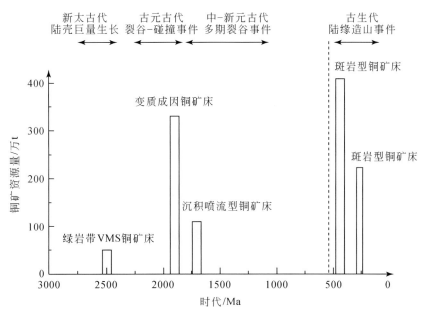

图 13.13 华北克拉通前寒武纪铜矿资源量及时间分布规律

谷环境,对应超大陆裂解的背景,因此,华北克拉通内部经历了古老裂谷作用的区域应该具有类似的成矿前景。

另外值得注意的是,铜矿床伴生的金属组合具有演化规律,太古宙时期伴生少量 Zn,古元古代伴生 Co 和 Ni,中新元古代以 Pb、Zn 为主,Cu 并不高,而显生宙的铜矿床通常与 Mo-Au 伴生。铜矿床的赋矿岩性也具有一定演化规律,前寒武纪铜矿床多与基性岩浆活动相关,而显生宙铜矿床多与中酸性岩浆有关。伴生元素和赋矿岩性的变化可能是由地壳成熟度不断增大而造成的。

最后,华北克拉通内的前寒武纪铜矿床无一例外都分布在变质地体内。强烈的变质作用使得初始矿化样式已被改造得面目全非,因而厘定变质作用与铜成矿作用之间的成因联系,对确认矿床成因类型显得尤为重要。在区域变质作用过程中,可以伴随着成矿元素的活化迁移而形成新的变质热液矿床,也可以对早先形成的金属矿床进行再活化、改造、重塑矿床形态。铜成矿过程若是发生在变质作用之前,则会经历变质作用的强烈变质变形改造,为变质改造型矿床;若铜成矿过程是伴随着区域变质作用进行,则为变质成因的矿床。

在华北克拉通前寒武纪,其先后经历了新太古代陆壳巨量生长与克拉通化事件、古元古代裂谷-俯冲-碰撞(活动带)事件和中新元古代持续多期裂谷事件。这三大地质事件所对应的铜成矿系统分别为新太古代绿岩带铜成矿系统、古元古代活动带铜成矿系统、中新元古代裂谷铜成矿系统。这三大铜成矿系统各成体系,且具有唯一性,在华北克拉通演化历史上不再重现。

参 考 文 献

陈衍景,杨秋剑,邓健,季海章,富士谷,周小平,林清. 1996. 地球演化的重要转折——2300 Ma 时地质环境灾变的揭示及其意义. 地质地球化学,3:106~124

代堰锫,朱玉娣,张连昌,王长乐,陈超,修迪. 2016. 国内外前寒武纪条带状铁建造研究现状. 地质论评,62(3):735~757

第五春荣,孙勇,董增产,王洪亮,陈丹玲,陈亮,张红. 2010. 北秦岭西段古老锆石年代学(4.1-3.9 Ga)新进展. 岩石学报,26(4):1171~1174

耿元生,吉成林. 1994. 河北怀安东洋河地区石榴基性麻粒岩的变质演化//钱祥麟,王仁民. 华北部麻粒岩带地质演化. 北京:地震出版社:89~99

郭敬辉,翟明国,张毅刚,李永刚,阎月华,张雯华. 1993. 怀安蔓菁沟早前寒武纪高压麻粒岩混杂岩带地质特征、岩石学和同位素年代学. 岩石学报,9(4):1~13

侯可军，李延河，万德芳．2006．辽宁太古代红透山铜矿的稳定同位素地球化学特征及矿床成因．矿床地质，（S1）：167～170

侯可军，李延河，万德芳．2007．鞍山-本溪地区条带状硅铁建造的硫同位素非质量分馏对太古代大气氧水平和硫循环的制约．中国科学（D辑），（8）：997～1003

胡维兴，孙大中．1987．中条山早元古代铜矿成矿作用与演化．地质学报，61（2）：152～165

李江海，翟明国，李永刚．1998．河北滦平-承德太古代高压麻粒岩的发现及其地质意义．岩石学报，14（1）：34～41

李延河，侯可军，万德芳，张增杰，乐国良．2010．前寒武纪条带状硅铁建造的形成机制与地球早期的大气和海洋．地质学报，84（9）：1359～1373

李延河，侯可军，万德芳，张增杰．2012．Algoma和Superior型硅铁建造地球化学对比研究．岩石学报，28（11）：3513～3519

李志红，朱祥坤，唐索寒．2008．鞍山-本溪地区条带状铁建造的铁同位素与稀土元素特征及其对成矿物质来源的指示．岩石矿物学杂志，27（4）：285～290

李志红，朱祥坤，唐索寒，李津，刘辉．2010．冀东、五台和吕梁地区条带状铁矿的稀土元素特征及其地质意义．现代地质，24（5）：840～846

李志红，朱祥坤，唐索寒．2012．鞍山-本溪地区条带状铁矿的Fe同位素特征及其对成矿机理和地球早期海洋环境的制约．岩石学报，28（11）：3545～3558

刘文军，翟明国，李永刚．1998．胶东莱西地区高压基性麻粒岩的变质作用．岩石学报，14（4）：449～459

毛德宝，沈保丰，李俊健，李双保．1997．辽北清原地区太古宙地质演化及其对成矿的控制作用．前寒武纪研究进展，20（3）：1～10

彭澎，刘富，翟明国，郭敬辉．2011．密云岩墙群的时代及其对长城系底界年龄的制约．科学通报，56（35）：2975～2980

彭润民，翟裕生，韩雪峰，王志刚，王建平，沈存利，陈喜峰．2007．内蒙古狼山造山带构造演化与成矿响应．岩石学报，23（3）：679～688

沈保丰．2012．中国BIF型铁矿床地质特征和资源远景．地质学报，86（9）：1376～1395

沈保丰，翟安民，杨春亮，曹秀兰．2005．中国前寒武纪铁矿床时空分布和演化特征．地质调查与研究，28（4）：196～206

沈其韩，许惠芬，张宗清等．1992．中国早前寒武纪麻粒岩．北京：地质出版社

沈其韩，宋会侠，杨崇辉，万渝生．2011．山西五台山和冀东迁安地区条带状铁矿的岩石化学特征及其地质意义．岩石矿物学杂志，30（2）：161～171

史仁灯．2005．蛇绿岩研究进展、存在问题及思考．地质论评，51（6）：681～693

万渝生，董春艳，颉颃强，王世进，宋明春，徐仲元，王世炎，周红英，马铭株，刘敦一．2012．华北克拉通早前寒武纪条带状铁建造形成时代SHRIMP锆石U-Pb定年．地质学报，86（9）：1447～1478

王惠初，康健丽，任云伟，初航，陆松年，肖志斌．2015．华北克拉通~2.7 Ga的BIF：来自莱州-昌邑地区含铁建造的年代学证据．岩石学报，31（10）：2991～3011

王仁民，陈珍珍，陈飞．1991．恒山灰色片麻岩和高压麻粒岩及其地质意义．岩石学报，7（4）：119～131

王仁民，陈珍珍，赖兴运．1997．华北太古宙从地幔柱体制向板块体制的转化．地球科学——中国地质大学学报，22（3）：317～321

王长乐，张连昌，兰彩云，代堰锫．2014．山西吕梁古元古代袁家村铁矿BIF稀土元素地球化学及其对大氧化事件的指示．中国科学（D辑），44（11）：2389～2405

魏春景，张翠光，张阿利，伍天洪，李江海．2001．辽西建平高压麻粒岩变质作用的P-T条件及其地质意义．岩石学报，17（2）：269～282

吴昌华，钟长汀．1998．华北陆台中段吕梁期的SW-NE向碰撞．前寒武纪研究进展，21（3）：28～50

杨晓勇，赖小东，任伊苏，凌明星，刘玉龙，柳建勇．2015．白云鄂博铁-稀土-铌矿床地质特征及其研究中存在的科学问题——兼论白云鄂博超大型矿床的成因．地质学报，89（12）：2323～2350

叶连俊．1989．中国磷块岩．北京：科学出版社

翟淳，张清华，王奖臻，王国芝．1995．初论豫南高压麻粒岩的物质组成及其形成的构造环境．矿物岩石地球化学通讯，14（3）：166～168

翟明国．1991．华北麻粒岩相岩石的主要特征及今后研究中值得注意的几个问题．岩石学报，7（4）：239～246

翟明国．2004．华北克拉通21-17亿年地质事件群的分解和构造意义探讨．岩石学报，20（6）：1343～1354

翟明国．2009．华北克拉通两类早前寒武纪麻粒岩（HT-HP and HT-UHT）及其相关问题．岩石学报，25（8）：1553～1571

翟明国. 2010. 华北克拉通的形成演化与成矿作用. 矿床地质, 29 (1): 24~36

翟明国. 2011. 克拉通化与华北陆块的形成. 中国科学 (D辑), 41 (8): 1037~1046

翟明国. 2012. 华北克拉通的形成以及早期板块构造. 地质学报, 86 (9): 1335~1349

翟明国. 2013. 华北前寒武纪成矿系统与重大地质事件的联系. 岩石学报, 29 (5): 1759~1773

翟明国, 彭澎. 2007. 华北克拉通古元古代构造事件. 岩石学报, 23 (11): 2665~2682

翟明国, 郭敬辉, 阎月华, 李永刚, 张雯华. 1992. 中国华北太古宙高压基性麻粒岩的发现及其初步研究. 中国科学 (B辑), 12: 1325~1330

翟明国, 郭敬辉, 李江海, 阎月华, 李永刚, 张雯华. 1995. 华北克拉通发现退变榴辉岩. 科学通报, 40 (17): 1590~1594

翟明国, 胡波, 彭澎, 赵太平. 2014. 华北中-新元古代的岩浆活动及多期裂谷事件. 地学前缘, 21 (1): 100~119

张连昌, 翟明国, 万渝生, 郭敬辉, 代堰锫, 王长乐, 刘利. 2012. 华北克拉通前寒武纪BIF铁矿研究: 进展与问题. 岩石学报, 28 (11): 3431~3445

张旗, 翟明国. 2012. 太古宙TTG岩石是什么含义? 岩石学报, 28 (11): 3446~3456

赵振华. 2010. 条带状铁建造 (BIF) 与大氧化事件. 地学前缘, 17 (2): 1~12

赵宗溥. 1993. 中朝准地台前寒武纪地壳演化. 北京: 科学出版社

郑远川, 顾连兴, 汤晓茜, 李春海, 刘四海, 吴昌志. 2008. 辽宁红透山块状硫化物矿床高级变质下盘蚀变带研究. 岩石学报, 24 (8): 1928~1936

钟日晨, 李文博, 陈衍景, 皮桥辉. 2014. 内蒙古霍各乞Cu-Pb-Zn矿床的剪切带与岩性控矿特征及意义. 岩石学报, 30 (7): 2101~2111

钟长汀. 1999. 晋冀蒙高级区两期高压麻粒岩的地质特征与成因. 前寒武纪研究进展, 22: 53~58

周久龙, 罗照华, 潘颖, 李旭东. 2013. 岩浆型铁矿床中脉状铁矿体的成因: 以承德黑山铁矿为例. 岩石学报, 29 (10): 3555~3566

周世泰. 1997. 我国太古宙条带状铁矿研究进展及展望. 地质与勘探, 33 (3): 1~7

周喜文, 魏春景, 耿元生, 张立飞. 2004. 胶北栖霞地区泥质高压麻粒岩的发现及其地质意义. 科学通报, 49 (14): 1424~1430

朱士兴, 黄学光, 孙淑芬. 2005. 华北燕山中元古界长城系研究的新进展. 地层学杂志, 29 (增刊): 437~449

Baldwin J A, Bowring S A, Williams M L, Williams I S. 2004. Eclogites of the Snowbird tectonic zone: petrological and U-Pb geochronological evidence for Paleoproterozoic high-pressure metamorphism in the western Canadian Shield. Contribution to Mineralogy and Petrology, 147 (5): 528~548

Barley M E, Groves D I. 1992. Supercontinent cycles and the distribution of metal deposits through time. Geology, 20 (4): 291~294

Bohlen S R. 1987. Pressure-temperature-time paths and a tectonic model for the evolution of granulites. Journal of Geology, 95 (5): 617~632

Bowring S A, Williams I S. 1999. Priscoan (4.00-4.03 Ga) orthogneisses from northwestern Canada. Contributions to Mineralogy and Petrology, 134 (1): 3~16

Breitkopf J H. 1989. Geochemical evidence for magma source heterogeneity and activity of mantle plume during advanced rifting in the southern Damara Orogen Namibia. Lithos, 23: 115~122

Bucher K, Frey M. 1994. Petrogenesis of Metamorphic Rocks. Berlin: Spring-Verlag

Cocoran P L, Mueller W U, Kusky T M. 2004. Inferred ophiolites in the Archean Slave craton. In: Kusky T M (ed.). Precambrian Ophiolites and Related Rocks, Developments in Precambrian Geology 13. Amsterdam: Elsevier: 363~404

Condie K C, Kröner A. 2008. When did plate tectonics begin? Evidence from the geologic record. Geological Society of America Special Paper, 440: 281~294

Condie K C, Des Marais D J, Abbot D. 2001. Precambrian superplumes and supercontinents: A record in black shales, carbon isotopes and paleoclimates. Precambrian Research, 106: 239~260

Coward M P, Ries A C. 1995. Early Precambrian Processes. London: Geological Society of London

Dai Y P, Zhang L C, Zhu M T, Wang C L, Liu L, Xiang P. 2014. The composition and genesis of Mesoarchean Dagushan banded iron formation in the Anshan area, the North China Craton. Ore Geology Review, 63: 353~373

Dilek Y D, Robinson P T. 2003. Ophiolites in Earth history: introduction. Geological Society of London, 218 (1): 1~8

Fan H R, Yang K F, Hu F F, Liu S, Wang K Y. 2016. The giant Bayan Obo REE-Nb-Fe deposit, China: Controversy and ore genesis. Geoscience Frontiers, 7 (3): 335~344

Fowler C M R, Ebinger C J, Hawkseworth C J. 2002. The Early Earth: Physical, Chemical, and Bilological development. London: Geological Society of London

Furnes H, De-Wit M J, Staudigel H. 2007. A Vestige of Earth's oldest ophiolite. Science, 315 (5819): 1704~1707

Godfrey L V, Falkowski P G. 2009. The cycling and redox state of nitrogen in the Archean ocean. Nature Geoscience, 2 (10): 725~729

Goodwin A M. 1996. Principles of Precambrian Geology. London: Academic Press

Han C M, Xiao W, Su B, Chen Z L, Zhang X H, Ao S J, Zhang J, Zhang Z Y, Wan B, Song D F, Wang Z M. 2014. Neoarchean Algoma-type banded iron formations from Eastern Hebei, North China Craton: SHRIMP U-Pb age, origin and tectonic setting. Precambrian Research, 251 (3): 212~231

Harrison T M. 2009. The Hadean Crust: evidence from >4 Ga zircons. Annual Review of Earth and Planetary Science, 37: 479~505

He H L, Yu S Y, Song X Y, Du Z S, Dai Z H, Zhou T, Xie W. 2016. Origin of nelsonite and Fe-Ti oxides ore of the Damiao anorthosite complex, NE China: Evidence from trace element geochemistry of apatite, plagioclase, magnetite and ilmenite, Ore Geology Reviews, 79: 367~381

Hofmann A, Kusky T M. 2004. The Belingwe greenstone belt: Ensialic or oceanic? In: Kusky T M (ed.). Precambrian Ophiolites and Related Rocks, Developments in Precambrian Geology 13, Amsterdam: Elsevier: 487~538

Holland H D. 2006. The oxygenation of the atmosphere and oceans. Philosophical Transactions of the Royal Society of London B: Biological Sciences, 361 (1470): 903~915

Huang X W, Zhou M F, Qiu Y Z, Qi L. 2015. In-situ LA-ICP-MS trace elemental analyses of magnetite: The Bayan Obo Fe-REE-Nb deposit, North China. Ore Geology Reviews, 65: 884~899

Huston D L, Relvas J M, Gemmell J B, Drieberg S. 2011. The role of granites in volcanic-hosted massive sulphide ore-forming systems: an assessment of magmatic-hydrothermal contributions. Mineralium Deposita, 46 (5-6): 473~507

Iizuka T, Horie K, Komiya T, Maruyama S, Hirata T, Hidaka H, Windley B. 2006. 4.2 Ga zircon xenocryst in an Acasta gneiss from northwestern Canada: Evidence for early continental crust. Geology, 34 (4): 245~248

Jiang Y, Niu H, Bao Z, Li N, Shan Q, Yang W, Yan S. 2014. Fluid evolution of the Paleoproterozoic Hujiayu copper deposit in the Zhongtiaoshan region: Evidence from fluid inclusions and carbon-oxygen isotopes. PrecambrianResearch, 255: 734~747

Konhauser K. 2009. Deeping the early oxygen debate. Nature Geoscience, 2: 241~242

Kusky T M. 1989. Accretion of the Archean Slave Province. Geology, 17 (1): 63~67

Kusky T M. 1998. Tectonic setting and terrane accretion of the Archean Zimbabwe craton, Geology, 26: 163~166

Kusky T M. 2004. Precambrian Ophiolites and Related Rocks. Amsterdam: Elsevier

Kusky T M, Kidd W S F. 1992. Remnants of an Archean oceanic plateau, Belingwe greenstone belt, Zimbabwe. Geology, 20 (1): 43~46

Kusky T M, Li J H, Tucker R D. 2001. The Archaean Dongwanzi ophiolite complex, North China craton: 2.505-billion-year-old oceanic crust and mantle. Science, 292 (5519): 1142~1145

Lan T G, Fan H R, Santosh M, Hu F F, Yang K F, Yang Y H, Liu Y S. 2014a. U-Pb zircon chronology, geochemistry and isotopes of the Changyi banded iron formation in eastern Shandong Province: Constraints on BIF genesis and implications for Paleoproterozoic tectonic evolution of the North China Craton. Ore Geology Reviews, 56 (1): 472~486

Lan T G, Fan H R, Hu F F, Yang K F, Cai Y C, Liu Y S. 2014b. Depositional environment and tectonic implications of the Paleoproterozoic BIF in Changyi area, eastern North China Craton: Evidence from geochronology and geochemistry of the metamorphic wallrocks. Ore Geology Reviews, 61: 52~72

Lan T G, Fan H R, Yang K F, Cai Y C, Wen B J, Zhang W. 2015. Geochronology, mineralogy and geochemistry of alkali-feldspar granite and albite granite association from the Changyi area of Jiao-Liao-Ji Belt: Implications for Paleoproterozoic rifting of eastern North China Craton. Precambrian Research, 266: 86~107

Li H M, Zhang Z J, Li L X, Zhang Z C, Chen J, Yao T. 2014. Types and general characteristics of the BIF~related irondeposits in China. Ore Geology Reviews, 57 (3): 264~287

Li J H, Kusky T M, Huang X. 2002. Neoarchean podiform chromitites and harzburgite tectonite in ophiolitic melange, North China Craton, Remnants of Archean oceanic mantle, GSA Today, 12 (7): 4~11

Li T S, Zhai M G, Peng P, Chen L, Guo J H. 2010. Ca. 2.5 billion year old coeval ultramafic-mafic and syenitic dykes in Eastern Hebei: implications for cratonization of the North China Craton. Precambrian Research, 180 (3-4): 143~155

Liu L, Yang X Y. 2015. Temporal, environmental and tectonic significance of the Huoqiu BIF, southeastern North China Craton: Geochemical and geochronological constraints. Precambrian Research, 261: 217~233

Liu L, Zhang H W, Green I I, Jin Z, Bozhilov K N. 2007. Evidence of former stishovite in metamorphosed sediments, implying subduction to >350 km. Earth and Planet Science Letter, 263: 180~191

Liu X, Fan H R, Yang K F, Qiu Z J, Hu F F, Zhu X Y. 2016. Geochronology, redox-state and origin of the ore-hosting porphyry in the Tongkuangyu Cu deposit, North China Craton: Implications for metallogenesis and tectonic evolution. Precambrian Research, 276: 211~232

Lv B, Zhai M G, Li TS, Peng P. 2012. Zircon U-Pb ages and geochemistry of the Qinglong volcanic-sedimentary rocks series in Eastern Hebei: Implication for ~2500 Ma intra-continental rifting in the North China Craton. Precambrian Research, 208~211: 145~160

Miyashiro A. 1961. Evolution of metamorphic belts. Journal of Petrology, 2: 277~311

Miyashiro A. 1994. Metamorphic Petrology. London: University College London Press

Nemchin A A, Pidgeon R T, Whitehouse M J. 2006. Re-evaluation of the origin and evolution of >4.2 Ga zircons from the Jack Hills metasedimentary rocks. Earth and Planetary Science Letters, 244 (1-2): 218~233

Newton R C. 1988. The late Archaean high-grade terrain of south India and the deep structure of the Dharwar craton. In: Salibury M H, Fountain D M (eds.). Exposed Cross-Sections of the Continental Crust. Netherlands: Kluwer Academic Publishers: 305~326

Ohmoto H. 1997. When did the Earth's atmosphere become oxic? The Geochemical News, 93 (11-13): 26~27

Planavsky N, Bekker A, Rouxel O J, Kamber B, Hofmann A, Knudsen A, Lyons T W. 2010. Rare Earth Element and yttrium compositions of Archean and Paleoproterozoic Fe formations revisited: New perspectives on the significance and mechanisms of deposition. Geochimica et Cosmochimica Acta, 74: 6387~6405

Puctel I S. 2004. 3.0 Ga Olondo greenstone belt in the Aldan Shield, E. Siberia. In: Kusky TM (ed.). Precambrian Ophiolites and Related Rocks, Developments in Precambrian Geology 13. Amsterdam: Elsevier: 405~424

Qiu Z J, Fan H R, Liu X, Yang K F, Hu F F, Xu W G, Wen B J. 2016. Mineralogy, chalcopyrite Re-Os geochronology and sulfur isotope of the Hujiayu Cu deposit in the Zhongtiao Mountains, North China Craton: Implications for a Paleoproterozoic metamorphogenic copper mineralization. Ore Geology Reviews, 78: 252~267

Rogers J J W, Santosh M. 2003. Supercontinents in Earth history. Gondwana Research, 6: 357~368

Salop L I. 1972. Two types of Precambrian structures: gneisses, folded ovals and gneiss domes. International Geology Review, 14 (11): 1209~1228

Santosh M, Tsunogaeb T, Li J H, Liu S J. 2007. Discovery of sapphirine-bearing Mg-Al granulites in the North China Craton: Implications for Paleoproterozoic ultrahigh temperature metamorphism. Gondwana Research, 11 (3): 263~285

Schidlowski M, Echimann R, Junge C E. 1975. Precambrian sedimentary carbonates: Carbon and oxygen isotope geochemistry and implication for the terrestrial oxygen budge. Precambrian Research, 2 (1): 1~69

Scholl D, Sterm B. 2009. Estimates annual additions and losses of continental crust during the Phanerozoic. Oral report in Conference of Continental Dynamics. Xi'an: Northwest University

Shchipansky A A, Samsonov A V, Bibikova E V, Barbarina I I, Komilov A N, Krylov K A, Slabunov A I, Bogina M M. 2004. 2.8 Ga boninite-hosted partial suprasubduction zone ophiolite sequences from the North Karelian greenstone belt, NE Baltic Shield, Russia. In: Kusky T M (ed.). Precambrian Ophiolites and Related Rocks, Developments in Precambrian Geology 13. Amsterdam: Elsevier: 425~486

Stevenson D J. 2008. A planetary perspective on the deep Earth. Nature, 451 (7176): 261~265

Storey C D, Brewer T S, Temperley S. 2005. P-T conditions of Grenville-age eclogite facies metamorphism and amphibolite facies retrogression of the Glenelg-Attadale Inlier, NW Scotland. Geological Magazine, 142 (5): 605~615

Veizer J, Laznicka P, Jansen S L. 1989. Mineralization through geologic time: recycling perspective. American Journal of Science, 289 (4): 484~524

Wan Y S, Liu D Y, Xie H Q, Kröner A, Ren P, Liu S J, Xie S W, Dong C Y, Ma M Z. 2016. Formation Ages and Environments of early Precambrian Banded Iron Formation in the North China Craton. In: Zhai M G, Zhao Y, Zhao T P (eds.). Main Tectonic Events and Metallogeny of the North China Craton. Berlin: Springer: 65~83

Wang C L, Zhang L C, Dai Y P, Lan C Y. 2015. Geochronological and geochemical constraints on the origin of clastic metasedimentary rocks associated with the Yuanjiacun BIF from the Lüliang Complex, North China. Lithos, 212-215: 231~246

Wilde S A, Valley J W, Peck W H. 2001. Evidence from detrital zircons for the existence of continental crust and oceans on the Earth 4.4 Ga ago. Nature, 409 (6817): 175~178

Windley B F. 1995. The Evolving Continents (3rd edition). Chichester: John Wiley & Sons

Yang X Y, Lai X D, Pirajno F, Liu Y L, Ling M X, Sun W D. 2017. Genesis of the Bayan Obo Fe-REE-Nb formation in Inner Mongolia, North China Craton: A perspective review. Precambrian Research, 288: 39~71

Zahnele K J, Claire M W, Cating D C. 2006. The loss of mass-indendent fractionation of sulfur due to a Paleoproterozoic collapse of atmospheric methane. Geobiology, 4: 271~283

Zhai M G, Liu W J. 2003. Paleoproterozoic tectonic history of the North China craton: a review. Precambrian Research, 122: 183~199

Zhai M G, Santosh M. 2011. The Early Precambrian odyssey of the North China Craton: A synoptic overview. Gondwana Research, 20 (1): 6~25

Zhai M G, Santosh M. 2013. Metallogeny of the North China Craton: Link with secular changes in theevolving Earth. Gondwana Research, 24 (1): 275~297

Zhai M G, Windley B F. 1990. The Archaean and early Proterozoic banded iron formations of North China: Their characteristics geotectonic relations chemistry and implications for crustal growth. Precambrian Research, 48 (3): 267~286

Zhai M G, Zhao G C, Zhang Q. 2002. Is the Dongwanzi complex an Archean ophiolite? Science, 295: 923a

Zhai M G, Li T S, Peng P, Hu B, Liu F, Zhang Y B, Guo J H. 2010. Precambrian key tectonic events and evolution of the North China Craton. London: Geological Society Special Publications, 338: 235~262

Zhang S H, Zhao Y, Santosh M. 2011. Mid-Mesoproterozoic bimodal magmatic rocks in the northern North China Craton: Implications for magmatism related to breakup of the Columbia supercontinent. Precambrian Research, 222-223: 339~367

Zhang Y G, Guo G J. 2009. Partitioning of Si and O between liquid iron and silicate melt: A two-phases ab-initio molecular dynamics study. Geophysical Research Letters, 36 (18): 18305

Zhao G C, Cawood P A, Wilde S A, Sun M, Lu L Z. 1999. Thermal evolution of two textural types of mafic granulites in the North China craton: evidence for both mantle plume and collisional tectonics. Geological Magazine, 136: 223~240

Zhao G C, Wilde S A, Li S Z, Sun M, Grant M L, Li X P. 2007. U-Pb zircon age constraints on the Dongwanzi ultramafic-mafic body, North China, confirm it is not an Archean ophiolite. Earth and Planetary Science Letters, 255 (2007): 85~93

Zhang Y G, Sun F Y, Li B L, Huo L, Ma F. 2014. Ore textures and remobilization mechanisms of the Hongtoushan copper-zinc deposit, Liaoning, China. Ore Geology Reviews, 57 (1): 78~86

Zhao T P, Chen W, Zhou M F. 2009. Geochemical and Nd-Hf isotopic constraints on the origin of the ~1.74-Ga Damiao anorthosite complex, North China Craton. Lithos, 113 (3): 673~690

Zhong R, Li W, Chen Y, Yue D, Yang Y. 2013. PTX conditions, origin, and evolution of Cu-bearing fluids of the shear zone-hosted Huogeqi Cu-(Pb-Zn-Fe) deposit, northern China. Ore Geology Reviews, 50: 83~97

第十四章　华北克拉通前寒武纪优势矿产资源评价与预测

第一节　华北前寒武纪优势矿产远景评价

对于华北前寒武纪优势矿产远景评价，首先通过收集全球典型克拉通与华北克拉通构造演化与成矿特征进行对比分析，总结优势矿种的矿床类型、成矿机理分布规律，确定研究区优势矿种的成矿系列，并圈定辽东、冀东、狼山-大青山、五台吕梁、中条豫西五个重点成矿区。然后，系统收集整理并建立华北地区地质图、重力异常、航磁异常、化探异常、矿床点等数据库，以定性与定量交互解释技术综合分析和优化获取新的找矿信息，以区域找矿模型为指导开展成矿模型驱动下的矿产资源潜力评价，并基于重大地质事件构造响应的 GIS 统计分析、多元有利信息提取分析、分形理论的最佳统计网格尺度分析等技术（Chen et al., 2014；陈东越等，2015；王江霞等，2014）和证据权预测方法，实现五个重点成矿区找矿远景区的圈定。最后，选择有利成矿远景区，基于三维可视化技术，立方体找矿方法，圈定深部找矿靶区，实现从定性到定量对典型矿床进行预测评价，建立一套适合华北克拉通前寒武纪优势矿种资源潜力评价的技术方法体系。

一、重点成矿区圈定

（一）华北克拉通区域铁矿资源找矿模型

基于所建立的克拉通成矿特征数据库，华北克拉通地质（地层、构造、岩体）、地球物理、地球化学、遥感数据资料，以及结合印度克拉通典型矿集区的地质背景和成矿规律，总结出华北克拉通的地质背景及成矿规律，并在此基础上进一步总结出沉积变质型铁矿找矿模型，如表 14.1 所示。

表 14.1　沉积变质型铁矿找矿模型

找矿信息类别	成矿预测因子	特征变量
地质找矿信息	地层条件 — 成矿有利地层	马兰（黄土）组
		遵化杂岩
		上更新统马兰组
		拉马沟组
		乌拉山岩群
		金岗库组
		单塔子杂岩
		跑马场组
	地层组合熵	组合熵异常区
	构造条件 — 对称构造发育区	构造中心对称度异常区
	构造条件 — 成矿有利方位断裂	北北东向断裂
	构造条件 — 构造发育部位	等密度异常区
	构造条件 — 有利成矿构造发育	优益度异常
地球化学找矿信息	地球化学异常信息	Fe 元素化探异常与成矿相关的一些元素组合异常
物探找矿信息	物探异常信息	剩余重力异常
		布格重力异常

(二) 成矿有利信息提取

1. 地层成矿有利信息提取

根据全国地质数据库提取华北克拉通 432 种地层岩性，并将其与研究区内所有铁矿点进行相交分析，提取研究区内 8 个成矿有利地层（图 14.1a），同时对研究区地层组合熵①信息提取（图 14.1b），结果显示地层组合熵等值线呈东西向和北东向展布。

2. 构造信息定量化分析及提取

构造是成矿物质运移的主要通道，对成矿具有重要意义（翟裕生，1999）。目前，成矿预测研究中构造信息的定量化分析主要包括主干断裂、构造等密度②、构造中心对称度③、构造优益度④等。这些变量从不同的角度反映线性构造的特征，从中发掘与成矿有关的特征、提取致矿信息是成矿预测的要求。

对研究区区域构造信息分析结果表明，[0.03，0.09]、[30，90]、[0.3，0.6]、[20，80] 分别为主干断裂、等密度有利区间、中心对称度、构造优益度的成矿有利区间（图 14.1c～f）。

3. 地球物理及地球化学异常提取

在搜集的地质图及资料数据的基础上，分别对重力异常和化探异常信息进行成矿有利信息提取，提取结果如图 14.1g～h 所示。

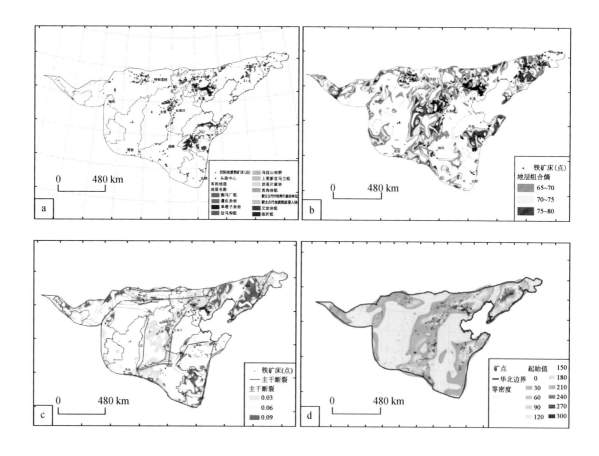

---

① 地层组合熵是一种断裂控矿的定量表现形式，地层组合熵的高值代表着断裂发育的强烈部位。
② 构造等密度反映了线性构造的复杂程度。
③ 构造中心对称度代表了构造对称的特征，主要揭示的是古火山机构、小型等轴状隐伏岩体等具有放射状断裂体系的环形构造。
④ 构造优益度是以断裂构造两两之间的夹角和断裂构造方位的控矿程度加权的断裂构造密度的度量，其高值区多为成矿有利地段。

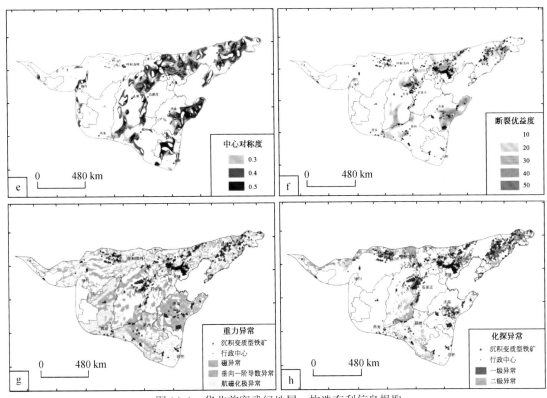

图 14.1 华北前寒武纪地层、构造有利信息提取

a. 成矿有利地层；b. 地层组合熵；c. 主干断裂区；d. 等密度有利区间；e. 中心对称度异常区间；f. 断裂优益度异常区间；g. 重力异常；h. 化探异常

（三）基于证据权法的定位预测

基于已知矿点的空间分布，它通过先验概率计算每一种证据因子单位网格内的成矿概率，用权重值定义每一种证据因子的二值图像，以代表每一个证据因子对成矿预测的贡献，并最终检验各证据因子的独立性，以后验概率图的形式展示成矿概率图（Agterberg and Bonham，1999；Carranza，2004；de Quadros et al.，2006；陈建平等，2007，2008，2009）。

根据研究区情况计算出各因子的证据权重，如表 14.2 所示。

表 14.2 基于网格单元法的华北金矿预测证据层权值参数

证据因子名称	正权重值	负权重值	综合权重
有利平均方位	0.371077	-0.50125	0.872326
有利地层	1.042982	-0.96279	2.005772
有利优益度	1.02352	-0.87857	1.902092
有利中心对称度	0.706749	-1.05016	1.756906
有利主干断裂	0.428785	-0.34243	0.771219
断裂缓冲	0.470736	-1.71232	2.18306

（四）重点成矿区圈定

将所有证据权因子进行后验概率计算，计算得出各个预测单元的后验概率值，按照后验概率相对大小，分为不同等级，不同等级赋予不同颜色，得到该区后验概率网格。根据后验概率网格图进行插值得到相应的后验概率等值线图，划分出 3 个 A 级（A3-1、A3-2、A3-3）、3 个 B 级（B3-1、B3-2、B3-3）成矿远景区，如图 14.2 所示。

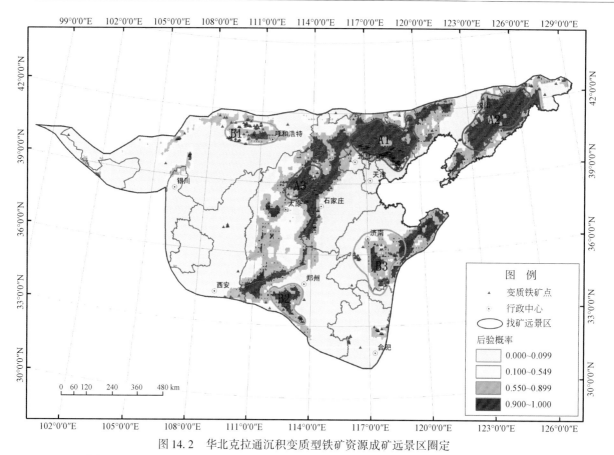

图 14.2 华北克拉通沉积变质型铁矿资源成矿远景区圈定

A3-1. 冀东成矿远景区；A3-2. 辽东成矿远景区；A3-3. 五台-吕梁成矿远景区；B3-1. 狼山-大青山成矿远景区；
B3-2. 中条山成矿远景区；B3-3. 鲁西成矿远景区

二、基于多元信息的铁矿成矿远景区二维预测

多元信息综合分析是在建立的定量化预测模型的基础上，依托于多元统计、计算机技术和 GIS 技术等所提供的强大数据管理和分析功能，将地、物、化、遥各类空间信息数据化的合成叠置，定量化地评价每一类信息对成矿的贡献，最终将多个图层表示的找矿信息综合为一个评价预测图层。

基于重点成矿区的圈定，对所划分的成矿远景区进行进一步基于多元信息的区域二维预测，并以内蒙古狼山研究区为例进行说明。

（一）狼山研究区区域概况

研究区隶属巴彦淖尔市乌拉特后旗巴音宝力格镇。位于狼山后山地区，在大地构造单元属于狼山-阴山陆块狼山-白云鄂博裂谷，属巴彦淖尔市和包头市所辖。经度 106°00′~109°50′E，纬度 40°30′~41°50′N（图 14.3）。

（二）狼山研究区成矿地质背景

研究区大地构造位置属华北陆块区狼山-阴山陆块之狼山-白云鄂博裂谷，按板块构造属华北板块北缘隆起带。区带属滨太平洋成矿域华北成矿省，华北陆块北缘西段 Au、Fe、Nb、REE、Cu、Pb、Zn、Ag、Ni、Pt、W 石墨白云母成矿带，白云鄂博-商都 Au、Fe、Nb、REE、Cu、Ni 成矿亚带，霍各乞-东升庙 Cu、Fe、Pb、Zn、S 成矿亚带。

研究区内出露地层较为齐全，古太古代、中太古代、新太古代、古元古代、中-新元古代、古生代和中生代地层都有出露，以太古代和元古代地层为主。其中与喷流沉积型铜矿成矿相关程度较高的有乌拉山岩

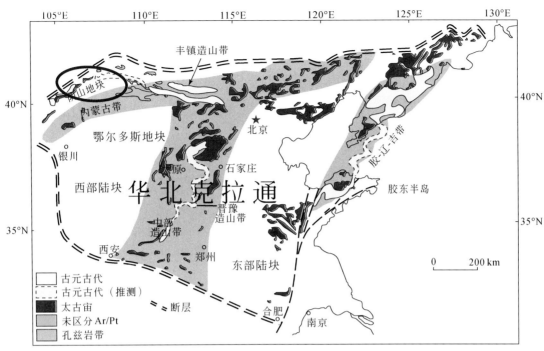

图 14.3 研究区在华北克拉通的范围图（修改自翟明国，2010）

群、宝音图群和渣尔泰群，并在渣尔泰群的阿古鲁沟组上发现了具有明显层控特征的多处矿床。

研究区内与成矿相关的岩体主要是古元古代陆缘增生地体宝音图群、中元古代陆壳增厚地质事件产物乌拉山岩群，以及中-新元古代渣尔泰群。构造上区域主体部分位于川井-化德-赤峰大断裂带以南，大青山山前断裂以北。区域构造线方向总体为北东东向或近东西向、狼山一带主构造线为北东向，断裂构造对研究区岩浆活动以及地层空间分布及成矿作用具有明显的控制作用。

（三）狼山研究区成矿作用过程定量评价模型建立

通过对狼山研究区典型矿床成矿过程、区域巨量矿质堆积过程以及区域成矿后保存条件影响因素分析，并结合 GIS 平台建立地区数据库，做出定量化特征的研究与分析，建立狼山研究区成矿过程定量评价模型（表 14.3）。

表 14.3 狼山矿集区成矿作用过程定量评价模型

	分析因素	过程	成矿要素	证据因子	特征变量
成矿作用过程定量分析模型	巨量矿质堆积过程定量分析	源	岩浆（热液、火山）	中心对称度	构造中心对称度
			地层	含矿地层	成矿有利地层
			岩体	中性岩体	侵入岩体
		运	控矿构造	构造建造分析	构造优益度
				构造复杂度分析	构造复杂度
		聚	容矿构造	构造缓冲区	构造缓冲区
			成矿空间	主干构造旁侧的局部构造发育部位	构造方位异常度
		变	成矿系列（矿床组合和各类矿化异常）	成矿元素异常	Cu 元素组合异常
					Cu、Pb、Zn 单元素地球化学异常
				物探异常	重力异常
					航磁异常
	成矿后保存条件分析	保	剥蚀程度	矿床就位深度	围岩变质矿物估算法
				区域抬升程度	地壳升降系数
				区域剥蚀程度	岩相古地理恢复

(四) 狼山研究区地质异常多元信息综合提取

地质异常多元信息的提取是预测的前提条件。本次研究对区内成矿有利地层、岩体信息，岩浆矿源信息，运移通道成矿信息，聚集空间成矿信息，地球物理、地球化学成矿有利信息进行了定量提取。

1. 成矿有利地层、岩体信息定量提取

研究区中宝音图群、渣尔泰群地层，中元古代闪长岩是较有利的成矿因子；[60，70] 为地层组合熵的成矿有利区间，77.89% 的矿点落在该区间内，[3，5] 为地层复杂度成矿有利区间，该区间中包含 88.89% 的矿点（图 14.4a～c）。

2. 岩浆矿源信息定量提取

构造中心对称度代表构造对称的特征，能较好地反映岩浆活动的侵位。通过构造中心对称度可以定量化岩浆矿源信息，判断岩浆附近的不好识别的线状、放射状等复杂的构造信息，从而指示有岩浆活动特征的构造。基于中心对称特征与矿点空间特征分析表明，[0.04，0.12] 是岩浆活动活跃区（图 14.4d）。

3. 运移通道成矿信息定量提取

构造复杂度是区域上构造尤其是线性构造相交部位情况的反映，交点区域经常是成矿最有利的空间部位。通过区域构造复杂度和构造优益度能较好地定量化表示成矿流体运移通道。基于构造复杂度和构造优益度与矿点空间特征分析表明，[1.25，3.75] 是区域主干断裂方向成矿优选区间；[1.5，3] 是构造交点数的有利异常区间（图 14.4e～f）。

4. 聚集空间成矿信息定量提取

断裂平均方位异常度反映了断裂产出的优势方位与成矿的关系。通过对研究区内的构造与成矿的具体关系，以及对不同的方向进行统计分析再结合矿点的空间分析，发现研究区的断裂平均方位异常区间 [-2.5，12.5] 与成矿期线性构造异常方位北东向和北西西向断裂吻合度很高，符合矿质聚集的条件。断裂是成矿物质运移的有利通道，但由于矿质沉淀往往需要安静的外界环境，因此常常在断裂周围聚集成矿。通过建立构造缓冲区与矿点的空间分析得出，研究区内 88.89% 以上矿点落在构造 1 km 缓冲区内，表明 1 km 缓冲区是容矿有利区域（图 14.4g、h）。

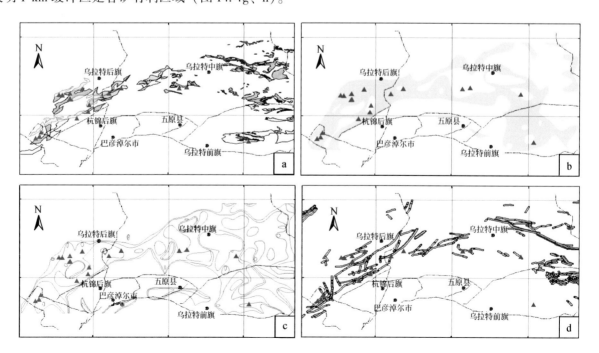

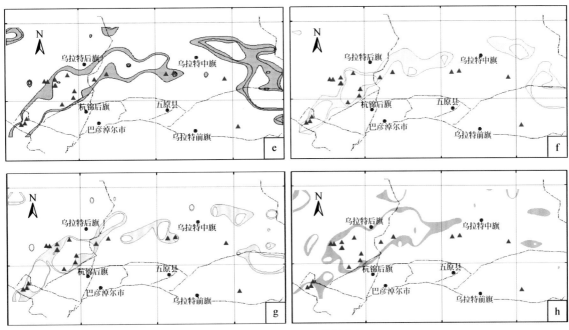

图 14.4 研究区成矿有利信息提取

a. 有利地层；b. 地层复杂度；c. 地层组合熵；d. 区域构造容矿有利空间；e. 构造复杂度；f. 构造优益度；g. 构造中心对称度；h. 构造平均方位

5. 地球物理、地球化学成矿有利信息提取

通过将收集到的物探信息，Cu、Pb、Zn 元素异常区以及元素组合异常区与矿点空间特征分析表明，布格重力区间 [-180，-160]、剩余重力区间 [-2，3] 是区内成矿有利区间（图 14.5a、b）；航磁 ΔT 异常区间 [-250，-50]、航磁 ΔT 化极异常区间 [-150，-50] 作为成矿有利区间（图 14.5c、d）。通过将 Cu 元素异常、Cu-Pb-Zn 元素组合异常分别与矿点进行空间叠加分析，较好地反映了区域成矿元素富集情况，是较有利的成矿有利信息（图 14.5e、f）。

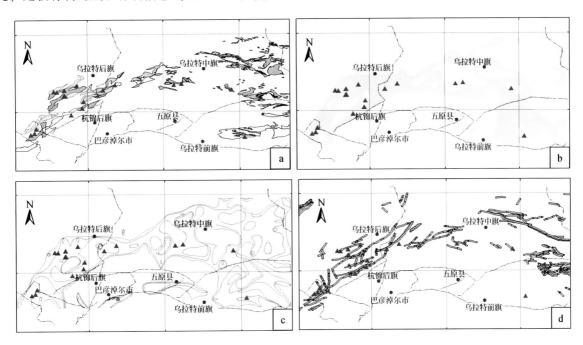

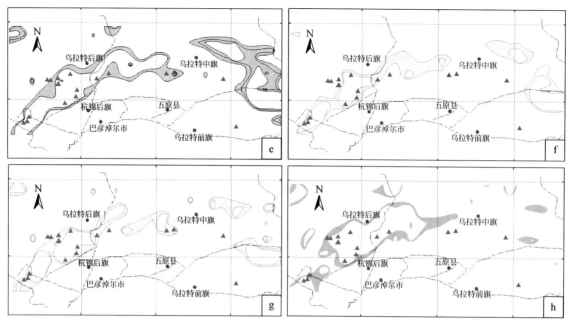

图14.5 研究区地球物理、地球化学有利信息提取

a. 布格重力有利区;b. 剩余重力有利区;c. 航磁 ΔT 有利区;d. 航磁 ΔT 化极垂向一阶导数有利区;
e. Cu 元素异常有利区;f. Cu-Pb-Zn 元素组合异常有利区;g. 构造中心对称度;h. 构造平均方位

(五) 狼山研究区铁矿资源定位预测

基于证据权法计算每个预测因子的证据权重值,根据研究区情况计算出各因子的证据权重,如表14.4所示。

表14.4 狼山矿集区巨量矿质堆积模型证据权重表

序号	证据因子类型	证据因子	正权重值（W+）	负权重值（W-）	综合权值（C）
1	地层条件	宝音图群	2.805343	-0.942292	3.747635
2		乌拉山岩群	0.526855	-0.056858	0.583713
3		渣尔泰群	1.450937	-0.987468	2.438405
4		地层种类数有利区	0.921060	-1.651217	2.572277
5		地层组合熵有利区	0.760213	-2.195723	2.955936
6	构造条件	构造复杂度有利区	1.177755	-1.385994	2.563749
7		中心对称度有利区	1.417066	-1.185624	2.60269
8		构造平均方位有利区	0.759187	-0.277004	1.036191
9		断裂优益度有利区	1.360208	-0.969059	2.329267
10		构造缓冲区	1.342675	-2.491784	3.834459
11	岩体条件	火山岩层	1.515848	-0.231212	1.74706
12	地球物理条件	布格重力有利区	0.268421	-0.417336	0.685757
13		剩余重力有利区	0.183685	-0.776853	0.960538
14		航磁 ΔT 有利区	0.243757	-0.500148	0.743905
15		航磁 ΔT 化极有利区	0.350464	-0.501021	0.851485
16		航磁 ΔT 化极一阶有利区	0.236737	-1.426000	1.662737
17	地球化学条件	铜铅锌元素组合异常	1.690982	-2.582859	4.273841
18		铜元素异常	1.737821	-1.912306	3.650127
19		铅元素异常	1.407214	-1.838361	3.245575
20		锌元素异常	1.894357	-0.738275	2.632632

在得出各预测因子权重值后，对各预测因子进行独立性检验，并剔除与其他预测因子相对不独立的因子。然后计算各个预测单元的成矿有利度（以成矿的后验概率值来表示），并按照后验概率相对大小，划分不同等级，赋予不同颜色，得出后验概率等值线图（图14.6）。结果显示后验概率的高值区含有大约80%的已知矿床（点），表明该方法对预测具有可行性。

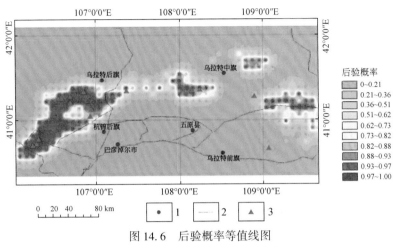

图 14.6 后验概率等值线图

1. 行政中心；2. 远景范围；3. 矿点位置

（六）成矿靶区圈定

依据所得到各个预测单元的成矿有利强度（以成矿的后验概率值来表示），并结合区域实际地质背景进行成矿有利区的圈定工作。此次共圈定6个远景区，其中一级远景区3个，二级远景区3个（图14.7）。

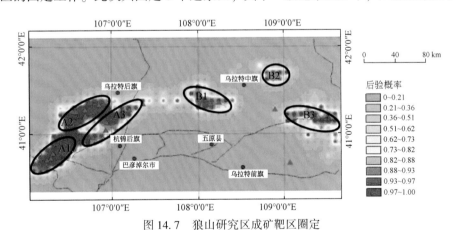

图 14.7 狼山研究区成矿靶区圈定

A1. 盖沙图远景区；A2. 霍各乞远景区；A3. 炭窑口-东升庙远景区；B1. 昂根苏木赛音呼都格远景区；B2. 狼山-渣尔泰山远景区；B3. 额布图-克布远景区

同时，基于多元信息的区域二维定量预测方法流程，分别对中条山铜矿、辽东铁矿、冀东铁矿和五台山-吕梁铁矿资源进行了靶圈定，靶区详细信息见表14.5。

三、成矿靶区隐伏矿体三维可视化预测

本节基于二维预测结果，分别对辽东重点成矿区——本溪桥头-连山关远景区、冀东重点成矿区——青龙大苇峪-土门子成矿远景区进行进一步的三维找矿预测，并以本溪桥头-连山关远景区为例进行说明。

表 14.5　二维成矿远景区一览表

地区	编号	级别	名称	远景区描述
冀东铁矿	A3-1	一级	遵化石人沟远景区	遵化石人沟远景区，是整幅图中后验概率最高且矿点最密集中的一块区域，该靶区原有遵化石人沟武铁矿点，该区主要出露地层为遵化杂岩，拉马沟组、跑马厂组，贯穿该区的都是北东向断裂，找矿潜力巨大
	A3-2		密云-太师屯成矿区	密云水库北部，出露单塔子杂岩和遵化杂岩，有密云-喜峰口大断裂经过，成矿条件优越，因此该区找矿前景较大。该区原有密云放马峪矿和大师屯铁矿多个矿化点，研究在该区后验概率值高，物化探数据的高值区迁安水厂铁矿、庙岭沟铁矿、西峡口铁矿等多个铁矿点，该区后验概率值较高，找矿前景较好
	A3-3		迁安水厂式成矿区	位于迁安市东北部，迁西市西南部，出露西杂岩和上更新世迁安组，物化探数据的高值区迁安水厂铁矿、庙岭沟铁矿、西峡口铁矿等多个铁矿点，该区后验概率值高，找矿前景较好
	B5-1		大苇峪-土门子远景区	位于密云大城子铁矿的东南方向，该区出露赋矿地层常州沟组，该区原有大城子铁矿；该区出露赋矿地层遵化杂岩和常州沟组，可进一步勘探找矿床的存在
	B5-2	二级	兴隆-茅山远景区	位于承德兴隆县南部，该区出露赋矿地层跑马厂组，拉马沟组和单塔子杂岩，发现的矿点有兴隆山岭铁矿，跳子峪铁矿，该区后验概率值较高，且有北东向断裂贯穿，物化探数据的高值区，具有较好的找矿空间
	B5-3		大城子东南部远景区	位于宽城满族自治县东南区域，出露拉马沟组和常州沟组，内有豆子沟铁矿和双洞子铁矿，该区域有多条东北东向断裂贯穿，找矿潜力较大，可对该区进一步收集资料进行勘探
	B5-4		豆子沟-双洞子远景区	位于青龙满族自治县，有古道河青和肖莹子铁矿点，有青龙大断裂和青龙-滦县断裂贯穿，有一定的资料依据，找矿显示较好，矿化显示成矿化点
	B5-5		司家营-卢龙北部远景区	位于卢龙县的北部，附近有司家营铁矿和上更新世迁安组，出露单塔子杂岩和上更新世迁安组，有青龙-滦县大断裂，北部临近栅栏子典型沉积变质型铁矿，原有卢龙兴龙铁矿，有铜矿峪，成矿条件较好，找矿显示较好，找矿潜力和资源潜力
	A2-1	一级	垣曲-绛县成矿远景区	位于垣曲-绛县，主要分布中条群和西家群，主要分布于末家山组、银鱼沟群和西阳河群，呈北西向展布，为微隆起区（$G<0$ 且绝对值较小），呈北东向展布，胡篦等典型矿床。该区为高信息量高值区，成矿条件好，找矿潜力较大，是该区内最主要的成矿远景区
中条山铜矿	A2-2		落家河-同善-王屋山成矿远景区	落家河-同善-王屋山伸展构造带上，主要分布末家山组、银鱼沟群和西阳河群，呈北西向展布，以落家河为典型矿床。该区主要经历古元古代早期发育一套火山-喷流-沉积岩建造，古元古代早期成矿期，区域变质变形成矿期和西阳河期。西阳河活动致导致变质变形作用进一步加剧，促使固留片理化加强。柔性褶皱极为发育，受区域变质变形成矿期的筒子沟铜矿变质铜矿床铜源体源矿层发热液淬携成矿。西阳河运动导致热液活动进一步加剧，促使围留片理化加强。柔性褶皱极为发育，受区域变质变形成矿期的筒子沟铜矿变质铜矿床铜源体源矿层发育，沿构造裂隙富集形成矿化点。地球化学信息显示该区域铜组合异常显著，区域高磁隆起区（$G=0$），岩体形态改造明显，呈隐伏半隐伏岩浆发育，可能矿床规模较小，王屋山地区剥蚀深度 $3\sim5$ km。王屋山地区剥蚀深度较小，找矿重点应在该区落家河一带

第十四章 华北克拉通前寒武纪优势矿产资源评价与预测

续表

地区	编号	级别	名称	远景区描述
中条山铜矿	B2-1	二级	盐湖成矿远景区	位于中条山西南缘盐湖区，主要分布涑水杂岩和篦子沟组，以桃花洞为典型矿床。该区主要经历新太古代—早古元古代初始成矿期，深成岩和花岗岩类侵入岩分布广泛，经强烈区域变质作用形成涑水杂岩。后期岩浆岩类岩体给予提供了初始矿源层。但成矿地质体就位深度较深，达8~10 km，加里东期的剧烈隆起，使得基底和深部矿体抬升，加上稳定后剥蚀率较低，深部找矿潜力较大
	B2-2		平陆成矿远景区	位于中条山西南缘平陆县，主要分布中条群，为微隆起区，目前有霍家沟、老君庙等小规模矿床。目规模都较小，化学信息也显示该区域分布有铜钼组合异常，目前发现矿床数量较少，是下一步重点勘查区
辽东铁矿	A3-1	一级	歪头山-弓长岭成矿远景区	该区位于辽东鞍山-本溪地区（凹陷）成矿带，成矿带属于辽阳-本溪（凹陷）—偏岭断裂、张岭—陈相屯断裂，北西向发育的祝家-高官寨-高官寨变质岩带，区域以太古宇鞍山群主干断裂东侧发育最为发育，太古宇鞍山群为该区域基底，受到了广泛的角闪岩相变质作用。该区以太古宇鞍山群主要的矿床变质沉积变质型铁矿，区域内已勘查的主要有歪头山、弓长岭超大型矿床。先期成矿作用较好，所以将该区域成矿作用为已知矿
	A3-2		营口-鞍山式铁矿成矿远景区	该区位于辽东鞍山-本溪地区（凹陷）成矿带，面积约600 km²，大地构造位置地处华北陆块北缘东段，属胶辽台隆东太子河-浑江台陷。成矿带属于营口-鞍山成矿带，区域发育北东向裂与主干断裂、偏岭断裂。区域变质作用与太古宇变质岩系，太古宇鞍山群变质岩发育，营口-吉洞岭铁矿床，西鞍山超大型铁矿床，齐大山超大型大中型铁矿床，胡家庙子等大中型铁矿床。区域成矿作用先期有少量的矿床产出，预测结果表明该区有很好的找矿前景
	A3-3		本溪桥头-连山关成矿远景区	该区位于辽东鞍山-本溪地区（凹陷）成矿带，面积约为550 km²。区域出露太古宙、元古宙、寒武纪、白垩纪等大中小型铁矿床。徐家堡子超大型铁矿床，连山关、大荒沟-草河口、大荒沟等大中小型铁矿床。区内寒武纪变质作用与有关，元古宙变质作用关。区内有少量的矿床产出，预测结果表明该区有很好的找矿前景
	B5-1	二级	抚顺（凸起）韦子峪成矿远景区	属于抚顺（凸起）Fe-Cu-Zn-Au成矿带。出露地层主要有太古宙、元古宙、寒武纪、白垩纪。根据证据权预测该区概率较高，但已知的大、中型矿点较少。区内本区成矿点较大，表明本区区域的潜力较大
	B5-2		抚顺前砬子-孟家沟成矿远景区	该区与B5-1区成矿同属一个构造区，北东向章党-夹厂沟断裂横穿该区。出露地层主要有太古宙、元古宙、白垩纪、新生代。区域内已发现矿床等。证据权预测结果表明该区有很好的找矿潜力
	B5-3		于家堡子-木奇岭成矿远景区	成矿区带属于抚顺（凸起）Fe-Cu-Zn-Au成矿带。区域出露地层为太古宙、元古宙、白垩纪、侏罗纪。区内已勘查矿床有于家堡子、大莱河、小莱河、大和睦等，成矿条件较好，具有一定的找矿潜力
	B5-4		大南沟-榆树成矿远景区	成矿区带属于抚顺（凸起）Fe-Cu-Zn-Au成矿带。出露太古宙、元古宙、侏罗纪、白垩纪。成矿带和榆树乡边矿床等，预测预测结果表明其具有一定的找矿潜力
	B5-5		本溪-八里甸子成矿远景区	成矿区带属于抚顺（凸起）Fe-Cu-Zn-Au成矿带，该区出露地层较多，有太古宙、元古宙、寒武纪、三叠纪、侏罗纪、白垩纪，即玄武岩两处矿点。区内目前没有发现大矿床，预测表明区域具有找矿潜力

续表

地区	编号	级别	名称	远景区描述
内蒙古狼山	A3-1		盖沙图成矿远景区	位于狼山西南，阿拉善以东。已经探明的喷流沉积型铜矿有希霍霍图铜矿、千德门铜矿、哈腾套海苏木哈尔哈图铜矿，该区广泛出露渣尔泰群和宝音图群，主干构造主体方向以北东向为主，次级构造方向以北西向为主，同时也有石炭纪花岗岩和志留纪花岗岩岩体，区域内最具找矿潜力的远景区
	A3-2	一级	霍各乞成矿远景区	位于狼山以北的裂陷槽内，区域内地层有渣尔泰群、宝音图群等，后验概率值高，矿点密集，为找矿好的远景区
	A3-3		炭窑口-东升庙成矿远景区	位于乌拉特后旗西南位置。已探明巴彦鄂博铜矿、炭窑口铜矿等多处矿床，区域构造情况复杂，含有成陷槽褶皱带，为较好的找矿远景区
	B3-1		昂根苏木赛音呼都格成矿远景区	位于五原县北比，已探明有温根庙镇道芬都格铜矿，昂根苏木赛音呼都格铜矿，区域主体构造为北西西向，以中新元古代地层为主，具有较高后验概率值，有较好的找矿潜力
	B3-2	二级	敖包成矿远景区	位于乌拉特中旗以西，著名的白云鄂博矿区以西，区域主体构造为北西向，次级构造与褶皱的交情，白云鄂博地层，具有多期断裂构造，具有一定的找矿潜力
	B3-3		额布图-克布成矿远景区	位于乌拉特中旗东南方向大约50 km处，区域内构造情况复杂，出露地层以中-新元古代为主，物化探异常较高，后验概率值中上，具有很好的找矿潜力
山西五台-吕梁	A2-1	一级	五台山成矿远景区	五台山远景区是远景区内后验概率最高的且矿点最为集中的区域。该区内矿点分布较为集中，北东向构造较为发育，文溪组柏枝岩组，发育北东向构造，找矿潜力较大
	A2-2		岚县袁家村成矿远景区	位于研究区的西南方，出露柏枝岩组地层、构造条件非常复杂，主要发育北东向断裂构造，零星分布变质岩体，区内矿点已知矿点，找矿潜力较大
	B5-1		繁子河-灵丘县成矿远景区	位于研究区东北角，介于A2-1与B5-1远景区之间，区内零星分布已知矿点，出露金岗库组和文溪组地层，构造较为发育，具有一定的找矿潜力
	B5-2	二级	武灵镇-神堂堡乡成矿远景区	位于研究区东北角，后验概率值高区呈条带状分布，方向北东，处于变质岩基底之中，断裂构造北西向分布，已知矿点零呈分布区内，具有一定的找矿潜力
	B5-3		恒山成矿远景区	位于研究区东北角，后验概率值高区呈条带状分布，方向北东，处于变质岩基底之中，断裂构造北西向分布，已知矿点零呈分布区内，具有一定的找矿潜力
	B5-4		轩岗镇-长梁沟镇成矿远景区	位于研究区中部，主要出露金岗库组地层，构造发育相对简单，尚未发现已知矿体，找矿潜力一般
	B5-5		关帝山-庞泉沟成矿远景区	位于研究区西南角，构造条件简单，主要出露金岗库组地层，构造发育相对简单，尚未发现已知矿体，找矿潜力一般

(一) 成矿靶区三维预测分析

本溪桥头-连山关成矿区,位于辽阳-本溪(凹陷成矿带),面积约为550 km²。在时间、空间和成因上与海相火山作用密切相关,属于火山沉积变质型,即阿尔戈马型铁矿。区域成矿作用与太古宙、元古宙变质作用有关。区域大面积出露太古宙花岗质岩石,其中残留着为数众多的表壳岩,其岩性组合主要为基性、中基性火山岩-硅铁建造组合。区内已探明矿床有南芬、徐家堡子超大型铁矿床,连山关-草河口、大荒沟等大中小型铁矿床。

在明确区域成矿规律及成矿地质背景的前提下,通过对研究区内沉积变质型典型铁矿床的成矿时代、大地构造背景、控矿因素、成矿作用特征等因素,对比区域二维成矿预测成果,建立矿质巨量堆积区沉积变质型铁矿资源预测找矿模型(郑永琴等,2013),如表14.6所示。

表14.6 矿质巨量堆积区三维找矿模型

控矿要素	找矿预测因子	特征变量	特征值
地层条件	成矿有利地层	茨沟组、大峪沟组、钓鱼台组、南芬组、桥头组	茨沟组、大峪沟组、钓鱼台组、南芬组、桥头组
	成矿有利岩性	变质岩	新太古代二长花岗质片麻岩
	成矿有利时代	太古宙	Ar
岩体条件	岩体影响范围	岩体缓冲区	岩体缓冲区500 m
构造条件	构造岩浆活动	中心对称度	(0, 0.04)
	层间破碎带	不整合面	盖层基底接触面

(二) 找矿靶区三维实体建模

基于成熟三维矿山软件Surpac,采用三维地质体线框建模技术建立成矿靶区三维实体模型。主要包括研究区地表、第四系、地层、断裂构造、基底、盖层等实体模型,如图14.8所示。

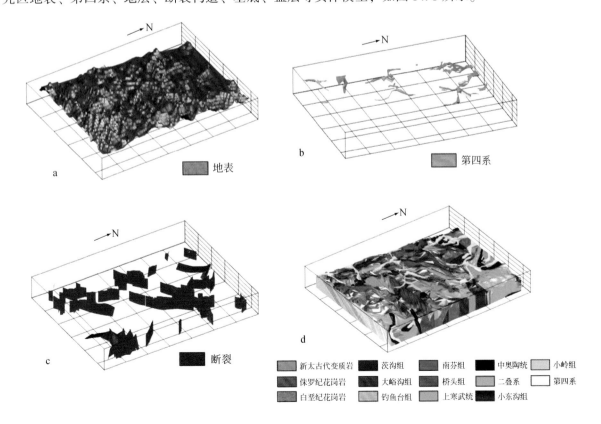

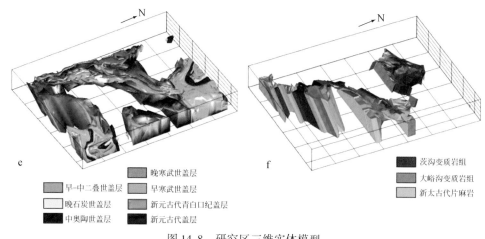

图 14.8 研究区三维实体模型

a. 地表模型;b. 第四纪模型;c. 地层模型;d. 断裂模型;e. 基底模型;f. 沉积盖层

(三) 三维成矿有利信息提取

成矿预测是一项综合性强、难度大、牵涉面很广的系统工程,须以细致的地质工作为基础,合理运用各种找矿技术方法,尽可能多地收集各种找矿信息,包括与矿化相关的直接信息和间接信息,进行成矿信息的综合分析,从而为隐伏矿体的定位预测提供客观而准确的依据。基于已建立的三维地质实体模型,选择"立方体预测模型"方法,实现对找矿模型中变量信息的定量分析与提取。

成矿有利信息分析与提取结果表明:新太古代茨沟组(Ar_3cg)、大峪沟组(Ar_3dy)、元古宙钓鱼台组(Qbd)、南芬组(Qbn)、桥头组(Nhq)地层,中心对称度,基底、盖层之间的接触面以及岩体 500 m 缓冲区是研究区成矿的有利因子,结果如图 14.9 所示。

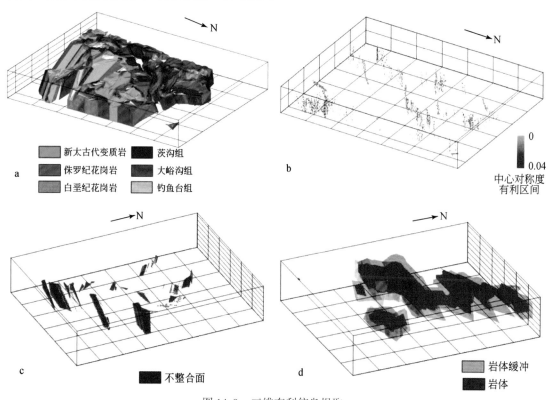

图 14.9 三维有利信息提取

a. 地层信息提取;b. 断裂信息提取;c. 区域不整合面;d. 岩体信息提取

1. 找矿标志单元统计

基于中国地质大学（北京）研发的"隐伏矿体三维预测系统"中线性体分形分析统计模块功能，确定区域的立方体模型的最佳块体大小（研究区块体大小为 50 m×50 m×100 m）。结合已有资料，选取统计分析变量的地质信息标志，并将变量二值化。最后，通过统计方法进行约束赋值，对找矿标志单元进行有效性统计。预测所用变量及其统计结果如表 14.7、图 14.10 所示。

表 14.7 研究区立方体预测变量统计表

序号	找矿标志	标志所占立方体数	工作区有效立方体总数
L1	新太古代二长花岗质片麻岩（Ar_3gn）	1691501	17808000
L2	茨沟组（Ar_3cg）	301086	17808000
L3	大峪沟组（Ar_3dy）	457410	17808000
L4	钓鱼台组（Qbd）	1460506	17808000
L5	南芬组（Qbn）	1271214	17808000
L6	桥头组（Nhq）	395825	17808000
L7	变质岩体缓冲 500 m	2804219	17808000
L8	不整合面	105335	17808000
L9	中心对称度	5476	17808000

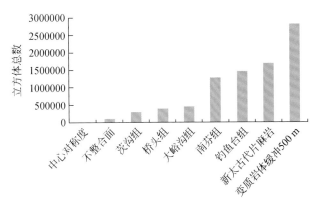

图 14.10 立方体预测变量统计柱状图

2. 成矿有利度计算

信息量法是由 E. B. 维索科奥斯特罗夫斯卡娅、N. N. 恰金先后提出的，该方法是在区域矿产预测中经常使用的一种非参数性的单变量的统计分析方法。

首先，根据区域二维预测权重值来计算大区域三维预测中各地质因素、找矿标志所提供的找矿信息量（表 14.8、图 14.11），以此来定量评价各地质因素和标志对指导找矿的作用；其次，计算每个单元中各标志信息量的总和，其大小反映了该单元相对的找矿意义，用以评价成矿预测靶区进行预测。其基本原理和方法如下：

$$F = f(x) = a_1x_1 + a_2x_2 + a_3x_3 + \cdots + a_nx_n$$

$$\sum_{i=1}^{n} a_i = 1$$

式中，n 为各个证据因子；a_1，a_2，$\cdots$，a_n 为每个找矿标志的相对权重值。

表14.8 研究区铁矿预测各个找矿标志权重值统计表

序号	找矿标志	综合权重值	相对权重值
L1	新太古代二长花岗质片麻（Ar_3gn）	2.2176	0.1555
L2	茨沟组（Ar_3cg）	2.9889	0.2097
L3	大峪沟组（Ar_3dy）	1.6874	0.1183
L4	钓鱼台组（Qbd）	1.3124	0.0920
L5	南芬组（Qbn）	1.8483	0.1296
L6	桥头组（Nhq）	0.9509	0.0667
L7	变质岩体缓冲500 m	1.1641	0.0816
L8	不整合面	1.8157	0.1273
L9	中心对称度	0.2746	0.0193

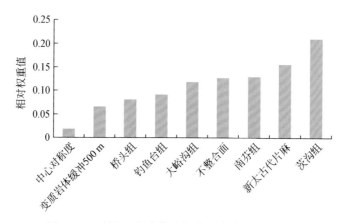

图14.11 研究区各个找矿标志约束值统计柱状图

3. 靶区圈定与分析

1）预测靶区圈定

根据三维找矿信息量法在研究区内圈定七个矿质巨量堆积区（图14.12），并对每个靶区分三个等级进行信息量值统计分析图（图14.13），最后依据每个矿质巨量堆积区信息量值和找矿潜力的大小依次命名为A3-1、A3-2、A3-3、B4-1、B4-2、B4-3、B4-4。

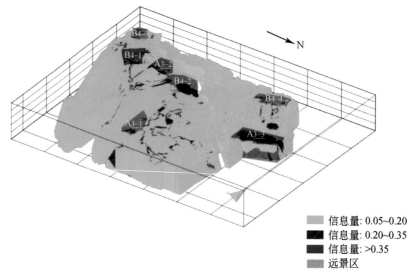

图14.12 研究区成矿矿质巨量堆积区划分图

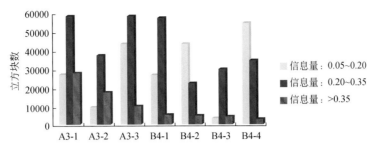

图 14.13 预测靶区含有信息量高值立方块数统计图

2) 预测靶区与成矿有利因子空间特征分析

(1) 预测靶区与有利地层叠加：从图 14.14a 分析得知研究区新太古代变质岩、茨沟组、元古宙钓鱼台组地层出露的面积最广，也是最有利的成矿层位，此外，新太古代大峪沟组、南芬组属于重要的成矿层位。

(2) 预测靶区与不整合面叠加：不整合面是构造薄弱的地带，为岩浆侵入和热液运移提供通道，为变质作用提供条件。图 14.14b 分析得知大部分不整合接触面分布在预测区内及周围，因此圈定的预测靶区均具有较好的成矿潜力。

(3) 预测靶区与变质岩体缓冲叠加：图 14.14c 为预测靶区与变质岩体 500 m 缓冲叠加分析图，从图中分析得知，岩体缓冲所覆盖的范围与找矿信息量高值区吻合，表明在变质岩体一定缓冲范围内有利于成矿作用。

(4) 预测靶区与中心对称度叠加分析：中心对称度反映了构造岩浆活动，这与研究区沉积变质型铁矿后期变质作用密切相关。如图 14.14d，预测靶区大部分分布在构造中心两侧，表明构造作用所导致的岩浆热液活动有利于沉积变质铁矿成矿。

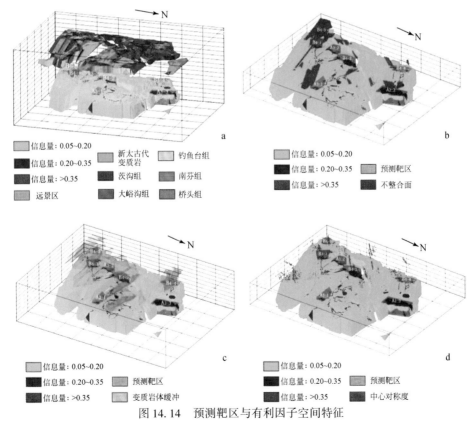

图 14.14 预测靶区与有利因子空间特征

a. 靶区与有利地层空间分布特征；b. 靶区与不整合面空间分布特征；c. 靶区与变质岩体缓冲区空间分布特征；d. 靶区与中心对称度空间分布特征

同时，基于隐伏矿体三维可视化预测思路，分别对辽东重点成矿区（本溪桥头－连山关远景区）、冀东重点成矿区（青龙大苇峪－土门子成矿远景区）进行了靶区圈定，靶区详细信息见表 14.9。

表 14.9 三维成矿靶区一览表

地区	编号	级别	X轴坐标范围	Y轴坐标范围	标高/m	靶区描述
青龙大牛岭-土门子成矿远景区	A3-1	一级	686315~692337	4482839~4488059	-788~236	处于桲椤台组，楮杖子组以及桲椤台组和高于庄组的变质基底和沉积盖层的不整合接触带，并且位于断裂缓冲区范围内
	A3-2		681000~683944	4472448~4478427	-802~206	位于断裂缓冲区范围之内，在红石岭-熊虎沟断裂附近，位于桲椤台组和楮杖子组不整合接触带
	A3-3		673701~675456	4467134~4469886	-725~221	位于青龙-草碾断裂缓冲区范围内，东部有碾子沟铁矿，东部地层桲椤岩组
	B3-1	二级	692000~693854	4455462~4456648	-758~352	位于红石岭-熊虎沟断裂缓冲区范围内，东部有碾子沟铁矿，位于中心山片麻岩体
	B3-2		673227~697175	4460539~4466090	-810~315	位于楮杖子组和高于庄组以及楮杖子组与张家沟组的变质基底的不整合接触带，青龙-草碾断裂缓冲区范围内
	B3-3		669291~674460	4478664~4482175	-766~235	八道河-马圈子断裂缓冲范围之内，以迁化岩群和大红峪组的变质基底和沉积盖层的不整合接触带
本溪桥头-连山关成矿远景区	A3-1	一级	579281~584487	4559147~4560958	-900~1000	成矿地层主要为新太古宙变质岩及元古钓鱼台组，且位于基底面旁侧，为成矿有利的区域
	A3-2		567308~569861	4553280~4555421	-875~810	成矿层位主要为新太古代次沟组及变质岩组，区域附近已探测本溪连家沟矿床东侧，为成矿有利的区域
	A3-3		566729~575854	4548343~4575299	-708~208	成矿层位主要为新太古代次沟组，且位于基底-盖层的不整合面上。靶区两侧主要出露地层为太古宙大岭沟组，该区域成矿物质来源丰富，为成矿有利的区域
	B4-1	二级	566729~570964	4548343~4551583	-790~630	预测成矿层位主要为新太古代变质岩及次沟变质岩组，本溪南芬（庙儿沟）特大型矿床产出于该预测区旁侧
	B4-2		568686~571208	4556229~4559428	-750~650	成矿层位主要为新太古代变质岩及次沟组，区内见少量磁铁石英岩，利于岩浆热液活动，为成矿有利区
	B4-3		562330~565042	4546101~4548260	-875~600	预测靶区成矿层位主要为新太古代变质岩，元古宙钓鱼台组，且位于基底-盖层的不整合接触面内，旁侧中心对称有利区
	B4-4		564975~568076	4567095~4571276	-833~437	成矿层位成矿层位主要为新太古代变质岩及元古宙钓鱼台组，且位于中心对称有利区，利有利区利于岩浆热液活动，为成矿有利区

第二节 优势矿产瞬变电磁探查示范

电磁法是一种探测地下结构的方法,在矿产资源的探查发现中一直发挥着举足轻重的作用。按照不同的探测理论和方法,电磁法可以分为 20 余种,其中最普遍、最常用的主要有激发极化(IP)、大地电磁法(MT)、音频大地电磁法(AMT)、可控源大地电磁法(CSAMT)、混场源电磁法(EH4)、瞬变电磁法(TEM)。

瞬变电磁法(TEM)是一种建立在电磁感应原理基础上的时间域人工源电磁探测方法。它是利用不接地回线(磁性源)或接地线源(电性源)向地下发送一次脉冲场,在一次脉冲场的间歇期间,利用线圈或接地电极观测二次涡流场的方法(李貅,2002)。目前瞬变电磁法已广泛应用于金属矿勘探、构造填图、油气田、煤田、地下水、冻土带、海洋地质、水文工程地质及工程检测等方面的研究(陈贵生,2006;周楠楠等,2011;刘长胜和林君,2006;薛国强等,2006)。

按照发射源的性质,可将瞬变电磁法分为磁性源瞬变电磁和电性源瞬变电磁。磁性源瞬变电磁的装置类型众多,常用的有重叠回线、中心回线、大定源回线等,具有无须接地发射、信号高阻穿透能力强、与异常耦合性高、施工方便等优点。

目前,电性源瞬变电磁的主要工作形式为长偏移距瞬变电磁法(long-offset transient electromagnetic method, LOTEM)。LOTEM 工作时一般采用长度为 1~2 km 的接地导线为发射源,并在发射源供以不关断的双极性方波电流(Strack,1992)。接收装置一般位于离发射源 2~20 km 的扇形区域内,通常采用两组电极观测水平电场或者用水平线圈观测垂直磁场产生的感应电压,可以实施单点测量也可以实施多道同时测量。接地线源在地下可以产生水平向和垂直向两个方向的感应电流,因此 LOTEM 对地下高阻和低阻目标层都有良好的反映,在大深度的地壳研究、油气藏勘查、地热调查等勘探中发挥着重要作用。但是,针对深度在 2 km 以内的金属矿产勘查,LOTEM 并不是理想的方法。

根据时域电磁场理论,瞬变电磁法的探测深度仅与观测时间和大地电阻率有关。因此,当采用适当的发射波形,在激励源关断的间隙观测即可分离自有场、获得有时变测深意义的辐射场信号。电性源短偏移距瞬变电磁法(薛国强等,2013,2014,2015),就是利用小偏移距实现大深度探测的一种瞬变电磁装置,以双极性矩形阶跃电流激发,在小于 2 倍探测深度的偏移距范围内观测。在不增加发射机功率的情况下,增加信噪比提高观测数据质量、减小体积效应,有利于提高处理结果的准确度。

(一)回线源瞬变电磁法

回线源瞬变电磁法的探测原理是:在地面布设一回线,并给发送回线上供一个电流脉冲方波,在方波后沿下降的瞬间,产生一个向地下传播的一次磁场,在一次磁场的激励下,地质体将产生涡流,其大小取决于地质体的导电程度,在一次场消失后,该涡流不会立即消失,它将有一个过渡(衰减)过程。该过渡过程又产生一个衰减的二次磁场向地表传播,由地面的接收回线接收二次磁场,该二次磁场的变化将反映地下地质体的电性分布情况。如按不同的延迟时间测量二次感应电动势 $V(t)$,就得到了二次磁场随时间衰减的特性曲线。如果地下没有良导体存在时,将观测到快速衰减的过渡过程;当存在良导体时,由于电源切断的一瞬间,在导体内部将产生涡流以维持一次场的切断,所观测到的过渡过程衰变速度将变慢,从而发现地下导体的存在。

瞬变电磁法的工作机理如图 14.15 所示。

1. 回线源瞬变电磁法主要工作装置

回线源瞬变电磁的主要工作装置为中心回线装置(图 14.16)。中心回线装置是先布置一个大回线,作为发射线圈,再在发射线圈的中心位置布置一个小线圈或者磁棒,作为接收线圈来进行观测。该装置具有体积效应小,分辨能力强,与探测的地质体能达到最佳耦合,异常幅度大,形态简单等优点。此外,由于中心回线组合装置接收回线较小,因此可观测磁场的水平分量,相比于重叠回线装置提高了分辨率;

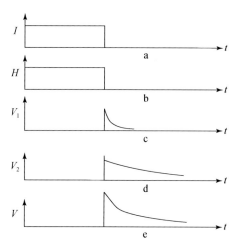

图 14.15 瞬变电磁法工作机理图

a. 发送方波电流信号；b. 发送电流在大地中建立的磁场，即一次场；c. 一次场消失后，接收线圈的自感信号；d. 大地中地下地质体响应引起的二次感应电压；e. 自感信号和二次感应信号的叠加，是接收线圈实际测得的总感应电压曲线

而且接收回线可避开金属管道等人为良导体，在良导体分布较多的地区，数据质量优于重叠回线装置。

图 14.16 中心回线装置

实际应用中，中心回线装置发射线框边长一般为 200~800 m，对于几百米长的发射线框，只观测发射线框中心一个点就移动位置势必会大大降低瞬变电磁法的工作效率。这样，在后来的实际生产中，回线内瞬变电磁测量装置（俗称大回线源瞬变电磁法）逐步代替了回线中心点测量装置。即只在回线中间 1/3~2/3 范围内进行观测，并逐框移动形成一种改进型的瞬变电磁中心方式。

2. 回线源瞬变电磁法的探测深度

涡旋场在大地中主要以扩散形式传播，在这一过程中，电磁能量直接在导电介质中由于传播而消耗，由于趋肤效应，高频部分主要集中在地表附近，且其分布范围是源下面的局部，较低频部分传播到深处。

传播深度：

$$h = \frac{4}{\sqrt{\pi}}\sqrt{t/\sigma\mu_0} \tag{14.1}$$

传播速度：

$$v_z = \frac{\partial d}{\partial t} = \frac{2}{\sqrt{\pi\sigma\mu_0 t}} \tag{14.2}$$

式中，t 为传播时间；σ 为介质电导率；μ_0 为真空中的磁导率。

瞬变电磁的探测度与发送磁矩覆盖层电阻率及最小可分辨电压有关。由式（14.1）得

$$t = 2\pi \times 10^{-7} h^2/\rho \tag{14.3}$$

在中心回线下，时间与表层电阻率，发送磁矩之间的关系如下：

$$t = \mu_0 \left[\frac{\left(\frac{M}{\eta}\right)^2}{400(\pi\rho_1)^3}\right]^{\frac{1}{5}} \tag{14.4}$$

式中，M 为发送磁矩；ρ_1 为表层电阻率；η 为最小可分辨电压，它的大小与目标层几何参数和物理参数，还有观测时间段有关。联立式（14.3）、式（14.4），可得最大探测深度：

$$H = 0.55\left(\frac{M\rho_1}{\eta}\right)^{\frac{1}{5}} \tag{14.5}$$

式(14.5)为野外工程中常用来计算最大探测深度的公式。瞬变电磁的探测度与发送磁矩覆盖层电阻率及最小可分辨电压有关。

利用式(14.5)针对野外工作常用的装置及发送电流,计算了不同线圈边长,不同发送电流,不同地电阻率情况下的瞬变电磁探测深度(单位:m),如表14.10所示。

表14.10 最大探测深度计算结果表

线圈边长/(m×m)	$\rho/(\Omega \cdot m)$				
	1	10	50	100	200
50×50	75.5	120.2	165.9	190.6	218.9
100×100	100.1	158.7	218.9	251.5	288.9
200×200	132.1	209.4	288.9	331.8	381.2
600×600	164.4	253.9	448.3	515.0	591.6

注:最小可分辨电压为$0.5\ nV/m^2$,$I=10A$

(二) 电性源短偏移距瞬变电磁法

电性源短偏移距瞬变电磁法(short-offset transient electromagnetic method,SOTEM),就是利用小偏移距实现大深度探测的一种瞬变电磁装置,以双极性矩形阶跃电流激发、在小于2倍探测深度的偏移距范围内观测。在不增加发射机功率的情况下,增加信噪比提高观测数据质量、减小体积效应,有利于提高处理结果的准确度。观测参量一般为垂直磁场分量随时间的导数(感应电压)和水平电场分量。

1. 瞬变电磁近源探测的可行性分析

电偶极子产生的电磁波的传播途径可以分为天波、地面波和地层波(图14.17a)(陈明生和闫述,2005),由于地球物理勘探中使用的是长波和超长波段,因此对于天波一般不予考虑,只研究地面波(用S_0表示)和地层波(用S_1表示)。在某一时刻,由于波程差,会在地面附近形成一个近于水平的波振面,造成一个近乎垂直向下传播的水平极化平面波S^*(图14.17b)。S_0、S_1和S^*在传播过程中,均与地下地质体发生电磁作用,并把作用的结果反映到地面观测点。

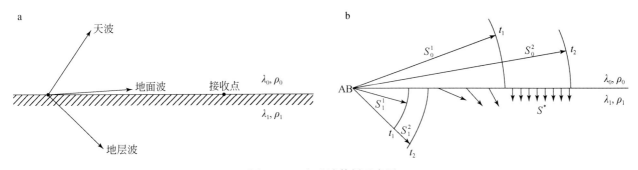

图14.17 电磁波传播示意图
a. 天波、地面波与地层波;b. 波程差与波振面

在瞬变场远区的早期阶段,场具有波区性质,第一类激发起主导作用。这时,对于浅层部位,场具有很强的分层能力。而在瞬变场远区的晚期阶段,对于收发距r来说,层状介质的总厚度相对来说很小,与其中的涡流范围比较,显得层间距离小,出现层状介质之间感应效应很强,所以,各层间的涡流效应平均化,即可把整个层状断面等效为具有总纵向电导S的一个层。由此可见,在远区的晚期阶段只能确定各层总纵向电导和总厚度,不具有分层能力。由于场的这一特点,一般远区方法用得很少,另外,由于

远区方法存在体积效应，也影响着分层能力。

在频率域电磁法中，为了利用具有频测能力的辐射场和垂直入射的地面波，接收点距发射源的距离要为4~6倍探测深度。而在时间域电磁法中，若采取关断的阶跃波形电流激发，自有场和辐射场可以在时间上分开，测量辐射场时不受自有场的干扰，因此可在离发射源很近的范围内观测辐射场实现测深的目的。另外，时间域电磁法主要利用的是地层波成分，所以在离发射源比较近的范围内观测，不仅分层能力强，还可以减小体积效应，更好地反映接收点下方地层的电性变化。

2. SOTEM 探测深度

Spies（1989）针对电性源的探测深度做出了深入细致的分析研究。首先类似于频率域中的趋肤深度，提出了瞬变电磁的扩散深度概念，其定义为给定时间内瞬变电磁涡流场极值所能达到的最大深度，表达公式为

$$d = \sqrt{2t/\sigma\mu_0} \tag{14.6}$$

可见，瞬变电磁的扩散深度主要与时间及地电结构有关而与偏移距参数无关。在理论研究中，大多根据式（14.6）来计算特定地电结构情况下电磁场在某一时刻的扩散深度。

在实际工作中，应该考虑实际探测深度，即考虑信号强度，接收仪器的灵敏度、精度、噪声强度、地电参数等因素的前提下定义瞬变电磁的实际探测深度为信号衰减到噪声电平时的扩散深度。通常根据以下公式估计电性源的实际探测深度（Spies，1989）：

近区时，

$$d = 0.48 \left(\frac{Ir\rho AB}{\eta}\right)^{\frac{1}{5}} \tag{14.7}$$

远区时，

$$d = 0.28 \left(\frac{I\rho AB}{\eta}\right)^{\frac{1}{4}} \tag{14.8}$$

式中，η 为仪器最小可分辨电压；ρ 为地层电阻率；I 为发送电流；AB 为发射线长度。

依照式（14.7）及式（14.8）计算了不同参数下近区与远区的实际探测深度（表14.11）。对比结果，发现近区的实际探测深度在绝大多数情况下要大于远区。

表14.11 远区与近区探测深度表

I/A	电阻率/($\Omega \cdot m$)	AB/m	偏移距/m	最小分辨电压/nV	远区深度/m	近区深度/m
5	50	300	100	60	526.4	501.9
			200			576.5
			300			625.2
10	100	500	200	60	845.9	842.5
			300			913.7
			500			1012.0
20	300	1000	400	60	1574.5	1590.9
			700			1779.3
			1000			1910.9
50	1000	4000	1000	60	3783.3	3853.1
			3000			4800
			4000			5084.2

有效探测深度是指在该深度范围内探测目的层所产生的异常场超过背景场电平若干倍，可以从观测结果中分辨目的层的存在。

设均匀半空间（电阻率为100Ω·m）的响应值（背景场）为 V_0，均匀半空间中有一个良导薄层（埋藏深度为1000m，电阻率为10Ω·m）引起的响应值（异常场）为 V_a 并设 $V_a/V_0 = \delta$。分别计算两个模型不同偏移距情况下的响应，并计算 δ。取 $V_a/V_0 = \delta \geqslant 50\%$ 时，认为在此条件下可以分辨出薄导层的存在，并按照式（14.6）计算各偏移距情况下的探测深度，结果如表14.12所示。

表14.12　有效探测深度计算表（$H = 1000$m，$AB = 1000$m，$I = 10$A）

偏移距 r/m	250	500	700	1000	2000	3000	4000
探测深度 d/km	3.6	4.1	4.2	4.2	4.1	3.9	3.7

可以看出最大有效探测深度是在偏移距为 500～2000 m 范围内得到的，也就是当 $r/H = 0.5 ~ 2$ 时探测深度最大。

（三）应用实例

1. 安徽霍邱铁矿探测

1) 工区概况

大王庄铁矿地处颍上县城北西方向 14.5 km 处，南距霍邱周集铁矿 30 km。矿区位于霍邱铁矿周集倒转向斜向北延伸部分的南东翼，走向稳定在 NE53°左右，矿区内主要表现为向南东倾斜的单斜层，倾向南东，倾角一般为 45°~70°。矿床全部为第四系所覆盖，其下分布为新太古界霍邱群。第四系松散地层总厚度变化不大且较稳定。据钻孔揭示，最薄为 379.94 m，最厚为 401.09 m，北东部大于南西部，平均厚度为 395.77 m。勘查证实，区内的铁矿体主要产于新太古界霍邱群古老变质岩系中，为受变质铁硅建造矿床，矿石主要有磁铁矿矿石和镜铁矿矿石两种。区内主要矿床的矿体多属急倾型。

2) 方法与工作布置

安徽省地质矿产勘查局313地质队于2009年在该区实施了 1:5000 地面高精度磁法扫面工作，确定了区内磁异常的范围、形态及强度，对异常进行了较全面的分析和评价。分析结果认为，该区内矿床具有埋深大、产状陡、下延深度大的特点。鉴于磁法勘探深度浅、半定量解释准确度低的不足，在磁异常主剖面上，进行电性源短偏移距瞬变电磁（SOTEM）探测，力求得到深部矿体的详细位置、产状和规模等信息。发射源 AB 为 1000 m，发射电流为 16 A，基频为 1 Hz。图14.18为测线布置示意图。

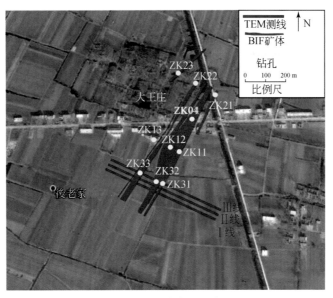

图14.18　测线布置示意图

3) SOTEM 探测效果

图 14.19 为 1 线 160E、280E、680E 号点的实测感应电压曲线。可以看出，三个测点处的感应电压曲线在整体上光滑度都较好，尤其是 160E 号点在全时间段内曲线都是光滑衰减的，其他两点处，距离房屋和民用电线较近，造成晚期信号出现震荡。通过评价所有测点处的信号，认为数据质量整体上算是良好，个别存在尾支抖动的曲线，通过滤波等手段可以基本恢复其真实衰减情况。图 14.20 为由上述三个点处的垂直感应电压数据计算得到的全期视电阻率。从曲线的变化形态可以看出，地层的电性整体上表现出高-低-高的变化趋势，这表明 SOTEM 的信号已突破低阻覆盖层的束缚，成功探测到之下的高阻岩石。

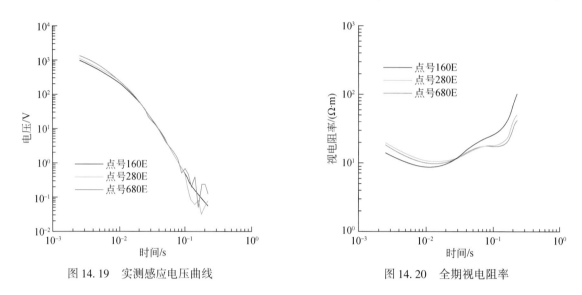

图 14.19　实测感应电压曲线　　　　　　　　图 14.20　全期视电阻率

图 14.21 为 1 线和 2 线 SOTEM 反演成果，可见反演深度达到 1500 m，地层电阻率大体上由浅及深呈递增的趋势，且层状分布明显。1 线 800 号点左右和 2 线 900 号点左右出现明显的电阻率横向突变，电阻率出现低阻凹陷，根据地面高精度磁测成果和该区已知地质资料，推测两处电阻率的突变正是由深部的倾斜矿体引起。依照电阻率等值线的范围，定性地画出了矿体示意图（图中粉红色矩形）。虽然，矿体的形态和规模与真实情况存在较大差别（一般低阻异常有放大效应），但是仍能看出，矿体埋藏深度应在 600 m 以下，且矿体倾角较陡，向深部延伸范围较大。

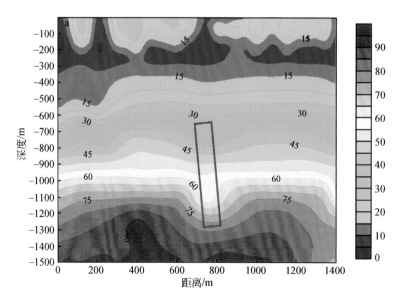

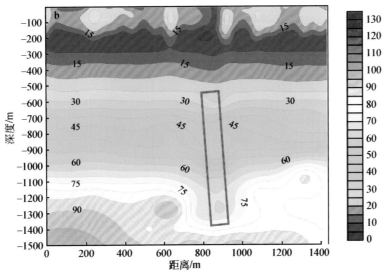

图 14.21 SOTEM 处理结果

a. 1 线；b. 2 线

最终，在探测结果的基础上，矿方在建议异常位置进行了钻孔验证，最终进尺 1200 m，并于深度 680 m 左右发现铜铁矿石，如图 14.22 所示。由此看来，对于解决超厚低阻覆盖层情况下的大深度目标体探测问题，目前常用的人工源电磁法中，尚没有合适的选择。而通过本次探测表明，SOTEM 在解决该类问题时可发挥很好的作用，取得不错的效果。

图 14.22 钻孔取样岩心

a. 第四系砂、黏土岩心；b. 含铜、铁矿石岩心

2. 河北围场银窝沟铜多金属矿探测

1）工区概况

工区位于承德市围场县东部银窝沟镇与克勒沟镇交界处的大碾子村一带。矿区属燕山山系，地形切割中等到较深，为围场中山地貌带的一部分。海拔一般为 1000~1300 m，区内最高点位于测区中部 L9 线北端，海拔为 1300 m，测区地形地势如图 14.23 所示。

测区出露主要地层为侏罗系张家口组火山岩，局部为白垩系花吉营组。张家口组分布在区内大部分地域，由于风化强烈，产状不甚清楚，大致沿火山口呈环状向外倾斜的低角度产出。火山口则被后期正长斑岩充填，岩性呈环状相变，由里向外依次为斑流岩、粗安岩、流纹岩、流纹质晶屑凝灰岩、粗面质熔结凝灰岩。张家口组火山沉积岩是冀北地区重要的银多金属矿源层，北部已探明的满汉土银矿床就产于其中。地表局部覆盖浅层残坡积物和洪冲积物。

测区位于乌龙沟-上黄旗 "Y" 形断裂东支西侧，受区域构造影响，区内主要发育两组断裂构造，一是北东向，二是北西向。两组断裂构造共同控制着区内六楞沟火山机构，环状及放射状次级断裂也较为发育，为矿液的运移、沉淀提供了有利的构造空间，银锰矿化就产于其中。

图 14.23 测区地势与地形

区内中生代火山活动强烈，火山岩遍布全区，主要岩性为偏碱性喷出岩及次火山岩类，岩相由斑流岩、粗安岩、流纹岩、流纹质晶屑凝灰岩组成，其界线呈过渡相变，可见其岩浆喷发连续性较强，热液活动频繁，为矿液运移、沉淀提供了丰富的热源与矿源。矿区的变质作用主要为与构造-热液活动有关的气液蚀变作用，主要围岩蚀变有硅化、绢英岩化、高岭土化、碳酸岩化等。

矿方围场县某公司在区内实施了几处深度约为 300 m 的中浅层钻孔和一处深度约为 150 m 的竖井。钻孔中均未发现明显的高程度矿化岩体，而竖井中开挖出的岩石则含一定量的铜、铅、锌、砷、银等金属元素，这与前期的地球化学勘探工作成果相吻合。结合已知地质、钻孔及化探资料，推断该区的主矿床规模不大且埋藏较深。

对矿区含矿及不含矿岩石的物性测量表明，不含金属矿物类岩石的极化率一般不大于 1.8%，电阻率均值多在 1500 Ω·m 以上，而含金属矿物类岩石的极化率大多高于 1.8%，电阻率视矿物成分的含量而定，一般小于不含矿岩石。因此，矿区内矿化异常体的地球物理特性表现为高极化率、低电阻率。这为实施合适、有效的地球物理方法提供了可能。

2）SOTEM 测量

SOTEM 测线布置如图 14.24 所示，进行高密度的 SOTEM 探测，力图对该区域地下深部实现拟三维立体观测。共布置 11 条测线，每条测线长 420 m，其中线距为 40 m，点距为 20 m。SOTEM 的工作参数为发射源长度 500 m、发射电流 8 A、基频 5 Hz、收发距 300～700 m、单点测量时间 3 min。

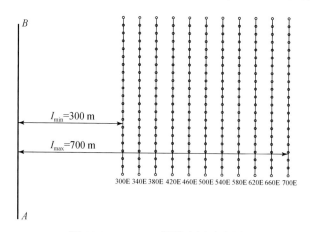

图 14.24 SOTEM 测线布置示意图

数据采集完成后，经过一系列预处理、全期视电阻率计算、一维反演等步骤，得到如图 14.25 所示的视电阻率-深度剖面。对于图中出现的电阻率横向突变解释为断裂构造。由于 SOTEM 测量垂直磁场响应、测点更密集且可用时间道数多，对地层的刻画要更加细致。

将所有测线处理结果汇总，利用三维成像软件 Voxler 绘制成三维立体图，如图 14.26a 所示，并截取四个深度平面内的数据绘制平面等值线图，如图 14.26b 所示。根据成矿理论及矿床富集规律，特别是针对该区的岩浆成矿机制，断裂带附近尤其是多个断裂交汇处是成矿元素容易随岩浆运移、汇集的区域，是找矿的主要目标区。图 14.26a 所示的四个深度处的平面图中，都存在两处明显交汇的低阻区域，认为该区域可能是矿体的富集区。

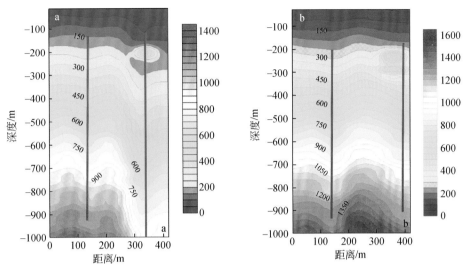

图 14.25　SOTEM 视电阻率等值线断面图
a. 380E 线；b. 500E 线

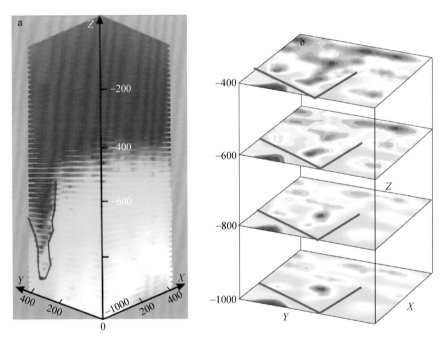

图 14.26　三维立体图与平面等值线图
a. 三维立体图；b. 等值线平面图

选定五处为可能的矿集区，如图 14.27 所示，建议甲方实施钻探验证，建议钻探深度为 600 m，并有可能选择 1~2 个钻孔钻至 1000 m。

经过数月钻探，甲方反馈各钻孔信息如表 14.13 所示。可以看出，建议的五处钻孔都发现了矿化岩石，并且其中几钻发现的矿石品位已达到可开采水平。整体上该区的含矿岩体埋藏深度较大，规模不大，且产状变化剧烈，对于地质地球物理勘探以及后期的开采都具有比较大的挑战。但是，本次测量工作在充分认识区域地质、成矿背景的基础上，成功地圈定出了矿化异常位置，并对异常在深度上也做出了较准确的控制。

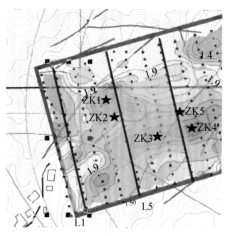

图 14.27 建议钻孔位置

表 14.13 各钻孔揭露含矿岩石信息

钻孔编号（深度）	ZK1（854 m）	ZK2（766 m）	ZK3（480 m）	ZK4（480 m）	ZK5（560 m）
矿物成分、厚度、产出深度	① 铜，10 m，-510 m ② 铅锌，2 m，-690 m ③ 铅锌，1 m，-730 m	① 铜，10 m，-520 m ② 铁，5 m，-700 m	① 铜铅锌金，50 cm，-180 m ② 铜铅锌金，1 m，-280 m	① 铜，100 m，-150~250 m ② 铜，10 m，-460 m	① 铜，2 m，-120 m ② 铜铅锌，5 m，-503 m

第三节 BIF 型铁矿磁法探查示范

针对 BIF 型铁矿提出了一种以地质为基础，以磁法-电磁法有效技术组合的综合探测技术与方法，同时为了提高组合方法的探测精度和工作效率，开展了基于固定翼无人机的航磁测量的相关方法实验与技术研究，提高了磁法勘探的工作效率和抗干扰能力，建立预测靶区深部隐伏矿的地质-地球物理模型，定位深部成矿有利地段，实现了地下多层成矿地质体的有效探测技术与预测评价优势。

一、唐山马城南部铁矿多层矿体磁法和大地电磁法综合探查示范

（一）工区概况

马城铁矿位于河北省滦县司家营铁矿西侧，距县城东南 10 km，铁矿区大面积为第四系覆盖，厚 60~170 m，为河床、河漫滩冲洪积物；基岩为太古宇单塔子群白庙子组变质岩，为该区的主要含矿层位；矿区地处司马长复式褶皱带中，总体走向近南北，铁矿体从北向南明显呈波浪状起伏，总体呈南北向带状产出，西倾，倾角 20°~56°，南北出露走向长 6 km，矿体由单层或多层铁矿层组成，各矿体呈层状、似层状、大透镜状。浅部夹石较多，具分支自然尖灭、膨胀收缩现象，反映了早期受南北向挤压，轴面走向近东西，倾向南东不对称开阔倾斜褶皱形迹。总体上看，司家营、马城铁矿处于同一大的构造单元内，矿体产状、形态、成矿层位等基本相同或相似。

（二）工作方法

根据滦南司家营马城铁矿区域地质图，司家营、马城成矿带均为近南北向近平行展布，两条成矿带相距 3~5 km，处于大致相同的构造单元，当前存在的主要问题是，虽然司家营铁矿开采至今 30 年，南

部深部矿体的发育特征依然有待于研究，而马城铁矿至今仍未建矿开采，地下具有多层矿体，但深部控矿构造不详。

根据滦南司马铁矿区 1∶100000 区域航磁异常图（图 14.28）可以发现，两个铁矿成矿带恰好位于两条近于平行的、近南北展布的磁异常带中，其中马城铁矿南部矿区的磁异常具有呈东西向膨大的趋势，标志着南部深部矿体可能存在与北矿体相区别的构造特征。为此，选择司家营马城铁矿的南部矿区近 50 km² 的范围内作为重点示范靶区，开展地面及固定翼无人机航磁测量对比与实验研究，在磁异常分析解释的基础上，布设一条大地电磁测深剖面，揭示马城铁矿南矿区地下深部的控矿构造特征。

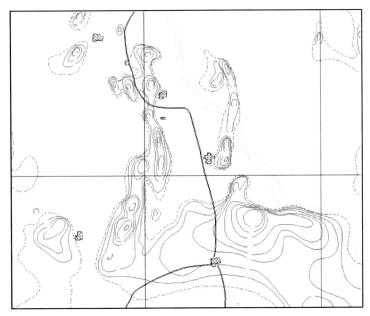

图 14.28　滦南地区 1∶100000 区域航磁异常图与示范靶区

（三）测量与解释

1. 地面与无人机航空磁法测量

1）地面磁法测量工作

实际完成 28.2 km²，测量比例尺 1∶10000，历时一个月。测量数据经过常规数据处理成图，图 14.29 为马城铁矿南部矿区 1∶10000 地面磁法总场（ΔT）异常等值线图。

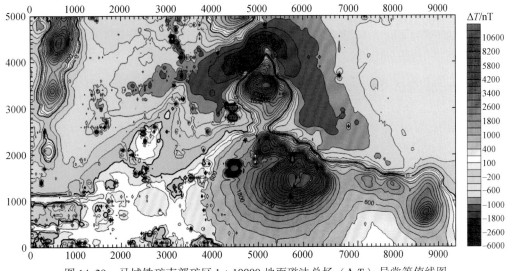

图 14.29　马城铁矿南部矿区 1∶10000 地面磁法总场（ΔT）异常等值线图

从地面磁法测量结果看，马城铁矿南部矿区磁异常特征明显，在南北向矿田构造的基础上，磁异常在测量区域内呈东西向分布，与马城铁矿1∶100000航磁特征相吻合，磁异常最高值达到10000 nT，这也与钻探揭示地下深部厚大BIF型磁铁矿床相对应，在主体磁异常东西两侧分别存在两个低缓磁异常，磁异常从几百纳特到几千纳特（nT）。此外，从观测数据可以看出，由于地面人文和工业干扰较大，在图像中表现为一系列的点状或线状磁异常，给地面磁法测量工作带来影响。图14.30是将地面磁测观测数据向上延拓400 m磁法总场（ΔT）异常等值线图。

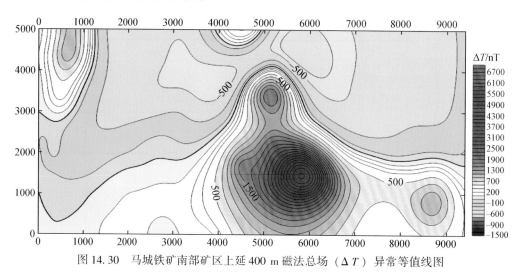

图14.30 马城铁矿南部矿区上延400 m磁法总场（ΔT）异常等值线图

从上延400 m磁法总场（ΔT）异常等值线图中不难发现，通过上延处理后的地面磁法测量结果，地面干扰特征随着上延高度的增加干扰特征明显减少，且随着上延高度的增加磁异常特征依然明显，表明矿体延伸较大。

2）无人机航磁测量

根据地面磁法测量分析结果，结合司马铁矿区成矿地质条件和成矿背景，规划设计了航飞测量方案，并在原地磁测量的基础上向北、向东进行了扩延，使航磁测量面积基本覆盖司家营、马城两个铁矿的南部矿区，测量工期1.5天。

图14.31为200 m飞行高度1∶10000无人机航磁测量的磁异常等值线图，图14.32为400 m飞行高度1∶10000无人机航磁测量的磁异常等值线图，对比地面磁法测量上延处理结果，明显优于地面磁测资料的处理结果，且工作效率高，避免了近地面人文和工业环境的干扰，异常形态基本一致，异常强度大致相等，便于进一步深入解释。

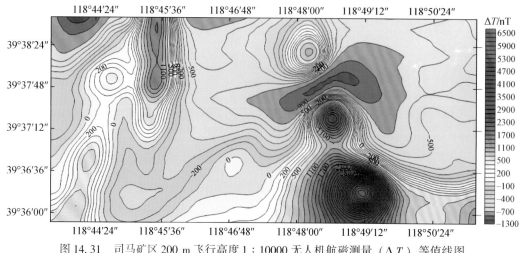

图14.31 司马矿区200 m飞行高度1∶10000无人机航磁测量（ΔT）等值线图

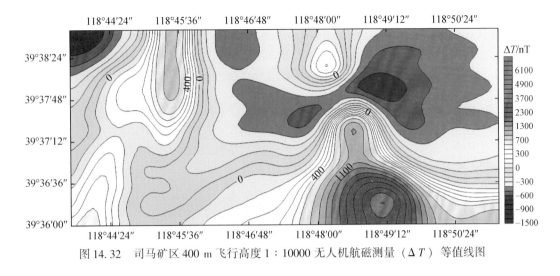

图 14.32　司马矿区 400 m 飞行高度 1∶10000 无人机航磁测量（ΔT）等值线图

2. 大地电磁测量与解释

在地面及无人机航空磁测资料分析解释的基础上，收集整理了前人已有剖面的地质-地球物理及钻孔资料，并以此为参考开展典型剖面分析与研究。其中最典型的剖面之一是马城铁矿 39 勘探线，该剖面共有 8 个钻孔控制，最大控制深度为 1200 m。地下深部存在两层主要隐伏矿体，恰好与地面的高磁异常和高重力异常相对应，并与实测的地面和航空磁法测量结果吻合。为此，沿实际地质剖面 39 线开展电磁测深剖面测量，测线全长 3 km，测量点距 40 m，比例尺 1∶5000，测量采用多极距观测方式，通过对原始观测数据进行去噪处理，提高了观测数据质量，在此基础上开展二维反演研究，图 14.33 为 39 剖面线音

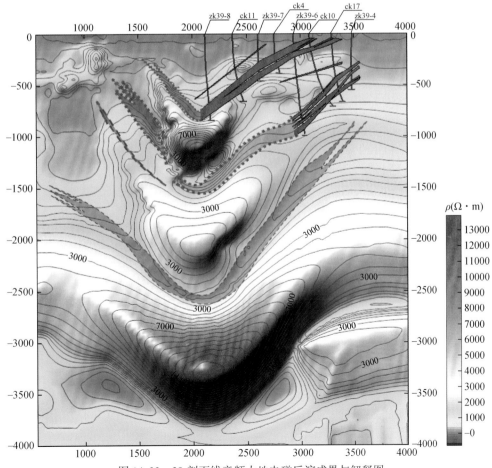

图 14.33　39 剖面线音频大地电磁反演成果与解释图

频大地电磁反演成果与解释图,反映了地下真实的电性特征,呈明显高阻与低阻相间的三层向形结构特点,结合 39 剖面线地面磁测结果进行分析,认为马城铁矿可能为一个走向近南北,两翼呈近东西向展布的褶皱构造控制,且向形电性特征显示,褶皱的东翼相对较缓,西翼相对较陡,同时预测地下深部可能存在第三层矿体,结合区域磁测资料,预示马城铁矿深部存在一个巨大的成矿空间。

二、鞍山齐大山铁矿深部探查示范

(一) 矿区地质概况

1. 区域地质概况

从鞍山区域地质特征上看(图 14.34),出露的古、中太古代花岗杂岩体构成的(铁架山)古陆壳(核)残块周边或间夹两古陆核之间的新太古代绿岩硅铁建造带呈弧形展布。在其绿岩硅铁建造带边缘与花岗杂岩体接触处遭受过深大断裂分隔及不同时期花岗岩体的侵位,拼合呈长短不等、方向不同,具有韧塑性变形、变质构造特征,延伸几十千米,宽约百米的鞍山式条带状铁矿带。按其出露情况大致可划出三条铁矿带:一条呈东西向展布,从西鞍山、东鞍山、大孤山、关门山至眼前山一带;一条呈北西-南东向展布,从羊草庄(包括陈台沟、张家湾)、齐大山、王家堡子、胡家庙子至西大背一带;还有一条也呈北西-南东向展布,从大孤山、四方台,经烈士山、向宋三台子方向延伸的隐伏深大断裂带。并且被古元古代辽河群浪子山组地层、新元古代青白口系和古生代地层等覆盖及燕山期千山花岗岩侵入。

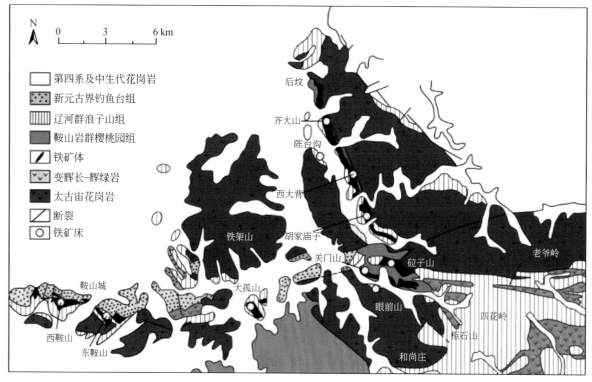

图 14.34 鞍山区域地质图

2. 齐大山铁矿研究背景

新太古代表壳岩系为鞍山群樱桃园组(是鞍山地区铁矿层的主要赋存层位),由下部斜长角闪岩和变粒岩层、中部条带状铁矿层及上部片岩层组成。已知厚度大于 600 m。地层走向 310°~335°,倾向南西或北东,倾角大于 75°。中部条带状铁矿层:呈稳定的厚层状,走向延长 4600 m,厚度一般为 200~250 m,

由假象赤铁石英岩、磁铁石英岩和磁铁假象赤铁石英岩组成。

古元古界辽河群浪子山组与下伏鞍山群为不整合接触,只在王家堡子一、二矿区的矿体顶部和北一山至北四山有零星出露。由底部砾岩、石英岩和千枚岩组成,已知厚度大于 200 m。辽河群地层走向基本与鞍山群一致,倾向南西,倾角 40°~60°。第四系以冲积、坡积层为主,由砂、砾石、黏土组成,主要分布在山前平原及河床中。各地厚度不一,山坡上一般厚 1~3 m,河谷中最厚可达 50 余米。

矿区的东北侧有大面积太古宙花岗岩出露,为齐大山花岗岩体。该岩体分布范围较广,北起齐大山铁矿东侧的祁家沟,经胡家庙子、西大背,向东延续到汤河、弓长岭,所以又称"弓长岭花岗岩"。岩石类型以斜长花岗岩和二长花岗岩质片麻岩为主,具有岩相分带的特征,边缘相为细粒结构,中心相为中-粗粒结构。齐大山花岗岩锆石 U-Pb 年龄为 2.5 Ga,是鞍山构造旋回晚期花岗质岩浆侵入活动的产物。矿区内脉岩不发育,仅见闪长岩、玢岩、辉绿岩等。

齐大山铁矿含铁层呈北北西向分布于齐大山铁矿全区,虽然受构造破坏或晚期脉岩侵入及混合岩化作用的影响,矿体仍基本相连。其南部与红旗铁矿(原胡家庙子铁矿)相连。矿体大部分裸露地表,经露天开采挖掘,较高处已被剥露,矿体上盘及上部千枚岩中的平行矿体被辽河群不整合覆盖或第四系覆盖,第四系厚 20~50 m。矿体北端被横断层所截与混合岩相接触,南端矿体未尖灭,与胡家庙子铁矿相连。

研究任务为:鞍山地区航磁测量资料的分析解释与再认识,重点开展小波分析研究,通过区域场与异常场的分析研究,给出地球物理资料的分析结果及其可能存在的控矿构造特征的新认识;以地质、钻探、岩石物性及电磁反演结果为约束条件,开展测区铁矿床磁法观测数据的分析解释,通过剩余磁异常计算和 2D-3D 正反演研究,实现重点工作区找矿预测和突破。

(二) 磁法测量与解释

1. 鞍山地区航磁异常资料处理与解释

首先对鞍山地区 1:50000 航磁观测数据进行常规处理,绘制了磁异常化极平面等值线图(图 14.35),在此基础上进行了 500 m、1000 m、1500 m、2000 m、2500 m、3000 m 的上演处理,见图 14.36a~f。

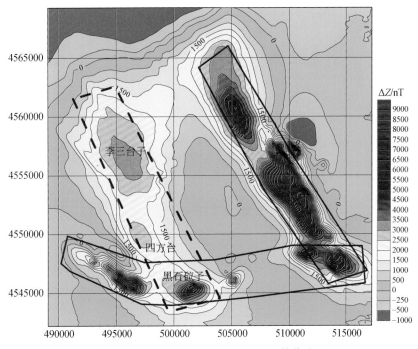

图 14.35 鞍山地区磁异常化极平面等值线图

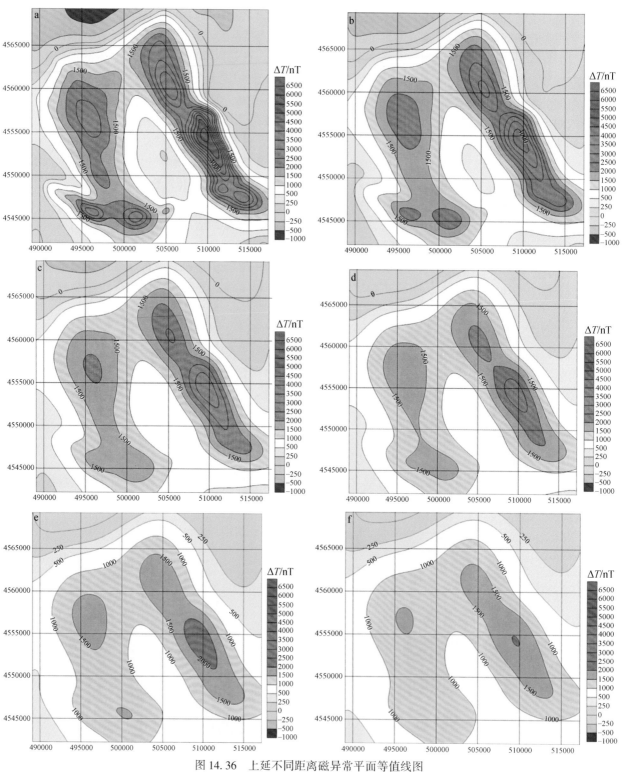

图 14.36 上延不同距离磁异常平面等值线图
a. 500 m; b. 1000 m; c. 1500 m; d. 2000 m; e. 2500 m; f. 3000 m

从上延处理结果看，磁异常图像轮廓基本稳定，即使上延至 3000 m 两条北北西向磁异常带稳定存在，其中西侧磁异常带最高值仍达到 1500 nT，东侧磁异常带最高值达到 2000 nT，两条磁异常带平面上构成一马蹄形异常特征，显示该磁异常可能受同一向形或背形构造控制，推测西侧磁异常带可能为隐伏的 BIF 型铁矿引起，从磁异常强度看，隐伏矿体稳定，成矿潜力巨大。此外，对比分析鞍山地区航磁异常化极平面等值线图和化极后上延平面等值线图（图 14.36），发现原本存在东西向成矿磁异常带，随着从上延

500~3000 m 的处理结果，磁异常明显减弱至消失，表明东西向磁异常成矿带成矿潜力相对较浅。

为了进一步分析鞍山地区航磁异常特征，对航磁异常进行了小波分析处理，见图 14.37。图 14.37a~d 为鞍山地区航磁异常三阶和五阶小波分析结果，其中，三阶细节计算磁源体深度为 316.2 m（图 14.37b），五阶细节计算磁源体深度为 2580.14 m（图 14.37d），反映矿体延深较大。对小波逼近进行分析，发现五阶逼近磁异常等值线图（图 14.37c），异常形态较三阶逼近磁异常等值线图发生明显变化（图 14.37a），通常认为小波逼近能够反映区域背景场特征，但认真分析小波逼近的磁异常幅值，发现仍存在 2000 nT 的磁异常特征，推测东西两条矿体可能在地下 3000 m 以下存在向形控矿构造的可能性较大，结合区域地质资料，发现异常中心位置恰好是太子河凹陷所在的铁架山位置，其中发现 38 亿年的古陆核岩石，预示在古陆核深部仍可能存在巨厚的磁性地质体，这一发现给鞍山地区控矿构造模式有可能带来新认识或新突破，具体还有待进一步深入研究。

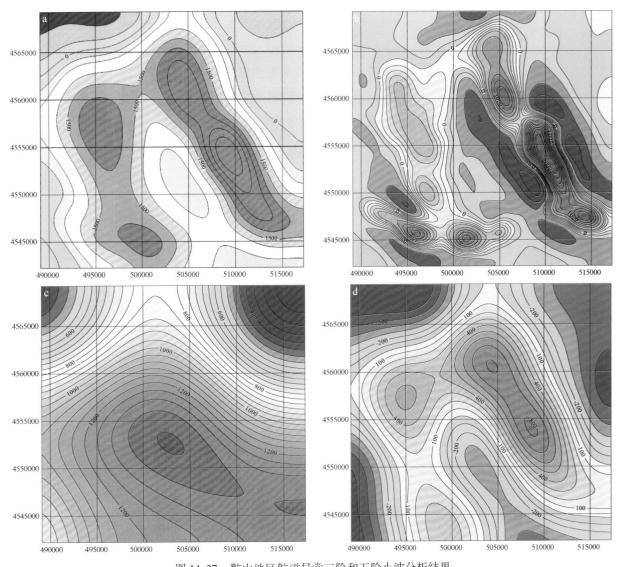

图 14.37 鞍山地区航磁异常三阶和五阶小波分析结果

a. 三阶逼近磁异常等值线图；b. 三阶细节磁异常等值线图；c. 五阶逼近磁异常等值线图；d. 五阶细节磁异常等值线图

2. 齐大山南部矿区磁法测量与资料处理和解释

齐大山铁矿是鞍山地区最大的露天开采矿山，根据齐大山铁矿区 1680 剖面线至 4657 剖面线之间地表槽探及深部钻探工程控制情况，已知铁矿体呈近似直立的残板状形态，经多次地质勘查铁矿延深已被控制达 -600 m 标高。根据面积性磁法测量，经数据处理绘制出 1:5000ΔZ 平剖面异常图（图 14.38）和

1:5000 ΔZ 平面异常等值线图（图 14.39）。从图中看隐约存在着两条近于平行的磁异常带：一条为齐大山露天开采铁矿引起的异常带，具有高大尖特征，磁异常值较高，分布范围广，长约几千米，宽几百米，成连续带状出现，主要是由出露地表或埋藏很浅的大型齐大山至王家堡铁矿床引起的；另一条为齐大山铁矿区西面的陈台沟深部隐伏型铁矿床，铁矿体呈隐伏形态产出，磁场强度低缓，形态呈不规则椭圆状，经钻探工程验证铁矿资源量获得几亿吨。

在磁异常二维平面资料的基础上，进行了上延 100 m、500 m、1500 m、2500 m 的数据处理（图 14.40a~d）。分析平面 ΔZ 磁异常上延等值线变化情况，可以看出随着上延高度的不断增加，磁异常平面特征的总体形态未发生大的改变，即使上延 2500 m，磁异常强度仍然达到 5000 nT 以上。推测从 1680 剖面线至 4657 剖面线之间，深部矿体标高-2500 m 以上齐大山铁矿规模相对稳定。

为了进一步分析齐大山重点工作区矿体的分布特征和区域背景场的分布规律，对齐大山 1680 剖面线至 4657 剖面线地面磁法测量数据结果进行了小波分析，图 14.41a、b，图 14.42a、b，图 14.13a、b 分别为一阶、三阶和五阶小波分解图。

一阶小波分析，一阶细节见图 14.41a，磁源体深度为 63.4 m，主要表现为近地表干扰场特征；一阶逼近见图 14.41b，主要为铁矿体引起磁异常特征，表现为北东侧齐大山矿体的强磁异常和南西侧呈现低缓磁异常特征。

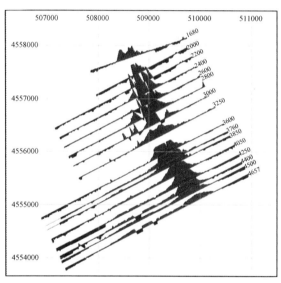

图 14.38　1:5000 ΔZ 平剖面异常图

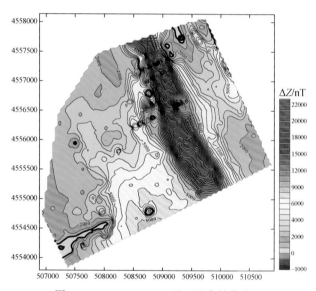

图 14.39　1:5000 ΔZ 平面异常等值线图

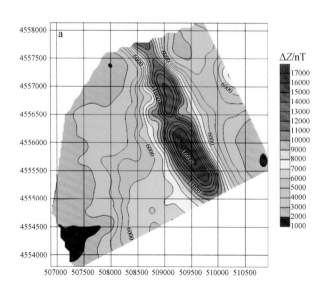

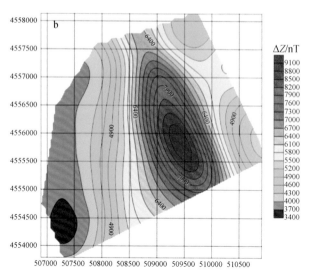

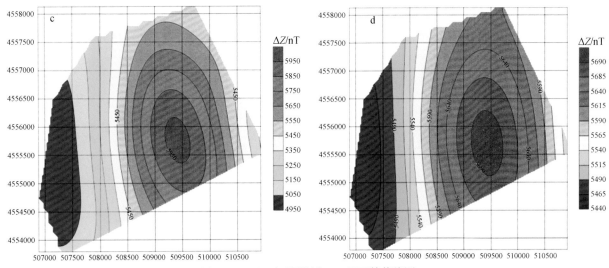

图 14.40 上延不同距离 ΔZ 平面等值线图

a. 100 m; b. 500 m; c. 1500 m; d. 2500 m

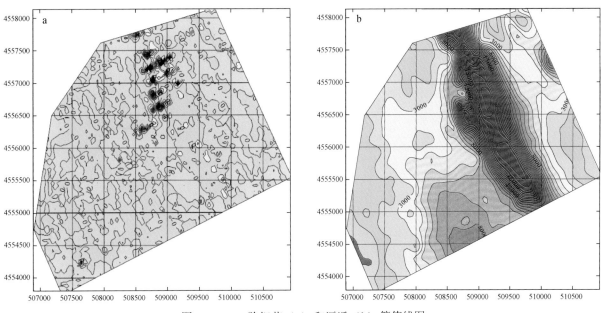

图 14.41 一阶细节 (a) 和逼近 (b) 等值线图

三阶小波分析，三阶细节见图 14.42a，反映场源深度为 372 m，存在两条明显的北西向磁异常带，其中北东侧为齐大山矿体引起，南西侧推测为隐伏的陈台沟铁矿引起，两条矿体平行排列，磁异常北东侧强，南西侧弱，表明两条矿体可能在同一构造环境下形成，而三阶逼近结果见图 14.42b，除了齐大山铁矿引起的磁异常带非常明显外，陈台沟铁矿引起的磁异常在南部依稀可见。

五阶小波分析，五阶细节见图 14.43a，反映磁源体深度为 1734~2000 m，五阶细节中原有的两条磁异常带合二为一，表现为一条北西-南东向的磁异常带，推测隐伏陈台沟铁矿与出露地表的齐大山铁矿可能在地下 2000 m 左右范围产生交汇，进而形成向形的成矿构造模式。而五阶逼近见图 14.43b，反映磁源体深度为 2647 m，推测其下为区域背景场特征。

3. 齐大山铁矿区磁异常剖面 2.5 维反演

本次工作在齐大山矿区地质、岩石物性资料研究分析的基础上，对矿区实测剖面进行了精细反演。已知 3760 线地质剖面，平均控制深度为地下 -900 m。反演的基本思路是，首先以剖面实际控制矿体为初始模型,计算剩余磁异常,在剩余磁异常计算的基础上,开展 2 维/2.5 维的人机对话式的拟合反演研究。图中红色为磁铁贫矿,粉色部分为假象赤铁贫矿。

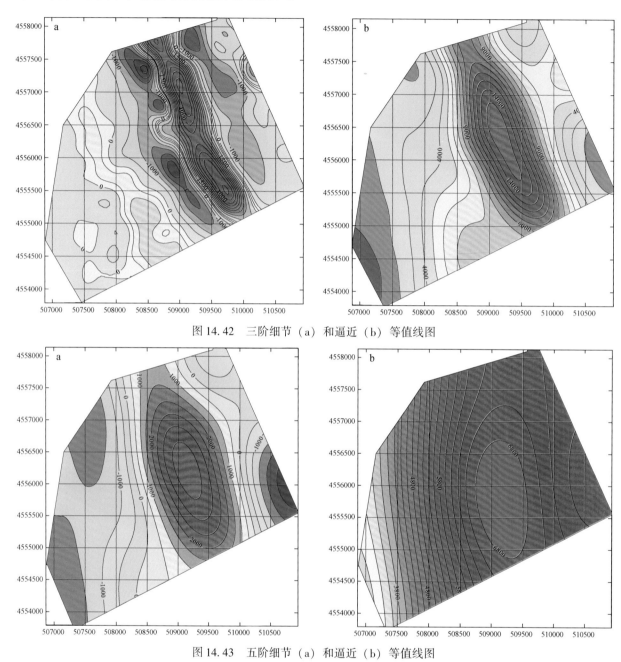

图 14.42 三阶细节(a)和逼近(b)等值线图

图 14.43 五阶细节(a)和逼近(b)等值线图

已知矿体剩余磁异常计算结果,在矿体左侧(西侧)地下 600 m 以深,存在一个较大的已知矿体,推测为陈台沟铁矿北延部分,图中黑色实线为实测数据,红色实线为控制矿体模型反演结果,蓝色实线为计算的剩余磁异常结果,图中可以看出存在 1000 nT 以上的剩余磁异常,针对剩余磁异常存在特征进一步开展反演研究。

经对齐大山铁矿床 3760 剖面线 2.5 维剩余磁异常反演,结合矿区地质分析,推测西侧陈台沟铁矿与东侧齐大山矿体呈向形构造连接,因而两个矿体深部之间可能存在厚大矿体。目前掌握的陈台沟的地质情况和实际物探磁法测量分析结果,均显示陈台沟铁矿具有向北西侧伏的成矿特征,4500 剖面线磁法测量结果显示原始观测数据具有明显的双峰异常特征,根据已知地质情况进行的剩余磁异常计算结果,同样显示向形构造模式的存在特征。

参 考 文 献

陈东越，陈建平，王勤，李彩凤，殷骏，杨星辰. 2015. 华北克拉通南部前寒武纪重大地质事件构造响应的 gis 统计分析——以中条-豫西地区为例. 岩石学报, 31（6）：1722~1734
陈贵生. 2006. 瞬变电磁法在金属矿产勘查上的应用效果及存在问题探讨. 矿产与地质, 20（4-5）：543~547
陈建平，吕鹏，吴文，赵洁，胡青. 2007. 基于三维可视化技术的隐伏矿体预测. 地学前缘, 14（5）：56~64
陈建平，陈勇，曾敏，胡忠德，赵洁，胡青. 2008. 基于数字矿床模型的新疆可可托海 3 号脉三维定位定量研究. 地质通报, 27（4）：552~559
陈建平，尚北川，吕鹏，赵洁，胡青. 2009. 云南个旧矿区某隐伏矿床大比例尺三维预测. 地质科学, 44（1）：324~337
陈明生，闫述. 2005. CSAMT 勘探中场区记录规则、阴影及场源复印效应的解析研究. 地球物理学报, 48（4）：951~958
刘长胜，林君. 2006. 海底表面磁源瞬变响应建模及海水影响分析. 地球物理学报, 49（6）：1891~1898
李貅. 2002. 瞬变电磁测深的理论与应用. 西安：陕西科学技术出版社
牛之琏. 1992. 时间域电磁法原理. 长沙：中南工业大学出版社
王江霞，陈建平，张莹，郑永琴，陈东越. 2014. 基于 gis 的证据权重法在冀东地区多元信息成矿预测中的应用. 地质与勘探, 50（3）：464~474
薛国强，李勇，杨静东. 2006. 瞬变电磁法在公路地质勘察中的应用. 石油仪器, 20（2）：41~43
薛国强，陈卫营，周楠楠，李海. 2013. 接地源瞬变电磁短偏移深部探测技术. 地球物理学报, 56（1）：255~261
薛国强，闫述，陈卫营. 2014. 接地源短偏移瞬变电磁法研究展望. 地球物理学进展, 29（1）：177~181
薛国强，闫述，陈卫营，李海. 2015. SOTEM 深部探测关键问题分析. 地球物理学进展,（1）：121~125
翟裕生. 1999. 区域成矿学. 北京：地质出版社
郑永琴，陈建平，陈东越，王江霞. 2013. 辽东沉积变质型铁矿找矿预测研究. 地质学刊, 37（3）：406~412
周楠楠，薛国强，陈卫营，闫述，赵长胜，张松. 2011. 铁矿采空区的地球物理探测. 地球物理学进展, 26（2）：669~674
Agterberg F Q, Bonham C. 1999. Logistic regression and weights of evidence modeling in mineral exploration. Proc 28th Intern Symp Computer Applications in the Mineral Industries：483~490
Carranza E J M. 2004. Weights of evidence modeling of mineral potential：a case study using small number of prospects, Abra, Philippines. Natural Resources Research, 13（3）：173~187
Chen D Y, Chen J P, Zhang D, Lin S Y, Chen X Z, Li K. 2014. Contributions of secular changes in the regional evolution of ore deposits to predictive mineral exploration：a case study of the Zhongtiao mountain cu metallogenic area, southern North china craton. Journal of Asian Earth Sciences, 94（94）：282~298
de Quadros T F P, Koppe J C, Strieder A J, Joao F C L C. 2006. Mineral-potential mapping：a comparison of weights-of-evidence and fuzzy methods. Natural Resources Research, 15（1）：49~65
Strack K M. 1992. Exploration with Deep Transient Electromagnetic Method. New York：Elsevier
Spies B R. 1989. Depth of investigation in electromagnetic sounding methods. Geophysics, 54（7）：872~888